Jahrbuch der Hafenbautechnischen Gesellschaft

Jahrbuch

der

Hafenbautechnischen Gesellschaft

Siebenundzwanzigster und achtundzwanzigster Band

1962/63

Mit 364 Abbildungen im Text
und auf 4 Tafeln

Springer-Verlag Berlin Heidelberg GmbH

Schriftleitungsausschuß

Additional material to this book can be downloaded from http://extras.springer.com.

ISBN 978-3-642-46023-4 ISBN 978-3-642-46022-7 (eBook)
DOI 10.1007/978-3-642-46022-7

Ursprunglich erschienen bei Springer-Verlag Berlin Heidelberg 1965
Softcover reprint of the hardcover 1st edition 1965
Library of Congress Catalog Card Number: 65-22 524
Titel Nr. 6040

Inhaltsverzeichnis

Seite

Die Hafenbautechnische Gesellschaft 1962/1963 ... 1

Seehäfen

Die Entwicklung der deutschen Seehäfen in den letzten 50 Jahren. Von Prof. Dr.-Ing. E. h. Dr.-Ing. **Agatz** und Hafenbaudirektor i. R. Dr.-Ing. E. h. **Mühlradt** ... 5

I. Allgemeines ... 5
II. Stand der Welthandelsflotte nach Anzahl und Größe ... 6
III. Schiffsgrößen und Schiffsarten ... 7
IV. Seegüterumschlag und Schiffsverkehr in den deutschen Seehäfen ... 12
V. Die Zufahrten von See für Hamburg, Bremen, Wilhelmshaven, Emden. Lübeck und der Nordostseekanal in den Jahren 1913, 1938, 1962 ... 14
VI. Die Binnenverkehrswege ... 17
VII. Die allgemeine Gestaltung der Seehäfen ... 18
VIII. Die Mechanisierung des Umschlages ... 19
IX. Die zukünftige Entwicklung ... 20

Einfluß der Bodenmechanik, Grundbaustatik und der Baustoffe auf die Ufereinfassungen in den deutschen See- und Binnenhäfen in den letzten 50 Jahren. Von Professor Dr.-Ing. **Erich Lackner**, Bremen/Hannover, Regierungsbaurat a. D. Dr.-Ing. **Gerhard Finke**, Duisburg-Ruhrort und Baudirektor Dr.-Ing. **Kurt Förster**, Hamburg ... 23

1. Allgemeines ... 23
2. Zeitraum um das Jahr 1914 ... 23
3. Zeitraum um das Jahr 1939 ... 29
4. Zeitraum um das Jahr 1964 ... 37
5. Schlußbemerkungen ... 55

Die Seeschiffsgestaltung hinsichtlich des Löschens und Ladens von Stückgut und Massengut. Von Dr.-Ing. **Hans M. Huchzermeier**, Bremen ... 56

A. Einleitung ... 56
B. Das Stückgutschiff ... 56
C. Das Massengutschiff ... 65
D. Wechselbeziehungen zwischen Schiff und Hafen ... 73

Deutscher Hafenbau im Ausland. Von Professor Dipl.-Ing. Dr. techn. **W. Jurecka**, Aachen ... 74

Vom Wiederaufbau und weiteren Ausbau des Hafens Hamburg 1953—1963

I. **Planung für Gegenwart und Zukunft.** Von Hafenbaudirektor Dr.-Ing. **Karl-Eduard Naumann** unter Mitarbeit von Baudirektor Dr.-Ing. **Hermann Benrath**, Baudirektor Dipl.-Ing. **Günther Thode**, Erster Baudirektor Dr.-Ing. **Hans Laucht** ... 88
A. Verkehrswirtschaftliche Grundlagen ... 88
B. Allgemeiner Überblick über die bauliche Entwicklung 1953—1963 ... 91
C. Weitere Planungen ... 93
D. Forschung im Wattengebiet der Elbmündung ... 96
II. **Die Strombauaufgaben im hamburgischen Elbebereich.** Von Baudirektor Dipl.-Ing. **Kurt Feuerhake**, Erster Baudirektor Dr.-Ing. **Hans Laucht**, Oberbaurat Dr.-Ing. **Erich Stehr** ... 97
III. **Neuere Bauwerke des Hafens, Entwurfsgrundlagen und Gestaltung.** Von Architekt Dipl.-Ing. **Dieter Kuntsche** Baurat Dipl.-Ing. **Joachim Mävers**, Baudirektor Dr.-Ing. **Kurt Förster**, Oberbaurat Dipl.-Ing. **Otto Reimer** . 109
IV. **Neuzeitlicher Ausbau der Verkehrsanlagen im Hafen.** Von Baudirektor Dipl.-Ing. **Kurt Krischke** ... 134
V. **Mechanische Ausrüstung des Hafens.** Von Baudirektor Dr.-Ing. **Hans Neumann** ... 140

Die neueren Hafenbauten in Bremen und Bremerhaven

Die Entwicklung der bremischen Hafenanlagen 1952—1962. Von Hafenoberbaudirektor Dr.-Ing. **Ralph Lutz** ... 146

Vom der See nach Bremen-Stadt und zum Binnenland ... 146
Der Verkehr in den bremischen Häfen ... 146
Bauliche Entwicklung und weiterer Ausbau der Häfen in Bremen-Stadt ... 148

Die Häfen in Bremen ... 150

I. **Ufereinfassungen.** Von Baudirektor Dr.-Ing. **D. Wiegmann**, Bremen ... 150
II. **Eisenbahnanlagen.** Von Oberbaurat **Fritz Teßmer**, Bremen ... 156
III. **Maschinen- und Elektrotechnik.** Von Baurat Dipl.-Ing. **Richard Schaefer**, Bremen ... 161
IV. **Hoch- und Brückenbau.** Von Oberbaurat Dipl.-Ing. **Helmut Jung**, Bremen ... 165

Seite

Die Häfen in Bremerhaven 1950—1963 ... 174
I. **Allgemeine Hafenplanung.** Von Hafenbaudirektor Dipl.-Ing. **Gerhard Wollin** ... 174
II. **Der Fischereihafen in Bremerhaven.** Von Oberbaurat Dipl.-Ing. **Heinz Eckert** ... 176
III. **Der Überseehafen in Bremerhaven.** Von Oberbaurat Dipl.-Ing. **W. Lüninghöner** ... 180
IV. **Die Massengutumschlagsanlage „Weserport".** Von **Bernhard Brand,** Geschäftsführer der Weserport-Umschlagsgesellschaft m. b. H., Bremerhaven ... 188
V. **Kran- und Förderanlagen und elektrische Ausrüstung im Überseehafen und Fischereihafen.** Von Oberbaurat Dipl.-Ing. **Otto Gravert** ... 189

Neue Hafenbauten in Emden. Von Präsident **Günter Wetzel** und Regierungsbaudirektor **Oskar Böke** ... 195

Der Abschluß der Wiederaufbauarbeiten an den Hafen- und Küstenschutzbauten auf der Insel Helgoland. Von **J. M. Lorenzen,** Präsident der Wasser- und Schiffahrtsdirektion Kiel ... 207

Der Ausbau des Fischereihafens Cuxhaven. Von Oberregierungsbaurat **Otto Lack** und Dipl -Ing. **Hermann Selmer,** Cuxhaven ... 219

Seewasserstraßen

Seezeichenwesen. Ein Rückblick auf die Entwicklung seit 1914. Von Dr.-Ing. **G. Wiedemann,** Bonn ... 234

Binnenhäfen

Die technische und betriebliche Entwicklung in den deutschen Binnenhäfen. Von Hafendirektor Dipl.-Ing. **Hermann Bumm,** Duisburg ... 241
1. Lage des Hafens ... 244
2. Anordnung der Hafenmündung ... 247
3. Abmessungen des Hafenbeckens ... 248
4. Lage der Hafensohle ... 250
5. Die Uferausbildung ... 251
6. Gestaltung der Lagerhäuser ... 257
7. Gestaltung der Umschlagplätze für Stückgutumschlag ... 259
8. Eisenbahnanlagen ... 261
9. Straßen ... 263
10. Tiefe der Hafenplätze für den allgemeinen und Stückgutumschlag ... 264
11. Umschlaganlagen für Massengut ... 264
12. Krananlagen ... 268
13. Ausrüstung des Hafens ... 270
14. Schlußbemerkung ... 272

Der Hafen Würzburg. Von Hafendirektor **Werner Endres,** Würzburg ... 274

Binnenwasserstraßen

Die Binnenschiffahrtsstraßen in den vergangenen 50 Jahren 1914 bis 1964. Von Ministerialdirektor **Gustav Poppe,** Bonn ... 281
A. Die Binnenschiffahrtsstraßen im Jahre 1914 ... 281
B. Die Verwaltung der Wasserstraßen in den Jahren 1914 bis 1964 ... 283
C. Die Entwicklung der Reichswasserstraßen (Binnenbereich) ... 284
1. Die Wasserstraßenpolitik des Reiches ... 284
2. Die Wechselbeziehungen zwischen Binnenschiff und Wasserstraße ... 286
3. Die Entwicklung in den einzelnen Stromgebieten von 1914 bis 1945 ... 288
D. Die Entwicklung der Bundeswasserstraßen (Binnenbereich) ... 295
1. Die verkehrspolitischen Grundsätze zum Ausbau der Wasserstraßen ... 295
2. Die Anpassung der Wasserstraßen an die Entwicklung der Binnenschiffahrt nach 1945 ... 297
3. Die Ausbaumaßnahmen in den Jahren 1945—1963 ... 299
E. Zusammenfassung und Ausblick ... 306

Die Rationalisierung des Transports von Gütern auf den Binnenwasserstraßen. Von Ministerialrat Dipl.-Ing. **Fritz Hartung**†, Bonn ... 308
Der Aufgabenbereich der Binnenschiffahrt im europäischen Wirtschaftsraum ... 308
Die durch die Motorisierung, die Beschränkung der Zahl der Schiffstypen und die Klassifizierung der Wasserstraßen erreichte Steigerung der Leistungsfähigkeit der Binnenschiffahrt ... 309
Die Steigerung der spezifischen Verkehrsleistung im Zuge der Motorisierung des Frachtraums ... 310
Tendenzen der weiteren Rationalisierung des Transports von Massengütern im Rahmen der Entwicklung des Güterverkehrs auf den Binnenwasserstraßen ... 310

80 Jahre Mainausbau. Von Präsident Dipl.-Ing. **E. Renner,** Würzburg ... 320
1. Die historische Entwicklung des Ausbaus ... 321
2. Volkswirtschaftliche Auswirkungen des Flußausbaues ... 325
3. Verwaltung, Betrieb und Unterhaltung der Großschiffahrtsstraße ... 352
Ausblick ... 354

Häfen am Rhein-Herne-Kanal unter Einwirkung des Bergbaues. Von Oberregierungsbaurat **F. J. Stall,** Duisburg ... 356

Verzeichnisse

I. Verfasser- und Namensverzeichnis ... 375
II. Orts- und Gewässerverzeichnis ... 376
III. Sachverzeichnis ... 377

Heinrich Etterich †

Am 18. Januar 1962 verstarb unerwartet unser Ehrenmitglied Reedereidirektor i. R. Heinrich Etterich in Düsseldorf.

In Wanne-Eickel am 30. April 1884 geboren, war Heinrich Etterich rund 56 Jahre lang in verschiedenen Schiffahrt- und Umschlagsbetrieben und bereits in jungen Jahren in leitender Stellung tätig. Von 1929 bis 1945 wirkte er als Hafendirektor in Düsseldorf und übernahm anschließend als Allein-Vorstand die Leitung der Rhein-Umschlag-AG. Düsseldorf-Reisholz. 1955 trat er in den Aufsichtsrat dieser Gesellschaft ein und wurde anschließend Mitglied des Verwaltungsrates der Rhein-Umschlag GmbH & Co. KG. in Düsseldorf und Oldenburg.

Seine großen Erfahrungen auf dem Gebiet des Hafen-, Schiffahrt- und Umschlagsbetriebes stellte er in uneigennütziger Weise der Allgemeinheit zur Verfügung. So war er u. a. Vorsitzender des Hafenausschusses der Industrie- und Handelskammer Düsseldorf und stellvertretender Vorsitzender des Verbandes rheinischer Schiffahrtsspediteure e.V. Duisburg. In welch starkem Maße

Etterich

Herr Etterich sich dafür einsetzte, auch der breiten Öffentlichkeit Kenntnis von der stetigen Entwicklung der Binnenschiffahrt und des Binnenschiffsumschlages zu übermitteln, bewies er u. a. als Mitbegründer der Gesellschaft der Freunde und Förderer des Düsseldorfer Schiffahrtsmuseums e.V. Düsseldorf. Seinen unermüdlichen Anstrengungen ist es zu verdanken, daß ca. 100 Schiffsmodelle, Modelle von Umschlagsgeräten, alte Schiffszeichen und Urkunden ein würdiges Heim erhielten und damit eine 2000jährige Geschichte der Rheinschiffahrt zusammengefaßt wurde.

Der Hafenbautechnischen Gesellschaft trat Heinrich Etterich 1929 als Mitglied bei und übernahm vom Jahre 1930 ab die Kassenprüfung. Als nach dem Kriege die HTG ihre Tätigkeit wieder aufnehmen durfte, wurde er in den Vorstand der Gesellschaft berufen und leitete seit 1951 bis zu seinem Tode als Schatzmeister die finanziellen Geschicke der Gesellschaft. Durch seine weit vorausschauenden Maßnahmen hat er in erster Linie dazu beigetragen, daß die Gesellschaft die von ihr übernommenen Aufgaben ohne finanzielle Schwierigkeiten durchführen konnte.

Die HTG würdigte seine Verdienste um die Gesellschaft sowie um Entwicklung und Betrieb der Binnenhäfen durch Ernennung zum Ehrenmitglied im Jahre 1955. In seiner schlichten aufrechten Art und seiner steten Einsatzbereitschaft war er uns allen ein leuchtendes Beispiel. Wir werden uns seiner als unserem hochverdienten Schatzmeister und Ehrenmitglied stets dankbar erinnern.

Die Hafenbautechnische Gesellschaft 1962/1963

Der nachfolgende Bericht über die Tätigkeit der HTG umfaßt die Zeit nach der 27. ordentlichen Hauptversammlung im Jahre 1961 bis zum Beginn des 50. Lebensjahres der HTG. Eine Darstellung der Vereinsgeschichte, die Würdigung von Persönlichkeiten und Ereignissen sowie ein Bericht über die Feier des fünfzigjährigen Bestehens bleiben dem nächsten Band vorbehalten.

Fachausschüsse:

Der Schriftleitungsausschuß sorgte in bewährter Zusammenarbeit mit dem Schiffahrtsverlag „Hansa", der Anfang 1964 sein hundertjähriges Bestehen feiern konnte, für die fachliche Unterrichtung über aktuelle Fragen des Hafenwesens in den „Hafenbautechnischen Heften" der „Hansa", dem Zeitschriftenorgan der Gesellschaft. Von dem „Handbuch für Hafenbau und Umschlagstechnik" erschienen die Bände VII (1962) und VIII (1963) und wurden den Mitgliedern der HTG unentgeltlich überlassen.

Im Ausschuß für Hafenumschlagstechnik konnte eine Reihe von Arbeiten abgeschlossen werden. Hierzu gehörten die Untersuchungen über Elektro- und Dieselantrieb für Gabelstapler im Stückgutumschlag. Ferner wurde Ende 1962 die neu bearbeitete „Musterbauvorschrift für Hafenkrane" von 1954 und im Frühjahr 1963 „Vorläufige Empfehlungen und Hinweise zur Beurteilung von Überlastsicherungen" als Sonderdrucke herausgegeben.

Die Untersuchungen über Fragen des LKW-Verkehrs in den Häfen wurden von dem Ausschuß für Hafenverkehrswege nach Abschluß und Auswertung der Beobachtungen im Hafen Bremen auf den Hafen Hamburg ausgedehnt.

Der Ausschuß für Ufereinfassungen hat in seinen Arbeitssitzungen eine große Zahl von Empfehlungen teils beschlossen, teils zur Diskussion gestellt. Der am Ende jeden Jahres in der „Bautechnik" veröffentlichte Arbeitsbericht wurde weiterhin mit finanzieller Unterstützung der HTG als Sonderdruck im Format DIN A 5 herausgegeben. Die dritte Auflage der „Empfehlungen" des Ausschusses wurde neu bearbeitet und erscheint 1964. Deren Übersetzung ins Englische wird, nachdem die zweite Auflage bereits in türkischer Sprache erschienen ist, vorbereitet und für unsere im Ausland tätigen Mitglieder sowie für interessierte ausländische Hafenverwaltungen, insbesondere in den Entwicklungsländern, eine willkommene Unterstützung bei der Berechnung und Gestaltung von Ufereinfassungen sein.

Ein mehrjähriges Versuchsprogramm, das der Ausschuß für Korrosionsfragen zur Ermittlung des Einflusses verschiedener Hafenwässer auf die Korrosion von ungeschütztem Stahl aufgestellt hat, wurde gemeinsam mit der Bundesanstalt für Materialprüfung in Berlin fortgeführt. Für Stahlwasserbauten im Hafen wurden Konstruktionsgrundsätze und Mindestabmessungen von Konstruktionselementen aus der Sicht der Korrosionseinwirkung festgelegt. Ferner beschäftigte sich der Ausschuß mit der Messung von Spundwandstärken mittels Ultraschalls.

Die Vorsitzenden berichteten über die Arbeit der von ihnen geleiteten Ausschüsse anläßlich der Würzburger Tagung[1].

Hauptversammlungen:

Die Fertigstellung der Mainkanalisierung oberhalb Würzburgs und die unmittelbar bevorstehende Eröffnung des neuen Hafens Bamberg waren für die HTG Anlaß, ihre 28. ordentliche Hauptversammlung vom 13.—15. Sept. 1962 nach Würzburg einzuberufen. Vorträgen, Besichtigungen und geselligen Veranstaltungen in Würzburg, an denen mehr als 450 Mitglieder und Gäste u. a. aus Dänemark, den Niederlanden, Österreich und der Schweiz teilnahmen, schloß sich eine Exkursion nach Bamberg an. Das Vortragsprogramm umfaßte neben den Ansprachen der Oberbürgermeister

[1] Vgl. Handbuch für Hafenbau u. Umschlagstechnik, Bd. VIII 1963.

von Würzburg und Bamberg, Dr. Zimmerer und Dr. Matthieu, des Leiters der Bayerischen Staatsbauverwaltung, Ministerialdirektors Röthlein, sowie des Vorsitzenden der HTG, Prof. Dr.-Ing. E. h. Dr. -Ing. Agatz, folgende Themen[1]:

Präsident Dipl.-Ing. Renner, Würzburg: **„80 Jahre Mainausbau"**

Hafendirektor Endres, Würzburg: **„Die Hafenanlagen in Würzburg seit dem Anschluß an die Großschiffahrtstraße".**

Stadtrat Dr. Geer, Nürnberg: **„Die Planung des Hafens Nürnberg"**

Dr. Kurt Wessely, Wien (für den erkrankten Autor vorgetragen von Hafendirektor Feuchter, Regensburg): **„Verkehrsaufgaben der Donau und Wasserstraßenpläne im Donauraum".**

Prof. Dr. von Freeden, Würzburg: **„Die Würzburger Residenz, Bauherren und Künstler".**

Aus zwingenden Gründen mußte in Abänderung der $1^1/_2$jährigen Tagungsfolge die Feier des fünfzigjährigen Bestehens der HTG auf den September 1964 festgesetzt werden. Die dadurch entstehende zweijährige Pause zwischen den ordentlichen Hauptversammlungen wurde durch die 5. geschäftliche Hauptversammlung unterbrochen, die am 18. und 19. November 1963 in Münster/Westf. stattfand und im wesentlichen der Erledigung von freilich gewichtigen Regularien, u. a. der Wahl des Vorstandes für die Amtsperiode 1964—1969, gewidmet war. Zum fachlichen Teil der Tagung gehörte die Besichtigung des 1962 in Betrieb genommenen Schiffshebewerkes Henrichenburg sowie eine Vortragsveranstaltung mit folgenden Themen:

Direktor Dipl.-Ing. H. Kuttenkeuler, Münster/W.: **„Hafen und Hafenplanung in Münster"**[2].

Direktor G. Beier, Bremen: **„Neuordnung im Hafenbetrieb der Bremischen Häfen"**[2].

Hafendirektor a. D. Dipl.-Ing. O. Thiessen, Emden (für den erkrankten Autor vorgetragen von Dipl.-Ing. E. Müller, Emden): **„Die neue Erzumschlag- und -lagerplatzanlage in Emden"**[3].

Vorstand und Mitgliederbewegung:

Die Zusammensetzung des 1959 gewählten Vorstandes blieb mit einer Ausnahme unverändert: Als Nachfolger des 1962 verstorbenen Schatzmeisters Direktor Etterich wurde, nachdem zwischenzeitlich Hafendirektor Bumm die Amtsgeschäfte geführt hatte, Hafendirektor Causemann, Köln, in den Vorstand berufen.

Eine Reihe älterer Vorstandsmitglieder entschloß sich jedoch, jüngeren Kräften Platz zu machen und sich nach Ablauf der fünfjährigen Amtsperiode nicht wieder zur Wahl zu stellen. Wenn auch die Motive dieses Entschlusses gewürdigt wurden, so war doch das Bedauern über diesen für die HTG bedeutsamen Schritt allgemein. Scheiden doch damit aus dem Führungsgremium Männer von außerordentlichen Verdiensten um HTG und Häfen aus, nämlich Prof. Dr.-Ing. E. h. Dr.-Ing. Agatz, Vorsitzender; Hafenbaudirektor i. R. Dr.-Ing. E. h. Mühlradt, stellv. Vors.; Erster Baudirektor i. R. Prof. Dr.-Ing. Bolle, Reedereidirektor i. R. Hartwig, Dipl.-Ing. von Oswald.

Der in Münster gewählte, ab September 1964 amtierende Vorstand setzt sich nach einer Ersatzwahl folgendermaßen zusammen:

Vorsitzender:

Hafenbaudirektor Dr.-Ing. Naumann, Leiter des Strom- und Hafenbau, Hamburg.

stellv. Vorsitzende:

Hafendirektor Dipl.-Ing. Bumm, Duisburg, Vorstandsmitglied der Duisburg-Ruhrorter Häfen A.G.
Dipl.-Ing. Goedhart, Lübeck
Min.-Rat Wegner, Bonn, Referent im Bundesverkehrsministerium, Abtlg. Wasserstraßen.

Schatzmeister:

Hafendirektor Causemann, Häfen der Stadt Köln

Geschäftsführendes Vorstandsmitglied:

Baudirektor Feuerhake, Strom- u. Hafenbau, Hamburg.
Direktor Beier, Bremen, Mitglied des Vorstandes der Bremer Lagerhaus-Gesellschaft.
Direktor Fölsch, Dortmund, Vorstandsmitglied der Westfälischen Transport A. G.
Direktor Heinemann, Bremen, Vorstandsmitglied der Deutschen Dampfschiffahrts-Gesellschaft „Hansa".

---

[1] Vgl. Handbuch für Hafenbau u. Umschlagstechnik, Bd. VIII 1963.

[2] Vgl. „Hansa" 1964, Nr. 3, S. 261 und 263.

[3] Vgl. Handbuch für Hafenbau u. Umschlagstechnik, Bd. IX 1964.

Direktor Dr.-Ing. Huchzermeier, Bremen, Vorstandsmitglied der Bremer Vulkan Schiffbau und Maschinenfabrik.

Regierungsbaudirektor Hugel, München, Bayerische Landeshafenverwaltung.

Dr.-Ing. Kemna, Mülheim, Geschäftsführer der Deutschen Gesellschaft für wirtschaftliche Zusammenarbeit.

Prof.-Dr.-Ing. Lackner, Hannover/Bremen, Mitinhaber Ing.-Büro Prof. Dr. Agatz Nachfl.

Reg.-Baumeister a. D. Linsenhoff, Frankfurt/Main, Senator h. c., stellv. Vors. des Aufsichtsrates der Philipp Holzmann A. G.

Diplomvolkswirt Neumann, Lübeck, Direktor der Lübecker Hafen-Ges. m. b. H.

In der Berichtszeit hatte die HTG unter ihren Mitgliedern wiederum eine große Anzahl von Toten zu beklagen. Unter ihnen befand sich Direktor Etterich, Schatzmeister und Ehrenmitglied der Gesellschaft, dessen Wirken für HTG, Häfen und Schiffahrt an anderer Stelle besonders gewürdigt wurde. Am 6. Februar 1963 verstarb im Alter von 67 Jahren Oberstadtdirektor i. R. Dr. Nagel, der fast dreißig Jahre lang der HTG angehörte und viele Jahre Mitglied des Ausschusses für Hafenverkehrswege war. Durch seinen abgewogenen Rat und seine umfassenden Kenntnisse der Binnenhäfen hatte seine Stimme im Vorstand, in dem er seit 1949 als stellvertretender Vorsitzender tätig war, besonderes Gewicht. Die harmonische Zusammenarbeit mit dem Verband öffentlicher Binnenhäfen, dessen Vorsitz Dr. Nagel von 1945 bis 1960 innehatte, ist weitgehend sein Verdienst.

Aus der übrigen Zahl der Verstorbenen, die wie Ministerialdirigent Barelmann und Prof. Heiser viele Jahrzehnte hindurch der HTG die Treue gehalten oder die nach 1949 als neue Mitglieder sich um deren Wiederaufbau verdient gemacht haben, schuldet die Gesellschaft den Herren Dr.-Ing. Berghaus, Nadermann und Thomas besonderen Dank für ihre in den Fachausschüssen teils mit leitenden Funktionen geleistete langjährige, fruchtbare Arbeit.

Es starben seit 1961:

Anthony, Georg. A., Kaufmann, Hamburg

Barelmann, Heinrich, Ministerialdirigent a. D. Oldenburg/O.

Berghaus, Bruno, Dr.-Ing., Bremen

Busse, Friedrich, Kapitän, Bremen

Ehmke, Friedrich, Direktor, Dortmund

Etterich, Heinrich, Reedereidirektor i. R., Düsseldorf

Fackert, Hermann, Direktor, Duisburg

Hansen, Friedrich, Kapitän, Hamburg

Hansmeier, Johannes, Oberingenieur, Hamburg

Harenberg, Friedrich, Dr.-Ing., Bremen

Heiser, Heinrich, Professor, Hamburg

Hövelmann, Hans-Hermann, Dipl.-Ing., Bremen

Hoffbauer, Karl, Hafenbaudirektor i. R., Mülheim/Ruhr

Jastram, Hans, Fabrikant, Hamburg

Kellner, Henry, Bauingenieur, Bremen

Klönne, Moritz, Dr.-Ing. E. h., Dortmund

Kramer, Wilhelm. Oberingenieur, Hamburg

Mantscheff, Alexander, Dipl.-Ing., Rodenkirchen bei Köln

Martinsen, Ottokar, Landesrat a. D., Bremerhaven

Müller, Joachim, Dipl.-Ing. Oberbaurat, Bremen

Nadermann, Johann Heinrich, Stadtbaurat a. D., Harpstedt b. Bremen

Nagel, Josef, Dr. Oberstadtdirektor i. R., Neuß/Rh.

Nörling, Gerhard, Dr. jur. Ltd. Reg.-Direktor, Mannheim

Paneth, Mordechai, Dipl.-Ing., Haifa/Israel

Reinecke, Ernst, Dipl.-Ing., Direktor, Hamburg

Seidel, Ernst, Dipl.-Ing., Dortmund

Thomas, Heinz, Oberingenieur, Duisburg

Wagner, Bernhard, Dipl.-Ing., Hamburg

Der Gesamtbestand der Mitglieder hielt sich i. w. auf gleicher Höhe und betrug Ende 1963 736:

Ehrenmitglieder	5
Förderer	155
ord. Mitglieder	526
Jungmitglieder	22
gegens. Mitgliedschaften	14
Schriftenaustausch	12

Hiervon befinden sich 72 Mitglieder im Ausland.

Zusammenarbeit mit anderen Verbänden und Institutionen:

Im Gefolge einer gemeinsamen Vortragsveranstaltung, die sich mit Rationalisierungsfragen in der Binnenschiffahrt befaßte, wurde ein Ausschuß eingesetzt, der Möglichkeiten und Wege einer Rationalisierung in den Binnenhäfen untersuchen soll. Er ist von der Hafenbautechnischen Gesellschaft, dem Zentralverein für deutsche Binnenschiffahrt und dem Verband öffentlicher Binnenhäfen paritätisch besetzt.

Im Frühjahr 1963 fanden unter der Schirmherrschaft des Herrn Bundespräsidenten „Kongreß und Ausstellung Wasser, Berlin 1963" statt, die vom Deutschen Verband für Wasserwirtschaft mit weitgehender Förderung und Beteiligung des Bundesgesundheitsministeriums vorbereitet worden waren. Die HTG gehörte dem Arbeitsausschuß an und beteiligte sich an der Ausstellung durch Einrichtung eines Standes in der Abteilung „Verbände", wobei u. a. die Veröffentlichungen der HTG ausgelegt wurden.

Das Deutsche Museum in München eröffnete im Mai des gleichen Jahres die im Kriege zerstörte Abteilung „Wasserbau". An ihrer Wiederherstellung und Neueinrichtung war die HTG mit Rat und Tat weitgehend beteiligt, was anläßlich der feierlichen Eröffnungssitzung entsprechend gewürdigt wurde.

Durch den Deutschen Verband technisch-wissenschaftlicher Vereine wurde die HTG laufend über die Tätigkeit der Organisationen von Wissenschaft und Forschung, insbesondere des „Wissenschaftsrates", der „Deutschen Forschungsgemeinschaft" des „Ständigen Ausschusses für angewandte Forschung" sowie des „Stifterverbandes für die deutsche Wissenschaft" unterrichtet. Im Juni 1963 hatte der Deutsche Verband den IV. Internationalen Ingenieurkongreß der FEANJ, des Europäischen Verbandes nationaler Ingenieurvereinigungen, auszurichten. An der Tagung, die unter dem Generalthema „Der Auftrag unserer Zeit an die Technik" stand, nahm für die HTG ihr Vorsitzender, zugleich Vorstandsmitglied des Deutschen Verbandes, teil.

Der VI. Technische Kongreß der J. C. H. C. A., der im Oktober 1963 in London stattfand, hatte sich das Generalthema „Forschung im Güterumschlag" gestellt. Die HTG war hier durch den Vorsitzenden des Ausschusses für Hafenumschlagstechnik, Baudirektor Dr.-Ing. Neumann, Hamburg, in Personalunion Sekretär des deutschen nationalen Komitees, vertreten. Unser Mitglied, Direktor Wichern, Duisburg, hielt einen viel beachteten Vortrag über Schwergutumschlagsanlagen[1].

Der vorstehende Bericht soll einen Überblick über die Tätigkeit der HTG auf ihren Fachgebieten geben, und zwar sowohl der Gesellschaft als solcher sowie bei der Mitwirkung in anderen Gruppen und Verbänden als auch durch Vorträge und Publikationen berufener Mitglieder.

Veröffentlichungen grundlegender Art auf dem Gebiete des Hafenwesens oder über eng mit diesem verflochtene Probleme der Zufahrtwege und der Schiffahrt sind im allgemeinen den Jahrbüchern vorbehalten. Für den vorliegenden Band ist darüber hinaus der 50. Geburtstag der Hafenbautechnischen Gesellschaft im Jahre 1964 Anlaß, nach einem Rückblick auf die Entwicklung der letzten fünfzig Jahre den gegenwärtigen Stand des Ausbaus deutscher Häfen, der Wasserstraßen und deren Einrichtungen zu fixieren und auf wichtigen Einzelgebieten über die jüngste Entwicklung zu berichten.

[1] Vgl. Auszug in „Hansa" 1964, Nr. 3, S. 254ff.

Seehäfen

Die Entwicklung der deutschen Seehäfen in den letzten 50 Jahren

Von Professor Dr.-Ing. E. h. Dr.-Ing. **Agatz** und Hafenbaudirektor i. R. Dr.-Ing. E. h. **Mühlradt**

I. Allgemeines

Die Seehäfen eines Landes sind die Ein- und Ausgangstore des Weltverkehrs. Sie sind damit weitgehend nicht nur Verkehrseinrichtungen des eigenen Landes, sondern — als Transithäfen — auch des Auslandes. Diese Funktionen geben ihnen den internationalen Charakter: sie sind damit nicht nur vom Ablauf der Wirtschaft des eigenen Landes, sondern darüber hinaus vom Ablauf der Weltwirtschaft in einem Maße abhängig, wie sonst kein Bereich der nationalen Wirtschaft.

Die Strukturänderungen, die sich seit Jahrzehnten in der Weltwirtschaft abzeichnen — sie sind sowohl auf wirtschaftsgeographische wie politische Gründe der verschiedensten Art zurückzuführen — haben neben den nationalwirtschaftlichen Ursachen das Schicksal der deutschen Seehäfen in den letzten Jahrzehnten bestimmt. Neben der Verdreifachung des Weltverkehrs seit 1936 — was sich, wenn auch verschieden stark — auf die deutschen Seehäfen ausgewirkt hat, brachte der Strukturwandel den Seehäfen außer der weiteren Differenzierung der Umschlagsgüter noch das Superschiff, das Spezialschiff und das Anwachsen der Industrie in den Häfen.

Wie haben die Häfen darauf reagiert? In einem Seehafen konzentrieren sich die Verkehrsträger Seeschiff, Eisenbahn, Binnenschiff und Kraftwagen wie in keiner anderen Verkehrsanlage. Grundsatz bei der Einordnung der Verkehrsträger ist die bevorrechtigte Abfertigung des Seeschiffs, da das Gütervolumen eines solchen ein Vielfaches von dem eines Waggons, Lastkraftwagens und Binnenschiffes beträgt und die kleineren Verkehrsträger sich leichter nach den Anforderungen des Seeschiffes abstellen lassen als umgekehrt.

Leider ist es trotz dieser entscheidenden Stellung des Seeschiffs im Hafen nie gelungen, eine Abstimmung zwischen Seeschiff und Hafen zu erreichen. Die Entwicklung des Seeschiffs hat sich immer nur vom freien Wettbewerb im Weltverkehr bestimmen lassen. Der Seehafen muß, wenn er nicht ausgeschaltet werden will, die Anforderungen, die die internationale Schiffahrt stellt, soweit wie möglich erfüllen. Auch er ist mehr oder weniger vom internationalen Wettbewerb abhängig. Das gilt für die deutschen Seehäfen besonders deutlich nach Gründung der EWG, zeigte sich aber schon vor 50 Jahren.

Technisch muß sich der Seehafen rechtzeitig auf die 3 Hauptaufgaben einstellen:

a) Umschlag von Seeschiff auf Eisenbahn, Binnenschiff und Kraftwagen und umgekehrt,

b) Lagerung und Behandlung von Gütern (wichtig für die großen Stückguthäfen und ihre Transitaufgabe),

c) Unterbringung hafengebundener Industrie.

Da das Seeschiff bevorrechtigt ist, sind die Anlagen des Hafens vor allem der Entwicklung des Seeschiffs anzupassen. Die Abmessungen der Hafenbecken und ihrer Einfahrten, ihre Längen, Breiten und Tiefen müssen der Größe der Seeschiffe im Weltverkehr entsprechen, die der Hafen aus Wettbewerbsgründen noch abfertigen will bzw. muß. Unzulängliche technische Abmessungen bedeuten Ausscheiden aus dem Wirtschaftsvorgang und Abwandern des Umschlages auf andere Häfen. Auch die Leistungsfähigkeit der Umschlagsanlagen für Stück- und Massengut mit ihren Ufereinfassungen, Kaiquerschnitten und Umschlagsgeräten muß sich nach der gängigen Größe des Seeschiffs und seiner technischen Ausrüstung richten, wobei der größte Wert immer darauf gelegt werden muß, ein Minimum an Liegezeit für die Seeschiffe durch möglichst große Umschlagsleistung zu erreichen.

Die Lösung dieser Aufgaben bleibt aber ein Torso, wenn nicht auch die 3 Verkehrswege von und zum Binnenland den verstärkten Verkehrsansprüchen der Seehäfen rechtzeitig angepaßt werden.

II. Stand der Welthandelsflotte nach Anzahl und Größe

Legt man hier die graphische Darstellung der Wasser- und Schiffahrtsdirektion Bremen zugrunde (s. Abb. 1), so ergibt sich folgendes:

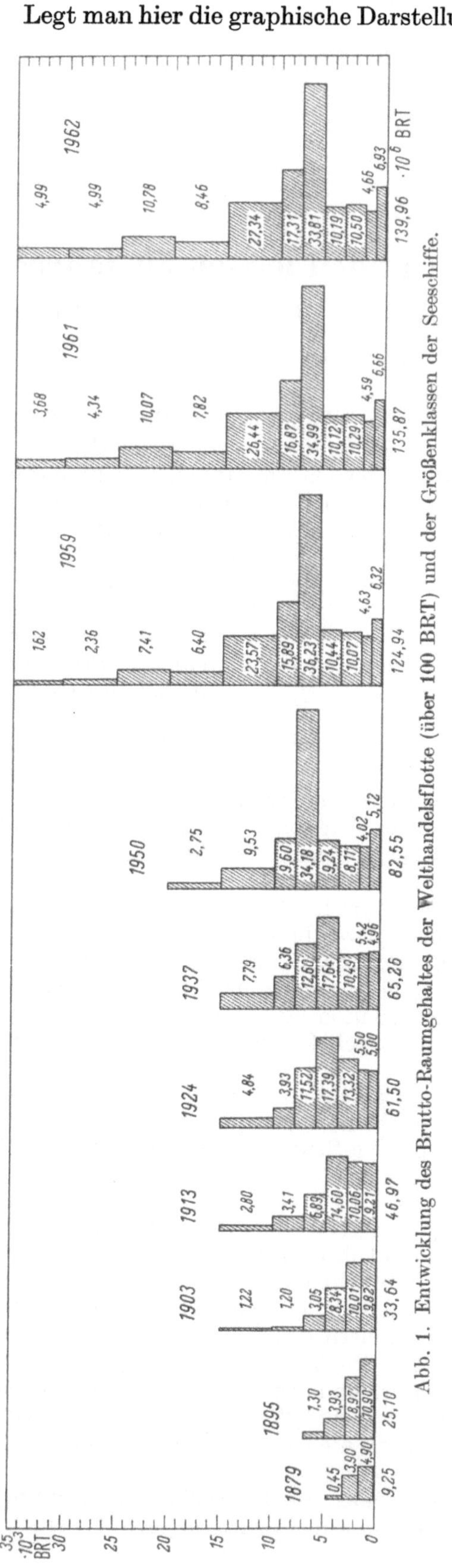

Abb. 1. Entwicklung des Brutto-Raumgehaltes der Welthandelsflotte (über 100 BRT) und der Größenklassen der Seeschiffe.

Die Welthandelsflotte hat 1937 gegenübr dem Stand von 1913 um rund das 1,4fache, 1962 um rund das 3fache zugenommen. Daß dieser gewaltige Anstieg auf den Umfang und Ausbau der Seehäfen entscheidenden Einfluß hatte, liegt auf der Hand.

Wenn man nun die einzelnen Größenklassen der Seeschiffe miteinander vergleicht, so entfallen auf das Jahr 1913 auf die Größenklasse

von 3000 — 5000 BRT i. rd. Zahlen 15 Mill. BRT,
von 5000 — 7000 BRT i. rd. Zahlen 7 Mill. BRT,
von 7000 — 15000 BRT i. rd. Zahlen 6 Mill. BRT.

Hieraus geht hervor, daß 1913 Schiffe der Größenklasse von 3000 — 5000 BRT das Übergewicht hatten.

1937 wuchs die Zahl der Schiffe in den Größenklassen

von 4000 — 6000 BRT auf rd. 18 Mill. BRT,
von 6000 — 8000 BRT auf rd. 13 Mill. BRT,
von 8000 — 15000 BRT und darüber auf rd. 14 Mill. BRT an.

Auf die Größenklasse von 6000 — 15000 BRT und darüber entfielen also bereits insgesamt 27 Mill. BRT. Hierauf hatten sich die Seehäfen einzustellen.

Noch größer wurde der Sprung im Jahre 1962, als die Größenklasse von 4000 — 6000 BRT auf rd. 10 Mill. BRT zurückging, jedoch die Klasse von 6000 — 8000 BRT auf rd. 34 Mill. BRT anstieg. Der gewaltigste Zuwachs ist in der Größenklasse von 8000 — 15000 BRT mit rd. 45 Mill. BRT und in der Größenklasse von 15000 bis über 30000 BRT mit rd. 29 Mill. BRT erfolgt.

Von diesem Jahr ab trat also ein entscheidender Wandel hinsichtlich der Größenklasse der Seeschiffe ein und verlangte von den Seehäfen einen entsprechenden Ausbau.

Vergleicht man nach der Statistik von Dr. Theel in seinem Buch "The World Shipping Scene" die Anzahl der Seeschiffe über 100 BRT in den 4 Jahren 1913 — 1938 — 1962 und 1963 mit der dazugehörigen BRT-Summe, so ergibt sich nach der folgenden Tabelle (in runden Zahlen):

Jahr	1913	1938	1962	30. 6. 1963
Anzahl	30 600	31 200	38 700	39 571
BRT	47 Mill.	69 Mill.	140 Mill.	146 Mill.
Durchschnitts-größe in BRT .	1 500	2 200	3 600	3 700

Die Anzahl der Seeschiffe hatte sich also 1938 gegenüber 1913 mit rd. 2% kaum und 1963 gegenüber 1913 nur um rd. 29,5% erhöht, während sich die Durchschnittsgröße der Seeschiffe 1938 gegenüber 1913 bereits um rd. 48% und 1963 mit 3700 BRT gegenüber 1913 um fast 150% und gegenüber 1938 um rd. 68% erhöht hat.

Die Erhöhung der Durchschnittsgröße und Anzahl der Seeschiffe liegt aber wesentlich in den letzten $1^1/_2$ Jahrzehnten. Auch hieraus kann man ersehen, welche gewaltigen Kosten den deutschen Seehäfen außer durch den Wiederaufbau ihrer Anlagen nach dem letzten Weltkrieg noch durch die Anpassung derselben an den zahlen- und größenmäßig vermehrten Seeschiffsverkehr und mengenmäßig gestiegenen Güterumschlag auferlegt wurden, wobei zu berücksichtigen ist, daß diese Kosten von den Seehäfen Hamburg und Bremen allein getragen werden.

Was die Zunahme der Größe und Anzahl der Massengutfrachter anbelangt, so befahren z. Zt. 206 Großfrachter über 30000 BRT die Weltmeere, das ist ein Zuwachs von rd. 70 Schiffen innerhalb des letzten Jahres. Von den z. Zt. im Bau befindlichen Massengutfrachtern entfallen rd. 40% auf Größen über 40000 tdw und rd. 25% auf Größen von 30000 bis 40000 tdw.

III. Schiffsgrößen und Schiffsarten

a) Regelfrachter des Weltverkehrs für Stückgut

Vergleicht man zuerst die Spitzenschiffe dieser Klasse, so ergibt sich folgende Tabelle:

Jahr	BRT	Länge m	Breite m	Tiefe m	Knoten
1913	7 000	140—145	17—18	8 —8,15	12
1938	8 000	150—165	18—20	8,3—8,5	14—16
1962	10 000	165—175	20—22	8,5—9,5	16—22

Das z. Zt. schnellste Frachtschiff der USA-Handelsflotte erreichte sogar eine Höchstgeschwindigkeit von rd. 25 Kn/Std. Nimmt man demgegenüber die durchschnittliche Schiffsgröße der Stückgutfrachter, so ergibt sich die nachstehende Aufstellung:

Jahr	BRT	Länge m	Breite m	Tiefe m	Knoten
1913	5 000	120—125	15—16	7,5—8,0	10—12
1938	7 000	140—145	17—18	8,0—8,5	12
1962	8 000	150—160	18—20	8,3—8,9	16—18

Die Abmessungen der Schiffe sind bei großen Häfen wichtig für die Verteilung der großen und kleinen Schiffe auf die einzelnen Kaistrecken der Hafenbecken.

Die in den letzten Jahren einsetzende wesentliche Geschwindigkeitserhöhung der Seeschiffe hat aber zur Folge, daß auch die Seehäfen ihre Umschlagsanlagen infolge des schnelleren Schiffsumlaufes und der damit erhöhten Inanspruchnahme von Liegeplätzen entsprechend erweitern müssen, wenn dieser Trend zunimmt. Es zeigt sich also auch hier wieder, daß die Seehäfen selbst gar keinen Einfluß auf die Entschlüsse der Reeder haben, sondern allein schon aus Gründen der Selbsterhaltung und Wettbewerbsfähigkeit sich diesen Entschlüssen anpassen müssen. Das kostet aber Geld und immer wieder Geld. Sind doch heute die Baukosten für einen vollausgebauten Liege- und Umschlagsplatz für einen Regelfrachter genau so hoch wie für das Schiff selbst. Gehen die Seehäfen diesen Weg der Anpassung nicht, dann kommt es zu Schiffsstauungen und damit zu langen Wartezeiten vor und in den Häfen. Diese führen zwangsläufig zur Erhöhung der Frachtraten für diese Seehäfen, wie es verschiedentlich in einzelnen Häfen in Afrika, Südamerika und Asien der Fall gewesen ist.

b) Erz- und Kohlefrachter

Spezielle Erzfrachter waren 1913 kaum vorhanden. 1938 bewegte sich die Größenordnung derselben zwischen 10000 — 14000 tdw, bei einer Länge von 140 — 165 m, einer Breite von 19 — 21 m, einem Tiefgang von 8,4 — 9,2 m. Ihre Geschwindigkeit lag zwischen 10 — 12 Knoten. In den letzten 10 Jahren ist jedoch sowohl die Größe als auch die Anzahl der Bulkcarrier in einem erheblichen Ausmaß gestiegen.

So ermittelte die norwegische Firma Fearnley & Egers Chartering Co., Ltd., Oslo, den Bestand und den Größenaufbau der Bulkcarrier-Flotte zu:

Größe in tdw	Schiffe	1000 tdw	%
10 000—13 999	135	1 541	9,0
14 000—17 999	280	4 437	26,0
18 000—24 999	284	6 021	35,3
25 000—29 999	49	1 323	7,8
30 000—39 999	55	1 881	11,0
40 000 und mehr	37	1 859	10,9
Gesamt:	840	17 062	100,0

Der Anteil der großen Einheiten über 30 000 tdw beträgt also bereits rd. 22%, wovon die Hälfte auf die Größen über 40 000 tdw entfällt.

Auf diese Entwicklung der Erzfrachter haben sich die Seehäfen entsprechend eingestellt. Hamburg wird daher seine Massengutumschlagsanlage verlegen und modernisieren.

Für die Abfertigung der Erzfrachter stehen in Emden umfangreiche Erzumschlagsanlagen zur Verfügung, die in den Jahren 1960 — 1962 noch wesentlich erweitert wurden.

Bremen hat in Bremerhaven zusammen mit den Klöckner-Werken seit 1961 einen neuen Erzhafen mit den erforderlichen Erzumschlagsanlagen und großen Lagerflächen in Bau, der 1964 in Betrieb genommen wird.

Einen wesentlichen Zuwachs werden jedoch die Großschiffe erhalten, wenn die Aufträge der Werften 1964/1965 zur Ablieferung gelangen.

Die Firma Fearnley & Egers gibt für die größenmäßige Gliederung die folgende Aufstellung:

Größe in tdw	1000 tdw	%
10 000—13 999	45	1,1
14 000—17 999	94	2,3
18 000—24 999	933	22,5
25 000—29 999	331	8,0
30 000—39 999	1 000	24,1
40 000 und mehr	1 742	42,0
Gesamt:	4 145	100,0

Danach entfallen allein auf die Großschiffe

über 40000 tdw = 42,0%
von 30000 — 39999 tdw = 24,1%
zus. 66,1%

Aus dieser Entwicklung werden daher die Empfangshäfen die entsprechenden Folgerungen ziehen müssen, zumal sich ihr die Erzverschiffungshäfen wesentlich früher angepaßt haben.

So haben die neuen Erzhäfen in Westafrika bereits eine Wassertiefe von 11 — 12 m unter SKN. Die schwedischen Häfen stellen sich bereits auf die 50 000 tdw Größen ein. Die neuen kanadischen Häfen haben ebenfalls Wassertiefen von 11,5 m. Das gleiche gilt für die südamerikanischen Erzverschiffungshäfen mit einer Wassertiefe von 11 — 12,5 m.

Daß die oben aufgeführten Schiffsgrößen für spezielle Erzliniendienste noch übertroffen werden, geht daraus hervor, daß nicht nur 3 Erzschiffe von je 67 000 tdw, sondern darüber hinaus noch 3 Erzschiffe von je 79000 tdw in Japan in Auftrag gegeben worden sind.

Ferner sind 2 weitere Bulkfrachter von je 65000 tdw in Auftrag gegeben, die evtl. mit einer mechanischen Löscheinrichtung versehen werden sollen.

Für die Erzfrachter konnte in den Verschiffungshäfen die durchschnittliche Ladeleistung auf 4000 — 6000 t, in der Spitze bis zu 8000 t pro Stunde gesteigert werden, während sie sich beim Entladen im Durchschnitt nur auf 1000 t bis maximal auf 2000 — 3000 t pro Stunde erhöhte. Diese hohen Umschlagszahlen wurden dadurch erzielt, daß nicht nur die Umschlagsgeräte verbessert, sondern die Horizontalförderung vom Seeschiff aufs Lager und umgekehrt vom Lager ins Binnenschiff und in den Eisenbahnwaggon eingeführt und die Lagerkapazität wesentlich erhöht wurde.

Die modernen Kohlefrachter haben heute eine Größe von 25000 — 30000 tdw. Werden noch größere Einheiten verwendet, dann ist hierfür das Sortenproblem maßgebend.

Für die Kohleverschiffung sei die neue Verladeanlage im Hafen von Norfolk (USA) erwähnt, die im Durchschnitt 16000 t Kohle in einer Stunde aus Waggons in das Seeschiff verladet.

c) Öltanker

Jahr	tdw	Länge m	Breite m	Tiefgang m	Knoten
1913	8 000—10 000	120—125	16	8,5— 8,8	10—12
	18 000	150—170	20—23	8,5— 9	12—13
1938	15 000	150	21	9,1	11—12
1962	36 000	200—210	27—28	10,7—10,9	17
	45 000	210—230	29—31	11,5	17
	80 000—90 000	250—260	38	14,3—14,8	17
	130 000	290	43	16,4	16,5

Im Jahre 1913 betrug die Größe der Öltanker durchschnittlich 8000 — 10000 tdw. Das Spitzenschiff lag in dieser Zeit bei rd. 18000 tdw.

1938 stieg die Durchschnittsklasse an auf rd. 15000 tdw. 1962 wuchs die Tragfähigkeit der Durchschnittstanker auf 36000 — 45000 tdw.

Die neuen Spitzentanker liegen zwischen 80000 — 90000 tdw und steigen neuerdings auf 150000 tdw.

Die oben aufgeführten Maße der Tanker schwanken in den einzelnen Größenordnungen, da jeder Konzern seine eigenen Konstruktionsgrundsätze hat. So schwankt z.B. bei den 60000-tdw-Tankern der Tiefgang bis zu 1,50 m.

Die Größe dieser Spezialschiffe hatte zur Folge, daß die einzelnen Länder dazu übergingen, Spezialhäfen für diese Riesentanker zu bauen, die die nötige Tiefe in der Zufahrt von See und an der Lösch- und Ladestelle besitzen. Hochleistungsfähige Lade- und Löschanlagen (Pumpen und Tanklager) gehören zur notwendigen Ausrüstung, um die Liegezeiten der Tanker auf ein Minimum herunterzudrücken.

So wurde in Wilhelmshaven im Jahre 1959 die neue Ölumschlagsanlage mit einem Tanklager von 800000 t und die nordwestdeutsche Ölleitung ins Industriegebiet in Betrieb genommen. Eine Erweiterung der Tankerpier um das Doppelte ist vorgesehen. Die Anlage kann z.Zt. von Tankern bis zu 60000 tdw und in Zukunft nach erfolgter Vertiefung der Zufahrt von See auf 13 m unter SKN von 100000-tdw-Tankern angelaufen werden.

In Hamburg besteht infolge der bereits durchgehend vorhandenen Vertiefung der Unterelbe auf 11 m unter SKN die Möglichkeit, Tanker bis zu 45000 tdw zu den in Hamburg gelegenen Ölraffinerien zu bringen.

Die Spitzengrößen dieser Öltanker von 80000 bis z.Zt. 130000 tdw können nur auf bestimmten Linien fahren, wo sowohl die Be- als auch die Entladehäfen mit ihren Zufahrten den entsprechenden Tiefgang aufweisen. Die großen Seekanäle — wie Panama-, Suez- und Nordostseekanal — reichen für diese Schiffe nicht mehr aus.

Rund $^1/_3$ der Welthandelsflotte entfällt nach der Statistik auf die Welttankerflotte mit rd. 47 Mill. BRT.

Die Gründe für die wachsende Größe der Öltanker liegen wie bei den Erzfrachtern in den weiten Entfernungen, dem billigeren Bau und dem billigeren Betrieb.

Bei den hohen Frachtkostenersparnissen der Wirtschaft beim Transport in großen Schiffen lohnen sich volkswirtschaftlich auch die größeren Kosten für den entsprechenden Ausbau der Zufahrten von See zum Hafen. So wird der Ausbau der Elbe auf durchgehend 12 m unter SKN eine Transportkostenersparnis von etwa 30 Mill. DM pro Jahr erbringen.

d) Fahrgastschiffe

1913 gab es nur in der Fahrgastschiffahrt Spezialschiffe, für die Spezialfahrgastanlagen geschaffen wurden, z.B. für die Elbe in Cuxhaven und für die Weser in Bremerhaven. Die Größenordnung dieser Fahrgastschiffe in den einzelnen Zeitabschnitten geht aus der folgenden Tabelle hervor:

Die Schnelldampfer des Norddeutschen Lloyds und der Hamburg-Amerika-Linie

Jahr	BRT	Länge m	Breite m	Tiefgang m	Knoten
1913	20 000	rd. 200	rd. 20	rd. 9	22,5—23,5
	26 000	rd. 210	rd. 24	rd. 9,2	19
	52 000—56 000	269—279	30—30,5	11 —12,2	24—25
1938	32 000	228	25,3	9,8	24—25
	50 000	285—286	31	10,2—10,4	28
1962	30 000	205	25,5	9,1	21
	32 000	212	27,5	9,5	24,5
Die „United States" der US-Lines					
	53 000	274	33,7	9,4	30 und mehr

Der Tiefgang der Fahrgastschiffe nahm gegenüber dem Jahre 1913 also ab. In den letzten Jahren machte sich außerdem eine Verringerung der Größenordnung auf 32000 — 40000 BRT bemerkbar.

Hamburg hatte bereits vor 1914 für den Verkehr seiner großen Schnelldampfer eine neuzeitliche Fahrgastanlage in Cuxhaven errichtet und dieselbe nach dem zweiten Weltkrieg verbessert. Die Abfertigung der mittelgroßen Fahrgastschiffe erfolgt in Hamburg an der Überseebrücke, die nach dem zweiten Weltkrieg ebenfalls modernisiert wurden.

In Bremerhaven stand vor dem ersten Weltkrieg für die Abfertigung der Schnelldampfer der Vorhafen der Kaiserschleuse zur Verfügung und nach dem ersten Weltkrieg die Columbuskaje mit dem Columbusbahnhof, der nach dem zweiten Weltkrieg wieder aufgebaut und mit der Fahrgastanlage II wesentlich erweitert worden ist.

e) Gipsfrachter

Ein besonderer Typ mit Selbstentladevorrichtung ist von der AG „Weser“-Werft Bremen 1958 für den Gipstransport in Nordamerika mit folgenden Abmessungen gebaut worden: Länge: 160 m, Breite: 22,25 m, Tiefgang: 9,15 m, Tragfähigkeit: 17 165 t.

Die Leistung der Entladeanlage beträgt für Gipsgestein etwa 1400 t/Std.

f) Flüssigkeitstanker

Für den Transport von flüssigen Chemikalien und verflüssigten Gasen sind inzwischen Spezialtanker gebaut worden. Besonders England ist an dem Transport von verflüssigtem Sahara-Gas zu den englischen Häfen sehr interessiert. Es sind in England z.Zt. zwei Gastanker von je 30000 tdw im Bau. Für die Entladung dieser Schiffe mit ihrer gefährlichen Ladung sind besondere Anlagen mit Lagertanks aus Aluminium in der Themsemündung im Bau. Im großen und ganzen halten sich jedoch diese Flüssigkeitstanker bislang zwischen 1000 und 7000 tdw.

Das Problem des Erdgas-Transportes in Flüssigkeitstankern wird in der Zukunft für unsere deutschen Seehäfen keine Bedeutung erlangen, da das Erdgas aus dem europäischen Raum in genügender Menge in Rohrleitungen und aus dem nordafrikanischen Raum durch das Mittelmeer ebenfalls in Rohrleitungen an die Verbraucherstellen herangeführt werden kann.

g) Autotransportschiffe

Für den Export von deutschen Autoerzeugnissen sind in neuester Zeit Spezialfrachter mit folgenden Abmessungen gebaut worden: Tragfähigkeit: 17600 tdw, Länge: 155 m, Breite: 21,24 m, Tiefgang: 9,85 m, Ladekapazität: rd. 1250 VW-Wagen.

Für derartige Schiffe mußten besondere Verladeanlagen von den Seehäfen Hamburg, Bremen/Bremerhaven, Lübeck und neuerdings auch von Emden in Zusammenarbeit mit dem VW-Werk in Wolfsburg geschaffen werden, die flächenmäßig sehr groß sind und umfangreiche Eisenbahnanlagen mit entsprechenden Spezialrampen aufweisen.

h) Getreideschiffe

Für den nach dem Kriege erheblich angestiegenen Getreidetransport aus USA, Kanada und Australien wurden anfangs die Trockenfrachter, dann auch die Massengutfrachter gebaut. So wurden von New Orleans nach Rotterdam Ladungen bis zu 38000 t gebracht in Schiffen von rd. 41000 tdw.

i) Containerschiffe

Ende der fünfziger Jahre begannen die Amerikaner auf Grund der Erfahrungen mit Militärtransporten, für ihren ausgedehnten Küstenverkehr mit Regelfrachtschiffen den Großbehälter — den sogenannten Container — einzuführen. Australien und Neuseeland folgten mit der Benutzung des Containers für ihren Küstenverkehr.

Trotz anfänglicher Rückschläge und des Widerstandes der Hafenarbeiterorganisationen hat dieser Großcontainerverkehr in Amerika, aber auch in Australien weiter zugenommen. Es handelte sich aber vorerst nur um bestimmte Fahrtgebiete:

USA West — Hawaii
Florida — Westindien
Melbourne — Tasmanien.

Allerdings wurde bisher noch keine Zollgrenze mit Erfolg überschritten. Im Atlantikverkehr ist der Transport in Großcontainern mit reinen Containerschiffen nur bei Großversendern und Großempfängern gelungen. Von der technischen Seite sind die Probleme in der großen Linie gelöst, es fehlen noch die organisatorischen Maßnahmen. Die amerikanische Wehrmacht hat diesen Spezialtransportverkehr weiter ausgebaut und hierfür ebenfalls Spezialschiffe eingesetzt.

Man unterscheidet im Containerverkehr zwei Typen:

a) das sogenannte Containerschiff „Lift-on/Lift-off“
mit einer Spezialkranausrüstung an Bord der Schiffe oder an Land, die die Container von Land aufnimmt bzw. auf Land sowie auf Landfahrzeuge absetzt;

b) das „Roll-on/Roll-off-Schiff“,
in das die Trailer über Heck eingefahren werden.

Beide Arten der Be- und Entladung haben eine erhebliche Zeitersparnis zur Folge, da nach den Erfahrungen in den neuen amerikanischen Container-Hafenumschlagsanlagen ein Container von

8′ × 8′ × 35′ = rd. 2,44 × 2,44 × 10,5 m mit rd. 20 t Gewicht in 3,5 bis 5 Minuten in das Seeschiff verladen werden kann. Da diese Schiffe 2 bzw. 4 Containerverladebrücken besitzen, bzw. diese auf dem Kai laufen, können die Schiffe in kürzester Zeit abgefertigt werden.

Damit werden die hohen Liegegebühren und Wartezeiten eines Schiffes wesentlich verringert, so daß ein Ausgleich hinsichtlich der verminderten Ausnutzung des Laderaumes des Schiffes erfolgt. Auch im Umschlag selbst wirken sich die Kosten aus. Während z. B. im Hafen New York die Tonne normales Stückgut 9 Dollar kostet, vermindert sich dieser Betrag pro Tonne im Container auf 1 Dollar. Diese neuartigen Schiffe verlangen natürlich einen erheblich größeren Tiefenraum hinter der Kaje zur Aufstellung und eine störungsfreie Straßenführung für das Heran- bzw. Fortbringen der Trailer vom und zum Umschlagsplatz. Derartige neue Hafenanlagen sind bereits in Amerika gebaut worden.

Im Hafen Newark hat die Port Authority of New York einen weiträumigen modernen Spezialhafen für den Containerverkehr nach dem „Roll-on/Roll-off"- und dem „Lift-on/Lift-off"-Prinzip angelegt. Das Hafenareal bietet Raum für 2100 Trailer mit Abmessungen 35′ × 8′ × 8′ und 20 t Nutzlast.

Die Grace-Line besitzt z.Zt. zwei Containerschiffe und vier Frachter, die für den Containerbetrieb nach und von Puerto Rico eingerichtet sind.

Die Matson-Line hat mit ihren Frachtern den Containerverkehr an der Westküste der USA eingeführt und pflegt besonders den Containerverkehr von und nach Hawaii von San Francisco und Los Angeles aus. 1964 will die Matson-Line mit ihrem eigenen Containerbestand so weit sein, daß sie rd. 75% aller für den Containertransport geeigneten Ladungen in ihren Containerschiffen transportieren kann.

Um ein noch besseres Verstauen der Container im Schiff zu erreichen, gehen die Amerikaner nunmehr auf Einheitsmaße von 8′ × 8′ im Querschnitt und in Längen von 10′ — 20′ — 30′ — 40′ über.

Zweifelsohne hat diese Art der Be- und Entladung der Schiffe gegenüber der bisherigen Form erhebliche Vorteile. So erwägt eine amerikanische Reederei den Einsatz von schnellen Containerschiffen für den Verkehr zwischen Amerika und Europa. Ob und in welchem Umfange diese neuen Spezialschiffe im Querverkehr über die Ozeane Verwendung finden, hängt von 4 Faktoren ab:

a) Internationale Festlegung der Abmessungen dieser Großcontainer und der Beförderung auf der Straße, Schiene und Binnenwasserstraße.

b) Das verständnisvolle Mitgehen der Hafenarbeitergewerkschaft in den großen Seehäfen.

c) Eine einfache Zollbehandlung dieser Großcontainer mit den darin befindlichen Gütern, da sonst durch das Öffnen der Großcontainer die Vorteile des raschen Transportes und Umschlages wieder verlorengehen.

d) Die Anpassung der Trailer an die in dem jeweiligen Lande für den Straßenverkehr zugelassenen Abmessungen und Gewichte.

Trotz dieser noch vorhandenen Nachteile hat sich der Großcontainer auch im australischen Küstenverkehr bereits durchgesetzt.

Eine Schiffahrtsgesellschaft von Neuseeland hat neue Roll-on/Roll-off-Schiffe für den erweiterten Küstenverkehr im Bau. Von seiten der amerikanischen Wehrmacht wurden weitere Versuchsfahrten mit einer schnellen Entladung dieser zwei Spezialschiffstypen durchgeführt, und sie hat nunmehr mit einem regelmäßigen Verkehr der Roll-on/Roll-off-Schiffe auf Bremerhaven begonnen.

Aber auch die amerikanischen Großschiffahrtslinien haben mit Versuchen des Transportes von Großcontainern nach Europa bereits begonnen. Für den Transport von Ersatzteilen nach den USA hat das Volkswagenwerk die Container eingeführt, und heute werden bereits 90% des Gesamtgewichtes aller vom Volkswagenwerk verschifften Einzelteile in die USA in Behälter verladen. Das Volkswagenwerk plant auch die Verschiffung von Austauschmotoren und Getrieben in Behältern und ist dabei, das Problem der Rückverfrachtung der Behälter von den USA nach Deutschland ebenfalls zu lösen. Wenn auch in Deutschland noch Zweifel an dem vollen Einsatz dieser Spezialschiffe bestehen, sind doch eine ganze Anzahl von Werften und Reedern der Auffassung, daß sich dieser Typ im Laufe der Jahre durchsetzen wird.

So haben nunmehr einige Reeder aus Deutschland, den Niederlanden und England, die seit langem den Verkehr zwischen dem Kontinent und den Häfen an der Ostküste Englands betreiben, beschlossen, auf ihren Linien den Containerverkehr mit Spezialschiffen aufzunehmen.

In den letzten Jahren hat der Behälterverkehr zwischen England und Irland über die Irische See schnell zugenommen, und zwar mit 1200 — 2000 BRT großen Schiffen.

Auch zwischen Dänemark und England besteht bereits ein Containerverkehr.

Stellt man die beiden Systeme Roll-on/Roll-off und Lift-on/Lift-off einander vergleichend gegenüber, so zeichnen sich trotz der Gemeinsamkeit des vereinheitlichten Transportsystems aber doch zwei getrennte Entwicklungstendenzen ab. Der Ro-Ro-Betrieb, der weder beim Laden noch beim Löschen Sonderumschlagsanlagen an Land benötigt, wird sich zu dem Umschlagsverfahren nach militärischen Gesichtspunkten entwickeln. Dem Verlust an nutzbarem Stauraum im Schiff steht die Schnelligkeit des Umschlagsvorganges gegenüber.

Für den nach wirtschaftlichen Gesichtspunkten ausgerichteten kommerziellen Verkehr wird das Lio-Lio-Verfahren die zukünftige Entwicklung beeinflussen, da der Stauraum im Schiff mit in den Längen aufeinander abgestimmten Behältern, wie sie die Amerikaner mit 10′ — 20′ — 30′ — 40′ nunmehr einführen, wesentlich besser ausgenutzt werden kann. Ohne besondere Schwierigkeiten können diese verschieden großen Behälter durch die Spezialumschlagsanlagen auf dem Schiff oder auf dem Kai auf Spezialfahrzeuge für Schiene — Straße — Wasserweg abgesetzt werden. Auch bei diesem Verfahren bleibt der große Vorteil der wesentlichen Verkürzung der Be- und Entladezeit der Seeschiffe und der billigeren Umschlagskosten bestehen.

IV. Seegüterumschlag und Schiffsverkehr in den deutschen Seehäfen

In dem nachfolgenden Abschnitt werden die Seegüterumschlagszahlen der einzelnen Seehäfen miteinander verglichen. Bei der Bewertung muß man die Entwicklung in den letzten Jahrzehnten berücksichtigen.

Früher ergab sich die Bedeutung eines Seehafens aus dem Umschlag, der Lagerung und der Behandlung von Stückgut und Bulkgut. Daneben bestand schon außer den Werften eine gewisse Industrie zur Verarbeitung von Importrohstoffen (Reis-Getreide-Ölmühlen u. dgl.). Der nach dem ersten Weltkrieg aufkommende Massengutverkehr zur Versorgung der inländischen Industrie wurde in erster Linie von den großen Seehäfen aufgenommen. Die großen Mineralölfirmen begannen unter dem Einfluß der Transportkosten mit dem Auf- und Ausbau leistungsfähiger Raffinerien zunächst in den Seehäfen. Ihnen folgten die Montangesellschaften, die in oder in der Nähe der Seehäfen Stahl- und Walzwerke für die Versorgung der Industrie an der Küste (Werften) und für den Export anlegten. Diese Tendenz zur Industrialisierung in den Seehäfen wird sich in der Zukunft noch verstärken, da auch andere Industrien als die genannten — Maschinenindustrie, Auto- und Elektroindustrie — die für den Überseetransport ihrer Fabrikate vorgesehenen neuen Werksanlagen in den Seehäfen errichten. Der EWG-Wirtschaftsraum wird diese Entwicklung fördern.

In neuerer Zeit haben die großen Mineralölgesellschaften ihre neu zu errichtenden Raffinerien in die Absatzgebiete im Inland verlegt und versorgen sie durch Rohölleitungen von den wenigen Seehäfen aus, die über die notwendige Wassertiefe für Großtanker verfügen.

Die aufgezeichnete Entwicklung prägt sich in den Umschlagszahlen der Seehäfen aus. Im Gesamtumschlag ist der Anteil des Stückguts gegenüber dem Anteil des Massenguts allgemein zurückgegangen. Für die wirtschaftliche Bedeutung eines Seehafens ist natürlich der Stückgutumschlag von entscheidender Bedeutung.

Der gesamte seewärtige Güterumschlag in den größeren Häfen des Bundesgebietes (s. Tab.) betrug

1913 rd. 40,3 Mill. t,
1938 rd. 47,9 Mill. t,
1962 rd. 83,5 Mill. t.

Der Zuwachs in dem Zeitabschnitt von 1913 — 1938 betrug aber nur rd. 20%, während er von 1938 — 1962 um rd. 77% anstieg. An dieser Entwicklung waren in dem Zeitabschnitt von 1938 bis 1962 in erster Linie die Elbe- und Weserhäfen sowie Emden und in den letzten Jahren Wilhelmshaven beteiligt.

Von diesem Gesamtgüterumschlag bewältigten die Häfen Hamburg und Bremen

1913 fast rd. 80%,
1938 noch rd. 72%,
1962 nur noch rd. 57%, was auf die vermehrte Zufuhr an Massengütern (Erz und Öl) in Emden und Wilhelmshaven zurückzuführen ist.

Der gesamte Schiffsverkehr (also einschließlich Segelschiffe, Seeleichter) aller Seehäfen im derzeitigen Bundesgebiet betrug nach der Bundesstatistik:

1913 — 69619 Schiffe,
1938 — 84864 Schiffe,
1962 — 89531 Schiffe.

Also auch hier die interessante Entwicklung, wie in der Weltschiffahrtsstatistik, daß sich der Schiffsverkehr 1938 gegenüber 1913 wohl um rd. 22%, aber 1962 gegenüber 1938 nur noch um rd.

5,5% erhöhte, was wiederum auf die wachsende Größe der Seeschiffe, besonders im letzten Jahrzehnt, zurückzuführen ist.

Wie die Entwicklung des Seegüterumschlages in den größeren Seehäfen des Bundesgebietes verlief, geht aus der nachstehenden Tabelle hervor:

Der seewärtige Güterumschlag in den deutschen Seehäfen

Häfen	1913[1]	1938[2]	1962[2]	1963
Lübeck	2,00	1,96	2,96	3,32
Kiel	0,63	0,81	0,97	1,00
Flensburg	0,43	0,29	0,54	0,41
Hamburg	25,46	25,74	31,37	33,20
Brunsbüttel	—	0,25	1,93	2,69
Bremen/Bremerhaven	7,17	8,92	15,95	15,37
Brake	0,95	1,10	2,00	1,60
Nordenham	0,43	1,39	2,90	2,72
Wilhelmshaven	—	1,00	14,68	16,26
Emden	3,23	7,45	10,22	10,17
insgesamt	40,30	48,91	83,52	86,74

Entwicklung des Güterumschlages in der deutschen Nordsee-Hafengruppe und in der Rhein-Schelde-Hafengruppe[3]
(in abgerundeten Mill. t)

Häfen	1913	%	1936	%	1960	%	1962	%	1963	%
I Hamburg	25,4	100	22,0	86,5	30,8	120,5	31,4	123	33,2	130
Bremen/Bremerhaven	6,5	100	6,8	104,5	15,1	232	16,0	247	15,4	237
Rotterdam	29,4	100	31,5	103,5	83,4	285	96,6	328	103,3	350
Amsterdam	3,7	100	4,6	122,0	10,8	293	12,2	330	14,5	392
Antwerpen	18,9	100	25,2	133,5	37,3	198	41,5	220	46,2	245
II Deutsche Nordsee-Hafengruppe[4]	37,0	100	37,0	100	72,0	194	79,2	213	82,0	220
Rhein-Schelde-Hafengruppe[5]	54,0	100	65,0	120	135,5	250	158,0	293	171,6	318
III Hamburg u. Bremen/Bremerhaven	31,9	100	28,8	90	45,9	147	47,4	148	48,6	152
Rotterdam u. Amsterdam u. Antwerpen	52,0	100	61,3	118	131,5	253	150,3	288	164,0	315
IV Deutsche Nordsee-Hafengruppe	37,0	40,5	37,0	36,0	72,0	34,7	79,2	33,4	82,0	32,4
Rhein-Schelde-Hafengruppe	54,0	59,5	65,0	64,0	135,5	65,3	158,4	66,6	171,6	67,6
Zusammen	91,0	100,0	102,0	100,0	207,5	100,0	237,6	100,0	253,6	100,0
V Hamburg u. Bremen/Bremerhaven	31,9	38	28,8	32	45,9	26,0	47,4	24	48,6	22,8
Rotterdam u. Amsterdam u. Antwerpen	52,0	62	61,3	68	131,5	74,0	150,3	76	164,0	77,2
Zusammen	83,9	100	90,1	100	177,4	100,0	197,7	100	212,6	100,0
VI Hamburg	25,4	30,3	22,0	24,4	30,8	17,4	31,4	15,8	33,2	15,6
Bremen/Bremerhaven	6,5	7,8	6,8	7,6	15,1	8,5	16,0	8,2	15,4	7,3
Rotterdam	29,4	35,0	31,5	35,0	83,4	47,0	96,6	48,8	103,3	48,6
Amsterdam	3,7	4,4	4,6	5,0	10,8	6,1	12,2	6,2	14,5	6,8
Antwerpen	18,9	22,5	25,2	28,0	37,3	21,0	41,5	21,0	46,2	21,7
Zusammen	83,9	100,0	90,1	100,0	177,4	100,0	197,7	100,0	212,6	100,0

[1] Nach der Statistik der einzelnen Häfen.
[2] Nach der Bundesstatistik.
[3] Nach den Ermittlungen des Institutes für Schiffahrtsforschung Bremen.
[4] Die deutsche Nordsee-Hafengruppe umfaßt:
Hamburg — Brunsbüttel — Bremen/Bremerhaven — Brake — Nordenham — Wilhelmshaven — Emden.
[5] Die Rhein-Schelde-Hafengruppe umfaßt:
Amsterdam — Rotterdam — Dordrecht — Antwerpen — Gent.

Die vorstehenden Übersichten zeigen, daß die deutschen Seehäfen richtig gehandelt hatten, ihre Anlagen zwischen den beiden Weltkriegen zu erweitern und nach dem zweiten Weltkrieg dem enorm gewachsenen Seegüterumschlag und Schiffsverkehr anzupassen.

Im Gesamtumschlag haben also die Rhein-Scheldehäfen gegenüber den deutschen Nordseehäfen in den vergangenen 50 Jahren einen immer mehr wachsenden Anteil aufzuweisen, der in erster Linie auf ihrem, besonders in den letzten 10 Jahren, zunehmenden Massengutverkehr von Öl, Erz und Kohle beruht, da der Stückgutumschlag in den großen Mischhäfen keineswegs diese erheblichen Unterschiede aufweist. Für die deutsche Nordseehafengruppe wird jedoch durch die erfolgte Einschaltung des Ölhafens Wilhelmshaven und nunmehr durch die Inbetriebnahme der großen Erzumschlagsanlage Weserport in Bremerhaven im Herbst 1964 der Anteil am Massengutverkehr in größerem Umfang als bisher zunehmen. Für die Rhein-Schelde-Häfen ist es von wesentlichem Vorteil, daß sie zentral vor dem großen Industrie- und Wirtschaftsgebiet beiderseits des Rheins liegen,

daß sie die leistungsfähige, natürliche Wasserstraße des Rheins mit den von ihr ausgehenden Kanälen,

die leistungsfähigen Eisenbahnverbindungen beiderseits des Rheins ohne Überwindung von Höhenunterschieden

und die besseren Autobahnverbindungen

zum Hinterland aufweisen.

Betrachtet man demgegenüber die beiden größten Häfen der Bundesrepublik, so sind diese finanziell auf sich allein gestellt, obwohl sie die Ein- und Ausfalltore Deutschlands sind. Sie sind auf den nachstehenden Gebieten noch benachbeteiligt:

1. Es fehlt für Bremen und Hamburg der vollschiffige Ausbau der tragenden Ost-Westachse des Mittellandkanals zum Ruhrgebiet für das Europaschiff.

2. Die Elektrifizierung der Nord-Südstrecke ist noch nicht fertig und fehlt noch ganz für die wichtige Ost-Weststrecke zum Ruhrgebiet.

3. Den großzügigen Autobahnanschluß für die Nord-Südstrecke hat Hamburg 1963 und Bremen 1964 erhalten.
Für beide Häfen fehlt die Autobahnostwestachse zum Ruhrgebiet.

4. Hamburg fehlt der vollschiffige Wasserstraßenanschluß für das Europaschiff von 1350 t.

5. Während die Rhein-Schelde-Häfen zentral vor dem wichtigen Hinterland liegen, befinden sich Bremen und besonders Hamburg an der Randzone.

6. Bei der geringen räumlichen Tiefe der Niederlande und Belgiens ist dort in der Bevölkerung, in den Regierungen und Parlamenten der Seehafengedanke stets wachgeblieben.

V. Die Zufahrten von See für Hamburg, Bremen, Wilhelmshaven, Emden, Lübeck und der Nordostseekanal in den Jahren 1913, 1938, 1962

a) Hamburg — Die Außen- und Unterelbe

Die Unterelbe besaß kurz unterhalb des Hafens Hamburg in der Mitte des vorigen Jahrhunderts eine Wassertiefe von 3,0 m bei MTnw, bei Glückstadt etwa 7,0 m und unterhalb von Glückstadt 10,0 m und mehr. Vornehmlich durch Baggerung wurde vor dem ersten Weltkrieg eine Wassertiefe von 8,0 m an der Hafenzufahrt und unterhalb 10,0 m erreicht. Beim Übergang der Wasserstraßen auf das Reich 1921 war auf der Elbe von Hamburg bis Cuxhaven eine durchgehende Wassertiefe von 10,0 m MTnw vorhanden, auf der Außenelbe unterhalb Cuxhaven nahezu 11,0 m MTnw. Diese Tiefen waren im wesentlichen durch Baggerung zu halten. Nur bei der Insel Pagensand oberhalb Glückstadt und an der Ostemündung wurden Ausbauarbeiten durch Strombauwerke notwendig, um die sich dort bildenden Stromverwilderungen zu beseitigen. Nach dem zweiten Weltkrieg zeigte sich an der Rhinplate bei Glückstadt eine ähnliche Entwicklung wie früher am Pagensand. Auch hier wurde durch den Bau von Strombauwerken eine straffe Führung des Stromes erreicht, so daß die Unterhaltungsbaggerung auf der Unterelbe wesentlich eingeschränkt werden konnte. Erst in neuerer Zeit zeigen sich oberhalb der Ostemündung Stromverengungen, die in der Zukunft größere Baggerungen erforderlich machen werden. Heute hat die Unterelbe zwischen Hamburg und Cuxhaven durchweg 11,0 m Wassertiefe bei MTnw und auf mehr als der Hälfte sind Wassertiefen von 12,0 m vorhanden. Die Planfeststellung für den Ausbau auf 12,0 m unter SKN steht vor dem Abschluß, so daß mit den Arbeiten begonnen werden kann.

In der Außenelbe unterhalb von Cuxhaven hat sich die im Wasserstraßenvertrag von 1921 vorgesehene Wassertiefe von 11,0 m bei MTnw nicht halten lassen. In der Höhe der Elbinsel Neuwerk stellen sich laufend Verflachungen und Fahrwasserverschiebungen ein. Um dem Strom zwischen Scharhörn und Kugelbake bei Cuxhaven eine Führung auf der Südseite zu geben, ist ein Leitdamm im Anschluß an die Kugelbake im Bau, dessen Länge ursprünglich auf etwa 9,0 km und dessen Höhe auf 0,60 m über MTnw vorgesehen war. Der Leitdamm ist in der vorgesehenen Weise hergestellt mit Ausnahme der vollen Breite. Da der beabsichtigte Erfolg noch nicht in vollem Umfange eingetreten ist, wird eine Verlängerung von etwa 3,0 km geplant. Über genaue Länge, Richtung und Höhe laufen noch Modellversuche. Die Wirkung des Leitdammes wird durch Baggerungen mit Großbaggergeräten unterstützt werden müssen, um die 11,0 m Wassertiefe bei MTnw zu garantieren. Ob eine weitere Vertiefung erreichbar sein wird, bedarf noch eingehender Untersuchungen. Da die Außenelbe einen Gütertransport von z. Zt. rd. 90 Mill. t bewältigt und damit die stärkstbelastete Seewasserstraße der Welt ist, rentieren sich volkswirtschaftlich erhebliche Aufwendungen.

b) Bremen — Die Außen- und Unterweser

Da die nutzbare Fahrwassertiefe bis Bremen 1875 nicht mehr als 2 m betrug, war es das Lebenswerk von Ludwig Franzius, in den Jahren von 1887 — 1895 den Ausbau des verwilderten Flußlaufes durch Regulierungen und Strombauwerke durchzuführen, so daß ab 1895 der Verkehr von 5 m tiefgehenden Seeschiffen gesichert worden war.

Von 1913 — 1916 erfolgte der Fahrwasserausbau der Unterweser für den einkommenden Verkehr von Seeschiffen mit 7 m Tiefgang.

In den Jahren 1921 — 1924 wurde eine weitere Vertiefung vorgenommen, so daß auch auslaufende Seeschiffe mit 7 m Tiefgang die Unterweser benutzen konnten.

1925 — 1929 fand neben einer weiteren Vertiefung noch eine Verbreiterung des Fahrwassers oberhalb von Vegesack auf 100 m statt. Die Fahrwasserbreite von Vegesack bis Elsfleth betrug 120 m und von dort bis Bremerhaven 150 m. Durch diese Maßnahmen konnte der Verkehr von Schiffen mit 8 m Tiefgang gesichert werden. Nach dem zweiten Weltkrieg wurde unter Beibehaltung der Fahrwasserbreiten des 8-m-Ausbaues die Unterweser weiter vertieft, so daß Seeschiffe bis maximal 9,3 m Tiefgang die Bremer Häfen in einer Tide an- bzw. von dort auslaufen können.

Was den zukünftigen Ausbau der Unterweser anbelangt, so kann nach den Untersuchungen der Wasser- und Schiffahrtsdirektion Bremen die Unterweser noch um 1 m vertieft und das Fahrwasser durchgehend bis Bremen auf 150 m Breite gebracht werden. Es besteht alsdann die Möglichkeit, daß Seeschiffe mit 10 m bis 10,5 m Tiefgang und rd. 200 m Länge Bremen im Tideverkehr erreichen können.

Die Fahrwassertiefe der Außenweser, also der Zufahrt bis Bremerhaven, betrug vor dem ersten Weltkrieg rd. 9 m unter SKN und wurde bis 1930 auf 10 m gebracht. Damit stehen heute den Schiffen rd. 13 m Fahrwassertiefe bei normalen Tiden zur Verfügung. Die Fahrwasserbreite schwankt zwischen 200 m und 300 m, auf Reede Bremerhaven 400 m. Es ist das Ziel, das Fahrwasser der Außenweser über 11 m auf 12 m unter SKN zu vertiefen, damit die großen Einheiten der Erzfrachterflotte ungehindert Bremerhaven erreichen können.

c) Wilhelmshaven — Die Jade

Im Zuge des Ausbaues des Hafens Wilhelmshaven hatte die ehemalige Reichskriegsmarine auch die Herstellung eines entsprechenden Fahrwassers auf der Jade eingeleitet. Neben umfangreichen Baggerungen war die Herstellung der Strombauwerke auf der Wattinsel Minsener Oog von entscheidender Bedeutung. Vor dem zweiten Weltkrieg war ein Fahrwasser einer durchgehenden Tiefe von 10 m unter MTnw. erreicht. Angestrebt wurde seinerzeit bereits eine Fahrwassertiefe von 12 m.

Im Rahmen der Demontage wurden nach 1945 nicht nur die Seeschleusen des ehemaligen Reichskriegshafens Wilhelmshaven bis auf die I. Einfahrt zerstört, sondern teilweise auch die Strombauwerke auf Minsener Oog gesprengt.

Durch die Herstellung der Ölumschlagsanlage in Wilhelmshaven und der Ölleitung ins Ruhrgebiet wurde die Vertiefung des Jadefahrwassers auf 12 m unter MTnw bei einer Breite von mindestens 300 m ausgelöst und in den Jahren 1957 — 1961 von der Bundeswasserstraßenverwaltung durchgeführt. Gleichzeitig wurden die Zerstörungen an den Strombauwerken auf Minsener Oog weitgehend beseitigt und die Fahrwasserbezeichnung den veränderten Bedürfnissen angepaßt.

Im Jahre 1962 liefen 560 Tanker mit einer Gesamtladungsmenge von 14,7 Mill. t in die Jade ein, davon 85 Großtanker mit einer Tragfähigkeit von über 40000 t.

Die zunehmenden Tiefgänge der Großtanker erfordern eine weitere Vergrößerung der Fahrwassertiefe der Jade auf 13 m unter MTnw. Im Jahre 1964 wurde mit den Baggerarbeiten für diesen Ausbau begonnen.

d) Emden — Die Außenems

Nachdem im Jahre 1872 mit dem Bau von Strombauwerken in der Ems zur Verbesserung des Fahrwassers nach Emden begonnen war und 1883 die Nesserlander Schleuse mit einer Drempeltiefe von 6,7 m unter MThw. in Betrieb ging, konnten in den Jahren um 1890 Schiffe mit einem Tiefgang von rd. 4,6 m den Hafen Emden erreichen.

Im Zuge weiterer Maßnahmen zur Verbesserung des Fahrwassers nach Emden vergrößerte sich der mögliche Tiefgang um die Jahrhundertwende auf rd. 7,3 m und bis zum Jahre 1914 auf rd. 8,2 m. Auch als nach dem ersten Weltkrieg die Aufgaben für den Ausbau der Ems von Preußen auf das Reich übergegangen waren, wurden die Bemühungen zur Verbesserung der Fahrwasserverhältnisse fortgesetzt. Bis zum Jahre 1928 war eine mögliche Tauchtiefe von rd. 8,8 m erreicht.

1957 konnten Schiffe mit einem Tiefgang von rd. 9,15 m den Hafen anlaufen. Günstige Tiden erlaubten in einzelnen Fällen einen Tiefgang von rd. 9,45 m. Der mittlere Tidenhub beträgt 3,0 m an der Großen Seeschleuse in Emden, die 1913 mit einer Länge von 260 m, einer Breite von 40 m und einer Drempeltiefe von 13,06 m bei MThw. dem Verkehr übergeben wurde.

Zur Zeit wird die Zufahrt zum Emder Hafen auf eine Wassertiefe von 8,0 m unter MSpTnw. ausgebaut, so daß bei MThw. eine Wassertiefe von über 11 m vorhanden ist. Dieser Ausbau wird voraussichtlich bis Ende 1967 abgeschlossen sein, doch schon jetzt haben Schiffe mit einem Tiefgang von rd. 10,4 m den Hafen Emden angelaufen.

Auf Grund der Erfahrungen beim derzeitigen Ausbau und von Modellversuchen wird angestrebt, die Fahrwasserverhältnisse nach Emden auch über das Ziel des laufenden Ausbaues hinaus zu vergrößern.

e) Lübeck — Die Trave

Im Mittelalter hatte Lübeck als Hafen- und Handelsstadt Weltbedeutung. In den folgenden Jahrhunderten ging der Handel aber stetig zurück, weil es mit den damaligen Mitteln nicht möglich war, die Zufahrt von Travemünde zu den Stadthäfen über 2,50 — 3,00 m hinaus zu vertiefen und den Ansprüchen der wachsenden Schiffsgrößen anzupassen. Eine Vertiefung wurde erst möglich, seitdem dafür gegen Mitte des vorigen Jahrhunderts Dampfbagger zur Verfügung standen.

In drei Korrektionen wurde dann 1850 — 1854, 1879 — 1883 und 1900 — 1905 das Fahrwasser schrittweise auf 4 m, 5,30 m und schließlich auf 7,50 m Tiefe ausgebaut. Der natürliche Wasserlauf wurde dabei durch Verbreiterung und zahlreiche Durchstiche in der Linienführung verbessert. Der kleinste Radius des Fahrwassers betrug damals etwa 600 m. 1908 setzte die Stadt Lübeck den Ausbau des Fahrwassers weiter fort, um bis Travemünde 9,50 m und bis zu den Stadthäfen 8,50 m Wassertiefe zu erreichen.

An dieser Vertiefung wurde in den folgenden Jahrzehnten laufend gearbeitet. Die Arbeitsfortschritte blieben jedoch gering. Erst nach Übernahme der Schiffahrtsstraße durch das Reich im Jahre 1934 haben dann Reich und Bund mit Unterbrechungen durch Kriegs- und Nachkriegszeiten den Ausbau so weiter betrieben, daß 1960 ein durchgehend 8,50 m tiefes Fahrwasser vorhanden war.

Die ständig zunehmenden Schiffsgrößen sowie der Wettbewerb mit dem Seehafen Rostock erfordern aber bald einen Ausbau auf 9,50 m Wassertiefe. Diesem Bedürfnis trägt ein Rahmenentwurf Rechnung, der unter dem 3. 2. 1961 vom Bundesverkehrsministerium genehmigt worden und seitdem in der Ausführung begriffen ist.

f) Nordostseekanal

Der Nordostseekanal wurde 1895 eröffnet und 1915 erweitert. Er zweigt aus der Unterelbe bei Brunsbüttelkoog ab und mündet bei Kiel-Holtenau in die Ostsee. Um die Wasserschwankungen in der Unterelbe (normal 3,0 m Tidehub) und in Kiel-Holtenau (durch Windeinfluß bis zu 2,50 m) auszugleichen, ist der Kanal an beiden Enden durch Schleusen abgeschlossen. Die 1895 erbauten Doppelschleusen mit den Ausmaßen 150 m Länge, 25,0 m Breite und 9,0 m Wassertiefe wurden 1915 durch Doppelschleusen mit 330 m Länge, 45 m Breite und 14 m Wassertiefe ergänzt. Die alten Schleusen wurden stillgelegt und erst in den fünfziger Jahren infolge des ansteigenden Verkehrs zunächst zeitweilig, dann ständig wieder in Betrieb genommen.

Der Kanal hat eine Länge von rd. 100 km, eine Wasserspiegelbreite von 110 m, eine Sohlenbreite von 44,0 m und eine Wassertiefe von 11,0 m. Der Kanal ist zugelassen für Schiffe mit max. 9,5 m Tiefgang (etwa 20 000 tdw.). Die zugelassene Höchstgeschwindigkeit beträgt 8,2 Knoten pro Stunde. Für Schiffe mit max. 6,10 m Tiefgang (6 000 BRT) ist der Kanal zweischiffig, für größere Schiffe einschiffig. Diese Schiffe dürfen auf dem Kanal nicht überholt werden und sich nur mit Schiffen bis 3,7 m Tiefgang (700 BRT) begegnen. Für diese Begegnungen und Überholungen sind 11 Weichen mit Längen von 1 000 — 1 600 m Länge vorgesehen. Der Tag- und Nachtbetrieb ist straff geregelt.

Die Durchfahrzeit beträgt 7 — 8 Stunden.

Der Verkehr auf dem Kanal begann 1895 mit 5 000 Schiffen und rd. 1 Mill. NRT, erreichte vor dem ersten Weltkrieg 28 000 Schiffe mit 10 Mill. NRT, stieg 1929 auf 27 000 Schiffe mit über 20 Mill. NRT und erreichte 1962 83 000 Schiffe mit rd. 85 Mill. NRT.

Die beförderte Gütermenge betrug 1962 rd. 60 Mill. t. Aus den Verkehrszahlen ergibt sich die Problematik des Kanals: Starkes Anwachsen der Schiffszahlen bei gleichzeitigem Anwachsen der Schiffsgrößen. (1895 durchschnittliche Größe = 200 NRT, 1910 = 360 NRT, 1929 = 790 NRT,

1962 = 1025 NRT). Die Zahl der Weichenschiffe betrug 1962 bereits 5569, die Zahl der Schiffe über 10000 BRT 1112. Hinzu kommt, daß die vorhandenen Anlagen 50 — 70 Jahre alt sind und weit höhere Dauerleistungen erbringen müssen, als bei der Planung vorhergesehen werden konnte.

Zur Anpassung des Kanals an den gestiegenen Verkehr ist ein Programm in der Ausführung, das den dringenden Forderungen auf Abhilfe gerecht wird. Es enthält die nachstehenden Maßnahmen:

Verbesserung und Mechanisierung des Betriebslenkungsdienstes (Lichttagessignale, Funksprechdienst),
Überholung und Modernisierung der Schleusen in Brunsbüttelkoog und Kiel-Holtenau,
Ausbau der Binnenvorhäfen Brunsbüttelkoog und Kiel-Holtenau,
Ausbau von Kurven und Weichen,
Ersatz der veralteten Ketten- und Dampffähren durch moderne selbstfahrende Fähren.

Dieses Programm wird mit gleichen Schwerpunkten fortgesetzt werden müssen. Die entsprechenden Planungen liegen vor.

Sollte auch in der Zukunft der Kanalverkehr stärker zunehmen, was nicht unbedingt zutreffen muß, da für moderne, schnelle Schiffe die Umfahrt um Skagen nicht mehr so zeitraubend ist, daß die Benutzung des Kanals lohnt, wird man um grundlegende Ausbauarbeiten wie Verbreiterung und Vertiefung nicht herumkommen. Das aber erfordert einen erheblichen finanziellen Aufwand.

VI. Die Binnenverkehrswege

a) Die Straßenverbindung zum Hinterland

1913 bestanden für den Straßenverkehr die normalen Reichsstraßen, die für den Verkehr mit Pferdefuhrwerken und für den damals nur in geringem Umfange fahrenden LKW völlig ausreichten, da in dieser Zeit die Güter in erster Linie mit der Eisenbahn und auf dem Wasserweg transportiert wurden. Ende der zwanziger Jahre bestand der Plan, eine neuzeitliche Straße für den Kraftwagenverkehr auf der Hafraba — Hamburg, Frankfurt, Basel — zu errichten. Die Pläne hierfür waren schon weit gediehen, kamen aber wegen der schwierigen Wirtschaftsverhältnisse 1930/31 nicht zur Ausführung. 1933 begann dann der Ausbau eines ausgedehnten Autobahnnetzes, das jedoch in erster Linie nur den Seehafen Stettin und die holländisch-belgischen Seehäfen begünstigte, während die großen deutschen Seehäfen Hamburg und Bremen ohne Anschluß blieben. Der Verkehr mußte sich also wie 1913 auf den bestehenden Straßen bewegen.

Da nach dem zweiten Weltkrieg in den fünfziger Jahren der LKW-Verkehr in großem Ausmaß zunahm und von dem bestehenden Straßennetz nicht mehr aufgenommen werden konnte, erfolgte durch das Bundesverkehrsministerium der Anschluß der Seehäfen Hamburg — 1963 — und Bremen — 1964 — an das bestehende Autobahnnetz durch den Bau der Autobahn in Richtung Hannover und damit an die Südstrecken des Autobahnnetzes.

Die Querverbindung der deutschen Seehäfen bestand 1938 nur durch eine Stichstrecke zwischen Hamburg und Bremen. Der weitere Anschluß an das Industriegebiet wird etwa 1966/67 vollendet sein. Erst zu diesem Zeitpunkt werden die großen Seehäfen die gleichwertigen Straßenverbindungen wie die holländisch-belgischen Häfen besitzen.

b) Das Schienennetz

Die deutschen Seehäfen besaßen bereits 1913 im Gegensatz zu dem unzulänglichen Straßennetz ein ausgezeichnetes Eisenbahnnetz nach dem Süden, Osten und Westen, das in den folgenden Jahrzehnten den neuzeitlichen Forderungen entsprechend hinsichtlich Oberbau, Signaleinrichtungen usw. laufend verbessert wurde. Ende der fünfziger Jahre begann mit der Unterstützung der Küstenländer der großzügige Ausbau durch Elektrifizierung der Nord-Süd-Strecke, die voraussichtlich für Hamburg Anfang 1964 und für Bremen Ende 1964 dem Betrieb übergeben wird. Die Güterzüge werden alsdann mit erheblicherer Geschwindigkeit und ohne Aufenthalt durch Umspann die mitteldeutsche Höhenkette überwinden.

Während das Liniennetz selbst nicht weiter ausgebaut worden ist, wurden die Verkehrsgefäße erheblich verbessert. 1913 beförderten die Güterwaggons rd. 8 — 10 t Stückgut und rd. 12 — 15 t Massengut. Die Länge der Güterzüge betrug rd. 120 Achsen. Die Durchschnittsgeschwindigkeit lag bei etwa 50 km pro Stunde.

1938 wurde das Ladevermögen der Güterwaggons für Stückgut auf 15 t und für Massengut auf rd. 30 t erhöht. Die Durchschnittsgeschwindigkeit steigerte sich auf rd. 60 km pro Stunde. 1962 kann mit einem Ladevermögen der Güterwaggons von rd. 20 t für Stückgut und bis zu 60 t für Massengut gerechnet werden. Die Länge der Güterzüge erhöhte sich auf rd. 150 Achsen. Die Geschwindigkeit wird mit der Elektrifizierung auf über 80 km pro Stunde gesteigert werden können.

Diese Entwicklung hatte für die Seehäfen zur Folge, daß sie ihre Eisenbahnanlagen im Hafengebiet wesentlich erweitern mußten, um einen stetigen An- und Abtransport zu gewährleisten.

Eine Fülle von Spezialwaggons, die z.B. auch mit Schiebedächern versehen sind, beschleunigen das Be- und Entladen an der Wasserseite der Kais.

Tiefladewagen bis zu 220 t zwangen die Seehäfen, entsprechend leistungsfähige Schwimmkrane bereitzustellen.

c) Die Binnenwasserstraßen

Für die deutschen Seehäfen standen 1913 für Hamburg die Elbe, für Bremen die Weser und für Lübeck der Elbe-Trave-Kanal zur Verfügung. Bei den mangelnden Fahrwasserverhältnissen und den starken Windungen konnten jedoch nur Kähne von rd. 600 bis rd. 800 t verkehren.

1938 erhöhte sich mit dem Ausbau der Elbe die Ladefähigkeit der Schiffsgefäße bis rd. 800 t, während auf der Weser nur Kähne bis 750 t verkehren konnten, da die Kanalisierung der Mittelweser damals noch nicht durchgeführt worden war.

1962 steht Hamburg immer nur noch die infolge der Grenzziehung vernachlässigte Elbe mit Schiffsgefäßen von rd. 700 — 750 t zur Verfügung. Es muß also das Ziel bleiben, den größten Seehafen Deutschlands, Hamburg, und den größten deutschen Ostseehafen, Lübeck, durch einen Nord-Süd-Kanal, der die Schwierigkeiten einer Regulierung der Elbe zwischen Magdeburg und Hamburg umgeht, an das vorhandene Wasserstraßennetz durch den Mittellandkanal anzuschließen. Hierfür ist es allerdings notwendig, daß der Engpaß des Mittellandkanals zwischen Bergeshövede und Misburg bei Hannover, der z.Zt. nur von 800-t-Schiffen befahren werden kann, beseitigt wird, um 1350-t-Binnenschiffen die Passage zu ermöglichen.

Bremen hat seit 1960 die kanalisierte Mittelweser zur Verfügung, auf der 1200-t-Schiffe und später auch das 1350-t-Schiff bis Minden verkehren kann. Es besteht also Anschluß an den Mittellandkanal. Auch für die Weser ist es notwendig, daß der Engpaß des Mittellandkanals für das 1350-t-Schiff beseitigt wird, und daß später auch das Wirtschafts- und Industriegebiet der Oberweser und der Fulda erreicht werden kann.

Für Bremen steht außerdem für den Verkehr nach dem Westen noch der Küstenkanal zur Verfügung, der jedoch wegen des vorhandenen Engpasses z.Zt. nur von 750-t-Schiffen zu befahren ist. Es besteht jedoch die Absicht, diesen Engpaß zu beseitigen, so daß alsdann auch 1000-t-Schiffe und nach endgültigem Ausbau auch das Europaschiff mit 1350 t auf dieser Kanalstrecke fahren können.

Die Bedeutung des Seehafens Emden stieg mit dem Bau des Dortmund-Ems-Kanals, der 1900 anfangs für das 600-t-, dann für das 750-t-Schiff dem Verkehr übergeben wurde. Mit der Fertigstellung des Rhein-Herne-Kanals und des Datteln-Hamm-Kanals 1914, des Mittellandkanals bis Hannover 1916 und des Wesel-Datteln-Kanals 1930 sowie des Küstenkanals 1935 wurde auch der Dortmund-Ems-Kanal laufend verbessert, so daß bis zum zweiten Weltkrieg bereits das 1000-t-Schiff verkehren konnte.

Nach der Beseitigung der Kriegszerstörungen wurde der Dortmund-Ems-Kanal für das 1200-t-Schiff weiter ausgebaut und erhielt 1961 mit dem neuen Schiffshebewerk Henrichenburg für das 1350-t-Europaschiff die Voraussetzung für den Verkehr dieser Schiffsgröße.

Lübeck erhielt um 1900 mit dem Elbe-Trave-Kanal Anschluß an das Binnenwasserstraßennetz für Kähne bis rd. 700 t.

Die obigen Ausführungen zeigen wiederum, wie stark die deutschen Seehäfen gegenüber den Rhein-Seehäfen benachteiligt sind, und es muß das Ziel bleiben, hier gleichwertige Wasserstraßenanschlüsse für die deutschen Seehäfen zu schaffen.

VII. Die allgemeine Gestaltung der Seehäfen

Hinsichtlich der Einfahrten zu den Hafenbecken in den deutschen Seehäfen hat sich in den Jahren 1913—1962 gezeigt, daß der überwiegende Teil der Einfahrten zu den Häfen von vornherein so weitläufig gestaltet worden war, daß diese auch den Ansprüchen der größeren Schiffe bereits genügten. Nur an vereinzelten Hafeneinfahrten wurden Verbreiterungen bzw. Erweiterungen durchgeführt. Bei den Hafenbecken, die von vornherein für Wasserumschlag mit in der Mitte liegenden Dalben versehen waren, ergab sich, daß die Breite dieser Hafenbecken auch den späteren Anforderungen in vollem Maß genügte, allerdings auf Kosten der Dalbenliegeplätze. Dort, wo Hafenbecken mit schmaleren Breiten vorhanden waren, wurden neue Hafenbecken mit Breiten bis zu 300 m gebaut. Bestehende Hafenbecken ohne mittlere Dalbenreihe wurden beim weiteren Ausbau auf 130 m verbreitert.

Dem Zuge der größer werdenden Seeschiffe folgend, wurden neue Hafenbecken mit entsprechender Tiefe angelegt. Bereits vor dem zweiten Weltkrieg, besonders aber nach dem zweiten Weltkrieg, in dem umfangreiche Bombenzerstörungen an den Kaimauern aufgetreten waren, wurden durch Verstärkungs- oder Vorbauten die erforderlich gewordenen größeren Wassertiefen erreicht und auf diese Weise bestehende Hafenbecken der Zukunftsentwicklung angepaßt.

Die bis 1913 gebauten Schleusen genügten den Anforderungen bis Mitte der zwanziger Jahre. Für die wachsenden Großschiffe wurden dann neue Schleusen gebaut, die auch für die Zukunft neben den Fahrgastschiffen den großen Massengutschiffen gerecht werden. Sämtliche Seehäfen besitzen die genügende Anzahl von Trocken- und Schwimmdocken in der Größenordnung bis 80000 BRT.

Im Gegensatz zu den oben angeführten Hafenanlagen wandelten sich die Kaiquerschnitte erheblich. Man muß hier berücksichtigen, daß 1913 in den Seehäfen das Pferdefuhrwerk vorherrschte und erst nach dem ersten Weltkrieg langsam der Kraftverkehr in den Seehäfen Eingang fand. Die Seehäfen gingen dann dazu über, ihre Kaischuppen mit breiteren Rampen zu versehen. Man behielt die Rampenschuppen doch grundsätzlich wegen des Eisenbahnverkehrs bei. Als nach dem letzten Weltkrieg der Kraftverkehr in erheblichem Maße zunahm, waren die Seehäfen gezwungen, den Kraftverkehr grundsätzlich vom Eisenbahnverkehr zu trennen. Entweder wurden an der Wasserseite der Kaischuppen entsprechende, bis zu 12 m breite Rampen für den Kraftverkehr unter Verringerung der Kaischuppenbreiten angelegt oder die Rückseiten der Schuppen blieben vom Eisenbahnverkehr frei und dem Kraftwagenumschlag vorbehalten.

Die Breiten der Kaischuppen haben sich von 1913—1962 kaum geändert. Dagegen wurde großer Wert darauf gelegt, die Straßenzufahrten zu den Häfen zügiger und breiter zu gestalten, in den Häfen Aufstellplätze für LKW's anzuordnen und die Straßen ebenfalls hinter den Schuppen wesentlich zu verbreitern, um auch hier Spielraum für Stand- und Umschlagsverkehr von Lastwagen zu gewinnen. Die Zunahme des Umschlages von Schwerlastgütern gab Veranlassung, die Freilagerplätze zwischen den Schuppen entsprechend zu vergrößern.

Die Hafenbahnhöfe mußten verbessert und erweitert werden, um sich den wachsenden Leistungen der Eisenbahn anzuschließen.

Durch einen rechtzeitigen Ausbau vorhandener Hafenbecken und durch Anlage neuer Hafenbecken konnten die Seehäfen dem gestiegenen Seeverkehr mit seinem vergrößerten Umschlag entsprechend leistungsfähige Umschlagsanlagen zur Verfügung stellen, so daß der Ruf eines „schnellen Seehafens" gewährleistet blieb. Eine Leistung, die besonders zusammen mit dem Wiederaufbau der zerstörten deutschen Seehäfen hervorzuheben ist.

VIII. Die Mechanisierung des Umschlages

a) Die Krananlagen für Stückgut

Während bis 1913 in den deutschen Seehäfen der hydraulische Kran und der einfache elektrische Drehkran mit einer Last am Haken von rd. 2,5 t und einer Ausladung bis 13 m genügte, mußten die Krananlagen in der Zeit nach dem ersten Weltkrieg modernisiert werden. Die Tragfähigkeit stieg auf 3 t, die Ausladung auf rd. 18 m an, wobei die seinerzeit modernen Wippkransysteme zur Anwendung kamen.

Mit dem steigenden Güterumschlag in den Seehäfen nach dem zweiten Weltkrieg wurden in den fünfziger Jahren die vorhandenen Krane durch moderne elektrische Krane ersetzt mit einer Ausladung bis zu 22 m, in den einzelnen Hafenbecken bis zu 30 m. Die maximale Leistung dieser Krananlagen geht aus der nachstehenden Tabelle hervor.

Zeitabschnitt	Antrieb	Ausladung	Last am Haken	max. Leistung
1896	hydraulisch	9,30 m	1,5 t	8 t/h
1900	„	10,25 m	2,4 t	17,5 t/h
1913	elektrisch	13,00 m	2,5 t	35 t/h
1925	„	17,60 m	2,5 t	35 t/h
1937	„	17,60 m	3,0 t	38 t/h
1962	„	20—25 m	3,0 t	40 t/h

b) Förderbetrieb in den Stückgutschuppen

1913 und auch 1938 herrschte der Sackkarren vor. Mit der Einführung der Pallets und dem steigenden Güterumschlag ergab sich die Notwendigkeit, an Stelle der nicht leistungsfähigen Sackkarren elektrische und Dieselkarren sowie Gabelstapler zu verwenden, die seit 1962 den Schuppenbetrieb mit Erfolg beherrschen.

c) Fruchtumschlag

Für den steigenden Fruchtverkehr von Apfelsinen, Citrusfrüchten und Bananen wurden in den Häfen Hamburg und Bremen/Bremerhaven besondere Fruchtschuppen mit entsprechenden Umschlagsanlagen errichtet. Sie sind heizbar und mit Belüftungsanlagen versehen. Entsprechende Gleisanlagen ermöglichen den sofortigen und reibungslosen Abtransport dieser leicht verderblichen Güter ins Binnenland. Der neue Hamburger Bananenschuppen ist wohl der z. Zt. modernste seiner Art und voll mechanisiert.

d) Umschlag für Massengut — Kohle und Erz

1913 waren in den Seehäfen nur kleine Anlagen für den Umschlag von Kohle und Erz vorhanden. Nach dem ersten Weltkrieg wurden in den deutschen Seehäfen besondere Umschlagsanlagen für Kohle und Erz mit einer Leistungsfähigkeit von rd. 800 t/Std. errichtet. Mit der Steigerung der Erzeinfuhren wurden in den Seehäfen besondere weiträumige Umschlagsanlagen errichtet. Die Spannweiten und die Umschlagsleistung der Krane vergrößerten sich, so daß heute Spitzenleistungen von 2000 bis 3000 t/Std. erreicht werden.

e) Getreideumschlag

Vor 1913 waren in den Seehäfen nur flachgeschossige Schuppen mit horizontaler Lagerung für Getreide vorhanden. 1913 wurden alsdann moderne Umschlagsanlagen mit Saughebern und vertikalen Silos errichtet. Die Umschlagsleistung stieg auf rd. 4000 t in 8 Stunden. Nach dem zweiten Weltkrieg wurden die Anlagen erweitert und modernisiert, so daß es heute möglich ist, in den deutschen Seehäfen Umschlagsleistungen von 8000 t in 8 Stunden zu erreichen.

Neben diesen Landumschlagsanlagen verwenden die Seehäfen auch in großem Umfange schwimmende Saugheber mit einer gleichen Leistungsfähigkeit.

f) Ölumschlag

1913 bestanden nur kleine spezielle Umschlagsanlagen, da seinerzeit das Öl (Petroleum) noch überwiegend in Fässern und in kleinen Schiffen angefahren wurde. Erst nach dem ersten Weltkrieg, als größere Tanker zum Einsatz kamen, wurden gesonderte Ölumschlagsanlagen in Verbindung mit Ölraffinerien in den deutschen Seehäfen errichtet. Nach dem zweiten Weltkrieg wurden die Anlagen wesentlich erweitert.

In Wilhelmshaven wurde für Großtanker eine Ölumschlagsanlage mit großem Tankraum gebaut, die durch eine Pipeline mit den im rheinisch-westfälischen Industriegebiet liegenden Raffinerien verbunden ist.

Nach einer Aufstellung aus der Deutschen Verkehrszeitung vom 13. 8. 1963 sind in den letzten 10 Jahren, von den Seehäfen Wilhelmshaven, Rotterdam, Marseille, Genua ausgehend, rd. 2700 km Rohölleitungen bis in den deutschen Binnenraum gebaut worden bzw. stehen vor der Fertigstellung. Während ihre Anfangskapazität auf rd. 45 Mill. t Rohöldurchsatz pro Jahr veranschlagt ist, wird ihre Endkapazität rd. 100 Mill. t übersteigen.

IX. Die zukünftige Entwicklung

a) Seeschiffsgrößen

1. Stückgutfrachter. Bei der Sonderbehandlung des Stückgutes ist nicht zu erwarten, daß die Frachtergrößen über 10000 — 12000 BRT hinausgehen werden. Allerdings geht der Trend dahin, die Geschwindigkeiten dieser Stückgutfrachter auf über 20 Knoten pro Stunde zu erhöhen. Die Amerikaner bringen bereits 24-Meilen-Schiffe in Einsatz. Diese schnellen Schiffe stellen naturgemäß an die Seehäfen die Forderung, die Abfertigungszeiten noch weiter zu verkürzen.

2. Fahrgastschiffe. Die Fahrgastschiffe werden sich in ihrer Größenordnung in der Zukunft zwischen 30000 bis 40000 BRT bewegen, zumal sich die Kombischiffe großer Beliebtheit erfreuen und an Zahl wesentlich zugenommen haben. Die für den Fahrgastverkehr erforderlichen Hafenanlagen sind in den deutschen Seehäfen vorhanden.

3. Massengutfrachter. Im Hinblick auf die Fortschritte im Schiffbau und Schiffsmaschinenbau, auf die Senkung der Transportkosten und auf die zunehmenden Transportmengen wird das Großschiff im Massengutverkehr an Bedeutung gewinnen.

Für die Öltanker wird in der Zukunft eine Größenordnung von 80000 — 90000 tdw die Regel sein.

Die Erzfrachter werden nach der bisherigen Tendenz auf 40000 bis 60000 tdw anwachsen. Für größere Seeschiffe für Öl bzw. Erz stehen in den deutschen Seehäfen in Wilhelmshaven und Bremerhaven Anlagen zur Verfügung und die Zufahrten von See können jederzeit vertieft werden. Hamburg plant eine Erzumschlagsanlage für Erzfrachter bis zu rd. 50000 tdw. Außerdem hat Hamburg sich ein entsprechendes Gelände für einen Vorhafen an der Elbemündung für die Abfertigung von Großschiffen über 100000 tdw für die Zukunft gesichert.

4. Containerverkehr. Hierauf werden sich die deutschen Seehäfen in der Zukunft einstellen müssen, da damit gerechnet werden muß, daß bei dem Trend immer schnellerer Frachter der Containertransport entweder als Teilladung in Stückgutfrachtern oder in Containerschiffen auch von Übersee zunehmen wird, wenn die im Kapitel III i) geschilderten noch vorhandenen Schwierigkeiten überwunden sind.

b) Seehäfen

1. Industrieansiedlung in den Seehäfen. Das bisherige Bestreben der deutschen Seehäfen, Industrien anzusiedeln, wird für die Zukunft vermehrte Bedeutung erhalten, wobei in erster Linie an seehafengebundene Industrie gedacht werden sollte. Entsprechendes geeignetes, großes Gelände sollte daher in den deutschen Seehäfen rechtzeitig zur Verfügung gestellt werden.

2. Die Bedeutung der Vorhäfen. Hier wird die Entwicklung im Seeverkehr, besonders für Massengut und für Schnellfrachter mit geringerer Ladung, für den betreffenden Hafen die Bedeutung der Vorhäfen für die Zukunft steigern. Bremen besitzt bereits einen leistungsfähigen Vorhafen in Bremerhaven, und Hamburg wird sich diesen an der Elbemündung schaffen.

3. Pipelines für Öl. Die Zukunft wird nach einer Lösung des Europaproblems und einer friedlichen Zusammenarbeit mit den Ostblockstaaten für den Seehafen Hamburg die Errichtung einer Rohöl-Pipeline in das Hinterland mit sich bringen können.

4. Raffinerien im Binnenland. Ob die zunehmende Errichtung von Raffinerien im Binnenland Einfluß auf den Ölimport über die deutschen Seehäfen haben wird, ist noch zweifelhaft. Jedenfalls kann man damit rechnen, daß die Ölimportmengen über Hamburg und Bremen sich etwa in der gleichen Höhe bewegen, während sie über Wilhelmshaven zunehmen werden.

c) EWG und deutsche Seehäfen

Die römischen Verträge haben vorläufig für Seeschiffahrt und damit für die Seehäfen keine Gültigkeit. Das bedeutet nicht, daß die Seehäfen von den Auswirkungen der EWG unberührt bleiben. Im Gegenteil. Es ist jedoch nicht möglich, den gesamten sehr komplexen Bereich des Themas EWG und deutsche Seehäfen im Rahmen dieses Aufsatzes zu behandeln. Immerhin drängen sich einige Fragen auf, auf die kurz eingegangen werden soll.

Allgemein ist für die Seehäfen der EWG wichtig, ob die Schaffung eines großen Binnenmarktes eine Einschränkung oder Erweiterung der internationalen Wirtschaft bedingen wird, von der die Seehäfen abhängen. Voraussichtlich wird die allgemeine Wirtschaftsentwicklung auf lange Sicht gesehen bewirken, daß die in den EWG-Verträgen erstrebte Steigerung des Wohlstandes der angeschlossenen Länder zu einem wesentlichen Anstieg sowohl der Einfuhr wie der Ausfuhr über See führen muß, da der hochindustrialisierte Raum mehr als jeder andere Raum der Weltwirtschaft auf die Einfuhr von Rohstoffen angewiesen ist, deren Gegenwert durch gesteigerte Ausfuhr von Halb- und Fertigwaren gedeckt werden muß. Der entstehende Mehrverkehr über die Grenzen des EWG-Raumes wird zum großen Teil den Seehäfen zufallen. Gewisse Tendenzen zum Protektionismus wirken dem entgegen. Es ist eine wichtige Aufgabe der Seehäfen, diese Tendenz zu dämpfen, das liegt auch im Gesamtinteresse der EWG.

Für die deutschen Seehäfen speziell ist für die Zukunft entscheidend, daß der durch die EWG bedingte Strukturwandel der EWG-Wirtschaft sich nicht einseitig zu ihren Lasten auswirkt. Gewisse Anzeichen — so die Betonung der Achse Rhein-Rhone — sind nicht zu übersehen. Die deutschen Seehäfen, besonders Hamburg, tragen schon die politische Last der Grenzziehung durch den Eisernen Vorhang. Zusätzliche Lasten sollte man ihnen nicht zumuten.

Eine entscheidende Wirkung für die deutschen Seehäfen wird von der angestrebten Verkehrsintegration im EWG-Raum ausgehen. Diese Verkehrsintegration wird in der Praxis kaum leichter zu lösen sein als die Agrarfrage. In ihrer Auswirkung wird sie tiefer in die Wirtschaft und besonders in die Seehafenwirtschaft eingreifen. Eine der Voraussetzungen für die deutschen Seehäfen, sich zu behaupten, ist eine möglichst schnelle Angleichung der noch unzureichenden Binnenverkehrswege und der Verkehrstarife an die der westlichen Wettbewerbshäfen. Wettbewerb ja, aber bei gleicher Ausgangslage, die z. Zt. nicht gegeben ist.

Die deutschen Seehäfen können sich mit diesen Forderungen auf die EWG-Verträge selbst berufen; nicht ein einseitiges Maximum, sondern ein Optimum des Ganzen ist anzustreben.

d) Zusammenfassung

Wenn man sich die Gesamtentwicklung, wie sie sich für die Seehäfen im Rahmen der Weltpolitik in dem Zeitabschnitt nach dem ersten Weltkrieg auf dem Gebiet der Verkehrswirtschaft und Verkehrstechnik abgezeichnet hat, vor Augen hält:

Ende der Segelschiffahrt,
Übergang zur Motorisierung auf allen Gebieten,

und nach dem zweiten Weltkrieg:

steiler Anstieg des Massengutverkehrs, besonders für Öl und Erz mit den ständig wachsenden Schiffsgrößen und ihrer Spezialisierung,
Zug der Industrie, speziell der Montanindustrie, zur Küste in die Seehäfen (Deutschland, Belgien, Holland, Frankreich, Spanien, Italien),
verstärkte Ansiedlung von Fertigindustrien in den Seehäfen und deren unmittelbarem Hinterland (Ausnutzung der günstigen Exportlage),

so kann man versuchen, hieraus ein Bild der zukünftigen Entwicklung zu gewinnen.

Diese Entwicklung zwingt die Seehäfen dazu:
großräumig zu planen, um den auf sie zukommenden Ansprüchen gewachsen zu sein, also Industrieansiedlung, moderne Umschlagsanlagen und Lagerraum für die verschiedenen Zwecke zu schaffen, wobei Raum für z. Zt. noch nicht zu übersehende Entwicklungen zu reservieren ist. Durch den zunehmenden Verkehr mit Massengutgroßschiffen wird die Bedeutung von Vorhäfen wachsen.

Das Gewicht der großen Seehäfen wird sich in der Zukunft verstärken, ihr Raumbedarf stärker zunehmen als die Umschlagsmengen mit dem Ergebnis, daß sich größere Hafenwirtschaftsräume bilden.

Entscheidend für das Tempo der Hafenentwicklung wird die Entwicklung der Weltwirtschaft sein, die wieder wesentlich von dem wirtschaftlichen Auf- und Ausbau der asiatischen, afrikanischen und südamerikanischen Länder abhängen wird. Auf lange Sicht wird sie zu einem starken Anwachsen des Welthandels und damit des Weltverkehrs führen.

Was in einem vereinigten Wirtschaftsgebiet Europa speziell auf die deutschen Seehäfen noch zukommen wird, ist in allen Einzelheiten noch nicht zu übersehen. Jedenfalls wird der Kampf um die großen Seehäfen noch zunehmen. Für die Zukunft der Seehäfen Hamburg und Bremen wird die Entwicklung des Handelsverkehrs mit dem Ostblock von besonderem Gewicht sein. Sollte eine Öffnung der politischen Grenzen gelingen, werden erhebliche Anforderungen an diese Häfen gestellt werden, auf die sie sich schon heute mit ihrer Raumplanung einstellen müssen.

Die wirtschaftliche und finanzielle Größe der in der Zukunft zu erwartenden Aufgaben der Seehäfen hat den Gedanken an eine Koordinierung der Investitionen auf höherer Ebene aufkommen lassen. Dem sollte scharf widersprochen werden. Soweit eine Koordinierung gemeinsamer Fragen erforderlich ist, geschieht das heute bereits im Rahmen der Handelskammern an der Küste und der Seehafenbetriebe der Häfen. Die Hansestädte Hamburg und Bremen haben in Jahrhunderten Weitsicht und Selbstzucht in der Politik ihrer Häfen bewiesen, zuletzt beim Wiederaufbau ihrer zerstörten Häfen nach dem letzten Weltkrieg. Seehäfen verwaltet man nicht. Man gestaltet sie aus dem täglichen Erleben heraus.

Einfluß der Bodenmechanik, Grundbaustatik und der Baustoffe auf die Ufereinfassungen in den deutschen See- und Binnenhäfen in den letzten 50 Jahren

Von
Professor Dr.-Ing. **Erich Lackner**, Bremen/Hannover
Reg.-Baurat a. D. Dr.-Ing. **Gerhard Finke**, Duisburg-Ruhrort,
und Baudirektor Dr.-Ing. **Kurt Förster**, Hamburg

1. Allgemeines

Das fünfzigjährige Jubiläum der Hafenbautechnischen Gesellschaft e.V. gibt Veranlassung, das vorliegende Thema zu behandeln, wobei die Betrachtungen den Jahren 1914, dem Gründungsjahr der HTG, 1939, dem Jahr ihres 25-jährigen Bestehens und nun dem Jubiläumsjahr 1964 generell zugeordnet werden. Die beiden erstgenannten Jahreszahlen fallen auch mit dem Beginn der beiden Weltkriege zusammen. Sie stellen daher markante Daten für die wirtschaftliche und technische Entwicklung mit tiefgreifenden Einflüssen und Auswirkungen dar.

Das Thema wird bewußt begrenzt auf die Einflüsse der Bodenmechanik, der Grundbaustatik und der Baustoffe, obwohl natürlich auch vielerlei sonstige Einflüsse auf die Ausbildung, Gestaltung, Berechnung, Konstruktion und Bauausführung von Ufereinfassungen wirksam sind. Hierzu gehören beispielsweise die natürliche baustoffmäßige Alterung, Änderung des Verkehrs zu Lande und zu Wasser, Vergrößerung der Schiffe und Änderung der Art ihres Antriebes, Absinken der Niedrigwasserstände durch Ausbaggern der Hafenzufahrten oder durch natürliche Erosion von Flußsohlen, Verflachung der Hafentiefe durch Küstenhebung, Erhöhung der Sturmfluten aus natürlichen Gründen oder wegen vermehrter Eindeichungen, Baggerungen usw., Zerstörungen durch Kriegseinwirkungen, wie Bomben, Sprengungen, Demontagen, Sonderwünsche wichtiger Wirtschaftszweige, wie der Öl-, Stahl- oder Autoindustrie, großräumige Überlegungen verkehrsmäßiger, handelspolitischer und strategischer Art und dergleichen.

In allen Fällen müssen die Hafenbauer bestrebt sein, die ihnen jeweils gestellte Aufgabe technisch einwandfrei und so wirtschaftlich wie möglich zu lösen. Neben Entwurf, Berechnung und Material spielen dabei natürlich auch die Fragen der Bauausführung hinsichtlich der gestellten Termine und der zur Verfügung stehenden Facharbeiter, Baugeräte usw. eine entscheidende Rolle. Hier liegt es im Zuge der Zeit, daß die Spezialarbeiter für Hafenbaukonstruktionen, insbesondere für Verzimmerungen, Verblendmauerwerk usw. abgelöst werden durch die in der Tiefbauindustrie auch sonst erforderlichen Facharbeitergruppen. Die Baugeräte werden weitgehend den Forderungen vom Entwurf her angepaßt, sind also nicht Wegbereiter, sondern Mittel besonderer Entwicklungen.

Nach diesen kurzen Hinweisen sollen sich die folgenden Ausführungen weitgehend auf das eigentliche Thema beschränken. Einzelne weitere Hinweise allgemeiner Art im Zusammenhang mit Ausführungsbeispielen sollen zum besseren Verständnis beitragen.

2. Zeitraum um das Jahr 1914

Für diesen Entwicklungszeitraum bis zum Ersten Weltkrieg ist folgendes kennzeichnend:

2.1 Entwurfsgrundlagen

2.11 Berechnung der Einflüsse von aktivem und passivem Erddruck unter Anwendung der Coulomb'schen Erddrucktheorie unter Benutzung der in der Natur beobachteten Böschungswinkel. Die damals neu herausgebrachten Erddrucktabellen von Möller erleichtern die Rechenarbeit.

2.12 Da es eine Bodenmechanik im eigentlichen Sinne noch nicht gibt, fehlen ausreichende Kenntnisse über die tatsächlichen physikalischen Eigenschaften der Bodenarten, insbesondere bei bindigen Böden.

2.13 Es fehlt die richtige Vorstellung über den Wasserüberdruck und seine Größe in Abhängigkeit von den Grundwasserströmungen hinter den Ufereinfassungen.

2.14 Brauchbare Methoden zur Untersuchung der Gelände- und Grundbruchgefahr stehen noch nicht zur Verfügung.

2.15 Die Abhängigkeit der Wandreibungswinkel sowie der Größe und Verteilung des aktiven und passiven Erddrucks von Art und Größe der Relativbewegungen zwischen Bauwerk und Boden und von eventuellen Bauwerksverformungen sind nicht bekannt.

2.16 Unsicherheit herrscht im Ansatz der Belastungen aus Pollerzug und Schiffsstoß, jedoch bestehen klare Vorstellungen über den zweckmäßigen Ansatz der Nutzlasten auf den Ufereinfassungen.

2.17 Die Eigenschaften, vor allem auch die zulässigen Spannungen der wichtigsten Baustoffe, wie Holz, Ziegel- und Klinkermauerwerk und Eisen sind ausreichend bekannt. Außerdem liegen gewisse Erfahrungswerte über die zulässigen Beanspruchungen von Beton und Eisenbeton vor.

2.18 Das Spannungstrapezverfahren wird sowohl zur Berechnung von Pfeilergründungen als auch von Pfahlrosten aller Art benutzt.

2.19 Der allgemeine Stand der Entwurfsbearbeitung gestattet nur in einzelnen Fällen und nur bis zu einem gewissen Grade sachlich durchdachte, gezielte technisch richtige Lösungen. Bei der Lösung der Probleme handelt es sich mehr um „Hafenbaukunst" als um angewandte Wissenschaft.

2.2 Baustoffe

Nachstehende Reihenfolge deutet Wichtigkeit und Häufigkeit ihrer Anwendung an.

2.21 Holz, vornehmlich Kiefer, Tanne-, Fichte und Eiche wird für Rammpfähle, Spundwände, Verzimmerungen, Bohlenbeläge, Schalungen und Fenderungen jeder Art verwendet und einwandfrei bearbeitet eingebaut.

2.22 Mauerwerk aus Klinkern, Ziegeln, Bruchsteinen, Basaltsäulen, im allgemeinen in Mörtel aus hydraulischem Kalk verlegt, wird fachgerecht hergestellt. Auch eine Art Ziegelbrockenbeton wird angewendet.

2.23 Eisen, Stahl und Gußeisen in den damaligen Qualitäten wird gut verarbeitet. Über Fragen von Korrosion und Sandschliff und deren Vermeidung liegen noch keine nennenswerten Erfahrungen vor.

2.24 Kies, Bruchsteine und dgl. werden als Konstruktionselemente, beispielsweise zum Sichern von Böschungen über und unter Wasser, zum Herstellen von Filtern usw. und sonst vor allem als Baustoffe verwendet.

2.25 Beton und Eisenbeton werden bereits ziemlich häufig angewendet, jedoch ohne richtige Vorstellung von einer gezielten, technisch einwandfreien Zusammensetzung und Verarbeitung. Feingliedriger Eisenbeton findet sich in Pfählen, Bohlwerken und aufgelösten Überbauten. Massenbeton wird in den Rostplatten schwerer Seeschiffsmauern verwendet und wird auch unter Wasser mit mehr oder weniger Erfolg eingebracht. Die Qualität des Betons hängt weitgehend davon ab, ob zufällig Kies in richtigem Kornaufbau zur Verfügung steht.

2.3 „Hamburger Bauweise", Entwurfsmethoden und Regeln

Hamburg als größter deutscher Seehafen hat beim Entwurf und Bau von Ufereinfassungen Lösungen entwickelt, die auf seine örtlichen Verhältnisse besonders zugeschnitten sind. In diesem Sinne kann man von einer „Hamburger Bauweise" sprechen. Sie ist gekennzeichnet durch die Abb. 1 und 2. Auf einem Pfahlrost mit Lotpfählen, schrägen Druckpfählen und einer mehr oder weniger weit hinten liegenden Spundwand aus Holz, überspannt ein massiver Überbau aus Mauerwerk bzw. Stampfbeton auf hölzerner Verzimmerung mit Bohlenbelag eine von der Hafensohle zur Spundwand ansteigende Unterwasserböschung. Die Wasserseite des Überbaues ist mit Mauerwerk verblendet. Die Fenderung besteht aus Reibepfählen.

Die Entwurfsgrundlagen für die „Hamburger Kaimauer" wurden im Jahre 1911 von der Hamburger Hafenbauverwaltung für ihren internen Dienstgebrauch in Form von Entwurfs-Vorschriften zusammengefaßt. Sie galten für die damals als ausreichend angesehene Hafentiefe von rd. 7 m unter MTnw.

Charakteristisch sind die dem mittleren Pfahldurchmesser zugeordneten zulässigen Druckbelastungen von Holzpfählen, und zwar:
25 t bei 30 cm, 34 t bei 35 cm, 44 t bei 40 cm und 56 t bei 45 cm.

Die Pfähle müssen dabei mindestens 3,0 m unter Hafensohle gerammt werden und davon mindestens 2 m in den tragfähigen Sand.

Als Belastungen der Zugpfähle werden 5/8 bis 3/4 der genannten Druckbelastungen zugelassen.

Der aktive und passive Erddruck wird nach den Tabellen von Möller angesetzt.

Bei den Holzspundwänden werden keine Belastungen in Achsrichtung zugelassen. Die zulässige Biegespannung der Spundwände wird bei Pfahlrostgründungen mit 300 kg/cm² sehr hoch angesetzt, zumal gleichzeitig in den Rostkonstruktionen nur eine größte Biegespannung der Balken von 100 kg/cm² zugelassen wird. Für die Spundwände wird der normale Sicherheitsgrad der als Haupttragwerk ausgeführten Pfahlrostkonstruktion also nicht verlangt, was auch später noch lange Zeit bei der Bemessung der Stahlspundwände unter Kaimauern nach Franzius und teilweise auch nach Blum beibehalten wird.

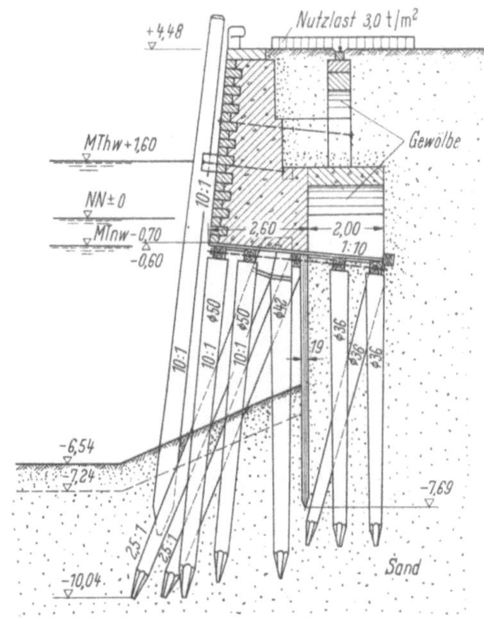

Abb. 1. Asia- und Amerikakai, Hamburg; Baujahr 1884/88.

Der Wasserüberdruck hinter den Spundwänden wird bei niedrigen Hafenwasserständen unterhalb der Entwässerungsvorrichtung mit max. 1,0 t/m² angesetzt.

Entsprechend den noch geringen Eckdrücken der Krane werden die Kranlasten nur mit 3,25 t/lfdm Kranbahn berücksichtigt.

Die Verkehrslasten im Gleisbereich werden mit 2,85 t/m², die Nutzlasten auf Rampen- und sonstigen Verkehrsflächen ohne Stapellasten mit 1,5 t/m² angesetzt.

Für Eisenbeton werden folgende Spannungen zugelassen:

Biegedruckspannungen bei Mischungen 1 : 5 = 40 kg/cm²
Reine Druckspannungen in Pfählen und Pfeilern bei Mischungen 1 : 4 = 35 kg/cm²
Für die Bewehrungseisen = 1000 kg/cm².

Nach obigen Vorschriften sind zahlreiche Entwürfe in herkömmlicher Bauweise und versuchsweise auch in Eisenbeton entworfen, berechnet und ausgeführt worden (vgl. hierzu auch die alten Bauteile in den Abb. 11, 12, 28, 32 u. 33).

2.4 „Bremerhavener Bauweise“

Eine kennzeichnende Form weisen auch die Seeschiffsmauern in Bremerhaven auf (Abb. 3 u. 4 und alte Kaimauer in Abb. 21).

Diese „Bremerhavener Bauweise“ wird hier besonders behandelt, weil Bremerhaven bereits damals wegen seines schlechten Baugrundes und der großen Höhe der zu überwindenden Geländesprünge für den Verkehr großer Schiffe zu den hafenbautechnisch interessantesten Plätzen Deutschlands gehört.

Bei den Einfahrtsbauwerken zu den abgeschleusten Häfen wirkt sich auch der große Tidehub von rd. 3,30 m noch zusätzlich erschwerend aus (Abb. 4).

Die Hafenanlagen von Bremerhaven werden in ehemaligem Wattgelände errichtet. Etwa von BPN +1,00 bis BPN −14,00 (Abb. 4) steht dort weicher Klei an, teilweise durchwachsen und durchsetzt mit Moor- und

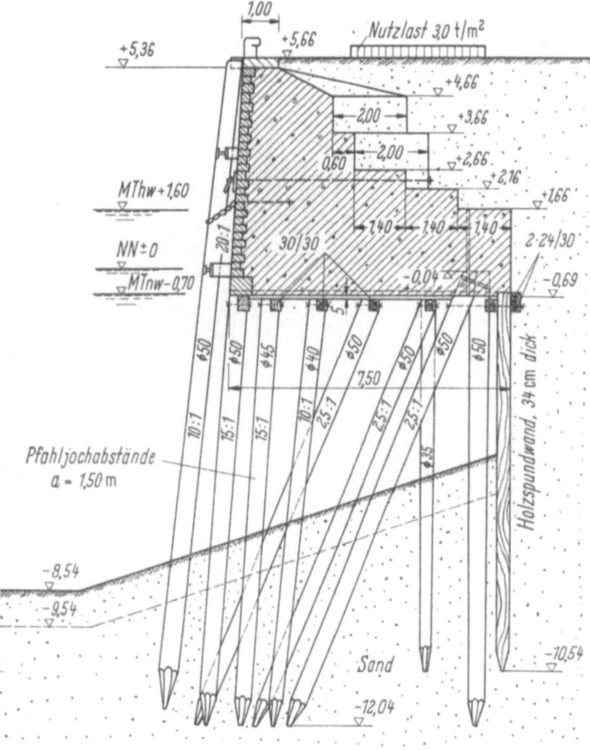

Abb. 2. Hachmannkai, Roßkai, Hamburg; Baujahr 1911.

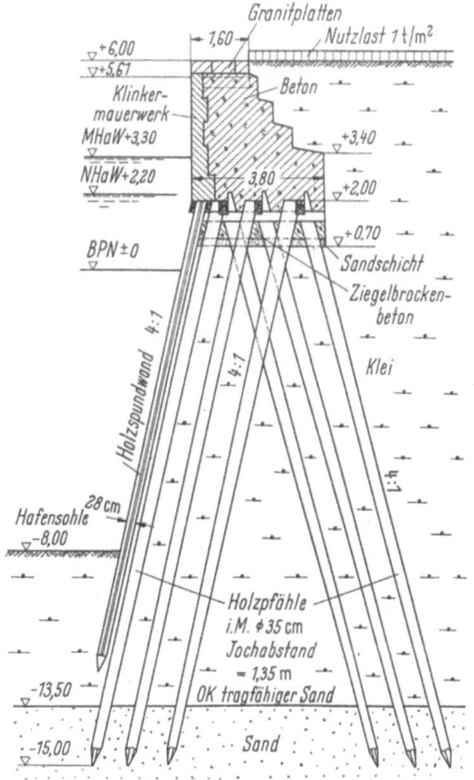

Abb. 3. Kaimauer am Verbindungshafen Bremerhaven; Baujahr 1908/1916.

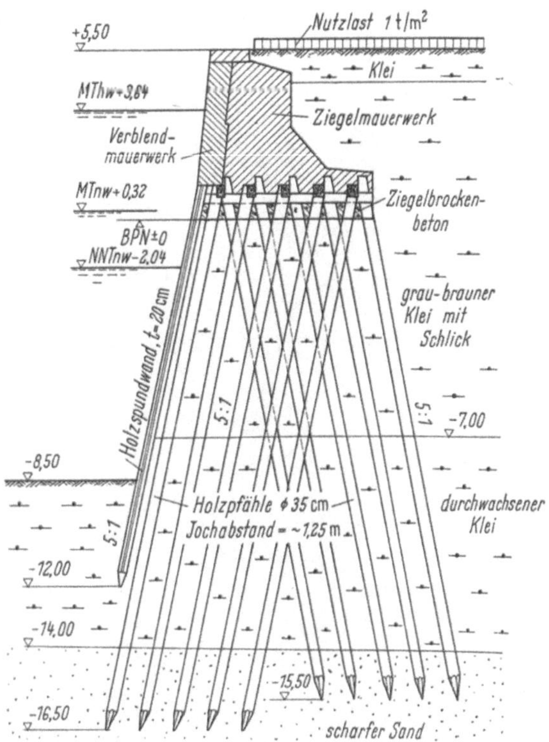

Abb. 4. Östliche Vorhafenkaimauer an der Kaiserschleuse, Bremerhaven; Baujahr 1897.

Schilftorfschichten. Die in diesem Gelände errichteten Kaimauern sind bis zu ihrer Oberkante (BPN +5,50 bis +6,00) mit Klei hinterstampft. Als Haupttragglieder wirken schräge Druck- und Zugpfähle aus Holz, die in den Neigungen 4 : 1 bis 5 : 1 auf Luke gegenläufig gerammt sind. Den vorderen Abschluß unter Wasser bildet eine kräftige Holzspundwand. Die Pfahlböcke sind einwandfrei verzimmert. Als Sauberkeitsschicht und untere Schalung dient eine dicke Schicht aus Ziegelbrockenbeton. Der massive Überbau besteht aus Ziegelmauerwerk oder Stampfbeton mit vorderem Verblendmauerwerk. Während die Holzpfähle 1,5 bis 2,5m tief in den gut tragfähigen diluvialen Sandboden einbinden, endigt die Spundwand im weichen Klei (s. Abb. 3, 4 und altes Bauwerk, Abb. 21). Sie kann daher nur in begrenztem Umfange waagerechte Kräfte aufnehmen. Lotrechte Kräfte werden ihr von vornherein nicht zugewiesen.

Zweifellos ist diese Bauform ein Ausdruck großer Hafenbaukunst, aber nicht das Produkt gezielter Berechnungen. Hierzu liegen bei diesen schwierigen Baugrundverhältnissen die technischen Voraussetzungen noch nicht vor. Um so bemerkenswerter ist es, daß diese Bauform, abgesehen von der zu kurzen Spundwand, auch der kritischen Betrachtungsweise nach heutigen Erkenntnissen durchaus standhält. Wie jede Lösung hat sie aber ihre natürlichen Anwendungsgrenzen, worauf unter Ziffer 3.41 noch näher eingegangen wird.

Als besondere Merkmale der Bauweise seien hervorgehoben:

2.41 Durch die geneigte Anordnung sowohl der Druck- als auch der Zugpfähle wird eine günstige Aufnahme der großen Horizontalkräfte erzielt.

2.42 Durch das Gegeneinanderrammen der Druck- und Zugpfähle bei einem Jochabstand von 1,25 bis 1,35 m findet eine starke Verdrängung, aber gleichzeitig auch eine Verdichtung des Kleibodens zwischen den Pfählen statt, wodurch das Schubaufnahmevermögen des Gesamtbaukörpers verbessert wird.

2.43 Bei der gewählten Pfahlanordnung kann der Überbau verhältnismäßig schmal gehalten werden.

2.44 Die zahlreichen Pfähle bilden einen starken Verbau, so daß in Verbindung mit dem verdichteten Klei zwischen den Pfählen der Erddruck auf die Spundwand weitgehend abgemindert wird.

2.45 Die sonst zur Stabilisierung gegen Momenteneinwirkungen erwünschten Lotpfähle werden hier nicht benötigt, weil die gewählte Pfahlanordnung zu einem System führt, bei dem stärkere Momenteneinflüsse aus dem Überbau gar nicht erst auftreten.

2.5 Binnenhafenmauern

Um die Jahrhundertwende waren besonders am Niederrhein Häfen erweitert und große Werkshäfen neu gebaut worden. Vor 50 Jahren hat sich der Schwerpunkt des Hafenbaues jedoch zum Rhein-Herne-Kanal, der im Jahre 1914 in Betrieb genommen wird, verlagert. Hier werden sofort zahlreiche Werks-, Zechen- und öffentliche Häfen angelegt, die beim konstanten Kanalwasserstand nur geringe Uferhöhen erfordern, und in denen die Ausbaukosten der Ufer weitaus niedriger sind, als bei den Rheinhäfen mit den stark wechselnden Wasserständen.

Diese neue Konkurrenzlage wirkt sich auf den Binnenhafenbau aus. Hinzu kommen zwei wichtige bautechnische Entwicklungen, und zwar das Vordringen des Eisenbetonbaues und die ersten Ausführungen mit Stahlspundwänden. Die bisherigen Formen des Uferbaues, die schwere massive Mauer mit Brunnengründung, ist vergleichsweise zu teuer und die durchgehende, gepflasterte Böschung gegenüber den senkrechten Ufern der Kanalhäfen betrieblich zu ungünstig. Der Uferbau der am Rhein und anderen Flüssen liegenden Binnenhäfen ist damit zu neuen Planungen unter Anwendung neuer Baustoffe einfach gezwungen.

In den Flußhäfen wird die Anwendung von Eisenbetonbohlwerken weiterentwickelt. Sie waren erstmalig beim letzten großen Ausbau der Ruhrorter Hafenbecken in den Jahren 1904 bis 1908 angewendet worden (Abb. 5). Dieser Uferausbau hat gegenüber der durchgehenden Böschung den Vorteil, daß das Schiff rd. 4,0 m näher an die Betriebsanlagen auf dem Ufer heran kann und Gelände eingespart wird.

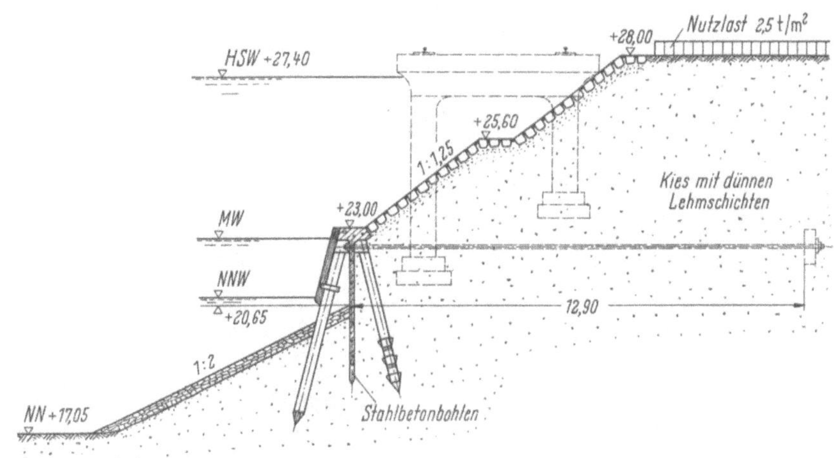

Abb. 5. Uferausbau in den Ruhrorter Hafenbecken; Baujahr 1904/1908.

Nachteilig hatten sich die zur Wasserseite vorstehenden und geneigten Eisenbetonpfähle erwiesen, die von den Schiffen oft beschädigt wurden, wodurch die Standfestigkeit der Bohlwerke gefährdet wurde. Diese Ausführung wird deshalb beim Bau des Vincke-Kanals in Ruhrort (Abb. 6) in der Weise verbessert, daß der vordere Druckpfahl nicht mehr zur Wasserseite geneigt, sondern senkrecht, in der Flucht des Bohlwerkes liegend, angeordnet wird.

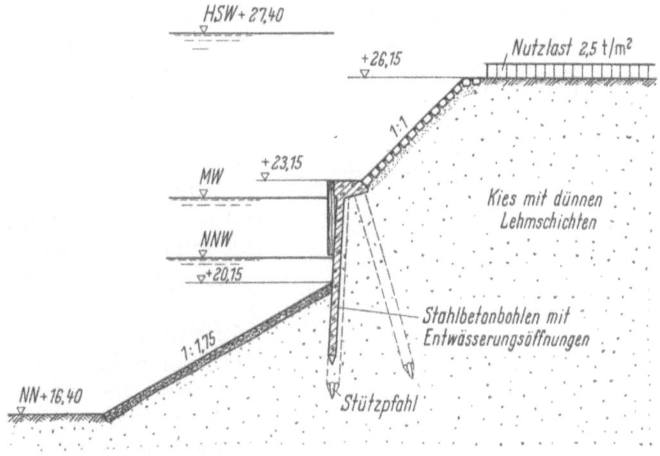

Betrieblich reicht diese Uferform aber nicht aus, denn bei niedrigem Wasserstand ist der Abstand zwischen Kran und Schiff zu groß, zumal die verfügbaren Krane noch keine große Ausladung haben. Um sie weiter vor in den Bereich der Pflasterböschung rücken zu können, werden in Bereichen mit Kranumschlag nachträglich oder bei Neubauten von vornherein Kranbühnen aus Eisenbeton errichtet (Abb. 5). Sie erfordern in der Regel aber auch eine zusätzliche Verankerung des Bohlwerkes (Abb. 5).

Abb. 6. Ufer am Vinckekanal, Ruhrort; Baujahr 1913.

Damit sind die betrieblichen Verhältnisse wesentlich verbessert. Die Schiffahrt muß aber an der Anlegestelle noch die mit Steinwurf befestigte Unterwasserböschung in Kauf nehmen. Das ist auch möglich, denn es handelt sich fast ausschließlich um Kähne, die gegen ein gelegentliches Aufsitzen weniger empfindlich sind als Selbstfahrer. Außerdem liegen derartige Unterwasserböschungen wegen der früheren Gründungsschwierigkeiten im allgemeinen auch vor den vorhandenen massiven Ufermauern.

Die Baukosten von Bohlwerken mit Kranbühnen liegen rd. 40% niedriger als die von betrieblich gleichwertigen massiven Ufermauern. Der recht unterschiedliche Aufwand für die Unterhaltung der Anlagen darf dabei allerdings nicht außer acht gelassen werden.

Nachdem es technisch möglich wird, die Gründungen mit Eisenbetonrammpfählen als Schrägpfahlböcke auszuführen, werden ältere, durchgehend geböschte Ufer für den Umschlagbetrieb in der Weise verbessert, daß im oberen Böschungsbereich eine pfahlgegründete Kranbühne nachträglich eingebaut wird (Abb. 7).

Die Bohlwerke werden sehr sorgfältig ausgeführt. Die Eisenbetonbohlen werden noch eingegraben und nicht eingerammt. Sie sind nur 11 cm dick, haben eine Längsbewehrung ⌀ 12 mm und als Querbewehrung Blechstreifen von etwa 2×20 mm. Außerdem werden einige dünne Drähte eingelegt. Trotz teilweise geringer Betonüberdeckung ist der Zustand dieser Bohlen auch nach 50 Jahren noch gut. Schlechter dagegen ist der Beton der Rahmenkonstruktionen.

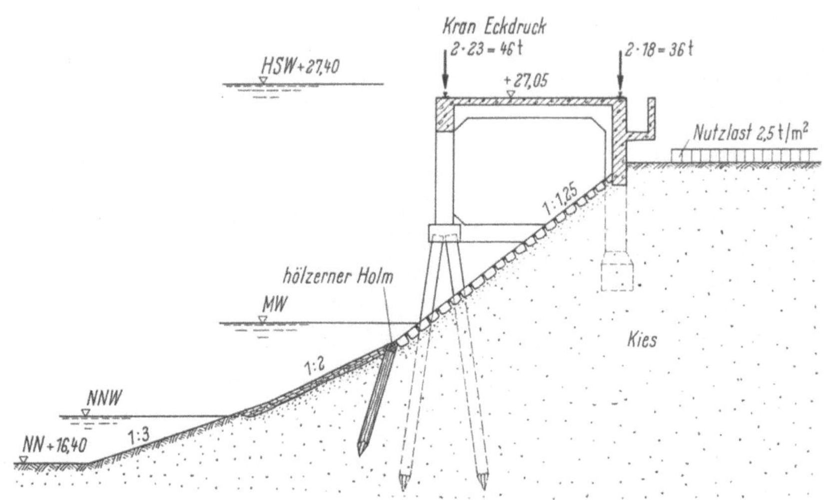

Abb. 7. Uferböschung mit Kranbühne im Ruhrorter Südhafen; Baujahr der Kranbühne 1924.

Zusammenfassend kann festgestellt werden, daß diese Ufereinfassungen für die Zeit bis 1914 eine wirtschaftliche und bau- sowie betriebstechnisch brauchbare Lösung sind. Für den heutigen Hafenbetrieb sind diese Uferanlagen in der Regel allerdings nicht mehr befriedigend.

Die Pflasterböschungen werden in der Regel mit unbehauenen Natursteinen in gutem Kiesbett verlegt. Basaltsäulen werden nur angewendet, wenn die Böschung sehr steil gehalten werden muß. Als untere Begrenzung und Stütze des gepflasterten Böschungsteils wird etwa in Höhe des Mittelwassers ein hölzerner Holm (Abb. 7) eingebaut. Der untere Teil der Böschung erhält nur eine leichte Abdeckung mit Vorwurfsteinen.

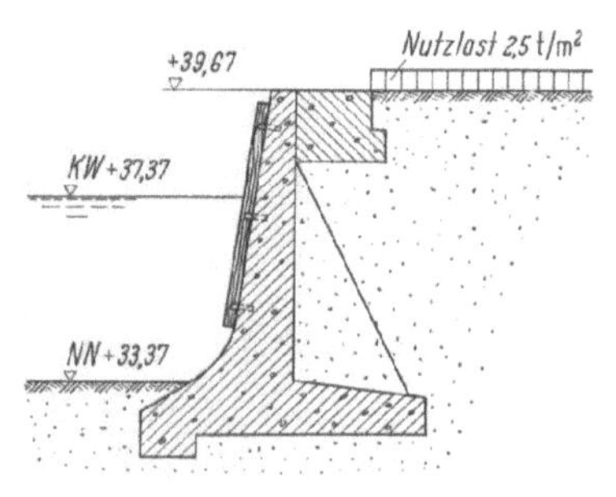

Abb. 8. Ufermauer im Kanalhafen Wanne-West; Baujahr 1913.

Eine statische Berechnung der Böschungen und der Bohlwerke ist nicht bekannt und ein rechnerischer Standsicherheitsnachweis ist auch heute kaum zu führen.

Die Oberkante der Ufer bzw. die Höhenlage der Hafenbetriebsebene wird bei den Flußhäfen mit Rücksicht auf die große Uferhöhe und das Ruhen der Schiffahrt bei sehr hohen Wasserständen im allgemeinen nicht hochwasserfrei gelegt, sondern nur etwa in die Höhe des höchsten Schiffahrtswasserstandes.

Für den Uferbau in den Kanalhäfen liegen wesentlich einfachere Voraussetzungen vor. Die freie Uferhöhe über der Hafensohle beträgt im allgemeinen nur 5 bis 7 m, und die Bauausführung ist im Trockenen in offener Baugrube möglich. Bei diesen Verhältnissen kann sowohl die Massivmauer in althergebrachter Bauweise oder in Eisenbeton als auch die gerade eingeführte Stahlspundwand auf volle Höhe des Geländesprunges noch wirtschaftlich vertretbar angewendet werden. Meistens wird dem Eisenbeton der Vorzug gegeben, und zwar in Form von Winkelstützmauern (Abb. 8).

In einigen Kanalhäfen verwendet man aber bereits Stahlspundbohlen, und zwar vor allem dort, wo es auch auf die Dichtigkeit der Uferwand ankommt. Für diese geringe Uferhöhe reichen die damals allein verfügbaren leichten Spundwandprofile. Es fehlt aber noch die Erfahrung in der Bauausführung und entsprechendes Gerät. Die erforderliche Verankerung bereitet einige Schwierigkeiten, desgleichen die sinnvolle Berücksichtigung von Bergsenkungen.

Die Stahlspundwand weicht in ihrer Ausführung von der heutigen wesentlich ab. So hat sie vielfach eine zangenartige und recht leichte Gurtung (Abb. 9) und damit keine glatte Außenfläche. Verankert wird an durchgehenden Ankerspundwänden, Ankerbalken oder auch an schwereren Ankerkörpern (Abb. 9), selten an Ankerplatten. Für den Einbau der Verankerung muß das Gelände daher umfangreich aufgeschlitzt werden.

In der Berechnung der Kanalufer wird fast durchweg ein Entleeren oder Auslaufen des Kanals berücksichtigt. Hierbei ergibt sich eine erhebliche Uferbelastung durch Wasserüberdruck. Auch auf dem Ufer werden hohe Verkehrslasten bis zu 7 t/m² berücksichtigt.

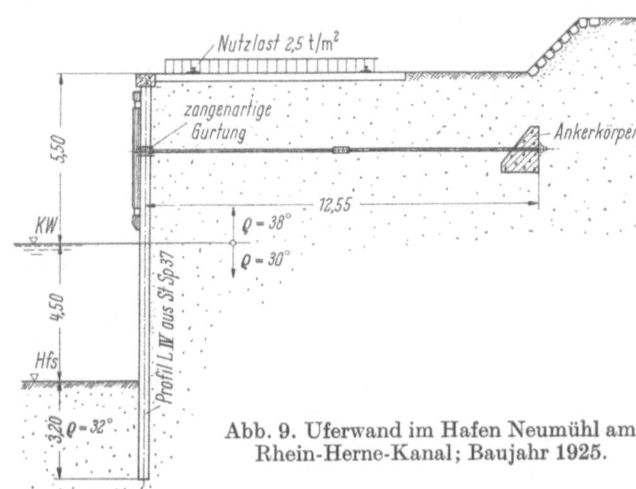

Abb. 9. Uferwand im Hafen Neumühl am Rhein-Herne-Kanal; Baujahr 1925.

Fast alle Ufer der Binnenhäfen werden zum Schutz der Schiffe und der Bauwerke durch senkrechte und waagerechte Reibehölzer gesichert. Für diese zusätzlichen Ausrüstungen sind nicht nur hohe Kosten beim Bau, sondern noch mehr für ihre laufende Unterhaltung aufzuwenden.

Rückblickend kann festgestellt werden, daß sich Massivmauern und Stahlspundwände besser bewährt haben, als feingliedrige Eisenbetonbauwerke. Dies dürfte aber zum erheblichen Teil auf Entwurfs- und Ausführungsmängel der letzteren zurückzuführen sein.

3. Zeitraum um das Jahr 1939

3.1 Entwurfsgrundlagen

3.101 Verhältnismäßig gut zutreffende bodenphysikalische Werte werden mittels bodenmechanischer Versuchsgeräte und Verfahren in anerkannten Versuchsanstalten gewonnen. Dies gilt vor allem für die nicht bindigen Böden. Aber auch die Tonmechanik hat durch die grundlegenden Theorien, Untersuchungen und Ausarbeitungen von Terzaghi, Casagrande, Fellenius, Krey usw. entscheidende Fortschritte zu verzeichnen. Leider fehlt es an einer Koordinierung der Versuchsmethoden, die von den einzelnen Laboratorien angewendet werden. Da die ermittelten Werte aber wesentlich beeinflußt werden vom tatsächlichen inneren Zustand, in dem sich die Proben im Moment des eigentlichen Testvorganges gerade befinden, hängen die Ergebnisse nicht unwesentlich vom jeweiligen Laboratorium ab und streuen. Verschiedene Eigenschaften, vor allem bindiger Böden, sind auch in ihrem Wesen noch nicht erkannt, desgleichen nicht ausreichend der Einfluß der Geschwindigkeit der Versuchsdurchführung. Im einzelnen sei folgendes erwähnt:

3.1011 Die Ermittlung von spezifischem Gewicht, Raumgewicht, Kornverteilung, Porenvolumen, Wassergehalt, Durchlässigkeit, Konsistenzgrenzen, chemischen Eigenschaften und dergleichen sind allgemein bekannt.

3.1012 Die Scherfestigkeit wird im allgemeinen mit ebenen Schergeräten ermittelt. Aber auch der dreiaxiale Scherversuch wird bereits angewendet. Man erhält so bei sorgfältiger Versuchsdurchführung gut zutreffende Werte für nicht bindige und für voll konsolidierte bindige Böden. Bei letzteren wird die Scherfestigkeit bereits in einen Reibungs- und einen Kohäsionsanteil aufgegliedert. Die Verhältnisse beim unkonsolidierten Zustand sind noch wenig bekannt. Auch die Fehlerquellen der Versuche werden noch nicht überblickt.

3.1013 Der Kompressionsversuch ist bekannt und wird verhältnismäßig einheitlich durchgeführt. Die heutigen Feinheiten fehlen aber noch.

3.1014 Auch laboratoriumsmäßige Lagerungsdichtebestimmungen werden vorgenommen. Im Feld beginnt man die Lagerungsdichte mittels Rammsonden zu testen.

3.1015 Durch Modellversuche auch in größerem Maßstab und durch Messungen an ausgeführten Bauwerken versucht man Beziehungen zwischen den Verschiebungswegen und der Größe von Erddruck und Erdwiderstand zu finden. Hier seien unter anderem die Erdwiderstandsversuche von Franzius und die Ankerplattenversuche von Petermann und Buchholz erwähnt.

3.1016 Durch hydraulische Modelle untersucht man Grundwasserströmungen und die Lage von Grundwasserspiegeln.

3.102 Erddruck und Erdwiderstand werden unter Verwendung der nach 3.101 gewonnenen bodenphysikalischen Werte nach den bekannten klassischen Erddrucktheorien mit ebenen oder aber gekrümmten Gleitflächen mit und ohne Ansatz von Wandreibungswinkeln ermittelt. Die Berechnungsbeiwerte werden im allgemeinen den Tabellen von Krey entnommen.

3.103 Einfach verankerte Spundwände werden in der Regel nach dem graphischen Verfahren von Blum mit klassischer Erddruckverteilung und Erfassung der Bodeneinspannung durch das Ersatzkraftverfahren berechnet oder aber analytisch nach dem Ersatzbalkenverfahren. Durch die Momentenflächenkorrektur nach Hedde wird die Anwendung des graphischen Verfahrens für die im Boden eingespannte Wand wesentlich vereinfacht.

Verfeinerte Ansätze, vor allem für die Erddruckverteilung unter Berücksichtigung der Wandbewegungen und Wandverformungen, bringen Ohde und die Dänischen Normen. Sie berücksichtigen eine Erddruckumlagerung hinter der Spundwand infolge der Spundwanddurchbiegung. In der Praxis wird sie vereinfacht als Auswirkung einer Gewölbebildung zwischen Verankerung und Erdauflager gedeutet.

Streck berücksichtigt den Einfluß der Kopfeinspannung des Überankerteiles auf Ankerkraft, Feldmoment und Rammtiefe.

Terzaghi berücksichtigt den Einfluß des Bauvorganges einer ausgesteiften Baugrube auf die dahinter wirksam werdende Erddruckverteilung. Spilker, Lehmann und andere messen die Steifendrücke ausgesteifter Baugruben und empfehlen entsprechende Erddruckansätze.

3.104 Mehrfach gestützte Spundwände können ohne besonderen Zeitaufwand für beliebige Erddruckverteilungen berechnet werden, nachdem Lackner graphische und analytische Berechnungsverfahren entwickelt hat, bei denen gleichzeitig auch Stützpunkt- und Erdauflagerverschiebungen in einfachster Weise berücksichtigt werden können.

3.105 Die Bemessung von Ankerplatten wird nach den Vorschlägen von Petermann und Buchholz vorgenommen. Für die Bemessung der Ankerlänge und Höhenlage der Verankerung bringt Kranz eine richtungweisende Lösung.

3.106 Zellen- und Kastenfangedämme werden hinsichtlich der äußeren Standsicherheit nach der Massivkörpermethode berechnet. Die Ermittlung der inneren Kraftverteilung wird vor allem nach Krey oder später nach Blum vorgenommen. Durch Modellversuche und Messungen an ausgeführten Bauwerken versucht man die Erkenntnisse zu vertiefen.

3.107 Hohe Pfahlrostbauwerke werden in der Regel mit biegesteifem Überbau aus Stahlbeton hergestellt. Die Pfahlkräfte beliebig gestalteter Pfahlroste können nach Nökkentved mit tragbarem Aufwand berechnet werden. Die Überbauten werden mit und ohne Rippen ausgebildet. Aber auch elastische Rostplatten mit elastischer Stützung auf den Pfählen werden bereits vereinzelt richtig berechnet und ausgeführt. Die Berechnung dieser hochgradig statisch unbestimmten Systeme ist aber noch mit einem beachtlichen Arbeitsaufwand verbunden. Geübte Ingenieure erhalten hierbei die Lösungen am schnellsten durch Probieren.

3.108 Die Abschirmung des Erddruckes auf die vordere Spundwand von hohen Pfahlrosten wird nach Lohmeyer ermittelt. Die Abminderung des Erddruckes bei engen Pfahlstellungen wird teilweise durch einen Verbaufaktor berücksichtigt. Vereinzelt wird aber auch umgekehrt schon versucht, den Einfluß der Pfahllasten auf eine vorgerammte Spundwand rechnerisch zu erfassen und zu berücksichtigen.

3.109 Die Einflüsse des Wasserdruckes werden nach Terzaghi auf die maßgebende Erddruck- bzw. Erdwiderstandsgleitfuge bezogen. Nachdem die Ermittlung der Strömungsnetze durch Dachler und andere allgemein bekannt geworden ist, bereitet eine ausreichend zutreffende Bestimmung der Wasserdruck- und Wasserüberdruckverhältnisse bei bekannter oder modellmäßig ermittelter Lage des Grundwasserspiegels keine besonderen Schwierigkeiten mehr.

3.110 Auch die Geländebruch- und die Grundbruchgefahr und ihre rechnerische Überprüfung sind durch die Arbeiten von Fellenius, Krey und anderen bereits so bekannt, daß entsprechende Untersuchungen und Nachweise in keiner einwandfreien Berechnung einer Ufereinfassung fehlen.

3.111 Die Nutzlastansätze für Ufereinfassungen mit Eisenbahnverkehr richten sich in der Regel nach den Eisenbahn-Ersatzlasten. Große Hafenbaubehörden haben aber auch besondere Regelungen, die nach oben oder unten abweichen.

3.112 Über die Ansätze der Belastungen aus Pollerzug und Schiffsstoß hat man gewisse Vorstellungen, aber noch keine verbindlichen Regelungen.

3.113 Bei der Berechnung und Bemessung der Bauteile werden moderne Verfahren der Baustatik und Festigkeitslehre angewendet, darunter auch spannungsoptische Untersuchungen. Balken auf elastischer Bettung werden im allgemeinen nach dem Bettungszifferverfahren, vereinzelt aber auch bereits nach einer Art Steifezifferverfahren berechnet.

3.114 Die Festigkeitseigenschaften aller wichtigen Baustoffe wie Stahl, Gußstahl, Gußeisen, Beton, Stahlbeton, Holz usw. sind bereits umfassend erforscht, und die zulässigen Spannungen in Vorschriften und Richtlinien erfaßt.

3.115 Die Spannungsverteilung im Baugrund wird nach Boussinesq für den elastisch isotropen Halbraum errechnet oder aber allgemeiner nach der Theorie der gradlinigen Kraftausbreitung mit verschiedenen Ordnungszahlen nach Fröhlich. Unter Verwendung der Steifeziffern oder der Druck-Setzungskurven aus Kompressionsversuchen bereitet die Ermittlung der Konsolidierungssetzungen daher keine besonderen Schwierigkeiten mehr.

3.116 Hinsichtlich der Überleitung der Pfahlkräfte über Mantelreibung und Spitzenwiderstand in den Untergrund sind durch Modellversuche und systematische Probebelastungen an ausgeführten Pfählen bereits Anhalte gefunden. In der f-Methode von Schenck steht ein gutes Verfahren zur Ermittlung der Mantelreibungsverteilung zur Verfügung.

3.117 Sofern nicht mächtige, nicht konsolidierte bindige Bodenschichten anstehen, können demnach bereits einwandfrei gezielte Entwürfe nach neuzeitlichen Grundsätzen aufgestellt und berechnet werden. Voraussetzung ist nur, daß die notwendige Sorgfalt angewendet und die erforderlichen umfangreichen Ingenieurarbeiten in Kauf genommen werden.

3.2 Baustoffe

Die Wichtigkeit der Baustoffe für die Errichtung von Ufereinfassungen hat sich im Berichtszeitraum grundlegend geändert. Stahl und Stahlbeton haben dabei allen anderen Baustoffen den Rang abgelaufen.

3.21 Stahl der Güte St Sp 37 und Resistastahl (St Sp S) hat bei höheren Spundwandbauwerken das Material Holz, aber auch den Stahlbeton praktisch völlig verdrängt. Durch das Walzen schwerer Wellenprofile und der Peiner Kastenspundbohlen sind der Stahlspundwand in der Höhe des zu stützenden Geländesprunges kaum noch Grenzen gesetzt. Folgende deutsche Spundwandsysteme werden geliefert: Larssen, Krupp, Hoesch, Klöckner und Peine.

Bei Korrosionsgefahr verwendet man Stähle mit größerem Kupferzusatz.

Bei Großbauwerken werden bereits hochbelastete Pfähle aus Stahl angewendet.

Spundwandverankerungen aus Stahl werden in den Güten St 37 und St 52 ausgeführt. Bei einem hohen durch Wasserüberdruck schwer belasteten Spundwandbauwerk wird aber auch schon Spezialstahl der Güte 120/130 in Form von patentverschlossenen Stahlkabelankern eingebaut.

Große Stahlmengen werden vor allem aber auch für die Bewehrung der Stahlbeton-Überbauten schwerer Kaimauern benötigt. Auch Stahlschalungen seien in diesem Zusammenhang erwähnt.

Der volle Siegeszug des Stahles wird nur noch durch behördliche Anweisungen zur Stahleinsparung gebremst.

3.22 Beton und Stahlbeton werden technologisch einwandfrei hergestellt. Die Wichtigkeit eines geeigneten Kornaufbaues für die Festigkeit und Dichtigkeit ist bekannt, desgleichen der Einfluß des Wasser-Zement-Faktors und besonderer Zusätze. Einer guten Verarbeitbarkeit des Betons wird bereits große Bedeutung beigemessen. Der Einbau erfolgt mit Kübeln oder mittels Pumpen.

Durch gezielte Maßnahmen kann der Beton in der jeweils gewünschten Güte hergestellt werden.

Nach dem Contractorverfahren kann auch Unterwasserbeton einwandfrei eingebracht werden.

Für die Bewehrung stehen praktisch nur glatte Stähle der Klassen BST I, St 37 und St 52 zur Verfügung.

Auch Spannbeton und vorgespannter Beton sind bekannt, werden aber bei Ufereinfassungen noch nicht angewendet.

Aus Stahlbeton werden vor allem die Kaimauerüberbauten, Kranbühnen, Rammpfähle und vereinzelt Spundwände hergestellt.

3.23 Holz wird für Spundwände im allgemeinen nur noch bei kleineren Bauwerken oder bei vorübergehenden Baugrubenumschließungen und dergleichen angewendet. Hingegen sind Rammpfähle aus Holz noch stark im Gebrauch, solange sie in ausreichenden Abmessungen und Mengen billig geliefert werden können. Verzimmerungen sind nicht mehr nötig, weil die Pfähle kraftschlüssig in den Überbau einbinden; hingegen wird Schalholz in großem Umfange benötigt. Auch die Fenderungen bestehen nach wie vor aus Holz.

Als Holzarten werden vor allem Tanne-Fichte, Kiefer und Eiche angewendet. Bei der Gefahr des Befalls durch die Bohrmuschel oder Bohrassel wird bereits Kiefernholz, das mit Steinkohlenteeröl voll getränkt ist, verwendet.

3.24 Mauerwerk aus Klinkern, Ziegeln, Bruchsteinen und dergleichen ist fast restlos verdrängt worden durch Beton und Stahlbeton. Man findet es aber noch bei Verblendungen.

3.25 Kies, Bruchsteine, Formsteine und dergleichen werden jeweils zur Sicherung von Böschungen über und unter Wasser, zum Herstellen von Pflasterungen, Filtern und sonst als Baustoffe verwendet.

3.3 Hamburger Kaimauern

Die Zeit zwischen den beiden Weltkriegen stellt im Hamburger Hafen eine Übergangsperiode dar von den inzwischen veralteten Berechnungsmethoden und Bauweisen zu den modernen Konzeptionen für Entwurf und Berechnung.

In den 1929 noch einmal zusammengefaßten Konstruktionsrichtlinien des Amtes für Strom- und Hafenbau sind die vorher gültigen Entwurfsgrundlagen hinsichtlich der Baustoffe und Bodenbeanspruchungen nur wenig weiter entwickelt. Die Spundwandberechnung ist jedoch der statisch richtigeren Erfassung von Erddruck und Erdwiderstand durch graphische und analytische Methoden weitgehend angepaßt. Außerdem bilden sie den Ausgangspunkt für die anschließende weitere Durcharbeitung und Einstellung der Entwürfe auf die fortschrittlichen Methoden zur Erfassung der Gründungspfahllasten, der Spundwandberechnung hinsichtlich der erforderlichen Rammtiefe, Bemessungsmomente und Ankerzugkräfte der entsprechend geänderten Systeme.

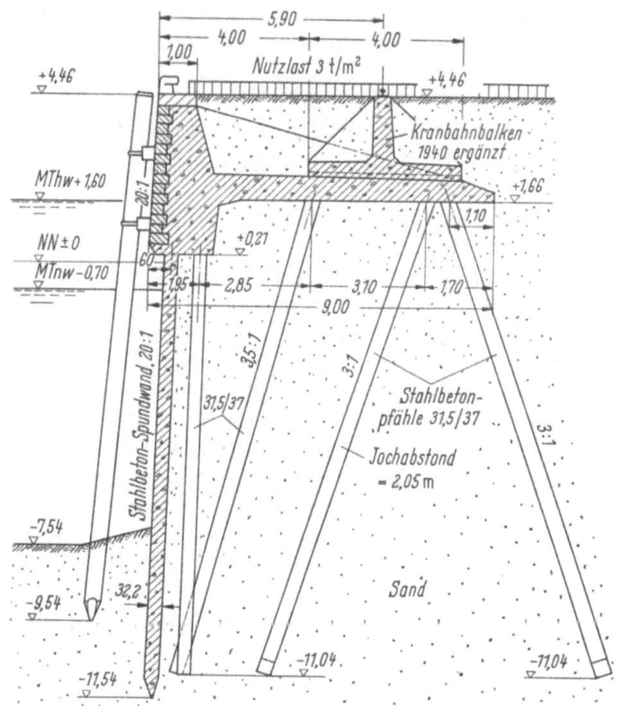

Abb. 10. Grenzkanal Ostufer, Hamburg; Baujahr 1926.

Nach einer Übergangszeit, in der in Hamburg Stahlbetonspundwände verwendet werden, die sich aber nicht bewährt haben, geht man auf die Stahlspundwand in Wellenform, Stahlbetongründungspfähle in Reihen- bzw. Bockanordnung und einen Stahlbetonüberbau in Form einer Winkelmauer über.

Pfahlrostberechnungen nach Nökkentved und Spundwandberechnungen nach Franzius auf Grund seiner Modellversuche und die Ermittlung der statischen Werte für die Spundwände nach Blum — zunächst im graphischen Verfahren — bilden die wichtigsten Hamburger Berechnungsverfahren.

Auf Grund der vorliegenden Forschungsergebnisse entwickelt Schütte Anweisungen zur richtigen Erfassung der statischen Werte für die Hamburger Kaimauern. Hierbei wird die nun vorne angeordnete Spundwand, ob aus Stahl oder aus Stahlbeton, zur Aufnahme lotrechter Kräfte mit herangezogen (Abb. 10).

In diesen Jahren spielt bei den statisch-konstruktiven Überlegungen das Problem der etwaigen Abschirmung des Erddruckes auf die Spundwand durch dahinterstehende Pfahlreihen eine beachtliche Rolle. Es wird ein „Verbaufaktor“ angesetzt, um das Verhältnis des abgeminderten Erddruckes zum ursprünglichen zu erfassen. Diese Entwicklung ist aber auf eine Übergangszeit beschränkt. Die späteren Bauwerke weisen infolge höher zugelassener Pfahllasten einen größeren Abstand der Pfähle untereinander und von der vorderen Spundwand auf, wobei die Frage des Verbaues unwesentlich wird.

Die Bodenbeiwerte werden nach Beratung durch Bodenmechaniker erstmalig verhältnismäßig günstig (wenn auch vom Standpunkt heutiger Erkenntnisse nicht ganz richtig) angesetzt, und zwar:

Sand über Wasser $\varrho = 40°$, $\gamma_{ü} = 1{,}77$ t/m³

„ unter Wasser $\rho = 24°$, $\gamma_a = 1{,}0$ t/m³.

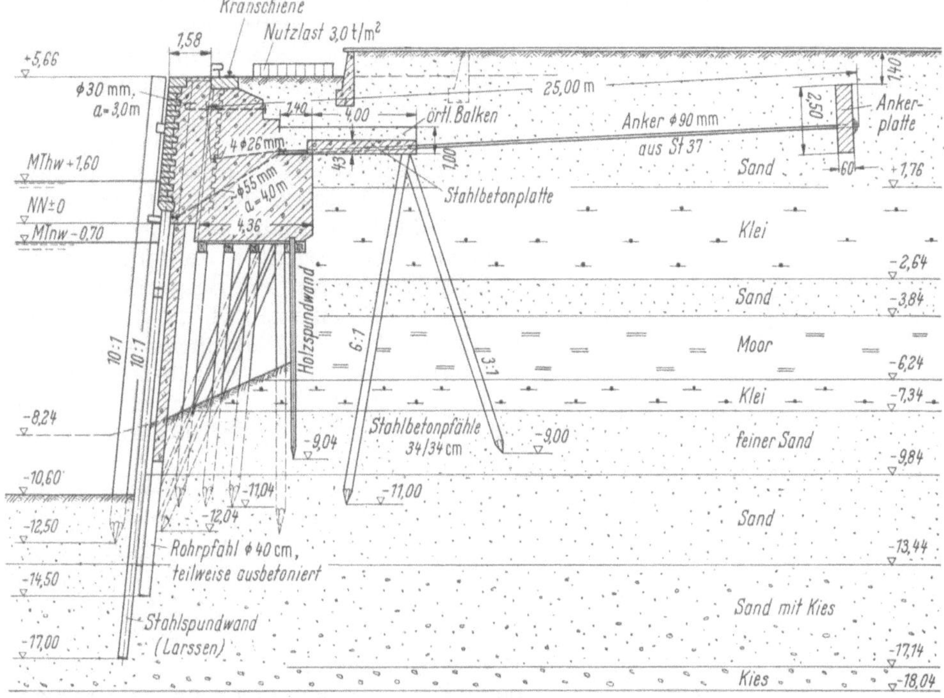

Abb. 11. Verstärkung der Kaimauer im Kaiser-Wilhelm-Hafen, Hamburg, vor Schuppen 71 und 75; Baujahr 1933/34.

Abb. 11. Verstärkung der Kaimauer im Kaiser-Wilhelm-Hafen, Hamburg, vor Schuppen 71 und 75; Baujahr 1933/34.

Die Spundwand wird erstmalig oben und unten eingespannt gerechnet. Als größte Stahlspannung wird $\sigma = 1723$ kg/cm² zugelassen, wenn die Abschirmung des Erddruckes aus den beiden vordersten Pfahlreihen nicht berücksichtigt wird.

Für die Stahlbetonrammpfähle werden folgende größte Pfahlkräfte zugelassen:

Druck = 53 t, Zug = 20 t.

Erwähnt sei auch die Spreizung der Pfahlspitzen in der Druckpfahlreihe.

Bemerkenswert ist, daß sich bereits vor dem Zweiten Weltkrieg die Verstärkung der Hamburger Kaimauern anbahnt. Da die ausgeführten Mauern nach einer Benutzungsdauer von rd. 20 bis 40 Jahren infolge der über das zulässige Maß hinausgehenden Vertiefung der Hafensohle überlastet sind und vorzugehen drohen bzw. langsam aber stetig in Bewegung geraten, müssen auf weiten Strecken zusätzliche Verankerungen eingebaut werden. Darüber hinaus werden bei gefährdeten Kaimauern systematisch Verstärkungsbauten mit zusätzlicher vorderer oder hinterer Stahlspundwand ausgeführt, so beispielsweise beim Auguste-Viktoria- und Kronprinz-Kai, beim Kaiser-Wilhelm-Hafen (Abb. 11) und beim Versmannkai am Baakenhafen (Abb. 12). Diese Verstärkungen werden jeweils unter geringstmöglicher Störung des Hafenbetriebes abschnittsweise ausgeführt.

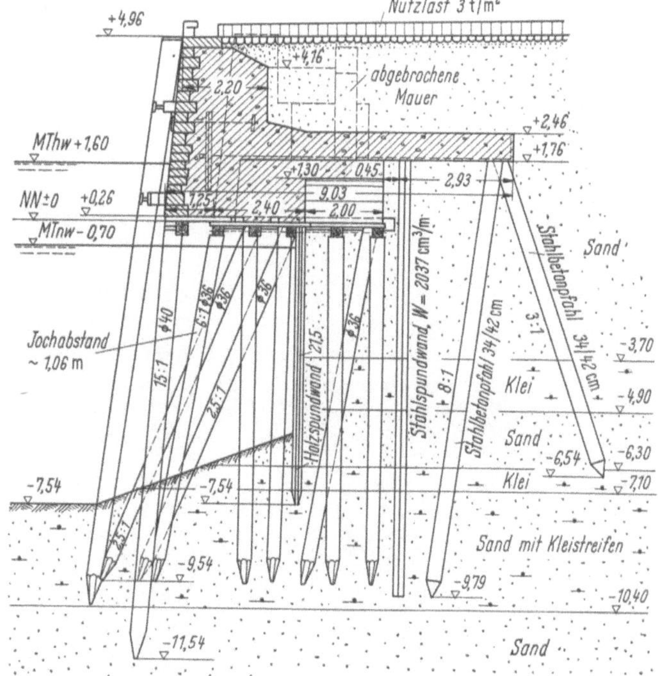

Abb. 12. Versmannkai, Hamburg; Verstärkung 1927/28.

3.4 Kaimauern von Bremerhaven und weiteren deutschen Seehäfen

3.41 Kaimauern von Bremerhaven

Hier wird zwischen den Kriegen zunächst die bisher bewährte „Bremerhavener Bauweise“ fortgesetzt. Besonders bekannt geworden ist in diesem Zusammenhang die „Columbuskaimauer“ (Abb. 13). Hier sollte mit einer etwas erweiterten Konstruktion ein Geländesprung von zunächst 17,0 m und später 19,50 m überwunden werden. Der tragfähige diluviale Sandboden beginnt etwa 20 m unter Hafenplanum. Neben den Belastungen aus Erddruck und Wasserüberdruck mußte das Bauwerk die Einflüsse einer Nutzlast von 2,0 t/m² und die Radlasten der Kaikrane aufnehmen. Die Kaimauer mußte im Deichvorland errichtet werden, wobei das Gelände unmittelbar hinter dem Bauwerk etwa 10 m hoch mit Sand aufzufüllen war (Abb. 13). Diesen beachtlichen Forderungen und Belastungen war die „Bremerhavener Bauweise“ in den gewählten Abmessungen nicht mehr gewachsen. Die Kaimauer wich kurz nach ihrer Fertigstellung im Jahre 1927 auf einem großen Teil ihrer Länge aus.

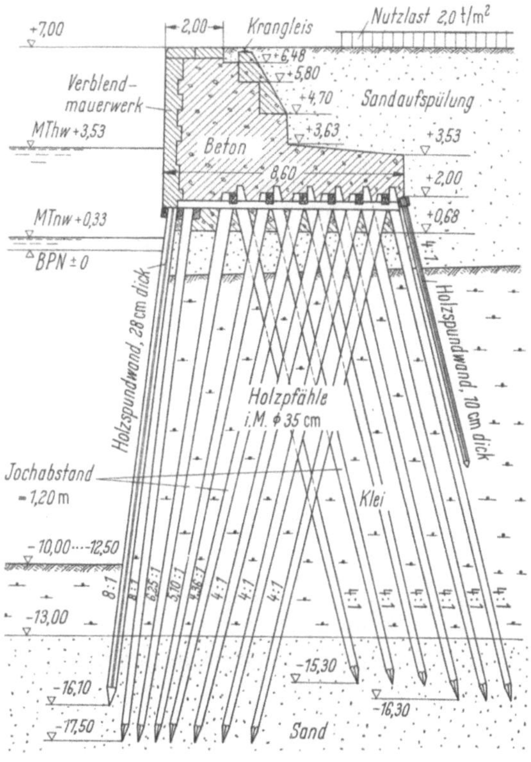

Abb. 13. Columbuskaimauer Bremerhaven; Baujahr 1924/1927.

Es würde zu weit führen, hier die Schadensursachen im einzelnen zu behandeln. Erwähnt seien als bekannte Fakten nur, daß gemäß den anschließend angestellten Untersuchungen zahlreiche Holzpfähle beim Rammen gestaucht waren und daher ganz oder teilweise ausfielen und der Wasserüberdruck durch die starke Wasserführung eines alten Prieles im Hauptschadensbereich wesentlich höher war, als in der Berechnung berücksichtigt.

Im Lichte heutiger Erkenntnisse ist aber vor allem bemerkenswert, daß die mächtige, kaum für ihr Eigengewicht konsolidierte weichplastische Kleischicht bei der Hinterfüllung eine Sandauflast erhielt, die der eines Erzlagers vergleichbar ist. Die dabei auf die Kaimauer

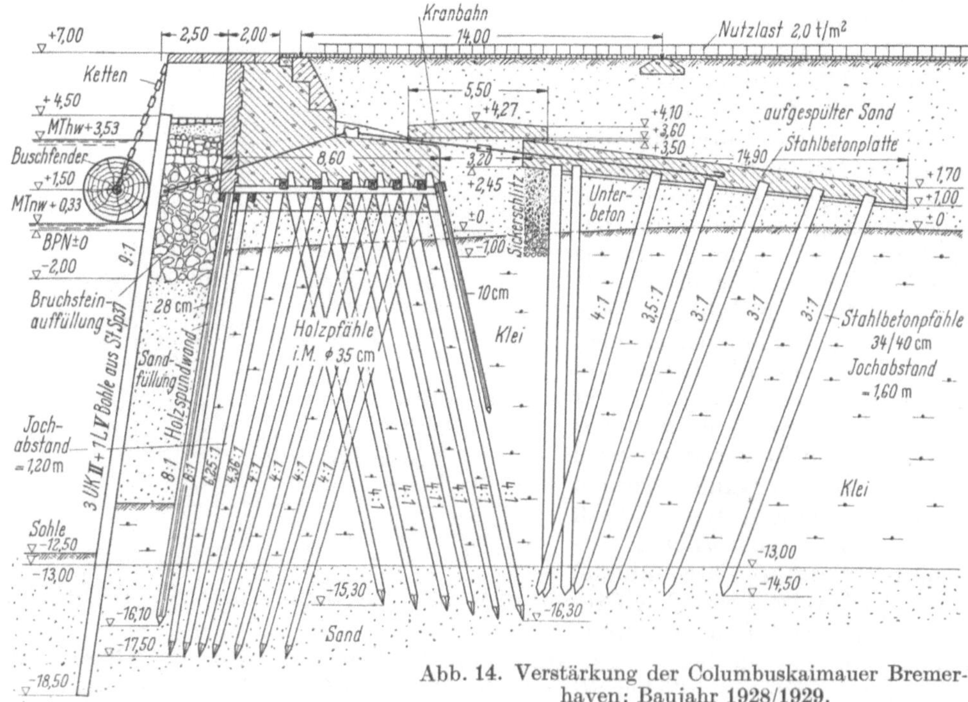

Abb. 14. Verstärkung der Columbuskaimauer Bremerhaven; Baujahr 1928/1929.

wirkenden Drücke des für die Sandauflast unkonsolidierten Kleibodens konnten damals auch nicht annähernd richtig erfaßt werden. In dem Bemühen, die schwierige Aufgabe in konventioneller Bauweise mit sparsamsten Mitteln zu lösen, waren die entwerfenden Ingenieure einfach überfordert.

Daß man durch neue konstruktive Wege und Berechnungsverfahren die gestellte Aufgabe aber auch mit den damaligen Möglichkeiten lösen konnte, beweist die gelungene Verstärkung des Bauwerkes. Sie ist den jeweiligen örtlichen Verhältnissen angepaßt und ist in diesem Sinne bereits richtungweisend für die spätere Art der dem Untergrund abschnittsweise angepaßten Bemessung der Kaimauern. Abb. 14 zeigt einen kennzeichnenden Verstärkungsquerschnitt. Durch den hinten weit ausholenden zusätzlichen Entlastungs- und Verankerungspfahlrost einerseits und die vorgerammte schwere Stahlspundwand mit einwandfreier Einbindung in den tragfähigen Diluvialboden und die sorgfältige obere Verankerung andererseits, werden die wirksamen Erddruckeinflüsse nicht nur stark abgemindert, sondern auch einwandfrei standsicher aufgenommen und in den tragfähigen Baugrund abgeleitet. Eine Entwässerung sorgt zudem für eine Verminderung des Wasserüberdruckes. Bei der Nachrechnung der Kaimauer nach Abb. 13 und der Berechnung der verstärkten Ausführung nach Abb. 14 werden die Bodenwerte nach dem Stand der Bodenmechanik ermittelt und festgesetzt. Die Aufgliederung der Scherfestigkeit in einen Reibungs- und einen Kohäsionsanteil wird noch nicht vorgenommen. Bei den Kammerwänden der Nordschleuse Bremerhaven, (Abb. 15), werden die bei der Columbuskaimauer und ihrer Verstärkung gewonnenen Erkenntnisse berücksichtigt. Durch eine langgestreckte Rostplatte aus Stahlbeton, die durch ihre Rippen und die Vorderwand zu einem starren Körper ausgesteift ist, wird der Erddruck stark abgeschirmt, und alle angreifenden Kräfte werden über die zahlreichen Holzpfähle einwandfrei in den tragfähigen Untergrund abgetragen. Die Pfahlrostberechnung wird nach Nökkentved ausgeführt. Die Voraussetzungen hierfür, nämlich starre Rostplatte und gelenkige Lagerung der Pfähle an Kopf und Spitze, sind ausreichend genau erfüllt.

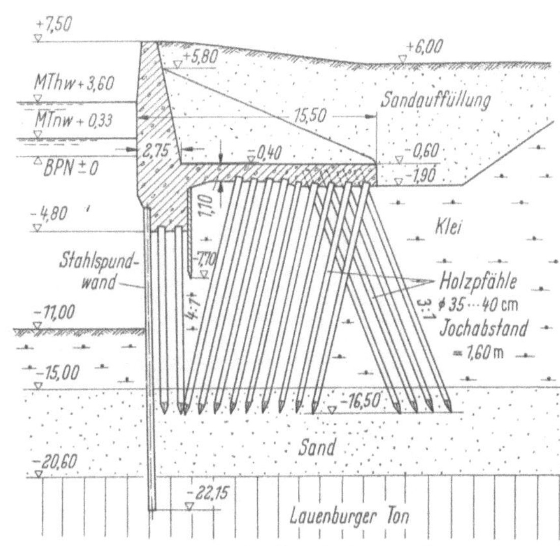

Abb. 15. Kammerwand der Nordschleuse, Bremerhaven; Baujahr 1929/1931.

Die Nordhafenkaimauer Bremerhaven (Abb. 16) zeigt ähnliche Merkmale, nur daß hier auch die Aufgaben der Lotpfahlgruppe voll von der vorne liegenden schweren Stahlspundwand übernommen werden.

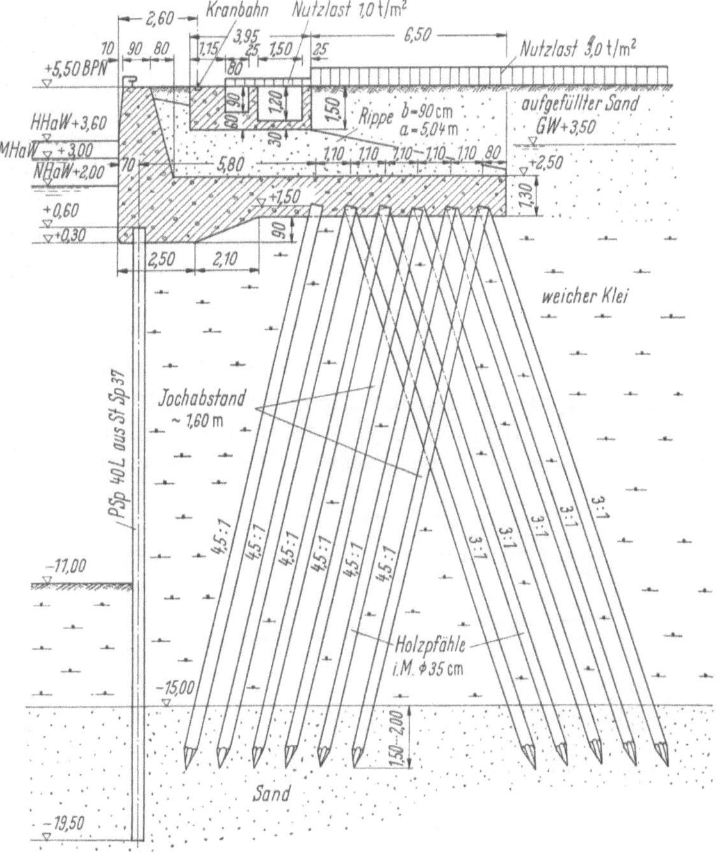

Abb. 16. Kaimauer am Nordhafen, Bremerhaven; Baujahr 1938.

3.42 Kaimauern von Wilhelmshaven

In den Berichtszeitraum fällt der Bau der 4. Einfahrt Wilhelmshaven, der damals größten Seeschleuse der Welt mit ihren Anschlußkaimauern. Abb. 17 zeigt den Normalquerschnitt der Anschlußkaimauer im Außenhafen. Da die gesamte Mauer im Sandboden steht und auch mit Sand hinterfüllt wird, beträgt trotz der starken Wasserstandsschwankungen infolge Tide und Windstau bzw. Windabtrieb und trotz des hohen Geländesprunges von 20 m die Bauwerksbreite nur 13 m.

Ähnlich liegen die Verhältnisse bei den anderen Kaimauern der 4. Einfahrt. Diese geringen Breiten können allerdings nur erreicht werden, weil bei diesen Bauwerken erstmalig in großem Umfange hochbelastete Stahlpfähle angewendet werden. Da die Zugpfähle ihre Kraft voll und die Druckpfähle zum Teil über Mantelreibung abtragen, wählt man offene Profile, und zwar IP 30 aus St 37.

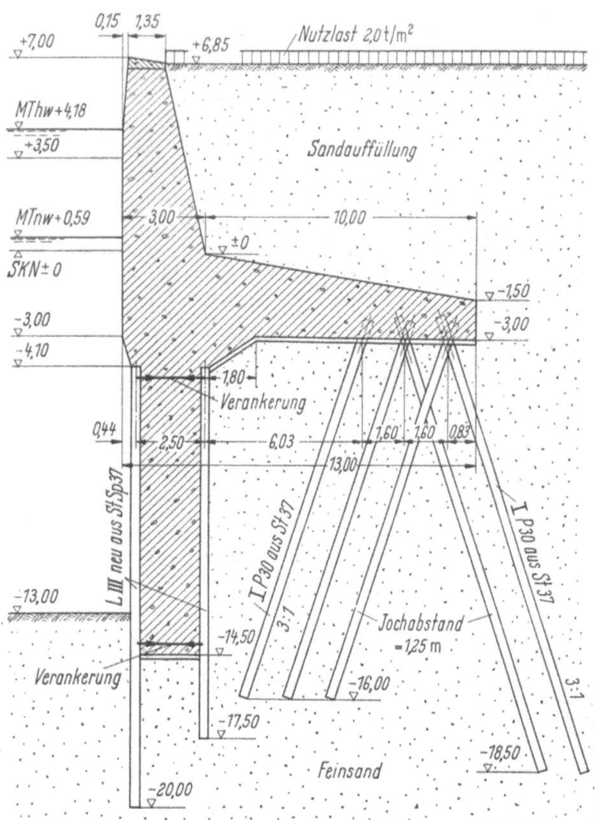

Abb. 17. Anschlußkaimauer im Außenhafen der 4. Einfahrt, Wilhelmshaven; Baujahr 1938/1939.

Nach umfangreichen Probebelastungen werden folgende maximale Pfahlkräfte zugelassen:

Druckpfähle 100 t, Zugpfähle 50 t.

Wegen der militärischen Forderung, die Kaimauern gegen Bombeneinwirkungen möglichst unempfindlich zu machen und auch zur Einsparung von Bewehrungsstahl, werden kräftige Abmessungen der Stahlbetonbauteile gewählt und vor allem der vordere Abschluß als 2,50 m dicke Betonwand bis 1,50 m unter die Hafensohle geführt. Hierzu werden zunächst 2 Stahlspundwände L III neu im gegenseitigen Achsabstand von 2,50 m gerammt, der Zwischenraum ausgehoben und nach Einbau der oberen und unteren gegenseitigen Verankerung der Spundwände (Abb. 17), ausbetoniert. Dieser Kaimauertyp hat sich bei Bombeneinwirkungen gut bewährt.

Erwähnt sei hier nochmals im einzelnen, daß bei einer anderen Ufereinfassung im Außenhafen der 4. Einfahrt Wilhelmshaven, die als schwere Peiner Kastenspundwand mit Verankerung gegen eine hintere Ankerwand ausgeführt ist, anstelle schwerer Rundstahlanker erstmalig patentverschlossene Stahlkabelanker aus St 120/130 angewendet werden.

3.5 Ufereinfassungen an Binnenhäfen

Beim Bau der Ufereinfassungen ist nach 25 Jahren eine wesentliche Änderung festzustellen. Weitergehende Anforderungen werden nun auch in den Flußhäfen gestellt, denn in der Schiffahrt hat die Motorisierung eingesetzt. Die Umschlagbetriebe setzen schwerere und leistungsfähigere elektrische Krane und Verladeanlagen ein. Außerdem werden kritische Vergleiche mit dem bequemeren Betrieb in den Kanalhäfen gezogen. Danach werden Ufer gefordert, an denen die Schiffe besser anlegen und die Güter schneller umgeschlagen werden können. Das Laden und Löschen der Schiffe an geböschten Ufern mit oder ohne Kranbühnen ist bei niedrigen Wasserständen zu ungünstig geworden.

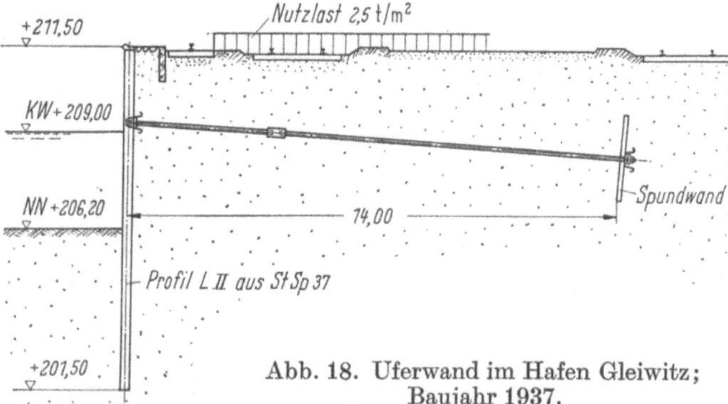

Abb. 18. Uferwand im Hafen Gleiwitz; Baujahr 1937.

Inzwischen hat auch die bautechnische Entwicklung im Stahlbeton und die Herstellung der Stahlspundwände Fortschritte gemacht. Aus der Anwendung dieser Bauweisen liegen nach 25 Jahren Erfahrungen vor, wonach die Stahlspundwand günstiger ist. Nach dem Ersten Weltkrieg werden Versuche mit Eisenbetonspundwänden in Binnenhäfen unternommen. Die Erfahrungen befriedigen aber wenig, vor allem weil die Eisenbetonspundbohlen im Vergleich zu den Stahlspundbohlen nur selten fluchtgerecht gerammt werden können, die erreichbaren Rammtiefen nicht ausreichen, und die Bohlen gestaucht oder an den Köpfen zerschlagen werden. Bei dem meist angetroffenen Kiesboden oder sonst sehr fest gelagertem Untergrund bleibt auch die versuchte Spülhilfe wirkungslos. Wenn auch weiterhin in zahlreichen Fällen Stahlbetonrammpfähle verwendet werden, ist die Anwendung des Stahlbetons bei Ufereinfassungen insgesamt rückläufig.

Die Stahlspundwand dringt immer mehr vor, nicht nur in den Kanalhäfen (Abb. 18), sondern jetzt auch mit größeren Uferhöhen an den kanalisierten Flüssen. Nachdem Ende der zwanziger Jahre die Walzung des schwereren Spundwandprofils V aufgenommen ist, setzten die ersten Versuche ein, die Spundwand für große Uferhöhen in den Häfen an freien Flüssen anzuwenden. Aus wirtschaftlichen Gründen kommt es vorerst aber noch nicht zum vollkommen senkrechten Spundwandufer. Vielmehr muß bei Verwendung leichterer Profile zunächst noch eine Unterwasserböschung in Kauf genommen werden (Abb. 19).

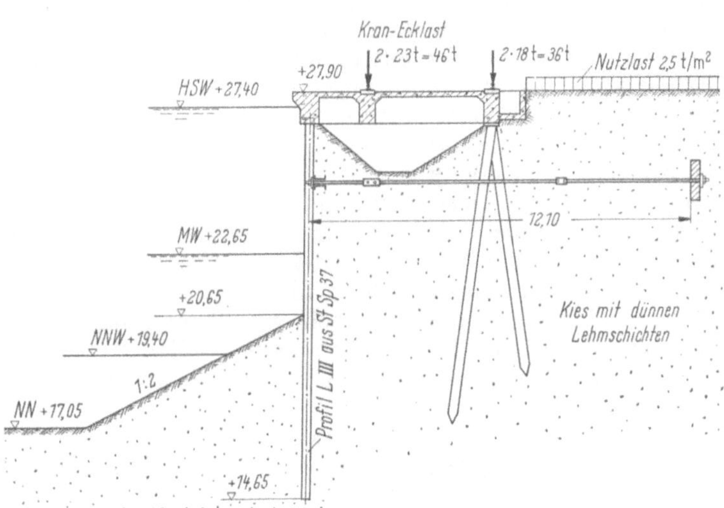

Abb. 19. Uferwand im Hafenbecken C, Duisburg-Ruhrort; Baujahr 1929

Der Neubau von Ufern in Binnenhäfen ist vor Ausbruch des Zweiten Weltkriegs nicht zuletzt aus Gründen der Stahlersparnis beschränkt. Vornehmlich werden Anlagen an Kanälen und kanalisierten Flüssen errichtet. Für die Bauausführung muß im allgemeinen nur zwischen der Stahlspundwand und der unbewehrten Massivmauer entschieden werden. Eine solche wird beispielsweise im Hafen Würzburg ausgeführt (Abb. 20).

Als Stahlspundwände werden die Profile II bis V aus verschiedenen Stahlsorten, häufig mit Kupferzusatz, verwendet. Gurt und alle Konstruktionsteile werden auf der Rückseite der Wand eingebaut, so daß sich zur Hafenseite ein gut aussehendes, glattes Ufer ergibt. Auf eine Ausrüstung der Spundbohlen mit Reibehölzern kann jetzt verzichtet werden.

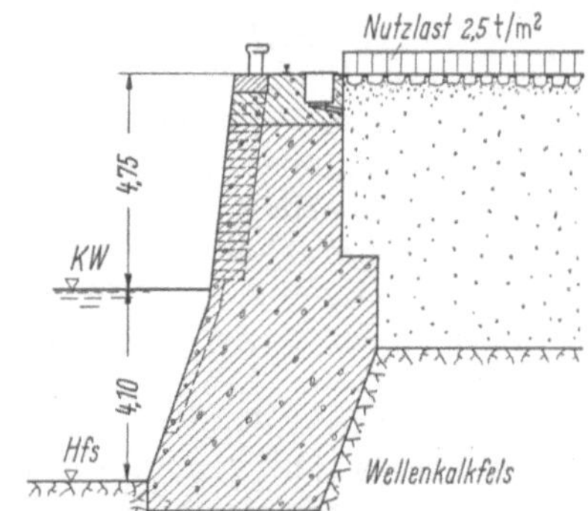

Abb. 20. Ufermauer im Hafen Würzburg; Baujahr 1938.

In der Spundwandberechnung wird in der Regel kein Wasserüberdruck berücksichtigt. Da er aber tatsächlich auftritt, muß er heute in den statischen Berechnungen mit erfaßt werden. Nachrechnungen alter Spundwandbauwerke ergeben daher, daß trotz der heutigen günstigeren Berechnungsmethoden mit Abminderung des aus dem Erddruck herrührenden Momentenanteiles im allgemeinen keine leichteren Profile angewendet werden können, obwohl auch die Nutzlast geringer als früher angesetzt wird.

Die Verankerung wird mit horizontalen oder flach geneigten Ankern mit zum Teil recht engen Abständen (herunter bis 1,60 m) und dünnen Ankerstangen, die bereits mit Spanngliedern und Gelenken versehen sind, vorgenommen. Gelegentlich werden auch doppelte Verankerungen gewählt. Zur Übertragung der Ankerkräfte in den tragfähigen Boden benutzt man Ankerspundwände oder zur Kostenverminderung Stahlbeton-Ankerplatten.

Die Spundwände werden meist vom Lande oder von Rammgerüsten aus gerammt.

4. Zeitraum um das Jahr 1964

4.1 Allgemeines

Abgesehen vom allgemeinen technischen Fortschritt, ist die heutige Entwicklung der Ufereinfassungen in Deutschland maßgebend ausgelöst worden durch den total verlorenen Zweiten Weltkrieg mit seinen verheerenden Auswirkungen. Umfangreiche Schäden waren an den Ufereinfassungen durch unmittelbare Kriegseinwirkungen, wie Bomben und Sprengungen, eingetreten. Außerdem lag nach Kriegsende die gesamte Wirtschaft völlig danieder. Das beinahe wertlose Geld in Verbindung mit der unzureichenden Ernährung ließ manuelle und geistige Arbeitskraft weitester

Kreise erlahmen. Wenn trotzdem vereinzelt auch bald nach dem Kriege mit dem Wiederaufbau im Rahmen der kümmerlichen Möglichkeiten begonnen wurde, muß dies noch heute als besondere Leistung anerkannt werden. Da es praktisch unmöglich war, neues Material zu erhalten, versuchte man, altbrauchbares Material so gut es eben ging zu verwenden. Hierdurch sind einzelne Ufereinfassungen auch vor der Währungsumstellung im Juni 1948 repariert und zum Teil auch neu errichtet worden. Sie weisen trotz aller Schwierigkeiten bereits einen neuzeitlichen Standard auf.

Beinahe schlagartig änderte sich die Situation nach der Währungsreform. Die Möglichkeit, nun für reelle Arbeit wieder gutes Geld zu erhalten, wirkte auf die bisher weitgehend brachliegende Arbeitskapazität wie eine Initialzündung. Noch aber fehlte das zu investierende Kapital, das erst im Laufe der folgenden Jahre erarbeitet werden mußte.

Im Jahre 1949 nahm die Hafenbautechnische Gesellschaft e. V. ihre Arbeit auch nach außen sichtbar wieder auf. Sie veranstaltete im Herbst 1949 in Hamburg die erste Hauptversammlung nach dem Kriege. Eine der wichtigsten, die Gesellschaft und ihre Mitglieder bewegenden Fragen war die nach dem richtigen Weg des Wiederaufbaues bzw. der Erneuerung der Ufereinfassungen bei den zur Verfügung stehenden beschränkten geldlichen Mitteln. In dieser Situation beschloß die Gesellschaft auf Vorschlag ihres langjährigen Vorsitzenden, Prof. Dr.-Ing. E.h. Dr.-Ing. Agatz, einen besonderen Ausschuß für Ufereinfassungen ins Leben zu rufen. Die Aufgaben dieses Ausschusses wurden im Wortlaut seines vollen Namens umrissen:

„Ausschuß zur Vereinfachung und Vereinheitlichung der Berechnung und Gestaltung von Ufereinfassungen".

Als Abkürzung hierfür wurde die Bezeichnung:

ARBEITSAUSSCHUSS „UFEREINFASSUNGEN"

eingeführt.

4.2 Der Arbeitsausschuß „UFEREINFASSUNGEN"

Die Ausschußmitglieder wurden mit besonderer Sorgfalt mit dem Ziele ausgewählt, bei geringster Mitgliederzahl eine möglichst leistungsfähige Gemeinschaft zu bilden. Dieses Ziel war nur zu erreichen, wenn alle wichtigen Fachrichtungen, wie die Technischen Hochschulen, die Bauverwaltungen der großen See- und Binnenhäfen, die Bauindustrie, die Walzwerke, die Bodenversuchsanstalten und die anerkannten Ingenieurbüros vertreten waren.

Der Ausschuß tagte erstmals im Frühjahr 1950 in Bremen und führt seitdem jährlich 3 Arbeitstagungen durch. Seit 1951 arbeitet er in gleicher Zusammensetzung und Aufgabenstellung auch als Arbeitskreis 7 der Deutschen Gesellschaft für Erd- und Grundbau e.V. Er veröffentlicht seine Arbeitsergebnisse in Form von Empfehlungen in einem Technischen Jahresbericht, der jeweils im Dezemberheft der Zeitschrift „Die Bautechnik" erscheint.

Die neu erarbeiteten Empfehlungen werden als vorläufige Empfehlungen vorerst ein halbes Jahr lang zur allgemeinen Erörterung gestellt. Nach Berücksichtigung eventueller Einsprüche werden sie dann in der Regel im nächsten Technischen Jahresbericht als endgültige Empfehlungen verabschiedet.

Im Jahre 1955 hat der Ausschuß die erste Sammelveröffentlichung seiner Empfehlungen herausgebracht. Im Jahre 1960 folgte die zweite erweiterte Auflage. Anläßlich der 50-Jahrfeier der HTG wird nun auch die dritte erweiterte Auflage, die bis Ende 1963 verabschiedeten 83 Empfehlungen umfassend, der Öffentlichkeit übergeben.

Inzwischen sind die Empfehlungen zum technischen Allgemeingut geworden. Sie bieten bei fast allen Inlandsprojekten und auch bei zahlreichen Auslandsprojekten wertvolle Hilfe für eine einheitliche Ausschreibung, technische Bearbeitung und wirtschaftliche Bauausführung, so daß die Ufereinfassungen als qualifizierte Bauwerke nach dem neuesten Stand der Technik hergestellt werden können. Um die Anwendung zu erleichtern, wird die dritte erweiterte Auflage bereits ins Englische übersetzt. Auch die Übersetzung ins Spanische wird vorbereitet. Die zweite erweiterte Auflage ist in der Türkei in die Landessprache übersetzt worden.

Die Empfehlungen haben den Ufereinfassungen der letzten 15 Jahre in zunehmendem Maße das Gepräge gegeben. Da der Ausschuß von namhaften deutschen und ausländischen Fachleuten besetzt ist, die voll im beruflichen Leben stehen, kann er sich stets den aktuellen Problemen widmen. Er faßt sie mit Aufgeschlossenheit an und regelt sie so, wie die praktische Anwendung es erfordert.

4.3 Entwurfsgrundlagen

Unter Bezugnahme auf die Empfehlungen wird hier darauf verzichtet, den Stand der Technik im einzelnen aufzuführen. Es sollen lediglich einige maßgebende Änderungen erwähnt werden, die gegenüber den Entwurfsgrundlagen des Zeitraumes um 1939 eingetreten sind und Lücken angesprochen werden, deren Beseitigung ein dringendes Anliegen darstellt.

4.301 Die Ermittlung der bodenphysikalischen Werte ist wesentlich verfeinert, wobei mit fortschreitender Entwicklung in zunehmendem Maße Fehlerquellen erkannt und ausgeschaltet werden. Besondere Eigenschaften, insbesondere der bindigen Böden, wie Thixotropie und Sensibilität, sind bekannt und werden zusätzlich berücksichtigt. In den Untersuchungsmethoden bindiger Böden haben vor allem die nordischen Länder, England und die USA große Fortschritte erzielt.

4.3011 Bei der Ermittlung von Raumgewicht, Porenvolumen, Durchlässigkeit usw. wird im Feld auch mit Isotopensonden gearbeitet. Lagerungsdichteuntersuchungen werden im Feld bereits in großem Umfange mit dem Standard Penetration Test und vor allem mit Druck- und Rammsondierungen durchgeführt.

4.3012 Die dreiaxialen Scherversuche sind weitgehend entwickelt und verfeinert und werden zum Teil auch mit Großgeräten ausgeführt. Die undrainierte Scherfestigkeit bindiger Böden wird in der Regel durch Zylinderdruck- oder Dreiaxialversuche ermittelt. Der Einfluß der Belastungsgeschwindigkeit auf die Ergebnisse ist erkannt.

Bedauerlicherweise fehlen verschiedenen deutschen Versuchsanstalten noch die notwendigen Einrichtungen, um die Versuche dem neuesten Stand der Entwicklung entsprechend auszuführen. Im übrigen ist der Scherversuch noch nicht genormt.

Im Feld werden die undrainierten Scherfestigkeiten in der Regel mit Flügelsonden ermittelt. Auch Lastplattenversuche werden angewendet. Aber diesen Versuchen fehlt noch die Normung.

Im allgemeinen werden die deutschen Entwurfsingenieure heute noch nicht mit ausreichend zutreffenden Scherfestigkeitsdaten beliefert. Ungestörte Proben werden zudem häufig nicht in ausreichender Stückzahl untersucht, und durch die Überlastung der Laboratorien kommen die Ergebnisse häufig zu spät. Hier können auf die Dauer nur großzügige Erweiterungen der Versuchsanstalten und deren Modernisierung sowie verbesserte und erweiterte Felduntersuchungen Abhilfe schaffen.

4.3013 Der Kompressionsversuch ist inzwischen genormt. Leider ist aber festzustellen, daß vor allem bei weichen bindigen Böden die im Versuch ermittelten Steifeziffern bzw. Drucksetzungskurven das tatsächliche Verhalten der Böden in der Natur häufig nicht richtig wiedergeben. Durch weitere Forschungen und Verbesserungen der Untersuchungsmethoden muß versucht werden, die vorhandenen Fehlerquellen baldmöglichst zu beseitigen.

4.3014 Die Kraft-Weg-Gesetze beim Erddruck und vor allem beim Erdwiderstand und bei der Mobilisierung der Bodenreibung sind immer noch nicht ausreichend bekannt.

4.3015 Grundwasserströmungsnetze können bei bekannten Randbedingungen mit geringem Zeitaufwand durch elektrische Modelle ermittelt werden.

4.302 In den rechnerischen Ansätzen von Erddruck und Erdwiderstand sind gegenüber dem Berichtszeitraum bis 1939 kaum Änderungen eingetreten. Bei geschichteten Böden wird jedoch fallweise die Verträglichkeit der Erdwiderstandsansätze mit den jeweils auftretenden Verschiebungs- und Verformungswegen wenigstens angenähert berücksichtigt. Beim Ansatz des Wandreibungswinkels für den Erdwiderstand muß auch die Gleichgewichtsbedingung $\Sigma V = 0$ nachgewiesen werden.

4.303 Die Berechnung einfach verankerter Spundwände ist von Blum durch ein rein analytisches Verfahren ergänzt worden.

Tschebotarioff hat nachgewiesen, daß die Erddruckumlagerung bei einfach verankerten Spundwänden vorhanden ist, aber nicht auf Gewölbebildung, sondern auf Schubverspannung beruht. Unter Berücksichtigung dieses Effektes und seiner Messungen an ausgeführten Bauwerken hat er ein neues Spundwandberechnungsverfahren entwickelt.

Wiegmann hat mit Hilfe eines von ihm entwickelten Neigungsmessers die Verformungen und parallel dazu auch die Ankerkräfte einer hohen Uferwand (Abb. 22) gemessen und daraus die auftretenden Biegemomente und die wirksamen Belastungsflächen ermittelt. Dabei hat sich die Tatsache einer starken Erddruckumlagerung bestätigt. Er hat dabei weiter festgestellt, daß die nach Blum mit klassischer Erddruckverteilung und voller Einspannung im Boden errechneten Ankerkräfte gut mit den gemessenen übereinstimmen, daß die Einspannung im Boden hinsichtlich ihrer Auswirkung auf das Momentenbild aber fester sein muß als in der Berechnung berücksichtigt. Mit diesem Gerät sind auch noch andere Bauwerke untersucht worden, und auch Tschebotarioff hat damit gearbeitet.

Rowe hat durch umfangreiche Modellversuche die Einflüsse der Einspannwirkung des Bodens auf den Momentenverlauf und später auch noch die Erddruckumlagerung in Abhängigkeit von der Wandsteifigkeit untersucht und ein entsprechendes Berechnungsverfahren herausgebracht. Zweck-Dietrich haben dieses Verfahren in vereinfachter Anwendungsform der Fachwelt weiter zugänglich gemacht.

Nach den Empfehlungen kann bei der Berechnung einer einfach verankerten Spundwand nach Blum mit klassischer Erddruckverteilung das aus dem Erddruck herrührende Moment — abgesehen von besonders genannten Ausnahmen — um ein Drittel abgemindert werden. Hierdurch ist auch bei geschichteten Böden eine einfache Berechnung mit wirtschaftlicher Spundwandbemessung gegeben.

Brinch Hansen hat ein Traglastverfahren zur Berechnung von Spundwänden entwickelt und Kurventafeln ausgearbeitet, die die Anwendung des Verfahrens sehr erleichtern. Die Berechnung kann auch bereits elektronisch durchgeführt werden.

Strom- und Hafenbau, Hamburg, hat umfangreiche Versuche über den Verbund gemischter Stahlspundwände durchgeführt. Dabei wurde festgestellt, daß ein ausreichender Verbund zwischen Tragbohlen und Füllbohlen nur durch besondere Maßnahmen sichergestellt werden kann. Seitdem wird verlangt, daß ein Verbund rechnerisch nachgewiesen werden muß, wenn er bei der Ermittlung der Trägheits- und Widerstandsmomente berücksichtigt wird.

4.304 Auf dem Gebiete der Zellenfangedämme seien vor allem die Modellversuche von Brinch Hansen und Lundgreen und die Ausarbeitungen von Terzaghi erwähnt.

4.305 Die Gestaltung von hohen Pfahlrosten hat sich durch die Entwicklung hoch belastbarer Druckpfähle und flach gerammter, hoch belastbarer Zugpfähle — sogenannter Ankerpfähle — wesentlich vereinfacht. In der Regel genügen statisch bestimmte Konstruktionen in Form von Drei-Richtungs-Pfahlrosten. Die vordere Spundwand übernimmt gleichzeitig die Aufgabe der Lotpfahlgruppe. Ein unmittelbar über dem Spundwandkopf angeschlossener Ankerpfahl nimmt den größten Teil der Horizontalkräfte auf und ein nahe dem hinteren Ende der Stahlbetonrostplatte angeordneter schräger Druckpfahl stabilisiert und beteiligt sich zusätzlich an der Horizontalkraftaufnahme.

Bei schlechten Bodenschichten werden zur Überbauung aber auch breite Stahlbetonrostplatten auf zahlreichen Pfählen in Form von Pierkonstruktionen angewendet. Sie werden dann als elastische Platten auf elastischen Stützen mit gewissen Vereinfachungen elektronisch berechnet.

4.306 Strömungsnetze werden in der Regel mit einfachen elektrischen Modellen ermittelt.

4.307 Für einfache Fälle ist die Grundbruchberechnung unter vertikaler bzw. schräger Auflast genormt.

4.308 Auch die Setzungsberechnung für einfache Fälle ist in einer Norm erfaßt.

4.309 Die Berücksichtigung der Kaimauernutzlasten und der Ansätze für Pollerzug und Schiffsstoß ist in den Empfehlungen geregelt.

4.310 Die Tragfähigkeit gerammter Fertigpfähle aus Stahl, Stahlbeton und Holz kann auf Grund der Untersuchungen von Schenck und denen der Forschungsgruppe Petermann-Lackner-Schenck weitgehend vorausbestimmt werden. Unter gleichzeitiger Benutzung von Drucksondierungen sind gezielte Entwürfe auch für hochbelastete Stahlpfeiler und Ankerpfähle möglich.

Die Ausführung und zulässige Belastung von Bohrpfählen ist durch eine Norm geregelt.

Eine allgemeine Norm für gerammte Fertigpfähle wird vorbereitet.

4.311 Die Empfehlungen regeln den Ansatz von Raumgewicht und Reibungswinkel bei hochgradiger Verdichtung nicht bindiger Böden.

Bodenverbesserungen durch Auskofferung weicher Schichten und deren Ersatz durch guten Sandboden — soweit erforderlich durch Einrüttelung hochgradig verdichtet — werden mit Erfolg angewendet.

4.312 Durch Sanddränagen oder gleichwertige Maßnahmen wird die Konsolidierung mächtiger bindiger Schichten beschleunigt, was das Risiko gefährlicher Zwischenzustände zeitlich verkürzt und verkleinert.

4.313 Durch die Empfehlungen und den sonstigen Stand der Technik ist es heute möglich, mit einem wirtschaftlich vertretbaren Aufwand an Kosten Ufereinfassungen auch unter schwierigsten Boden- und Belastungsverhältnissen standsicher zu errichten. Eine weitere Verfeinerung der Methoden zur Ermittlung der bodenphysikalischen Eigenschaften wird es später gestatten, die geforderten Sicherheiten fallweise weiter abzubauen.

4.4 Baustoffe

Der Stand hat sich gegenüber den Ausführungen unter Ziffer 3.2 seit 1939 nur noch auf einzelnen Gebieten entscheidend geändert.

4.41 An Stahlkonstruktionen seien vor allem die gemischten Spundwände (in der Regel Peine-Krupp, vereinzelt auch Peine-Larssen), erwähnt, die sich zur Abstützung hoher Geländesprünge mit gleichzeitigen hohen Erddruck- und Wasserüberdruckbelastungen weitgehend durchgesetzt haben.

Stahlpfähle verschiedenster Art mit und ohne Fußflügel werden als hochbelastete Druckpfähle und als flach gerammte Ankerpfähle mit und ohne Verpressung angewendet. Aber auch gebohrte verpreßte Ankerpfähle mit Ankern aus Spezialstahl finden ihre Anwendungsgebiete. Bei Verankerungen gegen Ankerwände sind Stahlkabelanker die Normalausführung.

4.42 Im Stahlbetonbau stellen die profilierten Bewehrungsstähle eine wesentliche technische

Verbesserung dar, solange ihre im Hochbau zugelassenen Spannungen nur teilweise ausgenutzt werden.

Spannbeton wird wegen der Gefährdung der Montagefugen in der Regel nur bei Fertigbalken oder Fertigplatten über Wasser angewendet, oder aber bei Bauteilen, die im Trockenen hergestellt und anschließend abgesenkt werden. Er wird aber bei Rammpfählen zunehmend verwendet.

Gerammte Stahlbeton- und Spannbetonspundwände werden aus wirtschaftlichen Gründen aber auch wegen der Schwierigkeit der Fugendichtung kaum angewendet.

Der Colcretebeton hat vor allem bei Unterwasserbauten breite Anwendung gefunden, wird aber auch bei Ortbetonpfählen, Schlitzwänden und zu Böschungssicherungen benutzt.

4.43 Tropische Harthölzer, darunter vor allem Basralocus- und Bongossiholz, die neben hervorragenden Festigkeitseigenschaften auch fäulnisfest und sicher gegen den Angriff aller Bohrtiere sind, werden mit Vorliebe bei schweren Fenderungen, aber auch als Dalbenpfähle und für sonstige Spezialzwecke verwendet. Sie haben technisch und wirtschaftlich das Eichenholz verdrängt.

4.44 Asphalt, mit und ohne Bewehrung, wird in zunehmendem Maße zur Sicherung von Uferböschungen ohne Umschlag benutzt.

4.5 Moderne Baumethoden bei Seeschiffskaimauern

4.51 Allgemeines

Durch die Empfehlungen sind neuzeitliche Entwurfsverfahren, Berechnungsmethoden und Baumethoden weitesten Kreisen zugänglich gemacht. Hierdurch ist unter Ausschaltung übertriebener Tradition eine weitgehende Verallgemeinerung anerkannter Lösungen eingetreten. Man kann daher heute nicht mehr von regional-typischen Bauweisen sprechen, sondern besser von der Anwendung bestimmter grundsätzlicher Konstruktionsmethoden, die in den verschiedenen Gebieten unter bestimmten Voraussetzungen angewendet werden können. Da sich die einzelnen Gebiete hinsichtlich der Bodenverhältnisse, der Wasserstandsschwankungen, der betrieblichen Anforderungen und vor allem hinsichtlich der vorhandenen Bauwerke, die häufig vertieft und verstärkt werden müssen, unterscheiden, gibt es immer noch regionale Differenzierungen. Sie hängen naturgemäß zum Teil auch immer noch etwas mit den regional erprobten Baumethoden zusammen. Sie treten aber mit dem Fortschritt der Verfahren und mit zunehmender Zeit immer mehr in den Hintergrund. So kann man bereits heute die neuzeitlichen Ufereinfassungen sachlich wie folgt gliedern:

4.511 Vertiefung und Verstärkung bestehender Kaimauern mittels vorgesetzter Pieranlagen.

4.512 Neubauten von Uferwänden mit Rundstahl- oder Stahlkabelverankerung gegen Ankerwände oder -platten.

4.513 Vertiefung und Verstärkung bestehender Kaimauern durch zugerammte Spundwände mit Rundstahl- oder Stahlkabelverankerung gegen Ankerwände oder -platten.

4.514 Vertiefung und Verstärkung bestehender Kaimauern durch vorgerammte Stahlspundwände und Ankerpfähle.

4.515 Neubauten von Uferwänden mit Verankerung durch Ankerpfähle.

4.516 Pfahlrostmauern mit Stahlbetonüberbau und axial belasteter vorderer Spundwand mit Verankerung durch Ankerpfähle oder Pfahlböcke.

4.52 Vertiefung und Verstärkung bestehender Kaimauern mittels vorgesetzter Pieranlagen

Abb. 21 zeigt ein kennzeichnendes Beispiel. Eine vorhandene Kaimauer wird zur Abstützung des größten Teiles des Geländesprunges beibehalten. Um die notwendige Vertiefung des Liegeplatzes zu erreichen, wird in hoher Pfahlrostkonstruktion eine elastische Stahlbetonpierplatte vorgezogen und in der neuen Kaimauerflucht durch einen kräftigen Kopf verstärkt. Zum Anlegen der Schiffe werden an bestimmten Stellen

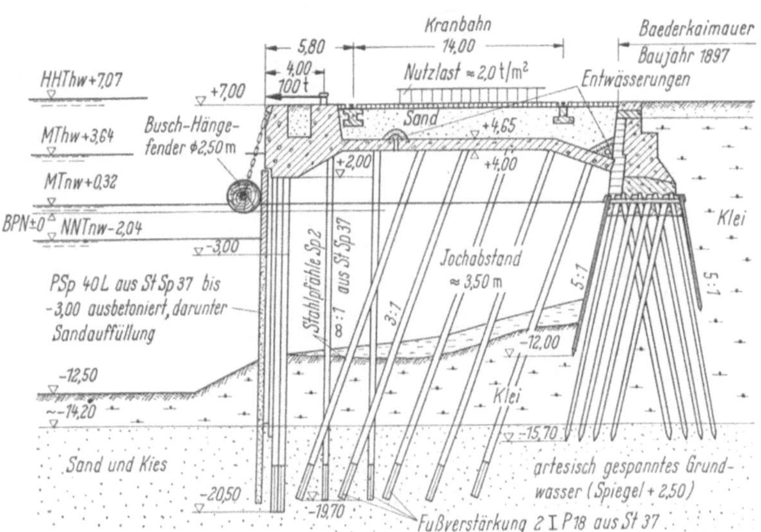

Abb. 21. Südliche Verlängerung der Columbuskaimauer Bremerhaven; Baujahr 1950.

Fender angeordnet, die sich gegen Fenderschürzen abstützen. Durch eine sinnvolle Anordnung der Tragpfähle wird die Momentenbeanspruchung in der elastischen Stahlbetonplatte klein gehalten. Die alte Kaimauer erfährt eine zusätzliche Abstützung durch Schrägstellung der hinteren Stützpfähle. Das vorgesetzte neue Bauwerk lehnt sich dabei gegen das bestehende und sichert dieses gegen Kippen.

4.53 Neubauten von Uferwänden mit Rundstahl- oder Stahlkabelverankerung gegen Ankerwände oder -platten

Abb. 22 zeigt eine neuzeitliche Uferwand mit doppelter Verankerung gegen eine rückwärtige Stahlspundwand. Der Ankerwandgurt aus Stahlbeton dient nicht nur zur Einleitung und waagerechten Verteilung der Ankerkräfte, sondern auch zur Abminderung der Biegebeanspruchungen in der Ankerwand. Die Stahlgurte der Uferwand sind bewußt schwer gehalten. Alle Anker haben die erforderlichen Ausrüstungen mit Spannschloß und Gelenken. Die Laschengelenke erleichterten hier

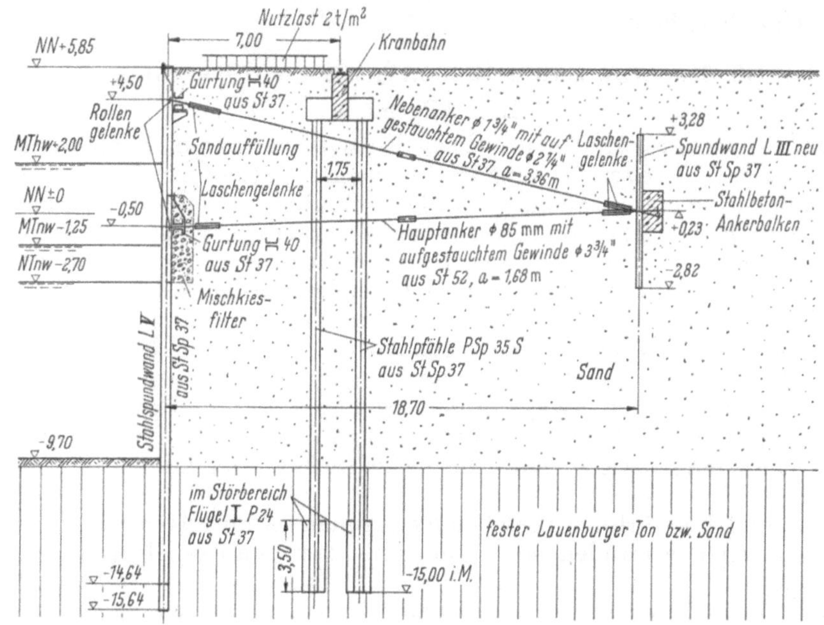

Abb. 22. Uferwand am Kühlhaus, Bremen; Baujahr 1948/49; Kranbahn, Baujahr 1949/50.

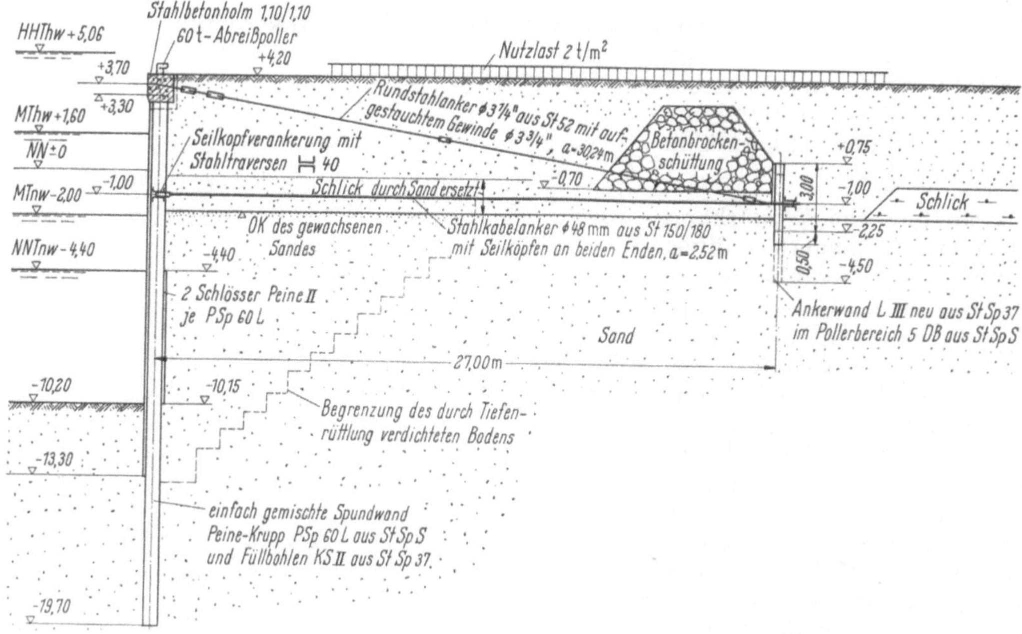

Abb. 23. Westliche Uferwand am Vorhafen der 4. Einfahrt, Wilhelmshaven; Baujahr 1961/62.

auch den Längenausgleich. Auf der Hafenseite ist zusätzlich ein Kopfgelenk angeordnet, das hier als Rollengelenk und teilweise auch als Halbwalzengelenk ausgebildet ist. Ein Abschnitt der Uferwand ist mit patentverschlossenen Stahlkabeln verankert.

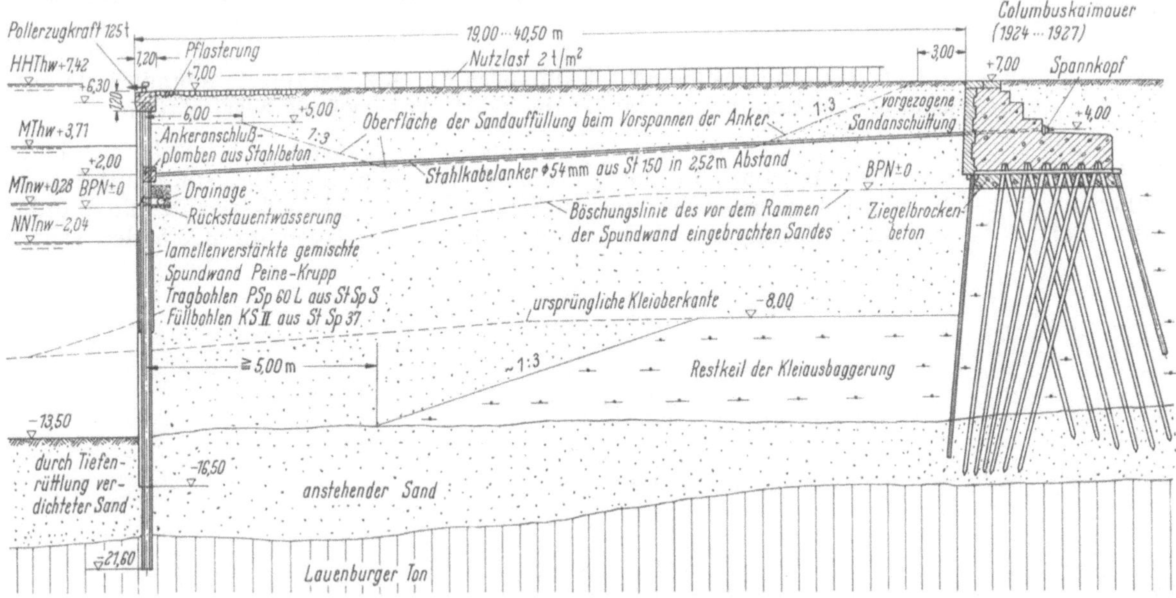

Abb. 24. Nördliche Verlängerung der Columbuskaimauer, Bremerhaven; Baujahr 1963/64.

Bei der Gründung der Kranbahn dieses Bauwerkes wurden zur Überwindung örtlich ungünstiger Untergrundverhältnisse erstmalig die heute allgemein bekannten Fußverstärkungen der Stahlpfähle mittels angeschweißter längerer Stahlflügel angewendet.

Abb. 23 zeigt eine gemischte Spundwand Peine-Krupp mit Stahlkabelverankerung. Hier wurden die Tragbohlen erstmalig nicht eingerammt, sondern mit Hilfe von Vibroflotation eingerüttelt. Nachdem die üblichen Anlaufschwierigkeiten überwunden waren, führte diese Methode zu einem vollen Erfolg hinsichtlich Leistung, Ausführungsgenauigkeit und Schonung der Bohlen beim Einbau.

Abb. 24 zeigt eine schwere Uferspundwand in gemischter Bauweise Peine-Krupp mit Stahlkabelverankerung gegen eine vorhandene Pfahlrostmauer. Um den Geländesprung von rd. 21 m bei den

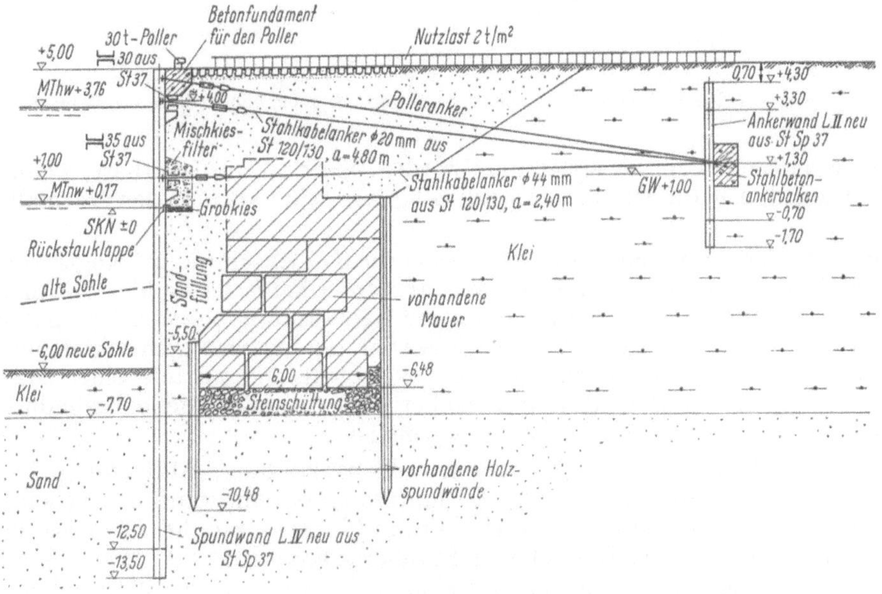

Abb. 25. Flutmole, Wilhelmshaven; Baujahr 1953.

vorliegenden schwierigen Untergrundverhältnissen und großen Wasserstandsschwankungen mit tragbaren Aufwendungen überwinden zu können, ist eine Bodenverbesserung angewendet, wobei der weiche Kleiboden im Einflußbereich der neuen Uferwand beseitigt und durch guten Sand ersetzt ist.

Der Erdwiderstandsbereich vor dem Spundwandfuß ist mittels Tiefenrüttlern hochgradig verdichtet.

4.54 Vertiefung und Verstärkung bestehender Kaimauern durch zugerammte Spundwände mit Rundstahl- oder Stahlkabelverankerung gegen Ankerwände oder -platten

Abb. 25 zeigt das Beispiel der Vertiefung und Verstärkung einer zum Teil bombenbeschädigten in Blockbauweise errichteten alten Ufermauer durch Vorrammen einer Stahlspundwand und Verankerung mittels Stahlkabelankern gegen eine im Kleiboden liegende Ankerwand mit Stahlbetongurt. Solche Ankerwände müssen zur Verkleinerung der Spannungen im Kleiboden sehr hoch

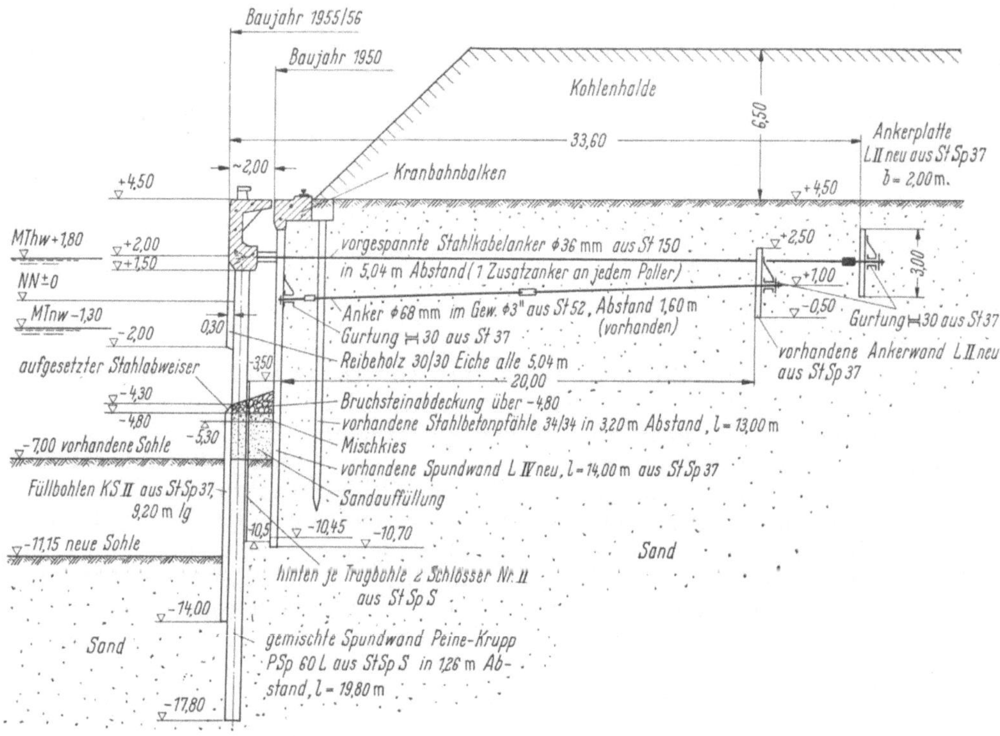

Abb. 26. Kaimauerverstärkung Kraftwerk Bremen-Farge; Baujahr 1955/56.

und die Anker weit nachspannbar ausgeführt werden. Sie sind nur statthaft, wenn gewisse Bewegungen der Uferwand in Kauf genommen werden können, sind also für den Normalfall nicht anzustreben.

Abb. 26 zeigt die Vertiefung einer im Jahre 1950 für Kohlenschiffe aus England an sich modern ausgebauten Kaimauer. Durch den Übergang auf amerikanische Kohle, die mit entsprechend größeren Schiffen antransportiert wird, mußte die Uferwand bereits 5 Jahre später um etwa 4 m vertieft werden. Es wurde eine nur im Unterwasserteil geschlossene gemischte Spundwand Peine-Krupp vorgerammt, mit einem Stahlbetonkopf versehen und mittels einer zusätzlichen Stahl kabelverankerung gegen Spundwandtafeln verankert. Die teilweise offene Ausbildung war möglich, weil die Korrosion im vorhandenen Süßwasser gering ist.

Abb. 27 zeigt eine Kaimauer, bei der durch Sohlenvertiefung, Abflachung der Unterwasserböschung sowie durch Bombeneinwirkung die hintere Holzspundwand gebrochen ist. Zur Sicherung und weiteren Vertiefung ist eine Stahlspundwand hintergerammt. Die zusätzlichen Horizontalkräfte werden durch schwere Bündel von Stahlkabelankern in rd. 12 m Abstand, die gegen Stahlbetonankerblöcke mit 450 t vorgespannt sind, aufgenommen. Ein 3 m hoher, auf der bestehenden Rostplatte hergestellter Stahlbetonbalken bildet den Spundwandgurt.

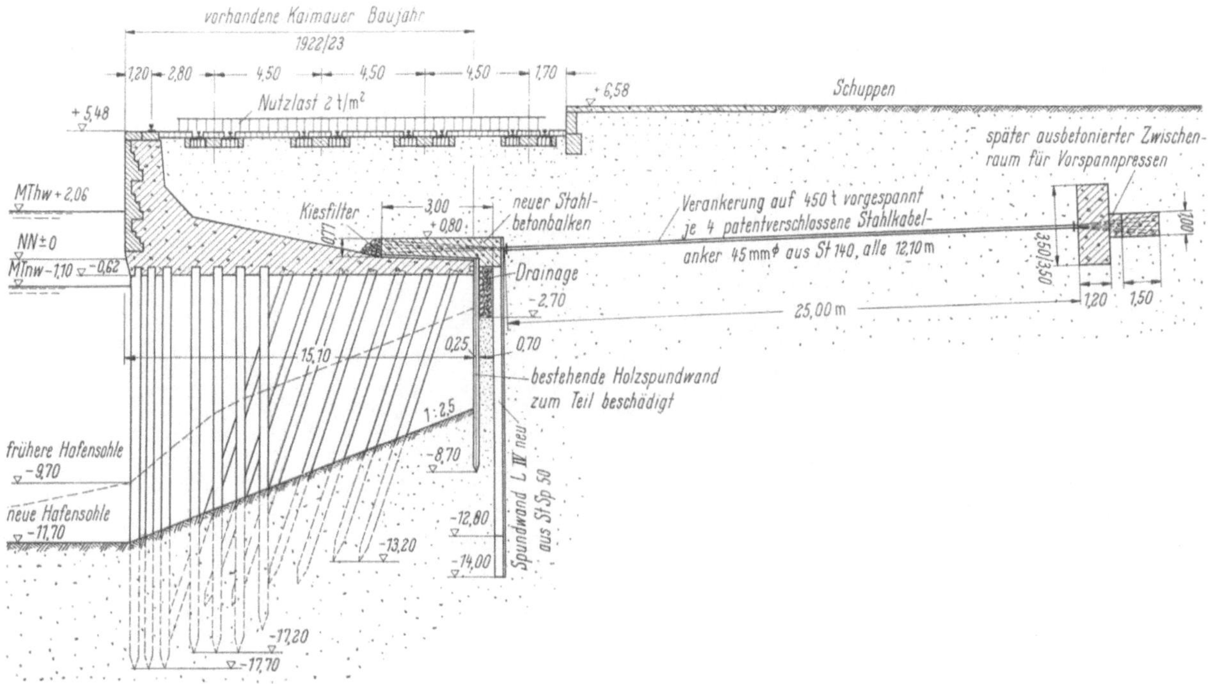

Abb. 27. Verstärkung der Überseehafenkaimauer, Bremen; Baujahr 1955/56.

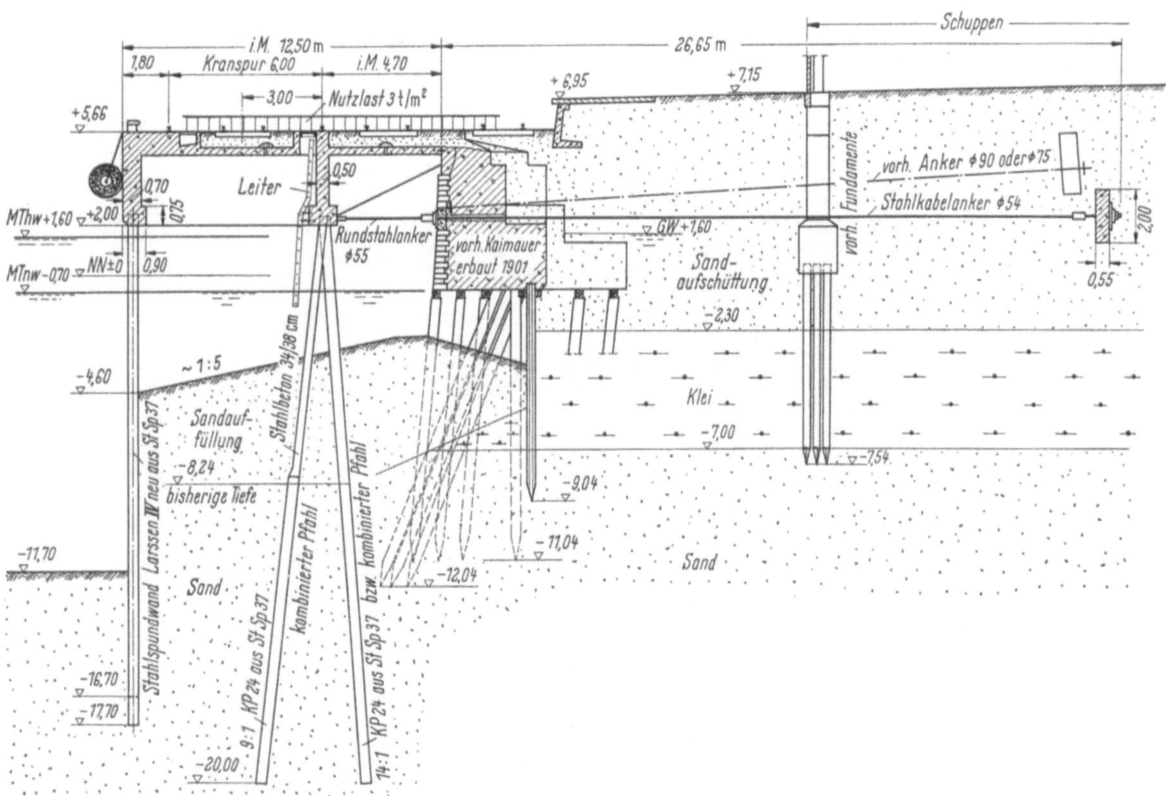

Abb. 28. Neubau der Kaimauer am Mönckebergkai, Hamburg, vor den Schuppen 76 u. 77; Baujahr 1958.

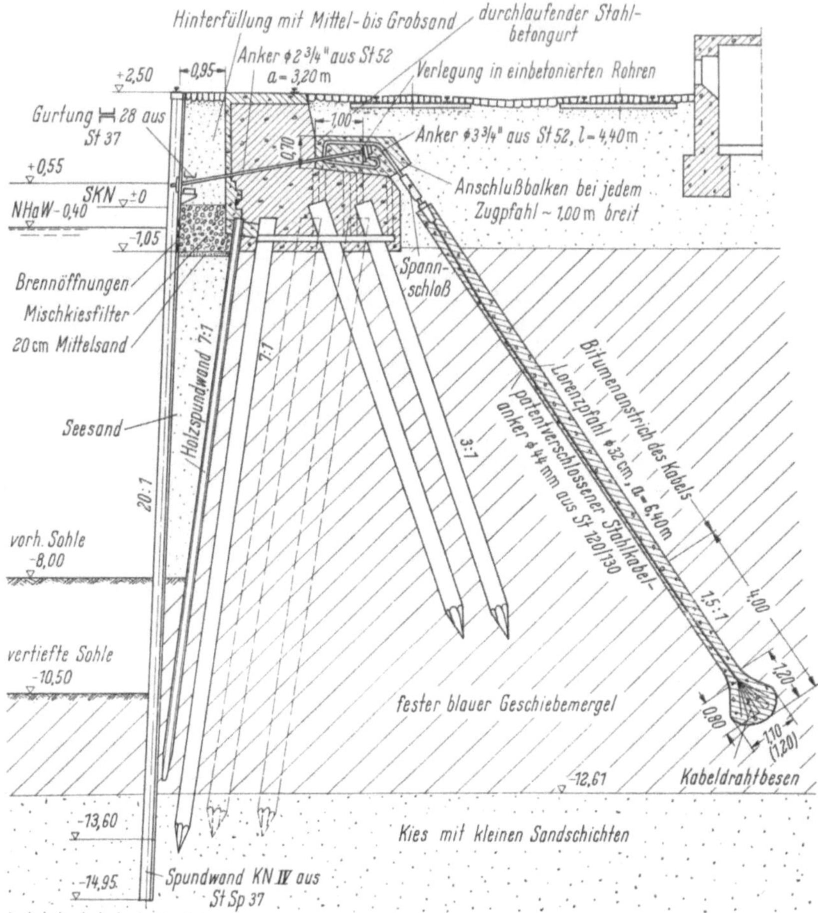

Abb. 29. Verstärkung der Nordhafenkaimauer, Kiel; Baujahr 1952.

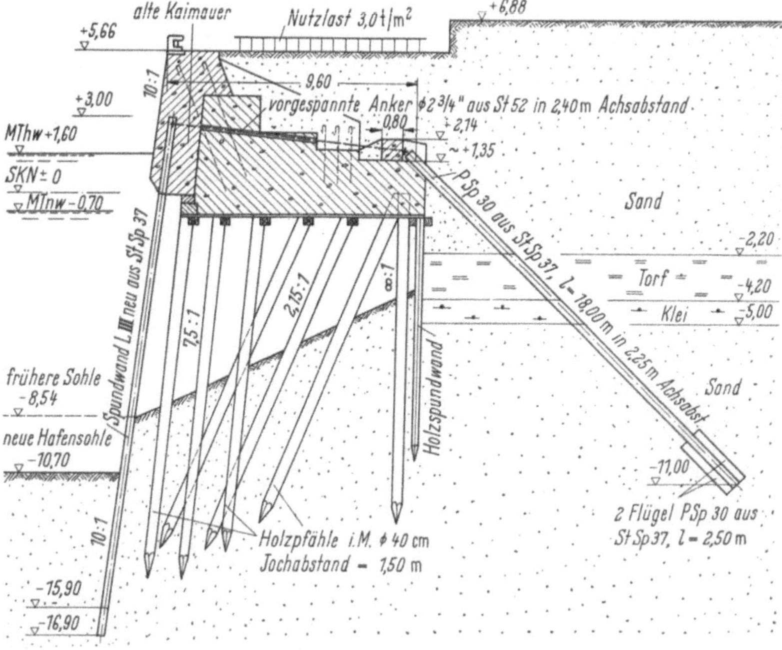

Abb. 30. Wiederherstellung und Vertiefung des Sthamer-Kai, Hamburg; Baujahr 1953.

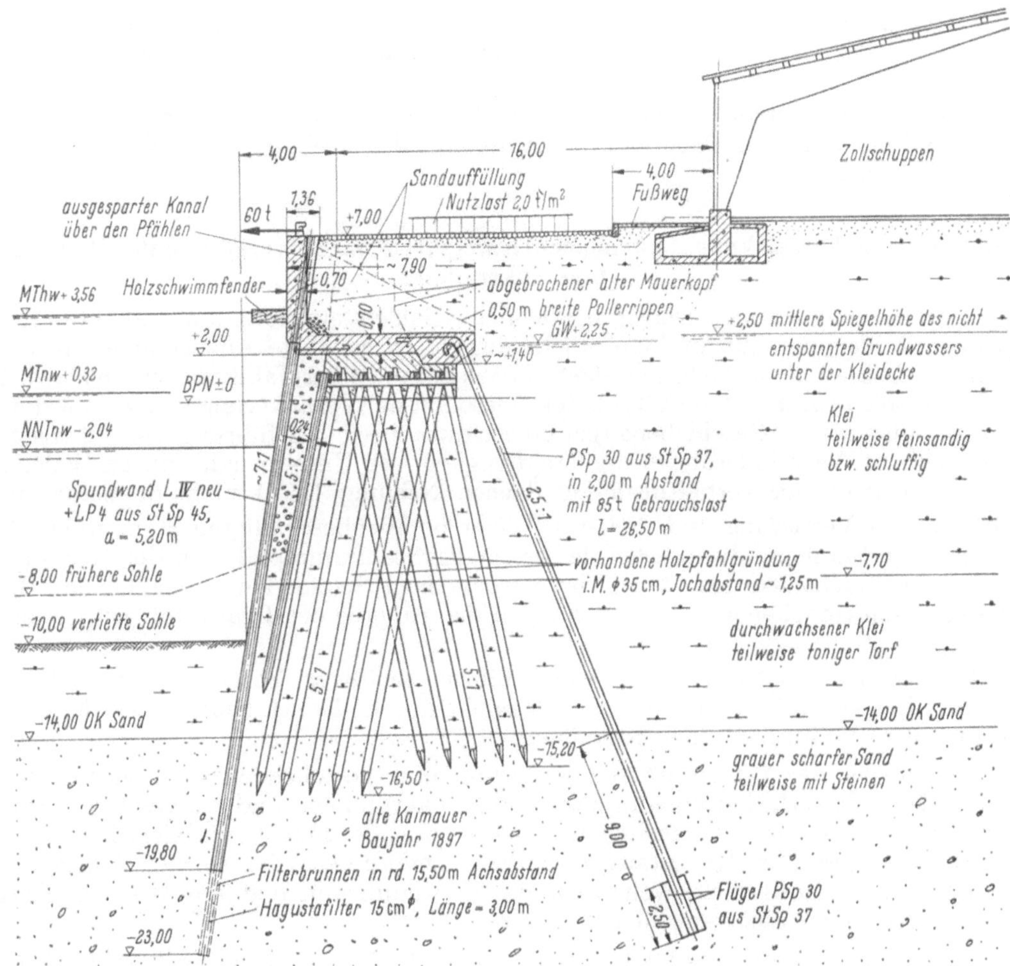

Abb. 31. Verstärkung der westlichen Vorhafenkaimauer der Kaiser-Schleuse, Bremerhaven; Baujahr 1953.

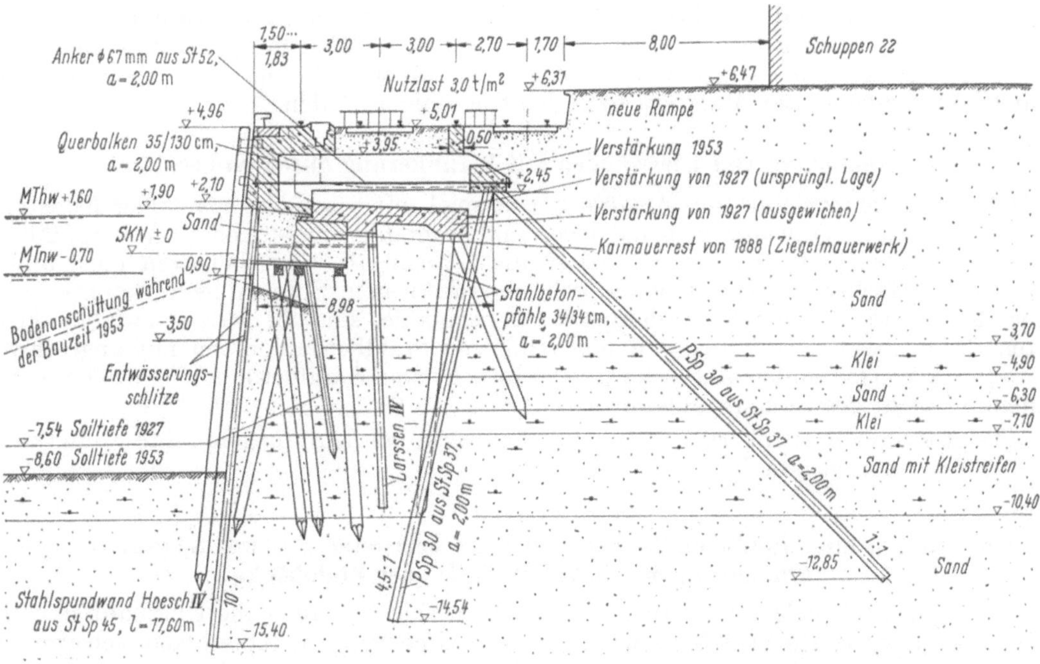

Abb. 32. Wiederherstellung des Versmannkais, Hamburg, vor Schuppen 22; Baujahr 1953/54.

Da die Anker durch Rohre eingeführt wurden, die von der neuen Spundwand aus durch den Boden gepreßt worden waren, wurde der Kaibetrieb und die Benutzung des Schuppens nur wenig gestört.

Abb. 28 zeigt einen Kaimauervorbau mit Vertiefung unter Sicherung durch eine vorgerammte Stahlspundwand mit Stahlbetonüberbau und Aufnahme der zusätzlichen Horizontalkräfte mittels Stahlkabelverankerung.

4.55 Vertiefung und Verstärkung bestehender Kaimauern durch vorgerammte Stahlspundwände und Ankerpfähle

Abb. 29 zeigt ein Ausführungsbeispiel, bei dem eine Sohlenvertiefung um 2,50 m durch das Vorrammen einer Stahlspundwand und eine Sicherung durch gebohrte Ankerpfähle mit verdicktem Fuß erreicht wird. Die bis zur Gebrauchslast vorgespannte Ankerpfahlkraft von 85 t wird mittels eines Stahlkabelankers in den Pfahlfuß geleitet. Diese Art der Verankerung konnte gewählt werden, weil der vorhandene feste Geschiebemergel eine einwandfreie Ausführung von Pfahlschaft und Pfahlfuß ermöglicht. Verminderungen der Tragfähigkeit des Untergrundes durch Bodenauflockerungen sind hier trotz der verhältnismäßig flachen Neigung 1,5 : 1 nicht zu befürchten.

Abb. 30 zeigt die Vertiefung und Sicherung einer bombenbeschädigten Hamburger Kaimauer mit vorgerammter Stahlspundwand, bei der erstmalig Stahlrammpfähle in der Neigung 1 : 1 als Ankerpfähle eingebracht wurden. Trotz der vorhandenen Schäden des bestehenden Bauwerkes konnte diesem nach eingehenden Untersuchungen die Aufgabe der Druckpfahlgruppe zugeordnet werden.

Auf Grund seiner wirtschaftlichen und bauausführungsmäßigen Vorteile setzte sich der flachgerammte Stahlankerpfahl in kurzer Zeit allgemein durch. Er ist heute eines der wichtigsten Konstruktionselemente im modernen Kaimauerbau.

Abb. 31 zeigt neben der Vertiefung und Sicherung einer bestehenden Kaimauer mittels vorgerammter Stahlspundwand, hintergerammten Stahlankerpfählen und aufgesetzter Stahlbetonwinkelmauer die Entlastung des artesischen Druckes unter der mächtigen Kleisohle mittels Überlaufbrunnen mit aufgesetzten Rückstauverschlüssen. Letztere sind bei solchen Anlagen und Verhältnissen unbedingt erforderlich, weil sonst die Überlaufbrunnen durch Wasserrückstrom bei Tidehochwasser in kurzer Zeit verschlicken.

Abb. 32 bringt die Verstärkung und Vertiefung einer im Zuge der Entwicklung bereits mehrfach verstärkten Kaimauer mittels vorgerammter Stahlspundwand, zusätzlichem Stahlbetonüberbau und Verankerung gegen einen Stahlpfahlbock mit unter 1 : 1 geneigten Ankerpfählen.

Abb. 33 zeigt eine Kaimauer, bei der die sichernde Stahlspundwand hinter dem Bauwerk eingerammt ist. Sie übernimmt gleichzeitig die Aufgabe des lotrechten Druckpfahles eines Pfahlbockes, dessen Zugpfahl als gerammter verpreßter Ankerpfahl (MV-Pfahl) in der Neigung 1 : 1 ausgebildet ist. Bei geeigneten Baugrundverhältnissen ist dieser Ankerpfahltyp ein hervorragendes Mittel zur Übertragung großer Ankerkräfte in den tragfähigen Boden.

4.56 Neubauten von Uferwänden mit Verankerung durch Ankerpfähle

Abb. 34 zeigt ein kennzeichnendes Ausführungsbeispiel mit besonders sparsamer Konstruktion. Durch die Verwendung einwandfrei bemessener und tragfähig eingebrachter Ankerpfähle, deren Kopfverschiebung bei Erreichen der Grenzlast nicht mehr als 2 cm betragen darf, und deren Nutzlast bei 1,75-facher Sicherheit noch voll im elastischen Bereich liegt, konnte auf einen durchgehenden Gurt verzichtet werden. Die Ankerpfähle sind in jedem zweiten Feld der gemischten Spundwand angeordnet und mit Hilfe von Stahlbetonplomben mit angeschweißten Zugankern an alle Tragbohlen angeschlossen. Ein schwerer Stahlbetonholm gewährleistet eine durchgehende Flucht des Spundwandkopfes.

Abb. 35 zeigt ein pfahlverankertes Spundwandbauwerk, bei dem die gemischte Spundwand aus dem Profil Peine-Larssen besteht.

4.57 Pfahlrostmauern mit Stahlbetonüberbau und axial belasteter vorderer Spundwand mit Verankerung durch Ankerpfähle oder Pfahlböcke

Die Anwendung hoch belasteter Druck- und Ankerpfähle hat auch die Überbauten verbilligt. In der Regel genügen heute Stahlbetonwinkelmauern ohne Rippen. Sie stützen sich wasserseitig auf die vordere Spundwand ab und landseitig auf eine schräge Druckpfahlreihe, deren landseitig gerichtete Pfahlkraftkomponente einen gewissen Teil der angreifenden Horizontalkräfte aufnimmt.

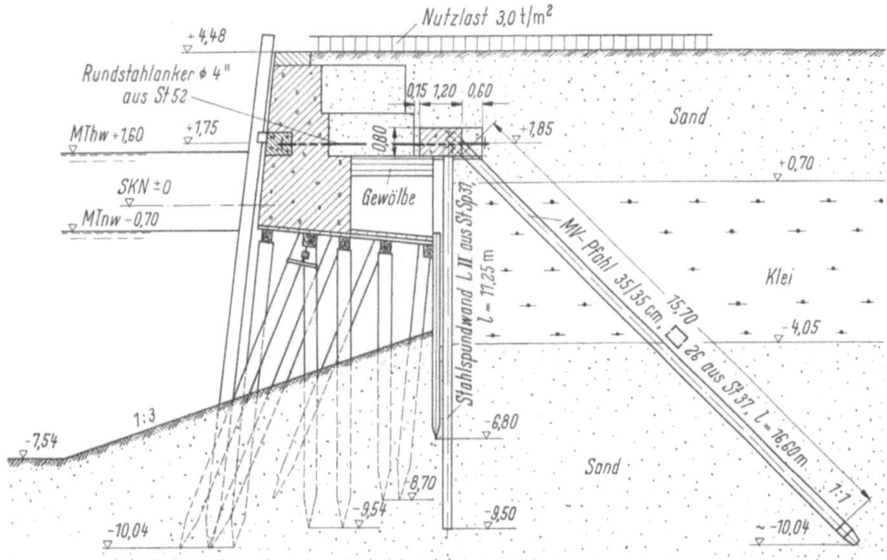

Abb. 33. Verstärkung des Bremerkais, Hamburg; Baujahr 1959/60.

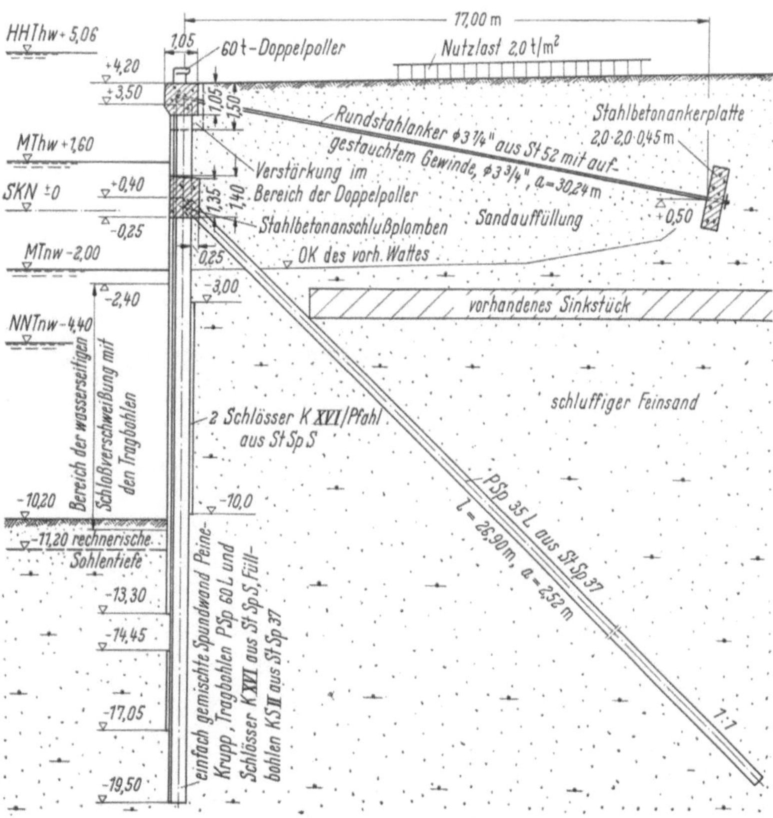

Abb. 34. Östliche Uferwand am Vorhafen der 4. Einfahrt, Wilhelmshaven; Baujahr 1961/62.

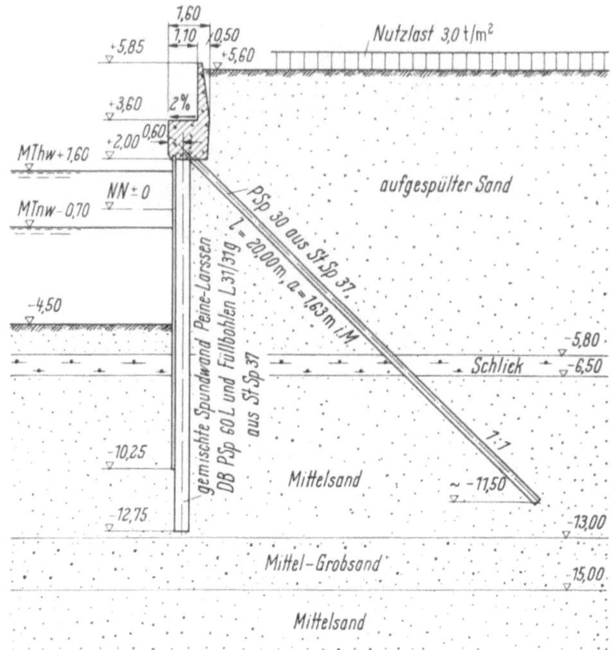

Abb. 35. Neubau der Kaimauer am Prager Ufer, Hamburg; Baujahr 1962/63.

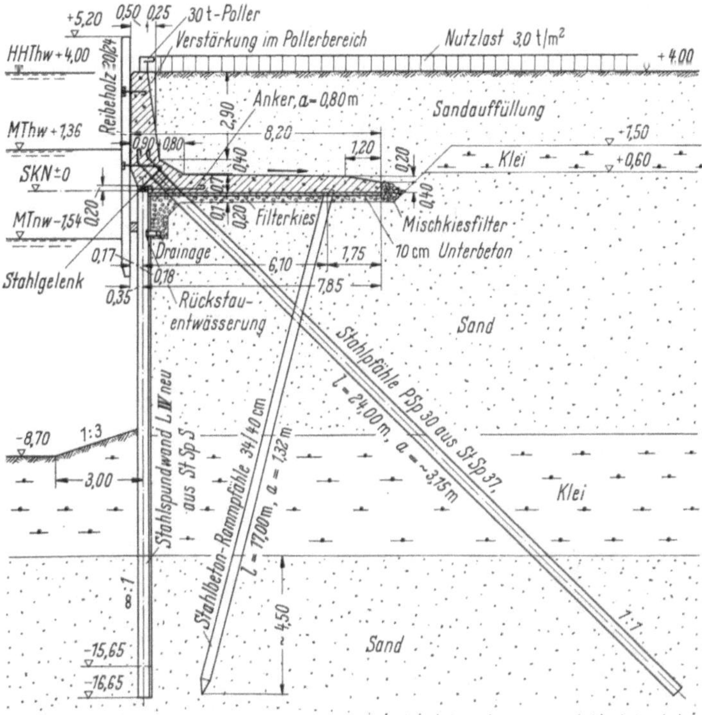

Abb. 36. Niedersachsenkaimauer, Cuxhaven; Baujahr 1955/56.

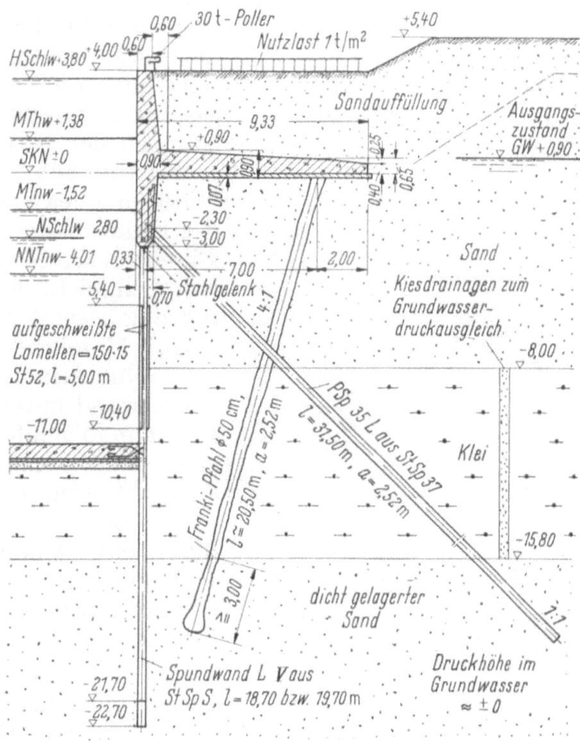

Abb. 37. Kammerwand der Seeschleuse, Cuxhaven; Baujahr 1962/64.

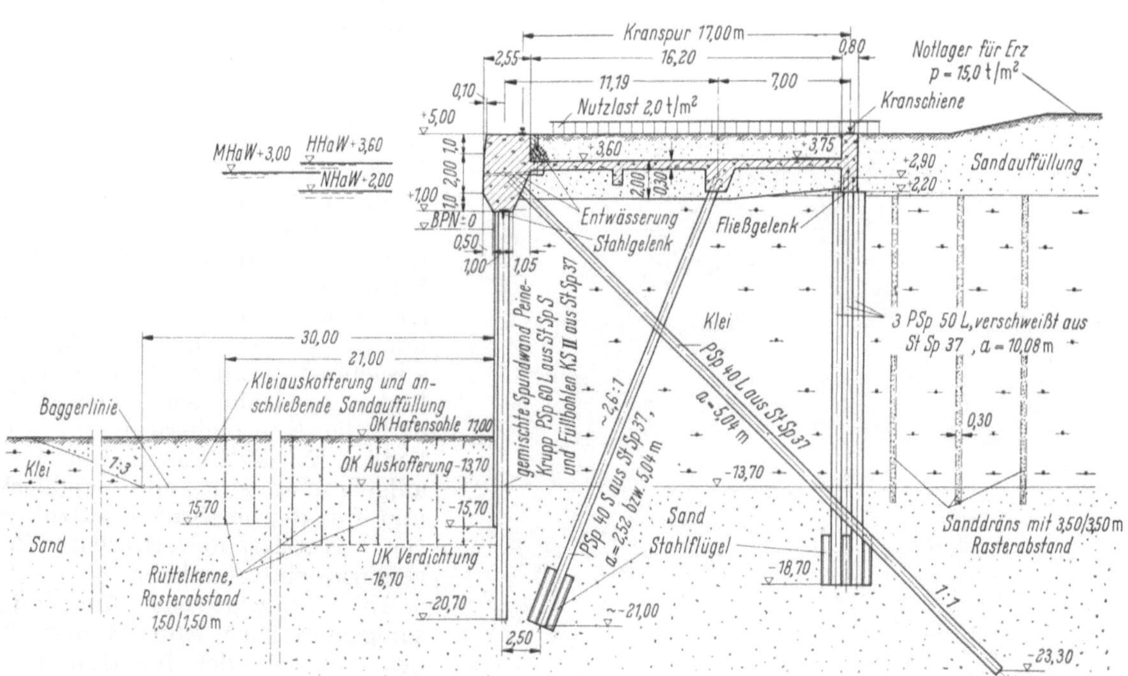

Abb. 38. Erzkaimauer am Osthafen, Bremerhaven; Baujahr 1963.

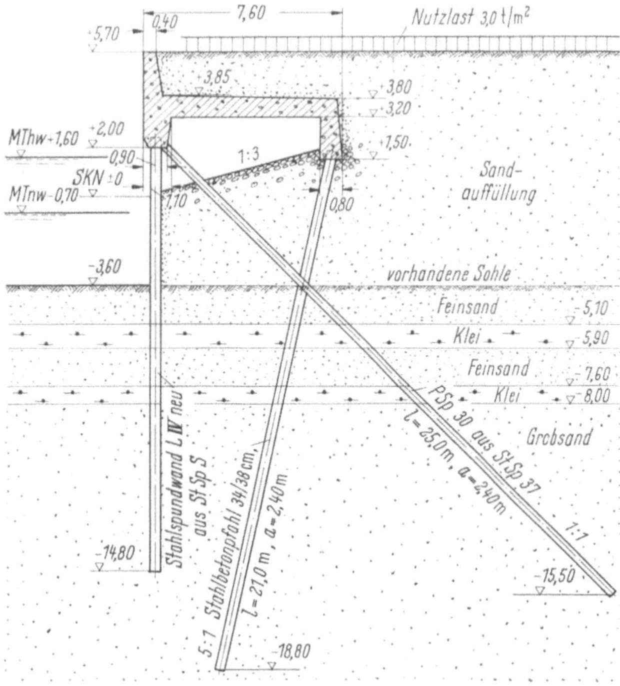

Abb. 39.
Neubau des Brooktorkais, Hamburg; Baujahr bis 1963/64.

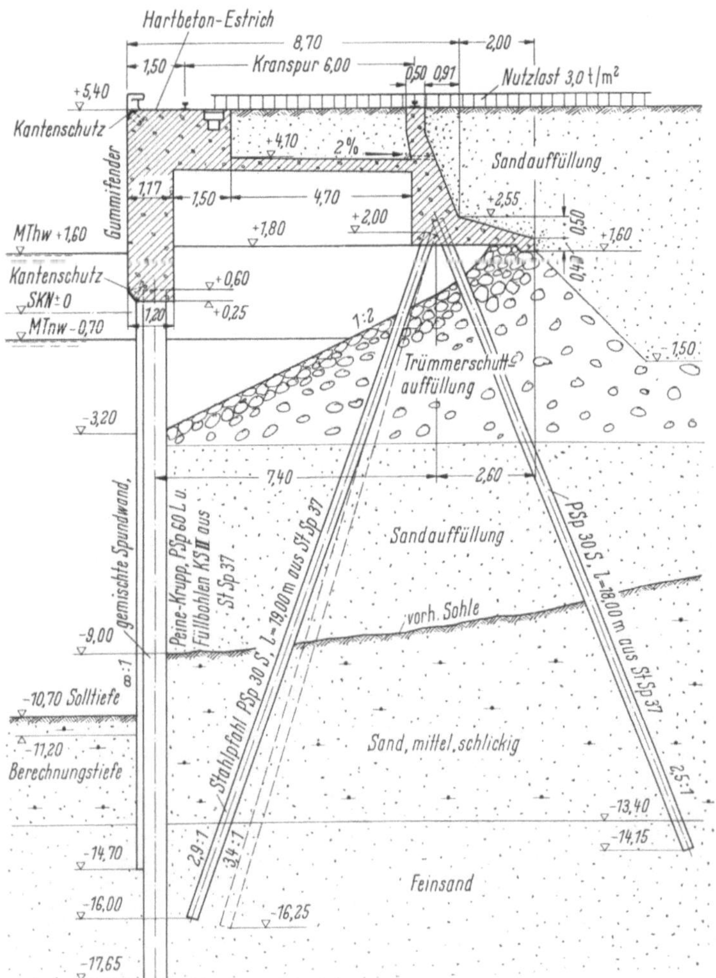

Ihr Hauptteil wird aber über die Ankerpfahlreihe abgetragen, die knapp hinter der vorderen Spundwand an den Überbau anschließt und ihre lotrechte Komponente in die Spundwand überträgt. Hierdurch werden sonst zusätzlich notwendige Druckpfähle eingespart. Außerdem werden die Zugbeanspruchungen der Rostplatte wesentlich herabgesetzt (Abb. 36). Die Rostplatte dient zur Stabilisierung des Systems und zur Abschirmung des Erddruckes. Das System ist statisch bestimmt gelagert und dadurch unempfindlich, läßt sich leicht berechnen und ist in der Ausführung besonders wirtschaftlich.

Abb. 37 zeigt eine abgewandelte Lösung für eine Schleusenmauer, bei der die Stahlbetonvorderwand unter die Rostplatte geführt ist. Die dann folgende Stahlspundwand ist mittels eines stahlbaumäßig ausgebildeten Gelenkes angeschlossen. Die dort angreifende waagerechte obere Spundwandauflagerkraft wird durch eine Ankerpfahlreihe in der Neigung 1 : 1 unmittelbar aufgenommen und in den tragfähigen Boden abgeleitet. Im übrigen gelten die zu Abb. 36 gemachten Ausführungen.

Abb. 38 zeigt eine Kaimauer für Erzumschlag mit schweren Uferentladern. Hier ist der Stahlbetonüberbau noch weiter nach rückwärts verlängert und landseitig zur Aufnahme der schweren Eckdrücke mit lotrecht und waagerecht hoch belastbaren Stahlpfeilern in rd. 10 m Abstand abgestützt. Zur Verminderung der Baukosten ist der Kleiboden vor der Uferspundwand auf 30 m Sohlenbreite bis zum diluvialen Sandboden ausgekoffert, durch Sand ersetzt und der Erdwiderstandsbereich mittels Tiefenrüttlern hochgradig verdichtet. Durch die gewählte Art der Ausführung konnte die Kaimauer trotz ungünstiger Bodenverhältnisse und der Belastung durch ein dahinterliegendes Erznotlager mit 15 t/m² Belastung wirtschaftlich ausgeführt werden. Sanddränagen hinter der Kaimauer sorgen dafür, daß die Konsolidierung des Kleibodens für die Belastung durch die aufgebrachte stützende Sanddecke und für die in Stufen aufzubringende Nutzlast in vertretbarer Zeit gefahrlos eintreten kann.

Abb. 39 zeigt eine Ausbildung sinngemäß nach Abb. 36 bzw. 37, nur daß hier der für Hamburger

Abb. 40.
Neubau der Kaimauer am Grevenhofkai, Hamburg, vor Schuppen 69; Baujahr 1955/56.

Kaimauern kennzeichnende Hohlraum unter der Rostplatte beibehalten ist. Für Abb. 40 gilt Ähnliches, nur daß hier anstelle des schrägen Druckpfahles und des vorne ansetzenden Ankerpfahles ein hinterer Schrägpfahlbock aus Stahlrammpfählen angeordnet ist.

4.6 Moderne Baumethoden in Binnenhäfen

Im letzten Jahrzehnt sind sehr viele Uferbauten ausgeführt worden, und zwar nicht nur bei Hafenneubauten, sondern in erster Linie in vorhandenen Häfen, weil die Uferanlagen den Anforderungen nicht mehr genügten. Nachdem die Motorisierung der Binnenschiffahrt sehr weit fortgeschritten und die Schubschiffahrt auf einigen Wasserstraßen aufgenommen ist, müssen die Uferbauten auf die veränderten Betriebsverhältnisse umgestellt werden.

Uferböschungen genügen im allgemeinen nur noch bei Ölumschlaganlagen und für Schiffsliegeplätze mit geringem Verkehr. Überall, wo lebhafter Umschlagbetrieb herrscht oder viele Schiffe an- und ablegen, sind gut ausgebaute, weitmöglichst senkrechte Ufer erforderlich, zumal auch die Anforderungen bezüglich Betriebssicherheit, Zugänglichkeit und kostensparender Unterhaltung wesentlich erweitert sind.

Die Ufer an Kanälen werden heute, wenn irgend möglich, vollkommen senkrecht, an kanalisierten Flüssen ebenfalls senkrecht bis etwa 2,0 m über Normalstau oder bis zum höchsten Schiffahrtswasserstand und an freien Flüssen zumindest unter Mittelwasser senkrecht ausgeführt. Der oberste

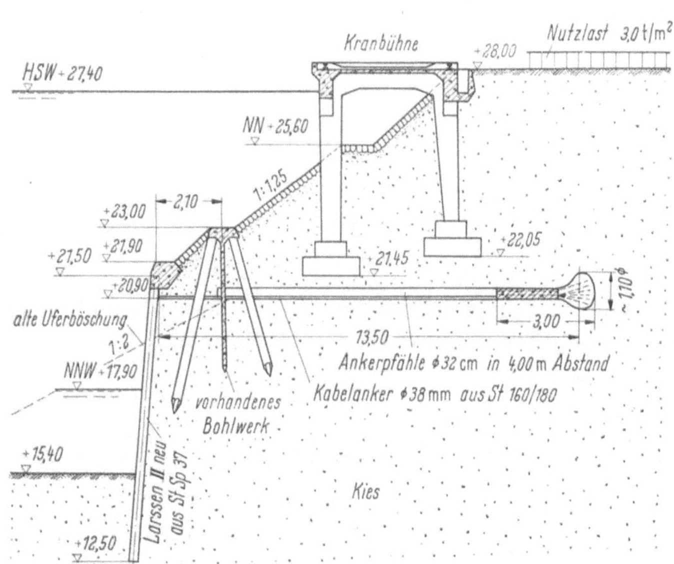

Abb. 41. Vertiefung und Verstärkung der Uferwand vor der Kranbühne der W. T. A. G., Duisburg; Baujahr 1952.

Uferteil kann wegen der großen Uferhöhe und aus betrieblichen wie auch aus Kostengründen geböscht oder abgestuft ausgeführt werden. Dieses oben geböschte oder abgestufte Ufer hat bei großer Höhe und wenn die Hafenbetriebsebene hochwasserfrei angelegt werden soll, fallweise Vorzüge gegenüber einer vollkommen senkrechten Ausführung.

Die Spundwandbauweise hat sich heute für Uferbauten an allen Wasserstraßen durchgesetzt. Sie liegt mit der Massivbauweise und Stahlbetonwinkelstützmauern lediglich noch bei Neubauten im Wettbewerb, wenn das Uferbauwerk in offener Baugrube und großer Länge hergestellt werden kann und die freie Uferhöhe nicht zu groß oder die Rammung besonders schwierig ist. Nachdem auf Reibehölzer und alle vorspringenden Teile und ebenso auf den Anstrich verzichtet wird, entstehen keine nennenswerten Unterhaltungskosten mehr. Auch im Bergsenkungsgebiet ist die Stahlspundwand vorteilhaft.

Nachdem man erkannt hat, daß auf Verankerungen im allgemeinen nicht verzichtet werden kann, wird dieser Teil der Bauausführung in den letzten 15 Jahren in den verschiedensten Richtungen weiterentwickelt, insbesondere durch die Anwendung waagerechter gebohrter oder geneigter, gerammter Ankerpfähle, dort, wo dem konventionellen Einbau einer waagerechten Verankerung Schwierigkeiten im Wege stehen.

Abb. 41 zeigt die Vertiefung eines in mehreren Stufen ausgebauten und verstärkten Uferbauwerkes, das mit Hilfe einer vorgerammten Stahlspundwand und durch eingebohrte Ankerpfähle mit verdicktem Fuß mit Stahlkabelverankerung gesichert ist. Diese Bauweise wurde erstmalig

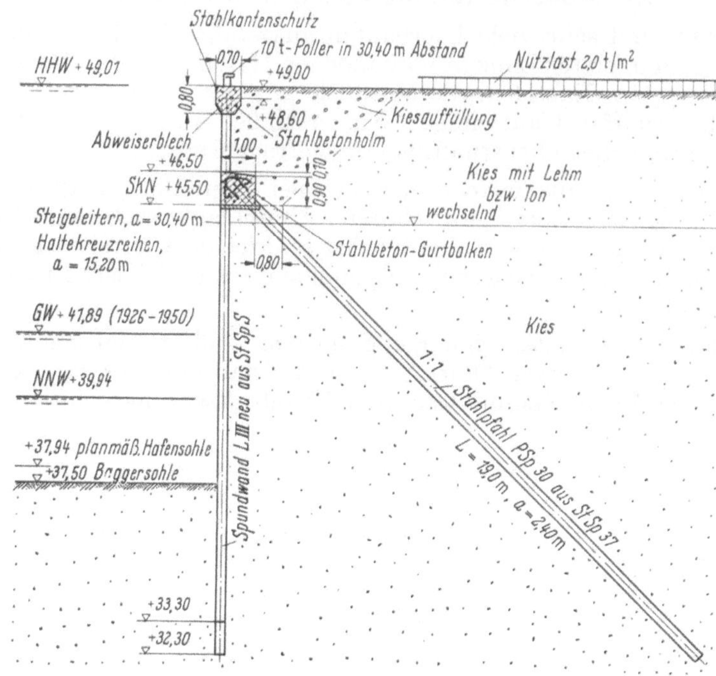

Abb. 42. Uferwand im Hafen Wesseling-Godorf/Rhein; Baujahr 1958/60.

in Duisburg angewendet. Abb. 41 kennzeichnet den Gang der Entwicklung (vgl. Abb. 5), soll aber keinesfalls zu sinngemäßer Ausführung bei Neubauten ermuntern.

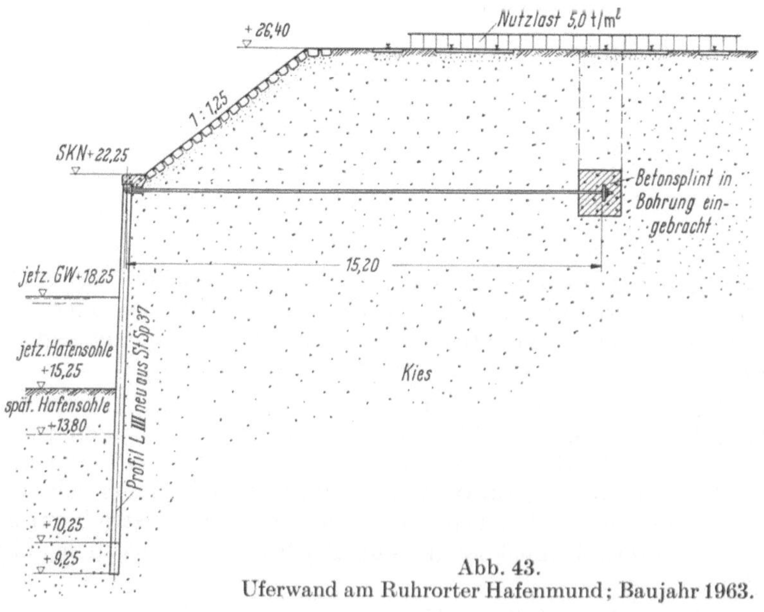

Abb. 43.
Uferwand am Ruhrorter Hafenmund; Baujahr 1963.

Abb. 42 zeigt eine Uferspundwand mit Stahlankerpfählen unter 1 : 1 geneigt, Stahlbetongurt und Stahlbetonholm.

Abb. 43 zeigt ein kennzeichnendes Beispiel mit oben geböschtem Ufer und der heute gerne angewendeten Verankerung mit schweren, eingerammten oder eingebohrten Ankerstangen und hinterem, durch Bohren von oben eingebrachtem Betonsplint als Ankerkörper.

Abb. 44 zeigt eine Uferwand in ähnlicher Grundkonzeption wie Abb. 43, nur daß hier die Verankerung mittels gebohrter, verpreßter Ankerpfähle mit Ankerstangen aus hochwertigem Stahl vorgenommen wird. Anker dieser Art müssen besonders sorgfältig gegen Korrosion gesichert werden.

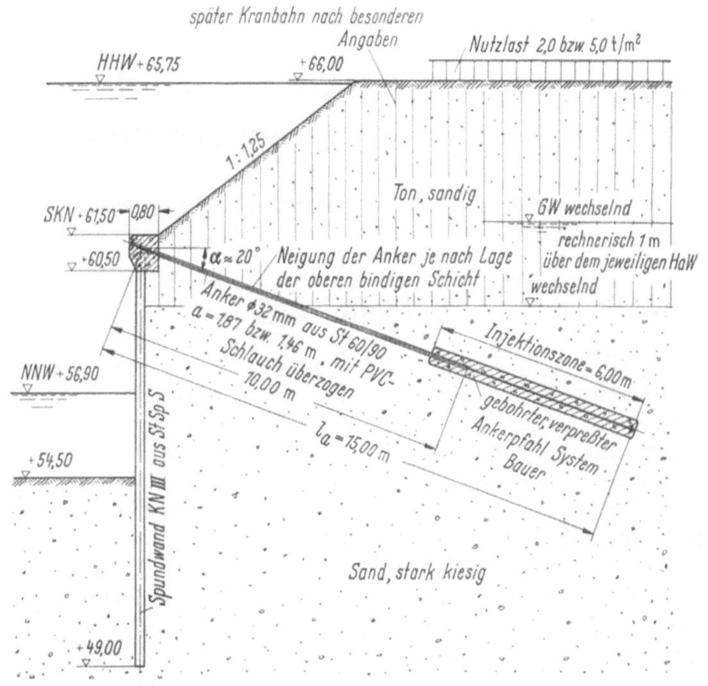

Abb. 44. Uferwand des Hafens Koblenz-Wallersheim; Baujahr 1963/64.

5. Schlußbemerkungen

Obige Ausführungen können nur einen groben Überblick über die Entwicklung der Ufereinfassungen in den letzten 50 Jahren und den heutigen Stand der Entwicklung vermitteln. Vieles mußte im Rahmen dieses Berichtes unerwähnt bleiben, was vor allem auch in den Berechnungsansätzen und in der Detailbearbeitung wichtig ist. Hierzu sei auf die Empfehlungen des Arbeitsausschusses „Ufereinfassungen" nochmals besonders hingewiesen.

Die Seeschiffsgestaltung hinsichtlich des Löschens und Ladens von Stückgut und Massengut

Von Dr.-Ing. **Hans M. Huchzermeier**, Bremen

A. Einleitung

Von allen Forderungen, die an ein Frachtschiff gestellt werden, steht die Forderung nach schnellem Be- und Entladen an erster Stelle. Diese Forderung ist schwer zu erfüllen, sofern die zu erwartenden Frachten nicht genau bekannt sind. Im Gegensatz dazu kann der Schiffbauer ein Schiff für eine spezielle Ladung und eine spezielle Route so entwerfen, daß optimale Lade- und Löschzeiten unter allen Umständen gewährleistet werden.

Das Stückgutschiff ist der typische Vertreter der einen, und das Massengutschiff ist der typische Vertreter der anderen Kategorie. Die technischen und wirtschaftlichen Voraussetzungen sind ganz verschiedenartig. Bei den Stückgutschiffen können die Besitzer der Ladung nur wenig dazu beitragen, um die Wirtschaftlichkeit des Ladungsumschlages zu steigern. Dies liegt daran, daß die Zahl der Betroffenen unendlich groß ist und daß in der Regel die Frachtkosten im Verhältnis zum Wert der Ladung nicht so sehr ins Gewicht fallen. Bei den Massengütern ist die Mannigfaltigkeit der Ladungsarten sehr viel kleiner, und außerdem stellen die Frachtkosten in der Regel einen wesentlichen Bestandteil der Kosten dar, mit denen die Ladung am Bestimmungshafen belastet ist. Der Tonnageanteil der Massengutschiffe an der Welthandelsflotte ist in ständigem Zunehmen begriffen. Viele Ladungssorten, die früher dem Stückgutverkehr vorbehalten waren, werden heute in Spezial-Massengutschiffen verschifft. Außerdem nimmt die Größe der Massengutschiffe ständig zu, während bei den Stückgutschiffen bezüglich der Schiffsgröße eine Stagnation, wenn nicht eine Rückentwicklung zum kleineren Schiff festzustellen ist. Es gibt auch Schiffe, die weder der einen noch der anderen Kategorie angehören, wie z. B. das Trampschiff, welches die Ladungen befördert, welche sich gerade anbieten. Dieser Schiffstyp hat es bezüglich wirtschaftlicher Ladungsbehandlung am schwersten. Seine Bedeutung nimmt daher immer mehr ab.

Es soll nicht unerwähnt bleiben, daß es eines der schwierigsten Probleme einer Stückgut-Reederei ist, für die Lebensdauer eines Neubaues auf einer bestimmten Route die Auswirkungen politischer und wirtschaftlicher Änderungen vorherzusehen. Sich erhöhender Lebensstandard in einem Land kann den bisher exportierten Überschuß z. B. von gekühlten Erzeugnissen verringern. Besser ausgebaute Häfen können größere und somit wirtschaftlichere Schiffe zulassen und zum Wegfall des kostspieligen Ladegeschirrs führen. Der bei dem Entwurf des Schiffes zugrunde gelegte Staukoeffizient (das Verhältnis des für Ladung zur Verfügung stehenden Raumes zur Tragfähigkeit des Schiffes) kann sich bei fortschreitender Industrialisierung in einem bisher nur Rohstoffe erzeugenden Lande als falsch erweisen.

B. Das Stückgutschiff

(Abb. 1 u. 2)

Der typische Vertreter dieser Kategorie ist der Linienfrachter, d. h. ein Schiff, welches nach einem festen Fahrplan immer die gleiche Route befährt. Seine Größe bewegt sich zwischen 5000 und 12000 Tragfähigkeitstonnen (tdw = deadweight-Tonnen). Da beim Stückgut neben dem Gewicht der Ladung auch deren Raumbedarf einschließlich der beim Stauen der Ladung entstehenden Raumverluste eine Rolle spielt, ist dem Laderauminhalt neben der Tragfähigkeit gleiche Bedeutung beizumessen. Die Anzahl der Laderäume dieser Schiffe ist je nach Schiffslänge durch die aus Gründen der Schiffssicherheit vorgeschriebenen wasserdichten Querschotte gegeben. Sie reicht von vier bis zu sechs Laderäumen. Die prozentuale Aufteilung des Gesamtraumes auf die einzelnen Räume ist verschieden. Sie richtet sich nach den individuellen Anforderungen der Linie, d.h. der für die verschiedenen zu berührenden Häfen typischen Ladungssorten und Umschlags-

Abb. 1. Stückgutfrachter mit Maschine mittschiffs.

möglichkeiten. Einleuchtenderweise bestellen die Linien-Reedereien nicht etwa einfach einen Linienfrachter, sondern ein Schiff für einen bestimmten Dienst, z. B. Ostasien, Mittlerer Osten, Australien, Westküste Südamerika usw. Es würde hier zu weit führen, die Eigentümlichkeiten dieser verschie-

Abb. 2. Stückgutfrachter mit Maschine vor dem hintersten Laderaum.

denen Linienfrachter-Arten zu beschreiben. Vielmehr sollen die für den Schiffbauer wesentlichen Gesichtspunkte aufgeführt werden.

Die Aufteilung des Gesamtraumes in Laderäume, Räume für die Maschinenanlage und die Besatzung sowie sonstige Nebenräume erfolgt unter ausschließlicher Bevorzugung der Laderäume.

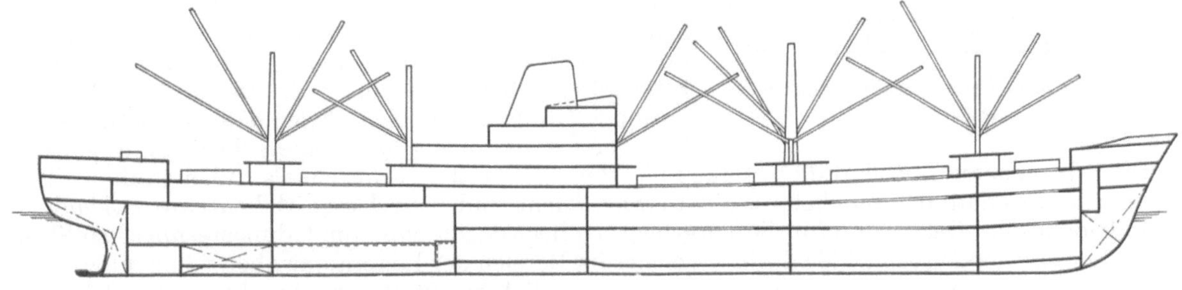

Abb. 3. Längsschnitt durch einen Stückgutfrachter mit Maschine mittschiffs.

Ein wesentlicher Gesichtspunkt ist hierbei die Lage des Maschinenraumes. Früher befand er sich auf der halben Schiffslänge bzw. bei ungerader Laderaumanzahl kurz dahinter (Abb. 1 u. 3). Hierdurch war die Schiffsleitung bezüglich der Verteilung der Ladung auf die verschiedenen Räume relativ freizügig, da ungleichmäßige Belastungen von Vor- und Hinterschiff die Längsneigung des Schiffes nicht so sehr beeinflußten. Von Nachteil war der Wellentunnel, der, durch die unteren Laderäume im Hinterschiff geführt, die Stauung der Ladung sehr behinderte. In neuerer Zeit ergab sich jedoch ein sehr gewichtiger Grund, die konventionelle Maschinenraumanordnung zu verlassen. Infolge der immer größer werdenden Schiffsgeschwindigkeiten mußten die Schiffsenden immer mehr zugeschärft werden. Die unteren Laderäume verloren mehr und mehr an horizontaler Bodenfläche, was sich für die Stauung der Ladung als sehr nachteilig erwies. Lediglich auf der halben Schiffslänge blieb noch die ladungsmäßig erwünschte Kastenform erhalten. Aber dies war der althergebrachte Platz für die Maschine. Da es beim Maschinenraum gar nicht so sehr auf große Bodenfläche ankommt, lag es nahe, seinen Platz mit dem eines Laderaumes am Schiffs-

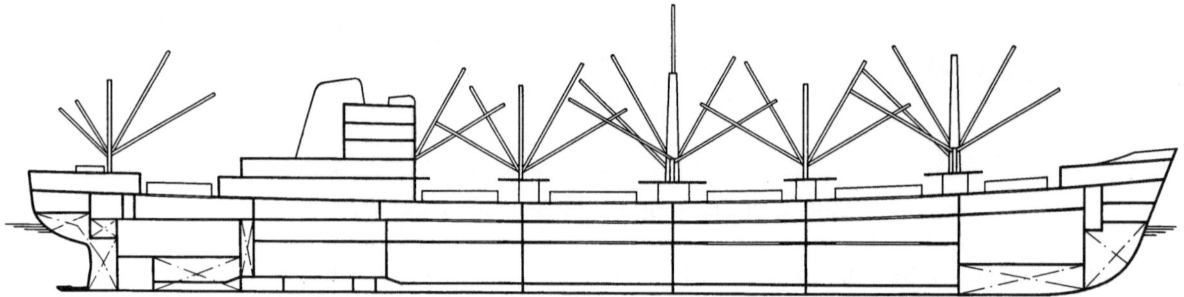

Abb. 4. Längsschnitt durch einen Stückgutfrachter mit Maschine vor dem hintersten Laderaum.

ende zu vertauschen. Bei modernen Linienfrachtern ist daher der Maschinenraum ins Hinterschiff gewandert, (Abb. 2 u. 4). Als günstigste Lage hat sich die Anordnung des Maschinenraumes zwischen dem letzten und dem vorletzten Laderaum erwiesen. Durch die Verschiebung des Maschinenraumes weiter nach achtern wurde der Wellentunnel kürzer. Es konnte also zusätzlich noch ein Laderaumgewinn verzeichnet werden. Da die Grundfläche seitlich des Wellentunnels im Laderaum hinter der Maschine für Stückgut nur sehr bedingt verwendbar ist, wird häufig der Trockenladeraum in Höhe der Wellentunneldecke durch ein Deck begrenzt. Neben dem Wellentunnel werden dann Tanks für Frischwasser, Treiböl oder Süßöl angeordnet.

Um im vordersten Laderaum bei den stark zugeschärften Schiffen eine größere Grundfläche zu erhalten, wird dort die Doppelbodendecke durch Anordnung einer Stufe höher gelegt. In dem so entstehenden Tieftank wird Ballastwasser gefahren, mit dem zu starke Längsneigungen des Schiffes, verursacht durch die trimmäßig ungünstige Lage des Maschinenraumes, ausgeglichen werden können.

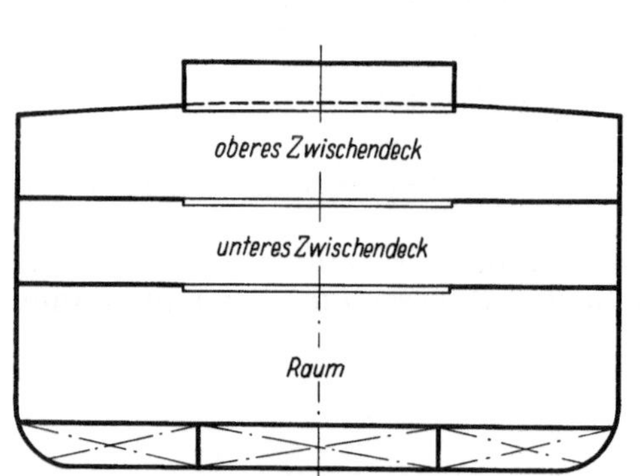

Abb. 5. Typischer Ladequerraumschnitt eines Stückgutfrachters.

Bezüglich der horizontalen Unterteilung des Laderaumes ist hier nur zu erwähnen, daß die meisten größeren modernen Linienfrachter zwei vollständige Zwischendecks besitzen, um genügend Staufläche für die Ladung zu haben und um es zu ermöglichen, an einzelne Ladungspartien gelangen zu können (Abb. 5).

Die zum Ein- und Ausbringen der Ladung notwendigen Schiffsöffnungen sind die Decksluken und die Seitenpforten. Letztere werden nur in Ausnahmefällen vorgesehen. In Tide-Häfen sind sie schwierig zu benutzen, und für die unteren Laderäume sind sie nicht anwendbar. Alle Stückgüter gehen daher durch die Decksluken. Zahl, Anordnung, Größe und Verschlußelemente dieser Decksluken beeinflussen die Wirtschaftlichkeit des Schiffes ganz wesentlich. In neuerer Zeit sind diese Luken plötzlich viel größer geworden als früher (Abb. 6). Technisch war dies dadurch möglich, daß stählerne, leicht und zuverlässig abdichtbare Lukendeckel erfunden wurden. Der Grund für die Vergrößerung liegt darin, daß vom ladungstechnischen Standpunkt her gesehen ein Schiff ideal wäre, welches im Bereich der Laderäume oben völlig offen gebaut ist. Die Güter könnten dann längsschiffs an jeder beliebigen Stelle eingebracht werden. Eine horizontale Bewegung im Schiffskörper selbst, die immer mit sehr erheblichen Kosten verbunden ist, würde ebenfalls entfallen. Diesem Idealzustand stehen einige gewichtige Hindernisse entgegen:

Das Oberdeck des Schiffes bildet den Obergurt des Längsfestigkeitsverbandes. Bis zu einer gewissen Lukenbreite kann man zwar in und an den verbleibenden Decksstreifen genügende Stahlquerschnitte unterbringen; das oben vollständig offene Schiff, das heute manchmal gefordert wird, ist technisch jedoch nicht realisierbar. Um diesen Mangel auszugleichen, werden heute in zuneh-

Abb. 6. Wetterdeckluken, Windenhäuser und Ladegeschirr eines Stückgutfrachters.

Abb. 7. Ein sogenanntes „offenes Schiff". Anordnung von drei Luken nebeneinander. (Mit freundlicher Genehmigung der „Deutschen MacGregor Gesellschaft m. b. H.").

mendem Maße Schiffe mit zwei oder drei nebeneinanderliegenden Luken gebaut (Abb. 7 u. 8). Dieser Anordnung liegt die Tatsache zugrunde, daß ein gewisser Streifen außerhalb der Lukenöffnung ohne Schwierigkeiten vom Lasthaken des Ladegeschirrs bestrichen werden kann. Demzufolge kommt man dem Idealzustand des offenen Schiffes bei diesen Lukenanordnungen schon

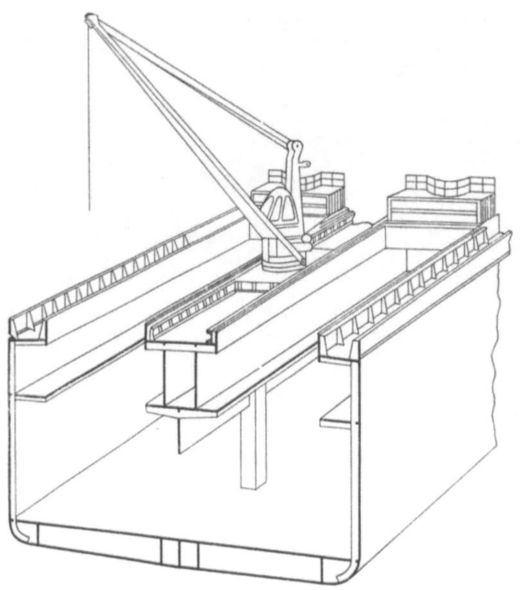

Abb. 8. Schnitt durch den Laderaum eines „offenen Schiffes".

sehr nahe; denn auch die zwischen den Luken liegenden Decksstreifen können mit zur Aufnahme der Längsbiegebeanspruchungen herangezogen werden. Die Lukenlänge kann ebenfalls nicht unbedenklich so lang wie der gesamte Laderaum ausgeführt werden. Der Schiffskörper würde dann Verdrehungsbeanspruchungen genauso wenig Widerstand entgegensetzen können wie ein geschlitz-

Abb. 9. MacGregor „Single Pull"-Klappdeckel auf einem Stückgutfrachter.

tes Rohr. Zum anderen wüßte man nicht recht, wohin man beim Öffnen der Luken die Deckel stauen sollte. Man tröstet sich, wie schon bei der Lukenbreite, mit der Tatsache, daß ein gewisser Bereich außerhalb der Lukenöffnung noch vom Lasthaken bestrichen werden kann und macht die Luke so lang, daß gerade noch Platz für Lukendeckel und Ladewinden übrig bleibt. Wie gedrängt die Platzverhältnisse dann werden, zeigen sehr anschaulich die Abb. 6, 9 u. 11.

Bezüglich der Luken muß noch nachgetragen werden, daß die modernen stählernen Lukendeckel sehr schnell geöffnet und geschlossen werden können und der Ladevorgang dadurch wesentlich abgekürzt wird. Für die Luken des Oberdecks werden heute fast ausschließlich von den Ladewinden betätigte Rolldeckel benutzt (Abb. 9). Aber auch bei den Zwischendecksluken bahnt sich eine

Abb. 10. Stählerner Flush-Deck-Faltdeckel im oberen Zwischendeck. Im unteren Zwischendeck Schiebebalken (nicht sichtbar) mit hölzernen Deckeln. Dieses Bild ermöglicht gute Vergleiche zwischen moderner und althergebrachter Art, Luken zu schließen.

Abkehr vom Althergebrachten an. Hier bürgern sich mehr und mehr hydraulisch betätigte Klappdeckel ein (Abb. 10). Die Vergrößerung der Luken hat zwangsläufig die freie Decksfläche und damit den Platz für schwere Decksladung, z. B. Eisenbahnwaggons, eingeschränkt. Es sind Bestrebungen

Abb. 11. Windenhäuser und Ladegeschirr auf einem Stückgutfrachter.

im Gange, die Lukendeckel in die Decksebene zu verlegen und auf das von den Sicherheitsvorschriften verlangte Lukensüll zu verzichten. Zur Zeit gibt es bereits Probeausführungen, und es ist nicht ausgeschlossen, daß eines Tages die glatte Oberdecksluke allgemein eingeführt wird (Abb. 12 u. 13).

Glattdeckluken in den Zwischendecks sind ebenfalls sehr wünschenswert; denn Sülle im Zwischendeck schränken die Bewegungsfreiheit von Gabelstaplern ein und stören beim Verschieben von Fahrzeugen oder anderer Ladung. Da die Sicherheitsvorschriften bei den unteren Zwischendecks auf keinen Fall ein Lukensüll verlangen und bei Luken auf dem oberen Zwischendeck bei Schutzdeckschiffen das Süll bei wasserdichter Lukenabdeckung entfallen kann, führen sich Glattdeckluken in den Zwischendecks mehr und mehr ein (Abb. 14).

Abb. 12. Hydraulisch betätigte Glattdeckluke auf dem Wetterdeck, geschlossen. (Mit freundlicher Genehmigung der „Deutschen MacGregor Gesellschaft m.b.H.“).

Ein für die Ladungsbehandlung wesentlicher Bestandteil des Linienfrachters ist das Ladegeschirr. Einem unbefangenen Betrachter erscheint es allerdings nicht ganz verständlich, warum überhaupt jedes Stückgutschiff diese Einrichtungen besitzt. Obwohl es bis zu fünf Prozent des

Abb. 13. Hydraulisch betätigte Glattdeckluke auf dem Wetterdeck, geöffnet. (Mit freundlicher Genehmigung der „Deutschen MacGregor Gesellschaft m.b.H.“).

Schiffswertes ausmacht, wird es die meiste Zeit — nämlich wenn das Schiff fährt — nicht benutzt. Sicherlich wäre es wirtschaftlicher, wenn man alle Stückguthäfen mit entsprechenden Land- und Schwimmkränen ausrüsten würde. Andererseits existieren heute noch Stückguthäfen, in denen die Ladung aus Leichtern auf der Reede umgeschlagen wird. In einem solchen Fall kann man auf bordeigenes Ladegeschirr nicht verzichten. Das vorherrschende Ladegeschirr ist der Ladebaum

(Abb. 11, 15 u. 16). Normalerweise sind für die mittleren Laderäume je vier Bäume und für die an den Schiffsenden liegenden Räume je zwei Ladebäume vorgesehen. Diese Bäume haben eine Tragkraft von 3 t am einfachen Seil und von 5 t bei halber Flaschenzug-Seilführung. Zusätzlich sind ein bis zwei Schwergutbäume angeordnet, üblicherweise ein 50 bis 75 t Baum über der größten

Abb. 14. Hydraulisch betätigte Glattdeckluke im Zwischendeck.
(Mit freundlicher Genehmigung der „Deutschen MacGregor Gesellschaft m.b.H.").

Luke im Vorschiff und ein 25 bis 35 t Baum im Hinterschiff. Die Ausladung über die Bordwand beträgt bei allen Bäumen ca. 6 m. Die Hubgeschwindigkeiten sind im Steigen begriffen. Sie betragen jetzt bei 3 t Last ungefähr 50 m/min. Entsprechend den höheren Hubgeschwindigkeiten hat

Abb. 15. Ladebäume auf einem Stückgutfrachter.

sich die Leistung der Winden vergrößert. 40 bis 50 PS gelten heute als Standard. Diese Windenleistung ist gleichzeitig ausreichend für die üblichen Schwergutbäume. Die Hubgeschwindigkeit beträgt dann 4,0 bis 2,6 m/min.

Neben vorstehend beschriebenem Ladegeschirr gibt es eine Vielzahl von Sonderausführungen. Neuerdings sehen viele Reedereien je Luke einen Ladebaum mit 5 oder 10 t Tragkraft vor. Für bestimmte Fahrtgebiete und bei bestimmten Reedereien sind Schwergutbäume bis über 200 t Tragkraft üblich. Verschiedene Systeme gestatten es, daß mit einem Schwergutbaum zwei Luken bedient werden können. Heutzutage sind auch die Schwergutmasten fast ausschließlich unverstagt. Hierdurch spart die Schiffsbesatzung viel Arbeit, und das Verstauen von Decksladung wird vereinfacht.

Normale Stückgutladung wird nach dem System der „gekuppelten Bäume" umgeschlagen (Abb. 17). Hierzu gehören zwei Ladebäume, die nebeneinander angeordnet sind. Ein Baum ist über der Luke, der andere über die Bordwand reichend festgesetzt. Die Lastseile der Bäume werden miteinander verbunden. Dadurch ist es möglich, die Ladung von einem Baum zum anderen kontinuier-

Abb. 16. Ladebäume auf einem Stückgutfrachter, halb geöffnete Wetterdeckluke.

lich zu übergeben, d.h. also die notwendige Querverschiebung von der Kaje ins Schiff oder umgekehrt auszuführen. Diese Art des Umschlages ist nicht ungefährlich. Bei der Übergabe der Last von einem Baum zum anderen müssen die Winden sorgfältig bedient werden, um unzulässig hohe Beanspruchungen in den Lastseilen und Preventern auszuschließen. Man kann wohl überhaupt sagen, daß Sicherheit und Schnelligkeit des Umschlages bei gekuppelten Bäumen in hohem Maße von gut eingespieltem Personal abhängig sind.

Neuerdings gibt es verschiedene Systeme, die ein Mittelding zwischen Ladebaum und Kran darstellen. Gegenüber dem normalen Ladebaum gestatten sie eine Veränderung der Ausladung bei belastetem Baum und ein starres, mechanisch gesteuertes Ausschwenken. Diese Systeme ähneln mehr oder weniger der althergebrachten Schwergutbaumanordnung. Man hofft, hiermit die Vorteile des Kranes — Schwenkbarkeit und Auftopbarkeit unter Last — mit den geringen Anschaffungskosten des Ladegeschirrs vereinigen zu können.

Anstelle von Ladebäumen werden gelegentlich Deckskräne angeordnet (Abb. 18). Obgleich es schon seit Jahrzehnten gute, für den Bordbetrieb geeignete Kräne gibt, hat es nicht den Anschein, als ob der Kran in absehbarer Zeit den Ladebaum verdrängen würde. Diese Tatsache ist erstaunlich, denn der Kran weist bei näherer Betrachtung Eigenschaften auf, die ihn gegenüber den Ladebäumen gar nicht schlecht abschneiden lassen. Allerdings ist ein Kran teurer als ein Ladebaumpaar mit allem Zubehör. Dafür hat der Kran weniger Teile, die der Abnutzung unterworfen sind. Seine Instandhaltung dürfte also billiger sein.

Der Schwerpunkt des Kranes liegt niedriger als der eines vergleichbaren Ladegeschirrs. Dieser Punkt ist bei den heutigen scharf gebauten Linienfrachtern aus Gründen der Querstabilität nicht unwichtig.

Ein Kran benötigt weniger Platz. Statt eines Windenhauses genügt ihm eine Kransäule. Ferner ist ein Kran schneller betriebsbereit und benötigt weniger Bedienungspersonal bei gleicher Umschlagleistung.

Zusammenfassend muß trotzdem festgestellt werden, daß auch in Zukunft die eingangs beschriebene Standard-Ausführung das Feld beherrschen dürfte. Selbst wenn hier und da neuartige Sonderausführungen in der Fachpresse großen Widerhall finden, sollte man daraus nicht entnehmen, daß sich beim Ladegeschirr eine allgemeine Wende anbahnt. Weitere Ausführungen über das vielseitige Gebiet des Ladegeschirrs würden hier zu weit führen.

Betätigt werden die Ladebäume durch Ladewinden. Elektrische Energie ist als Antriebsmittel vorherrschend. Während hier früher der Gleichstrommotor dominierte, gibt es heute Drehstrom-Windenmotoren mit genügender Regelbarkeit, so daß der allgemeinen Einführung dieser Stromart an Bord nichts mehr im Wege steht.

Außerdem sind hydraulische Ladewinden entwickelt worden. Diese haben den Vorteil großer Robustheit, geringer Abnutzung der Antriebsorgane und der stufenlosen Regelung.

Der Abschnitt über den Stückgutfrachter darf nicht abgeschlossen werden, ohne die Sonder-Laderäume erwähnt zu haben. Es sind dies Räume für Kühlladung, Pakete, Sprengstoff, Häute, Seide, Wertgegenstände usw. sowie Tanks für Pflanzenöl und Wein. Bei der Einrichtung von Tanks für flüssige Ladungsgüter spiegelt sich schon der Gedanke wider, der später zum Entwurf der großen Massenguttransporter führte. Außerdem gibt es Räume, die zwecks Schutz der Ladung vor Feuchtigkeit besonders stark ventiliert oder gar mit Luftentfeuchtungsanlagen ausgestattet sind. Welche dieser Räume und in welcher Größe sie auf dem Stückgutfrachter vorgesehen werden, richtet sich nach dem Fahrtgebiet. Zu erwähnen ist, daß immer mehr Kühlladeräume vorgesehen werden.

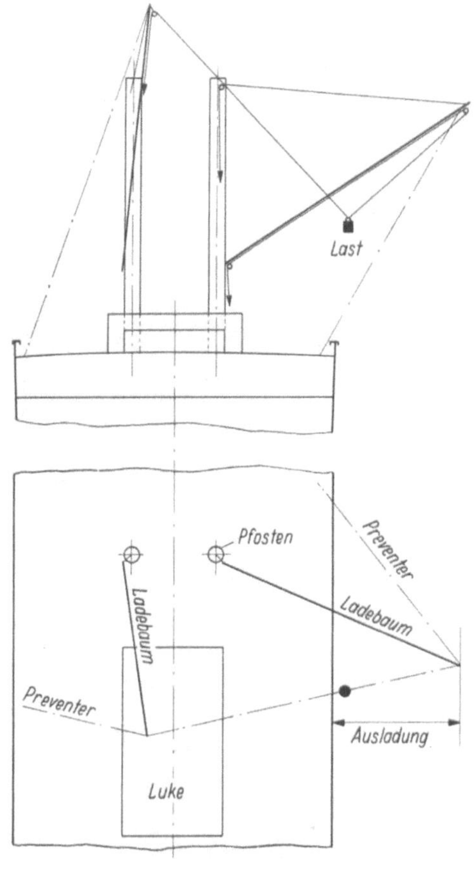

Abb. 17.
Arbeiten mit gekuppelten Ladebäumen.

Abb. 18. Kräne auf einem Bulkcarrier.

Leider gibt es keine Standard-Stückgutfrachter. Die Anforderungen sind einem ständigen Wechsel unterworfen. Serien von gleichen Schiffen werden selten gebaut, allenfalls drei bis vier gleiche Schiffe. Wenn z. B. eine Reederei für das gleiche Fahrtgebiet nach einer Pause von ganz wenigen Jahren Nachbauten bestellt, so sehen diese meistens ganz anders aus als ihre Vorgängerinnen. Dies wirkt sich nicht nur für die Werften, sondern letztlich auch für die Reeder nachteilig aus. Die wirtschaftlichen Vorteile einer Massenfertigung können nicht ausgenutzt werden.

C. Das Massengutschiff

(Abb. 19 u. 20)

Die Statistiken zeigen ein stetiges Ansteigen der Zahl und Größe der Massengutschiffe. Das Massengutschiff hat besonders in jüngster Zeit eine interessante technische Entwicklung durchgemacht. Überall dort, wo die Voraussetzungen für die Verschiffung gleichartiger Güter in gleicher Menge und Beschaffenheit über viele Jahre gegeben sind, findet das Massengutschiff sein Betätigungsfeld. Neben den „klassischen“ Massengütern wie Mineralölen, Erzen, Kohle, Getreide werden heute Güter mit Spezial-Massengutschiffen verfrachtet, die früher in Kisten, Säcken, Fässern, Kanistern usw. oder auch unverpackt mit Stückgutfrachtern verschifft wurden. Die Vorteile liegen auf der Hand: Das nur für einen Ladungstyp bzw. für sehr ähnliche Ladungen konstruierte Schiff

Abb. 19. Mineralöltanker mittlerer Größe.

Abb. 20. Bulkcarrier.

Tabelle 1

Im Verhältnis zur Tragfähigkeit anzustrebender Tiefgang bei

TANKERN		ERZSCHIFFEN	
Tragfähigkeit	Tiefgang	Tragfähigkeit	Tiefgang
(1000 t)	(Fuß)	(1000 t)	(Fuß)
20	32	15	30
32	35	18	31
36	37	22	32
50	40	24	34
55	41	30	35
65	44	40	36
85	46	45	37
100	50		

ist jedem Vielzweckschiff überlegen. Wenn zudem die zu verschiffenden Ladungssoren mengenmäßig ausreichen, kann man das größte Schiff bauen, welches die jeweiligen Hafenanlagen und Hafenzuwegungen zulassen. Obgleich dies wohl im allgemeinen bekannt sein dürfte, sei der Vollständigkeit halber erwähnt, daß das größte Schiff in jedem Falle das wirtschaftlichste Schiff ist, und zwar bezüglich des Baupreises als auch bezüglich der Betriebskosten. Diese Regel gilt allerdings nur insoweit, als der Tiefgang in einem gesunden Verhältnis zur Schiffsgröße steht. Diese wichtige Forderung wird leider oft übersehen. Es werden Massengutschiffe bestellt, deren Tiefgang im Verhältnis zur Tragfähigkeit bzw. zur Schiffsgröße zu gering ist. Die Baukosten derartiger Schiffe sind, bezogen auf die Tragfähigkeit, zu teuer, und die Brennstoffkosten bei vorgegebener Geschwindigkeit sind zu hoch. Die Tab. 1 gibt für zwei typische Massengutschiffsarten,

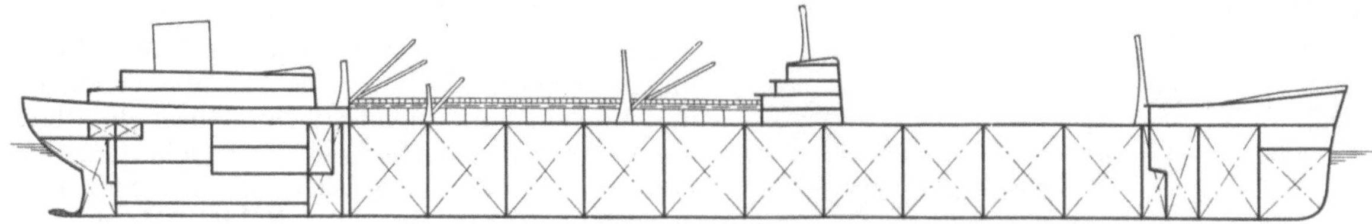

Abb. 21. Längsschnitt durch einen Mineralöltanker.

nämlich Tanker und Erzschiffe, den im Verhältnis zur Tragfähigkeit anzustrebenden Tiefgang an. Nachfolgend sollen einige wichtige Massengutschiffe kurz beschrieben werden:

Die Mineralöltanker (Abb. 19 u. 21) machen heute in BRT gerechnet 32,4%[1] der Welthandelsflotte aus. Die Ölraffinerien liegen zum größten Teil nicht bei den überseeischen Ölfeldern, sondern in oder in der Nähe von Gebieten mit hohen Bevölkerungsdichten und damit hohen Verbrauchs. Der Transport von der Ölquelle zum Verladehafen und vom Entladehafen zur Raffinerie erfolgt auf einfachste Art durch Rohrleitungen. Den Seetransport übernimmt der Tanker. Er ist das Glied in der Kette, bei dem die Möglichkeit besteht, die Transportkosten erheblich zu senken, nämlich durch Vergrößerung der Schiffseinheiten.

Da Rohrleitungen ohne großen Aufwand an tiefes Wasser gebracht werden können und die zugehörigen Hafenanlagen — Pfahlbauten oder sogar schwimmende Häfen — nicht besonders aufwendig sind (Abb. 22), haben die Öltanker Größen erreicht, die vor zehn Jahren noch undenkbar waren.

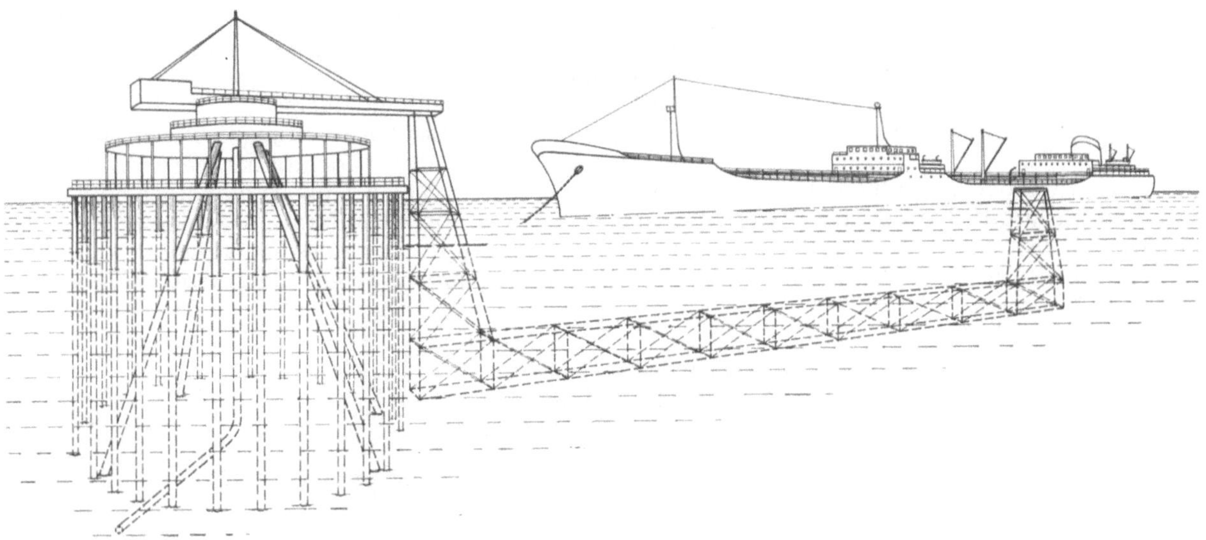

Abb. 22. Der Küste vorgelagerte Lösch- oder Beladungsinsel.

Diese Größensteigerung ist noch nicht abgeschlossen, und es ist schwer zu sagen, wo dieser Wettlauf nach dem größten Schiff der Welt noch einmal enden wird. Seitens der Schiffbautechnik sind theoretisch keine Grenzen gesetzt. Die hohen Kosten für die Baudocks einschließlich der zugehörigen Krananlagen usw. sind, sofern der Werft eine Dauerbeschäftigung in Aussicht steht, kein Hinderungsgrund. Zur Zeit gibt es zwei verschiedene Gruppen von Groß-Rohöltankern, den Suezkanal-Tanker und den Super-Tanker. Die Größe des Suezkanal-Tankers ist selbst bei optimistischer Einschätzung des Fortschrittes der Vertiefungsarbeiten dieses für die Ölversorgung Europas wichtigsten Schiffahrtsweges auf etwa 60000 t Tragfähigkeit begrenzt. Um den Weg um Afrika herum wirtschaftlich zu machen, muß nach Ansicht maßgeblicher Ölgesellschaften der Tanker etwa 90000 t Tragfähigkeit haben. Die heute schon existierenden Schiffe von 150000 t können, soweit dem Verfasser bekannt, nur zwischen den Ölfeldern des Mittleren Ostens bzw. Borneo und Japan eingesetzt werden. Welches die maximale Größe der zwischen den nordafrikanischen Ölfeldern und den Pipeline-Endpunkten der europäischen Mittelmeerküste einzusetzenden Tankern sein wird, liegt noch nicht fest. Zur Zeit plant eine große Ölgesellschaft Schiffe von 85000 t für diese Route. Neben den beschriebenen Riesenschiffen sind die kleineren und mittleren Tanker heute etwas in den Hintergrund gerückt. Sowohl für Rohöltransporte als auch für die Verteilung von Fertigprodukten gibt es eine weite Größenskala von Schiffen, die je nach den individuellen Fahrwasser- und Hafenverhältnissen ihre Beschäftigung finden. Zu erwähnen ist nur, daß zwischen 16000 tdw und dem reinen Küstentanker von maximal 3000 tdw anscheinend kein Bedarf vorliegt.

Um eine Idee von der möglichen Kostenersparnis zu geben, seien die folgenden Angaben gemacht: Man rechnet, daß ein Schiff von 50000 tdw etwa ein Drittel bis die Hälfte der Transportkosten eines 16500 tdw-Schiffes erspart. Solch ein Schiff hat nur eine geringfügig größere Zahl Besatzungsmitglieder als das 16500 tdw-Schiff. Mit annähernd gleichen Personalkosten wird das Dreifache

[1] Siehe Lloyds Register of Shipping. Annual Report 1962.

an Ladung befördert. Außerdem ist der Ölverbrauch für die Antriebsanlage je tdw und Seemeile beim großen Schiff geringer. Die Baukosten pro Tonne Tragfähigkeit sinken mit zunehmender Größe des Schiffes ganz erheblich.

Ein 90000 tdw-Tanker ist um etwa 20% wirtschaftlicher als ein 50000 tdw-Schiff.

Die Aufteilung des Schiffskörpers ist bei allen Tankergrößen im Prinzip dieselbe (Abb. 21). 12 bis 14% der Schiffslänge entfallen auf das Vorschiff. In ihm befinden sich die Vorpiek, zwei bis vier Tieftanks zur Aufnahme von Treiböl und ein Pumpenraum mit Feuerlösch-, Ballast- und Treibölumförderpumpen. Über den Tieftanks wird manchmal ein Trockenladeraum angeordnet, manchmal gehen sie bis zum Hauptdeck durch. Im Hinterschiff befinden sich der Hauptpumpenraum, die seitlichen Hochbunker, der Maschinenraum und die Hinterpiek. Das Hinterschiff nimmt 21 bis 24% der Schiffslänge ein. Je ein Kofferdamm trennen Vor- und Hinterschiff vom eigentlichen Ladetankbereich. Vorderer und Hauptpumpenraum sind in die Kofferdämme mit einbezogen. Durch zwei Längsschotte wird der Ladetankbereich querschiffs in drei Teile geteilt (Abb. 23). Diese Unterteilung ist fast allgemein üblich. Die Länge der Ladeöltanks variiert. Bis vor kurzer Zeit wurden 50 Fuß (= 15,25 m) nicht überschritten. Um bei Tankern von über 50000 tdw eine unnötig große Anzahl von Tanks zu vermeiden, lassen die Klassifikationsgesellschaften jetzt Tanklängen bis zu 10% der Schiffslänge ohne den zusätzlichen Einbau eines Schlagschottes zu. Aber auch mit dieser größeren Tanklänge ist der Schiffsrumpf so eng unterteilt, daß dieses und die Tat-

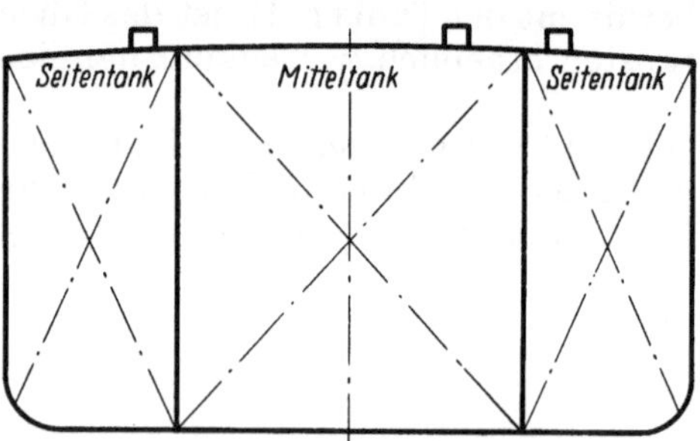

Abb. 23. Typischer Laderaumquerschnitt eines Mineralöltankers.

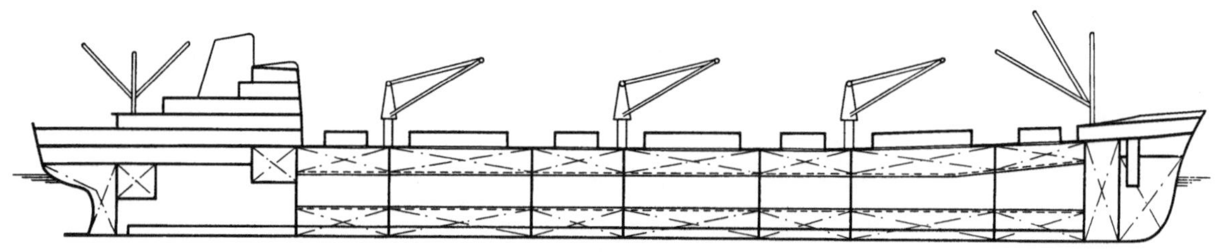
Abb. 24. Längsschnitt durch einen Bulkcarrier.

sache, daß sich auf dem Wetterdeck keine großen, durch Seeschlag gefährdeten Luken befinden, „belohnt" wird durch die Erteilung eines besonders niedrigen Tankerfreibords. Die neuen Tanklängen erlauben es selbst den größten Einheiten, mit $3 \times 7 = 21$ Ladungstanks auszukommen, gleiche Länge von Seiten- und Mitteltanks vorausgesetzt.

Die heutzutage verschifften Ladeöle haben ein so hohes spezifisches Gewicht, daß meistens 3 bis 4 Tanks für Ladungszwecke leer, dafür aber als reine Ballasttanks gefahren werden können. Man ordnet sie so an, daß ihre Lage die Längsfestigkeit des Schiffsrumpfes günstig beeinflußt.

Das Laden und Löschen wird mit leistungsfähigen Pumpen durchgeführt. Drei bis vier Ladeölpumpen ermöglichen das Löschen der Ladung in 16 bis 18 Stunden. Einschließlich des anschließenden Beballastens sollen 24 Stunden Liegezeit nicht überschritten werden.

Diese Löschleistung hebt sich eindrucksvoll von der auf Stückgutschiffen üblichen ab. Daß sich aber eben wegen der kurzen Hafenliegezeiten Bemannungsprobleme ergeben, darf wohl als bekannt angesehen werden.

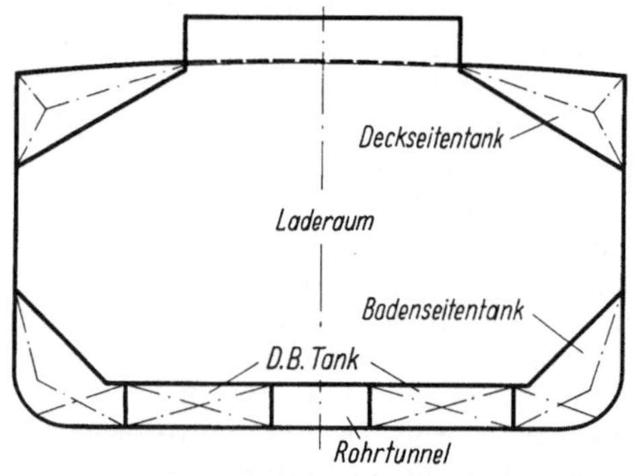

Abb. 25. Typischer Laderaumquerschnitt eines Bulkcarriers.

Neben den Mineralölen gibt es heute eine ganze Anzahl anderer Ladungsarten, die mit Tankern befördert werden. Der Grund für das Entstehen dieser Tanker liegt darin, daß eine flüssige oder gasförmige Ladung auf einfachste Art mittels einer Pumpe ein- und ausgeladen werden kann wie Pflanzenöle, Melasse, Asphalt, Chemikalien, Wein, Flüssiggas, Flüssigschwefel, Flüssigzellulose usw. Diese hochspezialisierten Schiffe zu beschreiben, würde hier zu weit führen. Es dürfte jedoch nicht allgemein bekannt sein, daß es von dieser Art Schiffe von 15000 tdw und mehr gibt, und daß sie nach Größe und Zahl in stetem Zunehmen begriffen sind.

Nach den Tankern sind die Bulkcarrier die zweitwichtigste Massengutschiffsklasse (Abb. 20 u. 24). Der Begriff Bulkcarrier ist nicht ganz glücklich gewählt; er hat sich jedoch international fest eingebürgert. Die technisch einwandfreie Bezeichnung wäre Massengut-Trockenfrachter. Ebenso wie beim Tanker befindet sich bei diesem Schiffstyp die Maschinenanlage im Hinterschiff. Aber auch der Brückenaufbau ist in der Regel im Hinterschiff angeordnet. Diese Anordnung ist für das Be- und Entladen sehr vorteilhaft und ermöglicht eine gleichmäßige, durch den Mittschiffsaufbau nicht gestörte Lukeneinteilung.

Die Laderäume sind oben und unten abgeschrägt (Abb. 25). Dadurch rutscht unten die Ladung infolge ihres Eigengewichtes an die richtige Stelle, d.h. die Schiffe sind Selbst-Trimmer. Oben passen sich die Schrägen dem Schüttkegel der Ladung an. Sie verringern dadurch freie Oberflächen bei teilweise gefüllten Räumen, wirken also stabilitätsverbessernd.

Der durch diese Schrägen verlorengehende Laderaum wird für Wasserballast benutzt. Es entstehen die Boden- und Deckseitentanks. Der Ballast ist dringend notwendig; denn normalerweise pendeln diese Schiffe zwischen zwei Häfen hin und her und haben nur in einer Richtung Ladung. Die hauptsächlichsten Ladungsarten sind Getreide, Kohle und Erze. Wenn es sich um leichtes Getreide handelt, reicht der sich bei üblichen Schiffsproportionen ergebende Laderaum nicht aus, um die Tragfähigkeit voll auszunutzen. Bei manchen modernen Bulkcarriern sind daher die Deckseitentanks für die Aufnahme von Getreide eingerichtet. Dieses erreicht man sehr einfach, indem man an der tiefsten Stelle dieser Tanks Mannlöcher öffnet, durch die das Getreide in den eigentlichen Laderaum abfließen kann. Die Versteifungen, welche normalerweise innerhalb der Tanks liegen, ordnet man in einem solchen Fall außerhalb der Tanks an. Andernfalls würden sich die Nachreinigungsarbeiten außerordentlich schwierig und kostspielig gestalten.

Bei dieser Gelegenheit soll darauf hingewiesen werden, daß alle schiffbaulichen Maßnahmen darauf hinzielen, die Bulkcarrier nicht nur „selbsttrimmend", sondern auch „selbstreinigend" zu bauen. Alle waagerecht in den Raum ragenden Konstruktionsteile werden so geneigt, daß die Ladung in Richtung auf die Lukenöffnung hin abrutschen kann. Bei Verwendung von vertikal geknickten Schotten werden in den Knicken auf dem Doppelboden sogenannte „Trimmplatten" eingebaut, die den gleichen Effekt haben. Die manchmal etwas übertrieben erscheinende Sorgfalt, die auf diesen Punkt gerichtet wird, ist jedoch wohlbegründet. Stauereigesellschaften lehnen es ab, einen Laderaum zu betreten, wenn ihre Leute durch hoch oben liegengebliebene Ladungsstücke gefährdet werden. Welche Schwierigkeiten da auftreten, wird deutlich, wenn man sich vorstellt, daß die Laderäume eine Höhe von über 13 m haben können. Ferner werden Nachreinigungsarbeiten auf ein Minimum reduziert. Dieses bedeutet eine erhebliche Senkung der Umschlagskosten.

Bei schwerem Getreide ergibt sich die Schwierigkeit, daß bereits die Tragfähigkeit ausgelastet ist, bevor der letzte Raum völlig gefüllt ist. Während früher aus Stabilitätsgründen in solchen Fällen kostspielige Getreideschotten zu errichten waren, ist es heute möglich, in entsprechend gebauten Bulkcarriern in einem Laderaum bis zu jeder beliebigen Höhe loses Getreide zu fahren.

Üblicherweise sind die Laderäume auf Bulkcarriern nicht gleich lang. In den meisten Fällen wechseln ein langer und ein kurzer Laderaum miteinander ab. Man füllt in der Erzfahrt nämlich nur die kurzen Räume. Würde man alle Räume beladen, so würde in jedem Raum nur tief unten ein Erzhaufen liegen. Der Gewichtsschwerpunkt des beladenen Schiffes läge außergewöhnlich tief. Im Seegang würde das Schiff unnötig heftige Schlingerbewegungen ausführen. Diese Art der Ladungsverteilung hat den weiteren Vorteil, daß die Biegebeanspruchungen aus der Längsfestigkeit klein bleiben.

Die kleineren Bulkcarrier sind üblicherweise mit Ladegeschirr ausgerüstet. Oft sieht man bei diesen Schiffen Kräne oder Spezial-Ladebaumeinrichtungen mit kranähnlicher Arbeitsweise. Kräne ordnet man vor allem deswegen gerne an, weil sie für den Greiferbetrieb geeignet sind.

Die größeren Bulkcarrier haben normalerweise kein Ladegeschirr. Dies liegt daran, daß diese Schiffe sowieso nur weniger Häfen anlaufen können und in diesen Häfen Be- und Entladeeinrichtungen vorhanden sind. Diese Einrichtungen zuzüglich der Gleisanlagen, Zwischenlagerplätze usw. können nicht einfach in das offene, tiefe Wasser gebaut werden, wie dies bei den Mineralöltankern beschrieben wurde. Demzufolge sind der Größen- bzw. Tiefgangssteigerung der Bulkcarrier Grenzen gesetzt. Es sieht nicht so aus, als ob diese Bulkcarrier in absehbarer Zeit größer würden als 60000 t. Und auch derartige Schiffe sind nicht sehr häufig, weil Ladungen von dieser Größe nur an besonderen Stellen ständig anfallen (z.B. an den Verladestellen für die überseeischen Erzlieferungen für das Ruhrgebiet).

Neben den Bulkcarriern gibt es das reine Erzschiff. Es gleicht äußerlich einem Tanker und unterscheidet sich vom Bulkcarrier dadurch, daß der Laderaum wesentlich kleiner und nur so groß ist, daß die Tragfähigkeit mit Erz ausgenutzt wird. Da die Herstellungskosten eines solchen Schiffes etwa die gleichen wie die eines Bulkcarriers gleicher Tragfähigkeit sind und das reine Erzschiff ladetechnisch kaum Vorteile bietet, wird diese Schiffsklasse heute selten gebaut. Die vielseitigeren Verwendungsmöglichkeiten veranlassen die Reeder, dem Bulkcarrier den Vorzug zu geben, selbst wenn das Schiff infolge vorliegender langjähriger Charterverträge hauptsächlich für Erztransporte geplant wird.

Ein dem Erzschiff sehr ähnlicher Schiffstyp, der Erz-Öl-Tanker, wird hingegen häufig gebaut, da sich die Anforderungen beider Ladungsarten gut kombinieren lassen. Selbst wenn kleine Zwischenreisen in Ballast erforderlich sind, so können diese Schiffe doch sehr wirtschaftlich eingesetzt werden.

Die Aufteilung dieser Schiffe ist ähnlich der eines Tankers. Wie die Prinzipskizze des Laderaumquerschnitts zeigt (Abb. 26), liegen die Erzräume hoch und eingebettet in die Ladeöltanks. Die ersten Schiffe dieses Typs waren so entworfen, daß in der Ölfahrt die Erzräume leer blieben. Daraus ergab sich eine Seitenhöhe, die größer war, als sie dem Freibord nach sein mußte. Andernfalls stand für das Ladeöl nicht genügend Raum zur Verfügung, um das Schiff auf Tiefgang abladen zu können. Jetzt macht man es so, daß man auch einige der Erzräume mit als Ladeöltanks benutzt.

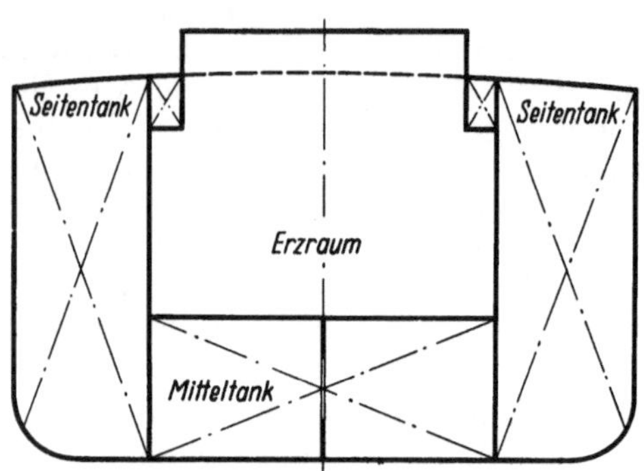

Abb. 26. Typischer Laderaumquerschnitt eines Erz-Öl-Tankers.

Von der ursprünglichen L-Form der Öltanks — sie umfaßten die Erzräume in Form eines L — ist auch abgegangen worden. Es erwies sich nämlich als außerordentlich schwierig, den unter den Erzräumen liegenden Teil bei Reinigungsarbeiten ausreichend zu belüften. Neuerdings wird der fürÖlladung zur Verfügung stehende Teil des Laderaumquerschnitts in drei Tanks aufgeteilt. Der Mitteltank wird dann vom Erzraum aus gereinigt.

Für eine Fahrt durch den Suez- oder Panama-Kanal werden die Ladeölleitungen blindgeflanscht. Die Tanklukendeckel werden durch verschweißte Bolzen verschlossen und sind nur noch durch ein Mannloch im Lukendeckel begehbar. Durch diese Maßnahmen sind die Tanks als reine Ballasttanks deklariert und können für die Nettovermessung vom Bruttorauminhalt abgezogen werden.

Ähnliche Verhältnisse liegen bei den Kraftfahrzeug-Transportern vor. Der größte Teil dieser Schiffe ist so gebaut, daß leichte, losnehmbare Zwischendecks für die Kraftfahrzeuge dienen und daß in der Gegenrichtung nach Beiseiteräumen der Autodecks die Schiffe als Bulkcarrier eingesetzt werden. Vom schiffbaulichen Standpunkt aus gesehen erscheint dieses allerdings nicht als die optimale Lösung. Diese wäre ein Spezial-Automobilschiff. Es müßte eine ganz ungewöhnlich große Seitenhöhe haben, damit zehn oder mehr Reihen von Autos übereinander transportiert werden könnten. Da Autos eine sehr leichte Ladung darstellen, könnten diese Schiffe eine sehr schlanke Unterwasserform und deshalb eine sehr hohe Geschwindigkeit erhalten. Ein solches Schiff würde natürlich keine andere Ladung als Autos befördern können und würde in einer Richtung leer fahren. Dessen ungeachtet wäre es wirtschaftlicher als die eingangs beschriebenen kombinierten Schiffe. Wenn trotzdem solche Schiffe nicht gebaut werden, liegt dies daran, daß nicht vorausgesagt werden kann, ob die Automobil-Verschiffungs-Konjunktur so lange anhält, bis das Schiff abgeschrieben ist; denn es wäre für keinen anderen Verwendungszweck brauchbar.

Ein ähnliches Beispiel dafür, daß wirtschaftliche Erwägungen den Bau ladungstechnisch optimaler Schiffstypen verhindern, ist das Container-Schiff. Alle interessierten Kreise sind sich darüber einig, daß die Einführung des Container-Verkehrs das wirksamste Gegenmittel gegen die langen Hafenliegezeiten der Stückgutfrachter wäre. Schiffbautechnisch wäre es kein Problem, hochwirtschaftliche Containerschiffe zu bauen, welche zum Be- und Entladen nur soviel Stunden wie die heutigen Stückgutfrachter Tage benötigen. Als Hauptmerkmal solcher Schiffe sei bemerkt, daß sie wesentlich größere Abmessungen haben müßten als ein Stückgutfrachter gleicher konventioneller Bauart mit gleicher Ladungskapazität. Der Grund ist, daß — selbst bei mehreren Containertypen — die Stauverluste naturgemäß größer sind und daß die spitzen und schrägen Laderäume an den Schiffsenden und im Unterschiff nicht ausgenutzt werden können. Ferner muß ein Spezialladegeschirr vorgesehen werden, z.B. ein oder mehrere Portalkräne, die die Container aus dem Schiff herausheben, über die Schiffsseite schieben und an Land wieder absetzen. Der allgemeinen Einführung solcher Schiffe stehen im internationalen Verkehr heute noch unüberwindliche Schwierigkeiten entgegen. Zuerst müßte eine weltweite Organisation geschaffen werden, die dafür sorgt, daß möglichst für jeden ausgeladenen Container auch ein voller Container wieder eingeladen werden kann. Der Inlandtransport vom Verlader und zum Empfänger muß organisiert werden.

In vielen Ländern müßten die Zollvorschriften geändert werden, und es müßten auch versicherungstechnische Fragen gelöst werden. Diese Voraussetzungen sind z. Z. nur innerhalb des Hoheitsgebietes der USA gegeben. Dort gibt es bereits eine ganze Reihe solcher Containerschiffe. Für die europäischen Handelsflotten ist das Container-Spezialschiff hingegen noch nicht akut.

Abb. 27. Bananenschiff.

Massengutschiffe besonderer Art sind die Kühlschiffe. Dieser Schiffstyp wird mit steigendem Welt-Lebensstandard immer häufiger gebaut. Der typische Vertreter dieser Schiffsklasse ist das Bananenschiff (Abb. 27). Infolge hervorragender, weltweiter Organisation und Zusammenfassung von Erzeugung, Verladung, Verschiffung und Handel in einer Hand konnten für diese Ladungsart bestimmte Schiffstypen entwickelt werden, die in ihrer Wirtschaftlichkeit nicht zu übertreffen sind. Als speziell für ein Ladungsgut bestimmte Schiffe fahren sie in der Regel in einer Richtung leer. Be- und Entladung erfolgt durch Spezial-Förderbänder, sogenannte Elevatoren. Hierdurch

Abb. 28. Losnehmbare Zwischenwände im Laderaum eines Bananenschiffes.

sind Lukenanordnung und Konstruktion festgelegt. Die Laderäume sind durch losnehmbare Zwischenwände unterteilt, damit die Ladung bei Bewegung des Schiffes im Seegang keinen Schaden nimmt (Abb. 28). Geringe Deckshöhen verhindern einen zu großen Druck auf die Ladung. Oft besitzen diese Schiffe in den oberen Zwischendecks Seitenpforten. Diese werden jedoch nicht sehr häufig benutzt. Es geschieht meistens nur in kleineren Beladehäfen, wo keine Elevatoren zur Verfügung stehen.

Gelegentlich werden die Bananenschiffe kühltechnisch so eingerichtet, daß sie auch Gefrierfleisch fahren können. Diese Schiffe werden dann außerhalb der Haupt-Bananensaison in der

Fleischfahrt eingesetzt. Aus diesem Grunde haben sie ein etwas umfangreicheres Ladegeschirr. Auf den reinen Bananenschiffen wird das Ladegeschirr nämlich nur zum Öffnen der Luken und zum Einsetzen der Elevatoren benötigt. Ein Mittelding zwischen Kühlschiff und Trockenfrachter ist in der englischen Handelsflotte häufig zu finden (Abb. 29). Hier sind 50 bis 75% der Laderäume für Kühlgut und der Rest für normales Stückgut bestimmt. Der Hauptzweck dieser Schiffe ist der Fleischtransport von Neuseeland, Australien und Argentinien nach England. Ein Teil der Kühlladeräume ist für hangende Ladung bestimmt (Abb. 30). In den anderen Kühlräumen wird Fleisch in verschiedenartiger Verpackung, aber auch Butter, Käse und sonstiges Kühlgut gefahren. Die

Abb. 29. Kühlschiff für Fleischtransport mit einigen Laderäumen für normales Stückgut.

Unterteilung der Kühlräume ist eng, damit die verschiedenen Kühlgüter entsprechend ihrer Mengen- und Größenanforderung günstig gestaut werden können und die Kühlung in den entsprechend unterschiedlichen Temperaturen erfolgen kann. Alle diese Schiffe sind für Ladungen in beiden Richtungen bestimmt. Das bedeutet, daß auch die Kühlladerräume den Erfordernissen des Stückgutverkehrs entsprechen müssen. Beispielsweise werden die Kühlraumtüren der Räume für

Abb. 30. Laderaum eines Kühlschiffes für hängende Ladung.

hängende Fleischladung so groß gemacht, daß Autos hindurchgehen. Wegen ihrer geringen Deckshöhe sind die Räume für diese Ladung besonders geeignet.

Eine nicht unbedeutende Rolle spielen die Fahrzeuge der Küstenfahrt. Sie bewältigen den Nahverkehr über See und dienen als Zubringer der Großschiffahrt. Jedes Seegebiet hat seine besonderen Typen, die sich entsprechend dem individuellen Stand der Schiffbautechnik und den lokalen Erfordernissen entwickelt haben. Während in den europäischen Küstengewässern mit allen technischen Neuerungen ausgestattete, hochwirtschaftliche Fahrzeuge verkehren, erfüllen an manchen überseeischen Küsten noch heute Eingeborenenfahrzeuge primitivster Bauart den gleichen Zweck.

Vorstehend sind die wichtigsten Schiffstypen beschrieben. Darüber hinaus gibt es eine ganze Reihe von Schiffen, die bezüglich Laderaumgestaltung und Ladegeschirranwendung interessante Sonderkonstruktionen darstellen. Derartige Schiffe sind z. B. die „Roll on-Roll off"-Schiffe, Massengutschiffe mit Selbstentlade-Einrichtung, Zeitungspapier-Schiffe und viele andere mehr. Wenn solche Schiffe neu auf den Weltmeeren erscheinen, werden sie in der Fachpresse verständlicherweise ausführlich beschrieben, so daß es oft für den Außenstehenden den Anschein hat, als ob eine neue Ära im Seefrachtverkehr anbricht. Tatsächlich fallen solche Sonderschiffe den üblichen Schiffstypen gegenüber prozentual kaum ins Gewicht. Sie werden in der Regel für eine ganz bestimmte Route entsprechend den individuellen Gegebenheiten dieser Route konstruiert.

D. Wechselbeziehungen zwischen Schiff und Hafen

In diesem kurzen Aufsatz sind die wichtigsten Schiffstypen der Welthandelsflotte hinsichtlich ihrer ladungstechnischen Eigenarten beschrieben worden. Es wurde gezeigt, daß bei einigen Typen die Hafenbedingungen eine wesentliche Rolle auf die Schiffsgestaltung ausüben, bei anderen nicht. Die drei wichtigsten Schiffsklassen — Stückgutfrachter, Massengutschiff und Spezialschiff — stellen unterschiedliche Anforderungen an die Hafentechnik. Der Stückgutfrachter hat größenmäßig seinen Kulminationspunkt überschritten und findet heute fast überall ausreichende Hafenbedingungen. Lediglich die Kranausstattung der Häfen erscheint mehr oder minder verbesserungsbedürftig. Im modernen Seehafen sollten außerdem kleine Massengutschiffe und die Spezialschiffe ihren Platz finden. Je nach dem örtlichen Ladungsanfall sind die für diese Schiffstypen notwendigen speziellen Landanlagen anzuordnen. Da solche Anlagen naturgemäß nicht so stark frequentiert werden wie die Kajenplätze für Stückgutfrachter, ist es denkbar, daß der Seehafen der Zukunft räumlich ausdehnbarer ist als früher.

Für den Hafenbauer ist von allen schiffbautechnischen Entwurfsgrößen der Schiffstiefgang das entscheidende Maß. Der Verfasser glaubt, daß der moderne Hafen auch in weiter Zukunft mit 9 bis 10 m Wassertiefe auskommen sollte. Für die großen Massengutfrachter — Tanker, Erzschiffe und sonstige Bulkcarrier — sollten Spezialhäfen geschaffen werden, welche nicht mit den Vielzweckhäfen zusammen zu liegen brauchen. Dort, wo die Zuwegungen zu den bestehenden Häfen eine Fahrwasservertiefung über 9 bis 10 m ohne große Schwierigkeiten zulassen, können die Großschiffshäfen natürlich mit bestehenden Häfen zusammengefaßt werden. Ist dies nicht möglich, wird man geeignete Plätze suchen müssen. Für große Bulkcarrier dürfte ein Tiefgang von 11 bis 12 m allen zukünftigen Anforderungen entsprechen. Die Häfen für die großen Mineralöltanker sollten hingegen so tief sein, daß alle diejenigen Tanker, die die Küste anlaufen können, auch ihren Liegeplatz finden. Das bedeutet gleichzeitig, daß Tankerhäfen (und ebenso auch die Raffinerien) so weit wie möglich an das tiefe Wasser herangebracht werden sollten.

Deutscher Hafenbau im Ausland

Von Professor Dipl.-Ing. Dr. techn. **W. Jurecka**, Aachen

Für den laufend steigenden Welthandel, der sich hauptsächlich auf dem Wasserwege abspielt, sind leistungsfähige und dem Schiffer und seinem Fahrzeug den nötigen Schutz bietende Hafenanlagen von entscheidender Bedeutung und Wichtigkeit. Hierzu hat die deutsche Bauindustrie nicht nur in Deutschland beim Ausbau seiner Seehäfen, sondern auch im Ausland einen erheblichen Beitrag geleistet, und zwar sowohl vor dem ersten und zwischen den beiden Weltkriegen als auch nach dem zweiten Weltkrieg, als die deutsche Bauindustrie, zuerst zögernd und dann ab 1950 in größerem Umfang, den verlorenen Auslandsmärkten wieder Beachtung schenken konnte.

Vor dem zweiten Weltkrieg lag der Schwerpunkt deutscher Auslandstätigkeit im Hafenbau in Europa, wo 24 Aufträge im Werte von 196 Millionen DM ausgeführt wurden, ferner in Südamerika (21 Aufträge im Werte von 198 Mill. DM) und Afrika mit umliegenden Inselgebieten (Teneriffa, Azoren). Die europäischen Aufträge gehörten zu einem großen Teil zu den Reparationsleistungen des Versailler Vertrages und wurden hauptsächlich in Frankreich ausgeführt. Hierbei handelte es sich vielfach um Naßbaggerarbeiten in den Häfen von Le Havre, Cherbourg und Port de Bouc, aber auch um Kaimauer- und Schleusenbauten, z.B. in Bordeaux und Dünkirchen, Cherbourg und St. Nazaire [*1* bis *7*]. Weitere Aufträge kamen aus Portugal, Spanien, Italien, Österreich-Ungarn, Belgien, Rußland, Holland und Finnland [*8*]. Sie umfaßten Naßbaggerarbeiten (Leixoes, Lissabon, Faro, Portimao, Tavira), Molenbauten (Peniche in Portugal), den Bau eines Trockendocks (Antwerpen) und den Bau von zwei Hellingen mit Kaimauern und zugehörigen Naßbaggerarbeiten (Fiume). In Afrika lagen die großen Aufträge vor dem zweiten Weltkrieg in Tanger, Santa Cruz de Teneriffa sowie Las Palmas auf den Kanarischen Inseln und Ponta Delgada auf den Azoren [*9* bis *12*].

Kleinere Aufträge wurden in Lobito in Angola [*13*], Suez in Ägypten, Matadi im belgischen Kongo und in den ehemaligen deutschen Kolonien Südwestafrika, Ostafrika und Kamerun (Swakopmund, Lüderitzbucht, Tanga, Bonabari und Duola) abgewickelt. Im dritten Schwerpunkt des deutschen Hafenbaues im Ausland vor dem zweiten Weltkrieg wurden Naßbaggerarbeiten in den Häfen von Buenos Aires (Argentinien), Recife, Rio de Janeiro und Porto Alegre (Brasilien) ausgeführt sowie ein Trockendock in Argentinien [*14*] und Kaimauern, Wellenbrecher und Landungsstege [*15* bis *19*] unter anderen in den Häfen Valparaiso und Puerto Montt (Chile), Montevideo, Puerto Colonia und Salto (Uruguay) und in Curaçao und Aruba (Niederl. Westindien) gebaut. Neben diesen drei Schwerpunkten tritt in dieser Zeit vor dem zweiten Weltkrieg der einzige Auftrag zur Ausführung von Naßbaggerarbeiten in Bhaunagar in Indien völlig in den Hintergrund.

Die Schwerpunkte dieser Bautätigkeit deutscher Firmen vor dem zweiten Weltkrieg sind aus der Abb. 1 zu ersehen. Ein Vergleich mit Abb. 2 zeigt aber auch deutlich die Schwerpunktverschiebung, die in diesem Tätigkeitsgebiet nach dem zweiten Weltkrieg eingetreten ist, die im übrigen nicht nur den Hafenbau, sondern die gesamte Auslandstätigkeit deutscher Baufirmen betrifft. So wurden seit dem Ende des zweiten Weltkrieges 17 größere Aufträge von mehr als 5 Mill. DM Bausumme und mehrere kleinere Aufträge teilweise allein von deutschen Baufirmen, teilweise in Arbeitsgemeinschaft ausgeführt oder sind noch in Arbeit, die in Tab. 1 zusammengefaßt sind.

Der gesamte Auftragswert beläuft sich hierbei auf rund 500 Mill DM, wovon etwa 315 Mio DM als deutscher Auftragsanteil zu verbuchen sind. Hiermit entfallen auf den Hafenbau mit den aufgeführten verwandten Arbeiten etwa 12% des von 1950 bis 1962 von deutschen Auslandsbaufirmen hereingeholten Auftragsvolumens von 2635 Mio. DM. Mehr als zwei Drittel dieser Hafenbauarbeiten wurden in diesem Zeitraum von nur drei Firmen bestritten, während der Anteil dieser drei Firmen am gesamten Auslandsbau etwas mehr als 45% beträgt. Das läßt auf eine gewisse Spezialisierung einzelner Firmen schließen.

Der größte Auftrag betraf den Neubau des Hafens Samsun an der Schwarzmeerküste der Türkei, der in siebenjähriger Bauzeit von 1953 bis 1960 in Arbeitsgemeinschaft der beiden Firmen Hochtief AG, Essen und Phil. Holzmann AG, Frankfurt, mit einem türkischen Partner abgewickelt wurde [*21*]. Dieser Hafen war schon in alten Zeiten dank seiner guten Verbindungen zum Hinterland der anatolischen Hochebene ein wichtiger Umschlagplatz. Hiervon zeugt ein noch heute bis zur Wasserlinie erhaltener Wellenbrecher, den Genueser Kaufleute vor mehr als 500 Jahren zum Schutze ihrer Schiffe nördlich der heutigen Stadt erbauen ließen.

Die Hauptausfuhrgüter sind Getreide, Tabak, Nüsse und Chromerz. Vor der Erbauung des neuen Hafens lagen die seegehenden Schiffe auf der offenen Reede, die Frachten wurden durch Leichter

Abb. 1. Deutscher Hafenbau im Ausland vor dem zweiten Weltkrieg.

an kleine, stählerne Landebrücken transportiert und dort entladen. Der vom Ministerium für öffentliche Arbeiten auf Grund eines Projektes der Firma Kampsax, Kopenhagen, erteilte Auftrag

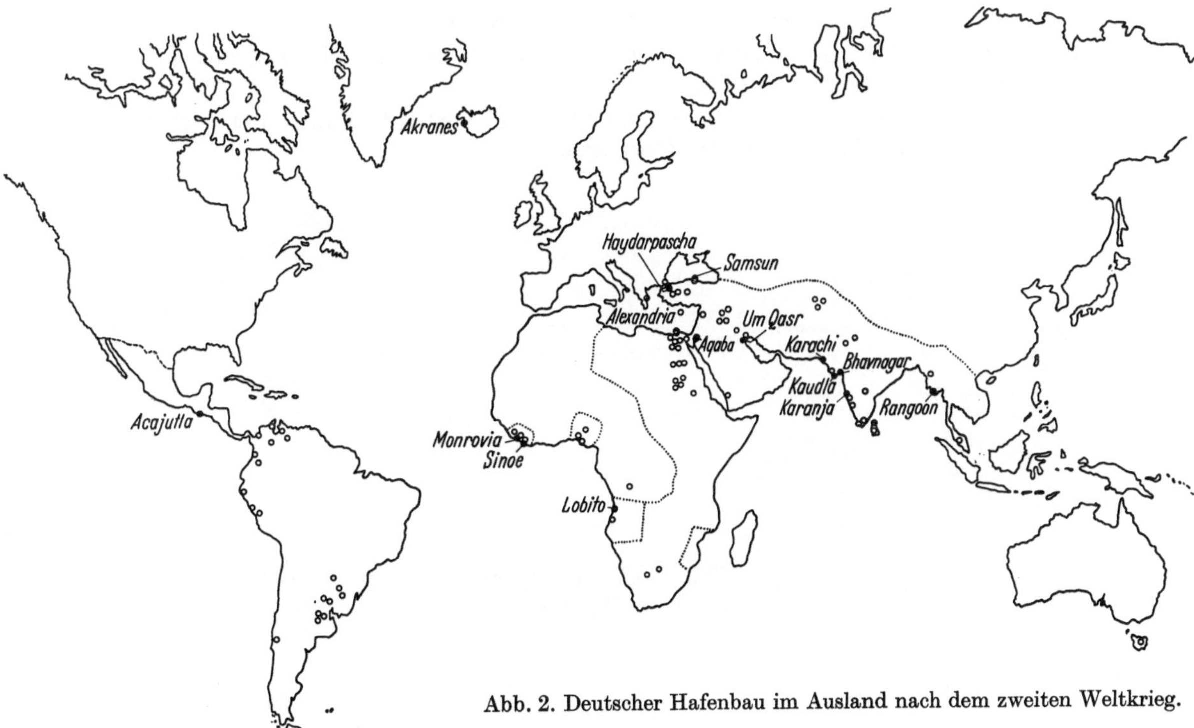

Abb. 2. Deutscher Hafenbau im Ausland nach dem zweiten Weltkrieg.

an die Unternehmergruppe stellte diese vor die interessante und schwierige Aufgabe, an einer bisher ungeschützten Küste einen betriebsfertigen Seehafen mit Wellenbrechern, Kaimauern, Uferschutzböschungen, Kaischuppen sowie Straßen- und Bahnanlagen zu erstellen. Außerdem war

Tabelle 1. *Deutscher Hafenbau im Ausland nach dem zweiten Weltkrieg*

Land	Ort	Bauarbeit	Bauzeit	Ges. Auftragswert Mill. DM	Deutscher Anteil Mill. DM
Türkei	Samsun	Hafenbau	IX/53 – I/60	93,8	46,9
Irak	Um Qasr	Hafenbau	XII/60 – II/64	82,7	23,2
Indien	Kandla	Hafenbau	IX/53 – XII/60	80,2	40,1
Burma	Rangoon	Hafenbau	V/57 – VIII/61	46,7	46,7
Ägypten	Alexandrien	Trockendock	V/62 – X/65	36,2	18,1
Jordanien	Aqaba	Hafenbau I	X/56 – VII/59	22,4	22,4
Salvador	Acajutla	Molenhafen	VII/56 – II/60	18,–	18,–
Liberia	Sinoe	Hafenbau I	XII/54 – XII/59	17,–	17,–
Jordanien	Aqaba	Hafenbau II	IV/62 – XII/63	15,–	15,–
Indien	Karanja	Molenbau	VI/61 – XII/64	14,1	9,1
Türkei	Haydarpascha	Hafenbau	VI/52 – V/58	9,3	6,5
Liberia	Monrovia	Anleger	II/61 – XII/62	8,5	5,1
Pakistan	Karachi	Kaimauer	XI/58 – III/62	8,5	8,5
Liberia	Sinoe	Hafenbau II	II/62 – IX/63	7,6	7,6
Angola	Lobito	Kaimauer	IX/53 – IV/57	7,3	5,9
Indien	Bhaunagar	Seeschleuse	VII/57 – XII/60	5,6	2,8
Island	Akranes	Hafenbau	IV/56 – V/58	5,1	5,1
Portugal	versch. kleinere Projekte		VII/53 – XII/64	8,3	3,7
Pakistan	versch. kleinere Projekte		I/54 – XII/57	6,–	6,–
Indien	versch. kleinere Projekte		II/60 – XII/60	4,8	2,4
Cypern	versch. kleinere Projekte		II/58 – XII/58	2,9	2,9
Nigeria	versch. kleinere Projekte		VI/60 – XI/62	1,0	1,0
Ägypten	versch. kleinere Projekte		VI/61 – XII/62	0,8	0,4
Yemen	versch. kleinere Projekte		IV/53 – III/54	0,6	0,4
				502,4	314,8

das Hafenbecken auszubaggern und das Hafengelände hinter den Kaimauern aufzulanden. Die Hafenbauarbeiten, die auf dem Lageplan Abb. 3 dargestellt sind, umfaßten:

a) den Bau des 1550 m langen Nord-Wellenbrechers

b) den Bau des 3050 m langen Ost-Wellenbrechers

c) den Bau der 670 m langen Kaimauer in Block-Bauweise

d) die Ausbaggerung des Hafenbeckens mit 5400000 m³, von der ein Teil zur Verfüllung der Kaimauer verwendet werden mußte

e) den Bau von 4 Kaischuppen mit zusammen 14000 m² verbaute Fläche nebst Herstellung der Straßen-, Eisenbahn- und Beleuchtungsanlagen.

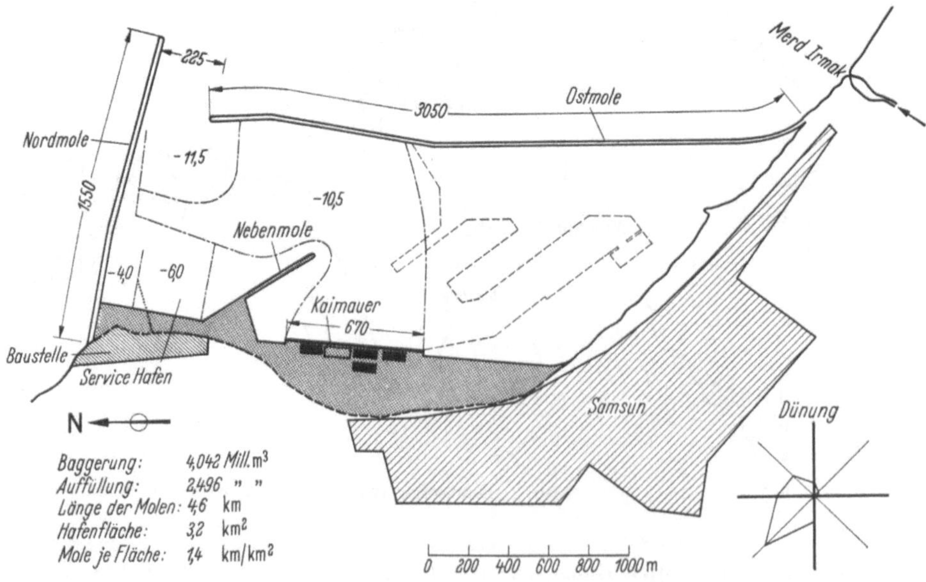

Abb. 3. Hafen Samsun (Türkei), Lageplan [21].

Die für die beiden Molen gewählten Querschnitte sind in Abb. 4 dargestellt.

Sie wurden nach Modellversuchen im Wasserbaulaboratorium der Technischen Hochschule Lausanne für Wellenhöhen $2\,H = 7$ m und Wellenlängen $2\,L = 140$ m entworfen. Sie erforderten

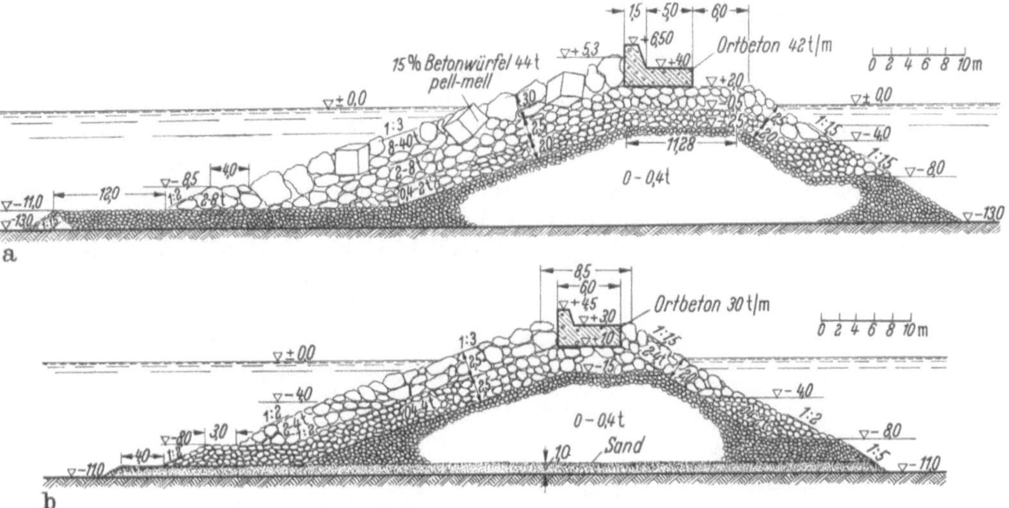

Abb. 4.a u. b. Hafen Samsun (Türkei). Querschnitte durch die Nordmole (a) und Ostmole (b) [21].

Abb. 5. Bau des Hafens Samsun (Türkei), Steingewinnung im Steinbruch.

einschließlich der Hilfsmole 3977000 m³ Felsmaterial und 71600 m³ Beton für den Kronenschutz. Das Felsmaterial wurde in zwei Steinbrüchen gewonnen, von denen der eine in 10,5 km Entfernung an der normalspurigen Eisenbahn nach Sivas lag, während sich der zweite in etwa gleicher Entfernung östlich von der Baustelle an der Küste befand. Infolge der großen zu transportierenden Mengen wurde hierfür der Eisenbahntransport vorgesehen und zum zweiten Steinbruch eine neue Linie gelegt.

Die Steingewinnung erfolgte in einem Großbohrloch-Sprengverfahren, wobei die Bohrlöcher von 150 mm Durchmesser mit Schlagbohrgeräten bis zu 40 m Tiefe hergestellt wurden. Da der Aufbau der Wellenbrecher Steingrößen von 0 bis 40 t Gewicht verlangte, mußten Bohrlochabstand und Vorgabe je nach der wechselnden Gesteinsqualität so modifiziert werden, daß die geforderten Korngrößen bei den einzelnen Sprengungen annähernd erreicht wurden. Der Bohrlochabstand betrug dabei im allgemeinen 3 bis 4 m und die Vorgabe 10 bis 12 m. Die notwendige Sortierung des Materials wurde durch Hochlöffelbagger ($2^1/_2$ m³) bewirkt, die das Material nach Korngrößen getrennt in bereitstehende Stahlkästen luden. Hinter den Baggern stehende elektrisch betriebene

Abb. 6. Bau des Hafens Samsun (Türkei), Einbau des Kronenschutzes auf der Mole [*21*].

Derrickkräne von 15 t Tragkraft bei 25 m Ausladung hoben die beladenen Steinkästen und Einzelsteine bis zur Größe ihrer Tragfähigkeit auf bereitstehende Eisenbahnwaggons, während für Steine über 15 t Gewicht ein Raupenkran mit 40 t Tragfähigkeit zur Verfügung stand (Abb. 5). In beiden Brüchen zusammen konnten mit dieser Installation 4500 t je Tag maximal bewältigt werden. Der Einbau des auf Eisenbahnwaggons auf die Molen oder an eine Verladestelle an der Molenwurzel antransportierten Steinmaterials erfolgte teils vor Kopf mit Hilfe eines fahrbaren, bei 25 m Ausladung noch 15 t tragenden Derricks und teils mit Klappschuten (500 t) und Kippschuten (300 t). Die größten Steine der äußeren Abdeckschichten mit einem Gewicht von mehr als 15 t, welche der Derrickkran nicht mehr heben konnte, wurden von Schwimmkränen mit 60 t Tragkraft eingebaut. Der betonierte Kronenschutz wurde aus Ortbeton in Abschnitten von 7,50 m Länge hergestellt, wozu eine auf der Baustelle angefertigte Stahlschalung von etwa 10 t Gewicht verwendet wurde. Das Umsetzen dieser Schalung und das Einbringen des Betons, der in Kübeln von 6 m³ Inhalt auf Eisenbahnwaggons von einer zentralen Betonstation her antransportiert wurde, besorgte ein Schwimmkran (Abb. 6). Die Herstellung der Kaimauer in Blockbauweise bot keine wesentlichen technischen Probleme mit Ausnahme dessen, daß die korrekte Einmessung der Baustelle im freien Wasser schwierig war. Hierzu wurden besondere Stahltürme durch Schwimmkräne im Wasser abgesetzt. Die unter einem Portalkran an Land vorfabrizierten Blöcke wurden für den Einbau auf Eisenbahnwaggons verladen, am Ende der Hilfsmole mit einem 50 t Derrick in Schuten umgeschlagen und mit Hilfe einer Hubtraverse an der Einbaustelle durch einen 60 t Schwimmkran versetzt. Für die Kaimauer fielen 59100 m³ Beton an. Durch die Naßbaggerung im Hafenbecken wurden 5 400 000 m³ meist feinen Sandes entfernt und zum überwiegenden Teil über ein Spülschiff zur Geländeaufhöhung hinter der Kaimauer verwandt. Soweit das Material mit lehmigen Bestandteilen vermengt war, wurde es durch Klappschuten außerhalb des Hafenbeckens abgelagert.

Bei einem Auftragsumfang von 93,8 Mio. DM waren an dieser Baustelle Geräte mit einem Neuwert von 24 Mio. DM eingesetzt. Die Durchschnittszahl der Arbeiter in den Jahren 1954 bis 1960 betrug etwa 700 Mann.

Der hinsichtlich des deutschen Auftragsanteils zweitgrößte Auftrag betraf den Bau einer Kaianlage für 3 Schiffe von 10 000 t im Hafen von Rangoon in Burma, der im zweiten Weltkrieg starke Zerstörungen erlitten hatte. Der Auftrag wurde in zwei Teilen (für die Gründungs- und Ausbauarbeiten) an die Firma Ed. Züblin AG, Duisburg, im Jahre 1957 vergeben und die Arbeiten wurden 1961 beendet [22, 23].

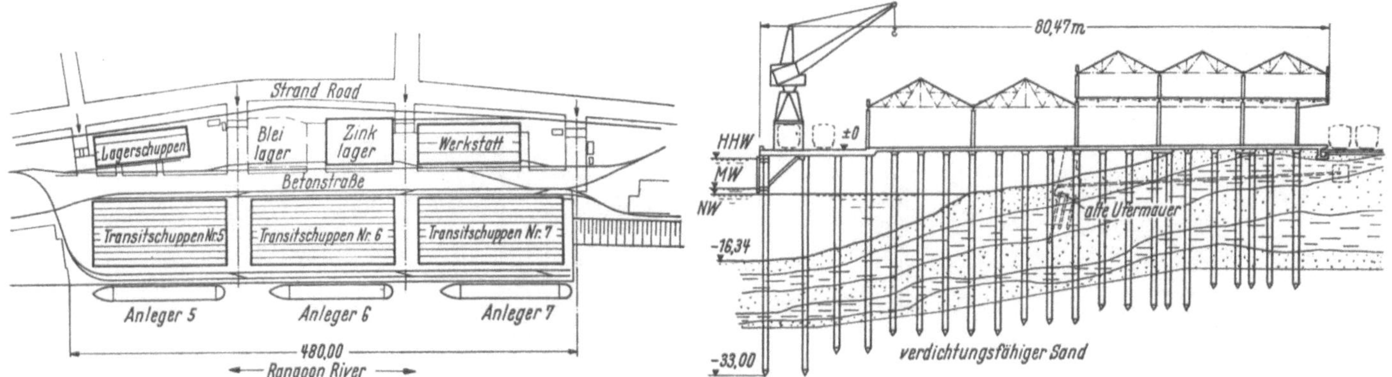

Abb. 7. Hafen Rangoon (Burma), Lageplan und Querschnitt [22].

Herzustellen waren 3 Anleger mit einer Gesamtlänge von 480 m mit einer über die ganze Länge durchlaufenden, auf Stahlbetonpfählen ruhenden 80 m breiten Stahlbetonplatte, auf der die zugehörigen Transitschuppen zu errichten waren. Landeinwärts waren eine Betonstraße und dahinter weitere Lagerschuppen und Werkstätten zu errichten (Abb. 7).

Den baulich interessantesten Teil bildete die Gründung der Kaianlage auf 2380 runden Stahlbetonhohlpfählen von 75 cm Außendurchmesser. Die bis zu 33 m langen Rammpfähle mußten eine etwa 8 m starke Auffüllung und alluviale Schichten durchstoßen, um in einer Tiefe von 24

Abb. 8. Hafen Rangoon (Burma), Pfahlherstellung im Schleuderverfahren [22].

bis 30 m in tertiären, ehemals vorbelastet gewesenen Sanden den für einen Rammpfahl notwendigen Spitzenwiderstand zu finden. Die Pfähle mit einer Wandstärke von 12,5 cm, bewehrt mit 20 Längsstäben ∅ 20 mm und einer Wendel aus Rundstahl von 10 mm ∅ wurden im Schleuderverfahren mit einem Zementgehalt von 405 bis 430 kg je m³ Fertigbeton hergestellt (Abb. 8). Die hohe Anfangstemperatur des Betons von 30°C führte zu einer schnellen Erhärtung, so daß nach 5 Stunden ausgeschalt und die Pfähle 4 Tage nach der Herstellung bei Erreichen einer Festigkeit von 320 kg/cm² gerammt werden konnten. Das Rammen der Pfähle erfolgte mit 2 Rammgerüsten, MR 60 von 34,5 m Höhe, 115,5 t Gesamtgewicht und Zylinderbären MB 600 und 6,75 t Fallgewicht. Die Rammbrücken von 20 m Spannweite fuhren auf 60 cm hohen Gleisträgern, die auf den Pfahlköpfen befestigt waren und vorgebaut wurden (Abb. 9). Bei Berücksichtigung der durch Erfahrung bekannten Auswanderung der Pfähle in den schlammigen Überlagerungsschichten konnten die Pfähle mit genügender Genauigkeit gerammt werden; kleinere Unregelmäßigkeiten in der Pfahlstellung wurden in der gleichstarken Kaiplatte durch die Lage und Stärke der Stahlbewehrung ausgeglichen. Probebelastungen mit 240 t ergaben nur geringfügige Setzungen. Die Schiffe legen bei etwa 6 m Tidehub gegen holzverkleidete, vorgefertigte Stahlbetonfender an.

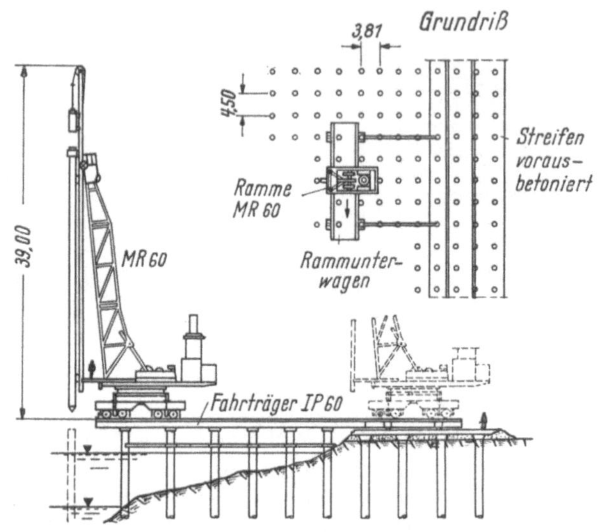

Abb. 9. Hafen Rangoon (Burma), Pfahlrammung [22].

Gummipuffer aus dem bewährten Fendergummi zwischen Betonfender und Kai dämpfen die Stöße. Unter 45° geneigte Stahlbetonstreifen leiten dann die Schiffsstöße in die Kaiplatte über (Abb. 10).

Eine ähnliche Kaikonstruktion war Bestandteil des an die Firma Butzer 1953 erteilten Auftrages für den Hafenausbau in Kandla in Indien, den später die Firma Hochtief AG, Essen, fertigstellte. Bei einer Gesamtauftragssumme von 80,2 Mill. DM sind hiervon 50% als deutscher Auftragsanteil

Abb. 10. Hafen Rangoon (Burma), Ansicht des fertigen Anlegers [22].

zu verbuchen (Abb. 11). Neben dem Güterkai von 1240 m Länge, der in zwei Abschnitten vergeben worden war, waren ein Anleger für Passagierschiffe mit einem großen Empfangs- und Verwaltungsgebäude und ein 13500 m² großes Hafenbecken für die Küstenschiffahrt zu erbauen. Ferner schloß der Auftrag Lagerhallen am Güterkai und am Nord- und Südkai des Hafenbeckens sowie Verladeeinrichtungen und einen Tankschiffanleger ein, welch letzterer auf drei Senkkästen gegründet

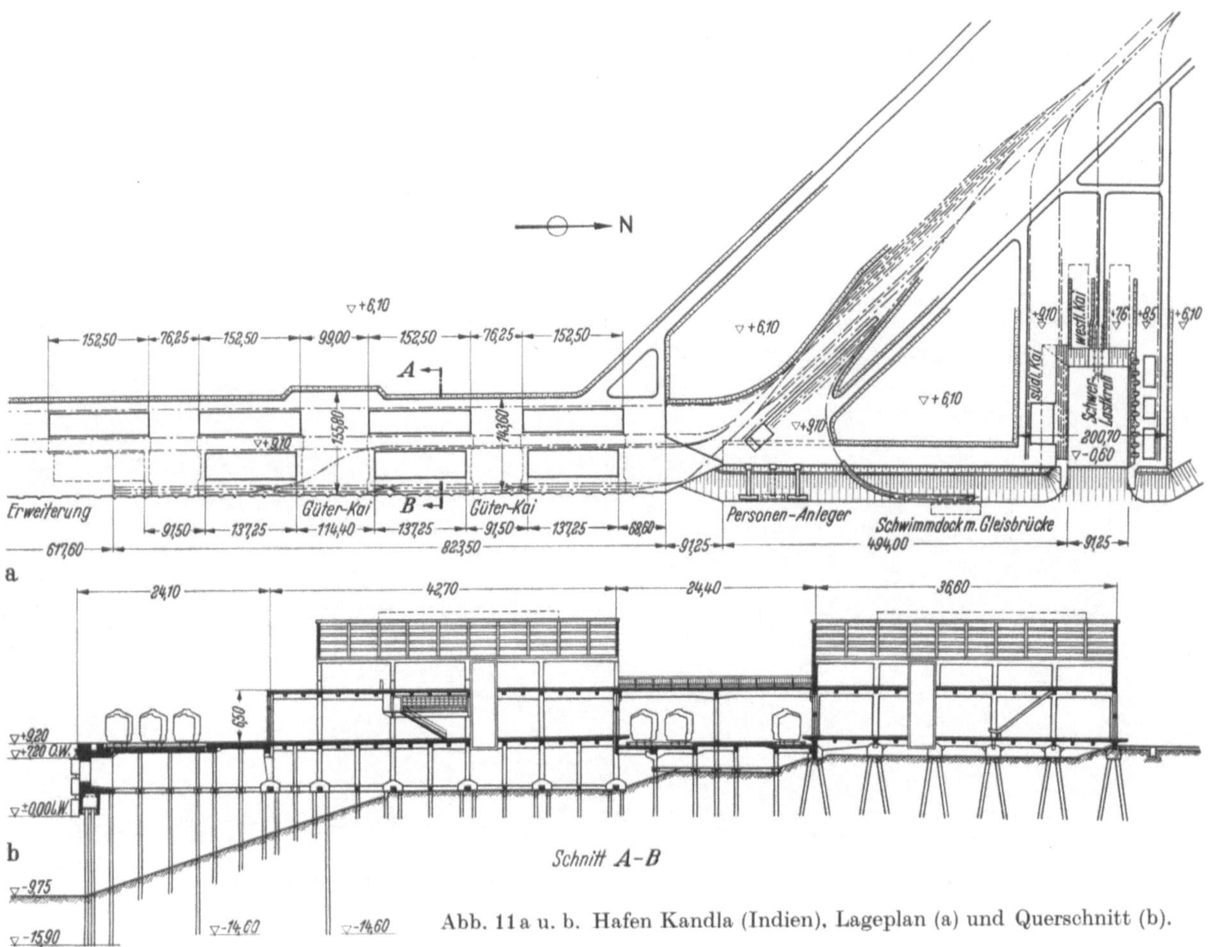

Abb. 11a u. b. Hafen Kandla (Indien), Lageplan (a) und Querschnitt (b).

Abb. 12. Hafen Kandla (Indien), Tankschiff-Anleger.

wurde (Abb. 12). Zum Unterschied von Rangoon konnten hier die 6150 Schleuderbetonpfähle von 20 m Länge und 2800 Ortbetonpfähle im Trockenen im Schutze eines Fangedammes gerammt werden. Diese Arbeitsweise vereinfachte die Raum- und Betonierarbeiten (Abb. 13) recht erheblich erforderte aber zur Freilegung des Kais 750000 m³ Naßbaggerarbeiten. Im ganzen wurden in der siebenjährigen Bauzeit 90000 m³ Beton und 18000 t Rundstahl verbaut.

Ein weiteres Großobjekt mit einer Gesamt-Auftragssumme von 37,4 Mill. DM stellt der ebenfalls in zwei Teilen der Firma Ed. Züblin. AG. 1956 in Auftrag gegebene Ausbau des Hafens Aqaba am gleichnamigen Golf des Roten Meeres dar, der in dem kleinen jordanischen Küstenstreifen liegt [*23*].

Abb. 13. Hafen Kandla (Indien), Pfahlrammarbeiten in trockener Baugrube.

Abb. 14. Hafen Aqaba (Jordanien), Rammung der Stahlpfähle für den Anleger [*23*].

Auch hier waren zwei Anleger von 220 und 160 m Länge zu bauen, und zwar als Kaiplatten auf Pfählen, nur wurden hier anstelle der Schleuderbetonpfähle Stahlpfähle vorgesehen. Es wurden 2800 t Stahlrammpfähle Krupp KP 34 und beim 160 m langen Frachtanleger zusätzlich 1300 t Spundbohlen Profil Nr. V als Abschlußspundwand, meist unter Zuhilfenahme von Schwimmgeräten, gerammt (Abb. 14). Für die Stahlbetonplatten wurden 21 500 m^3 Beton und 1300 t

Bewehrungsstahl verbaut. Für die Transitschuppen, die Phosphat-Lagerschuppen und die Umschlageinrichtung waren 400 t Stahlkonstruktionen zu liefern und aufzubauen (Abb. 15).

Im Jahre 1962 erhielt die Hochtief AG, Essen, den Auftrag für den Bau eines Trockendocks von rund 280 m Länge und 40 m Breite mit einer Wassertiefe von 11 m im Westteil des Hafens von

Abb. 15. Hafen Aqaba (Jordanien), Ansicht des fertigen Anlegers mit Transitschuppen (links) und Phosphat-Umschlageinrichtung (rechts) [23].

Alexandria in Ägypten (Abb. 16). Das Projekt wird mit deutscher Kapitalhilfe gebaut und kostet einschließlich der mechanisch-elektrischen Ausrüstung und zweier Dockkräne 36,2 Mio. DM. Auf Grund eines von dieser Firma eingereichten und vom Ingenieurbüro Prof. Agatz Nachfolger (Dr.-

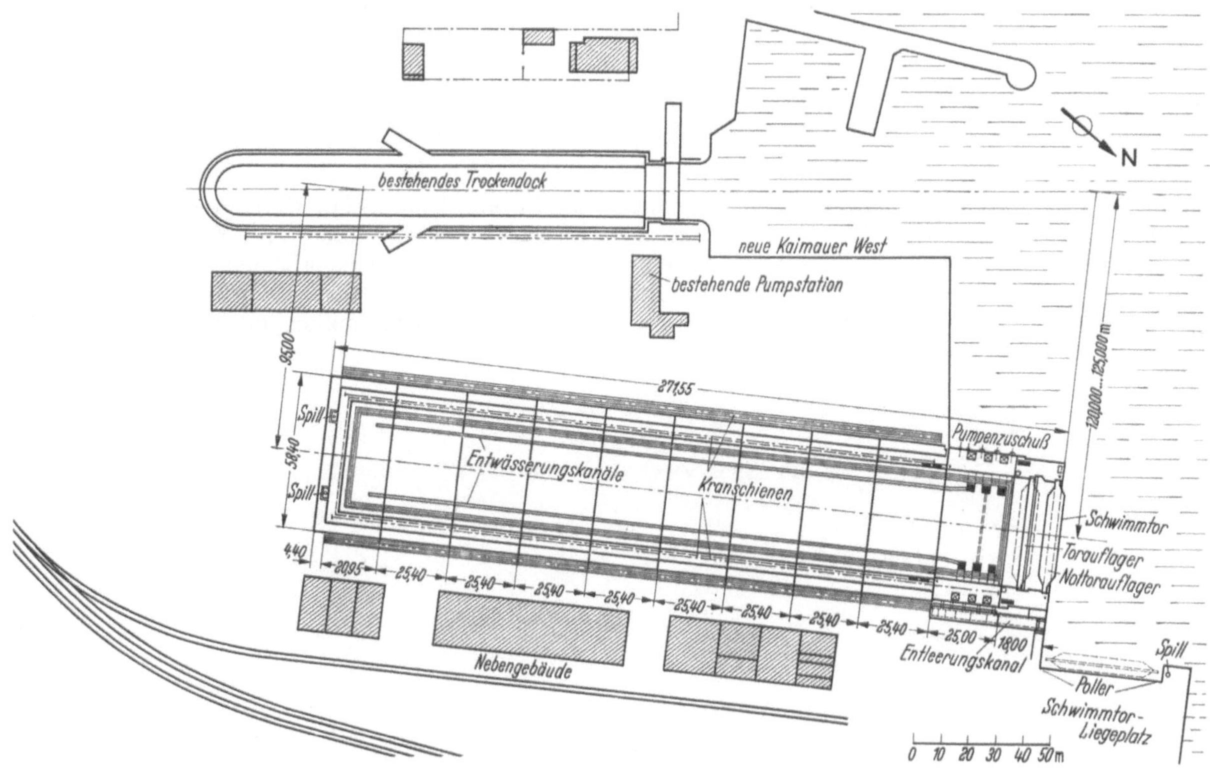

Abb. 16. Hafen Alexandria (Ägypten), Neues Trockendock, Lageplan.

Ing. E. Lackner) ausgearbeiteten Sondervorschlages hat sich der Bauherr für eine Bauweise mit verankerter Docksohle entschieden. Ein Regelquerschnitt ist in Abb. 17 dargestellt. Die Arbeiten sind zur Zeit im Gange und die Fertigstellung kann Ende des Jahres 1965 planmäßig erwartet werden.

Der einzige Hafenbauauftrag in Südamerika in der Nachkriegszeit wurde der Firma Karl Stöhr KG für die Erbauung des Molenhafens Acajutla in El Salvador erteilt [*24* bis *26*]. Die Auftragssumme belief sich auf 18 Mio. DM, die Bauzeit dauerte von 1956 bis 1960. Für den an einer völlig offenen und ungeschützten Küste neu zu bauenden Hafen hatte die Salzgitter Industriebau-GmbH in einem internationalen Wettbewerb gestanden und im Auftrage des Bauherrn den Gesamtauftrag auf die Einzelplanung des Hafens erhalten. Das Projekt sah die Ausbildung der Schutzmole zur Beruhigung des Wassers im Hafenbecken als geschlossene Wand vor, wobei die Seeschiffe an der

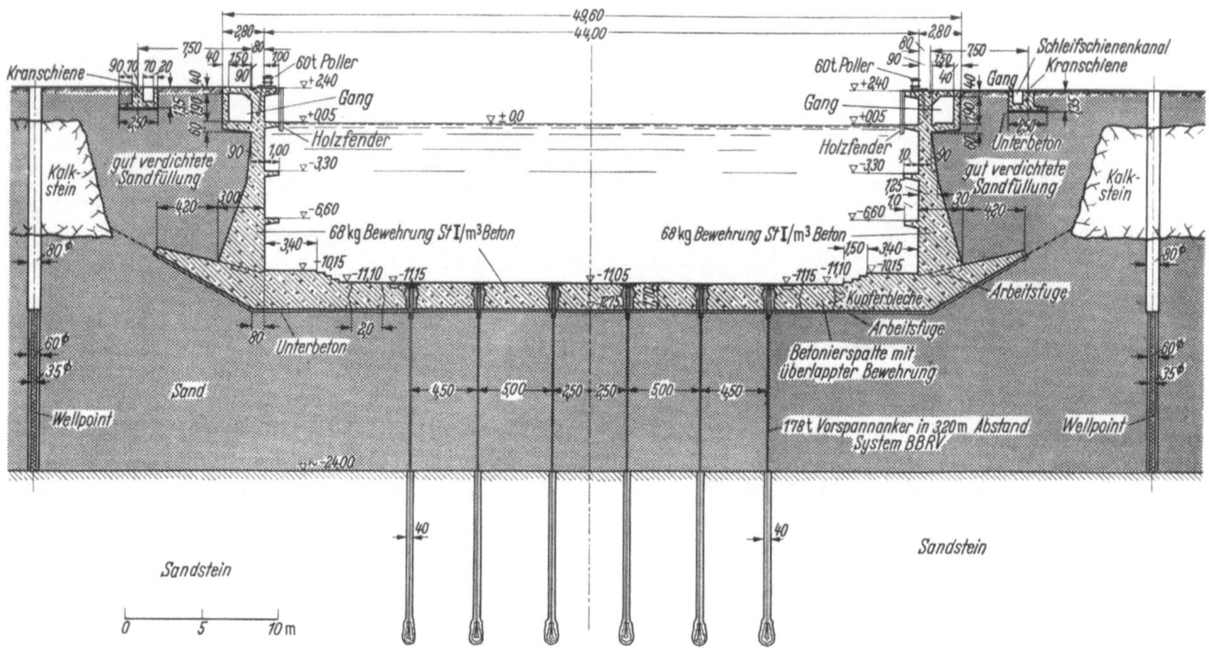

Abb. 17. Hafen Alexandrien (Ägypten), Neues Trockendock, Querschnitt.

Innenwand anzulegen hatten. Der Meeresgrund besteht aus festem Tuffstein, der nur von einer geringmächtigen Sandschicht überlagert ist. Ferner waren Steinmaterial und Zuschlagstoffe für Steinschüttungen und Betonbereitung in einem Umkreis, der wirtschaftliche Gewinnung und Antransport erlaubte, nur in geringem Umfange aufzufinden. Aus diesen Gründen verbot sich einerseits eine Pfahlgründung ebenso wie eine Schwergewichts-Kaimauer oder eine Steinmole.

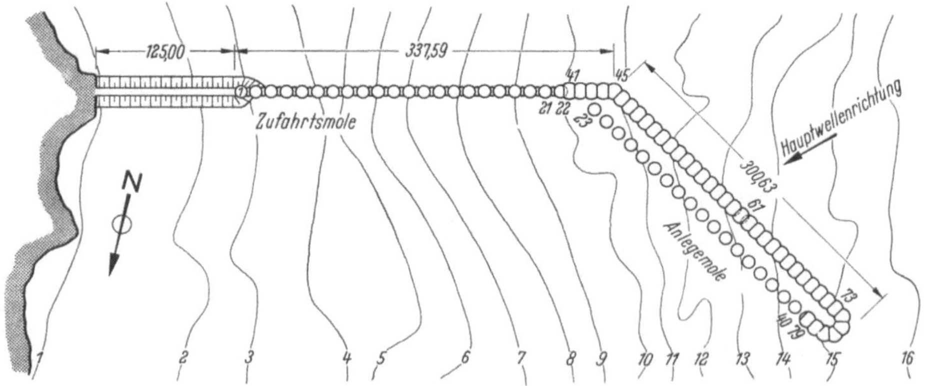

Abb. 18. Hafen Acajutla (San Salvador). Lageplan [26].

Es wurde daher folgende Bauweise ausgewählt (Abb. 18). Im Bereich geringer Wassertiefe wurde ein Steindamm von 125 m angeordnet. Daran schlossen sich 22 Kreiszellen, die mit ihren Zwickelzellen eine Mole von 310 m Länge ergaben. Daran schließt sich die im Grundriß unter 45° abgewinkelte rund 300 m lange Anlegemole, die aus 18 freistehenden Kreiszellen an der Innenseite und 39 Flachzellen an der Außenseite besteht und die die 37 m breite Kaiplatte tragen. Die Querschnitte der einzelnen Teile sind in Abb. 19 dargestellt. Die Herstellung der Steinmole in der Brandungszone und der Kreis- und Flachzellen bereitete erhebliche Schwierigkeiten. Für die Flachzellen, die nach einem der erbauenden Firma patentrechtlich geschützten Verfahren erfolgte, waren schwere Montagetische und Spezialkräne erforderlich (Abb. 20). Nach Herstellung der Zellen wurde die Sohle 0,5 m hoch mit Kies 30/70 mm und anschließend 2 bis 3 m hoch mit Sand gefüllt. Dann wurden die Bohlen angerammt und unter Ausbau des inneren und Lösung des äußeren Montagetisches die Zelle mit Sand gefüllt, und zwar im Spülverfahren. Die Zellen wurden mit Beton abgedeckt, die auf der Zufahrtsmole bereits die Fahrbahn darstellten und auf der Anlegermole die Brückenkonstruktionen aufnahmen. Hierbei wurde der Mittelteil mit Fertigbetonbalken und Platten abgedeckt und durch eine Lagerhalle überdeckt. Fenderkonstruktionen aus überhängend gerammten Rohrpfählen 380 mm ⌀ mit schweren Stahlkonstruktionen und vier Gummipuffern

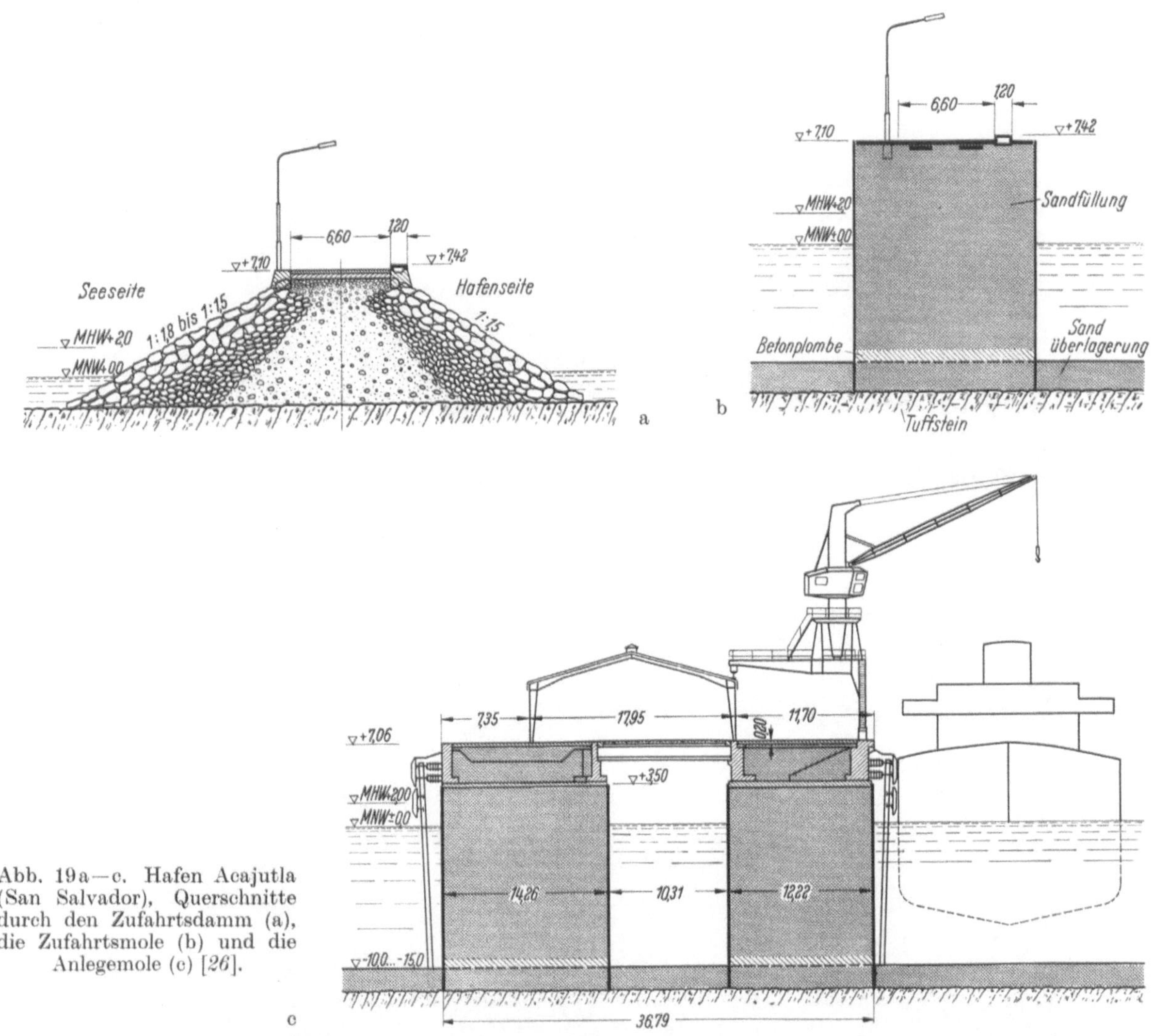

Abb. 19a—c. Hafen Acajutla (San Salvador), Querschnitte durch den Zufahrtsdamm (a), die Zufahrtsmole (b) und die Anlegemole (c) [26].

sowie Fenderhölzern wurden sowohl an der Innen- wie auch an der Außenseite der Anlegemole angeordnet (Abb. 21).

Eines der jüngsten Projekte des Hafenbaues, an dem auch in einem internationalen Firmenkonsortium die deutsche Baufirma Grün & Bilfinger AG, Mannheim, beteiligt ist, ist der Ausbau des Hafens von Um Qasr im Irak. Der Vertrag sieht den Bau von drei Werften, drei Kais, mehreren Lagerschuppen und Arbeiterwohnungen, eines Wasserreinigungswerkes sowie einer Wasser- und Hochspannungsleitung nach dem 60 km entfernten Basra vor. Die Arbeiten sind zur Zeit in Ausführung begriffen.

Auch unter den kleineren deutschen Hafenbauaufträgen, die in der vorstehenden Beschreibung nicht besonders erwähnt, aber in der Tab. 1 aufgeführt sind, wäre manches interessante Detail zu berichten. Der vorgesehene Umfang dieses Berichtes erfordert aber eine Beschränkung auf die Großaufträge allein.

Abb. 20. Hafen Acajutla (San Salvador), Krananlagen und Montagetische für den Flachzellenbau [*26*].

Abb. 21. Hafen Acajutla (San Salvador), Ansicht der fertiggestellten Anlegemole von der Innenseite.

Der Vergleich der Abb. 1 und 2, insbesondere aber ein Studium der Auftragsvergabe zeigt deutlich den Wandel, der im deutschen Auslandsbau nach dem zweiten Weltkrieg Platz gegriffen hat. So berichtet Schütte in seiner Zusammenstellung [*20*] über die Hafenbauten deutscher Firmen im Ausland vor dem zweiten Weltkrieg, daß alle Aufträge im freien Wettbewerb hereingeholt wurden, und zwar — wenn man von den Reparationsleistungen absieht — fast durchwegs gegen internationale Konkurrenz. Hierbei wurden etwa 22% der Aufträge freihändig auf Vertrauensbasis erteilt, 28% auf Grund des billigsten Angebotes auf den Ausschreibungsentwurf und 40% auf Grund des billigsten Angebotes für einen Sondervorschlag, während 10% auf Grund des wirtschaftlich günstigsten aber nicht billigsten Angebotes vergeben wurden.

Solche Vergabemethoden wären auch heute noch der Wunschtraum aller am Auslandsbau beteiligten deutschen Firmen, brauchen sie doch auch heute noch immer nicht die technische und wirtschaftliche internationale Konkurrenz mit Baufirmen anderer Länder zu scheuen. Heutzutage werden aber Auslandsbauaufträge fast ausschließlich nur dann vergeben, wenn eine langfristige Fremdfinanzierung durch Entwicklungsinstitute, wie zum Beispiel die Weltbank, den Entwicklungsfonds der EWG oder durch zwischenstaatliche Regierungskredite vorliegt. Zwar befleißigen sich die Weltbank und der Entwicklungsfonds der EWG nominell einer Auswahl des Unternehmers im freien Wettbewerb, jedoch erschweren auch noch Ausführungs- und Liefervorschriften nach ausländischen Normen oder die Beschränkung der Losgrößen die erfolgreiche Teilnahme deutscher Firmen, sofern nicht gar durch recht willkürlich gezogene Leistungsgrenzen die Teilnahme deutscher Firmen überhaupt unterbunden wird. Regierungskredite werden aber fast ausschließlich liefergebunden gegeben, d.h. eine Bedarfsdeckung bzw. Auftragserteilung kann nur im Herkunftsland des Kredites erfolgen. Einzig und allein die deutsche Bundesregierung machte hiervon strikt eine Ausnahme, indem sie Regierungskredite multilateral vergab, d.h., es dem Empfänger freistellte, den Auftrag zur Lieferung oder Leistungserstellung in jedes andere Land vergeben zu können. Auf diese Weise ist den deutschen Baufirmen manch interessanter Auslandsauftrag verloren gegangen und mit deutschen Steuergeldern ihre Konkurrenz beschäftigt worden. Erst der Rückgang der Handelsbilanzergebnisse, im Jahre 1962 verbunden mit den laufend steigenden Ausgaben in der Dienstleistungsbilanz der Bundesbank, haben hier eine mehr zur Lieferbindung der Kreditgewährung tendierende Politik der Bundesregierung begünstigt, die auch in der Zukunft noch aussichtsreiche Perspektiven für den deutschen Hafenbau im Ausland eröffnet.

Schrifttum

[*1*] Mautner — Werner-Ehrenfeucht: Vorhafen und Seeschleuse in Dünkirchen. Jahrb. HTG 1932/33.
[*2*] Werner-Ehrenfeucht: Bau einer Kaimauer an der Garonne in Bassensamont bei Bordeaux. Jahrb. HTG 1932/33.
[*3*] Schnitter: Vom Bau der Ostmole in Dünkirchen, eine Druckluftgründung im offenen Meer. Schweiz. Bauzeitung 1936.
[*4*] Fiederling: Seeschleuse Dünkirchen. VDI 1935.
[*5*] Walther: Der Bau der Mole für den Vorhafen Le Verdon bei Bordeaux. Jahrb. HTG 1932/33.
[*6*] Blunk: Die Kaimauer und Fahrgastlandungsanlagen im Hafen von Cherbourg. Jahrb. HTG 1930/31.
[*7*] Blunk: Der Bau der neuen Seeschleuse in St. Nazaire. Jahrb. HTG 1932/33.
[*8*] Proetel: Vorschläge für den Ausbau des Freihafens in Barcelona. Jahrb. HTG 1928/29.
[*9*] Kaufmann: Hafenausbau auf den Azoren. Hansa, Zentralorgan für Schiffahrt, Schiffbau, Hafen 1951.
[*10*] Arens: Der Hafenausbau Las Palmas. Jahrb. HTG 1932/33.
[*11*] Ritter: Bau einer Mole im Hafen von Ponta Delgada. Beton und Eisen 1939.
[*12*] Hoffmann: Die Erweiterung der Ausbootungsmole im Hafen von Funchal. Jahrb. HTG 1934/35.
[*13*] Neuffer: Erweiterung des Hafens Lobito. Bauingenieur 1935.
[*14*] Luft — Eisig: Die Erweiterung des argentinischen Kriegshafens Puerto Militar bei Balni Blanca. Jahrb. HTG 1919.
[*15*] Ritter: Der Ausbau des Hafens Iquique, Chile. Werft, Reederei, Hafen 1936.
[*16*] Herkner: Hafenbau Macaio (Brasilien). Bauingenieur 1937.
[*17*] Lohrmann: Anlegemole im Hafen von Montevideo. Bautechnik 1931.
[*18*] Lohrmann: Der neue Hafen in Salto (Uruguay). Bautechnik 1932.
[*19*] Lohrmann: Mole für den Freihafen Colonia. Bautechnik 1932.
[*20*] Schütte: Deutsche Hafenbauten für das Ausland (mit einer Liste über alle Vorkriegshafenbauten). Bauingenieur 1942.
[*21*] Schütte: Samsun Harbour in Turkey. Gemeinschaftsbericht der Firmen Phil. Holzmann AG und Hochtief AG.
[*22*] Naschold: Bau einer Kaianlage für Rangoon/Burma. Beton- und Stahlbetonbau 1961.
[*23*] Naschold: Die Auslandstätigkeit der Bauunternehmung Ed. Züblin AG. Stadt und Hafen 1961.
[*24*] Hafenbau in El Salvador (Buch). Hansa, Zentralorgan für Schiffahrt, Schiffbau, Hafen 1960.
[*25*] Meischeider: Hafenanlagen in den mittelamerikanischen Republiken El Salvador und Nicaragua. Hansa, Zentralorgan für Schiffahrt, Schiffbau, Hafen 1957.
[*26*] Meischeider: Bau der Hafenmole in Acajutla (El Salvador). Technische Hefte Karl Stöhr KG, 4/1962.

Vom Wiederaufbau und weiteren Ausbau des Hafens Hamburg 1953—1963

Vorbemerkung. Über den Wiederaufbau des Hafens Hamburg ist im Jahrbuch der Hafenbautechnischen Gesellschaft, Bd. 20/21 (1950/51) in mehreren Aufsätzen berichtet worden, die den Zeitraum vom Ende des zweiten Weltkrieges bis einschließlich 1952 umfaßten. Sozusagen als Fortsetzung der damaligen Berichte wird im folgenden über die weitere bauliche Entwicklung des Hafens einschließlich ihrer verkehrswirtschaftlichen Grundlagen und der Fragen der Hafenplanung bis einschließlich 1963 berichtet.

Der verfügbare Raum gestattet es vielfach nicht, auf Einzelheiten einzugehen; an zahlreichen Stellen mußten die Verfasser sich deshalb darauf beschränken, lediglich Entwicklungstendenzen aufzuzeichnen. Der nachstehende Bericht ist eine Gemeinschaftsarbeit von 12 Angehörigen des „Strom- und Hafenbau", Hamburg, die als Verfasser bei den einzelnen Kapiteln genannt werden.

I. Planung für Gegenwart und Zukunft

Von Hafenbaudirektor Dr.-Ing. **Karl-Eduard Naumann**

unter Mitarbeit von

Baudirektor Dipl.-Ing. **Hermann Benrath** (Abschn. A),
Baudirektor Dipl.-Ing. **Günther Thode** (Abschn. B und C),
Erster Baudirektor Dr.-Ing. **Hans Laucht** (Abschn. D).

A. Verkehrswirtschaftliche Grundlagen

Die in den Jahren 1946, 1949 und 1952 aufgestellten Wiederaufbaupläne für den Hafen Hamburg sollten — jeweils für rund 3 Jahre — die Richtlinien für den Wiederaufbau der im zweiten Weltkrieg zerstörten Hafenanlagen geben. Ihre technischen Programme basierten auf verkehrswirtschaftlichen und allgemeinwirtschaftlichen Überlegungen darüber, wie und in welchem Zeitmaß sich die deutsche Volkswirtschaft und insbesondere der Außenhandel nach dem völligen Zusammenbruch von 1945 wohl regenerieren würden (vgl. Jahrb. HTG Bd. 20/21, S. 23/25). In dieser Periode des Wiederaufbaues ging es in erster Linie darum, dem rasch wachsenden Verkehr (Abb. 1) rechtzeitig ausreichende Umschlaganlagen zur Verfügung zu stellen. Der Schwerpunkt lag dabei eindeutig auf dem Stückgutsektor. In rascher Folge entstanden zahlreiche neue Schuppen und Speicher mit allem Zubehör. Obgleich die Bereitstellung von Baukapazitäten und Finanzierungsmitteln für den Wiederaufbau des Hafens Vorrang vor zahlreichen anderen kommunalen Bereichen hatte, ergab sich ein ständiger Wettlauf zwischen der Bereitstellung neuer Umschlaganlagen und dem Anwachsen der umgeschlagenen Gütermengen, der stets um die Jahreswende seinen Höhepunkt erreichte und gelegentlich sogar zu gewissen Engpässen — aber niemals zu einer Hafenverstopfung — führte. Dies gab den für den Wiederaufbau Verantwortlichen die beruhigende Sicherheit, nicht mehr investiert zu haben, als der sich entwickelnde Verkehr erforderte. Unterhaltungsarbeiten und Erneuerungsinvestitionen mußten in dieser Periode weitgehend zurückgestellt werden. Im Jahre 1955 wurde mit 24,0 Mio t erstmalig der Vorkriegsumschlag überschritten, im Jahre 1956 lag er mit 27,4 Mio t um 24% über dem von 1936.

Das Jahr 1957 brachte nach den Jahren der raschen Expansion der deutschen Wirtschaft eine Rezession, die sich in Hamburg in einem leichten Rückgang des Hafenumschlags auswirkte (Abb. 1). In den folgenden Jahren wuchs der Verkehr wieder, aber wesentlich langsamer als vor 1957. Einen neuen Höhepunkt erreichte er im Jahre 1960 mit 30,8 Mio t (139,4% von 1936). Die Lockerung des verkehrswirtschaftlichen Druckes infolge geringerer jährlicher Zuwachsraten wurde dazu benutzt, die bisher zwangsläufig vernachlässigten Unterhaltungs- und Erneuerungsarbeiten wenigstens teilweise nachzuholen, das bisher Erreichte zu konsolidieren, veraltete Anlagen zu modernisieren und den Umschlagbetrieb im Ganzen weiter zu rationalisieren. Kapazitätsausweitungen im Stückgutsektor waren in dieser Periode nur in geringerem Umfang nötig als vorher und konnten relativ leicht mit dem Verkehrsanstieg Schritt halten. Stärker trat ab 1957 das Bedürfnis der im

Hafen ansässigen Mineralölindustrie nach Umschlagplätzen für Großtanker in Erscheinung, um die Rohware für die stark erweiterten Raffineriekapazitäten umschlagen zu können. Dem wurde durch Bau mehrerer Tankschiffhäfen begegnet. Insgesamt ging das Bestreben in den Jahren ab

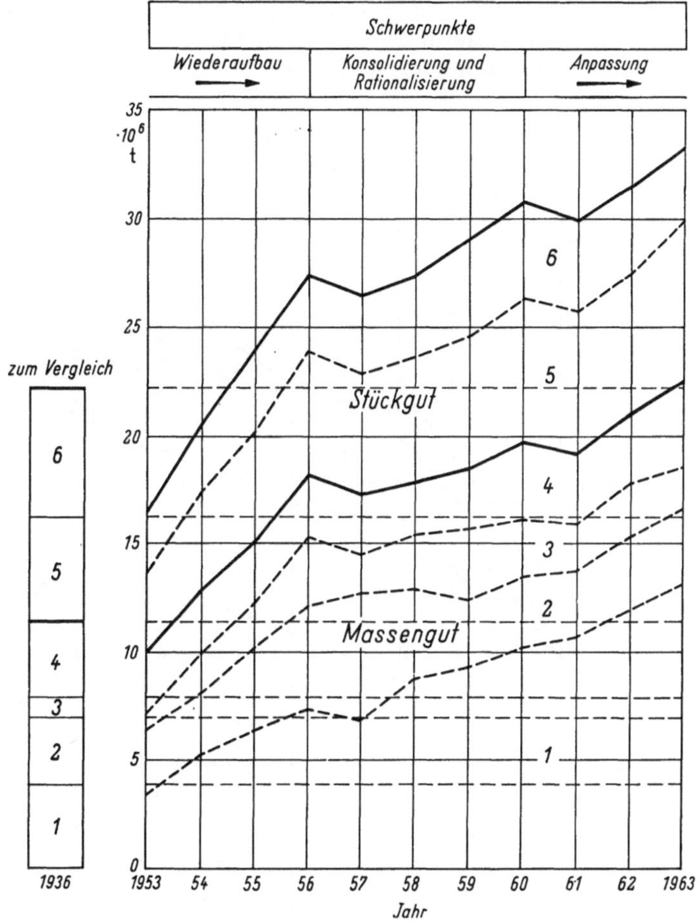

Abb. 1. Gliederung des Hamburger Hafenumschlags 1953 bis 1963 nach Güterarten.
1 Mineralöl; *2* Kohle; *3* Getreide; *4* andere Massengüter; *5* Stückgut über Kai; *6* Stückgut im Strom.

Mill. t	% v. Gesamt			Mill. t		% von 1936		% v. Gesamt	
3,8	17,4	1	Mineralöl	3,4	13,2	88,6	347,4	20,7	40,0
3,1	14,0	2	Kohle	3,0	3,3	96,8	106,5	18,1	10,0
0,9	3,9	3	Getreide	0,8	2,1	90,7	233,3	4,7	6,0
3,5	15,8	4	Andere Massengüter	2,8	4,0	80,5	114,0	17,0	11,7
11,3	51,1		Massengut	10,0	22,6	88,5	200,0	60,5	67,7
4,9	22,2	5	Stückgut über Kai	3,6	7,4	72,7	151,0	21,8	22,2
5,9	26,7	6	Stückgut im Strom	2,9	3,4	49,0	57,6	17,7	10,1
10,8	48,9		Stückgut	6,5	10,8	60,2	100,0	39,5	32,3
22,1	100,0		Gesamt	16,5	33,4	74,7	150,1	100,0	100,0
1936			Jahr	1953	1963	1953	1963	1953	1963

1957 in erster Linie dahin, dem Hafen seinen Ruf als „schneller Hafen" zu erhalten und der internationalen Schiffahrt attraktive Fazilitäten für alle wichtigen Güterarten zur Verfügung zu stellen.

Mit Beginn der 60er Jahre ergab sich die Notwendigkeit, den weiteren Ausbau der Hafenanlagen auf die bereits eingetretenen und noch mehr auf die als Folge der fortschreitenden wirtschaftlichen Integration Europas zu erwartenden Strukturwandlungen auszurichten. Schon die Folgen des zweiten Weltkrieges brachten dem Hafen Hamburg wesentlich stärkere Verschiebungen in seiner Verkehrsstruktur als den westlichen Wettbewerbshäfen. Der Stückgutumschlag hat seinen Vorkriegsstand mengenmäßig nur knapp wieder erreicht; die Steigerung des Gesamtumschlags (für 1963 um 50% gegenüber 1936) lag daher ausschließlich auf dem Massengutsektor und wurde vor allem von Mineralöl (+247%) und Getreide (+133%) getragen. Infolgedessen ist das Stückgut heute mit einem Anteil von 32% am Hafenumschlag nicht mehr so stark beteiligt wie im Jahre 1936 mit fast 50%; es ist trotzdem der kommerziell wichtigste Faktor des Hafenumschlags geblieben.

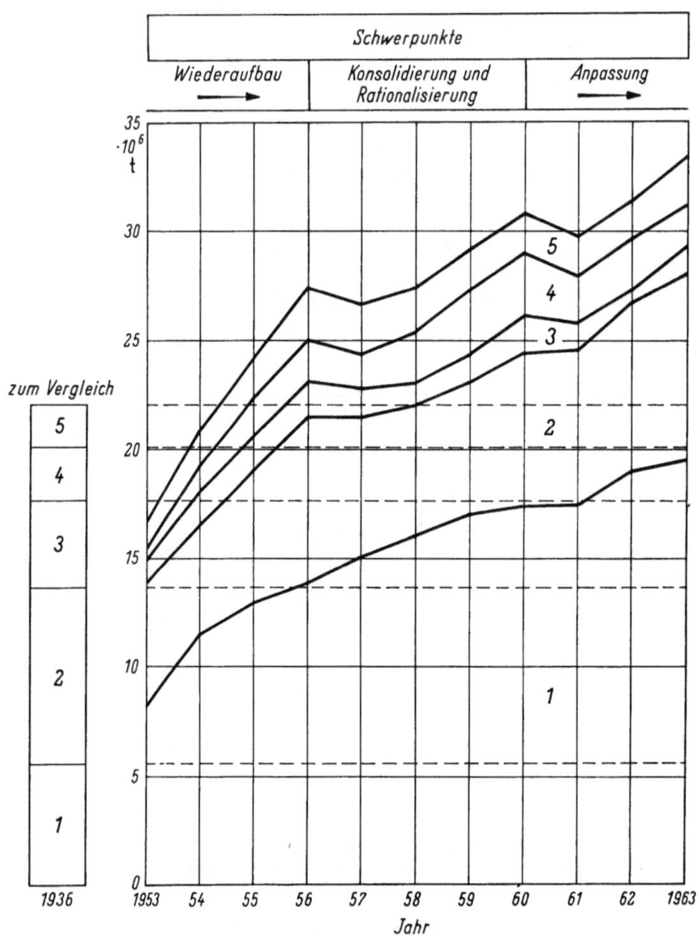

Abb. 2. Gliederung des Hamburger Hafenumschlags 1953 bis 1963 nach Verkehrsbeziehungen. *1* Hamburg; *2* übriges Westdeutschland; *3* Sowjetzone; *4* Seetransit; *5* Landtransit.

Mill. t	% v. Gesamt			Mill. t		% von 1936		% v. Gesamt	
5,5	24,9	1	Hamburg	8,2	19,5	149,1	354,5	49,7	58,4
8,1	36,6	2	Übriges Westdeutschland	5,6	8,6	69,1	106,2	33,6	25,7
4,1	18,6	3	Sowjetzone	1,1	1,3	26,8	31,7	6,7	3,9
2,4	10,9	4	Seetransit......	0,5	1,9	20,8	80,0	3,0	5,7
2,0	9,0	5	Landtransit ...	1,1	2,1	55,0	105,0	6,7	6,3
22,1	100,0		Gesamt	16,5	33,4	74,7	150,1	100,0	100,0
1936			Jahr	1953	1963	1953	1963	1953	1963

Neben der Zunahme des Massengutumschlages — einer Erscheinung, die auch in anderen Häfen festzustellen ist — sind die regionalen Veränderungen in den Ziel- und Quellgebieten des Hamburger Hafenumschlags bemerkenswert (Abb. 2). Im Jahre 1936 war der hamburgische Wirtschaftsraum (Locoverkehr) mit 25%, das übrige deutsche und das ausländische Hinterland mit 75% am Hafenumschlag beteiligt. Hamburgs Hafen war überwiegend ein Mittler zwischen Übersee und einem weiten nord- und mitteleuropäischen Hinterland und lebte nur zu einem Viertel aus seinem eigenen Wirtschaftsraum. Heute ist der Locoverkehr zum tragenden Pfeiler der Hafenwirtschaft geworden;

für fast 60% des Hafenumschlags ist der Hamburger Wirtschaftraum Ziel oder Quelle. Seetransit und Landtransit haben zwar nominell den Vorkriegsstand fast wieder erreicht, sind aber prozentual zurückgefallen, während der Verkehr mit dem übrigen westdeutschen Hinterland auch absolut noch etwas unter dem Vorkriegsstand liegt. Der Verkehr mit Mitteldeutschland (Sowjetzone) umfaßt nur noch einen Bruchteil seines früheren Umfanges und erreichte 1963 mit 3,9% nur noch rd. ein Fünfel seines Vorkriegsanteils. Hamburgs Hafen lebt also heute überwiegend aus seinem eigenen Wirtschaftsraum; seine Stellung als Mittler zwischen Übersee und einem weiten Hinterland ist demgegenüber an Bedeutung zurückgetreten.

Seit Kriegsende ist der Besitzstand des Hafens Hamburg ständig gefährdet durch das Autarkiestreben des Ostblocks und die zentripetalen Ballungstendenzen im Rheingebiet, deren fast zwangsläufige Folge ein stärkeres Wachstum der Rheinmündungshäfen und ein relatives Zurückbleiben der „revierfernen" deutschen Nordseehäfen ist. Es hat dauernder Anstrengungen bedurft, um sich der Entwicklung anzupassen und im Geschäft zu bleiben. Das wird in der nächsten Zukunft nicht anders sein. Die fortschreitende Integration der europäischen Wirtschaft, die damit einhergehende Verstärkung des EWG-Binnenhandels (dessen Warenströme aus geographischen Gründen vorzugsweise den Landweg benutzen dürften) unter relativem Zurückbleiben des Handels mit „Drittländern" und die verschärfte Konkurrenz der Nordseehäfen untereinander lassen Verlagerungen von Verkehrsströmen möglich erscheinen, die zunächst ein weiteres Zurückbleiben Hamburgs hinter den Fortschritten seiner Wettbewerber zur Folge haben können. Aber die wachsende Produktivität des integrierten Großraumes und die Zunahme seines Warenaustausches mit den übrigen Ländern der Welt werden auch Hamburg wieder stärkeren Anteil am wachsenden Wohlstand der Gemeinschaft verschaffen. Voraussetzung ist allerdings eine EWG-Politik, die die Randgebiete nicht im Stich läßt, die sich nicht auf den Raum der Sechs beschränkt und sich nicht gegen die übrige Welt abkapselt. Verbesserung der industriellen Standortbedingungen im Hamburger Raum und ein den Konkurrenzhäfen äquivalenter Ausbau der Verbindungen zur See und zum Hinterland müssen die Instrumente einer solchen Politik sein.

Solche Überlegungen sind es, die die Hafenplanung und den Hafenbau stärker auf die Schaffung und Erschließung von Industriegelände lenken, während sich der Ausbau zusätzlicher Umschlaganlagen einstweilen im wesentlichen auf zukunftsträchtige Spezialverkehre konzentrieren kann. Voraussetzung dafür, daß auch in dieser Periode die richtigen Maßnahmen zur rechten Zeit getroffen werden, ist eine sorgfältige Beobachtung der sich anbahnenden Wandlungen und die konzentrierte Förderung solcher Verkehrszweige, denen auch im Zeichen der europäischen Integration Entwicklungschancen zugebilligt werden können.

Rückblickend mag man, wenn man kategorisieren will, die Jahre 1945 bis 1956 als die „Periode des Wiederaufbaues" (vorzugsweise der Stückgutumschlaganlagen) bezeichnen, die Jahre 1957 bis 1960 als „Periode der Konsolidierung und Rationalisierung" und die Periode seit 1961, deren Ende noch nicht abzusehen ist, als „Zeit der Anpassung" an gewandelte wirtschaftliche Umweltbedingungen. Freilich sind die Grenzen fließend: noch sind keineswegs sämtliche Spuren des Krieges im Erscheinungsbild des Hafens getilgt; Konsolidierung (der inneren Hafenstruktur) und Rationalisierung (des Hafenbetriebes im weitesten Sinne) dauern noch an und werden uns noch viele Jahre beschäftigen, und schließlich ist die Anpassung an gewandelte Umweltbedingungen im gewissen Sinne in die Planungen schon der ersten Nachkriegsjahre eingeflossen. Dennoch mag diese — zweifellos etwas akademische — Einteilung der Nachkriegsbautätigkeit im Hamburger Hafen sozusagen das Motto charakterisieren, unter dem sie in den einzelnen Perioden vorzugsweise stand.

B. Allgemeiner Überblick über die bauliche Entwicklung 1953-1963

1. Seewärtige Zufahrt

Die Lage Hamburgs, rund 100 km landeinwärts von der Küste, ist heute wie früher ein nicht zu unterschätzender Vorteil des Hafens. Diese verhältnismäßig lange Zufahrt muß jedoch in einem Zustand erhalten werden, der den neuesten Entwicklungen angepaßt ist. Hamburg hat beim Bund, der für diese Wasserstraße überwiegend zuständig ist, erreicht, daß sie auf 11 m unter MTnw ausgebaggert und daß die Vertiefung auf 12 m unter MTnw nach Abschluß des Planfeststellungsverfahrens begonnen. Heute können Schiffe von 45—48000 tdw (je nach Bauart) voll beladen den Hafen und seine Anlagen mit der Tide erreichen; nach der Vertiefung auf 12 m werden ihn Schiffe von 60000 bis 65000 tdw aufsuchen können. Hamburg hat diese Vertiefungen auf der delegierten Elbstrecke (d. h. innerhalb der Hamburger Landesgrenzen) und in den Hafenbecken, soweit dort nötig, seinerseits schon ausgeführt oder wird sie ausführen; von den Kosten der Vertiefung trägt es infolgedessen etwa ein Drittel.

Darüber hinaus errichtet der Bund an der Unterelbe eine Kette von sechs Landradarstationen, die der Schiffahrt bei unsichtigem Wetter als Navigationshilfe dienen werden. Die Fortsetzung im hamburgischen Bereich bilden 5 Stationen, die Hamburg errichtet. Das Gesamtsystem soll Ende 1964 fertiggestellt sein; Teile sind bereits in Betrieb.

Zur Erleichterung des Wasserverkehrs im Hafen wurde UKW-Sprechfunk eingerichtet, an den der Lotsendienst sowie die Hafenschiffahrt, soweit sie es wünschte, angeschlosen sind.

2. Verkehrsanlagen

Abgesehen von der Verbesserung der Eisenbahnanlagen im Zusammenhang mit der neuen Hamburger Kaiaufteilung wurden die Bezirksbahnhöfe an den Wurzeln der Kaizungen weiter ausgebaut und modernisiert, ein Teil des neuen Haupthafenbahnhofs Hohe Schaar gebaut und mit dem Umbau des Haupthafenbahnhofs Hamburg-Süd zum Zwecke der Leistungssteigerung und Modernisierung begonnen. In den Hafenbahnhöfen Hohe Schaar und Hamburg-Süd wird Vorsorge getroffen, daß nach Elektrifizierung der Bundesbahn-Nordsüdstrecke die von Süden nach Hamburg kommenden Züge ohne Lokwechsel in diese Bahnhöfe einfahren und aus ihnen ausfahren können (Überspannung der Ein- und Ausfahrgruppen); der Rangierbetrieb und der Zustellbetrieb zum Kai werden dagegen nicht elektrifiziert.

Für den Straßenverkehr wurden mehrere neue Aufschließungs- und Verbindungsstraßen, insbesondere in den bisher weniger entwickelten Teilen des Hafengebietes gebaut, daneben viele Erweiterungen ausgeführt. Das schwierigste Problem stellt sich bei der Haupthafenstraße, die sich vom Brooktor über Versmannstraße, Freihafenelbbrücke, Veddeler Damm, Rossdamm erstreckt (s. Plan); sie kann den stark angestiegenen Straßenverkehr nur noch mühsam bewältigen. Der kritischste Punkt in diesem Straßenzug ist die höhengleiche Kreuzung mit der Hafenbahn westlich des Reiherstiegs (Argentinienbrücke). Hier ist mit dem Bau einer Überführung der Straße über die Eisenbahn begonnen worden, wobei sich die Notwendigkeit ergibt, eine zweite Straßenbrücke über den Reiherstieg und eine 300 m lange zweispurige Hochstraße zu bauen. Daneben ist die Verbreiterung des gesamten Straßenzuges ins Auge gefaßt; diese Maßnahme wird sich über mehrere Jahre erstrecken.

Die Güterbewegung zwischen Freihafen und Zollinland muß über Zollämter abgewickelt werden. Von der Flüssigkeit des Betriebes an diesen Nahtstellen hängt die glatte Verkehrsabwicklung mit dem Freihafen sehr wesentlich ab. Das Straßenzollamt Niederbaum an der Nordwestzufahrt und das Straßenzollamt Veddel an der Zufahrt von und zur Autobahn wurden vollständig erneuert und dem modernen Verkehr angepaßt. Das Straßenzollamt Meyerstraße (Nordostzufahrt) wird verlegt und modernisiert; die entsprechenden Arbeiten sind im Gange.

Die Hafenschiffahrt, der dritte Verkehrsträger im Hafen, stellt nur relativ geringe Anforderungen, weil sein Verkehrsweg, die Wasserfläche, ohnehin vorhanden ist. Die Liegeplätze für die Hafenschuten sind vermehrt und verbessert worden; weitere sind für die nächste Zeit vorgesehen.

3. Umschlaganlagen

Dem Stückgutumschlag konnten die neu erbauten Schuppen 43/44 (Fruchtschuppen mit Heizung), 60/61, 76/77 und 10/11 (Europafahrt) zusätzlich zur Verfügung gestellt werden. Damit wurden rund 50000 m² neuer Schuppenfläche geschaffen. Die Schuppen 80/81 wurden durch Verbreiterung der wasserseitigen Rampen und Verbesserung der Eisenbahnanlagen sowie durch Ausstattung mit Vollportalkränen modernisiert. Für den Bananenumschlag wurde ein weitgehend mechanisierter heizbarer Spezialschuppen mit den zugehörigen Anlagen für die Binnenverkehrsträger (Eisenbahn und Lkw) neu geschaffen. Mit dem Neubau und der Modernisierung dieser Schuppen gingen gleichzeitig der Neubau der entsprechenden Kaianlagen (Verbesserung der Wassertiefe), die Neuausstattung mit Kränen und Gerät sowie die Erneuerung und Modernisierung der Eisenbahn- und Straßenanlagen einher. Die „Hamburger Kaiaufteilung", die nach dem letzten Kriege für die Stückgutumschlaganlagen entwickelt wurde, mit der breiten wasserseitigen Rampe, den Eisenbahngleisen an der Wasserseite, der Ladestraße für Lkw an der Landseite des Schuppens sowie der Straße für den fließenden Verkehr in der Mitte der Kaizunge hat sich im Betriebe bewährt. Nicht überall war es bei den neu geschaffenen Anlagen möglich, die wünschenswerten Idealmaße zu erreichen, da sie in einem bestehenden Hafengebiet mit seinen vorhandenen Wasser- und Landflächen gebaut werden mußten, die nur in begrenztem Umfange verändert werden konnten.

Im Jahre 1962 wurde mit dem Bau einer zentralen Schuppenanlage für Export-Sammelgüter begonnen. Diese Güter werden gegenwärtig an zwei Stellen im Hafen an provisorisch dafür eingerichteten Schuppengruppen abgefertigt. Die neue Anlage wird die provisorisch benutzten Kaischuppen für den Seegüterumschlag freimachen und wirtschaftlicher als jene betrieben werden können. Bei der Erneuerung der eingangs erwähnten Schuppen war es nicht zu umgehen, daß für den Landverkehr zusätzlich Wasserflächen in Anspruch genommen werden mußten, wodurch Dalbenliegeplätze verloren gingen. Auch wegen des Platzbedarfs für die Bewegung größerer Schiffe mußten einige solcher Liegeplätze geopfert werden. Zudem entsprachen die alten Reihen hölzerner

Additional material from *1962/1963*,
ISBN 978-3-642-46023-4 (978-3-642-46023-4_OSFO1),
is available at http://extras.springer.com

Dalben in ihrer Gruppierung nicht mehr den Notwendigkeiten der modernen längeren Schiffe. In einem über mehrere Jahre sich erstreckenden Programm wurden neue Liegeplätze mit Stahldalben geschaffen und vorhandene ältere Liegeplätze mit Stahldalben ausgestattet.

In einem seit 1949 laufenden Programm wurden die Anlagen des Hamburger Fischereihafens erneuert und erweitert. Während der letzten Jahre wurde das Programm durch Räumlichkeiten und Einrichtungen für die Übernahme, Lagerung und Behandlung von tiefgefrorenem Fisch ergänzt.

Die zerstörten Speicher und Lagerhäuser sind größtenteils wieder auf- bzw. neugebaut, so daß im Hafen heute rund 500000 m² Lagerfläche verfügbar sind (1938: rund 700000 m²). Der Wiederaufbau des Kaispeichers A am Kaiserhöft, dessen eine Front am seeschifftiefen Wasser liegt, ist im Gange; nach seiner Fertigstellung werden Güter nicht nur aus Hafenschiffen, sondern auch unmittelbar aus Seeschiffen für längere Lagerung übernommen werden können.

Zur Frage der Hamburger Tankschiffhäfen wurde 1956 eine Denkschrift vorgelegt. Sie enthält ein Programm zum Bau dreier Tankschiffhäfen für Großtanker, eines Hafens für mittlere Tanker und zur Verbesserung des vorhandenen Petroleumhafens (ebenfalls für mittlere Tanker). Wie in Hamburg üblich, ging man davon aus, daß die Stadt die Hafenbecken zu schaffen hätte; die notwendigen Löschbrücken und Dalben sollten dagegen von den die Liegeplätze nutzenden Firmen gebaut werden. Die 3 Häfen für Großtanker (Kattwykhafen, Neuhöfer Hafen und Köhlfleethafen) sind inzwischen fertiggestellt und in Betrieb. Von den zur Verbesserung des Petroleumhafens vorgesehenen Arbeiten wurde bisher etwa ein Drittel ausgeführt.

4. Hafenindustrie

Zur Ansiedlung von Industrie wurde die ehemalige Elbinsel Hohe Schaar (südwestlich von Wilhelmsburg) aufgespült, damit wurden etwa 150 ha baureifen Geländes gewonnen. Da geeignete Flächen für weitere Hafen- und Verkehrsanlagen sowie für die Ansiedlung von Industrie im Hafenbereich nicht mehr verfügbar waren, wurde 1961 das „Gesetz zur Erweiterung des Hafens Hamburg“ erlassen. Es bestimmt Flächen, die heute im wesentlichen landwirtschaftlich genutzt sind, im Umfange von rund 2500 ha zum „Hafenerweiterungsgebiet“ und regelt deren Inanspruchnahme — notfalls im Wege der Enteignung — sowie die Entschädigung der bisherigen Eigentümer. Die Hansestadt kann seitdem — vorwiegend im Gebiet westlich der Süderelbe und des Köhlbrand — Flächen notfalls enteignen, um sie der Aufschließung für Zwecke der Hafenerweiterung zuzuführen. Eine erste Stufe dieser Aufschließung befindet sich in der Durchführung; dabei handelt es sich zunächst vorwiegend um die Aufhöhung niedrig liegender Flächen, an die sich die verkehrsmäßige Erschließung durch den Bau von Straßen und Bahngleisen sowie die Herstellung der see- bzw. flußschifftiefen Verbindungen zu den vorhandenen Wasserstraßen anschließen wird. Für den erforderlichen Grunderwerb wurde dabei das Enteignungsrecht noch nicht benötigt, weil eine Vereinbarung zwischen der Stadt und dem Bauernverband die Übertragung des Grundeigentums gütlich regelt.

C. Weitere Planungen

Hafenplanung ist eine Aufgabe, die sich immer wieder von neuem stellt. Die Randbedingungen sind durch die Morphologie des Hafenplatzes und durch die bestehenden Anlagen und Bauwerke gegeben. Innerhalb des so gesteckten Rahmens können die Planungen für eine absehbare Zukunft festgelegt werden. Für die Generalplanung, die sich mit den Zielen einer ferneren, noch nicht überschaubaren Zukunft zu beschäftigen hat, können nur grobe Umrisse gegeben werden. Diese Leitplanungen müssen dauernd überprüft und den jeweils neuesten Entwicklungen in Schiffahrt und Wirtschaft entsprechend verändert werden. Dabei sind, insbesondere bei einem Welthafen, nicht nur die Wirtschaftsentwicklung des eigenen Einzugsbereiches und Nationalstaates, sondern auch die Entwicklungen in der Weltwirtschaft wirksam.

Für die Generalplanung des Hamburger Hafens sind die Randbedingungen abgesteckt durch das steile Nordufer der Elbe im Norden, durch die Eisenbahn, die die nördlich und südlich des Hafengebietes liegenden Stadtteile miteinander verbindet, im Osten und durch die Bebauung hinter dem Deich südlich der Alten Süderelbe im Süden (s. Abb. 3 auf Tafel I, Übersichtsplan). Da dieser Rahmen bis auf geringe Restflächen im Osten ausgefüllt ist, kann der Hafen nur nach Westen entwickelt und erweitert werden. Solange Generalplanung für den Hamburger Hafen betrieben wird, war dieser Grundzug bereits klar. Die Eisenbahnverbindung im Osten ist in der Mitte des vorigen Jahrhunderts etwa zu der Zeit entstanden, als beim Übergang vom Reedehafen zum Hafen mit tideoffenen Becken die ersten Entschlüsse für einen großzügigen Ausbau gefaßt wurden. Weitsichtig hat man damals die Brücken für die Eisenbahn über Norder- und Süderelbe, die den Seeschiffen die Fahrt stromauf sperren mußten, sehr weit ostwärts angeordnet. In den Planungen kurz nach der Jahrhundertwende wurde bereits angenommen, daß die Hafenanlagen von Hamburg und dem damals noch preußischen Harburg eines Tages über den Wilhelmsburger Raum zusammenwachsen würden. Heute liegen folgende Gedanken der Planung für den Hamburger Hafen zu Grunde:

1. Seewärtige Zufahrt

Für die Seeschiffszufahrt auf der Unterelbe zwischen Cuxhaven und Hamburg hat sich auf Grund neuester strombautechnischer Überlegungen die Erkenntnis durchgesetzt, daß mit der bevorstehenden Vertiefung des Fahrwassers auf 12 m bei MTnw die technischen Möglichkeiten noch nicht erschöpft sind. Der kritische Punkt für die Zufahrt (Barre) liegt jedoch in der Außenelbe etwa auf der Höhe von Neuwerk. Die wandernden Sände an dieser Stelle sind bisher nicht sicher zu beherrschen, und die künftigen Möglichkeiten der Vertiefung des Fahrwassers an dieser Stelle sind gegenwärtig noch nicht zuverlässig zu beurteilen. Als Niedersachsen das für einen Vorhafen (falls ein solcher nötig werden sollte) vorgesehene Hamburger Reservat-Gebiet in Cuxhaven zur Erweiterung seines Fischereihafens zu erwerben wünschte und ein von Hamburg auszuwählendes Ersatzgelände anbot, entstand der Gedanke, dafür Flächen im Wattenmeer zu wählen, die es gestatten würden, die Einfahrt zu einem künftigen Vorhafen seewärts der genannten Barre an die natürliche 20 m-Linie der Nordsee anzuschließen. Diese Überlegungen führten schließlich 1961 zu einem Staatsvertrag zwischen Niedersachsen und Hamburg über den Austausch von Hoheitsgebieten. Sollten künftige Untersuchungen endgültig zeigen, daß im Bereich der Barre in der Außenelbe größere Wassertiefen als 12 m nicht hergestellt werden können, so daß eine weitere Vertiefung der Unterlebe über 12 m bei MTnw hinaus zwecklos wäre, und sollten Schiffe für Hamburg Bedeutung erlangen, die eine größere Tiefe als 12 m benötigen, so wird Anlaß gegeben sein, den Bau eines Vorhafens bei Neuwerk/Scharhörn zu erwägen. Die staatsrechtlichen Voraussetzungen sind durch den erwähnten Staatsvertrag geschaffen worden.

2. Verkehrsanlagen

Hamburg besitzt als einziger bedeutender Seehafen der Bundesrepublik keinen vollschiffigen Anschluß an das Binnen-Wasserstraßennetz. Die Bemühungen Hamburgs um den Bau des Nordsüdkanals, der als Elbe-Seitenkanal diese Verbindung herstellen würde, werden hier als bekannt vorausgesetzt. Mit dem Bau dieses Kanals und ebenso mit einer Verbesserung der Wirtschaftsbeziehungen zum Osten wird der Binnenschiffsverkehr von und nach Hamburg voraussichtlich wieder erheblich zunehmen. Dann müssen neue Liegehäfen und Koppelstellen für Binnenschiffe geschaffen werden. Sie sind in der Billwerder Bucht und oberhalb der Süderelbbrücken im Gebiet von Neuland vorgesehen. Auch südlich der Autobahn in Obergeorgswerder könnten Flächen für solche Zwecke gefunden werden.

Die Elektrifizierung der Eisenbahnstrecken von Hamburg nach Süden wird deren Belastbarkeit ab 1965 wesentlich erhöhen und damit auch dem besseren Zu- und Ablauf der Eisenbahngüter nach und von Hamburg dienen. Die Bundesbahn plant weiterhin den Um- und Ausbau der Verschiebebahnhöfe Wilhelmsburg und Maschen für die Güterzugabfertigung. Für die Zukunft wird dadurch eine noch schnellere und reibungslose Bedienung der Hamburger Hafenanlagen auf der Schiene erreicht. Über die Planungen für die Verbesserung der Hafenbahnanlagen wird weiter unten berichtet (Kap. IV, S. 134).

Der großräumige Anschluß an das Netz der deutschen und europäischen Durchgangsstraßen ist mit der Fertigstellung der Bundesautobahn Hamburg-Frankfurt-Basel hergestellt. Zur Bedienung des Süd-Ost-Raumes des Hamburger Hinterlandes (östliches Bayern, Österreich) fehlt noch der Bau der Autobahnstrecke Hersfeld-Würzburg. Mit der westlichen Umgehung Hamburgs durch eine neue Autobahnstrecke, deren Ausführung für die nächsten Jahre vorgesehen ist, werden auch die Hafenteile westlich vom Köhlbrand einen unmittelbaren Anschluß an das Fernstraßennetz erhalten.

Für den Straßenverkehr im Hafen selbst liegt die wichtigste Aufgabe in einer weiteren Verbesserung der Haupthafenstraße. Am Brooktor, wo die Verkehrsströme der drei nördlichen Freihafenzufahrten zusammentreffen, wird im Zusammenhang mit einer großzügigen Entlastung dieses Verkehrsknotens eine Überführung des Straßenverkehrs über die Hafenbahn nötig werden, zumal eine Erweiterung und Verbesserung des Hafenbahnhofs Kai-Rechts, der die Häfen am Nordufer der Elbe bedient, geplant ist. Erst diese Verkehrsverbesserung für Schiene und Straße wird die Vorsaussetzungen für die Nutzbarmachung derjenigen rechtselbischen Hafenanlagen (Sandtorkai, Dalmannkai) für den Stückgutumschlag ermöglichen. die bisher noch nicht wieder dem Seegüterumschlag dienen.

Der Straßenabschnitt südlich der Norderelbe soll nach und nach durchgehend vierspurig ausgebaut werden. Der erste Abschnitt dieser Maßnahme ist im Bau (vgl. B 2, Abs. 2). In Zusammenarbeit mit dem Tiefbauamt der Hansestadt soll ferner eine südliche Umgehungsstraße für den Freihafen („Hafenrandstraße") geschaffen werden, die den Durchgangsverkehr aus dem Freihafen abzieht; auf großen Teilstrecken können dafür bereits vorhandene Straßen benutzt werden. Wenn die Ansiedlung von Betrieben und Anlagen westlich des Köhlbrand es erfordert, kann diese Straße an ihrem Westende durch einen Tunnel unter dem Köhlbrand mit dem Straßennetz auf Waltershof und der „Westlichen Umgehung Hamburgs" (Bundesautobahn) verbunden werden.

3. Umschlaganlagen

Für den Stückgutumschlag können noch Reserven im Gebiet des alten Freihafens mobilisiert werden. Nach Fertigstellung des Verteilerschuppens stehen die bislang diesem Spezialverkehr dienenden Schuppen 2—5 und 54—56 nach ihrer Modernisierung wieder für Seegüter zur Verfügung. Ferner ist es möglich, auf der Kaizunge Tollerort zwischen Vorhafen und Kohlenschiffhafen weitere Schuppen zu errichten. Andere Schuppenkais können noch modernisiert werden. Die Wirksamkeit der Stückgutanlagen kann im alten Freihafen (östlich vom Köhlbrand) durch solche Maßnahmen um etwa 35% des heutigen Standes gesteigert werden. Daneben steht für künftige Erweiterungen im Stückgutsektor die Hafengruppe Waltershof zur Verfügung. Für diese wird noch Planungsarbeit erheblichen Umfanges nötig sein, weil die in ihrer Anlage vor dem ersten Weltkrieg konzipierten Kaizungen nach den inzwischen gemachten Erfahrungen heute für eine gute Bedienung mit der Eisenbahn zu lang erscheinen und die internationale Entwicklung des Containerverkehrs, der zu seiner Abfertigung sehr große Freiflächen erfordert, ebenfalls eine Überprüfung der nunmehr über 50 Jahre alten Konzeption dieser Kaizungen erzwingen könnte, falls dieser Verkehr einmal in größerem Umfange Hamburg berühren sollte. Im alten Freihafen östlich des Köhlbrand sind ausreichend große Flächen dafür nicht vorhanden, so daß Anlagen für den Containerverkehr nur in Waltershof geschaffen werden könnten.

Insgesamt ermöglichen die Raumreserven des Freihafens eine Erweiterung der Stückgutkapazität um etwa 80—100% der heutigen.

Ob mit der Ansiedlung von Hafenanlagen für den Stückgutverkehr auf Waltershof in der Nähe dieser Häfen auch Lagerhäuser — etwa gar eine neue Speicherstadt — entstehen werden, ist noch nicht zu erkennen. Da die Nähe der City für Anlagen zur langfristigen Lagerung bisher als ausschlaggebend gilt, werden neue Speicher in Waltershof möglicherweise nicht attraktiv sein. Die vorhandene Speicherstadt im östlichen Freihafen kann glücklicherweise in der Gegend Brooktor und Magdeburger Hafen noch durch Neubauten so erweitert werden, daß die Lagerflächen um etwa 50% vermehrt werden können.

4. Industrieansiedlung

Für die Ansiedlung hafengebundener Industrie- und Gewerbebetriebe mit begrenzten Ansprüchen an Flächengröße und Wassertiefe in der Zufahrt soll Gelände am Ostufer des Reiherstiegs in den nächsten Jahren erschlossen werden. Andere Gebiete sind für solche Zwecke ostwärts von Köhlbrand und Süderelbe nicht mehr vorhanden. Flächen für Industrieansiedlung stehen aber im Hafenerweiterungsgebiet westlich von Köhlbrand und Süderelbe in jeder Größe zur Verfügung. Hier wird jetzt ein Hafenbecken nördlich Altenwerder als Tankschiffhafen gebaut. In seinem Bereich (etwa 50 bis 80 ha) wollen sich Betriebe des Handels mit Öl und Ölprodukten niederlassen.

Die erste Stufe der Aufschließung des Hafenerweiterungsgebietes wird den Raum zwischen Moorburg, Altenwerder, Waltershof und Finkenwerder umfassen und etwa bis zur Linie A—B (s. Plan) reichen. Die in diesem Gebiet anzulegende Hafengruppe wird ihre seewärtige Zufahrt von der Unterelbe über das Köhlfleet finden, das von einem Landverkehrsweg mit beweglicher Brücke gekreuzt werden muß. Über die Brücke werden die bereits vorhandene Straße und Eisenbahn führen, die das Wohn- und Industriegebiet von Finkenwerder nach Osten anschließen. Eine bewegliche Brücke erscheint an dieser Stelle vertretbar, weil die dahinter liegenden Industriehäfen bei weitem nicht so oft von Schiffen aufgesucht werden wie beispielsweise Stückguthäfen. Im Süden, etwa im Zuge der Alten Süderelbe, wird diese Hafengruppe eine Zufahrt für Binnenschiffe über einen Kanal erhalten.

Die zweite Aufschließungsstufe des Hafenerweiterungsgebietes zwischen Finkenwerder und Francop-Neuenfelde (westlich der Linie A—B vgl. Übersichtsplan, Abb. 3 auf Tafel I) wird voraussichtlich westlich Finkenwerder eine seewärtige Zufahrt von der Unterelbe her erhalten müssen. Die vorhandene Waltershofer Bahn, die von der Strecke Hamburg-Cuxhaven abzweigt, kann für die Bedienung des Hafenerweiterungsgebietes ausgebaut und mit entsprechenden Rangieranlagen ausgestattet werden. Der vorhandene Straßenzug zwischen Waltershof und der Bundesstraße 73 (Hamburg-Cuxhaven) wird bereits ausgebaut und erhält südlich der Alten Süderelbe eine neue Linienführung; er soll als Hauptstraße für die Aufschließung der ersten Stufe des Hafenerweiterungsgebietes dienen. Die Führung der örtlichen Aufschließungsstränge für Schiene und Straße ist noch nicht im einzelnen festgelegt. Sie können entsprechend den Ansiedlungswünschen variiert werden.

D. Forschung im Wattengebiet der Elbmündung

Durch den schon erwähnten Staatsvertrag zwischen der Freien und Hansestadt Hamburg und Niedersachsen über die Neuordnung der Rechtsverhältnisse in Cuxhaven und im Gebiet der Elbmündung erhielt Hamburg das in Abb. 4 dargestellte Wattengebiet in der Elbmündung mit der Insel Neuwerk und der nicht sturmflutfreien Düne Scharhörn als Hoheitsgebiet (Exklave) zugesprochen. Dieses rund 9000 ha große Gebiet bietet auf lange Sicht folgende Vorteile:

es gestattet den Anschluß eines neuen Hafens an eine Wassertiefe von 20 m und mehr, die sich selbst erhält;

es bietet Platz für jeden denkbaren Güterumschlag und für eine zwar nicht unbegrenzte, aber doch recht großzügige Industrieansiedlung;

gute Landverkehrsanschlüsse können hergestellt werden;

in dem Großraum um Cuxhaven mit seiner Umgebung ist eine günstige Ausgangslage im Hinblick auf Wohngebiete, Handel, Gewerbe, Industrie, Banken und Verkehrswesen vorhanden;

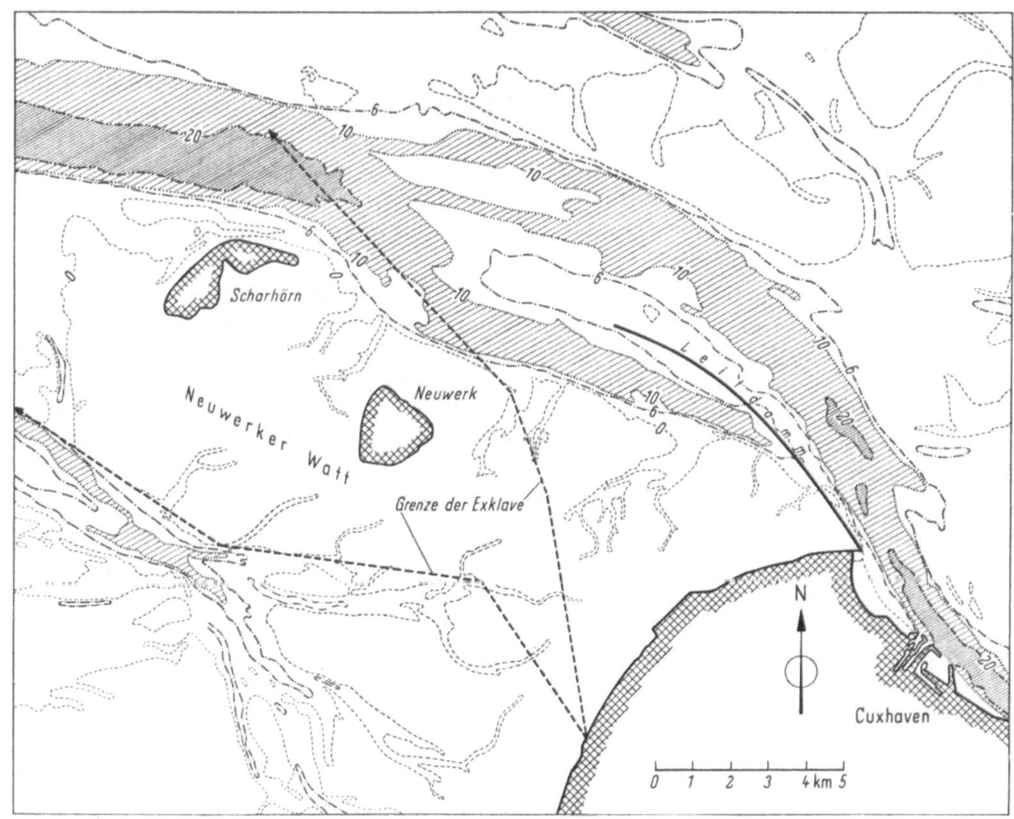

Abb. 4. Forschungsgebiet Neuwerk — Scharhörn.

die Versandung und Verschlickung des Hafens wird voraussichtlich sehr gering gehalten werden können, jedenfalls unvergleichlich geringer als irgendwo an der Unterelbe;

die Versorgungseinrichtungen machen kaum größere Schwierigkeiten als anderswo im Elbmarschgebiet;

hinsichtlich des Baugrundes sind verhältnismäßig günstige Verhältnisse zu erwarten;

Herstellung und Aufschließung des Geländes werden voraussichtlich geringere, keinesfalls jedoch höhere Kosten verursachen als Erwerb und Aufschließung in Gebieten mit unzähligen Privateigentümern.

Diesen außerordentlichen Vorteilen steht folgender Nachteil gegenüber:

Bevor an irgendwelche Baumaßnahmen herangegangen werden kann, muß man sowohl deren Auswirkungen auf die weiteste Umgebung (Küste, Wattengebiete, Außenelbe) als auch Art und Ausmaß der erforderlichen Schutzmaßnahmen kennen. Dafür genügen die bisher vorhandenen Untersuchungen bei weitem nicht. Obwohl ein Anlaß zum baldigen Baubeginn innerhalb dieses Vorhafengebietes zur Zeit noch nicht zu erkennen ist, wurde eine Forschungsgruppe gebildet, weil nur langfristig mit genügend sicheren Ergebnissen gerechnet werden kann. Diese Forschungsgruppe wird in engem Einvernehmen mit ähnlichen Dienststellen des Bundes und Niedersachsens sowie für Spezialfragen mit allen geeignet erscheinenden Instituten zusammenarbeiten. In groben Zügen sind folgende Untersuchungen vorgesehen:

gründliche Auswertung meteorologischer Beobachtungen;

Wasserstandsbeobachtungen mittels eines Netzes von Schreibpegeln, dessen Lage und Dichte voraussichtlich im Laufe der Zeit verändert werden muß;

Messungen von Seegang und Brandung mit verschiedenen Geräten und nach verschiedenen Methoden an besonders ausgewählten, aber zahlreichen Stellen;

Messungen von Tide- und Küstenströmungen mit Schreibgeräten, Schwimmern u.a.

Sandwanderungsmessungen nach direkten Methoden (Leitstoffe) sowie über die Beobachtung von morphologischen Änderungen, Sinkstofftransport usw.

morphologische Untersuchungen und Messungen durch ein breit angelegtes Programm häufig wiederholter Peilungen, ferner durch Nivellements und Luftbildvermessung (Abb. 5); gute elektrische Ortungsgeräte mit hoher Genauigkeit, die auch bei unsichtigem Wetter und Dunkelheit Peilarbeiten gestatten, sind dafür Voraussetzung;

Bodenuntersuchungen auf geologischer und technischer Basis, evtl. bereits ausgeweitet in bodenmechanische Untersuchungen;

biologische Untersuchungen zur Gewinnung weiterer Erkenntnisse über die Oberflächenveränderungen;

Vergleich historischer Karten und Segelanweisungen für Rückschlüsse über langfristige Änderungen;

Beobachtungen über die Eisverhältnisse, im wesentlichen durch Luftbilder;

nach Gewinnung einer ausreichenden Anzahl von Meßwerten sollen bestimmte Fragen durch Modellversuche geklärt werden.

Die Größe des Untersuchungegebietes und der Umfang der Aufgabe erfordern eine gute Ausstattung der Forschungsgruppe mit verschiedenartigen Land- und Wasserfahrzeugen. Hier ist insbesondere ein Forschungsschiff zu nennen, das bei 27 m Länge und 6 m Breite im Tiefgang durch Ballasttanks zwischen 1,7 m und 1,3 m variiert werden kann. Es wird nicht nur im Peil- und Vermessungsdienst, sondern auch zum Versetzen schwerer Meßgeräte sowie als Arbeitsschiff für alle denkbaren Aufgaben verwendet. Daneben verfügt die Forschungsgruppe über mehrere kleine Spezialfahrzeuge, eine Laborausrüstung usw. und wird für Messungen in schwerem Seegang vor dem Scharhörnriff nach Bedarf geeignete große Fahrzeuge anmieten. Für besondere Aufgaben ist der Einsatz gecharterter Hubschrauber vorgesehen. Schließlich sei erwähnt, daß für den Verkehr und Transport über das Watt außer geeigneten Motorfahrzeugen in großem Umfang auch Pferdefuhrwerke benützt werden müssen.

Die Weitläufigkeit des Untersuchungsgebietes, das naturgemäß weit über die Grenzen der Exklave hinausgeht, bedingte den Bau von 2 Stützpunkten auf Neuwerk und Scharhörn, von denen der erstere für längere Aufenthalte mit ausreichenden Arbeitsmöglichkeiten eingerichtet ist. Außerdem muß der für die hier skizzierten Zwecke unzureichende kleine Bauhafen auf Neuwerk erweitert werden.

Über die Ergebnisse des Forschungsprogramms, das trotz seines Charakters als ausgesprochene Zweckforschung auch manches interessante Ergebnis für die Grundlagenforschung im Küstenraum der Nordsee bringen dürfte, wird zu gegebener Zeit an geeignter Stelle berichtet werden.

II. Die Strombauaufgaben im hamburgischen Elbebereich

Von Baudirektor Dipl.-Ing. **Kurt Feuerhake** (Abschn. A, B, C),
Erster Baudirektor Dr.-Ing. **Hans Laucht** (Abschn. D),
Oberbaurat Dr.-Ing. **Erich Stehr** (Abschn. E),

A. Fahrwasser und Ufersicherung

1. Ausbau und Unterhaltung des Fahrwassers

Mit dem Wiederaufbau im Hafen waren bis zum Anfang der fünfziger Jahre auch die Zufahrten von See und von der Oberelbe durch Beseitigung von zahlreichen Wracks, durch Wiederherstellung der Fahrwasserbezeichnungen, durch Regulierungsmaßnahmen in Ordnung gebracht worden. Insbesondere war die Fahrwassertiefe dem größer gewordenen Regelfrachtschiff des Weltverkehrs angepaßt worden, indem einzelne Hafenbecken eine Tiefe von 9, z. T. bereits von 10 m unter MTnw erhalten hatten. Die Süderelbe unterhalb der Harburger Seehäfen und der Köhlbrand waren für die Tankerfahrt zu der wiedererstehenden Harburger Mineralölindustrie von bisher 8 auf 9 m bei MTnw vertieft worden.[1]

[1] Kreßner, Jahrb. HTG Bd. 20/21, S. 51 ff.

Mit dem Aufbau der Ölraffinerien waren bereits Erweiterungen vorgenommen worden; es zeichneten sich jedoch Pläne für weitere bedeutende Ausdehnung der Werke und Tanklager ab. Hierfür wurden große Geländeflächen und Umschlaganlagen am seeschifftiefen Wasser benötigt. Für den Einsatz von Großtankern für den Rohöltransport bedurfte es ferner weiterer Vertiefung des Fahrwassers, zumal der raschen Zunahme der Tankergrößen die der Massengutschiffe für Trockenfracht, wenn auch mit Abstand hinsichtlich Anzahl und Tragfähigkeit folgte.

Demgemäß begann nach laufenden Vertiefungsbaggerungen kleineren Umfangs 1957 ein mehrjähriges Programm mit dem Ziele, durch Vertiefung der seewärtigen Zufahrten auf 11 m unter MTnw Tankern mit 45000 t Tragfähigkeit bei Ausnutzung der Hochwasserwelle das Anlaufen zu gestatten. Diese Tiefe wurde in der Unterelbe einschließlich Köhlfleeteinfahrt bei Finkenwerder, im Köhlbrand und in der Rethe bis 1962 hergestellt. Dabei mußten zahlreiche Kabel der Stromversorgung und des Fernmeldewesens, Düker der Gas- und Wasserversorgung aufgenommen und tiefer gelegt werden.

Zwischen 1952 und 1963 wurden durch Umbau und Vertiefung vorhandener Ölhafenbecken (Seehafenbecken 4, Reiherstieg- und Petroleumhafen) und Anlage von vier neuen (Kattwyk-, Schluisgrove-, Köhlfleet-, Neuhöfer Hafen) die Voraussetzungen für den Bau der firmeneigenen Umschlaganlagen geschaffen. Mit Ausnahme des Schluisgrovehafens (10 m) erhielten die neuen Häfen eine Wassertiefe von 12 und 13 m unter MTnw.

Die bei den Baggerungen angefallenen Sandmassen wurden zur Aufhöhung tiefliegenden Geländes verwendet. Dieses wiederum wurde zu einem großen Teil für die Mineralölindustrie auf der Hohen Schaar, bei Moorburg und Waltershof bereitgestellt und von ihr bebaut.

Nachdem auch die Bundeswasserstraßenverwaltung auf der Unterelbe eine durchgehende Wassertiefe von 11 m unter MTnw hergestellt hat, werden die Arbeiten für eine Vertiefung auf 12 m nach Abschluß der Planfeststellungsverfahren demnächst in Angriff genommen werden; im Bereich der an Hamburg delegierten Elbstrecke sind sie bereits angelaufen. Damit wird dann das vorläufige Ziel, Tankern mit 60000 bis 65000 t Tragfähigkeit das Anlaufen des Hafens zu ermöglichen, erreicht.

Den grundsätzlich durch Unternehmer ausgeführten Vertiefungsbaggerungen stehen die laufenden Unterhaltungsbaggerungen des staatseigenen Baggereibetriebes gegenüber. Die Übersicht zeigt, daß die hierbei jährlich zu beseitigenden Bodenmassen seit 1953 nur wenig schwanken[1]. Diese bestehen teils aus feinen diluvialen Sanden, teils aus Schlick, überwiegend aber aus einem Gemisch beider. Während die Unterbringung von Sandboden, zumal im Hafenerweiterungsgebiet, aber auch bei neuen Verkehrsbauten des Hafens kein Problem und Schlick für landwirtschaftlich zu nutzende Flächen begehrt ist, macht es oft Schwierigkeiten, für die Aufspülung von „Mischboden“ geeignete Flächen zu finden. Hier müssen mitunter weite Transportwege für das Baggergut und große Spülweiten in Kauf genommen werden. Sehr unangenehm macht sich, namentlich bei den Vertiefungsbaggerungen, die Hinterlassenschaft des letzten Krieges dadurch bemerkbar, daß noch immer Fliegerbomben sowie andere Sprengkörper aus dem Grund der Gewässer zutage gefördert werden. Auf diese Weise wurden von 1953 bis 1963 allein 700 Bomben aller Art und Größe gefunden und entschärft. Daher sind die auf allen Geräten getroffenen Sicherheitsvorkehrungen vorläufig nicht zu entbehren, die jedesmal erforderliche Stillegung des Geräts muß in Kauf genommen werden.

Jahr 1. 1./ 31. 12.	Staatsbagger cbm Schutenm.	Beteiligte Bagger					Privatbagger cbm Schutenm.	Gesamtbaggerleistung cbm Schutenm.
		Eimerbagger gr.	Eimerbagger mittl.	Eimerbagger kl.	Greifbagger	Drehewer		
1953	2845890	3	2	2	4	1	611415	3457305
1954	3164126	3	2	2	4	1	923591	4087717
1955	3092065	3	2	1	4	—	857672	3949737
1956	3102710	3	2	1	4	1	2606639	5709349
1957	2933260	3	2	—	4	—	4292134	7225394
1958	3270721	3	2	1	4	—	2413761	5684482
1959	3257550	3	2	2	4	—	1217995	4475545
1960	2885480	3	2	1	4	—	695797	3581277
1961	2745234	2	2	1	4	—	2022010	4767244
1962	2937390	3	1	—	3	—	4581748	7519138
1963	2710025	3	1	—	4	—	3449031	6159056

Für die Erhaltung der neuen und der zu erwartenden Wassertiefen und für die Bewältigung größerer Spülweiten als bisher reichte die Leistungsfähigkeit der staatlichen Geräte trotz mannig-

[1] Übersicht 1921 bis 1952 vgl. Kreßner Jahrb. HTG Bd. 20/21, S. 53.

facher Umbauten[1], mit denen sie bei der Wiederinstandsetzung in den ersten Nachkriegsjahren verbessert worden waren, nicht mehr aus. In den vergangenen zehn Jahren mußten daher beträchtliche Mittel für die Anpassung des staatlichen Geräteparkes an die neuen technischen Bedingungen investiert werden, womit dessen Modernisierung und eine weitgehende Rationalisierung

Abb. 1. Eimerbagger „Donar".

des gesamten Baggerei- und Schiffahrtbetriebes einhergingen. Von den sieben vorhandenen Eimerbaggern konnten im Laufe dieser Zeit vier ausgesondert werden, nachdem drei durch Umbauten in Leistung und Bedienungsweise verbessert und 1961 ein Neubau „Donar" in Dienst gestellt werden konnte (Abb. 1).

Technische Daten der Bagger und Sauger

Eimerbagger

Name	Baujahr	Größte Baggertiefe in m	Eimerinh. in Liter	Nennleist. in cbm/h	Schüttung/min
Donar	1961	16,7	650	600	20—22
Odin	1883	15,6	450	363	16—18
Köhlbrand ..	1906	12,1	400	250	16
Heimdall....	1928	8,5	300	225	18

Greifbagger

Name	Baujahr	Größte Baggertiefe in m	Greiferkorbinh. in Liter	Nennleist. in cbm/h
Fasolt	1930	20,5	2000	90
Fafner.........	1914	20,0	1800	75—80
Herkules.......	1913	20,0	1800	75—80
Ekke	1911	12,0	750—950	50

Sauger

Name	Baujahr Umbau	Förderpumpe	Zusatz wasser Pumpe	Antriebsart
Sauger V	1909/1959	2000 PSe	545 PSe	Dieselantrieb
Sauger I	1903/1955	900 PSe	375 PSe	Dieselantrieb
Sauger III	1905/1956	900 PSi	250 PSi	Ölfeuerung
Sauger II	1903/1957	800 PSi	270 PSi	Ölfeuerung
Sauger IV	1909	720 PSi	180 PSi	Kohlefeuerung

Der auf der Mützelfeldt-Werft, Cuxhaven, gebaute Bagger Donar hat folgende Abmessungen:

Länge zwischen den Loten	48,40 m
Breite auf Spant	10,00 m
Tiefgang	2,00 m

[1] Kreßner, Jahrb. HTG Bd. 20/21, S. 54.

Sämtliche Baggereinrichtungen werden von einer Dieselkraftanlage elektrisch angetrieben. Diese ist mit zwei MWM-Motoren von je 350 PS bei 500 U/min ausgerüstet, wobei die Feinsteuerung des Eimerkettenantriebes und der Winden über Leonardschaltung bewirkt wird. Die gesamte E-Anlage wurde von der Fa. Still A. G., Hamburg, geliefert.

Der veränderten Leistung der Bagger mußte die der Sauger angepaßt werden. Von den 1950 vorhandenen sechs Saugern wurden in den Jahren 1952 bis 1959 vier umgebaut, einer außer Dienst gestellt. Bemerkenswert ist der Umbau des Saugers V auf Dieselantrieb.

Die auf der Staatswerft Harburg durchgeführten Arbeiten erforderten auch eine Änderung des Schiffskörpers. Die Abmessungen betragen nunmehr:

Länge zwischen den Loten .	33,30 m
Breite auf Spant	9,25 m
Tiefgang	1,83 m

Für den Antrieb der Förderpumpe wurde ein von den Ottensener Eisenwerken A. G., Hamburg, in Lizenz hergestellter Semt-Pielstick-Dieselmotor mit einer Leistung von 2000 PS bei 375 U/min, für die Kraftanlage ein MAN-Motor mit 815 PS bei 750 U/min eingebaut. Die Zusatzwasserpumpe wird durch einen Gleichstrommotor von 400 kW angetrieben, die gesamte E-Anlage wurde von der Still A.G., Hamburg, geliefert.

In der nebenstehenden Übersicht sind die im Unterhaltungsbetrieb eingesetzten Bagger und Sauger mit den wichtigsten technischen Daten aufgeführt.

Im Rahmen der Rationalisierungsmaßnahmen wurden auch die meisten staatlichen Schlepper sowie Inspektionsbarkassen von Dampf- auf Dieselantrieb umgestellt; ein mehrjähriges Erneuerungsprogramm für derartige Fahrzeuge, die vielfach mehr als 50 und 60 Jahre alt waren, steht vor dem Abschluß. Hier verdient der Ende 1963 in Dienst gestellte Neubau „Strom- und Hafenbau" hervorgehoben zu werden (Abb. 2).

Das auf der Yacht- und Bootswerft Burmester, Bremen-Burg, gebaute 23 m lange Schiff ist mit zwei 150 PS-MAN-Motoren, die geräuscharm nach dem M-Verfahren arbeiten, sowie Schottel-Ruderpropellern ausgerüstet und läuft 11 Knoten. Die gesamte Maschinenanlage ist in dem „Clausentender", der als getrennter Schwimmkörper ausgebildet ist und keine starre metallische Verbindung zum übrigen Schiffskörper hat, untergebracht. Auf diese Weise wurde die Forderung, den im Vorschiff befindlichen Konferenzraum von Motorengeräusch freizuhalten, in vollem Umfange erfüllt.

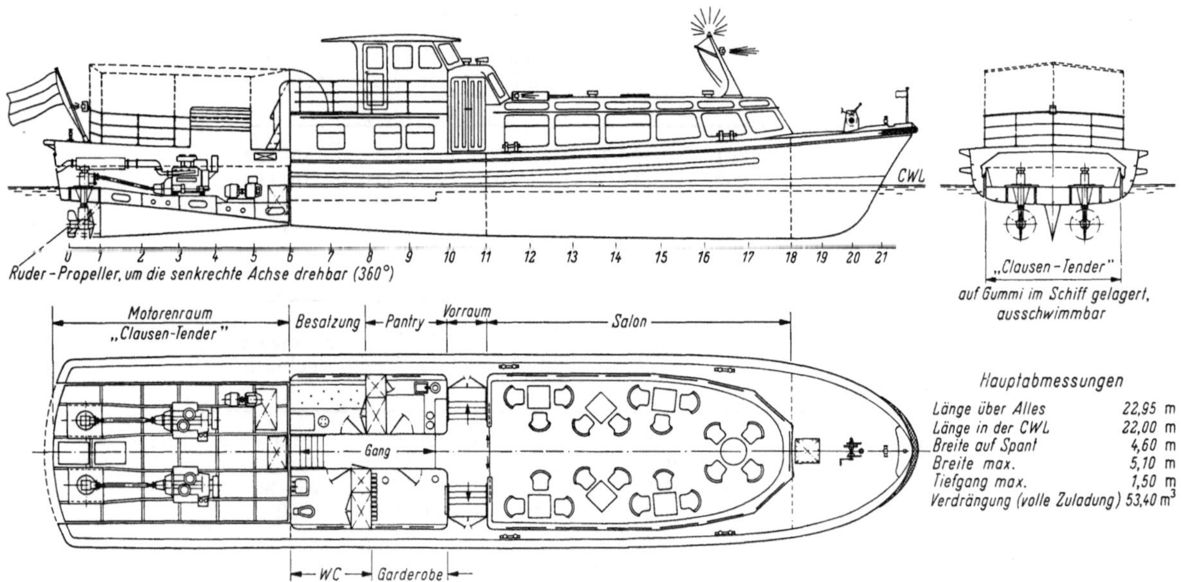

Abb. 2. Bereisungsboot „Strom- und Hafenbau".

2. Uferdeckwerke

Die Ufer der Hafenelbe einschließlich des Köhlbrands sowie der Rethe und des Reiherstiegs liegen überwiegend in Böschung; das gleiche gilt für die Ufer der neuen Ölhäfen und die meisten der Binnenschiffshäfen. Wo zwischen genutzter Geländeoberfläche und Wasser zur Überwindung des Geländesprungs kein Platz für ausreichende Böschungsneigungen vorhanden ist, sind die Ufer erst oberhalb der Vorsetzen — verankerter, bis 2 m über NN reichender Spundwände — geböscht. Abgesehen von einigen Strandflächen, die durch Buhnen gegen Sandabtrieb einigermaßen geschützt sind, bedürfen alle diese Böschungsflächen der Sicherung durch Deckwerke.

In Anlehnung an den früheren Ausbau haben sich überwiegend die in Abb. 3 dargestellten Regelprofile herausgebildet. Danach wurden nicht nur bestehende Deckwerke wo erforderlich erneuert, sondern in dieser Zeit wurden auch rd. 28000 lfdm neue in den Ölhäfen und vor aufgehöhtem Gelände am Strom angelegt. Die durchschnittlichen Kosten (ohne Erdbewegungen) je lfdm Deckwerk betrugen

zu a) 650,— DM (1963)
zu b) 750,— DM (1963)
zu c) 700,— DM (1962)

Die Unterböschung erhält durchweg eine Abdeckung aus Natursteinen (im wesentlichen Granit skandinavischer Herkunft); sie kann meist ohne Sicherung (durch Pfähle zum Beispiel) auf der

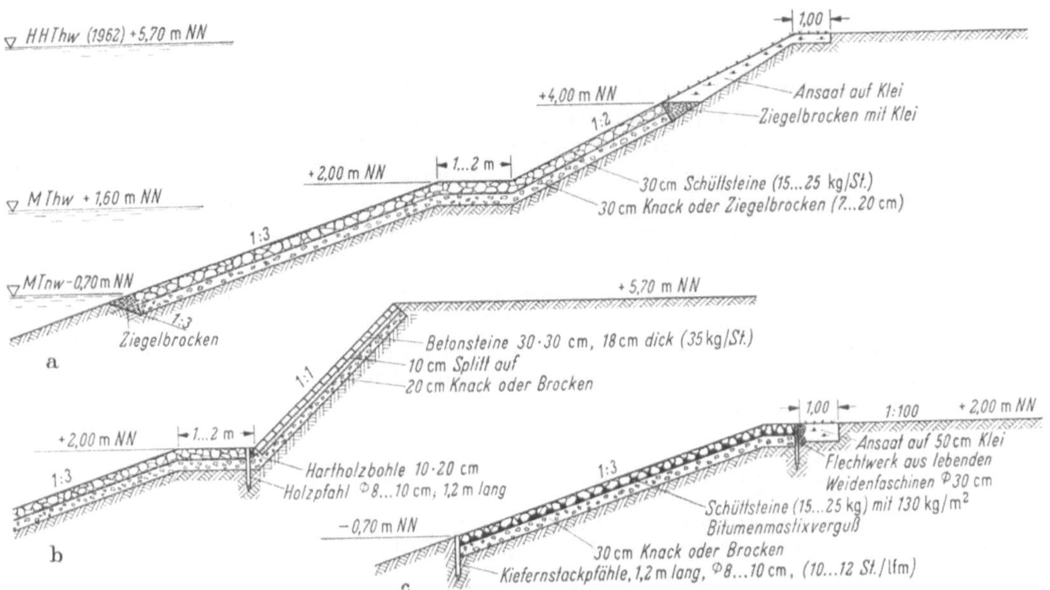

Abb. 3a—c. Regelprofile von Deckwerken am Strom und im Hafen.

Abb. 4. Uferdeckwerk Neuhöfer Hafen.

anstehenden Unterwasserböschung, die 1 : 3 bis 1 : 4 geneigt ist, aufgebaut werden. Die obere Böschung wird je nach dem verfügbaren Gelände ebenfalls mit Natursteinen oder mit Betonsteinpflaster mindestens bis zur Ordinate + 4 m NN befestigt. Die Sicherung wird höhergeführt, wenn die örtliche Lage bzw. der zu erwartende Wellenauflauf es erfordern; im übrigen hat sich oberhalb + 4 m NN Kleiandeckung mit Grasbewuchs bewährt, da dieser im Laufe von zwei Jahren genügend verwurzelt ist, um kurzzeitigen Beanspruchungen bei hohen Sturmfluten standzuhalten (Abb. 4).

Seit einigen Jahren hat der beim Strom- und Hafenbau entwickelte Betonstein „St 35" den bis dahin auf weiten Strecken verwendeten, doppelt so schweren (71 kg) abgelöst. Soweit bisher zu beobachten ist, erfüllt jener seine Aufgabe in gleicher Weise, erlaubt jedoch infolge leichterer Handhabung schnelleren Arbeitsfortschritt und verursacht geringere Transport- und Verlegungskosten.

Die verhältnismäßig aufwendige Ausführung zu c) wurde insbesondere auf Teilstrecken des nördlichen Elbufers zwischen Neumühlen und Blankenese gewählt. Dort wurden durch Mutwillen und Gedankenlosigkeit von Spaziergängern, spielenden Kindern und anderen an den zum Schutz des Strandes angelegten Deckwerken jahrelang Schäden angerichtet, die um ein Vielfaches die normalen durch Sog, Wellenschlag und Eis verursachten übertrafen. Jetzt können die Steine nicht mehr aus dem durch Bitumenverguß befestigten Verband gelöst werden. Auch sonst sind an dem ältesten, über zehn Jahre alten Deckwerk bisher noch keine Unterhaltungsarbeiten erforderlich geworden.

Versuche, Uferbefestigungen mit Bitumendecken oder unter Verwendung von Nylongeweben herzustellen, haben noch zu keinem eindeutigen Ergebnis geführt. Der allgemeine Mangel an Arbeitskräften und hier besonders deren fortschreitende Abwendung von der schweren körperlichen Arbeit im Wasserbau wird jedoch immer dringender zur Aufgabe bewährter Bauweisen zugunsten von weitgehend vorgefertigten oder maschinell ausgeführten Uferschutzwerken zwingen. Diesen wird in den nächsten Jahren verstärkte Aufmerksamkeit zu widmen sein.

Die Unterhaltungsarbeiten, bei denen jährlich u. a. 10000 bis 12000 t Schüttsteine verbaut werden, liegen überwiegend in der Hand des staatlichen Eigenbetriebes; dieser wurde im Rahmen der Rationalisierung mit Raupengreifern ausgerüstet, die mit ihrem Ausleger von 12 m Länge je nach den örtlichen Gegebenheiten sowohl von Land als auch auf einem besonders hergerichteten Ponton vom Wasser aus arbeiten können. Dementsprechend hat sich bei den Arbeitskräften das zahlenmäßige Gewicht von den Hilfsarbeitern zu den Wasserbauwerkern verschoben.

B. Der Hamburger Jachthafen bei Wedel

Von den vier neuen Ölhäfen konnten drei auf Gelände, das bisher noch nicht für Hafenzwecke genutzt worden war, gebaut werden. Der vierte, der Köhlfleethafen, erforderte jedoch die Verlegung des seit 1912 bestehenden Jachthafens Waltershof. Schon seit 1938 hatten Klagen der Großschiffahrt über Behinderung durch Sportsegler und die Sorge um deren Gefährdung in dem engen Revier zwischen Waltershof und Blankenese Untersuchungen über eine günstigere Lage

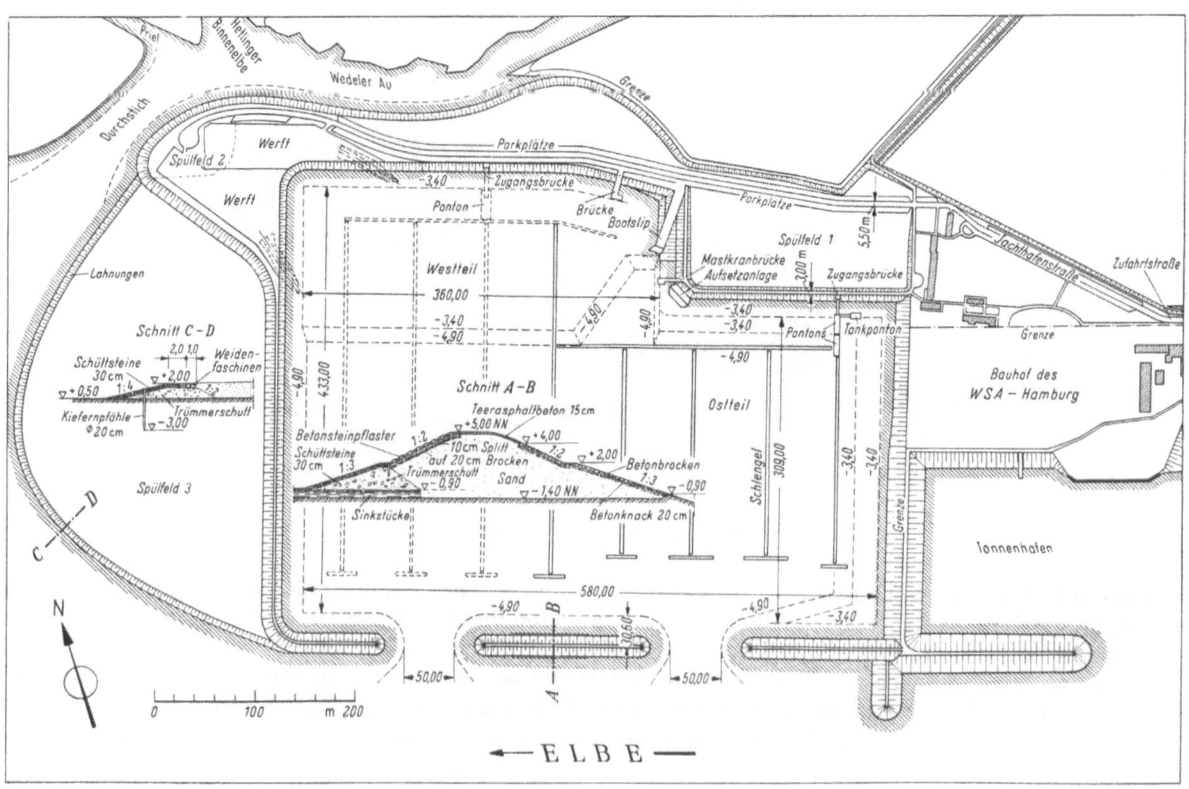

Abb. 5. Jachthafen bei Wedel, Lageplan.

des Jachthafens ausgelöst. Dabei hatte man am nördlichen Elbufer bei Wedel unterhalb des Schulauer Hafens und in unmittelbarer Nachbarschaft des bundeseigenen Tonnenhafens ein geeignetes Gelände — und zwar in Schleswig-Holstein — gefunden, auf das nun zurückgegriffen werden konnte. Die benötigten Landflächen wurden durch Kauf oder Tausch erworben, die Wasserflächen der Bundeswasserstraße Elbe gepachtet.

Es galt nun, dort zunächst die in Waltershof verdrängten rd. 300 Boote unterzubringen, zugleich aber für ausreichende Erweiterungsmöglichkeiten zu sorgen. Die Planung wurde daher auf eine nutzbare Wasserfläche von rd. 25 ha abgestellt. An hochwasserfreiem Gelände für Verkehrsflächen einschließlich Parkplätze, als bebaubare Flächen für Aufenthaltsräume, Unterkünfte und Toiletten sowie für Werk- und Abstellräume der Segler, ferner für mindestens zwei Bootswerften und Lagerhallen wurden rd. 8 ha benötigt. Für die Ausrüstung des Hafens mit Schwimmschlengeln und Haltepfählen war weitgehend die in Waltershof freigewordene zu verwenden (Abb. 5).

Die im flachen Ufergewässer liegende Hafenfläche war zu vertiefen und gegen den Strom und nach Westen mit geeigneten Schutzbauten einzufassen, während sie im Osten an den Umfassungsdamm des Tonnenhafens grenzt. Aus vergleichenden Untersuchungen ergab sich als wirtschaftlichste Lösung für die Hafeneinfassung der Bau von Dämmen, die im Spülverfahren aus Sand hergestellt wurden. Nach der Elbseite erhielten sie auf Sinkstücken eine Schüttsteinvorlage, die bis über MThw reicht, darüber Betonsteinpflaster (Abb. 6). Die Hafenseite ist mit Betonbrocken

Abb. 6. Jachthafen bei Wedel, Befestigung des Elbdammes.

abgedeckt, die aus dem Abbruch des U-Bootbunkers Fink II in Finkenwerder gewonnen wurden. Die Dammkrone ist nach den Erfahrungen der Sturmflut 1962 mit Teer-Asphalt-Beton abgedeckt. Der im Hafenbecken zu baggernde Boden eignete sich nur zum kleinen Teil zum Aufspülen, so daß für den Dammbau und zur Aufhöhung der meist tiefliegenden Landflächen geeigneter Boden in beträchtlichem Umfange anderweitig beschafft werden mußte. Insgesamt wurden fast 600 000 cbm Sand eingebaut, zu dessen Abdeckung rd. 20000 cbm Betonbrocken, Betonknack und Ziegelbrocken sowie 17000 t Schüttsteine und 9000 qm Betonsteinpflaster benötigt wurden. Entsprechend der Zielsetzung des 1. Bauabschnittes wurde zunächst nur der östliche Teil, rd. ein Drittel der Hafenfläche, auf eine Tiefe von 4 m unter MTnw ausgebaggert.

Soweit die alten hölzernen Schlengel aus Waltershof nicht mehr brauchbar waren oder nicht ausreichten, wurden neue auf Schwimmern aus Fichtenstämmen, später aus verzinkten Stahlrohren gebaut. Sie werden teils an Holz-, teils an Stahlpfählen, an denen sie mit der Tide auf- und abgleiten, geführt. Die stevenrecht zum Schlengel liegenden Boote werden vorn oder achtern an Kunststoffbojen festgemacht, die ihrerseits an Grundketten zwischen hölzernen Haltepfählen verankert sind. Die Ausrüstung wird durch eine Mastkranbrücke, eine Aufsetzanlage (für Bodenuntersuchungen und -anstriche), einen Bootsslip und eine Löschbrücke ergänzt. Von dieser aus können Boote bis zu 12 t mittels Autokran ein- und ausgesetzt werden. Die Schlengel sind beleuchtet und mit Trinkwasseranschluß versehen. Eine Mineralölgesellschaft richtete eine schwimmende Tankstelle ein.

Einige vorhandene Gebäude wurden vom Staat erworben, für Toiletten, als Werk- und Lagerräume der Segler hergerichtet und an diese vermietet. Mit Zuführungsleitungen für Strom und Wasser sowie einer rd. 1 km langen Zufahrtstraße, die zum Teil ausgebaut, im übrigen neu gebaut werden mußte, ist das Jachthafengelände an das Versorgungs- und Verkehrsnetz der Stadt Wedel angeschlossen. Für die Aufschließung des Geländes selbst wurden rd. 1,5 km Fahrstraßen gebaut, dazu die Parkplätze für fast 600 PKW.

Die Bauarbeiten wurden im Sommer 1960 mit der Herstellung der Dämme und Aufspülung der Flächen begonnen, und im Frühjahr 1961 konnten die aus Waltershof verdrängten Boote bereits in den neuen Jachthafen, der zunächst nur über eine behelfsmäßige Zufahrtstraße erreichbar war, gelegt werden. Freilich war es nicht möglich gewesen, noch im Laufe des Jahres die Befestigung der Dämme zu vollenden, so daß die Sturmflut vom 16./17. Februar 1962 an diesen, aber auch an der Jachthafenausrüstung sehr beträchtliche Schäden anrichtete. Die Beseitigung der Schäden und die Ausführung der ohnehin noch erforderlichen Arbeiten verzögerten sich so, daß sie erst im Laufe des Jahres 1964 beendet sein werden. Inzwischen hatte die starke Nachfrage dazu geführt, die an drei Schlengeln geschaffenen 340 Liegeplätze 1962 durch Bau eines vierten Schlengels auf 465 zu erhöhen. 1964 werden an einem fünften weitere 150 Boote untergebracht. Im Endausbau, dessen Zeitpunkt noch nicht ins Auge gefaßt ist, wird der Jachthafen bei Wedel rd. 1300 Boote aufnehmen können. Zur Zeit laufende Modellversuche sollen Unterlagen dafür schaffen, wie die Wirkung des von vorbeifahrenden Schiffen verursachten Schwells gemildert und der provisorische Schwellschutz durch eine endgültige Lösung ersetzt werden kann.

Die bisherigen Arbeiten wurden vom hamburgischen Staat aus Mitteln des ordentlichen Haushalts finanziert und unter Leitung von Strom- und Hafenbau ausgeführt. Hamburg trägt auch die Kosten für die Unterhaltung der Dämme, Verkehrsflächen, Brückenbauwerke und Schlengelanlagen sowie für die Erhaltung der Wassertiefe. Die Zufahrtstraße geht in die Verwaltung der Stadt Wedel über. Die Errichtung etwaiger weiterer Hochbauten ist Sache der Segler, wie auch den Werften nur das Grundstück mit einer land- und wasserseitigen Zufahrt zur Verfügung gestellt wird. Für die Bewirtschaftung und die Organisation innerhalb des Jachthafens, namentlich die Vergabe der Liegeplätze und die Ordnung auf den Parkplätzen ist eine „Hamburger Yachthafen-Gemeinschaft e.V." gegründet worden, der alle interessierten hamburgischen Seglervereine angehören. Diese ist auch Vertragspartner der Hansestadt, der als Nutzungsentgelt jährlich ein fester Pauschalbetrag je Liegeplatz zu zahlen ist.

C. Verkehrssicherung und Eisbrechdienst

Als unentbehrliche Orientierungsmittel der Schiffahrt waren die schwimmenden und landfesten Fahrwasserbezeichnungen für Tages- und Nachtfahrt bald nach Kriegsende wiederhergestellt und bis 1952 weitgehend modernisiert worden. 1954/55 wurden Formen und Bezeichnungen der Tonnen sowie die Kennung der Leuchtfeuer den vom Bundesverkehrsministerium herausgegebenen „Grundsätzen für die Bezeichnung der deutschen Küstengewässer" von 1954 angepaßt. Dabei wurden in Auswertung eigener und anderenortes gewonnener Erfahrungen Spitztonnen neuer Bauart beschafft. Bei diesen erübrigt sich das lästige Auswechseln gegen Winterzeichen, so daß sie in 9 Jahren nur zur Erneuerung des Korrosionsschutzes aus dem Wasser genommen zu werden brauchten. Sämtliche Tonnen sind in den letzten Jahren mit Radarreflektoren versehen worden (über die Errichtung der Landradarkette wird an anderer Stelle berichtet). Versuche mit Kunststoffbojen sind eingeleitet.

Die mit Flüssiggas betriebenen Feuer sowie die letzten Petroleumfeuer wurden wegen der bedeutenden wirtschaftlichen und betrieblichen Vorteile auf Propangas umgestellt. Die elektrischen Feuer wurden überwiegend mit Schaltuhren ausgerüstet, die für die Tankerfahrt unentbehrlichen Richtfeuer Altenwerder erhielten eine Notstromversorgung. Die trotz Schiffs- und Landradar insbesondere für die Hafenschiffahrt noch immer unentbehrlichen Nebelschallzeichen (Glocken und Membransender) wurden erneuert und soweit erforderlich durch eine Steuerleitung mit der Lotsenstation verbunden, von wo aus sie nach Bedarf bedient werden.

In Ergänzung der Wasserstandsanzeiger Seemannshöft (Lotsenstation) und St. Pauli-Landungsbrücken (Uhrturm), die den Krieg überdauert hatten, wurden drei neue vor der Hohen Schaar, auf dem Köhlbrandhöft und dem Amerikahöft errichtet. Sie wurden nach eingehenden Erörterungen mit der Schiffahrt nicht wie die vorhandenen als Rollbandpegel mit Zifferanzeige eingerichtet, sondern die Wasserstände werden elektrisch auf einen Zeiger übertragen, der sich auf einem Zifferblatt mit Halbmeterteilung dreht (Abb. 7).

Die laufende Überwachung und Registrierung der Fahrwassertiefen, die früher ausschließlich mit Handlot ermittelt wurden, obliegt dem Peil- und Vermessungsdienst. 1954 wurden erstmals Ultraschallwellen zur systematischen Tiefenmessung benutzt. Hierfür diente ein von den Atlaswerken A.G., Bremen, geliefertes Echolot mit graphischer Anzeige, das mit einer Sendefrequenz von 80 kHz arbeitete. Die Ortsbestimmung erfolgte mittels Sextanten. Auf Grund der hierbei gewonnenen Erfahrungen wurde 1961 auf der Schiffswerft Menzer, Hamburg-Bergedorf, ein Spezialboot „Deepenschriewer" gebaut. Es ist mit den Spezialantrieben, die es zum Traversieren im Strom befähigen, Reintjes-Verstellpropeller und Ücker-Ruder sowie Bugstrahlruder (Jastram), ausgerüstet. Als Vermessungsanlage dient das inzwischen von den Atlaswerken entwickelte „Echolog 672“, mit dem durch Kopplung von Tiefen- und Entfernungsmessung eine maßstabgetreue Aufzeichnung der Tiefenkurve erreicht wird. Zur Tiefenmessung mittels Ultraschallwellen können wahlweise zwei Schwingeranlagen benutzt werden. Die eine ist mittschiffs eingebaut und arbeitet mit 30 kHz. Unabhängig davon stehen drei weitere Schwinger mit einer Sendefrequenz von 173,5 kHz zur Verfügung. Je einer davon ist wenige Dezimeter unter der Wasserlinie am Bug und in der Kimm an Backbord- und an Steuerbordseite eingebaut. Diese Anordnung wurde gewählt, um an schwer zugänglichen Stellen, unmittelbar am Fuße der Kaimauern und im flachen Wasser noch messen zu können, während mit der hohen Frequenz große Richtschärfe und damit auf Unterwasserböschungen z.B. genauere Meßwerte erhalten werden. Schiff und Meßanlage haben sich vorzüglich bewährt und stellen wesentliche Hilfsmittel in der Überwachung und Beurteilung der Fahrwassertiefen dar.

Abb. 7.
Wasserstandsanzeiger Köhlbrandhöft.

Der Verkehrssicherung dient neben der Schadensabwehr an Hafenwerken auch der Eisbrechdienst, über den bereits in Bd. 20/21 berichtet wurde. Während der vergangenen 10 Jahre sind weitere wichtige Verstärkungen der Eisbrecherkapazität vorgenommen worden, diesmal allerdings mit dem Schwerpunkt auf kleinen Schiffen. Dabei haben betriebswirtschaftliche Überlegungeneine wichtige Rolle gespielt.

Die drei großen Eisbrecher (500 bis 900 PS) bilden auch heute noch den Kern der Eisbrechflotte und werden im wesentlichen auf dem Elbstrom zur Sicherung des Eisabflusses zur Nordsee hin eingesetzt. Sie sind aber Spezialschiffe, die zwar neben der Eisbrecharbeit auch als Schlepper eingesetzt werden könnten, wegen ihrer Größe jedoch für diese Aufgabe unwirtschaftlich sind.

Bei den weiteren Maßnahmen zur Verstärkung der Eisbrecherkapazität hat man sich daher bemüht, Schiffe zu bauen, die zwar auf den Eisbrechdienst zugeschnitten sind, während der übrigen Jahreszeit aber als Schlepper im Baggerei- und Hafenbetrieb mit wirtschaftlichem Erfolg verwendet werden können. Diese Schiffe sind so klein und gedrungen wie möglich gehalten — das verleiht ihnen eine größere Beweglichkeit — und haben Antriebsleistungen zwischen 175 und 300 PS (Abb. 8).

Abb. 8. Eisbrecher und Schleppfahrzeug.

Diese Fahrzeuge werden in engen und flachen Kanälen und Hafenbecken sowie zur Freihaltung der zahlreichen Personen-Landeanlagen des Hafenverkehrs mit gutem Erfolg einzeln eingesetzt; andererseits kann man durch ihre Zusammenfassung im Falle von Eis- und Schiffahrtstauungen Schwerpunkte bilden und damit die großen Eisbrecher entlasten.

Zu diesem Zweck sind seit einigen Jahren alle Eisbrecher mit einer Sprechfunkanlage ausgerüstet. Über diese Anlage können vom Flaggschiff aus, das als einziges Schiff Sprechfunkverbindung zum allgemeinen Fernsprechnetz besitzt, alle Eisbrecher Anweisungen erhalten, und außerdem können die Schiffsführer miteinander sprechen. Da ferner alle Apparate mit Lautsprechern ausgerüstet sind, werden alle Beteiligten über den Standort der einzelnen Schiffe sowie etwaige Vorkommnisse laufend unterrichtet. Die Erfahrungen während des Winters 1962/63 mit mittelschweren Eisverhältnissen haben die großen Vorteile dieser Einrichtung erkennen lassen, und es ist nicht zuviel behauptet, daß sich durch den Funksprechverkehr die Zahl der erforderlichen Eisbrecher beschränken läßt.

Die nachfolgende Zusammenstellung gibt einen Überblick über die hamburgische Eisbrecherflotte, wie sie zwischen Weihnachten 1962 und Anfang März 1963 eingesetzt worden ist. Darin sind Nr. 1 bis 3 die großen Schiffe, die nur als Eisbrecher verwendet werden und während der übrigen Jahreszeit aufliegen, Nr. 4 ein altes Schlepp- und Eisbrechschiff und Nr. 5 bis 8 die neuen kleinen Motor-Fahrzeuge.

Name	Verdrängung t	Antriebs-leistung	Gesamt-std.	Einsatz-std.	Reparatur-std.	Rep. Std. in% d. Ges. Std.
1. Joh.Dalmann ..	224,0	900 PSi	1723,5	1653,5	70,0	4,1
2. Hofe	172,0	680 PSe	1208,5	1102,5	106,5	8,8
3. Simson	238,0	530 PSi	830,5	814,5	16,0	1,9
4. Möwe	126,0	320 PSi	309,5	252,5	57,0	18,3
5. Otto Höch	76,5	300 PSe	726,0	669,5	56,5	7,8
6. Otto Stockhausen	46,5	225 PSe	725,5	631,0	94,5	13,0
7. Christian Nehls .	38,5	175 PSe	830,5	716,5	114,0	13,7
8. Hafenbau 2	38,5	175 PSe	633,5	614,5	19,0	3,0

D. Hochwasserschutzbauten im Hafengebiet

Bis zum 16./17. Februar 1962 galt der Hamburger Hafen, obwohl im ganzen als offener Tidehafen angelegt, praktisch als sturmflutfrei. Die Sturmflut dieser Nacht jedoch, deren Thw am Pegel St. Pauli den bisher höchsten bekannten Wert von NN + 5,24 m (1825) um 0,46 m überstieg, zwang zu neuen Überlegungen. Zwar waren im Bereich der eigentlichen Hafenanlagen, anders als im Stadt- und Landgebiet Hamburgs, keine Todesopfer zu beklagen, doch wurden weite Flächen bis zu etwa 1 m überflutet. Diese Überflutungshöhen hingen ab von den verschiedenen Geländehöhen in den älteren oder neueren Hafenteilen, von den örtlich verschieden hohen Wasserständen und schließlich auch von den Entfernungen zu den nächstgelegenen Wasserläufen und von der Geländegestaltung. Die verhältnismäßig geringen materiellen Schäden an Umschlags- und Verkehrsanlagen, der gute Schutz lagernder Schuppengüter in den hoch gelegenen Rampenschuppen und die nur unwesentliche Verzögerung des Hafenbetriebes ließen sofort erkennen, daß angesichts der Seltenheit derartiger Ereignisse grundsätzlich neue Maßnahmen größeren Umfanges nicht erforderlich waren.

Dennoch mußte das gesamte Hafengebiet — wohl zum ersten Mal in seiner Geschichte — zunächst in die Überlegungen um einen neuen, weitreichenden Hochwasserschutz Hamburgs einbezogen werden. Denn erstens zeigte die Auswertung dieses großen Sturmflutgeschehens, daß durchaus noch höhere Fluten denkbar, wenn auch weniger wahrscheinlich, sind, weshalb man nach gründlichen Überlegungen beschloß, für die übersehbare Zukunft von einem noch um einen Meter höheren Thw von NN + 6,70 m auszugehen; zweitens hatte die Hafenindustrie je nach Lage und Empfindlichkeit teilweise doch beträchtliche materielle Verluste erlitten; und drittens mußten wegen des nun bedeutend größeren Ausmaßes der Hochwasserschutzanlagen sowie der Unzulänglichkeit und engen Bebauung der alten Deiche streckenweise ganz neue Trassen gesucht werden, die nicht unbedingt außerhalb des Hafengebietes liegen mußten und konnten.

Wie immer in solchen Fällen, fehlte es nicht an ebenso gut gemeinten wie unsinnigen Vorschlägen, z. B. sämtliche Hafenbecken oder die Unterelbe unterhalb Brunsbüttel abzuschleusen. Gegen solche und ähnliche Gedanken sprachen nicht nur die im Verhältnis zu allen anderen Hochwasserschutzmaßnahmen außerordentlich hohen Kosten, sondern auch die bedeutenden Nachteile der Behinderung der Schiffahrt und im Falle einer Abdämmung der Unterelbe die tödliche Versandungsgefahr infolge der dann unumgänglichen Änderung der Tideströmungen. Andererseits tauchte bei Deichtrassen im Hafengebiet sofort die schwerwiegende Frage der Behinderung jeglichen Landverkehrs auf, und zwar bei der Eisenbahn viel stärker als bei der Straße. Denn es war ausgeschlossen, diese Verkehrswege etwa auf den vorhandenen Höhen in ihren Trassen durch die neuen Hochwasserschutzanlagen hindurchzuführen. Das hätte eine solche Fülle zum Teil komplizierter Durchlässe bedingt, daß damit die strikte Forderung nach größtmöglicher Sturmflutsicherheit — und zwar technisch wie organisatorisch — für das bewohnte Hinterland und nicht zuletzt auch für die dort verlaufenden Verkehrsverbindungen nicht mehr zu erfüllen gewesen wäre. In anderen Fällen, z. B. bei den Werften mit ihren Helgen, ist eine Einbeziehung in den Hochwasserschutz schon rein technisch kaum denkbar. Aus diesen Gründen schien es ratsamer, eine sehr seltene Überflutung von Teilen des Hafengebietes eher in Kauf zu nehmen als dauernde Verkehrsbehinderungen, und zwar um so mehr, als man nach Fertigstellung des neuen Hochwasserschutzes damit rechnen kann, nicht nur zu jeder Zeit intakte und verbesserte Verkehrswege, sondern auch sofort nach Ablauf eines derartigen Ereignisses Hilfskräfte zur Verfügung zu haben, die nicht durch eigene Sorgen abgelenkt oder verhindert sein werden.

Selbstverständlich muß für die außerhalb des Sturmflutschutzes verbleibenden Hafen- und Industrieanlagen das getan werden, was zur Vermeidung allzu großer Verluste und Ausfälle vertretbar erscheint. Man wird also z.B. dafür sorgen müssen, daß in den Kellergeschossen von Speichern und Fabriken keine wasserempfindlichen Güter mehr gelagert werden, daß insbesondere elektrische Verteilungspunkte, Fernmelde- und Steuerungsanlagen geschützt oder hoch gelegt werden, daß der verbesserte Warndienst zu rechtzeitigen Abwehrmaßnahmen oder Stillegungen führen kann usw. Wie weit dabei jeweils zu gehen ist, kann immer nur im Einzelfall beurteilt werden, wobei wirtschaftlich zu bedenken ist, daß die (rein theoretische) Wahrscheinlichkeit des neuerdings für möglich gehaltenen Sturmflutwasserstandes äußerst gering ist.

Auf der Abb. 9 (s. Tafel II) sind die alten Deiche und die Linienführung des neuen Hochwasserschutzes, wie er sich aus den angedeuteten Überlegungen ergab, verzeichnet. Bei *a* und *f* wurde wegen der starken Zerstörung der alten Deiche die Alte Süderelbe schon frühzeitig abgedämmt. Die neue Deichkrone erreicht bei *a* mit NN + 9,0 m ihre größte Höhe im Hamburger Bereich, weil dort mit zusätzlichem örtlichen Stau und beträchtlichem Wellenauflauf gerechnet werden muß. Sollte das Hafenerweiterungsgebiet in späteren Zeiten eine neue Zufahrt für Seeschiffe erfordern, muß die Stelle bei *a* nach dem Bau anderer Hochwasserschutzanlagen wieder geöffnet werden. Von *a* bis *b* fällt die Deichkrone auf NN + 7,5 m und geht mit einer Straßenüberführung in eine eingespannte Mauer über, die je nach den Verhältnissen verschieden gestaltet und im Bereich des Ortskernes Finkenwerders in bestehende Bauten einbezogen wird; der Nebenarm der Aue wird abgedämmt. Zwischen *c* und *d* wird im wesentlichen ein neuer Deich vor den alten bzw. vor das aufgehöhte Gelände gesetzt, wobei die Straßen verbessert werden. Bei *d* ist ein Entwässerungssiel mit 18 m^2 Öffnung gebaut worden. Zwischen *d* und *e* durchschneidet der neue Deich, der die bereits aufgehöhten neuen Industrieflächen nur wenig überragt, das Hafenerweiterungsgebiet; hier wird er je nach den Bedürfnissen der Aufschließung später verlegt werden müssen. Bei *e* befindet sich ein kleines Bewässerungssiel und zwischen *e* und *f* ein Entwässerungssiel mit 8,6 m^2 Öffnung. Von *f* folgt der neue Deich auf sehr schlechtem Torfuntergrund nach Süden und Osten der Grenze des Hafenerweiterungsgebietes und schafft bereits die Voraussetzung für günstige Erschließungsmaßnahmen. Bei *g* muß ein Kopf des Seehafenbahnhofes Hamburg-Harburg mit einer umfangreichen Sperre versehen werden. Von hier bis *h* läuft die Trasse durch enge Industriebebauung, Ausführung als Erdkörper oder Mauer einschließlich Verstärkung zweier Schleusen. Der westliche Teil der Elbinsel Wilhelmsburg wird zwischen *i* und *k* durch einen Deich auf teilweise sehr schlechtem Baugrund und ebenfalls in Verbindung mit geplanten Aufschließungsmaßnahmen geschützt. Bei *k* und *l* sind zwei kleine Sperrwerke für Hafen- und Küstenschiffahrt im Bau, dazwischen muß eine Schutzmauer angelegt werden. Bis zur Ernst-August-Schleuse (*m*), die erhöht und verstärkt werden muß, folgt wieder ein Deich, der sich auf dem breiten Hafendamm südlich des Spreehafens bis *n* fortsetzt. Als ein wesentliches Hochwasserschutzbauwerk wäre schließlich noch ein Sperrwerk am Ausgang der Billwerder Bucht (*o*) zu erwähnen, das wegen der hydraulischen Verhältnisse Durchflußöffnungen von etwa 600 m^2 bei Tnw haben muß. Seine Baukosten werden mit Sicherheit niedriger sein, als wenn man das ganze Billwerder Industriegebiet und den Ortsteil Moorfleet über sehr lange und stark bebaute Ufer direkt schützen wollte. An das Sperrwerk schließt sich stromaufwärts eine Deichverstärkung, die bis weit in die Vierlande reicht, an und abwärts liegen komplizierte Anlagen zum Schutze des eigentlichen Stadtgebietes, insbesondere der Innenstadt.

Diese kurz skizzierten Baumaßnahmen erfordern im Hafengebiet zahlreiche Veränderungen bestehender Anlagen aller Art, Grundstücksbeschaffungen, Entschädigungen und sogar einige kostspielige Verlagerungen. Die dringendsten Arbeiten sind bereits kurz nach der großen Sturmflut angelaufen; sämtliche Vorhaben sollen bis etwa 1966 beendet sein. Soweit es sich um Erdkörper, also um Deiche handelt, werden sie entsprechend neuesten Erkenntnissen aus Sandkernen mit Kleibedeckung ausgeführt. Nur wo äußere Angriffe zu stark sein können oder die Unterhaltung gefährdet erscheint, werden die bedeutend teureren Asphaltbedeckungen gewählt. Alle Hochwasserschutzanlagen, also auch die Mauern, werden so gebaut, daß sie trotz der vorsichtigen Höhenannahmen gelegentlich überströmt werden können, ohne dabei in Gefahr zu geraten.

Schließlich sei erwähnt, daß die nicht sehr bedeutenden Rückwirkungen der Verminderung des Sturmflutraumes im Hafengebiet auf die Höhe höchster Wasserstände durch Modellversuche ermittelt und berücksichtigt worden sind.

Schrifttum

[1] Friedrich-Bericht.

[2] Naumann: VDI-Zeitschrift.

[3] Laucht: Neue Deuchbauten im Hamburger Hafen Hansa 1962, Nr. 17, S. 1752.

[4] Laucht-Hafner: Die Abdämmung der Alten Süderelbe. I. Ursachen und Grundlagen, II. Ausführung der unteren Abdämmung. Bautechnik 1963, H. 5, S. 147.

E. Gewässerkunde und Gewässerschutz

Wer sich für die Versorgung Hamburgs mit Trinkwasser interessiert, könnte auf den ersten flüchtigen Blick zu der durchaus irrigen Meinung kommen, die Elbe spiele dabei keine Rolle. Die Statistik weist aus, daß im Jahresdurchschnitt kaum mehr als ein Prozent Elbwasser durch Hamburgs Wasserrohrnetz fließt. Das gibt jedoch wasserwirtschaftlich gesehen ein falsches Bild. Einerseits konzentriert sich die Entnahme von Elbwasser für Trinkzwecke auf wenige Tage im Jahr beim Spitzenverbrauch, und der Elbwasseranteil erreicht dann in einigen Stadtteilen sehr hohe Werte; andererseits sind alle maßgebenden Grundwasserwerke auf eine Grabenversickerung von Elbwasser angewiesen.

Dieser Umstand und die Tatsache, daß außerdem täglich etwa 1,6 Mio m^3 Wasser für industrielle Zwecke aus dem Strome entnommen werden, bestimmen weitgehend die Arbeitsmethoden der Gewässeraufsicht für die Elbe und ihre tideoffenen Nebengewässer im Hamburger Raum. Daß hier Ebbe und Flut herrscht, gibt allen Maßnahmen einen spezifischen Akzent. Die durch die Gezeitenerscheinung wesentlich kompliziertere Gewässerkunde als Grundlage aller Fragen des Gewässerschutzes ist daher nirgends so wichtig wie hier. Sowohl die quantitative als auch die qualitative Gewässerkunde wird demzufolge intensiv betrieben.

Drei Meßtrupps stehen zur Verfügung, um die komplizierten Strömungsvorgänge zu den verschiedensten Tidezeiten in dem weiträumigen Stromspaltungsgebiet mit seinen zahlreichen Nebenarmen und Hafenbecken zu ergründen. Eine ständige morphologische Überwachung des Elbbettes ist schon aus Gründen der Sicherheit für die Schiffahrt erforderlich, und die qualitative Gewässerkunde dürfte hier zumindest so gründlich betrieben werden wie an irgend einem anderen deutschen Strom. Tägliche Sauerstoffuntersuchungen oberhalb und unterhalb des Hafengebietes, wöchentlich mehrere Querschnittsuntersuchungen an der qualitativ ungünstigsten Stelle der Elbe mit jeweils 17 Analysenwerten, regelmäßige Proben von Längskontrollfahrten, die sowohl chemisch wie biologisch und bakteriologisch untersucht werden und wöchentliche Radioaktivitätsmessungen geben der Gewässeraufsicht zu jeder Zeit ein umfassendes Bild von dem Gütezustand des Elbwassers.

Darüber hinaus werden alle Einläufe von Industrieabwasser sowie die Auslässe des städtischen Großklärwerkes Köhlbrandhöft, das in 24 Stunden über 300000 m^3 Abwasser aufarbeitet, laufend überwacht. Abgesehen davon, daß täglich mindestens eine, häufig auch nachts eine weitere Kontrolle von den Stromaufsichtsbeamten durch Augenschein erfolgt, werden alle gefährlichen Abwässer jährlich bis zu zehnmal einer genauen Analyse unterzogen. Stellt sich dabei heraus, daß die wasserbehördlich zugestandenen Schmutzstofftoleranzen überschritten wurden, werden zusätzliche Untersuchungen angeordnet, die von dem Verursacher zu bezahlen sind. Sofern schuldhaftes Verhalten vorliegt, wird ein Bußgeldverfahren eingeleitet.

Mit täglich rund einer halben Million Kubikmetern an häuslichem und industriellem Abwasser, das der Elbe — bisher zum Teil leider noch ungereinigt — über das städtische Sielnetz zufließt und durch die etwa 1,7 Mio Kubikmeter Abwasser der Hafenindustrie — rund drei Viertel davon sind Kühlwasser — wird der Strom im Hamburger Raum selbstverständlich erheblich belastet. Daran ändert die Tatsache auch nichts, daß grundsätzlich jede Einleitungsgenehmigung davon abhängig gemacht wird, daß das Abwasser bis zur Grenze des technisch und wirtschaftlich Möglichen gereinigt wird und es wird auch dann noch so sein, wenn alle im Bau befindlichen und geplanten städtischen Kläranlagen fertiggestellt sind.

Dieser Belastung steht aber die große Oberwassermenge der Elbe gegenüber, die i. M. 600 bis 700 m^3/s Wasser führt; und außerdem mobilisiert die starke Turbulenz des Wassers durch die Tidebewegung und den regen Schiffsverkehr eine enorme Selbstreinigungskraft. Die Elbe verläßt daher den Hamburger Raum im allgemeinen mit der gleichen Qualität, mit der sie die Zonengrenze passiert. Lediglich bei sehr geringer Wasserführung erfährt sie in Hamburg eine zusätzliche Verschlechterung. Da solche Perioden naturgemäß meistens in den Sommer fallen, in dem auch die Verbrauchsspitzen beim Trinkwasser auftreten, die durch Elbwasser gedeckt werden müssen, ist die Gewässeraufsicht leider gezwungen, alle Forderungen an dem Maßstab eines Trinkwasserflusses zu orientieren. Dankenswerterweise hat sie speziell bei der Hafenindustrie stets Verständnis dafür gefunden, so daß heute auf diesem Sektor kaum noch böswillige Verschmutzer festzustellen sind.

Wesentlich schwieriger ist die Kontrolle der Schiffahrt im Hinblick auf die Ölverschmutzung. Mehr als 20000 Seeschiffe besuchen jährlich den Hafen und eine ungezählte Menge von Kleinfahrzeugen ist hier ständig unterwegs. Selbst wenn alle nur Spuren von Öl mit ihrem Bilgenwasser über Bord pumpen, summiert es sich schon zu vielen Kubikmetern. Und da nicht jedes Schiff ständig beaufsichtigt werden kann, vermögen auch die vorhandenen, zweifellos guten Gesetzesbestimmungen dagegen nur wenig auszurichten.

Additional material from *1962/1963,*
ISBN 978-3-642-46023-4 (978-3-642-46023-4_OSFO2),
is available at http://extras.springer.com

Um wenigstens die Beseitigung der größeren Mengen von Tankwaschwasser und veröltem Ballastwasser in geordnete Bahnen zu lenken, hat Hamburg schon vor fast zehn Jahren Ölauffanganlagen eingerichtet. Sie haben tatsächlich auch zu einem großen Erfolg geführt. In jüngster Zeit haben sie pro Jahr bis zu 9000 t Öl und Fett zurückgewonnen, die ohne sie zweifellos in die Gewässer abgelassen worden wären. Die Hafenverwaltung verbilligt allerdings durch Zuschüsse die Abgabegebühren für Ölrückstände, um damit die stets vorhandene Versuchung zu mindern, das verölte Wasser bei Nacht und Nebel verschwinden zu lassen. Sofern das dennoch geschieht, werden die Verschmutzer mit Bußgeldern bis zu mehreren tausend Mark belegt und zur Reinigung der Gewässer und Ufer gezwungen.

Besonders erwähnenswert ist in diesem Zusammenhang noch, daß an einer der beiden Ölauffanganlagen auch tierische und pflanzliche Öl- und Fettrückstände abgegeben werden können. Da über den Hamburger Hafen große Mengen vegetabiler Fette importiert werden, fallen auch hier entsprechend reichlich Tankwaschwässer an, die derartige Fette enthalten. Im Verhältnis zu den Mineralölrückständen sind die anfallenden Waschwassermengen mit vegetabilen Fetten zwar nur gering; dafür sind sie aber wesentlich schwieriger zu verarbeiten. Hier hat man außerordentlich stabile Emulsionen vor sich, die sich nur unter Einsatz chemischer Mittel spalten lassen. Stellte es durchaus schon ein Problem dar, ein technisch brauchbares und wirtschaftlich tragbares Verfahren für die Aufbereitung der mineralölhaltigen Rückstände zu entwickeln, so schien das für die Waschwässer mit tierischen und pflanzlichen Fetten lange Zeit überhaupt unlösbar zu sein. Intensives Bemühen und viel Lehrgeld haben aber schließlich auch dafür einen Weg finden lassen, der sowohl zu unschädlichem Abwasser wie zu einer verkaufsfähigen Fettsäure führt.

Um größeren Ölverschmutzungen, die nicht selten auch durch Unachtsamkeit beim Bunkern verursacht werden, wirkungsvoll begegnen zu können, wurden in den letzten Jahren zwei Erfindungen aufgegriffen und bis zur Einsatzreife gefördert. Es handelt sich um die Preßluft-Ölsperre und das Hamburger Ölabschöpfgerät.

Erstere ist ein Ersatz für die leider schon in schwachströmendem Wasser unwirksamen Ölschlengel, wie sie früher in Form stählerner Schwimmkörper, heute auch aus Kunststoffschläuchen oder Folien hergestellt, in Ölhäfen verwendet wurden bzw. noch werden. Die Preßluft-Ölsperre besteht eigentlich nur aus einer Luftblasenwand im Wasser, die von einem Schlauch mit feinen Düsen auf der Hafensohle durch Einblasen von Druckluft erzeugt wird. Abgesehen davon, daß sie keiner Verankerung bedarf, bildet sie auch kein Schiffshindernis.

Das Hamburger Ölabschöpfgerät ermöglicht es, eingeschlossenes Öl verhältnismäßig schnell und einfach abzufischen, weil es sich durch Regulieren der Förderpumpe an die jeweils vorhandene Ölschichtstärke anpassen läßt. So wird unnötiges Pumpen von Wasser vermieden und ein rascher Erfolg garantiert. Das Gerät ist sehr robust und unkompliziert im Aufbau und läßt sich jeder denkbaren Situation anpassen. Mehr als tausend Kubikmeter Ölrückstände konnten im Laufe der Zeit mit diesen Geräten im Hamburger Hafen abgefischt werden, um sie dann den Ölauffanganlagen zuzuführen.

Zum Schluß ein Ausblick in die Zukunft. Auf Grund von Anregungen der Gewässeraufsicht wird z.Z. der Bau einer Spezialverbrennungsanstalt für Schiffs- und Industrieabfälle betrieben, die bisher noch auf besonderen, tiefliegenden Plätzen abgelagert werden müssen. Diese Anstalt wird die technischen Voraussetzungen für reine Gewässer um einen entscheidenden Schritt voranbringen.

III. Neuere Bauwerke des Hafens, Entwurfsgrundlagen und Gestaltung

Von Architekt Dipl.-Ing. **Dieter Kuntsche** (Abschn. A),
Baurat Dipl.-Ing. **Joachim Mävers** (Abschn. B),
Baudirektor Dr.-Ing. **Kurt Förster** (Abschn. C),
Oberbaurat Dipl.-Ing. **Otto Reimer** (Abschn. D).

A. Kaischuppen, Speicher und Zollbauten

Im folgenden Abschnitt soll etwas über die vielfältigen Hochbauaufgaben im Hafen gesagt werden. Es wird daran erinnert, daß z.B. über den Schuppenbau im Jahrbuch 1950/51 von Baudirektor Pohle aus der Perspektive der Bauausführung berichtet worden ist. Es mag interessant sein, auch diesen Teilbericht jetzt aus der Sicht des planenden Architekten kennenzulernen.

Zunächst jedoch ein allgemeines Wort über den Charakter der Hochbauanlagen in einer so komplexen Industrielandschaft, die ein Welthafen mit seinen vielfältigen Anlagen darstellt und über die Einstellung oder Denkweise, mit der der Architekt an die Realisierung seiner Aufgaben heranzugehen hat. Auch eine Industrielandschaft ist natürlich ein räumliches Gebilde. Die Überzeugung hat sich längst durchgesetzt, daß auch sie etwa den gleichen Grundsätzen der Stadtbaukunst unterliegt wie ein allgemeiner städtischer Organismus. Sie ist ebenso dreidimensional wie dieser, ihre Planung hat in räumlicher Denkweise zu erfolgen, sie ist Objekt räumlicher Gestaltung. Der Unterschied liegt in dem entscheidenden Übergewicht der Zweckbestimmung, der unabdingbaren Funktion, des eindeutig vorgegebenen Betriebes.

Diese festumrissenen Voraussetzungen treffen in gleichem Maße auch auf die Vielzahl der Einzelobjekte zu. Insoweit sind dem Architekten schon vom Programm her engste Grenzen gesetzt. Das ist durchaus kein Nachteil — jedenfalls dann nicht, wenn man den besonderen Reiz der Aufgabe darin sieht, den klar abgesteckten Rahmen mit gezügelter, aber lebendiger Erfindung zu füllen. Unter dieser Voraussetzung ist es möglich, Funktion und künstlerisches Bedürfnis zu einer einheitlichen Gestalt zu verschmelzen; nur so können aus eng zweckbestimmten Anlagen Ergebnisse architektonischen Anspruchs entstehen.

1. Kaischuppenbau

Der Kaischuppen gehört zum Herzstück eines jeden Stückguthafens: der Umschlaganlage. Seine Einrichtungen sind daher besonders durch die notwendigen Verkehrsbeziehungen bestimmt. An der Wasserseite sind breite Rampen vorhanden, die ein schnelles Absetzen und ungestörtes Verfahren der Lasten ermöglichen. Bahn- und Lkw-Abfuhr sind in Hamburg bekanntlich scharf getrennt: Gleisanlagen an der Wasserseite, um hier ggf. auch direkt umschlagen zu können und eine Ladestraße mit Rampe an der Landseite nebst breiten Verkehrsstraßen für den immer dichter werdenden Lkw-Verkehr.

Abb. 1. Betriebsgebäude und Schuppen 75.

Durch diese Zweckbestimmung ist die Gestalt des Schuppens weitgehend vorgezeichnet. Entscheidend im Sinne der baulichen Maßnahmen sind die Dinge, die das Tempo fördern. Deshalb hat er an beiden Längsseiten viele Tore und hohe durchgehende Lichtbänder, um möglichst gute Lichtverhältnisse zu schaffen. Dieses Prinzip gilt im Grundsatz heute wie früher. Geändert hingegen haben sich — besonders nach dem letzten Kriege — Gestalt, Material und Konstruktion. Während vor dem Kriege der allgemein bekannte dreischiffige Hamburger Kaischuppen in Holzkonstruktion vorherrschend war, ist die Erscheinungsform nunmehr vielfältiger geworden. Holz, Stahlbeton und Stahl liegen als Konstruktionsmaterial im Wettbewerb und sind je nach Marktlage wechselnd zum Zuge gekommen. Erst in jüngster Zeit zeichnet sich ab, daß der Stahl doch wohl die günstigsten Voraussetzungen für die speziellen Betriebsbedingungen mitbringt.
Der Zerstörungsgrad im Hamburger Hafen zwang zu einem äußerst umfangreichen Wiederaufbauprogramm besonders auf dem Schuppensektor. Da hier nicht alle Neubauten aufgeführt werden können, sollen einige Beispiele für alle stehen. Eines der ersten Objekte nach dem Kriege war der Schuppen 75 (Abb. 1). Er wurde in Stahlbeton-Schalenbauweise errichtet. Die Binderfelder erhielten Ausfachungen aus rotem Vormauerwerk und Glas. Der besondere Reiz liegt hier in dem wohlgelungenen Gruppierungsverhältnis des liegenden Schuppenkörpers und der als kräftige Dominante wirkenden Baumasse des Betriebsgebäudes, mit dessen schmaler Höhe möglichst viel wertvolle Grundfläche im Schuppenbereich gespart werden sollte. Dennoch war hier noch keine voll befriedi-

gende Lösung entstanden. Der quer in der ganzen Schuppentiefe liegende Baukörper des Betriebsgebäudes hat innerhalb des Schuppenquerschnittes zuviel totes Volumen. Die betrieblichen Bedingungen, Fragen der Funktion also, waren nicht ausreichend gelöst. Deshalb wurde das Betriebsgebäude bei den 1952/53 erbauten Schuppen 71/72 parallel zur Schuppenachse und mit nur geringer Tiefe ganz an der Landseite angeordnet. Das große Raumprogramm zwang auch hier zu einer beträchtlichen Höhe (Abb. 2). Seine durch ruhige Mauerwerksflächen aus roten Ziegeln mit bündig sitzenden Fenstern besonders unterstrichene kubische Form steht in spannungsvollem Verhältnis zum Schuppenkörper. Es wird unterstützt und gesteigert durch die gegeneinander fallenden Pultdächer. Auch diese beiden Schuppen bestehen aus Stahlbeton, der gerade in den ersten Jahren nach dem Kriege das vorherrschende Baumaterial war. Hierfür waren im wesentlichen feuerpolizeiliche Gründe maßgebend, die aus den Brandkatastrophen in den Holzschuppen während des Krieges resultierten. Danach wurde die Verwendung einer unbrennbaren Dachhaut zur Bedingung gemacht.

Abb. 2. Betriebsgebäude und Schuppen 71.

Die Baustoffe Holz und Stahl wurden aber in der Folgezeit keineswegs durch den Stahlbeton verdrängt. Besonders durch den auf dem Baumarkt immer stärker in den Vordergrund rückenden Asbestzement konnte die Forderung der Feuerwehr nach einer unbrennbaren Dachhaut auch ohne Stahlbeton erfüllt werden. Dieses Material ließ leichte Konstruktionen zu. So entstanden in der Folgezeit der Schuppen 22 mit einer — nunmehr ganz ingenieurmäßig hergestellten — Holzkonstruktion und die Schuppen 69, 76 und 77 (Abb. 3) mit sehr elegant wirkenden leichten Stahlrohrbindern.

Abb. 3. Moderner Stahlrohrbinder im Schuppenbau.

Während die Verglasung bei den ersten Neubauten noch zwischen die Konstruktionsstützen gespannt wurde, setzte sich inzwischen die vor der Konstruktion durchgehende Verglasung immer mehr durch. Dadurch wurden die Baukörper weiter vereinheitlicht und die Großzügigkeit der Baumasse weiter erhöht.

Die Gründe, die zur Anordnung der Betriebsgebäude 71/72 an der Landseite geführt haben, wurden schon erläutert. Wie sich später im Betrieb herausstellte, war aber auch diese Lösung nicht ganz befriedigend. Durch das bereits erwähnte große Raumprogramm wurden einige Sozialräume für die Schuppenarbeiter zwangsläufig in obere Geschosse abgedrängt. Wegen der weiten Wege wurden diese Räume von den Schuppenarbeitern in den Betriebspausen aber nicht angenommen, so daß sie ihren eigentlichen Zweck verfehlten. Es mußten im Sinne der Entwicklung also — jedenfalls immer für den Fall, daß ein überdurchschnittlich großes Raumprogramm vorlag — neue Wege in der Planung gefunden werden.

Bevor wir diesen Gedanken verfolgen, soll ein weiterer Gesichtspunkt angesprochen werden, der die ständig fortschreitende Entwicklung und Verbesserung unserer Hafenanlagen berührt. Die Anordnung der Betriebsgebäude in Schuppenmitte an der Landseite hatte den Nachteil, daß von den Betriebsbüros der Schuppenleitung aus kein unmittelbarer Überblick über die Geschehnisse an der Kaiseite möglich war. Das führte zu der Anordnung einer sogenannten „Hängeetage" über der Torzone an der Wasserseite, die so weit aus der Schuppenflucht herausragte, daß ein seitlicher Ausblick ermöglicht werden konnte, ohne den Schwenkbereich der Kaikrane an dieser Stelle allzusehr zu beeinträchtigen. Die Verbindung zwischen dieser Hängeetage und dem landseitigen Betriebsgebäude wurde durch einen Verbindungsgang — ebenfalls etwa in Höhe des 1. Obergeschosses — hergestellt, der sich an die hier angeordnete Brandmauer anlehnte und so keinerlei Störung im Schuppenbereich auslöste.

Abb. 4. Betriebsgebäude des Schuppens 69.

Das nächste überdurchschnittlich große Raumprogramm lag für das Betriebsgebäude des bereits erwähnten Schuppens 69 vor. Um die erwähnten Mängel bei 71/72 zu vermeiden und die inzwischen fester Bestandteil gewordene wasserseitige Betriebseinheit sinnvoll mit dem Betriebsgebäude zu verbinden, entstand die Idee, den hohen Baukörper gleichsam umzuklappen, so daß das Gebäude etwa in Höhe eines ersten Obergeschosses von der Land- bis zur Wasserseite durchging (Abb. 4). Zur Belichtung und Belüftung wurden Sheddachzeilen angeordnet. Die betrieblichen und funktionellen Forderungen waren mit dieser günstigen Raumorganisation voll erfüllt. Auch architektonisch ließ sich eine voll befriedigende Lösung herstellen. Lediglich konstruktiv haftet dieser Anlage eine gewisse Kompliziertheit an.

Die bisher angesprochenen Entwicklungen bezogen sich im wesentlichen auf die zunehmend verbesserte Kenntnis der allgemeinen Probleme. Aber auch das Angebot neuer Baumaterialien oder geänderte betriebliche Bedingungen beeinflußten Planung und Ausführung und setzten neue Akzente. Für Ersteres seien nur die Kunststofferzeugnisse Polyester und PVC genannt, die sich für die Herstellung unserer breiten Schuppenlichtbänder wegen ihrer weit höheren Elastizität und Schlagunempfindlichkeit weit besser eigneten als das bis dahin verwendete Drahtglas.

Die eingangs bereits erwähnte Vielzahl von Toren an den beiden Längsseiten der Schuppen erklärt sich aus dem Bedürfnis, die Rampen von jedem Platz im Schuppen aus möglichst direkt zu erreichen. Erst die zunehmende Mechanisierung ließ diesen Gesichtspunkt etwas in den Hintergrund treten. Deshalb wurde die Anzahl der landseitigen Tore erstmalig und versuchsweise am Schuppen 10 auf die Hälfte reduziert. Der Achsabstand betrug hier nunmehr also 20 m. Dadurch konnte nicht nur mehr ungestörte Stapelfläche im Schuppen geschaffen, sondern auch eine Kostensenkung erzielt werden, denn das üblicherweise verwendete Stahltor kostet pro Quadratmeter etwa dreimal soviel wie Verblendmauerwerk.

Da der Schuppenfußboden bei einer rechnerischen Auflast von rd. 3 t/qm wegen der schlechten Tragfähigkeit des Baugrundes ggf. um einige Zentimeter bis Dezimeter sackt, wurde seit alters her gern ein Holzbelag verwendet, der abschnittsweise aufgenommen und neu mit Sand unterfüttert werden konnte. Schlechtere Qualitäten als früher und vor allem zunehmende Beanspruchung durch die modernen Flurfördergeräte haben seine Lebensdauer aber so weit sinken lassen, daß eine Wirtschaftlichkeit nicht mehr gegeben war. Zur Zeit wird versuchsweise ein Asphaltbelag, der mit Latex emulgiert ist, an vielen Stellen eingebaut.

Abb. 5. Der neue Bananenschuppen.

Neben dem allgemeinen Schuppenbau dürfen an dieser Stelle die Spezialanlagen nicht vergessen werden, die eine erhebliche Rolle im Hamburger Hafenbetrieb spielen.

An erster Stelle ist hier der neue, 1960 fertiggestellte Bananenschuppen zu nennen (Abb. 5). Das Problem lag darin, das kontinuierlich quer zum Kai aus dem Schiff geförderte Gut in eine Längsrichtung zu drehen, um möglichst lange Abgabestrecken an die abfahrenden Verkehrsmittel Bahn und Lkw zu erzielen. Außerdem sollte dieser Ablauf möglichst vollautomatisiert sein und ohne Unterbrechung der Wärmekette stattfinden. Ferner mußten ausreichende Arbeitslängen für das Sortieren zur Verfügung stehen.

Diese betrieblichen Bedingungen wurden durch eine obere Beschickung mit Hilfe von Elevatoren in das erste Obergeschoß des Schuppens gelöst. Hier findet die Umlenkung in die Längsrichtung und das Sortieren statt. Im Erdgeschoß befinden sich 2 Gleise für den Bahnverkehr und eine Lkw-Rampe. Die hier in Längsrichtung verlaufenden Bänder werden durch entsprechende Abfahrten von oben versorgt. Der Schuppen ist rund 250 m lang und 27 m breit und besteht aus einer tiefgegründeten Stahlbetonkonstruktion. Da er zur Erhaltung der Wärmekette beheizt werden muß, war auf die Ausbildung der zahlreichen Öffnungen (Dachschlitze f. d. Elevatoren, Ein- und Ausfahrten für den Bahn- und Lkw-Verkehr) besondere Sorgfalt zu legen. Das Betriebsgebäude liegt am südlichen Kopf des Schuppens und nimmt Sozial- und Betriebsräume auf. Nachdem inzwischen noch einige betriebliche Verbesserungen erfolgt sind, funktioniert der Bananenschuppen einwandfrei und kann als modernste existierende Bananenumschlagsanlage angesprochen werden.

Eine Reihe weiterer Schuppen im Fruchtbezirk (z.B. die Schuppen 43/44), die speziell dem Südfruchtumschlag dienen, unterscheiden sich in Gestalt und Konstruktion nicht wesentlich von den normalen Kaischuppen. Da aber auch sie beheizt werden müssen, waren im Detail noch einige Sondermaßnahmen, wie z.B. doppelte Verglasung, Einrichtung einer Gas-Umluftheizung usw. zu treffen.

Eine weitere herausragende Spezialanlage ist der Verteilungsschuppen, über den aber an anderer Stelle von der programm-planerischen Seite her berichtet wird.

2. Speicherbau

Ein weiterer großer Komplex im Rahmen der Hochbauaufgaben ist der Speicherbau. Gegenüber dem Schuppen liegen hier völlig andere funktionelle Bedingungen zugrunde. Der Speicher dient der langfristigen Lagerung vornehmlich edler Importgüter wie Kaffee, Tee, Tabak, Gewürzen u.ä.

Hier müssen also möglichst große, ungestörte Lagerflächen vorhanden sein. Da das Lagergut im einzelnen Gebinde vergleichsweise leicht ist und nicht dem vom Schuppen her bekannten Umschlagstempo unterliegt, kommt hier mehrgeschossige Lagerung durchaus in Frage. Auch natürliche Belichtung wird längst nicht in dem Umfange wie beim Schuppen gebraucht, da Ein- und Auslagern hier mit weit größerer Ruhe vor sich geht. Sie würde sogar stören, denn dadurch würden besonders wertvolle Lagerflächen im Wandbereich verloren gehen. Außerdem ist manches Lagergut noch dazu ausgesprochen lichtempfindlich.

Der hier sehr viel langsamere Ablauf drückt sich auch in der Form der Verkehrsbeziehungen aus. Der Speicher hat eine Wasserseite am Fleet, an der das einzulagernde Gut mit Hilfe von Winden aus Schuten eingeholt wird, und an der Landseite befindet sich eine Ladestraße für Lkw.

Auch hier ist das Bauwerk durch die genannte Zweckbestimmung in seiner Gestalt weitgehend festgelegt: Hohe, fast fensterlose Gebäude, die ihr unverwechselbares Gesicht durch die streng vertikal zäsierenden Windenhäuser erhalten (Abb. 6).

Abb. 6. Speicher am Sandtorkai.

Die Umstände, die nach dem Zollanschluß 1888 zu dem beachtlich schnellen Aufbau der gesamten Speicherstadt geführt haben, sind allgemein bekannt. Die eindrucksvolle und ernste Kulisse der Speicherblöcke zwischen Stadt und Hafen sind ein starker und wirkungsvoller Akzent im städtebaulichen Gefüge Hamburgs. Die Wirkung liegt allerdings mehr in den Baumassen selbst und ihrer Ordnung zueinander als in der Architektur, die sich dem jeweiligen Zeitgeschmack angepaßt hatte.

Immerhin hat der letzte Krieg auch in die Speicherstadt erhebliche Löcher gerissen. Im Rahmen des Wiederaufbaues entstanden besondere Probleme für den Architekten dort, wo bei teilzerstörten Speichern noch soviel Substanz erhalten geblieben war, daß eine Wiederherstellung wirtschaftlicher wurde als der Neubau nach Abbruch der Reste. Das Problem war zweifacher Art: Einmal galt es, geänderte Betriebsbedingungen, die z.B. durch das Aufkommen mechanischer Flurfördergeräte entstanden, zu erfüllen, und zweitens mußte mit feinfühliger Hand eine Synthese zwischen der vorhandenen Architektur und unseren heutigen Gestaltungsvorstellungen gefunden werden.

Teilweise waren aber ganze Speicherblöcke bis auf die Holzpfahlgründung herunter voll zerstört. An diesen Stellen konnten nun Neubauten entstehen, deren architektonische Gestalt vollkommen ihrer Funktion entsprach. Aber nicht nur äußerlich unterscheiden sich die Speicherumbauten unserer Tage von den älteren unzerstörten Einheiten, sondern auch in Konstruktion und Zuschnitt. Während die alten Speicher durchgehend Holzbalkendecken und eine Geschoßhöhe von etwa 3,0 m haben, mußten nunmehr Stahlbetondecken mit wesentlich höherer Tragfähigkeit und auch größere Geschoßhöhen hergestellt werden, weil nach der Einführung der Gabelstapler auch im Speicherbetrieb höher gestapelt werden konnte und dadurch natürlich die Auflasten stiegen.

Ein besonders hervorragendes Objekt im modernen Speicherbau ist der neue Kaispeicher — A — am Kaiserhöft. Obwohl auch hier der größte Teil im Kriege nahezu völlig zerstört war, war doch einige Restsubstanz erhalten geblieben. Insbesondere der Turm am Höft, der früher den Zeitball trug und durch seine exponierte Lage den Charakter eines Wahrzeichens unseres Hafens angenommen hatte, stand auch nach dem Kriege noch. Außerordentlich starke betriebliche und wirtschaftliche Gründe erzwangen jedoch schließlich seinen Abbruch, obwohl das allgemcin — und nicht zuletzt von den Architekten — bedauert wurde. Die Entwürfe für den neuen Kaispeicher zeigen jedoch, daß mit einem modernen Bauwerk zu rechnen ist, das die Tradition der zerstörten Anlage würdig fortsetzen kann.

Abb. 7. Lagerhaus D am Melniker Ufer.

Ihrer Funktion nach gehören in dieses Kapitel auch die Lagerhäuser. Sie dienen ebenfalls der langfristigen Lagerung von Importgut. Da sie aber im wesentlichen Schwergut wie Baumwollballen und große Tabak-Faßgebinde aufzunehmen haben, sind sie nur erdgeschossig angelegt. Ihre unterschiedliche Gestalt gegenüber dem ebenfalls erdgeschossigen Kaischuppen — sie zeichnet sich durch hohe ruhige Wandflächen, schmale Lichtbänder und die geringe Anzahl von Toren aus — zeigt aber auch hier nach außen hin die grundverschiedene Zweckbestimmung (Abb. 7). Die nach dem Kriege am Melniker Ufer entstandenen Lagerhaus-Neubauten sind instruktive Beispiele dafür.

3. Zollbauten

Mit dem schon erwähnten Anschluß der Stadt Hamburg an das inländische Zollgebiet war die Einrichtung des Freihafens verbunden. Das ist ein zollausländischer Bezirk, der bekanntlich lückenlos mit einem etwa 3 m hohen Zollzaun umschlossen ist. An seinen Durchlässen liegen die Zollämter, in denen die Zollabfertigung vorgenommen wird. Auch auf diesem Gebiet der speziellen Hafeneinrichtungen hat sich seit Kriegsende eine rege Bautätigkeit vollzogen. Dafür waren aber nicht ausschließlich die gewiß umfangreichen Kriegszerstörungen maßgebend, sondern in gleichem Maße die inzwischen völlig veränderten Verkehrsverhältnisse und in gewissem Sinne auch Änderungen im Zollsystem. Während früher z.B. der Straßenverkehr gegenüber dem Wasserweg und der Schiene eine vergleichsweise untergeordnete Rolle spielte — die geruhsame Abfuhr mit dem Pferdewagen mag hier als verdeutlichendes Bild gelten —, hat inzwischen der Lkw-Verkehr, der längst nicht mehr nur das Hauptbeförderungsmittel im Nahverkehr ist, sondern sich auch erhebliche Anteile am zwischenstaatlichen Fernverkehr erobert hat, derart vermehrt, daß ganz neue Zollanlagen zu seiner Abfertigung geschaffen werden mußten. Auch im Zollverfahren selbst hat es Änderungen gegeben, die Organisation und Abwicklung beeinflußten und dadurch zu neuen funktionellen Zusammenhängen führten. Hierdurch ergaben sich natürlich auch Änderungen in den Raumprogrammen, die beim Entwurf berücksichtigt werden mußten. Das Abfertigungsverfahren im Zoll mit all seinen verschiedenartigsten Einzelvorgängen ist so kompliziert, daß die Verwirklichung des Raumprogramms für ein neu zu errichtendes Zollamt, die Übersetzung des schriftlich fixierten Bedarfs also in eine Grundrißkonzeption und die Gestaltung eines dreidimensionalen Baukörpers zu den schwierigsten Aufgaben eines Hafenarchitekten gehört.

Das Zollamt Niederbaum, das sich über rd. 12000 qm erstreckt und Abfertigungsbühnen von insgesamt 460 m Länge zur Verfügung stellt, war eines der ersten größeren Neubauprojekte auf diesem Gebiet. Der Zuschnitt auf ausschließliche Lkw-Abfertigung wird hier zum ersten Mal besonders deutlich (Abb. 8).

Damit war der steigende Bedarf aber keineswegs gedeckt. Vor allem der schon erwähnte zunehmende Fernverkehr auch auf der Straße verlangte seit längerer Zeit schon nach einem leistungsfähigen Amt in unmittelbarer Nähe des Autobahnkopfes auf der Veddel.

Das ältere in diesem Bereich liegende und noch aus der Vorkriegszeit stammende Amt Niedernfelde war stark überlastet. So kam es zur Planung des sogenannten Autobahnzollamtes Veddel, direkt an der Einfädelung zur Autobahn südlich der Elbbrücken. Ein kompliziertes Betriebsprogramm, städtebauliche Belange und besondere Verkehrsfragen stellten den Architekten hier vor außergewöhnliche Probleme. Die prinzipielle Anordnung entspricht etwa der des Amtes Niederbaum, nur sind hier die Dimensionen im Ganzen größer. So wurden z. B. allein etwa 700 lfdm Bühnenrampen geschaffen, an denen 30 bis 35 Fahrzeuge gleichzeitig abgefertigt werden können. Das 3-geschossige Verwaltungsgebäude wurde parallel an die Ostbühne angelehnt. Die trockene Verbindung von den 5 Bühnen zur Kasse und Buchhaltung im Verwaltungsgebäude schafft ein gläserner Verbindungsgang, der über den Bühnenköpfen verläuft. Mit dem Zollamt Veddel wurde aber nicht nur ein weiteres Betriebsmittel geschaffen. Klare Gliederung der Baukörper und Sicht-

Abb. 8. Zollamt Niederbaum.

barmachung der vielfältigen Funktionen ließen hier ein Bauwerk entstehen, das architektonischen Ansprüchen gerecht wird. Die Wirkung wird durch harmonisches Zusammenspiel von Stahlbeton, roter Ziegelverblendung, dunkelgrüner Plattenverkleidung und Glas als den farbgebenden Elementen noch erhöht (Abb. 9).

Nachdem das Abfertigungsverfahren im organisatorischen Bereich eine erneute Wandlung erfahren hat, erwiesen sich vor allem die Vorstauräume für die Fahrzeuge bei den eben genannten Ämtern mit der Zeit als zu klein. Deshalb wurden bei der Planung des neuen Zollamtes Oberbaum in der Nähe des neuen Deichtor-Verkehrsknotens neue Wege beschritten. Hier wurden zwar auch

Abb. 9. Zollamt Veddel.

3 Zollhöfe mit insgesamt 6 Bühnen entworfen, aber die einzelnen Bühnen sind nur noch 50 m lang, sodaß sie lediglich 2 Abfertigungen gleichzeitig erlauben. Dafür wurden aber die Stauräume erheblich vergrößert. Da der Lkw-Fahrer schon eine ganze Reihe von Abfertigungsstufen vor der eigentlichen Beschau an der Bühne erledigen kann, rechnet man bei diesem neuen Amt, das sich zur Zeit im Bau befindet, mit einer noch größeren Durchlaßleistung. Während bei den bisherigen Ämtern nur etwa 3 m breite Randstreifen direkt an den Bühnenrampen mit überdacht waren, wird der Bühnenkomplex beim ZA Brooktor in voller Breite überdacht. Dadurch wird ein bahnhofsähnlicher Charakter entstehen. Der größte Teil des Geländes konnte nur dadurch gewonnen werden, daß der Brooktorhafen durch eine neue Kaimauer zu Gunsten neuer „landfester“ Flächen erheblich verschmälert wurde. Das architektonische Problem dieser Anlage lag darin, eine sinnvolle Zuordnung zu der ernsten Kulisse der Speicherbebauung herzustellen, die den Amtsplatz nach Norden begrenzt.

Nach Fertigstellung darf man hoffen, daß auch hier ein neues bedeutsames architektonisches Element für den Hafen geschaffen sein wird.

Weitere Neubauten aus der Zeit nach dem Kriege können hier nur noch aufgezählt werden. Zu nennen sind eine ganze Reihe schwimmender Anlagen, wie Müggenburg, Niederhafen, Reiherstieg, dann die landfesten Ämter Rugenbergen, Rethe, Ernst-August-Schleuse, Harburg und Elbtunnel. Rethe und Elbtunnel sind zur Zeit im Bau. Zu der besonderen und interessanten Situation bei letzterem Amt ist folgendes bemerkenswert: Weil die Platzverhältnisse unmittelbar vor dem Tunnelschachtgebäude auf Steinwerder sehr eingeengt sind, durfte nur ein Bauwerk von optisch äußerster Leichtigkeit geplant werden, um keine Mißverhältnisse zu schaffen. Ferner darf hier der ja vergleichsweise zwangsläufig durch ein Nadelöhr flutende Elbtunnelverkehr nur in begrenztem Maße durch Baustellenbetrieb und vor allem durch Bauzeit gestört werden. Deshalb werden hier Gebäude aus Stahlskeletten mit vorgefertigten geschoßhohen Außenwandelelementen entstehen, die weitgehende Vorrichtung und zügige Montage an Ort und Stelle erlauben.

Abb. 10. Kühl- und Auktionshalle III im Altonaer Fischereihafen.

Soviel über drei der Hauptaufgabengebiete des Hafenarchitekten. Damit ist seine Tätigkeit aber keineswegs erschöpft. Weitere Komplexe können hier aus Platzmangel nur bezeichnet und nicht beschrieben werden.

Abb. 11. Nebenkaffeehalle am Amerikahöft.

Die umfangreichen Anlagen am Fischereihafen in Altona sind inzwischen erweitert durch die neue Kühl- und Auktionshalle III (Abb. 10) an der großen Elbstraße, einem der bedeutendsten der hier geschaffenen Objekte. Eine weitere große Gruppe sind die umfangreichen Bauten aller Art für die Hafenbahn. Die Kaffeehallen (Abb. 11) im Hafengebiet sind hier zu nennen, Bauwerke für

Pegel-, Leuchtfeuer- und Radardienst. Die neue Radarstation auf dem Neß-Sand ist z. B. eines der interessantesten Bauvorhaben der letzten Jahre. Eigene Anlagen für Werften und Bauhöfe gehören dazu, aber auch Bauwerke für die Wasserschutzpolizei und vieles andere mehr.

Die Tätigkeit eines Hafenarchitekten erscheint damit so vielfältig, wie nur möglich. Ihm ist ausreichend Gelegenheit gegeben, aktiv an der Gestaltung der Industrielandschaft im Hafen mitzuwirken. Seine Aufgabe wird es sein, sich auch weiterhin überzeugend für dieses vornehme Ziel einzusetzen.

B. Der neue Verteilungsschuppen am Moldauhafen

Seitdem das Versenden kleinerer Stückgutsendungen aus dem Binnenlande nach dem Seehafen in Form von Sammeltransporten vorgenommen wird, hat sich Hamburg der Behandlung dieser Gütersparte mit besonderer Sorgfalt angenommen. So wurde bis zum Jahre 1929 am Kirchenpauerkai, unterhalb der Elbbrücken am Nordufer der Norderelbe, ein besonderer Verteilungsschuppen betrieben, der als Vorgänger verschiedener Anlagen angesehen werden kann, die im Laufe der Zeit im Hafen entstanden. Die bekannteste Nachfolgeeinrichtung war der Verteilungsschuppen am Kamerunkai im Bereich der heutigen Stückgutschuppen 60/61. Alle diese Anlagen haben den Weltkrieg nicht überstanden.

1. Umfang des Verteilungsverkehrs

Im Hamburger Hafen gibt es daher heute wiederum mehrere Schuppen, die unter der Bezeichnung „Verteilungsschuppen“ die aus dem Inland angelieferten Export-Sammelgüter annehmen und bis zum Weitertransport an die Seeschiffe lagern. Diese Schuppen sind seit Jahren einer wachsenden Belastung ausgesetzt und können heute den Güteranfall nur noch schwer bewältigen. Auch handelt es sich bei ihnen um normale Kaischuppen für Stückgutumschlag, die keine spezialisierte Anpassung an die besonderen Aufgaben des Verteilungsverkehrs — namentlich kostensparende Rationalisierungsmaßnahmen — zulassen. Bei einem Güterdurchsatz von nahezu 400000 t im Jahr entstehen unter diesen Bedingungen aber Probleme, die es nicht vertretbar erscheinen lassen, darauf auch weiterhin zu verzichten.

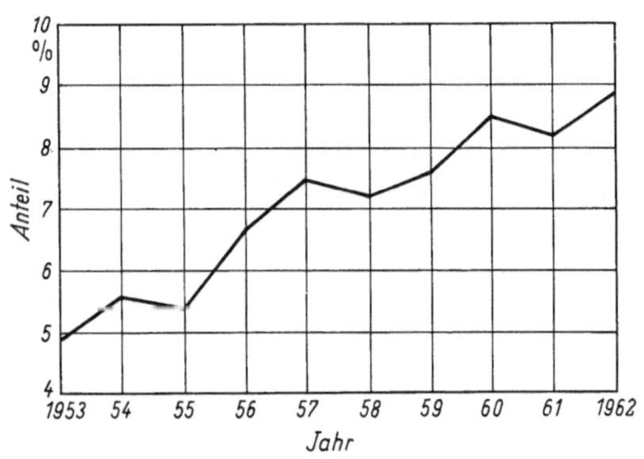

Abb. 12. Anteil des Verteilungsgutes am gesamten Stückgutexport des Hamburger Hafens 1953/62.

Hamburg hat sich entschlossen, für den Sammelgutverkehr erneut einen besonderen Schuppen zu errichten. Hier sollen alle Güter dieser Verkehrssparte in betrieblich günstiger Weise behandelt werden.

Dieser Sammelgutverkehr — im Hafen entsprechend der hier auszuführenden Manipulation als „Verteilungsverkehr“ bezeichnet — umfaßt solche Sendungen des Stückgutexportes, die wegen ihres geringen Umfanges allein ein Transportgefäß nicht voll auslasten. Sie werden deshalb am Aufgabeort von Sammelladungsspediteuren zu umfangreicheren Ladungen zusammengefaßt und dann als solche in den Seehafen befördert. Im Seehafen angekommen, müssen die Sammelladungen zunächst wieder in die einzelnen Sendungen aufgespalten werden, so daß der Schuppenbetrieb sich mit einer großen Anzahl kleiner Sendungen auseinander zu setzen hat, die einzeln gelagert und schließlich seeschiffsweise wieder zusammengefaßt werden müssen.

Sammelgüter werden in Hamburg zu 75% mit der Bahn angeliefert. Der Lastkraftwagen ist mit 20% beteiligt, während 5% des Güteraufkommens per Binnenschiff über die Oberelbe herankommen. Das Verteilen auf die Seeschiffe wird dagegen überwiegend von Schuten übernommen, nur ein kleiner Teil (rd. 15%) wird mit Straßenfahrzeugen gefahren.

Aus diesen wenigen Angaben wird bereits deutlich, welch umfangreiche Aufgaben dem Hafen mit dieser Gütersparte erwachsen und es wird verständlich, daß sehr weitgehende Rationalisierungsmaßnahmen — die hier zwangsläufig zur Spezialanlage führen — ergriffen werden müssen, um den Verteilungsverkehr in wirtschaftlicher Weise abwickeln zu können. Dabei muß auch berücksichtigt werden, daß die wachsende Industrialisierung in Übersee und der höhere Lebensstandard mit seiner dringenden Nachfrage nach Fertigprodukten spezifischen Bedarfs durchaus noch eine Steigerung dieser Verkehrssparte erwarten lassen. Abb. 12 zeigt den Anteil des Verteilungsgutes am gesamten Stückgutexport des Hamburger Hafens und gibt insoweit Hinweise auf dieses Wachstum.

2. Betriebsplanung als Entwurfsgrundlage

Bei dieser Aufgabe mußten dem Entwurf einer neuen Anlage eingehende Strukturuntersuchungen vorausgehen, die das Konzept eines neuen Betriebsschemas zu erarbeiten ermöglichten. Dabei wurde versucht, innerbetrieblich zu einem durchgehenden Güterfluß zu kommen, der Verkehrsüberschneidungen und damit leistungsmindernde Störungen vermeidet, in den einzelnen Bearbeitungsphasen überschaubare Arbeitsbereiche schafft und den jeweils günstigsten Einsatz von Hilfsmitteln und Geräten gestattet. Abb. 13 zeigt dieses Schema und macht die Unterteilung in einzelne Arbeitstakte deutlich. Bei dieser Methode kann innerhalb eines jeden Taktes mit gleichmäßiger Leistung gearbeitet werden, ohne daß sich Abhängigkeiten ergeben, die zu Arbeitspausen führen. An den Übergängen von einem Arbeitstakt zum anderen wartet jeweils nur das Gut in besonderen „Stauräumen".

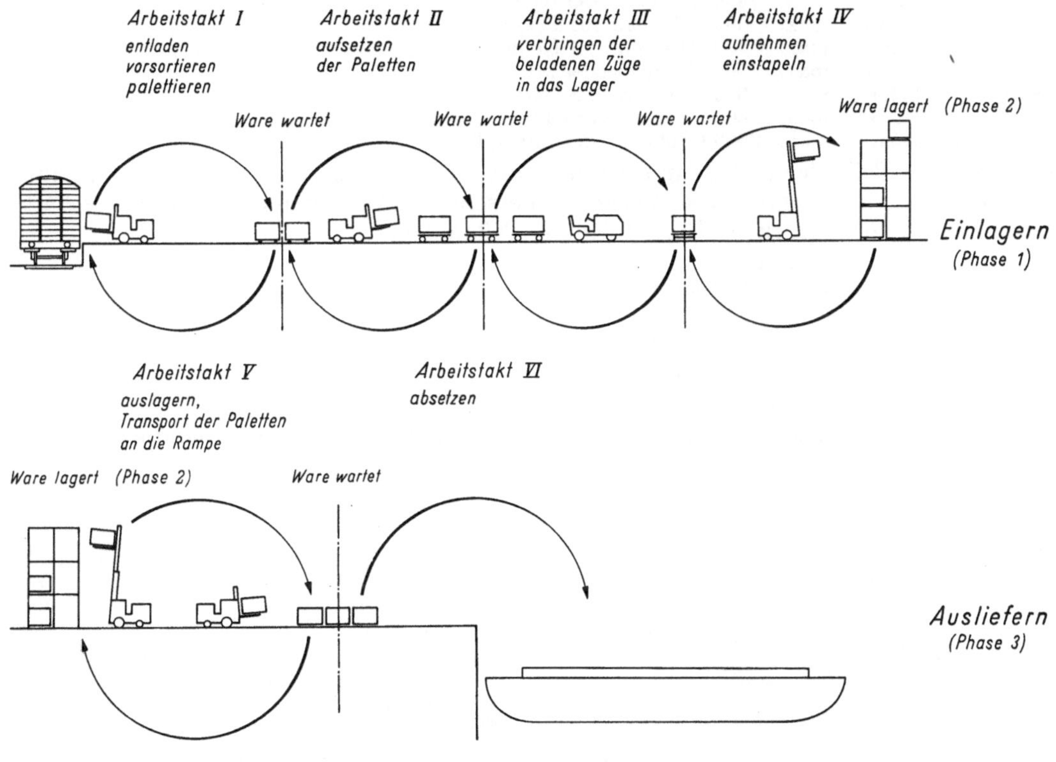

Abb. 13. Betriebs-Schema.

Ein weiteres wichtiges Ziel der Voruntersuchungen bestand darin, die sehr unterschiedlichen Güter zu gleichartigen Einheiten zusammenzufassen, um sie damit einer rationellen Behandlung zugänglich zu machen. Als Manipulationseinheit wurde eine Flachpalette 1200×1600 mm gewählt, die sich für rd. 80% des Durchsatzgewichtes und damit 43% aller Sendungen eignet. Sie wird dabei durchschnittlich mit 450 kg belastet werden. Allerdings sind etwa 54% aller Sendungen, die insgesamt nur 11% des Durchsatzgewichtes ausmachen, für diese Palette zu klein, so daß eine zweite Palette in der Größe 600×800 mm eingeführt werden muß, um auch dieses sogenannte Kleingut einheitlich behandeln zu können. Die Paletten werden bei Anlieferung der Güter beladen und erst bei der Auslieferung wieder abgepackt. Sie verlassen die Schuppenanlage nicht.

Da Verteilungsgut in dieser Weise zwar palettierbar, im allgemeinen aber nicht stapelfähig ist, muß das Lager außerdem mit Regalen ausgerüstet werden, weil sich sonst eine sehr ungenügende Flächennutzung und damit eine betrieblich untragbare Weitläufigkeit des Lagers ergeben würde.

3. Die neue Anlage

Der Standort der Anlage mußte verschiedenen Bedingungen entsprechen. Wesentlich war dabei die Forderung nach einer Lage im Freihafen, um die Güter ohne zeitraubende Zollformalitäten schnell an die Seeschiffe bringen zu können. Weiterhin mußte wegen der Verkehrsbindungen an Schute und Binnenschiff ein Platz an einem Hafen entsprechender Wassertiefe gewählt werden, wobei zugleich geringe Entfernungen zum Hauptrangierbahnhof des Hafens wie auch zur Freihafengrenze und damit zu den Hauptverkehrsstraßen erstrebenswert waren. Dabei berücksichtigte das letztgenannte Ziel nicht nur den Straßengüterverkehr, sondern auch den sehr umfangreichen Personenverkehr der Belegschaft (über 500 Beschäftigte) und der Kundschaft. Schließlich war zu beachten, daß mit dem Wunsch nach einer zentralen Verteilungsanlage gewisse Mindestanforderungen an die Größe des Areals und dessen Zuschnitt verbunden waren.

Ein entsprechender Platz bot sich auf der Kaizunge „Schumacherwerder" zwischen Moldauhafen und Norderelbe, unmittelbar unterhalb der Norderelbbrücken. Zwar war die vorhandene Landfläche viel zu klein, um die etwa 15 ha beanspruchende Verteilungsanlage hier unterbringen zu können, jedoch war es vertretbar, einen Teil des Moldauhafens zuzuschütten und die Fläche auf diese Weise zu vergrößern.

Das Planungsziel wurde mit einem Güterdurchsatz von jährlich 500000 t festgelegt. Daraus ergeben sich unter Abwägung der unterschiedlichen Häufigkeitsverteilung folgende Belastungswerte für die Anlage und deren Teile:

Anlieferung:	Bahn:	max.	1450 t/Tag mit 195 Waggons
	LKW:	max.	550 t/Tag mit 191 Fahrzeugen
	Kahn:	max.	120 t/Tag mit 1 Kahn
	insgesamt:	max.	1700 t/Schicht oder 2000 t/Tag.
Auslieferung:	Schute:	max.	1900 t/Tag an 76 Schuten
	LKW:	max.	600 t/Tag an 240 Fahrzeuge
	insgesamt:	max.	2000 t/Schicht oder 2500 t/Tag.

Die wesentlichen Teile der Anlage müssen im Idealfall einander so zugeordnet sein, daß sich ein durchgehender Güterfluß ergibt, also Verkehrsüberschneidungen vollkommen ausgeschaltet werden. Diese Überlegung erstreckt sich auf folgende Teilanalagen:

a) Anlieferung:	1. Bahnanlagen
	2. Straßenverkehrsanlagen
	3. Entladekai für Binnenschiffe
	4. Annahmeschuppen
b) Lagerung:	5. Lagerschuppen
c) Auslieferung:	6. Rampe für Schutenbeladung
	7. Rampe für LKW-Beladung.

Abb. 14 zeigt die gewählte Anordnung und macht deutlich, daß es weitgehend gelungen ist, dem Idealziel zu entsprechen.

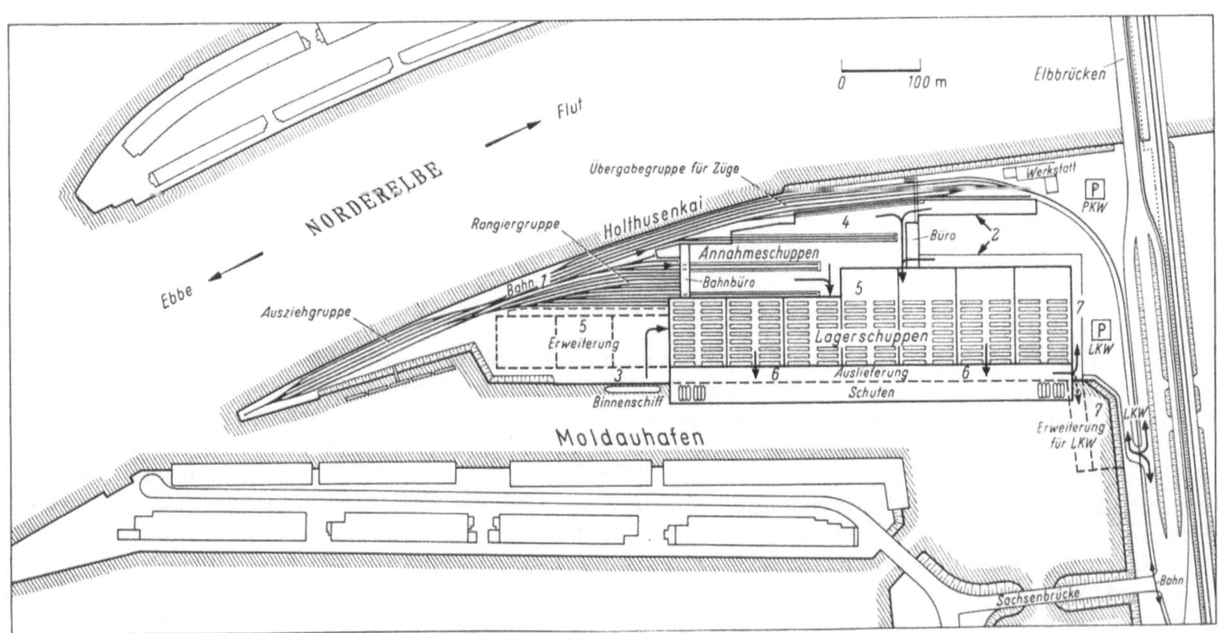

Abb. 14. Übersicht der neuen Verteilungsanlage.

Im Norden der Anlage, entlang am Holthusenkai, befinden sich zunächst 4 Übergabegleise, in denen die vom Hauptrangierbahnhof überführten Züge zur Vorkontrolle bereitgestellt und Leerzüge für die Abfahrt gebildet werden. Nach Westen schließt sich eine Ausziehgruppe an, von der aus über einen Ablaufberg in die Rangiergruppe gearbeitet wird. Hier werden Waggons aussortiert, die eine Sonderbehandlung erfahren müssen oder eine übermäßig lange Entladezeit erfordern, während alle übrigen — mehr oder weniger gleichartigen — Waggons zu Entladegruppen zusammengestellt werden. Im Annahmeschuppen sind 7 Entladegleise an Doppelrampen vorgesehen, deren Länge für rd. 100 Waggons ausreicht. Für das Anliefern der Lkw-Güter stehen östlich des Annahmeschuppens 2 Entladerampen mit zusammen rd. 350 m Länge zur Verfügung. Die Auslieferung an Lkw wird an einer rd. 140 m langen Rampe entlang der Ostseite des Lagerschuppens vorgenommen.

Der gesamte Annahmebereich wird zum Schutze gegen ungünstige Witterung als Schuppen ausgebildet und erhält eine Größe von rd. 28000 qm (Annahmeschuppen). Auch die Lkw-Entladerampen werden ein auskragendes Dach bekommen.

Der Lagerschuppen — das Kernstück der Anlage — wird zunächst rd. 58000 qm groß werden und dabei Erweiterungsmöglichkeiten auf 72000 qm haben. Hier müssen bei einem Jahresdurchsatz von 500000 t Sammelgütern und unter der Voraussetzung einer durchschnittlichen Lagerdauer von rd. 6 Tagen bis zu 12000 t gelagert werden können. Das sind etwa 30000 Sendnugen.

Diese Gütermenge verteilt sich auf die Gruppen der palettierbaren Güter (Normalgüter), der Kleingüter und der schweren Güter, die mit unterschiedlichen Geräten behandelt werden müssen und deshalb auch getrennte Lagerabschnitte erhalten sollen.

Im Schwergutlager müssen 7,4% der Gütermenge, also rd. 900 t, untergebracht werden, wobei es keiner besonderen Lagereinrichtung bedarf, weil diese Güter ohne weiteres auf dem Schuppenboden abgesetzt werden können. Erfahrungsgemäß liegt dabei der Flächenbedarf bei brutto 10 qm/t, so daß diese Gütersparte eine Gesamtfläche von 9000 qm benötigt.

Das Kleingutlager soll mit Regalen ausgestattet werden. Die einzelnen Sendungen werden dazu auf Kleinpaletten 600 × 800 mm gepackt. Die Regale erhalten 5 Böden, so daß 6 Paletten übereinander gelagert werden können. Insgesamt werden 14000 Palettenplätze benötigt, die auf diese Weise auf einer Gesamtfläche von 8000 qm untergebracht werden können. Auf jeden Palettenplatz entfallen damit brutto 0,55 qm der Schuppengrundfläche.

Im Normallager werden Paletten 1200 × 1600 mm vierfach übereinander in Regalen, teilweise auch im Stapel untergebracht, wenn eine Sendung aus mehr als drei stapelfähigen Paletten besteht. Die Kapazität dieses Lagerteiles muß für 24000 Paletten ausreichen. Dafür werden bei der gewählten Anordnung 49000 qm, also je Palettenplatz rechnerisch 2,04 qm der Brutto-Schuppengrundfläche benötigt.

Insgesamt muß der Lagerschuppen damit eine Grundfläche von mindestens 66000 qm erhalten. Demgegenüber hat sich bei der Planung eine mögliche Gesamtfläche von 72000 qm ergeben, so daß hier noch eine gewisse Reserve gegeben ist. Bedenkt man aber, daß innerhalb der ganzen Anlage allein der Lagerschuppen das leistungsbestimmende Element darstellt, während alle übrigen — nämlich ausschließlich Betriebsanlagen — durch Maßnahmen der Rationalisierung, auch durch Arbeit in mehreren Schichten in ihrer Kapazität gesteigert werden könnten, so ist hier eine gewisse Überdimensionierung sinnvoll.

Bei der Anlieferung der Güter müssen durchschnittlich 1250 t/Tag, an Tagen starker Belastung bis zu 1900 t Verteilungsgüter in Schuten abgesetzt werden. Da jede Schute im Mittel 25 t aufnimmt, gilt es, 50 bis 76 Schuten an einem Tage zu bedienen. Dabei darf unterstellt werden, daß jeder Absetzgang bis zu 50 t/Schicht aus dem Lagerschuppen heranbringen, also etwa 2 Schuten nacheinander versorgen kann.

Für die Anordnung der Schutenrampe galten zwei wesentliche Voraussetzungen: Erstens sollten sie im engeren Bereich des Lagerschuppens entwickelt werden, um lange Förderwege zu vermeiden, und zweitens mußte jedem Schutenplatz ein besonderer Rampenbereich für das Aufstauen der Ladung zugeordnet werden (Trennung der Arbeitstakte, allein das Gut darf „warten“). Für 38 Schuten wären aber etwa 1000 m Kailänge erforderlich, wenn die Fahrzeuge längs am Kai liegen. Diese Kailänge war unerreichbar.

Daraufhin wurden Versuche aufgenommen, die Schuten in Spitzlage, also senkrecht vor den Kai zu legen und in dieser Anordnung zu beladen, und es zeigte sich, daß mit Laufkran und Katze auch bei Spitzlage der Schuten ausreichende Absetzleistungen erreichbar sind. Nachdem dann weiterhin ein besonderer Schlengel für den Landgang des Personals entwickelt und die Schwierigkeiten beim Manövrieren im Eis als vermeidbar erkannt werden konnten, durfte diese Neuerung als brauchbar angesehen werden. Bei Spitzlage können im Bereich eines 37 m breiten Schuppenabschnittes 4 Beladeplätze und 2 Warteplätze für Schuten eingerichtet werden, also entlang der 520 m langen Schuppenfront des 1. Bauabschnittes 56 Beladeplätze sowie 28 Warteplätze.

Rampe und Schutenplätze sollen durch ein Dach gegen ungünstige Witterungseinflüsse geschützt werden (Abb. 15). An dieser Dachkonstruktion wird die Krananlage aufgehängt. Sie besteht aus vielfach aufgehängten Laufkranen, die in Längsrichtung des Kais verfahrbar sind und deren Katzen quer zum Kai an einem rd. 40 m langen Brückenträger arbeiten. In der Arbeitsstellung befindet sich die Kranbrücke über der Schute, braucht also während der Arbeit nur geringfügig bewegt zu werden. Dagegen fallen die längeren Arbeitswege der leichten und schnellen Katze zu, so daß im ganzen hohe Leistungen mit geringem Aufwand erreicht werden.

Die Stützen des Vordaches stehen auf der Kaikante im Abstand von jeweils 37 m. Vor dem Lagerfeld des Schuppens, das die gleiche Breite hat, liegt also ein stützenfreier Bereich, in dem die Laufkräne unbehindert fahren können und den sie im Betrieb nicht zu verlassen brauchen. Um dennoch die Möglichkeit zu haben, mehr als die im Normalfall vorhandenen 2 bis 3 Krane in einem

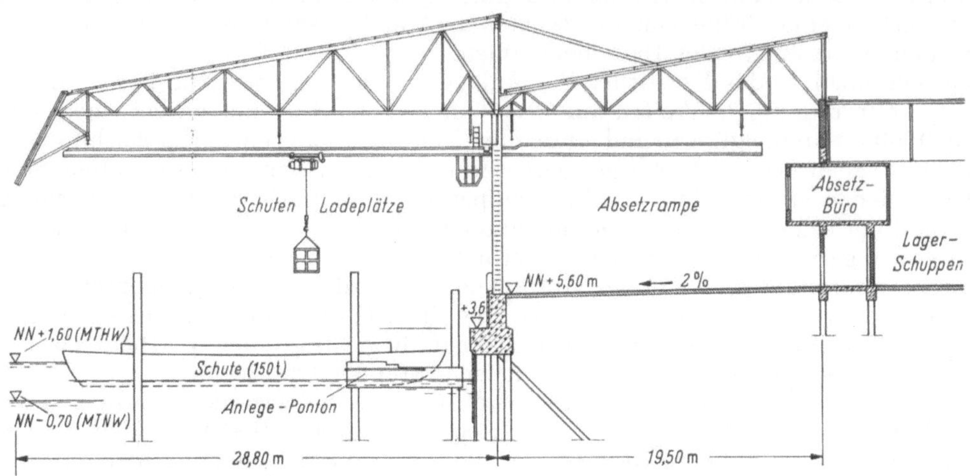

Abb. 15. Querschnitt der wasserseitigen Verladerampe im Prinzip.

Feld einzusetzen, kann die Kranbrücke im Bereich der Stütze getrennt und dann in 2 Teile in das Nachbarfeld gefahren werden, wo sie wieder zur Einheit zusammengefügt wird. Diese Manipulation ist verhältnismäßig einfach durchführbar.

Der Entladekai für Binnenschiffe liegt vor einer Fläche, die der Erweiterung des Lagerschuppens dienen kann, so daß mit der Möglichkeit gerechnet werden muß, daß ein Teil davon später für das Beladen der Schuten benötigt wird. Dann kann der Binnenschiffslöschplatz aber um ein entsprechendes Maß nach Westen verlegt werden.

4. Bauzeit und Baukosten

Die beschriebene Verteilungsanlage beansprucht eine Fläche von insgesamt etwa 20 ha. Sie umfaßt in der ersten Ausbaustufe

58000 qm	Lagerschuppen	12500 lfd m	Gleisanlagen
28000 qm	Annahmeschuppen	33000 qm	Straßenverkehrsfläche
35000 cbm	Betriebsgebäude	700 m	Kaimauer

und wird mit allen erforderlichen Einrichtungen und Geräten wie Krananlage, Rohrpostanlage, Rufanlage, Elektroschlepper, Gabelstapler, Regale, Paletten ausgerüstet werden und eine eigene Werkstatt erhalten. Die Baukosten betragen dafür rd. 58 Mio DM, wovon etwa 15 Mio DM allein auf die Erschließung des Geländes mit Gleisanlagen, Straßen und Kaimauern u. a. entfallen.

Mit den Bauarbeiten ist im Jahre 1962 begonnen worden und es wird erwartet, daß sie 1966 abgeschlossen sein werden.

C. Die Ufereinfassungen

Über die „Hamburger Kaimauer" ist seit ihrer Entstehung vor etwa 100 Jahren oft und umfassend geschrieben worden. Es genügt hier daher, an den Bericht im Jahrbuch der Hafenbautechnischen Gesellschaft 20./21. Bd. 1950/51 über die Bauwerke des Hamburger Hafens, Unterabschnitt B Kaimauern und Ufereinfassungen, anzuschließen und die seitdem festzustellenden Entwicklungstendenzen und Erfahrungen in der Praxis mitzuteilen[1].

Bekanntlich hatte man bis zum Ende des ersten Weltkrieges mit den damaligen Baumitteln Schwergewichtsmauern zunächst aus Ziegelsteinen, sodann aus Stampfbeton auf einem hölzernen Pfahlrost errichtet und hierbei eine recht hohe Entwicklungsstufe erreicht. In den zwanziger Jahren kamen die ersten Stahlbetonmauern auf, die nun nicht mehr als massive Körper, sondern aufgelöst als Stahlbetonwinkelstützmauern mit Rippenverstärkungen ausgeführt wurden. Gleichzeitig ersetzte man den damals üblichen Holzpfahlrost durch Stahl- oder Stahlbetonpfähle und die früher an der Rückseite liegende gegen den Erdboden abstützende hölzerne Abschlußwand durch wasserseitig angeordnete gegen den aktiven Erddruck zu berechnende Spundwände, die allerdings

[1] Vgl. E. Lackner, G. Finke u. K. Förster: Einfluß der Bodenmechanik, Grundbaustatik und der Baustoffe auf die Ufereinfassungen in den deutschen See- und Binnenhäfen in den letzten 50 Jahren (s. S. 23).

zunächst durch dahinter stehende Pfahlreihen von lotrechten Lasten freigehalten wurden. Die für einige Jahre bevorzugten Stahlbetonspundwände hatten sich nicht so gut bewährt, als daß sie gegenüber dem epochemachenden Siegeszug der reinen Stahlspundwände auf die Dauer sich hätten behaupten können. Abb. 16 zeigt einen typischen Kaimauerquerschnitt dieser Art.

Die neueren nach dem zweiten Weltkrieg ausgeführten Kaimauerformen weisen darüber hinaus durch die Weiterentwicklung der Rammtechnik, insbesondere durch die Möglichkeit 1 : 1 und flacher geneigte Verankerungspfähle zu rammen und durch das Heranziehen der vorderen Spundwand zur Übertragung lotrechter Lasten, völlig neue Konstruktionsgedanken auf. Dabei ist auch der hinter der Stahlspundwand verbleibende Hohlraum unter dem Stahlbetonüberbau als ein Charakteristikum der neueren Hamburger Kaimauer zu beachten. Diese unter anderem die Eigenart der in Hamburg üblichen Ufereinfassungen ausmachenden Eigenschaften — die sinngemäß abgewandelt auch für die einfacheren als Spundwandbauwerke entwickelten „Vorsetzen" gelten — finden sich in der Vielzahl der ausgeführten Beispiele mehr oder weniger ausgeprägt immer wieder. In der nachfolgenden Beschreibung genügt es, typische Beispiele zu bringen und auf deren Besonderheiten von Fall zu Fall einzugehen.

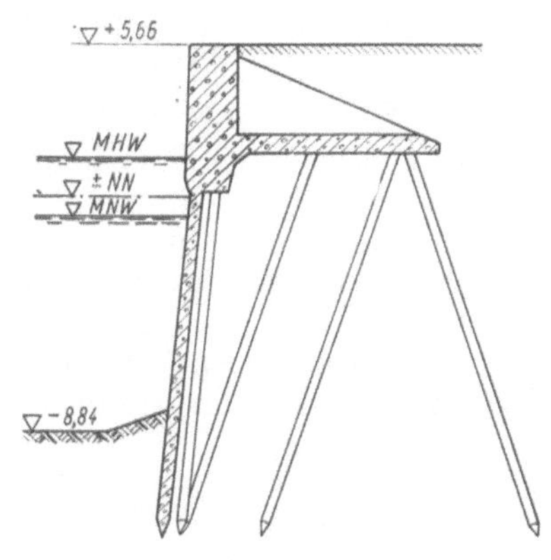

Abb. 16. Kaimauer Windhuk-Kai, Baujahr 1930, ausgeführt mit Stahlbetonspundwand.

Zunächst seien einige Grunddaten als wesentliche Merkmale hier wiederholt:

Geländesprung von i.M. + 5,30 m NN (Kaifläche) bis zur Sohlentiefe, je nach Schiffsgröße (8 bis 11 m Tiefgang) von — 8,70 bzw. — 11,70 m NN, also variabel zwischen 14,0 und 17,0 m. Solche Höhenunterschiede sind in Seehäfen noch nicht ungewöhnlich, wenn auch gerade die sturmflutfreie Höhe des Geländes über MThW bei + 1,60 m NN mit nahezu 4,0 m gegenüber Ufereinfassungen in tidefreien Häfen stark verteuernd wirkt.

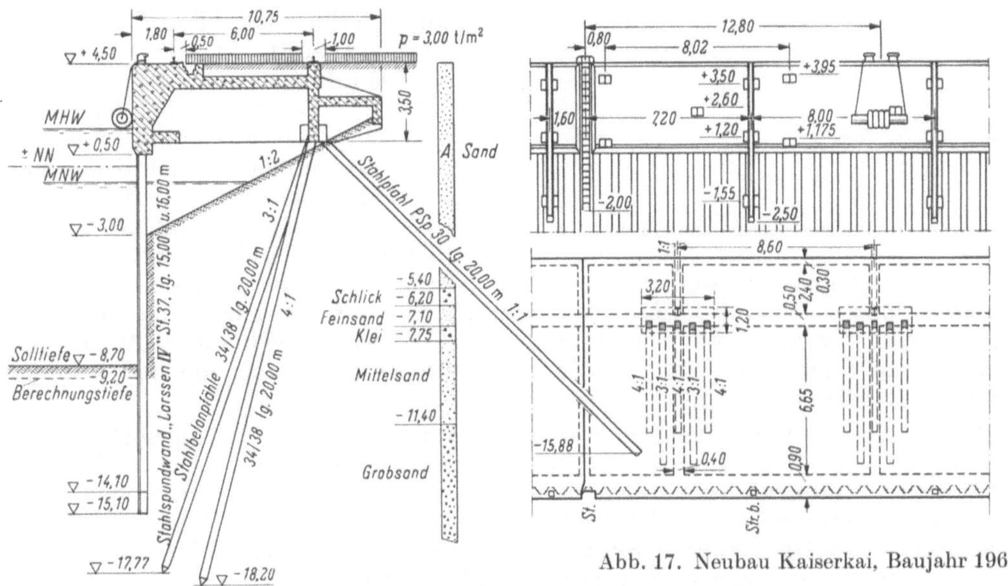

Abb. 17. Neubau Kaiserkai, Baujahr 1962.

Charakteristisch ist die Dreigliederung im konstruktiven Aufbau:

1. Spundwand als rückhaltendes Bauelement (flächenhaft ausgedehntes Tragwerk) entwickelt, aber zusätzlich zum Tragen lotrechter Lasten bemessen.

2. Gründungspfähle zur Übertragung der Lasten in tiefere Bodenschichten (Pfahlrost zur Aufnahme lotrechter und waagerechter Kräfte, zusammengesetzt aus den Reihen einzelner Gründungspfähle, die lediglich axial belastet als linienhafte Tragglieder anzusehen sind).

3. Überbau zur Zusammenfassung sämtlicher angreifenden lotrechten und waagerechten Kräfte aus Verkehrs- und Kranlasten, Schiffsstoß und Pollerzug, Eigengewicht, Erd- und Wasserdruck. Der Überbau wirkt — örtlich betrachtet — durchaus als räumliches Tragwerk, wenn auch der Kaimauerquerschnitt im ganzen für die Statik noch ein „ebenes Problem" ist. Dieser allgemeine Aufbau ist in dem ausgeführten Beispiel Kaiserkai (Abb. 17) deutlich dargestellt.

Als Spundwandquerschnitte sind die gebräuchlichen Wellenprofile mit ausreichender Wanddicke $\geqq$ 10 cm in verschiedenen Stahlqualitäten bisher verwendet worden. Auf gute Schweißbarkeit unter Vermeidung der Sprödbruchgefahr wird Wert gelegt.

Die Erfahrung hat gezeigt, daß in Hamburg im allgemeinen Wellenprofile nur bis zur Profilgröße IV und nicht darüber hinaus wirtschaftlich sind. Die Reihe wird fortgesetzt durch die sogenannte „gemischte Spundwand" (kombiniertes Profil), wobei sich die Tragpfähle aus Peiner Kastenspundbohlen (Einfach- oder bei höherer Beanspruchung Doppelbohlen) mit dazwischen liegender Spundwandwelle als Füllbohle (Profil Krupp oder Larssen) gut bewährt haben.

Diese Tendenz zur Entwicklung von statisch höherwertigen Spundwandquerschnitten, die sich zur Überwindung des immer größer werdenden Geländesprungs nicht nur technisch eignen, sondern auch wirtschaftlich anbieten, ist weiterhin zu beobachten und hat in neuester Konsequenz zunächst probeweise zur Einführung z.B. der Spundwand Larssen „in Winkelform" geführt (Abb. 18) (Kamerunkai).

Der Stahlbetonpfahl mit schlaffer bzw. neuerdings auch vorgespannter Bewehrung ist noch immer das Standardgründungselement im Hamburger Hafen, wenigstens für die Übertragung der Druckkräfte. Seine Herstellung, Rammung und Verarbeitung auf der Baustelle ist seit langem befriedigend und wirtschaftlich gelöst; Abweichungen gehören z.Z. noch zu den Ausnahmen, obwohl gerade hier die Entwicklung nicht auf längere Sicht vorhergesehen werden kann.

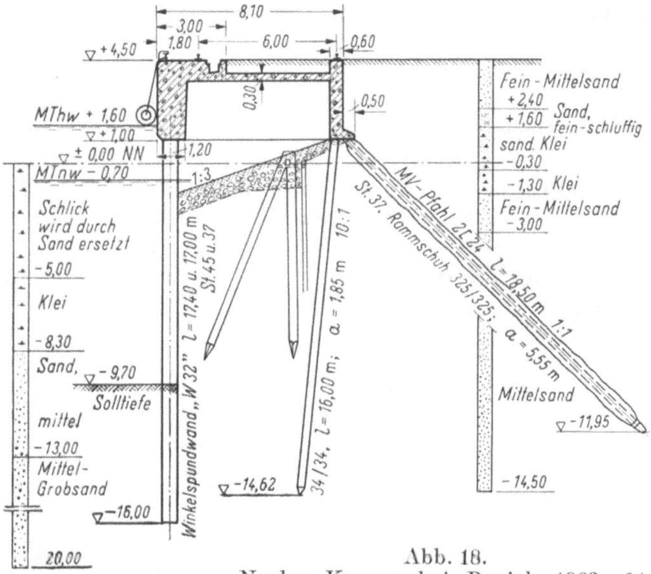

Abb. 18. Neubau Kamerunkai, Baujahr 1963—64.

Soweit reine Stahlpfähle an deren Stelle treten, sind diese vorwiegend dort verwendet worden, wo mit Rammhindernissen (Trümmern, Findlingen, Wrackteilen, Pfahlstümpfen usw.) zu rechnen war. Im übrigen sind Pfähle zur überwiegenden Zugkraftübertragung grundsätzlich als Stahlpfähle ausgebildet, wobei dem Trägerquerschnitt als I-Profil in der Regel vor dem Hohlkasten oder der Spundwandwelle der Vorzug gegeben wurde.

Verankerungspfähle mit Stahlkern und verpreßtem bzw. injiziertem Betonmantel haben sich in einer beachtenswerten Sonderentwicklung der letzten Jahre bei den in Hamburg vorliegenden Bodenverhältnissen sehr vorteilhaft herausgestellt. Gründungspfähle für übernormale Lasten nach Spezialherstellungsverfahren (Franki-, Simplex-, Vibropfähle und ähnliche) sind generell jedoch bisher nicht eingeführt worden, wenn auch einige Ausführungsbeispiele dieser Art bei sonstigen Bauten im Hafen zu verzeichnen sind, bei Ufereinfassungen solche aber nur als Ausnahme (wie z.B. beim HEW-Kraftwerk „Hafen") verwendet wurden.

Der Stahlbetonüberbau hat den Schwergewichtsmauer-Querschnitt abgelöst, zunächst als Winkelstützmauer auf hohem Pfahlrost. Die ursprünglich schwere Stahlbetonrostplatte und der aufgehende Teil an der Wasserseite wurden jedoch bald aus wirtschaftlichen Gründen zwecks Einsparung übergroßer Betonmassen in Längsholme, Querunterzüge bzw. Versteifungsrippen aufgelöst. Die horizontale Platte wurde zur weiteren Abschirmung des Erdangriffs von der Spundwand nach hinten oder unten durch einen „Sporn" verlängert. Der unterhalb geschaffene Hohlraum, je nach Böschungsneigung mehr oder weniger wirksam, ist konstruktiv bedeutungsvoll für den Unterbau, während die großen angreifenden Kräfte aus Kran- und Verkehrslast, Schiffsstoß und Trossenzug von dem bewußt etwas „Masse" enthaltenen Überbau mit Sicherheit übertragen werden.

Im Hamburger Hafen herrscht bisher der Ortbeton vor; Fertigteile im Kaimauerbau bildeten die Ausnahme. Dazu mag beigetragen haben, daß der von der einschlägigen Industrie in der Großstadt Hamburg zu beziehende Transportbeton sich weitgehend durchgesetzt hat, zumal die Baustelleneinrichtung bei den meist sehr beschränkten räumlichen Verhältnissen dadurch vereinfacht werden konnte. Im übrigen gelten aber für den Überbau die Grundsätze der allgemein im Wasserbau empfohlenen Betonherstellung und verlangen entsprechende Durchbildung der Querschnitte.

Was die Statik der Hamburger Kaimauer betrifft, so gelten als Annahmen einerseits die Auflast, die im Regelfall als Gebrauchslast auftritt — vergleiche Lastfall I und II der Empfehlungen des HTG-Arbeitsausschusses „Ufereinfassungen“[1], die aber im Katastrophenfall (Lastfall III) gewisse Extremwerte erreichen kann unter Hinnahme einer vertretbaren Überschreitung der zulässigen Beanspruchung im Bauwerk bzw. in seinen Gründungselementen im Rahmen bestehender

Vierbeinkran

Maximale Raddrücke ohne Wind					
	A	B	C	D	
I	30	14,5	14,5	30	t
II	23,5	14,5	18	33	t
III	19,5	15,5	23	31	t
Maximale Raddrücke mit Wind					
I	38,5	6	6	38,5	t
II	15	6	26,5	41,5	t
III	11	7	31,5	39,5	t

Dreibahnkran

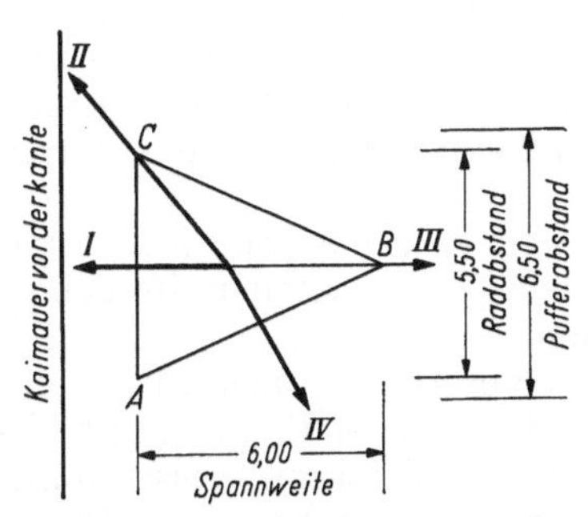

Maximale Raddrücke ohne Wind				
	A	B	C	
I	37	16	37	t
II	22,5	22,5	45	t
III	25	40	25	t
IV	40	40	10	t
Maximale Raddrücke mit Wind				
I	39,5	11	39,5	t
II	20	20	50	t
III	22,5	45	22,5	t
IV	42,5	42,5	5	t

Abb. 19a. Last-Schema für 3-t-Kaikran (Ausführ. als 4-Bein- oder 3-Bein-Kran möglich).

Vierbeinkran

1. Maximale Ecklasten mit Last, mit Wind (Kran im Betrieb)					
	A	B	C	D	
I	48,5	21,6	48,5	21,6	t
II	48,5	48,5	21,6	21,6	t
III	55,4	41,0	41,0	18,8	t

Je Ecke sind 2 Räder angeordnet.

2. Maximale Ecklasten ohne Last, mit Wind (Kran außer Betrieb)					
	A	B	C	D	
I	50,5	39,6	14,5	3,6	Wind II zur
II	50,5	50,5	3,6	3,6	Fahrbahn
I	50,5	3,6	50,5	3,6	Wind I zur
II	50,5	14,5	39,6	3,6	Fahrbahn

Je Ecke sind 2 Räder angeordnet.

Die unter 1. und 2. vorgesehenen Eckdrucke können unter jeder Ecke auftreten, da die Krane um 360° drehbar sind. Die Horizontalkräfte in Schienenrichtung betragen $^1/_7$ der Ecklast und quer zur Schienenrichtung $^1/_{10}$ der Ecklast.

Abb. 19b. Last-Schema für 5-t-KranKai (nur 4-Bein-Kran).

Sicherheiten. Andererseits sind die Kranlasten der regelmäßig angeordneten Voll- oder Halbportalkräne für Stückgutumschlag bzw. der Verladebrücken oder Greiferportale im Massengutumschlag oder

[1] Empfehlungen des HTG-Arbeitsausschusses „Ufereinfassungen“ 3. Auflage, Berlin, Ernst u. Sohn 1964.

schließlich auch von schwereren Spezialhebezeugen für besondere Güter, bzw. von allgemein verwendbaren Schwerlastkränen wie z.B. bei Werften, ausschlaggebende Faktoren für die Dimensionierung der wesentlichen Teile des Uferbauwerkes.

Als Regellast gilt seit langer Zeit der Wert 3 t/m² Kaifläche, obwohl neue Bestrebungen dahin gehen, diese Zahl auf 2 t/m² wenigstens im engeren Bereich der Kaikante herabzusetzen. Aus übergeordneten planerischen Gesichtspunkten einer gewissen Reserve an Kapazität für Umschlag und Lagerung am Kai hat man sich bisher in Hamburg dieser Tendenz nicht angeschlossen.

Was den Einfluß der Kranausrüstung der Stückgutkais auf die konstruktive Entwicklung der Kaimauern betrifft, so ist heute im Regelfall der Vollportalkran mit 6 m Spurweite zu berücksichtigen. Halbportalkräne mit hochgelagerter landseitiger Kranschiene an der Schuppenwand sind zwar noch an vielen Kaistrecken zu finden, der neuen Hamburger Kaianordnung entsprechend gelten diese aber als veraltet, wenn nicht besondere Umstände das Halbportal erfordern. Die Vollportalkräne werden normalerweise für 3 t Nutzlast, neuerdings aber auch für 5 t Nutzlast ausgebildet und dem Bedarf entsprechend an den Schiffsliegeplätzen verwendet. Die für die Bemessung wichtigen Eckdrücke der Kranportale sind in der Zusammenstellung Abb. 19 enthalten.

Als äußere Lasten, die bei einer Kaimauer auftreten, sind ferner der Trossenzug auf Poller und gegebenenfalls Haltekreuze zu nennen und schließlich der Druck der am Kai liegenden Schiffe bzw. der Schiffsstoß, der von im Anlegemanöver befindlichen Fahrzeugen ausgeübt wird. Dieser tritt allerdings nur im Ausnahmefall (Havariefall) unmittelbar am Bauwerk auf. Normalerweise werden diese Kräfte von den dazwischen geschalteten Fenderelementen übertragen. In früherer Zeit — und auch jetzt noch in Sonderfällen (Fischereihafen) — dienten dazu hölzerne Streichpfähle. Heute werden regelmäßig Fenderpakete aus Weichholz oder aber in großer Zahl Gummifender aus gebrauchten Autoreifen verwendet.

Die statisch bestimmte Lagerung wird bevorzugt, weil es erwünscht ist, wegen der Vielzahl unklarer äußerer Lasteinflüsse zu einer möglichst eindeutigen statischen Berechnung und damit Bemessung der einzelnen Konstruktionsteile zu kommen.

Der Stahlbetonüberbau wird an der Wasserseite meist von der Spundwand allein, an der Landseite von einer Pfahlbockreihe getragen. Die Spundwand ist also der Biegung mit Normalkraft ausgesetzt. Die Berechnung wird nach den z.Z. gebräuchlichen Verfahren[1] vorgenommen, wobei von Fall zu Fall untere Einspannung bzw. freie Auflagerung vorausgesetzt werden. Eine obere Einspannung des Spundwandkopfes im Bauwerk wird üblicherweise nicht berücksichtigt, auf die konstruktive Durchbildung eines Gelenkes zwischen Spundwand und Überbau jedoch verzichtet, da langjährige Beobachtung und Versuche die Unschädlichkeit dieser Vereinfachung erwiesen haben.

Der Überbau der neuen Hamburger Kaimauer besteht in der Regel aus Stahlbeton in der Güte B 225. Er besitzt zumeist eine verstärkte Vorderwand, um Schiffsstöße und Kranlasten sicher aufzunehmen. Für die Radlasten auf der Kranschiene ist bei gegebener Höhe dieses als Träger in Längsrichtung wirkenden vorderen Kaimauerteils eine gute, die Einzellasten verteilende Ausgleichswirkung zu erreichen. Die tragenden Spundwände bzw. gegebenenfalls eine vordere Pfahlreihe werden dadurch gegen örtliche Überlastungen geschützt.

Auf der Rückseite dient der wandartige Kranschienenträger über der Pfahlbockreihe dem gleichen Zweck. Im übrigen übernimmt er den Hauptanteil des Erddrucks auf den Stahlbetonüberbau.

Verbunden werden beide „Holme“ durch Querträger, d.h. verhältnismäßig schmale Rippen (0,30 m bis 0,60 m Stärke und bis zu 2,0 m Höhe), die zumeist in einem Abstand von 4,0 bis 5,0 m angeordnet werden, damit ein kastenartig gegliederter, räumlich starrer Überbau entsteht. Dehnungsfugen sind — langjährigen Erfahrungen entsprechend — in 25 bis 30 m Abstand angeordnet. Hier befinden sich auch die Leiternischen, so daß die in waagerechter Richtung zwecks Kraftübertragung verzahnten Fugen das ganze Bauwerk in einzelne setzungsmäßig voneinander unabhängige Baublöcke unterteilen. Die Trossenzüge werden über die in der Mitte angeordneten Doppelpoller ebenfalls günstig eingeleitet.

Unter dem Mauerkörper ist der Hohlraum im Tidebereich durch eine sorgfältig herzustellende Böschung begrenzt; bei sandigem Boden im allgemeinen Böschungsneigung 1 : 3 mit Brockenschüttung; man hat aber auch schon Böschungen 1 : 2 mit doppelter Brockenschüttung einwandfrei ausgeführt. Um den Wasserstandswechsel, der dem Tidehub folgt, für die Spundwand und den Bestand der Böschung unschädlich zu machen, werden Schlitze in der Spundwand vorgesehen. Zusätzlich sind zur einwandfreien Abführung des Wassers Filter von der unteren Böschungskante bis etwa —3,50 m NN unmittelbar hinter den Schlitzen an der Spundwand eingebaut. Die seit rund 15 Jahren in dieser Art hergestellten Unterwasserböschungen haben also lediglich einen ruhigen Wasserstandswechsel zu ertragen; Wellenschlag und Strömung sind unbedeutend. Die bisherigen Erfahrungen haben fühlbare Nachteile nicht erkennen lassen.

[1] In den „Empfehlungen“ wird auf die Vorzüge und Besonderheiten der Berechnungsverfahren nach Blum (Dortmund) bzw. nach Brineh-Hansen (Kopenhagen) hingewiesen.

Zur Kaiausrüstung ist ergänzend mitzuteilen, daß nach dem grundsätzlichen Verzicht auf die teueren Streichbalken bzw. Streichpfähle aus Kiefern- oder Eichenholz die Hamburger Kaimauern ohne irgendwelche besonderen Vorkehrungen zur Aufnahme von Anlegedrücken bzw. Schiffsstößen erstellt werden. Die gleichfalls mehr als 10 Jahre eingebürgerten Autoreifenfender auf Holzkern, die an einer Stahlseil-Schlaufe unter den Pollern vor der Kaimauer aufgehängt sind, haben sich in der Praxis gut bewährt (Abb. 17/18). Ihre Höhenlage variiert den Anforderungen der Schiffe entsprechend, weswegen ein großer Teil der neuen Kaimauern in jedem Block eine sogenannte Fenderschürze besitzt, d.h. eine unter Spundwandkopfhöhe heruntergezogene Druckfläche als Auflager für gegebenenfalls sehr niedrig aufgehängte Gummi- oder Holzfender. Da diese durchweg im Tidebau hergestellt werden mußte, wurden zu ihrer Abstützung an der Rostplatte gelegentlich Stahlbetonfertigteile eingebaut.

Neben den bereits erwähnten Steigeleitern, die in Nischen der Kaimauer bzw. unterhalb dieser in einer Spundwandwelle gelagert sind, werden genormte Schutenhalter im Betonkörper bzw. an der Spundwand in den praktisch notwendigen Höhenlagen und in bestimmten Abständen voneinander angeordnet. Die Schutenhalter an der Spundwand übertragen die Kraft auf einen kurzen, mehrere Spundwandwellen übergreifenden waagerechten Gurt und sind im übrigen auf Trossenzüge bis zu 10 t senkrecht zur Wand, die nicht überschritten werden dürfen, begrenzt durch Einbau eines Abscherbolzens, der sich im Zerstörungsfalle leicht ersetzen läßt. Die Kaimauern sind oben und am Spundwandkopf durch Kantenschutzbleche gegen Beschädigungen bzw. Unterhaken oder Aufsetzen der Schiffe geschützt. Falls man auf sie verzichtete, haben sich sehr bald Schäden im Beton an den exponierten Stellen gezeigt.

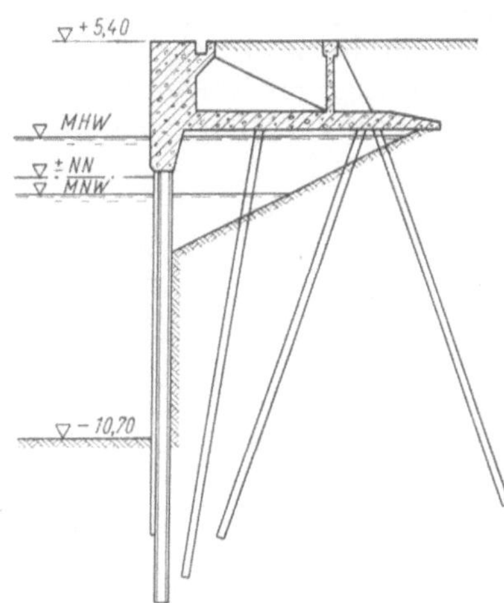

Abb. 20. Kaimauer Grevenhof-Kai West, Baujahr 1951/52.

Nach diesen grundsätzlichen Betrachtungen sollen einige wenige typische Lösungen als Stationen einer Entwicklung betrachtet werden. Die Beispiele sind jeweils für das Jahr ihrer Entstehung charakteristisch.

Zunächst sind die Querschnitte in den Jahren zwischen 1930 und 1950 noch als reine Winkelstützmauern in Stahlbeton recht schwer konstruiert. Erst später kam man zu einer weitgehenden Auflösung. Bis dahin hatte man sich aber von den Vorstellungen der alten Massivmauer noch nicht gelöst, und der nach dem Kriege wieder aufgebaute Grevenhofkai besitzt im nordwestlichen ersten Bauabschnitt noch diese Grundkonzeption. Auch ist er wasserseitig noch mit Streichpfählen ausgerüstet entworfen worden. Da diese infolge der vergrößerten Wassertiefe sich nicht bewährt haben, hat man ihn mit Gummifendern an deren Stelle ausgerüstet (Abb. 20).

Der zweite Bauabschnitt ist erstmalig als aufgelöste Mauerkonstruktion beispielhaft entwickelt worden. Als ähnliches Beispiel wird der anschließend mit dem fast gleichen Querschnitt ausgeschriebene O'Swaldkai (1955) (Abb. 21) zu erkennen sein.

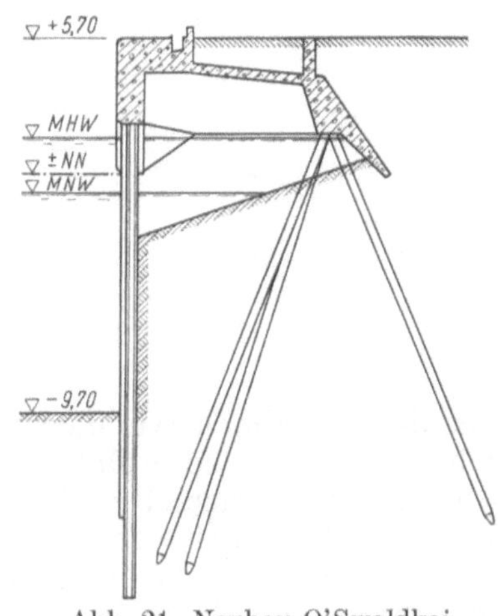

Abb. 21. Neubau O'Swaldkai, Baujahr 1955/56.

Der Hohlraum unter der Rostplatte ist zur Regel geworden, die tragende Spundwand an der Wasserseite ebenfalls. Soweit statisch erforderlich, ist das einfache Wellenprofil durch die gemischte Spundwand ersetzt, da sich die Kombination Peine-Krupp bzw. in den letzten Jahren auch Peine-Larssen als wirtschaftliches Gründungselement mehr und mehr durchsetzte.

Besonders typisch ist die hier konsequent durchgeführte statisch bestimmte Lagerung auf Spundwand und Pfahlbock und in den beiden neueren Querschnitten die Auflösung der in Längsrichtung durchgehenden Rostplatte in vorderen bzw. hinteren durchlaufenden Holm, dazwischen gespannte Querträger und eine sinngemäß schwächere Abdeckplatte. Der Querschnitt wird ergänzt durch den charakteristischen Sporn im landseitigen Teil des Bauwerks. Seine Bedeutung für das erwünschte Herabdrücken der Böschung um einen verminderten Erdangriff auf die Spundwand zu erzielen ist hier unverkennbar. Die Erfahrungen haben diese Erwartungen bestätigt. Allerdings war es notwendig, das untere Ende des Sporns sehr sorgfältig mittels abgestufter Steinpackung gegen das Auswaschen des Bodens zu sichern.

Die Kaimauer O'Swaldkai trägt in der Mitte jedes Betonierabschnitts (Baublocks) unter dem Doppelpoller die schon erwähnte Fenderschürze, d. h. einen in den Tidebereich heruntergezogenen Druckkörper, um bei niedrigen Wasserständen eine Fenderauflage zu bieten. Der Grevenhofkai wurde dagegen noch durchgehend vorn in den Tidebereich heruntergezogen, eine Lösung, die seinerzeit in der Herstellung zu Schwierigkeiten geführt hat (gefährdete Betonqualität und verzögerte Bauabwicklung durch Hochwasser u. a.).

An dritter Stelle sind die neueren Konstruktionen auf Grund der Erfahrungen in den fünfziger Jahren zu erwähnen: Der Steinwerder Kai (südöstliches Ende) und der Kamerunkai (nördliches Ende) sind, wie die Abb. 18 zeigt, folgerichtig weiterentwickelt: Die tragende Spundwand, der aufgelöste Überbau und der Hohlraum sind in gleicher Weise erkennbar. Neu ist die Höhenlage des Überbaues (oberhalb MHW), damit Tidearbeit ganz oder möglichst weitgehend vermieden wird. Die Weiterentwicklung in der Herstellung von Verankerungspfählen führte zu einem veränderten Pfahlbock mit zwar beibehaltener Stahl- oder Stahlbetondruckpfahlreihe, während die Zugpfähle üblicher Ausführung und Neigung (bis $2^1/_2$: 1 konnten sie mit den älteren Hamburger Rammen ausgeführt werden) durch neuartige Verankerungselemente ersetzt werden. Schon in der Reihe der hier nicht

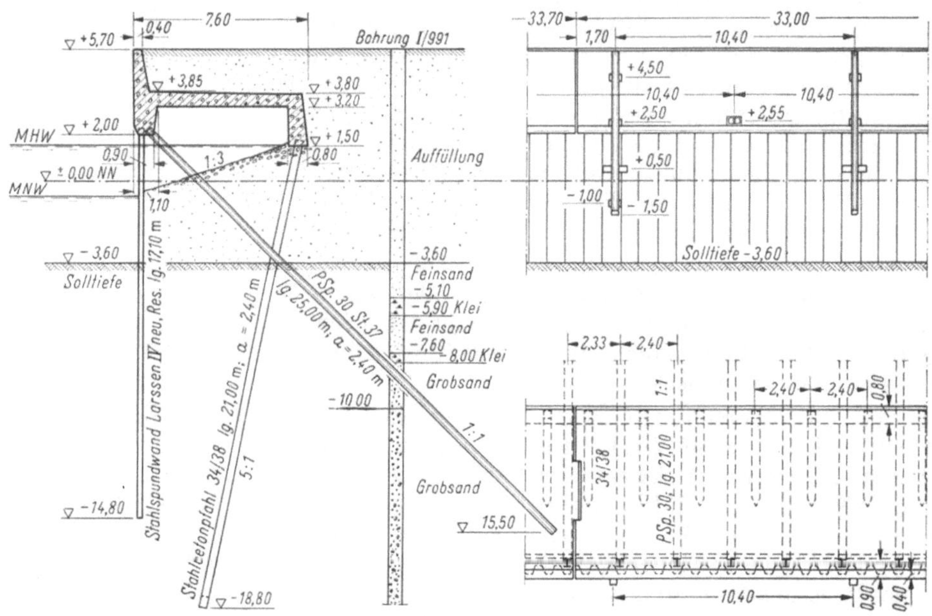

Abb. 22. Neubau des Brooktorkais (Block 7—8), Baujahr 1963—64.

behandelten Kaimauerverstärkungen im Hamburger Hafen war der 1 : 1 bzw. gegebenenfalls noch flacher zu rammende Stahlpfahl mit oder ohne Flügelverstärkung erstmalig in den europäischen Hafenbau eingezogen. Die Bauindustrie stellte sich auf diese Entwicklung dadurch ein, daß für diese Neigung und eine größere Pfahllänge geeignete Rammen entwickelt wurden.

Darüber hinaus kam als Spezialverankerungspfahl der bereits erwähnte MV-Pfahl bevorzugt zur Anwendung, wie auch in dem Beispiel Abb. 18 (Kamerunkai — Baujahr 1963). Man konnte damit an Zugpfählen sparen und auch den Überbau mit seinen Querrippen auf die weiteren Abstände der Zugpfähle einstellen. Nur so sind die beiden gezeigten Querschnitte mit dem verhältnismäßig schwach erscheinenden hinteren Holm über dem Pfahlbock erklärlich. Der Zugpfahl sitzt jeweils hinter einer Querrippe, so daß Biegungsmomente im Holm in waagerechter Richtung nicht auftreten können. Der Querschnitt Kamerunkai zeigt darüber hinaus als letzte probeweise eingeführte Neuerung eine Larssenwand in Winkelform.

Eine Anfang 1964 fertiggestellte Kaimauer an binnenschifftiefem Wasser (Brooktorkai, Abb. 22) zeigt eine Variante in der Pfahlstellung, die sich auch andernorts aus wirtschaftlichen Gründen durchzusetzen beginnt: Der Verankerungspfahl ist nicht mehr mit dem rückwärtigen Teil des Überbaus verbunden, sondern am wasserseitigen Stahlbetonkopf statisch günstig mit der tragenden Spundwand vereinigt. Man hat hier also quasi eine Vorsetze in Stahlspundwandbauweise mit Schrägpfahlverankerung unter einem den Erddruck weitgehend abschirmenden, hinten von nur einer Pfahlreihe getragenen Überbau geschaffen. Ohne diesen Überbau verbleibt der bekannte Querschnitt der modernen Vorsetze wie er in Abb. 23 dargestellt ist. Die verholmte Spundwand am Fuß einer Böschung findet sich in zahlreichen Ausführungsbeispielen im Bereich der ausgedehnten Wasserflächen in binnenschiffstiefem Wasser.

An diesen Beispielen ist die Entwicklung der Stahlbetonkaimauer der letzten 30 Jahre in Hamburg — in konzentrierter aber nur wenig vereinfachter Form zusammengefaßt — erkennbar. Es verbleibt die Betrachtung, wie weit diese Entwicklung ein Spiegel der Anwendung des Stahlbetons im Hafenbau ganz allgemein sein kann, wo typisch örtliche Erfahrungen zu Besonderheiten geführt haben bzw. warum andernorts bewährte Lösungen, wie z. B. das Bauen mit Fertigteilen, in Hamburg bisher eigenartigerweise nicht eingeführt worden sind.

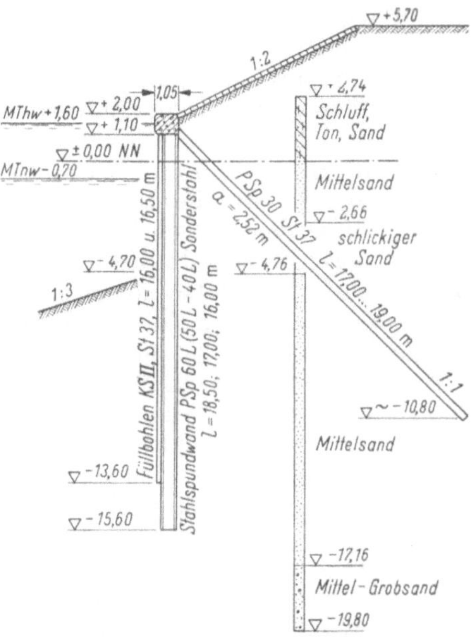

Abb. 23.
Vorsetze am Seemannshöft, Baujahr 1962.

Die jeweils angebotenen Neuerungen hat man sich in Hamburg mit Maßen zunutze gemacht. Der Stahlbetonpfahl ist im wesentlichen unverändert geblieben. Die Bemühungen, die schlaffe konventionelle Bewehrung und Umschnürung durch vorgespannte Pfahlquerschnitte zu ersetzen, sind von Fall zu Fall erörtert worden, aber nicht sehr häufig zum Zuge gekommen. Da die Stahlbetonpfähle fast in ihrem ganzen Verlauf satt im Boden stecken, wird auch die Korrosionsgefahr der Bewehrungsstähle durch die unvermeidliche Rißbildung nicht allzu ernst genommen. Für Schrägpfähle flacher als $2^1/_2 : 1$ sind hingegen Stahlbetonpfähle nicht geeignet, weswegen man dann konsequent auf Stahl überging. Der MV-Pfahl, ein zwar als stählerner Schaft gerammter, durch gleichzeitige Injektion von Zementschlemme gewonnener Ortbetonpfahl, setzt diese Entwicklung folgerichtig fort. Von der Technologie her gesehen ist also nur der normale Stahlbetonpfahl ein vorgefertigtes Gründungselement.

Da jedoch alle Kaimauerquerschnitte vor ihrer praktischen Herstellung durch die Eigenart des Ausschreibungsverfahrens sowohl konstruktiv wie preislich einer sehr scharfen Kritik und damit Auslese zwangsläufig unterworfen gewesen sind und wie oben beschrieben in diesem Stadium erkennbare Gestaltungstendenzen in der Nachfolge immer wieder neu diskutiert und damit in Frage gestellt worden sind, darf man annehmen, daß das Mögliche getan wurde, um in Hamburg

Abb. 24. O'Swald-Kai, Gesamtansicht.

zweckentsprechende, wirtschaftliche und auch dem jeweiligen technischen Standard Rechnung tragende Entwürfe zu verwirklichen und damit den Hamburger Hafen mit im besten Sinne zeitgemäßen Ufereinfassungen zu versehen (Abb. 24).

D. Landeanlagen und Pfahlwerke

1. Landeanlagen

Eins der wichtigsten Transport- und Verkehrsmittel im Hamburger Hafen ist trotz des zunehmenden Lkw-Verkehrs immer noch das Wasserfahrzeug. Eine große Zahl von Schuten dient dem

Austausch von Gütern zwischen Seeschiff, Kai und Speicher. Barkassen aller Art und Größe vermitteln den Werk- und Berufsverkehr zwischen dem stadtseitigen Ufer und den einzelnen Hafenbecken. Binnenschiffe, Schuten, Schlepper und Barkassen benötigen abseits vom Kai ihre Lösch- und Liegeplätze. Die „grünen Dampfer" und Motorschiffe der Hadag verkehren nach festem Fahrplan zwischen den Verkehrsknoten am Elbufer und den wichtigsten Plätzen des Hafens und der Unterelbe. Dieser umfangreiche und vielschichtige Verkehr erfordert ein vielfältiges System von Landeanlagen.

Die „schwimmenden Landungsanlagen" sind daher seit langem eine Eigenart des Hamburger Hafens. Schon viele Jahrzehnte vor der Einführung von Kaimauern für Zwecke der Großschiffahrt — die mit dem Sandtorkai, dem ersten in Nordeuropa mit Eisenbahngleisen ausgerüsteten Stückgutkai vor rd. 100 Jahren begann, womit sich das Bild der Handelshäfen entscheidend veränderte — gab es ausgedehnte Ponton- und Schlengelanlagen in Hamburg sowie später auch im Altonaer Hafen. Diese dienten als Landestellen für den örtlichen, meist von Hand betriebenen Personen- und Kleinschiffsverkehr als sogenannte Schutenwachstationen, als Abgrenzung der See- oder Binnenschiffsliegeplätze sowie speziell der früher sehr umfangreichen durch Flöße ausgefüllten Holzhäfen. Nach dem Zollanschluß der Stadt Hamburg 1888 gehörten auch ausgedehnte schwimmende Zollpalisaden — das sind bewachte schwimmende Grenzzäune — dazu.

Die Zollabfertigungen mit zahlreichen Aufbauten jeweils am Grenzübertritt zwischen Freihafen und zollinländischen Wasserstraßen, vermittelten gelegentlich — wie etwa östlich des Niederhafens — den Eindruck einer kleinen schwimmenden Ansiedlung. Diese im ganzen nur aus dem Tidehafen mit starken Wasserstandsschwankungen verständlichen Spezialeinrichtungen waren für den jeweiligen handwerklich-technischen Entwicklungsstand charakteristisch und haben als Folge der von jeher in Hamburg regen ortsgebundenen Hafenschiffahrt dieses überkommene und bisher erhaltene Bild lebhaften Kleinverkehrs noch verstärkt.

Landungsanlagen für die Hafenfähren neben den sogenannten Freipontons für den öffentlichen Verkehr gibt es für jede Kaizunge am Höft und meist auch an der Wurzel; sie werden ergänzt durch Polizei- bzw. Feuerlöschbootstationen. Die stadtnahen Liegeplätze für Schlepper und Barkassen, die Lotsenstationen und Liegeplätze für andere Dienstfahrzeuge (Hafenämter, Hafenarzt, Hydrographisches Institut, Hygienisches Staatsinstitut usw.) sowie Stackmeistereien, die Staatswerft und der Staatszimmerplatz als die Organe zur Unterhaltung dieser im ganzen sehr großen Werte dürfen bei einer solchen Betrachtung in technischer und wirtschaftlicher Hinsicht nicht außer acht gelassen werden. Die beherrschende Anlage dieser Art, die bekanntlich inzwischen in ihrer fünften Gestalt nunmehr auf fast 1000 m Länge angewachsenen St. Pauli Landungsbrücken mit ihren Nebenanlagen ragen als der technisch wie gestalterisch eindrucksvolle Angelpunkt des Personenverkehrs zwischen Stadt und Hafen aus der Vielzahl der übrigen heraus. Daneben bestehen — in ihrer Gestaltung und technischen Ausrüstung entsprechend der Verkehrsbedeutung abgestuft — die Landeanlagen der Personenschiffahrt an der Unterelbe, dem Köhlbrand und derSüderelbe.

a) Landeanlagen mit unmittelbarem Übergang zwischen Schiff und Land

Die einfachste Landeanlage ist die Steigeleiter. Man findet sie wie in anderen Häfen an allen Kaimauern und sonstigen Uferwänden, sei es als Rettungsleiter, sei es als eine Einrichtung, die den hafenkundigen Besatzungen kleinerer Fahrzeuge, die an der hohen Mauer keine Gangway auslegen können, das Anlandgehen ermöglichen soll.

Kleine Hafenfahrzeuge können behelfsmäßig auch an den in die meisten Ufermauern eingebauten Treppen anlegen.

Steigeleitern und Treppen haben eine erhebliche Bedeutung in Verbindung mit Landestegen erlangt, die in großer Zahl als Zugänge zu den Dalbenliegeplätzen gebaut worden sind, die in langen Reihen die in Böschung liegenden Ufer säumen. Ob der wasserseitige Zugang zu diesen im allgemeinen auf Ordinate +4,00 m NN, also nahezu hochwasserfrei liegenden Wasserstegen als Steigeleiter oder als Treppe ausgebildet wird, richtet sich danach, ob diese nur von schiffahrtskundigem Personal oder auch von mitfahrenden Familienangehörigen benutzt werden oder daneben auch für Lasten tragende Personen oder Krankentransporte betimmt sind.

Mit einfachen Wasserstegen und Wassertreppen sind insbesondere ausgerüstet der Maakenwerderhafen, der südliche Teil des Kohlenschiffhafens, der Spreehafen und das Südufer der Billwerder Bucht wie auch Teilstrecken der Norderelbe oberhalb der Norderelbbrücke. Neu angelegt sind die Wassertreppen im Ellerholzkanal (Abb. 25) und im oberen Reiherstieg.

b) Landeanlagen mit Schwimmkörpern

Handelt es sich nicht nur um wartende oder abgelegte Kähne und Schuten, sondern um einen lebhafteren Schiffsverkehr, so baut man schwimmende Anlagen, die ihrerseits wieder durch einen Steg oder eine feste Brücke mit wasserseitiger fester oder beweglicher Treppe oder durch eine bewegliche Brücke Zugang zum Ufer haben. Der Schwimmkörper besteht aus einem oder mehreren aneinandergereihten Schlengeln oder — vor allem für größeren und wichtigeren Verkehr — aus Pontons.

Schlengelanlagen. In den flacheren, dem Binnenschiff vorbehaltenen Hafenbecken, Flußarmen und Kanälen verwendet man als Schwimmkörper ausschließlich Schlengel. Sie bestehen aus 3 bis 4 nebeneinandergelegten Stämmen mit einem darauf aufgesattelten Bohlenbelag. Meist werden

Abb. 25. Wassertreppen und Dalben im Ellerholz-Kanal.

Stämme aus Weißtanne gewählt, einem leichten und daher sehr tragfähigen Holz, das seine Schwimmfähigkeit sehr lange behält und nach langjährigen Erfahrungen erst nach 25 bis 30 Jahren „sank“ wird. Schlengel erfordern nur sehr wenig Unterhaltung.

Zur Führung der Schlengel, d.h. zur Sicherung ihrer unveränderlichen Lage im Grundriß, verwendet man in Hamburg ausschließlich „Führungspfähle“ bzw. Führungsdalben, an denen die Schlengel mit ihren meist an den Stirnseiten angebrachten Führungsbalken oder -ringen der Tidebewegung entsprechend auf- und abgleiten können. Als Pfähle, auch bei Neuanlagen, werden überwiegend Kiefern- oder Lärchenpfähle verwandt, seit kurzer Zeit auch Basralocuspfähle, die quadratisch behauen aus Surinam, ehemals Holländisch-Guayana (Südamerika), geliefert werden und gegenüber den erwähnten einheimischen Pfählen den Vorteil der größeren Härte und Festigkeit wie auch der größeren Lebensdauer bei vertretbaren Mehrkosten besitzen.

Abb. 26. Schlengelanlage im Travehafen.

Ausgedehnte Schlengelanlagen befinden sich u.a. am Nordufer der Billwerder Bucht. Dem Aufschluß größerer Wasserflächen dienen ferner umfangreiche Schlengelanlagen im Travehafen (Abb. 26) und im Holzhafen wie auch die erstmalig unter Verwendung dünnwandiger Stahlrohre hergestellten Schlengelreihen in dem 1960/63 vom hamburgischen Staat erbauten Jachthafen bei Wedel/Holstein.

Pontonanlagen. Wenn an die Tragfähigkeit oder Sicherheit der Schwimmkörper höhere Anforderungen gestellt werden müssen, wie z. B. bei stärkerem Personenverkehr, bei den schwimmenden Zollbühnen oder den Pontons der Wasserschutzpolizei, oder wenn bei Verwendung der sehr niedrigen Schlengel Vereisungsgefahr bestehen würde, wählt man an Stelle der Schlengel die anspruchsvolleren Pontons. Während früher ausschließlich Stahlpontons oder vereinzelt auch querliegende, durch längslaufende Träger miteinander verbundene Schwimmkästen (St. Pauli Landungsbrücken bis 1945) verwendet wurden, hat sich nach dem zweiten Weltkrieg mehr und mehr der Stahlbetonponton durchgesetzt, der bei einer Normallänge von 30 m etwa ebensoviel kostet, praktisch aber — in bezug auf den Schwimmkörper — keinerlei Unterhaltung erfordert und daher wirtschaftlicher ist. Ein weiterer Vorteil des schweren Stahlbetonpontons ist seine ruhigere Lage im Wasser. Alle nach dem Kriege für hamburgische Anlagen gelieferten Stahlbetonpontons einschl. der 90 m bzw. 118 m langen Pontons der 1954—56 neu gestalteten St. Pauli Landungsbrücken sind in dem vom hamburgischen Staat geschaffenen, behelfsmäßig hergerichteten Baudock am oberen Reiherstieg gebaut worden.

Stahlpontons werden in neuen Anlagen nur noch dort ausgelegt, wo der schwere, tiefliegende Stahlbetonponton Grundberührung bekommen und daher gefährdet sein könnte. Die Stahlpontons werden mindestens alle 6 Jahre aufgeslipt, entrostet und gestrichen. Sie erreichen ein Lebensalter von etwa 50 Jahren.

Neuerdings werden alle von Strom- und Hafenbau neu beschafften und z.T. auch die zur Überholung auf Slip genommenen Stahlpontons mit Zinkanoden kathodisch gegen Korrosion geschützt, nachdem zuvor durch langjährige Beobachtungen an einem Versuchsponton die Bewährung dieser Maßnahme erprobt worden war und zu hoffen ist, daß die Unterhaltungskosten für diese Pontons dadurch gesenkt, ihr Lebensalter erhöht werden kann.

Für die Führung der Pontons verwendet man — etwas abweichend von der Schlengelführung — auf Lochleisten aufgesteckte, mit Holzfutter versehene Stahlkonsolen, die ein genaues Einrichten der Pontons ermöglichen. Als Führungspfähle gewinnen — besonders bei den Anlagen in tieferem Wasser — Basralocuspfähle und Stahlpfähle immer mehr an Bedeutung. Hölzerne Pfähle werden zur Verminderung des durch Schiffsstoß und Wellenbewegung meist sehr starken Abriebes stets mit eisernen Gleitschienen versehen. Eine Anzahl von Konsolen ist aus dem gleichen Grunde und zur Stoßdämpfung mit Federn (Kegelstumpffedern) ausgerüstet worden.

Abb. 27. Pontonanlage Amerikahöft.

Als Zugang zu den Pontonanlagen dienen überwiegend bewegliche Brücken, in vereinzelten Fällen auch bewegliche Treppen. Die beweglichen Brücken haben wasserseitig zwei Rollenlager, landseitig ein Kugellager und ein weiteres Rollenlager, so daß sie sich um eine lotrechte Achse drehen und kleine Längsbewegungen der unterstützenden Pontons zwangslos mitmachen können. Bei einer Normenlänge von 30 m können die Brücken allen Wasserstandsbewegungen von NNTnW bis HHThW folgen, ohne daß ihre größtzulässige Neigung überschritten wird.

In der Nachkriegszeit ist eine Reihe von Pontonanlagen von Grund auf überholt und modernisiert worden, wobei auf eine weitgehende Normung der Pontonlängen, der beweglichen Brücken und Treppen, der Konsolen und Übergangsklappen zwecks gegenseitiger Auswechselbarkeit größter Wert gelegt wurde. In den letzten Jahren entstanden im Zuge der Umgestaltung von Kaizungen die neuen Pontonanlagen am Amerikahöft und Afrikahöft (Abb. 27) und ferner die Pontonanlage Binnenhafen-Süd, die gemeinsam mit der 1964 fertiggestellten, aus 8 Pontons bestehenden Neuanlage Meßberg den größten Teil der durch Hochwasserschutzmaßnahmen aus dem alten Binnenhafen verdrängten Barkassen aufnehmen soll. Der geplante Bau der Hochwasserschutzmauer am Niederhafen wird in Kürze zur Verlegung und Veränderung aller schwimmenden Anlagen zwischen der Niederbaumbrücke und dem Hafentor führen.

2. Pfahlwerke

Über die Dalben im Hamburger Hafen ist wiederholt und eingehend berichtet worden, so daß es hier genügen dürfte, einen kurzen Überblick zu geben.

Bei der wichtigsten Gruppe, den dem Stromumschlag dienenden Anlage- und Vertäudalben im seeschifftiefen Wasser, werden fast nur noch Stahldalben gerammt (Abb. 28). Die längs der geböschten Ufer in Brückenöffnungen, an Pontonanlagen und sonstigen gefährdeten Punkten stehenden Schutzdalben werden im allgemeinen nach wie vor als Holzdalben — meist Kiefer oder Lärche — gerammt. Als Führungspfähle kommen bei geringerer Wassertiefe gleichfalls fast nur Kiefern-

und Lärchenpfähle, bei größeren Wassertiefen Basralocus- und Stahlpfähle in Betracht. Der Basralocuspfahl beginnt, sich ein immer größeres Feld zu erobern. Auf Grund der bei der Flutkatastrophe 1962 gemachten Erfahrungen werden alle Führungsdalben so weit erhöht, daß die Führung auch bei Katastrophenhochwasser intakt bleibt, die übrigen Dalben dann, wenn es zur Wahrung ihrer Sichtbarkeit bei HHThW erforderlich ist.

Abb. 28. Stahldalben in der Norderelbe.

Die Verwendung von Streichpfählen ist im großen und ganzen auf die Kaimauern der älteren Bauart beschränkt, deren am Grunde weit vorstehende Gründungspfähle eines Schutzes bedürfen. Die neueren Stahlbetonmauern mit lotrechter Wandung und vorderer Stahlspundwand sind weniger empfindlich und werden daher nur durch Hängefender — einfache Reifenfender — geschützt.

Die Zahl der in der Wasserfläche des Hafens stehenden, dem hamburgischen Staat gehörenden Pfähle ist beträchtlich, wie sich aus der folgenden Übersicht ergibt:

	Kiefern/ Lärche	Fichte/ Douglasie/ Eiche	Basralocus/ Greenheart	Stahlpfähle	insgesamt
Pfähle in Landeanlagen	2675	32	169	769	3645
Dalbenpfähle	10345	199	140	831	11515
Streichpfähle	3473	—	9	5	3487
	16493	231	318	1605	18647

Dalben und Pfahlart. Bei weitem die meisten Dalben im Hamburger Hafen sind hölzerne Bockdalben, bestehend aus 2 bis 24 geneigten Holzpfählen, überwiegend Kiefernpfählen. Ihr statisches System ist wegen der mehr oder weniger großen Verschieblichkeit der Holzverbindungen unklar und daher nicht berechenbar. Die nach dem zweiten Weltkriege gerammten Stahldalben bestehen dagegen aus nur lotrecht stehenden Pfählen mit gelenkig angeschlossenen — in einigen Fällen auch starren — Verbänden. Sie lassen sich statisch berechnen. Maßgebend für ihre Bemessung sind — je nach Benutzungsart — die angreifende statische Kraft oder der dynamische Stoß oder beide. Die Größe der sich aus Schiffsgröße, Wind- und Strömungsdruck ergebenden statischen Kraft läßt sich mit einer gewissen Annäherung ermitteln. Die Stoßwirkung hängt hauptsächlich von der Größe und Geschwindigkeit des Schiffes sowie dem Anfahrwinkel ab.

Sie ist nach oben kaum begrenzt. Es bleibt daher dem konstruktiven Gefühl des Hafenbauers weitgehend überlassen, die Höhe der in die Berechnung einzuführenden Stoßkraft auf Grund von allgemeinen Erfahrungen anzunehmen und damit die Grenzen der Havarie festzulegen.

Bei Kenntnis aller statischen Werte, des Herstellungspreises und des Unterhaltungsaufwandes sowie der „Lebenserwartung" der einzelnen Pfahlarten — bei Holzpfählen gegebenenfalls unter Berücksichtigung einer Schutzbehandlung — ist es bis zu einem gewissen Grade jedoch möglich, rechnerisch zu ermitteln, ob unter den vorstehenden Verhältnissen einheimisches Holz, Tropenholz oder Stahl der zweckmäßigste Baustoff ist. Hierbei darf man aber nicht vergessen, daß eine mehr oder weniger große Havariewahrscheinlichkeit, die in den einzelnen Hafenteilen und bei den verschiedenen Dalbenkategorien sehr unterschiedlich sein kann, das Bild gelegentlich zu ungunsten der längerlebigen Bauweisen verschieben kann. Solche Wirtschaftlichkeitsuntersuchungen setzen außerdem voraus, daß die Bau- und Unterhaltungskosten wie auch das tatsächliche Lebensalter der Pfähle durch eine umfangreiche Statistik erfaßt werden.

Bei der heutigen Preiskonstellation für Material und Löhne erscheint es berechtigt, bei mittlerer Wassertiefe mehr als bisher von den Tropenpfählen, z.B. Basralocus und Greenheart, Gebrauch zu machen und die teueren Stahlpfähle nur bei sehr großer Wassertiefe und im übrigen dann zu verwenden, wenn die Aussicht besteht, daß diese nicht durch Havarien häufig zerstört werden. sondern ihr natürliches Lebensalter erreichen.

Schrifttum

[1] Förster, K.: Die neuen St.-Pauli-Landungsbrücken. Schiff und Hafen 4 (1952) H. 9, S. 331 u. 5 (1953) H. 9, S. 452.
[2] Pohle, W., u. K. Förster: Die Bauwerke des Hamburger Hafens, Jahrb. HTG Bd. 20/21 (1950/51) S. 65.
[3] Rieper, H.-J.: Zur Berechnung von Holzdalben. Schiff und Hafen 13 (1961) S. 1224.
[4] Förster, K.: Die Stahldalben. Ursprung und Entwicklung in drei Jahrzehnten, Jahrb. HTG Bd. 22 (1952/54) S. 181.
[5] Reimer, O.: Berechnung und Konstruktion von Dalben unter besonderer Berücksichtigung des Kraftangriffes unter Wasser. Bautechnik 27 (1950) H. 9, S. 298.
[6] Rinne, H.-G.: Fenderungen im Hafenbau. Jahrb. HTG, Bd. 25/26 (1958/61) S. 158.

IV. Neuzeitlicher Ausbau der Verkehrsanlagen im Hafen

Von Baudirektor Dipl.-Ing. Kurt Krischke

Es ist eine bekannte Tatsache, daß die Schnelligkeit eines Hafens sowohl von seinen Verkehrswegen von und zur See als auch von seinen Hinterlandsverbindungen abhängt. Sie müssen schnelle und wirtschaftliche Transporte ermöglichen. Art und Güte der Verkehrswege geben den Ausschlag für die Wahl der Transportmittel und damit haben sie wiederum Einfluß auf die betriebliche Abwicklung im Hafen und die bauliche Gestaltung der Hafenanlagen.

Abb. 1. Form- und Lichtsignal.

Ein schneller Hafen stellt neben dem schnellen Laden und Löschen und dem schnellen und wirtschaftlichen An- und Abtransport der Güter vom und zum Binnenland auch besonders hohe Anforderungen an die Verkehrswege innerhalb des Hafengebietes. Hamburg ist deshalb bemüht, die Verkehrswege des Hafens so auszubauen, daß sie auch für die Zukunft allen zu erwartenden Verkehrsanforderungen gewachsen sind.

In den letzten Jahren wurde für die Verbesserung des Hafeneisenbahnbetriebes, den die Deutsche Bundesbahn durchgeführt, erhebliches geleistet. Die Anlagen, die die Freie und Hansestadt Hamburg plant, baut und unterhält, wurden modernisiert und stark erweitert. Hamburg bemüht sich, seine Anlagen nach Möglichkeit den eisenbahnbetrieblichen Forderungen anzupassen und moderne technische Hilfsmittel zweckmäßig einzusetzen, damit die Betriebskosten gesenkt werden. Organisatorische Maßnahmen des Eisenbahnbetriebes werden von der Deutschen Bundesbahn selbst veranlaßt.

Die Knappheit und der kostspielige Aufwand an Personal fordern für den schienengebundenen Verkehr eine fortschreitende Mechanisierung. An die Stelle der Formsignale (Flügel, Scheiben) werden Lichtsignale ohne bewegliche Teile mit guter Optik eingebaut (Abb. 1). Das Umstellen der Weichen übernehmen Elektromotoren. Hierdurch ist es möglich, die schwer beweglichen Signal-

und Weichenhebel durch Drucktasten und Schalter zu ersetzen. In den Stellwerken werden die Tasten und Schalter in einem ausgeleuchteten Gleisbild auf einem Stelltisch angeordnet. Diese Gleisbildstellwerke bedienen heute einen erheblich größeren Gleisbereich als die alten mechanischen oder elektromechanischen Stellwerke.

So ist der Bezirksbahnhof Roß, auf dem bis Ende des Jahres 1958 die Rangierarbeiten durch Abstoßen der Eisenbahnwagen über einen nur etwa 1 m hohen Ablaufberg und über handbediente Weichen ausgeführt wurden, mit Rangieranlagen ausgerüstet worden, die dem neuesten Stand der Technik entsprechen. Das Ausrangieren der Wagen erfolgt jetzt über einen neuen Ablaufberg, der in seiner Profilgestaltung der modernen Ablauftechnik gerecht wird (Abb. 2). Die früher handbedienten Weichen werden jetzt von einem Gleisbildstellwerk (Drucktastenstellwerk Bauart DrSII) aus zentral gestellt (Abb. 3).

Das Gebiet von Kattwyk/Hohe Schaar/Neuhof zwischen Reiherstieg und Süderelbe ist nach dem Kriege weiter aufgeschlossen worden. Zu den alten Betrieben der Getreidelagerhäuser und der Kali-Umschlagsanlage sind die Shell-Raffinerie, die Großkokerei Kattwyk und kleinere Industriebetriebe hinzugekommen. Später kann in diesem Bereich ein Massengut-Hafenbecken für den Umschlag von Erz und Kohle angelegt werden, da hier geeignete große Lagerflächen vorhanden sind. Die bisherigen Gleisanlagen reichen für das erweiterte Einzugsgebiet nicht aus und die betrieblichen Aufgaben für das neue Verkehrsaufkommen machten den Bau eines neuen einseitigen Rangierbahnhofs (ein Ablaufsystem in einer Richtung) erforderlich (Abb. 4). Er ist über die Hohe Schaar-Bahn an den Bundesbahnrangierbahnhof Wilhelmsburg und über eine von der Deutschen Bundesbahn erbaute zweigleisige Gleiskurve nach Süden über die Süderelbbrücke an den Bundesbahnrangierbahnhof Harburg angeschlossen und hat, da er in die Zuführung von Leerwagen für den Bananenumschlag zum Freihafengebiet eingeschaltet ist, nach Norden eine direkte Verbindung über Neuhof zum Haupthafenbahnhof Hamburg-Süd erhalten.

Abb. 2. Bahnhof Roß; Gleisanlagen.

Der erste Ausbauabschnitt mit einem Kostenaufwand von 8,2 Mio DM umfaßt die Verlegung von 21 km Gleis und 56 Weicheneinheiten, die zugehörigen Signalanlagen und den Bau der entsprechenden Betriebsgebäude (Abb. 5). Die Leistungsfähigkeit des Bahnhofs beträgt 1500 Wagen/Tag im Ein- und Ausgang. Die Zuführungsgleise und die über 750 m langen Ein- und Ausfahrgleise sollen elektrifiziert werden, so daß zukünftig lange und schwere Güterzüge gefahren werden können.

Der Rangierbahnhof Hohe Schaar ist mit den neuesten technischen Hilfsmitteln der Rangier- und Signaltechnik ausgestattet worden. Er erhielt als erster Rangierbahnhof Norddeutschlands ein zentrales Gleisbildstellwerk (Bauart Spurplan 59 und DrSII), von dem alle Weichen, Fahrstraßen und Signale des Bahnhofs bedient werden. Auf einem Stelltisch ist das vollständige Gleisbild dargestellt (Abb. 6). Die Bedienungsknöpfe für die Umstellung der Weichen und Signale befinden sich an den der wirklichen Lage entsprechenden Stellen des Gleisbildes. Die Weichen und die einzelnen Gleisabschnitte werden im Gleisbild von innen erleuchtet. Die Weichen und die unbesetzten Gleisabschnitte zeigen bei eingestelltem Fahrweg weißes Dauerlicht. Ist eine Weiche oder ein Gleisabschnitt durch einen Zug oder eine Rangierabteilung besetzt, so erscheint eine rote Ausleuchtung. Der Stellwerksbeamte hat also jederzeit einen vollen Überblick über die Besetzung der Gleise des Bahnhofs. Soll eine Fahrstraße für die Einfahrt eines Zuges eingestellt werden, so brauchen nur zwei Knöpfe bedient zu werden, die Starttaste am Anfang und die Zieltaste am Ende

Abb. 3. Bahnhof Roß; Gleisbildstellwerk.

des Fahrweges. Alle Weichen legen sich dann automatisch in die richtige Lage, die Fahrstraße wird elektrisch verriegelt und das Einfahrsignal auf Fahrt gestellt. Der fahrende Zug löst mit der letzten Achse die Verriegelung selbsttätig auf und die Weichen sind wieder frei bedienbar.

Abb. 4. Bahnhof Hohe Schaar; Ein- und Ausführgruppe Ablaufberggleiswaage.

Um weiteres Personal einzusparen und die Leistungsfähigkeit des Bahnhofs zu erhöhen, wurde ein selbsttätiger Ablaufbetrieb eingerichtet. In dem großen Stellwerksraum steht neben dem großen Gleisbildtisch ein kleineres Bedienungspult (Abb. 7). Auf diesem Pult befindet sich ebenfalls ein ausgeleuchtetes Gleisbild, das aber nur den Ablaufberg und die anschließende Zone der Verteilungsweichen bis zum Anfang der Richtungsgleise darstellt.

Vor den Verteilerweichen sind in den Ablaufgleisen drei (im Endausbau vier) ölhydraulisch angetriebene und elektronisch gesteuerte Gleisbremsen der Bauart Thyssen-W. eingebaut (Abb. 8). Diese Bremsen haben im Gegensatz zu den früher verwendeten Bauarten eine sehr kurze Reaktionszeit. Wesentlich für die Bremsung ist das Gewicht des ablaufenden Wagens. Früher verwendete man daher gewichtsabhängige Bremsen, die aber eine lange Reaktionszeit hatten; heute sind die Bremsen nicht gewichtsabhängig und haben eine kurze Reaktionszeit, die für die Betriebsabwicklung sehr erwünscht ist. Die fehlende Gewichtsabhängigkeit wird hier durch einen der Gleisbremse vorgeschalteten Gewichtsstufengeber ersetzt. Er ermittelt das Gewicht des ablaufenden Wagens und gibt es an die Bremssteuerung weiter. Auf elektronischem Wege wird dann die Bremskraft nach dem Wagengewicht eingestellt. Mit dieser Bremseinrichtung kann man nur die ablaufenden

Abb. 5. Bahnhof Hohe Schaar; Stellwerk, Ablaufberg und Richtungsgruppe.

Wagen in der vorderen Ablaufzone auf Abstand halten, man kann aber keine Laufzielbremsung vornehmen, d.h. man kann die Wagen nicht so zielgenau abbremsen, daß sie sofort gekuppelt werden können. Hierfür wären besondere Einrichtungen nötig, die noch in der Entwicklung stehen und daher hier nicht eingebaut wurden. Um für die über den Ablaufberg gedrückten Wagen nicht immern einzeln die Weichen stellen zu müssen, wurde eine Speicheranlage eingebaut. Mit dieser Anlage können alle Weichenumstellungen für den Ablauf von bis zu 48 Wagen bzw. Wagengruppen bereits vor Beginn des Abdrückens eines Zuges eingespeichert werden. Die Einspeicherung bewirkt der Rangiermeister dadurch, daß er der Reihe nach die Nummerntasten derjenigen Richtungsgleise drückt, in die die einzelnen Wagen bzw. Gruppen ablaufen sollen. Die Umstellung der Weichen erfolgt dann automatisch durch die ablaufenden Wagen. Sobald ein Wagen eine Weichenzone verlassen hat, löst er selbständig deren Verriegelung und ermöglicht es so dem folgenden Wagen, sich seinen Fahrweg richtig einzustellen.

Eine weitere Besonderheit des Rangierbahnhofes Hohe Schaar ist die vollautomatische Ablaufberggleiswaage. Sie wurde in einem zweiten Ablaufberggleis für die Verwiegung leerer Bananenwagen gebaut, die es ermöglicht, die Wagen in der Bewegung zu wiegen und gleichzeitig zu sortieren. Die Wagen werden dann dem Bananenschuppen im Freihafen zugeführt.

Zur Verständigung zwischen dem Stellwerk und den weit auseinander liegenden Betriebspunkten ist eine Wechselsprechanlage mit 30 Sprechstellen vorhanden, von denen aus die Rangierleiter sich mit dem Stellwerk über die durchzuführenden Rangierfahrten verständigen können. Zur Verbindung des Stellwerkes mit den einzelnen Lokomotiven der Bezirke ist eine Ukw-Fernsprechanlage (Rangierfunk) eingerichtet worden, die einen flüssigen Betrieb ermöglicht.

Die Gleisverbindung vom Bahnhof Hohe Schaar nach Bahnhof Hamburg-Süd ist bisher technisch nicht gesichert; sie hat handbediente Weichen, keine Signale- oder sonstige Sicherungseinrichtungen, so daß der Verkehr auf diesen Gleisen in zeitraubender Form und mit großem Personalaufwand durchgeführt werden muß. Dieser Zustand genügt nicht, um eine zuverlässige, reibungslose, rasche und sichere Betriebsabwicklung auf der Schiene zu gewährleisten. Diese Gleisverbindung zwischen den Hafenbahnhöfen dient zum Bedienen der Gleisanschließer, zum Überführen von bestrohten Bananenwagen zum Bahnhof Hamburg-Süd und in Notzeiten zugleich als Notverbindung für den Personen- und Güterverkehr zwischen Hamburg und Harburg bei Ausfall der zwischen

Abb. 6. Bahnhof Hohe Schaar; Stelltisch.

Harburg (Süderelbbrücke) und Hamburg-Veddel gelegenen Streckengleise der Deutschen Bundesbahn; sie war während der Flutkatastrophe die einzige hochwasserfreie Gleisverbindung zwischen Hamburg und Harburg. Deshalb ist der Einbau einer fernbedienten Fahrstraßensicherung, in die auch die Verkehrsgleise am Langen Morgen mit einbezogen werden, geplant, bei der die Weichen von den Stellwerken aus fernbedient und verriegelt, feindliche Fahrten ausgeschlossen, die Fahr-

Abb. 7. Bahnhof Hohe Schaar; Ablauftisch.

wege durch Signale gesperrt und freigegeben werden sollen. Hierbei sollen die südlich vom Roßdamm liegenden Weichen und Signale vom Stellwerk „Hos" auf Bahnhof Hohe Schaar und die nördlich davon gelegenen vom Stellwerk „Kl" auf Bahnhof Hamburg-Süd aus fernbedient werden. Die Leistungsfähigkeit dieser Verbindung wird durch diese Maßnahme um etwa 50% erhöht.

In den Jahren 1959 bis 1961 wurde ein Schuppen mit den modernsten Einrichtungen für die Verladung von Bananen auf der Kaizunge Amerikastraße gebaut. Diese leistungsfähige Umschlaganlage stellte auch hohe Anforderungen an die Verkehrsanlagen für die Abfuhr des Gutes. Die bestehenden Anlagen der Rangiergruppe Amerikastraße mußte daher erheblich für das Abstellen der leeren Bananenwagen und für die Zugbildung erweitert werden.

Die Bananenwagen werden im Schuppen beladen und anschließend über einen Ablaufberg gedrückt, um die Züge nach Richtungen bilden zu können. Die Weichen im Bereich des Ablaufberges werden von einem einfachen Drucktastenstellwerk zentral bedient. Für das Verwiegen der beladenen Wagen ist, wie im Bahnhof Hohe Schaar, eine vollautomatische Leuchtbild-Ablaufberggleiswaage eingebaut worden. Die Wiegeergebnisse werden fernübertragen. Die Auswägevorrichtung liefert die Wiegeergebnisse in Form eines Lochstreifens, der über einen Abtastkopf die Werte auf die Fernschreibanlage überträgt. Die Gegenstation dieser Fernschreibanlage befindet sich in den Diensträumen der Güterabfertigung Hamburg-Süd, die auf diese Art die Ladepapiere ohne Zeitverlust bearbeiten kann.

Um den Verkehrsanstieg durch den Ausbau weiterer Schuppen im alten Hafengebiet in Zukunft bewältigen zu können und um eine schnellere und wirtschaftlichere Betriebsführung zu ermöglichen, wird der Haupthafenbahnhof Hamburg-Süd z.Z. mit einem Kostenaufwand von rund 28 Mio DM nach dem neuesten Stand der Technik umgebaut und umfangreich erweitert. Über diesen Bahnhof

Abb. 8. Bahnhof Hohe Schaar; Gleisbremsen.

läuft rund 60% des gesamten Hafeneisenbahnverkehrs. Er ist ein zweiseitiger Rangierbahnhof (zwei Ablaufsysteme mit gegenläufigen Richtungen) und soll während des Betriebes in eine einseitige Anlage umgestaltet und in seinen Anlagen erweitert werden. Um die Leistungsfähigkeit und die Betriebssicherheit noch zu erhöhen, erhält der Bahnhof zwei Gleisbildstellwerke (Bauform Spurplan 60) und eine selbsttätige Ablaufanlage nach den neuesten ablauftechnischen Richtlinien mit drei Gleisbremsen und einer Weichenspeicheranlage für die Ablaufweichen. Durch diesen Ausbau wird Betriebspersonal eingespart, z.B. statt jetzt fünf Stellwerke brauchen später nur zwei Stellwerke besetzt zu werden; und dem Hafenumschlag bringt die schnellere Bedienung der Kaianlagen ebenfalls große Vorteile. Die Leistungsfähigkeit im Wagen-Ein- und Ausgang wird von z.Z. 1800 Wagen/Tag auf etwa 2400 Wagen/Tag erhöht. Auch dieser Bahnhof und seine Zuführungsgleise von dem Bundesbahn-Rangierbahnhof Wilhelmsburg sind in das Elektrifizierungsprogramm mit aufgenommen worden, so daß auch hier künftig längere und schwerere Züge gefahren werden können.

In jedem Hafen gibt es niveaugleiche Kreuzungen der Verkehrswege von Eisenbahn und Straße. Durch das starke Anwachsen des Straßenverkehrs sind die Bahnübergänge in den letzten Jahren sehr problematisch und gefährlich geworden. Schienenfreie Lösungen lassen sich nur selten finden und sind sehr kostspielig herzustellen. Um die Sicherheit aller Verkehrsteilnehmer zu erhöhen, wurde in den vergangenen Jahren damit begonnen, auf der verkehrsreichsten Straße im Hafen, dem Veddeler Damm, einfache Blinklichtanlagen einzubauen, die in der Regel von den Rangierern der Deutschen Bundesbahn ein- und ausgeschaltet, in Ausnahmefällen von den fahrenden Rangierabteilungen durch einen Schienenkontakt bedient werden (Abb. 9). Leider werden die Blinklichtanlagen nicht immer in gebührender Weise von den Kraftfahrern respektiert. Auf Vorschlag der Verkehrspolizei sollen daher künftig statt der Blinklichtanlagen Lichtzeichenanlagen an Bahnübergängen eingebaut, die ebenfalls sowohl von Hand als auch vom fahrenden Zug gesteuert

Abb. 9. Veddeler Damm; Blinklichtanlage.

werden. Es ist vorgesehen, daß diese Lichtzeichenanlage bei Ruhestellung kein Lichtzeichen zeigt. Nach der Einschaltung erscheint 4 sec gelbes und danach rotes Dauerlicht. Nach der Ausschaltung brennt noch 4 sec gelbes und rotes Dauerlicht, danach sind alle Lampen wieder dunkel. Im nächsten Jahr werden die ersten beiden Lichtzeichenanlagen eingebaut. Es ist zu hoffen, daß diese Anlagen besser durch die Kraftfahrer beachtet und damit folgenschwere Unfälle vermieden werden.

V. Mechanische Ausrüstung des Hafens

Von Baudirektor Dr.-Ing. Hans Neumann

Die Entwicklung der Umschlagtechnik im Hamburger Hafen in den letzten 12 Jahren war gekennzeichnet durch eine fortschreitende Mechanisierung. Die Ursache hierfür liegt einmal in dem Bestreben, die Abfertigung und damit den Umlauf der Seeschiffe zu beschleunigen, zum anderen in dem immer fühlbarer werdenden Arbeitermangel. Die früher[1] dargelegten Planungs- und Konstruktionsprinzipien, nach denen beim Wiederaufbau des Hamburger Hafens nach dem zweiten Weltkrieg die mechanischen Umschlaganlagen erstellt wurden, haben in der Zwischenzeit ihre Richtigkeit und Zweckmäßigkeit bewiesen.

Die Festlegung einheitlicher Grundabmessungen für die neuen Krananlagen (3 t Tragfähigkeit, 25 m Ausladung, 6 m Spurweite der Vollportale) hat zur Schaffung von Krantypen geführt, die im In- und Ausland ihre Anerkennung und Nachahmung gefunden haben (Abb. 1). Im Hamburger Hafen sind heute 220 Vollportalkräne in Betrieb, bei denen die Verbindung des drehbaren Teiles mit dem Portal durch eine Drehsäule oder durch einen doppelten Kugelring hergestellt wird. Obwohl vereinzelt in der Stahlkonstruktion, im maschinenbaulichen wie im elektrischen Teil Schäden auftraten, die durchweg kurzfristig behoben werden konnten, darf festgestellt werden, daß alle ausgewählten Bauarten der Kräne sich im praktischen Umschlagbetrieb bewährt haben. Es hat nicht an Versuchen gefehlt, den intermittierend arbeitenden Kran durch andere Umschlaggeräte, insbesondere durch Dauerförderer zu ersetzen. Dennoch hat sich der Kaikran als das am vielseitigsten verwendbare Umschlaggerät allen solchen Versuchen gegenüber behaupten können.

[1] Jahrb. HTG (1950/51) Bd. 20/21 S. 99ff.

Die schnelle Abfertigung der Seeschiffe macht es notwendig, daß so viele Gänge an einem Schiff angesetzt werden, wie der Betrieb es erfordert. Dieser Wunsch läßt sich vollständig nur mit Hilfe von Kaikränen, nicht mit Schiffsgeschirr oder Bordkränen, deren Leistungsfähigkeit durch ihre geringe Reichweite begrenzt ist, erfüllen. Die beste Umschlagleistung wird erzielt, wenn die Güterbewegung in der wichtigsten Verkehrsrichtung — das ist in Hamburg gewöhnlich der Umschlag zwischen Schiff und Kai — von den Kaikränen, das Absetzen oder Übernehmen von Ladung an der Wasserseite des Seeschiffes in oder aus Binnenschiffen oder Hafenschuten gleichzeitig vom Schiffsgeschirr vorgenommen wird.

Bei den Krankonstruktionen wird die Vollwandbauweise bevorzugt, um glatte Flächen zu schaffen. Dadurch ergeben sich arbeitsparende Bauweisen, ästhetisch befriedigende Konstruktionen und einfache Anstrichmöglichkeiten. Die Kranausleger in solchen Längen, wie sie für Hamburg üblich sind, werden dagegen meistens als geschweißte oder genietete Fachwerkbauweisen hergestellt. Sie haben leichteres Gewicht und sind bei Beschädigungen, die im angestrengten Umschlagbetrieb nicht immer zu vermeiden sind, einfacher instandzusetzen.

Abb. 1. Blocksäulenkräne der MAN am Kai.

Bei den klimatischen Verhältnissen, die in Hamburg vorherrschen, hat sich die Unterbringung der Triebwerke möglichst im geschlossenen Maschinenhaus als vortelhaft herausgestellt. Der gefahrlose Zugang zum drehbaren Teil durch die Mitte, auch während des Betriebes, vorgebaute Vollsichtführerkanzel, in Öl laufende Blocktriebwerke, bequemer Steuersitz für den Kranführer, Schützensteuerung der Hubwerke und einfache Seilführung sind heute schon Selbstverständlichkeiten.

Es ist wiederholt versucht worden, die günstigen Eigenschaften der hydraulischen Steuerung (stoßfreier und stufenloser Betrieb) für den Kranantrieb, insbesondere der Triebwerke, zu verwenden. Ein Dauererfolg blieb diesem Bestreben bisher versagt, so daß elektrische Triebwerksantriebe allgemein bevorzugt werden.

S t r a ß e n k r ä n e, wie sie in vielen Seeschiffshäfen verwendet werden, haben sich in Hamburg nur zögernd einführen lassen. Allgemein sind die Kaistrecken mit schienengebundenen Kränen ausreichend bestückt, so daß hier kein zusätzlicher Bedarf auftrat. Außerdem steht ihrer Verwendung an den meisten Strecken der Umstand entgegen, daß nach der neuen Hamburger Kaiaufteilung die Kaifläche zwischen Schuppenrampe und Kaikante dem Eisenbahnverkehr vorbehalten ist, so daß die Gleise hier nicht eingepflastert werden. Die Straßenkräne können auf solchen Kais im Seeschiffumschlag nicht eingesetzt werden. Dagegen werden sie mit Erfolg auf den Freiladeflächen und auf oder an den Schuppenrampen zum Be- und Entladen der Waggons und Lkw verwendet.

Die Durchschnittshieve an den Hamburger Hafenkränen beträgt seit Jahrzehnten unverändert 1000 kg. Die volle Tragfähigkeit der Kräne mit 3000 kg wird nur von einem kleinen Prozentsatz der ein- oder ausgehenden Güter in Anspruch genommen, im allgemeinen beim Export von Maschinenteilen. Doch ist zweifellos die Tendenz vorhanden, auch im allgemeinen Güterumschlag zu schwereren Hieven zu gelangen, z.B. beim Umschlag von Sackgut durch Verwendung einer Doppelhangel, durch Einsatz größerer Paletten und beim Umschlag von Behältern. Der Behälterverkehr erfordert recht häufig das Zusammenarbeiten von 2 Kränen. Dies wird in Hamburg unter Verwendung der bewährten Sicherheitsrolle vorgenommen, wobei mit 2 Kaikränen von je 3 t Tragfähigkeit 5,5 t umgeschlagen werden können. Die Entwicklung, insbesondere des Behälterverkehrs, wird lehren, ob es in Zukunft nötig sein wird, landfeste Umschlaganlagen mit 8 oder 10 oder

Abb. 2. 220-t-Schwimmkran.

mehr t Tragfähigkeit zu errichten. Die aus der Zunahme des Behälterverkehrs sich ergebenden Probleme sind weniger technischer als vielmehr organisatorischer Natur. Die Umschlagtechnik ist auch heute schon in der Lage, allen denkbaren Anforderungen gerecht zu werden.

Für den Umschlag noch schwererer Einzelstücke, z.B. auch für Großbehälter, werden Schwimmkräne eingesetzt.Diese haben fast vollständig die früher in größerer Zahl vorhandenen landfesten Schwerlastkräne verdrängt. Im Hamburger Hafen verrichten Schwimmkräne mit Tragfähigkeiten von 5 t bis 220 t ihren Dienst. Das leistungsfähigste dieser Geräte ist der Schwimmkran mit 220 t Tragfähigkeit (Abb. 2). Er wurde 1958 dem Betrieb übergeben. Den schiffbaulichen Teil dieses Schwimmkranes baute die Werft Blom & Voss (Hamburg), den krantechnischen Teil die Demag (Duisburg). Der selbstfahrende Ponton ist 42 m lang und 22 m breit und wird von 2 Voith-Schneider-Propellern angetrieben. Bei angehängter Höchstlast beträgt die zulässige Ausladung vor Kopf 8 m ab Pontonkante, bei 50 t dagegen 28 m. Eine neu entwickelte Lastmomentbegrenzung, die auch die Krängung berücksichtigt, verhindert unzulässige Belastung.

Sobald Güter in größerer Menge regelmäßig im Hafen anfallen, lohnt sich die Überlegung, ob Spezialanlagen entwickelt werden können, die den Umschlag beschleunigen. Gewöhnlich handelt es sich dabei um den Einsatz von Dauerförderern. Beim Import von Bananen sind im Hamburger Hafen solche Förderanlagen am Schuppen 42 zu großer Vollkommenheit entwickelt worden. Die kälte- und windzug-empfindlichen Bananenbüschel werden in allseitig geschützten Taschenbandförderern (mit Segeltuch-Taschen) aus der Schiffsluke über das Schuppendach hinweg in den Schuppen geführt[1], wo sie über ein System von Förderbändern schonend zu den Sortierplätzen und von dort zur Verladung in Waggons oder Lkw gebracht werden. Lastwagen können bei der Einfahrt in den heizbaren Schuppen die pneumatisch betriebenen Einfahrtstore durch Überfahren von Kontaktschwellen öffnen, ohne daß Bedienungspersonal für die Tore erforderlich wird; für die Einfahrt eines Zuges wird die Pneumatik durch Druckknopf gesteuert. Die Leistung der Bananenelevatoren ist abhängig von dem Gewicht der geförderten Bananenbüschel. Die

[1] Siehe Abb. 5 im Abschn. III. A, S. 113.

Schichtleistung ($7^1/_2$ Stunden) beträgt bei Columbia-Bananen (je 25 kg) etwa 10000 Büschel, bei Ecuador-Bananen (35 kg) etwa 6500 Büschel. Mit den 5 vorhandenen Elevatoren wird also ein Bananen-Spezialschiff, das 60000 bis 80000 Büschel bringt, in weniger als 2 Arbeitsschichten gelöscht.

Für Schüttgüter, wie Salze, die feuchtigkeitsempfindlich sind und deren Umschlag daher bislang nur bei trockenem Wetter erfolgte, wurden im Hamburger Hafen wettersichere Umschlaganlagen entwickelt. Sie bestehen aus 2 Geräten für gesacktes Gut, das auch z.B. für den Umschlag von Zement in Säcken geeignet ist. Eine weitere Anlage für loses Gut wurde im Herbst 1956 fertiggestellt, an ihr können 4 Waggons gleichzeitig entladen werden. Das Gut wird hier mit mechanischen Schaufeln aus den Waggons gebracht und gelangt durch einen Schütt-Trichter und ein Becherwerk auf ein Förderband und wird nach Feststellung des Gewichts durch eine eingebaute Bandwaage durch ein Teleskoprohr in den Laderaum des Seeschiffes geschüttet (Abb. 3). Ein Schleuderband am Ende des Teleskoprohres sorgt für eine gleichmäßige Verteilung des Gutes im Laderaum.

Abb. 3. Umschlaganlage für lose Salze.

Für den Umschlag von anderen Schüttgütern (Kohle, Erz) reichen die früher üblichen Tragfähigkeiten der Verladebrücken nicht mehr aus. Neuzeitliche Anlagen zur Abfertigung von Spezialschiffen erfordern mindestens Greifer von 10 t für Kohle und 16 t für Erz. Um große Spielzahlen und damit rasches Löschen der Spezialschiffe zu erzielen, werden möglichst alle waagerechten Förderwege durch Dauerförderer (im allgemeinen Transportbänder) übernommen. Dadurch wird die Lage eines etwa benötigten Lagerplatzes unabhängig von der Spannweite der Verladebrücken. Ein neuzeitlich ausgerüsteter Hafen muß es sich angelegen sein lassen, diese Erkenntnisse bei seinen Planungen zu berücksichtigen.

Einen entscheidenden Anteil an der Mechanisierung des Güterumschlages im Hamburger Hafen in den letzten 12 Jahren muß der Flurförderung zugesprochen werden. Insbesondere die Einführung des Gabelstaplers hat den Kaischuppenbetrieb einfacher, übersichtlicher und wirtschaftlicher gestaltet, und der Schuppenraum konnte besser ausgenutzt werden durch die Inanspruchnahme der dritten Dimension. Wenn man auch vom gesteckten Endziel, der Durchpalettisierung der Güter vom Erzeuger zum Verbraucher auf seegehenden Paletten, noch weit entfernt ist — von wenigen Ausnahmen abgesehen —, so wurden doch bereits beachtliche Erfolge erzielt. Man darf feststellen, daß nach der Einführung der Gabelstapler die umgeschlagene Gütermenge je Kopf der Beschäftigten laufend gestiegen ist und kann die erzielte Mehrleistung allein durch diese Mechanisierung auf mindestens 15% schätzen. Ja, der Güterumschlag in Zeiten des Spitzenverkehrs hat sich im Hamburger Hafen nur durch reibungslos funktionierende Mechanisierung der Flurförderung bewältigen lassen, ohne daß Wartezeiten für die Seeschiffe entstanden.

In den zwei Jahrzehnten zwischen den beiden Weltkriegen waren Elektrokarren, Stapelgeräte und Schuppenlaufkräne die maschinell betriebenen Geräte des Schuppenbetriebes. Die früheren Stapelgeräte und die Schuppenlaufkräne sind heute völlig verschwunden, und auch die Elektrokarren werden mehr und mehr zurückgedrängt. An ihre Stelle sind Gabelstapler (0,6 t bis 2,5 t Tragfähigkeit) und Schlepper mit Anhängern getreten, welche die Güterbewegung von den Rampen zum Schuppenraum und in umgekehrter Richtung übernehmen. In den von derHamburger Hafen- und Lagerhaus-Aktiengesellschaft (HHLA) betriebenen Kaischuppen werden ausschließlich batteriegetriebene Flurförderfahrzeuge verwendet, deren Vorteile gegenüber Diesel-Geräten vor allem in der einfachen Bedienung durch angelernte Fahrer, in der leichten Wartung und im Fortfall der lästigen Auspuffgase gesehen werden. Zur Vermeidung langer Transportwege der Batterien zu den Ladestationen wurden diese dezentralisiert über das ganze Hafengebiet verteilt angelegt.

Allgemein werden die Gabelstapler zusammen mit Paletten verwendet (Abb. 4). Je Gabelstapler sind etwa 300 Paletten vorhanden, die durchweg im Verfügungsbereich der HHLA verbleiben. Die meisten Schwierigkeiten bereitete der im Hamburger Hafen besonders bedeutende Südfruchtimport der Palettisierung, da diese Güter in zahllosen kleinen Einzelpartien ankommen, die nach Marken und Empfängern sortiert werden müssen. Aber auch auf diesem Gebiet sind in der jüngsten Zeit erhebliche Erfolge in der Palettisierung erzielt worden.

Für den Einsatz in den Schiffsräumen verwenden neuzeitlich arbeitende Stauereibetriebe in Hamburg in zunehmendem Maße den Gabelstapler (Abb. 5). Gerade hierbei zeigt sich, wie notwendig im modernen Güterumschlag die Koordinierung aller am Umschlag beteiligten Sparten ist, insbesondere auch die Umstellung des Schiffbaues auf die Erfordernisse des Umschlagbetriebes. Erst hierdurch ist eine Annäherung an das große Ziel, den Umlauf der Seeschiffe zu beschleunigen, möglich.

Abb. 4. Gabelstapler beim Stapeln palettisierter Güter.

Abb. 6. Fahrtreppenanlage im Elbtunnel.

Abb. 5. Gabelstapler im Schiffsraum.

Es ist selbstverständlich für einen Hafen wie Hamburg, daß nach diesem Ziel auch die elektrischen, die fernmeldetechnischen und Heizungs-Anlagen ausgerichtet werden. So wurden im letzten Jahrzehnt die Stromversorgungsanlagn (Gleichstrom 550 Volt) vereinheitlicht und eine größere Netzstabilität durch starre Erdung des Minuspols geschaffen. Durch Verstärkung der Hausanschlüsse in den Kaischuppen wurde dem Mehrbedarf an Strom Rechnung getragen. In den Beleuchtungsanlagen hat sich nach den vor mehr als 10 Jahren erfolgreich durchgeführten Versuchen die Leuchtstoffröhre endgültig durchgesetzt. In einem großangelegten Arbeitsprogramm wurde die Straßenbeleuchtung im Hafen dem heutigen Verkehrsbedürfnis angepaßt.

Der Hamburger Hafen hat sich in den Jahren nach dem letzten Kriege nicht damit begnügt, seine Anlagen wieder aufzubauen und neuzeitliche, leistungsfähige und wirtschaftliche Umschlagsanlagen zu entwickeln, sondern hat sein besonderes Augenmerk auch der Anpassung der Verkehrsanlagen an die Anforderungen des heutigen Hafenverkehrs gewidmet. So wurden im Elbtunnel, der nun bereits seit 1911 dem Verkehr vom Nord- zum Südufer der Elbe dient, verschiedene Verbesserungen vorgenommen. Die durchgreifendste Änderung bildete die 1959 dem Betrieb übergebene Fahrtreppenanlage, nachdem die Untersuchungen ergeben hatten, daß es möglich sei, eine solche Anlage in den Elbtunnelschächten unterzubringen. Zusätzlich zu den vorhandenen Aufzugsanlagen erhöhen die 3 hintereinander liegenden Fahrtreppen je Schachtgebäude die Kapazität um 12000 Personen je Stunde (Abb. 6).

Eine Folge des immer fühbarer werdenden Personalmangels war es, daß die Fahrkörbe des Elbtunnels mit Innensteuerung versehen wurden, so daß in Zeiten schwachen Betriebes Einmannbedienung möglich wurde. Obwohl der Elbtunnel als Personentunnel geplant war, nahm der Fahrzeugverkehr von Jahr zu Jahr zu. Während früher die natürliche Schornsteinwirkung der beiden Elbtunnelschächte genügt hatte, um den CO-Gehalt der Tunnelluft auf ungefährlichem Betrag zu halten, wurde 1956 vorsorglich eine Lüftungsanlage eingebaut mit 2 Ablüftern, die je 70000 cbm/Stunde leisten.

Auch die Hafenschleusen wurden den veränderten Verkehrsbedürfnissen entsprechend ausgerüstet. Alle Stau- und Sperrschleusen erhielten die im Hafengesetz vorgeschriebenen Schiffahrtssignale. Die veralteten Steuerungen mit Schaltwalzen wurden durch neuzeitliche Schützensteuerungen mit Druckknopfbetätigung ersetzt, bei denen die Antriebe mit den Lichtsignalen verblockt sind. Die beweglichen Brücken wurden in gleicher Weise ausgebaut.

Auch an den Schleusen erforderte die Knappheit an Bedienungspersonal besondere Maßnahmen. An verschiedenen Schleusen wurden Fernsehkameras und Bildschirme eingebaut, welche die Steuerung der Antriebe auf beiden Schleusenhäuptern durch eine Bedienungsperson ermöglichen. Diese Anlagen haben sich seit Jahren vollauf bewährt.

Eine völlig neuartige Aufgabe wurde dem Hafen Hamburg gestellt durch die Forderung, mit Hilfe einer Kette von landfesten Radarstationen den Seeschiffen bei Nebel und Schlechtwetter jederzeit einen sicheren Zugang zum Hafen zu ermöglichen. In jahrelangen Vorversuchen mit einer transportablen Anlage wurden die geeigneten Standorte der Stationen ermittelt und in Zusammenwirken mit den Dienststellen des Bundesverkehrsministeriums — das für die Elbestrecke von der Mündung bis zur hamburgischen Landesgrenze zuständig ist — eine Gesamtplanung aufgestellt. Für den Zugang zu den hamburgischen Hafenteilen wurden 5 landfeste Stationen erforderlich, von denen die Station im Lotsengebäude Seemannshöft als Radarleitzentrale ausgebaut wurde. Alle von den Unterstationen gewonnenen Informationen werden durch Koaxialkabel zur Leitzentrale übertragen, die als einzige Station ständig durch Radarbeobachter bemannt ist.

Im Juni 1958 begannen die Bauarbeiten an der ersten Station, die letzte wird 1964 betriebsbereit sein. Für die Verbindung zwischen den landfesten Stationen und dem Seeschiff wurde ein Radar-Sprechfunk mit transportablen Geräten aufgebaut. Eine umfangreiche Schulung der Radarbeobachter wurde erforderlich, die z.Z. so weit durchgeführt ist, daß der vollen Inbetriebnahme der Radarkette keine grundsätzlichen Hindernisse mehr im Wege stehen. Die Zweckmäßigkeit der gesamten Maßnahme hat sich bereits in den vergangenen Jahren durch die als Schulungsbetrieb durchgeführten Beratungen für die Schiffahrt voll erwiesen.

Die neueren Hafenbauten in Bremen und Bremerhaven

Die Entwicklung der bremischen Hafenanlagen 1952 – 1962

Von Hafenoberbaudirektor Dr.-Ing. **Ralph Lutz**

Vorbemerkung. Im 9. und 20./21. Jahrbuch der HTG wurde die Entwicklung der bremischen Häfen bis zum Jahre 1952 beschrieben.

Von der See nach Bremen-Stadt und zum Binnenland

Die Außenweser ist auf —10 m SKN ausgebaut. Bremerhaven kann von Schiffen mit einem Tiefgang bis zu 12 m erreicht werden. Über die Außenweser sind zur Zeit Pläne zur Vertiefung auf —11 m SKN in Vorbereitung. Mit der Ausführung ist in den nächsten Jahren zu rechnen; es wird dann ein Verkehr mit Schiffen von rd. 60000 tdw nach Bremerhaven möglich sein; auch eine spätere weitere Vertiefung auf —12 m SKN bereitet keine Schwierigkeiten.

Der 8,7-m-Ausbau der Unterweser hat eine Sohllage von —8,0 m SKN. Er wurde Ende des Jahres 1958 beendet. Unter enger Anpassung an die Flutwelle erreichen jetzt Schiffe bis 9,60 m Tiefgang Bremen-Stadt. Unter günstigsten Voraussetzungen laufen auch Schiffe mit mehr als 10 m Tiefgang Bremen an. Maßnahmen zur Verbesserung des Fahrwassers der Unterweser wurden von der Wasser- und Schiffahrtsdirektion geplant mit dem Ziel, die Flußsohle um 0,5 m bis 1,0 m zu vertiefen, gleichzeitig eine Verbreiterung der Kurven vorzunehmen und die Sohle in den geraden Strecken von 100 m bzw. 120 m auf 150 m zu bringen.

Herr Dr. Walther, Präsident der Wasser- und Schiffahrtsdirektion Bremen von 1949 bis 1962, hat ermittelt, daß die tideabhängige Fahrt auf der Unterweser u.a. abhängig ist von der Zahl der Wendebecken und der Liegeplätze in den stadtbremischen Häfen. Die Kapazität des Stromes ist nicht erschöpft.

Die kanalisierte Mittelweser — der Ausbau wurde 1960 beendet — verbindet die Häfen der Unterweser mit dem Mittellandkanal. Ausgebaut ist die Mittelweser für das 1000-t-Schiff, der Ausbau für das 1350-t-Schiff wurde vorbereitet.

Der Küstenkanal, die Verbindung Weser/Ruhrrevier, kann nach dem Ausbau 1949/60 mit 1350-t-Schiffen bei 2,20 m Abladung befahren werden. Der Ausbau wird fortgesetzt, so daß in den nächsten Jahren auch Schiffe mit 2,50 m Abladung den Kanal durchfahren können.

Die Kapazität der Schiene wird vergrößert, wenn die begonnene Elektrifizierung der Nord-Süd-Strecke und der West-Strecke beendet ist. Das Straßennetz für den Nahverkehr ist ausgebaut, für den Fernverkehr steht die Fertigstellung der Autobahn nach Süden vor der Vollendung. Mit dem Bau der Hansa-Linie nach Westen wurde begonnen.

Der Verkehr in den bremischen Häfen

Stückgut-, Schüttgutumschlag, Fischanlandung und Schiffspassage (Tab. 1, 2 u. 3) sowie Schiffbau und -reparatur sind das Grundgeschäft des Hafens geblieben.

Tabelle 1. *Stückgut- und Massengutumschlag in den bremischen Häfen*

Lfd. Nr.	Jahr	Bremen		Bremerhaven		Bremische Häfen			
		Stückgut in 1000 t	Massengut in 1000 t	Stückgut in 1000 t	Massengut in 1000 t	Stückgut in 1000 t	%	Massengut in 1000 t	%
1	2	3	4	5	6	7	8	9	10
1	1954	4 151	4 686	692	288	4 843	49	4 974	51
2	1955	4 716	6 051	925	330	5 641	47	6 381	53
3	1956	5 247	7 140	965	398	6 212	45	7 538	55
4	1957	5 510	7 445	1 439	483	9 949	47	7 928	53
5	1958	5 515	6 214	1 159	437	6 674	50	6 651	50
6	1959	6 246	5 939	1 394	484	7 640	54	6 423	46
7	1960	6 935	6 461	1 280	462	8 215	54	6 923	46
8	1961	6 817	5 987	1 493	575	8 310	56	6 562	44
9	1962	7 191	6 699	1 417	646	8 608	54	7 345	46
10	1963	7 127	6 063	1 452	735	8 579	56	6 798	44

Tabelle 2. *Fischanlandung in Bremerhaven und Vegesack*

Lfd. Nr.	Jahr	Anlandung		Zahl der Fischfahrzeuge	
		Bremerhaven	Vegesack	Bremerhaven	Vegesack
1	2	3	4	5	6
1	1950	197 251	19 328	121	43
2	1951	246 317	24 789	111	45
3	1952	236 830	23 325	109	45
4	1953	250 861	23 565	101	43
5	1954	241 985	24 116	113	42
6	1955	273 833	17 997	111	40
7	1956	264 655	16 526	109	43
8	1957	245 335	19 616	104	43
9	1958	239 257	18 616	107	44
10	1959	253 247	18 760	108	44
11	1960	233 341	14 500	107	44
12	1961	197 244	13 460	95*	41
13	1962	186 511	10 100	89*	29

* einschließlich Hecktrawler

Tabelle 3. *Schiffspassage*

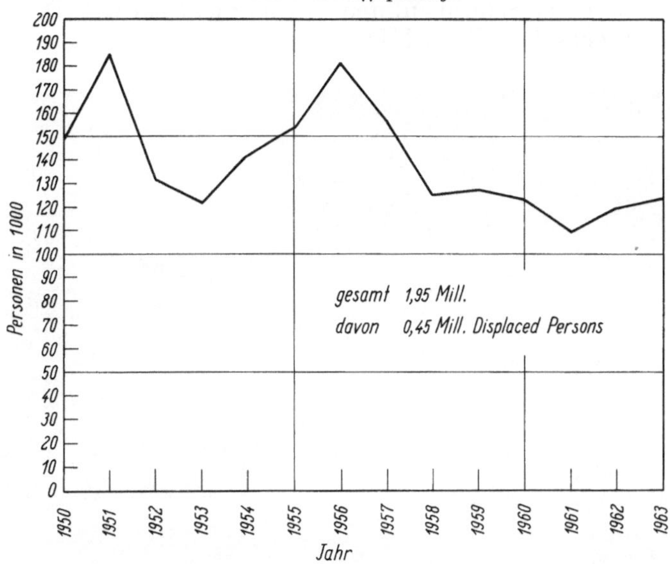

Geschäfte wurden ausgedehnt oder neu auf Bremen gezogen, z. B. die Errichtung einer Erzumschlagsanlage in Bremerhaven und die Ansiedlung der Klöckner-Hütte auf der „Grünen Wiese" am Mittelsbürener Hafen. Den Erfolg dieser Bemühungen werden die künftigen Statistiken zeigen. Der Betrieb über die Umschlagsanlagen ist noch nicht voll aufgenommen.

Der Umschlag in Bremen stieg i.M. um etwa 6% pro Jahr. 1100 t werden i. M. jährlich über den lfdm Kaje umgeschlagen (Tab. 4). Dieser Ausnutzungsgrad liegt wohl an der Spitze dessen, was im

Tabelle 4. *Schiffsankünfte und Umschlag im Freihafen Bremen (Stadt)*

Lfd. Nr.	Jahr	Zahl der Schiffe	Umschlag (t)	t/Schiff	Umschlag je lfdm Kaje und Jahr
1	2	3	4	5	6
1	1937	3 689	2 411 000	653	440
2	1949	1 974	1 956 000	990	
3	1951	2 928	2 775 000	950	
4	1953	4 474	3 891 000	870	
5	1954	4 629	3 840 000	830	1 050
6	1955	4 644	4 412 000	952	1 096
7	1956	5 197	5 077 000	978	1 140
8	1957	5 810	5 089 000	874	1 082
9	1958	6 422	4 885 000	760	1 038
10	1959	6 670	5 269 000	789	1 122
11	1960	6 911	5 845 000	844	1 130
12	1961	7 298	5 630 000	773	1 084

Umschlag möglich ist. Eine Steigerung der Umschlagskapazität ist in geringem Maße durch Rationalisierung, im wesentlichen aber nur noch durch den Bau neuer Hafenbecken möglich. Eine Zurückführung des Umschlags/Jahr auf ein wirtschaftlich und betrieblich vertretbares Maß von rd. 700 bis 800 t/lfdm Kai ist anzustreben.

In Bremerhaven ist eine Steigerung möglich, wenn die Columbuskaje weiter ausgebaut und diese Kailänge außerhalb der Schleusen Umschlagsplatz und gleichzeitig Warteplatz für solche Schiffe wird, die die Schüttgutumschlagsstellen hinter den Schleusen aufsuchen wollen.

Bauliche Entwicklung und weiterer Ausbau der Häfen in Bremen-Stadt

Der Vorzug der Häfen Bremen-Stadt ist der ihrer Lage tief im Binnenland. Soll diese Stellung erhalten bleiben, müssen auch neue Hafenreviere am südlichen Ende der Seeschiffswasserstraße liegen.

Häfen am mittleren Lauf der Unterweser, z.B. in Höhe von Farge, könnten nur für den Loko-Umschlag sowie Ansiedlung von Industrien am seetiefen Wasser in Frage kommen.

Senat und Bürgerschaft beschlossen 1960 in dieser Erkenntnis ein neues Hafenrevier für den Umschlag von Stückgut nahe Bremen-Neustadt in Höhe der bestehenden Häfen bauen zu lassen. Mit dem Bau dieser Hafengruppe wurde 1960 begonnen (Abb. 1). Es ist ein selbständiges Hafenrevier. Da dieses gegenüber den bestehenden Häfen liegt, ist die Einfahrt zu diesen so angelegt, daß eine gegenseitige Behinderung der Schiffe auf dem Strom nicht eintritt. Das Revier hat ein eigenes Wendebecken (siehe Übersichtsplan, Tafel III).

Abb. 1. Neues Hafenrevier Niedervieland I. Im Vordergrund Industrie- und Handelshafen. Aufnahme September 1963 (Freigegeben vom Luftamt Bremen).

Das erste Hafenbecken in diesem Revier, Becken II, wird 310 m breit und erhält in der Längsachse Seeschiffsdalben. Diese sind Reede für wartende Schiffe und Schiffsliegeplatz für Umschlag Seeschiff/Binnenschiff.

Eisenbahn und Straße liegen nur im Bereich der Hafenbecken in gleicher Ebene. Im Vorfeld der Häfen erfolgt eine Trennung der Verkehrswege in 2 Ebenen. 2 der 5 Hafenbecken sollen Freihafengebiet werden, die übrigen 3 Seezollhafen. Freihafen und Seezollhafen haben eigene Bahnhofs- und Straßenanlagen.

Die Planung dieses neuen Hafengebiets hat im Entwurf zahlreiche Möglichkeiten der Entwicklung des Grundrisses, so daß sie in den Jahren der Verwirklichung künftigen Veränderungen, gleich welcher Art, angepaßt werden kann. Nur das, was gebaut ist, liegt fest.

Ein ausgesprochener Industriehafen ist der Mittelsbürer Hafen (Abb. 2). Er wurde in den Jahren 1954 bis 1958 gebaut, umfaßt die Seeschiffsliegeplätze Osterort I bis VII und den Klöckner-Hafen. Osterort I und II sind Löschstellen für Tanker der Mobil Oil AG.

Additional material from *1962/1963,*
ISBN 978-3-642-46023-4 (978-3-642-46023-4_OSFO3),
is available at http://extras.springer.com

An den Liegeplätzen Osterort IV bis VII wird Umschlag Seeschiff/Binnenschiff betrieben werden; auch sind sie Reede für die Häfen.

Abb. 2. Mittelsbürer Hafen mit Klöckner-Werke und Mobil Oil. Aufnahme September 1963 (Freigegeben vom Luftamt Bremen).

Der Grundriß des Industrie- und Handelshafens wurde seit seiner Erbauung im Jahre 1910 weiter entwickelt (Abb. 3). Die Zahl der den Hafen anlaufenden Erz-, Holz-, Kali- und Kohle-

Abb. 3. Industrie- und Handelshafen; im Vordergrund Schleuse Oslebshausen. Rechts Einfahrt Hafen Niedervieland I. Aufnahme September 1963 (Freigegeben vom Luftamt Bremen).

frachter und die Zahl der Binnenschiffe ist gewachsen. Die Wasserfläche wurde vergrößert, Eisenbahnanlagen und Straßen errichtet.

Eine Ergänzung der Häfen wird der Hilfshafen auf dem Kap-Horn-Gelände, ein Becken zum Ablegen der Hafenhilfsschiffe im Schwerpunkt der gesamten Hafenanlagen. Während des Krieges wurde dort ein ehemaliges Trockendock zu einem U-Boot-Bunker umgebaut. Die damals eingebrachten und aufgestellten Bauelemente sollen jetzt wieder entfernt werden.

Der Wiederaufbau und die Modernisierung des Freihafengebiets und des Getreidehafens ist so gut wie beendet. Bauten und Förderanlagen werden auch künftig erneuert und ergänzt werden. Der Europahafen wurde eine selbständige Betriebseinheit, er erhielt ein eigenes Wendebecken am Strom vor der Einfahrt.

In wenigen Jahren werden die Häfen rechts der Weser Bestand sein, und nur noch links der Weser werden die neuen Umschlagsanlagen für Stück- und Schüttgut entstehen und wassergebundene Industrien angesiedelt werden. Bremen könnte dann eines Tages symmetrisch entwickelt zu beiden Seiten des Stromes liegen.

Die Häfen in Bremen

I. Ufereinfassungen

Baudirektor Dr.-Ing. **D. Wiegmann**, Bremen

1. Normale und extreme Tidewasserstände in den Hafenanlagen in Bremen

Mit Beginn des Ausbaues der Seewasserstraße Unterweser haben sich entsprechend den einzelnen Ausbaustufen die Tidewasserstände ständig geändert. Es wurden bis heute 5 Ausbaustufen durchgeführt:

1887—1895 Ausbau für Schiffe mit 5,00 m Tiefgang,
1913—1916 Ausbau für Schiffe mit 7,00 m Tiefgang (einkommend nach Bremen),
1921—1924 Erweiterter Ausbau für Schiffe mit 7,00 m Tiefgang (ausgehend von Bremen),
1925—1929 Ausbau für Schiffe mit 8,00 m Tiefgang,
1953—1958 Ausbau für Schiffe mit 8,70 m Tiefgang.

Die Veränderungen der Tidewasserstände seit Beginn des Ausbaues sind aus nachstehender Tab. 1 ersichtlich.

Tabelle 1

Jahre	Ausbau der Unterweser	MTnw NN	MThw NN	mittlerer Tidehub
1882/86	vor 5-m-Ausbau	+ 1,46 m	+ 2,03 m	0,57 m
1896/00	nach 5-m-Ausbau	+ 0,16 m	+ 1,85 m	1,69 m
1919/23	während 7-m-Ausbau	— 0,41 m	+ 1,90 m	2,31 m
1931/35	nach 8-m-Ausbau	— 1,11 m	+ 1,98 m	3,09 m
1951/60	während 8,7-m-Ausbau	— 1,22 m	+ 2,14 m	3,36 m

Die Werte wurden am Pegel der Schleuse Oslebshausen gemessen.
MTnw = Mitteltideniedrigwasser; MThw = Mitteltidehochwasser.

Das niedrigste Tideniedrigwasser (NNTnw) wurde am 15. 3. 64 mit —3,20 m NN und das höchste Tidehochwasser (HHThw) am 17. 2. 62 mit +5,35 m NN am Pegel Oslebshausen angezeigt.

Unter Berücksichtigung der neuen Hafenanlagen Niedervieland I, 1. Ausbau, mit rd. 90 ha Wasserfläche und der Absperrung der Wesernebenflüsse Lesum, Ochtum und Hunte durch sturmflutkehrende Sperrwerke ist nach den im Franzius-Institut der Technischen Hochschule Hannover durchgeführten Untersuchungen für die Hafenanlagen in Bremen ein rechnerisches HHThw von +6,20 m NN zugrunde zu legen. Bei der Planung und Berechnung der Uferanlagen sind außer den höchsten Tidehochwasserständen auch die niedrigsten Tideniedrigwasserstände zu berücksichtigen.

2. Uferbauwerke

2.1 Allgemeines

Bis in die zwanziger Jahre dieses Jahrhunderts wurden in Bremen im wesentlichen massive Uferwände auf hölzernen Pfahlrosten gebaut. Der technische Fortschritt in der Abwalzung schwerer Stahlspundwandprofile und die in Bremen vorliegenden günstigen Bodenverhältnisse gestatteten es später, Ufereinfassungen für große Geländesprünge von mehr als 17,0 m in wirtschaftlicher Weise als verankerte Stahlspundwände herzustellen.

Die Konstruktion ist überall fast gleich, nur bestehen in den Arten der verwendeten Spundwandprofile (Larssen, Hoesch, Krupp, Peine) Unterschiede. Mit Rücksicht auf die wasserseitige Bewegung während des Baues werden die Stahlspundbohlen der Hauptwand mit einer Neigung von 80: 1 und aus wirtschaftlichen Gründen im unteren Teil in Staffelanordnung gerammt. Die Spundwandkajen sind durchweg als einfach verankerte Bohlwerke gerechnet, wobei die Hauptanker so angeordnet sind, daß ihr Einbau unter Berücksichtigung der Tideniedrigwasserstände noch gut möglich ist. Zur Vermeidung ungleicher und größerer Verformungen des Spundwandkopfes sind im oberen Bereich der Wand Hilfsanker eingebaut. Für die Verankerung der Spundwand werden Massiv- oder Stahlkabelanker verwendet, die an einzelnen Stahlbetonplatten oder durchgehenden Verankerungswänden befestigt sind.

Zur Verringerung des Grundwasserüberdruckes wird jedes Spundwandbauwerk in Höhe des unteren Ankers, der meistens etwa 1,25 m über MTnw angeordnet wird, mit einer Mischkiesfilterentwässerung ausgestattet, welche aus dem Kiesfilter, einem Sammler und aus Entwässerungsstutzen mit Rückstauklappen in Abständen von durchschnittlich 7 m bis 8 m besteht.

Die Kajen sind mit 1- oder 2 köpfigen Pollern für Trossenzüge bis 60 t ausgerüstet. Die Pollerabstände betragen zwischen 15 m und 18 m. Mittig zwischen den Pollern, jedoch in doppeltem Pollerabstand, werden in den wasserseitigen Spundwandtälern Steigeleitern angeordnet, und als weitere Ausrüstung sind Nischenpoller für 10 t Trossenzug jeweils in den Spundwandtälern neben den Steigeleitern und mittig zwischen diesen vorhanden.

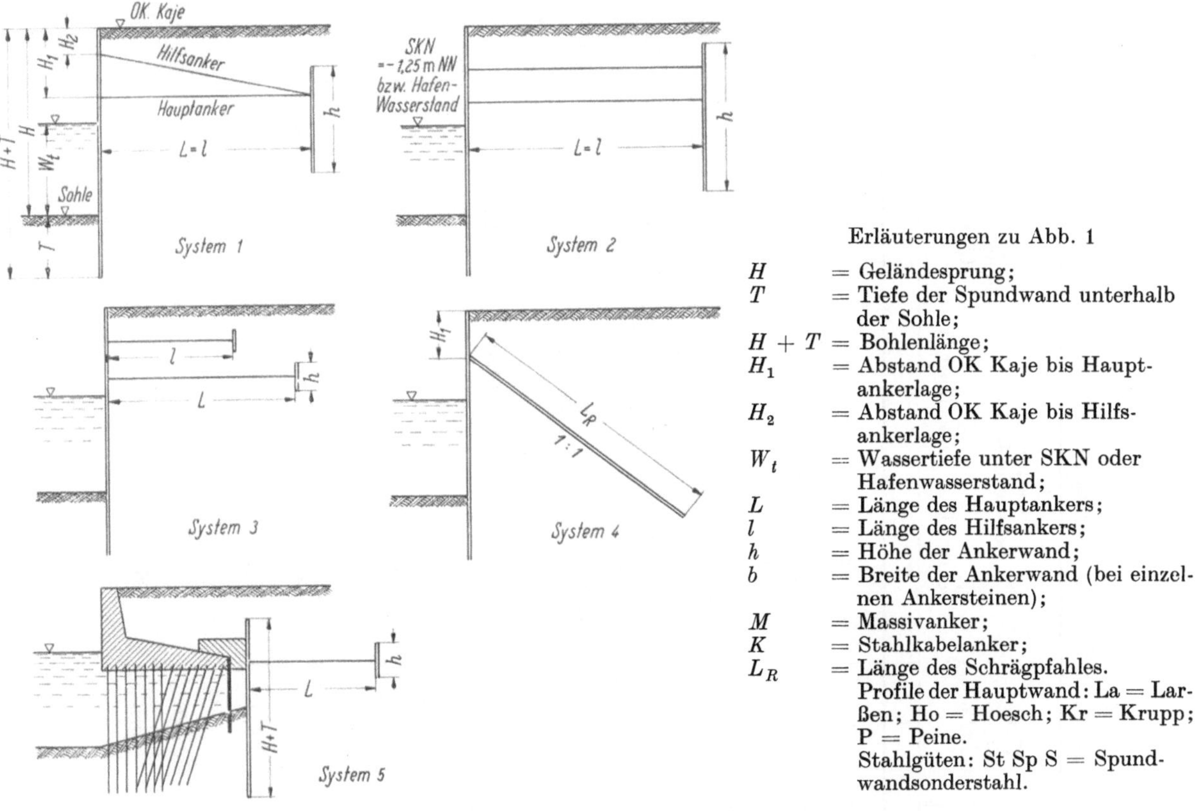

Erläuterungen zu Abb. 1

H	= Geländesprung;
T	= Tiefe der Spundwand unterhalb der Sohle;
$H + T$	= Bohlenlänge;
H_1	= Abstand OK Kaje bis Hauptankerlage;
H_2	= Abstand OK Kaje bis Hilfsankerlage;
W_t	= Wassertiefe unter SKN oder Hafenwasserstand;
L	= Länge des Hauptankers;
l	= Länge des Hilfsankers;
h	= Höhe der Ankerwand;
b	= Breite der Ankerwand (bei einzelnen Ankersteinen);
M	= Massivanker;
K	= Stahlkabelanker;
L_R	= Länge des Schrägpfahles.

Profile der Hauptwand: La = Larßen; Ho = Hoesch; Kr = Krupp; P = Peine.
Stahlgüten: St Sp S = Spundwandsonderstahl.

Abb. 1. Zusammenstellung der angewendeten Arten der Ufereinfassungen.

In den letzten 10 Jahren sind in den Häfen auf dem rechten Weserufer in Bremen zahlreiche Ufer- und Kajenstrecken erneuert worden. Im folgenden sollen die wichtigsten Abschnitte näher beschrieben werden.

Die wesentlichen Einzelheiten der neu gebauten Kajen, wie Konstruktionssysteme, Länge und Art der verwendeten Spundwandprofile usw., sind in der Tab. 2 und den zugehörigen Erläuterungen und Skizzen zusammengestellt.

2.2 Erneuerung der Nordkaje des Europahafens in den Jahren 1954 bis 1963

Die in den Jahren 1885 bis 1888 in einer Gesamtlänge von 2134,50 m erstellte Kaje als Massivmauer auf hölzernem Pfahlrost war für einen Geländesprung von 11,78 m gebaut worden, wobei die Sohlenlage auf −4,50 m NN und die Kajenoberkante auf +7,28 m NN angelegt wurde. Schon

Tabelle 2. *Zusammenstellung von technischen Einzelheiten der neu gebauten Kajenspundwände*

		Nordkaje Europa-hafen	Kaje Weser-bahnhof	Kajesprung Schuppen 13/15		Kaje vor Schuppen 15 A	Auto-Um-schlags-anlage Hafen A	Kaje vor dem Kraft-werk Hafen	Kaje vor J. H. Bach-mann	Vegesacker Hafen			
				Abschnitt I	Abschnitt II					2. Abschnitt	3. Abschnitt	4. Abschnitt	5. Abschnitt
1	2	3	4	5	6	7	8	9	10	11	12	13	14
1	System	1	2	2	2	5	3	3	1	3	2	2	4
2	S (m)	1945	250	25	50	200	210	235	60	128	51	224	122
3	H (m)	17,28	13,23	16,18	18,28	17,18	14,50	8,40	12,60	9,80	9,80	11,20	9,70
4	T (m)	4,50 6,50	6,25 7,25	3,30 8,30	5,30 10,80	6,0	7,0	7,60 9,10	5,40 6,40	3,5 4,5	3,5 4,5	4,0 5,0	5,0 6,0
5	max (H + T) (m)	23,78	20,48	19,48 24,48	21,40 26,90	23,18	21,50	17,50	19,00	14,30	14,30	16,20	15,70
6	Profil der Hauptwand	La, Ho, Kr } V	Kr IV	Kr KS II + P Sp 60 L	Kr KS II + 2 P Sp 50 L	Ho IV neu	Ho V	La III neu	La IV neu	La III neu	Ho III	Ho III	Ho III
7	Stahlgüte	St Sp S	St Sp S	St 37 + St Sp S	St 37 + St Sp S	St Sp 50	St Sp S	St Sp S	St Sp S	St. 37	St. 37	St. 37	St Sp S
8	Ankerart	K	M	M	M	K	M	M	M	M	M	M	—
9	Abstand d. Hauptanker (m)	1,44—1,70	1,60	1,26	1,66	12,00	1,70	2,40	1,60	1,60	1,60	1,60	1,60
10	H_1 (m)	7,28	6,48	5,48	6,58	5,00	4,80	3,50	4,70	3,80	3,80	5,20	1,50
11	H_2 (m)	2,28	1,98	1,98	2,28	—	1,00	—	1,40	0,80	0,80	1,70	—
12	W_t (m)	8,75	5,50	9,45	8,45	10,45	9,50	3,70	6,95	4,88	4,88	4,88	4,75
13	L (m)	26,00	19,00	40,00	25,00 28,90	25,00	24,00	22,00	24,00	15,50	9,00	10,50	—
14	l (m)	26,00	19,00	40,00	25,00 28,90	—	12,00	—	24,00	7,00 10,00	9,00	10,50	—
15	h (m)	5,00	8,00	5,50	17,50	3,50	1,80	1,60	4,00	1,30	11,10	11,50	—
16	b (m)	—	—	—	—	3,50	1,20	1,60	—	1,30	—	—	—
17	L_R (m)	—	—	—	—	—	—	—	—	—	—	—	19,00
18	OK Kaje (mNN)	+ 7,28	+ 6,48	+ 5,48	+ 6,58	+ 5,48	+ 6,80	+ 5,50	+ 4,40	+ 3,80	+ 3,80	+ 5,20	+ 3,70
19	Sohle (mNN)	— 10,00	— 6,75	— 10,70	— 11,70	— 11,70	— 7,70	— 2,90	— 8,20	— 6,00	— 6,00	— 6,00	— 6,00

nach 20jähriger Nutzung des Hafens mußte die Sohle vor der Kaje im Jahre 1908, als die Wassertiefe bei Tideniedrigwasser für zu vertäuende Seeschiffe nicht mehr ausreichte, um 1,20 m auf —5,70 m NN vertieft werden. Die Wassertiefe bei Mitteltideniedrigwasser (im Jahre 1908 —0,20 m NN) vor der Kaje war somit von 4,30 m auf 5,50 m vergrößert worden.

Während des zweiten Weltkrieges wurden auf der Kajefläche sämtliche Hochbauten, Gleis- und Krananlagen zerstört und auch stellenweise das Kajebauwerk durch Kriegseinwirkung beschädigt.

Nach den im Jahre 1953 durchgeführten Untersuchungen zum Zwecke des Wiederaufbaues der Nordkaje des Europahafens war es notwendig, eine Wassertiefe vor der Kaje herzustellen, die für das Regelfrachtschiff des Weltverkehrs ausreichend ist. Sie wurde mit einer Sohlenlage von —10,00 m NN ermittelt.

Für die Nautiker ist der Bezugswert „Seekartennull" (SKN), in Bremen —1,25 m NN, von Bedeutung. Dieser entspricht etwa dem Mitteltideniedrigwasserstand (MTnw), in Bremen —1.22 m NN.

Die gewählte Sohlenlage von —10,0 m NN gleich —8,75 m SKN bedeutet, daß Seeschiffe mit einem Tiefgang von 8,40 m = 27,5 Fuß unter Berücksichtigung eines Sicherheitsabstandes von 0,35 m zwischen Schiffsboden und Hafensohle an der Kaje liegen können.

Die Oberkante der ehemaligen Kaje von +7,28 m NN wurde für das Bauwerk beibehalten. Die Vorderkante der neuen Ufereinfassung mußte im Mittel 5,65 m wasserseitig der alten Kaje angelegt werden, um die erforderlichen Flächen für den 1,75 m breiten Leinpfad, die wasserseitige Kranbahn, die 3 Kajengleise und die rd. 5,0 m breite wasserseitige Schuppenrampe zu erhalten.

Von 1954 bis 1963 wurden insgesamt 1945 lfdm Stahlspundwandkaje neu erstellt. Am Hafenkopf wurde der alte Kajequerschnitt auf einer Länge von 190 lfdm nicht erneuert, da beabsichtigt ist, in den späteren Jahren den Europahafen um diese Strecke zu verkürzen, um die vorliegende Planung zur Verbesserung der landseitigen Verkehrsanlagen (Eisenbahn, Straßen) durchführen zu können.

2.3 Erneuerung der Kaje des Weserbahnhofs in den Jahren 1959/60 auf einer Strecke von rd. 250 m

Durch den Abwurf zahlreicher Sprengbomben während des zweiten Weltkrieges auf die 500 m lange Ufereinfassung des Weserbahnhofs wurden rd. 250 m Kaje am stromauf gelegenen Ende vollkommen zerstört und die anderen 250 m im stromunteren Bereich stark beschädigt. Die Wiederherstellung des stromab gelegenen Kajeabschnittes konnte bereits in den Jahren 1947 und 1948 durchgeführt werden.

Für die Erneuerung des zweiten Kajeabschnittes war es notwendig, die alten Bauwerksreste aus dem Bereich der neu zu erstellenden Kaje zu beseitigen. Die alte Stahlspundwand wurde unter Wasser an den Stellen, wo sie in Flußsohlenhöhe weserseitig umgeklappt war, abgebrannt. Im Bereich der übrigen Abschnitte, wo die Knickung in Sohlenhöhe geringer war, wurde die alte Stahlspundwand vom Erddruck so weit entlastet, daß sie in Höhe des Niedrigwasserstandes abgebrannt werden konnte.

Während die frühere Spundwand in einem flachen Kreisbogen gerammt worden war, besteht die neue Ufereinfassung aus 3 geraden Strecken mit dazwischenliegenden Knickpunkten. Kajenoberkante und Sohlenlage wurden beibehalten.

2.4 Umbau des Kajesprungs an der Nordseite des Überseehafens zwischen Schuppen 13 und 15 in den Jahren 1961/62

Der in den Jahren 1924 bis 1928 im Rahmen des 3. Ausbaues des Überseehafens mit hergestellte Kajesprung von 28,90 m war im Kriege beschädigt worden und zeigte in seiner Konstruktion so erhebliche Mängel, daß eine umfassende Reparatur erforderlich wurde. Ferner waren betriebliche Belange hinsichtlich der Löschung der Seeschiffe im Bereich der Schuppen-Abt. 15A zu berücksichtigen, die eine Verlegung des Kajesprungs um 25 m stadtseitig bedingten.

Im Bereich der Kajeerneuerung wurden sämtliche Konstruktionsteile der vorhandenen Ufereinfassung beseitigt. Lediglich die hölzernen Rammpfähle des Pfahlrostes, die hinter der neuen Hauptspundwand stehen, konnten im Erdreich verbleiben.

In Abb. 2 ist der Grundriß des erneuerten Kajesprungs dargestellt. Von Bedeutung ist, daß die Hauptwand aus einer kombinierten Spundwand aus Kastenspundbohlen P Sp 50 L bzw. P Sp 60 L und dazwischen angeordneten Doppelbohlen Krupp KS II besteht.

2.5 Verstärkung der Kaje vor Schuppen 15, Abteilung A, im Überseehafen, Baujahr 1954

Das in den Jahren 1924/28 erstellte Kajebauwerk an der Nordseite des Überseehafens besteht aus einer Stahlbetonwinkelstützmauer auf hölzernem Pfahlrost aus 7 senkrechten Pfahlreihen im vorderen Teil und 7 schrägen Pfahlreihen im hinteren Teil. Den rückwärtigen Abschluß der Winkelstützmauer bildet eine hölzerne Spundwand, die durch Bombeneinwirkung an einer Stelle auf 20 m und an anderer auf 50 m Länge gebrochen war, so daß zur Sicherung des Kajebetriebs, da ständig Versackungen eintraten, eine Reparatur notwendig wurde. Um auch Schiffe größeren Tiefgangs ablegen zu können, sollte gleichzeitig vor der Kaje die Hafensohle um 1 m vertieft werden.

Landseitig hinter der vorhandenen Stützmauer wurde eine neue Stahlspundwand Profil Hoesch IV neu gerammt. Auf die rückwärtige Rostplatte der vorhandenen Konstruktion wurde ein durchgehender Stahlbetonbalken vom Querschnitt 0,77 × 3,00 m als Ankerbalken aufbetoniert, in welchen je 4 Ankerseile als eine Einheit in Form von Kabelbesen einbinden. 25 m landseitig der neuen Stahlspundwand wurden Stahlbetonankersteine von 3,50/3,50 m Größe und hinter denselben Stahlbetonspannklötze angeordnet, in welchen die rückwärtigen Enden der Seilanker befestigt sind. Durch hydr. Pressen wurden die Seile i.M. bis 450 t vorgespannt.

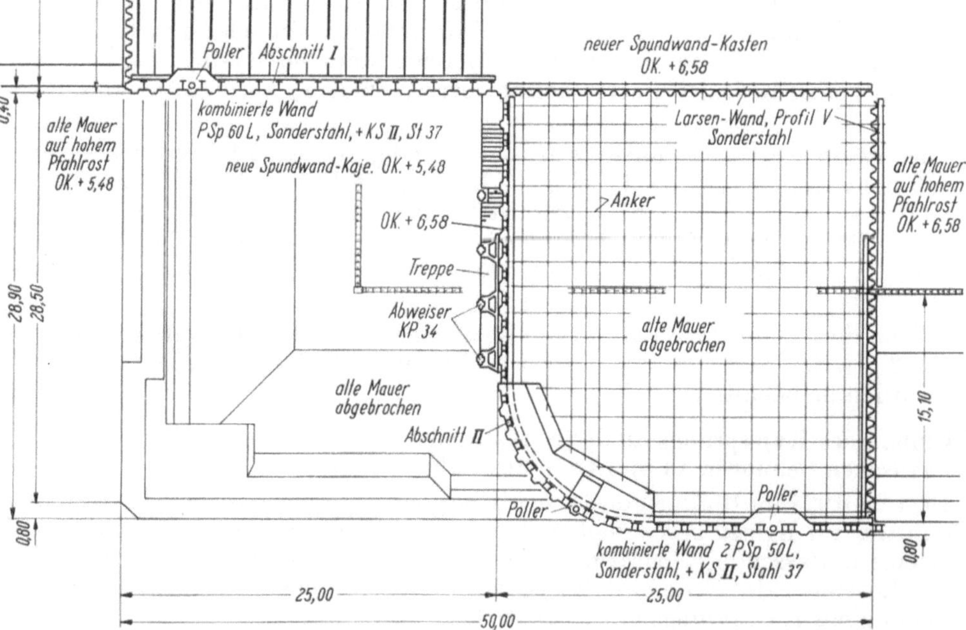

Abb. 2. Kajesprung zwischen Schuppen 13 und 15 an der Nordseite des Überseehafens.

2.6 Autoumschlagsanlage an der Südseite des Hafens A im Industrie- und Handelshafen

Für den Autoumschlag wurde im Jahre 1960 eine rd. 210 m lange Stahlspundwandufereinfassung für einen Geländesprung von 14,50 m gebaut.

Der mittlere Hafenwasserstand im abgeschleusten Hafen beträgt +1,80 m NN, die vorhandene Sohlenlage ist —7,70 m NN, so daß eine Wassertiefe von 9,50 m durchweg vor der Kaje vorhanden ist. Der Umschlag der Pkw auf die Schiffe erfolgt mittels Schiffsgeschirres.

2.7 Seeschiffsliegestellen 2 und 3 stromab der Autoumschlagsanlage an der Südseite des Hafens A im Industrie- und Handelshafen, Baujahr 1961/62

Die beiden Seeschiffsliegestellen bestehen aus je 2 Stahldalben, 5 Landfesten und einem Zugangssteg. Die einzelnen Stahldalben wurden in Querrichtung für ein Arbeitsvermögen von 30 tm und in Längsrichtung für ein Arbeitsvermögen von 10 tm und am Kopf für einen Trossenzug von 40 t bemessen, während die Landfesten für eine max. Trossenzugkraft von 60 t ausgewiesen sind.

2.8 Stahlspundwandkaje im Industrie- und Handelshafen vor dem Kraftwerk der Stadtwerke Bremen AG., Baujahr 1955

Für das Löschen der mit Kohlen beladenen Schiffe wurde für das Kraftwerk eine rd. 235 lfdm lange Kaje erstellt. An dieser Kaje legen Binnenschiffe an. Für das Ablegen von Seeschiffen wurden im Abstand von 14 m wasserseitig des Stahlspundwandbauwerks 5 Seeschiffsdalben gerammt. Der Abstand der Dalben untereinander beträgt 50 m. Die Stahldalben sind bemessen für ein Arbeitsvermögen von 20 tm in der Ord. +2,0 m NN. Die Poller auf den Köpfen der Dalben sind für eine max. Zugkraft von 35 t ausgewiesen. Durch die Anordnung der Dalben ist auch ein Umschlag Seeschiff/Binnenschiff möglich.

2.9 Mittelsbürener Hafen mit den Seeschiffsliegestellen Osterort I, IV und V [*29*]

Osterort I — Baujahr 1957. Die Seeschiffsliegestelle dient der Mobil Oil AG. in Deutschland als Tankerlöschanlage. Im einzelnen besteht die Seeschiffsliegestelle aus der Tankerlöschbrücke, 4 stählernen Seeschiffsdalben und 6 Landfesten für 100-t-Trossenzug.

Osterort IV und V — Baujahr 1956/57. Die Seeschiffsliegestellen Osterort IV und V bestehen aus je 5 stählernen 2-wandigen Seeschiffsdalben, die in einer Entfernung von 50 m gerammt wurden. Die Liegestelle Osterort IV ist so ausgebaut, daß sie auch als Tankerlöschstelle für die Klöckner-Werke Bremen dient. Von Land aus sind die ersten 4 Dalben durch eine Brücke miteinander verbunden (Abb. 3).

Abb. 3. Seeschiffsliegestellen Osterort IV und V.

2.10 Stahlspundwandkaje an der Nordseite des Holz- und Fabrikenhafens vor dem Grundstück der Firma J. H. Bachmann, Baujahr 1960

Zur Erweiterung der im Firmenbesitz befindlichen landseitigen Umschlagsanlagen mußte das vorhandene Kajebauwerk um rd. 60 lfdm verlängert werden. Bei dem Kajeneubau mußten sowohl die Vertiefung der vorhandenen Hafensohle von —7,70 m NN um 0,5 m auf —8,20 m NN sowie die neu zu erstellenden Hochbauten für den Umschlagsbetrieb berücksichtigt werden.

2.11 Erneuerung der Kajen im Vegesacker Hafen und an der Lesum

Mit der Erneuerung der Kajen wurde im Jahre 1952 begonnen. Zuerst wurde die Ufereinfassung an der Südseite der Einfahrt zum Vegesacker Hafen auf einer Strecke von rd. 80 lfdm erneuert. Über diesen Bauabschnitt wurde im Jahrbuch der Hafenbautechnischen Gesellschaft, 20./21. Bd., Seite 156, berichtet.

Der 2. Bauabschnitt für die Erneuerung der Ufereinfassung an der Lesum (rd. 128 lfdm) wurde im Jahre 1953 durchgeführt. Die vorhandene Flußsohle von —3,40 m NN mußte auf —6,00 m NN vertieft werden. Die Geländeoberkante von +3,80 m NN konnte beibehalten werden. Das neue Spundwandbauwerk wurde, um eine größere Nutzfläche für den vorhandenen Werftbetrieb zu erhalten, im Abstand von 6,20 m vor der vorhandenen alten Massivuferwand gerammt.

Der 3. Bauabschnitt von 51,20 m Länge wurde im Jahre 1955 erstellt. Vor der vorhandenen alten Ufereinfassung wurde eine Stahlspundwand Profil Hoesch III gerammt. Die frühere Sohlenlage von —2,50 m NN konnte nach Erstellung der neuen Kaje auch hier auf —6,00 m NN vertieft werden. Die Geländehöhe hinter der Wand wurde mit +3,80 m NN beibehalten.

Der 4. Bauabschnitt in einer Länge von 224 lfdm, ebenso wie der 1. und 3. Bauabschnitt auf der Südseite des Vegesacker Hafens gelegen, wurde 1957/58 erstellt. Die vorhandene alte Ufereinfassung mußte so weit abgebrochen werden, daß der Einbau der Verankerungen für die neue Stahlspundwandkaje möglich war.

Auch hier wurde die vorhandene Hafensohle von —2,50 m NN auf —6,00 m NN vertieft, während die Geländeoberkante von +5,20 m NN erhalten blieb.

Mit dem 5. Bauabschnitt wurde an der Nordseite des Vegesacker Hafens im Jahre 1959 auf einer Strecke von 122,20 m an der Einfahrt begonnen. Mit Rücksicht auf die vorhandenen Baulichkeiten hinter der alten Ufereinfassung wurde die neue Kajehauptwand an Verankerungspfählen in der Neigung 1: 1 befestigt.

Die ehemalige Hafensohle von —2,70 m NN mußte auch hier auf —6,00 m NN vertieft werden. Die vorhandene Geländehöhe hinter der alten Ufereinfassung von +3,70 m NN wurde beibehalten.

Auf der Nordseite des Vegesacker Hafens sind als 6. Bauabschnitt noch rd. 222 lfdm Ufereinfassung zu erneuern. Nach deren Fertigstellung wird der gesamte Hafen von Stahlspundwandkajen eingefaßt sein und kann dann ganz auf —6,00 m NN ausgebaggert werden, so daß eine weitergehende Nutzung als früher, d. h. vor allem für Seeschiffe der Europafahrt, möglich sein wird.

II. Eisenbahnanlagen

Von Oberbaurat **Fritz Teßmer**, Bremen

Durch die Neuaufmessung des gesamten Hafengebietes, z. T. im Luftbildaufnahmeverfahren, haben das Vermessungsdezernat der BD Hannover und die Katasterverwaltung Bremen das Kartenwerk der Hafenbahn auf den neuesten Stand gebracht. In Tab. 1, S. 159 wird der Umfang der bremischen Hafenbahn mit ihren Weichen und angeschlossenen privaten Gleisanschlüssen angegeben.

Durch betriebliche Neuerungen wurde der Stand der Leistungsfähigkeit der Hafenbahn trotz steigender Umschlagszahlen in den letzten 10 Jahren gehalten. Die Bundesbahn, die auf Kosten Bremens nach dem Hafenbahnvertrag vom 30. 6. 1930 den Betrieb führt, übernimmt im Rahmen des Überseeabkommens einen großen Teil der Betriebskosten. Es ist somit verständlich, daß alle Baumaßnahmen für den Hafeneisenbahnbetrieb in engster Zusammenarbeit mit den Fachdezernaten der BD Hannover und nach den Richtlinien sowie Grundsätzen der Bundesbahn ausgeführt werden.

1. Bahnhofs- und Signalbeleuchtung

Die Bahnhöfe wurden verkabelt und nach neuesten Gesichtspunkten ausgeleuchtet. Bedingt durch die Normalgleisabstände von 4,50 m, wurden die z.T. im Profil stehenden Holz- und Gittermasten durch die Schmalmasten von 100 mm Breite verdrängt. Um bei den stark angehäuften Lichtpunkten bei Betriebsruhe Strom zu sparen, wurden die Stromkreise den Rangierbezirken angepaßt und von den Betriebsstellen schaltbar eingerichtet. In den Bahnanlagen und an den Bahnübergängen werden, um nicht die Eisenbahn-Signalwiedergabe zu stören, Quecksilberdampfleuchten verwendet. Im Gleisbildstellwerk „Ff" wurde erstmalig eine Raumleuchte zum stufenweisen Abdunkeln, abstimmbar auf den außen herrschenden Helligkeitsgrad, verwendet. Die Signal- wie auch die Weichenbeleuchtung ist mit Ausnahme von einigen Handweichen-Wärterbezirken auf elektrisch umgestellt worden.

2. Betriebsmaschinendienst

Die bisherige Dampflokomotive wird in Kürze bis auf Betriebsspitzen im Rangierbetrieb durch die Diesellok V 60 abgelöst sein. Für die Rampenfahrten zwischen dem Unterbahnhof und dem Oberbahnhof des Bahnhofs Bremen-Inlandshafen ist bei der dortigen starken Steigung von etwa 1: 100 und zum Bewegen ganzer Züge eine V 100 erforderlich. Bedingt durch die Besetzung der Diesellok mit nur einem Mann, verringern sich die Lokstundensätze gegenüber der Dampflokomotive T 16 bei der Diesellok V 60. Ein weiterer Schritt zum Vermindern von Betriebskosten ist die Elektrifizierung der Ein- und Ausfahrgleise der Hafenbahnhöfe. Im Bahnhof Bremen-Zoll sind die Gleise 1—12 und ein Umfahrungsgleis überspannt. Im Bf Bremen-Inland werden die Gleise 1—6 u. 48—52 für die elektrische Zugförderung hergerichtet. Die Inbetriebnahme dieser Gleise für elektrische Zugförderung soll Ende 1964/Anfang 1965 erfolgen. Von den 3 elektrischen Lokomotiven für den Zustelldienst bei der Getreideanlage ist eine Lok zusätzlich mit einer Batterie so ausgerüstet, daß sie auch dort eingesetzt werden kann, wo sich keine Fahrdrahtleitung befindet. Für beide Bahnhöfe sind 1963/64 feste Dieseltankanlagen mit 50 t bzw. 150 t Fassungsvermögen gebaut worden.

3. Signalanlagen

In den letzten 10 Jahren konnten auf dem Weserbahnhof 2 und auf Bf Bremen-Inland 1 elektrisches Stellwerk der Bauart E 43 (Gleichstromstellwerke) erstellt werden. Im April 1958 wurde auf Bf Bremen-Zoll das Gleisbildstellwerk = Drucktastenrelaisstellwerk „Ff" in Betrieb genommen. Mit 123 festgelegten Rangierfahrstraßen ist eine erhebliche Beschleunigung im Rangierbetrieb herbeigeführt. Dieses Stellwerk ist in seinen Abmessungen so gehalten, daß auch die späteren, beim

Umbau der Einführungsanlagen erforderlichen Signalanlagen hier untergebracht werden können. Im Zuge der Stellwerksumbauten sind anstelle der Formsignale Lichttagessignale getreten. Abgängige, mechanische Schranken wurden durch elektrische ersetzt. Zur Einsparung von Kräften

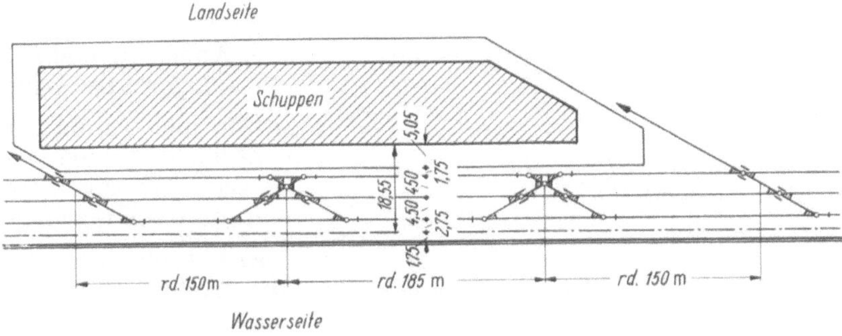

Abb. 1. Regelanordnung von Weichenverbindungen vor neugebauten Schuppen im Hafen Bremen.

und zur Erhöhung der Sicherheit sowohl im Straßenverkehr als auch im Eisenbahnbetrieb wurden an 3 Stellen Blinklichtanlagen gebaut.

4. Fernmeldeanlagen

Anstelle des Morse-Apparates ist jetzt auch bei der brem. Hafenbahn der Sprachspeicher getreten. Die Uhrenanlagen sind durch Minuten-Springer-Relais ergänzt. Der Bf Bremen-Zoll hat in der Ein- und Ausfahrgruppe eine Außenbahnhofsuhr von 1,80 m Durchmesser erhalten. 2 Vermittlungs-Klappenschränke mit je 100 Klappen sind durch getrennte Selbstwählanlagen, die ausbaufähig sind, abgelöst. Für die Fahrdienstleiter und Weichenwärter auf den Stellwerken trat in einigen Bezirken an die Stelle des Megaphons der Rangierfunk oder die

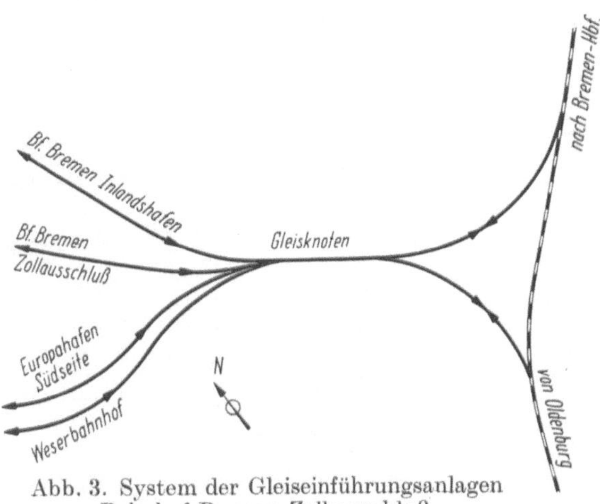

Abb. 3. System der Gleiseinführungsanlagen Bahnhof Bremen-Zollausschluß.

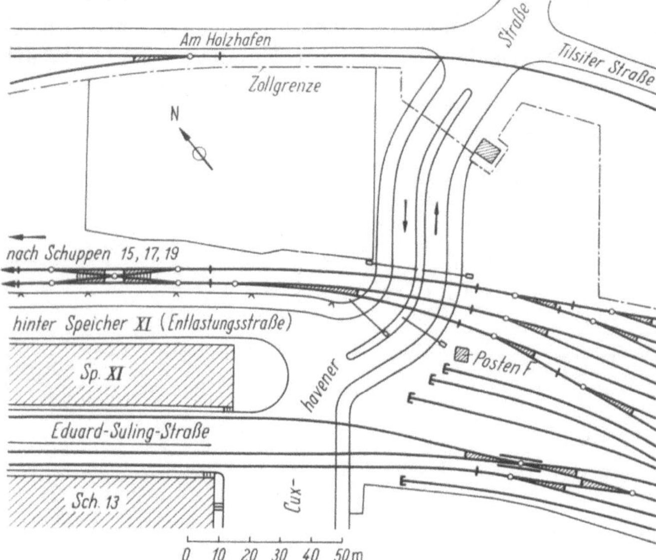

Abb. 4. Bezirksbahnhof Hafen II Nord.

Wechsellautsprecheranlage. Im Bf Bremen-Zoll halten der Bahnhofsvorsteher und die Rangierleiter mit den Rangierlokomotiven über die tragbaren Funkgeräte Teleport IV Verbindung.

5. Änderung und Umbau von Gleisanlagen bzw. Bahnhofsgruppen

Den neu erstellten Schuppen und Umschlagsanlagen wurden auch die Gleisanlagen in ihrer örtlichen Lage und ihren Abmessungen angepaßt.

a) Lokschuppen Bf Bremen-Zoll. Der neu erbaute Ringlokschuppen und die dazugehörige Drehscheibe sind so gelegt, daß die Lokomotiven auf kürzestem Wege zum Schwerpunkt des Bahnhofs gelangen können. Durch die Verlegung der vorgenannten Anlagen konnten die Richtungsgleise erheblich verlängert werden.

b) Gleise für Schuppen 6. Beim Umbau der wasserseitigen Gleise wurde die Weichenanordnung entwickelt, die in Abb. 1 dargestellt ist. Sie ermöglicht eine Vielzahl von Fahrwegen mit geringer Entwicklungslänge. Für die „Bestimmte Reserve“ des Schuppens 6 erfolgte dann auch der Bau des zugehörigen Bezirksbahnhofes.

c) Bezirksbahnhof Schuppen 18. Um dem regen Umschlag im Bereich des geplanten Schuppens 18 gerecht zu werden, wurde — wie Abb. 2 zeigt — der Bezirksbahnhof für Schuppen 18 schon jetzt zwischen dem Ablaufberg und der noch zu verbreiternden Bückingstraße als weiterer Teil des Wiederaufbaues der Südkaje des Überseehafens erstellt.

d) Gleiseinführungsanlage Bf Bremen-Zoll. Der Gesamtplan des Hafens zeigt, daß die beiden Verkehrsträger Schiene und Straße in diesem Bereich voneinander getrennt werden. Soweit es die Neigungsverhältnisse bis zu den Umschlagsanlagen und Bahnhöfen zulassen, befinden sich die Gleisanlagen auf Dämmen.

Abb. 5. Bahnhofsgruppe Finkenau.

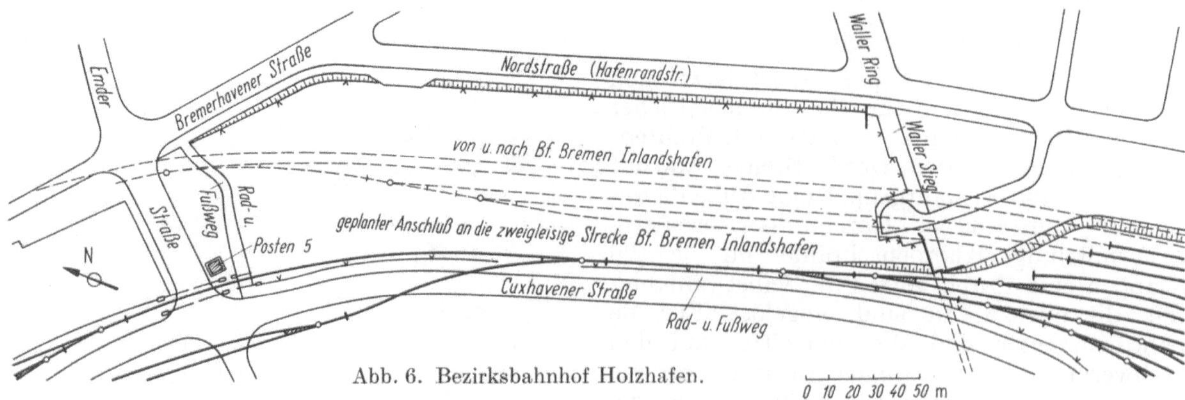

Abb. 6. Bezirksbahnhof Holzhafen.

Tabelle 1. *Vergleich der Gleisdichte in den bremischen Hafenbahnanlagen* (Stand 1962)

Lfd. Nr.	Anlage	Länge d. brem. Gleise	Länge der Privatgleisanschlüsse auf brem. Grund	Gesamtgleislänge des von Bremen zu unterhaltenen Gleises	Anzahl der brem. Weicheneinheiten	Anzahl der privaten Weicheneinheiten auf brem. Grund	Gesamte Weicheneinheiten	Weichen pro km Gleis	Länge der eingepflasterten Gleise an der Kaje	Kajestrecken	Anzahl der Anschlüsse an die DB	Anzahl der Anschließer an die brem. Gleisanlagen	Anzahl der mit eigenen Betriebsmitteln betriebenen Anschlußbahnen
1	2	3	4	5	6	7	8	9	10	11	12	13	14
		km	km	km	Stck.	Stck.	Stck.	Stck.	km	km	Stck.	Stck.	Stck.
1	Bhf-Bremen-Inlandhafen	110,219	8,565	118,784	404	66	470	0,4	0,551		1	40	10
2	Bhf-Bremen Zollausschluß Bhf-Bremen Weserbahnhof Bhf-Bremen Hohentorshafen	122,66	5,272	127,932	860	18	878	0,69	18,070	7,5	3	21	—
3	Rich.-Dunkel-Str., einschl. Industriestr., Dortmunder Str. Flughafendamm	4,495	2,534	7,029	16	20	36	5,12	—	—	1	36	—
4	Hemelingen	1,667	1,525	3,192	10	19	29	19,2	0,370	0,41	1	12	1
5	Summe	239,041	17,896	256,937	1 290	123	1 413	—	18,991	7,91	6	109	11

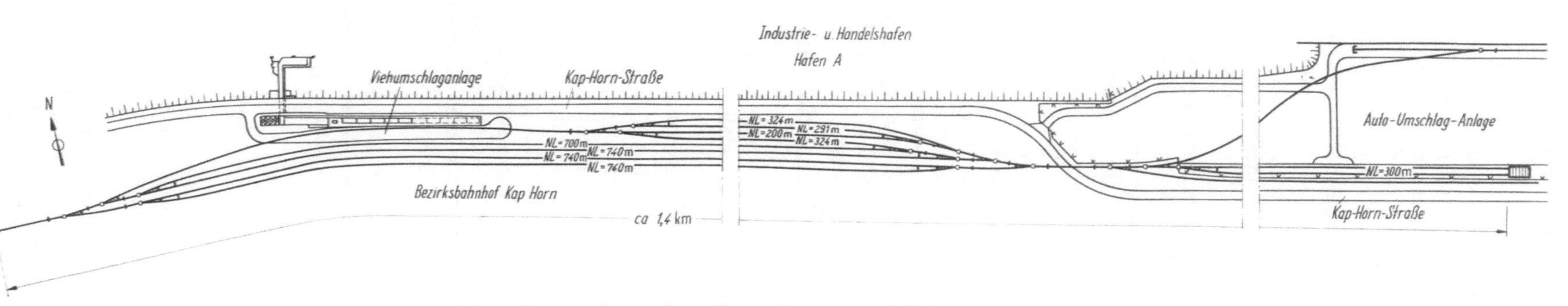

Abb. 7. Bezirksbahnhof Kap Horn mit Auto- und Viehumschlagsanlage.

Von der Bundesbahnstrecke Oldenburg-Bremen abzweigend führen die Gleise aus Richtung Bf Bremen-Hauptbahnhof bzw. Bf Bremen-Rangierbahnhof und Bf Bremen-Neustadt zu einem Gleisknoten. Von hier sind Fahrten der zweigleisigen Strecke (entlang der Nordstraße) zum Bf Bremen-Inland und Bf Bremen-Zoll, zur Südseite des Europahafens und zum Weserbahnhof vorgesehen (s. Abb. 3). Diese aufgezeigten Fahrwege lassen es später zu, Züge von und zum Ruhrgebiet über Bremen-Neustadt, Kirchweyhe oder Wildeshausen-Bramsche, ohne den Bf Bremen-R zu berühren, verkehren zu lassen. 7 unübersichtliche und zu Straßenverkehrsstauungen Anlaß gebende Bahnübergänge fallen dadurch fort.

e) Bezirksbahnhof Hafen II Nord. In diesem Bezirksbahnhof werden die Eisenbahnwagen zu den Schuppen 13, 15, 17, 19 und zum Kühlhaus bereitgestellt. Das neu erbaute zweite Zuführungsgleis und die Entlastungsstraße hinter Speicher XI sowie die neu erbaute elektrische Schrankenanlage am Posten ,,F" lassen gemäß Abb. 4 einen flüssigeren Straßenverkehr und einen beschleunigten Eisenbahnbetrieb zu den Schuppen 15, 17, 19 und zum Kühlhaus zu.

f) Zuführungsgleis zu den Klöckner Werken AG., Hütte Bremen. Im Zusammenhang mit der Ansiedlung des Werkes im Jahre 1956 wurde aus dem Verbindungsgleis von Bremen-R nach Bremen-Inland abzweigend ein Zuführungsgleis auf einem Damm liegend, in welchem sich die Brücken über die ,,Grambker Heerstraße" und die Straße ,,Auf den Delben" befinden, erstellt.

g) Bahnhofsgruppe „Finkenau". Der strenge Winter 1956/57 brachte dem Hafen Bremen über die Schiene ein so großes Verkehrsaufkommen, daß die eigenen Gleisanlagen nicht mehr zur Bewältigung allein ausreichten und Vorbahnhöfe der Bundesbahn mit in Anspruch genommen werden mußten. Um eine Überfüllung des Bf Bremen-Zoll mit den sich daraus ergebenden nachteiligen Auswirkungen für den Umschlagsbetrieb für die Folge zu verhüten, wurde von der Bundesbahn eine nach 4 Stufen geordnete ,,Anordnung über die Regelung des Frachtenzulaufs nach Bremen-Zollausschluß" aufgestellt und Bremen entschloß sich, im Bf Inland für den Bf Zoll eine Entlastungsgruppe, die Bahnhofsgruppe ,,Finkenau", zu bauen. Diese in Abb. 5 dargestellte Gruppe kann z.Z. etwa 350 Wagen aufnehmen, eine Erweiterung der Aufnahmefähigkeit auf 450 bis 500 Wagen ist vorgesehen.

h) Bezirksbahnhof Holzhafen. Beide Seiten des Holz- und Fabrikenhafens werden von diesem Bahnhof bedient. Um die Hafenausfahrt für Straßenfahrzeuge nach Westen zu verbessern, wurde die Cuxhavener Straße bis zur Hafeneinfahrt (fr. Feuerwehrstraße) verlängert. Zu diesem Zweck mußte auch der westliche Bahnhofskopf dieses Bezirksbahnhofs verändert werden. Gleislängenverluste wurden durch den Bau neuer Aufstellgleise entlang der Nordstraße ausgeglichen. Abb. 6 gibt über die Trassierung näheren Aufschluß.

i) Bezirksbahnhof Kap Horn. Beim Bau der Pkw-Umschlagsanlage am Hafen A mußte für das Entladen der Offs-Züge aus Wolfsburg auch gleichzeitig der Bezirksbf Kap Horn erstellt werden. Innerhalb der Umschlagsanlage befinden sich 2 Kopframpengleise für Halbzüge sowie ein Kajegleis mit einer Verbindung zum Bezirksbf. Der Bezirksbf umfaßt 4 zuglange Gleise. An diesen Bahnhof, der noch für das aufzuschließende Kap-Horn-Gebiet erweiterungsfähig ist, schließen weitere 3 Gleise der Viehumschlagsanlage an. Abb. 7 zeigt den Bahnhof mit seinem Entwicklungsgebiet. Die Zufahrten zu diesem Bezirksbf aus dem Bf Inland werden durch zugabhängige Blinklichtanlagen an den 2 verkehrsreichen Bahnübergängen gesichert.

6. Oberbau

Oberbauformen und Weichenbauarten sind den Betriebsbelastungen angepaßt. An den Kajen haben sich die Pflastergleise und -weichen aus Schienen der Form Herkules bewährt. Zur Einsparung von Unterhaltungskosten werden die Gleise möglichst durchgehend geschweißt.

7. Sonstiges

Elektrische Handlaternen von 1900 g Gewicht sind anstelle der Karbidlaternen eingeführt worden.

In den Betriebsneubauten ist überall die Ölheizung mit gutem Erfolg zu Gunsten des Raumbedarfes und der vereinfachten Bedienung eingebaut worden.

Bei allen Bauformen im Oberbau, Signal- und Fernsprechwesen und in der Beleuchtung wurde entsprechend dem derzeitigen Stand der Technik möglichst eine Typisierung angestrebt, damit sind die Lagerbestände für die Unterhaltung geringer geworden.

Die Gleisplanungen, die Beschreibung der gefundenen Lösungen für die in den letzten Jahren gebauten Eisenbahnanlagen mußten zu Gunsten der Begründung für die Umgestaltung und Erweiterung der Eisenbahnanlagen und aus Raummangel zurücktreten. Fotos und Skizzen sollen den Text insoweit ergänzen.

III. Maschinen- und Elektrotechnik

Von Baurat Dipl.-Ing. **Richard Schaefer,** Bremen

1. Wasser- und Stromversorgung

Nachdem während der ersten Jahre des Wiederaufbaues der bremischen Häfen das weitläufige Netz sowohl für Trinkwasser als auch für Löschwasser wieder instand gesetzt worden war, wurden die folgenden Jahre genutzt, dieses Versorgungssystem weiter auszubauen. Die Errichtung neuer Schuppen und Speicher einschließlich der zugehörigen Büroräume, der Bau eines Verwaltungsgebäudes mit 12 Stockwerken sowie die Modernisierung der Sozialräume und der hygienischen Anlagen stellten auch auf dem Gebiete der Wasserversorgung besondere Anforderungen an die Planung.

In Verbindung mit dem umfangreichen Feuermeldesystem [*1*, *2*] ist die Feuerwehr in der Lage, verschiedene Elektropumpen bereits vor ihrem Ausrücken einzuschalten, so daß beim Erreichen des Brandherdes Wasser mit einem Druck von 8—10 atü zur Verfügung steht. Sollte die Zufuhr elektrischer Energie zum Antrieb der Pumpen gestört sein, so kann innerhalb kürzester Zeit auf Pumpen mit dieselmotorischem Antrieb umgeschaltet werden.

Um auch bei dem späteren Ausbau des Hafens den Umschlag nach Möglichkeit nicht zu behindern, wurden bei dem Neubau der Verbindungsstraßen und Gleise Rohrsysteme mit ausreichenden Reserven verlegt. Damit ist die Gewähr gegeben, daß die Wünsche der im Hafengebiet ansässigen Gesellschaften bezüglich ihres Anschlusses an das Versorgungsnetz auch nachträglich ohne größere Schwierigkeiten erfüllt werden können [*3*].

2. Umschlagsanlagen

2.1 Krananlagen

Die außerordentlich umfangreichen Zerstörungen der Hafenanlagen während des Krieges einerseits und die Forderungen nach einer baldigen Wiederaufnahme des Umschlages andererseits hatten eine möglichst schnelle Reparatur der alten Anlagen erforderlich gemacht. Obwohl für eine technische Neuentwicklung wenig Zeit blieb, wurden während der ersten Jahre des Wiederaufbaues bereits Versuche für die Konstruktion eines ausgesprochenen Seehafenkranes eingeleitet. Hierzu gehörte der Umbau eines Teiles der 4-rädrigen Halbportalkrane in 3-rad-Halbportalkrane, die wesentlich geringere Anforderungen an den Zustand der Kranbahnen stellten [*22*].

Da jedoch noch die großen Aufbauten, insbesondere die Kranhäuser, als störend empfunden wurden, suchte man auch hier nach neuen, besseren Wegen. Die Entwicklung neuer Kugeldrehverbindungen schuf die Möglichkeit, das durch die Nutzlast und den Ausleger erzeugte Moment von dem drehbaren Kranteil auf das Kranportal zu übertragen und damit dessen Eigengewicht zur Erzielung der erforderlichen Standsicherheit heranzuziehen [*23*]. Diese konstruktive Lösung hatte zur Folge, daß der gesamte drehbare Aufbau kleiner gestaltet werden konnte. Die Sicht wurde verbessert, die Bewegungsfreiheit erhöht. Besonders hervorzuheben sind die geringe Windangriffsfläche und der sichere Zugang zur Krankabine durch den Kugeldrehkranz selbst während des Betriebes [*24*].

Ein weiterer Vorteil der schlanken Form des Kranaufbaues liegt darin, daß auch das am Wasser liegende Gleis selbst bei dicht stehenden Kranen noch gut bedient werden kann (Abb. 1).

Abb. 1. HB-Krane im Europahafen.

Eingehende konstruktive Untersuchungen, die mit namhaften Kranbaufirmen gemeinsam durchgeführt wurden, ermöglichten die Entwicklung praktisch genormter Triebwerke für Heben, Drehen, Fahren und Wippen, so daß auch bei verschiedenen Kranlieferungen eine weitgehende Übereinstimmung der wichtigsten Aggregate vorhanden ist.

Neben der Berücksichtigung der technischen Entwicklung bei der Gestaltung der mechanischen Teile der Krane wurde eine weitgehende Modernisierung der elektrischen Ausrüstung angestrebt

[4]. Die Steuerung der Antriebe erfolgt über Nockensteuerschalter mit wegsympathischer Universal-Hebelsteuerung. Im Interesse der Schonung sowohl der Krane als auch des Ladegutes wurde bei der letzten Kranserie die seither übliche mechanische Bremse durch eine Wirbelstrombremse ersetzt, welche feinfühliges Anheben und Absetzen erlaubt. Die außerdem noch vorhandene mechanisch wirkende Eldro-Bremse dient dann nur noch als reine Haltebremse; der Verschleiß ist entsprechend gering.

Wie in früheren Veröffentlichungen bereits erläutert, hat Bremen dem Halbportalkran den Vorzug gegeben, weil diese Konstruktion den Eisenbahnbetrieb auf der Kaje am wenigsten stört. Selbst während des Güterumschlages zwischen Schiff und Schuppenrampe können Waggons zugestellt werden, ohne daß die Gefahr einer Kollision zwischen Kran und Waggon besteht (Abb. 2). Lediglich auf ausgesprochenen Freiladeplätzen, die vorwiegend dem Umschlag sperriger Güter bzw. dem Verkehr zwischen Schiff und Lkw dienen, wurde das Vollportal gewählt.

Abb. 2. Kaje unter den Halbportalkranen.

Die hier entwickelten rein elektrischen Überlastsicherungen verhindern das Anheben unzulässig großer Lasten, schonen den Kran und verhindern Unfälle [5, 6].

2.2 Flurförderzeuge

Die Forderungen nach der Beschleunigung des Umschlages sowie der Mangel an Arbeitskräften zwangen dazu, Überlegungen hinsichtlich der Rationalisierung des Gütertransportes auch im Hafen anzustellen. Als erster Schritt auf diesem Wege war die Zusammenfassung größerer Lasteinheiten und deren Bewegung mittels Elektrokarren und Elektroschleppern anzusehen. Damit war zwar die Möglichkeit gegeben, die Güter schneller zu befördern, doch blieb die Frage der besseren Ausnutzung des Lagerraumes noch immer ungelöst. Im Vergleich zu dem seither allgemein üblichen Transportmittel, der Sackkarre, war die nutzbare Fläche durch den Einsatz der Elektrofahrzeuge wegen der erforderlichen Gangbreiten noch kleiner geworden.

Um jedoch auch die Schuppenhöhe ausnützen zu können, waren nach dem Kriege in Bremen Hubgeräte entwickelt worden, die in Verbindung mit den vorhandenen Elektrokarren in der Lage waren, auch größere Lasten anzuheben, zu bewegen und innerhalb ihres Hubbereiches in beliebiger Höhe abzusetzen [9]. Wenn diese Fahrlader auch nicht mit den heute bekannten Gabelstaplern konkurrieren konnten, so boten sie doch die Möglichkeit, die ersten Transportstudien anzustellen. Von Nachteil waren ihre geringe Wendigkeit und ihre geringe Tragkraft.

Abb. 3. Diesel-Gabelstapler mit hydraulischer Zinkenklammer.

Zur Durchführung eingehender Untersuchungen auf dem gesamten Transportsektor wurden in den Jahren nach 1952 einige Elektrostapler der 1-t- und der 3,2-t-Klasse beschafft, mit denen Versuche für die Be- und Entladung von Waggons sowie die Stapelung von Gütern mit größeren Abmessungen zur besseren Ausnützung des Lagerraumes vorgenommen werden konnten.

Da es zu dieser Zeit noch keine wirksamen Abgasreiniger gab und eine nachteilige Beeinträchtigung der in den Schuppen lagernden Waren unbedingt vermieden werden sollte, entschloß man sich, Elektro-Stapler zu beschaffen.

Der Probeeinsatz dieser neuartigen Transportmittel, die inzwischen z. T. auch mit einfachen Zusatzgeräten ausgerüstet wurden, zeigte bald, daß der Stapler das Universalgerät für den Umschlag an Land ist.

Inzwischen hatte man jedoch erkannt, daß wegen der Vielzahl der Güter und des Unterschiedes in ihren Abmessungen ein Transport- und Stapelfahrzeug geschaffen werden müsse, das sich den jeweils vorliegenden Verhältnissen sofort anpassen könnte. Gleichzeitig trat die Forderung nach einer steten Einsatzbereitschaft und der Unabhängigkeit von einer zentralen Ladestation auf. Durch die Entwicklung von Abgaswaschanlagen, die neben der Reinigung der Abgase eine einwandfreie Funkenlöschung garantieren, stand dem Dieselstapler der Weg in den Schuppen offen (Abb 3). Die nebenstehende Kurve zeigt diese Entwicklung klar auf (Abb. 4).

Die durch das Eigengewicht und die Abmessungen des Zusatzgerätes verringerte Nenn-Nutzlast der Stapler entspricht dem Gewicht des weitaus größten Teiles der Stückgüter. Um jedoch auch die zu einem geringen Prozentsatz anfallenden großen Stücke bewegen zu können, sind den Schuppen noch einige Stapler der 3,2-t- bzw. 3,5-t-Klasse zugeteilt. Die kleinen Stapler für 1 t Nutzlast dienen vorwiegend der Beladung von Waggons (Abb. 5). Auf diesem Gebiet ist die Entwicklung noch keineswegs abgeschlossen. Entsprechende Versuche sind eingeleitet. Es bleibt einem späteren Zeitpunkt vorbehalten, hierüber eingehender zu berichten.

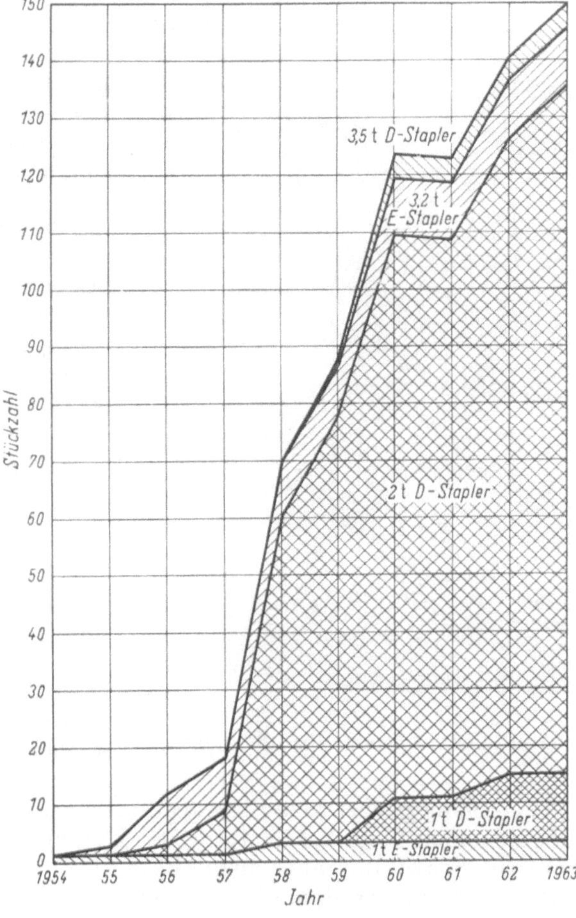

Abb. 4. Entwicklung des Bestandes an Gabelstaplern der Bremer Lagerhaus-Gesellschaft.

Mit der Beschaffung der Stapler allein war die Rationalisierung des Hafenumschlages noch nicht abgeschlossen. Wenn auch die zum größten Teil mit hydraulisch zu betätigenden Spannzinken ausgerüsteten Stapler in der Lage sind, die unterschiedlichsten Lasten zu greifen oder aufzunehmen, so sind besonders für empfindliche stapelbare Güter Paletten in ausreichender Zahl erforderlich. Außerdem ist die regelmäßige und fachmännische Überprüfung und Wartung der Fahrzeuge von Bedeutung. Um hierbei unabhängig zu sein, wurde die bereits bestehende Reparaturwerkstätte für das allgemeine Hafenumschlagsgerät entsprechend erweitert und mit geschulten Kräften besetzt. Eigene Prüfstände für die Dieselmotoren wurden gebaut und alle für eine sachgemäße Überholung erforderlichen Einrichtungen und Werkzeuge beschafft. Ausführliche Wartungspläne, deren Beachtung genauestens überwacht wird, wurden ausgearbeitet.

Um die Leerlaufzeiten so gering wie möglich zu halten, wurden an einer Reihe von Schuppen Tankstellen eingerichtet, an denen die Stapler innerhalb weniger Minuten ihren Brennstoffvorrat ergänzen können. Die Fahrt zur zentral gelegenen Werkstätte ist dadurch nur noch zum Zwecke der turnusmäßigen Wartung erforderlich. Die optimale Ausnutzung der Geräte dürfte damit erreicht sein.

2.3 Förderanlagen

Die Getreideanlage wurde in den vergangenen Jahren weiterhin modernisiert und die gesamte Anlage weiter ausgebaut. Dadurch ist sie in der Lage, Getreide zwischen den verschiedensten Verkehrsmitteln (Seeschiff, Binnenschiff, Waggon und Lkw) umzuschlagen und bis zu 125000 t einzulagern.

Das außerordentlich schwierige Problem der Getreideentstaubung wurde ebenfalls in Angriff genommen. Eine Reihe umfangreicher Versuche wurde mit Erfolg durchgeführt.

Abb. 5.
Beladung von Waggons mittels Stapler.

2.4 Schwimmkran

Der Trend, größere Fertigteile zu transportieren, hatte zur Folge, daß immer mehr schwere Einzelstücke ihren Weg über Bremen nahmen. Dadurch waren die vorhandenen Geräte den Anforderungen auf die Dauer nicht mehr gewachsen. Eingehende Ermittlungen bezüglich der Häufigkeit des Auftretens größerer Lasten führten deshalb zu dem Entschluß, einen Schwimmkran für eine Tragkraft von

100 t bei einer Ausladung von 20 m (25 m) ab Drehsäulenmitte = 10 m von Pontonseitenkante bzw. 15 m in Pontonlängsrichtung zu beschaffen.

Die besonderen Forderungen lauteten:

Hilfshub: 10 t × 40 m, Hubhöhe 35 m über Wasserspiegel,
Wippweg 28 m.

Abb. 6. Schwimmkran für 100 t Last.

Der inzwischen erfolgreich eingesetzte Kran besitzt Eigenantrieb; er erreicht eine Geschwindigkeit von 6 Knoten noch bei Windstärke 6. Damit er das gesamte Gebiet der bremischen Hafengruppe, auch hinter der Schleuse, bedienen kann, wurde die Breite des Pontons auf 20 m begrenzt.

Um auch in engsten Hafenbecken arbeiten zu können, ist der Kran mit 2 VS-Propellern ausgerüstet, die von je einem 640-PS-Dieselmotor angetrieben werden. Jeder Antriebsmotor ist außerdem über eine Schaltkupplung mit einem Generatorsatz verbunden, der die elektrische Leistung für den Betrieb der Hub-, Wipp- und Drehmotoren liefert. Damit ist für den Kranbetrieb eine 100%ige Reserve vorhanden. Besonders zu erwähnen ist, daß der Kranbetrieb über Leonardsteuerung erfolgt. Das übrige Bordnetz einschließlich der Ankerwinden, Spills, Pumpen und Hilfsantriebe wird mit Drehstrom versorgt.

Für die Deckung des Energiebedarfs während der Liegezeit ist ein zusätzliches Aggregat mit einer Leistung von 175 PS eingebaut. Um die gesamte Anlage jedoch während umfangreicherer Wartungsarbeiten stillegen zu können, ist am Hauptliegeplatz des Kranes die Möglichkeit gegeben, die elektrische Anlage an das allgemeine Landnetz anzuschließen.

Neben den bereits erwähnten Forderungen wurde besonderer Wert auf gute Sichtmöglichkeit sowohl für den Kran- als auch den Schiffsführer gelegt.

Um eine möglichst tiefe Schwerpunktlage zu erreichen, wurden bei der Ausbildung der Drehsäule ebenfalls neue Wege beschritten. Das Ergebnis drückte sich in der verhältnismäßig geringen Krängung des Schwimmkranes aus (Abb. 6).

Besonders zu erwähnen ist die elektronisch gesteuerte Überlast- und Lastmomentsicherung. Sie bietet einerseits dem Kranführer die Möglichkeit, das Gewicht der Last und deren Ausladung an seinen Instrumenten abzulesen, und verhindert andererseits automatisch, daß die zugelassenen Belastungsgrenzen versehentlich überschritten werden. Der Kranführer besitzt bei Überlastung des Kranes nur noch die Möglichkeit, die Last abzusetzen bzw. sie einzuholen. Diese vollelektronische Sicherung, die erste dieser Art, hat sich im praktischen Einsatz inzwischen gut bewährt.

Abb. 7.
Schleusenbrücke mit einfahrendem Schwimmtor (MAN-Werksfoto).

Außer den Forderungen, die der Betrieb an die Maschinenanlage stellt, wurden die Belange der auf dem Schwimmkran arbeitenden Menschen weitgehend berücksichtigt.

Um die Maschinisten nicht der andauernden Einwirkung der Motorengeräusche auszusetzen, wurde eine besondere schallisolierte Kabine eingebaut, von der aus der Maschinenraum durch ein kleines Fenster überblickt werden kann.

Für die Verständigung zwischen Schiffsführer, Kranführer und Maschinisten ist eine Wechselsprechanlage vorhanden. Die Verbindung zur Einsatzzentrale und zum öffentlichen Fernsprechnetz erfolgt über Funk.

2.5 Schleuse

Die im Jahre 1910 erbaute Schleuse zu den Industriehäfen mit ihren Schwimmtoren erforderte bis heute keine grundsätzliche Änderung ihrer maschinellen Anlage. Bei der Ersatzbeschaffung einer neuen Schleusenbrücke für das Binnentor wurden lediglich neuere Gesichtspunkte hinsichtlich der Gestaltung und der Fertigungsmethoden berücksichtigt (Abb. 7). Die verfahrbare Brücke, die gleichzeitig als Führung und Widerlager für das etwa 27 m lange Schwimmtor dient, hat eine Länge von etwa 61 m und eine Breite von 7,60 m. Neben dem eigentlichen Bedienungssteg besitzt sie einen gesicherten Laufsteg von etwa 2,0 m Breite für Fußgänger. Nachdem das Binnenhaupt im Jahre 1959 mit der oben erwähnten neuen Brücke ausgerüstet wurde, steht der Austausch der alten Brücke am Außenhaupt bevor.

Abb. 8. Beleuchtung des Arbeitsplatzes in den Schuppen.

3. Beleuchtung

Da die Versuche, die früher gebräuchlichen Glühlampen durch Leuchtstofflampen zu ersetzen, durchaus positiv ausgefallen waren, wurde eine durchgreifende Modernisierung der Beleuchtung der gesamten Hafenanlagen vorgenommen [*7*]. Die hierbei angestrebte wesentlich stärkere Ausleuchtung der Arbeitsplätze sollte sowohl die Arbeit des Aufsichtspersonals erleichtern als auch die Sicherheit der im Hafen beschäftigten Arbeiter erhöhen. Die mittlere Beleuchtungsstärke in den Schuppen beträgt etwa 50—60 Lux.

In Angleichung an das System der öffentlichen Straßenbeleuchtung Bremens, die Hauptausfallstraßen durch Natriumdampflampen zu kennzeichnen, wurden die Anschlußstraßen innerhalb des Hafengebietes ebenfalls mit Natriumdampflampen ausgerüstet. Freiladeflächen, Kajen und Laderampen werden z.T. zusätzlich durch Quecksilberdampflampen beleuchtet [*8*].

In niedrigen Schuppen haben sich Langfeldleuchten sehr gut bewährt (Abb. 8). Wo jedoch die Leuchten in größerer Höhe angebracht werden konnten, wurde neuerdings Quecksilberdampflampen der Vorzug gegeben. Eine bessere Blendungsfreiheit konnte durch entsprechende Armaturen und hellere Ausgestaltung der Schuppendecken erzielt werden.

IV. Hoch- und Brückenbau

Von Oberbaurat Dipl.-Ing. **Helmut Jung**, Bremen

1. Schuppenbauten

Beim weiteren Ausbau der Häfen wurde der bisher entwickelte Schuppentyp für ebenerdige Schuppen mit Rampen vervollkommnet. Schuppen 3 — Nordkaje Europahafen — wurde als reifste Entwicklung dieses Typs im April 1956 dem Betrieb übergeben (Abb. 1): Wände in Stahlskelett mit Klinkerausfachung, Binder in leichtem Stahlfachwerk mit rd. 25 kg/m² Stahlbedarf einschl. Pfetten, Stahlinnenstützen mit einer Nutzfläche von rd. 200 m² je Stütze, Eindeckung mit 7—8 cm starken Bimsbetonplatten, Dachhaut in doppellagiger Pappe mit Bekiesung. Die mindeste lichte Höhe beträgt 5 m und genügt damit den bisherigen Anforderungen, auch für normalen Staplerbetrieb.

Bedingt durch die beengten Verhältnisse im Hafengebiet und die erhöhten Anforderungen an Schuppenlagerfläche wurden die Schuppen 1 und 6 als 2-geschossige Schuppen errichtet. Über den Wiederaufbau des Schuppens 6 in den Jahren 1953 bis 1955 ist a. a. O. [*12*, *13*] berichtet. Auf Grund der beim Bau des Schuppens 6 und im Betrieb gewonnenen Erfahrungen wurde der Schuppen 1 erstellt (Abb. 2a bis 2c). Die Höhe des Obergeschoßbodens von 9 m ergab sich auch hier aus den Forderungen, im Bereich der 2-geschossigen Schuppen mit dem einheitlichen Krantyp der benachbarten ebenerdigen arbeiten zu können, und nach einwandfreier natürlicher Belichtung im Erdgeschoß. Die wesentlichen technischen Daten beider Schuppen sind in der Tab. 1, S. 168 zusammengestellt.

2. Speicher

In dem 1947 enteigneten ehemaligen Wohngebiet nördlich des Europahafens wurde 1960/63 der Speicher II gebaut. Mit der Lage der neuen Speicher I und II getrennt von den Kajeschuppen wurde die „klassische Bauweise“, nämlich Kaje, Schuppen, Straße, Speicher parallel hintereinander zu bauen, aufgegeben. Mit der Ausweitung des Hafengebiets hat es sich erwiesen, daß Speicher und Schuppen keineswegs baulich so eng miteinander verbunden sein müssen, wie man es um die Jahrhundertwende beim Bau der Anlagen noch für notwendig gehalten hatte. Der Speicher kann infolge seiner ihm eigenen Betriebsweise durchaus räumlich vom Schuppen entfernt sein, solange er nur im Freihafengebiet liegt. Eine getrennte Lage erleichtert eine intensivere Nutzung des Speichers, da er nun von mehreren Schuppen bedient werden kann und nicht nur auf das Gut angewiesen ist, das der vor ihm liegende Schuppen anbietet und behindert wiederum nicht den gegenüberliegenden Schuppen durch evtl. Fremdverkehr.

Die beim Speicher I entwickelte Grundrißlösung mit 2-seitigem Anschluß von Bahn und Straße wurde beim Bau des Speichers II beibehalten (Abb. 3a). Bedingt durch örtliche Gegebenheiten liegt hier das Rampenplanum des Erdgeschosses in Straßenhöhe, das des 1. Obergeschosses hingegen in Gleishöhe. Bei Speicher II wurde die Grundrißlösung der Geschosse weiter rationalisiert; der früher in den einzelnen Treppenhäusern im Stockwerk geforderte offene Vorraum vor den Aufzugstüren (Abb. 3c) entfällt, diese Fläche wird nutzbringend für die Lagerung in den einzelnen Geschossen mit herangezogen (Abb. 3b). Die Lagerfläche ist auf etwa 500 m² je Boden vergrößert worden, der Anteil der Verlustflächen für Aufzüge, Treppenhäuser usw. wird damit prozentual kleiner. Die Ausnutzung des Speichers, d. h. das Verhältnis der für die Warenlagerung nutzbaren Flächen zu den bebauten Flächen

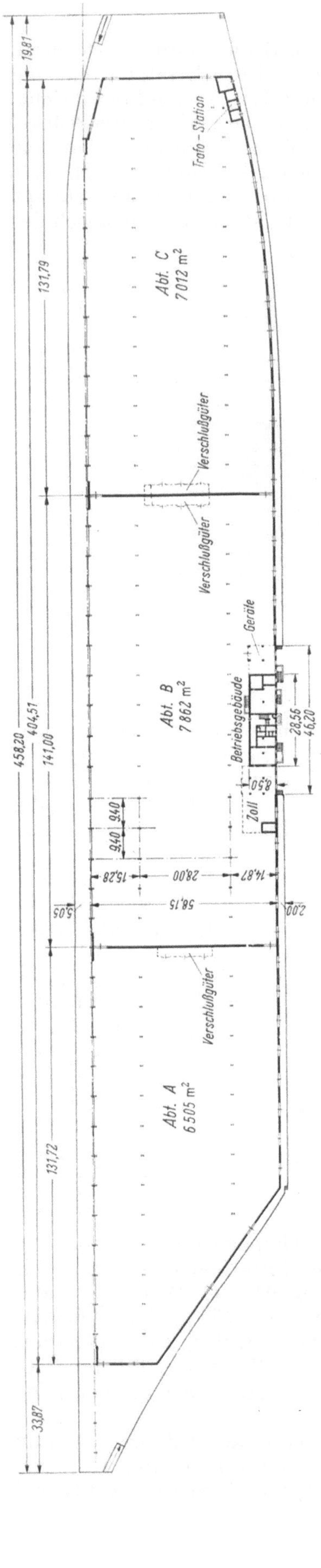

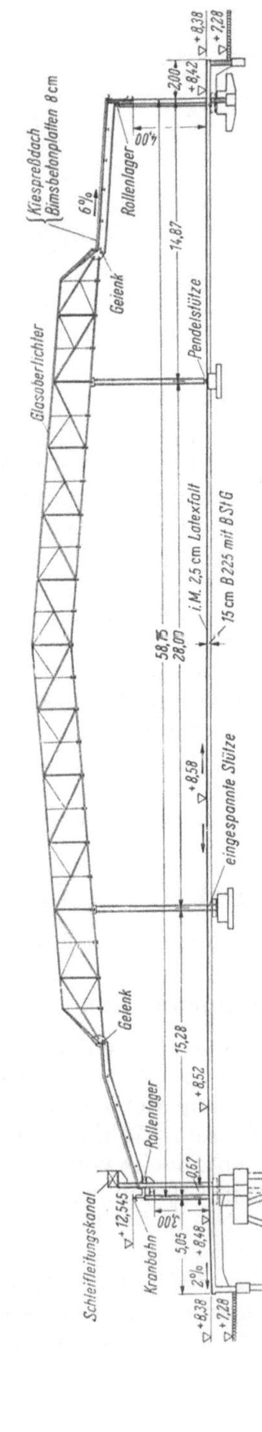

Abb. 1. Schuppen 3. Grundriß mit Betriebsgebäude und Querschnitt.

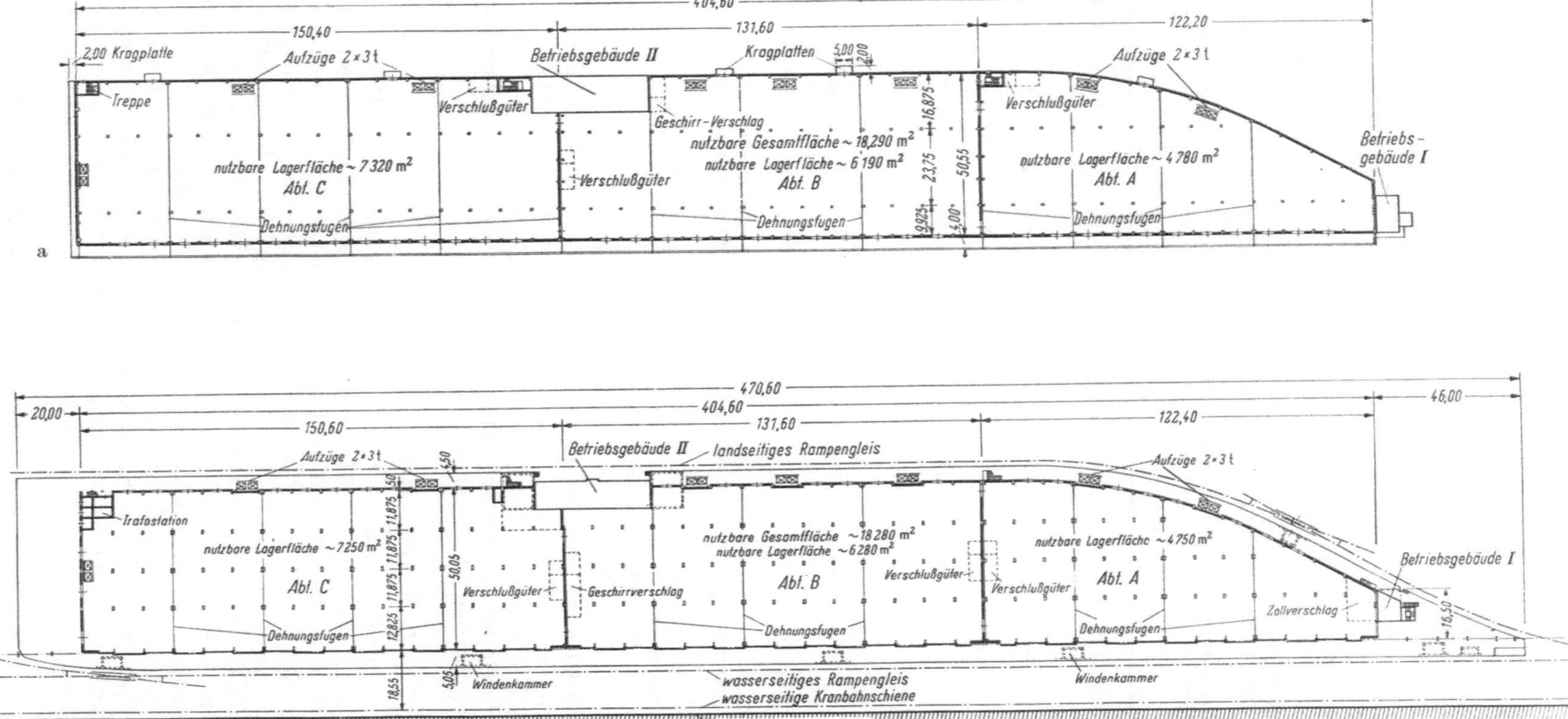

Abb. 2 a—c. Schuppen 1.

a) Grundriß Erdgeschoß; b) Grundriß Obergeschoß; c) Querschnitt.
a Flachfundamente auf verdichtetem Untergrund ($\sigma = 4{,}5$ kg/cm²); *b* Gelenk im Rahmenriegel; *c* Stahlpendelstütze; *d* Deckenträger: Fertigteile, Decke in Ortbeton.

(Außenabmessungen) beträgt bei Speicher I rd. 0,80, bei Speicher II nunmehr 0,875. Im Einvernehmen mit den Interessenten des Speichers II wurde die Geschoßhöhe von 4,50 m (im Speicher I) auf 3,60 m ermäßigt, desgl. die Nutzlast von 1500 kg auf 1200 kg. Dazu muß gesagt werden, daß Speicher I seinerzeit als ein alle möglichen Forderungen befriedigender Mehrzweckspeicher gebaut wurde, während bei Speicher II die Interessenten bekannt und demzufolge die technischen Forderungen auf deren Wünsche abgestimmt werden konnten. Alle vorgenannten Umstände haben die Baukosten günstig beeinflußt und die wirtschaftliche Nutzung des Speichers verbessert. Technische Daten: 12 Speicherhäuser je 35 m lang, 30 m breit, Stützenteilung 5×5 m, Keller und Erdgeschoß mit je 2000 kg/m²; Nutzlast, 1.—5. Obergeschoß je 1200 kg/m²; Nutzlast. Je Haus sind 3 Aufzugsschächte vorhanden, davon 2 mit Aufzügen mit 2,5 t Tragkraft ausgerüstet, der 3. Schacht dient als Reserve. Nutzbare Fläche je Speicherboden i.M. 500 m², des gesamten Speichers rd. 84000 m². Im Erdgeschoß Haus 12 ist eine Zollabfertigungsstelle für die Speicherbetriebe eingerichtet, in verschiedenen Speicherböden sind nach Bedarf Büros eingebaut.

Tabelle 1. *Zusammenstellung der technischen Daten der zweigeschossigen Schuppen 1 und 6 im Europahafen*

	Schuppen 1	Schuppen 6
Länge der Abteilungen — gesamt	122,20 + 131,60 + 150,40 = 404,60 m	93,62 + 93,42 + 103,22 = 291,76 m
Breite im Erdgeschoß — Obergeschoß	50,05 / 50,55 m	36,65 / 36,65 m
Nutzbare Flächen: Erdgeschoß — Obergeschoß — gesamt	18 280 + 18 290 = 36 570 m²	9540 + 9600 = 19 140 m²
Erdgeschoßhöhe — Trauf- und Firsthöhe Obergeschoß	9,00 m | 5,50—10,50 m	9,00 m | 6,00—7,00 m
Erdgeschoß: Binderabstand — Stützenabstand	9,40 m | 11,87 m	9,40 m | 8,00 m
Nutzfläche je Stütze: Erdgeschoß — Obergeschoß	112 / 191 m²	75 / 153 m²
Belastung: Boden und Rampen Erdgeschoß	2000 kg/m² | 4000 kg/m²	2000 kg/m² | 4000 kg/m²
Boden und Rampen Obergeschoß	1500 m²/kg | 2000 kg/m²	1500 kg/m² | 2000 kg/m²
Sonderlasten Obergeschoß	Elektrokarren	Elektrokarren
Bodenbelag: Erdgeschoß — Obergeschoß	2/3 Holzbohlen 5 cm, 1/3 Latexfalt auf Beton | Basaltestrich	Latexfalt Latexfalt
Binderkonstruktion Obergeschoß	Stahlfachwerk	Stahlfachwerk
Dacheindeckung	Bimsbetonpl. 2 × Pappe 3 cm Kies	Wellasbestzementplatten
Aufzüge: Zahl — Tragkraft — Korbnutzfläche	16 St. je 3 t 2,0 × 3,0 m	6 St. je 2 t 2,0 × 3,0 m
Bauwerksgründung	Wassers.: Stahlpf./sonst.: Flachgründg. auf verdicht. Untergrund	Flachgründung
zugelassene Bodenpressung	4,0 kg/cm²	2,0 kg/cm²

Ungewöhnlich sind die Besitzverhältnisse insofern, als von den 12 Häusern 7 Häuser ganz oder geteilt als Stockwerkseigentum verkauft wurden. 5 Häuser werden von der Bremer Lagerhaus-Gesellschaft bewirtschaftet. Die Vorentwürfe für den Bau des Speichers II wurden vom Hafenbauamt aufgestellt, die spätere Baudurchführung des Projektes lag in Händen der zu diesem Zweck mit bremischer Unterstützung gegründeten Speicherbau GmbH.

3. Sonderanlagen

Getreideanlage. Die Entwicklung der Futtermittelimporte zwang 1957/58 zu einer Erweiterung der Lagerkapazität der Getreideanlage von bisher 75000 t um weitere 30000 t. Anstelle üblicher Silozellen wurden 6 Schuppen je 1250 m² Lagerfläche bzw. je rd. 5000 t Getreidelagermöglichkeit errichtet. Einzelheiten der Anlage sind [*17*]. Durch 2 nahegelegene, von Bremen gekaufte private Schuppen ist die Kapazität der Anlage um weitere 17000 t erhöht worden. Diese beiden Schuppen — G 7 und G 8 — dienen ebenfalls der Flachspeicherung von Getreide, vor allem großer, zusammenhängender Partien. Sie können später durch Verlängerung der Bandbrücke über den Schuppenspeichern G 1 bis G 6 betrieblich mit an die Gesamtanlage angeschlossen werden.

Fischmehlumschlag. In einem provisorischen Wellblechschuppen bei Schuppen 16B wird der Fischmehlumschlag abgewickelt. Dieser Schuppen hat sich als sehr wirtschaftlich erwiesen. Die Unstetigkeit des Fischmehlgeschäfts ließ es geraten erscheinen, von einem festen Bauwerk in der Art üblicher Hafenschuppen Abstand zu nehmen. Der Schuppen kann daher jederzeit demontiert und bei Bedarf auch an anderer Stelle wieder verwendet werden.

Viehumschlagsanlage. Die 1951 im Kohlenhafen vorübergehend eingerichtete Viehumschlagsanlage (s. Jahrb. HTG 1950/51, S. 162) mußte den Plänen für den weiteren Bau von Binnenschiffsliegeplätzen weichen und ist in den Hafen A verlegt worden (Abb. 4). Bei der Gesamtplanung, wie auch bei der Durchführung technischer Einzelheiten wurden hohe Anforderungen gestellt, wie hochwertige glatte Betonflächen, um die Desinfektion der Gesamtanlage zu erleichtern, hohe Betongüte und gute Isolierungen gegen betonschädigende Desinfektionsmittel. Die 5 Viehboxen des jetzigen 1. Ausbaues erlauben das Aufstellen von rd. 125 Stück Rindvieh, d.h. innerhalb des

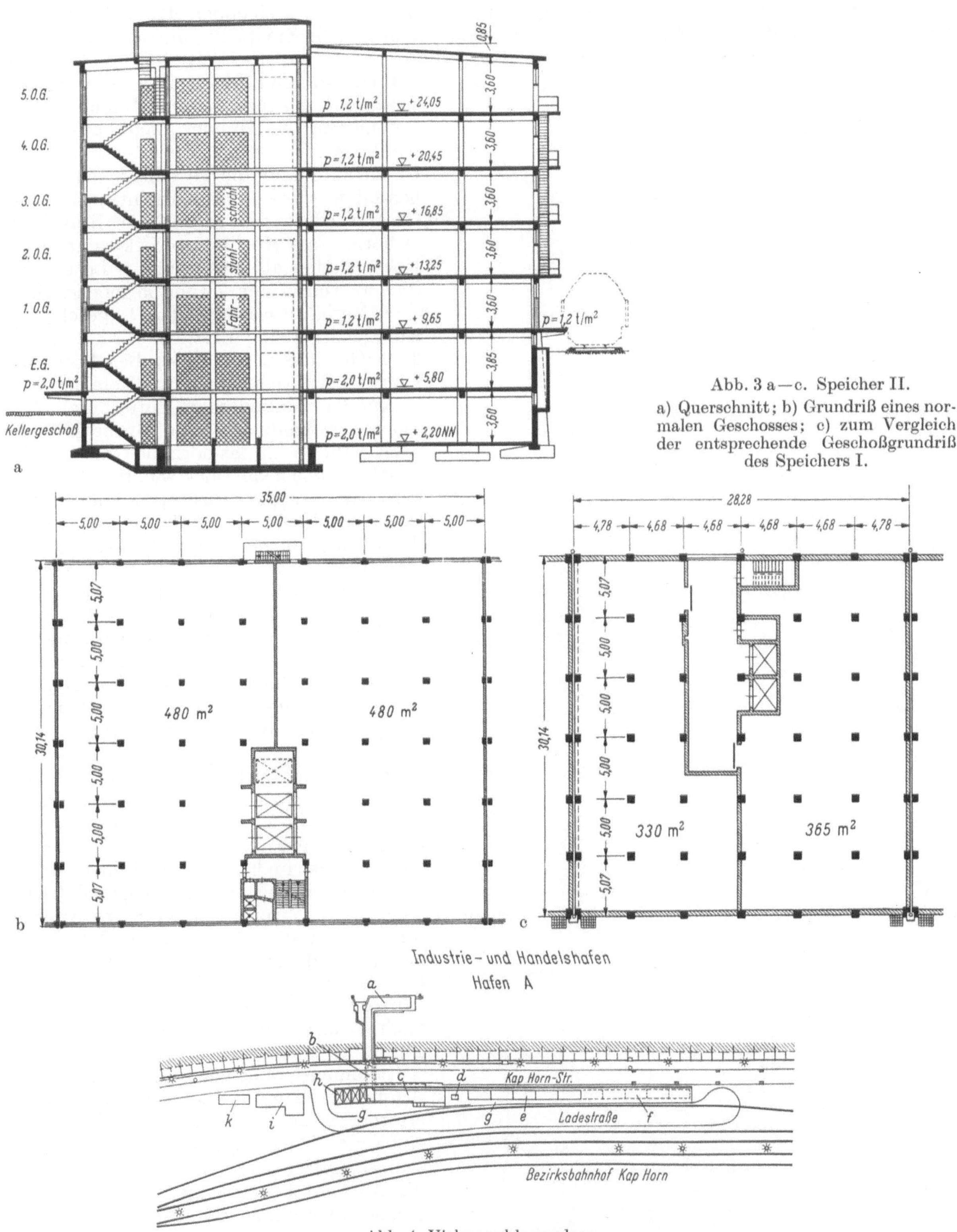

Abb. 3 a—c. Speicher II.
a) Querschnitt; b) Grundriß eines normalen Geschosses; c) zum Vergleich der entsprechende Geschoßgrundriß des Speichers I.

Abb. 4. Viehumschlagsanlage.
a Löschbrücke; *b* Unterführung unter die Kap-Horn-Straße; *c* ansteigende Rampe, zugleich Viehaufstellfläche vor dem Verwiegen; *d* Waage; *e* Viehboxen; *f* spätere Erweiterung; *g* Verladerampe in Waggon oder auf Lkw; *h* Mistgruben; *i* Betriebsgebäude; *k* Klär- und Desinfektionslanlage.

2-stündigen Umschlagsvorganges die Einfuhr von etwa 250 Stück Schlachtvieh. Die Anlage kann bei Bedarf auf die doppelte Größe erweitert werden.

4. Verwaltungs-, Betriebs- und Sozialgebäude

Die allgemeine Verkehrsausweitung ergab zwangsläufig einen steigenden Bedarf an Büro-, Sozial- und Betriebsraum. Neben echtem Neubedarf wurde auch Ersatz für untragbare behelfsmäßige Lösungen der ersten Nachkriegszeit erforderlich.

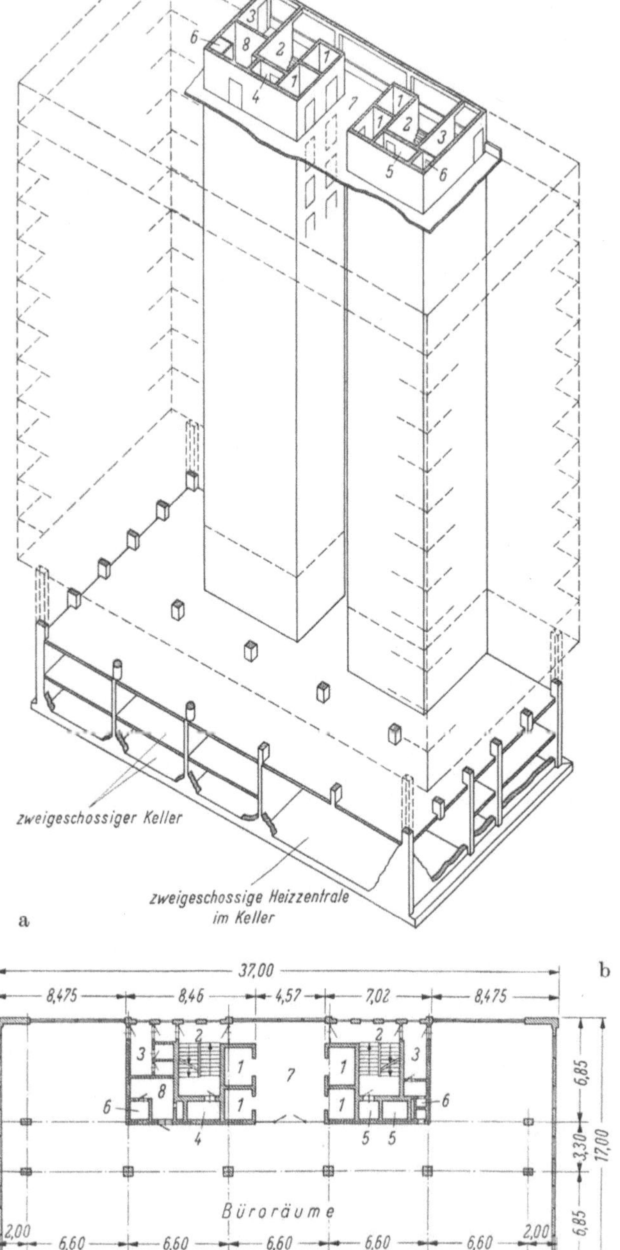

Abb. 5 a u. b. Bürohochhaus am Überseehafen.
a) Statisch tragendes Gerüst; b) Grundriß eines Normalgeschosses und konstruktive Übersicht. *1* Aufzüge; *2* Treppenhäuser; *3* Abortanlagen; *4* Leitungsschacht Elt-Versorgung; *5* Leitungsschacht für Heizung einschl. Schornsteine; *6* sonstige Leitungsschächte; *7* Aufzugsvorhalle; *8* Teeküche.

Hochhaus am Überseehafen. Bei der engen Zusammenarbeit aller am Hafenumschlag Beteiligten, wie Bremer Lagerhaus-Gesellschaft, Makler, Stauer, Spediteure, Ex- und Importeure und die verschiedenen Hafenbehörden wurde die Konzentration eines Gesamtbedarfs von rd. 5000 m² Bürofläche in Form eines Hochhausprojektes am Kopf Überseehafen als zweckmäßige Lösung gefunden. Durch den Zwang gegebener örtlicher Verhältnisse hat das 12-geschossige Bürogebäude eine Breite von rd. 17 m bei 37 m Gebäudelänge. Unter Beachtung der Hochhausbaurichtlinien und einiger vorbeugender Maßnahmen luftschutztechnischer Art ergab sich eine Grundrißlösung nach Abb. 5b für das normale Geschoß. Für ein Hochhaus bedarf der wichtige Betriebskern mit Treppenhäusern, Aufzügen, Leitungsschächten, Abortanlagen usw. besonderer Sorgfalt im Entwurf. Das statisch tragende Gerüst (Abb. 5a): ein 2-geschossiger Keller in Kastenform mit aussteifenden Längs- und Querwänden, darauf stehen, biegungssteif verbunden, Betontürme für Fahrstühle, Treppen usw. zur Aufnahme der Horizontalkräfte in den verschiedenen Geschossen. Die Verwendung als Mietbürohaus für über 50 Parteien erforderte eine Ausstattung, bei der gleichzeitig Repräsentation und Rücksichtnahme auf die intensive Nutzung im 24-stündigen Hafenverkehr erforderlich wurde. Das Hafenhochhaus mit insgesamt 5940 m² nutzbarer Fläche für Büros, Läden im Erdgeschoß, Kellerräumen, zentraler Heizanlage und sonstigen Betriebseinrichtungen wurde in 18 Monaten errichtet und ist seit dem 1. 1. 1961 in Betrieb. In eine Baulücke zwischen Hochhaus und Altbauten wurde eine für diesen konzentrierten Bürokomplex dringend benötigte Kantine nach neuzeitlichen Gesichtspunkten eingerichtet.

Hafenmeistergebäude Industriehafen. Der Schiffsverkehr an der Industriehafenschleuse erforderte für den dortigen Hafenmeister eine neues, in günstiger Lage auf der Schleuseninsel gelegenes Dienstgebäude, bei dem die Aufsicht über das gesamte Revier aus einem aufgesetzten Glasbau mit Rundumsicht erfolgen kann.

Hafenbetriebsverein und Arbeitsamt. Der schnellen und reibungslosen Vermittlung der Arbeitskräfte für den Hafenbetrieb gilt eine Bauwerksgruppe am Hafeneingang Feuerwehrstraße, d. h. in bestmöglicher Lage zu den Arbeitsstellen im Überseehafen. Eine weitere Vermittlungsstelle wurde für den Europahafen errichtet. Eine 3. ist für die Industrie- und Handelshäfen bereits geplant. In der großen Verteilerhalle werden die unständigen Hafenarbeiter täglich 2-mal zu Arbeitsgängen zusammengerufen und verteilt. Schnellste Zuweisung der Leute, Abwicklung der Einstellungsformalitäten und der späteren Lohnzahlung erfordert eine Verwaltung, die um die Verteilerhalle herum angeordnet, ausreichend Abfertigungsplatz bietet (Abb. 6).

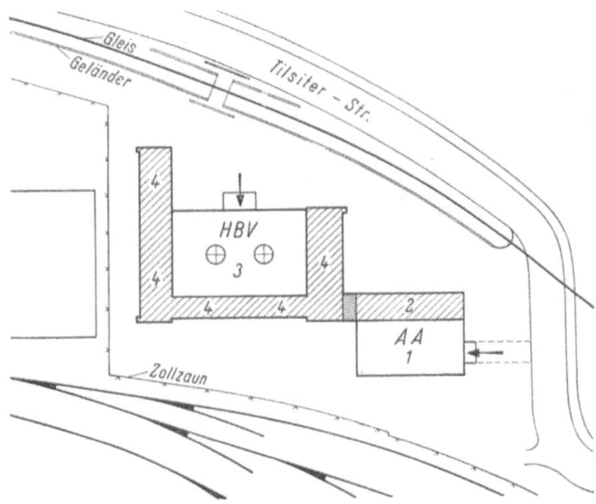

Abb. 6. Hafenbetriebsverein (HBV) und Arbeitsamt (AA) am Überseehafen.
1 Verteilerhalle AA; *2* Verwaltungsbüros AA; *3* Verteilerhalle HBV; *4* Büros und Lohnzahlungsschalter HBV.

Betriebs- und Sozialgebäude. Die berechtigten Wünsche der Hafenarbeiter nach Betreuung während der harten Arbeit im meist 2-schichtigen Umschlagsbetrieb wurde durch weitere Verbesserung der Ausstattung von Betriebsgebäuden, vor allem in den neuen Schuppen 1, 3 und 6, Genüge geleistet. Ältere Betriebsgebäude wurden durch Aufstockung räumlich erweitert und ebenfalls auf neuzeitlichen Stand gebracht.

5. Werkstätten

Das Anwachsen des Hafenumschlags, der durch vermehrte Umschlagsanlagen vergrößerte Bedarf an Betriebsgeräten und die erheblich verstärkte Mechanisierung der Umschlagsarbeiten hat zur Folge, daß die vorhandenen Werkstätten für die Pflege der Betriebsgeräte durch einen 2-geschossigen Bau mit rd. 1970 m² Nutzfläche wesentlich erweitert werden mußten.

Staureihof Europahafen. Im Zuge der Bereinigung des Hafengebiets von Kleinbauten und behelfsmäßigen Schuppen aus der Kriegszeit wurde ein zentraler Stauereihof errrichtet mit insgesamt 13 Geräteboxen von je 35 m² Fläche, teilweise mit eingebautem Hängeboden ausgestattet. Im Obergeschoß sind Räume für die mit der Gerätepflege beschäftigten Stauer und Außenbüros der Vorarbeiter geschaffen worden (Abb. 7). Geräteboxen sowie Aufenthalts- und Büroräume werden an Stauereibetriebe vermietet.

6. Eisenbahnhochbauten

Für die im Hafenrangierbetrieb seinerzeit eingesetzten Dampfloks wurde der Bau eines Lokschuppens mit Drehscheibe, Betr.-Geb. usw. erforderlich. Ein 1. Bauabschnitt mit 6 gedeckten Lokständen in Radialbauweise wurde fertiggestellt. Vor Inangriffnahme des 2. Bauabschnitts mit weiteren 6 Ständen erfolgte jedoch die Umstellung auf Dieselloks, Typ V 60, von denen jetzt 2 Stück auf der bisherigen Standfläche einer Dampflok eingestellt werden können. Zur Vervollständigung bzw. Erneuerung veralteter Eisenbahnhochbauten wurden errichtet: die Bahnmeisterei Brm-Freihafen, die Stellwerke Ff und VI und verschiedene Postengebäude.

7. Zollbauten

Die Ausweitung des Hafengebietes (Enteignung von 1947) erforderte die Verschiebung der Zollgrenze im Bereich der Einfahrt Überseehafen. Die Planung der neuzeitlichen Zollgrenzabfertigung im Einvernehmen mit der Zollverwaltung sieht vor, daß das Hauptzollamt und 2 inselförmige Grenzabfertigungsgüterrampen den ein- und ausgehenden Verkehr teilen und eine einwandfreie

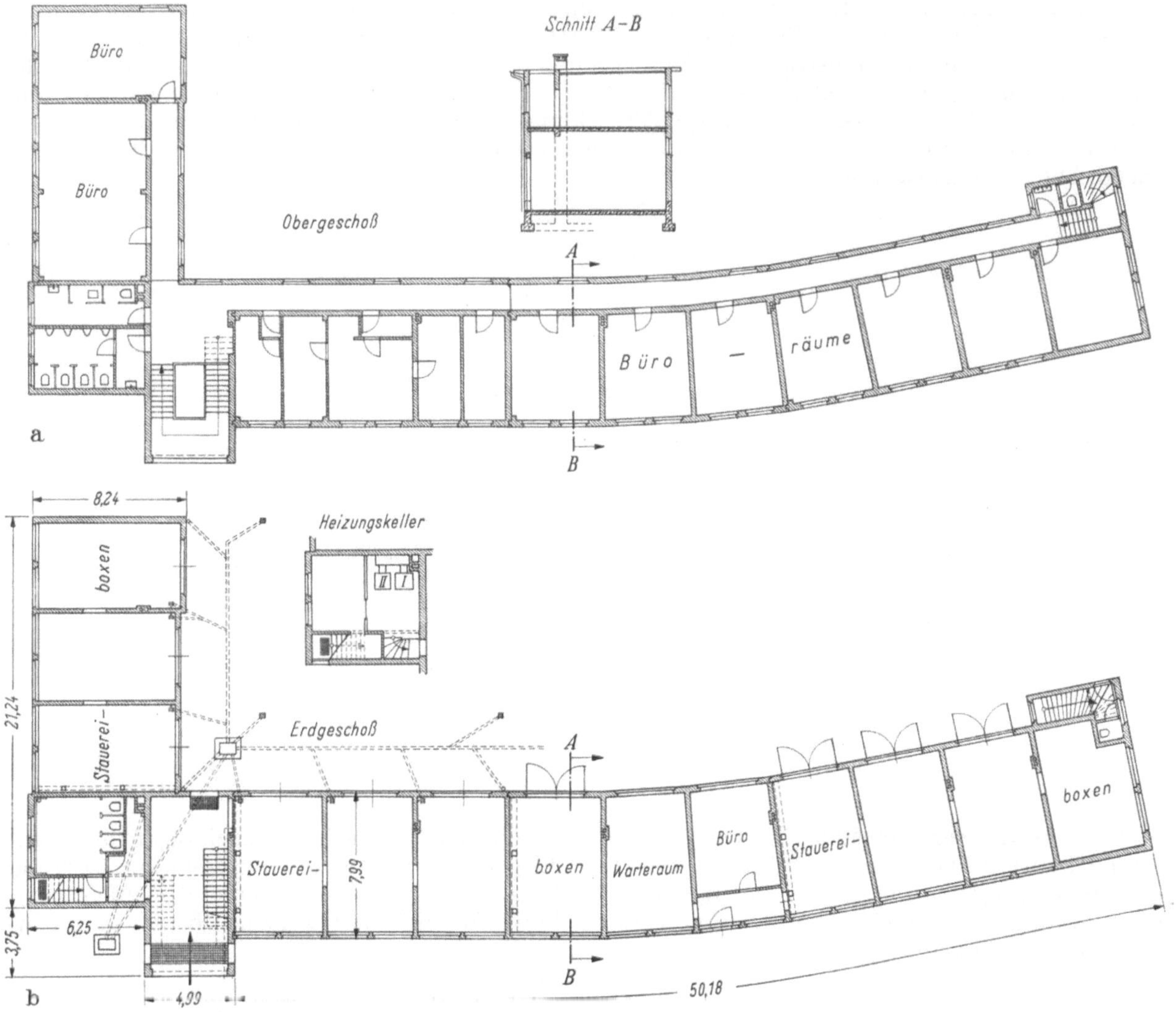

Abb. 7 a u. b. Stauereihof Europahafen.
a) Erdgeschoß mit Geräteboxen; b) Obergeschoß mit Außenbüros der Stauereifirmen.

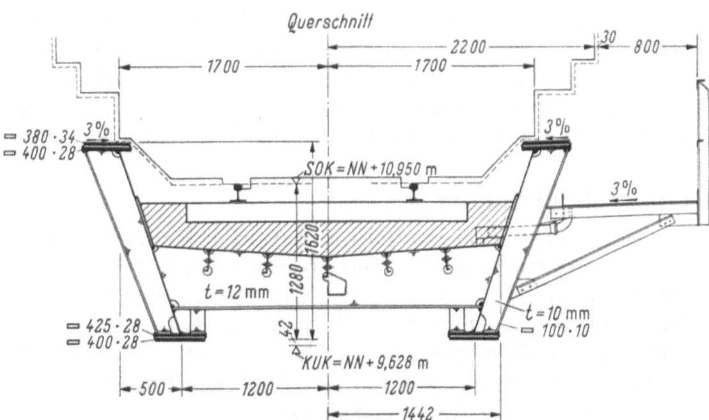

Abb. 8. Eisenbahnbrücke über die Lloydstraße Querschnitt.

zollmäßige Überwachung an der Grenze ermöglihcen. Zollabfertigungstechnisch bleibt für die Schuppen das System der „Bremer Abfertigung" bestehen, nämlich in vorgeschobenen Abfertigungsstellen in den Schuppen. Die Rampenabfertigung an der Grenze dient nur der Nachprüfung und gewissen Verkehrsspitzen aus dem Speicherverkehr.

8. Brückenbau

Im Rahmen der neuen Einführungsanlagen in die Freihäfen wurde in der 1. Baustufe der Bau von 4 Überführungsbauten (2 Eisenbahnbrücken, 1 Straßenbrücke und 2 Fuß- und Radfahrtunnel) erforderlich.

Die Brücke am Hansator war in ihren Abmessungen, vor allem Spannweiten, dadurch festgelegt, daß ein unter der Brücke liegender Verkehrsknoten von allen Seiten gut übersehbar bleiben mußte. Die rd. 65 m lange Straßenbrücke (Klasse 30) in Verbundbauweise mit vorgespannter

Stahlbetonplatte steht in der Mitte auf 2 Stahlrohrstützen. Die teilweise Lage der Brücke in einer Kurve und die erforderliche Ausrundung des entgegengesetzten Gefälles beider Rampen bedeutete eine beachtliche Erschwernis sowohl der statischen Berechnung als auch der technischen Ausführung und sollte, wenn irgend angängig, in Planungen vermieden werden.

Die Brücke über die Lloydstraße ist für den Lastenzug „S" bei rd. 25 m lichter Spannweite in Trogbauweise mit schrägstehenden Stegblechen ausgeführt worden (Abb. 8). Damit verkürzt sich die Querträgerlänge und vermindert sich das Schotterbettgewicht, sie wirkt ästhetisch befriedigend, erfordert aber erhöhte Aufwendungen in statischer Berechnung und schweißtechnischer Ausführung.

Bei der Brücke am Lokschuppen werden von insgesamt 8 Gleisen zunächst nur 5 Gleise ebenfalls in Stahltrogüberbauten überführt. Auch hier war es bei rd. 1,25 m Konstruktionshöhe von OK Schiene bis UK Brücke möglich, eine Spannweite von rd. 25 m mit der o.g. Trogbauweise zu überbrücken.

Für alle Eisenbahnbrücken sind Neoprene-Lager vorgesehen. Sie ersparen die sorgfältige Verlegearbeit von Stahlgußlagerkörpern auf der Baustelle und haben den Vorteil, Brückenlängskräfte auf beide Auflager zu verteilen, so daß deren Einfluß auf das einzelne Widerlagerbauwerk vermindert wird.

Der Personen- und Radfahrtunnel Korffsdeich hat bei rd. 45 m Länge und 2,95 m l.H. die Breite von 7,50 m erhalten, um neben Fuß- und Radfahrverkehr im Notfall auch Hilfsfahrzeuge der Polizei und Feuerwehr passieren lassen zu können. Die Zweigelenkrahmenkonstruktion ist in Stahlbeton ausgeführt.

Im Zuge der Bahnverbindung zu den Klöckner-Werken wurden 2 Eisenbahnbrücken — Lastenzug S — über die Grambker Heerstraße und die Straße Auf den Delben erforderlich.

Schrifttum

[1] Bötz, K.: Elektrotechnik in Seehäfen. Elektro-Anzeiger, Juni 1953, H. 23/24.

[2] Bötz, K.: Versorgungs-, Sicherheits- und Fernmeldelanlagen stadtbrem. Häfen. Wirtschafts-Korrespondent, Sonderheft Bremen, 10. 10. 1963.

[3] Bötz, K.: Elektrotechnik in Seehäfen. Elektro-Anzeiger, Juni 1953, H. 23/24.

[4] Bötz, K.: Drehstrom oder Gleichstrom für Stückgut-Hafenkrane ?. Fördern und Heben, Dez. 1952, H. 12.

[5] Bötz, K.: Überlastsicherung für Hafenstückgutkrane Hansa 1957, H. 16/17.

[6] Bötz, K.: Überlastsicherungen für Ausleger- und Portalkrane, Fördern und Heben, Dez. 1959, H. 12.

[7] Bötz, K.: Beleuchtung von Hafenschuppen durch Glühlampen oder Leuchtstofflampen. Hansa 1953, H. 17/18.

[8] Bötz, K.: Neue Beleuchtungsanlagen in den bremischen Häfen. Hansa 1955, H. 20/21.

[9] Henney: Aufgaben der Elektrotechnik in Seehäfen. Hansa 1952, H. 13, 14, 20, 25, 26.

[10] Jung, H.: Zweigeschossige Stückgutschuppen in Seehäfen, Hdb. für Hafenbau und Umschlagstechnik Bd. III, S. 157.

[11] Jung, H.: Two-storey Transit Sheds at Seaports. Dock and Harbour Nov. 1955, S. 205.

[12] Jung, H.: Der Wiederaufbau des Schuppens 6 im Europahafen. Hdb. für Hafenbau und Umschlagstechnik, Bd. III, S. 271.

[13] Jung, H.: Rebuilding of No. 6 Transit Shed at Port of Bremen. Dock and Harbour May 1956, S. 11.

[14] Jung, H.: Schuppenbauten in Bremen. Wirtschaftskorrespondent 1956, Sonderheft Sept., S. 64.

[15] Jung, H.: Bauaufgaben im Seehafen Bremen. Wirtschaftskorrespondent 1956, Sonderheft Nov., S. 28.

[16] Jung, H.: Die Anwendung von Beton und Stahlbeton im Hafen Bremen. Hdb. für Hafenbau und Umschlagstechnik Bd. III, S. 310.

[17] Jung, H.: Die Erweiterung der Getreideanlage Bremen 1957/58 durch Bau eines kombinierten Getreidelager- und Stückgutumschlagsschuppens, Hdb. für Hafenbau und Umschlagstechnik Bd. V, S. 167.

[18] Jung, H.: Zehn Jahre Hafenbau in Bremen. Wirtschaftskorrespondent 1958, Sonderheft Sept., S. 22.

[19] Jung, H.: Weiterer Ausbau der Bremer Hafenanlagen. Wirtschaftskorrespondent 1960, Sonderheft Sept., S. 13.

[20] Jung, H.: Der Seehafen Bremen und seine Umschlagseinrichtungen. Wirtschaftskorrespondent 1960, H. 22, S. 29.

[21] Jung, H. — Bötz, K.: The Port of Bremen and its Technical Facilities. Machinery — Electrical — Exportmarkt 1960.

[22] Naß, E.: Stückgutkrane an Seeschiffskajen. VDI-Z. 94 (1952) Nr. 27.

[23] Naß, E.: Hafenwippdrehkran. VDI-Z. 97 (1955) Nr. 23.

[24] Naß, E.: Neue Stückgutkrane für die Bremer Freihäfen. Deutsche Hebe- und Fördertechnik, Juni 1960.

[25] Teßmer, F.: Gleisbildstellwerk des Bahnhofs Bremen-Zollausschluß, Hdb. für Hafenbau und Umschlagstechnik, Bd. IV, S. 243—246.

[26] Teßmer, F.: Modernisierung der Hafenbahn in Bremen seit Kriegsende, Hdb. für Hafenbau und Umschlagstechnik, Bd. VII, S. 149—153.

[27] Wiegmann, D.: Messungen an fertigen Spundwandbauwerken. Deutsche Gesellschaft für Erd- und Grundbau, Vorträge der Baugrundtagung 1953 in Hannover, S. 39—52.

[28] Wiegmann, D.: Der Erddruck auf verankerte Stahlspundwände, ermittelt auf Grund von Verformungsmessungen am Bauwerk. Mitt. der Hannoverschen Versuchsanstalt für Grund- und Wasserbau, Franzius-Institut der Technischen Hochschule Hannover, 1954, H. 5, S. 79—113.

[29] Wiegmann, D.: Bau der Hafenanlagen Mittelsbüren am rechten Ufer der Unterweser stromunterhalb des Industrie- und Handelshafens Bremen. Schiff und Hafen 1957, H. 11.

[30] Wiegmann, D.: Entwicklung der Hafenanlagen in Bremen-Stadt und die geplanten Erweiterungen auf dem linken Weserufer. Schiff und Hafen 1961, H. 4.

Die Häfen in Bremerhaven 1950 — 1963

I. Allgemeine Hafenplanung

Von Hafenbaudirektor Dipl.-Ing. **Gerhard Wollin**

Nach Beendigung des zweiten Weltkrieges im Mai 1945 war das erste Ziel die Beseitigung der Kriegsschäden im Gebiet der Überseehäfen und der Fischereihäfen. Diese Wiederherstellungsarbeiten waren etwa im Jahre 1950 beendet. Beide Hafengruppen waren zu diesem Zeitpunkt wieder in vollem Umfange in Betrieb. Die nächste Aufgabe bestand nunmehr darin, den weiteren Ausbau vorzunehmen und hierbei nach einer neuen Generalplanung vorzugehen. Während das Überseehafengebiet seit der Gründung Bremerhavens im Jahre 1827 von den stadtbremischen Behörden verwaltet wurde, gehörte der Fischereihafen ursprünglich zu Preußen und wurde durch eine preußische Behörde, welche zuletzt die Bezeichnung Wasserstraßen-Hafenamt trug, ausgebaut. Nachdem das Fischereihafengebiet durch das Gesetz Nr. 46 des alliierten Kontrollrates vom 25. 2. 1947 vom Lande Bremen übernommen wurde, werden die beiden Hafengruppen Überseehafen und Fischereihafen nunmehr gemeinsam durch das Hansestadt Bremische Amt Bremerhaven verwaltet, welches dem Senator für Häfen, Schiffahrt und Verkehr in Bremen unterstellt ist. Hierbei ist das Überseehafengebiet kommunalpolitisch traditionsgemäß ein Gebietsteil der Stadtgemeinde Bremen. Das Fischereihafengebiet dagegen gehört zum Land Bremen und kommunalpolitisch zum Magistrat der Stadtgemeinde Bremerhaven.

Die letzte große Erweiterung der Überseehäfen erfolgte im Jahre 1904, während das Fischereihafengebiet durch Preußen im Jahre 1921 großzügig erweitert wurde. Auf dem Lageplan Abb. 1 sind diese Gebietsänderungen mit der damaligen Planung dargestellt.

In beiden Häfen hat dann die Deutsche Wehrmacht erhebliche Gebietsteile durch Kauf bzw. Erbbauvertrag unmittelbar vor dem zweiten Weltkrieg übernommen. Diese später in Bundeseigentum bzw. Bundesverwaltung übergegangenen Flächen im Bereich des Flugplatzes Weddewarden im Norden und des Lunesiels im Süden haben bis heute eine endgültige Generalplanung verhindert.

Lageplan Abb. 2 gibt einen Überblick über die Rahmenplanung des Jahres 1963, wobei deren Verwirklichung immer noch von der Bereinigung dieser Grundstücksfragen abhängig ist.

Die folgenden Arbeiten im Überseehafen konnten in den letzten Jahren durchgeführt werden: Erweiterung des Columbusbahnhofs nach Norden um die Fahrgastanlage II sowie Verlängerung der Columbuskaje nach Norden um einen weiteren Liegeplatz; weiterhin Ausbau einer Erzumschlagsanlage durch Herstellung des vom Wendebecken abzweigenden Erz Hafens und der jenseits des Bahnhofs Kaiserhafen angelegten Erzlagerplätze und Erzbahnhofanlagen. Vom ehemaligen Bundesgelände konnte bisher nur der Nordhafen übernommen und zunächst dem Freiumschlag nutzbar gemacht werden. Die weitere Planung sieht eine Ausweitung auf das Außendeichsgelände nördlich der Nordschleuse mit Stromkaje vor, während das ehemalige Flugplatzgelände, welches durch die amerikanische Besatzungsmacht genutzt wird, nicht einbezogen ist. Schließlich ist noch die Verlängerung des Kaiserhafens II möglich. Für alle Planungen ist die Neuordnung der Eisenbahnanlagen Voraussetzung, für die ein besonderer Rahmenplan in Arbeit ist.

Im Fischereihafengebiet wird eine Ausweitung nach Süden, ausgehend von den bisher bebauten Flächen, angestrebt. Hierbei bleibt das nahe gelegene Gelände fischereigebundenen Firmen vorbehalten, während die weiteren Großflächen, einschließlich der auf niedersächsischem Gebiet liegenden Luneplate, für die Ansiedlung allgemeiner Industrien in Frage kommen. Eine gemeinsame Planung mit den niedersächsischen Behörden ist im Aufbau begriffen. Die Voraussetzung ist, daß das am Lunesiel gelegene Bundesgelände für die zivile Nutzung zurückgegeben und in die Planung einbezogen wird. Auf diesem Gelände würde u. a. eine zweite Seeschleuse für das Fischereihafengebiet und für die neuen Industriegebiete gebaut werden können, die bereits in den zwanziger Jahren von preußischer Seite eingeplant wurde.

Die Baumaßnahmen für den Fischereihafen in den letzten Jahren erstreckten sich auf die Herrichtung von rd. 750 m neuer Kaje, auf die Erschließung zukünftigen Industriegeländes durch Aufspülung und Herstellung der Kanalisation, von Straßenbauten usw. Infolge der Umstellung der Hochseefischerei vom Fischdampfer alter Bauart, dessen Ware als Frischfisch angelandet und versteigert wird, zum modernen Heckfänger, der einen Großteil seines Fanges in Tiefgefrieranlagen einfriert, mußten entsprechende Kühlhäuser errichtet und der Wirtschaft zur Verfügung gestellt werden. Die Ansiedlung von fischverarbeitenden Industrien auf dem Erweiterungsgelände wurde durch den Bau von sechs neuen Hallen staatlicherseits gefördert, während private Fischereifirmen erheb-

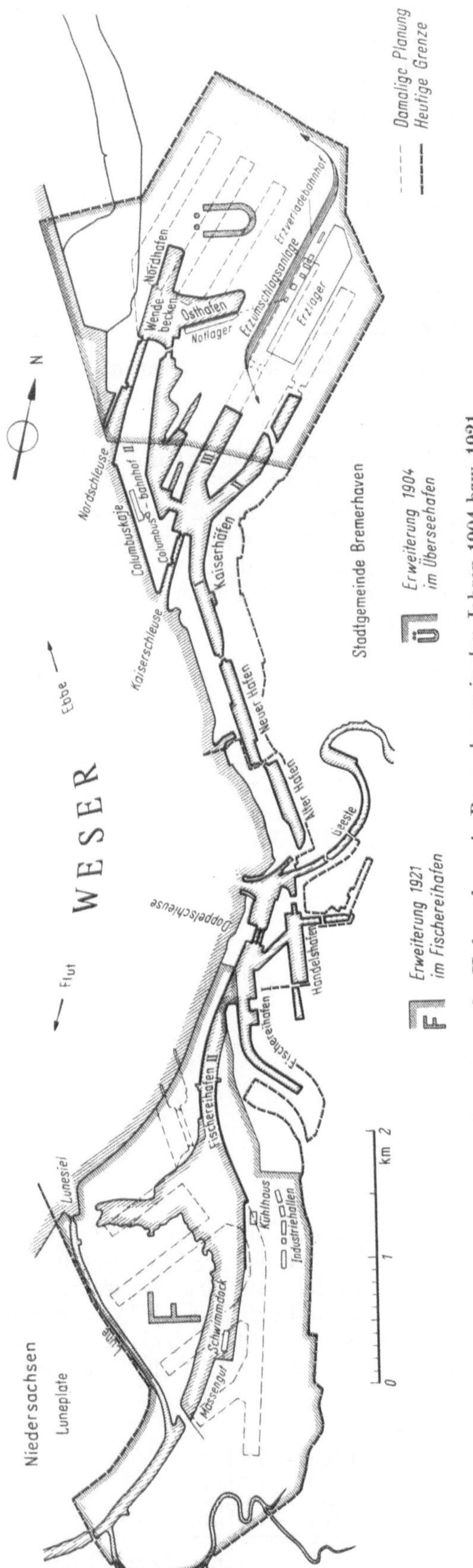

Abb. 1. Ausweitung der Hafenanlagen in Bremerhaven in den Jahren 1904 bzw. 1921.

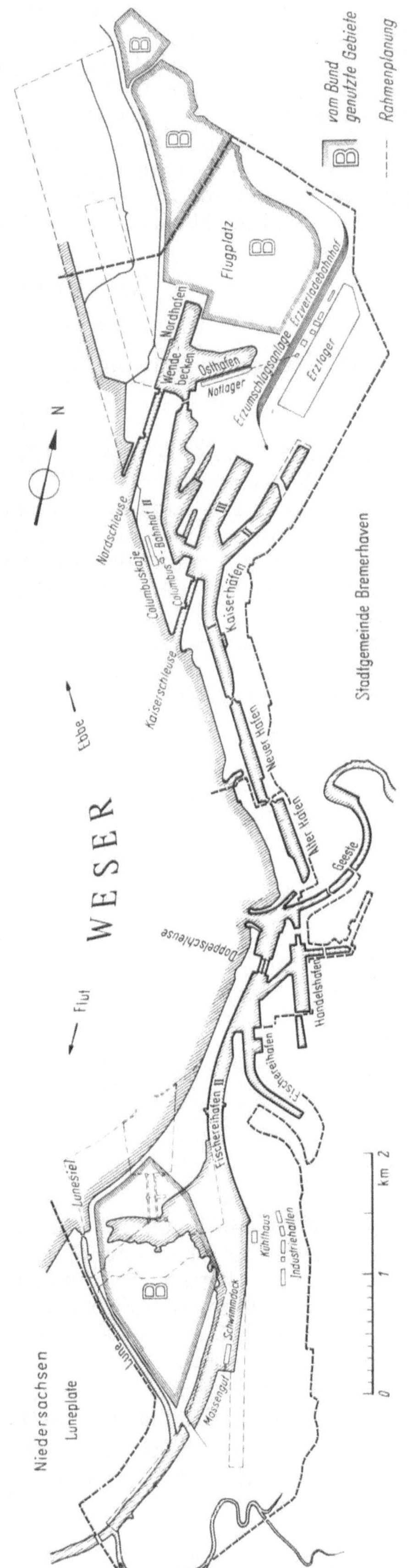

Abb. 2. Ausweitung der Hafenanlagen in Bremerhaven; Planung 1963.

liche Investitionen in eigenen Erweiterungsanlagen vornehmen. Weiterhin konnten Industrien mit Massengutumschlag für den örtlichen Bedarf, für die Verarbeitung von Straßenbaustoffen sowie ein Schiffsreparaturbetrieb mit Schwimmdock angesiedelt werden.

Allen Überlegungen für die Planung in den Bremerhavener Häfen muß die Leistungsfähigkeit der Außenweser als Zufahrtsstraße zugrunde gelegt werden. Heute können bei einem Ausbau auf 10,00 m unter SKN und bei einem mittleren Tidehub von 3,40 m Schiffe von etwa 45000 t Tragfähigkeit mit einem Tiefgang bis 11,50 m Bremerhaven in einer Tide erreichen. Geplant ist der Ausbau der Außenweser auf —11,00 bis —12,00 m unter SKN. Die Planung ist daher auf die damit erreichbaren Schiffsgrößen von etwa 70000 t Tragfähigkeit eingestellt.

II. Der Fischereihafen in Bremerhaven

Von Oberbaurat Dipl.-Ing. **Heinz Eckert**

Folgende Bauwerke sind im Bremerhavener Fischereihafen in den letzten Jahren errichten worden:

1. Ufereinfassungen

In den Jahren 1956/57 wurde die Ufermauer südlich der Versteigerungshalle XI um 550 m verlängert. Die Konstruktion dieser Uferstrecke ist in Abb. 3 dargestellt. Die Uferwand besteht aus einer Stahlspundwand aus Larssenbohlen Profil IV neu, Bohlenlänge 17,2/18,2 m, die mit etwa 25 m langen Stahlkabelankern ∅ 38 mm an einer Ankerwand aus Larssenbohlen Profil II neu verankert sind. Der Abstand der Stahlkabelanker mit 3,2 m ist gewählt worden, um die Rammung von Gebäuden zwischen den Ankern durchführen zu können. Die Hafensohle liegt hier auf —4,40 m SKN und kann bei Bedarf um 1 m vertieft werden. Der mittlere Hafenwasserstand liegt auf +3,30 m SKN. Die Wassertiefe beträgt somit 7,7 m bzw. 8,7 m.

Die Kosten dieser Uferstrecke ohne Baggerung und Hinterfüllung betrugen rd. 4200,— DM/m. Davon entfallen auf Stahllieferungen rd. 72%.

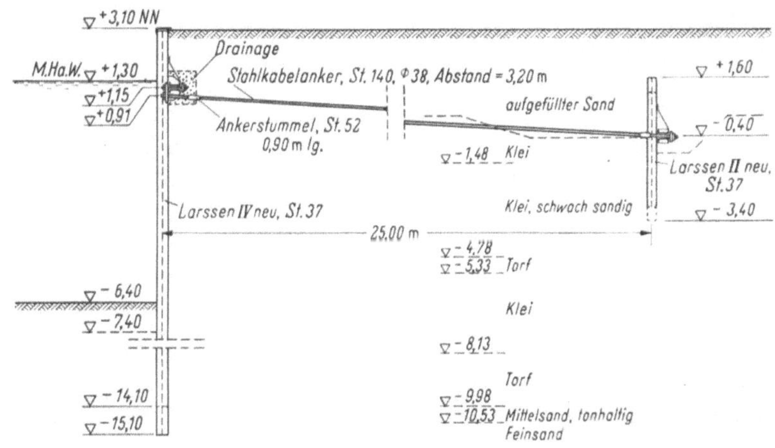

Abb. 3. Ufermauer südlich der Versteigerungshalle XI.

Auf der Westseite des Fischereihafens II wurden 220 m Ufermauer im Jahre 1959 gebaut (s. Abb. 4). Diese Mauer war als Spundwandkonstruktion ausgeschrieben worden. Die Ausführung erfolgte jedoch als Ufermauer auf hohem Pfahlrost aus Stahlbetonpfählen auf Grund eines Sonderangebotes der ausführenden Firma. Die vorne liegende Spundwand aus Profil Hoesch IV wird zum Tragen der Betonschürze herangezogen. Die Stahlbetonpfähle, System Ph. Holzmann, wurden auf Grund von Probebelastungen mit 70 t/Pfahl auf Druck, die Stahlpfähle PSp 30 mit etwa 90 t/Pfahl auf Zug belastet.

Die Kosten dieser Ufermauer ohne Baggerarbeiten betrugen:

Erdarbeiten und Hinterfüllung	1360,— DM/m
Winkelstützmauer	4450,— DM/m
	5810,— DM/m.

Eine interessante Ausbildung einer Uferstrecke wurde Ende 1963 von einer Privatfirma am Südende des Erweiterungsgebietes des Fischereihafens II errichtet. Da hinter der Uferwand Schüttgüter mit einer Belastung von 12 t/qm gelagert werden sollen, hat man eine Konstruktion nach

Abb. 5 gewählt. Die Umschlaganlage hat eine Grundfläche von etwa 45 × 51 m. Die Stahlbetongrundplatte für eine Schütthöhe bis zu 8 m ist auf Stahlbetonpfählen (Frankipfählen) gegründet. An Land- und Wasserseite sind Fundamentbalken zur Aufnahme einer Verladebrücke mit Raddrücken von 8 × 25 t auf jeder Seite vorgesehen. Diese Balken sind auf Stahlbetonbohrpfeilern der Firma Frankipfahl-Baugesellschaft gegründet. Die landseitige Bohrpfeilerreihe erhält mit Rücksicht auf die hinter der Anlage geplanten Schüttlasten eine Vorspannbewehrung. An der Wasserseite soll ein Plattenstreifen für den Fahrzeugverkehr als Silostraße genutzt werden.

2. Maßnahmen zur Erschließung von Industriegelände

Auf Grund von erhöhten Anforderungen in hygienischer Hinsicht ist der Wasserverbrauch der Fischindustriebetriebe in den letzten Jahren erheblich angestiegen. Das 1924 angelegte Kanalisationsnetz (Trennkanalisation) war diesem vermehrten Anfall von Schmutzwasser nicht mehr gewachsen und mußte vergrößert werden. Auf Grund eines von Professor Kehr, Technische Hochschule Hannover, aufgestellten Kanalisationsentwurfs wurde ein neuer Schmutzwasserhauptsammler mit einer Gesamtlänge von 1641 m im Fischereihafen neu verlegt. Dieser Sammler hat Durchmesser von 1,50 m — 1,40 m und dient bei plötzlich einsetzendem, hohem Schmutzwasseranfall als Rückhaltebecken. Die Kosten dieses Schmutzwassersammlers, der auf rd. 75% der Länge wegen der schlechten Bodenverhältnisse auf Holzpfählen gegründet werden mußte, betrugen etwa 1700,— DM/m.

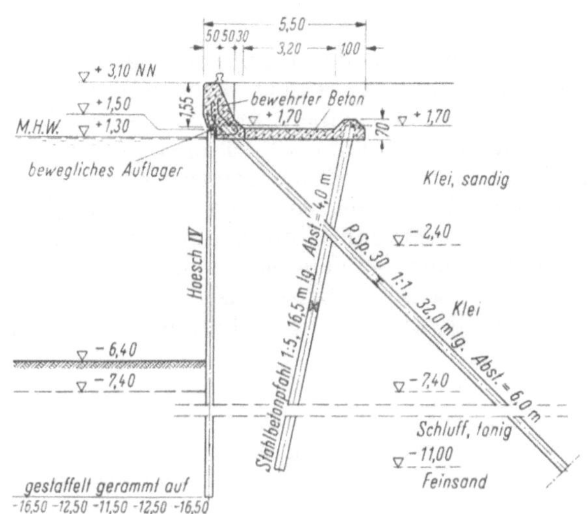

Abb. 4. Ufermauer, Westseite (Fischereihafen II).

Auf der gerammten Strecke wurden Betonrohre in Längen von 5 m und auf der nicht gerammten Strecke in Längen von 3 m verwendet. Zum Schutz gegen die betonzerstörenden Einflüsse im Abwasser wurde nach eingehenden Überlegungen ein viermaliger Spezial-Innenanstrich mit Inertol I gewählt.

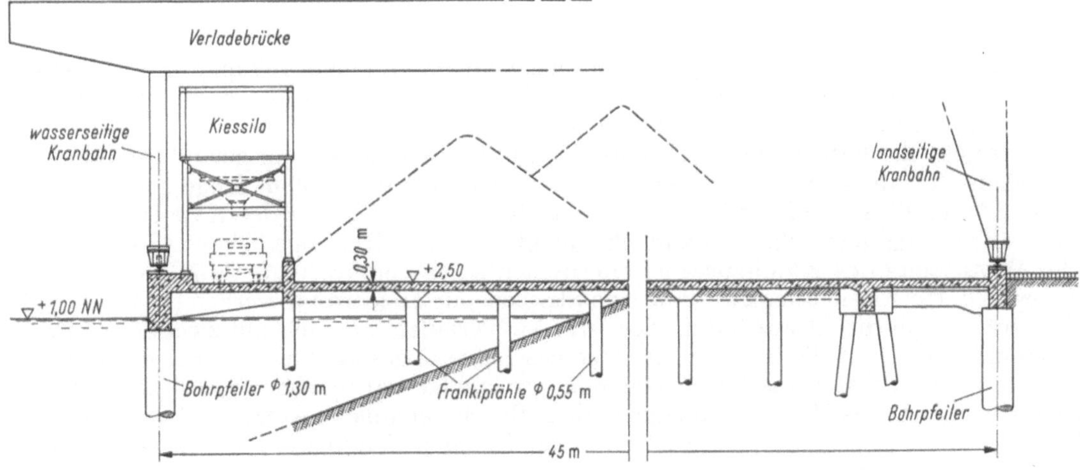

Abb. 5. Uferwand für Schüttgüter.

Im Erweiterungsgebiet am Südende des Fischereihafens II wurde Industriegelände aufgespült. Hier siedeln sich zur Zeit verschiedene Firmen an. An dem Kopf zwischen den beiden Hafenbecken wird die Tauchgrube für den Liegeplatz eines Schwimmdocks der Aktiengesellschaft „Weser", Werk Seebeck, gebaggert. Das Schwimmdock trägt etwa 8000 t, d.h. Schiffe mit etwa 18000 t Tragfähigkeit werden hier docken können. Die zu dockenden Schiffe mit einer Länge von etwa 150 m und etwa 20 m Breite werden, bis eine neue Schleuse gebaut ist, durch sogenannte Dockschleusungen bei ausgespiegeltem Wasserstand vor und hinter der Schleuse eingeschleust.

Der Anschluß des Fischereihafens an das städtische Straßennetz und an die nach Bremen und in das Autobahnnetz führende Bundesstraße B 6 wurde durch den Bau der Straße „Am Lunedeich“ zunächst in 7,5 m Breite erreicht. Die Verbreiterung dieser Straße auf 16 m ist vorgesehen. Zu beiden Seiten dieser Straße stehen etwa 1 000 000 qm Gelände für die Ansiedlung von Firmen zur Verfügung.

3. Hochbauten

3.1 Kühlhäuser

Die Umstellung der Hochseefischerei vom Fischdampfer, dessen Ware in den Auktionshallen angelandet und versteigert wird, zum Heckfänger, der einen großen Teil seines Fanges auf See filetiert und bei Temperaturen von —30 °C einfriert, zwang zu Überlegungen, wie der Bedarf an gekühltem Lagerraum aufgefangen werden kann. 1959 begann die Planung der Schaffung von Tiefkühllagerraum. Es wurden zwei Projekte aufgestellt, die eine sofortige kleinere und eine spätere umfangreiche Lösung vorsahen: Zunächst Einbau von drei Tiefkühlräumen in der Versteigerungshalle XI und anschließend Neubau eines kajennahen Kühlhauses.

Am Südende der Versteigerungshalle XI waren zwei Krane von 1,5 t Tragfähigkeit zum Löschen von Importware, Salzfisch usw. vorhanden. Hier wurden im ganzen etwa 45 m von der 328 m langen Halle abgetrennt und zu einem Tiefkühllager ausgebaut.

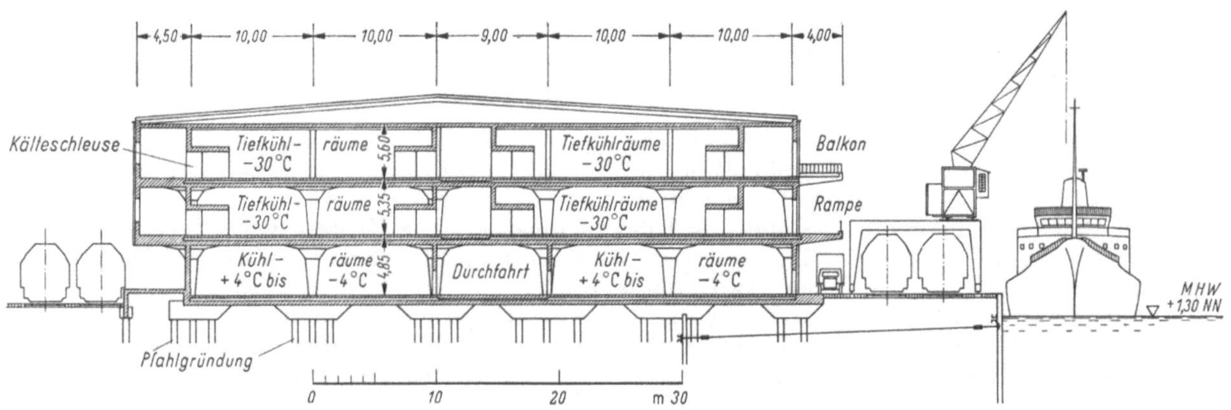

Abb. 6. Querschnitt des Kühlhauses (Fischereihafen II).

Die drei Tiefkühlräume haben eine Grundfläche von zusammen 483 qm. Die Belastung der Räume ist mit 2 t/qm angenommen worden. Die Betriebstemperatur der Räume beträgt —30 °C. Die Kühlräume wurden am 1. März 1961 in Betrieb genommen.

Für das Projekt des hafennahen Kühlhauses bot sich das Erweiterungsgelände südlich der Versteigerungshalle XI an. Hier wurde bereits 1957 vorsorglich eine 550 m lange Spundwand-Ufermauer mit 8,70 m Wassertiefe errichtet. Für das Kühlhaus ist hinter der Kaje eine Grundfläche von 270 × 56 m vorgesehen, die aber zunächst nicht in vollem Umfange bebaut wird.

An der Wasserseite des Kühlhauses ist eine Kajenbreite von 16,70 m gewählt worden, bei der zwei eingepflasterte Eisenbahngleise und eine Straßenspur angeordnet werden (s. Abb. 6). Hierbei kann das Gut sowohl direkt auf Bahn oder auf Lkw verladen als auch mit zwei Löschkranen von je 1,5 t Tragfähigkeit auf die Rampen der Obergeschosse abgesetzt werden. Auf der Landseite ist ebenfalls Gleis- und Straßenanschluß sowie eine großzügige Parkfläche vorgesehen. Der Mittelteil des Gesamtblocks ist das Herz der Anlage, in dem Maschinenanlage, Aufzüge, Sozialräume, Büros, Verarbeitungsräume usw. untergebracht sind. Nach beiden Seiten werden sich an den Mittelteil die Lagerräume anschließen.

Im ersten Bauabschnitt ist der Mittelteil in einer Länge von 26 m errichtet worden und zunächst nur nach Norden durch einen 61,2 m langen Lagerteil mit Erdgeschoß und zwei Obergeschossen ergänzt worden. Die Tiefe beträgt etwa 54 m.

Im Erdgeschoß stehen 2300 qm Kühlräume mit einer Temperatur von —4 °C bis +4 °C für Halbfabrikate usw. für die fischverarbeitende Industrie zur Verfügung.

Das erste Obergeschoß enthält 2000 qm, das zweite Obergeschoß 2300 qm Tiefkühllagerflächen bei Betriebstemperaturen von —30 °C.

Die Decken sind für eine Belastung von 2 t/qm berechnet worden. Die Tiefkühlräume sind überwiegend mit beweglicher, zum geringen Teil mit stiller und beweglicher Kühlung ausgestattet.

Das Gebäude ist auf Frankipfählen gegründet. Die Stahlbetondecken sind als Pilzdecken ausgebildet mit einer Spannweite von 10 m.

Der Ausbau der noch freien Erweiterungsflächen nach Süden und Norden kann der weiteren Entwicklung auf dem Tiefkühlsektor angepaßt werden.

3.2 Bau von Industriehallen

Zur Förderung der Fischindustrie werden im Bremerhavener Fischereihafen Industriehallen errichtet, in denen Bremerhavener und auswärtige Firmen untergebracht werden, die sich in den verschiedenen Sparten der Fischwirtschaft und Fischverarbeitung industriell betätigen. In erster Linie sind hierbei Firmen berücksichtigt, die ihre Anlagen erweitern müssen, da die alten Anlagen nicht mehr ausreichen. Gleichzeitig wird die erforderliche Modernisierung und Rationalisierung der Betriebe durchgeführt. Nach Einzug dieser Firmen in die neuen Hallen können die jetzigen Betriebsstätten modernisiert und zur Zusammenlegung und Aufstockung weiterer Betriebe verwandt werden.

Zwecks Einsparung von Baukosten und rationellerem Einsatz der an Facharbeitermangel leidenden Bauindustrie sowie Einsparung an Planungskosten wird an der Straße „Am Lunedeich" ein Hallentyp mit gleichem Querschnitt und gleichen Spannweiten errichtet. Es ist ein einheitlicher Querschnitt entwickelt worden, der unter Verwendung möglichst vieler gleichartiger, vorgefertigter Bauteile erstellt ist. Er besteht aus einem 10 m breiten zweigeschossigen Teil an der Straße und

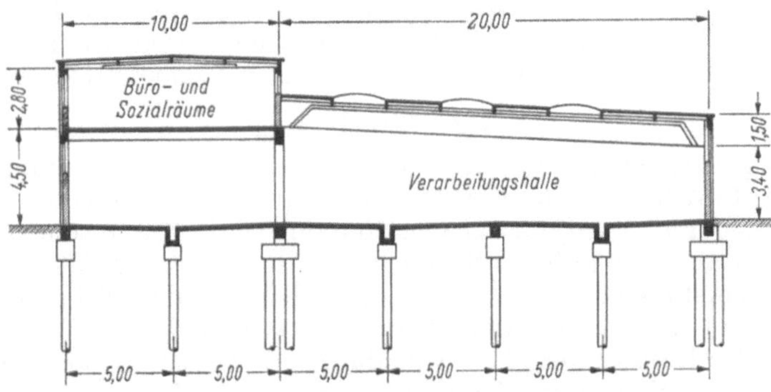

Abb. 7. Querschnitt der Industriehallen (Fischereihafen).

einem 20 m breiten eingeschossigen Verarbeitungsbau an der Hofseite. Der Stützenabstand in Längsrichtung beträgt 7,50 m. Der eingeschossige Teil ist auf ganzer Hallenlänge stützenfrei. Spätere Änderungen an den Einbauten infolge verändertem Betriebsablauf oder neuer Maschinen sind daher ohne weiteres möglich. Der Fußboden wird wegen des schlechten Untergrundes freitragend gespannt, um spätere Betriebsstörungen durch Sackungen zu verhindern (s. Abb. 7).

Im Obergeschoß des zweigeschossigen Teiles werden die erforderlichen Sozial- und Büroräume untergebracht. Auch dieses Geschoß ist stützenfrei, um Umbauten zu ermöglichen.

An der „Wittlingstraße" wird ein weiterer Betrieb angesiedelt. Dieser mußte wegen der Geländeverhältnisse andere Abmessungen erhalten. Sein Querschnitt besteht aus einem zweigeschossigen, 20 m breiten, und einem eingeschossigen, 30 m breiten Teil. Für den zweigeschossigen Trakt können jedoch die Konstruktionselemente des 20 m breiten Teiles der Hallen an der Straße „Am Lunedeich" weitgehend verwendet werden.

3.3 Verwaltung, Sozialgebäude, Forschung

Die Fischereihafen-Betriebsgesellschaft mbH ist im Jahre 1954 in der Nähe des Fischversandbahnhofs im Mittelpunkt des Fischereihafens in einem Neubau untergebracht worden. Hier wurden neben Büro- und Sitzungszimmer Räume für die Fischwerbung vorgesehen, in denen Vorträge und Filmvorführungen stattfinden.

Im Bau ist ferner ein Sozial- und Betriebsgebäude, daß den bei der Fischereihafen-Betriebsgesellschaft mbH beschäftigten Fischlöschern als Unterkunft dienen soll. Der Neubau liegt in der Nähe des Verwaltungsgebäudes der Fischereihafen-Betriebsgesellschaft zentral zu den drei Versteigerungshallen X, XI und XV als den Arbeitseinsatzpunkten der Fischlöscher. Hier stehen ausreichend Parkplätze zur Verfügung. Der Bau wird Umkleide-, Wasch- und Duschräume sowie einige Betriebsbüros, Bibliothek usw. enthalten. Ferner sind Trockenräume vorgesehen, in denen das nasse Arbeitszeug getrocknet wird. Ein Aufenthaltsraum wird 300 Sitzplätze enthalten.

Das Institut für Meeresforschung, das Grundlagenforschung für die Fischerei betreibt, wird großzügig erweitert.

Zur Zeit sind sechs Forschungsabteilungen in einem ehemaligen Hafenschuppen untergebracht. Es wird ein Erweiterungsbau errichtet, der die zwei Abteilungen Lebensmittelchemie und die Abteilung Bakteriologie enthalten wird. Um arbeitsfähig zu sein, werden Laboratorien nach modernsten Gesichtspunkten eingerichtet.

Das vorhandene Gebäude soll umgebaut werden und neben den Abteilungen Zoologie, Hydrographie und Botanik die meereskundliche Schausammlung des Instituts aufnehmen.

III. Der Überseehafen in Bremerhaven

Von Oberbaurat Dipl.-Ing. **W. Lüninghöner**

1. Allgemeine Hafenbauten

1.1 Hafenbecken

Im Jahre 1959 wurde der Nordhafen, dessen Uferbefestigungen bereits vor dem letzten Kriege von der ehemaligen Kriegsmarine fertiggestellt worden waren, ausgebaggert und zunächst als Schiffsliegeplatz genützt. Der Nordhafen ist 325 m lang und hat eine Breite von 125 m, die Kajen sind für eine Wassertiefe von rd. 14 m ausgebaut.

1960 wurde an der Westseite des Hafenbeckens ein 20 m breiter Streifen hinter der Kaje befestigt. Hier werden Kraftwagen, Stückgut und Container umgeschlagen. Besondere Bedeutung hat der Nordhafen für die amerikanische Wehrmacht gewonnen, da über die Kaimauer an der Stirnseite Nachschubgüter im Roll-on/Roll-off Verkehr umgeschlagen werden können.

Für die Ostseite des Nordhafens wird z. Zt. die Planung einer Freiumschlagsanlage bearbeitet.

1.2 Ufersicherungen

Im Vorhafen der Kaiserschleuse wurde 1953 die westliche Vorhafenkaje in einer Länge von rd. 200 m und im Jahre 1957 die östliche Vorhafenkaje mit einer Länge von rd. 365 m verstärkt[1]. Dies war erforderlich, weil der Bauzustand der fast 60 Jahre alten Kajen sehr mangelhaft war und weil die Vorhafentiefe von rd. —8,0 m SKN für die Seeschiffe, die an der Westkaje anlegen, nicht mehr ausreichte. Bei den Verstärkungen wurden die noch brauchbaren Teile der alten Ufersicherungen mit herangezogen. Die neue Vorhafentiefe liegt auf —10,0 m SKN.

An der Westseite des Kaiserhafens II wurde die Kaje vor Schuppen 17 um 70 m auf 320 m verlängert. Hierdurch wurde ein zweiter Schiffsliegeplatz geschaffen, ergänzt auf der Landseite durch Freiumschlagsflächen mit Krananlagen. Im Bereich der Verlängerung war bereits eine Ufersicherung vorhanden, die jedoch zur Landseite hin abbog. Da die alte Wand noch voll gebrauchsfähig ist, wurde der Zwickel bis zur neuen Kajenflucht mit einer Stahlbetonplatte überbaut, die durch Stahlpfähle abgestützt wird.

1.3 Hochbauten

In den Jahren 1952 bis 1958 wurden eine Reihe von Hochbauten[2] errichtet, die besonders dem Frachtumschlag dienen und in Verbindung mit der Aufstellung von modernen Kranen bei den vorhandenen Liegeplätzen mit 11,0 m Wassertiefe die Voraussetzung für einen schnellen und leistungsfähigen Güterumschlag in Bremerhaven wesentlich verbesserten.

Ein fünfgeschossiges Betriebsgebäude für die Bremer Lagerhaus-Gesellschaft und die Schuppen F und G wurden an der Westseite des Verbindungshafens gebaut. In dem Betriebsgebäude sind außen den Büros und Sozialräumen für den Kajenbetrieb auch die Zollverwaltung und die Büros von Hafenfirmen untergebracht. Die Schuppen F und G haben eine Gesamtlänge von 320 m und eine Breite von 60 m. Sie bestehen aus Holzkonstruktionen, die auf einer Holzpfahlgründung stehen. Das neue Arbeitervermittlungsgebäude dient zur zentralen Vermittlung der Hafenarbeiter vom Hafenbetriebsverein und vom Arbeitsamt. Mit dem neuen Bahnhofsdienstgebäude Überseehafen wurde der Rangierfunk verbunden. Ein neues Betriebsgebäude an der Kaiserschleuse enthält die Hafenbüros für die Erhebung der Hafengebühren, die Zollabfertigung, die Hafenlotsenstelle, den Hafenfunk sowie einen automatischen Wasserstandsanzeiger. Das neue Hafengesundheitsamt und Quarantäneamt wurde im Zentrum der Hafenanlagen errichtet; es ist u.a. mit einer Desinfektionsanstalt ausgerüstet.

1962 wurde das Verwaltungsgebäude für die Güterabfertigung Bremerhaven-Kaiserhafen als dreigeschossiger Massivbau fertiggestellt. In dieser Anlage sind die bis dahin im Hafengebiet verstreut liegenden Bundesbahn-Dienststellen zusammengefaßt worden. Ein neuer Güterschuppen soll in absehbarer Zeit erstellt werden.

---

[1] Vgl. Handbuch für Hafenbau und Umschlagstechnik der Hafenbautechnischen Gesellschaft E.V., Bd. III u. IV: Modernisierung der Kaiserschleuse im Überseehafen Bremerhaven und die Verstärkung der Vorhafenkaje.

[2] Siehe Jahrb. HTG, Bd. 22: Neuere Hochbauten im Überseehafen Bremerhaven.

1.4 Deichanlagen

Bei der Sturmflut im Februar 1962 haben die vorhandenen Deiche vor den Häfen standgehalten, obwohl an zwei Stellen gefährliche Kappenstürze auf der Landseite aufgetreten sind. Der höchste Wasserstand der Weser lag am 16. 2. 1963 auf +5,35 m NN gegenüber dem bis dahin bekannten höchsten Wasserstand im Jahre 1825 auf +5,07 m NN.

Im Rahmen der Deichverstärkungen werden die Deiche im Bereich des Wellenangriffes von +6,50 m NN auf +7,90 m NN, im Bereich ohne Wellenauflauf auf +7,0 m NN erhöht. Der neue Deichquerschnitt erhält soweit möglich auf der Landseite eine Neigung 1 : 3, und an der Wasserseite oberhalb +4,80 m NN die Neigung 1 : 4, darunter die Neigung 1 : 5. Am Böschungsfuß geht die Neigung unter 1 : 15 in das Deichvorland über. Bei besonderen örtlichen Bedingungen wurden Sonderlösungen, z.B. Spundwände und Pflasterungen, ausgeführt.

Die Gesamtlänge der Deiche vor den Fischereihäfen und den Überseehäfen beträgt rd. 15 km.

2. Fahrgastanlage II

Als Ersatz für den im Jahre 1944 durch Kriegseinwirkung zerstörten alten Columbusbahnhof wurde in den Jahren 1949 bis 1952 am Südende der Columbuskaje die Passagierabfertigungsanlage I errichtet. Sie besteht aus einer hölzernen Halle am Vorhafen der Kaiserschleuse und einem zweigeschossigen Massivbau am Weser-Strom mit Personen- und Gepäckbahnsteigen.

Nach Fertigstellung dieser Fahrgastanlage I entwickelte sich der Überseereiseverkehr in Bremerhaven sehr günstig, so daß die Anlage nicht mehr ausreichte. Außerdem wurde von Seiten des Stückgutverkehrs immer mehr die Forderung erhoben, die Ladungen direkt am Strom löschen zu können, um die Zeit für das Schleusen der Schiffe in den Hafen zu sparen.

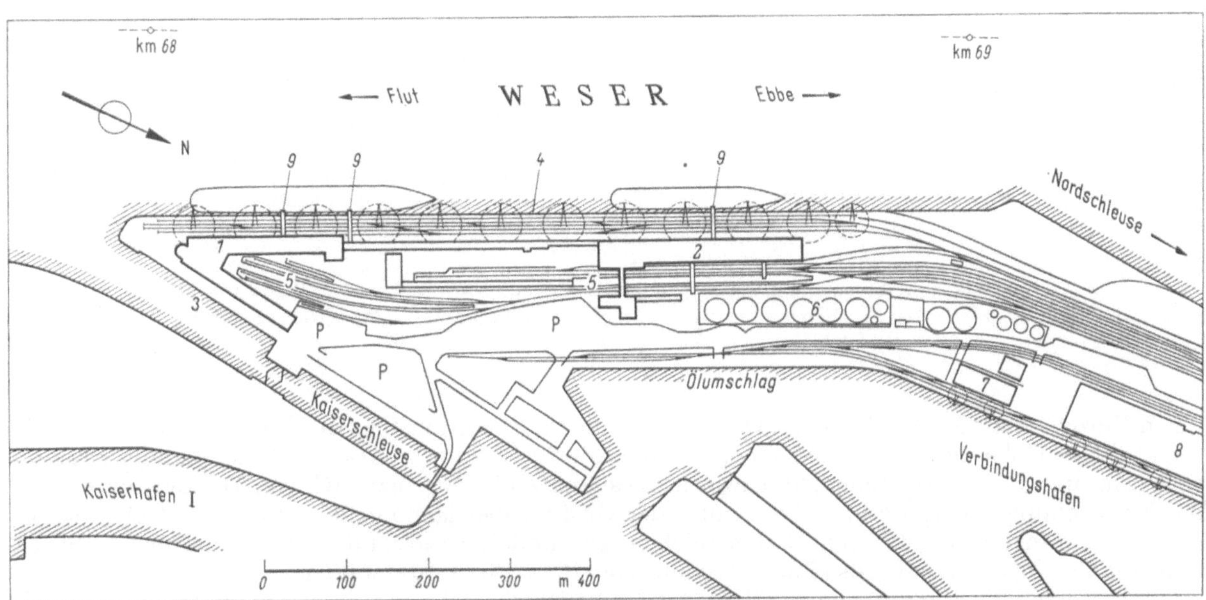

Abb. 8. Columbusbahnhof Bremerhaven.
1 Columbusbahnhof — Fahrgastanlage I (Süd); *2* Columbusbahnhof — Fahrgastanlage II (Nord); *3* Bäderkaje; *4* Columbuskaje; *5* Bahnsteig; *6* Esso-Tanklager; *7* Kühlhaus; *8* F-G-Schuppen; *9* Gangway.

Um den vorgenannten Ansprüchen gerecht zu werden, wurde etwas nördlich des früheren alten Columbusbahnhofes im Jahre 1958 mit dem Bau der Fahrgastanlage II begonnen (Abb. 8). Die Gesamtplanung für diese neue Anlage sieht ein Passagierabfertigungsgebäude von 434 m Länge für die gleichzeitige Abfertigung von zwei Passagier- bzw. zwei Frachtschiffen vor. Hiervon sind bis zum Jahre 1962 vorerst die auf der nächsten Seite genannten Gebäudeteile errichtet worden. Die aufgeführten Gebäudeteile dienen folgender Nutzung (Abb. 9). Im nördlichen Hallenflügel sind das Erdgeschoß für den Stückgutumschlag und die beiden oberen Geschosse für Passagierabfertigung vorgesehen.

Im ersten Obergeschoß ist die Gepäckhalle für die Zollabfertigung eingerichtet. Das zweite Obergeschoß enthält eine mit Tischen, Stühlen und einem Imbißstand versehene große Wartehalle für die Passagiere der 2. Kabinenklasse. Eine offene Galerie im zweiten Obergeschoß mit Sicht auf den Strom ermöglicht den Begleitern der Passagiere die Kontaktaufnahme mit dem an der Kaje liegenden Schiff.

Im Mittelbau sind im Erdgeschoß Geschäftsräume für den Kajenbetrieb untergebracht. Das erste und zweite Obergeschoß mit einem Wartesaal für die Passagiere I. Klasse dient der Passagierabfertigung. Für Zuschauer ist im vierten Geschoß eine verglaste Halle mit einer anschließenden offenen Galerie vorhanden. Im obersten Geschoß dieses Gebäudeteiles ist ein öffentliches Restaurant mit Aussicht zur Weser eingerichtet.

	Länge (m)	Breite (m)	Etagen
Nördliches Kopfende	21,0	30,0	3
Nördlicher Hallenflügel	168,0	30,0	3
Mittelbau	56,0	38,0	5
Bahnsteig	280,0	11,10	
Eingangshalle (Landseite)	26,85	15,20	1
Verbindungsbrücken und Tunnel	30,0	7,0	
Bürogebäude	28,72	13,8	5
Parkplätze	200,0	45,0	= 9000 m²

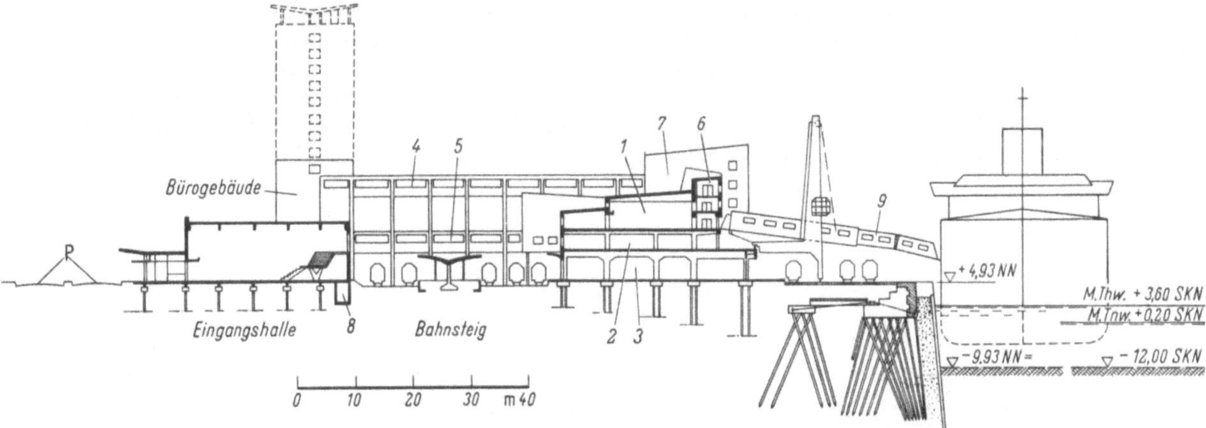

Abb. 9. Fahrgastanlage II, Querschnitt im nördlichen Flügel.
1 Wartehalle für Passagiere und Abholer; *2* Zollhalle; *3* Güterschuppen; *4* Brücke für Zuschauer; *5* Brücke für Passagiere und Abholer; *6* Zuschauergalerie; *7* Mittelbau mit Restaurant, Post, Auskunft, Geldwechsel, Reisebüro, Blumen; *8* Betriebstunnel — Eingang; *9* Teleskop — Gangway.

Ein Bürogebäude auf der Landseite enthält Räume für Speditionsfirmen, Hafeninteressenten usw.

Sämtliche Gebäudeteile sind in einer Stahlbeton-Skelettkonstruktion mit hochgradig statisch unbestimmten Rahmensystemen und zwischengespannten Massiv- bzw. Rippen-Decken ausgeführt. Da der tragfähige Baugrund rd. 20 m unter der Geländeoberfläche liegt, wurden die Gebäude auf Pfählen, die in den tragfähigen Boden reichen, gegründet. Insgesamt wurden hierfür 780 Stück Vibropfähle eingebaut, die für eine Belastung von 130 t/Pfahl ausgebildet wurden.

Die Bahnsteigüberdachung wurde flach gegründet. Sie besteht aus einem symmetrisch nach beiden Seiten auskragenden, einstieligen, vorgespannten Schalendach aus Stahlbeton.

Als Verbindung zum Passagierschiff zur Abfertigungsanlage ist ein neuer geschlossener Landesteg in Stahlkonstruktion aufgestellt worden (siehe V. 3. Abb. 16 u. 17).

Die Beheizung der Gebäudeteile erfolgt von einer zentralen Heizkesselanlage mit Ölfeuerung, die im Keller der Bürogebäude untergebracht ist. Elf Aufzüge und vier Rolltreppen sind für die Beförderung von Gepäck und Personen eingebaut.

An Passagieren, Begleitern und Zuschauern können in der Anlage zu gleicher Zeit 5000 bis 6000 Personen aufgenommen werden.

Die Baukosten betragen für alle Hochbauten einschließlich der Innenausbauten, sowie für Tiefbauten, Gleisanlagen und Landesteg insgesamt rd. 23,0 Mio DM.

3. Ausbau Nordende Columbuskaje

3.1 Allgemeines

Der Vorhafen der Nordschleuse hatte bisher zur Weser hin eine sehr große Mündungsbreite. Diese Form des Vorhafens entstand durch die Herstellung der Columbuskaje und der Nordschleuse in zwei zeitlich getrennten Bauabschnitten in den Jahren 1924 bzw. 1930. Die endgültige Achse der Nordschleuse und des Vorhafens wurde auf Grund weiterer Untersuchungen nach Norden verschoben, wobei die östliche Vorhafenwand an den vorhandenen Abschluß der Columbuskaje in Richtung Nordschleuse anschloß.

Durch die große Einfahrtsbreite von rd. 400 m ergaben sich bei Flut und Ebbe ungünstige Strömungsverhältnisse im Vorhafen. Außer dem normalen Wasseraustausch durch den Tide-Effekt bildeten sich große Wasserwalzen durch die Strömung, die fast bis zum Schleusentor reichten. Diese führten zu ungünstigen Bodenablagerungen und erschwerten das Einfahren der Schiffe bei ablaufendem Wasser.

3.2 Planung

Die möglichen Baumaßnahmen zur Verbesserung der Strömungsverhältnisse im Vorhafen der Nordschleuse wurden im Franziusinstitut der Technischen Hochschule Hannover im Jahre 1961 eingehend untersucht.

Maßgebend für die Ablagerungen sind der Tide-Effekt, der Dichte-Effekt und der Strömungs-Effekt. Durch bauliche Maßnahmen kann der Strömungs-Effekt beeinflußt werden. Der Einfluß aus dem Tide-Effekt reduziert sich bei Verbauung der Mündungsfläche. Bei den entsprechenden Untersuchungen sind die nautischen Erfordernisse beachtet worden.

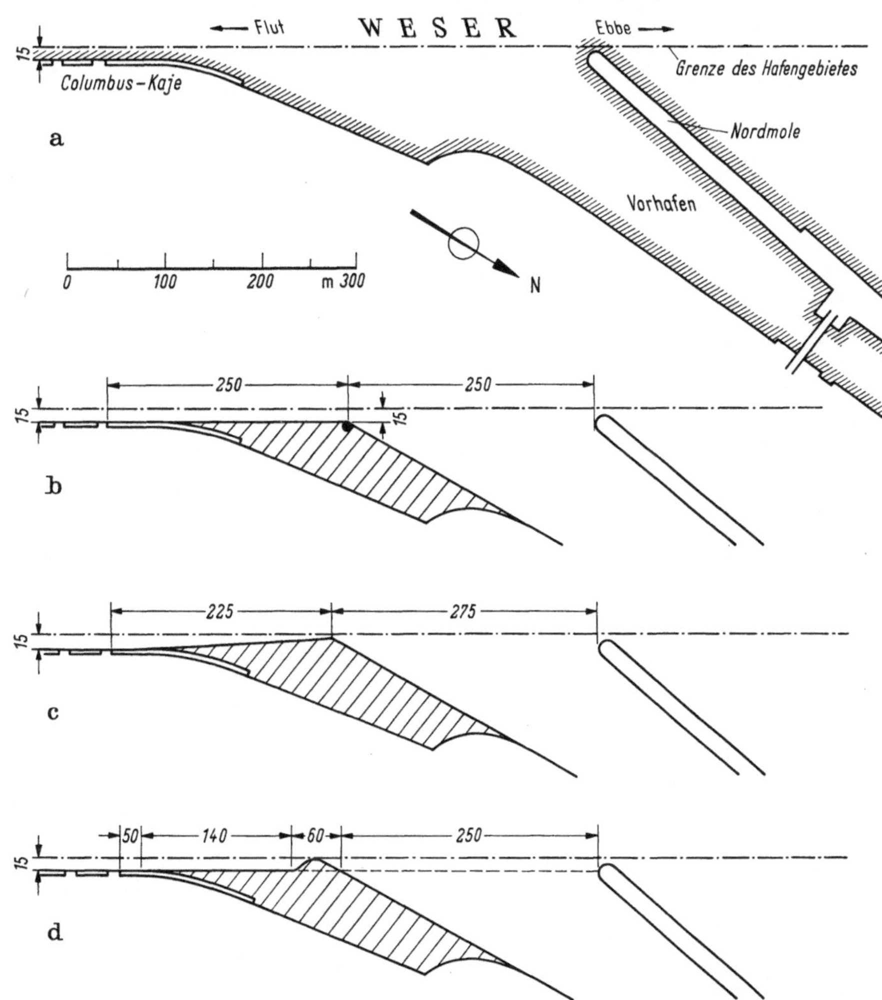

Abb. 10 a—d. Einfahrt in den Vorhafen der Nordschleuse.
a) Bestehender Zustand; b) nach Modellversuchen günstiger hydraulischer Ausbauzustand; c) nach Modellversuchen günstiger hydraulischer und nautischer Ausbauzustand; d) vorgesehener Ausbau unter Berücksichtigung der Anlegemöglichkeiten am Nordende der Columbuskaje.

Die Untersuchung von zehn verschiedenen Ausbaumöglichkeiten der Vorhafenmündung ergab für die Ausbauzustände nach Abb. 10b und Abb. 10c die günstigsten hydraulischen Verhältnisse. Für die schiffahrtstechnischen Belange ist der Ausbau nach Abb. 10c der günstigere, da hier die bei Ebbestrom einlaufenden Schiffe mittlerer Größe sehr schnell im Stromschatten in ruhigeres Fahrwasser gelangen.

Um die Anlegemöglichkeit an der Columbuskaje möglichst günstig zu gestalten, wurde für den geplanten Ausbau die Linienführung nach Abb. 10c geringfügig abgewandelt. Nach Abb. 10d wird die Columbuskaje geradlinig um 140 m verlängert und geht dann in Gestalt eines Molenkopfes in die neue östliche Vorhafenwand über. Damit beträgt die neue nutzbare Gesamtlänge der Columbuskaje rd. 1040 m.

3.3 Entwurfsbearbeitung

Um die hydraulischen Bedingungen beim Verbau der Vorhafenmündung zu erfüllen, war eine neue geschlossene Uferwand zur Weser hin erforderlich. Die Oberkante des neuen Bauwerkes liegt in Höhe der Columbuskaje auf +4,93 m NN. Die Hafensohlen wurden im Anschluß an die Columbuskaje auf —15,57 m NN, am Molenkopf unter Berücksichtigung evtl. Auskolkungen auf —17,07 m NN und im Bereich des Vorhafens auf —13,07 m NN festgelegt. Neben der normalen Kajenausrüstung wird auf dem Molenkopf ein 250 t-Poller eingebaut.

Die Baugrundverhältnisse im Bereich der neuen Kaje wurden durch Bohrungen untersucht. Dabei ergab sich, daß unterhalb —18 bis —19 m NN Tonboden (Lauenburger Ton) ansteht; darüber liegt 3 m bis 4 m gewachsener Sandboden, der bis zur bisherigen Böschungslinie mit Schlick und Klei überdeckt war.

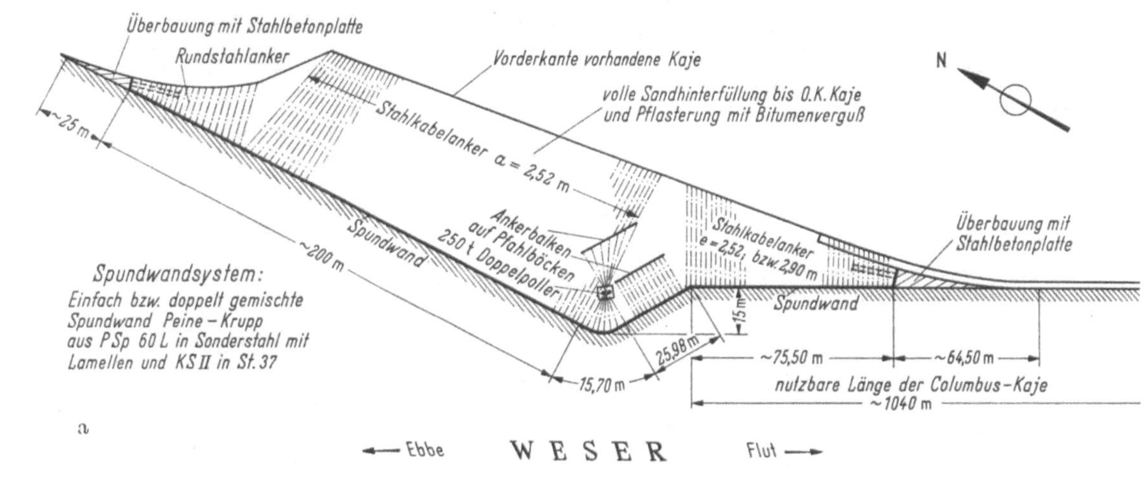

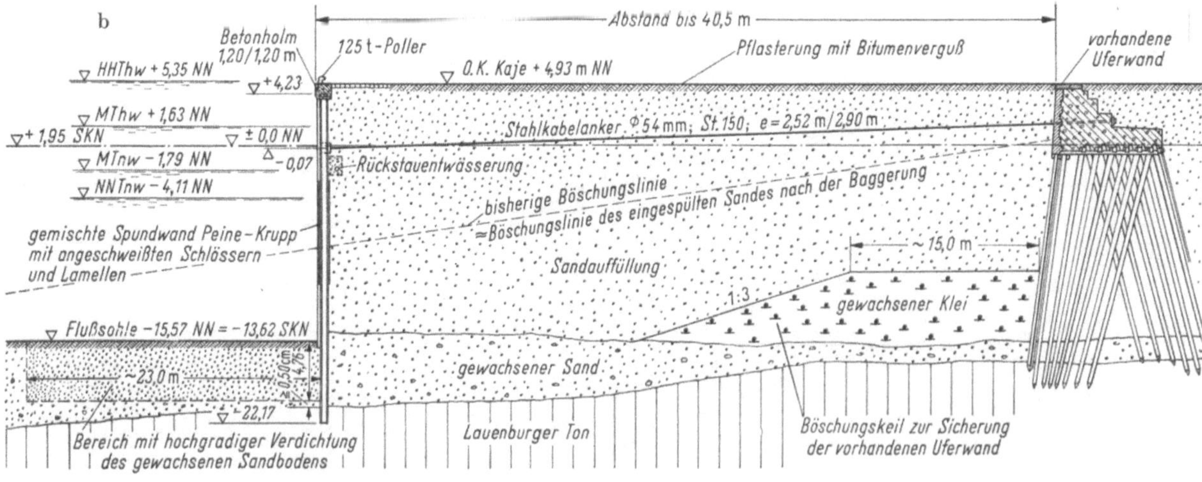

Abb. 11 a u. b. Ausbau Nordende Columbuskaje.
a) Darstellung der neuen Uferwand mit Verankerung; b) Querschnitt der neuen Uferbefestigung im Anschluß an die vorhandene Columbuskaje.

Für die neue Uferwand wurde nach Gegenüberstellung verschiedener Querschnitte die wirtschaftlichste Lösung gewählt (Abb. 11a u. b). Im Bereich des passiven und aktiven Erddruckes wird der über dem gewachsenen Sand anstehende Kleiboden weggebaggert und durch Sandboden ersetzt. Vor der alten Uferwand muß hierbei ein entsprechender Kleikeil stehenbleiben, um deren Standsicherheit nicht zu gefährden. Sowohl der aufgefüllte als auch der gewachsene Sand vor der neuen Uferwand wird unterhalb der späteren Flußsohle bis 0,5 m über der Tonschicht durch Tiefenrüttler hochgradig verdichtet. Die neue Uferwand wird voll mit Sandboden hinterfüllt. Evtl. Schlickablagerungen müssen vorher entfernt werden.

Als Spundwandsystem wird eine gemischte Wand aus Peiner- und Kruppbohlen eingebaut, deren Verbindungsschlösser an die Tragbohlen angeschweißt sind. Entsprechend den statischen Erfordernissen werden Lamellen auf die einfachen bzw. doppelten Tragpfähle aufgeschweißt. Die Sicherung der Spundwand nach dem Einbau gegen stromseitigen Wellenschlag und evtl. Erddrücke von der Landseite her durch Sandverspülungen vor der Spundwand infolge der Strömung erfolgt durch schräg gerammte Holzpfähle mit einer Hilfsgurtung. Die Oberkante der Spundwand liegt auf +4,23 m NN. Den oberen Abschluß bildet ein Stahlbetonholm mit der Oberkante auf +4,93 m NN. Im Übergangsbereich zur vorhandenen Columbuskaje und zur vorhandenen östlichen Vorhafenwand wird der Zwickel mit einer Betonplatte überbaut.

Die Verankerung der neuen Wand erfolgt im Hauptbereich mittels Rundstahl- und Kabelankern an der Stahlbetonrostplatte der alten Uferwand. Der Molenbereich wird an zwei Ankerbalken verankert, die auf Pfahlböcken gegründet sind. Für die Flügelwände werden Stahlbetonplatten in die Sandauffüllung eingebaut.

Der 250 t-Poller wird flach gegründet und durch Anker an die alte Wand bzw. an Stahlbetonankerplatten angeschlossen.

4. Erzumschlagsanlage Bremerhaven

4.1 Allgemeines

Die Erzverladeanlage Bremerhaven wurde von der Firma Klöckner-Werke AG, Duisburg, als öffentliche Umschlagsanlage für den Betrieb durch die Weserport-Umschlagsgesellschaft m.b.H. in Bremerhaven gebaut. Das Land Bremen stellt hierfür im Bereich des Überseehafengebietes ein Hafenbecken mit Kaianlagen und Schiffsliegeplätzen sowie die erforderlichen Flächen für die Verkehrsanlagen und Erzlager und die Zufahrtsstraßen zur Verfügung. Von der Firma Klöckner-Werke AG wurden alle erforderlichen baulichen und maschinellen Anlagen einschließlich der Bahnanlagen hergerichtet.

Maßgebend für die Ortswahl der Erzumschlagsanlage in Bremerhaven-Überseehafen waren die vorhandenen Zufahrtsmöglichkeiten auch für Schiffe mit großem Tiefgang. Der Überseehafen als Dockhafen wird durch die Nordschleuse mit der Weser verbunden. Diese hat eine Torweite von 45 m, eine Kammerbreite von 60 m und eine Länge von 373 m, der Tordrempel liegt auf —11,0 m SKN. Bei einem mittleren Hafenwasserstand von rd. 3,0 m SKN und bei einem mittleren Tidehochwasser der Weser auf 3,60 m SKN stehen damit nach entsprechender Ausbaggerung Fahrwassertiefen bis 14 m zur Verfügung.

In der ersten Ausbaustufe der Erzumschlagsanlage wird eine Fahrwassertiefe für die Durchfahrt von Schiffen mit 12,0 m Tiefgang bei normalen Tiden gehalten. Hierfür reicht der vorhandene Ausbau der Außenweser auf —10,0 m SKN aus. Nach Ausbau der Außenweser auf 11 bis 12 m unter SKN wird mit Schiffen von etwa 70000 bis 80000 tdw gerechnet.

4.2 Planung

Die Erzumschlagsanlage ist im Endausbau für eine jährliche Umschlagsleistung von etwa 12 Mio Tonnen geplant (Abb. 12). Der erste Ausbau erfolgt für eine Jahresleistung von 4 bis 5 Mio Tonnen. Während der Weitertransport des Erzes zu den Hüttenwerken zunächst nur von der Bundesbahn durchgeführt wird, ist beim weiteren Ausbau der Anlage auch die Einrichtung einer Binnenschiffsbeladeanlage möglich. Für die Erzlagerung werden große Flächen benötigt, da hier bis zu 30 verschiedene Erzsorten gelagert und für die Hütten bereitgehalten werden sollen. Das Erz soll in Großraumwaggons der Bundesbahn so verladen werden, daß es direkt in die Hochofenanlagen gegeben werden kann.

Für die Entladung der Erzschiffe wird vom Wendebecken abzweigend der Erzhafen in einer Länge von 500 m und einer mittleren Breite von 140 m ausgebaggert. An der Südseite dieses Beckens liegt die Verladekaje und an der Nordseite werden sieben Festmachedalben für Schiffsliegeplätze eingebaut. In der ersten Ausbaustufe wird der Erzhafen auf —10,0 m SKN ausgebaggert. Für den Endzustand ist der Ausbau auf —11,0 m SKN geplant.

Auf der Ostseite des vorhandenen Bahnhofes Kaiserhafen sind die Erzlagerflächen und die Verkehrsanlagen vorgesehen. Die Verbindung zwischen der Löschkaje und den Erzlagerflächen wird durch Förderbänder hergestellt, die über den Bahnhof Kaiserhafen hinwegführen.

Für die Ausbildung der Binnenschiffsbeladeanlage liegen der genaue Umfang sowie die erforderlichen Einzelbauwerke noch nicht fest. Die Beladeanlage ist im erweiterten Erzhafen vorgesehen; hier können die für Binnenschiffsverkehr erforderlichen Liege- und Warteplätze hergerichtet werden.

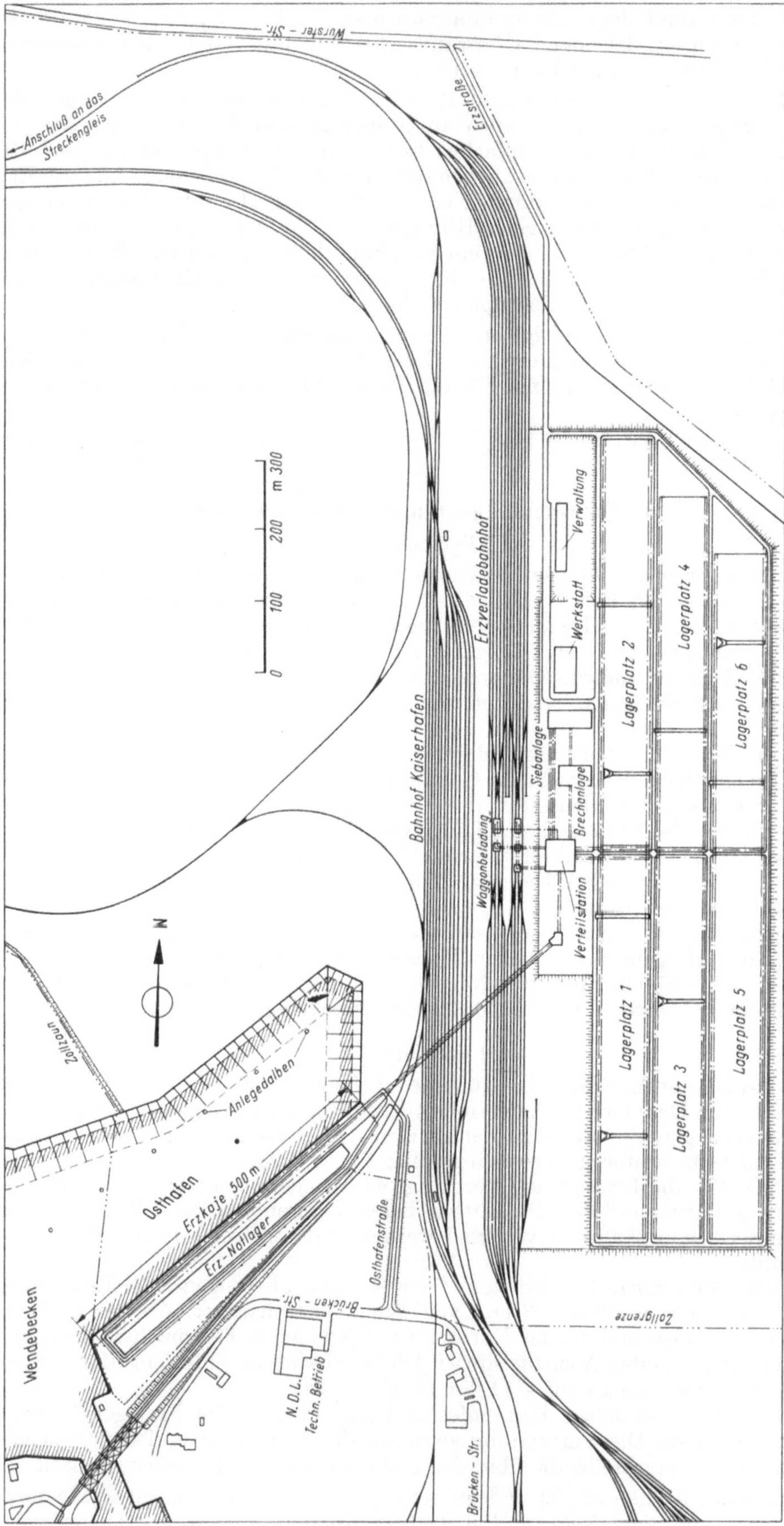

Abb. 12. Übersichtsplan der Erzumschlagsanlage.
Im 1. Ausbau werden u. a. hergestellt: der Osthafen, die Erzkaje L = 330 m, der Erzlagerplatz 1, die Anlegedalben, Gleisanlagen, Zufahrtsstraßen.

Die Zufahrt zum Osthafen erfolgt von der Brückenstraße und die Zufahrt zum Erzlager von der Wurster Straße aus.

4.3 Erzkaje

Die Erzkaje (Abb. 13) wird insgesamt 500 m lang. Im ersten Ausbau werden 330 m hergestellt. Der Ausbau beginnt am Ende der Kaje, hierdurch können die Transportbandanlagen in Richtung Erzlager sofort endgültig hergerichtet werden. Die nutzbare Länge der Kaje von zunächst rd. 270 m reicht für ein Großschiff bzw. für mehrere Kleinschiffe aus.

Die neue Ufermauer hat einen Geländesprung von Oberkante Kaje auf +2,93 m NN bis zur Hafensohle auf —13,07 m NN zu sichern.

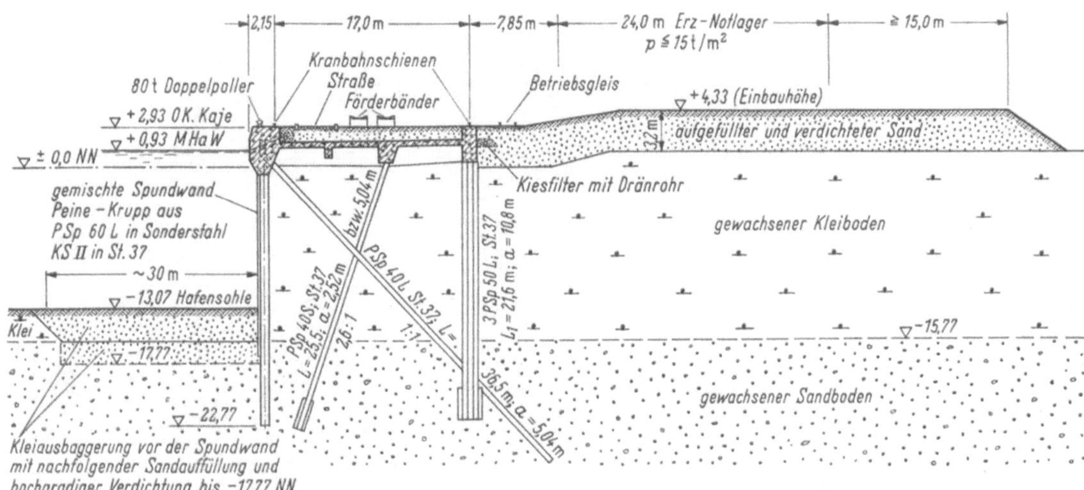

Abb. 13. Erzkaje, Querschnitt.

Auf der Kaje werden zwei Uferentlader mit je 20 t Tragkraft aufgestellt. Für den Endausbau sind 4 weitere Löschgeräte mit je 25 t Tragkraft vorgesehen. Außerdem werden auf der Kaje in Längsrichtung zunächst ein und später zwei Transportbänder mit Umlenk- und Spannstation eingebaut. Hinter der landseitigen Kranbahnschiene wird ein Betriebsgleis angeordnet. Daran schließt sich ein Erzlagerplatz von 24 m Breite an, der als Notlagerplatz bei Ausfall der Förderbandanlage beschickt werden soll. Die maximale Belastung des Notlagerplatzes beträgt 15 t/m².

Die vorhandenen Bodenverhältnisse erfordern eine überbaute Ufermauer mit Schrägpfahlverankerungen. Gegenüber normalen Umschlagskajen wirkten sich bei den vorliegenden Verhältnissen die großen Kranbahnbelastungen und die Einflüsse aus dem Notlager ungünstig aus. Infolge der Dicke der vorhandenen Kleischichten belastet das Notlager auch noch die Spundwand. Diese Druckausstrahlung muß besonders bei der Ausbildung der Lot- und Schrägpfähle beachtet werden. Hierfür werden auf Grund ihres elastischen Verhaltens Stahlpfähle gewählt.

Der tragfähige Sandboden steht im Bereich der Erzkaje etwa 2,70 m unterhalb der endgültigen Hafensohle an. Die wirtschaftlichste Lösung für die Ufermauer ergibt sich, wenn der gewachsene Kleiboden zwischen der Hafensohle und der Oberkante des Sandes abgebaggert und durch Sand ersetzt wird. Der eingefüllte und der gewachsene Sand wird bis auf eine Tiefe von 4,7 m unter Hafensohle hochgradig verdichtet.

4.4 Verkehrsflächen

Die Verkehrsflächen sind für Bahnhofs- und Gleisanlagen erforderlich. Auf den bis zur Geländeoberkante anstehenden Kleiboden wurde hierfür auf Forderung der Deutschen Bundesbahn eine Sandschicht in einer Mindestdicke von 0,8 m aufgespült.

4.5 Erzlagerflächen

Die Erzlagerflächen müssen für eine Endbelastung von 30 t/m² hergerichtet werden. Die Belastbarkeit soll zunächst 15 t/m² betragen und dann möglichst schnell auf eine Maximal-Belastung von 30 t/m² gesteigert werden können. Von insgesamt sechs Lagerplätzen mit rd. 200000 m² wird im ersten Bauabschnitt der erste Lagerplatz mit etwa 35000 m² vorbereitet.

Die zu erwartenden Setzungen sind für die Erzlager ohne große Bedeutung. Jedoch muß die Grundbruchsicherheit für die jeweils zugelassene Belastung garantiert werden. Für die Erzbelastung von 15 t/m² reicht bei den hier vorliegenden Bodenverhältnissen eine druckverteilende Sandschicht von 3,20 m Dicke aus (Abb. 14). Um die Belastung jedoch nach gewissen Zeitabständen erhöhen zu können, sind zusätzliche Maßnahmen erforderlich, die die Konsolidierung der bindigen Bodenschichten beschleunigen. Es wurde daher eine vertikale Sanddränage eingebaut, bei der der Abstand der einzelnen Dräns auf 3,50 m nach beiden Richtungen hin festgelegt wurde. Die rd. 21 m tiefen, im Spülverfahren hergestellten Bohrlöcher sind mit dem aufgespülten Sand verfüllt worden. Schon unter der Last der druckverteilenden Sandschicht betragen die Setzungen ein Jahr nach Herstellung der Dräns bis 1,0 m.

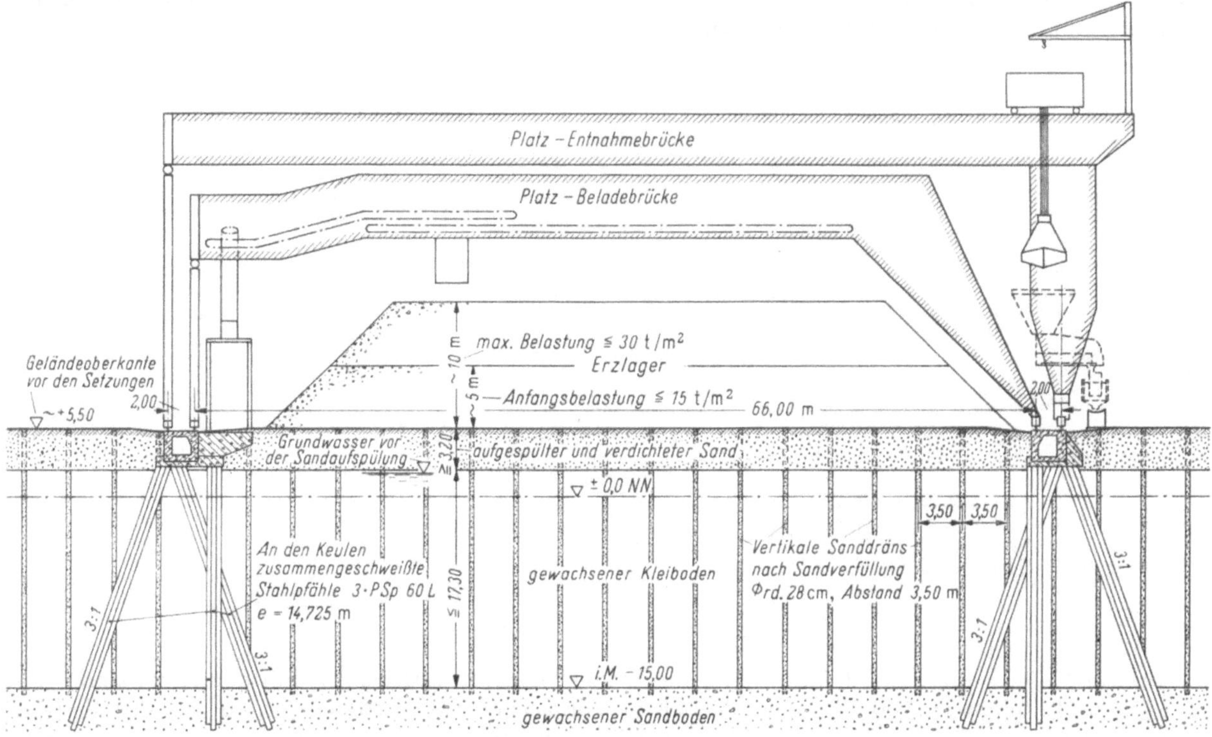

Abb. 14. Erzlagerplatz 1. Querschnitt mit Darstellung der druckverteilenden Sandschicht und der Vertikaldränagen sowie der von der Weserport Umschlagsgesellschaft m.b.H. gebauten Kranbahnbalken, Platzbrücken und Förderbandanlagen.

IV. Die Massengutumschlagsanlage „Weserport“

Von **Bernhard Brand,** Geschäftsführer der Weserport-Umschlagsgesellschaft m.b.H., Bremerhaven

Der Erzhafen Weserport ist am 23. 10. 64 in der ersten Baustufe in Betrieb genommen, denen weitere folgen. Das Projekt ist ein Gemeinschaftswerk der Klöckner-Werke AG. Duisburg und der Stadtgemeinde Bremen im Nordteil des Überseehafengebietes Bremerhaven. Die Umschlagsanlage wird als öffentliche Anlage durch die Weserport Umschlagsgesellschaft m.b.H. betrieben. Es werden in der Hauptsache Erz, aber auch andere Massengüter für Bergbau- und Hüttenunternehmungen umgeschlagen. Im Rahmen dieser Aufgabenstellung werden die drei Klöckner-Hüttenwerke in Bremen, Osnabrück und Hagen-Haspe und andere Hüttenwerke von Bremerhaven aus mit Erz versorgt.

Nachdem die hafenbautechnischen Maßnahmen Bremens für den Erstausbau im Jahre 1963 praktisch abgeschlossen wurden, wurde im Auftrag von Klöckner die Montage der eigentlichen Umschlagseinrichtungen durchgeführt. Auf der Erzkaje am neu geschaffenen Erzhafen-Becken erheben sich die Stahlkonstruktionen der beiden ersten Schiffsentlader. Die Bezeichnung „Schiffsentlader“ bringt zum Ausdruck, daß es sich um reine Löschgeräte handelt. Sie arbeiten nach einem neuartigen Lenkersystem, das in diesen Ausmaßen eine Neukonstruktion darstellt. Mit 20 t Tragkraft sind sie für die Löschung großer und selbsttrimmender Massengutfrachter gedacht. Sie können aus modernen Erzfrachtern maximal je 2000 t in der Stunde löschen, d.h., daß beide Schiffsentlader zusammen für einen jährlichen Umschlag von 4 bis 5 Mill. t ausgelegt sind. Im Endausbau sollen mit sechs Schiffsentladern 12 Mill. Jahrestonnen bewältigt werden.

Die Löschung des Erzes und andere Montangüter ex Seeschiff auf Lager oder Waggon wird durch Bandanlagen bewerkstelligt, die das Erz mit einer Förderleistung von 2500 t/h zur Verteilerstation führen. Diese besorgt die Umsteuerung des Erzstromes zu verschiedenen Betriebspunkten, und zwar:

Ex Seeschiff auf Eisenbahnwagen,
ex Seeschiff auf Lager,
ex Lager auf Eisenbahnwagen.

Zunächst liegt das Hauptgewicht des Abtransportes zum Binnenland auf der Schiene. Es ist aber auch eine Binnenschiffsbeladestation vorgesehen und einbaumäßig berücksichtigt.

Das Lagerareal von Weserport umfaßt insgesamt 200000 qm. Hiervon ist der erste Lagerplatz mit 35000 m^2 für 500000 bis 600000 t Erz hergerichtet, während weitere fünf Lagerplätze bereits durch Aufsandung vorbereitet sind. Die weiträumigen Lagerflächen sollen im Endausbau der Zwischenlagerung von 5 Millionen t Erz dienen, das für die Klöckner-Werke und die anderen Empfänger auf Abruf vorgehalten wird. Durch den starken Aufschwung der überseeischen Erzeinfuhren in großen Schiffsgefäßen werden heute die Erze in Ladungen bis zu 45000 t und mehr angefahren. Die meisten deutschen Hüttenwerke sind wegen ihrer beengten Platzverhältnisse gar nicht in der Lage, dauernd so große Mengen aufzufangen. Die zahlreichen Sorten werden vom Hochofen als Gemisch, d.h. in Teildosierungen gebraucht, so daß es wegen der wechselnden Ankünfte der Seeschiffe und der unterschiedlichen Entfernungen vom Seehafen zu den Hütten praktisch ausgeschlossen ist, den Verbrauch mit dem zeitlichen Ablauf der Transporte zu koordinieren. Für die meisten Hüttenwerke sind daher Vorratslager im Seehafen zur Vermeidung kostenverursachender Aufstauungen an Transportgefäßen beim Empfänger unabdingbar.

Der Transport des Erzes auf den ersten, voll ausgebauten Lagerplatz erfolgt über ein hochgelegtes Förderband, von dem aus der Erzstrom mittels eines Bandschleifenwagens in die Platzbeladebrücke gelangt. Diese fördert das Erz auf das für eine bestimmte Sorte vorgesehene Planquadrat. Die Platzbeladebrücke hat eine Höhe von 16 m und eine Spannweite von 66 m. Sie kann stündlich 2500 t Erz bewältigen (vgl. Abb. 14).

Die Ablagerung erfolgt durch eine Platzentnahmebrücke, die 1000 t/h aufnimmt. Ihr Greifer fördert das Erz in einen Bunker, von dem es auf ein niederes, parallel zum Lager laufendes Band abgegeben wird. Die Brücke überspannt die Platzbeladebrücke. Sie hat deshalb eine Höhe von 23 m und eine Spannweite von 70 m. Beide Brücken sind so angeordnet, daß sie übereinander fahren und unabhängig voneinander das Lager beschicken, bzw. vom Lager aufnehmen können.

Die Verladung der einzelnen Erzsorten geschieht in der Waggonbeladestation des neuen Erzbahnhofes, der voll elektrifiziert wird. Die Deutsche Bundesbahn setzt geschlossene Spezialwagenzüge ein, die das Erz unmittelbar in die Hochofenbunker entleeren. Die Waggonbeladestation ermöglicht mittels elektronischer Einrichtungen eine Beladung und Abfertigung der Züge bis zu 16000 t pro Tag im Erstausbau und später bis zu 40000 t. Der regelmäßige Einsatz von ganzen Zugeinheiten bewirkt die notwendige Rationierung des Zulaufs beim Empfänger.

Die Gewichtsfeststellung erfolgt mittels automatischer Behälterwaagen, die über dem einzelnen Waggon in der Verladestation eingehängt sind. Auf diese Weise wird das Nettogewicht gemessen. Datenverarbeitende Anlagen liefern die für die Abfertigung erforderlichen Frachtpapiere.

V. Kran- und Förderanlagen und elektrische Ausrüstung im Überseehafen und Fischereihafen

Von Oberbaurat Dipl.-Ing. **Otto Gravert**

1. Krananlagen

Nachdem in den ersten Jahren nach der Währungsreform im Überseehafen 10 vorhandene Drehkrane mit festem Ausleger in Wippkrane umgebaut waren, um ihre Leistungsfähigkeit zu erhöhen[1], wurden 1956 die Ausleger von 14 Drehkranen verlängert und ihre Hakenhöhe vergrößert. Dies war dringend erforderlich, da die Abmessungen der Krane für die größeren Schiffe nicht mehr ausreichten und andererseits sich ein Umbau in Wippkrane bei diesen 1909 erbauten Kranen nicht mehr lohnte.

Im Jahre 1954/55 konnten erstmalig 10 neue 3 t-Stückgutkrane für Kajeschuppen beschafft werden[2], wobei eine möglichst große Übereinstimmung mit den für den Hafen Bremen geeigneten Wippkranen herbeigeführt wurde, um die Krane im Bedarfsfalle von dem einen in den anderen

[1] Siehe Jahrb. HTG. 20/21 (1950/51) S. 217.
[2] Hansa 1955, H. 37/38, S. 1643.

Hafen umsetzen zu können. So wurde z. B. Vorsorge getroffen, daß die Spurweite der Halbportale leicht abgeändert werden kann und daß die elektrische Ausrüstung in allen wesentlichen Teilen die gleiche ist.

Die Krane erhielten 20 m Ausladung bei 22 m Hakenhöhe über Schienenoberkante auf der Kaimauer bzw. 25 m über dem Wasserstand der abgeschleusten Häfen. Sie sind als Säulendrehkrane in Blechbauweise erstellt. Die Hubgeschwindigkeit beträgt 60 min/m bei 2 t und 40 m/min bei 3 t Tragkraft.

In den gleichen Jahren wurden auf der Columbuskaje 4 Vollportalwippkrane in Säulenbauart von 4 t Tragkraft bei 32 m Ausladung bzw. 8 t bei 16 m aufgestellt[1].

Die große Ausladung ist erforderlich, da die wasserseitige Kranschiene 5,80 m von Vorderkante Kaje zurückliegt, vor der Mauer noch Buschfender bis zu 3 m Durchmesser hängen und das größte hier anlegende Fahrgastschiff, die „United States", deren mitschiffs angeordnete Ladeluken noch bequem erreicht werden müssen, eine Breite von 31 m hat. Diese große Ausladung hat sich auch

Abb. 15. 3-t-Stückgutkrane am Schuppen B. (Foto Krupp-Ardelt Wilhelmshaven)

als besonders vorteilhaft beim Löschen von sogenannten offenen Schiffen gezeigt. Bei diesen Schiffen ist die Abdeckung der beiden in Schiffsmitte liegenden größten Luken in 3 Teile aufgelöst, die sich über den größten Teil der Schiffsbreite erstrecken. Diese Bauart ermöglicht ein rasches Beladen und Löschen der Schiffe, da sie die Arbeit der Stauer unter Deck erheblich verringert, zumal wenn die Landkrane bis an den äußeren Rand der Luke reichen. Dieser ist z. B. bei einem 23 m breiten Schiff etwa 22 m von der der Kaje zugewandten Bordwand entfernt, so daß die Kranausladung entsprechend gewählt werden muß, um die Vorzüge der „offenen Schiffe" voll ausnutzen zu können.

Bei diesen 4/8-t-Kranen mit großer Ausladung sind die gleichen Hubmotore wie für die 3-t-Krane und auch, soweit möglich, die gleiche elektrische Ausrüstung gewählt worden, um die Ersatzteilhaltung zu beschränken. Das Hubwerk hat ein Umschaltgetriebe für eine Hubgeschwindigkeit von 54 m/min bei 2,5 t Last, die z. B. beim Löschen von Gepäck und Postsäcken benutzt wird, von 36 m/min bei 4 t und von 18 m/min bei 8 t Last erhalten.

[1] Hansa 1955, H. 37/38, S. 1645.

In den Jahren 1959/60 wurde die Schuppengruppe F/G mit 8 weiteren 3-t-Kranen der Bauart 1954/55 ausgerüstet, bei denen jedoch auf das Umschaltgetriebe im Hubwerk verzichtet wurde. Bei 20% Einschaltdauer des 25-kW-Motors wird bei 3 t Last noch eine Hubgeschwindigkeit von 45 m/min erreicht. Diese ist ausreichend, da eine größere Hubgeschwindigkeit selten ausgenutzt werden kann.

Ferner erhielt die Schuppengruppe A/B/C 12 Wippkrane ähnlicher Bauart, jedoch wurde hier ein Gitterausleger mit 21 m Ausladung gewählt, da geplant ist, später vor der jetzigen Kaje zur Vergrößerung der Wassertiefe eine Spundwand zu rammen[1]. Da die Tragfähigkeit des Kranbalkens für die landseitige Halbportalstütze an den Schuppen A/B/C für einen Dreibeinkran mit nur einem Laufrad am Spornende nicht ausreichte, wurde das Spornende zur Lastverteilung mit einem als Pendelstütze ausgebildeten Schemelwagen mit zwei in einem Abstand von 3,50 m angeordneten Laufrädern versehen. Der Vorteil des Dreibein-Halbportalkranes, die geringe Überschattung der Kranarbeitsfläche durch den nur 0,8 m breiten Sporn, ist also erhalten geblieben.

Von diesen 3-t-Wippkranen haben 8 Krane ein außen an die Drehsäule angebautes Hub- und Drehwerk und ein Zahnstangeneinziehwerk. Bei 4 Kranen (s. Abb. 15) ist das Einziehwerk als Spindeleinziehwerk ausgebildet, und Hub- und Drehwerk sind in einem um die Säule herumgebauten Maschinenhaus untergebracht. Große Klappen und Türen ermöglichen den Ein- und Ausbau der Blockgetriebe.

Die Columbuskaje wurde in den Jahren 1960/63 mit 5 weiteren Wippkranen von 4/8-t-Tragkraft gleicher Bauart wie die dort 1954/55 aufgestellten Krane ausgestattet, so daß an dieser rd. 900 m langen Kaje jetzt insgesamt 12 Krane für die Abfertigung von Fahrgast- und Frachtschiffen zur Verfügung stehen.

Die Bremen gehörenden und an den Werftbetrieb des Norddeutschen Lloyd verpachteten beiden Kaiserdocks von 335 m und 226 m Länge sind 1954 und 1958 mit je einem Doppellenker-Vollportalwippkran ausgerüstet[2]. Die Tragkraft des Hubwerks beträgt 30 t, die des Hilfshubs 5 t. Außerdem wurden dort vom NDL zwei 3/6-t-Wippkrane älterer Bauart, die früher an anderer Stelle im Hafen eingesetzt waren, aufgestellt, um die Kranausstattung den Anforderungen, die heute an leistungsfähige Reparaturdocks gestellt werden, anzupassen.

2. Flurfördergeräte

Die Ausrüstung der Kajeschuppen mit Flurfördergeräten, die nach der Währungsreform erst zögernd einsetzte, ist in den letzten Jahren sehr verstärkt worden. Nachdem zunächst einige Elektro-Gabelstapler beschafft worden waren, sind die weiteren Stapler ausschließlich mit Dieselmotorantrieb versehen. Da vielfach Container und umfangreiche Kisten mit Haushaltsgut, deren Schwerpunkt also weit von der Hinterkante der Gabeln entfernt liegt, umgeschlagen werden, ist die Anzahl der Stapler größerer Tragkraft im Vergleich mit anderen Häfen sehr hoch. Insgesamt sind jetzt 10 Gabelstapler mit 2 t und 11 Stapler mit 3,5 t Tragkraft eingesetzt. Alle Dieselgabelstapler sind mit Abgaswaschanlagen ausgerüstet, so daß Belästigungen durch Abgase nicht eingetreten sind.

Für das Ziehen und Schieben von Plattformwagen sind 44 Elektro-Dreiradschlepper vorhanden. Diese Schlepper sind mit einer 210-Ah-Röhrenplattenbatterie und einer gefederten Hakenkupplung ausgerüstet, die vom Fahrersitz ausgelöst werden kann. Die in großer Zahl vorhandenen niedrigen Plattformwagen sind mit entsprechenden Ösen auf der einen und Haken auf der anderen Stirnseite versehen, so daß sie leicht zusammengekuppelt werden können.

Zum sogenannten Feinrangieren, d. h. zum Verschieben von Eisenbahnwagen vor den Ladestellen, sind 6 Einachsschlepper mit je zwei 150-Ah-Batterien und 2 Einachsschlepper mit VW-Motoren eingesetzt.

3. Landesteg und Gepäckförderanlagen für die Fahrgastanlage II

Für den Erweiterungsbau der Fahrgasteinrichtungen auf der Columbuskaje ist ein weiterer, 3. Landesteg erstellt worden (s. Abb. 16). Die vorhandenen 2 Landestege dienen zur Verbindung des Schiffes mit der im 1. Stock liegenden sogenannten Zollrampe, auf der an der Fahrgastanlage I auf dem Südende der Columbuskaje nicht nur das Gepäck gelandet wird, sondern auch die Fahrgäste betreten über diese Rampe bei der Ankunft die dahinterliegende Zollhalle und bei der Ausreise das Schiff.

Bei der Fahrgastanlage II ist eine Überschneidung des Gepäck- und Personenverkehrs vermieden. Die Fahrgäste betreten und verlassen das Schiff über den Passagiergang im 2. Stockwerk der Anlage und kommen mit dem Gepäck, das wie bei der Anlage I über die Zollrampe im 1. Stock

[1] Hansa 1960, H. 23/24, S. 1177.
[2] Hansa 1955, H. 37/38, S. 1647 und Hansa 1960, H. 23/24, S. 1178.

abgefertigt wird, nicht in Berührung. Der Landesteg für die neue Anlage ist daher entsprechend ausgebildet worden. Außerdem sollte dieser Steg nicht nur wie die zuerst gebauten 2 Landestege teleskopartig ausziehbar sein, um sich der verschiedenen Lage des Schiffes am Kai und den Höhenlagen der Pforten im Schiff anpassen zu können, sondern durch das Portal des Landestegs sollte auch der Verkehr auf der Kaje nicht behindert werden. Deshalb wurde der eigentliche Steg in Leichtbauweise konstruiert und derartig in einem über die ganze Länge der Fahrgastanlage verfahrbaren Halbportal an Seilen aufgehängt, daß er aufgetoppt werden kann, wenn die auf der Kaje stehenden Krane vorbeifahren müssen. Aus Festigkeitsgründen hat der aus drei Teilen (*I*, *II*, *III*) bestehende Steg einen Rohrquerschnitt erhalten. Der landseitige, rd. 23 m lange Teil (*III*) ist auf einem Wagen in einem Zapfen drehbar gelagert, so daß der Steg zum Auftoppen und zum Vorbeifahren am Mittelbau des neuen Bauwerkes, das 4,50 m gegenüber der Abfertigungshalle vorspringt, um 6,15 m vorgezogen werden kann. Der vordere Teil (*I* und *II*) des Steges kann um 12,50 m aus dem landseitigen Stegteil herausgezogen werden. Durch diese Ausbildung kann der Steg den Bewegungen des Schiffes bei steigendem und fallendem Wasser und infolge von Wind und Strömungen folgen.

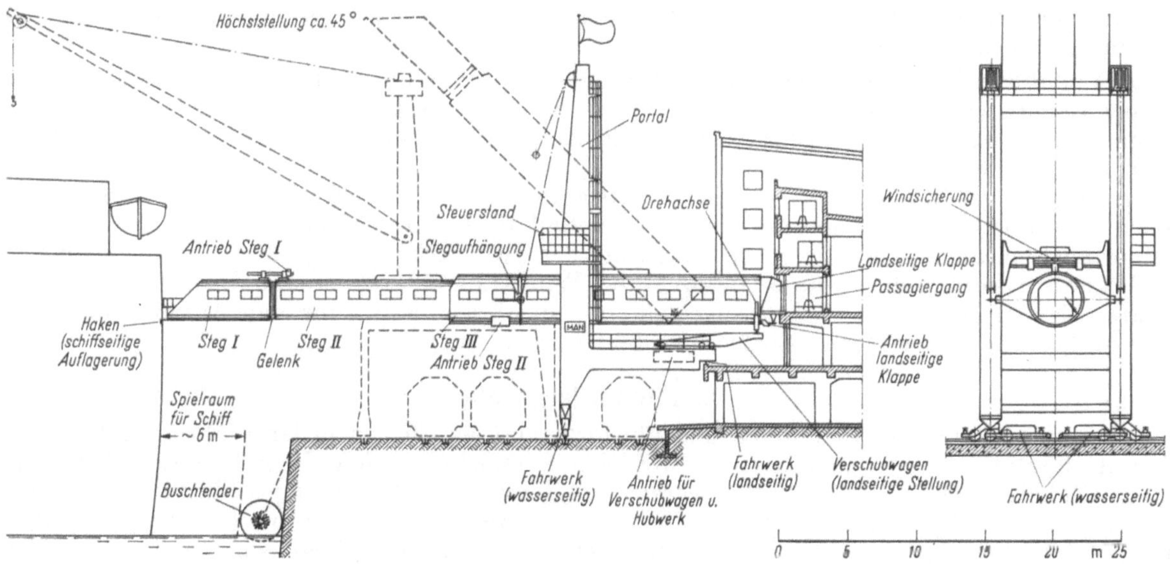

Abb. 16. Der fahrbare Landesteg der Fahrgastanlage II verbindet das Promenadendeck der Schiffe mit dem Passagiergang vor der Wartehalle des Abfertigungsgebäudes. (MAN, Werk Gustavsburg).

Die größte Neigung des Steges gegenüber der Waagerechten beträgt bei den bekannten Schiffsgrößen 9° nach oben oder unten. Eine größere Neigung des Steges nach unten ist nicht möglich, da das Lichtraumprofil für das darunterliegende Gleis freibleiben muß. Um jedoch auch Schiffe mit tiefer liegenden Pforten bedienen zu können, ist das äußerste Ende des Steges (*I*) mit einem Gelenk versehen worden, so daß es durch einen besonderen Antrieb nach unten abgeknickt werden kann. Für diesen Fall ist das vordere Stegende (*I*) mit einstellbaren Stufen versehen. Die Breite des Steges zwischen den Geländern beträgt 1,65 m. Im ausgezogenen Zustand ragt die wasserseitige Spitze des Steges bis zu etwa 9 m über die Vorderkante der Kaje hinaus, so daß das Schiff bei einer Stärke der vor der Kaje hängenden Fender von 3 m bei ablandigem Wind und Eisgang noch reichlich 6 m von der Kaje abtreiben kann. Im Katastrophenfall, wenn das Schiff noch weiter von der Kaje abtreibt, löst sich der vordere, auf der Schiffspforte aufliegende Haken des vorderen Stegendes selbsttätig aus, und der Steg hängt sich in den Seilen der Hubvorrichtung auf.

Um den Auflagerdruck auf die Schiffspforten zu verringern, laufen im Innern der wasserseitigen Portalstütze Gegengewichte, die das Eigengewicht des Steges zum Teil ausbalancieren.

Zur Aufnahme der Windkräfte auf das eingezogene Rohr des Landesteges, wenn der Steg nicht auf dem Schiff aufliegt, ist eine Windsicherung vorhanden, die mittels Spindeln den Steg in seiner Mittellage festhält.

Das Fahrwerk für das Halbportal ist am wasserseitigen Portalfuß untergebracht. Zwei Motoren treiben die sechs Laufräder an. Der Bedienungsmann hat seinen Standort in einem Steuerhaus an der wasserseitigen Portalstütze erhalten, von dem aus er alle Bewegungen beobachten kann. Außerdem ist er mit dem Einweiser, der beim An- und Ablegen des Steges auf der Spitze des Steges (*I*) seinen Platz hat, durch einen Fernsprecher verbunden.

Das große Gepäck der Fahrgäste und ihre Kraftwagen sowie die Postsäcke werden von den Stückgutkranen gelöscht und auf der Zollrampe im 1. Stock des Abfertigungsgebäudes oder auf der Kaje abgesetzt.

Das Handgepäck wird von der Besatzung bereits vor der Ankunft des Schiffes auf dem Promenadendeck gestapelt und mittels 2 oder 3 Förderbandstraßen, die gegen Regen durch Persennige geschützt sind, auf die Zollrampe befördert. Die Anordnung der Förderbänder ist aus der Abb. 17 ersichtlich. Da die Lage des Schiffes an der Kaje und seiner Pforten genau bekannt ist, werden das mittlere, waagerechte Förderband und das landseitige, zur Rampe führende Förderband bereits vor Ankunft des Schiffes aufgebaut. Sofort nach dem Festmachen des Schiffes wird das schiffsseitige

Abb. 17. Gepäckförderbänder, Stückgutkran und fahrbarer Landesteg an dem vor der Fahrgastanlage II liegenden T. S. „Bremen" (Foto Brockmöller, Bremen).

Förderband mit einem der Landkrane in die Schiffspforte ein- und auf das waagerechte Förderband aufgelegt, so daß es sich der wechselnden Entfernung zwischen Schiff und Kaje anpassen kann. Die Gummigurte von 800 mm Breite sind geriffelt. Das schiffsseitige Förderband hat außerdem Mitnehmerstollen erhalten, die ein Gleiten auch von sehr glatten Gepäckstücken verhindern, wenn die Neigung bei hohem Wasserstand über 30° beträgt.

Mit diesen 3 Förderbandstraßen werden 3300 Stück Handgepäck innerhalb von 60 Minuten gelöscht, von der Zollrampe mit Gepäckkarren und Elektroschleppern in die Abfertigungshalle befördert und dort, nach den Buchstaben der Reisenden geordnet, aufgestellt.

4. Elektrische Ausrüstung

Der im Überseehafen benötigte elektrische Strom wird von den Stadtwerken Bremerhaven bezogen, die an zwei Stellen 20 kV Drehstrom in das Hafengebiet einspeisen. Von hier wird der Strom mit 20 kV Spannung an die Erzumschlagsanlage und mit 6 kV an das übrige hafeneigene Netz abgegeben. Die Verteilung des Stromes wird in einem der Schalthäuser, in der auch die Fernsprechzentrale der Hafenverwaltung untergebracht ist, überwacht und ferngesteuert.

Das Hochspannungs- und das Drehstrom-Niederspannungsnetz ist in den letzten Jahren erheblich ausgebaut worden. Die Abgabe von Gleichstrom beschränkt sich auf 3 Schuppen, auf die Nordschleuse und 2 Klappbrücken, an denen örtlich Selengleichrichter, in Gruppen zusammengefaßt, die Versorgung der restlichen Gleichstromkrane usw. aufrechterhalten.

Der Stromverbrauch ist von 5 Millionen kWh 1952 auf 10,7 Millionen kWh 1963 angestiegen bei einem Anwachsen der beanspruchten Höchstleistung von 1600 kW auf 2800 kW.

Den Strom für das Fischereihafengebiet liefert das Überlandwerk Nordhannover. Die frühere Einspeisung mit 6 kV ist auf 20 kV umgestellt worden. Hierzu wurde ein 12-MVA-Transformator 20/6 kV am Einspeisepunkt Hoebelstraße aufgestellt. Die mit 60/6 kV betriebene zweite Einspeisung besteht weiterhin. Der Strombedarf ist durch das Vordringen der Kältetechnik in der Fischwirtschaft stark angestiegen, so daß neue Transformatorenstationen erbaut und Netzverstärkungen vorgenommen werden mußten.

Die Stromabnahme im Fischereihafen ist von 22 Millionen kWh im Jahre 1952 auf etwa 33 Millionen kWh im Jahre 1963 gestiegen, während die beanspruchte Höchstleistung 1952 5200 kW und 1963 7100 kW betrug. Durch besondere Tarifmaßnahmen ist es gelungen, die Verrechnungshöchstleistung gegenüber der tatsächlichen Leistung zugunsten der Abnehmer zu senken.

Schrifttum

[1] Otto, W., u. W. Schnelle: Der Columbusbahnhof in Bremerhaven. Hansa 1951, Nr. 37/38.

[2] Wollin, G.: Die Hafenanlagen in Bremerhaven zu Beginn des Jahres 1954. Hansa 1954, Nr. 21/22.

[3] Schnelle, W.: Die Modernisierung der Kaiserschleuse im Überseehafen Bremerhaven und die Verstärkung der Vorhafenkajen. Hansa 1955, Nr. 17/18.

[4] Schnelle, W.: Der Wiederaufbau der Stückgutschuppen F und G im Überseehafen Bremerhaven. Hansa 1955, Nr. 17/18.

[5] Gravert, O.: Erneuerung der Antriebe der Kaiserschleuse in Bremerhaven. Hansa 1955, Nr. 24/25.

[6] Gravert, O.: Neue Krane in Bremerhaven. Hansa 1955, Nr. 37/38.

[7] Eckert, H.: Neubau einer Spundwandkaimauer im Fischereihafen Bremerhaven. Hansa 1958, Nr. 1/3.

[8] Schnelle, W., u. F. Debelts: Die Verstärkung der östlichen Vorhafenkaje an der Kaiserschleuse im Überseehafen Bremerhaven. Hansa 1958, Nr. 16/17.

[9] Wollin, G.: Bremerhaven und die Eeser, Hansa 1959, Nr. 25/26.

[10] Gravert, O.: Kranbauten in Bremerhaven, Hansa 1960. Nr. 23/24.

[11] Wollin, G.: Neue Kühl- und Tiefkühlanlagen im Fischereihafen Bremerhaven. Hansa 1961, Nr. 20.

[12] Schnelle, W.: Neuere Hochbauten im Überseehafen Bremerhaven. Jahrb. HTG 22. Bd. 1952/54, S. 223.

[13] Eckert, H.: Die bauliche Entwicklung des Bremerhavener Fischereihafens. Allgemeine Fischwirtschaftszeitung (AFZ) 1962, Nr. 47.

[14] Wollin, G.: Die neue Fahrgastanlage II auf der Columbuskaje in Bremerhven. Schiff und Hafen Januar 1963, H. 1, S. 45

Fahrgastanlage II — Columbuskaje Bremerhaven. (Bildbericht). Baumeister 1964, H. 1.

Neue Hafenbauten in Emden

Von Präsident **Günter Wetzel** und Regierungsbaudirektor **Oskar Böke**

Die Tagung der Hafenbautechnischen Gesellschaft in Ostfriesland, — auf Norderney und in Emden — im Jahre 1956 gab Anlaß zu einem Überblick über die Entwicklung des Emder Hafens und über den damals erreichten Stand. Wesentlich waren dabei die gerade vor der Inbetriebnahme stehenden neuen Massengutumschlagsanlagen für Erz am Nordkai und für Kohle und Koks am Südkai.

Seitdem ist die Entwicklung im Emder Hafen nicht stehengeblieben und das Jahr 1963 setzt einen Markstein für diesen Hafen. In diesem Jahre, in das die 75-jährige Wiederkehr der Übernahme des Hafens durch den preußischen Staat fällt und die 50-jährige Wiederkehr der Fertigstellung der Großen Seeschleuse, werden die neuen Anlagen für Erzumschlag und -lagerung ostwärts des Südkais dem Betrieb übergeben. Dies mag Anlaß sein zu einem Überblick über die in den letzten 7 Jahren durchgeführten Maßnahmen. Diese werden zunächst im Zusammenhang aufgezeigt, sodann, zu einem Teil, in ihrer technischen Gestaltung kurz erläutert.

Emden war und ist ein Massenguthafen. Wenn bis zum 2. Weltkrieg hierbei Erz in der Einfuhr und Kohle in der Ausfuhr etwa gleichrangig nebeneinander standen, so ist, wie früher schon ausgeführt wurde, in der Zeit nach dem 2. Weltkrieg die Erzeinfuhr, mit 63% des seewärtigen Ein- und Ausfuhrverkehrs im Durchschnitt der letzten 4 Jahre, eindeutig die Hauptsäule im Verkehr des Emder Hafens geworden. Über Emden ging und geht die Erzeinfuhr für den ostwärtigen Teil des rheinisch-westfälischen Industriegebietes. Der Erzbedarf dieses Raumes ist infolge Vergrößerung der Werke gegenüber der Vorkriegszeit in den letzten 10 Jahren erheblich gewachsen. Die Erzeinfuhr über Emden hat dabei schon eine Jahresmenge von 7 Mio t erreicht.

Die an der Erzeinfuhr interessierten Wirtschaftskreise haben daher stets gedrängt, den Hafen für den Umschlag und die binnenseitige Weiterbeförderung der Erze so auszurüsten, daß er dem größeren Erzbedarf gewachsen wäre, und das Land Niedersachsen als Eigner des Hafens hat sich bemüht, diese Wünsche so weitgehend wie möglich zu erfüllen. Dieser Aufgabe dienten bereits die in früheren Aufsätzen behandelten, im Jahre 1957 in Betrieb genommenen Erzumschlagsanlagen am Nordkai, durch die die Lagerkapazität im Emder Hafen von 300000 auf 700000 t Erz erhöht, die Löschleistung am Nordkai mit 3 Brücken auf 1000 t in der Stunde gesteigert und die Verladung von Erz auf die Bahn dort sehr erheblich beschleunigt wurde. Der Verbesserung des Umschlags von Erz diente auch in den Jahren 1958 bis 1962 und gleichfalls am Nordkai die Beschaffung einer weiteren 15-t-Verladebrücke und 2 Erzverwiegebunkern für die Verladung auf die Bahn, ferner eine allerdings zunächst geringe Verlängerung des Nordkais, wodurch es nunmehr möglich wurde, 2 Schiffe von 16000 tdw hier gleichzeitig vorzulegen. Eine weitere Verlängerung dieses Kais um rd. 140 m, die noch möglich ist, wird in den kommenden Jahren durchgeführt werden, so daß dann 2 Schiffe mit 35000 tdw hier gleichzeitig anlegen können.

Es wurde bereits in früheren Veröffentlichungen darauf hingewiesen, daß der Massengutverkehr — das gilt für Öl wie auch für Erz — nicht nur in seinem Umfang stark zugenommen hat, sondern heute auch mit wesentlich größeren Schiffen als etwa in den 20iger und 30iger Jahren durchgeführt wird. Wenn damals die in Emden umgeschlagenen Erzladungen 6000 bis 9000 t betrugen, so sind es heute Schiffe mit einer Tragfähigkeit von 20000 bis 33000 t, und es werden in naher Zukunft noch größere Schiffe auch in der Fahrt auf europäische Erzanlandehäfen eingesetzt werden. Der Grund für diese Zunahme der Schiffsgrößen liegt im wesentlichen in der erheblichen Vergrößerung der Transportweiten, bedingt durch die Erschließung von neuen Erzlagerstätten in Übersee. Während in den 20iger und 30iger Jahren die in Emden für die Ostruhr umgeschlagenen Erze fast ausschließlich von europäischen Lagerstätten kamen, in weit überwiegendem Umfang aus Nordskandinavien, wobei die Entfernung zwischen Lade- und Löschhafen 1000 sm betrug, kommen heute nur noch 40% der in Emden umzuschlagenden Erze aus Skandinavien. Der andere größere Teil stammt aus Gebieten, für die eine durchschnittliche Seetransportweite von mehr als 5000 sm errechnet wurde. Über diese weiten Entfernungen läßt sich das Erz, ein an sich nur geringwertiges

Ladegut, nur einigermaßen wirtschaftlich befördern, wenn man die bei Vergrößerung der Schiffsabmessungen und damit der Ladungen erreichbaren Kostenvorteile soweit wie möglich ausnutzt. Der 10000-Tonner, vor 10 Jahren noch das Standardschiff der Erzfahrt, ist für die großen Entfernungen nicht mehr wirtschaftlich einzusetzen.

Diese so erheblich viel größeren Schiffe stellen nicht nur als Folge ihres größeren Tiefganges erhebliche Anforderungen an die Zufahrten zu den Häfen, an die Seeschiffahrtsstraßen, sondern auch an die Wassertiefen und damit an die Kaimauern in den Häfen selbst. Neue Anforderungen entstehen weiterhin, als Folge des Wunsches nach möglichst kurzer Hafenliegezeit für die teueren großen Schiffe, an die Leistungsfähigkeit der Umschlagseinrichtungen im Hafen. Schließlich hatte sich herausgestellt, daß es im allgemeinen nicht möglich ist, soviel Transportraum — sei es Kahnraum oder Bahnwagen — für die binnenseitige Abfuhr der sehr großen und schnell zu löschenden Erzladungen beim Eintreffen jedes großen Erzfrachters bereitzuhalten, daß die Gesamtladung sofort in die Transportgefäße für die Weiterbeförderung umgeschlagen werden konnte. Diese Tatsache gilt für Emden ebenso wie für andere Erzlöschhäfen. Daraus folgt die Notwendigkeit, Teile der Schiffsladung im Seehafen zwischenzulagern und sie später, möglichst eng abgestimmt auf die Verwendung der Erze im Hochofen des Hüttenwerks, abzurufen. Wie gerade die letztgenannten Forderungen erfüllt werden können, haben die in Emden am Nordkai geschaffenen Einrichtungen gezeigt, die sich sehr bewährten und ein Vorbild waren, das in zahlreichen europäischen Erzumschlagshäfen bald und zum Teil in noch größerem Maße nachgeahmt wurde.

Im Emder Hafen zeigte sich nun ein krasser Unterschied zwischen der jetzt erreichten Leistungsfähigkeit an dem 346 m langen Nordkai — bis 600 t je Stunde und Brücke — und an dem bisher nur mit aus der Vorkriegszeit stammenden Einrichtungen ausgerüsteten 760 m langen Südkai — hier nur bis 150 t je Brückenstunde —. Und da der Bedarf an Lagerflächen für die Zwischenlagerung inzwischen noch erheblich zugenommen hatte, folgte nun der Wunsch, auch den Südkai mit ähnlichen Anlagen wie am Nordkai auszurüsten, ein Vorhaben, das in den Jahren 1961 bis 1963 durchgeführt wurde. Diese neuen Anlagen bestehen einmal aus einer Verlängerung des Südkais nach Osten um 170 m, wobei hier eine Wassertiefe von 12,0 m vor dem Kai, d.h. 1,5 m mehr als vor den alten Kais, vorgesehen wurde, um nun ein Schiff ggfs. mit 10,0 bis 11,0 m Tiefgang vorlegen zu können. Es ist im übrigen geplant, wesentliche Teile des Südkais und den Nordkai so zu verstärken, daß auch hier die in Zukunft zu erwartenden Schiffe von mehr als 32″ Tiefgang anlegen können. Weiterhin gehören zu den neuen Anlagen die Ausrüstung des Südkais auf 575 m Länge mit 2 Transportbändern und mit Bandaufgabebunkern, die jeweils unter die Verladebrücken gestellt werden, dann aus einer Bahnbeladeanlage, über die bis zu 3000 t/Std. laufend in geschlossene Erzzüge verladen werden können, aus einer Binnenschiffsbeladepier, an der jeweils 2 Kähne liegen können, die umschichtig, praktisch ohne Unterbrechung, beladen werden können bei einer Stundenleistung von max. 2000 t und schließlich aus einer Lagerfläche, die mit Bandanlagen, Auf- und Ablagerungsbrücken ausgerüstet ist und die zunächst für eine Lagerfläche von rd. 50000 m² ausgebaut ist, aber bei weiterem Bedarf mehr als verdoppelt werden kann. Diese Anlagen erforderten schließlich die Ausrüstung mit ausgedehnten Gleisanlagen sowie, bedingt durch die örtlichen Verhältnisse, eine neue Bahnzufahrt zum Südkaibereich, insgesamt rd. 14 km Gleis mit Stellwerksanlage und sonstigem Zubehör. Diese neuen Anlagen am Südkai und östlich desselben haben die Leistungsfähigkeit des Emder Hafens für den Umschlag von Erz gegenüber dem bereits durch die Nordkaianlage verbesserten Zustand nochmals um etwa 45 v.H. gesteigert und die Lagerkapazität im Hafen für Erz um 100 v.H. gehoben.

Der Verkehr von Erzfrachtern, die von den verschiedensten Ladehäfen einem Löschhafen zustreben, kann nicht nach einem genauen Terminfahrplan erfolgen. Es kann nicht ausbleiben, daß trotz der großen Umschlagskapazität des Hafens zeitweise mehr Schiffe eintreffen, als gleichzeitig an den Kaiplätzen anlegen und bedient werden können während andererseits auch oft zeitweise die Kais und die Umschlagsanlagen nicht oder nur zu einem geringen Teil belegt sind. Für den erstgenannten Fall müssen Liegeplätze im Hafen sein, wo die wartenden Schiffe vorübergehend festmachen und von wo sie mit möglichst geringem Manövrieraufwand zum Kaiplatz verholt werden können.

Liegeplätze für die Seeschiffe waren früher im West- und Nordteil des Neuen Binnenhafens vorgesehen. Hier liegende größere Seeschiffe behinderten aber die Durchfahrt nach dem nördlich anschließenden Alten Binnenhafen sowie die hier neben den Seeschiffsliegeplätzen auf Einsatz wartenden Binnenschiffe. Es wurde daher im östlichen Teil des Neuen Binnenhafens zwischen Nord- und Südkai eine Dalbenreihe — 5 Mannesmann-Einrohr-Dalben — angeordnet, die beiderseits belegt werden können, wodurch 4 sichere und bequem gelegene Liegeplätze für große Seeschiffe entstanden.

Der Massengutverkehr, Erz, Kohle und Getreide, mit großen Seeschiffen erfordert zeitweise die Ansammlung einer sehr großen Zahl von Binnenschiffen — zeitweise schon bis zu 150 Kähnen —, die im Emder Hafen zum sofortigen Einsatz, zur Be- oder Entladung, bereitliegen müssen. Die für diese Kähne vorhandenen Liegeplätze an der Westseite des Neuen Binnenhafens und in dem 1955 gebauten Binnenschiffsbecken westlich des neuen Großkraftwerks reichten nicht mehr aus. Es ist daher mit der Schaffung weiterer Schiffsliegeplätze begonnen worden, in einer auf Binnenschiffstiefe abgestellten Erweiterung des Neuen Binnenhafens nach Osten, nördlich der neuen Erzlagerflächen. Dieses Binnenschiffsbecken, das in den kommenden Jahren gegenüber dem jetzt erreichten Stand noch auf eine Aufnahmefähigkeit von 50 Kähnen erweitert werden wird, stellt zugleich den westlichsten Teil der geplanten neuen Zufahrt für Binnenschiffe zum Emder Hafen dar, d. h. der neuen Einführng des Dortmund-Ems-Kanals, mit deren Bau in den nächsten Jahren gerechnet werden kann. Die neuen Binnenschiffsliegeplätze liegen sehr günstig zu der neuen Binnenschiffsbeladeanlage nördlich der Südkaiverlängerung, wodurch die bisherige gegenseitige Behinderung von Seeschiffen und von Binnenschiffen im Hafenverkehr jetzt schon gemindert wird und später, nach Fertigstellung der neuen Kanalzufahrt, fast ganz verschwinden dürfte.

Durch die vorstehend genannten Maßnahmen ist der Emder Hafen für sein Hauptumschlagsgut, das Erz, so ausgerüstet, daß den zu erwartenden Umschlagsmengen und den heutigen Ansprüchen an die Hafenfacilitäten voll genügt wird. Für die anderen zwei angestammten Massengüter des Emder Hafens, die Kohle und das Getreide, sind gleichfalls die den Anforderungen von heute entsprechenden Maßnahmen getroffen, für das erstere durch die früher genannte, 1956 errichtete moderne Kohle- und Koksumschlagsanlage und für das letztere durch von Firmenseite vorgenommene wesentliche Vergrößerung der Lagerkapazität.

Zu den bisher genannten 3 Massengutaufgaben — Erz, Kohle und Getreide — die alle im Emder Hafen auf die Tradition vieler Jahrzehnte zurückgehen, ist nun seit kurzem eine neue wesentliche hinzugetreten, der Ölumschlag. Wohl wurden schon seit langem in Emden Mineralöle umgeschlagen, in allerdings nicht wesentlicher Menge. Es waren dies von außerhalb herangeführte Produkte der Mineralölindustrie, die der Versorgung der Seeschiffe oder der Industrie des hiesigen Raumes dienten. In den Jahren 1959/60 wurde nun in dem unmittelbar westlich des Hafens gelegenen Polder, der durch Aufspülung des Baggerguts aus der Ems und aus dem Hafen entstanden ist, die Raffinerie der Erdölwerke Frisia AG. gebaut, deren bisherige 1. Ausbaustufe einen jährlichen Durchsatz von 1,5 Mio t Rohöl vorsieht. Für den Umschlag des Rohöls aus dem Seetanker und für die Verladung der Raffinerieprodukte in See- und Binnenschiff wurde von der staatlichen Hafenverwaltung ein rd. 500 m langes Hafenbecken gebaut, nach Südosten aus dem Industriehafen abzweigend. Die Lage der Raffinerie und des Ölhafens zueinander ist nicht günstig. Die Wahl beider Standorte ergab sich jedoch aus zwingenden Umständen. Der Ölhafen ist mit der Raffinerie durch eine 3 km lange Pipeline verbunden, die den Hafen zweimal unterfährt. Der Ölhafen hat bisher 2 Brücken für Seeschiffe und 2 Brücken für Binnenschiffe erhalten und ist mit den für den Umschlag von Mineralölen der Gefahrenklasse I notwendigen Sicherheitseinrichtungen ausgerüstet. Der Hafen dient neben den Aufgaben der Erdölwerke Frisia AG. auch anderen Interessenten für den Umschlag von Mineralölen aller Gefahrenklassen. Er hat bereits einen Jahresumschlag von über 2 Mio t gehabt und kann bei der gemäß Planung möglichen Ergänzung seiner Umschlagseinrichtungen mindestens das Dreifache des bisherigen leisten.

In einem gewissen Zusammenhang mit Raffinerie und Ölhafen steht eine Anlage, die die Rheinstahl Nordseewerke, die im Emder Hafen liegende Großwerft, in den letzten Jahren ausgeführt haben, eine Tankerreinigungsanlage, die nach dem Separatorverfahren der Firma Samuel Hodge arbeitet und die Voraussetzungen schafft für Reparaturarbeiten an Öltankern. Die Hafenverwaltung hat zu dieser Anlage, die auch der Aufarbeitung von Ölresten der den Emder Hafen anlaufenden Schiffe dient, dadurch beigetragen, daß sie den vor der Reinigungsanlage notwendigen Liegeplatz für einen Tanker bis zu 45000 tdw gebaut hat.

Der Tankerverkehr löste eine weitere Maßnahme aus, die sich bereits schon vorher angekündigt hatte, nämlich die Außerbetriebnahme der vor dem 1. Weltkrieg gebauten Straßendrehbrücke über den Hafenarm, der den Alten und Neuen Binnenhafen verbindet. Diese Brücke war mit einer Durchfahrtsbreite von nur 37 m zu einem Gefahrenpunkt für die Großschiffe geworden, die zu den Rheinstahl-Nordseewerken oder nunmehr zum Ölhafen bestimmt waren. Nach Stillegung der Drehbrücke und bereits teilweisem Abbau ist der Hafenarm erheblich verbreitert worden. Es wird übrigens daran gedacht, die Drehbrücke, die sich noch in einem guten Zustand befindet, an einer anderen Stelle im Bereich des Emder Hafens wieder zu verwenden.

Da auf eine leistungsfähige Straßenverbindung zu dem Hafenbereich auf der West- und Südseite des Neuen Binnenhafens nicht verzichtet werden konnte, eine erneute Überbrückung des jetzt verbreiterten Verbindungsarms jedoch nicht zweckmäßig erschien, wurde jetzt eine Klappbrücke über das Außenhaupt der Nesserlander Seeschleuse gebaut, wodurch der Hafen straßenmäßig nunmehr auch an den westlichen Teil der Stadt Emden, nicht nur, wie bisher, ausschließlich an den östlichen, angeschlossen ist.

Abb. 1. Seehafen Emden.

Eine weitere bewegliche Brücke, gleichfalls eine Klappbrücke, wurde im innersten und ältesten Hafenteil über die ehemalige Schleuse des Eisenbahndocks gebaut, wodurch dieses alte Hafenbecken als Liege- und Winterhafen wieder erschlossen wurde.

Schließlich sind zu nennen Grundinstandsetzungen der beiden Seeschleusen, umfangreiche Straßenerneuerungen im Hafenbereich, rd. 6 km innerhalb der letzten 7 Jahre, die Beschaffung eines 5-t-Wippdrehkrans im Außenhafen und die Verlängerung des Stichkanals, eines vom Industriehafen nach Norden abzweigenden Hafenbeckens, an dem sich Firmen für den Bezirksverkehr angesiedelt und leistungsfähige Umschlagsanlagen und Läger errichtet haben.

Die in den vorstehenden Ausführungen genannten neuen Anlagen sind, soweit nichts anderes gesagt wurde, vom WSA Emden als der für den Niedersächsischen Minister für Wirtschaft und Verkehr tätigen Hafenbehörde errichtet worden. Für den umfangreichen mechanischen Teil der Umschlag- und Förderanlagen der neuen Erzlagerflächen östlich des Südkais war in Verbindung mit der Hafenverwaltung die Emder Hafenumschlagsgesellschaft vom Entwurf an federführend tätig, da diese Gesellschaft die Anlagen nach ihrer Fertigstellung auch zum Betrieb übernimmt. Sie führt ja auch den Betrieb der meisten aller sonst vorhandenen staatseigenen Umschlagsanlagen im Emder Hafen. Die neuen Erzumschlags- und Transportanlagen werden von dem Geschäftsführer der EHUG, Herrn Hafendirektor a.D. Thiessen, in einem besonderen Artikel erläutert.

Soweit die vom WSA Emden ausgeführten Hafenbauten und Hafenanlagen technisch interessant sind, sollen sie im folgenden in der o.g. Reihenfolge kurz erläutert werden.

Den räumlichen Zusammenhang der Anlagen möge zunächst ein Lageplan (Abb. 1) verdeutlichen.

Zu Einzelheiten kann dann folgendes gesagt werden:

1. Südkaiverlängerung

Der alte, bisher rd. 760 m lange Südkai wurde um 170 m nach Osten verlängert, davon sind 140 m Kaistrecke für 12 m Wassertiefe bemessen. Im Bereich der östlichen 30 m nimmt die Wassertiefe von 12 m auf 4 m gleichmäßig ab.

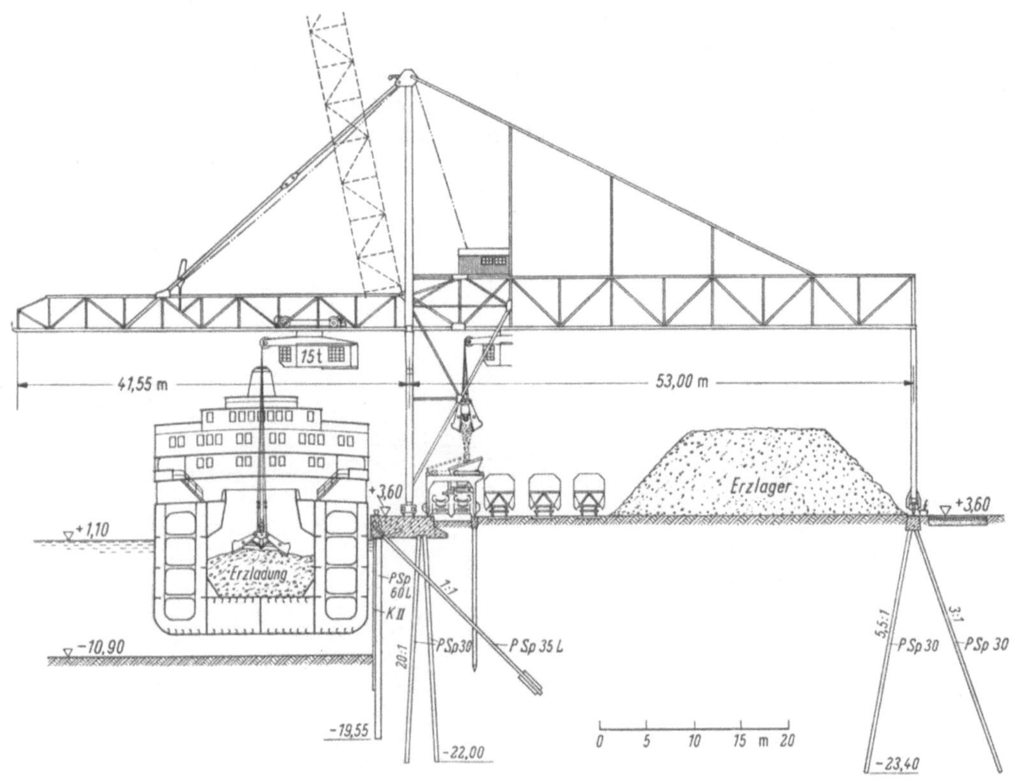

Abb. 2. Querschnitt der Südkaiverlängerung.

Nach dem in Abb. 2 dargestellten Querschnitt des neuesten Teilstückes vom Südkai liegt die Kai-Oberkante — wie in Emden üblich — 2,50 m über dem planmäßigen Hafenwasserstand. Der Kai besteht aus einem Betonkörper mit hinterem Sporn von insgesamt rd. 8 m Breite und 2,10 m Höhe, der vorn auf einer kombinierten Stahlspundwand mit Zugpfahlverankerung, hinten auf Pfahlböcken ruht.

Bei der wasserseitigen Spundwand handelt es sich um eine Kombination von 21 bis 23,5 m langen Peiner Doppelbohlen PSp 60 L als Tragbohlen und Doppelbohlen Krupp K III von 15,9 bis 16,3 m Länge als Füllbohlen. Die vordere Zugverankerung übernehmen 1 : 1 geneigte Peiner Pfähle PSp 35 L von 22,5 bis 23,5 m Länge mit 3 m langen Flügeln aus PSp 30. Der gegenseitige Abstand der Zugpfähle beträgt 1,60 m. Die landseitigen Pfahlböcke bestehen aus 23,5 bis 24 m langen Bohlen PSp 30, die in der Neigung 20 : 1 gerammt wurden.

Der Betonteil des Kais ist, von Westen beginnend, zunächst in 5 normale Blöcke von 24 m Länge unterteilt. Im Bereich dieser 5 Blöcke wird der Kai von den 15-t-Verladebrücken, der Kohlen- und Koksumschlaganlage mit Niedertragevorrichtung und den Erzaufnahmetrichtern der Transportbandanlage befahren. Östlich der 5 Normalblöcke folgen, örtlich bedingt, kürzere Blöcke, bei denen die horizontalen Kräfte zum Teil durch Stahlkabelanker von 20 m Länge und 38 mm ⌀ auf Stahlpfahlböcke übertragen werden.

Hinter dem Kai ist auf 16 m langen Stahlbeton-Rammpfählen ein Stahlbetonholm mit Schiene als zweites Auflager der Erzaufnahmetrichter angeordnet.

Fertigbetonbalken, die jeweils über den tragenden Stahlbetonpfählen aufgelagert sind, überspannen in einem gegenseitigen Abstand von 4,8 m den Raum zwischen dem Betonkörper des Kais und der hinteren Erzbunkerlaufbahn. Diese Fertigbetonbalken dienen als Auflager für die Transportbänder der neuen Erzumschlaganlage.

Im gleichen Umfang, in dem der verlängerte Südkai von den großen Umschlaggeräten befahren werden soll, mußte selbstverständlich auch die landseitige Laufbahn für die Großgeräte nach Osten verlängert werden. Die Verkehrslasten dieser Geräte werden über die Kranschienen und dann, wie bei allen Emder Neubauten, durch Universal-Schienenstühle auf einen Stahlbetonholm übertragen. Dieser Holm ist oben 1,10 m, unten 1,50 m breit und 1,50 m hoch. Er wird alle 3 m durch Pfahlböcke unterstützt, die aus 5,5 : 1 bzw. 3 : 1 geneigten Peiner Bohlen PSp 30 von 26 bis 31 m Länge bestehen und jeweils rd. 5 m im tragfähigen Untergrund ruhen.

Der gesamte Beton für die Kaimauer (rd. 2000 m^3 B 225), für die Erzbunkerlaufbahn (rd. 70 m^3 B 225) und für die Kranbahnverlängerung (rd. 240 m^3 B 225) wurde übrigens von einem nahe gelegenen Betonwerk reibungslos als Transportbeton geliefert.

2. Vorsorgliche Verstärkung des alten Südkais

Am alten Südkai sind bisher 10,5 m Wassertiefe vorhanden. Da aber die vorstehend beschriebene Südkaiverlängerung nach Osten bereits für 12 m Wassertiefe bemessen ist, wurde auch der alte Südkai zunächst im Bereich der Transportbänder für die neue Erzumschlaganlage vorsorglich gleichfalls für die Herstellung von 12 m Wassertiefe vorbereitet.

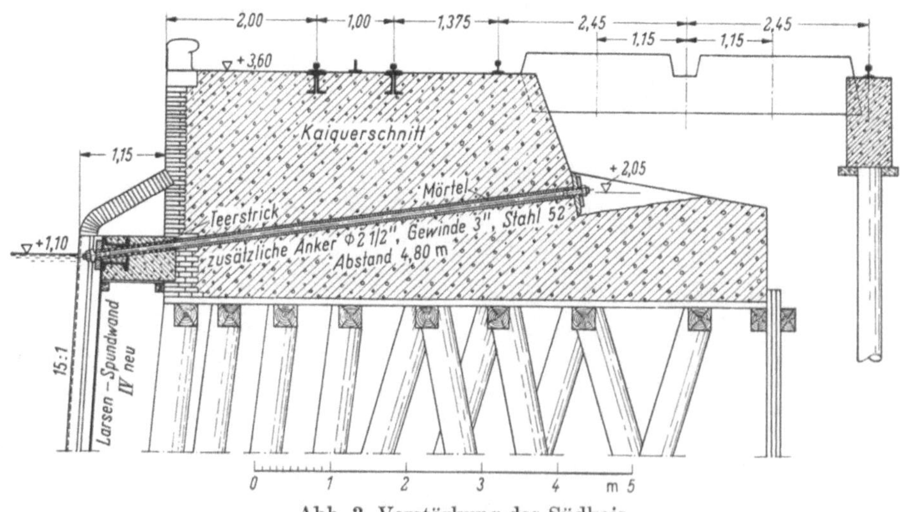

Abb. 3. Verstärkung des Südkais.

Untersuchungen des Ing.-Büros Dr.-Ing. Lackner hatten ergeben, daß die Wassertiefe von 12 m hergestellt werden kann, wenn die vor dem Kai stehende Stahlspundwand zusätzliche Anker erhält und die Widerstandswerte des Bodens vor der Wand vergrößert werden.

Im Zuge der laufenden Bauarbeiten zur Herstellung der Laufbahnen für die Erzaufnahmetrichter und Errichtung der Transportbandanlagen wurden bisher nur die zusätzlichen 101 Stck. Spundwandanker eingebracht.

Wie Abb. 3 zeigt, mußten zum Einbringen der langen Rundstahlanker von Land aus durch das alte Kaimauerwerk mit großer Genauigkeit gezielte Bohrungen hergestellt werden. Die Hauptschwierigkeit war hierbei, mit diesen Bohrungen höhenmäßig genau durch den vorhandenen Spundwandholm zu treffen und in der Horizontalen jeweils in einem Spundbohlental auszumünden. Diese Ausgabe konnte von den ausführenden Firmen gelöst werden. Nach dem Einziehen der Anker und dem Einbau von Unterlagsplatten, Gelenkscheiben und Schraubenmuttern wurden die Bohrlöcher mit geeignetem Betonmörtel verpreßt. Anschließend wurde — wie bei der Südkaiverlängerung — die Erzbunkerlaufbahn hergestellt, hier allerdings örtlich bedingt auf Bohrpfählen. Darauf sind dann wieder die Querbalken für die Auflagerung derTransportbänder verlegt.

Die Bodenverbesserung vor dem Kai soll erst ausgeführt werden, wenn die Notwendigkeit zur Herstellung von 12 m Wassertiefe besteht.

3. Neue Erzumschlag-, Transport- und Lageranlagen am Südkai

Der fördertechnische Teil der Anlagen, dessen Kosten etwa die Hälfte der vom Land Niedersachsen getragenen Gesamtkosten ausmachen, wird im gleichen Heft von Herrn Hafendirektor a. D. Thiessen beschrieben.

Gründungstechnisch bestand — wie bei den früheren Anlagen am Nordkai — wiederum die Hauptaufgabe darin, die vorerst 444 m langen Laufbahnen für die auf Abb. 4 dargestellten beweglichen Umschlagbrücken auf den Erzlagerflächen herzustellen.

Bei diesen Brücken handelt es sich um die Bandabwurfbrücke von 75 m Stützweite und die Erzrückverladebrücke mit 90 m Stützweite und rd. 720 t Gewicht.

Der Untergrund wurde durch zahlreiche Bohrungen erschlosen. Diese zeigten, daß der tragfähige Sanduntergrund im östlichen Bereich der Lagerflächen in rd. 20 m Tiefe beginnt, während er im westlichen Teil sogar erst bei etwa 26 m bis 28 m Tiefe anfängt. Über dem festen Sand lagern — von oben nach unten betrachtet und vereinfacht dargestellt — rd. 3 m aufgespülter Emssand und im übrigen mehr oder weniger sandiger Klei, im westlichen Teil auch Lauenburger Ton.

Die äußeren Laufbahnen der großen Rückverladebrücke mußten, der Laufwerksausbildung entsprechend, im Nor-

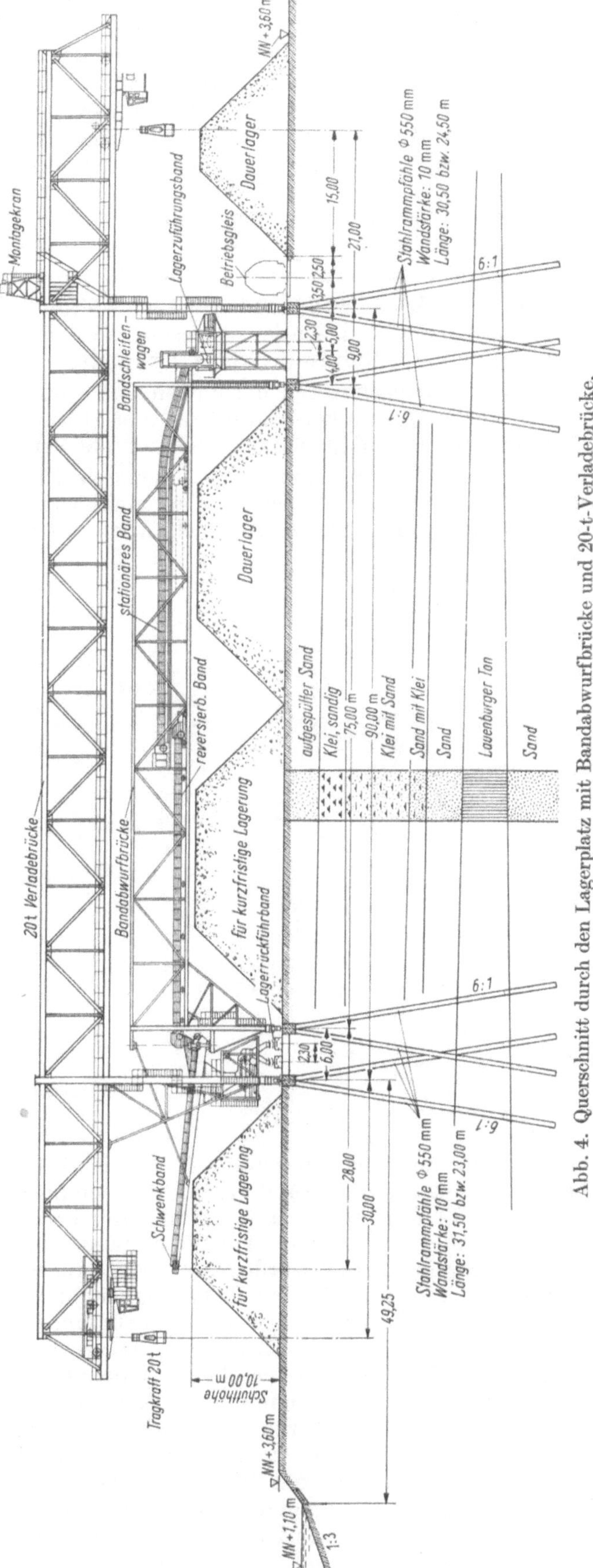

Abb. 4. Querschnitt durch den Lagerplatz mit Bandabwurfbrücke und 20-t-Verladebrücke.

den für 16 Einzellasten (8 × 39 t und 8 × 33 t), im Süden für 12 Einzellasten (6 × 40 t und 6 × 30 t) bemessen werden. Hierfür ergab sich bei Annahme elastischer Bettung ein Stahlbetonbalken von 1,20 Breite und 1,50 m Höhe, der alle 3 m von Stahlpfählen unterstützt wird. Diese Pfähle haben ungünstigenfalls jeweils eine Last von 135 t zu tragen. Sie wurden in der Neigung 6 : 1 abwechselnd nach außen oder innen geneigt gerammt.

Die Innenlaufbahnen der Bandabwurfbrücke werden weniger belastet. Der Stahlbetonbalken erhielt dennoch die gleichen Abmessungen wie bei den äußeren Laufbahnen, d. h. eine Breite von 1,20 m und eine Höhe von 1,50 m. Die Stützweite konnte dafür aber auf das Doppelte, d. h., auf 6 m vergrößert werden. Auch bei den inneren Laufbahnen leiten abwechselnd 6 : 1 nach innen bzw. außen geneigte Stahlpfähle die Kräfte in den tragfähigen Untergrund.

Die 4 Brückenlaufbahnen von je 444 m Länge wurden in einzelne Blöcke von 36 m Normallänge unterteilt. An den Blockenden greifen die einzelnen Betonbalken kragarmartig übereinander.

Für die Laufbahnen wurden insgesamt 4200 m³ Stahlbeton (B 300) mit 515 t Rippen-Torstahl (St IIIb) und 40 t Rundstahl (St I) verwandt.

Die jeweils benachbarten nördlichen und südlichen Laufbahnen der beiden Brücken sind im übrigen durch Querbalken von 6 bzw. 9 m Stützweite miteinander verbunden. Hierdurch soll die Steifigkeit der Gründungen gegen horizontale Verschiebungen erhöht werden.

Bei der zunächst langsam zu steigernden Belastung der Lagerflächen durch Erz — im Endzustand ist bei 10 m Schütthöhe an eine Auflast von bis zu 30 t/m² gedacht — wird nämlich der Kleiboden unter Abgabe seines Porenwassers nicht nur vertikal zusammengedrückt, er übt vielmehr auch mehr

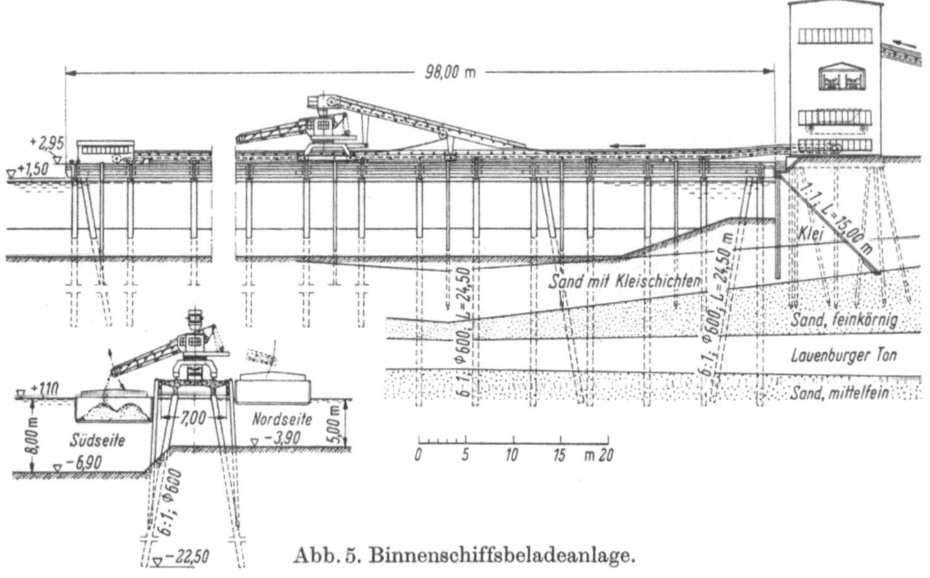

Abb. 5. Binnenschiffsbeladeanlage.

oder weniger horizontal gerichtete Kräfte in rechnerisch kaum zu erfassender Größe aus. Diese Kräfte müssen von der Gründung mit aufgenommen werden. Da die Kräfte aber nicht immer nur normal zur Laufbahnachse aufzutreten brauchen, erhielten die Pfähle der Gründung Kreisquerschnitt mit allseitig gleichgroßem Widerstandsmoment.

Im vorliegenden Fall wurden als Gründungselemente erstmals nach vorheriger gründlicher Erprobung ihrer Ramm- und Tragfähigkeit spiralgeschweißte Großrohre, und zwar insgesamt 478 Stück mit einem Durchmesser von 550 mm, einer Wandstärke $s = 10$ mm und einem Widerstandsmoment $W_x = W_y = 2291$ cm³ in Längen von 23 bis 31,5 m verwandt. Die unterschiedliche Länge ergibt sich aus den wechselnden Bodenprofilen. Aus rammtechnischen Gründen wurden nur die Rohre bis 24,5 m Länge in einem Stück angeliefert. Wo größere Längen nötig waren, mußten die Rohre in Teilstücken gerammt werden. Sie erhielten dann in den meisten Fällen einen, vereinzelt auch zwei, durch Laschen verstärkte Baustellenstöße.

Weitere Einzelheiten der erstmaligen Verwendung spiralgeschweißter Stahlgroßrohre als Rammpfähle sind in einem besonderen Aufsatz behandelt.

Außer vorstehend beschriebenen Brückenlaufbahnen wurde auch ein Erzverwiegebunker von 3000 t Gesamtgewicht und eine 98 m lange Pieranlage zur Binnenschiffsbeladung (s. Abb. 5) auf 40 Stück, im allgemeinen 6 : 1 geneigten Großrohren von 600 mm ⌀ und 24,5 m Länge gegründet.

Schließlich darf nicht unerwähnt bleiben, daß für die eisenbahntechnische Ausrüstung der Emder Erzumschlag-, -transport- und -lageranlage vom Wasser- und Schiffahrtsamt Emden sehr umfangreiche und leistungsfähige Bahn- und Sicherungsanlagen erstellt wurden. So erhielt der Emder Hafen allein für die neue Anlage am Südkai zusätzlich rd. 12,7 km Gleis mit 34 neuen Weichen sowie ein elektrisches Gleisbildstellwerk modernster Bauart.

4. Ölhafen

Der Bau eines fiskalischen Ölhafens wurde eingeleitet, als sich die Erdölwerke Frisia AG. zum Bau einer Raffinerie in Emden entschlossen. Der Hafen dient daher auch in erster Linie als Umschlagsplatz von Rohölen und Fertigprodukten dieser Raffinerie. Aber auch anderen Interessenten ist grundsätzlich die Möglichkeit gegeben, den Umschlag von feuergefährlichen flüssigen Stoffen der Gefahrenklasse K 1 bis K 3 im Ölhafen durchzuführen.

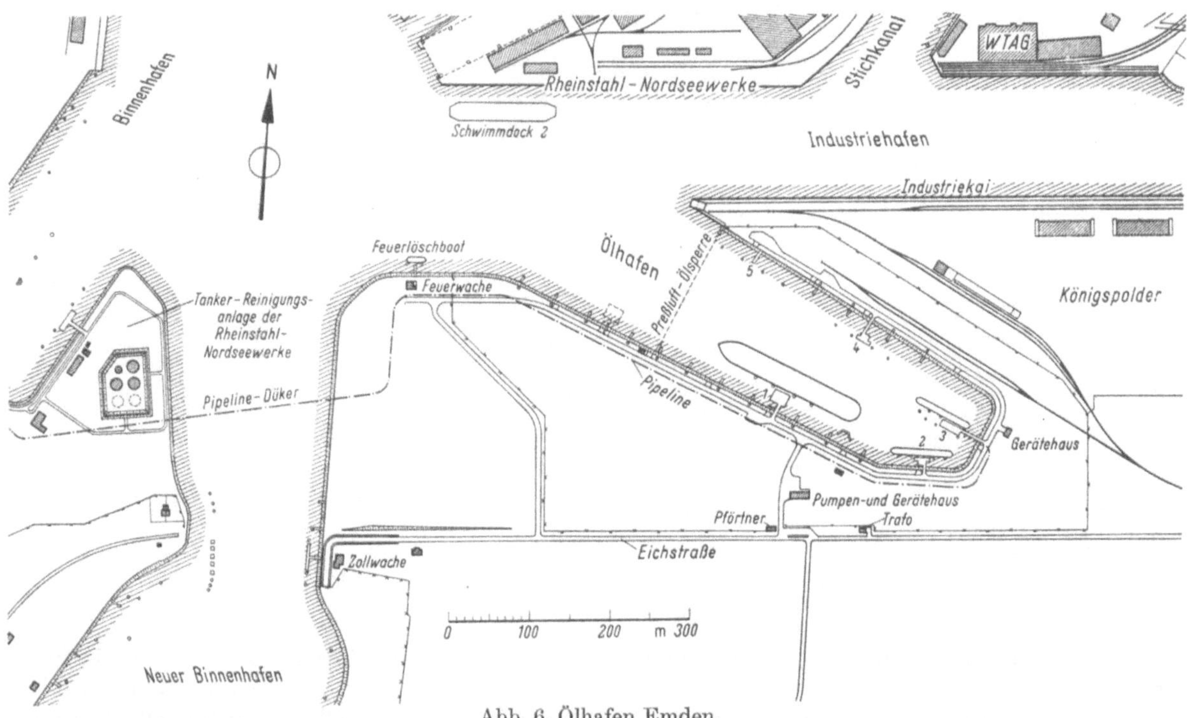

Abb. 6. Ölhafen Emden.

Da die Kosten für einen vom übrigen Emder Hafen völlig getrennten, d.h. direkt von der Ems abzweigenden Hafen zu hoch gewesen wären, nutzte man eine südwestlich des Marinekais gelegene alte Baggerung zur Herstellung des Hafenbeckens aus. Die Wasserfläche des Ölhafens beträgt rd. 9 ha. Als Wassertiefe werden, wie überall im Emder Binnenhafen, vorerst 10,5 m vorgehalten. Eine Vergrößerung der Tiefe ist bei Bedarf möglich. Im östlichen Teil des Ölhafens wurden für Binnen- und Küstenschiffe 6 m Wassertiefe hergestellt.

Die Erdölwerke Frisia haben die Raffinerie auf ihre Kosten durch eine rd. 3 km lange mehrrohrige Pipeline mit dem fiskalischen Ölhafen verbunden. Diese Pipeline kreuzt mit 2 großen Dükern zweimal den Emder Hafen.

Im Ölhafen sind — wie Abb. 6 zeigt — folgende fiskalische Anlagen vorhanden:

1. Eine Löschbrücke für Seetanker, bestehend aus einer Stahlbetonplatte auf Stahlrohren zum Löschen von Rohöl und zur Abgabe von Bunkeröl, einschl. 4 Stück schweren Dalben (Abb. 7).
2. Zwei Löschbrücken für Binnen- und Küstenschiffe am Ostende des Hafenbeckens. Sie bestehen gleichfalls aus Stahlbetonplatten auf Stahlpfählen, Dalben usw. und dienen dem Umschlag von Raffinerie-Fertigprodukten.
3. Ein Warteplatz für Seetanker, bestehend aus Stahlbetonbrücke, Dalben und Pollern.
4. Eine Umschlagstelle für den Umschlag von Benzin von Bord zu Bord (meistens von Binnenschiff in leichte Küstentanker).
5. Pumpengebäude, Geräteschuppen und Pförtnerhaus.
6. Umfangreiche Trinkwasserversorgungs- und Feuerlöschanlagen einschließlich einer Preßluft-Ölsperre.

Ein weiterer Umschlagplatz für große Seetanker kann im Ölhafen noch gebaut werden.

Die Feuerschutzanlagen sollen nachfolgend etwas eingehender erläutert werden.

Feuerschutzanlagen

Für die Versorgung der Schiffe mit Trink- und Ballastwasser sowie für den Feuerschutz wurden 2 getrennte Leitungen rings um das Hafenbecken verlegt.

Der Feuerschutz wurde gegliedert in

a) den Soforteinsatz,

b) den Großeinsatz.

a) Soforteinsatz. Um entstehende Brände möglichst sofort schlagkräftig bekämpfen zu können, werden vorsorglich fahrbare Trockenpulver-Löschgeräte P 250 mit je 250 kg Trockenpulver vorgehalten. Außerdem steht zur sofortigen Erzeugung eines Schaumwassergemisches an jedem Umschlagsplatz ein fahrbarer Schaummittel-Zumischer FM 500 mit je 500 l Schaummittelextrakt

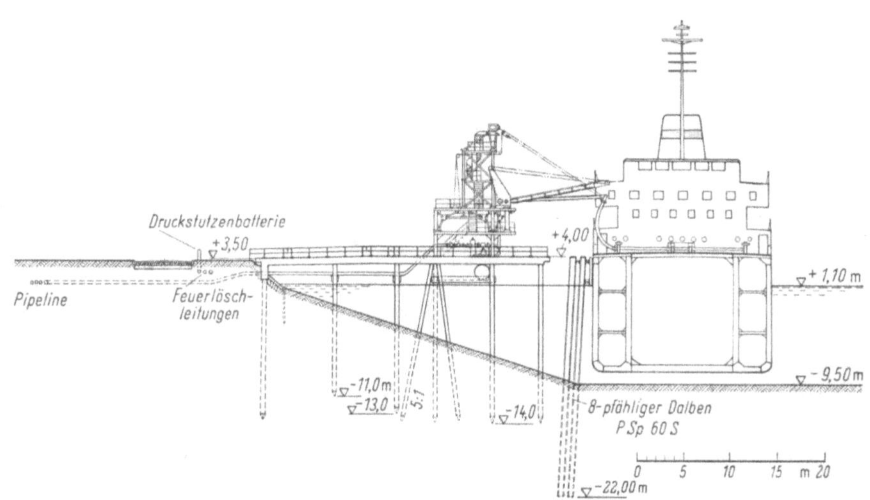

Abb. 7. Löschbrücke für Großtanker.

für rd. 6 Minuten Brandbekämpfung zur Verfügung. Das nötige Löschwasser kann hierfür aus Überflurhydranten der Trinkwasserleitung (250 bis 200 mm ∅) entnommen werden. Durch anschließendes Einschalten weiterer Zumischer kann die Löschdauer beim Soforteinsatz um jeweils weitere 6 Minuten verlängert werden. Nach 10 bis 12 Minuten darf mit der Bereitschaft der Emder Feuerwehr für einen Großeinsatz gerechnet werden.

b) Großeinsatz. Der Großeinsatz wird bereits zu Beginn des Soforteinsatzes durch Knopfdruck automatisch vorbereitet.

Eine oder mehrere Löschwasserpumpen mit jeweils 400 m³ Stundenleistung schalten sich ein und füllen unter Zugabe von Schaummittelextrakt die Löschleitung, die um das Hafenbecken führt und je nach Bedarf mit Schiebern abgeteilt werden kann. An jedem Brückenkopf und in weiteren Abständen von jeweils rd. 50 bis 60 m sind Anschlußmöglichkeiten für je 8 Stck. B-Schläuche (75 mm ∅) vorhanden. Es stehen bisher 4 Stück Schaumwasserwerfer mit 2400 l Leistung je Minute und ausreichend Schaumstrahlrohre zur Verfügung. Weitere, bei der Städtischen Feuerwehr vorhandene Geräte können an die Schaumwassergemisch führende Löschleitung mit angeschlossen werden.

Die Leistung einer Pumpe mit 400 m³ Wasser/Stunde reicht nämlich mindestens für 8 Stück B-Schläuche, d.h. also für 2 Schaumwasserwerfer und 2 Handstrahlrohre aus. Bei Betrieb von 2 Pumpen kann mehr als das Doppelte an Löschgeräten eingesetzt werden.

Ein ständiger Vorrat von 30 m³ Schaumextrakt gestattet bei Einsatz von 2 Pumpen eine Löschdauer von rd. 75 Minuten.

Um ein Vertreiben von brennendem, auf der Wasseroberfläche schwimmendem Öl in andere Hafenteile zu verhindern, ist die Einfahrt des Ölhafens durch eine Preßluft-Ölsperre abgeriegelt. Die Anlage soll nach Bewährung später möglicherweise durch eine noch größere Anlage ersetzt werden.

Als weiteres wirksames Gerät zur Brandbekämpfung im Ölhafen steht ein neu erbautes Feuerlöschboot mit 25 m³ Schaumextrakt, 3 Monitoren und Anschlüssen für 16 B-Schläuche zur Verfügung. Das Feuerlöschboot liegt an der Feuerwache, unmittelbar westlich des Ölhafens in ständiger Bereitschaft.

5. Klappbrücke Nesserland

Nach Verzicht auf die Große Drehbrücke konnte eine Straßenverbindung zwischen der Stadt Emden und der Großen Seeschleuse nur über das Außenhaupt der Nesserlander Seeschleuse hergestellt werden.

Da der Straßenzug vor und hinter der Klappbrücke 7 m Fahrbahnbreite besitzt und daneben 2 Fußwege von je 1,50 m Breite aufweist, erhielt auch die Brücke diese Nutzbreiten. Mit Rücksicht auf Transporte schwererer Güter wurde Brückenklasse 45 gewählt.

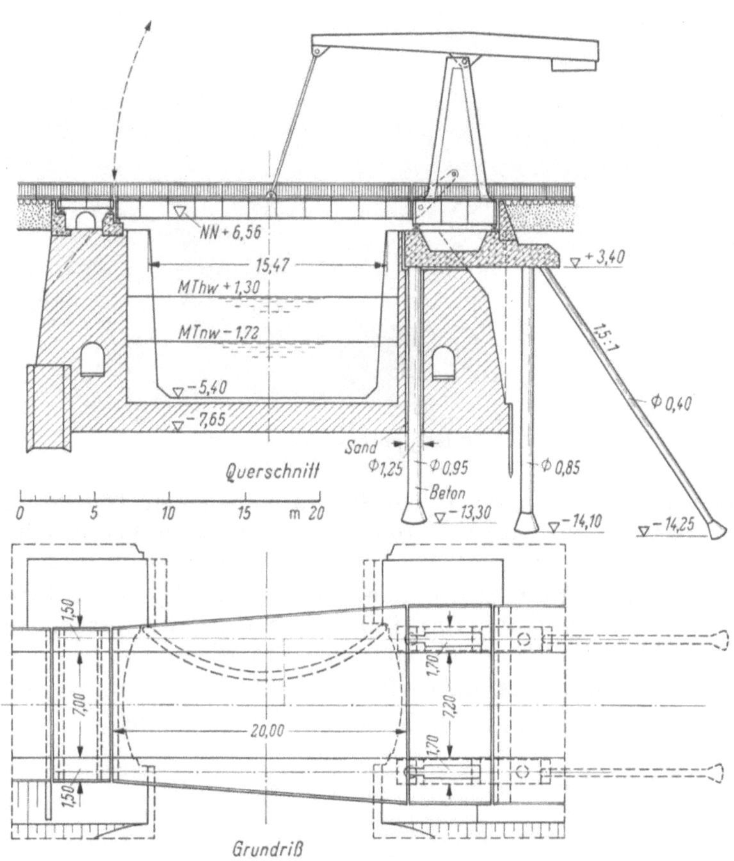

Abb. 8. Gründung der Klappbrücke Nesserland.

Bei Anordnung des Brückenbauwerks über dem Haupt einer zwar gut erhaltenen, aber immerhin 80 Jahre alten Schleuse sollten folgende Bedingungen erfüllt werden:

a) Mit Rücksicht auf vorhandene Schächte, Umläufe und dergleichen im Mauerwerk des Hauptes und wegen nahegelegener Schützenantriebe und dgl. kam nur eine Brückenkonstruktion in Frage, die selbst möglichst wenig tief gelegene Aussparungen für Antriebsorgane benötigte.

b) Das alte gemauerte Schleusenhaupt sollte durch die Brücke möglichst wenig zusätzlich belastet werden.

Die erste Bedingung konnte am besten von einer Waagebalken-Klappbrücke erfüllt werden. Die zweite Forderung sollte gemäß Abb. 8 dadurch eingehalten werden, daß das hauptsächlich beanspruchte östliche Brückenwiderlager mit den Pylonen, den Waagebalken einschl. Gegengewicht und dem zeitweilig vollen Gewicht der Brückenklappe unabhängig vom Schleusenhaupt gegründet wurde.

Das östliche Widerlager überträgt alle vertikalen Kräfte (insgesamt 560 t) sowie die horizontalen Kräfte (40 t quer zur Brücke, 36 t längs zur Brücke) auf 6 Stck. Bohrpfähle vom System Dr.-Ing.

Paproth. Im einzelnen wurden hiervon hergestellt: Zwei senkrechte vordere Bohrpfähle von 95 cm ⌀, zwei senkrechte hintere Bohrpfähle von 80 cm ⌀ und zwei ganz hinten angeordnete, 1,5:1 geneigte Bohrpfähle von 40 cm ⌀. Alle Pfähle erhielten Fußverbreiterung.

Zwischen der U. K. Beton des Brückenwiderlagers und abgetragenem Mauerwerk des Schleusenhauptes sowie zwischen dem Betonschaft der vorderen Bohrpfähle und dem allseitig umgebenden

Abb. 9. Klappbrücke Nesserland.

Schleusenmauerwerk wurde jeweils etwa 15 cm Spielraum gegeben. Die Bohrungen für die beiden vorderen Pfähle mußten daher mit einem Durchmesser von 1,25 m hergestellt werden. Sie führten rd. 13,5 m durch das Mauerwerk und endeten weitere 5,65 m tiefer im tragfähigen Sand.

Die von dem Norddeutschen Eisenbau, Sande, und der MAN gebaute Brücke wird täglich im Durchschnitt 7 bis 8 mal, im Jahr also rd. 2700 mal geöffnet und geschlossen. Die Sicherheitsabstände zwischen Gründung und Schleusenhaupt sind trotzdem auch heute noch vorhanden.

Die unter b) genannte Bedingung ist also erfüllt.

Im Betrieb ist die Brücke auf Abb. 9 (MAN-Werkfoto) dargestellt.

Der Abschluß der Wiederaufbauarbeiten an den Hafen- und Küstenschutzbauten auf der Insel Helgoland

Von **J. M. Lorenzen,**
Präsident der Wasser- und Schiffahrtsdirektion Kiel

I. Einleitung

Die Rückkehr Helgolands am 1. März 1952 bedeutete für die deutsche Bundesregierung einen ersten Schritt zur Wiedervereinigung mit den gewaltsam von ihr abgetrennten Gebieten. Infolgedessen sah die deutsche Regierung den Wiederaufbau der zerstörten Anlagen auf Helgoland als die Erfüllung einer moralischen Verpflichtung aller Deutschen gegenüber den Menschen an, die 1945 von ihrer Heimatinsel vertrieben waren und in der Fremde hatten leben müssen. Der Wiederaufbau der Wohn- und Wirtschaftsstätten wurde sogleich einer neugebildeten Helgoland-Aufbau GmbH. unter Beratung einer besonderen technischen Kommission übertragen.

Alle Hafenanlagen waren bis zum letzten Krieg bis auf den sogenannten Gemeindeanleger von der Marine gebaut und betrieben worden. Die der Erhaltung des Felssockels dienenden Uferschutzbauten dagegen hatten in der Hand der Preußischen Wasserbauverwaltung gelegen. Mit der Entscheidung der Bundesregierung, daß Helgoland nicht wieder militärischer Stützpunkt werden sollte, gingen alle wasser- und hafenbaulichen Aufgaben auf die zivile Wasser- und Schiffahrtsverwaltung des Bundes über mit dem Auftrag, die erhalten gebliebenen und verwendbaren Hafenanlagen als Liegehafen für schutzsuchende, insbesondere Fischereifahrzeuge, herzurichten sowie die zur Erhaltung des Felssockels notwendigen Schutzmaßnahmen zu treffen. Der Grundgedanke aller dieser Maßnahmen war, daß an der deutschen Nordseeküste mit ihren gefährlichen Sänden kein Hafen so gute Voraussetzungen für die Aufnahme schutzsuchender Fahrzeuge bietet wie Helgoland.

Gegenstand des Wiederaufbaues durch die Wasser- und Schiffahrtsverwaltung war der ehemalige U-Boothafen, der als eigentlicher Schutzhafen dienen sollte, mit seinem Vorhafen und allen dazugehörigen Molen und Landeanlagen, ferner der ehemalige Scheibenhafen, der für Umschlag- und Liegezwecke der Gemeinde Helgoland herzurichten war und schließlich der Wiederaufbau der Uferschutzmauern und der sonstigen Anlagen für die Sicherung der Schiffahrt in der inneren Deutschen Bucht.

Über die Geschichte des Hafenbaues und den Wiederaufbau der Hafenanlagen auf der Insel Helgoland nach dem letzten Kriege bis zum Jahre 1959 haben im Handbuch für Hafenbau und Umschlagstechnik im Jahre 1955 Bahr und in Heft 10—12 der Bautechnik, J. 36/1959, Becker, Breitschwert und Jensen berichtet. Die nachstehenden Ausführungen sollen einen Überblick über den Abschluß der Hafenbauarbeiten und die Bewährung der neuen Anlagen geben. Darüber hinaus werden die von 1960 bis 1963 zum Schutz der Insel Helgoland ausgeführten Baumaßnahmen beschrieben.

Zum besseren Verständnis dieses Berichtes sei aus den bisherigen Nachkriegsberichten über den Wiederaufbau einiges in die Erinnerung zurückgerufen.

Der Wiederaufbau der Hafenanlagen auf der Insel Helgoland hat sich im wesentlichen in Anlehnung an die von der Marine geschaffenen Anlagen vollzogen, weil die Anordnung der Häfen im Süden der Insel auch für zivile Zwecke, nämlich die Aufnahme schutzsuchender Fischerei- und anderer kleiner Fahrzeuge, günstig war und die Anlagen verhältnismäßig gut erhalten schienen. Ein völliger Neubau hätte sich aus geldlichen Gründen auch kaum vertreten lassen. Die Hafenanlagen und ihre Bezeichnung sind in Abb. 1 wiedergegeben.

Der als Schutzhafen (jetzt Südhafen) vorgesehene ehemalige U-Boothafen war besonders stark durch den gesprengten U-Bootbunker eingeengt. Die weitere Sprengung und Beseitigung der Trümmer war daher vordringlich. Der dem Südhafen zur Wellendämpfung vorgelagerte, von der West- und Südmole auf der einen und der Ostmole auf der anderen Seite eingefaßte Vorhafen erschien nach Modellversuchen im Franzius-Institut ausreichend, eine hinreichende Dämpfung des

Seegangs aus den gefährlichen Richtungen im Schutzhafen selbst zu garantieren, wenngleich die Form der Einfahrt nach den Versuchen verbesserungsbedürftig gewesen wäre. Die Kosten für eine Verbesserung erschienen aber in Anbetracht der begrenzten Haushaltsmittel zu hoch und standen überdies in keinem rechten Verhältnis zu dem erwarteten Erfolg. Da man voraussah, daß der eigentliche Schutzhafen gerade eben für die Aufnahme schutzsuchender Schiffe sowie der fiskalischen Seezeichenfahrzeuge und der Rettungsboote ausreichen würde — der Vorhafen gestattet kein ruhiges Liegen bei schwerem Seegang — wurde für den Frachtgutumschlag der Gemeinde und für die Helgoländer Boote die Wiederherstellung des unmittelbar an das Unterland anschließenden

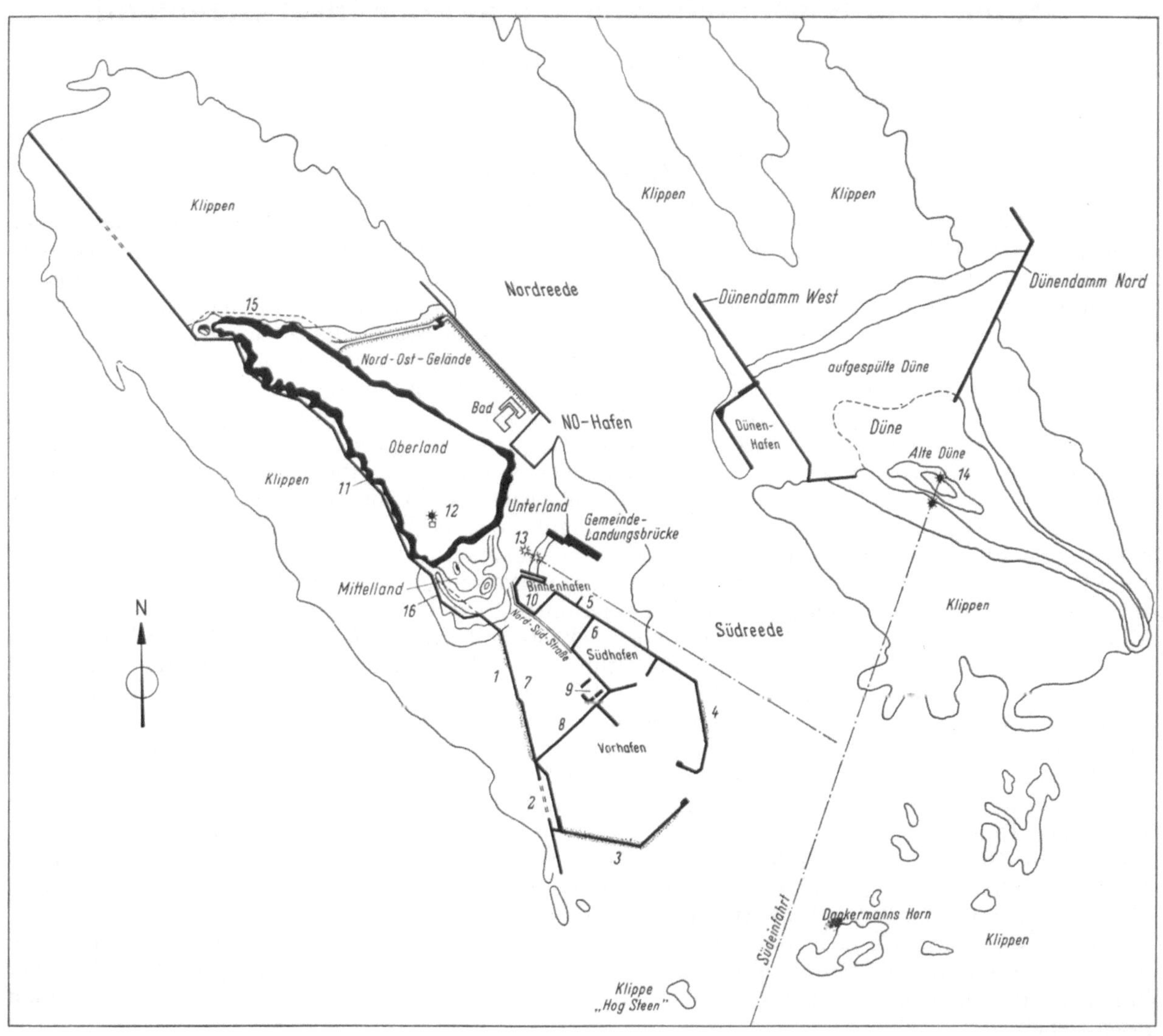

Abb. 1. Insel Helgoland 1963.
1 Westmauer; *2* Westmole; *3* Südmole; *4* Ostmole; 5 Ostmauer; *6* ehemal. U-Boot-Bunker; *7* Wassersturzbett; *8* Südkaje; *9* Tonnen- und Bauhof; *10* Binnenhafen; *11* Südwestschutzmauer; *12* Leuchtturm; *13* Binnenreede-Richtfeuer; *14* Richtfeuer Südeinfahrt; *15* gepl. Nordschutzmauer; *16* Sicherung des Kringels.

Marine-Scheibenhafens (jetzt Binnenhafen) als ziviler Umschlag- und Liegehafen mit in den Wiederaufbau einbezogen. Als besondere Aufgabe war im Auftrage der Gemeinde Helgoland die Wiederherstellung der zerstörten gemeindeeigenen Landebrücke durchzuführen. Daneben hat die Wasser- und Schiffahrtsverwaltung im Auftrage und im Benehmen mit der Gemeinde Helgoland die notwendigen Maßnahmen zur Erhaltung der Helgoländer Düne getroffen, die als Badestrand für die Helgolandbesucher unentbehrlich ist, die aber auch eine gewisse Schutzfunktion für Reede und Hafen Helgoland ausübt und deshalb für den Verkehr wichtig ist. Die übrigen während des Krieges errichteten behelfsmäßigen Marinebauten, wie der Nord-Osthafen und der Dünenhafen, wurden nicht mehr benötigt und sollten beseitigt oder anderen Zwecken der Gemeinde Helgoland zugeführt werden.

Nach den jahrelangen Bombenabwürfen und den dadurch verursachten Zerstörungen war die Räumung aller für Bau und Verkehr in Betracht kommenden Land- und Wasserflächen von Explosivstoffen, vor allem Bomben und Minen, erste Voraussetzung für alle Baumaßnehmen. Insgesamt sind auf Helgoland einschließlich des Hafen- und Reedebereichs bis heute rund 20000 Blindgänger aufgefunden und geborgen worden. Die durch Bombenabwurf direkt oder indirekt getroffenen Bauwerke mußten vor Baubeginn eingehend auf ihre Standsicherheit untersucht werden.

II. Der Hafenbau

Mit dem 1953 begonnenen Wiederaufbau der Anlagen des eigentlichen Schutzhafens, des Südhafens und der den Vorhafen umfassenden Molen, einschließlich Räumung des größten Teiles der Trümmer des U-Bootbunkers war im Jahre 1959 das Kernstück des Wiederaufbaues abgeschlossen. Der Schutzhafen Helgoland konnte im großen und ganzen als betriebsbereit gelten. Der Binnenhafen war nach mühsamer Räumung von Trümmern praktisch neu aufgebaut und als Güterumschlagsplatz und Liegestelle für die Helgoländer Boote in Betrieb genommen. Die weitgehend zerstörte Gemeindebrücke war durch eine moderne Anlage ersetzt, die eine wichtige Voraussetzung für die Wiederaufnahme des Ausflug- und Badeverkehrs der Insel schuf.

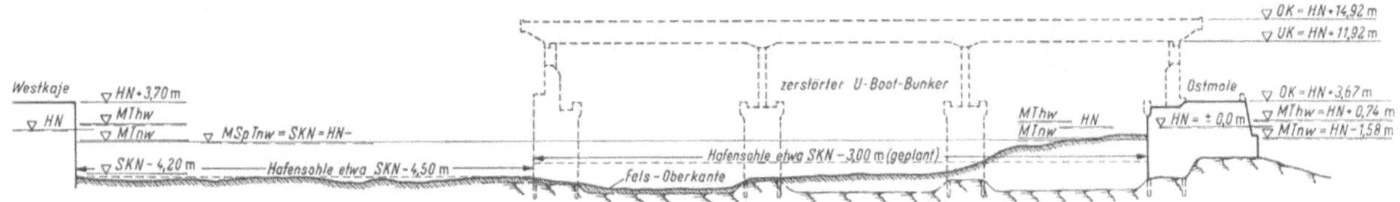

Abb. 2. Schnitt durch den Südhafen. Dieses Profil liegt 45 m vor der Nordkaje.

Die seit 1959 durchgeführten Arbeiten befaßten sich teils mit der Vollendung, teils mit der Sicherung alter, von der Marine erstellter Hafenanlagen. Im Südhafen wurde zur Schaffung der dringend benötigten weiteren Schiffsliegeplätze die Trümmerräumung des U-Bootbunkers bis auf Seekartennull (SKN) —4,50 m Tiefe zum Abschluß gebracht. Die Herstellung der vollen Hafentiefe hätte hier die Sprengung der stark armierten Bunkersohlenplatte vorausgesetzt und ungewöhnlich hohe Kosten verursacht. Im Bereich des U-Bootbunkers ist die Tiefe daher um rund 1,5 m geringer als im übrigen Hafen (Abb. 2, Querschnitt). Diese Tiefe reicht für die meisten schutzsuchenden Fahrzeuge voll aus. Die Instandsetzung der Kajestrecke seitlich des abgetragenen U-Bootbunkers konnte noch nicht erfolgen.

Abb. 3. Südhafen mit schutzsuchenden Fahrzeugen gefüllt.

Wie wichtig der Südhafen Helgoland inzwischen wieder als Schutzhafen geworden ist, mag man daran ermessen, daß trotz dichtester Belegung die schutzsuchenden Fahrzeuge bei schlechtem Wetter nicht mehr alle Platz finden und daher teilweise im Vorhafen bleiben müssen (Abb. 3).

Den Schutz des Südhafengeländes gegen die aus Nord-West, West und Süd-West kommende Brandung stellt die 600 m lange sogenannte Westmauer dar, die die Verbindung zwischen der hohen Insel und der Westmole des Vorhafens herstellt und in deren Schutz alle Gewerbe- und sonstigen hafenverbundenen Betriebe sowie der bundeseigene Tonnen- und Bauhof liegen. In der Westmauer, welche die Zerstörungen durch Bomben und Brandung äußerlich einigermaßen über-

Abb. 4. Zerstörtes Gefüge im Beton der alten Westmauer (festgestellt nach der Sturmflut vom 16./17. 2. 62).

standen und die man daher nur zur Hälfte instandgesetzt, zur anderen Hälfte zunächst provisorisch ausgebessert hatte, hat die Sturmflut vom 16./17. Februar 1962 schwache Stellen aufgezeigt. Die Sturmflut hatte die provisorisch ausgebesserte, in Blockbauweise errichtete Westmauerstrecke von Station 300 bis Station 600 (Abb. 4) so schwer beschädigt, daß eine Grundinstandsetzung

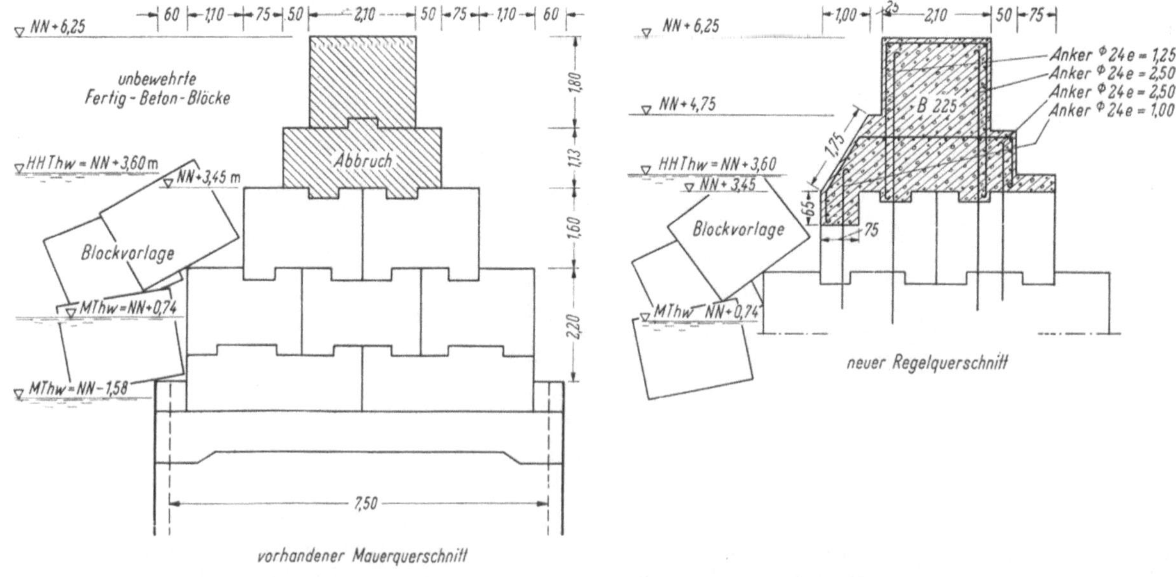

Abb. 5. Westmauer (Station 350—600). Instandsetzung 1962/63.

notwendig wurde. Die Abb. 5 und 6 zeigen den Vergleich der ursprünglichen, beschädigten und der nunmehr verbesserten Querschnittsform. Die gesamte Westmauer war durch die Februar-Sturmflut zusätzlich gefährdet worden, weil durch den Wellenüberschlag auch die Reste des landseitig der Mauer erhaltenen und nur behelfsmäßig wieder hergerichteten Wassersturzbettes zerschlagen worden waren. Da das Sturzbett bis dahin eine stützende Funktion für die Westmauer ausgeübt hatte, verlor der landseitige Fuß der Westmauer einen zusätzlichen Halt. Die Instandsetzung des Wassersturzbettes, das der Aufnahme und Abführung des Wassers der überschlagenden Brecher zu dienen hat, erschien nach der Erfahrung der schweren Sturmflut sowohl im Interesse der Wasserabführung als auch der Westmauer selbst dringlich. Die jetzt abgeschlossenen Maßnahmen an der Westmauer und am Sturzbett sind aus den Querschnitten in Abb. 6 zu erkennen. Eine weitere Lehre aus der Februar-Sturmflut 1962 ist die Feststellung, daß die brandungsbrechende seeseitige Blockschüttung vor der Westmauer sowohl der Menge wie der Größe der Blöcke nach einer weiteren Verstärkung bedarf. Die aus vorhandenen Beständen für die Vorschüttung bisher verwendeten 25 t Betonblöcke sind während der genannten Sturmflut unter dem Brandungsschlag in Bewegung geraten. Dadurch wurde die Mauer teilweise von ihrem seeseitigen Brandungsschutz entblößt, obgleich sie durch die Insel selbst und den bei der großen Helgolandsprengung im Jahre 1945 ins Meer geschütteten Trümmerkegel gegen Nordweststürme einen gewissen natürlichen Schutz besitzt. Man hatte sich deshalb in den ersten Jahren des Wiederaufbaues zunächst mit einer Ergänzung

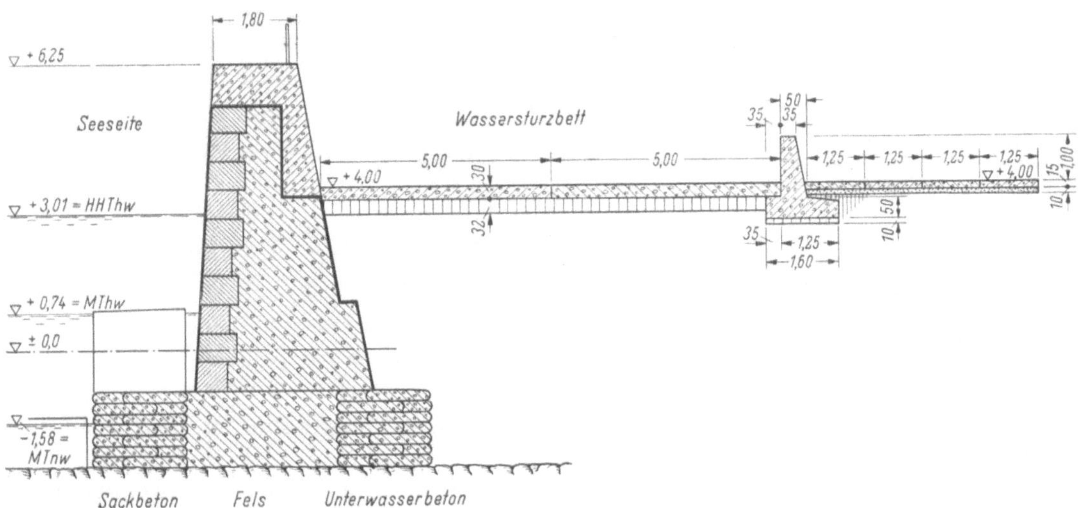

Abb. 6. Westmauer zwischen Station 0 und 350. Erbaut 1908; Betonkrone erneuert 1959; Wiederherstellung Wassersturzbett 1963/64. (Alle Höhenangaben beziehen sich auf HN.)

der Vorschüttung durch Betonblöcke begnügt; die Sturmflut hat aber gezeigt, daß entweder wesentlich größere Blöcke als bisher vorhanden, besser aber Tetrapoden, verwendet werden sollten. Über die Verwendung und Wirkung von Tetrapoden auf Helgoland hatte die Wasser- und Schifffahrtsdirektion erstmalig 1955 im Franzius-Institut Hannover Modellversuche durchführen lassen. Diese Versuche, die bei der Planung der neuen Westmole die Wirkung der Tetrapoden klären sollten, hatten deren gute Standsicherheit und ihre wellenvernichtende Wirkung bereits bestätigt.

Während die Westmauer also noch weiterer Schutzmaßnahmen bedarf, haben die der neuen Westmole vorgelagerten Trümmer der zusammengebrochenen alten Mole von ihrer schützenden Funktion nichts eingebüßt. Auch die neue Westmole des Vorhafens, die aus Betonkästen von rund 5000 t Gewicht besteht, hat sich in der Feuerprobe der Sturmflut vom 16./17. Februar 1962 voll bewährt und keinerlei Bewegung gezeigt.

Inzwischen hat auch die Südmole des Vorhafens, die man zunächst nur vordringlich durch beiderseitige Einschüttung des zu schwachen Molenkerns mit Betonbrocken und -blöcken standsicher gemacht hatte, durch Verfüllung der alten Zellenkonstruktion mit Trümmerbrocken und Beton ihre dauerhafte Abwehrkraft erhalten. Sie wurde in den Jahren 1961 und 1962 mit einer schweren Abdeckplatte und einer seeseitigen Brüstungsmauer versehen (Abb. 7). Die Südmole ist zwar auch der Brandungswirkung aus Südwest und Süd stark ausgesetzt; sie wird jedoch außer durch ihre eigene wellenschluckende Böschung auf großer Länge durch einen Block- bzw. Trümmerwall aus den Resten der alten 1913 erbauten Marinemole geschützt und hat sich in der Februar-Sturmflut 1962 bestens bewährt. Die vorhafenseitige Böschung der Südmole hat die Wellenreflektion bei starkem Seegang und damit die Unruhe im Vorhafen beachtlich gedämpft. Jedoch muß vor einer weiteren Verringerung der Vorhafenfläche, etwa durch Einbau von Molen für zusätzliche Liegeplätze, gewarnt werden, weil dadurch die Unruhe bei Seegang wiederum vergrößert würde.

Die erstmalig auf Helgoland angewandte Methode, die beschädigten Vorhafenmolen durch seitliche Anschüttung zu sichern, hat sich, ebenso wie bei der Südmole, auch bei der Ostmole sehr gut bewährt. Sie war im vorliegenden Fall auch deshalb angebracht, weil man auf größere unverbrauchte Bestände an Betonblöcken und auf die bei der Sprengung des U-Bootbunkers gewonnenen Trümmer zurückgreifen konnte und dadurch die Bauweise verhältnismäßig billig war. An hafenbaulichen Maßnahmen stehen nun noch — als Folge der Beseitigung des U-Bootbunkers — der Ausbau einer rund 2500 m langen Kajestrecke im Südhafen und die Instandsetzung des sogenannten Süddammes im Vorhafen aus, der erhebliche Bombenschäden erhalten hat, in seinem Kern aber erhaltungswürdig ist und für besondere Fälle als Anlegestelle dienen soll.

Abb. 7. Fertige Südmole mit Abdeckplatte und Brüstungsmauer.

Nach Fertigstellung der genannten hafenbaulichen Maßnahmen kann der Bestand des Hafens Helgoland als endgültig gesichert angesehen werden.

Der innere Ausbau des Südhafengeländes ist noch im Gange. Da die hierzu notwendigen Arbeiten innerhalb eines festen Schutzringes vor sich gehen können und der Schutzhafen seine eigentliche Aufgabe bereits voll wahrnehmen kann, folgen die weiteren Maßnahmen dem Bedarf und den gegebenen Möglichkeiten.

Im Südhafengelände hat sich in Verbindung mit dem Hafenausbau ein reges wirtschaftliches Leben entwickelt. Nach dem sogenannten „Helgoland-Aufbauplan", nach welchem alle Gewerbe des Ortes im Südhafengelände angesiedelt werden sollten, haben sich die verschiedensten Gewerbe, Versorgungs- und Bunkerbetriebe, bereits angesiedelt oder sind im Aufbau begriffen (Abb. 8). Von einer Ansiedlung sind diejenigen Flächen ausgenommen, deren Nutzung bei überschlagender See dem Spritzwasser zu stark ausgesetzt sein würden. Deshalb ist auf dem Südhafengelände, landseitig des Wassersturzbettes der Westmauer, ein etwa 60 m breiter, zur Westmauer parallel laufender Landstreifen von jeder Bebauung freigehalten. Für ihre eigenen Aufgaben hat sich die Wasser- und Schiffahrtsverwaltung einen Teil des Südhafengeländes zur Nutzung und Bebauung vorbehalten. So wird ein Teil der kajenahen Landfläche für den Wiederaufbau des bundeseigenen Helgoländer Tonnenhofes beansprucht, der die Werkstätten, Tonnenbearbeitungshallen und das Tonnenfreilager enthält. Der Helgoländer Tonnenhof ist für alle schwimmenden Schiffahrtszeichen der deutschen Seewasserstraßen und der minenfreien Wege der einzige Stützpunkt in den Zeiten, in denen das Eis die Wahrnehmung des Seezeichendienstes von der Festlandsküste aus erschwert oder unmöglich macht. Die Notwendigkeit eines solchen Stützpunktes hat sich bereits wieder im Eiswinter 1962/63 erwiesen. In diesen Fällen verlegen die in ihren Heimathäfen durch Eis blockierten Seezeichenfahrzeuge ihre Arbeitsbasis nach Helgoland

Abb. 8. Gewerbebetriebe am Südhafen.

und nehmen von hier aus ihre Aufgaben vor der Küste und auf den Zwangswegen wahr. Der Helgoländer Tonnenhof muß lager- und werkstättenmäßig diesen Bedürfnissen entsprechen und notfalls auch die Bearbeitung der zahlreichen, für die Deutsche Bucht und die Ansteuerung Helgolands notwendigen Seezeichen selbst gestatten (Abb. 9 Lageplan Tonnenhof). Von den zahlreichen auf der Insel selbst vorhandenen und zu betreibenden seezeichentechnischen Anlagen, deren Unterhaltung und Instandsetzung der Tonnenhof ebenfalls wahrzunehmen hat, fehlt noch die gründliche Wiederinstandsetzung des Helgoländer Hauptfeuers, das 1952 zunächst provisorisch in dem einzig erhaltenen

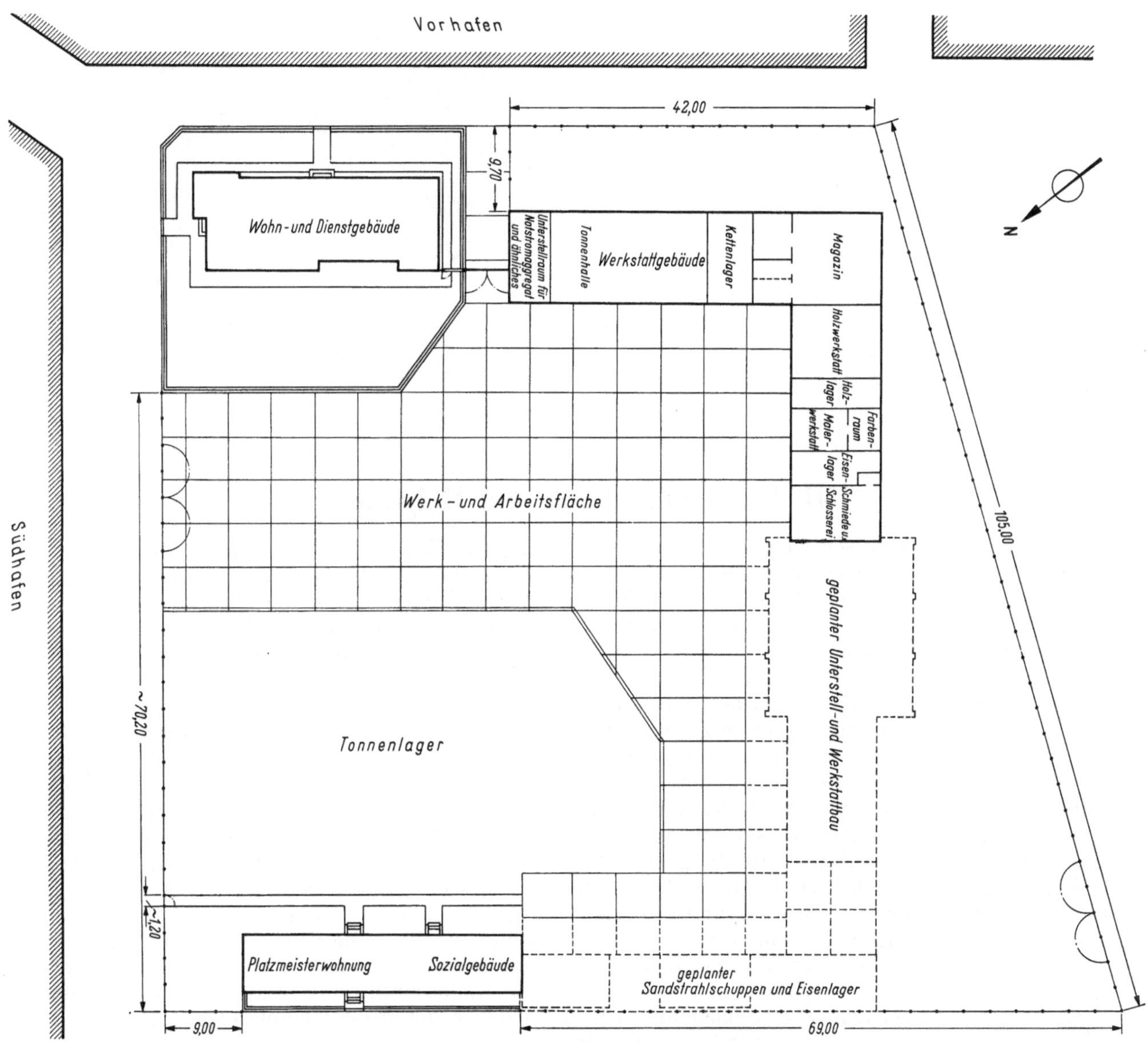

Abb. 9. Lageplan Tonnenhof Helgoland.

Bauwerk der Insel, dem sogenannten Flakleitstand, eingerichtet werden mußte. (Der alte Helgoländer Turm fiel bekanntlich mit seiner Besatzung einem Bombenangriff in den letzten Kriegstagen zum Opfer.) Abb. 10 zeigt den Entwurf der im Jahre 1964 durchzuführenden Instandsetzung unter gleichzeitiger Anhebung der Feuerhöhe um etwa 6 m auf 82 m über dem Meeresspiegel. Dem Tonnenhof ist für die bauliche Instandhaltung der Seezeichenanlagen und Wasserbauten ein kleiner Bauhof angegliedert.

Die Verbindung des Wohngebietes mit den Gewerbebetrieben und zur Südhafenkaje durch eine von der Wasser- und Schiffahrtsverwaltung neu gebaute durchgehende Kaje- und Ladestraße mit allen erforderlichen Leitungen ist fertiggestellt.

Abb. 10. Neuer Leuchtturm (instand gesetzter und aufgestockter ehemaliger Flakleitstand) mit Dienstwohnungen.

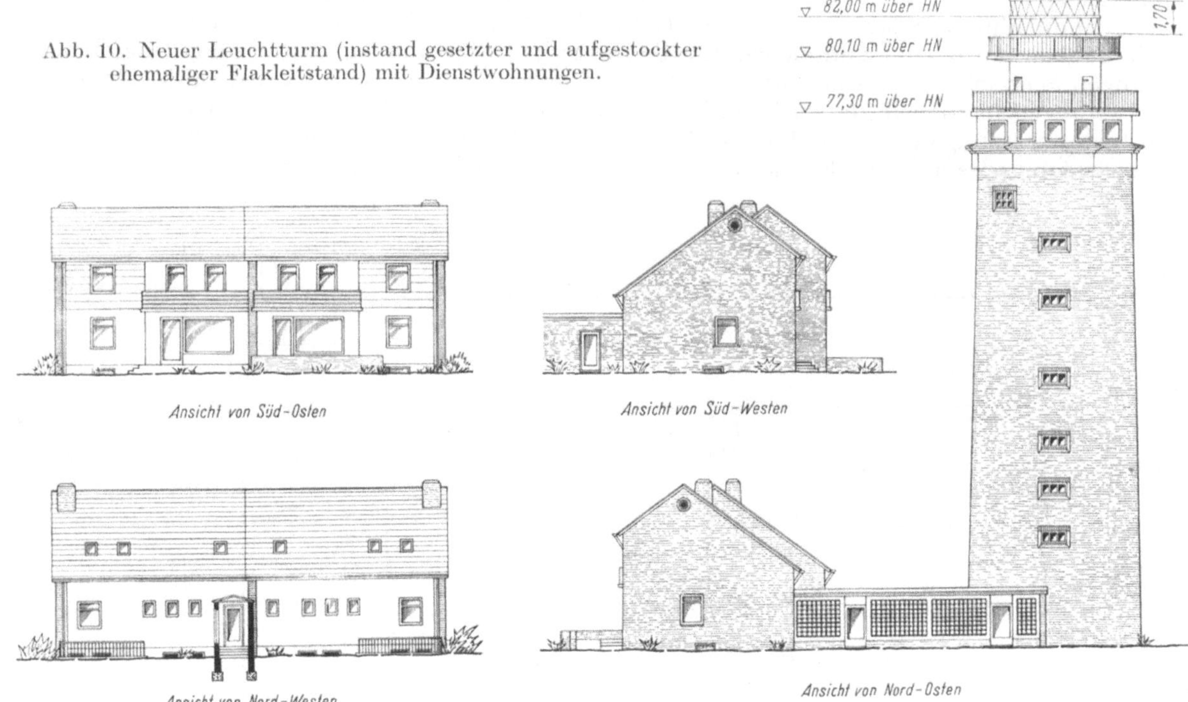

III. Uferschutzbauten auf Helgoland

Zur Erhaltung des Inselsockels war — in Fortsetzung von Bauten vor dem ersten Weltkrieg — zwischen beiden Weltkriegen im Südwesten der Insel von der preußischen Wasserbauverwaltung eine massive Schutzmauer, die sogenannte Südwest-Mauer, errichtet worden (Abb. 1, Lageplan). Zweck dieser Mauer war, dem weiteren Abbruch des etwa 50 m hohen Felsens Einhalt zu gebieten. Die Mauer war so angelegt, daß die durch natürliche Verwitterung am Rande des Felsens abbrechenden und herabstürzenden Trümmer, die bis dahin von der Brandung fortgetragen waren, im Schutz der Mauer aufgefangen werden und dort allmählich eine natürliche, den Felsen schützende Böschung bilden sollten. Die Mauer setzte im Süden an der Wurzel der zum Hafen gehörigen Westmauer an und führte bis zur Nordwestspitze der Insel. Einen gewissen zusätzlichen Schutz hatte darüber hinaus der im Kriege begonnene, aber unvollendet gebliebene Bau des sogenannten Inseldammes Nord geschaffen (Abb. 1), der die Westflanke einer riesigen Helgoländer Binnenreede hätte bilden sollen. Dieser Damm ist bis heute im wesentlichen erhalten. Die Südwestmauer dagegen hatte, ebenso wie die Hafenanlagen, durch die Bombenangriffe schwere Schäden erlitten. Ihr Wiederaufbau mußte jedoch hinter der noch dringenderen Wiederherstellung der Hafenbauten zurückstehen und konnte erst im Jahre 1960 beginnen. Diese Verzögerung hat naturgemäß die Kosten der Wiederherstellung erhöht, da Brandung und Witterungseinflüsse die Schadenstelle ausgeweitet und damit beträchtliche Substanzverluste herbeigeführt hatten. Da die Mauer aber in ihrem wesentlichen Bestand noch vorhanden war, bestand keine Veranlassung, beim Wiederaufbau von der alten Trasse abzuweichen. Die freiliegende, d.h. nicht durch die große Helgolandsprengung überschüttete, 900 m lange Strecke der Südwestschutzmauer ist in den Jahren 1960 bis 1962 wieder instand gesetzt worden. Die Arbeit zur Wiederherstellung der Mauer vereinfachte sich dadurch, daß, bis auf eine kurze Strecke, die Fundamente erhalten waren und nach sorgfältiger Untersuchung wieder benutzt werden konnten. Allerdings wies die aus verschiedenen Zeitabschnitten stammende und in ältesten Teilen über dreißig Jahre alte Bauweise auch an den nicht durch Bombeneinwirkung angegriffenen Stellen Schäden auf; so hatte sich z.B. die auf größerer Länge vorhandene Basaltverblendung von der Mauer abgelöst. Der Wiederinstandsetzung gingen daher sorgfältige Untersuchungen der erhalten gebliebenen Mauerstrecke bis ins Fundament hinein voraus. Die in Abb. 11 dargestellten Querschnitte der instand gesetzten Südwestschutzmauer weisen gegenüber der alten einige Änderungen auf. Das Fundament des größten Teils der alten Südwestschutzmauer bestand aus etwa 1 t schweren Einzelblöcken, die man im Verband gesetzt und vermörtelt hatte. Nur der über MThw liegende Teil bestand aus massiven Betonkörpern von etwa 25 m Länge. Die neue Mauer ist in ganzer Höhe in Abschnitten von 6 m bis 7 m Länge betoniert und mit den intakt

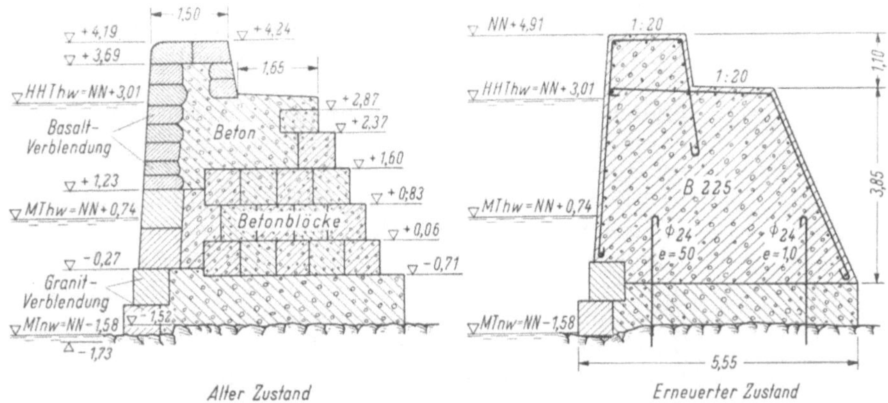

Abb. 11. Instandsetzung der Südwestschutzmauer.

Abb. 12. Rückseite der Südwestschutzmauer mit Wasserablaß.

Abb. 13. Flankensicherung am „Kringel" (Schutthalde von der großen Sprengung).

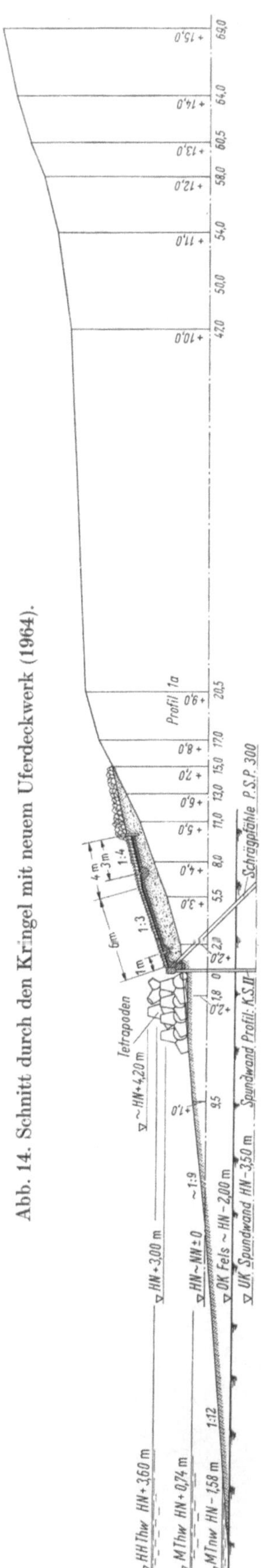

Abb. 14. Schnitt durch den Kringel mit neuem Uferdeckwerk (1964).

gebliebenen alten Fundamenten verbunden worden. Überall dort, wo sich die Basaltverblendung gelockert hatte, ist die neue Mauer unverblendet in Beton hergestellt. Ihre Oberkante liegt durchgehend auf der alten Höhe von HN + 3,85 m. Die bewährte seeseitige Brüstungsmauer (HN + 4,90 m) ist ebenfalls wiederhergestellt worden. Besonderes Augenmerk hat man den der Abführung der über die Mauer überschlagenden Brandung dienenden Einrichtungen (Abb. 12) gewidmet, wobei auch die leicht eintretende Verstopfung der Abflußkanäle durch Felsschutt möglichst verhindert werden sollte. Der Bauvorgang bei der Mauer war nicht ganz einfach, da sich die Baustoffzufuhr an dem Fuß des Felsens entlang vollziehen und hier unabhängig von der Tide vor sich gehen mußte. Hierzu waren auf insgesamt 80 m Länge Durchbrüche durch vorspringenden Fels in Gestalt von Tunneln notwendig. Die Bauunternehmer haben den Bau trotz mancher Unbilden der Witterung mit großem Geschick vorbereitet und mit gutem Erfolg durchgeführt. So hat die Südwestschutzmauer, soweit sie bis dahin fertiggestellt war, auch die schwere Sturmflut vom Februar 1962 ohne Schäden überstanden.

Nur der an die Westmauer des Hafens anschließende 500 m lange Abschnitt, in welchem als Folge der großen Sprengung erhebliche Felsmassen über die Schutzmauer nach Südwesten geworfen waren und eine große kegelförmige Böschung zur See hin bildeten, nötigte zur Abweichung von der alten Mauerführung. Durch die Sprengwirkung war die unter der großen Schutthalde liegende Mauerstrecke fast ganz zerstört worden. Man konnte den flach auslaufenden Kringel (vgl. Abb. 13), den zunächst als natürlichen Schutz des festen Inselkörpers ansehen. Jedoch hat die Brandung in den zwölf Jahren seit der Freigabe Helgolands das lose Gestein stark abgetragen. Besonders an beiden Flanken des Kringels, in die man die neu errichtete Schutzmauer tief hatte einbinden lassen, entstanden nach und nach gefährliche Lücken, die an der Nahtstelle zwischen Schutzmauer und landseitiger Wurzel der Westmauer zeitweilig die Gefahren eines Durchbruchs durch das Hafengelände entstehen ließen. Zwar wurde die Flankensicherung des Kringels durch laufende Verlängerung der beiderseits anschließenden Mauern jeweils wieder erreicht. Eine umfassende Sicherung des mehr und mehr schrumpfenden Kringels war nach der Wirkung der Februar-Sturmflut 1962 jedoch nicht mehr aufzuschieben, da er den natürlichen Fuß eines im Bereich des sogenannten Mittellandes künstlich aufgeschütteten Dammes bildet. Dieser Damm (OK + 35 m MThw) stellt den unentbehrlichen Windschutz für das Mittelland und seine Bauten dar. Im Hinblick auf die teilweise flache, im Brandungsbereich mit Betonbrocken durchsetzte Böschung des Kringels entschied man sich für die in Abb. 14 dargestellte Lösung. Eine Spundwand Prof. K 5 II, deren Oberkante auf HN + 3,00 m liegen soll und die sich etwa 1,5 m tief in den gewachsenen Fels einrammen läßt, ist mit einer nach rückwärts gerammten Pfahlreihe zu einer Bock-Konstruktion verbunden. Seeseitig soll eine Tetrapodenreihe die brandungberechende Hauptwiderstandslinie bilden. Eine ausreichende Reserve an Tetrapoden wird für den nicht sicheren, aber möglichen Fall einer stärkeren Auswaschung des seeseitigen losen Gesteins vorgehalten. Die landseitig des Spundwandkopfes anstehende Böschung ist zwar infolge der Abdeckung mit schweren Stein- oder Betonbrocken ziemlich widerstandsfähig. Jedoch verlangt die überschlagende See eine Sicherung, die je nach der Lage zur Angriffsrichtung der Brandung und der natürlichen Neigung der nach oben anschließenden Böschung entsprechend schwer ausgebildet werden muß (Abb. 14). Mit dieser Maßnahme, die 1964 zum Abschluß kommen soll, wird die ganze Südwestflanke der Insel Helgoland als gesichert angesehen.

Im Süden und Osten der hohen Felsinsel liegt das Helgoländer Unterland, das den bedeutendsten Teil der Wohn- und Kurbetriebe aufnimmt. Dieser Bereich wird gegen Meeresangriffe durch das im letzten Kriege aufgespülte Nordostgelände, den Nordosthafen und daran anschließend durch eine schwere Spundwand bis zur Gemeindelandungsbrücke geschützt. Der Schutz des Unterlandes mit Ausnahme des Hafengeländes ist Aufgabe der Gemeinde Helgoland.

Als einzige noch verwundbare Stelle des Helgoländer Felsens bleibt dann im Norden der Insel eine 600 m lange Strecke zwischen der Nordwestspitze und dem im letzten Kriege aufgespülten und durch schwere Spundwände gegen Abbruch geschützten Nord-Ostgelände zu sichern. Der Schutz dieser Strecke durch eine massive Mauer, ähnlich der Südwestschutzmauer, ist in Aussicht genommen.

IV. Die Helgoländer Düne

Die Bedeutung der Düne Helgoland für Hafen und Reede der Hauptinsel ist bekannt und u.a. in der Arbeit von Dr.-Ing. Bahr (Jahrb. HTG Bd. 17 1938) nachgewiesen. Die hohe Düne war, wie Bahr in dem eingangs erwähnten Handbuch für Hafenbautechnik beschrieben hat, vor dem letzten Kriege trotz aller Versuche sie zu schützen, in ständigem Abnehmen begriffen. Sie erfuhr jedoch während des Krieges eine nachhaltige Stärkung durch eine Sandaufspülung im Nordwesten, welche das gesamte hochwasserfreie Areal der Düne um 45 ha auf 60 ha erweiterte. Zum Schutz der aufgespülten Flächen wurden an ihrer West- und Nordflanke Dämme, und zwar der Dünendamm West und der Dünendamm Nord (Abb. 1), errichtet, die den Bestand der neu gewonnenen Sandfläche bis heute sichern konnten. Offenbar haben aber der Dünendamm West und der an seiner Wurzel errichtete Dünenhafen den von Nordwesten laufenden Flutstrom und den von ihm mitgeführten Sand, der den Südstrand ernährte, von der alten Düne nach Süden in das tiefe Wasser abgelenkt und damit bis su einem gewissen Grade den Rückgang des Südstrandes mit verursacht. Der seit 1952 — erstmalig nach dem Kriege — beobachtete Abbruch an der Südseite der hohen Düne und der Rückgang des Südstrandes sind nur deshalb nicht als so schwerwiegend empfunden worden, weil das neue Sandfeld im Norden eine rückwärtige Sicherung bildete.

Abb. 15. Blick von der Hohen Düne auf den Vorstrand und die Insel (etwa bei M. T. n. W. Die Tetrapoden sind vor der Wasserlinie erkennbar).

Trotzdem erschien es im Interesse des Badestrandes angebracht, gleich nach der Rückgabe Helgolands eine Bestandsaufnahme des gesamten Dünengebietes und anschließend eine Beobachtung und Deutung der vorgehenden Veränderungen vorzunehmen. Die Bestandsaufnahme der Düne ist nach dem Kriege erstmalig 1953 erfolgt. Die seitdem eingetretene Entwicklung ist durch eingehende Untersuchungen festgehalten worden. Die Untersuchungen erstreckten sich auf die Ermittlungen der morphologischen Veränderungen nach Form und Inhalt des Dünenkörpers bis zur Ordinate SKN −6,00 m herab durch Nivellement und Peilung und auf die Messung der Stromkräfte und ihrer Hauptrichtung im Süden und Osten der Düne. Hierbei konnten die schweren Wetterlagen nicht hinreichend erfaßt werden.

Als wesentliches Ergebnis der Untersuchungen ist festzustellen, daß sich zwar die Form der alten Düne im Süden stark verändert hat, ihre Masse jedoch im ganzen erhalten geblieben ist. Im Laufe eines zehnjährigen Beobachtungszeitraumes hat sich der Abbruch des Südstrandes verlangsamt und scheint einem gewissen Gleichgewichtszustand zuzustreben. Mit einem weiteren Abbruch der hohen Düne muß allerdings noch gerechnet werden. Der nordwestliche Strand der des aufgespülten Geländes hat sichim ganzen gehalten. Jedoch ist die Erhaltung der flankierenden Dämme sehr kostspielig, zumal auch sie, wie viele andere Bauwerke, unfertig geblieben und daher anfällig sind. Die Strommessungen bestätigen im großen und ganzen die Vermutung von Bahr, daß der Sand, der von Nordwesten durch den Flutstrom zur Düne herangebracht, durch die im Kriege zusätzlich errichteten Bauten jedoch von der Düne selbst ins tiefere Wasser der Helgoländer Reede abgelenkt wird. Ein erster Versuch mit dem Bau eines niedrigen, uferparallelen Tetrapodenwalles zur Verhinderung des Sandabtrags ist bisher günstig verlaufen und hat eine teilweise Verbesserung des Unterwasserstrandes herbeigeführt (Abb. 15). Bei dem Bestreben, den wertvollen Südstrand der Düne für den Badebetrieb möglichst zu erhalten, hat die Beseitigung der zahlreichen Betonbunker und -trümmer, die den Abtrag des Strandes und der hohen Düne in der Brandung beschleunigt hatten, gute Erfolge gezeigt.

Da die Helgoländer Düne nicht nur für den Kurbetrieb der Insel lebenswichtig ist, sondern auch im Interesse des ganzen Unterlandes, des Hafens und der Reede gefordert werden muß, erhält die Gemeinde Helgoland, der die Erhaltung der Düne obliegt, nachhaltige Förderung ihrer Aufgaben durch den Bund und das Land Schleswig-Holstein.

Die Wahrnehmung aller wasser- und hafenbaulichen sowie der seezeichentechnischen Unterhaltungsarbeiten liegt in den Händen des Wasser- und Schiffahrtsamtes Tönning, das zu diesem Zweck eine Außenstelle auf Helgoland eingerichtet hat. Außer den eigenen Aufgaben steht das Wasser- und Schiffahrtsamt im Rahmen seiner hafenbaulichen und verkehrlichen Aufgaben auch anderen Bundes- und Landesstellen sowie der Gemeinde Helgoland zur Verfügung.

V. Zusammenfassung

1. Der Wiederaufbau der Hafenanlagen auf der Insel Helgoland mit dem Ziel, schutzsuchenden Schiffen sichere Zuflucht zu gewähren und der Gemeinde Anlege- und Umschlagmöglichkeiten zu geben, kann als abgeschlossen angesehen werden.

2. Der Schutz der Felseninsel gegen weitere Zerstörung ist im Süden und Westen durch den Wiederaufbau der Südwestschutzmauer sowie durch die Hafen- und Gemeindeanlagen sichergestellt.

3. Die wellenbrechenden Molen und Schutzmauern auf Helgoland haben ihre Standfestigkeit in der schwersten Sturmflut dieses Jahrhunderts am 16./17. Februar 1962 bewiesen.

4. Die Helgoländer Düne hat trotz größerer Abbrüche im Süden durch die im Kriege vorgenommene Aufspülung eine Stärkung erfahren, die den Bestand der Düne im Interesse des Seebades und des Verkehrs auf lange Zeit gewährleistet.

Schrifttum

[1] Bahr, M.: Die Berangerung der Helgoländer Dübe und des umgehenden Seegebietes. Jahrb. HTG 17. Bd., 1938.

[2] Bahr, M.: Der Wiederaufbau der Hafenanlagen von Helgoland. Handb. für Hafenbau und Umschlagtechnik Bd. II, 1955).

[3] Becker, Breitschwert u. Jensen: Bie Hafenbauarbeiten der Wasser- und Schiffahrtsverwaltung der Bundes auf Helgoland. Die Bautechnik 36 (1959). H. 10—12.

Der Ausbau des Fischereihafens Cuxhaven

Von Oberregierungsbaurat **Otto Lack** und Dipl.-Ing. **Hermann Selmer**, Cuxhaven

Einleitung

Die extreme Randlage Cuxhavens an der Elbmündung hat das Wirtschaftsleben dieser Stadt geprägt. Auf drei Seiten von Wasser umgeben, ohne ausreichendes Hinterland, dagegen mit langen Verkehrswegen zu den Absatzgebieten, sind die Standortbedingungen für eine Industrie außerordentlich ungünstig, die Möglichkeiten wirtschaftlicher Entwicklung sehr begrenzt. Als Handelshafen hat Cuxhaven keine Bedeutung erlangen können, da dem Nachteil größerer Entfernung zum Binnenland gegenüber anderen Häfen kein ausgleichender Vorteil gegenübersteht.

Unter diesen besonderen geographischen Bedingungen konnte sich in Cuxhaven nur die Fischerei und die Fischwirtschaft zu einem bedeutenden Wirtschaftszweig entwickeln. Für die Hochseefischerei und ihre Abnehmer ist der Standort Cuxhaven relativ günstig: Cuxhaven liegt von den deutschen Fischereihäfen den Fanggebieten am nächsten. Bei den hohen täglichen Unkosten eines Fischdampfers und jährlich bis zu 14 Fangreisen schlägt die Zeitersparnis für Hin- und Rückreise zu Buch.

Die berufliche Tätigkeit des überwiegenden Teils der Cuxhavener Bevölkerung ist direkt oder indirekt mit der Fischerei und der Fischwirtschaft verbunden. Bei dieser einseitigen Ausrichtung der wirtschaftlichen Betätigung besteht naturgemäß eine erhöhte Krisenanfälligkeit. Es bedarf also besonderer Maßnahmen zur Sicherung des Wirtschaftslebens und damit der Existenz Cuxhavens. Diese Frage wird besonders aktuell im Hinblick auf eine Erweiterung der Europäischen Wirtschaftsgemeinschaft. Die Zukunft Cuxhavens ist entscheidend und unmittelbar von der zukünftigen Entwicklung des Fischmarktes Cuxhaven abhängig.

Die Entwicklung des Fischereihafens Cuxhaven

Cuxhaven erhielt erst Anfang dieses Jahrhunderts seinen Fischereihafen, als die Freie und Hansestadt Hamburg sich entschloß, in ihrem damaligen Amt Ritzebüttel einen Stützpunkt für die Hochseefischerei aufzubauen. Daß dieser Entschluß richtig war, zeigte die rapide Entwicklung des neuen Hafens. Der Umsatz am Seefischmarkt Cuxhaven zeigte von Anfang an einen stetigen, steilen Anstieg (Abb. 1).

Zu Beginn des Jahres 1908 waren 8 Fischdampfer in Cuxhaven beheimatet. Sechs Jahre später waren es bereits 32 Schiffe, und in den Jahren 1932/33 waren in Cuxhaven 110 Hochseetrawler registriert. Mit zunehmender Größe der Schiffe nahm ihre Anzahl dann wieder ab. Die Anlandungen stiegen jedoch weiterhin an.

Die günstige Entwicklung des Umschlagplatzes Cuxhaven erforderte bald eine Vergrößerung des Fischereihafens. Seit seinem Bestehen ist der Hafen ständig erweitert worden. Die Notwendigkeit hierfür ergab sich nicht nur aus dem stetigen Anwachsen der Flotte, sondern auch aus der ständigen Vergrößerung der Fangschiffe:

Fangschiff	Baujahr	Antrieb	PS	BRT	Länge	Breite	Tiefgang
„Brunhild“	1909	Dampf	150	136	27,69	6,54	2,95
„Cuxhaven“	1921	Dampf	400	220	38,80	6,90	2,80
„Cuxhaven“	1949	Turbine	750	387	43,82	8,04	4,12
„Cuxhaven“	1960	Motor	1850	936	73,68	11,02	4,15
Neubau	1963	Motor	2700	1200	78,30	12,50	4,70

Die Fangkapazität der Schiffe hat sich in den 50 Jahren seit Bestehen des Fischereihafens Cuxhaven von 300 Zentner auf 5000 Zentner erhöht.

Im Jahre 1908 war nur der vordere Teil des heutigen Alten Fischereihafens mit den Fischhallen I und II vorhanden. Schon zu Beginn der zwanziger Jahre mußte der Alte Fischereihafen verlängert werden. Weitere vier Fischhallen wurden errichtet. Noch vor dem 2. Weltkrieg wurde begonnen, ein neues Hafenbecken — den Neuen Fischereihafen — zu bauen. 1939 waren bereits neun Fischhallen vorhanden. Nach dem Kriege wurde der Ausbau des Neuen Fischereihafens fortgesetzt. Mit der Verlängerung des Hafenbeckens wurden zwei weitere Fischhallen gebaut. Die Halle IXa (heute als Halle IX bezeichnet) konnte 1959/60 als modernste Anlage des Kontinents in Betrieb genommen werden. Bisher dienten die Fischhallen nur der Versteigerung und dem Versand der Ware. Sie bestanden aus der wasserseitigen Auktionshalle und der landseitigen Packhalle. Die letztgenannte Halle IX dient einem weiteren Zweck: der Lagerung. Sie erhielt als erste Fischhalle Kühl- und Tiefkühlräume mit den erforderlichen Maschinenanlagen. Die Notwendigkeit hierfür ergab sich aus den veränderten Bedingungen, unter denen die Fischerei heute betrieben wird.

Die Hochseefischerei ist seit einigen Jahren einem Strukturwandel unterworfen, der noch nicht abgeschlossen ist. Die rückläufigen Fangerträge auf den traditionellen Fangplätzen und der Verlust trächtiger Fischfanggründe vor der norwegischen Küste und bei Island durch die Ausweitung der Hoheitsgewässer dieser Staaten machte die Erschließung neuer Fanggebiete für unsere Flotte notwendig. Der Schwerpunkt liegt heute im Nordwestatlantik zwischen Grönland und Neufundland.

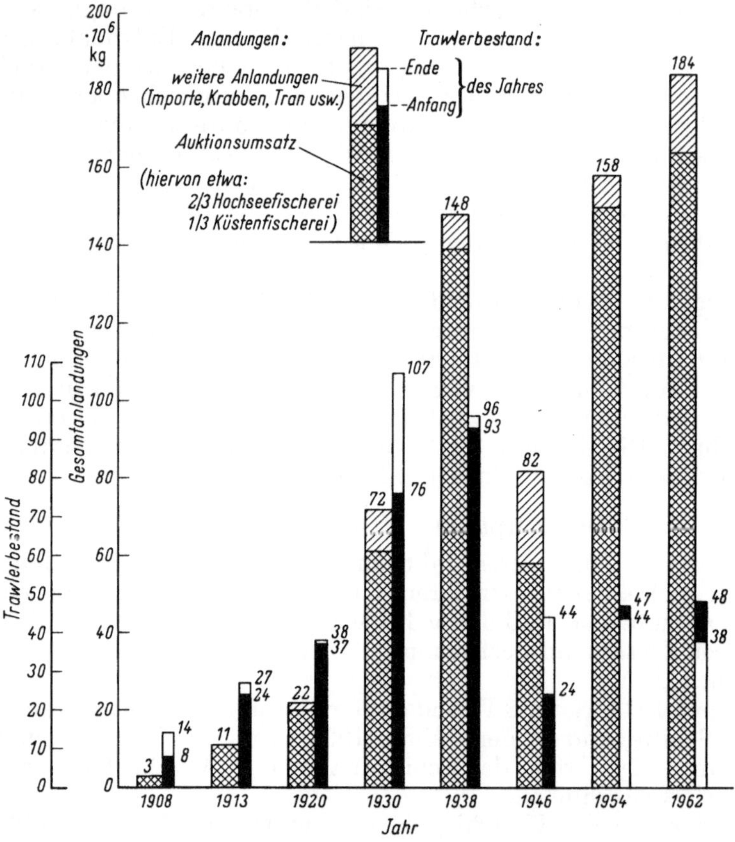

Abb. 1. Jahresanlandungen und Trawlerbestand.

Die herkömmlichen reinen Fangschiffe können auf diese weite Entfernung nicht mehr rentabel eingesetzt werden. Die unproduktiven Reisetage für An- und Abmarsch zum und vom Fanggebiet stehen zu den Erträgen in einem nicht mehr wirtschaftlichen Verhältnis. Mit einem Kostenaufwand von rd. 150 Mio DM ist deshalb seit 1959 eine neue Flotte von kombinierten Fang- und Verarbeitungsschiffen aufgebaut worden. Innerhalb von 5 Jahren wurden 39 Schiffe mit Tiefkühlanlagen und 54 Schiffe mit Fischmehlanlagen ausgerüstet. Der größte Teil des Fanges wird auf diesen Schiffen bereits verarbeitet und „gefrostet", während nur noch der kleinere Teil als Frischfisch angelandet wird.

Der Fischereihafen muß sich dieser neuen Situation anpassen. Die Schiffe werden ständig größer. Die Anlandung von Tiefkühlware erfordert neue Umschlaggeräte und die Bereitstellung von Tiefkühllagerhallen. Ein Ende der Entwicklung ist noch nicht abzusehen. Es gibt Anhaltspunkte dafür, daß die Kombination Fang- und Verarbeitungsschiff durch ein „Fabrikschiff" ergänzt

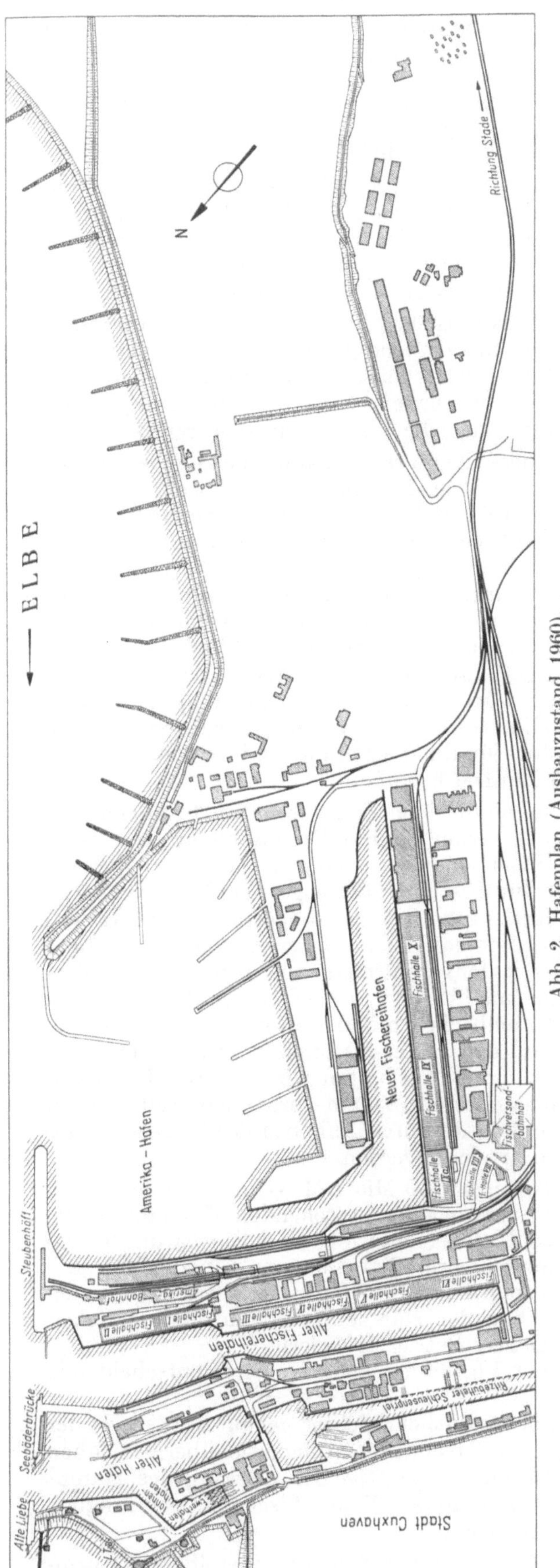

Abb. 2. Hafenplan (Ausbauzustand 1960).

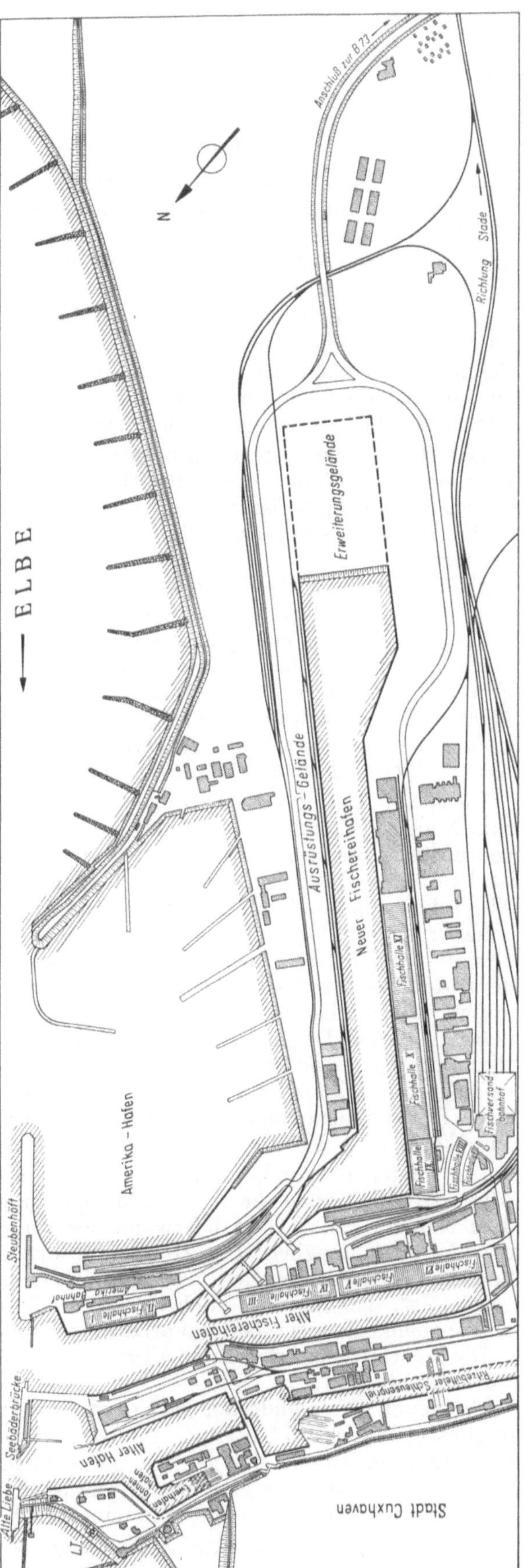

Abb. 3. Hafenplan (Ausbauzustand 1965).

wird, das dann Fertigprodukte anlandet. Bei den hafenplanerischen Arbeiten muß deshalb davon ausgegangen werden, daß sich die Abmessungen der Fischereifahrzeuge noch erheblich vergrößern werden.

Die Abb. 2 zeigt den Ausbauzustand des Hafens im Jahre 1960.

Der gegenwärtige Ausbau des Fischereihafens

Bei lang anhaltenden Ostwindperioden, wie sie hauptsächlich im Winterhalbjahr auftreten, erreicht das Tideniedrigwasser in Cuxhaven häufig einen sehr tiefen Pegelstand, weil der Wind die Wassermassen der Elbmündung in die Deutsche Bucht drückt. Die Wassertiefe in den Cuxhavener Häfen ist zu diesen Zeiten schon seit langem nicht mehr ausreichend. Das mittlere Tideniedrigwasser liegt auf — 1,52 m NN. Dieser Wert kann bis zu 2,50 m unterschritten werden.

Das als „Neuer Fischereihafen" bezeichnete Hafenbecken ist für die Hochseetrawler bestimmt. Die Solltiefe seiner Sohle liegt auf — 8,60 m NN. Die tatsächliche Tiefe ist vor der jährlichen Schlickbaggerung etwa — 7,50 m NN. Da die Hochseetrawler heute bereits einen Tiefgang bis zu 5,00 m haben, besteht schon die Gefahr einer Grundberührung, wenn das Tideniedrigwasser 1 m unter MTnw eintritt. Es ist deshalb dringend notwendig, die Wassertiefe zu vergrößern.

Das Hafenbecken ist 100 m breit und 800 m lang. Diese Breite reicht kaum noch aus, ein Schiff von heute fast 80 m Länge mit Schlepperhilfe zu wenden. Für die Anlage neuer Fischhallen und Ausrüstungsbetriebe ist am vorhandenen Kai kein ausreichender Platz mehr vorhanden. Es ist deshalb eine zweite notwendige Forderung, das Hafenbecken zu verlängern und dabei zu verbreitern.

Eine Vertiefung des Hafenbeckens würde die Verstärkung der bestehenden Kaimauern zur Voraussetzung haben. Praktisch wäre das nur zu erreichen, indem eine neue Uferwand vor die alte gebaut würde. Für eine Vertiefung der Hafensohle um 3,50 m müßten für die Verstärkung der vorhandenen Kaimauern etwa 10000 DM/m = 16 Mio DM aufgewendet werden. Die vorgesehene Erweiterung des Hafenbeckens um vorerst 500 m würde einen Kostenaufwand von etwa 14000 DM/m Uferwand = 14 Mio DM erfordern. Hinzuzurechnen wären die Kosten für den Bodenaushub mit etwa 5 Mio DM. Die Gesamtkosten für die Vertiefung und Erweiterung des Neuen Fischereihafens würden sich damit auf rd. 35 Mio DM belaufen.

Die Vertiefung des Hafenbeckens hätte jedoch nur dann einen Sinn, wenn auch die Zufahrt zum Neuen Fischereihafen auf die gleiche Tiefe gebracht werden könnte. Die Fischdampfer müssen heute durch den Amerikahafen fahren, um zu den Fischhallen zu gelangen. Der Amerikahafen ist hamburgisches Eigentum. Die Hafeneinfahrt ist für Fischereifahrzeuge denkbar ungünstig. Abgesehen von den Zuständigkeitsfragen wäre eine Vertiefung und eine Neugestaltung der Hafeneinfahrt in technischer Hinsicht problematisch und kostenmäßig schwer zu erfassen. Es bestand deshalb bei den Untersuchungen zur Verbesserung der Hafenverhältnisse von vornherein die Tendenz, den Fischereihafen von seiner bisherigen Zufahrt unabhängig zu machen. Zu diesem Zweck mußte ein Durchstich vorgesehen werden, der das Hafenbecken mit der Elbe verbindet. Es lag nahe, in diesen Durchstich eine Schleuse zu legen und den Hafen dadurch tidefrei zu machen. Wenn im Hafen ein mittlerer Wasserstand von $\pm$ 0,00 m NN gehalten wird, ist bei dem dann verringerten Schlickfall ständig eine Wassertiefe von mindestens 8,00 m vorhanden. Selbst wenn diese Tiefe später einmal nicht mehr ausreichen sollte, könnte durch Anheben des Wasserstandes auf MThw = + 1,38 m NN eine größere Wassertiefe erreicht werden.

Die Kosten für die komplette Schleusenanlage betragen rd. 30 Mio DM. Gegenüber der ersten Alternative entfallen die Aufwendungen für eine Verstärkung der bestehenden Kaimauern; bei dem Neubau von 1000 m Uferwand der vorgesehenen Hafenerweiterung sind Einsparungen von rd. 8 Mio DM möglich; der Betrag für den Bodenaushub ermäßigt sich um 1,5 Mio DM. Die Schleuse erfordert demnach nur Mehraufwendungen von etwa 5 Mio DM, wobei allerdings vorausgesetzt ist, daß die zusätzlichen Kosten für den Ausbau der Hafeneinfahrt und andere Folge- und Nebenkosten für beide Varianten etwa den gleichen Betrag erfordern.

Die Abschleusung des Hafens bringt gegenüber einer Vertiefung jedoch weitere entscheidende Vorteile mit sich:

Die neuen Uferwände der Hafenerweiterung können wesentlich leichter gebaut werden, da der ungünstigste Lastfall NNTnw (— 4,01 m NN) entfällt. Die Kosteneinsparung gegenüber der hohen Kaimauer im Tidebereich beträgt rd. 8000 DM/m. Da eine zukünftige Erweiterung des Hafens aus den räumlichen Gegebenheiten heraus nur im Anschluß an den Neuen Fischereihafen möglich ist, gewinnt dieser Gesichtspunkt eine erhebliche Bedeutung.

Im Schutz der Schleuse können sämtliche Anlagen im Bereich des Neuen Fischereihafens sturmflutsicher gemacht werden. Da die Oberkante der vorhandenen Kaimauern 1,40 m unter dem maßgebenden Sturmflutwasserstand liegt, wäre das bei einem offenen Hafen nicht möglich.

Der Schlickfall wird im abgeschleusten Hafenbecken erheblich verringert. Die Baggerung und die damit verbundene Behinderung der Schiffahrt kann stark eingeschränkt werden.

Die konstante Wasserspiegellage (bisheriger extremer Tidehub zwischen HHThw und NNThw fast 9,00 m) läßt den besseren Einsatz von mechanischen Löschgeräten zu, ein Gesichtspunkt, der im Hinblick auf Arbeitskräftemangel und Kosten von großer Bedeutung ist.

Es wurde deshalb beschlossen, den Neuen Fischereihafen Cuxhaven durch eine Seeschleuse tideunabhängig zu machen und um 500 m zu verlängern bei gleichzeitiger Verbreiterung dieses Teils auf 200 m.

Voruntersuchungen

Die Zufahrt zum Neuen Fischereihafen führt bislang durch den Amerikahafen. Der Amerikahafen mit Steubenhöft und das umgebende Gelände sind Eigentum der Freien und Hansestadt Hamburg. Ein Teil dieses Areals ist an den Bund verpachtet und wird von der Bundesmarine genutzt.

Der Amerikahafen war für Überseedampfer gebaut worden. In der 240 m breiten Einfahrt bilden sich bei Ebbstrom starke Kreisströmungen aus, die für ein- und auslaufende Fischdampfer sehr gefährlich sind. Bei schlechter Sicht und stark ablaufendem Wasser ist das Einfahrmanöver mit einem großen Risiko verbunden. Dieser Zustand kann künftig nicht mehr hingenommen werden. Eine Veränderung der Einfahrt unter Berücksichtigung der Strömungsverhältnisse wäre denkbar, aber der Verwirklichung müßte eine Einigung über die technische Ausführung und die Kostenverteilung unter den drei Interessenten Hamburg, Bund und Niedersachsen vorausgehen. Verhandlungen über diese Frage wurden von Niedersachsen nicht betrieben, da die Lösung, die Schleuse zwischen den Amerikahafen und das Fischereihafenbecken zu legen, aus schiffahrtstechnischen Gründen unbefriedigend gewesen wäre. Der Kurs der ein- und auslaufenden Schiffe würde mehrere starke Krümmungen aufweisen, die bei langsamer Fahrt von Ein-Schrauben-Schiffen schwer zu fahren sind. Es wurde deshalb entschieden, die derzeitige Durchfahrt vom Amerikahafen zum Neuen Fischereihafen zu schließen und eine neue Hafenzufahrt herzustellen.

Es lag nahe, die Seeschleuse in dem unbesiedelten Gebiet südostwärts des Hafengeländes zu bauen, da hierbei nur minimale Kosten für die Aufschließung des Baugeländes anfallen würden. Wegen des starken Ebbstromes im Elbfahrwasser wird aus nautischen Gründen ein äußerer Schleusenvorhafen gefordert, dessen Länge etwa fünf Schiffslängen = 400 m entspricht. Dieser Vorhafen wäre nur zu schaffen, indem er in den Strom hinausgebaut würde. Da die Flußsohle oberhalb des Osterhöfts sehr steil auf 30 m Tiefe abfällt, wären die Molen nur mit finanziellen Aufwendungen herzustellen, die ein Mehrfaches der Kosten für die eigentliche Schleusenanlage betragen hätten. Außerdem hätte das Hafenbecken sofort um über 1000 m verlängert werden müssen, um den Anschluß an die Schleuse herzustellen. Eine Verlängerung dieses Ausmaßes ist heute jedoch aus betrieblichen Gründen noch nicht erforderlich. Die Kosten für die Lösung „Ost" hätten damit 150 Mio DM erreicht. Aus finanziellen Gründen mußte diese Variante fallengelassen werden.

Die Untersuchung erstreckte sich nunmehr darauf, im Nordwesten des Hafenbeckens einen Durchstich zum Alten Fischereihafen zu schaffen, der die Schleuse aufnimmt. Der Alte Fischereihafen kann bei dieser Lösung als Schleusenvorhafen dienen. Die Lage des Durchstiches wurde so gewählt, daß sich eine möglichst gestreckte Linie Hafeneinfahrt—Schleuse—Hafenbecken ergibt. Es war jedoch zu berücksichtigen, daß die derzeitige Einfahrt in absehbarer Zeit durch eine neue ersetzt werden soll, die in Höhe der heutigen Seebäderbrücke liegen wird. An einem Modell wurde im Franzius-Institut der Technischen Hochschule Hannover die Lage des Schleusendurchstichs und der neuen Hafeneinfahrt in strömungstechnischer Hinsicht untersucht und eine befriedigende Lösung gefunden.

Die Abb. 3 zeigt den Hafen nach Beendigung des derzeitigen Ausbauprogramms.

Es war bei dieser Lösung „West" in Kauf zu nehmen, daß eine Anzahl Gebäude abgebrochen werden mußte. Ein besonderes Problem ergab sich dadurch, daß die Verkehrsverbindungen zum Steubenhöft — der hamburgischen Fahrgastanlage — während der Bauzeit nicht unterbrochen werden durften. Besonders der Gleisanschluß bereitete erhebliche Schwierigkeiten, da in dem eng bebauten Gelände kein ausreichender Raum für die für Schnellzugverkehr erforderlichen großen Krümmungshalbmesser vorhanden ist. Es mußte deshalb für die Bauzeit eine die Baugrube schiefwinklig kreuzende Straßen- und Eisenbahnbrücke errichtet werden. Sie muß beweglich sein, weil in einem späteren Bauzustand — wenn die bisherige Hafenzufahrt durch einen Damm geschlossen wird — der Schiffsverkehr bereits den Durchstich passieren muß, während der Straßen- und Eisenbahnverkehr noch über die Brücke geführt wird. Endgültig werden Gleis und Straße auf den Abschlußdamm gelegt, und die Brücke wird wieder entfernt.

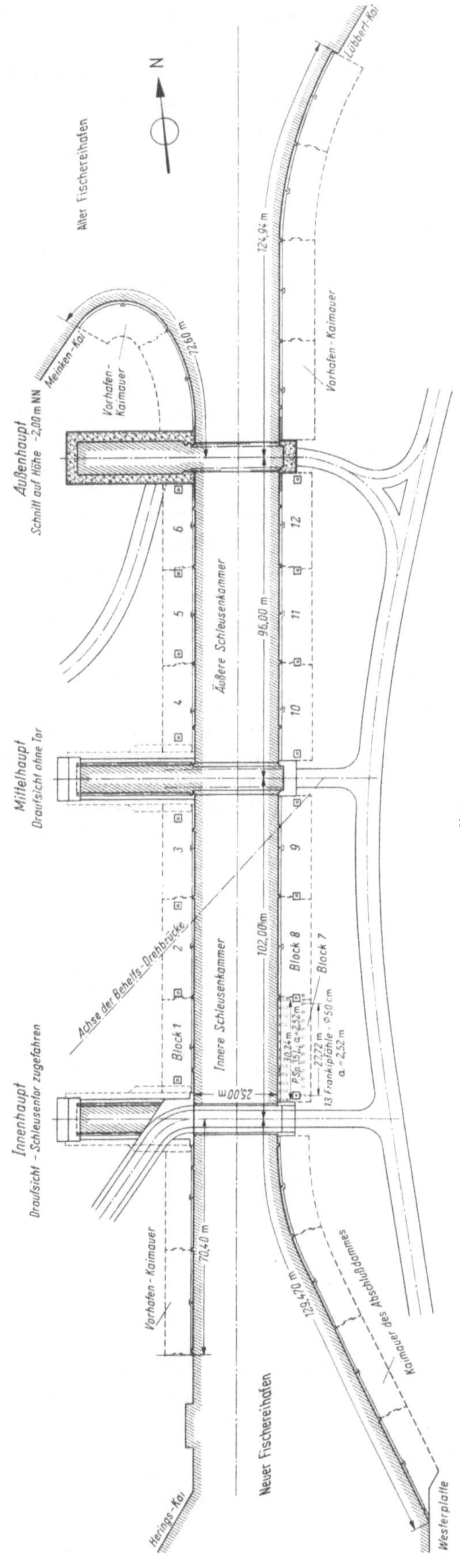

Abb. 4. Übersicht Schleuse.

Durch die Notwendigkeit, bestehende Anlagen zu verlegen, wird die Lösung „West" kostenmäßig ziemlich hoch belastet. Außer einem Fischindustriebetrieb, den Verwaltungs- und Betriebsgebäuden der „Seefischmarkt Cuxhaven GmbH." und dem Maschinenhaus der bestehenden Tiefkühlräume in Fischhalle III als den drei größten Objekten mußten für mehrere kleinere Anlagen Ersatzbauten errichtet werden. Da außerdem hamburgisches Grundeigentum für die Schleuse in Anspruch genommen werden mußte, bestand der Zwang, die Schleusenanlage möglichst raumsparend zu entwerfen.

Entwurf der Schleuse

Wegen der beschränkten räumlichen Verhältnisse war es nicht möglich, eine Doppelschleuse vorzusehen. Die Umsetzung bestehender Anlagen hätte das Projekt sonst derart belastet, daß seine Finanzierung in Frage gestellt worden wäre. Es konnte deshalb nur der Bau einer Einkammerschleuse in Betracht gezogen werden.

Die Abmessungen der Schleusenkammer waren so zu wählen, daß sie nach menschlichem Ermessen in den nächsten 50 Jahren allen Anforderungen gerecht wird. Da aber — wie bereits erwähnt — die Entwicklung der Fischereifahrzeuge keineswegs abgeschlossen ist, sondern damit gerechnet werden muß, daß die Schiffe noch wesentlich größer werden, ist die Größe der Schleusenkammer nicht exakt zu bestimmen. Um die Abmessungen auf die heutigen Schiffsgrößen zu beziehen, wurde deshalb bestimmt, daß in der Schleusenkammer zwei Hochseetrawler sowohl hintereinander als auch nebeneinander liegen können. Das bedeutet also, daß in der Schleuse noch ein Schiff Platz findet, dessen Abmessungen sich gegenüber den heutigen Typen verdoppelt haben. Dementsprechend wurde auch die Drempeltiefe gewählt.

Die Abmessungen der Schleusenkammer wurden danach wie folgt festgelegt:

Länge	192,00 m
Breite	25,00 m
Drempeltiefe	9,50 m unter MTnw =
	— 11,00 m NN.

Für den Hafenbetrieb stellt eine Einkammerschleuse mit zwei Toren ein erhebliches Risiko dar. Falls ein Schleusentor beschädigt ist oder aus anderen Gründen ausfällt, könnten nur noch Dockschleusungen vorgenommen werden. Da aus Sicherheitsgründen eine Dockschleusung nur bei auflaufendem Wasser stattfindet, könnten nur zweimal am Tage Schiffe in den Hafen einlaufen. Diese Situation wird erheblich verbessert, wenn die Schleuse ein Mittelhaupt mit einem dritten Tor erhält. Die Trawler können auf absehbare Zeit noch in einer Kammerhälfte Platz finden. Es ist deshalb vorläufig noch möglich, jeweils ein Tor für Instandsetzungs- oder Unterhaltungsarbeiten außer Betrieb zu setzen, ohne den Verkehr wesentlich zu beeinträchtigen.

Ein weiterer Gesichtspunkt, der für die Unterteilung der Schleusenkammer durch ein Mitteltor anzuführen ist, ergibt sich aus der Tatsache, daß das Hafenbecken keinen Zufluß hat. Der Hafenwasserstand soll auf ± 0,00 m NN liegen, das sind 1,52 m über MTnw und 1,38 m unter MThw. Die Luken der Fischdampfer liegen dann etwa auf Kaihöhe. Durch Schleusungen bei Tideniedrigwasser geht Wasser aus dem Hafenbecken verloren. Bei Tidehochwasser wird der Verlust wieder ausgeglichen. Wird für die Schleusungen von Hafenschleppern, Bunkerbooten und vorläufig auch noch Fischdampfern nur eine Kammerhälfte benutzt, so bleiben der Wasserverlust und die Wasserspiegelschwankungen gering. Außerdem wird die Schleusungszeit etwas kürzer, ein Gesichtspunkt, der aber praktisch ohne Bedeutung ist.

Die Mehraufwendungen für das Mittelhaupt bleiben erträglich. Da ohnehin ein drittes Schleusentor als Reservetor erforderlich gewesen wäre, fallen zusätzlich nur die Kosten für den Tiefbau und die Maschinenanlage an. Die Schleuse erhält aus diesen Gründen ein Mittelhaupt.

Die Schleusenhäupter

Die Schleusentore sind stählerne Schiebetore, die auf Ober- und Unterwagen laufen und 26,00 m lang, 6,00 m breit und 16,40 m bzw. 15,00 m hoch sind. Da in Cuxhaven kein Dock vorhanden ist und auch keine Werft in der Lage ist, Tore dieser Größe auf Slip zu nehmen, hätten Instandsetzungs- und Unterhaltungsarbeiten an den Toren — evtl. auch deren Montage — in Kiel oder Hamburg ausgeführt werden müssen. Das mit dem Abschleppen auf der Elbe verbundene Risiko und der Zeitaufwand erschienen untragbar. Deshalb werden die Torkammern als Dock ausgebildet.

Jede Torkammer kann durch Dammbalkentafeln gegen die Schleusenkammer abgedichtet und dann gelenzt werden. Jedes Tor wird in seiner Kammer montiert und kann später in seiner Kammer gedockt werden. Da ein Reservetor unter diesen Umständen nicht für erforderlich gehalten wird, kann auf die Schwimmfähigkeit der Tore verzichtet werden.

Ein weiterer Gesichtspunkt trug zu dieser Entscheidung bei: Das Ausschwimmen eines beschädigten und Einschwimmen eines Reservetores nimmt viel Zeit in Anspruch. Unter Umständen sind bei einer Havarie die Schwimmzellen undicht geworden, wodurch das Manöver weiter erschwert wird. Während dieser Zeit wäre die Zufahrt zum Neuen Fischereihafen blockiert, der Seefischmarkt Cuxhaven nahezu lahmgelegt. Dadurch, daß die Tore an ihrem kammerseitigen Ende um 2 m verbreitert werden, ist gewährleistet, daß sie auch dann noch in die Torkammer gezogen werden können, wenn bei einer Havarie ungewöhnlich starke Verformungen auftreten sollten.

Da die gegen Störungen sehr empfindliche Einkammerschleuse die einzige Zufahrt zum Neuen Fischereihafen darstellt, mußte den Sicherheitsvorkehrungen größte Aufmerksamkeit gewidmet werden. Durch die Anordnung eines Mittelhauptes und die Ausbildung der Torkammern als Dock sind Voraussetzungen dafür geschaffen, daß der Schleusenbetrieb auch unter besonderen Bedingungen aufrechterhalten werden kann und Beeinträchtigungen des Hafenbetriebes weitgehend vermieden werden.

Der Schleusendurchstich unterbricht alle Leitungen und Kabel zum Steubenhöft. Die Sohle des Außenhauptes erhält deshalb einen begehbaren Kanal, an den sich beiderseits senkrechte Schächte anschließen, um die Rohrleitungen für Trinkwasserversorgung und die Kabel für Strom, Post usw. unter der Schleuse durchführen zu können.

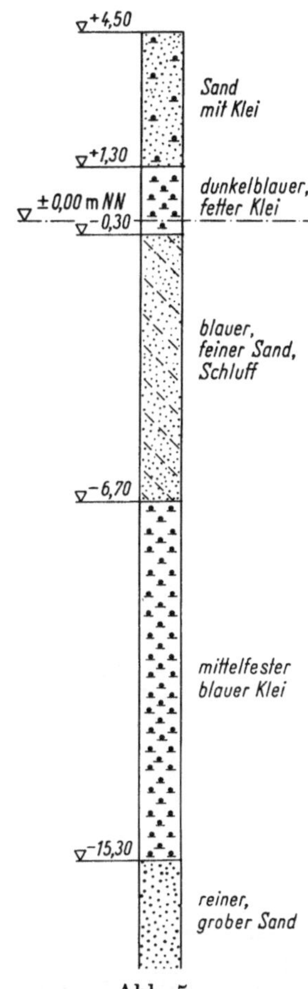

Abb. 5. Bodenprofil Schleusenbereich.

Der Bau der Schleuse

Die Geländeoberfläche liegt im Bereich der Schleusenbaustelle im Mittel auf + 4 m NN. Der Baugrund besteht aus den für die Flußmündungen im Nordseeküstengebiet charakteristischen mächtigen Kleinschichten und schluffigen Feinsanden. Die tragfähigen diluvialen Kiessande stehen etwa auf — 16 m NN an, das ist im Mittel 20 m unter Gelände. Im Baustellenbereich ist eine etwa gleichmäßige Bodenschichtung vorhanden (Abb. 5). Die wasserundurchlässige rd. 8 m mächtige Kleischicht trennt das Grundwasser in einen unteren gespannten und einen oberen freien Horizont. Beide Grundwasserstockwerke stehen unter Tideeinfluß.

Der Ausschreibungsentwurf sah für den Bau der Schleusenhäupter eine tiefe Grundwasserabsenkung vor. Wegen der geringen Durchlässigkeit des Feinsandes wäre eine große Anzahl sehr tiefer Brunnen erforderlich geworden. Es bestand daher für die am Wettbewerb teilnehmenden Firmen ein Anreiz, Sondervorschläge einzureichen, die ohne tiefe Grundwasserabsenkung auszuführen sind. Fast alle an der öffentlichen Ausschreibung beteiligten Firmen bzw. Bietergruppen machten entsprechende Vorschläge. Der Zuschlag wurde der Firma Philipp Holzmann AG, Zweigniederlassung Bremen, erteilt, die einen Vorschlag unterbreitete, der den Bau der Häupter in offener Baugrube, jedoch statt der tiefen Grundwasserabsenkung nur eine „Entspannung" des unteren Grundwasserhorizontes vorsah. Das obere Grundwasserstockwerk sollte durch eine Punktbrunnenanlage entwässert werden. An jedem Haupt waren nur drei tiefe Brunnen vorgesehen.

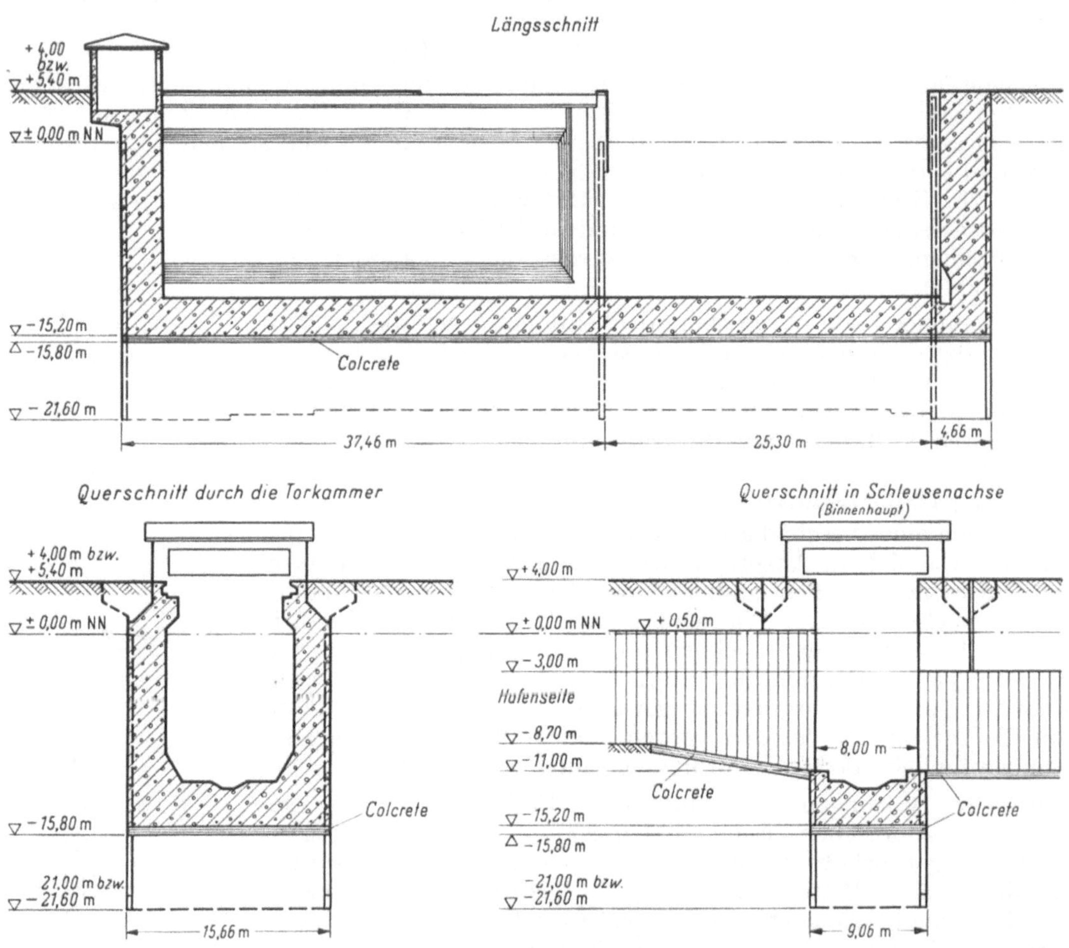

Abb. 6. Schleusenhaupt.

Der Bau der Schleusenhäupter läuft folgendermaßen ab: Nach Ausbaggern des Bodens wird auf Kote $\pm$ 0,00 m NN eine Rammebene hergestellt und eine Punktbrunnenanlage eingebaut. Die Baugrube eines Hauptes wird mit einer Stahlspundwand Profil IV, Länge 21 m, vollständig umschlossen. Gleichzeitig werden die Entlastungsbrunnen außerhalb der Umspundung hergestellt. Nach dem Ausbaggern des Spundwandkastens bis — 3,4 m NN bei Betrieb der Punktbrunnen wird in dieser Höhe eine Stahlbetonaussteifung eingebaut. Bei dem folgenden weiteren Aushub bei offener Wasserhaltung werden die Entlastungsbrunnen in Betrieb genommen. Auf — 8,40 wird eine zweite Lage Aussteifungsbalken eingebaut. Der weitere Bodenaushub geschieht unter Wasser. Nach Erreichen der Gründungssohle auf — 15,80 werden in jedem Haupt 64 prismatische Stahlbetonankerkörper mit je vier Rundstahlankern ⌀ 40 mm bis — 26 m NN nach dem Verfahren der Firma Joh. Keller eingespült und eingerüttelt. Anschließend wird eine 70—80 cm dicke Unterwasserbetonsohle nach dem Colcrete-Verfahren eingebracht, in die die Ankerstangen einbinden. Nach dem Erhärten der Sohle, die durch die Anker gegen Auftrieb gesichert ist, wird der Spundwandkasten leergepumpt. Auf die unbewehrte Unterwasserbetonsohle, die nur eine Arbeitssohle darstellt, wird dann die eigentliche konstruktive, 3,80 m dicke Stahlbetonsohle betoniert, an die sich die aufgehenden Wände der Torkammer und der Toranschlagpfeiler anschließen.

Die Schleusenkammerwände werden in der herkömmlichen Art als Stahlspundwand mit aufgesetzter Stahlbeton-Winkelstützmauer auf hohem Pfahlrost ausgebildet (Abb. 7). Die Spund-

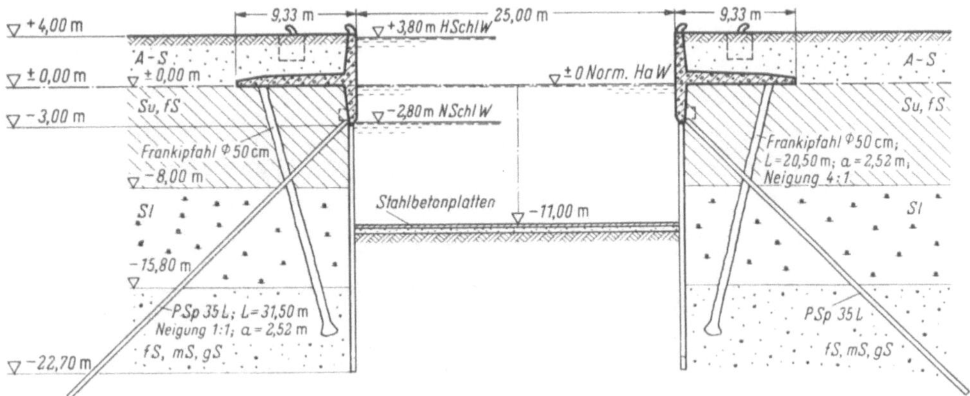

Abb. 7. Schleusenkammerwand.

wand aus Sonderstahl Profil V ist im Bereich der maximalen Momente durch aufgeschweißte Lamellen verstärkt. Die Winkelstützmauer hat die Form eines liegenden T. Sie setzt sich auf Kote — 3 m NN gelenkig auf die Spundwand auf. Die Pfahlrostplatte liegt auf $\pm$ 0,00 m NN. Die 1:1 geneigten Zugpfähle binden unmittelbar oberhalb des Spundwandkopfes in die Stahlbetonmauer ein, während die Stützung der Rostplatte von 4:1 geneigten Ortbetonpfählen übernommen wird. Die im Abstand von etwa 2,50 m angeordneten Zug- und Druckpfähle haben eine maximale Beanspruchung von jeweils rd. 150 t aufzunehmen. Die Blocklänge beträgt rd. 30 m.

Abb. 8. Blockfuge der Schleusenkammerwand.

Es ist vorgesehen, der Schleusenkammer eine massive Unterwasserbetonsohle zu geben, die mehrere Aufgaben zu erfüllen hat. Im Zusammenwirken mit der unter der Sohle befindlichen undurchlässigen Kleischicht muß bei ungünstigen Wasserständen ein Grundwasserüberdruck von etwa 3 m durch das Eigengewicht aufgenommen werden. Ferner soll mit der Betonsohle eine Stützung der Spundwände erreicht werden. Schließlich muß die Befestigung Kolkbildungen verhindern. Zu diesem Zweck werden auch vor dem Außen- und vor dem Binnenhaupt die Vorhäfensohlen auf etwa 30 m Länge befestigt.

Die Ufereinfassungen der Schleusenvorhäfen und die Stützwände des Abschlußdammes werden als Spundwände mit aufgesetzter Winkelstützmauer auf hohem Pfahlbock ausgeführt (Abb. 9). Die einzelnen Querschnitte dieser Kaimauern sind den örtlichen Gegebenheiten entsprechend unterschiedlich gestaltet. Vor den Fischhallen I und II wird die alte Kaimauer durch eine vorgesetzte Spundwand so verstärkt, daß im äußeren Schleusenvorhafen die Sohle auf die Drempeltiefe gebaggert werden kann.

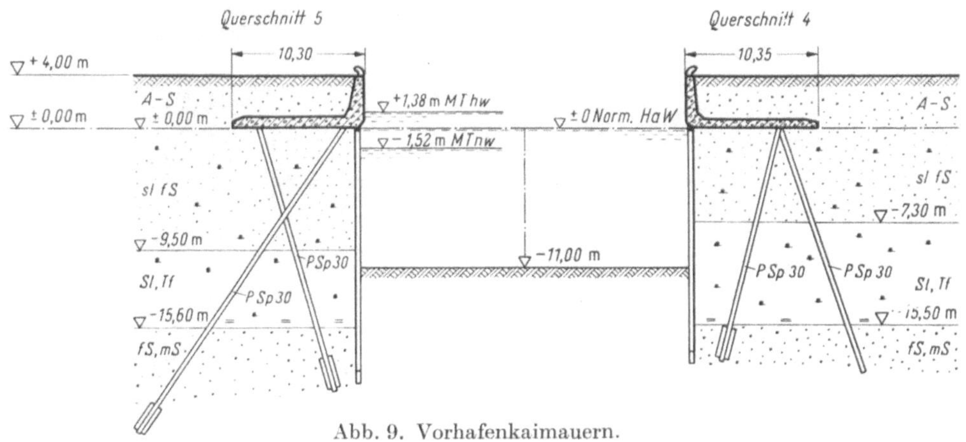

Abb. 9. Vorhafenkaimauern.

Der Beginn der Ausführungsarbeiten war abhängig von einem Übereinkommen zwischen dem Land Niedersachsen und der Freien und Hansestadt Hamburg über die Inanspruchnahme hamburgischen Geländes. Schon vor der Ratifizierung des Cuxhaven-Vertrages im Oktober 1962, der eine generelle Regelung der Grundeigentumsverhältnisse brachte, wurde eine vorläufige Besitzeinweisung in das für den Schleusenbau benötigte Gelände erwirkt, so daß im Sommer 1961 die Arbeiten an der Schleuse anlaufen konnten.

Abb. 10. Nach der Sturmflut am 17. 2. 1962 (Holzmann).

Vorerst waren Ersatzbauten für die Betriebe zu erstellen, deren Anlagen dem Schleusenbau weichen mußten. Als größte Objekte waren ein Fischindustriebetrieb, die Verwaltungs- und Betriebsgebäude der Seefischmarkt Cuxhaven GmbH. sowie das Maschinenhaus der Tiefkühlräume in Halle III betroffen. Nach zwölfmonatiger Bauzeit konnte der Industriebetrieb im August 1961 die Produktion in seinen neuen Räumen aufnehmen. Zu diesem Zeitpunkt stand der südliche Baustellenbereich für die Tiefbauarbeiten zur Verfügung, nachdem die Gleis- und Straßenverbindungen zum Steubenhöft verlegt worden waren. Die Freigabe des Geländes war von der Fertigstellung der Ersatzbauten abhängig. Entsprechend der Räumung konnte im Verlauf der folgenden Monate die Baustelle vom Binnenhaupt über das Mittelhaupt zum Außenhaupt erweitert werden. Erst im Frühjahr 1963 stand das ganze Baugelände uneingeschränkt zur Verfügung.

Da die Baustelle nicht sturmflutsicher liegt, wurden gleich zu Beginn der Arbeiten Schutzdämme errichtet, deren Kronen 2,60 m über MThw liegen. Die Sturmflut am 16./17. Februar 1962 brachte Cuxhaven einen Wasserstand von 3,62 über MThw. Wenn auch keine Schäden an fertigen Bauwerksteilen auftraten, so hatten doch die Überflutung der Geräte, das Vollaufen der Baugrube (Abb. 10), das Abrutschen der Böschungen und die Verwüstungen an der Baustelleneinrichtung eine Unterbrechung des Baufortschrittes von einigen Wochen zur Folge. Personenschäden waren nicht zu beklagen, da bald erkannt wurde, daß bei der exponierten Lage der Baustelle gegen die hereinbrechenden Wassermassen nichts auszurichten war und das Gelände rechtzeitig verlassen wurde.

Die Schleusentore

Die drei Schleusentore werden als stählerne Schiebetore in Riegelkonstruktion mit Ober- und Unterwagen ausgeführt (Abb. 11). Ihre Abmessungen sind: Breite 6 m, Länge 26 m, Höhe von Drempeloberkante bis Toroberkante 16,40 m bzw. 15 m. Die unterschiedliche Höhe ergibt sich daraus, daß Außen- und Mitteltor die (doppelte) Deichsicherheit gewährleisten, also den maßgebenden Sturmflutwasserstand + 5,40 m NN kehren müssen. Der höchste Schleusenwasserstand wurde mit + 3,80 m NN festgelegt, da die Oberkante Schleusenkammerwand auf + 4 m NN liegt.

Die Lieferung und Montage der Schiebetore und der Torantriebe wurde nach öffentlicher Ausschreibung an die Bietergemeinschaft Friedr. Krupp, Maschinen- und Stahlbau, Rheinhausen, und Dinglerwerke AG, Zweibrücken, vergeben. Die Ausschreibung sah eine Torkonstruktion mit beiderseitigen Stauwänden vor. Ein Sonderentwurf mit einseitiger Stauwand zeigte, daß bei den vorliegenden Abmessungen gewichtsmäßig kein wesentlicher Vorteil zu erzielen ist, und wurde nicht gewählt. Jedes Tor hat vier Durchflußtunnel mit hydraulisch betätigten Tafelschützen zum Füllen und Leeren der Schleusenkammer. Die Schütze sind in Tormitte angeordnet. In der Stauwandebene liegt ein System von Winkelprofilen, das den durchschießenden Strahl aufreißt und verwirbelt. Der Schwall bleibt dadurch erträglich, und die Trossenkräfte der in der Schleuse festgemachten Schiffe bleiben unter der zulässigen Grenze.

Die Höhenlage der Durchflußtunnel und die Wirksamkeit der Störwinkel wurden im Franzius-Institut der Technischen Hochschule Hannover am Modell untersucht. Folgende Forderungen sollten erfüllt werden:

1. Die Durchflußtunnel sollen möglichst hoch liegen, um beim Füllen der Schleusenkammer nicht die über der Vorhafensohle schwebenden dichten Schlickwolken anzusaugen.

2. Die Beunruhigung der Wasseroberfläche soll möglichst gering bleiben. Die Trossenkräfte dürfen einen vorgegebenen Wert nicht überschreiten (5 t Zug beim 2500-t-Schiff).

3. Die Kolkbildung in der unbefestigten Vorhafensohle ist in Grenzen zu halten.

4. Wenn möglich, soll eine Spülwirkung auf die Schleusenkammersohle erzielt werden, um die Schlickablagerungen gering zu halten.

5. Die Füll- und Entleerungszeiten dürfen vorgegebene Werte nicht überschreiten.

Mit Hilfe des Modells wurde versucht, die Durchflußöffnungen so auszubilden, daß die verschiedenartigen, zum Teil einander entgegenstehenden Forderungen weitgehend erfüllt werden. Es stellte sich heraus, daß bei normalen Wasserstandsdifferenzen die Bedingungen durch eine zweckmäßige konstruktive Ausbildung der Durchlässe befriedigend eingehalten werden können. Bei extremem Unterschied der Wasserstände müssen jedoch durch betriebliche Maßnahmen erträgliche Verhältnisse herbeigeführt werden. Die Schütze werden in diesem Fall vorerst nur um ein geringes Maß angehoben und erst dann ganz aufgefahren, wenn die Wasserstandsdifferenz sich auf ein bestimmtes Maß verringert hat. Von einer anderen Möglichkeit, nämlich die Schützen nicht mit einer konstanten Geschwindigkeit, sondern mit einer Beschleunigung zu fahren, wurde wegen des maschinellen Aufwandes abgesehen.

Die Tore sind nicht schwimmfähig. Sie erhalten jedoch im Bereich des Unterwagens Luftzellen, um das Torbetriebsgewicht und damit die Abnutzung der Laufrollen und -schienen und der Lager zu verringern. Außerdem werden am unterwagenseitigen Torende zwei Schwimmschächte angeordnet. Diese Schächte sind unten offen und haben oben ein Ventil, das normalerweise auch geöffnet ist. Falls im Betrieb der Unterwagen blockiert, kann das Tor in beliebiger Stellung (ausgenommen in Staustellung) durch Ausblasen der Schwimmschächte einseitig so weit aufgeschwommen werden, daß es sich vom Unterwagen abhebt und in die Torkammer gezogen werden kann.

Die obersten Riegel aller Tore werden als Fahrbahnen ausgebildet. Die Berechnung erfolgte nach Brückenklasse 12, DIN 1072.

Die Torkammern des Binnen- und Außenhauptes werden am schleusenkammerseitigen Ende durch stählerne Fahrbahnplatten abgedeckt, die den Übergang vom Land zum Tor ermöglichen.

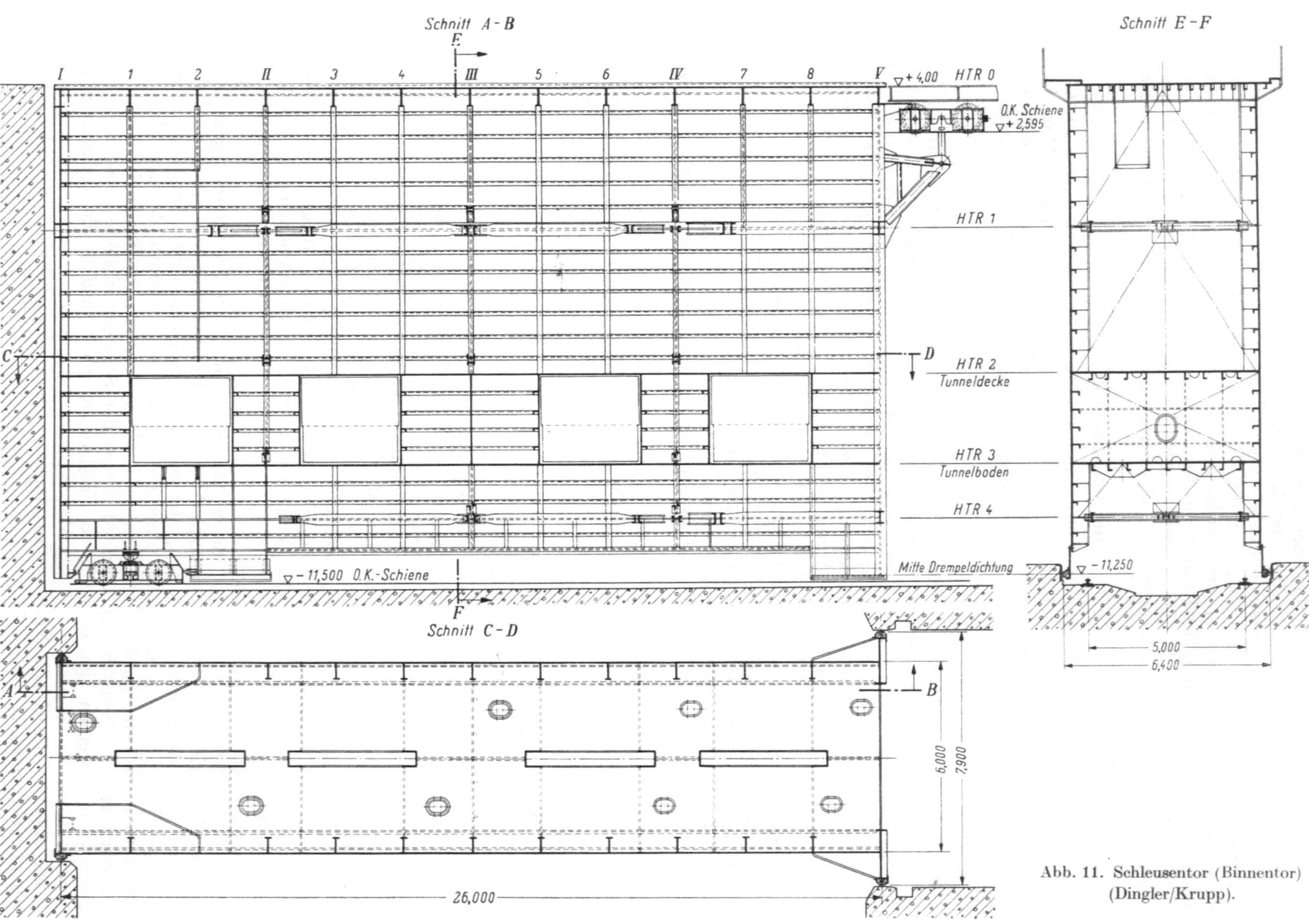

Abb. 11. Schleusentor (Binnentor) (Dingler/Krupp).

Zum Einfahren der Tore werden diese Fahrbahnplatten hydraulisch angehoben, damit auf den Toren starre Geländer angebracht werden können. Die Torfahrbahn ist einschließlich Fußweg und Schrammbord 8 m breit, sie kragt also beiderseits um 1 m über die Stauwandebene aus.

Besondere Aufmerksamkeit wurde der Konservierung gewidmet. Die korrosiven Eigenschaften des Seewassers werden durch die hier stark in Erscheinung tretenden Seepocken (Balaniden) besonders gefährlich. Es kam also darauf an, einen Schutzanstrich zu finden, der dem Seewasser und der Atmosphäre widersteht und von Seepocken nicht durchdrungen werden kann. Aus verschiedenen Vorschlägen wurde eine Anstrichkombination gewählt, die diesen Anforderungen gerecht zu werden verspricht. Als Grundierung wird ein 60 μ dicker Zinkstaubanstrich aufgebracht, der durch eine sehr widerstandsfähige Teerpech-Epoxyharz-Schicht von 250 μ Dicke abgedeckt wird. Nach den Garantien der Lieferfirma wird dieser Anstrich von Seepocken zwar besiedelt, aber nicht durchdrungen.

Die maschinelle und elektrotechnische Ausrüstung wurde unter dem Gesichtspunkt höchster Betriebssicherheit entworfen. Trotz mehrerer Sondervorschläge kommt ein elektro-mechanischer Antrieb mit Leonard-Steuerung zur Ausführung. Bei einer normalen Fahrgeschwindigkeit von 0,2 m/s steht eine Antriebskraft von $2 \times 27{,}5$ t $= 55$ t zur Verfügung. Im außergewöhnlichen

Abb. 12. Schleusentor in der Montage (N.H.A.).

Betriebsfall ist die Anlage mit 80% Überlast zu fahren. Die Antriebskräfte werden über Gelenkzahnstangen vom Maschinenhaus, das am landseitigen Torkammerende steht, auf den Oberwagen übertragen. Sämtliche Antriebselemente sind für jedes Tor paarweise vorhanden und werden normalerweise parallel gefahren. Bei Ausfall eines Elementes kann das Tor z. B. von einem Motor oder über ein Getriebe mit halber Geschwindigkeit bewegt werden. Da außerdem ein Notstromaggregat bereitgestellt wird, kann auf einen Notantrieb verzichtet werden.

Die ganze Schleusenanlage wird von einem Zentralsteuerstand aus bedient. Alle Vorgänge werden von einem Bildstellpult durch Druckknopfschaltung ferngesteuert. Die einzelnen Schaltvorgänge sind voneinander abhängig und gegenseitig verblockt, so daß Bedienungsfehler weitgehend ausgeschaltet sind.

Es wurden verschiedene Vorschläge untersucht, die Schleusentore gegen Schiffsstoß zu schützen. Ein einigermaßen befriedigender Stoßschutz läßt sich nur mit erheblichen finanziellen Aufwendungen erreichen. Da jede Konstruktion nur für eine bestimmte Stoßenergie ausgelegt werden kann, besteht immer die Gefahr, daß die Vorrichtung durch größere Masse oder größere Geschwindigkeit des Schiffes, als der Berechnung zugrunde gelegt wurde, zerstört und das Tor trotzdem beschädigt wird. Da dieser Problematik nicht auszuweichen ist, wird vorläufig auf eine besondere Stoßschutzvorrichtung verzichtet.

Die Hafenerweiterung

Der Neue Fischereihafen wird um 500 m verlängert und dabei auf 200 m Breite gebracht. Hierdurch entsteht am Ende des Hafens ein Wendebecken, und außerdem wird neue Kaifläche gewonnen. Die südöstliche Begrenzung des Hafenbeckens bleibt als Böschung stehen, um den Hafen bei Bedarf weiter verlängern zu können.

Das Bodenprofil weist im Bereich der 1000 m neu zu bauender Kaimauer eine etwas unterschiedliche Schichtung auf. Die Gründungstiefe schwankt zwischen — 12 m und — 17 m NN. Aus diesem Grund wurde auf einen aus der öffentlichen Ausschreibung hervorgegangenen preisgünstigen Sondervorschlag der ortsansässigen Firma Ludwig Voss, Hoch- und Tiefbau, der eine sehr weitgehende Verwendung von Ortbetonpfählen vorsieht (Abb. 13), der Zuschlag erteilt. Die Rostplatte der Winkelstützmauer ruht hinten auf einem Pfahlbock, bei dem auch der geringbelastete Zugpfahl als Ortbetonpfahl hergestellt wird, und vorn auf einem Lotpfahl, der vor der Spundwand angeordnet ist und dadurch nur eine Normalkraft erhält. Die Spundwand hat nur den Erddruck aufzunehmen und kann sehr leicht (Profil IIn) und relativ kurz ausgeführt werden, während die Ortbetonpfähle bei der Herstellung der jeweils erforderlichen Länge angepaßt werden können.

Durch die Verlängerung des Hafenbeckens werden die Verkehrsverbindungen und die Versorgungsleitungen zur nordöstlichen Hafenseite unterbrochen. Gleis und Straße müssen im Süd-

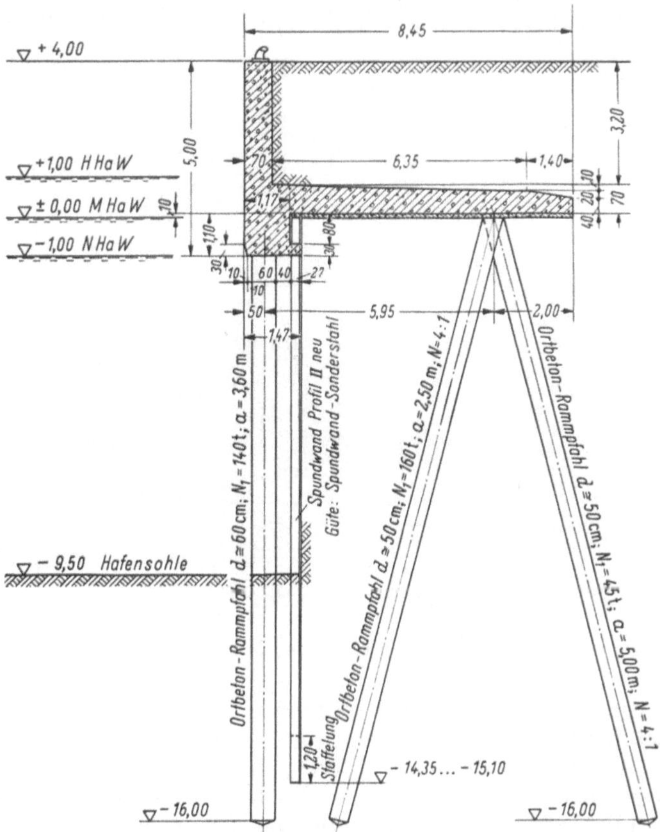

Abb. 13. Uferwand der Hafenerweiterung.

osten um das verlängerte Hafenbecken herumgeführt werden. Die Reinwasser- und Abwasserleitungen passen sich dem neuen Straßenverlauf an. Diese Ersatzmaßnahmen werden so weit vervollständigt, daß das neu gewonnene Hafengelände nach Fertigstellung dieser Arbeiten verkehrsmäßig und versorgungsmäßig aufgeschlossen ist.

Der Straßenanschluß des Hafengebietes führte bisher ins Zentrum der Stadt. Für den Fernverkehr soll der Hafen jetzt einen direkten Anschluß an die Bundesstraße 73 (Richtung Stade) erhalten, der später auch mit der Bundesstraße 6 (Richtung Bremerhaven) verbunden werden kann.

Zukunftspläne

Neue Hafeneinfahrt: Die Einfahrten zu den niedersächsischen Häfen Alter Hafen und Alter Fischereihafen liegen beide senkrecht zum Strom. Unter den hier vorliegenden Bedingungen hinsichtlich der Tideströmungen, der vorherrschenden Winde und der Eisdrift muß die Ausbildung dieser Hafeneinfahrten als die beste zu erzielende Lösung angesehen werden, obgleich das Einlaufen schwierig ist und gewöhnlich unter Assistenz von Hafenlotsen erfolgt.

Die zwischen den beiden Hafeneinfahrten liegende Seebäderbrücke ist baufällig. Sie wird als Anlegeplatz nicht mehr benutzt. Es ist beabsichtigt, die Brücke abzubrechen und an dieser Stelle eine gemeinsame Einfahrt für den Alten Hafen und den Alten Fischereihafen zu schaffen, die dann in der Verlängerung der Schleusenachse liegt. Die Alte Liebe und das östliche Schutzhöft werden gegeneinander so weit verlängert, daß die neue Einfahrt wieder eine Breite von 80 m hat. Modellversuche zeigten, daß eine Breite von 80 m nicht wesentlich überschritten werden darf, wenn der Durchmesser und die Geschwindigkeit der sich hinter der Einfahrt bei stark ablaufendem Strom ausbildenden Walze erträglich bleiben sollen. Andererseits hat sich in Eiswintern gezeigt, daß diese Breite ausreichend ist, um die Häfen bei auf West umschlagendem Wind in kurzer Zeit eisfrei zu haben. Die Barrierenbildung in der Einfahrt bleibt gering, da das Treibeis mit dem Strom vorbeizieht.

Das Projekt Neue Hafeneinfahrt befindet sich noch im Planungsstadium, da bei dieser Gelegenheit auch die Alte Liebe erneuert werden muß. Wann dieses Bauvorhaben in Angriff genommen werden kann, steht noch nicht fest.

Hafenerweiterung: Gleis und Straße sowie die Versorgungs- und Abwasserleitungen werden so weit nach Südosten hinausgelegt, daß der Neue Fischereihafen bei Bedarf um weitere 350 m verlängert werden kann, ohne daß diese Anlagen abermals verlegt werden müssen. Die langfristigen Planungen für eine weitere Entwicklung des Hafens müssen sich zwangsläufig nach Südosten orientieren, da nur dort Erweiterungsgelände zur Verfügung steht. In fernerer Zukunft könnte in diesem Bereich sogar eine zweite Einfahrt für den Neuen Fischereihafen gebaut werden, falls die wirtschaftliche Entwicklung Cuxhavens dieses erforderlich macht. Das Gelände reicht aus, um das Hafenbecken in seiner südöstlichen Verlängerung in zwei Becken aufzuteilen und dadurch 2500 m Kai zu schaffen. Damit wären die hafenbaulichen Voraussetzungen für eine weitere Aufwärtsentwicklung des Fischereihafens Cuxhaven gegeben.

Ergänzung nach Drucklegung

Entgegen der ursprünglichen Absicht wurde die Schleusenkammersohle als bewehrte Massivsohle ausgebildet. Das Grundwasser wurde zu diesem Zweck abgesenkt. Da die Sohle nur 60 cm stark ist, mußte sie gegen Auftrieb besonders gesichert werden. Die Platte wurde deshalb seitlich an die Spundwand angeschlossen und erhielt zusätzlich eine Verankerung durch Zugpfähle.

Ferner wird nach einem Sondervorschlag der Phil. Holzmann AG die Kaimauer des Abschlußdammes zum Amerikahafen in Senkkasten-Bauweise erstellt. Die fünf Senkkästen haben eine Länge von je 30 m. Sie sind 10,80 m breit und 15 m hoch.

Seewasserstraßen

Seezeichenwesen

Ein Rückblick auf die Entwicklnng seit 1914

Von Dr.-Ing. **G. Wiedemann**, Bonn

Der Rückblick soll die Linien der Entwicklung in diesem Zeitabschnitt zeigen. Technische Einzelheiten können aus dem Schrifttum, über das am Schluß eine Zusammenstellung angefügt ist, entnommen werden.

Stand: 1914

Mit der Einführung der Dampfschiffahrt hatte die Seefahrt neue Impulse bekommen, die sich um die Jahrhundertwende voll auswirkten. Diese Entwicklung hatte auch die Anforderungen an die Gestaltung der Wege und die Seezeichen beeinflußt und sie wachsen lassen.

Die natürliche „Unvollkommenheit" der Wasserstraßen für den Verkehr, die darin besteht, daß man die für die Fahrt notwendige Wassertiefe nicht ohne weiteres erkennen kann, daß die Richtung des einzuschlagenden Weges auf See nicht ohne Hilfsmittel festzustellen ist, daß man auf die Gestirne als Ortungspunkte angewiesen ist und daß sich das Wasser als Naturelement der technischen Gestaltung für den Verkehr weit mehr entzieht [*1*], als z.B. das Land für die Straßen, hat schon früh dazu geführt, daß technische Mittel eingesetzt worden sind, um diese Mängel zu beseitigen oder zu mildern, d.h. die Fahrt so sicher und schnell wie möglich zu machen. Diese Mittel sind als Seezeichen bekannt. Ihre Aufgabe bestand 1914 wie seit alter Zeit etwa darin, Untiefen zu bezeichnen, ganze Fahrwasser kenntlich zu machen oder die Orientierung für die Fahrt soweit wie möglich zu verbessern. Im weiteren Sinne sind hierzu die Signalstationen [*2*], die z.B. Sturmwarnungen, Wasserstands- und Wettermeldungen an die Schiffahrt vermitteln, zu rechnen.

Das Bemühen der Seezeichendienste war auch 1914 darauf gerichtet, die eingesetzten Mittel im Zuge der allgemeinen technischen Entwicklung auf den neuesten Stand zu bringen bzw. sie technisch zu durchdringen. Darin wurde die Tradition des 19. Jahrhunderts fortgesetzt [*3*].

In das 19. Jahrhundert fiel der Übergang von der noch nach handwerklichen Regeln hergestellten Holztonne zu genieteten Eisentonnen. Wesentliche Fortschritte waren im Leuchtfeuerwesen erzielt worden. Fresnel schuf 1820 das nach ihm benannte Linsensystem für den Gebrauch im Seezeichenwesen. Der Wunsch, sicherere und stärkere Lichtquellen für die Leuchtfeuer zu bekommen, führte nach der Umstellung auf Petroleumlicht (Argand 1784, Fresnel, Arago 1820—30) zur Einführung von Gas- und elektrischem Licht. In den elektrischen Bogenlampen waren sogar intensive Leuchtfeuerlampen entwickelt worden (1858 South Foreland, 1863 C.de la Héve, 1890 Neufahrwasser). Die Voraussetzungen für diese neuen Lichtquellen waren dann dadurch wesentlich verbessert, daß außer der Dampfmaschine die im Betrieb sehr viel einfacheren Otto- und Dieselmotoren für die Stromerzeugung auf den meist sehr abgesetzten Leuchttürmen eingesetzt werden konnten. Für Gas war günstig, daß man gelernt hatte, es unter höheren Drücken zu speichern und mit einfachen Reduzierventilen für Leuchtzwecke zu verbrauchen. Damit war vor allem auch der Weg frei geworden für den Bau von praktisch brauchbaren Leuchttonnen (Pintsch 1878, Blau 1907). Dadurch wurde die Bezeichnung von engen Fahrwassern, wie sie sie z.B. die langen Reviere der Mündungsgebiete der Ströme bilden, für eine sichere Nachtfahrt eigentlich erst ausreichend möglich. Die kleinen, teuren Feuerschiffe konnten wirkungsvoller durch Leuchttonnen ersetzt werden.

Daneben bemühte man sich, die Seezeichen für die Nebelzeit, die an unseren Küsten etwa 10% bis 15% d. J. ausmacht, zu verbessern. Die Schallgeber für akustische Nebelzeichen, die schon von alters her üblich, aber bisher handwerkliche Geräte waren, fingen in der zweiten Hälfte des 19. Jahrhunderts durch die wissenschaftlichen Arbeiten in der Akustik und den Fortschritt der

Technik an, technische Anlagen zu werden. Es wurden Sirenen und Preßluft- oder Dampfhörner gebaut (1854 Frankreich, 1855 Henry USA, 1872 Tyndall England, 1879/80 Deutschland). Diese Anlagen beschränkten sich 1914 noch auf wenige Punkte an der Küste.

Anfang 1900 deutet sich aber etwas vollkommen Neues an. Die Arbeiten von Heinrich Hertz über die Ausbreitung von elektromagnetischen Wellen 1887/88 wurden von den Seezeichendiensten sofort darauf hin untersucht, wieweit diese elektromagnetischen Wellen die Lichtstrahlen der Leuchtfeuer bei Nebel ersetzen können [*4*]. 1905 wurden vom Seezeichenversuchsfeld die ersten Versuche gemacht, die 1908 zu ersten Erprobungen über den Müggelsee bei Berlin führten. Etwa zur gleichen Zeit arbeitete man daran in England und Frankreich. Aber es blieben 1914 noch erste tastende Versuche.

1914 waren, so kann man zusammenfassen, folgende Arten von Seezeichen, die technisch schon gut durchgebildet waren [*5*] und sich gegenseitig ergänzten, vorhanden: eine Betonnung mit Tonnen, Leuchttonnen und Feuerschiffen, ein gut ausgebautes Leuchtfeuernetz und für die Nebelzeit einige Luftschallsender.

1914 bis 1939

Durch den ersten Weltkrieg war die zivile Arbeit zwar unterbrochen, aber Naturwissenschaften und Technik hatten weitere Fortschritte gemacht. So war es verständlich, daß mit der Wiederaufnahme der zivilen Schiffahrt in den zwanziger Jahren neue und umfangreiche Aufgaben auf die Seezeichendienste zukamen, um den Verkehrsanforderungen gerecht zu werden und den allgemeinen Stand der Technik schnell wieder zu erreichen.

Die verstärkten Anforderungen lagen vor allem in dem dringenden Wunsch, die Nebellücke zu schließen. So ist das Bemühen der Technik in dieser Zeit weitgehend auf die Entwicklung der akustischen und funktechnischen Seezeichen für Nebelbetrieb gerichtet.

Der Ausbau eines Netzes von Luftschall-Nebelstationen mit elektrischen Membransendern an der deutschen Küste ist das Ergebnis [*6*]. Diese Sender hatten klare Kennungen und feste Tonhöhen (200—500 Hz). Durch Gruppen von Sendern übereinander und Schallwände konnte die Leistung verstärkt oder in gewissen Richtungen geschwächt werden. In anderen Ländern wurden vor allem die mit Preßluft betriebenen Hörner für diese Zwecke weiterentwickelt. Durch die theoretischen Arbeiten (Hecht 1929, Illing—Treplin 1932) und den Fortschritt der akustischen und Elektrotechnik sind die Schallsender in dieser Zeit zu vollwertigen technischen Geräten geworden.

Allein der Luftschall ist stark von der Schichtung und Turbulenz der Luft abhängig. Hiermit konnte die Nebellücke noch nicht ideal geschlossen werden. Bei der Beschäftigung mit Schallgeräten vor allem für Marinezwecke war man auf die günstigeren Ausbreitungsbedingungen von Schall im Wasser gekommen und man zögerte nicht, ein völlig neues Seezeichen für die Nebelzeit zu empfehlen: die Wasser-Schall-Nebelsender [*7*]. Schallgeber unter Wasser — meistens unter den Feuerschiffen hängend — sandten bei Nebel Schallzeichen aus, die an Bord der Schiffe empfangen werden konnten, wenn dort unter Wasser in der Bordwand Mikrophone eingebaut waren. Aus den ersten Anfängen, die in Deutschland bis 1907 zurückreichen, hatte sich nach dem Krieg dieses System in den europäischen Ländern gut eingeführt und entwickelt. Es wurden elektrische Membransender mit der Tonhöhe 1050 Hz verwendet. Besonders günstig war das Verfahren, wenn es mit Funkfeuern verbunden werden konnte. Wenn die beiden Sender gekoppelt waren, bot sich wegen der definierten unterschiedlichen Ausbreitungsgeschwindigkeit der beiden Wellen eine gute Möglichkeit, den Abstand von den Sendern, z.B. vom Feuerschiff, direkt abzuhören.

Den viel bedeutenderen Fortschritt machte das Seezeichenwesen zu dieser Zeit mit der Entwicklung der „Funkfeuer" [*8*]. Die großen Leuchtfeuer an den Küsten, die der Ortsbestimmung auf See dienen, wurden durch Sender „elektromagnetischer Wellen" für die Nebelzeit „sichtbar" gemacht. Das Leuchtfeuer wurde durch ein Funk-„Feuer" ergänzt. Diese Sender strahlen nach allen Richtungen gleichmäßig, im allgemeinen auf Frequenzen um 300 kHz. Sie konnten von Bord mit besonderen Empfängern zur Ortsbestimmung angepeilt werden. Das Verfahren bürgerte sich schnell ein. 1925 waren 26 Sender, 1935 rd. 310 Sender in Betrieb. Sie arbeiteten in Nebelzeiten. Während des klaren Wetters liefen sie nur zu bestimmten Programmzeiten zu Prüfungs- und Übungszwecken. Der Gewinn durch die Funkfeuer war groß. In Entfernungen bis zu 50 sm konnte man sie bei Nebel mit wesentlich kleineren Unregelmäßigkeiten empfangen als die Schallsender. Es war möglich, den Standort bis zu diesen Entfernungen recht genau festzulegen. Der Fortschritt zur Schließung der Nebellücke war daher beachtlich.

Die technischen Arbeiten an den Leuchtfeuern und der Betonnung ruhten daneben nicht [*9*]. Im Tonnenbau wurde die Schweißtechnik eingeführt. Für die Leuchtfeuer werden vor allem die Fortschritte der Elektrotechnik ausgenutzt. Die Elektrifizierung wurde fortgesetzt, die Lichtquellen verbessert und die Lichtstärken vergrößert. Die Schaltgeräte und Antriebe konnten vereinfacht werden.

Man kann den Stand des Seezeichenwesens, wie er sich bis 1939 entwickelt hat, wie folgt zusammenfassend darstellen.

Leuchtfeuer und Tonnen sind dem Stand der Technik weiter angepaßt worden. Die Luft-Schall-Nebelsender wurden stark ausgebaut, und als neue Mittel sind hinzugekommen: Wasser-Schall-Nebelsender und Funkfeuer für die Nebelzeit.

Während die Leuchtfeuer, Tonnen und Luft-Schall-Nebelsender ohne Hilfsmittel an Bord benutzt werden, sind für die Wasser-Schall-Nebelsender und Funkfeuer besondere Empfangsgeräte an Bord notwendig, deren Bedienung auch eine gewisse technische Sachkunde voraussetzt.

Es ist nicht nur die Zahl der Seezeichenarten gestiegen, sondern auch der Bereich der angewendeten Technik stark verbreitert.

Ihn in voller Breite zu beherrschen und für die Seezeichenaufgaben nutzbar zu machen, ist eine Aufgabe geworden, die die Grenzen vieler Seezeichendienste übersteigt. Es verdient daher höchste Anerkennung des Weitblicks der damals verantwortlichen Leiter dieser Dienste, daß sie sich zu gemeinschaftlicher Arbeit zusammenfanden und aus diesem Grunde 1929 zu einer internationalen Technischen Seezeichenkonferenz nach London einluden. Die Erfahrungen und Kenntnisse der einzelnen Dienste wurden hier untereinander ausgetauscht. Man beschloß, diese Zusammenkünfte regelmäßig alle 4 Jahre abzuhalten. Es folgten die Konferenzen von Paris 1933 und Berlin 1937.

Neben den rein technischen Aufgaben führte auch zu den Konferenzen die wachsende Erkenntnis, daß für die Anwendung der verkehrstechnischen Mittel eine gewisse Einheitlichkeit über größere Räume nützlich und auf manchen Gebieten sogar notwendig sei. So zwang die schnelle Entwicklung der Funkfeuer und anderer Funkdienste dazu, sich über Frequenzverteilung, Standort der Sender und Mindestanforderung an die Empfänger zu einigen. Es fand im Juni 1933 in Paris die erste Funkfeuerkonferenz der Seezeichenverwaltungen statt, der im Oktober desselben Jahres eine weitere in Stockholm folgte. Beide führten zu regionalen Funkfeuerabkommen [*10*], die dem Funkfeuer eine weltweite Verbreitung ebneten.

Auch als Folge dieser verschiedenen internationalen Kontakte ist zu werten, daß es 1936 gelang, im Völkerbund ein Internationales Abkommen über ein einheitliches System für Seezeichen [*11*] zu beschließen und damit etwa 50jährige Bemühungen zum Abschluß zu bringen.

Es zeichnet sich in diesem Abschnitt schon deutlich etwas Neues ab; es genügt nicht mehr, wie noch 1914, die Beschäftigung mit der technischen Gestaltung der Mittel nach dem „Stand der Technik", sondern es wird nötig, übergeordnete Gesichtspunkte zu berücksichtigen, die sich in dem Begriff „System", Planung und Organisation über weite Gebiete oder auch schon in Antworten auf die Frage, wie werden die Mittel gebraucht, zeigen.

Die Entwicklung in diesem Abschnitt ist also gekennzeichnet durch zwei neue Mittel für die Nebelzeit, weitere Technisierung der alten Mittel, verstärkte internationale Zusammenarbeit und Aufkommen von übergeordneten technischen Ordnungs- und Anwendungsproblemen.

1939 bis 1964

Auch dieser Abschnitt beginnt mit einer Unterbrechung durch einen Krieg. Erst 1945/46 werden die zivilen Arbeiten wieder aufgenommen. Die meisten europäischen Staaten benutzen den günstigen Augenblick des Wiederaufbaus, um das 1936 beschlossene, aber durch den Krieg noch nicht verwirklichte, einheitlichte Bezeichnungssystem für Tonnen und Leuchtfeuer in der Praxis einzuführen. In Deutschland mußten die Grundsätze für die Betonnung und Befeuerung erneuert werden. 1953 konnte diese Arbeit beendet und die gesamte Betonnung und die betroffenen Leuchtfeuer darauf umgestellt werden [*12*].

Im übrigen ließ die technische Entwicklung keine Ruhe zu [*13*]. So beginnt man im Tonnenbau kurz nach 1950 mit Versuchen, Kunststoff statt Stahl als Baustoff zu verwenden. Neue Anstriche, die die Signalfarben länger erhalten und den Stahlkörper besser schützen, werden eingeführt. Im Leuchtfeuerwesen sind durch die Gasentladungslampen in Form der Xenonlampe neue Lichtquellen [*14*] entwickelt, die bei einfacherer Bedienung die Lichtstärke weiter vergrößern. Kunststoffarbfilter mit nach internationalen Normen definierten Farben verbessern die Qualität farbiger Leuchtfeuer. Die Elektrifizierung wird durch Ausbau der Überlandnetze, Fortschritte im Kabelbau und der dieselelektrischen Stromversorgungsanlagen in allen Ländern stark gefördert.

Eine Umstellung tritt in diesem Zeitabschnitt auch wieder für die Feuerschiffe ein. Es wird begonnen, die Feuerschiffe durch feste Türme in See zu ersetzen. Anfang der 50iger Jahre fangen Schweden, Finnland und Italien an. Die USA hat 1960 ein Programm aufgestellt, 22 Stationen so zu verbessern. In Deutschland ist 1963 der erste Turm, Kalkgrund, für das Feuerschiff „Flensburg" [*15*] in Betrieb genommen worden. Für die Türme werden weniger Menschen gebraucht, sie sind wetterunabhängiger und betriebssicherer. Die Bautechnik läßt heute diesen Ersatz selbst auf größeren Tiefen in See zu. Die Feuerschiffe werden nur noch dort im Betrieb bleiben, wo es besondere örtliche Verhältnisse fordern.

Die Luft-Schallnebeldienste haben trotz der neuen funktechnischen Mittel ihr allgemeines Interesse behalten [*16*]. Sie profitieren von den durch den Rundfunk stark geförderten Fortschritten in der Elektroakustik. In USA, Frankreich und Deutschland laufen gemeinsame Forschungsarbeiten, um die wissenschaftlichen Grundlagen für die Luftschallsender zu verbessern.

Die Wasser-Schall-Nebelsender werden dagegen ein Opfer der funktechnischen Entwicklung. Der Aufwand eines besonderen Empfängers an Bord stand nicht mehr in einem Verhältnis zu seinem Nutzen, nachdem andere funktechnische Verfahren, vor allem die Radartechnik, erheblich mehr bieten können. Die Nebeldienste mit Wasserschallnebelsendern wurden daher nach 1946 überall eingestellt.

Dem Wegfall dieses einen Mittels stand aber das Angebot vieler neuer funktechnischer gegenüber. Das „International Meeting on Radio Aids to Marine Navigation" (IMRAMN) vom 7. bis 22. Mai 1946 in London [*17*] zeigte es auf einen Schlag in voller Breite. Die englische Regierung hatte dazu eingeladen, um „andere Länder zu informieren" und „über ähnliche Arbeiten in anderen Ländern unterrichtet zu werden". Neben dem Funkfeuer lagen viele andere z. T. praktisch erprobte Verfahren vor, die der Ortsbestimmung dienen konnten. In der Radartechnik wurden Möglichkeiten für den Nahbereich geboten, die darüber hinaus bei Nebel auch für den Kollisionsschutz brauchbar waren. Auch Funknachrichtenverbindungen werden in diesem Zusammenhang schon genannt.

Diese funktechnischen Ortungsverfahren waren nicht mehr wie die Funkfeuer entwickelt worden, um eine Nebellücke der Leuchtfeuer auszufüllen, sondern vor allem, um jeder Zeit mit größerer Genauigkeit und über größere Entfernungen den Standort ohne andere Hilfen feststellen zu können. Die Funkverfahren waren damit selbständig geworden. Sie wurden so für die Schiffahrt eingeführt [*18*]. Es waren vor allem das deutsche Consol-Funkfeuer, das englische Decca-Navigator-Verfahren und das amerikanische Loran-System. Während Consol noch im Mittelwellenbereich arbeitet, also um 300 kHz, benutzen die beiden anderen Frequenzen von 100 kHz bzw. zwischen 1800 und 200 kHz Für den Gebrauch von Consol ist nur ein normaler Funknachrichtenempfänger an Bord notwendig, während die beiden anderen je besondere Spezialempfänger erfordern.

Auch auf das klassische Funkfeuersystem hatte diese Entwicklung Einfluß. Die Zahl der Sender war 1949 auf etwa 540 gestiegen. Die Abkommen von 1933 mußten durch ein neues internationales Abkommen auf einer Funkfeuerkonferenz in Paris ersetzt werden [*19*]. Dabei wurden die Voraussetzungen dafür geschaffen, auch hier vom „Nebeldienst" zum Dauerbetrieb überzugehen.

In der Zeit nach 1946 waren also allein für den Seebereich gegenüber 1914 neben die Leuchtfeuer vier weitere voneinander unabhängige Verfahren zur Standortbestimmung getreten. Für diese war der technische Aufwand an Bord ebenfalls gestiegen.

Im Nahbereich, d. h. unter der Küste und auf den Revieren, entstand in der Radartechnik ein weiteres, vollkommen neues Mittel neben dem Leuchtfeuer und der Betonnung [*20*]. Die Beherrschung der Zentimeterwelle hatte es ermöglicht, das Verfahren zu entwickeln, bei dem Entfernung und Richtung von Zielen, die Impulse dieser sehr kurzen Wellen reflektieren, schnell gemessen und anschaulich dargestellt werden können. Für die Seezeichendienststellen entstanden durch die Radartechnik zwei neue Aufgaben: für die Bordgeräte waren zusätzliche Ziele auf der Wasserstraße zu schaffen, und es war die Technik selbst für Anlagen an Land einzusetzen, z. B., um den Schiffen ihren eigenen Standort und den der benachbarten Schiffe mitteilen zu können. Hierfür mußte außerdem ein besonderes Funktelefonienetz ausgebaut werden. Das war möglich, nachdem auf einer besonderen Funkkonferenz im Januar 1957 in Den Haag [*21*] eine Einigung über ein internationales System erzielt werden konnte. Art des Betriebes und Frequenzen im UKW-Bereich wurden hier international festgelegt.

Die Situation ist also am Ende dieses Zeitabschnittes für die Seezeichendienste so, daß sie einer Vielzahl von z. T. konkurrierenden Mitteln gegenüberstehn.

Dazu tritt ein weiteres neues Problem im Laufe der 50iger Jahre, das die Aufgabenstellung der gesamten Seezeichentechnik immer stärker beeinflußt: der Mangel an Personal. Er zwingt in zunehmendem Maße auch im Seezeichenwesen die Anlagen so zu gestalten, daß bei mindestens gleicher Betriebssicherheit der Personalbedarf auf ein Minimum eingeschränkt werden kann. Für die Leuchtfeuer, als der größten Zahl der Anlagen, werden daher in verschiedenen Ländern seit Mitte der 50iger Jahre für sie automatischer oder fernbedienter Betrieb geplant und auch durchgeführt [*22*]. In Deutschland sind etwa 1960 die ersten Schritte getan, um a l l e Seezeichen eines Gebiets zentral schalten und überwachen zu können. Das Personal kann dadurch konzentriert eingesetzt und die Überwachung der Seezeichen verbessert werden.

Das wird aber damit erkauft, daß ein weiterer technischer Zweig, die Fernwirktechnik, in den Dienst der Seezeichen gestellt wird. Bei dieser Tendenz zur Vielfalt der Techniken und Vielzahl der Mittel ist es verständlich, daß schon 1950 die Tradition der Seezeichenkonferenzen in Paris wieder aufgenommen wurde. Der Wunsch, dieser internationalen Zusammenarbeit einen festeren Rahmen zu geben, führte auf der nächsten Konferenz in Scheveningen 1955 [23] zur Gründung des Internationalen Verbandes für Seezeichenwesen (Association Internationale de Signalisation Maritime [AISM], International Association of Lighthouse Authorities [IALA]). Der Verband organisiert jetzt die Konferenzen, betreut internationale Arbeitsausschüsse und gibt laufend ein Bulletin mit technischen Beiträgen heraus. 1960 fand in Washington die 6. Internationale Technische Seezeichenkonferenz statt. Es ist aber für die Entwicklung in diesem Zeitabschnitt bezeichnend, daß auch die Arbeiten anderer internationaler Organisationen immer mehr das Gebiet der Seezeichen berühren. Es sind z. B. der Weltnachrichtenverein (UIT), die Vereinten Nationen mit ihren verschiedenen Fachorganisationen, die Internationale Beleuchtungskommission (CIE) und die Internationale Normenorganisation. Unter ihnen die Seezeichenaufgaben zu vertreten, war ein weiterer Grund für die Bildung des Verbandes.

Ausblick

Neben die 1914 fast ausschließliche Aufgabe, die technischen Mittel, die sich gegenseitig ergänzen, zu vervollkommnen, tritt 1964 immer mehr die Notwendigkeit, eine Auswahl unter den neuen verschiedenen Mitteln zu treffen und sie sinnvoll einzusetzen. Dies ist nur möglich, wenn man sich mehr als bisher mit dem Verkehr und den Verkehrsteilnehmern befaßt. So geben das fahrdynamische Verhalten des Schiffs, die Wechselbeziehungen zwischen Schiff und Wasserstraße und die Grenzen des Menschen in der Schiffsführung einen Weg für eine exakte Antwort auf die Frage nach der Auswahl und dem Umfang der Mittel. Das sind aber Arbeiten, die nach den sich anbahnenden Definitionen unter den Begriff Verkehrstechnik [24] fallen. Sie stecken für die Wasserstraßen noch ganz in Anfängen. Weder in Forschung noch in Lehre werden sie bisher intensiv behandelt. Eigene Lösungen müssen gefunden werden. Nur in gewissen Analogien können Ergebnisse anderer Verkehrsmittel, wie z. B. die in den letzten zehn bis zwanzig Jahren in der Straßenverkehrstechnik gewonnenen, verwendet werden. Bezeichnend ist, daß erstmals für die Seezeichenkonferenz 1965 das Thema: „Integrated Systems", d. h. Einheit der Seezeichen in einem Bereich, gestellt ist.

In dieselbe Richtung einer umfassenden Verkehrstechnik drängen auch andere Entwicklungen des Verkehrs auf den Wasserstraßen.

Die ständig wachsende Verkehrsdichte bei einer Tendenz zu immer größeren und schnelleren Schiffen und die immer strenger werdenden Forderungen der Wirtschaft nach pünktlichem und sicherem Ablauf der Fahrt gehen auch an der Seefahrt nicht spurlos vorüber. Es entstehen Schwierigkeiten. Die Wetterabhängigkeit auf See wird drückender, Nebelaufenthalte wiegen schwerer, auf den Revieren ist Manövrieren, Begegnen und Überholen immer beengter. Es gibt Knotenpunkte des Schiffsverkehrs, die gefährlichen Straßenkreuzungen verglichen werden können. Einige Anfänge, die Lösungselemente enthalten und Hinweise für künftige Probleme und Techniken geben, seien zum Schluß angedeutet.

The weather routing of Merchant ships [25]: auf Grund von Wettermeldungen soll der unter den gegebenen und zu erwartenden Wetter- und Seegangsverhältnissen günstigste Schiffsweg über See ermittelt werden. Hierfür werden auch elektronische Rechner in Anspruch genommen. Ein Fernschreibnetz, das die Wetterkarten nach See übermittelt, wäre hierfür auszubauen.

Durch die Tiefgänge der Schiffe werden Seegebiete, wie z. B. die ganze Nordsee und Ostsee so flach, daß eine sichere Fahrt nicht mehr überall gewährleistet ist [26]. Man plant daher für solche Seegebiete besondere Wege im freien Seeraum, ähnlich den Luftstraßen, die über lange Seestrecken genauer vermessen und bezeichnet werden müssen.

Die Verkehrsdichte hat auf einigen Wasserstraßen so zugenommen, daß ein sicherer Verkehrsfluß nicht mehr gewährleistet ist. So ist in der Straße von Dover 1962 ein Verkehr von etwa 300000 Schiffen im Jahr festgestellt worden. Die wachsende Zahl von Unfällen führte dazu, daß die Trennung der Verkehrsrichtungen auf besonderen Wegen als Kollisionsschutz von einem internationalen Sachverständigenausschuß [27] vorgeschlagen worden ist. Ähnliche Pläne werden für die südliche Nordsee erwogen. Es entstehen hierbei auch neue Bezeichnungsprobleme.

Langstreckennavigationsverfahren mit höherer Genauigkeit gewinnen in diesem Zusammenhang neue Bedeutung. Ihr Betrieb setzt aber in den meisten Fällen eine überstaatliche Arbeitsgemeinschaft voraus, da die Basislängen so groß sind, daß die Stationen, die zusammenarbeiten müssen, nicht in einem Land stehen können. Über weite Bereiche erstreckt sich auch die seit 1958 in New York in der US Coast Guard eingerichtete AMVER-Station (Atlantic Merchant Vessel Report Station). Mit elektronischen Rechen- und Speicheranlagen wird der Ablauf von Schiffsbewegungen im Atlantik festgehalten, verfolgt und vorherbestimmt, in diesem Fall, um bei Schiffsunglücken wirkungsvoller eingreifen zu können. Dieser Dienst soll ab 1965 mit derselben Anlage auch auf den Pazifik ausgedehnt werden.

Im Panamakanal und im Nord-Ostsee-Kanal, der im Jahre 1962 über 80000 Schiffe zählte, sind Maßnahmen zur Schiffslenkung nötig. Automatische Informationssammlung über geeignete Ortungs- und Nachrichtensysteme, Verarbeitung mit elektronischen Rechnern zu optimalen Fahrplänen und entsprechend gesteuerte Signalsysteme werden z. Z. beim Nord-Ostsee-Kanal erwogen.

Das Seezeichenwesen hat sich also seit 1914 stark gewandelt. Es wird erhebliche Anstrengungen machen müssen, um die Einheitlichkeit für den Schiffsführer, die notwendig ist und früher bei den sich ergänzenden Mitteln beinahe zwangsläufig vorhanden war, in Zukunft bei der geschilderten Entwicklung zur Vielfalt der Technik und der Mittel bewußt wieder zu erreichen. Dies ist aber eine gänzlich neue Aufgabe, die mit dem Begriff Verkehrstechnik weitgehend zusammenfällt.

Schrifttum

[1] Wiedemann, G.: Wechselbeziehungen zwischen Schiff und Wasserstraße. Im Jahrb. STG 57. Bd., 1963. Berlin/Göttingen/Heidelberg: Springer 1964, S. 210—221.

[2] Meyer, G.: Seezeichen: In Sewig, Handbuch der Lichttechnik 2. Teil. Berlin: Springer 1938, S. 895ff.

[3] Veitmeyer, L. A.: Leuchtfeuer und Leuchtapparate. München. 1900. — Jacobi, G.: Aus der Geschichte der Leuchtfeuer und Seezeichen, Kiel: A. F. Jensen 1929. — Direction des Phares et Balises: Bibliographie de la Signalisation Maritime. Paris 1933 und Premier Supplément Paris 1937. — Lang, A. W.: Untersuchungen zur Entwicklung des deutschen Seezeichenwesens von seinen Anfängen bis zur Mitte des 19. Jahrhunderts. 1954, unveröffentlichtes Manuskript. — Rebske, E.: Lampen, Laternen, Leuchten. Stuttgart: Franckh'sche Verlagshandlung 1962.

[4] Körte, W.: Elektrische Wellen im Nebelsignaldienst. Zbl. Bauverw. 1909, Nr. 87. — Bundesverkehrsministerium: Zusammenstellung der Entwicklungsgeschichte der funktechnischen Seezeichen. Unveröffentlicht Bonn: 1962.

[5] Breuer, H.: Die Entwicklung des deutschen Seezeichenversuchswesens. Zbl. Bauverw. 50 (1960) S. 44ff.

[6] Illing, B., u. A. Feyerabend: Über die Bewertung und den Einsatz von Nebelsignalen mit besonderer Beziehung auf die Verhältnisse an den deutschen Küsten. Beitrag Nr. 45 zur 3. Internationalen Seezeichenkonferenz Berlin 1937. — John: Fortschritte in der Entwicklung von Nebelsignalsendern. Beitrag Nr. 37 zur 3. Internationalen Seezeichenkonferenz Berlin 1937. — Brodén: Der Signalapparat „Tyton". Beitrag Nr. 40 zur 3. Internationalen Seezeichenkonferenz Berlin 1937. — Hecht, H.: Physikalische Grundlagen für den Bau von Schallsendern großer Schalleistungen für Luft und Wasser zum Zwecke der Navigation bei unsichtigem Wetter. Kiel: Elektroakustik 1929. — Illing, B., u. Treplin: Versuche zur Bestimmung der Abhängigkeit der Reichweite von Luftschallsendern von der Tonhöhe. Beitrag Nr. 25/26 zur 2. Internationalen Seezeichenkonferenz Paris 1933.

[7] Hecht, H.: s. [6]. — Hahnemann u. Vokte: Die moderne Entwicklung der Unterwasserschalltechnik. Die Naturwissenschaften 1920, H. 45. — Direction des Phares et Balises: s. [3].

[8] 1. Internationale Seezeichenkonferenz London 1929: Beiträge über Funknebelsignale, einschließlich Gleichgängigkeit der Signale. Kennungen und Zeiten der Sendungen. — Meyer, G., u. A. Leib: Bau und Betrieb von Funkfeuer- und Funkpeilanlagen an Bord. Beitrag Nr. 30 zur 2. Internationalen Seezeichenkonferenz Paris 1933. — Putnam, G. R.: Funkfeuersysteme der Vereinigten Staaten. Beitrag Nr. 32 zur 2. Internationalen Seezeichenkonferenz Paris 1933.

[9] 1. Internationale Seezeichenkonferenz London 1929: Beiträge über schwimmende Seezeichen, Leuchtfeuer und Lichtquellen. — Born: Neue Glühlampen für Leuchttürme. Beitrag Nr. 1 zur 2. Internationalen Seezeichenkonferenz Paris 1933. — Gill: Fortschritte in der Entwicklung elektrischer Glühlampen für Leuchtfeuerzwecke. Beitrag Nr. 13 zur 3. Internationalen Seezeichenkonferenz Berlin 1937. — Bischel: Selbsttätige dieselelektrische Stromerzeuger für Leuchtfeuer und Feuerschiffe. Beitrag Nr. 22 zur 3. Internationalen Seezeichenkonferenz Berlin 1937.

[10] Internationales Funkfeuerabkommen Paris, Juni 1933 und Stockholm, Oktober 1933, nicht veröffentlicht. — Oberkommando der Kriegsmarine: Nautischer Funkdienst 1939.

[11] Accord relatif à un système uniforme de balisage maritime et règlement y annexé. Série des publications de la Société des Nations, VIII Communication et transit. 1936 VIII 11.

[12] Pajunk, Th.: Die Grundsätze für die Bezeichnung der deutschen Küstengewässer. Wasserwirtschaft 45 (1955) Nr. 4, S. 91—96. — Grundsätze für die Bezeichnung der deutschen Küstengewässer. Herausgegeben vom Bundesverkehrsministerium Bonn 1954.

[13] Wiedemann, G.: Die Sicherung der Schiffahrt durch Seezeichen. VDI-Z. 97 (1955) Nr. 22, S. 763—769. — Beiträge der Internationalen Seezeichenkonferenz Paris 1950, Scheveningen 1955, Washington 1960.

[14] Ehrismann, A., u. P. Jainski: Über die Eignung von Xenon-Hochdrucklampen für Leuchtfeuer. Beitrag 5-2-3 zur 6. Internationalen Seezeichenkonferenz Washington 1960.

[15] Hartung, W.: Leuchtturm Kalkgrund. Beitrag zur 7. Internationalen Seezeichenkonferenz Rom 1965.

[16] 6. Internationale Seezeichenkonferenz Washington 1960. Beiträge zum Abschn. 6 — Schallzeichen.

[17] International Meeting on Radio Aids to Navigation May 1946, Vol. 1, Vol. 2. London: His Majesty's Stationery Office 1946.

[18] Wiedemann, G.: Funktechnik und Seeverkehr. Im Jahrb. HTG 19. Band, 1941—49. Berlin/Göttingen/Heidelberg: Springer 1957, S. 53—57. — Sandretto, P. C.: Electronic Avigation Engineering. New York: International Telephone and Telegraph Corporation 1958. — Funkortungssysteme für Luft- und Seefahrt. Herausgegeben von Deutsche Gesellschaft für Ortung und Navigation. Dortmund: Verkehrs- und Wirtschaftsverlag Dr. Borgmann 1962.

[19] Regional arrangement concerming maritime Radio Beacons in the European Area of Regeon I. Paris International Telecommunication Union 1957. — Ginocchio, R.: The Conference of the Reorganisation of Maritime Radio Beacons in the European Area, Paris 1950. Translation: Journal des Télécommunications Mai 1952 Nr. 5 S. 214ff.

[20] Wylie, F. J.: The use of Radar at sea. London: Hollis & Carter 1952. — Wiedemann, G.: Versuche mit Radar-Landanlagen als neue Technik im Seezeichenwesen. Hansa 90 (1953) S. 2065—66. — International Meeting on Radio Aids to Navigation: s. [17]. — Sandretto, P. C.: s. [18] Chapter 13. — Braun, J. u. Dick: Verfahren zur Berechnung eines Radarechos auf einer Radarbildröhre. Hansa 99 (1962) H. 11. — The Radio Technical Commission for Marine Services: Shore based Harbour Radar Surveillance and Guidance Systems. Paper 44-61/DO-9 Symposium papers delivered at the assembly of the Radio Technical Commission for Marine Services April 6, 1961 San Francisco California. Washington 25 DC 1961. — Deutsche Beiträge zur 6. Internationalen Technischen Seezeichenkonferenz Washington 1960. Herausgeber: Der Bundesminister für Verkehr. Bd. II Abschn. 9. — Elektronik. Bonn 1960.

[21] Regionales Abkommen über den Internationalen Sprech-Seefunkdienst auf Ultrakurzwellen. Den Haag Januar 1957. Übersetzt und herausgegeben vom Bundesministerium für das Post- und Fernmeldewesen. Bonn September 1957.

[22] Wear, H. D.: Fernbedienung von Seezeichen. Beitrag 6-8-2 zur 5. Internationalen Seezeichenkonferenz Scheveningen 1955. — Holm, B., u. S. Alverdal: Zwei ferngesteuerte Leuchttürme — Tjärran und Hällgrund. Beitrag 6-8-3 zur 5. Internationalen Seezeichenkonferenz Scheveningen 1955. — Trinity House: Automatische und Fernschaltung von Seezeichen. Beitrag 6-8-5 zur 5. Internationalen Seezeichenkonferenz Scheveningen 1955. — 6. Internationale Technische Seezeichenkonferenz Washington 1960. Beiträge Abschnitt 7 Automation und Fernwirktechnik. — Wiedemann, G.: Über Automation und Rationalisierung im Seezeichenwesen. Hansa 100 (1963) Nr. 3, S. 299—301.
[23] Fifth International Conference on Lighthouses and other Aids to Navigation Scheveningen 1955. Report of the proceedings S. 106.
[24] Schlums, J.: Straßenbau und Straßenverkehrstechnik in Forschung, Lehre und Praxis. Straße und Autobahn. Straßenverkehrstechnik 1 (1957) 4.2. S. 43—47. — Feuchtinger, M. E.: Die Straßenverkehrstechnik als Ingenieuraufgabe. Straße und Verkehr 1959. Dortmund: Verkehrs- und Wirtschaftsverlag, S. 135—144. — Leutzbach, W.: Der Straßenbau- und Verkehrsingenieur und die Ordnung und Regelung des Verkehrs. In Verkehrstechnik und Verkehrsordnung. H. 8 der Schriftenreihe Straßenbau, Verkehrstechnik und Verkehrssicherheit. Köln: HUK 1962, S. 5—14.
[25] Wepster, A., u. G. Verploegh: The weather routing of merchant ships. The journal of the Institute of Navigation. London Vol. 16 (1963) No. 4., S. 389—413. — Haussen, G. L., u. R. W. James: Optimum shipping Routeing. The Journal of the Intsitute of Navigation. London Vol. XIII (1960) No. 3, S. 253—272.
[26] Wiedemann, G.: s. [1].
[27] Sohnke, F.: Kollisionsschutzwege in der Straße von Dover. Hansa 99 (1962) No. 21, S. 2183—2185.

Binnenhäfen

Die technische und betriebliche Entwicklung in den deutschen Binnenhäfen

Von Hafendirektor Dipl.-Ing. **H. Bumm**, Duisburg

50 Jahre Hafenbautechnische Gesellschaft geben Anlaß zu einem Rückblick auf die in diesem Zeitraum stattgefundene technische Entwicklung in den Binnenhäfen. Wenn man sich die Querschnittszeichnung des Hafens Mainz aus dem Jahre 1887 (Abb. 1) betrachtet, so muß man feststellen, daß die grundsätzliche Anlage von Binnenhäfen nicht nur in diesen 50 Jahren, sondern seit fast 100 Jahren im wesentlichen gleichgeblieben ist. Man braucht nur an den Lagerhäusern die Zinnen, Pfeiler und Pilaster fortzulassen und den Querschnitt dieses Hafens entsprechend den heute gebräuchlichen Schiffstypen von 1000 bis 1500 t Tragfähigkeit um das doppelte bis dreifache zu vergrößern, so wird man keine wesentliche Unterschiede zu einem heutigen Hafen finden können. Auch die Anordnung der Hafenbecken im Grundriß weist kaum wesentliche Abwandlungen auf.

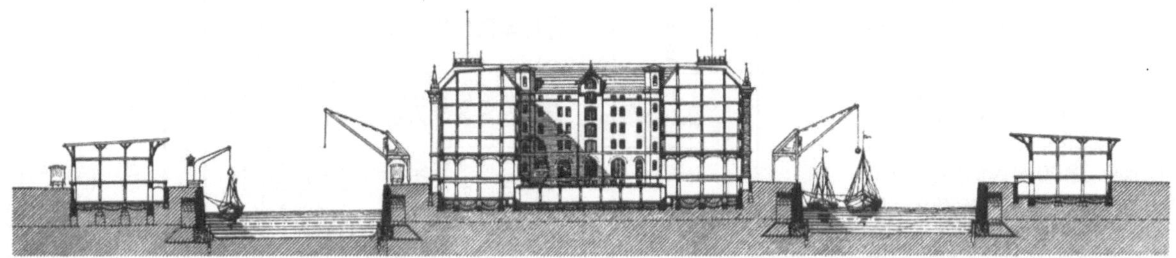

Abb. 1. Querschnitt durch die Hafenzunge des Hafens Mainz aus dem Jahre 1887.

Während in den Seehäfen die Abmessungen der Handelsschiffe besonders in den letzten Jahren zunahmen und entsprechend größere und tiefere Becken erforderten, haben sich die Schiffsgrößen für die Bemessung der Binnenhäfen kaum geändert. Im westdeutschen Kanalnetz hat sich von 1948 bis 1963 die durchschnittliche Schiffsgröße bei den Kähnen nur von 637 t auf 788 t, und bei den Motorschiffen von 304 t auf 463 t erhöht [*1*], wobei die mittlere Schiffslänge nur um etwa 10 m zugenommen hat. Etwas anders liegen die Verhältnisse auf der westlichen Donau, wo die Güterschiffe vor 1914 je zur Hälfte eine Tragfähigkeit von etwa 700 t und 1000 t hatten. Seit 1945 ist ein Rückgang der Güterschiffe mit 700 t Tragfähigkeit auf 20% und ein entsprechender Anstieg der Schiffe bis 1000 t auf 80% zu verzeichnen. Für die östliche Donau werden seitdem auch Schiffe mit einer Tragfähigkeit von 2000 t gebaut.

Über die Entwicklung der Schiffsgrößen am Rhein geben die Zahlen aus dem Rheinschiffsregister Aufschluß (Abb. 2). Auffallend ist hier die auch in jüngster Zeit noch ständige Zunahme der Schiffstypen von 400 t bis 700 t Tragfähigkeit. Es sind dies die zahlreichen holländischen und belgischen, vorwiegend auf den ausgedehnten heimatlichen Wasserstraßen verkehrenden Penischen und Kempenaare von 300 t bis 400 t Tragfähigkeit, die zwar alle im Rheinschiffahrtsregister eingetragen sind, aber nur selten den Rheinstrom oberhalb der deutsch-holländischen Grenze befahren. Die Darstellung gibt aber trotz dieser Einschränkung ein aufschlußreiches Bild über die Entwicklung der westdeutschen Binnenflotte für die auf dem Rhein und dem westdeutschen Kanalnetz verkehrenden Schiffstypen.

Schon 1889 gehörten 250 Schiffe von 14 00 t bis 3000 t Tragfähigkeit zur Rheinflotte, die einen Anteil von 18% der damals auf dem Strom eingesetzten Tonnage hatten. Bis zum Jahre 1914 ist der Anteil dieser Schiffe noch auf 25% gestiegen, seit Eröffnung des Rhein-Herne-Kanals im Jahre 1914 aber zurückgegangen, weil seitdem fast nur noch kanalgängige Schiffe von 1000 t bis 1350 t Tragfähigkeit gebaut wurden. Verstärkt wurde diese Entwicklung seit 1950 durch die Motorisierung der Schiffsflotte, für die die Typen von 700 t bis 1000 t Tragfähigkeit besser geeignet waren. Entgegen der Entwicklung bei der Seeschiffahrt ist also am Rheinstrom ein relativer Rückgang in der Schiffsgröße zu verzeichnen. Der Anteil der großen Schiffe von 1400 t bis 4000 t Tragfähigkeit ist bis zum Jahre 1960 von 25% auf 10% zurückgegangen. Berücksichtigt man noch die Tatsache, daß von den Motorgüterschiffen mit einem Tonnageanteil von 50% über 75% der Güter befördert werden, so erhöht sich deren Gewicht erheblich und der Beförderungsanteil der über 1400 t großen Schiffe sinkt auf 5%.

Auch in Zukunft ist kaum damit zu rechnen, daß der Anteil der über 1350 t großen Schiffe wieder ansteigt, da man sich international auf das „Europaschiff" von 1350 t Tragfähigkeit mit 80 m Länge, 9,50 m Breite und 2,50 m Tiefgang geeinigt hat und man nur noch den Schiffsraum neu bauen wird, der auf möglichst allen Wasserstraßen, wie auf dem

Tabelle. 1. *Uferlängen und Uferbelastungen in den öffentlichen und privaten Binnenhäfen*

	Öffentliche Häfen						Privathäfen								
	1	2	3	4	5	6	7	8	9	10	11	12	13	14	15
	Anzahl	Uferlänge insges. km	Ufer d. Umschlag dienend km	3 : 2 %	Umschlag 1962 t	Uferbelastung 1962 t/lfdm/Jahr	Anzahl	Uferlänge insges. km	Ufer d. Umschlag dienend km	9 : 8 %	Umschlag 1962 t	Uferbelastung 1962 t/lfdm/Jahr	Gesamtumschlag der öffentlichen u. privaten Häfen	davon öffentl. Häfen in %	private Häfen in %
1. Rheinstrom ohne Neckar u. Main	43	247,89	168,59	68%	82 719 200	490	50	27,91	23,32	84%	49 890 220	2139	132 609 400	62	38
2. Neckar	3	12,17	12,17	100%	8 859 300	728	30	6,00	5,88	98%	3 938 600	670	12 797 900	69	31
3. Main	12	37,875	27,80	73%	12 887 600	464	40	9,96	8,47	85%	4 260 200	503	17 147 800	75	25
4. Rhein-Herne-Kanal	4	6,74	2,79	41%	4 925 745	1765	22	10,39	8,49	82%	16 566 191	1951	21 491 936	23	77
5. Wesel-Datteln-Kanal	2	2,80	1,345	48%	2 639 274	1962	7	2,12	1,620	76%	2 843 636	1755	5 482 910	48	52
6. Datteln-Hamm-Kanal	2	3,44	2,710	79%	1 602 606	591	7	3,45	3,030	88%	3 587 248	1184	5 189 854	31	69
7. Dortmund-Ems-Kanal	7	41,90	20,66	49%	14 554 000	704	50	6,20	5,40	87%	3 058 000	566	17 612 000	83	17
8. Mittellandkanal	13	18,59	14,59	78%	9 450 100	648	47	8,67	7,61	88%	2 733 700	359	12 183 800	78	22
9. Wesergebiet, einschl. Werra, Fulda, Aller	13	31,54	27,82	69%	11 023 100	505	36	4,55	4,39	96%	4 631 700	1055	15 654 800	70	30
10. Elbegebiet	5	54,76	28,73	52%	7 124 500	248	35	25,30	17,22	68%	5 299 800	308	12 424 300	57	43
11. Berlin	1	8,849	8,849	100%	902 472	102	11	10,25	7,65	75%	3 238 028	423	4 140 500	22	78
12. Donau	2	5,69	5,69	100%	2 343 400	412	12	3,02	3,02	100%	753 500	249	3 096 900	76	24
	107	472,244	315,744	67%	159 031 297	504	336	117,82	96,10	82%	100 800 803	1049	259 832 100	61%	39%

Öffentliche und private Häfen					
Anzahl	Uferlänge insges. km	Ufer d. Umschlag dienend km	%	Umschlag 1962 t	Uferbelastung 1962 t/lfdm/Jahr
443	590,064	411,844	75%	259 832 100	620

westdeutschen Kanalnetz und den kanalisierten Nebenflüssen des Rheinstromes verkehren kann. So haben auch die Schubleichter eine Höchstlänge von 70 m und durch Fortfall der Wohnung eine Tragfähigkeit von 1500 t.

Es bestanden zwar verschiedene Pläne, für den Erzverkehr auf dem Niederrhein große Motorschiffe von 4000 t Tragfähigkeit mit 115 m Länge und Antriebsmotoren von 2000 PS Leistung zu bauen. Von deren Ausführung wurde aber immer wieder Abstand genommen, weil diese Schiffe wegen ihres größeren Tiefganges von 3,50 m längere Zeit im Jahr nicht voll abgeladen werden können, insbesondere aber, weil für so lange Motorschiffe bei der Ein- und Ausfahrt in den Hafenmündungen nautische Schwierigkeiten bestehen. Außerdem wird man in den Häfen derart große Motorschiffe nicht mit eigener Kraft fahren lassen können, weil die Gefahr besteht, daß die Ufer beschädigt, die Hafensohle aufgewühlt und Untiefen hervorgerufen werden, da gerade beim Wenden die Schrauben mit voller Kraft laufen müssen. Für diese Motorschiffe wäre in den Häfen ein Schleppzwang nicht zu vermeiden.

Für die Binnenhäfen ist also auch in Zukunft mit größeren, über das Europaschiff von 1350 t hinausgehenden Abmessungen nicht zu rechnen, so daß die Häfen am westdeutschen Wasserstraßennetz in Zukunft für diesen Schiffstyp auszulegen sind, bei dem auch die Bedingungen, die sich aus dem Verkehr mit der Schubschiffahrt und dem schiebenden Selbstfahrer ergeben, erfüllt sind. Ein Schubleichter und ein Hafenbugsierboot mit einer im Hafen zulässigen Höchstlänge von 24 m haben eine Gesamtlänge von 94 m. Da Schubeinheiten eine außerordentlich gute Steuerfähigkeit haben, — meist 2 Schrauben mit Flankenruder oder Schottelpropeller — kann die Manövrier- und Wendemöglichkeit der des Europaschiffes trotz der größeren Länge gleichgesetzt werden. Im übrigen braucht eine Schubeinheit im Hafen nicht unbedingt zu drehen, weil sie mit dem Flankenruder genauso gut vorwärts wie rückwärts fahren kann. Der schiebende Selbstfahrer hat mit Leichter eine Gesamtlänge von 120 m. Er ist auch bei Vorhandensein eines Bugruders für einen Hafen zu lang. Diese Einheit muß beim Befahren eines Hafens getrennt werden.

Der Tatsache, daß den Hafenplanungen auf dem Rheinstrom schon seit der Jahrhundertwende die großen Schiffstypen von über 1500 t Tragfähigkeit zugrunde lagen, ist es zu verdanken, daß diese Häfen mit großzügig bemessenen Becken von 90 m bis 100 m Breite ausgestattet wurden, die auch heute noch in ihren Abmessungen den wesentlich gestiegenen Ansprüchen im Hafenumschlag vollauf genügen.

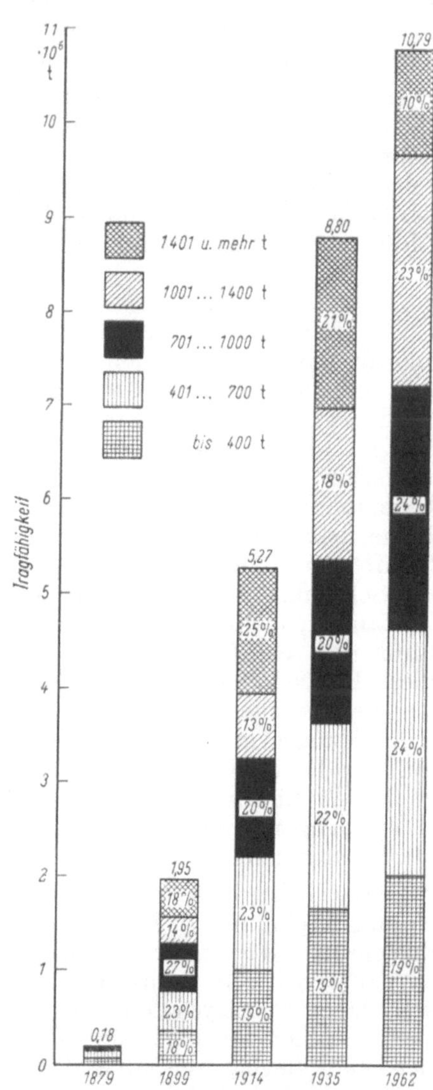

Abb. 2. Entwicklung der Schiffsgrößen auf dem Rheinstrom (nach „Die Rhein-flotte", Rhein-Verlag u. „Das internationale Rheinschiffahrtsregister": Zürich 1963).

Der Güterumschlag in den westdeutschen Binnenhäfen ist in den vergangenen 50 Jahren auf rd. 260 Millionen t gestiegen. Leider ist die Uferlänge, die in den Binnenhäfen vor 50 Jahren zur Verfügung stand, heute nicht mehr zu ermitteln, aber der Zuwachs in diesem Zeitraum ist sicher ganz erheblich gewesen. In der Tab. 1 sind die in den öffentlichen und den privaten Häfen dem Umschlag dienenden Ufer nach Wasserstraßengebieten zusammengestellt. Die öffentlichen und privaten Häfen haben insgesamt 412 km Umschlagufer, von denen dei öffentlichen Häfen 76% der Binnenschiffahrt zur Verfügung stellen. Ihr Anteil am Umschlag beträgt aber nur 61%, während die Privathäfen 24% der Umschlagufer haben, aber 39% des Umschlages leisten. Die Tabelle auf S. 238 zeigt die wesentlich günstigere Ausnutzung der Privathäfen.

Während die Entwicklung im Hafenbau im Kriege sehr stetig vor sich ging, standen nach dem Kriege die Binnenhäfen vor einer vollkommenen Strukturänderung, hervorgerufen durch die Anforderungen des Schiffahrtsgewerbes, die sich durch die Modernisierung der Schiffahrt, die den Faktor Zeit im Schiffsumlauf in den Vordergrund stellt, durch das Vordringen des Lastkraftwagens und den Einsatz der Flurfördergeräte ergaben. Dieser Entwicklung sind die deutschen Binnenhäfen mit einem finanziellen Aufwand von etwa 670 Mill. DM, der in den Jahren 1948 bis

1963 für den Ausbau und die Modernisierung ihrer Umschlaganlagen aufgewandt wurde, weitgehendst gefolgt. Entsprechende Zahlen aus den Werkshäfen liegen leider nicht vor, sie dürften auch sehr erheblich sein. Mit diesen Mitteln wurden die deutschen Binnenhäfen so ausgebaut, daß sie heute einen schnellen kostensparenden Umschlag und einen reibungslosen Betrieb der drei Verkehrsträger Schiffahrt, Eisenbahn- und Straßenverkehr jederzeit gewährleisten. Es wurden die Fahrwasserverhältnisse verbessert und den Erfordernissen der Motorgüter- und Schubschiffahrt angepaßt, die Uferanlagen ausgebaut, ein modernes Straßennetz und leistungsfähige Umschlaganlagen geschaffen, die zu einer wesentlichen Beschleunigung des Güterumschlages in den Häfen geführt und die Aufenthaltszeiten in den Häfen weitgehendst verringert haben. Hierbei wurden in den Jahren nach dem Kriege im Güterumschlag Erfahrungen gesammelt, die zu allgemein anerkannten Erkenntnissen geführt und die sich für die Schiffahrt als zweckmäßig erwiesen haben.

Diese Entwicklung von 50 Jahren Hafenbau im einzelnen zu beschreiben, würde zu weit und zu Wiederholungen führen, da in den letzten Jahren die wesentlichsten Neuanlagen in den Binnenhäfen sowie grundsätzliche Untersuchungen über Hafenplanung und Hafenbetrieb in den Fachzeitschriften und in den Jahr- und Handbüchern der HTG eingehend beschrieben wurden. Es wird daher im folgenden nur in kurzen Ausführungen auf die zeitliche Entwicklung unter jeweiligem Literaturhinweis eingegangen.

1. Lage des Hafens

Die Häfen aus der Zeit der Jahrhundertwende sind in ihrer geschichtlichen Entwicklung meist aus alten Länden vor den Toren der Stadt entstanden. Da man zur An- und Abfuhr der Güter mit dem Pferdefuhrwerk möglichst kurze Wege anstrebte, wurde beim Ausbau die nahe Lage am Stadtgebiet möglichst beibehalten. Auch wenn aus diesen Länden im Laufe der Zeit größere Hafenanlagen mit einigen Hafenbecken entstanden sind, wurde die Umschlaganlage am Strom meist weiterhin genutzt. So entwickelten sich aus manchen ursprünglichen „Länden" direkt am Strom bedeutende Verkehrsanlagen mit einem Umschlag von mehreren Mill. Tonnen im Jahr mit der Folge, daß heute beiderseits des Fahrwassers zahlreiche auf das Löschen und Laden wartende Schiffe vor Anker liegen. Diese Ansammlung von Fahrzeugen wird bei Nebel zu einer Gefahr für die Schiffahrt und verursacht außerdem bei niedrigen Wasserständen, wenn sie in beladenem Zustand in mehreren Breiten nebeneinander liegen, durch die Verengung des Flußquerschnittes unter dem Schiffsboden Kolke und entsprechende Untiefen an anderen Stellen. Bedenklich sind diese Plätze am fließenden Wasser besonders beim Umschlag von Mineralölen oder Chemikalien, weil beim Auslaufen von Flüssigkeit diese Mengen durch noch so tiefe Schlängelanlagen oder andere Einrichtungen nicht aufzuhalten und zu beseitigen sind, abgesehen davon, daß dadurch für die auf der Reede liegenden Schiffe eine Feuergefahr besteht. Die Lage dieser großen Umschlagstellen direkt am Strom ist heute natürlich nicht mehr zu ändern und leider ist es kaum möglich, diese Anlagen am Strom auch bei noch weiterer Ausdehnung zu schließen und den Umschlag in Hafenbecken zu verweisen, was zweifellos besser wäre.

Diese Häfen sind auch meist durch die inzwischen vorgedrungene städtische Bebauung vollständig umklammert und in ihrer Ausdehnung behindert. Um dem steigenden Bedürfnis von Industrie und Wirtschaft zu folgen, waren diese Häfen gezwungen, neue Hafenteile an anderem Ort zu bauen, wie z.B. die alten Häfen Köln oder Frankfurt ihre Erweiterungen in zwei oder drei verschiedenen Stadtgebieten anlegen mußten. Die sich daraus ergebende Teilung des Betriebes wirkt sich natürlich kostenmäßig nachteilig aus, besonders, wenn die Hafenbecken auf beiden Ufern der Stadt liegen, weil außer der Trennung des Umschlagbetriebes auch noch der Verschiebebahnhof für die Eisenbahn und andere Betriebseinrichtungen doppelt angelegt werden müssen.

Ein moderner Hafen benötigt für die Entwicklung seiner Umschlaganlage und seiner Verkehrswege, die kreuzungsfreie Einführung der Hafenstraße, sowie für Lagerplätze und Industrieansiedlung heute so große Flächen, daß eine stadtnahe Lage kaum noch möglich ist, wenn er alle weitgespannten Anforderungen, die eine moderne Verkehrswirtschaft stellt, erfüllen will. Es besteht auch keine Veranlassung mehr, einen Hafen an die Stadt heranzuziehen, weil für den An- und Abtransport der Güter durch den Lkw eine mehr oder minder große Entfernung des Hafengebietes von der Stadt nicht mehr die Bedeutung hat wie früher für das Pferdefuhrwerk. Eine etwas längere Kanalfahrt wurde von der Schleppschiffahrt ohne weiteres in Kauf genommen, sie ist aber für die eilige Motorschiffahrt, besonders bei Teilladungen, wegen der im Kanal meist notwendigen Geschwindigkeitsbegrenzung sehr lästig. Da erfahrungsgemäß die städtische Bebauung sehr schnell vordringt, soll man einen Hafen auch nicht in der losen Bebauung der Randgebiete anordnen. Die Kosten sowie der Verwaltungsaufwand für die Umsiedlung von Schrebergärten und selbst von kleineren Bauten sind meist ganz erheblich, weil diese einen besonderen gesetzlichen Schutz genießen, gegen den auch noch so gute und vorsichtige Pachtverträge nichts nützen. Wenn es dabei notwendig wird, den Hafen außerhalb der Stadtgrenze anzulegen, so dürfte die Abhängigkeit der Gewerbesteuereinnahmen auf die Anordnung von Hafenanlagen keinesfalls von Einfluß sein.

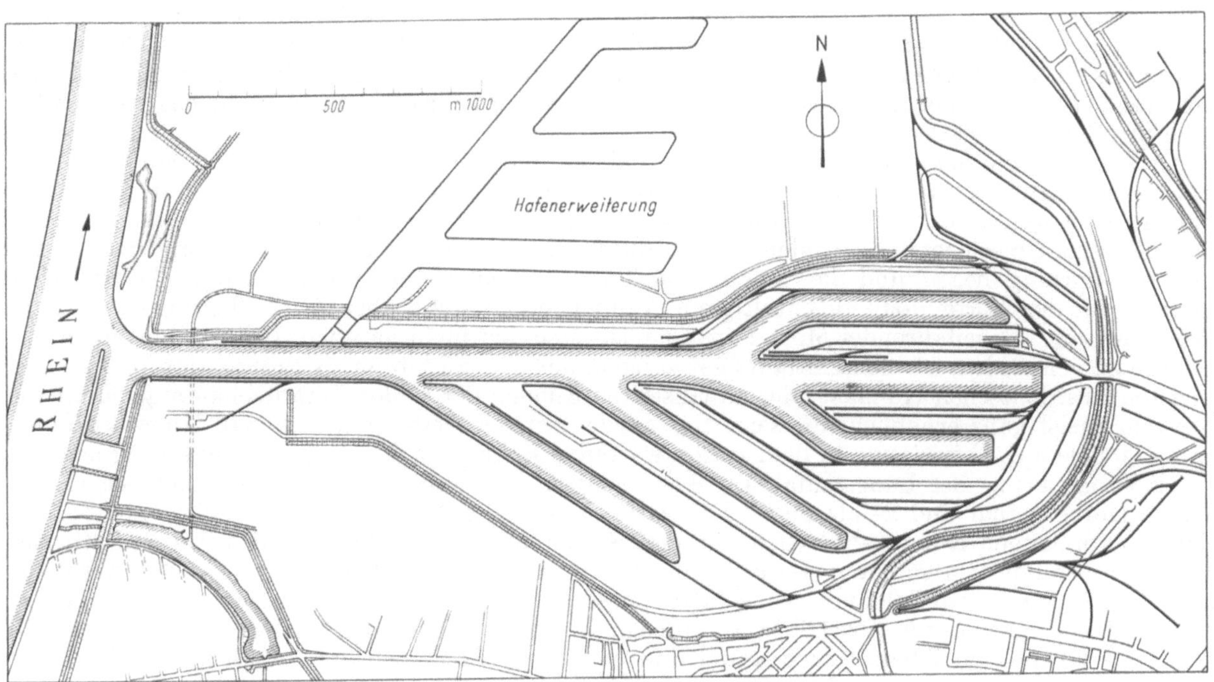

Abb. 3. Lageplan des Hafens Karlsruhe.

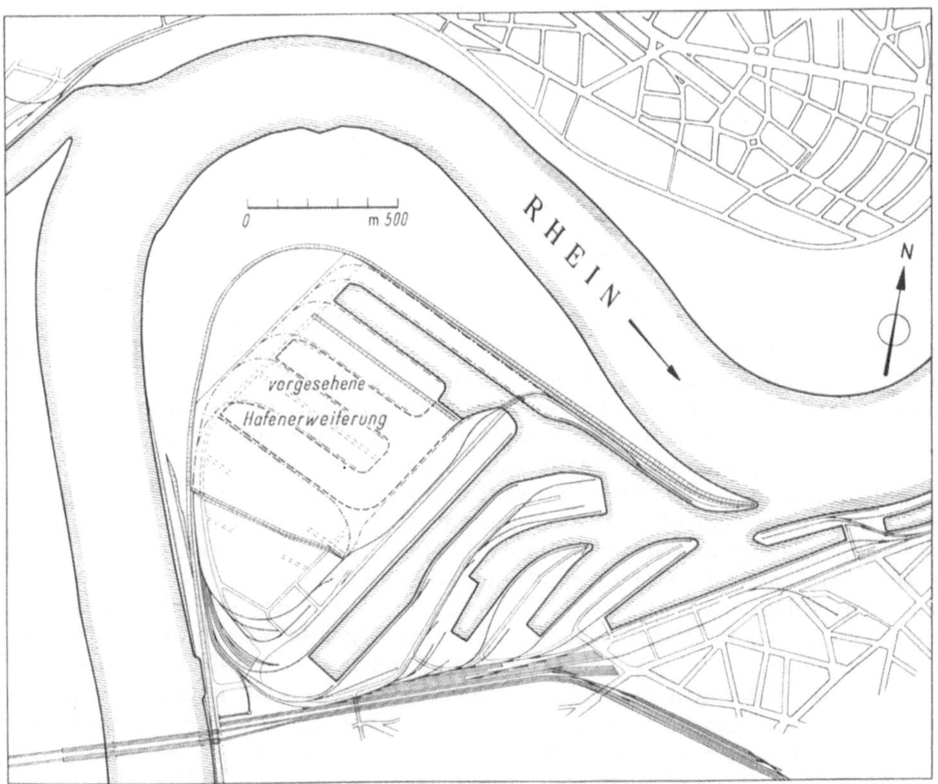

Abb. 4. Lageplan des Hafens Düsseldorf.

Ein gutes Beispiel für die vom Stadtkern abgelegenen Häfen bieten Karlsruhe und Braunschweig, die in günstiger Lage so weit außerhalb der Stadtgrenze liegen, daß sie bis heute von der städtischen

Bebauung nicht, oder gerade erst berührt, aber noch nicht bedrängt wurden. Der 1901 gebaute Hafen Karlsruhe hat heute noch genügend Ausdehnungsmöglichkeit in organischer Weiterentwicklung der bestehenden Anlagen für neue Hafenbecken und Industrieansiedlung (Abb. 3). Verhältnismäßig günstig liegen auch die Häfen, die in einer großen Flußschleife angelegt wurden, weil hier eine einwandfreie Trennung zu den Wohngebieten der Stadt möglich ist und auch erhalten werden kann. Es ist dies z. B. der Hafen Düsseldorf (Abb. 4). Besondere Aufmerksamkeit muß hier der Straßenführung gewidmet werden, damit der Lkw-Verkehr des Hafens nicht das innerstädtische Straßennetz belastet.

An Kanälen sind die Umschlaganlagen meist als Parallelhäfen gebaut worden. In den Zeiten der Schleppschiffahrt bestanden hiergegen keine Bedenken. Seit dem Vordringen der Motorschiffahrt mit einem Anteil an der Güterbeförderung von 75% hat sich aber bei den Parallelhäfen gezeigt, daß die zum Umschlag vorliegenden Schiffe durch den Sog vorbeifahrender Motorfahrzeuge zumindest unruhig liegen und die Gefahr von Trossenrissen besteht. Dreiecks- oder Trapezhäfen bieten zwar den Vorteil, daß gleichzeitig ein Wendeplatz entsteht, aber eine Sicherung der Schiffe gegen den Sog vorbeifahrender Motorfahrzeuge ist auch hier nicht gegeben. Um das Losreißen der Schiffe zu vermeiden, ist die Schiffahrt gezwungen, langsam zu fahren. Hinzu kommt, daß an den meisten westdeutschen Kanälen oder kanalisierten Flüssen der in der Vorausschau angenommene Verkehr meist ganz erheblich überschritten wurde, mit der weiteren Folge, daß längs des Fahrwassers viele auf Abfertigung in dem Hafen wartende Fahrzeuge liegen, die zwangsläufig noch zu einer Verlängerung der Langsamfahrstrecken zwingen. Von den 33 Häfen und Wendebecken am Rhein-Herne-Kanal sind 24 als Parallel- oder Dreiecks- oder Trapezhäfen ausgebildet, so daß an dem 45 km langen Kanal, abgesehen von den Schleusen und Vorhäfen, bald auf der Hälfte der Kanalstrecke langsam gefahren werden muß. An neuen Wasserstraßen wird man es anfangs nicht umgehen können, Parallelhäfen zu gestatten, weil die wirtschaftliche Entwicklung einer neuen Wasserstraße nicht durch überhöhte Anforderungen an teure Hafenbecken erschwert werden soll. Die Entwicklung am Rhein-Herne-Kanal und in neuerer Zeit auch am kanalisierten Main und Neckar zeigt, wie schnell Umschlagplätze am Ufer entstehen, und schon nach einigen Jahren steht man vor der Tatsache, daß der Verkehr durch die Umschlaganlagen direkt an der Wasserstraße behindert wird. Um die zukünftige Entwicklung nicht zu verbauen, sollten die Ufer von Parallel- oder Dreieckshäfen mindestens 25 m von der Wasserstraße zurückgelegt oder nur für begrenzte Zeitdauer mit der Auflage zugelassen werden, daß bei weiterer Verkehrsentwicklung die Anordnung eines Stichhafens gefordert werden kann, wobei das für seine Anlage erforderliche Gelände vorgehalten werden muß. Nur unter diesen Bedingungen sind sichere und reibungslosere Fahrwasserverhältnisse für die durchgehende Schiffahrt auf die Dauer gewährleistet. Da besonders die beiderseits des Fahrwassers auf Abfertigung wartenden Schiffe den durchgehenden Verkehr behindern, müssen die öffentlichen und privaten Häfen so bemessen sein, daß sie diesen Schiffsraum aufnehmen können. Es gibt also auf den Wasserstraßen auch ein Parkproblem.

Den Anforderungen an die Schiffahrt werden zweifellos von der Wasserstraße abzweigende Hafenbecken am besten gerecht. Früher nutzte man für die Anlage der Hafenbecken möglichst geringwertigen und billigen Baugrund, wie Altarme oder niedrig gelegene Gebiete aus, um den Bodenaushub möglichst klein zu halten. In diesen Gebieten wird aber häufig ungünstiger Untergrund wie Fließsand, nicht tragfähige Böden und hoher Grundwasserstand angetroffen, so daß umfangreiche und teure Gründungen für die Uferbauten, Kranbahnfundamente, Lagerhäuser und Getreidespeicher entstehen, die auch durch noch so niedrige Grundstückspreise nicht aufzuwiegen sind. Da heute Bodenbewegungen mit Großgeräten leichter zu bewältigen sind, ist man in der Wahl des Hafengeländes nicht mehr so gebunden und kann dem Gelände den Vorzug geben, auf dem keine außergewöhnlichen Gründungskosten anfallen, auf dem möglichst rechtwinklige Lagerplätze und ein gut geschnittenes Industriegelände entwickelt werden kann, und auf dem möglichst günstigste Gleis- und Straßenanschlüsse zu schaffen sind (Abb. 6).

Die älteren Hafenanlagen an Flüssen sind häufig nicht hochwasserfrei angelegt worden, weil man den Bau von hohen Ufermauern scheute und das Löschen und Laden bei größeren Höhenunterschieden kostspielig wurde. Während man eine geringe Überflutungsdauer und das damit verbundene Bergen der Güter aus den Lagerhäusern bewußt in Kauf nahm, strebt man heute eine möglichst hochwasserfreie Lage des Hafengeländes an. Das aus Hochwasserschutzgründen geforderte Sicherheitsmaß von 1,5 m über HHW braucht aber im Hafengelände nicht eingehalten werden, und es betehen keine Bedenken, das Hafengebiet außerhalb der Deichlinie anzuordnen [*2*]. Für das Hafengelände genügt ein Sicherheitsmaß von 0,30 m über HHW, da jede weitere Höhe vermeidbare Unkosten im Bau und Betrieb verursachen würde. So wurde bereits 1925 die Höhenlage des Hafens Köln-Niehl bestimmt [*3*]. Die Deichlinie läßt sich ohne Schwierigkeiten vor Kopf des Hafens anordnen, wobei die Gleise und Straße in der Deichlinie angehoben werden. Das am Hafen liegende Industriegelände braucht auch nicht über dem HHW angeordnet werden, da selbst bei geringen Anschüttungshöhen erhebliche Kosten entstehen, sondern es genügt hier eine HW freie Eindeichung, vorausgesetzt, daß das Hochwasser nicht zu stark unter dem Deich infolge kiesigen Untergrundes durchdrücken kann.

2. Anordnung der Hafenmündung

Für die in früherer Zeit entstandenen Häfen gab es in der Wahl des Geländes kaum eine Behinderung, so daß die Mündung an die nach den Regeln und Erfahrungen des Wasserbaues günstigste Stelle am Scheitelpunkt der Flußkrümmung gelegt werden konnte. Diese Lage der Hafenmündung bietet Gewähr, daß in der Mündungsstrecke die geringstmöglichen Anlandungen auftreten, weil der Flußquerschnitt nur unwesentlich vergrößert wird, und daß nur kleine Mengen durch den nie zu vermeidenden Nehrstrom abgelagert oder von einfahrenden Motorschiffen mitgebracht werden.

Eine Lage und Richtung der Mündungsstrecke, die strömungstechnisch und nautisch die günstigsten Bedingungen bietet, wird sich kaum finden lassen, da sich die Ziele z. T. ausschließen. Der günstigste Winkel zum Fahrwasser liegt zwischen 30° und 45° [*4*]. Heute wird man häufig, weil inzwischen die Wasserstraße durch die städtische Bebauung und Industrieansiedlung verbaut ist, größere Winkel in Kauf nehmen müssen. Mit steigender Entfernung vom Scheitelpunkt der Flußschleife durchschneidet die Mündungsstrecke in zunehmender Länge das Vorland, in dem sich bei Überflutung das Geschiebe des Flusses absetzt, so daß erhebliche Unterhaltungsbaggerungen anfallen können. Bei der oft gegebenen Zwangslage für die Hafenmündung ist daher ein Versuch in einer Wasserbauversuchsanstalt zur Ermittlung der günstigsten Ausbildung der Mündungsstrecke zweckmäßig. Durch den Bau von Abweisschwellen und Walzenbuchten können bei ungünstiger Lage der Hafenmündung die Ablagerungen immerhin eingeschränkt und an Stellen verlagert werden, wo sie nicht stören und leichter zu beseitigen sind. In den Walzenbuchten der Häfen Köln-Niehl (Abb. 5) und Rheinhausen haben sich die Ablagerungen planmäßig eingestellt, während in der Mündungsstrecke nur geringere Anlandungen auftraten. Wichtig ist für eine gute Wirkung und Bildung des beabsichtigten Nehrstromes die horizontale Lage der Sohle in der Bucht. Es empfiehlt sich, die Walzenbuchten so groß anzulegen, daß ein Eimerkettenbagger eingesetzt werden kann, da die Schlammablagerungen besonders am Unterlauf von Flüssen so dünn sein können, daß der Aushub mit einem Schwimmgreifer nur schwer zu fassen ist.

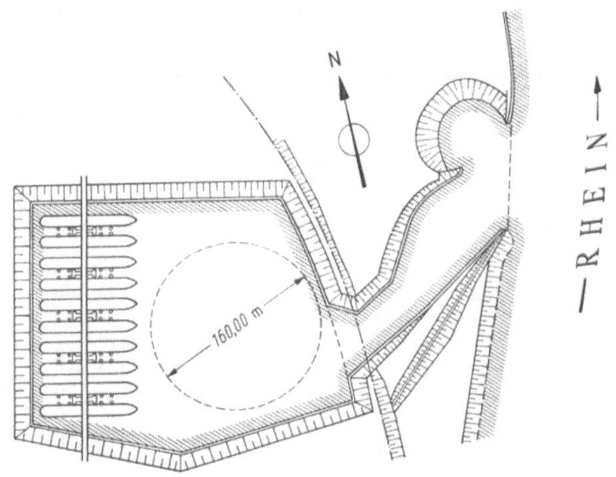

Abb. 5.
Hafen Köln-Niehl II, Walzenbucht an der Mündung.

Die Lage des Stichkanals in beinahe rechtem Winkel, wie z. B. beim Hafen Karlsruhe, wird nur in seltenen Fällen möglich sein. Sie bedingt, daß direkt hinter der Mündung eine Erweiterung vorhanden ist, in die die Schiffe, um sich bei der Einfahrt nicht beinahe quer zum Strom legen zu müssen, mit der Spitze hereinfahren können (Abb. 3). In diese Hafeneinfahrt in Karlsruhe ist mehrfach eine Schubeinheit, bestehend aus 4 Leichtern von 175 m Gesamtlänge und 19 m Breite, in zusammengekuppeltem Zustand unter scharfem Anhalten des oberen Molenkopfes bis an das obere Ufer des Wendebeckens eingefahren, hat dort vor Bug Anker geworfen, dann mit dem Stoßboot über Heck gedreht und über Steuer zu dem Löschplatz am Verbindungskanal vorgelegt. Ohne das Wendebecken könnten auch Motorschiffe und Schleppzüge in die Mündungsstrecke kaum einfahren.

An der Hafenmündung ist für die ausfahrende Schiffahrt eine möglichst gute Sicht zu gewährleisten, damit der durchgehende Verkehr auf der Wasserstraße einwandfrei zu übersehen ist und nicht durch ausfahrende Schiffe behindert und gefährdet wird. Die Mündungsstrecke soll keine Krümmungen aufweisen, ist frei von Aufbauten und Bewuchs zu halten und eine etwaige Trennmole möglichst nicht über dem höchsten schiffbaren Wasserstand zu legen. Brückenpfeiler unterhalb einer Hafenmündung bilden eine erhebliche Erschwernis für die Schiffahrt und müssen möglichst vermieden werden. In der Mündungsstrecke fährt die Schiffahrt bei der Ausfahrt mit voller Kraft, so daß die Uferbefestigung stark beansprucht ist. Es empfiehlt sich daher, die Ausbildung der Ufer mit senkrechten oder teilweise senkrechten Wänden, die gleichzeitig der Schiffahrt eine gute Führung geben. Auf jeden Fall sollte man das Ufer, das meistens angefahren wird, mit einer teilweise senkrechten Wand ausrüsten.

Die günstigste Breite für die Mündungsstrecke eines Hafens liegt bei zweischiffigem Verkehr zwischen 45 m bis 50 m. Größere Abmessungen sind nicht erforderlich und bringen nur die Gefahr von Verlandungen. Wenn die Hafenmündung sehr ungünstig liegt und größere Verlandungen zu befürchten sind, kann eine Einengung auf 40 m noch vertreten werden. Geringere Maße sind als unzureichend anzusehen.

3. Abmessungen der Hafenbecken

Ein Hafenbecken soll so bemessen sein, daß eine wirtschaftliche Uferbelastung erreicht wird. In Tab. 2 sind die Uferbelastungen einiger deutscher Binnen- und Werkshäfen aus dem Jahre 1956 [*5*] und 1963 aufgeführt. Auffallend ist die geringe Änderung in den 8 Jahren. Die Werkshäfen weisen nach wie vor hohe Uferbelastungen von 3000 t bis 4000 t je lfdm Ufer auf, die in den öffentlichen Binnenhäfen infolge des vielseitigen Güterumschlages und der Verkehrspflicht, nach der sie für jeden zur Benutzung offen stehen, nicht erreicht werden. Hinzu kommt, daß die öffentlichen Häfen noch anderen allgemeinen Schiffahrtszwecken dienen, so müssen sie zusätzliche Wasserflächen als Schutzhafen und z.T. erhebliche Uferstrecken für Werften und Schiffsreparatur-

Tabelle 2. *Uferbelastung in einigen deutschen Binnenhäfen*

lfd. Nr.	Hafen	Umschlag in Tonnen	Uferlänge in km	Uferbelastung in Tonnen je lfdm Ufer/Jahr	Umschlag in Tonnen	Uferlänge in km	Uferbelastung in Tonnen je lfdm Ufer/Jahr
	1. öffentl. Häfen	1	2	3	4	5	6
1	Andernach	2 124 600	0,677	3 140	2 576 700	0,677	3 806
2	Braunschweig	608 100	1,10	553	770 000	1,1	700
3	Dortmund	4 411 431	8,50	520	6 012 243	8,5	706
4	Duisburg	14 924 646	24,80	602	14 000 000	19,4	721
5	Düsseldorf	2 277 130	10,00	227	2 106 000	11,1	191
6	Frankfurt/Main	4 728 600	10,51	450	3 377 020	8,98	376
7	Gernsheim	364 129	0,27	1 350	478 000	0,27	1 770
8	Hannover	909 000	4,40	206	1 138 000	5,05	225
9	Heilbronn	5 196 800	2,30	2 259	3 870 000	6,18	485
10	Karlsruhe	2 791 363	10,70	261	2 500 683	11,0	227
11	Köln	3 364 754	10,10	333	2 857 000	5,7	501
12	Krefeld	1 183 477	7,60	156	1 800 000	4,6	391
13	Ludwigshafen	5 729 424	14,00	409	6 060 000	16,215	374
14	Mainz	1 615 000	4,03	400	1 967 774	4,03	488
15	Mannheim	6 795 324	29,50	230	6 264 807	28,9	217
16	Neuß	1 202 225	9,55	124	1 743 000	8,8	198
17	Regensburg	2 956 000	2,25	1 320	2 236 000	1,888	1 184
18	Wesseling	3 169 548	1,93	1 643	3 250 000	2,01	1 576
19	Würzburg	1 560 000	1,81	682	1 389 924	2,185	636
	2. Werkshäfen						
1	Duisburger Kupferhütte	3 218 093	0,80	4 022	3 634 179	1,1	3 200
2	Hafen Gelsenberg	1 216 300	0,37	3 245	2 507 173	0,55	4 550
3	Hafen Grimberg	2 010 000	1,15	1 740	2 165 115	1,15	1 885
4	Hafen Schwelgern	6 854 241	2,12	3 226	7 783 000	2,12	3 660
5	Hüttenwerk Rheinhausen	2 667 503	1,08	2 470	2 765 510	1,17	2 360
6	Zechenhafen Graf Bismarck	851 000	0,39	2 182	752 923	0,39	1 925
7	Zechenhafen Achenbach	419 300	0,14	2 932	246 677	0,14	1 765
8	Zechenhafen Nordstern	1 586 200	0,36	4 620	1 328 684	0,36	3 680
9	Zechenhafen Rheinpreußen	1 125 852	0,45	2 502	1 419 636	0,45	3 140

plätze u.a.m., vorhalten. Nach der Tab. 1 sind 33% der Uferstrecken in den öffentlichen Binnenhäfen für den Umschlag nicht nutzbar, während es bei den Privathäfen nur 18% sind. Zudem beträgt die durchschnittliche Belastung der dem Umschlag dienenden Ufer in den öffentlichen Häfen nur 504 t/lfdm gegen 1049 t/lfdm in den Privathäfen. Für einen öffentlichen Binnenhafen wird eine Uferbelastung von 700 t bis 1000 t/lfdm schon als gut zu bezeichnen sein. Die Ursache, daß einige Häfen noch wesentlich geringere Uferbelastungen aufweisen, liegt an der Tatsache, daß in den Hafenbecken angesiedelte Industriebetriebe den An- und Abtransport ihrer Güter inzwischen auf den Lkw umgestellt haben und nur noch in ganz geringem Umfange Kohle oder Heizöl für ihre Heizanlagen beziehen, mit dem Erfolg, daß die Uferbelastung an Teilstrecken auf 20 t je lfdm/Jahr abgesunken ist. Da der Güterumschlag eines Industriebetriebes für die Zukunft nur schwer abzuschätzen ist, sollte man eine Ansiedlung direkt am Hafenbecken nur dann vornehmen, wenn ein bedeutender Güterumschlag von Massengütern auf die Dauer gesichert ist, wie z.B. bei der chemischen Grundstoffindustrie. Mit einer Umschlaggarantie wäre zwar der Hafenbetrieb vor finanziellen

Schäden geschützt, aber der eigentliche Zweck der Anlage würde nicht mehr erfüllt. Die Ansiedlung von Industriebetrieben ist daher in das Hintergelände des Hafens zu legen, wie z. B. in dem neuen Becken des Hafens Regensburg, wo der umfangreiche Güterumschlag Schiff/Bahn am Hafenbecken durchgeführt wird, während das hinter den Kaigleisen liegende Gelände für wassergebundene Industrieansiedlung vorgesehen ist. Auch im Hafen Stuttgart sind die Umschlagplätze für die Baustoffindustrie und Betonsteinwerke am Becken 2 in das Gelände hinter der Hafenstraße gelegt worden. Durch diese Maßnahme wird eine doppelte Ausnutzung der Uferanlagen erreicht. Auch Mühlenwerke und Getreidesilos und sogar Mineralölläger erreichen oft nur eine geringe Uferbelastung und können, wie in Braunschweig [6], in die zweite Ebene zurückgelegt werden. Die ideale Ausnutzung eines Hafens wäre gegeben, wenn in der ersten Linie am Kai der Direktumschlag Schiff/Bahn oder Lkw erfolgt, dahinter in der zweiten Linie die Lagerhäuser und Lagerflächen für nicht länger lagernde Massen- und Stückgüter angeordnet werden und in der dritten Zone erst hinter der Hafenstraße die Mühlen, Getreidesilos und Tankläger sowie nicht so intensive Industriebetriebe. Es ist wirtschaftlich richtiger, einen intensiven Schiffsumschlag, evtl. gleichzeitig aus 2 Schiffsbreiten mit entsprechender Kranausstattung zu betreiben, als die Mittel in weniger ausgenutzten, teuren Uferbauten festzulegen. Hier begegnen sich die Interessen des Hafens auf eine möglichst rationelle Ausnutzung der Hafenanlagen mit denen der Schiffahrt auf einen möglichst schnellen Umschlag. Die Lagerei- und Speditionsbetriebe möchten natürlich jeden Wasserumschlag möglichst nahe hinter der Kaikante abwickeln, auch wenn es nur kleinere Mengen sind. Wenn diese Wünsche weitgehendst erfüllt werden, entstehen nicht ausgenutzte Uferanlagen mit zu geringer Umschlagleistung und zu hohen Baukosten, die sich letzten Endes in höheren Hafengebühren auswirken. Zwischen Reedern, Verladern, Spediteuren und dem Hafenbetrieb muß hier eine Abstimmung der verschiedenen Interessen für eine allen Teilen gerecht werdende Ausbildung der Umschlagplätze erreicht werden.

Wenn für die Planung eines Binnenhafens eine Umschlagmenge von 1 Mio t/Jahr und eine Uferbelastung von 700 t/lfdm/Jahr als Grundlage angenommen wird, muß das Becken eine Länge von 700 m mit 1400 m nutzbarer Uferlänge erhalten, ein Maß, das nach den allgemeinen Erfahrungen auch als das übliche Maß für einen öffentlichen Binnenhafen gilt. Kürzere Hafenbecken oder längere mit geringerer Uferbelastung sind nur zu vertreten, wenn andere Ursachen für den Neubau eines Hafens entscheidend sind, sei es, daß entweder der Ausbau oder die Erweiterung bestehender Hafenanlagen nicht mehr möglich oder aus städtebaulichen Gründen überhaupt eine Verlegung eines Hafens notwendig ist. Kürzere Becken kommen häufiger bei Werkshäfen zur Ausführung, weil dort ein gut zu übersehender Umschlag in einer oder wenigen Güterarten, der sich auf eine

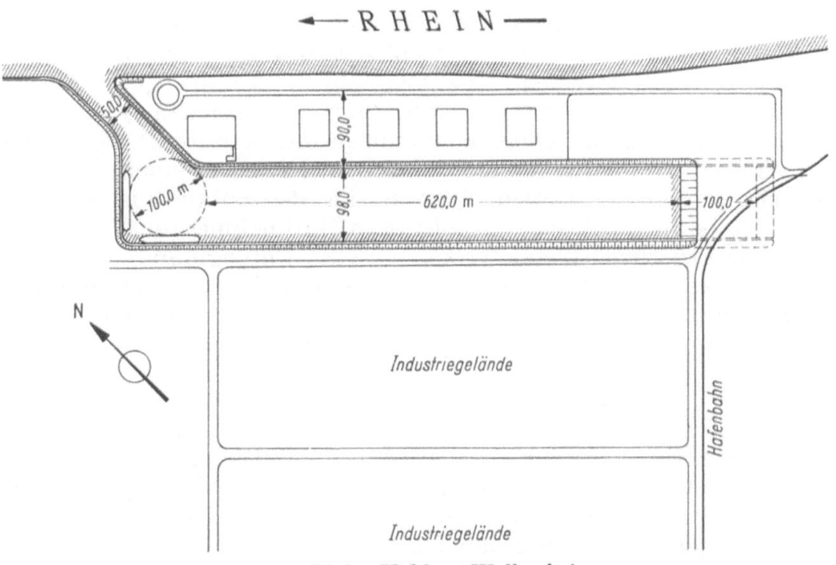

Abb. 6. Hafen Koblenz-Wallersheim.

kurze Umschlagstelle konzentrieren läßt, stattfindet. Auch diese Industriehäfen müssen so große Wasserflächen aufweisen, daß sie den für den Umschlag im Hafen notwendigen Schiffsraum aufnehmen können, was aber durch größere Beckenbreite billiger zu erreichen ist.

Aus betrieblichen Gründen sollen Hafenbecken möglichst nicht über 1000 m lang sein, da sonst die Bahnzustellung zu den Lagerhäusern und Umschlagplätzen umständlich wird und evtl. ein drittes

Gleis erfordert, wodurch aber hochwertige Fläche gerade unter dem Kranbereich verlorengeht, so daß eine größere Kranausladung notwendig wird. Ein drittes Gleis auf der Landseite der Lagerplätze, also neben der Hafenstraße, ist nicht mehr erwünscht, weil diese Seite dem Lkw-Verkehr vorbehalten sein soll.

Ein moderner Hafen muß heute so breit sein, daß ein Motorschiff an jeder Stelle im Hafenbecken wenden kann, auch wenn die Ufer mit Schiffen belegt sind. Für das 80 m lange Europaschiff wird damit das Becken rd. 100 m breit. Da beide Ufer meist nicht mit Fahrzeugen belegt sein werden, können auch größere Fahrzeuge von über 80 m Länge im Hafen wenden, so daß ein besonderes Wendebecken entfällt. Besteht die Hafenanlage nur aus einem Hafenbecken, so ist das 100 m breite Becken auf jeden Fall günstiger, weil die Ufer am Wendeplatz in einer Schiffsbreite, wenn auch nur in beschränktem Umfange, für den Güterumschlag genutzt werden können (Abb. 6). Wenn eine derartige Beckenbreite vielleicht als zu großzügig und aufwendig angesehen wird, so muß zunächst festgestellt werden, daß die Herstellung von Beckenbreite am wenigsten kostet, nämlich nur den Grunderwerb und den Bodenaushub. Ferner zeigt die Abb. Nr. 7, in welchem Umfange ein Hafenbecken bei intensivem Umschlag belastet werden kann. Die Becken B und C der Ruhrorter Häfen haben beide eine Breite von etwa 110 m zwischen den Spundwänden. Das Becken C hat heute

Abb. 7. Duisburg-Ruhrorter Häfen, Hafenbecken B und C.

infolge Strukturwandels nur einen Güterumschlag von 1 Mio t. Es erscheint leer und überdimensioniert, während das Becken B bei einem Umschlag von 4 Mio t mit Leerraum und beladenen Schiffen, die große Flächen des Hafens in Anspruch nehmen, voll belegt ist und zur Regelung des Schiffsbetriebes zeitweise den Einsatz eines Aufsichtsbootes auf dem Wasser erfordert. Da die Schätzung des voraussichtlichen Umschlages mit vielen unbekannten Größen behaftet ist, sollte man, um die Entwicklung des Hafens für die Zukunft nicht zu verbauen, die mit Sicherheit ausreichende Beckenbreite von 100 m wählen, denn an der Beckenbreite ist später nichts mehr zu ändern. Wenn man bei beengtem Raum ein kleineres Maß nehmen muß, sollte man nicht unter 80 m gehen. Das dann erforderliche Wendebecken muß am Anfang und nicht am Ende des Hafens liegen, damit nicht alle Fahrzeuge das Hafenbecken bis zum Ende durchfahren müssen [*7*]. Wenn ein Hafenbecken nur eine Länge von 350 m bis 400 m hat, genügt auch eine geringere Breite von 70 m bis 80 m, da die Schiffe nur eine kurze Strecke im Becken rückwärts fahren müssen.

4. Lage der Hafensohle

In Häfen mit konstantem Wasserspiegel soll die Sohle mindestens 50 cm unter der auf der anschließenden Wasserstraße zugelassenen Tauchtiefe liegen. Dieser sogenannte Absetzraum soll Ungenauigkeiten in der Peilung ausgleichen und verhindern, daß jedes bei der Verladung über Bord gefallene Schrottpaket oder verlorene Anker oder durch Schiffsschrauben verursachte Untiefen gleich zu Bodenberührungen führen, und daß Unterhaltungsbaggerungen in größeren Abständen geschehen können. In Häfen an kanalisierten Flußläufen, in denen meist nur geringe Unterschiede von 1 m bis 2 m zwischen dem NW und HW auftreten, genügt die gleiche Höhe des Absetzraumes. Größere Hafentiefen sind zwecklos und erfordern nur höhere und teuere Uferbauwerke.

Für Häfen an einem natürlichen Flußlauf sind eingehende Untersuchungen notwendig, ob und in welchem Umfange eine Erosion des Flußlaufes vorhanden oder zu erwarten ist [*8*]. Wenn an dem Wasserlauf in Zukunft noch Regulierungsarbeiten auszuführen sind, muß versucht werden, das hieraus zu erwartende Maß der Erosion zu ermitteln. Es ist aber nicht nötig, beim Bau eines Hafens die zukünftige Hafensohle sogleich unter Berücksichtigung der ganzen Erosion herzustellen, besonders, wenn es sich um ein Maß in einer Größenordnung von mehreren Metern handelt, da die weitere Vertiefung im Laufe der Jahre mit den ohnedies erforderlichen Unterhaltungsbaggerungen ausgeführt werden kann. Die Gründung der Ufereinfassungen und alle sonstigen Bauwerke im Hafenbecken, wie etwaige Verlade- und Pieranlagen sowie der Dalben, muß aber unter Berücksichtigung des ganzen Erosionsmaßes erfolgen.

In Häfen mit starkem Wasserstandswechsel ist eine Sohlentiefe erwünscht, die für voll abgeladene Schiffe, selbst bei NNW, die Gefahr des Aufsitzens ausschließt. In bestehenden Häfen wird diese Forderung nicht immer zu erreichen sein. Man kann sich hier damit helfen, daß man z. B. zur Eiszeit die voll abgeladenen Schiffe möglichst im Kranbereich ablegen läßt. Bei Neubauten soll und kann aber das Sicherheitsmaß so groß angelegt werden, daß auch bei niedrigstem Niedrigwasser auf dem Strom die zulässige volle Abladetiefe noch zur Verfügung steht. So beträgt z. B. auf dem Niederrhein der Unterschied zwischen dem „gleichwertigen" Wasserstand mit einer garantierten Abladetiefe von 2,50 m und dem niedrigsten Niedrigwasser ungefähr 70 cm. Dieses Maß muß als Übertiefe mindestens vorgehalten werden. Für den Absetzraum genügen dann 30 cm, da man nicht damit rechnen muß, daß alle Möglichkeiten, eine durch Schraubenwasser verursachte Untiefe, ein auf der Sohle liegendes Schrottpaket, Eiszeit, NNW und ein voll abgeladenes Schiff an derselben Stelle zusammentreffen [*3*]. Für den Niederrhein empfiehlt sich damit unter dem NNW eine Übertiefe von 1 m, womit außerhalb der Niedrigwasserzeit der doppelte Absetzraum vorhanden ist.

Es ergeben sich damit für Hafenbecken Abmessungen von

700 m bis 1000 m für die Länge
90 m bis 100 m für die Breite
3 m für die Tiefe = 0,5 m unter der Kanalsohle oder volle Abladetiefe unter dem NNW des Flusses und 0,3 m Übertiefe.

5. Die Uferausbildung[1]

Die Gründung von Kaimauern bereitete vor 100 Jahren erhebliche Schwierigkeiten, so daß massive Ufermauern nur dort ausgeführt wurden, wo es der Güterumschlag unbedingt erforderte. Sie wurden meist aus Senkbrunnen mit eingespannten Gewölben gebildet. Vollmassive Mauern konnten nur dort ausgeführt werden, wo die Gründung vor dem Fluten des Beckens im Trockenen oder mit geringer, offener Wasserhaltung möglich war. Auch wurde die Gründungssohle oft auf einer Steinschüttung höher angelegt, wobei vor der Mauer eine Böschung aus Bruchsteinen verblieb (Abb. 8).

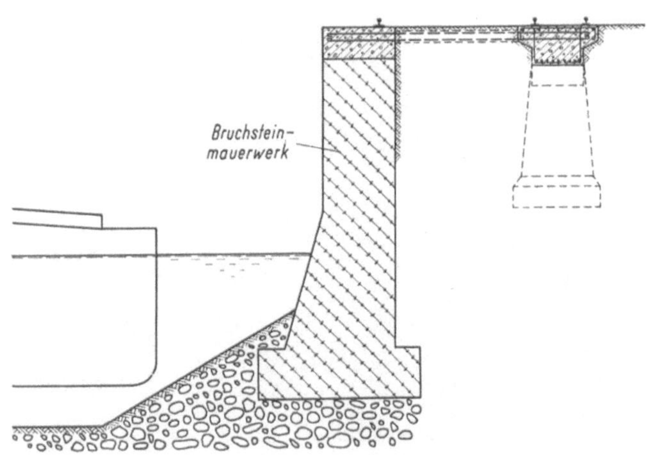

Abb. 8. Ufermauer auf Steinschüttung.

Im Zeitalter der Schleppschiffahrt genügten sonst Ufer mit schrägen, abgepflasterten Böschungen, die meist in einer Neigung 1 : 1,25 bis 1 : 1,5 ausgebildet wurden. Die beste Befestigung für diese Böschungen war und ist immer noch das massive unregelmäßige Pflaster aus schweren Natursteinen, Grauwacke, Granit oder Sandstein von mindestens 30 cm Kantenlänge und 30 bis 40 kg Gewicht. Derartige Böschungen sind den stärksten Beanspruchungen auch durch herunterfallende Schrottpakete usw. gewachsen. Sie lassen sich verhältnismäßig leicht ausbessern, auch wenn einmal an einzelnen Stellen die Böschung durch aufsitzende Schiffe eingedrückt wurde. Die Fugen werden mindestens 5 cm tief sorgfältig mit Zementmörtel ausgefüllt. Nur am Oberrhein werden z. T. die Böschungen in flacherer Neigung von 1 : 2 bis 1 : 2,5 angelegt und mit regelmäßigem 18 cm starkem Betonsteinpflaster auf 10 cm Kies abgedeckt. Der Grund für die Anwendung verschiedener Baustoffe ist eigentlich nicht ersichtlich, er mag in eingewöhnten Bauweisen liegen, vielleicht auch in dem Umstand, daß dort, wo ein robuster Umschlag mit Schrott, Eisen und Erz vorherrscht, mit Böschungen aus Betonsteinen schlechte Erfahrungen gemacht wurden (Abb. 13).

[1] s. S. 23, Dr.-Ing. E. Lackner, Dr.-Ing. G. Finke u. Dr.-Ing. K. Förster: Einfluß der Bodenmechanik, Grundhaustatik und der Baustoffe auf die Ufereinfassungen in den deutschen See- und Binnenhäfen in den letzten 50 Jahren.

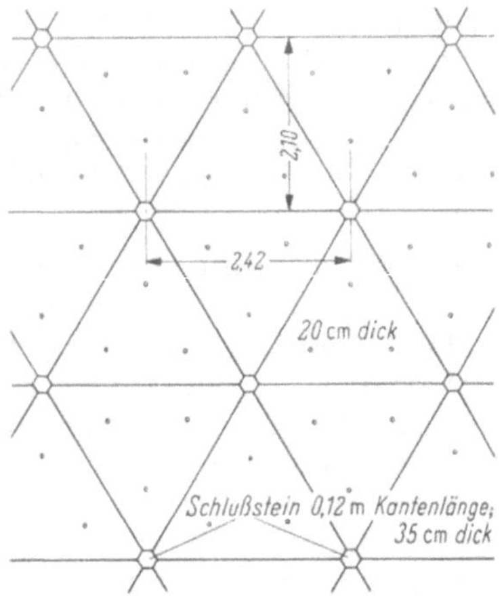

Abb. 9. Böschungsbefestigung mit dreieckigen Fertigbetonplatten.

Da die Beschaffung der Pflastersteine und die Ausführung der formgerechten Pflasterböschung wegen Mangels an fachkundigen Pflasterern immer schwieriger wird, sind an Ufern ohne Kranumschlag Versuche mit großen Fertigbetonplatten gemacht worden, nachdem sich Ortsbeton zur Abdeckung der Böschungen nicht bewährt hat. Bei Großbetonplatten von etwa 10 m² Fläche in rechteckiger Form bereitet die allseitig gleichmäßige Auflagerung Schwierigkeiten. Man hat daher eine Ausbildung mit Dreieckplatten versucht, bei denen die Spitze der Dreiecke fehlt und durch einen Schlußstein ersetzt ist (Abb. 9 u. 10). Die Platten erhalten eine feste Unterlage aus kiesigem Bodenmaterial, das mit einem auf der Böschung laufenden Rüttelgerät gut einplaniert und verfestigt wird. Die Verlegung der Platten geschah nicht, wie sonst üblich, vom Schwimmkran aus, sondern mit einer fahrbaren Laufkatze, so daß keine Behinderung durch Schaukeln des Schwimmkrans eintrat (Abb. 11). Über die Bewährung kann noch kein Urteil abgegeben werden, da der Belag erst seit Anfang 1964 liegt.

Abb. 10. Böschungsbefestigung mit dreieckigen Fertigbetonplatten (Lichtbild).

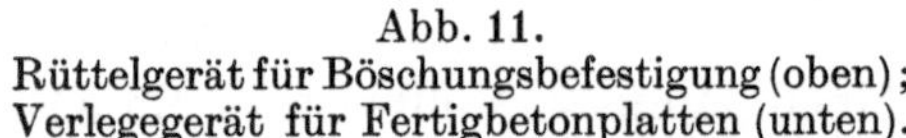

Abb. 11.
Rüttelgerät für Böschungsbefestigung (oben); Verlegegerät für Fertigbetonplatten (unten).

Bei der heute überwiegenden Motorschiffahrt entsprechen schräg geböschte Ufer nicht mehr den Anforderungen, weil die Pflasterung durch die Schiffsschrauben unterspült und zum Einsturz gebracht wird. Da außerdem die Herstellung des Böschungspflasters verhältnismäßig teuer geworden ist, hat sich der Preisunterschied zu einer senkrechten Ufereinfassung so verringert, daß bei Kapitalisierung der erheblichen Unterhaltungskosten für die Steinschüttung und die Pflasterung heute eine senkrechte oder teilweise senkrechte Ufereinfassung wirtschaftlicher wird.

In den neuen Ölhäfen Karlsruhe und Wesel wurden abgepflasterte Böschungen ausgeführt, weil erhebliche Bodenmassen für die Aufhöhung des dahinter liegenden Industriegeländes benötigt wurden. Es entstanden übergroße Hafenbecken (Abb. 12), in denen die Ufer durch weit in die Becken vorgestreckte

Verladebrücken vor dem Schraubenwasser der Motorschiffe geschützt sind. Im Hafen Karlsruhe ist eine Übertiefe von 4 m mit einer rd. 20 m breiten Unterwasserböschung vorhanden, die mit einer 40 cm starken Steinschüttung abgedeckt werden mußte. Die Gewinnung der Aufschüttungsmassen war also mit nicht unerheblichen Kosten verbunden. Über der Steinschüttung liegt Betonsteinpflaster in einer Neigung 1 : 2 und über HW Grasansaat (Abb. 13). Die Grasabdeckung ist zwar billig, erfordert aber viel Pflege, da sie ein oder mehrmals im Jahr

Abb. 12. Ölhafen Wesel. Die Verladebrücken sind zur Erleichterung des Anlegens schräg gestellt (Foto: BP Archiv, Freigabe Nr. 210071).

geschnitten werden muß. In den Ölhäfen Köln-Niehl (Abb. 5) und Wesseling-Godorf [*9*] wurde trotz großer Verladebrücken die gebrochene Uferwand gewählt, da für beide Häfen ein Umschlag von mehreren Mill. Tonnen und damit ein sehr starker Schiffszulauf zu erwarten war. Diese beiden Häfen haben kleinere sehr rationell bemessene Wasserflächen, an denen bei Böschungen mit größeren Unterhaltungsarbeiten zu rechnen war.

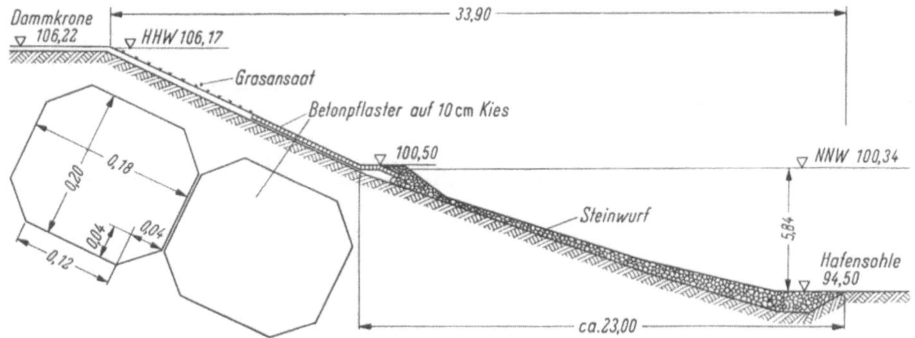

Abb. 13. Uferbefestigung im Ölhafen Karlsruhe.

Grundsätzlich könnte bei allen Verladeanlagen, die in das Hafenbecken hereinragen, das geböschte Ufer beibehalten werden, weil dort die Schiffe nicht direkt an die Böschung kommen. Die senkrechte oder teilweise senkrechte Wand bietet aber doch den Vorteil, daß die Verladeanlagen einfacher werden, da sie hinter der Uferwand liegen können, wodurch außerdem keine Hafenfläche beansprucht wird und es entfallen die Dalben. Die teilweise senkrechte Wand bietet weiterhin den Vorteil, daß die Schiffe beim Laden und Löschen ordnungsgemäß am Poller festmachen können, also nicht zu mehren brauchen und daß die Gefahr des Aufsitzens beladener Schiffe, wenn sie in der Eisschutzzeit festgefroren sind, entfällt.

Für die Berechnung der Ufereinfassungen in massiver Bauweise oder aus Spundwänden sind von dem Ausschuß für Ufereinfassungen der HTG Belastungsannahmen, Bodenwerte und Berechnungsgrundlagen festgelegt worden. Nach diesen Empfehlungen [*10*], die auch von Behörden und Bauaufsicht anerkannt sind, werden heute allgemein die Berechnungen von Ufereinfassungen durchgeführt[1].

In Häfen mit geringen Wasserstandsschwankungen und in Kanalhäfen mit konstantem Wasserspiegel werden heute vollkommen senkrechte Ausbildungen der Ufer vorgezogen, weil der Geländesprung klein ist. Nach den Empfehlungen des technischen Ausschusses des Hafenverbandes [*11*] soll das Hafengelände so hoch über dem Wasserspiegel liegen, daß bei leerem Schiff der Gangbord ungefähr gleich mit der Uferkante liegt, womit die Fahrzeuge gleichzeitig bei starkem Seitenwind geschützt sind und bei stärkerem Wellengang gut festmachen können. Für das Europaschiff mit 2,50 m Abladetiefe, einem Leertiefgang von 0,4 m und einem Freibord von 0,5 m ergibt sich eine Hafenbetriebsebene von mindestens 2,6 m über dem Wasserspiegel. Bei einer Sohlenlage von 3 m entsteht ein Geländesprung von 5,6 m bis 6 m, dessen Überwindung sowohl in Eisenbeton als auch in Spundwänden nur leichte Konstruktion erfordert. Teilweise senkrechte Wände bieten bei der geringen Bauhöhe und geringen Kostenunterschieden wenig Vorteile und der verhältnismäßig schmale Böschungsstreifen wäre wenig sinnvoll. Bei dieser geringen Bauhöhe ist unter Umständen die Ausführung in Fertigbetonteilen (Abb. 14) möglich[1]. Für eine 7 m hohe Ufereinfassung an einem kanalisierten Fluß wurde eine Wand aus Betonpfählen mit aufgesetztem Holm und horizontaler Verankerung [*13*] ausgeführt, weil der felsige Untergrund für Spundwände nicht rammbar war. Bei Felsuntergrund und bei hohen Wänden kann auch eine kombinierte Wand aus Peinerträgern und Spundwänden wirtschaftlich werden, deren Gewicht gegenüber schweren Spundwandprofilen bei gleichem Widerstandsmoment kleiner sein kann. Die kombinierte Wand ist mehrfach ausgeführt worden, wobei die Spundbohlen als Füllwände kürzere Rammtiefen haben, so z. B. in den Felsboden nur kurz eingebunden sind. Bei den ersten Ausführungen hatte man noch besondere Schlösser vorgesehen [*12*], die heute aber nicht mehr erforderlich sind, da die Flanschen der Peinerträger schloßartig ausgebildet sind (s. Abb. 15).

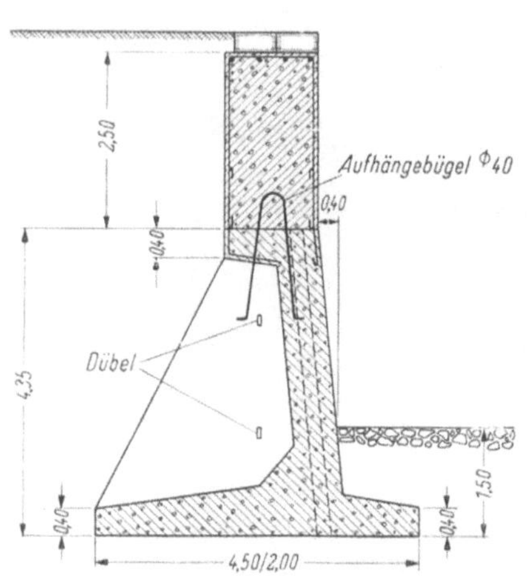

Abb. 14. Ufermauer aus Fertigbetonteilen.

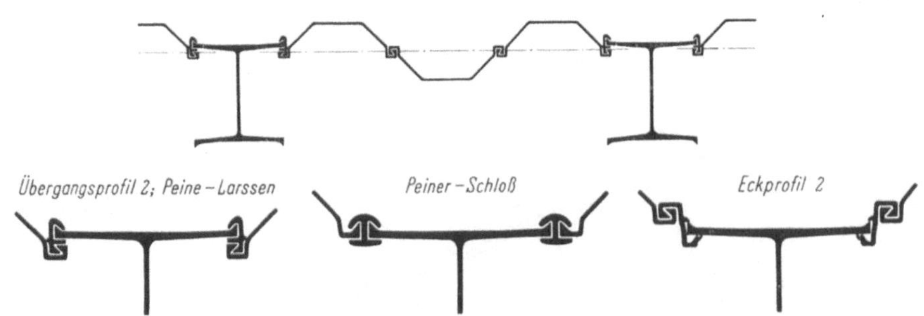

Abb. 15. Ufermauer aus Peiner-Larssen-Kombination.

In Häfen mit großen Wasserstandsschwankungen erfordern vollkommen senkrechte Wände schwere und teure Konstruktionen [*14*]. Am Niederrhein betragen die Wasserstandsschwankungen zwischen dem NNW und HHW 11 m bis 12 m, so daß bei hochwasserfreier Anlage des Hafengeländes Konstruktionshöhen von 15 m entstehen. Während der überwiegenden Zeit des Güterumschlages ist, da die hohen Wasserstände nur wenige Tage im Jahr anhalten, eine etwa 10 m tiefe, senkrecht abfallende Wand bis zum Wasserspiegel vorhanden, die selbst den gewohnten Umschlagarbeitern beim Herantreten an die Kaimauer nicht angenehm ist. Trotzdem wird man in manchen Fällen, so beim Umbau bestehender alter Anlagen, oder wenn nicht genügend Gelände für die freizügige

[1] s. S. 356, F. J. Stall, Oberregierungsbaurat: Häfen am Rhein-Herne-Kanal unter Einwirkung des Bergbaues.

Gestaltung der Lager- und Umschlagflächen zur Verfügung steht, zur Anordnung vollkommen senkrechter Wände gezwungen sein.

Zur Verminderung der Baukosten hat man doppelt verankerte Spundwände ausgeführt, die aber die Unsicherheit in sich bergen, daß die Aufnahme der Lastenanteile entsprechend der statischen Berechnung durch beide Anker nicht gewährleistet ist [*15*]. Wenn ein Anker einer doppelt verankerten Wand infolge Überlastung reißt, wird der zweite Anker sicher folgen, und es besteht die Gefahr einer Kettenreaktion.

Da die Baukosten für eine Uferwand mit der Höhe nicht linear, sondern erheblich stärker zunehmen, hat sich in den Binnenhäfen in den letzten 10 Jahren die teilweise senkrechte Uferwand, also die umgekehrte Lösung von Abb. 8, weitgehend durchgesetzt. Sie wird meist aus Spundwänden mit schräger oder horizontaler Pfahlverankerung hergestellt. Die Untersuchungen an über 30 Jahre in Häfen und Kanälen stehenden Spundwänden haben eine so geringe Abrostung ergeben, daß mit einer Lebensdauer von 50 bis 80 Jahren gerechnet werden kann, ein Zeitraum, der völlig ausreichend ist, da eine Kaianlage in dieser Zeit durch die technische Entwicklung meist überholt sein wird. Eine alte Spundwand ist dann sicher leichter zu beseitigen als ein massives Bauwerk. Die Untersuchungsergebnisse ergaben Abrostungen von nur 0,01 mm/Jahr [*16*], so daß sie in der statischen Berechnung nicht zu berücksichtigen sind.

Beim gebrochenen Ufer wird die Oberkante der Spundwand meist über dem Mittelwasser angeordnet, damit sie nur wenige Tage im Jahr unter Wasser liegt. Bei den am Nieder- und Mittelrhein ausgeführten Ufern entsteht dabei ein senkrechter Geländesprung von 6 m bis 8 m. Die steilste Neigung der Böschung oberhalb der Spundwand kann 1 : 1,25 betragen, bei der die Ufertreppen noch voll, ohne Unterschneidung, mit einem Trittverhältnis 18 : 23 ausgeführt werden können. Bei steileren Neigungen begeht sich die Treppe schlecht, eine flachere Neigung verursacht unnötigen Geländeverlust und größere Kranausladungen. Es entsteht dann je nach Geländehöhe eine Böschung von 5 m bis 7 m Breite, die für die Nutzung verlorengeht. Wenn die Kosten einer 800 m langen Uferstrecke für die senkrechte und teilweise senkrechte Ausführung gegenübergestellt werden, wobei angenommen sei, daß auf dieser Strecke von 800 m zwei Wippkrane von 6 t und ein Wippkran von 10 t Tragfähigkeit eingesetzt sind, ergibt die Tab. 3 S. 256, daß der Preis für den Quadratmeter Gelände, der mit einem senkrechten gegenüber dem gebrochenen Ufer gewonnen wird, 325,— DM beträgt. Es ist damit wesentlich wirtschaftlicher, einen 5 m oder 7 m tieferen Geländestreifen zu erwerben, als ihn durch eine vollkommen senkrechte Wand zu gewinnen. Die in der Tabelle nach dem heutigen Preisstand eingesetzten Kosten werden je nach den örtlichen Verhältnissen schwanken, in der Relation sich aber kaum verschieben, so daß die gebrochene Wand immer wirtschaftlicher sein wird.

Abb. 16. Hafenkran mit auf der Böschung laufender Kranstütze.

In einem Hafen mit konstantem Wasserspiegel würde an einer gebrochenen Wand der senkrechte Teil 4,5 m, der geböschte Teil nur 2 m hoch werden, so daß nur 2,5 m²/lfdm Gelände verlorengeht. Der Mehrpreis für die 2 m höhere Uferwand wird bei etwa 100,— DM/lfdm Ufer liegen, so daß der Quadratmeter Gelände nur 40,— DM kostet, ein Betrag, der keinen besonderen Anreiz für die gebrochene Wand bietet.

Um den Verlust des Geländestreifens am teilweise geböschten Ufer zu vermeiden, wurde in einigen Häfen der wasserseitige Fuß des Kranes auf den Spundwandholm gesetzt, wobei der Kranantrieb und der Schleifleitungskanal an der oberen Böschungskante hochwasserfrei liegen (Abb. 16). Die wasserseitige Kranstütze muß zwar verlängert werden, dafür ist aber die Kranausladung 3 m kürzer und die Kosten für ein Kranbahnfundament werden eingespart, da die zusätzliche Bewehrung und die stärkere Ausbildung des Holmes zur Aufnahme der Kranlasten nicht ins Gewicht fällt und sich die senkrechten Lasten statisch nur günstig auswirken. Wenn die Oberkante Spundwand über dem höchsten schiffbaren Wasserstand liegt, bestehen gegen diese Lösung keine Bedenken, weil dann der Kranbetrieb ruht. Liegt der Holm aber tiefer, so müssen für den Verladebetrieb besondere Sicherheitsmaßnahmen getroffen werden, da bei Überspülung des Holmes die Trossen der Schiffe die Kranbahn kreuzen. Wenn die Kranbahn länger als eine Schiffslänge ist,

Tabelle 3. *Gegenüberstellung der Kosten für eine senkrechte und eine teilweise senkrechte Wand mit Kranausrüstung*

	Baukosten für ein Umschlagufer von 800 m Länge	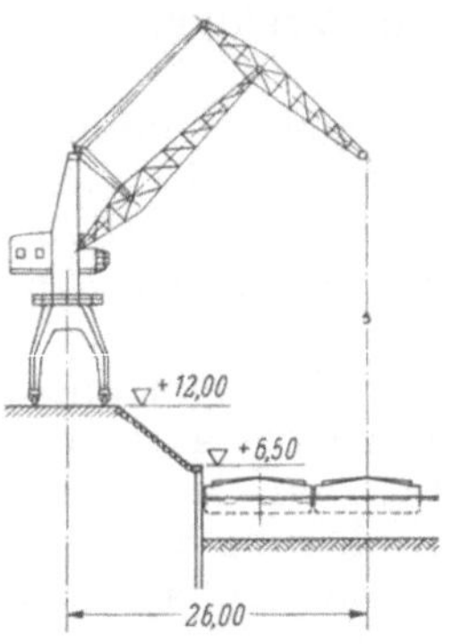 1	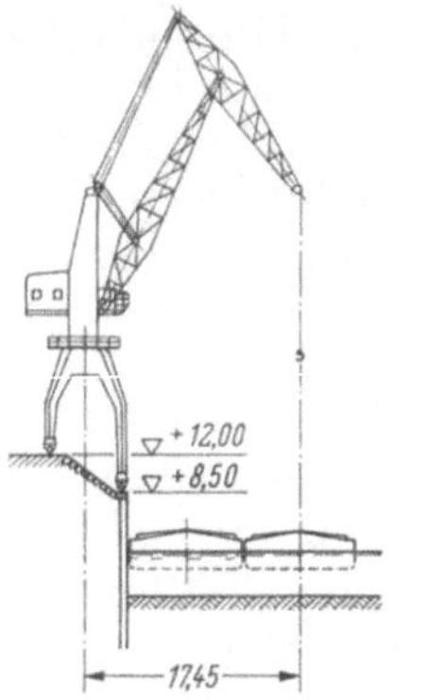 2	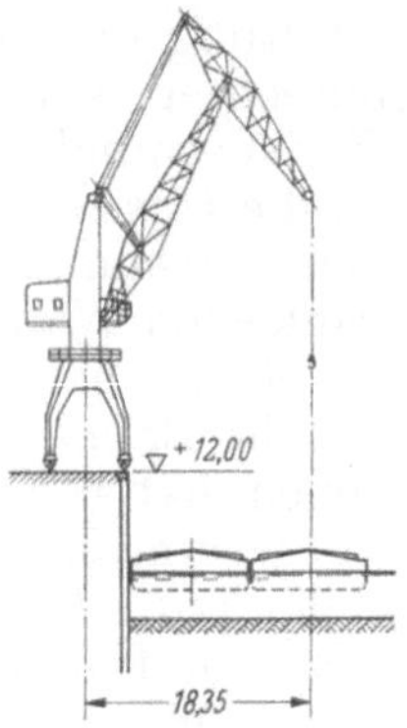 3
1	Oberkante Gelände	12,00	+12,00	+12,00
2	Oberkante Spundwand	+ 6,50	+ 8,50	+12,00
3	Hafensohle	0,0	0,0	0,0 m
4	Freie Höhe der Spundwand	6,50	8,50	12,00 m
5	Breite der Böschung einschl. 0,7 m breiten Holm	7,60	5,10	—
6	Geländegewinn zu Ausführung 1 auf dem 800 m langen Ufer	—	1 300 m²	6 000 m²
7	Erforderliche Kranausladung nach der Wasserseite: 9,50 + 4,75 = 1½ Schiffsbreiten + ½ Kranspur (3 m bzw. 2,20 m) + Gehstreifen an der Uferkante = 1,1 m + Böschung (s. Abb. 20)	25,95 m	17,45 m	18,35 m
8	Erforderliche Kranausladung nach der Landseite: 10,5 + 10 + ½ Kranspur = (3 m bzw. 2,50 m) (s. Abb. 20)	23,5 m	23,0 m	23,5 m
9	Zu wählende Ausladung des Kranes	26,00 m	23,00 m	23,00 m
10	Baukosten für je lfdm Ufereinfassung	3 400,— DM	4 300,— DM	6 000,— DM
11	Baukosten für 800 m lange Ufereinfassung	2 700 000,— DM	3 440 000,— DM	4 800 000,— DM
12	Baukosten für 800 m Kranbahn	980 000,— DM	800 000,— DM	980 000,— DM
13	Mehrkosten für die größere Ausladung an 2 Wippkranen von je 6 t Tragfähigkeit	100 000,— DM	—	—
14	Mehrkosten für die verlängerte Kranstütze	—	40 000,— DM	—
15	Mehrkosten für die größere Ausladung für einen Wippkran von 10 t Tragfähigkeit	60 000,— DM	—	—
16	Mehrkosten für die verlängerte Stütze	—	20 000,— DM	—
17	Baukosten je lfdm Kai einschließlich Kranausrüstung	3 840 000,— DM	4 300 000,— DM	5 780,000 — DM
18	Mehrkosten zu 1	—	460 000,— DM	1 940 000,— DM
19	Die gegenüber 1 gewonnene Kaifläche kostet	—	350,— DM/m²	325,— DM/m²

müssen Treppen angeordnet werden, wobei der Zugang zu den Steigeleitern Schwierigkeiten verursacht. Die sonst übliche Unterbrechung des Holmes an der Steigeleiter ist infolge der durchgehenden Kranschiene nicht mehr möglich, so daß man in einer Nische hinter dem Holm die Steigeleiter oder eine Treppe hochführen muß. Diese Konstruktion wird u.U. teurer als die Einsparung am Kranbahnfundament. Die Lage des Kranportals über dem sonst nicht nutzbaren Böschungsstreifen kommt nicht zur Auswirkung, weil bei den anderen Lösungen der Geländestreifen unter dem Kranportal durch ein Gleis oder für die Lagerung von Gütern genutzt wird, so daß nur die Breite des landseitigen Fundamentes als Gewinn verbleibt. Weil außerdem durch die hohe Lage des Holms über HSW die freie Spundwandhöhe im Verhältnis zum geböschten Teil ziemlich hoch ist, wird der Preis für den gewonnenen Grund und Boden mit 350,— DM/m² höher als beim senkrechten Ufer. Auf jeden Fall wird es sich empfehlen, beim Neubau einer Kaianlage eine den örtlichen und zeitlichen Verhältnissen angepaßte Gegenüberstellung der Kosten vorzunehmen, denn es ist sicher richtiger, höhere Mittel in den Umschlaggeräten anzulegen, anstatt sie in die Uferbefestigung zu investieren.

Überholt ist bei den heute üblichen großen Kranausladungen die Anordnung von Kranbühnen auf geböschtem Ufer oder auf dem Böschungsteil eines gebrochenen Ufers. Ein teilweise gebrochenes Ufer mit Kranbühne ist immer teurer als ein senkrechtes Ufer. Wenn diese Anordnung oft zu sehen ist, so sind dies alte Anlagen, bei denen die Spundwand später zur Erhaltung der Fahrwassertiefe vorgeschlagen wurde.

Eine besondere Lösung wurde für die Ufergestaltung im Hafen Bamberg gefunden [*17*]. Diese sogenannte „Bamberger Lösung" ergab sich aus der Tatsache, daß am oberen Main der Höhenunterschied zwischen dem höchsten schiffbaren Wasserstand und dem höchsten Hochwasser mit 3,5 verhältnismäßig groß ist. Es konnte daher die Kaistraße so angeordnet werden, daß sie über dem höchsten schiffbaren Wasserstand liegt, während das Hafengelände mit den Eisenbahnanlagen hinter der zweiten Mauer hochwasserfrei angeordnet wurde. Für den zu erwartenden starken Lkw-Umschlag brauchen daher die Güter nicht unnötig gehoben zu werden. Eine Gefahr für die Schiffahrt besteht bei der geteilten Ufermauer nicht, da bei Überflutung der Kaistraße die Schiffahrt ruht. Die untere Kaikante wird der Schiffahrt hierbei durch abnehmbare Dalben, die vom Kran aus eingesetzt werden, kenntlich gemacht. Die zweiteilige Kaimauer war hier billiger als eine hohe Mauer u.a. auch, weil das landseitige Kranbahnfundament mit der zweiten Kaimauer anfiel. Die Gefahr, daß der Lkw auf der Kaistraße unter dem Drehkreis arbeitender Krane hindurchfahren muß, wird dadurch vermieden, daß während des Kranspieles Rotlichtanlagen die Durchfahrt sperren. Ob sich an anderen Stellen eine derartige Lösung mit wirtschaftlichem Vorteil ausführen läßt, wird von den Unterschieden der Hochwasserstände, dem Kostenvergleich der geteilten Mauer zu einer gebrochenen Uferausbildung und der Art des landseitigen Güterumschlages abhängen.

6. Gestaltung der Lagerhäuser

Die alten Lagerhäuser wurden vorwiegend mehrstöckig gebaut. Da die Güter mit dem Sackkarren befördert wurden, war die senkrechte Beförderung der Güter in die oberen Stockwerke mit Aufzügen oder Kranhaken zweckmäßig und billig. Für die Unterbringung länger lagernder und hochwertiger Güter wie Tabak, Baumwolle oder Fertigprodukte, kann auch noch heute ein mehrstöckiger Schuppen zweckmäßig sein. Wo aber genügend Grundstückstiefe zur Verfügung steht, ist man heute zum Bau von einstöckigen Lagerhäusern übergegangen, die je Quadratmeter Lagerfläche infolge der einfacheren Gründungskosten und der Ausführung in Leichtbauweise 50% bis 60% billiger als mehrstöckige Lagerhäuser sind. Die längeren Transportwege werden von den horizontalen Flurfördergeräten leicht übernommen, während der Transport in die höheren Stockwerke auch bei modernsten Fahrstuhlanlagen zeitraubend und teuer ist, da entweder der Gabelstapler im Fahrstuhl die Ware absetzen oder mit dem Fahrstuhl in andere Stockwerke fahren muß, wodurch aber das hochwertige Gerät zu lange in Anspruch genommen wird. Die einstöckigen Lagerschuppen haben auch den Vorteil, daß die Stützenabstände großzügig bemessen werden können. Die früher infolge der hohen Deckenlasten üblichen Stützenabstände von 3 m bis 4 m waren zur Zeit des Sackkarrenbetriebes nicht störend, sind aber für den Betrieb mit Gabelstaplern unzureichend, für den Stützenabstände 8 m erwünscht sind. Nachteilig ist auch die schlechte Belichtung bei mehrstöckigen Schuppen im Erdgeschoß, in dem gerade die meisten Arbeiten auszuführen sind. Besonders unzweckmäßig ist es, die Schuppen mit einem Keller auszustatten, weil die Herstellung eines Kellergeschosses sehr teuer ist, auch wenn 1 m Bauhöhe infolge der Rampenhöhe anfällt. Das Kellergeschoß ist schlecht zugänglich, unbeleuchtet und manchmal feucht, daher betrieblich besonders ungünstig. Es sprechen also alle Gründe gegen den Bau mehrstöckiger Lagerhäuser mit Keller [*18*].

Aus der Zeit des Sackkarrens stammt auch die Forderung nach möglichst vielen Toren oder auf durchgehende Torwände. Heute sind größere Torabstände bis zu 10 m üblich, um in der Halle möglichst wenig Fläche durch Fahrwege zu verlieren. Am günstigsten sind die Lagerflächen an den Außenwänden, an denen daher keine Fenster, sondern nur Lichtbänder oberhalb der zulässigen Lagerhöhe angeordnet werden können. Bei tiefen Hallen sind u.U. Oberlichter zur Ausleuchtung der Halle mit Tageslicht erforderlich. Auf der Wasserseite der Halle kann wegen des Kranbetriebes kein Dachüberhang angeordnet werden, auch sollte man hier auf das Lichtband ganz verzichten, weil diese Fenster durch noch so starke Gitter nicht zu schützen und in kurzer Zeit eingeschlagen sind.

Je nach Art und Umfang der umzuschlagenden Stückgüter, wie hoch sie gestapelt werden, und nach der Fläche, die sie in Anspruch nehmen, wird sich die Tiefe der Lagerhäuser richten. Die Mindesttiefe der Lagerhäuser dürfte bei 30 m, die höchste Grenze bei 50 m liegen, damit die Fahrwege für den Gabelstapler nicht zu weit werden. Seitens der Binnenhafen-Betriebe werden die tiefen Lagerhäuser nicht geschätzt und von ihrer Sicht wird eine Hallentiefe von nur 20 m gewünscht, damit bei Schiffs- oder Bahnverladung nur kurze Förderwege zu leisten sind. Diese weitgehenden Forderungen sind aber kaum zu erfüllen, weil auf die gleiche Lagerfläche eine um 60% größere Kailänge mit Kranbahn, Gleisanlage und Rampen entfällt, für die entsprechend höhere Investitionen entstehen.

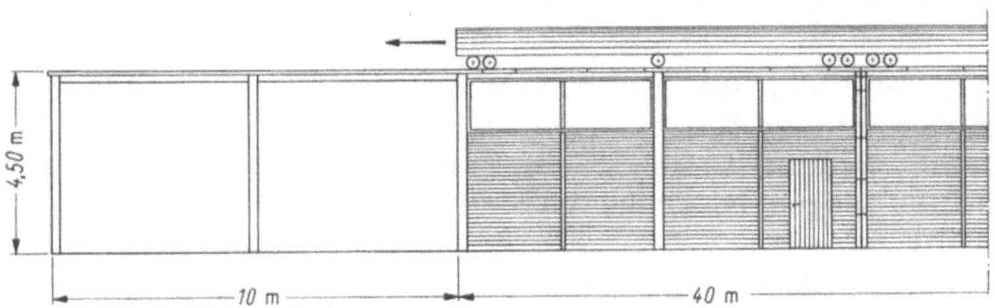

Abb. 17. Lagerhalle mit verschiebbarem Dach.

Abb. 18. Umschlaghallen für Fertigeisen im Hafen Frankfurt.

Der Abstand der Lagerhäuser richtet sich nach dem Umfang der Güter, die auch im Freien zwischen den Lagerhäusern gelagert werden können. Da sich auch der Lkw auf diesen Flächen bewegen und wenden muß, soll der Abstand nicht zu klein bemessen werden und etwa 40 m bis 50 m betragen.

Eine besondere Art der Lagerhäuser sind die sogenannten Schnellumschlaghallen, bei denen die Halle quer zum Hafenbecken steht [*19*]. Der Umschlag geschieht über Laufkatzen, wobei die überdachte Kranbahn über das Wasser reicht, so daß der Umschlag wettergeschützt erfolgen kann. Die Baukosten für diese schweren Eisenbetonhallen sind mit rd. 600,— DM/m² Lagerfläche, allerdings einschließlich der Laufkatzenkrane, Büros und sanitären Einrichtungen gegenüber normalen Lagerhallen, bei denen die Lagerfläche ohne Krananlagen usw. rd. 200,— DM kostet, sehr teuer, sie sind aber im Betrieb sehr zweckmäßig und kostensparend. Die neuesten Hallen in der bisher üblichen Bauweise sind z.T. auch mit Laufkatzen zur Lkw-Beladung ausgerüstet worden, wobei der Lkw in die Halle fährt. Derartige Hallen kosten etwa 300,— DM je m².

Infolge Strukturänderung des Güterumschlages hat sich an manchen Hafenplätzen ergeben, daß mit einer Kranbrücke ausgerüstete Freilagerplätze auf die Einlagerung und den Umschlag wetterempfindlicher Güter, insbesondere hochwertiger Eisenwaren umgestellt werden mußten. Hierzu wurden Lagerhäuser mit verschiebbarem Dach (Abb. 17) oder größeren Lukenöffnungen in der Dachkonstruktion erstellt, so daß eine Kranbedienung in der Halle möglich ist, wodurch die weitere Ausnutzung der Kranbrücke ermöglicht werden konnte. Bei Neuanlagen für Fertigeisenumschlag sind den Schnellumschlaghallen ähnliche Lagerhäuser, nur in wesentlich leichterer Eisenfachwerkkonstruktion, entstanden. Diese Hallen dienen gleichzeitig als Auslieferungslager (Abb. 18).

7. Gestaltung der Umschlagplätze für Stückgutumschlag

Die Gestaltung und Ausrüstung der Umschlaganlagen für den Stückgutverkehr hat in den Binnenhäfen seit 20 Jahren durch den Einsatz des Lastkraftwagens, durch die Vervollkommnung der Krananlagen, die Verwendung von Elektrokarren und Gabelstaplern, sowie durch den Einsatz von Bandanlagen eine entscheidende Entwicklung genommen. Vor 50 Jahren wurden die Lagerhäuser möglichst nahe an die Kaikante gelegt, weil die Krane nur geringe Ausladung hatten und der Horizontaltransport der Güter mit dem Sackkarren geschah. Die schmalen, nur 2 m bis 3 m breiten Rampen reichten für die verhältnismäßig geringen Hubgeschwindigkeiten der Krane aus, um die am Ufer abgesetzten Güter immer rechtzeitig abzufahren, bis der neue Hub wieder vorgelegt wurde. Seitdem sind aber die Kranleistungen so gesteigert worden, daß für die Lösch- und Ladeleistungen nicht mehr die Hubgeschwindigkeit der Krane, sondern die Abnahme und Bereitstellung der Güter an Land maßgebend wurde. Dies zeigt sich deutlich an den alten Lagerhäusern, wo die nach den heutigen Erfordernissen viel zu schmalen Rampen trotz Einsatz von Flurfördergeräten häufig so verstopft sind, daß die An- und Abfuhr der Güter nicht schnell genug vor sich gehen kann und die Krane auf das Anschlagen oder Absetzen der Güter warten müssen, also nicht auf Leistung kommen.

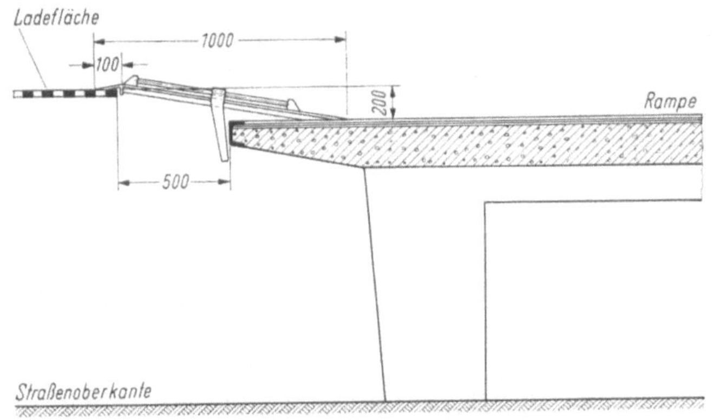

Abb. 19. Überladebrücke für Lkw-Beladung.

Zur vollen Ausnutzung der Kranleistung ist heute eine großzügig bemessene Freilagerfläche innerhalb des Kranbereiches, auf der die Güter rechtzeitig zum Anschlagen bereitgestellt werden können und auf dem außerdem ein reibungsloser Kreisverkehr der Gabelstapler gewährleistet ist, Voraussetzung. Es ist heute betrieblich nicht mehr zu vertreten, wenn für den Gabelstapler Zeitverluste entstehen, weil er sich auf zu schmalen Rampen zwischen den Stapeln hindurchwinden muß. Sie können nur vermieden werden, wenn die Tiefe des Arbeitsplatzes, auf der Güter auch nur kurzfristig abgestellt werden dürfen, nicht unter 6 m, besser mit 10 m, bemessen wird.

Bei dem stark rückläufigen Bahnverkehr in den Binnenhäfen genügen heute auf der Wasserseite meist zwei Gleise. Wenn unter dem Portal des Uferkrans ein Gleis liegt, muß bei größerer Kailänge von mehr als 300 m bis 400 m eine Weichenverbindung zu dem 2. Gleis angeordnet werden. Es wird selten möglich sein, diesen Gleiswechsel an die Grenzen von Umschlagplätzen zu legen, so daß eine Kreuzung der Weichenverbindung mit der Kranschiene entsteht, die eisenbahntechnisch schwierige und teure Sicherungen erfordert. Bei Anordnung von 2 Gleisen unter dem Portal entsteht eine Lücke von 0,7 m bis 1,00 m zwischen der Rampe und dem Waggon. Die Bundesbahn verlangt zwar auf jeden Fall einen Rampenabstand von 2,5 m, damit der Zettelankleber durchgehen kann, so daß auch ohne Berücksichtigung der Stütze ein Abstand von 0,7 m vorhanden ist, der mit fliegenden Blechen, oder besser mit tragbaren Überladebrücken (Abb. 19) ausgeglichen werden muß. Da die Kranstütze zwischen dem Waggon und der Rampe durchfährt, besteht Gefahr des Abrasierens der Übergangsbrücke zwischen Waggon und Rampe, was betrieblich untragbar ist. Bei Kaianlagen mit 2 Gleisen ergibt sich damit als günstigste Lösung, die beiden Gleise außerhalb der Kranspur zwischen Kran und Rampe anzuordnen (Abb. 20).

Die freie Fläche innerhalb der Kranspur kann für das Absetzen von Lukenabdeckungen oder für die kurzfristige Lagerung von Gütern, wenn z.B. der Lkw oder Waggon für die weitere Beförderung noch nicht bereitsteht, ausgenutzt werden. Die Tatsache, daß dort, wo ein bestehendes, durch Rückgang des Bahnverkehrs nicht mehr genutztes Gleis unter dem Kranportal sofort für die Lagerung von Gütern ausgenutzt wird, bestätigt die Zweckmäßigkeit dieses Lagerstreifens für den Betrieb. Da in der statischen Berechnung bei einem Eisenbahngleis nur eine Belastung von 2,5 t bis 3,0 t pro qm angenommen wird, ist bei Belegung mit Gütern eine Last von 5 t pro qm aufzunehmen.

In ausländischen Häfen werden Rampen nur selten ausgeführt, während in den deutschen See- und Binnenhäfen bis auf wenige Ausnahmen die Lagerhäuser auf der Wasser- und Landseite auch heute noch mit Rampen ausgerüstet werden [*18*, *20*]. Bei überwiegendem Bahnverkehr ist eine Rampe zweifellos richtig, weil die Bodenhöhe der Eisenbahnwaggons ungefähr gleich ist und Gabelstapler von 0,8 t bis 1,0 t Tragfähigkeit in den Waggon hineinfahren können. Bei den Lastkraftwagen bestehen leider erhebliche Unterschiede in der Höhe der Ladeflächen bis zu 50 cm. Bisher werden diese Höhenunterschiede meist mit aufgelegten losen Blechen überbrückt, für die es zwar betriebssichere Ausführungen gibt (Abb. 19), die aber beim Sackkarrenbetrieb meist einen zusätzlichen Mann zum Nachschieben erfordern.

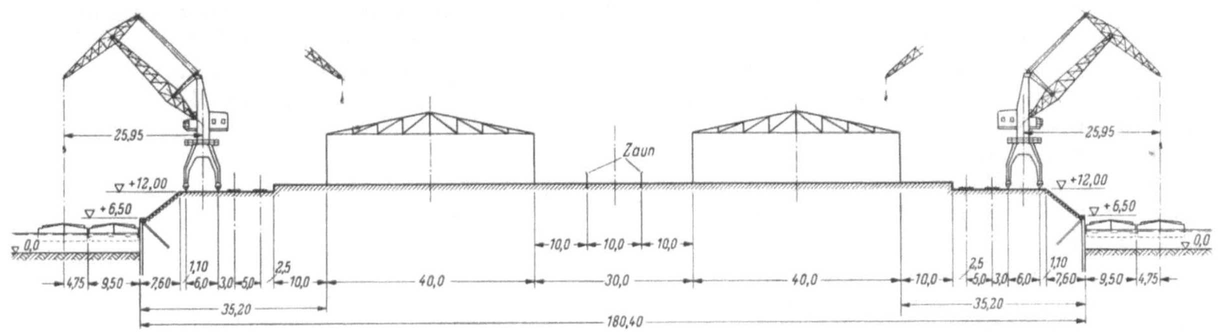

Abb. 20. Querschnitt durch die Hafenzunge eines Binnenhafens.

In einigen Speditionsbetrieben sind bewegliche Rampen zur Angleichung an die Ladefläche des Lkw's angeordnet worden (Abb. 21 u. 22). Die Einstellung der Rampenhöhe erfolgt entweder auf mechanischem Wege durch Hebelarm mit Gewichtsausgleich, wobei die Arme durch eine Haltevorrichtung in der gewünschten Höhe festgestellt werden oder auch durch hydraulische Pressen. Die höchste übliche Neigung dieser beweglichen Rampen beträgt 1 : 10, so daß sie verhältnismäßig tief in die Rampenfläche einschneiden, wodurch sie den Längsverkehr auf der Rampe behindern.

Bei Anordnung einer Rampe auf der Landseite muß eine Ladestraße von etwa 12 m bis 15 m Breite angeordnet werden, weil der Lkw meist mit dem Heck vor der Rampe vorsetzt. Bei zu

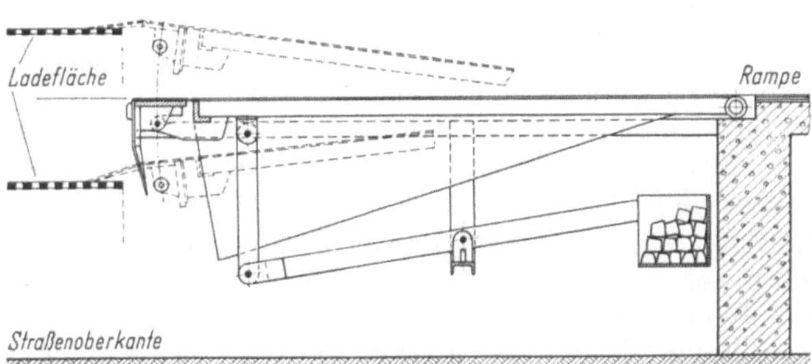

Abb. 21. Bewegliche Brückenrampe mit Gewichtsausgleich.

schmalen Rampen helfen sich die Betriebe, indem sie den Gabelstapler über eine kurze Rampe auf die Straße bzw. den Freilagerplatz herunterfahren lassen und den Lkw unabhängig von der Rampenanlage vor dem Lagerhaus beladen. Damit erübrigt sich überhaupt eine Rampe beim Lkw-Umschlag. Der Gabelstapler kann seine Ware neben dem Lkw auf den Boden oder auf einer fliegenden Rampe, die in verschiedenen Höhen erstellt und der Höhenlage der Ladefläche des Lkw's angepaßt wird, absetzen. Im übrigen reicht der Gabelstapler, wenn er seine Palette direkt auf die Ladefläche des Lkw absetzen will, mit seinen Armen bereits soweit in die Ladefläche des Lkw, daß nur noch wenig Verladearbeit verbleibt. Die rampenlose Ausführung gestattet eine freizügige Benutzung des Lagerplatzes, weil der Lkw an jedem beliebigen Platz, unabhängig von seiner Stellung zum Lagerhaus, beladen werden kann. Zu berücksichtigen ist auch die Tatsache, daß die Baukosten für eine Rampenanlage auf allen 4 Seiten einer Lagerhalle nicht gering sind, ein Betrag, für den man bereits mehrere Gabelstapler kaufen kann.

Wenn auf der Bahnseite eine Rampe angeordnet wird, auf der Lkw-Seite aber nicht, kann die Hafenstraße und das freie Gelände zwischen den Lagerhallen um das Maß der Rampenhöhe angehoben werden, wobei der Lkw auch auf der Wasserseite vor dem Lagerhaus im Kranbereich vorfahren kann (Abb. 20).

Um die Beweglichkeit beim Güterumschlag nicht einzuengen, muß der Uferkran auf der Landseite die ganze Rampenbreite bzw. bei rampenloser Ausführung die ganze Tiefe der Arbeitsfläche zwischen Gleis und Lagerhaus bestreichen können. Auf der Wasserseite geschieht ein Umschlag in zwei nebeneinander liegende Schiffe, meist nur bei Leichterung. Hierbei genügt es, wenn der Kran zur Hälfte in das 2. Schiff hereinreicht, da fast nur Schüttgut geleichtert und außerdem in das

Abb. 22. Bewegliche Brückenrampe mit Gewichtsausgleich (Lichtbild).

außenliegende Schiff nur geladen wird. Ein Löschen aus dem zweiten Schiff wird sich fast immer vermeiden lassen, so daß hierauf die Kranausladung nicht ausgerichtet werden muß. Es ergeben sich dann folgende Kranausladungen:

Wasserseite:		Landseite:	
½ Kranspur	3 m	½ Kranspur	3 m
Stütze und Sicherheitsabstand	1,1 m	Profilabstand zur Kranstütze	3 m
1½ Schiffsbreite	14,25 m	Gleisabstand	5 m
Böschungsbreite und Holm	7,6 m	Profilabstand zur Rampe	2,5 m
		Rampenbreite	10 m
	25,95 m		23,5 m

Maßgebend ist bei einer 7,6 m breiten Böschung die Wasserseite, für die eine Kranausladung von 26 m zu wählen wäre. Auf der Freilagerfläche reicht die Ausladung noch 2,5 m über die Flucht der Lagerhäuser hinaus, was für den Umschlagbetrieb nur vorteilhaft ist. Bei Böschungen unter 5 m Breite wird die Landseite mit einer Kranausladung von 23 m maßgebend (Tab. 3). Wenn in besonderen Fällen der Kran auf der Wasserseite 2 Schiffe des Europatyps in voller Breite bestreichen soll, erhöht sich die Kranausladung auf 30 m.

8. Eisenbahnanlagen

Infolge der Tarifmaßnahmen der Deutschen Bundesbahn ist der Eisenbahnverkehr in den Binnenhäfen stark zurückgegangen, eine Entwicklung, die sich für die Hafenbetriebe sehr nachteilig auswirkt, die aber leider kaum zu ändern ist. Man wird sich mit diesen Tatsachen abfinden, die Folgerungen daraus ziehen müssen und sowohl die Rangiergruppen als auch die Hafengleise an den Hafenbecken in entsprechendem Umfang abbauen. Bei Neuanlage eines Hafens wird man den zu erwartenden Bahnumschlag genau und realistisch prüfen müssen, um Fehlinvestitionen in zu großzügig bemessene Bahnanlagen, die ganz erhebliche Mittel beanspruchen, zu vermeiden. Wenn infolge dieser Entwicklung mit einem Bahnverkehr von zunächst nur einigen Waggons am Tag zu rechnen ist, soll man sich nicht scheuen, auf Gleisanlagen ganz zu verzichten und die wenigen Waggons mit einem Culemannfahrzeug anzufahren, für dessen Ent- und Beladung nur ein kurzes Stumpfgleis mit Rampenanlage vorzusehen ist. Um die zukünftige Entwicklung nicht zu verbauen, kann man hinter dem Kai einen Geländestreifen für eine spätere Gleisverlegung freihalten, der zwecks leichter Wiederaufnahme mit Kopfsteinpflaster zu befestigen wäre. In den meisten Häfen werden heute zwei Gleise auf der Wasserseite für den Güterumschlag genügen, in denen je nach der Art der Bedienung zwei oder drei Gleisverbindungen erforderlich sind.

Schienengleiche Kreuzungen zwischen Bahn und Straße sind bei bestehenden Anlagen nicht abzuändern. Hierbei sind zu unterscheiden die Kreuzungen zwischen den Straßen am Hafenbecken und den Zufahrtsgleisen auf den Hafenzungen, sowie den Kreuzungen zwischen den Hauptzufahrtsstraßen zum Hafen und den Fahrgleisen zwischen den Rangiergruppen und den Bedienungsgleisen. Die Kreuzungen an den Wurzeln der Hafenzungen sind meist ungefährlich, da Eisenbahnverkehr nur bei der Zustellung, also nur einmal am Tag und einmal in der Nacht, mit langsamer Geschwindigkeit stattfindet. Bei Neuanlagen lassen sie sich vermeiden, wie das Beispiel vom Hafen Stuttgart zeigt. Dort hat man die Zufahrtsstraßen hoch gelegt und dadurch eine zweckmäßige niveaufreie Kreuzung erreicht (Abb. 23). Unangenehm sind die schienengleichen Übergänge zwischen den Zu-

Abb. 23. Luftbild des Hafens Stuttgart (Freigegeben vom Inn.-Ministerium Baden/Württ. Nr. 2/15758, Luftbild: Albrecht Brugger, Stgt.)

fahrtsstraßen und den Zustellgleisen, die auch meist wegen der Gefälleverhältnisse nicht in kreuzungsfreie Anlagen umgebaut werden können. Die in einigen Häfen wie Würzburg und Ruhrort aus der Zeit der Erbauung vorhandenen Straßenunterführungen haben sich bewährt, wenn sie auch heute z. T. zu schmal geworden sind. Sie zeigen aber, daß es besonders wichtig ist, bei Neuanlagen eine kreuzungsfreie Zufahrt anzustreben. Hierzu müssen die Rangiergruppen des Hafenbahnhofes so weit zurückgelegt werden, daß genügend Gefälle für eine kreuzungsfreie Zuführung der Hafenstraße unter den Zufahrtsgleisen möglich ist. Wenn das Hafengelände nicht hochwasserfrei liegt, braucht auch die Zufahrtsstraße nicht hochwasserfrei liegen, sondern es genügt eine Lage über dem höchsten schiffbaren Wasserstand, weil dann der Hafenbetrieb ruht. Falls die Straße noch tiefer gelegt werden muß, läßt sich vielleicht für die Zeit der Sperrung eine Notzufahrt mit einer schienengleichen Kreuzung finden, die nur an den wenigen Tagen höherer Wasserstände benutzt werden braucht.

Auf weitere Darlegungen über die grundsätzliche Planung der Eisenbahnanlagen, die eisenbahntechnische Ausführung der Gleisanlagen in den Häfen, die Wahl der Betriebsmittel usw., kann hier verzichtet werden, da sie in eingehenden Untersuchungen von der Fachgruppe Eisenbahnen öffentlicher Häfen [*21*] des VDNE und dem techn. Ausschuß des Hafenverbandes [*11*] in seinen Empfehlungen über Erfahrungen mit Diesellokomotiven beschrieben sind.

9. Straßen

Voraussetzung für eine gute Verkehrslage eines Hafens sind günstige Anschlüsse zu Umgehungsstraßen der Stadt und zur Autobahn. Auch hier ist in dem Hafen Stuttgart eine besonders günstige Lösung mit kurzen und kreuzungsfreien Anschlüssen gefunden worden (Abb. 23).

Auf keinem Gebiet im Hafenbau sind die Ansichten so verschieden wie in der Frage der Bemessung von Hafenstraßen. Weil in den alten Häfen entsprechend dem Umfang des damaligen Verkehrs mit Pferdefuhrwerken die Straßen nach den heutigen Anforderungen viel zu schmal sind, versucht jeder Hafenbetrieb, ohne Rücksicht auf Fahr- und Standspur, die Straßen um jeden Meter zu verbreitern, soweit es die Bebauung nur gestattet. Die Be- und Entladung der Lkw auf der Hafenstraße ist nicht mehr zu unterbinden, weil die Lagerhäuser meist eng aneinander stehen, es sind weder einheitliche Maße noch eindeutige Grenzen zwischen Ladestreifen vor den Rampen und Zufahrtsstraßen vorhanden.

Die Bemessung neuer Straßen soll möglichst nach Standspuren von 3 m und Fahrspuren von 3,5 m Breite erfolgen, die bei den verhältnismäßig geringen Geschwindigkeiten im Hafengelände genügen [*11*]. Die Hauptzufahrtsstraßen müssen mindestens 3 Fahrspuren, bei starkem Verkehr 4 Fahrspuren erhalten, also 10,5 m oder 14,0 m breit sein. Bei Halteverbotsschildern sind Standspuren nicht erforderlich. Für die Zufahrtsstraßen zu den Lagerhäusern und Umschlagplätzen werden meist 2 Fahrspuren genügen, weil auf den verhältnismäßig kurzen Straßen von 800 m bis 1000 m Länge ein gegenseitiges Überholen der Lkw nicht notwendig ist. Auch wenn ein Anhalten und Parken der Lkw's auf der Straße eingeschränkt werden kann, wird aber eine Standspur ratsam sein, so daß sich eine Gesamtbreite von 10 m ergibt. Bei Umschlagbetrieben mit einem saisonbedingten Straßenverkehr, wie bei großen Mineralöl- und Baustoffumschlagplätzen, empfehlen sich Zufahrtsstraßen in 3 Spuren, während bei reinen Massengutumschlagplätzen wie Erz, Kohle usw., in den meisten Fällen 2 Breiten ohne Standspur genügen.

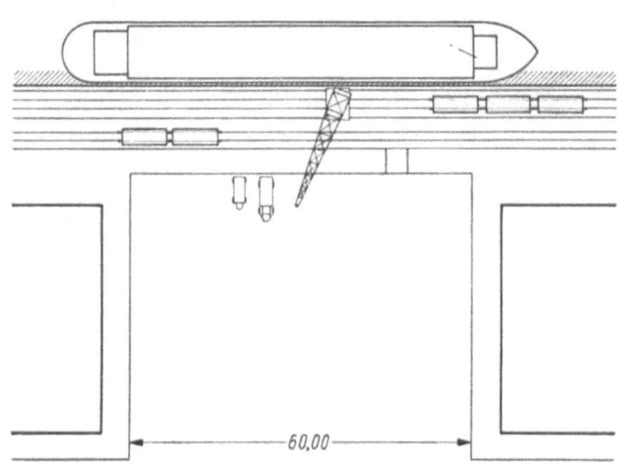

Abb. 24.
Freilagerplatz und Verladehof für Lkw-Beladung.

In den großen Seehäfen sind vor dem Hafen ausgedehnte Parkplätze angelegt worden. Eine derartige Organisation wird sich in den Binnenhäfen kaum lohnen und es wird genügen, eine ausreichend bemessene Parkanlage mit eingeteilten Ständen und Wendeplätzen einzurichten, auf dem sich unbekannte Fahrer anhand einer möglichst genauen Hinweistafel orientieren können. Zweckmäßig wäre es, wenn dieser Parkplatz mit dem Verkehrshof der Stadt verbunden werden kann.

Gehwege genügen, da der Fußgängerverkehr wegen der großen Entfernung im Hafen meist gering ist, auf einer Seite der Straße in 1,5 m Breite. Besondere Fahrradwege sind nicht nötig, da selbst bei Schichtwechsel kein Stoßverkehr auftritt.

Bei Neuanlage eines Hafens soll nach Möglichkeit eine einwandfreie Trennung zwischen Straßen- und Ladeverkehr angestrebt werden. Die Umschlag- und Lagereibetriebe müssen den Umschlag auf ihrem eigenen Gelände vornehmen und ausreichend bemessene Parkplätze für die auf Ladung wartenden Lkw und die Pkw ihres eigenen Personals auf dem Betriebsgelände bzw. der Pachtfläche vorhalten. Bei Rampen müssen die Lagerhäuser etwa 12 m von der Hafenstraße zurückliegen, damit der Lkw mit dem Heck vorsetzen kann. Wenn man hierfür soviel Platz nicht hergeben will, müssen die Lagerhäuser so weit aneinander gesetzt werden, daß der Lkw zwischen den Lagerhäusern beladen werden kann. Bei Anordnung von Rampen empfiehlt es sich, sie auch längs des Freilagerplatzes durchzuziehen, so daß innerhalb einer U-förmigen Rampenanordnung ein Ladehof für den Lkw entsteht. Der Abstand der Lagerhäuser muß 50 m bis 60 m betragen, damit der Lkw wenden kann [7] (Abb. 24). Bei starkem Lkw-Verkehr empfiehlt sich zur vollkommenen Trennung des Ladegeschäftes vom Straßenverkehr die Erstellung eines Zaunes auf der Grenze der Hafenstraße.

Um den Lkw in den Kranbereich für den Direktumschlag Schiff/Lkw zu bringen, war man in den bestehenden Häfen meist gezwungen, die Gleise auf der Wasserseite vor den Lagerhäusern auszupflastern. Diese doppelte Ausnutzung eines Verkehrsstreifens durch die Hafenbahn und Lkw ist unerwünscht und führt trotz noch so genauer Vorschriften zu gegenseitigen Behinderungen. Wo es möglich ist, sollte man daher konsequent sein, und wenigstens ein Gleis abbauen.

Bei Neuanlagen mit 8 m bis 10 m breiten Rampen kann der Lkw über eine schräge Auffahrt zwischen den Lagerhäusern auf die Rampe fahren und dort innerhalb des Kranbereiches be- und entladen werden. Bei der U-förmigen Anlage braucht die Rampe längs des Ladehofes nicht 8 m oder 10 m breit sein, da hier beim Verladebetrieb kein Längsverkehr mit Gabelstaplern stattfindet, sondern es genügt eine 3 m bis 4 m breite Rampe, so daß der Lkw in den Kranbereich gelangt (s. Abb. 24).

Während der Direktumschlag Bahn/Schiff, oder umgekehrt, über eine oder mehrere Schichten ohne Unterbrechung üblich ist, sind bei dem Direktumschlag Lkw/Schiff Unterbrechungen im Kranbetrieb meist bei noch so guter Organisation nicht zu vermeiden, weil der Lkw von den Verzögerungen auf den städtischen Straßen oder Autobahnen abhängig ist. Bei etwas größeren Entfernungen für den Lkw ist es meist unmöglich, selbst Teilpartien von 200 t Stückgut direkt umzuschlagen, so daß größere Flächen für eine kurzfristige Zwischenlagerung vorgehalten werden müssen.

Die Straßendecken sind nach den Regeln des Straßenbaues für schwersten Verkehr zu bauen. Sie werden damit sehr kostenaufwendig. Am besten hat sich Kopfsteinpflaster bewährt. Da es aber sehr teuer ist, werden meist Schwarzdecken ausgeführt. Freilagerflächen für die Lagerung von Massengut, die auch nur gelegentlich vom Lkw befahren werden, sind meist nicht befestigt, es sei denn, daß hochwertige Schüttgüter gelagert werden. Hierfür sind zum Teil Stelcon oder ähnliche Fertigbetonplatten verlegt worden. Freilagerplätze mit größerem Lkw-Verkehr und für die Lagerung von Kisten, Fertigeisen, Baustoffen usw. werden am besten mit altem Kopfsteinpflaster befestigt, das bei Beschädigung leicht ausgebessert werden kann.

10. Tiefe der Hafenplätze für den allgemeinen und Stückgutumschlag

Für eine Hafenanlage ergeben sich bei dem meist vorhandenen gemischten Umschlag von Sack- und Stückgut, Fertigeisen und Kisten, Paletten und Behältern, also dem sogenannten Hakengut, folgende Abmessungen:

1.	Zufahrtstraßen zum Hafen	10 m
2.	Ladestreifen zwischen Straße und Lagerhalle	10 m
3.	Tiefe der Lagerhalle	40 m
4.	Rampenbreite vor der Lagerhalle	10 m
5.	2 Gleise auf der Wasserseite 2,5 + 5,0 + 3,0 =	10,5 m
6.	Kranspur	6 m
7.	Gehweg außerhalb der Kranspur einschl. Schleifleitungskanal	1,1 m
8.	Böschung bei gebrochenem Ufer	7,6 m
		95,2 m

Für eine Hafenzunge zwischen 2 Hafenbecken entsteht damit eine Breite von rd. 181 m (Abb. 20). Sie mag für einen Binnenhafen groß erscheinen, ist aber bei den heutigen Anforderungen an einen schnellen und reibungslosen Umschlag nicht überdimensioniert. Es zeigt sich immer wieder in älteren Hafenanlagen, bei denen aus Platzmangel eine Verbreiterung nicht möglich ist und wo die Lagerhäuser zu dicht aneinander stehen, daß der reibungslose Umschlag in seinem Ablauf gehemmt ist, weil an Land nicht genügend Plätze zum Abstellen der gelöschten Ladung vorhanden sind, daß Kranspiele verlorengehen, weil der Kran erst auf das Freimachen der Verladerampen warten muß, bis er seine Ware absetzen kann, und daß der Lkw sich nicht frei genug bewegen kann, weil sich die Wagen selbst im Wege stehen. Die Ausgestaltung der Umschlaganlagen in den Binnenhäfen folgt hier der Entwicklung in den Seehäfen, in denen heute die Hafenzungen mit etwa 200 m Breite gebaut werden, allerdings mit dem Unterschied, daß in den Seehäfen wesentlich mehr Güter in einem vergleichbaren Zeitraum über die Rampe gehen, in den Binnenhäfen aber die Güter nicht so schnell abgefahren werden und daher wesentlich länger lagern.

11. Umschlaganlagen für Massengut

Die Umschlagplätze für Massengut wurden früher von Kranbrücken überspannt. Bei großer Spannweite sind sie im Betrieb sehr schwerfällig und langsam, weil mindestens die halbe Tiefe des Lagerplatzes bei jedem Hub durchfahren werden muß, so daß längere Löschzeiten bei noch so hohen Fahrgeschwindigkeiten und Tragfähigkeit nicht zu vermeiden sind. Bei Lagerplätzen mit geringeren Tiefen bis etwa 50 m können Verladebrücken noch wirtschaftlich sein, wenn genügend kurzfristig zu lagernde Güter anfallen, mit der die Wasserseite der Lagerfläche belegt werden kann, und auf den abgelegenen Teil der Fläche langfristig zu lagernde Güter.

Bei den Großverlade- und Löschanlagen für Massengüter, insbesondere für Erz, sind die Verladebrücken durch Krananlagen mit Förderbändern abgelöst worden. Der Uferkran hat bei diesen

Anlagen nur noch die Aufgabe des Ladens und Löschens, während die Verteilung der Güter auf dem Lagerplatz über Bandanlagen mit Verteiler- und Rückverladebrücken erfolgt. Durch diese Teilung der Aufgaben wird eine hohe Ausnutzung der Kranleistung erreicht [*22*]. Bei der Erzverladeanlage der Phönix-Rheinrohr im Ruhrorter Hafen sind zwei Wippkräne vorhanden, sogenannte Känguruh-Krane, mit denen eine anhaltende Löschleistung von 350 t/h je Kran erreicht wird, so daß ein 1500-t-Schiff einschließlich Ausbringen der Restmengen in zwei Stunden gelöscht ist (Abb. 25). Im Hafen der Mannesmannwerke in Duisburg-Huckingen ist an Stelle des Wippkrans ein Uferentlader mit 25 t Tragkraft eingesetzt und für die neue Löschanlage im Hafen Schwelgern sind gleichfalls zunächst 2, im Endausbau 5 Uferentlader mit Seilzugkatze und gleichfalls 25 t Tragkraft (Greifer und Inhalt) und 12,5 t Nutzlast mit einer Entladeleistung von je 400 t/h, die in der Spitze beim Löschen aus dem Vollen bei Schubschiffen auf 830 t/h gesteigert werden kann, vorgesehen (Abb. 26).

Abb. 25. Wippkran an der Löschanlage für Erz im Ruhrorter Nordhafen.

Die Planung der neuen Umschlaganlage in Schwelgern erfolgte unter besonderer Berücksichtigung der Schubschiffahrt. Während früher ein parallel zu dem bestehenden Hafen gelegenes Becken geplant war, hat man jetzt nur den Stichhafen auf 350 m Länge bei 105 m Breite ausgebaut, damit ein Schubverband in gerader Fahrt die Anlegestelle erreichen kann und nicht im Hafenbecken seine Fahrtrichtung wesentlich ändern muß (Abb. 27). Zwei nebeneinander gekuppelte Schubleichter werden jeweils von dem Hafenbugsierboot an der Anlage vorgelegt. Im Endausbau sollen 8 Schubverbände mit je 4 Leichtern rd. 50000 t Erz am Tage heranfahren. 4 Uferentlader sind ständig im Einsatz, während der 5. Entlader zur Reserve dient. Es findet im Endausbau ein viermaliger Schiffswechsel am Tage statt, so daß mit An- und Ablegen ungefähr 5 Stunden Löschzeit zur Verfügung stehen. In diesem Zeitraum muß ein Uferentlader auf eine mittlere Leistung von 600 t/h kommen, um zwei Leichter mit 3000 t Erz zu löschen. Die Uferbelastung auf dieser Uferstrecke wird damit auf ungefähr 46000 t/lfdm/Jahr steigen, also über der 10fachen bisher in guten Werkshäfen erreichten Leistung (Tab. 2).

Abb. 26. Uferentlader für das Löschen von Erz im Hafen Schwelgern (C. H. Jucho, Dortmund).

Der weitere Transport der Güter erfolgt auf mehreren Bändern zunächst zu einer mechanischen Probeentnahme und dann entweder zu den Lagerplätzen oder direkt ins Werk. Die 4 Lagerplätze, die auf einer Fläche von 112000 m² bei 15 t/m² 1,7 Mio t Erz aufnehmen können, sind jeder mit einer Erzverteiler- und einer Rückverladebrücke versehen, deren Seilzugkatze eine Tragkraft von

20 t hat. Entsprechend der Leistung der nachgeschalteten Aufbereitungsanlage haben die Rückverladebrücken eine Leistung von 600 t/h. Von der Erzbrech- und Siebstation und der Sinteranlage erfolgt der Weitertransport des hochofenfertigen Möllers über die Werksbahn. Zur Verladung von Nässe empfindlichen Fertigerzeugnissen in einer Größenordnung von rd. 400000 t/Jahr ist eine wettergeschützte Halle von 200 m Länge und 32,5 m Breite mit 2750 m² Lagerfläche und einer überdachten Wasserfläche von 1600 m² Größe geplant. Der Umschlag erfolgt über 2 Laufkatzenkrane mit je 30 t Tragfähigkeit. Die Lösung ist den Schnellumschlaghallen, (s. S. 258), ähnlich, nur mit dem Unterschied, daß die Schiffe in Längsrichtung zur Halle beladen werden und daß der Umschlag vollständig auch gegen Schlagregen geschützt ist.

Trotz dieser vollständig mechanisierten Anlagen mit höchster Umschlagleistung haben auch in der heutigen Zeit noch einfache Krananlagen mit starrem Ausleger ihre Bedeutung dort nicht verloren, wo ein Wippkran betrieblich nicht notwendig ist und nur vermeidbare Investitionen ver-

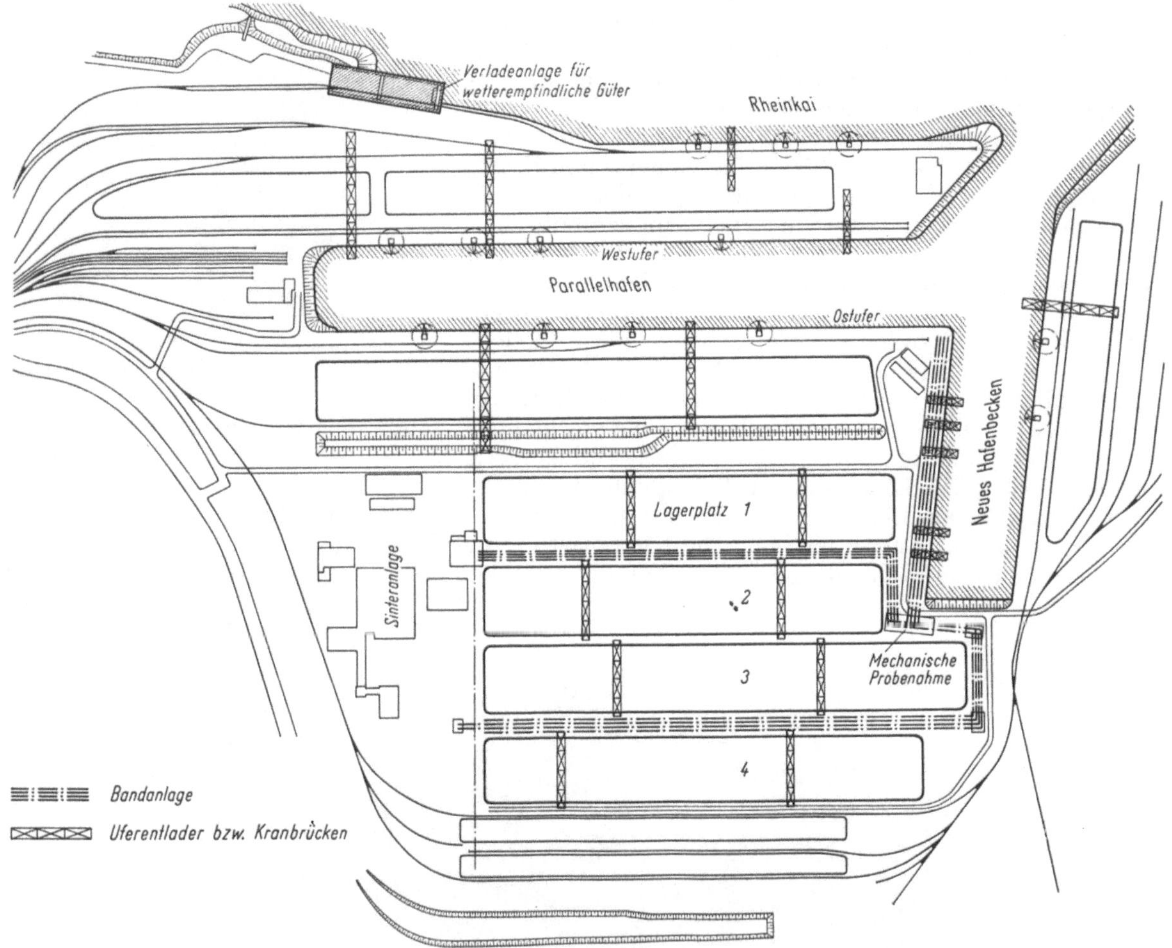

Abb. 27. Lageplan des Hafens Schwelgern.

ursachen würde. In einem Werkshafen wurde für den Umschlag von Kraftwerkskohle ein Kran mit starrem Ausleger und ein auf einer Hochbahn laufender Bunker gewählt, der mit dem Kran gekoppelt ist (Abb. 28). Die Kohle geht von dem Aufgabetrichter mit 10 m³ Inhalt über ein Förderband direkt zum Kraftwerk.

Die Verladung von Schüttgütern, Kies, Sand, Bims, Schlacken usw., erfolgt am wirtschaftlichsten über ausziehbare Bandanlagen. Die Anfuhr erfolgt hierbei meist durch Lkw, der auf einen Raster auffährt und seine Ladung in einen darunterliegenden Trichter abkippt. Zu einfache Anlagen erfordern hohe Betriebskosten, so daß sich einige Aufwendungen durchaus bezahlt machen (Abb. 29).

Der Bau von Mineralölumschlaganlagen ist im Handbuch der HTG [*23*] bereits eingehend beschrieben worden. Wesentliche Neuerungen sind inzwischen kaum entwickelt worden, abgesehen von der Tatsache, daß heute Mineralölumschlaganlagen grundsätzlich mit landseitigen Pumpen ausgerüstet sein sollen, um Betriebsstörungen, die das Ausfließen von Mineralöl zur Folge haben können, möglichst zu vermeiden. Der Grund für das in der Hafenverordnung des Landes Nordrhein-Westfalen stehende Verbot für das Löschen mit bordeigenen Pumpen liegt weniger in der Gefahr des Platzens der Schlauchverbindung zum Land begründet, die man heute durch Gelenkrohre wie Marineentlader o.ä. sehr betriebssicher ausbilden kann, sondern in der Tatsache, daß leider das Rohrleitungssystem auf den Tankschiffen in seinem Unterhaltungszustand oft zu wünschen übrig läßt. Die Erfahrungen haben gezeigt, daß die meisten Betriebsstörungen, bei denen mehr oder minder große Mengen ausgeflossen sind, auf undichte Schieber und Flanschen, auf falsche Leitungsanschlüsse und falsche Schieberbedienung zurückzuführen sind, die bei landseitigen Pumpen nicht aufgetreten wären, weil dann die Pumpe Luft angesaugt hätte oder nicht auf Leistung gekommen wäre. Wenn die Wasserstandsschwankungen größer als die Saughöhe, bei Benzin z.B. etwa 5 m bis 6 m, sind, werden aufwendigere Konstruktionen für die Pumpen auf einem Ponton oder auf einer beweglichen Bühne notwendig. Es sind aber auch hier einfachere Lösungen gefunden worden, bei denen eine Pumpe mit stehender Welle auf einer kleinen verstellbaren Bühne steht, die bei verschiedenen Wasserständen an die landseitige Leitung angeschlossen wird. Es ist auch möglich, die Pumpe in einen verankerten Schacht von etwa 3 m Durchmesser auf dem tiefsten Punkt anzuordnen und wasserseitig an Stutzen in verschiedenen Höhen anzuschließen (Abb. 30). Damit der Motor bei evtl. Leckage an einer Leitung nicht betroffen wird, ist er auf langer Welle oben ange-

Abb. 28. Halbportalkran mit starrem Ausleger.

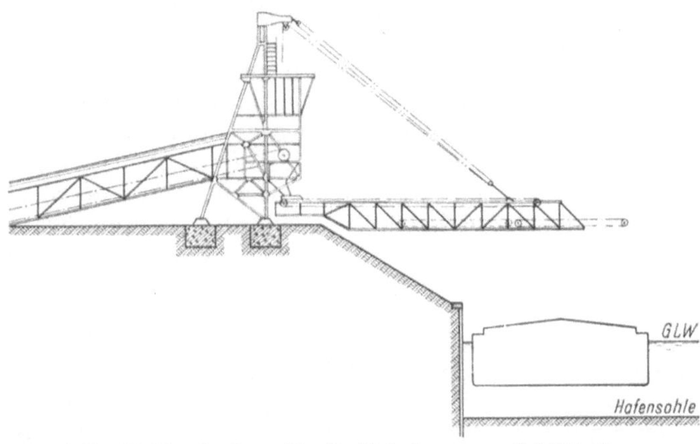

Abb. 29. Bandanlage für die Beladung von Schüttgütern.

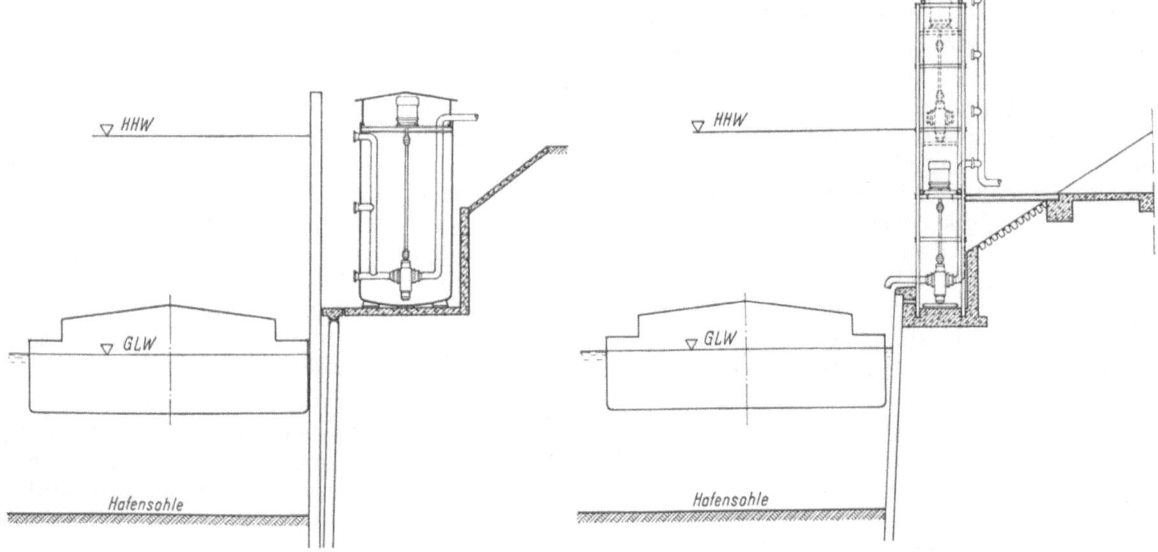

Abb. 30. Anordnung von landseitigen Pumpen für das Löschen von Mineralöl in Häfen mit großen Wasserschwankungen.

ordnet, was auch hinsichtlich der Wärmeabführung besser ist. Das Löschen mit landseitigen Pumpen muß, abgesehen von den Kapitalisierungskosten, günstiger als mit Schiffspumpen sein, da elektrischer Antrieb billiger als ein Motoraggregat ist. Ein wesentlicher Vorteil liegt auch in einer höheren Leistung von meist 350 t/h gegenüber 150 t/h bei Bordpumpen, so daß sich die Löschzeiten erheblich verkürzen. Die Tankschiffahrt versucht zwar, sich den Verdienst aus dem Löschen mit der Bordpumpe zu erhalten, zumal die Bordpumpe für Notfälle und evtl. Leichterungen auch in Zukunft wohl vorhanden sein muß, aber der Hafenbetrieb muß hier auf seiner Forderung bestehen, weil das betriebliche Risiko aus den Folgeschäden von Betriebsunfällen groß und wohl kaum immer durch entsprechend hohe Versicherungen gedeckt ist. Hinzu kommt, daß die Schiffsführer und Matrosen oft mit der Handhabung und Unterhaltung des Leitungsnetzes nicht so vertraut sind wie das ständige Personal auf den Tanklägern in den Häfen.

12. Krananlagen

An so manchen Umschlaganlagen sind noch alte Dampfkrane in Betrieb, die nicht einmal auf einem Portal, sondern direkt auf den Schienen laufen, so daß sie noch dazu einen Geländestreifen in Anspruch nehmen, der anderweitig nicht genutzt werden kann. Diese alten Dampfkrane haben ein zähes Leben, wenn sie an Stellen eingesetzt sind, an denen nur zeitweise umgeschlagen wird und an denen man eine gewisse Verzögerung im Umschlag in Kauf nimmt, weil die alten Krane abgeschrieben sind und die für einen neuen Kran entstehenden Kapitalkosten nicht erwirtschaftet werden können. Einige dieser Dampfkrane sind mit Erfolg auf Dieselantrieb umgestellt worden, wo bei der Art des Betriebes, z.B. beim Umschlag von Fertigeisen und ähnlichen Waren, ein schnelleres Kranspiel keinen wesentlichen Vorteil bringt.

Die Hafenkrane haben vom alten Dampfkran bis zum modernen Wippkran, von denen der erste in einem Binnenhafen im Jahre 1928 aufgestellt wurde, eine bedeutende Entwicklung durchgemacht. Weil in Binnenhäfen der gemischte Umschlag von Haken- und Greifergut vorherrscht, sind die in den Seehäfen üblichen Stückgutkrane von 3 t Tragfähigkeit selten anzutreffen. Genormte Kranleistungen gibt es in den Binnenhäfen leider nicht, aber es beginnt sich abzuzeichnen, daß vorwiegend ein Kran mit 6 t Tragfähigkeit und 23 m bis 26 m Ausladung gewählt wird. Krane für den ausschließlichen Schüttgutumschlag haben bis zu 10 t, bei Erzumschlag bis zu 25 t Tragfähigkeit. In den Binnenhäfen kommt gelegentlich der Umschlag von Schwergut mit Einzellasten von 70 t bis 100 t vor. Wohl in keinem Binnenhafen lohnt sich die Aufstellung eines besonderen Schwerlastkrans, und man behilft sich meistens mit dem Umschlag durch 2 Krane. Von dem technischen Ausschuß des Hafenverbandes [*11*] sind hierzu besondere Empfehlungen für die Einsatzbedingungen, gleichmäßige Belastung beider Krane, Vermeidung von Schrägzug, Prüfung der Standsicherheit der Ufereinfassung usw., herausgegeben. Um die Aufstellung besonderer Schwerlastkrane zu vermeiden, sind in letzter Zeit in den normalen Hafenkranen zusätzliche Einrichtungen für den Umschlag von Schwerlasten eingebaut worden, so werden die üblichen Wippkrane mit einer Tragfähigkeit von 6 t meist mit einem zusätzlichen Haken von 10 t bis 15 t Tragfähigkeit bei entsprechend kürzerer Ausladung, die aber noch über ein Schiff reicht, ausgerüstet. Eine besondere Konstruktion weist ein Kran mit häufigerem Einsatz von Schwerlasten auf, der eine Tragkraft von 70 t bei 11 m, 40 t bei 16 m und 27 t bei 24 m hat, bei dem aber ein zusätzlicher Haken für Stück- und Greifergut von 8 t bei 26 m Ausladung angeordnet ist, der über ein Hilfshubwerk angetrieben wird (Abb. 31)

Die Hafenkrane werden heute fast ausschließlich als Vollportalkrane über ein oder mehrere Gleise gebaut. Halbportalkrane sind in Binnenhäfen selten, weil die Ausnutzung des Ufers mit Lagerhäusern und Freilagerflächen auf kurze Strecken so oft wechselt, daß die hochliegende landseitige Fahrbahn nicht einheitlich hergestellt werden kann. Zudem ist auf den Freilagerplätzen die landseitige Kranbahnkonstruktion sehr hinderlich. Bei den heute geforderten breiten Rampen wird auch die Spannweite für das Halbportal zu groß. Die Verringerung der Herstellungskosten für das landseitige Kranbahnfundament gegenüber der Konstruktion an der Lagerhalle wird durch den Nachteil aufgewogen, daß die heute üblichen leichten Lagerhallen den Stößen durch den Kranbahnbetrieb meist nicht standhalten und Risse in den Wänden usw. auftreten. In den Seehäfen mögen Halbportalkrane wirtschaftlicher sein, weil hier meist für die landseitige Kranbahn eine Pfahlgründung nötig ist.

Damit die Lastanteile der Kranstützen gleichmäßig auf die Räder des Fahrwerks verteilt werden, sind die Räder in Schwingen gelagert. Bei dem Kran von 6/26 t beträgt der Raddruck auf die Kranbahnschiene bei Übereckstellung 40 t bis 50 t. Die alten Krane hatten auf einer Drehscheibe laufende Räder, die bei modernen Krananlagen entweder durch eine Kugeldrehverbindung oder eine Säulenlagerung abgelöst ist, die statisch günstigere Auflagerbedingungen ergibt. Die Eisenkonstruktion der Krane besteht bei Wippkranen meist aus Fachwerk, bei Kranen mit starrem Ausleger oft aus

Vollwandprofilen, weil die Unterhaltungs- und Anstricharbeiten einfacher und damit billiger werden. Auch bei Verladebrücken mit nicht allzu großen Spannweiten bis etwa 30 m werden heute Vollwandträger bevorzugt, die meist als dichte Hohlkastenprofile ausgebildet werden. Bei einem Brückenkran [*24*] wurde das Hohlkastenprofil des Hauptträgers auf einer Schiffswerft hergestellt, schwimmend an Ort und Stelle gebracht, mit zwei Schwimmkranen an Land gesetzt und dann mit 4 Mobilkranen auf den Portalstützen abgesetzt (Abb. 32).

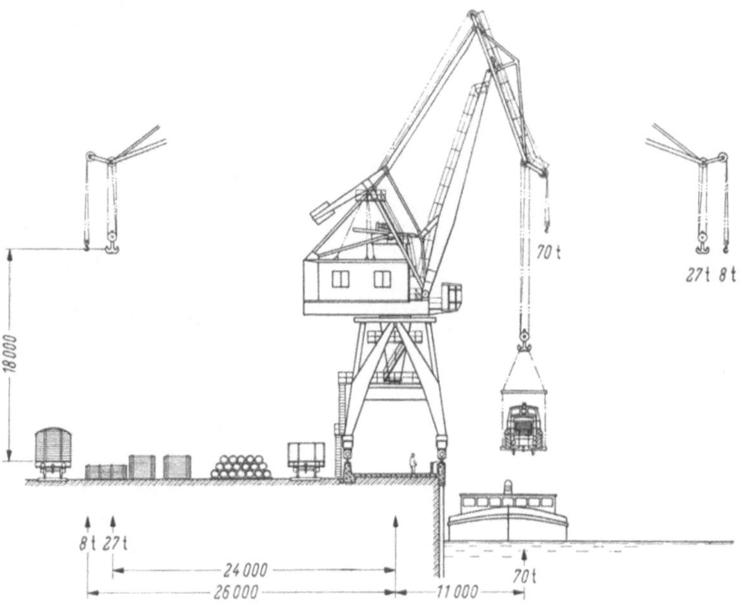

Abb. 31. Schwerlastkran.

Für einen zügigen Umschlag sind die modernen Krane mit hohen Hubgeschwindigkeiten ausgerüstet. Sie ist von 30 m/min bis 40 m/min bei den alten Dampfkranen auf 60 m/min bei Stückgutkranen und 90 m/min bei Greiferkranen gesteigert worden. Höhere Hubgeschwindigkeiten, besonders bei Stückgutkranen, haben keinen Zweck, weil das An- und Abschlagen der Güter im Verhältnis zum Kranspiel so lange dauert, daß die Kosten für die damit verbundenen höheren Antriebsleistungen unwirtschaftlich werden.

Abb. 32. Verladebrücke, Spannweite 26,5 m und 12,5 t Tragfähigkeit (Foto: Presse- und Werbeamt der Stadt Duisburg).

Die Hafenkrane haben fast ausschließlich elektrischen Antrieb mit Drehstromzuführung von meist 500 V Spannung. Um höhere Einbauleistungen zu erreichen, sind neue Krananlagen mit Spannungen bis zu 10000 Volt ausgerüstet, wobei ein Transformator auf der Brücke auf 500 Volt bzw. 380 Volt umspannt. Wegen der stufenlosen Regelbarkeit und der großen Anfahrleistung wurde auch die Möglichkeit genutzt, den Hubmotor mit Gleichstrom zu betreiben, der über einen Quecksilberdampfgleichrichter oder neuerdings über Siliciumstromtore auf dem Kran umgeformt wird. Bei diesen Spannungen muß die Versorgung über Schleppkabel erfolgen, wobei die Kabeltrommel durch Motorkraft angetrieben wird. Ein Umstecken des Versorgungskabels ist bei dieser Spannung nicht mehr möglich, so daß die Fahrlänge eines derartigen Kranes auf etwa $2 \times 100 = 200$ m begrenzt ist.

Ein Schleifleitungskanal ist sicher erheblich teurer als eine Stromversorgung über Kabeltrommeln. Letztere haben aber den erheblichen Nachteil, daß das Kabel durch herabfallende Güter leicht beschädigt werden kann und daß insbesondere beim Verfahren des Krans auf größere Strecken das Versorgungskabel umgesteckt werden muß, eine zeitraubende Arbeit, weil dabei das Kabel

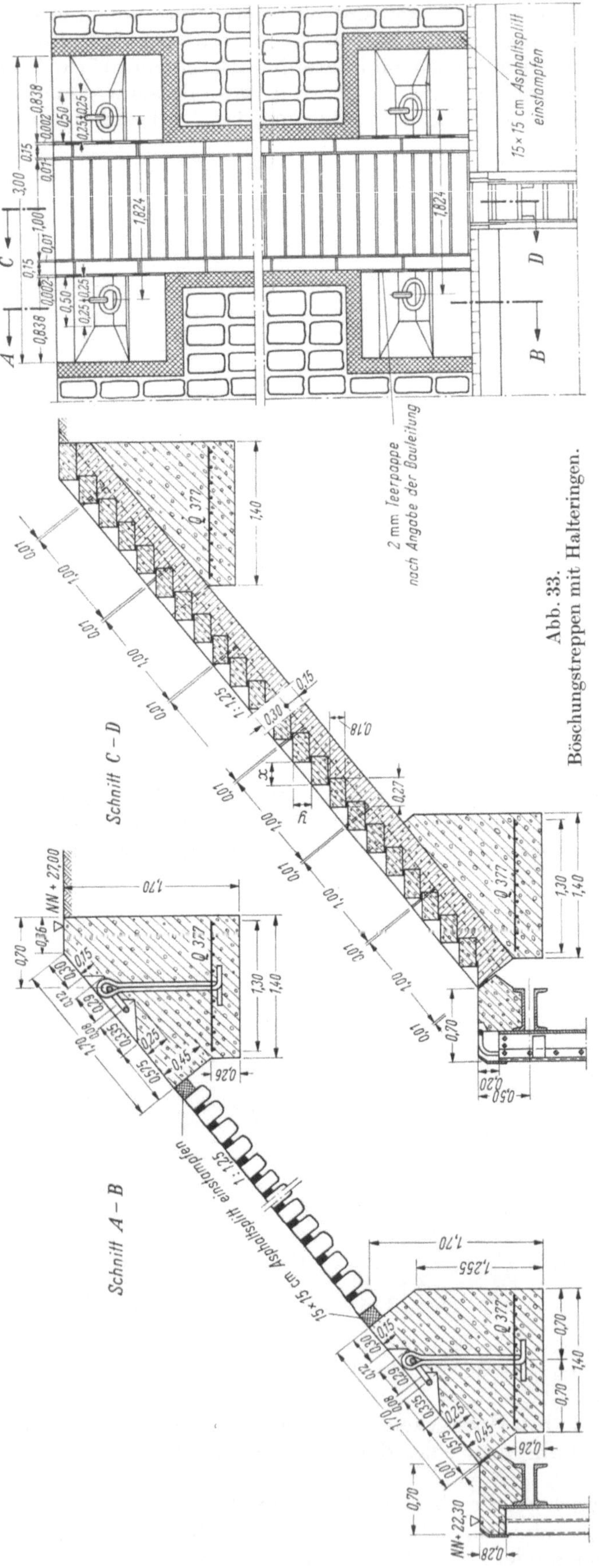

Abb. 33. Böschungstreppen mit Halteringen.

von 2 Mann ganz ausgezogen und zum nächsten Stecker geschleppt werden muß. Die Schleifleitungskanäle werden heute meist schlitzlos ausgeführt. Sie sind nach den VDE-Vorschriften mit 4 Stromschienen zu versehen. Die Abdeckplatten mit den Gelenken werden in kräftig bemessener Ausführung geliefert, so daß sie dem robusten Umschlagbetrieb gewachsen sind. Es empfiehlt sich, die Abdeckbleche aus Tränenblech nicht unter 8 mm zu wählen. Die Leiter im Schleifleitungskanal liegen entweder senkrecht oder horizontal. Bei der horizontalen Anordnung drückt der Stromabnehmerwagen durch sein eigenes Gewicht auf die Schienen und gewährleistet einen guten Kontakt. Einige Schwierigkeiten bereitet dagegen die Unterhaltung und Reinhaltung des Kanals unter den Stromschienen. Bei der senkrechten Anordnung werden die Stromabnehmer mit Federn an die Stromschiene angedrückt, so daß hier die größeren Unterhaltungsarbeiten an den Federn und Gelenken auftreten, aber die Unterhaltung und Säuberung des Schleifleitungskanals ist wesentlich einfacher. Der Stromabnehmerwagen ist einer besonders starken Beanspruchung ausgesetzt und muß daher eine besonders robuste Ausführung erhalten.

Im übrigen kann auf die Musterbauvorschrift für Hafenkrane in See- und Binnenhäfen vom Ausschuß für Umschlagtechnik der HTG [*25*] sowie die Empfehlungen des technischen Ausschusses des Hafenverbandes [*11*] verwiesen werden.

13. Ausrüstung des Hafens

Die Ufer in Kanalhäfen brauchen nicht mit Treppen ausgerüstet werden, weil der Zugang zum Schiff über verschiedene Stellen bis zu einem Höhenunterschied von 3 m mit Laufplanken einwandfrei möglich ist. Bei größeren Höhenunterschieden müssen sowohl bei senkrechtem Ufer als auch geböschtem, und in dem geböschten Teil eines gebrochenen Ufers Treppen angeordnet werden. An geböschten Ufern sind Treppen in einem Abstand von etwa 30 m bis 40 m notwendig, die eine Mindestneigung von 1 : 1,25 haben sollen. Beiderseits der Treppen sind oben und unten Haltevorrichtungen (Abb. 33) anzuordnen, damit die Trossen beim Festlegen der Schiffe die Treppe nicht kreuzen. Halteringe sind trotz der Erschwernisse beim Festmachen der Trossen am sichersten, weil sich die Trossen unbemannter Schubleichter bei steigendem Wasser nicht von selbst vom Poller lösen können. Poller erfordern auch verhältnismäßig große Nischen, da die Oberkante Poller nicht über die Neigung der Böschung wegen des Aufsetzens der Schiffe herausragen darf. In dem senkrechten Teil der Spundwand sind gleichfalls rechts und links neben der Steigeleiter Haltevorrichtungen erforderlich. Hier genügen Poller, da an der senkrechten Uferwand die Schiffe so hart anliegen, daß sich die Trossen kaum von alleine lösen können.

Bei vollkommen senkrechten Wänden mit großen Bauhöhen müssen Treppen angeordnet werden, die bei den alten massiven Mauern direkt an der Kaikante in die Kaimauer eingeschnitten sind. Bei kurzen Uferstrecken bis zu 2 Schiffslängen, also bis etwa 170 m, genügen Treppen an beiden Enden. Bei längerem Ufer müssen Zwischentreppen angeordnet werden, durch die der Gang außerhalb der Kranbahnschiene unterbrochen wird. Da Geländer wegen des Kranbetriebes nicht angeordnet werden können, hat man die Treppen hinter die landseitige Kranbahnschiene zurückgelegt und im Bereich der am häufigsten auftretenden Wasserstände einen Verbindungsgang zur Wasserseite geführt. Dies geht aber nur bei Freilagerplätzen, oder man ist in dem Abstand der Zugänge auf die Lücken zwischen den Lagerhäusern angewiesen. Wenn der Treppenschacht direkt hinter die wasserseitige Kranbahnschiene gelegt wird, geht für die Ausnutzung ein Geländestreifen von etwa 1,50 m Breite zwischen dem Kranbahnfundament und dem wasserseitigen Gleis verloren,

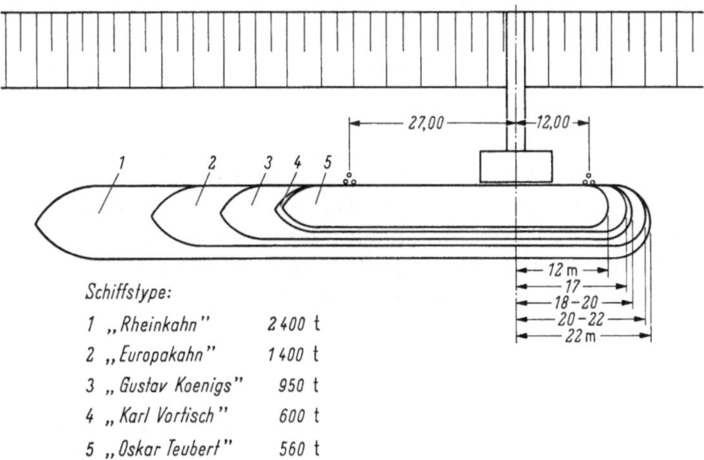

Abb. 34. Stellung der Dalben an seiner Mineralölumschlaganlage.

der auch nicht zum kurzfristigen Absetzen von Gütern benutzt werden kann, weil dieser Streifen zu schmal ist. In der Tab. 3 verringert sich dann der Geländegewinn um 1200 m² auf 4800 m², wodurch der Geländepreis auf rd. 400,— DM steigt.

Der Binnenschiffer ist es gewöhnt, an geböschtem Ufer bei fallendem Wasser oder bei der Beladung darauf zu achten, daß er nicht aufsitzt. Deshalb hat sich auch bei dem gebrochenen Ufer noch nie eine Bodenberührung auf dem Betonholm der Spundwandoberkante ereignet. Dalben sind daher an geböschtem oder gebrochenen Ufer nicht notwendig. Sie sind erforderlich, wenn ein Schiff an einer Verladeanlage nur auf einen kurzen Teil der Schiffslänge festmachen kann, wie bei Pieranlagen, an Steigern zur Mineralölverladung, vor Bandverladeanlagen usw. Es empfiehlt sich, die Dalben [*26*] getrennt von der Verladeanlage 50 cm vor deren Front zu stellen. Die Dalbenstellung muß den verschiedensten Schiffslängen, die zur Vorlage kommen, gerecht werden. Bei den auf dem Rhein verkehrenden Schiffstypen ergibt sich für eine Mineralöllöschanlage [*23*] ein Abstand von 27 m bzw. 12 m (Abb. 34). Die Dalben werden in Binnenhäfen meist 3-oder 4pfählig ausgeführt, da sich 1-und 2pfählige Dalben als zu schwach erwiesen haben. Noch stärkere Dalben sind kaum nötig, da die Fahrgeschwindigkeit der Schiffe im Hafen und damit die Beanspruchung der Dalben nicht so groß ist.

Da in den meisten Häfen nachts der Betrieb ruht, genügt eine Ausleuchtung der Zufahrtsstraßen von 1 Lux [*11*]. Nur in den Häfen, in denen ein ständiger Lkw-Betrieb in 2 oder 3 Schichten stattfindet, muß die Straßenbeleuchtung in dem für Stadtstraßen üblichen Umfange erfolgen. Bei einer Ausleuchtung mit 1 Lux genügt ein Abstand der Lichtmaste von etwa 30 m. Schwierigkeiten bereitet in Binnenhäfen die Beleuchtung und Anordnung der Lichtpunkte auf der Wasserseite, weil bei Kranbetrieb keine Maste aufgestellt werden können. Die Plätze vor den Lagerhäusern können durch entsprechende Beleuchtungseinrichtungen an den Fronten der Lagerhäuser ausgeleuchtet werden und auf den Freilagerflächen kann eine teilweise Ausleuchtung von den Kranen aus erfolgen. Da die Krane und meist auch der Schleifleitungskanal nachts abgeschaltet werden, ist eine besondere Stromzuführung für die Nachtbeleuchtung notwendig, ein nicht unerheblicher Aufwand. Oft wird nichts anderes übrigbleiben, als die Freilagerflächen nur am Anfang und am Ende mit einer Lichtquelle auszurüsten. Die Beleuchtung der Treppen und Uferkanten sowie der Treppennischen durch Pollerleuchten oder Sofitten ist verhältnismäßig aufwendig, so daß für die Uferbeleuchtung die Ausleuchtung vor den Lagerhäusern und vor den Kranen genügen muß.

Wenn ein Ufer des Hafenbeckens nicht mit Krananlagen bestückt ist, besteht auch die Möglichkeit, das Umschlagufer mit den Treppen, Gleisanlagen und Lagerplätzen von der gegenüberliegenden Seite durch Strahler mit Spezialreflektoren zu erhellen. Die erforderliche Masthöhe beträgt rd. 15 m und der Abstand etwa 100 m. Durch diese Anlage ist zwar keine vollkommene Ausleuchtung zu erreichen, sondern es ist eine Orientierungsbeleuchtung, die aber für den Eisenbahnbetrieb ausreicht. Verkehrszeichen sind an Hafeneinfahrten nicht notwendig, da Binnenschiffe nachts einen Hafen nur selten anlaufen werden und bei schlechter Sicht lieber auf der Reede liegenbleiben.

Die Hauptwasserleitung wird zweckmäßig längs der Hafenstraße angeordnet, weil die Feuerlöschhydranten an der Straße liegen müssen. Die Trinkwasserversorgung der Schiffe soll grundsätzlich von Trinkwasserversorgungs-Booten oder öffentlichen Zapfstellen erfolgen, die größere Trinkwasservorräte gegen Bezahlung an die Schiffer abgeben. Die Hafenverwaltung ist nur verpflichtet, die Entnahme von Trinkwasser für den täglichen Gebrauch zu gewährleisten. Hierfür sind in einem Abstand von etwa 100 m am Ufer Brunnen ohne Schlauchanschluß zweckmäßig, die nur einen Auslauf für Wassereimer haben, damit die Schiffe nicht ihre Vorratstanks mit Schlauchleitungsanschlüssen füllen.

Ein Hafen soll zur Eiszeit möglichst lange offen gehalten werden, so daß ständig Eis gebrochen werden muß, eine aufwendige Arbeit. Wo Gelegenheit dazu gegeben ist, sollte man versuchen, Kühlwasser aus Kraftwerken oder Industriebetrieben in die Hafenbecken einzuleiten. Schon verhältnismäßig kleine Mengen genügen, um einen Hafen lange Zeit offen zu halten.

Wenn es die Gestaltung des gesamten Hafengeländes ermöglicht und nur eine Zufahrtsstraße zum Hafengelände besteht, kann die Einrichtung einer zentralen Fuhrwerkswaage am Hafeneingang wirtschaftlich sein. Sie lohnt sich aber nur, wenn die anderen Hafenanlieger keine Erlaubnis zum Einbau einer Fuhrwerkswaage erhalten und nur die öffentliche Waage benutzt wird.

14. Schlußbemerkung

Die Ausgestaltung der Binnenhäfen in den letzten 20 Jahren war fast ausschließlich darauf ausgerichtet, den Güterumschlag möglichst schnell und billig ausführen zu können. Die Anlagen, die in den letzten Jahren in den Binnenhäfen entstanden sind, haben bewiesen, daß die Häfen diesen Zielen weitgehendst nachgekommen sind. Der gemeinsame Ausschuß „Rationalisierung in den Binnenhäfen", der Hafenbautechnischen Gesellschaft, des Zentralvereins für deutsche Binnenschiffahrt und des Verbandes öffentlicher Häfen, hat eine aufschlußreiche Untersuchung über die Aufenthaltszeiten beim Güterumschlag in einigen Binnenhäfen durchgeführt mit dem Ergebnis, daß von den Wartezeiten im Hafen nur 12% während des eigentlichen Umschlages entstehen, 67% dagegen auf Wartezeiten vor, und 21% auf Wartezeiten nach dem Umschlag entfallen. Die Wartezeiten vor und nach dem Umschlag entstehen fast ausschließlich durch die Dispositionen der Reeder oder Verlader. Aber auch auf die Wartezeiten während des Umschlages hat zu 50% die Hafenverwaltung keinen Einfluß, da sie nachweislich durch verlängerten Direktumschlag mit Lkw durch Warten auf verschiedene Güter oder durch Abnahme von Teilladungen in bestimmten Zeitabständen usw., verursacht sind. Nur ein kleiner Teil der Wartezeiten während des Umschlages entfallen auf Betriebspausen, Reparaturfälle, Kranschmierung usw. Es kann somit zum 50jährigen Bestehen der HTG die Feststellung gemacht werden, daß die deutschen Binnenhäfen in ihrem Bau und ihrer Ausrüstung so modern ausgestattet sind, daß sie alle Ansprüche an einen hochwertigen Güterumschlag voll erfüllen.

Schrifttum

[1] Binnenschiffahrtsnachrichten 1963, Nr. 46/47, S. 157.
[2] Lutz, R., Hafenbaudirektor Dr.-Ing.: Hafenplanung unter besonderer Berücksichtigung der Kaje-Flächen, Hdb. HTG, Bd. 4, S. 157.
[3] Bock, F., Oberbaurat, Köln: Köln als rheinischer Hafenplatz, Bauberichte 1925.
[4] Wittmann, H., Prof. Dr.: Gestaltung und Richtlinien der Hafeneinfahrt, insbesondere bei Flüssen mit starker Geschiebeführung. Deutsche Berichte zum Intern. Schiffahrtskongreß 1953, Herausgeber Bundesverkehrsministerium.
[5] Bumm, H., Hafendirektor Dipl.-Ing.: Ausbaupläne der deutschen Binnenhäfen. Hdb. HTG, Bd. 4, S. 339.
[6] Ausbau der deutschen Häfen im Jahre 1963. Hansa 1964, H. 2, S. 196.
[7] Bumm, H., Hafendirektor Dipl.-Ing., u. H. Raspe, Hafendirektor: Örtlichkeit, Lage und Abmesusungen von Häfen. Deutsche Berichte zum Intern. Schiffahrtskongreß 1953, Herausgeber Bundesverkehrsministerium.

[8] Bumm, H., Hafendirektor Dipl.-Ing.: Die Vertiefung der Duisburg-Ruhrorter Häfen. Bautechnik 1952, H. 10, S. 281.
[9] Schieb, A., Eisenbahndirektor.: Der Hafen Godorf.-Wesseling Hansa 1964.
[10] Brackemann, F., Dipl.-Ing.: Empfehlungen des Ausschusses für Ufereinfassung der Hafenbautechnischen Gesellschaft, Berlin: Ernst & Sohn. — Verwendung von Stahlspundwänden in Binnenhäfen, Hdb. HTG, Bd. 7, S. 186. Finke, G., Baurat a. D. Dr.-Ing.: Uferbau in Binnenhäfen. Bauingenieur 1961, H. 5.
[11] Empfehlungen und Berichte des vom Verband öffentlicher Binnenhäfen e. V. eingesetzten technischen Ausschusses.
[12] Adler, A. W., Dipl.-Ing.: Neubau Ost-Hafen Regensburg. Hdb. HTG, Bd. 6, S. 194.
[13] Weinholt, H., u. Deuringer, A., Dipl.-Ing.: Die Herstellung einer Kaimauer aus Benoto-Bohrpfählen. Hdb. HTG, Bd. 8.
[14] Finke, G., Regierungsbaurat a. D. Dr.-Ing.: Uferbau in Binnenhäfen. Bauingenieur 1961, H. 5, S. 161.
[15] Diefenbach, F., Regierungsbaurat: Die Vertiefung der Schleuse Friedrichsfeld. Bautechnik 1956, S. 116. Gruhle, H. D., Dipl.-Ing.: Verformungsmessungen an den Spundwänden der Schleuse Friedrichsfeld. Bautechnik 1959, S. 128.
[16] Illiger, I., Baurat: Korrosionsuntersuchungen an Stahlspundwänden des Rhein-Herne-Kanals und des Dortmund-Ems-Kanals, Bautechnik 1956, S. 190. — Studemann, G., Dipl.-Ing.: Korrosion an Stahlspundwänden. Schiff und Hafen, Sonderheft Korrosionstagung 1960, S. 68.
[17] Kullmann, P., Dipl.-Ing.: Inbetriebnahme des neuen Hafens Bamberg. Hdb. HTG, Bd. 8, S. 182.
[18] Bumm, H., Hafendirektor Dipl.-Ing.: Rationalisierung des Umschlagvorganges in den Binnenhäfen. Hdb. HTG, Bd. 7, S. 228.
[19] Bolz, G., Dipl.-Ing.: Neuer Umschlagschuppen im Straßburger Hafen. Hdb. HTG, Band 5, S. 194.
[20] Bumm, H., Hafendirektor Dipl.-Ing.: Einrichtungen und Methoden zum Be- und Entladen von Gütern. Deutsche Berichte zum Intern. Schiffahrtskongreß 1961, S. 163.
[21] Schieb, A., Eisenbahndirektor Dipl.-Ing.: Gedanken zum Bau und zur Unterhaltung der Gleisanlagen von Eisenbahnen öffentlicher Häfen. Schriftenreihe für Verkehr und Technik Nr. 10, Bielefeld: Erich Schmidt Verlag.
[22] Perschmann, H., Ing.: Der Wippkran als universelles Gerät in Umschlaganlagen für Binnenhäfen. Hansa 1963, H. 19.
[23] Bumm, H., Hafendirektor Dipl.-Ing.: Bau und Betrieb von Lösch- und Ladeplätzen für Mineralöl in Binnenhäfen. Hdb. HTG, Bd. 5.
[24] Stadt und Hafen, H. 20, S. 928, Herausgeber Stadt Duisburg.
[25] Musterbauvorschriften für Hafenkrane in See- und Binnenhäfen. Hansa-Sonderdruck 1962, herausg. von der HTG, Ausschuß für Hafenumschlagtechnik.
[26] Förster, K.: Die Stahldalben, Ursprung und Entwicklung in drei Jahrzehnten. Jahrb. HTG 1952/54, S. 180 — Rinne, H.-G.: Fenderungen im Hafenbau. Jahrb. HTG 1958/61, S. 158.

Der Hafen Würzburg

Von Hafendirektor **Werner Endres**, Würzburg

Am 13./14. September 1962 fand die 28. Hauptversammlung der Hafenbautechnischen Gesellschaft in Würzburg statt. Bei einer zweistündigen Rundfahrt mit dem Personen-Motorschiff „Undine" konnten die rd. 350 Teilnehmer einen kurzen Einblick in den Umfang und die Vielgestaltigkeit der Hafenanlagen gewinnen. Die nachstehenden Aufzeichnungen mögen die interessante Entwicklungsgeschichte eines Hafens aufzeigen, der aus kleinen Anfängen heraus erst durch den Ausbau des Mainflusses zum Großschiffahrtsweg seine heutige Bedeutung erlangen konnte.

Die Stadt Würzburg ist von alters her der wirtschaftliche und kulturelle Mittelpunkt des unterfränkischen Gebietes. Für ihre Verkehrsorientierung spielte der Main schon immer eine wesentliche Rolle. In großen Schleifen durch das fränkische Land ziehend, erfaßt er die alten Städte Bamberg, Schweinfurt, Kitzingen, Marktbreit, Ochsenfurt oberhalb Würzburg, um unterhalb über Lohr, Wertheim, Miltenberg, Aschaffenburg, Frankfurt bei Mainz den Anschluß an das Rheinstromgebiet zu erreichen. Die politischen wie auch die wirtschaftlichen Bindungen, die seit früher Zeit zu all diesen Plätzen bestanden, haben mit ihren Ursprung in der gemeinsamen richtunggebenden Lebensader des Flusses. Es ist deshalb nicht verwunderlich, wenn die großen und kleinen Orte am Main in früheren Jahrhunderten lebhaften Güteraustausch verzeichneten und als Wasserumschlagsplätze bekannt wurden.

Abb. 1.
Der Alte Kranen war von 1773 bis 1846 in Betrieb.

Gehen wir den Spuren des Güterumschlags in Würzburg selbst nach, so finden wir bereits 1548 den ersten Kaimauerbau, eine einfache Stadteinfassung des Ufers im Kern der Stadt, der zur Ent- und Beladung von Schiffen erstellt wurde. In den Jahren 1769 bis 1773 ließ Fürstbischof Friedrich von Seinsheim, verpflichtet durch einen Handelsvertrag mit dem Kurfürsten von Mainz auf einer hohen Kaimauer den Kran am Ochsentor errichten. Noch heute kann man dieses markante Bauwerk, den sogenannten „Alten Kranen" bewundern (Abb. 1). Es war ein in der damaligen Zeit viel bestauntes technisches Werk. Auf einem turmartigen, nach oben sich verjüngenden Rundbau sitzt ein Dach, auf dem ein beweglicher Helm zwei Kranarme trägt. Mit Hilfe eines Räderwerkes wurden Lasten bis zu 40 Ztr. gehoben und geschwenkt. Ein Tretrad, das zwei Kranknechte in Schwung brachten, bildete den Mittelpunkt des „Motors". Mit ähnlichen Einrichtungen wurden im ausgehenden 18. Jahrhundert auch andere Mainumschlagsplätze versehen. Sie konnten jedoch kaum voll genutzt werden. Abgesehen davon, daß man damals nur kleine Holzschiffe mit geringer Tragkraft kannte, war der Main bis in die zweite Hälfte des vorigen Jahrhunderts ein Wildwasser, auf dem einmal gewaltige Überschwemmungen, dann wieder Versandungen einen sicheren Schiffsverkehr häufig behinderten. Für wirtschaftliche Schiffstransporte war der Fluß insbesondere seit dem Vordringen der Eisenbahn unzulänglich. Zur Behebung solcher Mängel trafen erstmals am 6. Februar 1846 die damaligen Mainuferanlieger Königreich Bayern, Großherzogtum Baden, Herzogtum Hessen und die freie Reichsstadt Frankfurt die „Übereinkunft wegen Korrektion des Mainbettes", die zunächst nur zögernd in Angriff genommen wurde. Im Jahre 1883 kamen die

Anliegerstaaten erneut überein, die Kanalisierung des Mains von der Mündung bei Mainz bis Frankfurt durchzuführen. Dieses Teilstück konnte 1886 dem Verkehr übergeben werden. Später folgte der Weiterausbau bis Aschaffenburg, das 1921 erreicht wurde.

Die Entfernung von der Mainmündung bis Aschaffenburg beträgt 88 km, bis Würzburg 250 km. Es war also noch eine weite Strecke bis hierher. Würzburg konnte noch nicht an einen Anschluß an den kanalisierten Fluß denken. Nachdem sich jedoch der industrielle und wirtschaftliche Aufschwung des ausgehenden 19. Jahrhunderts auch sichtlich auf den Güterverkehr am Main auswirkte, und am gesamten Mainlauf gewisse Regulierungen vorgenommen wurden, erwies sich für Würzburg der Bau einer Hafenanlage für Güterumschlag als notwendig.

1874/75 hatte das damalige Königreich Bayern unterhalb des Steinberges einen Floßhafen durch Einbau eines etwa 500 m langen Dammes an einem verbreiterten Flußteil parallel zum Ufer gebaut. Die hierdurch entstandene Beckenfläche von 25000 qm fand durch einen Abschluß nach Süden eine Abschirmung gegen Überschwemmungen. Die geringe Wassertiefe und das Fehlen von Umschlagsanlagen ließ nur das Einwerfen von Stammholz, das dort zu langen Flößen zusammengefügt wurde, zu. Um die Jahrhundertwende erfolgte ein Umbau der bestehenden Anlagen zum Umschlagshafen (Abb. 2). Durch Vertiefung der Sohle, Anhöhung der Landseite, Bau einer 550 m langen senkrechten Kaimauer und Erweiterung der Gleisanschlüsse ergab sich ein dem seinerzeitigen Verkehr angemessener Hafen. Die Einrichtungen waren 4 elektrische Kräne zwischen 2,5 und 10 t Tragfähigkeit und ein Lagerhaus für 13000 t Stückgüter. Dieser sogenannte Alte Hafen — im Jahre 1904 eröffnet — ist heute noch in Betrieb. Die Umschlagsergebnisse lagen nach einer Anlaufzeit im Jahresdurchschnitt bei 120000 bis 150000 t. Dieser Zustand bestand bis zum Jahre 1939. Würzburg hatte also in diesem Zeitraum nur einen kleinen Hafen, der zwar entsprechend genutzt wurde, dessen Umschlagsziffern jedoch bescheiden waren.

Abb. 2. Der Alte Hafen mit stadteigenen Umschlags- und Lageranlagen.

Wenig mehr als 2 Jahre nach dem ersten Weltkrieg wurde die Idee des Ausbaues des Maines wieder mit Energie aufgenommen. Die Rhein-Main-Donau-AG, — gegründet 1921 — die sich die Verbindung des Rheins mit der Donau durch eine Großschiffahrtsstraße zur Aufgabe gemacht hat (Abb. 3), veranlaßte die sofortige Wiederaufnahme der Mainkanalisation oberhalb Aschaffenburg. Nun war auch für Würzburg der Zeitpunkt gekommen, an die Errichtung eines großzügigen Umschlagshafens zu denken, der allen Anforderungen des zu erwartenden Verkehrs gerecht werden sollte. Dank der günstigen geographischen Lage am Schnittpunkt wichtiger Bahn- und Straßenverbindungen mit dem Schiffahrtsweg und als größte Stadt an der bayerischen Mainstrecke konnte Würzburg mit einer erheblichen Steigerung des Umschlags rechen (Abb. 4). Das mußte als Grundlage für die Hafenplanung beachtet werden. Durch die Talkessellage war allerdings die Auswahl an geeignetem Gelände nicht groß. Am ehesten konnten die Grundforderungen für einen genügend großen Binnenhafen — nämlich Wassertiefe, gute Einfahrtsmöglichkeit, Schutz vor Überschwemmungen, günstige Bedingungen für Bahn- und Straßenanschlüsse, ausreichendes Besiedlungsgelände — in einem Gebiet etwa 2 km flußabwärts vom Alten Hafen erfüllt werden. Dort standen an einer Flußausbuchtung rd. 80 ha flaches Land zur Verfügung. Die endgültige Planung des Neuen Hafens geht auf die Jahre 1931 bis 1933 zurück, die Bauzeit fällt in die Zeit von 1933 bis 1940. Durch ein Längsbecken konnte eine vorteilhafte Ausnutzung der Ufer mit einer günstigen Entwicklung der Gleisanlagen verbunden werden. Für die Einfahrt vom Hauptgleis aus in die Rangier- und Ladegleise wurden starke Krümmungen vermieden. Unterführungen und Brückenbauten schlossen schienengleiche Überfahrten an der Hauptbahnstrecke aus. Erwähnt wird, daß die ursprüngliche Planung vom Wendeplatz aus zwei Becken vorgesehen hatte. Infolge der Kriegsereignisse kam das kleinere Becken nicht zum Ausbau. Diese Unterlassung stellte sich nicht als wirtschaftlicher Nachteil heraus. denn die Fläche wurde später als wertvolles Ansiedlungsgelände verpachtet. Bedarf an Plätzen im Hafenbreich war besonders

Abb. 3. Die Rhein-Main-Donau-Großschiffahrtsstraße ist auf der gesamten Mainstrecke bereits fertiggestellt.

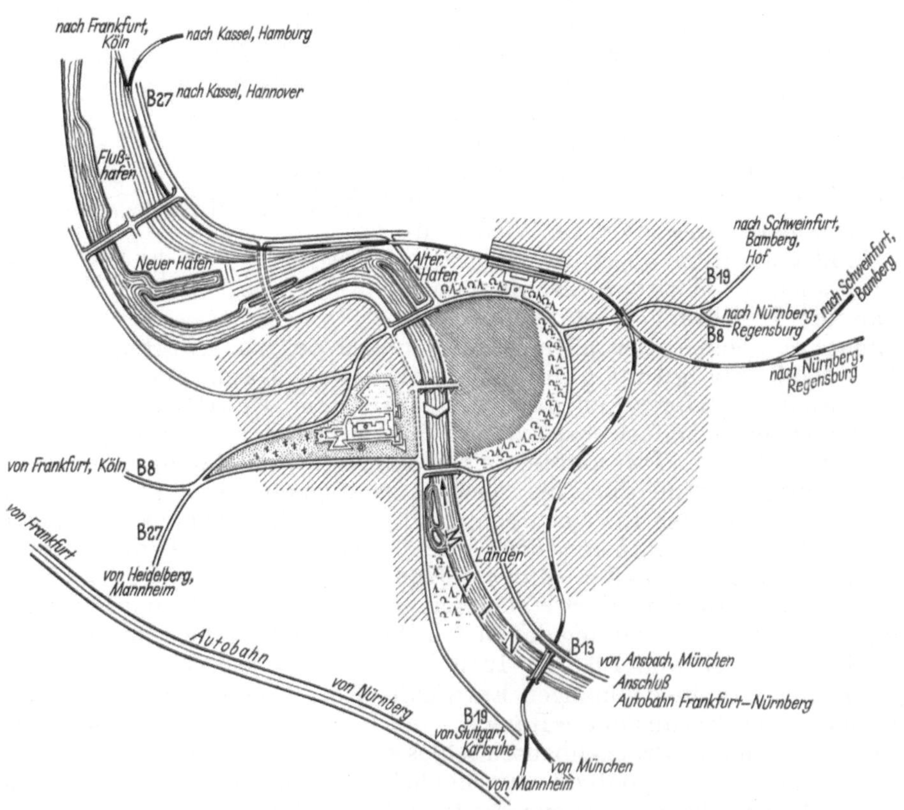

Abb. 4. Würzburg am Schnittpunkt wichtiger Straßen- und Bahnverbindungen mit der Großschiffahrtsstraße.

seit 1950 immer vorhanden. Auch in den Zeiten maximalen Schiffsgüterverkehrs mit 1,5 Mio t allein im Neuen Hafen — eine Menge, die bei der Planung nicht erwartet worden war — genügte bei entsprechender Einteilung das eine große Becken einschließlich der teilweise zum Umschlag

Abb. 5. Im Neuen Hafen liegt die jährliche Umschlagsdichte für den laufenden Meter Kailänge bei 1000 t.

ausgebauten Wendeplatzufer den Anforderungen. Die Umschlagsdichte liegt heute im Neuen Hafen bei 1000 t per lfdm und Jahr (Abb. 5).

Die Breite der Hafeneinfahrt ist 60 m, anschließend der Wendeplatz mit 130 m Durchmesser.

Abb. 6. Ein neuzeitliches Kohlenauslieferungslager im Neuen Hafen.

Das Haupt-Becken mit einer Fläche von rd. 85000 qm und Spiegelbreite von 62 m bietet entlang der Ufer je 2 Schiffen mit 10,50 m Breite Liege- und Entladeplätze; dabei bleiben in der Mitte 17 bis 20 m für Durchfahrt frei. Die Sohlentiefe bei Einfahrt und Wendeplatz wurde auf 3 m unter

Normalwasserstau, d.i. auf Kote 162,75 gelegt. Um bei abgelassenem Stau der nächsten Schleuse Erfabrunn den maximal bis 2,30 m abgeladenen Schiffen noch den Tiefgang zu sichern, mußte der größte Teil des Hafenbeckens auf 4,10 m Sohlentiefe, d.i. auf Kote 161,65 ausgebaggert werden. Die Hafenplanie liegt auf Kote 170,5, was nach den Hochwassererfahrungen eine Überschwemmung ausschließt. Den Abschluß an der Nordseite bildet eine annähernd senkrechte Kaimauer, in erster Linie für Stückgutumschlag. Die Mauer ist mit 7,75 bis 8,85 m Höhe aufgerichtet auf gewachsenem Felsuntergrund. Die übrigen Beckeneinfassungen bauen sich auf Abschrägungen, die mit Neigung 1 : 0,5 in den Fels geschlagen sind, als gepflasterte Böschungen im Neigungsverhältnis 1 : 1,5 auf. Unterbrochen ist die Böschung durch die untere Berme, die gleichzeitig die wasserseitige Kranlaufbahn trägt. Die Südseite dient in erster Linie dem Greifergutumschlag.

Die Ufer unmittelbar hinter den Kaimauern bzw. Böschungen tragen die Lade- und Zustellgleise, auf der Nordseite drei, auf der Südseite zwei Stränge. Über die Gleise spannen sich die Portale und Brücken der zahlreichen Krananlagen sowie die übrigen Lade- und Löscheinrichtungen. Hinter den Kaigleisen dehnen sich beiderseits die Lager- und Lkw-Ladeplätze, Silos und Lagerhäuser mit Platztiefen von 40 bis 60 m aus. Dann folgen die rd. 11 m breiten Hafenstraßen mit Kleinpflaste-

Abb. 7. Der Flußhafen. Ein etwa 25 m breiter Geländestreifen hinter der Ufereinfassung mußte als Vorflutgelände von Aufschüttungen frei bleiben.

rung. Außerhalb der Straßen schließt sich Lager- und Industriegelände an, das zum Teil durch Ölleitungen und andere Fördereinrichtungen für direkten Güterumschlag aus Schiff genutzt wird, ohne selbst unmittelbar Anschluß an das Hafenbecken zu haben. Unter anderem wird ein nach neuesten Erkenntnissen eingerichtetes Kohlenauslieferungslager, das nicht am Wasser liegt, über Förderbänder auf dem Schiffsweg versorgt (Abb. 6).

Durch ein Netz von Zustellgleisen sind die meisten Betriebe von der Hafenbahn erfaßt. Die Gleisanlagen und Sicherheitseinrichtungen stehen im Eigentum der städtischen Hafenbetriebe, den Zustell- und Rangierbetrieb verrichtet die Deutsche Bundesbahn aufgrund eines Privatanschlußvertrages. Über die Rangieranlagen des Hafens, die sich auf der Nordseite befinden, laufen z.Z. jährlich etwa 50000 beladene Waggons mit rd. 1,2 Mio t Bahngütern. Eine Rangierfunkanlage trägt zur Sicherheit und Beschleunigung des Eisenbahnverkehrs bei. Die Kranführer an den Bekkengleisen werden durch eine Warnlichtanlage, die in Abhängigkeit mit Gleissperren steht, vor dem Befahren der Gleise durch Rangierzüge rechtzeitig verständigt. Dadurch ist es gelungen, Kollisionen zwischen Kran- und Bahnbetrieb zu unterbinden.

Der Neue Hafen ist der Brennpunkt der Würzburger Hafenanlagen, werden doch dort etwa 75% des Gesamtumschlages bewältigt.

Besonders bemerkenswert ist, daß nach Weiterführung der Großschiffahrtsstraße über Würzburg hinaus zum Obermain, also nach 1954, die rege Nachfrage nach Hafenansiedlungsgelände anhielt. Im Alten und Neuen Hafen gab es hierzu keine Möglichkeit mehr. Die Stadt entschloß sich deshalb zur Anlage eines zusätzlichen Flußhafens, insbesondere für Umschlag und Lagerung von Mineralölen (Abb. 7). Unterhalb des Neuen Hafens stand hierzu ein Gelände von etwa 20 ha mit einer Uferlänge von rd. 1,3 km und einer Platztiefe von durchschnittlich 100 m zur Verfügung.

Die Fläche, im Hochwasserabflußgebiet gelegen, wurde unter Belassung eines Vorflutstreifens von durchschnittlich 25 m Breite um 4 m aufgeschüttet. Von größter Wichtigkeit war die genaue Einhaltung der hydrotechnischen Berechnungen, um keine Verringerung der vorhandenen Durchflußquerschnitte zu erhalten. Gleichzeitig sollten jedoch die Lagerplätze vollkommen hochwasserfrei liegen. Durch Abbaggerung des Ufers — stellenweise bis zu 30 m — gleichzeitige Felsmeiselung der Flußschle auf 163,00 ü. N. N. und Anlage einer vor der Auffüllung nur 0,80 m über hydrostatischem Wasserspiegel liegenden Vorflutfläche konnte nicht nur der gleiche Durchflußquerschnitt, sondern auch eine schiffbare Tiefe von 2,75 m auf die gesamte Länge dieses Flußhafens erzielt werden. Das 1 : 2 geneigte Ufer wurde größtenteils mit Schrottenpflaster auf Kies, auf Steinwurf-Vorfuß aufsetzend, befestigt. Die hier vorhandenen Anlegestellen der Mineralölbetriebe sind als Anlegebrücken ausgebildet. Hierbei ist in Höhe des Bettungsfußes der in normaler Ausführung durchlaufenden

Abb. 8. Spundwanderstellung am Flußhafen in offener Baugrube mit Trenndamm zum Main. Nach Fertigstellung wurde der Trenndamm zur Flußverbreiterung bis zur Spundwand abgebaggert.

Pflasterböschung eine Reihe von Manteldalben angeordnet; bis dorthin reichen ebenfalls die festmontierten Laufstege, die bei den Großtanklagern darüber hinaus noch entsprechend verbreitert sind, um die Pumpaggregate aufzunehmen.

Für das Löschen von Kohlenschiffen durch Mobilkräne wurde dagegen als Anlegestelle am neuen Gas-Teilwerk ein etwa 130 m langer Spundwandkai aus Bohlen des Profils „Larssen II neu" erstellt (Abb. 8). Hierzu wurde in der vorhandenen Felssohle ein 1,00 m breiter und 1,00 m hoher Schlitz mit Beton B 300 vergossen. Da alle diese Arbeiten in offener Baugrube (mit vorübergehend belassenem Trenndamm zum Main hin) ausgeführt werden konnten, war überraschend wenig Wasserhaltung erforderlich. Dieser Umstand beeinflußte auch die weitere Bauausführung, wie Einbringung der Verankerung, Erstellen der durchgehenden Rückhaltswand aus Stahlbeton und die Wiederverfüllung sehr günstig. Den oberen Abschluß der Spundwand bildet ein Stahlbetonholm.

Die Umschlagsergebnisse des Flußhafens liegen heute bei 300 000 t im Jahr. Durch weitere Lageranlagen, die in Planung vorliegen, wird eine Steigerung auf 1/2 Mill. t erwartet, ein Beweis dafür, daß der Ausbau dieser zusätzlichen Hafenanlage in Würzburg trotz des Hinzukommens der neuen Hafenplätze am Obermain notwendig war und sich bereits bewährt hat.

Der Gesamthafenbereich, der von der Stadt verwaltet wird, umfaßt ein Gelände von rd. 100 ha mit 2 Hafenbecken und einem Flußhafen. Mit 19 Kränen, 8 Getreidelösch- und Ladeeinrichtungen, 7 Löschanlagen für flüssige Treibstoffe wird der Umschlag der nahezu 2 Mill. t im Jahr vollzogen. Für den Landverkehr stehen etwa 18 km Gleise und 4 km Hafenstraßen zur Verfügung. Der Lagerung dienen rd. 50000 t fassende Silos, dazu zahlreiche Lagerhallen, Großtankraum für etwa 80000 cbm Mineralöle, ferner ausgedehnte Freilagerplätze. Mit Ausnahme der Einrichtungen des Alten Hafens war die Erstellung all der vorgenannten umfangreichen Bauten und Anlagen eine Folge des Anschlusses Würzburgs an die Großschiffahrtsstraße (Abb. 9). Gestützt auf eine vorteilhafte Lage im Herzen des fränkischen Landes, mit ausgezeichneten Verkehrs-

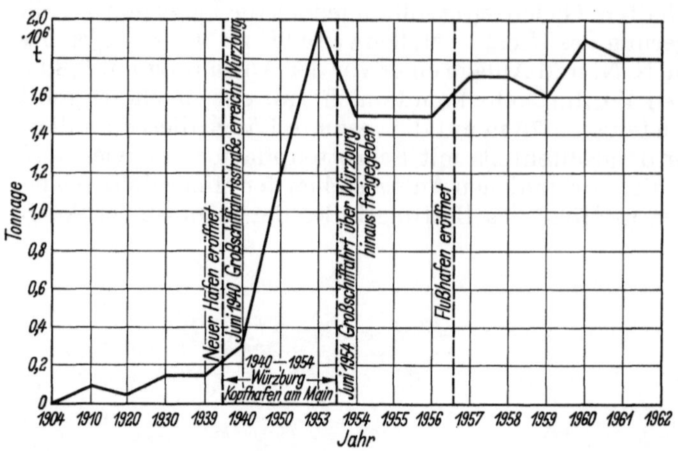

Abb. 9. Übersicht über die Entwicklung des Umschlages in Würzburg. Die Ergebnisse stiegen nach Anschluß an die Großschiffahrtsstraße um das 10 bis 15fache.

verbindungen, gefördert durch eine fortschrittliche Stadtverwaltung und nicht zuletzt durch die Initiative zahlreicher privater Wirtschaftsunternehmen aus Schiffahrt, Spedition, Industrie und Handel wurde Würzburg zu dem bedeutenden Binnenhafenplatz, der heute hinsichtlich seiner Umschlagsergebnisse der größte Hafen an der bayerischen Mainkanalstrecke ist und unter den zahlreichen westdeutschen Binnenhäfen im ersten Drittel der Statistik zu finden ist.

Die Binnenschiffahrtstraßen in den vergangenen 50 Jahren 1914 bis 1964

Von Ministerialdirektor **Gustav Poppe**, Bonn

A. Die Binnenschiffahrtstraßen im Jahre 1914

Zu dem Zeitpunkt, in dem die Hafenbautechnische Gesellschaft ins Leben gerufen wurde, hat der Ausbau der deutschen Binnenschiffahrtstraßen einen Stand erreicht, wie er damals in Europa, um nicht zu sagen in der ganzen Welt, einzig dastand. Noch im Jahre 1913 besaß Deutschland kein Netz der Wasserstraßen, sondern nur Wasserwege, die in den einzelnen, durch Wasserscheiden getrennten Stromgebieten ihre Abgrenzung fanden. Auch der 1899 fertiggestellte Dortmund-Ems-Kanal machte hiervon keine Ausnahme und blieb eine Wasserstraße in dem engen Einzugsgebiet der Ems. Selbst das weitverzweigte, wegen des Verkehrs nach Berlin bedeutsame Märkische Wasserstraßennetz stellte nur eine beschränkte Verbindung der Stromgebiete der Elbe und der Oder dar. Der Großschiffahrt, also nach damaligen Verhältnissen der Fahrt mit Schiffen von 600 t Tragfähigkeit und mehr, blieb der Übergang versperrt. Wenn man bedenkt, daß die Binnenschiffahrt damals Verkehrsrelationen nur in ihren eigenen Stromgebieten bedienen konnte, so ist ihr Anteil am Binnenverkehr im Deutschen Reich gegenüber heute unerwartet hoch; er betrug im Jahre 1913 nach tonnenkilometrischer Leistung 25% gegenüber 31% in der Bundesrepublik (Abb. 1 u. 2).

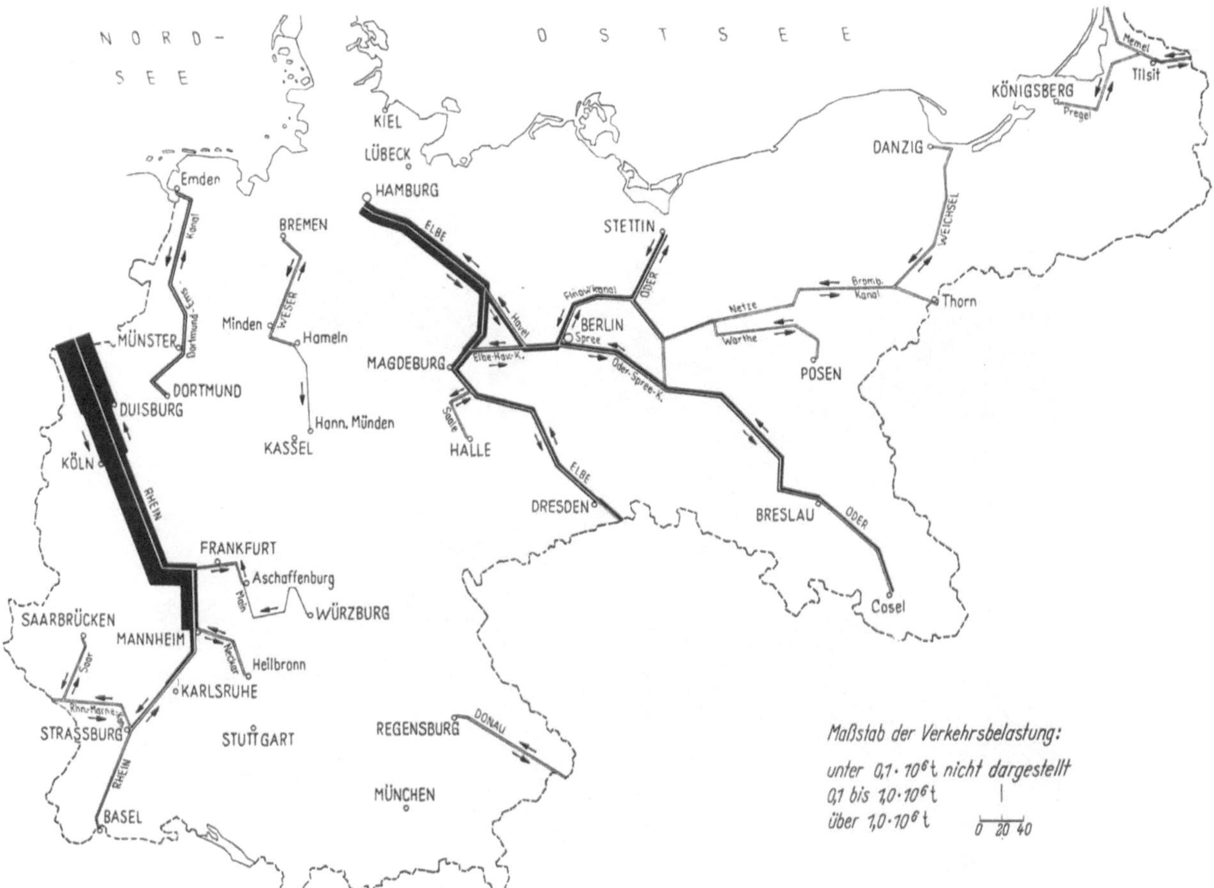

Abb. 1. Der Verkehr auf den deutschen Binnenschiffahrtstraßen 1913.

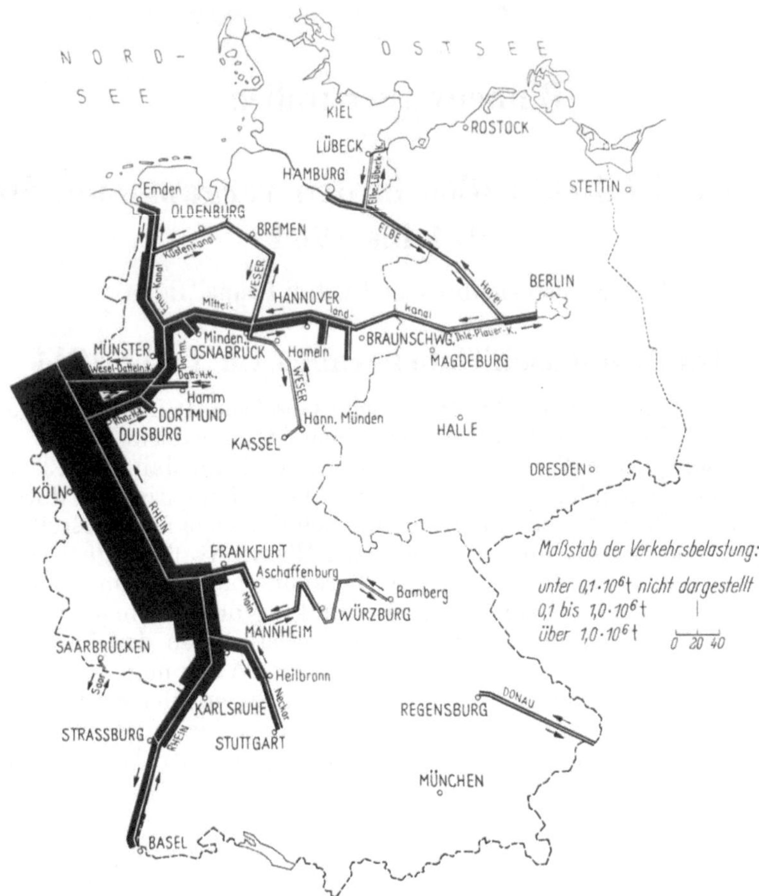

Abb. 2. Der Verkehr auf den Bundeswasserstraßen 1962.

Abb. 3. Überführung des Hohenzollernkanals über die Eisenbahnlinie Berlin—Stettin.

Die Jahre 1914 und 1915 brachten grundlegenden Wandel. Nicht nur wurden innerhalb eines Jahres Schiffahrtskanäle in einem Umfang in Betrieb genommen wie nie zuvor und nie wieder danach, sondern diese Kanäle verbanden auch vorher getrennte Stromgebiete miteinander und machten mit einem Schlage aus ihnen ein Wasserstraßennetz, wenn auch ein besonders wichtiges Glied, der Kanal von der Weser zur Elbe, noch fehlte. Die neuen Wasserstraßen waren: der Rhein-Herne-Kanal, die Verbindung des Stromgebietes des Rheins mit dem der Ems, 1914 eröffnet; der Westteil des Mittellandkanals, der 1915 Ems und Weser miteinander verband und schon 1916 bis Hannover verlängert wurde; der Hohenzollernkanal, durch den 1914 eine Verbindung des Elbe- und Odergebietes für 600 t-Schiffe entstand (Abb. 3); und schließlich die zweite Verbindung des Elbegebietes mit dem der Oder, die modernisierte Spree-Oder-Wasserstraße, an der die Arbeiten 1914 beendet wurden. In das Jahr 1914 fällt auch die Eröffnung des Datteln-Hamm-Kanals.

Die Inbetriebnahme dieser heute nicht mehr wegzudenkenden wichtigen Wasserstraßen ist im wesentlichen der Erfolg des ein Jahrzehnt vorher mit dem preußischen Wasserstraßengesetz von 1905 zum Durchbruch gelangten Wasserstraßengedankens. Dieses Gesetz betreffend die Herstellung und den Ausbau von Wasserstraßen vom 1. April 1905 hatte den Bau der wichtigsten in Preußen noch fehlenden Wasserstraßen festgelegt, nämlich außer den vorgenannten Wasserstraßen noch den Wesel-Datteln-Kanal, die Verbesserung der Oder-Weichsel-Wasserstraße und die Kanalisierung der Oder von Brieg bis Breslau. Wenige Jahre vor dem ersten Weltkrieg fanden dann im Reichsgesetz betreffend den Ausbau der deutschen Wasserstraßen und die Erhebung von Schiffahrtsabgaben vom 24. Dezember 1911 die Schiffahrtsabgaben ihre abschließende gesetzliche Regelung, und gleichzeitig wurden die Kanalisierung von Teilstrecken des Neckars und des Mains sowie Fahrwasservertiefungen des Rheins, der Weser und der Elbe beschlossen. Zweifellos hat der Aufschwung, den mit dem Ausbau des Wasserstraßennetzes auch seine Knotenpunkte, die Binnenhäfen, nahmen, dazu beigetragen, daß sich ein technisch-wissenschaftlicher Zusammenschluß zur Lösung der technischen Hafenprobleme bildete. So ist es kein Zufall, daß die Gründung der Hafenbautechnischen Gesellschaft in die Zeit der stärksten Expansion des deutschen Wasserstraßennetzes fällt.

B. Die Verwaltung der Wasserstraßen in den Jahren 1914 bis 1964

Die Verwaltung der deutschen Wasserstraßen lag im Jahre 1914 in der Hand der deutschen Bundesländer. Obgleich sich die Stromgebiete vielfach auf mehrere Länder erstreckten und die Verkehrsströme auf den Binnenschiffahrtsstraßen die Ländergrenzen überschritten, waren die Wasserstraßen nicht Reichssache. Die Reichsverfassung von 1871 gab zwar dem Reich im Artikel 4 ein weitgehendes Aufsichtsrecht über die Wasserstraßen des allgemeinen Verkehrs, doch genügte dies nicht, einen einheitlichen Willen durchzusetzen. Da aber die für die Schiffahrt wichtigen Unterläufe der Ströme mit ihren Nebenflüssen sowie fast alle bedeutenden Schiffahrtskanäle, insgesamt 78% der deutschen Wasserwege von größerer Bedeutung, in dem einen Land Preußen lagen, bestand für den Großteil der Wasserstraßen eine weitgehend einheitliche Verwaltung. In der Erkenntnis, daß die großen Ströme den neuzeitlichen Erfordernissen entsprechend nicht mehr nach den Grenzen der allgemeinen Landesverwaltung betreut und verwaltet werden sollten, hatte Preußen schon im vorigen Jahrhundert Sonderverwaltungen eingeführt, nämlich die bei den Oberpräsidenten errichteten Strombauverwaltungen. Damit wurde der Einheit, die ein Strom bildet, Rechnung getragen. Die über die Oberpräsidenten und die Regierungspräsidenten und damit zur allgemeinen Verwaltung bestehende Verbindung ermöglichte den Ausgleich der verschiedenen Interessen am Wasser. Die Befugnisse der Strombauverwaltungen erschöpften sich aber nicht in der Wahrnehmung verkehrlicher Belange, ihnen waren auch wasserwirtschaftliche Aufgaben gestellt. Die Strombauverwaltungen unterstanden fachlich dem Preußischen Ministerium der öffentlichen Arbeiten, das damit die Zentrale für den Wasserbau an den schiffbaren Wasserläufen war. In den außerpreußischen Ländern, außer in Baden, gab es wegen der geringen Länge der Wasserläufe keine Strombauverwaltungen. In Bayern z. B. bestanden im Rahmen der allgemeinen Landesverwaltung Straßen- und Flußbauämter, deren fachliche Zentrale die Oberste Baubehörde im Staatsministerium des Innern war. Baden hatte dagegen eine Art zweistufiger Sonderverwaltung in Gestalt von Rheinbauämtern und einer Abteilung im Finanz- und Wirtschaftsministerium.

Im Jahre 1919 knüpfte das Deutsche Reich in seiner Weimarer Verfassung an die geschichtliche Entwicklung, vor allem Preußens, an. Das Reich sollte die dem allgemeinen Verkehr dienenden Wasserstraßen am 1. April 1921 in sein Eigentum und in seine Verwaltung übernehmen (Artikel 97). Der Staatsvertrag zwischen dem Reich und den Ländern vom 29. Juli 1921 regelte den Übergang im einzelnen. Von diesem Zeitpunkt an gab es eine Reichswasserstraßenverwaltung. Trotzdem kam es zu keiner reichseigenen Verwaltung der Wasserstraßen, sie wurden vielmehr durch die mittleren und unteren Behörden der Länder auf Kosten des Reiches und unter Leitung des Reichsverkehrsministeriums verwaltet. Erst als im Jahre 1935 die preußischen Wasserstraßenangelegenheiten dem Reichsverkehrsministerium zugewiesen wurden und damit dem, wie es von nun an hieß, Reichs- und preußischen Verkehrsministerium unterstanden, besaß dieses für den Großteil der Reichswasserstraßen einen eigenen Verwaltungsunterbau. Im übrigen blieben durch die Bildung der Reichwasserstraßenverwaltung die einheitlichen Strombauverwaltungen in Preußen und ihre am Strom zu erfüllenden Aufgaben unberührt.

Die Bundesrepublik Deutschland hat den der Weimarer Reichsverfassung zugrunde liegenden, aber vom Reich nicht verwirklichten Gedanken einer über die Ländergrenzen hinwegreichenden Sonderverwaltung in die Tat umgesetzt. Nach den Artikeln 87 und 89 des Grundgesetzes wird seit dem 1. April 1950 die Verwaltung der Bundeswasserstraßen — das sind die seit dem 24. Mai 1949 im Eigentum des Bundes stehenden ehemaligen Reichswasserstraßen der Bundesrepublik — durch eine bundeseigene Verwaltung, die Wasser- und Schiffahrtsverwaltung, wahrgenommen. Diese Verwaltung hat ihre Spitze im Bundesverkehrsministerium. In der Mittelinstanz ist ihre Gliederung in 12 Wasser- und Schiffahrtsdirektionen den einzelnen Strom- und Kanalgebieten angepaßt. In der Ortsinstanz sind diese Verwaltungsaufgaben 70 nachgeordneten Bezirksbehörden (Wasser- und Schiffahrts- sowie anderen Ämtern) übertragen. Die Gesetzgebungs- und Verwaltungskompetenz des Bundes für seine Wasserstraßen ist allerdings, wie das Bundesverfassungsgericht in seinem Urteil vom 30. Oktober 1962, das das Gesetz zur Reinhaltung der Bundeswasserstraßen für nichtig erklärte, feststellt, auf die Wasserstraßen als Verkehrswege und die damit zusammenhängenden Gegenstände beschränkt. Damit ist die Verwaltung der Bundeswasserstraßen nach den Interessen an der Erhaltung der Wasserstraßen als Verkehrsträger und nach wasserwirtschaftlichen Angelegenheiten getrennt. Die letzteren sind Sache der Länder, doch verbleibt dem Bund — abgesehen von der ihm obliegenden Unterhaltung der Bundeswasserstraßen — die Befugnis zu spezifischen Regelungen im Interesse der Schiffahrt, auch wenn sie zwangsläufig die wasserwirtschaftliche Ordnung berühren.

Die Binnenwasserstraßen des Deutschen Reiches, also die Wasserstraßen gerechnet bis zur Mündung der Flüsse in das Meer, hatten 1918 eine Gesamtlänge von rd. 14500 km; davon waren Wasserstraßen mit einer Länge von rd. 10000 km als Binnenschiffahrtsstraßen zu bezeichnen, die übrigen Wasserstraßen wurden vorwiegend von Seeschiffen befahren oder wiesen keinen nennenswerten Verkehr auf. Der Großschiffahrt (600 t und mehr) waren 5500 km zugänglich. Im Jahre 1919 mußte Deutschland rd. 1700 km, d. h. etwa 11% seiner Binnenwasserstraßen abtreten, so daß von 14500 km noch 12800 km verblieben. Von ihnen sind nach der Reichsverfassung von 1919 9300 km auf das Reich als Reichswasserstraßen übergegangen. Ebenfalls übergegangen auf das Reich sind die außerhalb der Flußmündungen liegenden Seewasserstraßen, für die sich keine Längen angeben lassen. Die Reichswasserstraßen bestanden aus vier voneinander getrennten Netzen: dem westdeutschen Netz mit dem Rhein-, Ems- und Wesergebiet, dem Donaugebiet, dem mitteldeutschen Netz mit dem Elbe- und Odergebiet und aus dem ostdeutschen Netz zwischen Nogat und Memel. Dabei waren das Rhein- und Donaugebiet und das mittel- und ostdeutsche Netz zwar durch Wasserstraßen miteinander verbunden, aber die letztere Verbindung lag auf fremdem Territorium, und die zwischen Rhein und Donau war von geringer Leistungsfähigkeit. Den 9300 km Reichswasserstraßen stehen heute 4800 km Bundeswasserstraßen gegenüber, von denen etwa 4000 km Binnenschiffahrtstraßen sind (s. Tafel IV „Deutsche Wasserstraßen").

C. Die Entwicklung der Reichswasserstraßen (Binnenbereich)

1. Die Wasserstraßenpolitik des Reiches

Von einer Wasserstraßenpolitik[1] des Reiches kann erst seit der Weimarer Verfassung gesprochen werden. Vorher lagen die Wasserstraßen in den Händen der Bundesstaaten. Doch hatten sich in ihnen während der vorangehenden Jahrzehnte Prinzipien herausgebildet und bewährt, die zu dem weitgehenden Ausbau des Wasserstraßennetzes geführt hatten, mit dem der deutschen Wirtschaft der Weg zu der 1914 erreichten Blüte geebnet worden war. Von den zwei erklärten Zielen der Verkehrspolitik, der Sicherung des Staates nach außen und innen einerseits, der Entwicklung und Förderung der Wirtschaft andererseits, ließ sich mit Hilfe der Wasserstraßen besonders wirksam das zweite verfolgen. Ein charakteristisches Moment vor allem der preußischen Verkehrspolitik wurde es, gleichzeitig und parallel nebeneinander hergehend alle verfügbaren Verkehrs-

[1] Der Abschnitt Wasserstraßenpolitik stützt sich großenteils auf richtungweisende Ausführungen des damaligen Staatssekretärs Koenigs im Reichsverkehrsministerium von 1927 und 1931.

Additional material from *1962/1963,*
ISBN 978-3-642-46023-4 (978-3-642-46023-4_OSFO4),
is available at http://extras.springer.com

mittel auszugestalten, d. h. neben dem großartigen Ausbau des Eisenbahnnetzes Wasserstraßen in einem Maße zu bauen und auszubauen, wie es unsere Nachbarländer nicht kannten. Die erste eine solche Politik verfolgende Regierungsvorlage in Deutschland ist die dem Landtag unterbreitete Denkschrift der preußischen Regierung von 1877, die zur Lösung der Frage beizutragen bezweckte,

> „ob und in welchem Umfang es angezeigt erscheint, die vorhandenen natürlichen und künstlichen Wasserstraßen des Preußischen Staates erforderlichenfalls im Anschluß an diejenigen der Nachbarländer durch neue Schiffahrtswege zu vermehren bzw. abzukürzen oder auf einen höheren Stand zu bringen."

Die außerpreußischen Bundesstaaten konnten, da sie vorwiegend am Oberlauf der Flüsse lagen, so weiträumige Pläne nicht fassen, doch haben auch sie eine Politik der Wirtschaftsförderung durch Ausbau der großen Wasserläufe betrieben, wobei allerdings in Süddeutschland mehr als in Norddeutschland der Sicherungswasserbau und die wasserwirtschaftlichen Aufgaben gegenüber der Schaffung von Schiffahrtswegen im Vordergrund standen.

Der erste Weltkrieg hatte dem großräumigen Denken auf dem Gebiete des Verkehrs in ganz Deutschland Eingang verschafft. Er hatte nicht nur deutlich gemacht, welche wertvollen Dienste die gerade fertiggestellten Wasserstraßen, die die Eisenbahn erheblich entlasteten, leisten konnten, er hatte auch die Mängel aufgezeigt, die das Wasserstraßennetz bei der Erfüllung der Aufgaben der Wasserstraßen für die Landwirtschaft und die Erzeugung elektrischer Energie aufwies. Besonders schmerzlich waren aber die Erfahrungen des Krieges mit den unzulänglichen Handhaben des Reiches zur Steuerung der Transportaufgaben, in erster Linie der Eisenbahn, in zweiter der Binnenschiffahrt. Sie führten zur Forderung der Öffentlichkeit, dem Reich die Führung in der Verkehrspolitik zu geben. Voraussetzung dazu war die Übertragung der Eisenbahnen und der Wasserstraßen auf das Reich und die Schaffung eines Reichsverkehrsministeriums als Instrument der Verkehrspolitik des Reiches. So bestimmte die Weimarer Reichsverfassung den Übergang der dem allgemeinen Verkehr dienenden Wasserstraßen auf das Reich und setzte als Termin dafür den 1. April 1921 fest.

Die Wasserstraßenpolitik des Reiches konnte an die der Bundesstaaten anknüpfen. Daß dabei die an den preußischen Wasserstraßen entwickelten Grundsätze richtungsweisend wurden, ist nicht verwunderlich, wenn man bedenkt, daß drei Viertel der durch den Staatsvertrag auf das Reich übergegangenen Wasserstraßen in Preußen lagen. Schon immer war in Deutschland der Entschluß, vorhandene Wasserläufe auszubauen oder neue Wasserstraßen anzulegen, weit mehr ein politischer Entschluß gewesen als ein nach verkehrlichen Rentabilitätsgesichtspunkten gefaßter. Denn die Wasserstraßen, seien es natürliche, seien es künstliche, sind wegen ihrer wasserwirtschaftlichen Funktionen so eng und vielseitig mit den Interessen der Allgemeinheit verbunden, daß eigenwirtschaftliche Überlegungen, so sorgfältig sie angestellt wurden, allein nie den Ausschlag gegeben haben. Das zeigen alle ausgeführten deutschen Wasserstraßen, und sie zeigen auch, daß bei der hohen Bedeutung, die Wasserstraßen als Hinterlandverbindungen der Seehäfen haben, der Bau von Binnenschiffahrtsstraßen besonders geeignet war, die Seehäfen zu stützen und zu stärken.

Die Förderung der Wirtschaft war nach dem unglücklichen Ausgang des Krieges mehr denn je ein Gebot, das zum Einsatz aller verfügbaren Kräfte und Mittel zwang. Das hieß nicht nur, die Leistung der Eisenbahn durch Gründung der Deutschen Reichsbahn-Gesellschaft zu steigern und alle den deutschen Eisenbahnen innewohnenden Kräfte zusammenfassen, das hieß auch, der Binnenschiffahrt als dem zweiten Massenverkehrsmittel ein leistungsfähiges und einen großen Aktionsradius verbürgendes Wasserstraßennetz zur Verfügung zu stellen. Auch in der Ära des Reichsverkehrsministeriums lag dem vielseitigen Ausbau der Verkehrswege der liberale Wirtschaftsgedanke zugrunde, der Wirtschaft die Wahl zwischen zwei Verkehrsmitteln zu lassen und damit ihre Entfaltung zu fördern. Mit einer leistungsfähigen Binnenschiffahrt wurde der Wirtschaft ein Verkehrsmittel mit besonderen, von der Eisenbahn nicht gebotenen Eigenschaften zur Verfügung gestellt, dazu die Möglichkeit, den Transport selbst in der Hand zu behalten. Zu einer Politik der gleichzeitigen und parallel nebeneinander hergehenden Ausgestaltung aller verfügbaren Verkehrsmittel gehörte es auch, die Tarifaufsicht über die Reichsbahn so auszuüben, daß die Eisenbahn mit ihrer Tarifgebarung nicht den Wasserstraßenverkehr abdrosselte, ohne andererseits an der Aufbringung der Reparationsgelder gehindert zu werden.

Gerade nach 1921 mußte man aber auch das schon früher verfolgte Ziel aufgreifen, mit den Wasserstraßen zur Sicherung des Reiches nach innen beizutragen. Die Konsolidierung der inneren Verhältnisse durch die Klammern großer Wasserstraßenverbindungen, besonders einer Ost-West-Verbindung durch ganz Preußen, und die Förderung der unter der neuen Grenzziehung leidenden Grenzgebiete durch Wasserstraßenbauten spielte in der Wasserstraßenpolitik des Reichsverkehrsministeriums eine bedeutsame Rolle.

Hinsichtlich der Objekte aber, mit denen die dargelegte Wasserstraßenpolitik verwirklicht werden sollte, war das Reich weitgehend durch den Staatsvertrag von 1921 gebunden. In diesem Vertrage wurde es verpflichtet, die Bauten fortzuführen, die die Länder an den übergegangenen Wasserstraßen begonnen hatten. Das waren im Binnenbereich von 49 einzeln aufgezählten Vorhaben in der Hauptstraße: die Niederwasserregulierung der Donau unterhalb von Regensburg, die Fortsetzung der Mainkanalisierung von Offenbach bis Aschaffenburg, der Bau des Wesel-Datteln-Kanals, Teilarbeiten am Mittellandkanal östlich von Hannover, der Ausbau der Oder fast auf ihre ganze Länge einschließlich des Staubeckens Ottmachau, der Bau des Masurischen Kanals. Ferner mußte sich das Reich durch besondere Staatsverträge verpflichten, den Mittellandkanal mit dem Südflügel nach Leipzig und die Rhein-Main-Donau-Verbindung herzustellen sowie den Neckar auszubauen. Diese weitgehenden Verpflichtungenwurden allerdings später vorläufig beschränkt: etwa bis zum Jahre 1937 sollte die Hauptlinie des Mittellandkanals mit einem Teil des Südflügels fertiggestellt, die Kachlet-Staustufe in der Donau bei Passau gebaut, die Donau von Regensburg bis Passau auf Niedrigwasser reguliert, der Main von Aschaffenburg bis Würzburg und der Neckar von Mannheim bis Heilbronn kanalisiert sein.

Sah also das Reich die Wirtschafts- und Grenzlandförderung durch Wasserstraßen als eine im Sinne der früheren Verkehrspolitik der Länder intensiv weiterzuführende Aufgabe an, so hat es doch vor 1933 keinen einzigen neuen Kanal in Angriff genommen. Dazu boten auch die wirtschaftlichen Verhältnisse Deutschlands während der ersten zwölf Jahre des Bestehens der Reichswasserstraßenverwaltung keine Grundlage. Man rechnete mit keiner größeren jährlichen Zunahme des Verkehrsvolumens als 1%, zeitweilig sogar mit einem Verkehrsrückgang. Erst nach 1933 trat zu den genannten Vorhaben ein Kanalneubau: der neue Klodnitzkanal von der Oder nach Gleiwitz.

Die Reichswasserstraßenverwaltung stellte aber schon frühzeitig Überlegungen an, wo in erster Linie Neubauten erforderlich seien, falls einmal an eine Erweiterung des Wasserstraßennetzes zu denken sei. Hierbei zeigte sich wieder einmal, daß Wasserstraßenbaupolitik, auch und gerade in bezug auf die Binnenschiffahrtsstraßen, immer wieder auch Seehafenpolitik sein muß. Der überwiegende Teil des Wasserstraßenverkehrs war Verkehr mit den Seehäfen; auf den eigentlichen Binnenverkehr kam ein verhältnismäßig geringer Teil des Gesamtverkehrs. Da die deutschen Seehäfen schon damals gegenüber den holländischen und belgischen Häfen, die die unvergleichliche Hinterlandverbindung über den Rhein besitzen, im Nachteil waren, schwebte der Reichswasserstraßenverwaltung als Hauptaufgabe die grundlegende Verbesserung von Oder, Elbe, Weser und Dortmund-Ems-Kanal vor, jeweils mit verschiedenen wasserbaulichen Mitteln, um damit die deutschen Seehäfen im Wettbewerb mit dem Ausland zu stützen. Die Oder stand dabei zur Stärkung Stettins gegenüber dem von Polen in großzügigster Weise geförderten Gdingen eindeutig im Vordergrund.

Schließlich richtete sich die Politik der Reichswasserstraßenverwaltung auch nach der Erkenntnis, daß die deutsche Wirtschaft nicht in sich abgeschlossen, sondern mit der Wirtschaft der europäischen Nachbarländer eng verflochten ist, und zwar bei ihrer zentralen Lage sogar in ganz besonders hohem Grade. Die Verbindung des deutschen Wasserstraßennetzes mit den übrigen Netzen wurde daher vielfach in Pläne und Ausführungen einbezogen. Die Ausbauarbeiten am Oberrhein z. B. sind als Ausfluß dieser Politik zu verstehen.

2. Die Wechselbeziehungen zwischen Binnenschiff und Wasserstraße

Die Abmessungen, die dem Ausbau natürlicher und dem Bau künstlicher Wasserstraßen zugrunde gelegt wurden, und die der Binnenschiffe haben sich im Laufe der Vergangenheit wechselseitig beeinflußt. Dabei hat der Fahrwasserquerschnitt eine lange Entwicklung durchlaufen, die vom engen, nur für kleine und langsam fahrende Schiffe geeigneten Querschnitt zum tiefen und breiten Fahrwasser geführt hat, das das zügige Fahren, Begegnen und Überholen großer und schneller Binnenschiffe ermöglicht. Die Schiffstypen entwickelten sich zunächst in Anpassung an die natürlichen Gegebenheiten der Flüsse und an diejenigen Fahrwasserverhältnisse, die sich im frühen Stadium durch Regulierung erzielen ließen. Auch die ersten Kanalbauten waren bestimmend. Der weitere Ausbau der Flüsse und der Bau abzweigender Kanäle richtete sich aber nunmehr nach den hauptsächlich in Gebrauch gekommenen Schiffstypen im Zusammenhang mit den örtlichen Möglichkeiten und unter Berücksichtigung der zu bewältigenden Verkehrsleistung. Das Ziel war ein möglichst wirtschaftliches Gesamtergebnis. Solange die einzelnen Stromgebiete noch nicht miteinander verbunden waren, prägten die unterschiedlichen Fahrwasserverhältnisse jedes Flusses oder Kanals den dort eingesetzten Schiffstyp. Ein Anlaß, die Typen zwecks Übergang von einem Stromgebiet zum anderen zu vereinheitlichen, bestand nicht.

Der Rhein stand in den technisch-wirtschaftlichen Möglichkeiten für die Binnenschiffahrt schon immer allen deutschen Flüssen weit voran. Bereits um 1914 verkehrten auf ihm in großer Zahl Schiffe von 1500 bis 1700 t Tragfähigkeit und 2,50 m Tauchtiefe. Auf der Weser waren 600-t-Schiffe mit 1,50 m Tiefgang, auf der Elbe 1100 t-Schiffe mit 1,90 m Tiefgang in Gebrauch gekommen, sie konnten aber ihren Tiefgang weit weniger ausnutzen als die Rheinschiffe. Auf der Oder verkehrte der Breslauer-Maß-Kahn von 620 t Tragfähigkeit mit dem nur während weniger Monate im Jahr auszunutzenden Tiefgang von 2 m. Als um die Jahrhundertwende mit dem Dortmund-Ems-Kanal der erste Kanal für die Großschiffahrt gebaut wurde, entwickelte man für diesen Kanal, der zunächst keine Verbindung mit einem anderen Stromgebiet hatte, einen neuen Schiffstyp, den sog. Dortmund-Ems-Kanal-Kahn von 750 t Tragfähigkeit mit den Maßen 67 × 8,2 × 2 m, einen Typ, der mit vergrößertem Tiefgang später große Bedeutung erlangen sollte.

Auf allen Wasserstraßen wurde die Schiffahrt um 1914 fast ausschließlich als Schleppschiffahrt betrieben. Die Geschwindigkeiten der Schleppzüge betrugen auf den neueren Kanälen etwa 5 bis 6 km/Std.; Überholungen kamen auf Kanälen so gut wie nicht, Begegnungen im Vergleich zu heute selten vor. Der Querschnitt der Kanäle war daher knapp bemessen, ein Verhältnis des benetzten Kanalquerschnittes zum eingetauchten Schiffsquerschnitt von 5 : 1 wurde angestrebt, aber keineswegs immer erreicht. Beim Verhältnis 5 : 1 war damals ein wirtschaftlicher Schiffahrtsbetrieb und ein geringer Angriff der Schiffsschrauben auf das Kanalbett, also eine tragbare Unterhaltungslast des Kanals gegeben.

Die Verschiedenheit der Schiffstypen mußte in dem Zeitpunkt zu Unzuträglichkeiten führen, als die Flußsysteme durch Kanäle zu einem Wasserstraßennetz verbunden wurden und sich ein Verkehr von einem Stromgebiet zum anderen entwickelte. Der Entwurf der westdeutschen Kanäle warf sogleich die Frage auf, für welchen Schiffstyp sie bemessen werden sollten. Der erste Kanal, der zwei Stromgebiete miteinander verband — immer abgesehen von den märkischen Wasserstraßen — war der 1914 in Betrieb genommene Rhein-Herne-Kanal. Er sollte jedoch in erster Linie ein Zubringer zum Rhein sein und erst in zweiter Linie eine Verbindung des Rheins mit dem Dortmund-Ems-Kanal. Man mußte sich daher für seine Abmessungen nach den Schiffsgrößen richten, die sich im Rheinstromgebiet für den Transport von Massengütern von und zum Ruhrgebiet als besonders wirtschaftlich erwiesen hatten. Auf Grund dieser Überlegungen entstand der Rhein-Herne-Kanal-Kahntyp, der eine Länge von 80 und eine Breite von 9,50 m aufweist und bei 2,50 m Tiefgang eine Tragfähigkeit von 1350 t besitzt und mit diesen Abmessungen ausschließlich auf die Verhältnisse des Rheinstromgebietes zugeschnitten war. Ein Kahn dieser Größe konnte den Dortmund-Ems-Kanal nicht befahren. Dieser Schiffstyp hat bis 1945 die Entwicklung beim Wasserstraßenbau im Rheinstromgebiet weitgehend bestimmt. Der Rhein-Herne-Kanal selbst wies damals bei 34,50 m Wasserspiegelbreite, 3,50 m Wassertiefe und der zulässigen Schiffstauchtiefe von 2,30 m ein Querschnittsverhältnis von nur 4,2 : 1 auf; auch die Schleusen waren mit 165 × 10 m, besonders in der Breite, für den Rhein-Herne-Kanal-Kahn sehr knapp bemessen.

Dieser Schiffstyp konnte jedoch nicht für den Ausbau der weiteren westdeutschen Kanäle maßgebend sein, vor allem nicht für den Mittellandkanal, der dazu diente, den Rhein, die Weser, die Elbe und, über die märkischen Wasserstraßen, die Oder miteinander zu verbinden. Das bis zur Weser reichende Teilstück des Mittellandkanals, der Ems-Weser-Kanal, wurde daher nach dem in Preußen vor 1910 herrschenden Grundsatz bemessen, wonach für die Hauptwasserstraßen östlich der Elbe mindestens das 400-t-Schiff, westlich davon mindestens das 600-t-Schiff maßgebend sein sollte. Für das 600-t-Schiff mit den Abmessungen 67 × 8,2 × 1,75 m wies der Ems-Weser-Kanal mit seinem ursprünglichen Querschnitt von 3 m Tiefe ein Querschnittsverhältnis von 4,6 : 1 auf. Beim Hohenzollernkanal, der entgegen der Regel ebenfalls für 600-t-Schiffe gebaut war, betrug das Querschnittsverhältnis 4,8 : 1.

Das Profil des Ems-Weser-Kanals war bereits bei seiner Inbetriebnahme überholt. Sympher, der damalige Ministerialdirektor im Preußischen Ministerium der Öffentlichen Arbeiten, forderte auf Grund von Wirtschaftlichkeitsüberlegungen, daß für den Ausbau der Flüsse und den Bau neuer verkehrsstarker Verbindungskanäle ein Schiff von mindestens 1000 t Tragfähigkeit maßgebend sein müsse. 1000-t-Schiffe waren im Rheinstromgebiet wirtschaftlich zu verwenden; sie konnten aber auch auf die anderen Flüsse übergehen. Als Schiff, das den technisch-wirtschaftlichen Möglichkeiten entsprach, die durch den Ausbau der anderen Flüsse gegeben waren, entwickelte man den sog. Sympher-Kanal-Kahn von 80 m Länge, 9 m Breite und 2 m Tiefgang. Nach diesem Schiffstyp wurde der Mittellandkanal weitergebaut und der fertiggestellte Teil erweitert. Er war auch für fast alle übrigen Kanalbauten der Reichswasserstraßenverwaltung maßgebend. Der Mittellandkanal erhielt östlich von Peine einen Querschnitt von 35,6 bis 39 m Wasserspiegelbreite und 3,50 m Wassertiefe, sein Querschnittsverhältnis betrug 5,5 : 1.

Sympher ging aber noch weiter in seinen Überlegungen zur Freizügigkeit und Wirtschaftlichkeit der Binnenschiffahrt. Nach seinen Ermittlungen war es möglich, die großen Ströme, namentlich soweit sie in einem Gesamtnetz durchgehender Hauptwasserstraßen lagen, durch Regulierung und Zuschußwasser aus Talsperren auf eine Fahrwassertiefe von 1,80 m zu bringen, die selten oder nie unterschritten werden würde. Sie erlaubt ganzjährig die Fahrt eines 1,60 m tief abgeladenen Schiffes. Bei 1000 t Tragfähigkeit hat ein solches Schiff die Abmessungen 80 × 10,50 × 1,60 m; es wurde als Fluß-Kanal-Schiff bezeichnet. Dieser Typ war es, der Sympher Anlaß gab, mit allem Nachdruck eine Schleusenbreite von 12 m zu empfehlen. Das Maß von 12 m hat sich dann in der Tat weitgehend durchgesetzt, nicht nur in Deutschland, und zwar zuerst am Wesel-Datteln-Kanal, sodann fast ausnahmslos bei allen anderen deutschen Hauptwasserstraßen. Im Rheinstromgebiet blieb im übrigen aber der Rhein-Herne-Kanal-Kahn bestimmend, besonders bei der Kanalisierung des Neckars und des Mains, wo dieser Kahn, da die Abladetiefe 2,30 m beträgt, 1200 t tragen kann.

3. Die Entwicklung in den einzelnen Stromgebieten von 1914 bis 1945

Wenn im folgenden die Entwicklung der Wasserstraßen in den einzelnen Stromgebieten von 1914 bis 1945, also im wesentlichen die Leistung der Reichswasserstraßenverwaltung behandelt werden soll, so wird hauptsächlich auf die im Schiffahrtsinteresse vorgenommenen Arbeiten eingegangen werden. Nicht erwähnt werden können bei der gebotenen Kürze die zahlreichen Ausbauten im wasserwirtschaftlichen, insbesondere im Vorflutinteresse, durch die die Hoch- und Niedrigwasserverhältnisse vieler Flußstrecken mit Erfolg verbessert und vielfach günstigere Voraussetzungen für eine gefahrlose Eisabführung geschaffen wurden. Auch mit den Kanalbauten wurde fast durchweg der Wasserwirtschaft gedient. Die Reichswasserstraßenverwaltung handelte dabei gemäß dem Artikel 97 der Weimarer Reichsverfassung, wonach bei der Verwaltung, dem Ausbau oder dem Neubau von Wasserstraßen die Bedürfnisse der Landeskultur und der Wasserwirtschaft im Einvernehmen mit den Ländern gewahrt werden sollten und auf deren Förderung Rücksicht zu nehmen war. Oft genug gab die wasserwirtschaftliche Seite eines Wasserstraßenprojektes den Anstoß dazu, es zu verfolgen.

Am Rhein mußte die Reichswasserstraßenverwaltung ihre Tätigkeit hinsichtlich der deutsch-französischen Grenzstrecke belastet mit der Hypothek der Bestimmungen des Versailler Vertrages beginnen. Frankreich war das Recht zugesprochen worden, Wasser dem Rhein zur Speisung von Schiffahrts- und Bewässerungskanälen zu entnehmen. Die erzeugte elektrische Energie fiel Frankreich zu, eine gewisse Entschädigung Deutschlands in Geld war vorgesehen. Frankreich legte schon 1921 der Zentralkommission für die Rheinschiffahrt einen Entwurf für einen Kraft- und Schiffahrtskanal auf dem linken Ufer von Basel bis Straßburg vor. Die oberste Stufe Kembs dieses „Rheinseitenkanals" entsprach zwar noch dem allgemeinen Bedürfnis, die für die Schiffahrt bei niedrigen Wasserständen unüberwindliche Felsschwelle von Istein, etwa 10 km unterhalb von Basel, zu umgehen. Auf der übrigen 117 km langen Strecke aber sahen Deutschland und die Schweiz in einer Niedrigwasserregulierung das erfolgversprechendere Mittel zur Herstellung einer leistungsfähigen Schiffahrtsstraße. 1925 erteilte die Zentralkommission beiden Entwürfen, also sowohl der Regulierung als auch dem Seitenkanal, ihre Zustimmung. Über die Ausführung der Rheinregulierung schlossen das Deutsche Reich und die Schweiz 1929 einen Vertrag, nach dem sie die Kosten unter sich im Verhältnis 40 : 60 aufteilten; Frankreich sagte seinen administrativen Beistand zu. 1930 nahm eine bei der badischen Wasserbauverwaltung errichtete Bauleitung die Arbeiten auf. Das Ziel, bei 47tägigem Niedrigwasser eine 2 m tiefe Fahrwasserrinne zu schaffen, war bis 1939 zwar noch nicht erreicht, doch wurden die Fahrwasserverhältnisse bis dahin bereits so verbessert, daß der jährliche Rheinverkehr nach Basel von ungefähr 0,4 Mill. t auf 2 Mill. t steigen konnte. Der Krieg unterbrach die Arbeiten. Frankreich baute von 1930 bis 1932 die Stufe Kembs des Rheinseitenkanals, was ebenfalls entscheidend zum Aufschwung der Schiffahrt nach Basel beitrug.

In der Rheinstrecke Straßburg—Mannheim wurden unterhalb von Sondernheim zwischen 1925 und 1930 Ergänzungen an früheren Regulierungsarbeiten vorgenommen. Dadurch entstand im ganzen eine Fahrwassertiefe, die der Tiefe in der unterhalb anschließenden Strecke Mannheim—St. Goar nahezu entspricht. In der Binger-Loch-Strecke, dem Hauptgefahrenpunkt der Rheinschiffahrt, erwies sich das um 1865 geschaffene Zweite Fahrwasser, das 60 cm flacher ist als das in den Lochbänken befindliche eigentliche Binger Loch, als unzureichend für den stetig steigenden Schiffsverkehr. In fast 10jähriger und mit Rücksicht auf die Wasserverteilung zwischen den beiden Fahrwassern äußerst vorsichtig ausgeführter Arbeit erreichte man von 1923 bis 1932 das gesteckte Ziel, das Zweite Fahrwasser um 50 cm zu vertiefen. Die Strömung blieb dort aber über die ganze Länge von 700 m so stark, daß es nach wie vor fast nur von der zu Tal gehenden Schiffahrt benutzt wurde, während die Bergfahrt das Binger Loch bevorzugte, wo in der Regel nur einer der vom Schleppboot gezogenen Anhänge in der stärksten Strömung liegt. Am Niederrhein wurden in der Hauptsache zur Verbesserung der Hochwasserabflußverhältnisse Vorländer abgegraben und dabei Auflandungen beseitigt. Diese hatten die Erosion gefördert und die Bildung von Übertiefen im Stromschlauch zur Folge gehabt. Der gewonnene Boden wurde teilweise zum Ausgleich der Stromsohle benutzt.

Auf dem Neckar wurde um 1914 die Schiffahrt nur von Heilbronn an abwärts betrieben. Die Reichsregierung machte sich die von den Ländern Württemberg, Baden und Hessen schon früher aufgestellten Bauentwürfe für den Ausbau des Neckars zur Großschiffahrtsstraße zu eigen und überreichte 1920 dem Reichstag eine Denkschrift, was zur Bewilligung von Baumitteln führte. Das Reich errichtete als einzige eigene Mittelbehörde die Neckarbaudirektion in Stuttgart. Im Hinblick auf die Finanzlage des Reiches, zur Ausnutzung der Wasserkraft und um die interessierten Länder und Wirtschaftskreise zu den Baukosten heranzuziehen, wurde 1921 die Neckar-Aktiengesellschaft gegründet. Der Ausbauplan sah die Kanalisierung der rd. 200 km langen Neckarstrecke von Mannheim bis Plochingen oberhalb von Stuttgart durch den Einbau von 26 Staustufen vor. Der Bemessung des Fahrwassers und der Schleusen lag das 1200-t-Schiff zugrunde. Auf der freien Strecke beträgt daher die Fahrwassertiefe mindestens 2,50 m, die Schleusen erhielten die Abmessungen 110 × 12 m, was die zusätzliche Aufnahme eines Schleppbootes erlaubt. Im Sommer 1935 wurde die 113 km lange Teilstrecke Mannheim—Heilbronn mit 11 Staustufen in Betrieb genommen. Vor 1945 begann auch der Bau von weiteren drei Staustufen. Bereits dieser Ausbau führte zu einer aller Erwartungen übertreffenden Steigerung des Schiffsverkehrs.

Die in der Zeit von 1883 bis 1900 von der Mündung bis Offenbach durchgeführte Kanalisierung des Mains wurde in den Jahren 1913 bis 1921 gemeinsam von den beteiligten Ländern bis Aschaffenburg fortgesetzt. In der 46 km langen Strecke entstanden sechs Staustufen. Der Ausbau des Untermains bis Frankfurt, wenngleich seinerzeit ein großer Erfolg, genügte nach dem Kriege nicht mehr den Ansprüchen. Als eines der wenigen großen Vorhaben, die über die Fortführung begonnener Bauten gemäß dem Staatsvertrage von 1921 hinausgingen, unternahm es das Reich in den Jahren 1927 bis 1934, den Untermain umzukanalisieren und zu einer Großschiffahrtsstraße umzugestalten, die in ihren Ausmaßen und in ihrer Leistungsfähigkeit sämtliche bis dahin in Europa durch Kanalisierung ausgebauten Wasserstraßen überragte. Aus fünf Stufen wurden drei; die Doppelschleusen erhielten Kammern von 350 m Länge und 12 und 15 m Breite. Die alten Nadelwehre wurden durch Walzenwehre ersetzt.

Während des ersten Weltkrieges zeigte sich deutlich die Notwendigkeit einer Großschiffahrtsverbindung zwischen den beiden größten Strömen Europas Rhein und Donau. Infolge der Kriegsverhältnisse kam es aber erst 1920 zu der für dieses Bauvorhaben entscheidenden Gründung der Rhein-Main-Donau AG durch das Reich und das Land Bayern. Gegenstand des Unternehmens war der Ausbau bzw. Bau der Großschiffahrtsstraße von Aschaffenburg über Bamberg und Nürnberg zur Donau bei Kelheim und weiter bis zur Reichsgrenze sowie der Donauausbau von Ulm bis Kelheim, dazu der Bau und Betrieb der zugehörigen Kraftwerke. Die gesamte Ausbaustrecke Aschaffenburg—Reichsgrenze bei Passau hat eine Länge von rd. 680 km. Zur Finanzierung des gewaltigen Bauvorhabens sollte vor allem die Ausnutzung der Wasserkräfte dienen, die der Gesellschaft bis zum Jahre 2050 in ihrem Konzessionsbereich überlassen wurden. Am Main fanden die bereits im Jahre nach der Gründung der Gesellschaft begonnenen Arbeiten 1940 einen Teilabschluß durch die Eröffnung des Verkehrs bis Würzburg. Die Mainschleusen wurden ebenfalls für das 1200-t-Schiff, dazu auch für Flöße, bemessen und sind deshalb 300 m lang und 12 m breit. In der Donau hat die Rhein-Main-Donau AG in den Jahren 1922 bis 1928 als erste Maßnahme zur Verbesserung des infolge Felsuntergrundes sehr schlecht zu regulierenden Abschnittes oberhalb von Passau die Staustufe Kachlet gebaut. Die 440 m breite Staustufe besteht aus einem Wehr mit sechs Öffnungen von je 25 m Breite, die durch Doppelschütze verschlossen werden, einer Doppelschleuse mit 230 m langen und 24 m breiten Schleusenkammern und einem Kraftwerk mit acht Maschinensätzen zu 5600 kW. Auf den übrigen Strecken wurden zunächst die ungünstigen Schiffahrtsverhältnisse abschnittsweise durch Regulierungsarbeiten verbessert.

Die völlig unzureichend kanalisierte Lahn wurde 1929 durch fünf neue oder umgebaute Staustufen bis oberhalb von Diez für 200-t-Schiffe befahrbar gemacht. 1937 wurde die Mündungsschleuse Niederlahnstein durch einen Neubau ersetzt, der die Schleusung von 300-t-Schiffen ermöglicht. An der Mosel sahen Planungen aus dem Jahre 1938 vor, die Strecke Reichsgrenze—Trier, deren Wasserführung gering ist, durch Einbau von drei Staustufen zu kanalisieren, dagegen die Strecke Trier—Koblenz zu regulieren. An der Mündung bei Koblenz war ohne eine Staustufe nicht auszukommen, ihr Bau wurde 1941 begonnen, aber bis Kriegsende nicht mehr beendet.

Der Rhein-Herne-Kanal, 1941 dem Verkehr übergeben, war im Laufe der Jahre infolge des Bergbaubetriebes auf den Strecken zwischen den Schleusen stark abgesunken, während die vom Bergbau freigehaltenen, auf sog. Sicherungspfeilern stehenden Schleusen ihre Höhenlagen im allgemeinen beibehielten. Die Seitendämme mußten daher laufend aufgehöht, ein Stichkanal mit einem Hafen bei Herne sogar wegen zu starken Absinkens mit einem Abschlußdamm abgetrennt und aufgegeben werden. Der ständig wachsende Verkehr machte eine weitere Mündungsschleuse bei Duisburg-Ruhrort notwendig, die, da sie gleichzeitig dem Verkehr auf der unteren Ruhr nach Mülheim zu dienen hatte, die ungewöhnlich großen Abmessungen von 350 × 13 m erhielt.

Eine der bedeutendsten von der Reichswasserstraßenverwaltung gebauten Wasserstraßen ist der 60 km lange Wesel-Datteln-Kanal. Sogleich nach der Übernahme der Wasserstraßen, also schon 1921, nahm das Reich die von Preußen begonnenen, aber wegen des Krieges eingestellten Bauarbeiten wieder auf und führte sie 1930 zu Ende. Kanalquerschnitt und Schleusen wurden für das 1350-t-Schiff bemessen, die Schleusen haben die Maße 225 × 12 m. Nach 1930 wurden die Pumpwerke an den Gefällstufen betriebsfertig; erst damit konnte der Kanal seine bedeutende wasserwirtschaftliche Aufgabe erfüllen, sowohl für den Wesel-Datteln-Kanal selbst als auch für den Rhein-Herne-Kanal neben dem Schleusungswasser, das aus der Lippe nicht mehr ausreichend heranzuführen war, den Wasserbedarf der sich im Bereich dieser Kanäle immer weiter ausdehnenden Industriewerke zu decken. Der Datteln-Hamm-Kanal, der 1914 bis Hamm fertiggestellt war und das Wasser aus der Lippe zur Speisung des Dortmund-Ems-Kanals heranführt, wurde bis 1929 um rd. 8 km verlängert, einschließlich der Schleuse Werries. Damit wurde die

Abb. 4. Überführung der 2. Fahrt des Dortmund-Ems-Kanals bei Olfen über die Lippe.

wichtige Zeche „Westfalen" für 1000-t-Schiffe erreichbar. Der geplante Weiterbau des Kanals bis Lippstadt ist aber nicht verwirklicht worden.

Der 1899 zur Verbindung des östlichen Teils des westfälischen Industriegebietes mit dem Seehafen Emden geschaffene Dortmund-Ems-Kanal mußte nach einem Jahrzehnt durch neue Ingenieurbauwerke in seiner Leistungsfähigkeit vergrößert werden. Schon 1914 war neben dem Hebewerk Henrichenburg am Abzweig nach Dortmund eine Schachtschleuse mit offenen Sparbecken fertiggestellt worden. Preußen hatte den Bau weiterer neuer Schleusen vorgesehen; das Reich hat dann gemäß dem Staatsvertrage von 1921 die Schleusen Münster (3. Schleuse) und Hüntel von je 225 × 12 m gebaut. In der Zeit des wirtschaftlichen Tiefstandes der zwanziger Jahre entschloß man sich, den gesamten Kanal für das 1500-t-Schiff zu erweitern, um dadurch die Frachten im Interesse des notleidenden östlichen Teiles des Industriegebietes erheblich senken zu können. Ein Kanalprofil von 34 m Wasserspiegelbreite und 3,5 m Wassertiefe war vorgesehen. Der Überwindung der Engpässe an den drei Kanalüberführungen im südlichen Teil des Kanals sollten zweite Fahrten dienen, deren Kanalüberführungen z. T. unter Berücksichtigung zu erwartender Bergsenkungen nach neuen Gesichtspunkten in Stahl auszubilden waren (Abb. 4). 1933 standen die ersten Geldmittel für die Erweiterung des Kanalquerschnittes und für größere Schleppzugschleusen bereit. Zur Erhaltung der Dichtung der Dammstrecken und zur Unterstützung der Stahlindustrie wurde der neue Querschnitt auf langen Strecken durch beiderseitige Spundwände hergestellt. Die Arbeiten wurden auf der Südstrecke Herne—Bergeshövede einschließlich der zweiten Fahrten bei Olfen und an der Ems fertiggestellt, als sie der zweite Weltkrieg unterbrach. In der Nordstrecke ist es noch zur Ausführung umfangreicher Teile des geplanten Seitenkanals von Gleesen bis Papenburg gekommen. Dieses Vorhaben wurde nicht wieder aufgegriffen.

In die Jahre 1921 bis 1935 fällt der schon vorher angefangene Bau des Küstenkanals, der die untere Ems mit Oldenburg und über die ausgebaute Hunte mit der Weser verbindet. Der rd. 70 km lange Kanal durchquert ein Hochmoorgebiet, das durch ihn entwässert und dadurch der Kultivierung erschlossen worden ist.

1913, als bereits die Weser-Staustufen Hemelingen und Dörverden bestanden, waren die ersten Mittel für eine großzügige Regulierung der Weser bewilligt worden. Der Ausbau sah unter Berücksichtigung einer Wasserabgabe zur Speisung des Mittellandkanals von 7 m^3/s einereits, der Zuführung von 11 m^3/s aus der Eder- und Diemeltalsperre andererseits eine Fahrwassertiefe zwischen Minden und Bremen von 1,40 bis 1,60 m bei erhöhtem Mittelkleinwasser vor. Die Arbeiten kamen infolge des Krieges erst nach 1921 in Gang. Die gesteckten Ziele waren zwar 1930 im wesentlichen erreicht, im gleichen Jahr wurde aber die schon seit 1899 ins Auge gefaßte Kanalisierung der Mittelweser von Minden bis Bremen in Angriff genommen, da sich die Verhältnisse auf der Weser besonders beim Übergang der Schiffe vom Mittellandkanal her als unzulänglich erwiesen. Der Plan sah vor, zusätzlich zu den beiden bestehenden fünf neue Staustufen zu errichten. Bis 1942 wurde etwa ein Drittel des Gesamtumfanges der Arbeiten geleistet.

Abb. 5. Schleuse Anderten des Mittellandkanals (links und rechts die Maschinenhäuser für die Ventile der Speicherkammern).

Der Mittellandkanal stand 1914 auf der 174 km langen schleusenlosen Strecke vom Dortmund-Ems-Kanal bis Hannover einschließlich der Kanalbrücke über die Weser bei Minden kurz vor der Vollendung. Er war mit 3 m Wassertiefe in Kanalmitte für das 600-t-Schiff bemessen. Man sah jedoch die Möglichkeit vor, den Kanal durch Erhöhung des Wasserspiegels um 50 cm auch für 1000-t-Schiffe (Sympher-Kanalkahn) mit 2 m Tiefgang befahrbar zu machen. Die Reichswasserstraßenverwaltung hat dann einen Großteil der zusätzlichen Arbeiten ausgeführt, so daß bis zum Herbst 1940 der Wasserspiegel zunächst um 40 cm angespannt und die Tauchtiefe auf 2 m festgesetzt werden konnte. In ihrer Gesamtheit stellt die Vielzahl dieser Arbeiten, wie Dammverstärkung, Verlängerung von Dükern und Brücken, Erhöhung von Sicherheitstoren, eine bedeutende Baumaßnahme dar. Die volle Anhebung des Wasserspiegels ist bis heute unterblieben, weil nach Ausbruch des zweiten Weltkrieges die Brücken nicht angehoben werden konnten. Bis Hannover war der Bau des Mittellandkanals durch das preußische Wasserstraßengesetz von 1905 beschlossen worden. Nach Beendigung des ersten Weltkrieges arbeitete zwar das Reich, um Arbeitslose beschäftigen zu können, an der Teilstrecke Hannover—Peine, aber erst 1926 erzielte es in einem Staatsvertrag mit den beteiligten Ländern Einigung über die Linienführung

Abb. 6. Schiffshebewerk Rothensee im Abstieg des Mittellandkanals zur Elbe.

von Peine bis Magdeburg, die Verlängerung bis Brandenburg und den Südflügel bis Leipzig, sowie vor allem über die Fortführung der Arbeiten. Der eigentliche Weiterbau begann Anfang der dreißiger Jahre und führte 1938 mit der Inbetriebnahme des Abstiegbauwerkes zur Elbe, dem Schiffshebewerk Rothensee, zum langersehnten Zusammenschluß der Stromgebiete des Rheins, der Ems und der Weser mit denen der Elbe und Oder. Die Einfügung dieses Schlußgliedes in das deutsche Wasserstraßennetz ist das bedeutendste Ereignis für die deutschen Wasserstraßen überhaupt.

Neben den großen Schleusenanlagen von Anderten (Abb. 5) und Sülfeld (Doppelschleusen von 225 × 12 m mit 15 und 9 m Gefälle) ist vor allem das Hebewerk Rothensee ein bemerkenswertes Bauwerk. Seine Hubhöhe beträgt 18 m; der Trog von 85 × 12 × 2,50 m ruht auf zwei Schwimmern, er wird an vier senkrechten Spindeln von 27 m Länge geführt, die so an den Führungsgerüsten aufgehängt sind, daß sie nur Zugkräfte erhalten (Abb. 6). Mit dem Hebewerk und einem Kanalquerschnitt von 3,50 m Wassertiefe und 33 bis 39 m Wasserspiegelbreite ist der Mittellandkanal 2 m tiefgehenden 1000-t-Schiffen zugänglich.

Auf der Elbe herrschten besonders unbefriedigende Fahrwasserverhältnisse. Noch um 1925 konnte das 1,75 m tief gehende 700-t-Regelschiff durchschnittlich zwei Monate im Jahr nicht einmal halb abladen. Die Reichswasserstraßenverwaltung führte daher die schon früher auf Grund des Reichgesetzes von 1911 begonnenen Regulierungsarbeiten weiter, von 1931 ab nach einem neuen Regulierungsentwurf, dessen Ziel es war, dem Regelschiff jederzeit die Fahrt mit Dreiviertelladung zu ermöglichen, d. h. eine Mindestfahrwassertiefe von 1,50 m zu schaffen. Da man erkannt hatte, daß eine Regulierung allein keine ausreichende Wassertiefe bei Niedrigwasserführung gewährleisten kann, wurde außerdem der Weg beschritten, sie künstlich mit Zuschußwasser aus Talsperren anzureichern. Das Reich beteiligte sich dazu an einer Aktiengesellschaft zum Bau von zwei Talsperren in der oberen Saale, der Bleilochtalsperre und der Talsperre bei Hohenwarthe, mit 215 Mill. m³ und 185 Mill. m³ Stauraum. Die Bleilochtalsperre wurde 1932, die bei Hohenwarthe 1940 fertiggestellt. Durch das Zuschußwasser aus diesen beiden Talsperren sollten die sommerlichen Niedrigwasserstände der Elbe unterhalb der Saalemündung um 30 bis 40 cm angehoben werden, doch war ein befriedigender Erfolg der Gesamtmaßnahmen am Fahrwasser der Elbe nicht zu verzeichnen.

Besondere Schwierigkeiten bot die Elbstrecke in Magdeburg wegen des dort über der Felssohle — Domfelsen — liegenden starken Gefällbruches. Ihnen konnte weder mit Regulierung noch mit Anreicherung der Wasserführung begegnet werden. Die Verwaltung entschloß sich daher zum Bau einer Staustufe mit 140 m breitem pfeilerlosem Wehr und einer in besonderem Schleusenkanal angeordneten Doppelschleuse der Kammermaße 325 × 25 m. Die Arbeiten sind wegen des Krieges unvollendet liegengeblieben. Auch der Südflügel des Mittellandkanals, nämlich die Elbstrecke bis zur Saale-Mündung (40 km), die zweischiffig auszubauende Saale (100 km) und ein Stichkanal nach Leipzig (30 km), ist in Angriff genommen, aber nicht vollendet worden.

Mit seiner östlichen Anschlußstrecke, dem Ihle-Plauer-Kanal, reicht der Mittellandkanal in die Märkischen Wasserstraßen hinein. Der Ausbau dieses seit 1871 bestehenden Kanals für das 2 m tief gehende 1000-t-Schiff mit modernen Schleppzugschleusen wurde als Notstandsarbeit schon 1919 begonnen und 1938 beendet. Dadurch war, wenn auch vorläufig noch über eine kurze Elbstrecke, am Plauer See bei Brandenburg die leistungsfähige Havelwasserstraße und über diese der Anschluß nach Berlin erreicht. Die Havel wurde in den Jahren nach 1932 auf ihrer Mündungsstrecke grundlegend umgestaltet, um die Havelniederung von den Elbhochwässern zu entlasten. Die Schiffahrt erhielt im Zusammenhang mit dieser umfangreichen wasserwirtschaftlichen Maßnahme eine Kanalverbindung von Havelberg zur Elbe mit einer Schleppzugschleuse von 225 × 20 m, die das Nebeneinanderliegen von zwei 1000-t-Schiffen erlaubt. Auch oberhalb des Plauer Sees wurde die für den Verkehr von Hamburg nach Berlin wichtige Havelwasserstraße nach 1921 durch Erweiterung von Engstellen verbessert, nicht zuletzt wegen des künftigen Verkehrs vom Westen Deutschlands nach Berlin über den Mittellandkanal.

Die Berliner Wasserstraßen selbst wurden zwischen den Kriegen dem steigenden Verkehr angepaßt. Unter den verschiedenen Maßnahmen verdienen die 1935 am Mühlendamm begonnenen Arbeiten hervorgehoben zu werden, weil sie im Herzen der Stadt auch das Stadtbild völlig veränderten. Dort entstand an Stelle der unter der Mühlendammbrücke liegenden alten Schleuse eine Doppelschleppzugschleuse, die den Hauptarm der Spree stark einengte (Abb. 6a). Daher wurde der südliche, an der Reichsbank vorbeiführende „Spree-Kanal", weiter unterhalb Kupfergraben genannt, für eine höhere Wasserführung (50 m³/s) ausgebaut, unter Einfügung eines modernen Wehres mit Sportschleuse, womit sich zugleich der starke Sportbootverkehr quer durch Berlin vom gewerblichen Verkehr trennen ließ. Die die Schiffahrtswege, die Abflußverhältnisse und das Stadtbild bereinigende Anlage wurde 1940 fertiggestellt. Auch der Berlin im Süden umgehende Teltowkanal sollte für das 1000-t-Schiff zugänglich gemacht werden. Zur Erweiterung des Kanalbettes ist es wegen des Krieges nicht gekommen, dagegen erhielt die Schleuse Kleinmachnow eine entsprechend große dritte Kammer.

Besonders bemerkenswert ist die Verbesserung, die der Hohenzollernkanal nach langjährigen Vorarbeiten mit dem von 1927 bis 1932 erbauten Schiffshebewerk Niederfinow erfuhr. Der Kanal hat an seinem Abstieg zur Oder ein Gefälle von 37 m zu überwinden. Die eine Treppe bildenden vier Schleusen befanden sich in einem bedenklichen Bauzustand, außerdem genügten sie mit 67 m Länge nur für 700-t-Schiffe. Das Hebewerk vereinigt das gesamte Gefälle (Abb. 7). Im Gegensatz zu den anderen in Deutschland gebauten oder begonnenen Hebewerken, bei denen die Tröge auf Schwimmern ruhen, ist hier das 4200 t betragende Gewicht des gefüllten Troges von

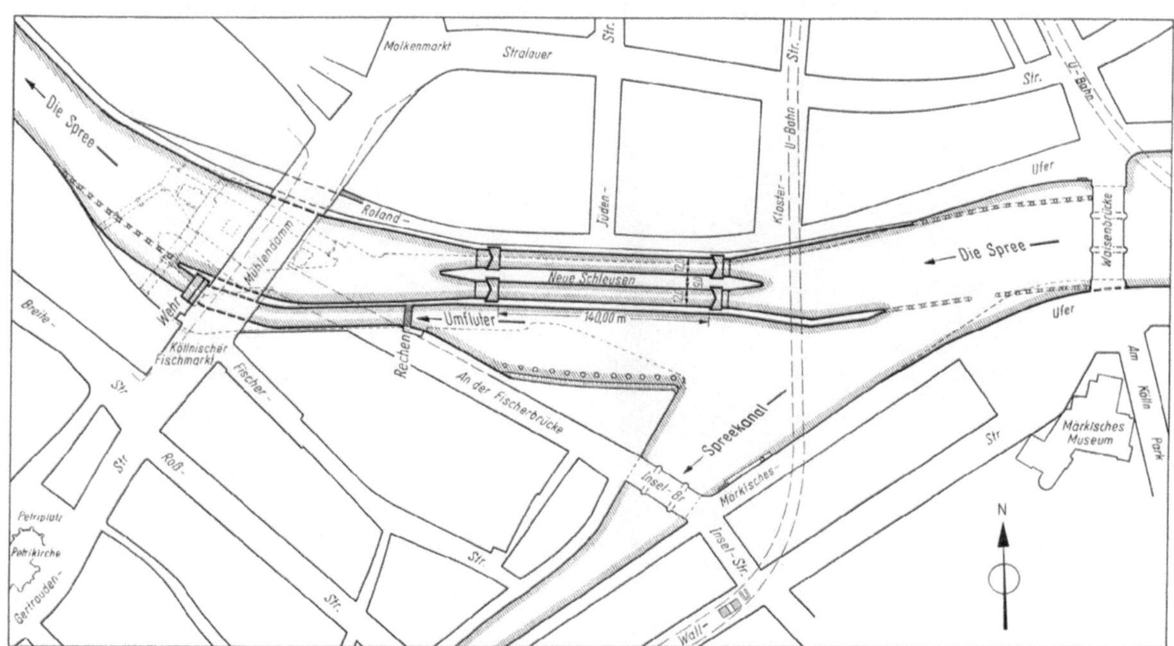

Abb. 6a. Umbau der Mühlendammstaustufe, Berlin.

Abb. 7. Schiffshebewerk Niederfinow im Abstieg des Hohenzollernkanals zur Oder.

85 × 12 × 2,5 m (Abb. 8) durch Gegengewichte ausgeglichen, die an 256 Drahtseilen hängen. Bei der Bewegung laufen vier Drehriegel (kurze Spindelabschnitte) in vier Mutterbackensäulen mit; sie sind so bemessen, daß sie bei Unfällen den Trog mit oder ohne Wasserlast in jeder Höhe halten können. Wegen des schlechten Untergrundes mußte zur Verbindung mit der oberen Haltung eine 157 m lange Kanalbrücke geschaffen werden. Das Schiffshebewerk Niederfinow, das zu den

bedeutendsten je ausgeführten Bauwerken gehört, hat alle Anforderungen, die der Verkehr stellte, bisher einwandfrei erfüllt.

Die Spree-Oder-Wasserstraße wurde nach 1921 durch Verlängern der Schleusen abermals erweitert. Vor allem erhielt sie eine neue Mündung in die Oder bei Fürstenberg, wo man die 3stufige Schleusentreppe durch eine moderne, mit 50% Wasserersparnis arbeitende Zwillingsschachtschleuse von 12,50 m Gefälle ersetzte. Eine einmalige, aber durchaus bewährte Einrichtung an dieser Schleuse ist die elektrische Seilzuganlage zum schnellen Verholen der Schiffe.

Abb. 8. Schiffshebewerk Niederfinow, Troginneres.

Die regulierte Oder unterhalb von Breslau war der Kanalisierungsstrecke von Kosel bis Breslau nicht gleichwertig. Das berüchtigte „Versommern" hielt alljährlich während der Niedrigwasserzeit Hunderte von Schiffen auf Grund liegend monatelang fest. Sowohl die schlesische Landwirtschaft als auch der oberschlesische Kohlenbergbau waren von diesen Transportschwierigkeiten schwer be-

Abb. 9. Schleuse Klodnitz im Neuen Klodnitzkanal (Photo Ilseder Hütte).

troffen. Das Reich führte daher den schon mit einem preußischen Gesetz von 1913 zur Aufhöhung des Niedrigwassers, zum Hochwasserschutz und zur Gewinnung elektrischer Energie beschlossenen Bau eines Staubeckens bei Ottmachau durch. Auf 2200 ha überstauter Fläche wurde mit einem Staudamm von 7 km Länge ein Beckeninhalt von 143 Mill. m³ geschaffen. Die Arbeiten daran dauerten ebenso wie die der Oderregulierung bis 1934; das Ziel, den 400-t-Schiffen die Fahrt mit Dreiviertelladung jederzeit zu ermöglichen, ist weitgehend erreicht worden. Der Bau drei weiterer Staubecken im oberen Odergebiet wurde noch begonnen, aber nur teilweise vollendet. Das Reich hatte ferner das große von Preußen begonnene Vorhaben der Vorflutverbesserung an der unteren Oder weiterzuführen, womit dort die Wasserwirtschaft im großen Stil verbessert und der ungehinderte Verkehr des 600-t-Schiffes zwischen Berlin und Stettin sichergestellt wurde.

Eine hervorragende Leistung der Reichswasserstraßenverwaltung ist der Bau des Neuen Klodnitzkanals von Kosel nach Gleiwitz für 1000-t-Schiffe. Er erhielt einen Muldenquerschnitt von 37 m Breite und 3,5 m Tiefe und an sechs Stufen von zusammen 44 m Gefälle Doppelschleusen von 72 × 12 m für Zwillingsbetrieb mit 50% Wasserersparnis (Abb. 9). Der 1933 begonnene Bau war bis Kriegsende im wesentlichen fertiggestellt.

Abb. 10. Schachtschleuse Georgenfelde im Masurischen Kanal.

Der rechte Nebenfluß der Oder, die Warthe, bildet zusammen mit ihrem Nebenfluß Netze und dem Bromberger Kanal die Oder-Weichsel-Wasserstraße. Diese war auf Grund des Wasserstraßengesetzes von 1905 für das 400-t-Schiff ausgebaut worden und wies 1913 schon einen Jahresverkehr von 500000 t auf. 1919 fiel der Bromberger Kanal an Polen. Die Wasserstraße verlor ihre Bedeutung. — In Ostpreußen war auf dem Pregel und seinen Nebenflüssen Deime und Alle durch frühere Regulierungsarbeiten eine Mindesttiefe von 1 bis 1,5 m erreicht worden, es verkehrten Schiffe bis zu 250 t Tragfähigkeit auf diesen Wasserstraßen. Durch den Bau von sechs Staustufen wurde der Pregel in den Jahren von 1921 bis 1936 für das 250-t-Schiff bis Insterburg kanalisiert. — Aus dem Pregel führte abzweigend über die Deime, die Gilge und eine Teilstrecke der Memel (in diesem Abschnitt Ruß genannt) ein Schiffahrtsweg parallel zum Kurischen Haff, das an seiner Südostküste wegen geringer Wassertiefe nicht schiffbar ist; bis 1919 konnten Binnenschiffe über den König-Wilhelm-Kanal auf dieser Binnenschiffahrtsstraße sogar die Stadt Memel erreichen. Mit dem Einbau einer Schleppzugschleuse von 225 × 12 m in die Krumme Gilge entstand 1935 eine für dieses ausschließlich landwirtschaftlich genutzte Gebiet ausreichende Wasserstraße.

Der Masurische Kanal sollte dieses Wasserstraßennetz über die Alle mit dem ausgedehnten ostpreußischen Seengebiet verbinden. Die vor dem ersten Weltkrieg begonnenen Arbeiten wurden 1934 wieder aufgenommen. Ein Gefälle von 110 m war in zehn Staustufen, z. T. mit sehr hohen Schachtschleusen von 17 m Fallhöhe, zu überwinden (Abb. 10). Bei Beginn des zweiten Weltkrieges war diese für das 250-t-Schiff bemessene Wasserstraße nahezu vollendet.

D. Die Entwicklung der Bundeswasserstraßen (Binnenbereich)

1. Die verkehrspolitischen Grundsätze zum Ausbau der Wasserstraßen

Das Wasserstraßennetz, das die Bundesrepublik Deutschland im Jahre 1949 gemäß den Bestimmungen der Artikel 87 und 89 des Grundgesetzes in ihr Eigentum und in ihre Verwaltung nahm, hat mit rd. 4800 km Länge nur die Hälfte des Umfanges, den das Netz der Reichswasserstraßen besaß. Es stellt aber den verkehrsreicheren Teil dieses Netzes dar, in dem allein der Rhein heute mit 27 Mrd. t km 67% des gesamten Binnenschiffsverkehrs der Bundesrepublik Deutschland auf sich vereinigt. Es enthält ferner die verkehrsreicheren Kanäle; denn die Kanalbauten setzten zwar im industrialisierten Westen Deutschlands später ein als im Osten, waren aber mehr als dort auf die Massenguttransporte der hauptsächlich im Westen beheimateten Schwerindustrie ausgerichtet. Auch die Flußkanalisierungen, besonders die des Mains und des Neckars, hatten größere Fortschritte gemacht als im Osten, weil sich die Nebenflüsse des Rheins wegen dessen Verkehrsbedeutung besonders stark zum Ausbau anboten.

Das Netz der Bundeswasserstraßen hat aber einem Wirtschaftsraum zu dienen, für den es in verkehrlicher und wasserwirtschaftlicher Hinsicht nicht ausgebaut worden war. 1939 lebten auf dem Gebiet der heutigen Bundesrepublik rd. 40 Millionen Einwohner, heute sind es rd. 55 Millionen; die Bevölkerungsdichte stieg von 160 auf 222 Einwohner je qkm. Die Folge war ein sprunghaftes Ansteigen der Wirtschaftstätigkeit und damit der verkehrs- und wasserwirtschaftlichen

Bedürfnisse. Nicht nur die Größe, auch die Richtung der Verkehrsströme hat sich verlagert, denn die Bundesrepublik ist ein in nord-südlicher Richtung langgestrecktes Land, das Deutsche Reich dagegen wies eine mehr west-östliche Erstreckung auf. Ferner grenzt die Bundesrepublik im Osten an die Sowjetzone Deutschlands und die Tschechoslowakei, also an Gebiete, deren westliche Grenzen besonders fest verschlossen sind. So sind im Osten der Bundesrepublik Grenzgebiete dort entstanden, wo früher zentrale Wirtschaftsräume lagen, Grenzgebiete, deren Randlage noch ausgeprägter wird, seitdem der Großraum der Europäischen Wirtschaftsgemeinschaft entsteht.

Schließlich ist das Wasserstraßennetz im Nordosten der Bundesrepublik durch die willkürliche Zonengrenzziehung seines Zusammenhanges mit den übrigen Bundeswasserstraßen beraubt worden. Die Elbe steht nicht mehr als Hinterlandverbindung für Hamburg, den größten deutschen Seehafen, zur Verfügung; die große West-Ost-Magistrale des Mittellandkanals kann, von der Versorgung Berlins abgesehen, nicht mehr den Zwecken dienen, für die sie gebaut war. Andere Kanäle dagegen, wie der Küstenkanal, wurden überlastet, weil neue, früher weniger bedeutende Verkehrsrelationen in den Vordergrund getreten sind.

Die neuen Verhältnisse bestimmen die Wasserstraßenpolitik des Bundes. Sie ist in erster Linie darauf gerichtet, die Wasserstraßen dem steigenden Verkehrsaufkommen anzupassen. Einen Begriff von der Größe der Aufgabe gibt der Anstieg der von der Binnenschiffahrt beförderten Gütermenge von 72 Mill. t im Jahre 1950 auf 170 Mill. t im Jahre 1962. Die Verkehrsleistung stieg in diesen Jahren von 17 Mrd. t km auf 41 Mrd. t km; im Vergleich zum Jahre 1936, in dem auf den Wasserstraßen des heutigen Bundesgebietes 20 Mrd. t km geleistet worden sind, hatte dieses Wasserstraßennetz bei praktisch gleicher Länge die doppelte Verkehrsleistung zu erbringen. Nicht minder wichtig als die Anpassung der Wasserstraßen an das Verkehrsaufkommen ist ihre Anpassung an den Strukturwandel der Binnenschiffahrt. Der schnell steigende Anteil der Motorgüterschiffe am Gesamtverkehr mit ihrer gegenüber der Schleppschiffahrt veränderten Fahrweise, die Verstärkung der Schiffsantriebsleistungen, die Vergrößerung der Schiffsabmessungen, erforderten einen tiefgreifenden Um- und Ausbau der vorhandenen Wasserstraßen. In neuester Zeit ist auch der Tendenz zum allmählichen Ersatz der Schleppschiffahrt durch die Schubschiffahrt Rechnung zu tragen. Die Verwirklichung des Zieles, dem mit einer solchen Dynamik steigenden und sich strukturell verändernden Verkehr durch ausreichende Wasserwege gerecht zu werden, ist deshalb schwierig, weil bei der Binnenschiffahrt Fahrzeug und Weg nicht in einer Hand liegen; Entscheidungen über den Bau von Wasserstraßen sind zudem nicht allein von wirtschaftlichen und technischen, sondern von politischen Erwägungen und von der Haushaltslage der öffentlichen Hand abhängig.

Wie für die Reichswasserstraßenverwaltung, so ist auch für die Wasser- und Schiffahrtsverwaltung des Bundes die Politik beim Ausbau der Binnenschiffahrtsstraßen weitgehend Seehafenpolitik. Gute Wasserstraßenverbindungen in das Hinterland sind auch heute für einen Seehafen entscheidend. Die deutschen Seehäfen sind in dieser Beziehung gegenüber dem europäischen Ausland von Natur aus benachteiligt. Zudem machen die Rheinmündungshäfen seit dem Kriege vermehrte Anstrengungen zur Stärkung ihrer Wettbewerbslage. Eines der Hauptziele beim Ausbau des Netzes der Bundeswasserstraßen ist es daher, für das Regelschiff, das 2,50 m tief gehende 1350-t-Schiff, vollschiffige Binnenschiffahrtsstraßen zu den deutschen Seehäfen herzustellen. Mit dem Ausbau des Dortmund-Ems-Kanals und der Kanalisierung der Mittelweser sind wichtige Schritte auf dieses Ziel hin bereits getan, weitere, wie der Anschluß Hamburgs, bleiben noch zu tun. Der Bund beachtet auch den Gesichtspunkt, in Randlage befindliche Gebietsteile — und dazu gehören heute besonders die Zonenrandgebiete — durch Wasserstraßen zu verklammern. Er stellt schließlich seine Maßnahmen und Pläne auf das Ziel der europäischen Verkehrsintegration ab. Das gilt zunächst einmal für den Bau oder Ausbau von Wasserstraßen, die die Bundesrepublik mit ihren Nachbarländern verbinden. Rhein und Donau stellen solche Verbindungen bereits dar. Ihre Verbesserung steht im Zeichen einer weitgehenden, auch auf die Bedürfnisse der anderen Uferstaaten Rücksicht nehmenden internationalen Zusammenarbeit. Hier ist vor allem die Schiffbarmachung der Mosel zu nennen. Weiteren Plänen, auch wenn sie vorerst noch nicht der Verwirklichung entgegengeführt werden können, läßt der Bund alle Aufmerksamkeit angedeihen. Ebenso wesentlich für einen Zusammenschluß der europäischen Wasserstraßennetze ist aber die Anwendung der Prinzipien, nach denen die bisher noch recht unterschiedlichen Wasserstraßennetze der westeuropäischen Länder vereinheitlicht werden sollen. Dem Ziel der Freizügigkeit des von der europäischen Konferenz der Verkehrsminister als Europaschiff bestimmten Rhein-Herne-Kanal-Typschiffes von 1350 t Tragfähigkeit ordnet die Bundesrepublik ihre Arbeiten und Pläne zum Ausbau des Wasserstraßennetzes fast ausnahmslos unter.

Die Wasserstraßenpolitik des Bundes erschöpft sich ebensowenig wie die des Reiches im Verfolgen rein verkehrlicher Ziele. Auch nach dem Grundgesetz der Bundesrepublik Deutschland sind bei der Verwaltung, dem Ausbau und dem Bau von Wasserstraßen die Bedürfnisse der Landeskultur und Wasserwirtschaft im Einvernehmen mit den Ländern zu wahren. Diese Bedürfnisse sind zusammen mit der Bevölkerungsdichte und der Wirtschaftstätigkeit ebenfalls stark gestiegen. Sie zu befriedigen können die Wasserstraßen wesentlich beitragen, denn durch den Bau oder Ausbau einer Wasserstraße wird der Wasserhaushalt einer Landschaft verbessert, die gesamte Wasserwirtschaft neu gestaltet, werden die landwirtschaftlichen Produktionsbedingungen gefördert, bessere Möglichkeiten für Siedlungen und Industrie zur Entnahme von Wasser und zur Einleitung von Abwasser geschaffen und vielfach auch billige Wasserkräfte bereitgestellt.

In den Jahren nach 1949 stellte der Bund die schon vor dem Kriege begonnenen und zum Teil durch Staatsverträge des Reiches mit den Ländern festgelegten Ausbauvorhaben allen anderen Wünschen nach neuen Wasserstraßen voran. Mit der Fortführung dieser Ausbauvorhaben Schwerpunkte zu bilden war ein leitender Grundsatz seiner Wasserstraßenpolitik. Die vier im Kriege stillgelegten großen Baumaßnahmen waren:

1. Der Ausbau des Dortmund-Ems-Kanals für den Verkehr mit 1500-t-Schiffen,
2. Die Arbeiten an der Rhein-Main-Donau-Großschiffahrtsstraße,
3. Die Kanalisierung des Neckars zwischen Heilbronn und Stuttgart,
4. Die Kanalisierung der Mittelweser.

Auf Grund des im Zusammenhang mit der Rückgliederung des Saarlandes abgeschlossenen Moselvertrages kam allerdings zu den Fortsetzungsmaßnahmen schon 1957 als neues Vorhaben die Moselkanalisierung hinzu.

2. Die Anpassung der Wasserstraßen an die Entwicklung der Binnenschiffahrt nach 1945

In der Binnenschiffahrt hat sich nach 1945 ein grundlegender Strukturwandel vollzogen, dem die Wasserstraßen seither angepaßt werden mußten und weiter angepaßt werden müssen. Die ihrem Ausbau vor dem Kriege zugrunde gelegten Abmessungen sind überholt. Das gilt in erster Linie für die künstlichen Wasserstraßen, aber auch beim Kanalisieren der Flüsse wurden nach dem Kriege größere Fahrwasserquerschnitte und Schleusenabmessungen zugrunde gelegt. Die Binnenschiffahrt war bestrebt, ihre Leistungsfähigkeit zu verbessern, ihre Wirtschaftlichkeit zu erhöhen und ihre Freizügigkeit zu erweitern. Dem dienten die Motorisierung, die Beschränkung der Zahl der Schiffstypen, die Anwendung neuer Transportmethoden, wie z. B. der Schubschiffahrt. Das Bestreben nach Motorisierung wurde noch gefördert durch die Erweiterung, die das Wasserstraßennetz in den Jahren nach dem Kriege erfuhr, besonders durch die Kanalisierungen von Main und Neckar und den Ausbau des Oberrheins bis Basel. Diese neuen Strecken erwiesen sich als überaus anziehend für Motorgüterschiffe.

Der Zwang zur Umgestaltung der Wasserstraßen geht nicht nur vom gestiegenen Transportvolumen, er geht auch von der Umstellung der Binnenschiffahrt vom Schleppschiff auf das mit eigener Triebkraft versehene Motorgüterschiff aus. 1936 machte der Anteil der Motorgüterschiffe an der Tonnage aller Frachtschiffe erst 7% aus, 1956 waren es 34%, 1962 bereits 53%, im westdeutschen Kanalgebiet für sich allein sogar 62%; auf einzelnen Wasserstraßen liegt der Anteil noch darüber. Die Anzahl der Motorgüterschiffe ist fast doppelt so hoch wie die der Schleppkähne. Ihre Tragfähigkeit ist dagegen meist geringer; in der Bundesrepublik beträgt sie im Durchschnitt (Ende 1962) 533 t (westdeutsches Kanalgebiet 463 t) gegenüber 852 t des Schleppkahnes. Die Motorgüterschiffe fahren auf den Kanälen mit einer Geschwindigkeit von 8 bis 10 km/Std. Die Kanäle waren aber vor dem Kriege für einen Schleppschiffverkehr und Geschwindigkeiten von höchstens 6 km/Std gebaut worden. Der Angriff auf die Kanalsohle ging dabei von der einen Schiffsschraube des Schleppdampfers aus, dessen Schleppzug etwa 1500 t Ladung faßte, und wirkte sich hauptsächlich in Kanalmitte aus. Demgegenüber greifen die schnellfahrenden Motorgüterschiffe das Kanalbett wesentlich stärker an, besonders im voll beladenen Zustand, bei dem ihre Schrauben sehr tief liegen. Bei ihrer Vielzahl sind Begegnungen und Überholungen ungleich häufiger als früher, der Verkehr vollzieht sich praktisch zweispurig im Richtungsverkehr nahe den Böschungen. Zudem entfällt auf die gleiche Ladungsmenge eine stark erhöhte Zahl von Schiffsschrauben. Für den Ausbau und Neubau von Kanälen mußten daher nach dem Kriege Kanalquerschnitte zur Anwendung kommen, die derartigen Angriffen standhalten, wirtschaftlich unterhalten werden können und auch die Wirtschaftlichkeit des schnellfahrenden Schiffes selbst gewährleisten, indem sie ihm geringen Fahrwiderstand bieten.

Bei der Anpassung der Bundeswasserstraßen war nicht nur der Strukturwandel der Binnenschiffahrt, sondern auch ihre neue Schiffstypenreihe zu berücksichtigen. Die Binnenschiffahrt hatte nach dem Kriege zur Steigerung ihrer Wirtschaftlichkeit die Zahl der Schiffstypen stark eingeschränkt. Unter ihnen wiederum sind von maßgebender Bedeutung für die Bundeswasserstraßen heute nur drei Schiffstypen: das Dortmund-Ems-Kanal-Schiff (Typ „Gustav Koenigs“), das Rhein-Herne-Kanal-Schiff (Typ „Johannes Welker“) und das große Rheinschiff. Der wichtigste Typ ist das auch als Europaschiff bezeichnete Rhein-Herne-Kanal-Schiff von 1350 t Tragfähigkeit. Den genannten Typen sind in einer international vereinbarten Klasseneinteilung die Wasserstraßenklassen III, IV und V zugeordnet. Die Schiffe haben folgende Abmessungen:

Allgemeine Bezeichnung	Länge m	Breite m	Normale Abladetiefe m	Charakt. Angabe d. Tragfähigk.	Wasserstraßenklasse
Dortmund-Ems-Kanal-Schiff	67,00	8,20	2,50	1000	III
Rhein-Herne-Kanal-Schiff	80,00	9,50	2,50	1350	IV
Großes Rheinschiff	95,00	11,50	2,70	2000	V

Der Bau und Ausbau der Binnenschiffahrtsstraßen der Bundesrepublik richten sich heute überwiegend nach dem 1350-Tonnen-Schiff, für das auch künftige Wasserstraßen von europäischem Interesse ausgebaut werden. Die wichtigste Ausnahme bildet der Rhein, der den Verkehr größerer Schiffe erlaubt. Für den „Europaschubleichter“ hat man sich im Hinblick auf die Wasserstraßenklasse IV auf die Maße 70 × 9,50 × 2,50 m geeinigt.

Die Wasser- und Schiffahrtsverwaltung hat die neuen Querschnitte der Kanäle entsprechend den vorgenannten Schiffstypen und unter Berücksichtigung des Strukturwandels der Binnenschiffahrt ausgebildet. So lag dem Ausbau des Dortmund-Ems-Kanals das Typschiff dieses Kanals zugrunde, das sich vom früheren Dortmund-Ems-Kanal-Kahn nur durch den von 2 m auf 2,50 m vergrößerten Tiefgang unterscheidet. Die dafür gewählten Profile weisen in der Regel ein Verhältnis des benetzten Kanalquerschnittes zum eingetauchten Schiffsquerschnitt von 5,5 : 1 bis 5,9 : 1 auf. Das Regelprofil ist 3,50 m tief und im Wasserspiegel 43 m breit.

Eingehende Untersuchungen haben jedoch ergeben, daß für das Fahren der Motorgüterschiffe mit einer Geschwindigkeit von 12 km/Std, wie sie die Wirtschaftlichkeit der Binnenschiffahrt erfordert, ein Querschnittsverhältnis von 7 : 1 notwendig ist. Als Normalquerschnitt eines Kanals der Wasserstraßenklasse IV, also für das vollabgeladene Europaschiff, wird daher heute ein Profil von 4 m Wassertiefe (z. T. 4,25 m in Kanalmitte) und 53 bis 55 m Wasserspiegelbreite angesehen. Ein solches Profil wird zur Zeit auf der im Bau befindlichen Kanalstrecke Bamberg—Nürnberg hergestellt, es wird bei der Erweiterung des Mittellandkanals angewendet werden und ist auch für etwaige Neubauten von Kanälen der Klasse IV vorgesehen. Hand in Hand mit der Querschnittsvergrößerung geht ein verstärkter Böschungs- und Sohlenschutz. Die lange Entwicklung, die die Querschnitte der künstlichen Wasserstraßen in Abhängigkeit vom Binnenschiff durchlaufen haben, ist aus Abb. 11 ersichtlich.

Auch die Fahrwasserquerschnitte der kanalisierten Flüsse müssen der neuen Entwicklung der Binnenschiffahrt entsprechend für größere Tiefgänge bemessen werden. So waren zwar Main und Neckar zwischen 1921 und 1945 für den 2,30 m tief gehenden, dabei 1200 t tragenden Rhein-Herne-Kanal-Schleppkahn mit einem Mindestprofil von 2,50 m Wassertiefe und 36 m Sohlenbreite ausgebaut worden, beim Weiterbau aber nach dem Krieg wurde eine Mindesttiefe von 2,70 m, in Felsuntergrund von 2,80 m, hergestellt. Der letzte Stand in dieser Entwicklung ist der bei der Schiffbarmachung der Mosel verwirklichte Mindestquerschnitt von 2,90 m Tiefe und 40 m Sohlenbreite, der dem auf 2,50 m voll abgeladenen Regelschiff gerecht wird. Bei Flußkanalisierungen ist allerdings hervorzuheben, daß die Mindesttiefe sich nur bei geringster Wasserführung einstellt und auch dann nur in den Baggerstrecken, daß sie im übrigen aber übertroffen wird.

Auch auf die Ausbildung neuer Schleusen hatte die Nachkriegsentwicklung der Binnenschiffahrt Einfluß. Zwar konnten das von der Reichswasserstraßenverwaltung angewandte und bewährte Breitenmaß von 12 m und die für die einzelnen Wasserstraßen seinerzeit gewählten Schleusenlängen beim Weiterbau oder bei der Erweiterung der Wasserstraßen beibehalten werden. Dagegen mußten die Schleppzugschleusen vielfach mit Mittelhäuptern versehen werden, um einzelfahrende Motorgüterschiffe schneller und mit geringerem Wasserverbrauch zu schleusen. Aus dem gleichen Grunde wurden — soweit bei steigendem Verkehr die Kapazität der vorhandenen Schleuse nicht ausreichte — für Motorgüterschiffe mehrfach Einzelschleusen neben den Schleppzugschleusen angeordnet. Dem Bestreben der Schiffahrt nach Erhöhung der Reisegeschwindigkeit kam man dadurch entgegen, daß die neuen Schleusen Einrichtungen für besonders schnelles Füllen und Leeren erhielten.

Das Maß von 12 m für die Schleusenbreite ist — abgesehen von den größeren Breiten an Rhein, Donau, Elbe — nicht nur in der Bundesrepublik, sondern auch in unseren Nachbarländern allgemein eingeführt. Die Europäische Konferenz der Verkehrsminister hat es als Mindestmaß für

Schleusen in Wasserstraßen von europäischer Bedeutung (mindestens Wasserstraßenklasse IV) festgesetzt. 12 m breite Schleusen sind in Westeuropa in solcher Zahl vorhanden, daß auf absehbare Zeit an eine größere Schleusenbreite als 12 m nicht zu denken ist. Dieses Maß ist daher bestimmend für die weitere Entwicklung der Binnenschiffe geworden. Auch die aufkommende Schubschiffahrt richtet sich danach. Schiff und Wasserstraße stehen also heute mehr denn je in enger Wechselbeziehung zueinander.

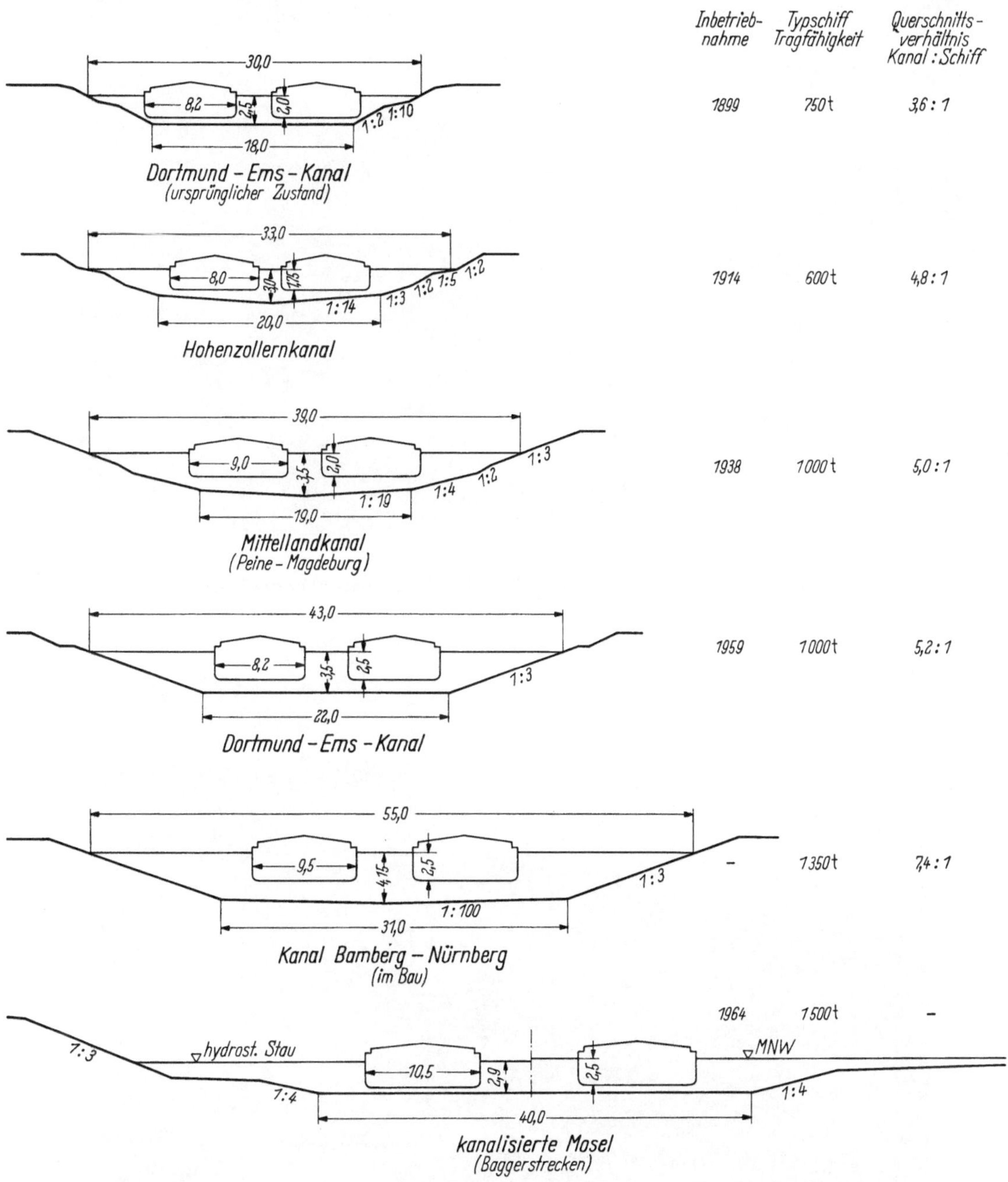

Abb. 11. Entwicklung der Kanalquerschnitte, Mindestquerschnitt der Moselkanalisierung.

3. Die Ausbaumaßnahmen in den Jahren 1945 bis 1963

Der Krieg war auch an den Wasserstraßen nicht spurlos vorübergegangen. Zahlreiche Bauwerke waren schwer beschädigt, die Unterhaltung war jahrelang vernachlässigt worden. So waren von den 1270 Brücken über die Wasserstraßen des heutigen Bundesgebietes 968 zerstört, 3750 Schiffe lagen gesunken in den Binnenschiffahrtstraßen. Brückentrümmer und Wracke versperrten den Schiffahrtsweg und hinderten die Vorflut (Abb. 12). Die Dienststellen der früheren Reichswasserstraßenverwaltung machten sich bald nach 1945 mit den geringen zur Verfügung stehenden Mitteln an die Räumung der Wasserstraßen und die Behebung der Schäden. Die größte Einzelleistung der ersten Jahre war der Anfang 1949 beendete Wiederaufbau der gesprengten Über-

Abb. 12. Zerstörte Überführung des Mittellandkanals über die Weser.

Abb. 13. Rhein bei Wesel.

führung des Mittellandkanals über die Weser bei Minden. Aber auch nach dem Übergang der Wasserstraßen auf den Bund blieb es noch lange Zeit vordringliche Aufgabe der Verwaltung, die Kriegsschäden zu beheben und die vernachlässigten Unterhaltungsarbeiten nachzuholen. Durch Anwendung neuer Methoden und Geräte gelang es, die Räumung der Wasserstraßen, die

Instandsetzung der Bauwerke und den Wiederaufbau der wichtigsten Brücken bis zum Jahre 1958 im großen und ganzen abzuschließen.

Seitdem konnte sich die Wasser- und Schiffahrtsverwaltung des Bundes mehr und mehr ihren eigentlichen Aufgaben widmen. Neben der systematischen Strompflege und der normalen Unterhaltung (Abb. 13) hat sie heute in den einzelnen Stromgebieten eine Reihe wichtiger Ausbauziele erreicht (Abb. 14). Am Oberrhein brachte sie gemeinsam mit der Schweiz die im Jahre 1930 begonnene Niedrigwasserregulierung Straßburg/Kehl-Istein in den Jahren bis 1956 zum Abschluß.

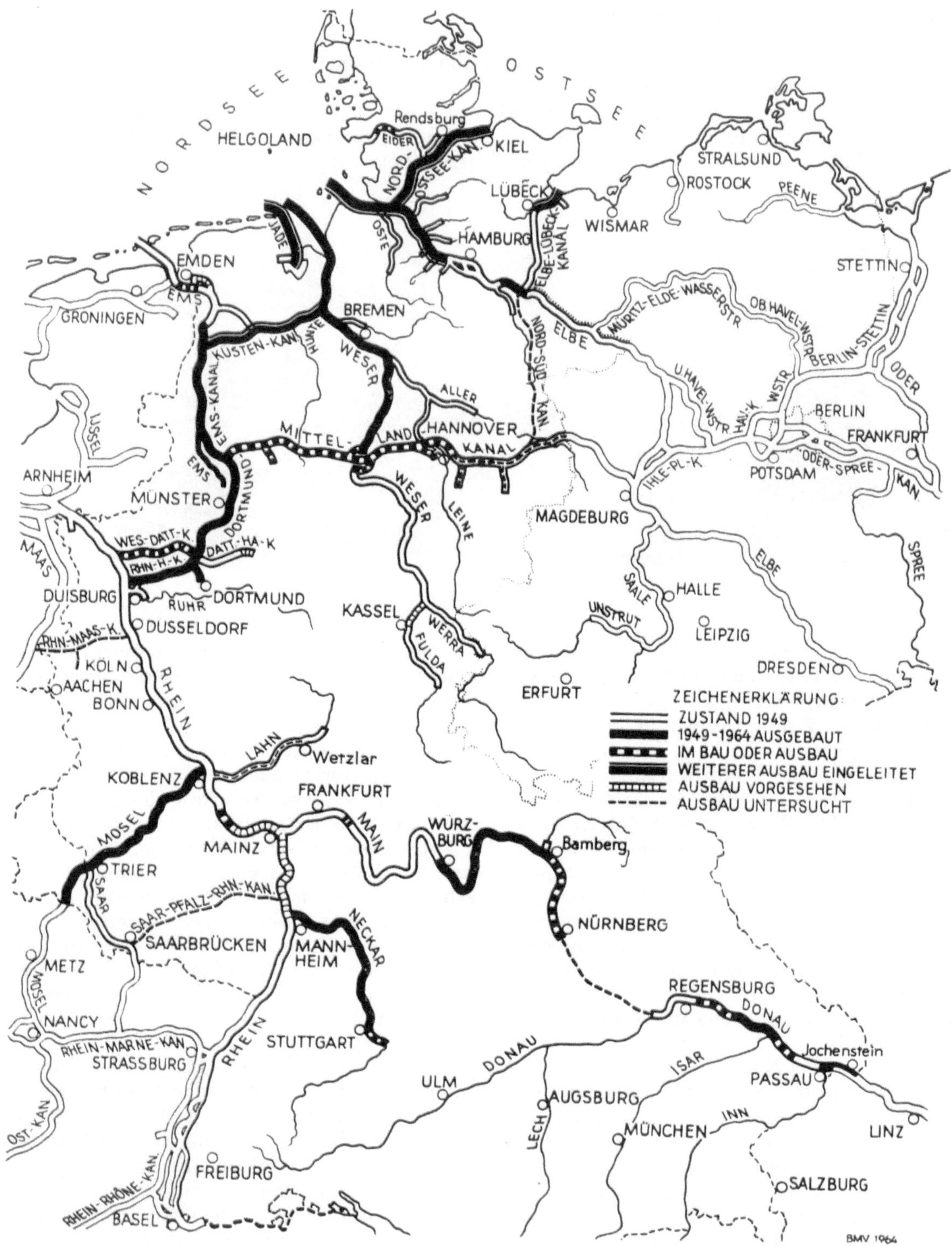

Abb. 14. Ausbau der Bundeswasserstraßen.

Daß Basel heute jährlich 8 Mill Gütertonnen umschlägt gegenüber 0,4 Mill. t im Jahre 1930, ist erst durch diese Regulierung ermöglicht worden. — Von 1954 bis 1956 verhandelte die Bundesrepublik mit Frankreich über eine Abänderung des französischen Entwurfs für den Rheinseitenkanal mit dem Ziel, ein zu erwartendes Absinken des Grundwasserstandes in der badischen Rheinebene zu verhindern und diesen Rheinabschnitt auch als Verkehrsweg für das deutsche Ufer zu erhalten. Auf Grund des Oberrheinvertrages führt Frankreich seitdem auf der 65 km langen Strecke von Breisach bis Straßburg den Wasserkraftausbau des Rheins nach der sog. Schlingenlösung aus, bei der der Rhein in der Mitte jeder der vier Haltungen dieser Strecke durch ein Wehr angestaut und auf die anschließende Haltungslänge in einen Kanal auf das elsässische Ufer abgeleitet wird; im alten, parallel zu diesen Teilkanälen gelegenen Rheinbett halten Schwellen einen für das Grundwasser günstigen Rheinwasserstand. Zwei der Staustufen wurden bisher fertiggestellt. Ein im alten Rheinbett dicht oberhalb von Breisach von Deutschland zu errichtendes Landeskulturwehr befindet sich noch im Bau.

Die Mittelrheinstrecke Mannheim—St. Goar ist mit dem stetigen Anwachsen des Schiffsverkehrs mehr und mehr zu einem Engpaß in der verkehrsstärksten Binnenschiffahrtsstraße der Bundesrepublik geworden. Einerseits ist die Verkehrsbelastung dieser Strecke besonders hoch; der Durchgangsverkehr erreichte z. B. bei Bingen bereits 60 Mill. t. Andererseits weist die Strecke Mannheim—St. Goar eine um 40 cm geringere Fahrwassertiefe auf als die unterhalb anschließende Strecke St. Goar—Köln. Die geringe Wassertiefe erfordert bei Niedrigwasser Abladebeschränkungen, die die Zahl der eingesetzten Schiffe erhöhen und zu Schiffsansammlungen führen. Dadurch verzögert sich der Schiffsumlauf, die Gesamtleistung des Rheinverkehrs sinkt ab. Durch die größere Zahl der Schiffe häufen sich die Havarien an verschiedenen Engstellen, vor allem in der Binger-Loch-Strecke. Havarien können dort zu einer völligen Sperrung des gesamten Verkehrs führen. Die Wasser- und Schiffahrtsverwaltung stellte daher nach eingehenden Vorarbeiten einen Regulierungsentwurf auf mit dem Ziel, das Fahrwasser zwischen Mannheim und St. Goar von 1,70 m auf 2,10 m unter Gleichwertigem Wasserstand (GlW) zu vertiefen, die verschiedenen Engstellen zu erweitern und die Fahrwasserverhältnisse in der Binger-Loch-Strecke grundlegend, vor allem durch Schaffung des „mittleren Fahrwassers“, eines zusätzlichen Schiffahrtsweges durch die Lochbänke, zu verbessern. Mit der Vertiefung um 40 cm soll erreicht werden, daß die Rheinschiffe, die in der Mehrzahl bei voller Abladung 2,50 m tief gehen, jährlich nahezu drei Monate länger ihre volle Tragfähigkeit ausnutzen können als bisher. Die ersten Felsbeseitigungsarbeiten wurden 1963 im Rahmen der Stromunterhaltung in der Gebirgsstrecke bei Oberwesel ausgeführt.

Abb. 15. Neckarstaustufe Poppenweiler.

1958 wurde die Kanalisierung des Neckars für 1350-t-Schiffe (Abb. 15) durch Ausbau der Strecke Heilbronn—Stuttgart vollendet und damit der Stuttgarter Wirtschaftsraum nach einer Bauzeit von 37 Jahren durch eine 187 km lange Großschiffahrtsstraße mit dem westdeutschen Wasserstraßennetz verbunden. Dem mit Fortschreiten der Ausbauarbeiten ungewöhnlichen starken Verkehrsanstieg waren die an den meisten Neckarstaustufen vorhandenen Einzelschleusen nicht mehr gewachsen; es war daher notwendig, die Staustufen mit zweiten Schleusen zu versehen. Bis 1962 wurde auch diese Arbeit beendet. Der Neckar weist heute einen Gesamtverkehr von 12 Mill. t auf. Die Kanalisierung des Neckars hat u. a. den Erfolg gehabt, daß sich, außer den großen Häfen Heilbronn und Stuttgart, längs seines Laufes 32 neue Umschlagstellen mit einem

Verkehr von 3,5 Mill. t (1960) entwickelt haben. Nach dem Staatsvertrage von 1921 über den Ausbau des Neckars gehört dazu der Ausbau der Strecke Stuttgart—Plochingen; auch auf ihr begannen bereits die Bauarbeiten.

Mit anfänglich bescheidenen Mitteln nahm die Rhein-Main-Donau AG schon 1947 die Arbeiten zur Mainkanalisierung oberhalb von Würzburg wieder auf. Nach 1949 konnten die Bauarbeiten beschleunigt und seitdem mehrmals wirtschaftlich wertvolle Teilstrecken des Mains dem Verkehr mit 1350-t-Schiffen übergeben werden. Hervorzuheben ist ein 7 km langer Umgehungskanal bei Volkach, der eine Mainschleife mit engen Krümmungen abschneidet. 1962 erreichte die Rhein-Main-Donau-Großschiffahrtsstraße den neuen Staatshafen von Bamberg, womit die von der Mündung her 400 km lange Mainkanalisierung ihren Abschluß fand. Seitdem liegt das Schwergewicht der Arbeiten der Rhein-Main-Donau AG auf der 66 km langen Kanalstrecke Bamberg—Nürnberg. In der Donau führte die Gesellschaft die Niedrigwasserregulierung weiter, die eine

Abb. 16. Donaustaustufe Jochenstein.

Fahrwassertiefe von 2 m bei niedrigstem Schiffahrtswasserstand zum Ziele hat. Die schwierigsten Stellen sind bereits reguliert. Unterhalb von Passau wurde bei Jochenstein als deutsch-österreichische Gemeinschaftsleistung eine Staustufe errichtet und nach dreieinhalbjähriger Bauzeit 1956 in Betrieb genommen (Abb. 16). Mit einer Stromerzeugung von fast 1 Mrd. kWh jährlich zählt das dortige Kraftwerk zu den größten Laufwasserkraftwerken Mitteleuropas.

Die Bundesrepublik, Frankreich und Luxemburg vereinbarten 1956 im Zusammenhang mit der Rückgliederung des Saarlandes, die 270 km lange Moselstrecke von Koblenz bis Diedenhofen für den Verkehr mit 1500-t-Schiffen (Wasserstraßenklasse IV) auszubauen. Zur Finanzierung des Vorhabens, dessen Kosten zu etwa zwei Drittel von Frankreich, zu etwa ein Drittel von der Bundesrepublik zu tragen sind, gründeten die Partner die Internationale Mosel-GmbH. Die Ausführung oblag den nationalen Verwaltungen, auf deutschem Gebiet also der Wasser- und Schiffahrtsverwaltung des Bundes. Der Moselvertrag sah eine außergewöhnlich kurze Bauzeit vor; der Ausbau sollte in sieben Jahren, von 1957 an gerechnet, vollendet sein. Durch sorgfältige organisatorische Vorbereitung, gute Zusammenarbeit der zahlreichen beteiligten Behörden und hohe Leistung der Baufirmen gelang es, das gesteckte Ziel bis Anfang 1964 zu erreichen. Die Arbeiten umfaßten auf der 240 km langen deutschen und deutsch-luxemburgischen Strecke den Bau von elf Staustufen (Abb. 17), einer zweiten Schleuse an der 1951 errichteten Staustufe Koblenz, die Baggerung von 9 Mill. m^3 Geschiebe und Fels aus der Schiffahrtsrinne und die Ausführung umfangreicher Staufolgemaßnahmen, besonders auf dem Gebiete der Wasserwirtschaft und des Straßenbaues. Der Ausbau der 30 km langen französischen und französisch-luxemburgischen Strecke, mit zwei Staustufen, wurde ebenfalls fristgerecht beendet. Durch die Schiffbarmachung der Mosel ist, nachdem die östlich vom Rhein abgehenden Wasserstraßen schon seit langem gebaut oder ausgebaut sind, jetzt auch ein westlicher Zubringer geschaffen und damit ein weiterer Wirtschaftsraum an Europas größten Verkehrsweg angeschlossen worden. Diese in nur sieben Jahren vollbrachte Leistung steht in der Geschichte des Verkehrswasserbaues einzig da.

Auf dem Wesel-Datteln-Kanal nahm der Verkehr in der Nachkriegszeit so stark zu, daß ihn die Schleusen an seinen sechs Gefällstufen nicht mehr reibungslos bewältigen können. Dabei hatte sich der Verkehr in seiner Struktur grundlegend gewandelt; die langsam fahrenden Schleppzüge wurden zu 85% durch schnellfahrende Motorgüterschiffe ersetzt. Der Kanalquerschnitt, der für das vollabgeladene Rhein-Herne-Kanal-Schiff ein Querschnittsverhältnis von nur 3,9 : 1 aufweist, ist zu eng. Eine Umgestaltung des Kanals ist nicht mehr zu umgehen, sie umfaßt, ähnlich wie am Neckar, den Bau zweiter Schleusen, außerdem die Erweiterung des Kanalquerschnittes. 1960 wurde dieses bedeutende Vorhaben mit dem Bau der inzwischen fertiggestellten zweiten Schleuse Friedrichsfeld, neben der Eingangsschleuse am Rhein, in Angriff genommen.

Die zwischen den Kriegen begonnene Erweiterung des Dortmund-Ems-Kanals fortzusetzen war angesichts des sich nach 1945 sehr rasch wieder erholenden Schiffsverkehrs eine zwingende Notwendigkeit. Der Verkehr erreichte an der Schleuse Münster auf dem besonders belasteten

Abb. 17. Moselstaustufe Lehmen.

Südabschnitt zwischen Henrichenburg und Bergeshövede, wo der Mittellandkanal abzweigt, 1950 bereits 12 Mill. t, 1960 etwa 20 Mill. t. Hauptziel des Ausbaues war es, den Kanal für das 1000-t-Schiff vom Typ des Dortmund-Ems-Kanal-Kahns mit 2,50 m Tiefgang (gegenüber bisher 2 m) befahrbar zu machen. Allein hierdurch ließ sich die Kapazität der vorhandenen Flotte um 200000 t Laderaum vergrößern. Den Vorkriegsplan, auf der Nordstrecke einen vollkommen neuen Seitenkanal zur Ems von Gleesen bis Papenburg zu bauen, mußte man wegen zu hoher Kosten aufgeben. Man hielt sich an die alte Wasserstraße. 1950 nahmen die umfangreichen Arbeiten zur Erweiterung des Kanalquerschnitts und zum Neubau von sechs Schleusen sowie weiteren Kunstbauten und vielen Brücken ihren Anfang und führten 1959 zur Eröffnung des Verkehrs mit dem vollabgeladenen 1000-t-Schiff (Abb. 18), Die Ausbauarbeiten gingen aber weiter. Sie bestanden im Beseitigen noch vorhandener Eng- und Gefahrenstellen und in ergänzenden Baumaßnahmen. Nach ihrem Abschluß, d. h. seit 1963, ist der Kanal auch dem 1350-t-Schiff uneingeschränkt zugänglich. Das bemerkenswerteste Bauwerk ist das 1962 in Betrieb genommene Schiffshebewerk Henrichenburg in Waltrop, im Abstieg von der Dortmunder Haltung. Es ist ein Zwei-Schwimmer-Hebewerk; der Trog mit den Abmessungen 90 × 12 × 3 m wird von zwei zylindrischen Schwimmern getragen, die in 55 m tiefe Schächte eintauchen (Abb. 19).

Der Wasserstraßenzug Küstenkanal und Untere Hunte gewann nach dem Kriege erhebliche Bedeutung durch den starken Verkehr von Bremen und den Unterweserhäfen nach Westdeutschland und umgekehrt. Diesem Verkehr, der sich zudem überwiegend mit Motorgüterschiffen abspielte, war der Kanal nach Abmessungen und baulichem Zustand nicht gewachsen. Schon 1947 begann man daher mit der Wiederherstellung der eingestürzten Böschungen und dem Ausbau für den Verkehr mit 1000-t-Schiffen von 2,50 m Tiefgang. Heute ist erreicht, daß der Wasserstraßenzug durchgehend im Begegnungsverkehr von 2,20 m tief abgeladenen 1000-t-Schiffen befahren werden kann; die Ausbauarbeiten gehen weiter.

Abb. 18. Kleine Schleuse Meppen im Dortmund-Ems-Kanal.

Auch auf dem Mittellandkanal, der West-Ost-Achse des deutschen Wasserstraßennetzes, stieg der Verkehr trotz der politischen und wirtschaftlichen Trennung durch die Zonengrenze erheblich an, ebenso wurde der Anteil der Motorgüterschiffe an der Gesamtzahl der Schiffe größer. Die für wesentlich kleinere Schiffsgrößen, Schiffsgeschwindigkeiten und Verkehrsmengen ausgebildeten Kanalufer hielten der Überlastung nicht stand und wurden im Laufe der Jahre schwer

Abb. 19. Schiffshebewerk Henrichenburg im Abstieg von der Haltung Dortmund des Dortmund-Ems-Kanals.

beschädigt. Es ist daher unerläßlich, den Mittellandkanal zur Sicherung des Schiffsverkehrs und zur Bestandserhaltung durch Verbreitern und durch restliche Anspannung des Wasserspiegels um 10 cm für 1350-t-Schiffe mit 2,50 m Abladetiefe auszubauen. Dies ist um so wichtiger, als der Kanal unmittelbar mit dem für 1350-t-Schiffe zugänglichen Dortmund-Ems-Kanal und mit der kanalisierten Mittelweser verbunden ist. Die Gesamtlänge der auszubauenden Strecke von 260 km und der Umfang der erforderlichen Bauarbeiten — allein rd. 240 Brücken müssen neu gebaut, mehr als 160 Düker um- oder neugebaut werden — machen das Vorhaben für die Zukunft zum bedeutendsten an den Bundeswasserstraßen. Bei der Grundinstandsetzung des Kanals, für die 1963 erstmalig Mittel bereitgestellt wurden, wird auf die kommende Erweiterung bereits Rücksicht genommen, der eigentliche Ausbau beginnt 1964 mit einer Teilmaßnahme.

Die Reichswasserstraßenverwaltung hatte die Arbeiten zur Kanalisierung der 160 km langen Mittelweser zwar begonnen, sie im Kriege aber wieder einstellen müssen. Fünf Staustufen waren noch zu bauen. Als die Wirtschaft nach dem Kriege wieder auflebte und sich verstärkte, wurde das Bedürfnis überaus dringlich, dem Seehafen Bremen einen vollschiffigen Anschluß an das Wasserstraßennetz und dem Wirtschaftsgebiet Niedersachsens einen leistungsfähigen Schiffahrtsweg zum nächstgelegenen Seehafen zu verschaffen. Die zunehmende Ertragsminderung, der sich die Landwirtschaft in der Weserniederung infolge der fortschreitenden Sohlenerosion des Flusses ausgeliefert sah, ließ die Mittelweserkanalisierung als eine unumgängliche Notwendigkeit für eine Neuordnung der Wasserwirtschaft des Gebietes erscheinen. Schließlich sprach auch die zu gewinnende elektrische Energie für eine Wiederaufnahme der Arbeiten. 1950 setzte sie der Bund zunächst allein mit dem Weiterbau der Staustufe Petershagen fort. Die Vollendung des Ausbaues wurde der 1952 gegründeten Mittelweser AG übertragen. In der festgesetzten Zeit von acht Jahren gelang es sodann, die vier letzten Staustufen zu bauen und das Gesamtwerk im wesentlichen fertigzustellen. Nachdem somit 1960 die Großschiffahrtsstraße zwischen Bremen und dem Mittellandkanal bei Minden geschaffen war, verlagerte sich das Schwergewicht des Baugeschehens auf die wasserwirtschaftlichen und landeskulturellen Arbeiten zwischen Hoya und Bremen, die durch die Kanalisierung ausgelöst worden waren und bis 1966 abgewickelt werden sollen.

An der Oberelbe baute die Wasser- und Schiffahrtsverwaltung im Benehmen mit Hamburg bei Geesthacht eine Staustufe, die dazu dient, der fortschreitenden Sohlenerosion der Elbe Einhalt zu gebieten, die Schiffahrtsverhältnisse zu verbessern und das Stauwasser für ein Pumpspeicherwerk ausnutzen zu können; mit dem Bau sind große landeskulturelle und wasserwirtschaftliche Maßnahmen verbunden. Die bedeutende Anlage wurde 1959 für den Schiffsverkehr freigegeben. Sie hat die Voraussetzung für die weitere Vertiefung der Unterelbe geschaffen.

Die Westberliner Wasserstraßen, deren Unterhaltung und Verbesserung der Bund finanziell trägt, wurden durch einen Spree-Durchstich nahe der Mündung und vor allem durch eine 3 km lange geradlinige Verbindung mit der Schleuse Charlottenburg zum Westhafen, den Westhafenkanal, erheblich verbessert.

E. Zusammenfassung und Ausblick

Hat denn nun das mit Beginn dieses Jahrhunderts entstehende Wasserstraßennetz durch weitere Beschränkung der Monopolstellung der Eisenbahn und die hierdurch mögliche Senkung der Transportkosten für Massengüter der deutschen Volkswirtschaft den seinerzeit erhofften Vorteil gebracht, könnte nach der Lektüre der vorstehenden Darstellungen eine berechtigte Frage sein. Auch in der Bundesrepublik, wo der Verkehr seit 1950 auf das Doppelte gestiegen ist, konnte der Wasserstraßenverkehr seinen Anteil an der Verkehrsleistung im Jahre 1961 auf 30% mit einer transportierten Jahresgütermenge von rd. 170 Mill. t erhöhen. In den rd. 250 Binnenhäfen der Bundesrepublik wurden insgesamt im Jahre 1962 rd. 260 Mill. Gütertonnen umgeschlagen, eine Menge, die in den deutschen Seehäfen nur zu etwa ein Drittel erreicht wurde. Eine wahrhaft stolze Bilanz, wenn man hierbei die rd. 4000 km langen Wasserstraßen der Netzlänge der Eisenbahn und der Straßen mit 32000 km und 120000 km gegenüberstellt.

Dieses jedoch ist nur ein Teil ihrer Produktivität. Der gesamte volkswirtschaftliche Nutzen der Binnenschiffahrtstraßen kommt erst bei Betrachtung ihrer Mehrzweckhaftigkeit zum Ausdruck. Die natürlichen Wasserstraßen sind in erster Linie Vorfluter ihres Einzugsgebietes und schaffen damit als ein wichtiger Regulator des Grundwasserstandes die Voraussetzungen für alle landwirtschaftlichen Nutzungen der anrainenden Geländeflächen. Aus den Flüssen wird das Brauch- und Versorgungswasser entnommen und gleichzeitig das Abwasser der Industrien und der Siedlungen ihnen wieder zugeleitet. Die Kanäle sind die verbindenden Wasserstraßen zwischen den einzelnen Stromgebieten und gleichzeitig die großen Wasserversorgungsleitungen, aus denen jährlich mehr als 300 Mill. m^3 Wasser für Gebrauchs- und Verbrauchszwecke abgegeben werden. Bei der Kanalisierung der Flüsse wird die potentielle Kraft des Wassers in zahlreichen Wasserkraftanlagen in elektrische Energie umgewandelt.

Heute weisen die Binnenschiffahrtstraßen die größte Verkehrsdichte aller Binnenverkehrsträger auf und haben dennoch in den letzten Jahren im Vergleich zu Schiene und Straße die geringsten Bundesmittel für Investitionen in Anspruch genommen. Wie bescheiden sich die Investitionen an den Wasserstraßen in bezug auf die Gesamtinvestitionen der beiden anderen Verkehrsträger ausnehmen, tritt am klarsten bei der Gegenüberstellung des Anteiles des Wasserstraßenverkehrs am gesamten Binnenverkehr (30%) zu dem Anteil der Wasserstraßeninvestitionen in bezug auf die Gesamtausgaben für die Binnenverkehrsträger (3%) in den Vordergrund. Diese Feststellung, die auf den ersten Blick für die besondere Wirtschaftlichkeit des Wasserstraßennetzes sprechen könnte, gibt in Wirklichkeit aber eine folgenschwere Zurücksetzung gegenüber den beiden übrigen Binnenverkehrsträgern wieder. Die für diesen Verkehrsweg verantwortlichen Stellen und Organisationen würden sich in wenigen Jahren mit Recht dem Vorwurf einer kaum wieder aufzuholenden Versäumnis aussetzen, wenn sie nicht mit steter Beharrlichkeit die Öffentlichkeit, die im Zeitalter des Automobils — mit wenig Ausnahmen — heute diesem Problem leider gleichgültig gegenübersteht, auf den hier sich bedrohlich abzeichnenden Raubbau an den Bundeswasserstraßen immer wieder hinweisen würden. Es ist heute ein dringendes Anliegen, daß dem Ausbau der Binnenschiffahrtstraßen in den kommenden Jahren die allergrößte Aufmerksamkeit zugewandt werden müsse. Wasserbauliche Anlagen sind langfristig; sie bilden, wie alle Verkehrseinrichtungen, eine entsprechende Voraussetzung für die Sicherung und Förderung des wirtschaftlichen Wachstums. Die Planungen für die Wasserstraßen müssen daher der wirtschaftlichen Entwicklung vorauseilend Rechnung tragen.

Spätestens bis zum vollen Einsatz der Europäischen Wirtschaftsgemeinschaft im Jahre 1970 müssen auch die Binnenschiffahrtstraßen den Verkehrserfordernissen angepaßt oder so weit ausgebaut sein, daß auch der wirtschaftlichen Entwicklung, besonders der Zonenrand- und Ballungsgebiete, ein ausreichendes Verkehrsnetz zur Verfügung steht. Hierbei werden sich in Zukunft besonders zwei Merkmale abheben. Die großen deutschen Binnenwasserstraßen sind heute bereits oder werden eines Tages die Wasserwege für einen starken internationalen Verkehr sein. Für ihren Ausbau können daher nicht allein deutsche Forderungen entscheidend sein, sondern sie müssen auch den Bedingungen gerecht werden, denen die anschließenden Verkehrsstraßen unserer Nachbarländer unterliegen. Die hier notwendigen Abstimmungen werden in den Institutionen wie CEMT, EWG und ECE abgesprochen und einheitliche Mindestmaße, Schiffahrtzeichen festgelegt und auch sonst für alle technischen Anlagen einheitliche Normen vereinbart. Gleichrangig hiermit sind die Fragen nach dem künftigen Verkehrsaufkommen. Die Reaktion der Grundstoffindustrien auf die gute Qualität der von Übersee zu äußerst günstigen Frachtsätzen angelieferten Erze und sonstigen Rohstoffe kann bei der Beantwortung dieser Fragen in Zukunft nicht unbeachtet bleiben. Die auf diesem Sektor künftig fallenden Entscheidungen werden ihre Auswirkungen auf die Wahl des Standorts dieser Industrien ebenso haben wie auf die Art des künftigen Landtransportes. Auch die Konkurrenz und der fortschreitende Ausbau der Pipelines von Norden und Süden her wird auf die Beschäftigung der Tankerflotte der Binnenschiffahrtstraßen nicht ohne Einfluß bleiben. Aber dennoch besteht kein Anlaß, die Zukunft des Binnenschiffsverkehrs pessimistisch zu beurteilen.

Das Institut für Wirtschaftsforschung (Ifo-Institut München) hat Untersuchungen und Erhebungen darüber angestellt, wie die Verkehrsentwicklung bei der heute sich abzeichnenden Wachstumsrate sich entwickeln wird. In die Schätzung sind die Transporte in Rohrleitungen einbezogen. Das Ifo-Institut schätzt das der Binnenschiffahrt zufallende Verkehrsaufkommen und ihre Transportleistungen wie folgt (die Ergebnisse 1950 bis 1960 sind zum Vergleich hinzugefügt):

Jahre	Verkehrsaufkommen Mill. t	Verkehrsleistung Mrd. tkm
1950	71,9	16,8
1955	124,6	28,6
1960	171,3	40,39
1965	186,6	43,9
1970	210,9	49,9
1975	240,3	57,0

Versucht man einen Ausblick auf die künftigen Wasserstraßenbauten im einzelnen zu gewinnen, so wird die Wasser- und Schiffahrtsverwaltung ihre besondere Aufmerksamkeit in den nächsten Jahren auf den Ausbau des Rheins, des Mittellandkanals, der westdeutschen Kanäle und der Saar, auf den Bau des Nord-Süd-Kanals sowie auf die Rhein-Main-Donau-Großschiffahrtsstraße konzentrieren müssen. Das Wasserstraßennetz damit an die gestiegenen Verkehrsbedürfnisse anzupassen ist unabweisbar geworden und läßt sich nicht mehr hinausschieben.

Die hier dargelegten Gesichtspunkte haben auch in den Fachausschüssen der beiden gesetzgebenden Körperschaften des Bundes ihren Widerhall und ihre Bestätigung gefunden. Sowohl im Ausschuß für Verkehr, Post- und Fernmeldewesen des Bundestages als auch im Ausschuß für Verkehr und Post des Bundesrates ist in den einstimmig gefaßten Beschlüssen die verstärkte Bereitstellung von Bundesmitteln für die Wasserstraßen allgemein gefordert worden. Es besteht daher die berechtigte Hoffnung, daß die Investitionen für die Unterhaltung und den Ausbau des Binnenschiffahrtstraßennetzes künftig in einem befriedigenden Verhältnis zu den Aufwendungen für die übrigen beiden Binnenverkehrsträger stehen werden.

Die Rationalisierung des Transports von Gütern auf den Binnenwasserstraßen

Von Ministerialrat Dipl.-Ing. **Fritz Hartung**†, Bonn

Die neuere technische Entwicklung hat in der Struktur der Wirtschaft und im Gefüge des Verkehrswesens weitgreifende Veränderungen und Spannungen hervorgerufen. Der Verkehrspolitik und der Verkehrstechnik sind daraus neue umfangreiche Aufgaben erwachsen.

Auch die Binnenschiffahrt ist der Dynamik dieses Geschehens unterworfen. Die Umschichtung der Bedeutung der Grundstoffe Kohle und Öl, die Methoden des Transportes von flüssigen und festen Stoffen in Rohrleitungen und schließlich auf lange Sicht die Möglichkeiten der Nutzung der Atomkernenergie sind geeignet, die Methoden des Transportes von Gütern auf den Binnenwasserstraßen schon in naher Zukunft von Grund auf zu verändern.

Dabei wird der uralte Gedanke, Güter auf Flüssen und Kanälen zu transportieren, auch im Rahmen dieser künftigen Entwicklung der Technik und des Verkehrswesens nicht an Bedeutung verlieren.

Die Möglichkeiten zu weiterer Rationalisierung des Betriebes der Binnenschiffahrt sind auch im Rahmen der künftigen Entwicklung des Verkehrswesens in weitem Maße unbeschränkt.

Gerade in Ländern wie den Vereinigten Staaten von Nordamerika und Rußland, welche über eine hochentwickelte Industrie verfügen und welche auf vielen Gebieten der Technik bereits beachtliche Erfolge erzielt haben, richten sich die Bestrebungen zur Steigerung der Wirtschaftlichkeit des Transports von Massengütern in neuerer Zeit mehr und mehr auf die Nutzung und den Ausbau der Binnenwasserstraßen und die Entwicklung von modernen Transportmitteln für die Beförderung von Gütern auf dem Wasserwege[1].

Auch die Maßnahmen zur Erschließung der Entwicklungsländer gründen sich vielfach in erster Linie auf die Nutzung der vorhandenen Ströme für den Transport von Gütern[2].

Der Aufgabenbereich der Binnenschiffahrt im europäischen Wirtschaftsraum

Der der Binnenschiffahrt im europäischen Wirtschaftsraum zugewiesene Aufgabenbereich stellt sie als einen der drei großen Binnenverkehrszweige in den Wettbewerb zur Eisenbahn und zum Straßengüterfernverkehr, in neuerer Zeit auch zur Rohölfernleitung. Die physikalischen Grundlagen ihrer technischen Entwicklung lassen sie andererseits der Seeschiffahrt verwandt erscheinen, mit der sie jedoch gemeinsame und gleichartige Verkehrsaufgaben nicht unmittelbar verbinden. Diese Eigenart ihrer Lebensbedingungen zwingt die europäische Binnenschiffahrt, bei ihren Bestrebungen zur Steigerung ihrer Leistungsfähigkeit eigene Wege zu gehen.

Die Seeschiffahrt ist im Wettbewerb der Verkehrszweige in ihrem Element nahezu universal nach Raum, Zeit und Verkehrsarten. Im Überseeverkehr konkurriert sie allenfalls mit dem Flugzeug, dem räumlich und zeitlich in höchstem Maße ungebundenen Verkehrsmittel unserer Zeit.

Die Binnenschiffahrt ist nicht in gleicher Weise ein universales Verkehrsmittel. In allen drei Vergleichskomponenten — Raum, Zeit und Verkehrsarten — erreicht sie nicht die Freizügigkeit der Eisenbahn und des Straßenverkehrs, mit denen sie im Wettbewerb steht.

Der von ihr bediente geographische Raum und die Länge des Wasserstraßennetzes (Bundesrepublik 4493 km) entspricht nicht dem Umfang und der Länge des Eisenbahnnetzes (35716 km) und natürlich erst recht nicht dem des Straßennetzes (144008 km klassifizierte Straßen). Sie ist an den durch das vorhandene Wasserstraßennetz gegebenen Linienverkehr gebunden.

---

[1] Siehe hierzu F. Hartung: Die Rationalisierung des Güterverkehrs auf den Binnenwasserstraßen der USA, Frankfurt/Main: Beuth-Vertrieb 1963, Bericht über eine Studienreise in die USA im Rahmen des Arbeitsprogramms des Rationalisierungs-Kuratoriums der Deutschen Wirtschaft, Frankfurt/Main;

ders.: Die technische Entwicklung der Binnenschiffahrt in Rußland, Bericht über eine Studienreise in die Sowjetunion im Rahmen der deutsch-sowjetischen Vereinbarung über den kulturellen und technisch-wissenschaftlichen Austausch, im Manuskript gedruckt im Bundesverkehrsministerium, Bonn 1960.

[2] Siehe F. Hartung: Schiffahrt auf dem Nil, 1959, H. 6, Zeitschrift für Binnenschiffahrt, Rhein-Verlag, Duisburg.

Die unterschiedliche Struktur der Wasserstraßen, zusammengesetzt aus Flüssen und Kanälen, unterschiedlich nach Fluß- und Kanalprofilen und auch unterschiedlich nach Stromgeschwindigkeit und -gefälle, schränkt den Fahrbereich der in den Hauptrelationen einsetzbaren Binnenschiffe noch auf längere Sicht ein. Im Rahmen des Programmes zur Klassifizierung der europäischen Wasserstraßen ist seit 1954 damit begonnen worden, mit dem Ausbau der europäischen Wasserstraßen nach einheitlichen Profilen und Wasserbauwerken eine wesentliche Grundlage für die Steigerung der Produktivität der europäischen Binnenschiffahrt zu schaffen.

Bezüglich der Vergleichskomponente Zeit (Betriebszeit) folgt die Binnenschiffahrt gleichfalls eigenen Gesetzen: Eisenbahn, Kraftwagen und Rohölfernleitung fahren Tag und Nacht, die Binnenschiffahrt jedoch vorwiegend noch nur am Tage.

Schließlich zeigt ein Vergleich der transportierten Güterarten der Verkehrsträger, daß die Liste der von der Binnenschiffahrt beförderten Güterarten nicht den Umfang der Güterarten der Eisenbahn und des Straßenverkehrs erreicht.

In allen drei Vergleichskomponenten ist die Binnenschiffahrt im Nachteil. Dennoch befördert sie einen wesentlichen Teil der frachtempfindlichen Massengüter, und zwar zu günstigeren Bedingungen als die Eisenbahn und der Kraftwagen. Dabei hat die Binnenschiffahrt der Bundesrepublik nach schwersten Einbußen als Folge des Zusammenbruchs und trotz der dem Kraftfahrzeug zugefallenenen Aufgaben ihren Anteil von rd. 30 v.H. am Verkehrsaufkommen der Binnenverkehrszweige wiedergewinnen und ihre niedrigen Frachtraten auf Grund ständiger Rationalisierung ihrer Betriebe über viele Jahre halten können.

Die durch die Motorisierung, die Beschränkung der Zahl der Schiffstypen und die Klassifizierung der Wasserstraßen erreichte Steigerung der Leistungsfähigkeit der Binnenschiffahrt

Als wichtigstes Ziel der Baupolitik der Binnenschiffahrt der Bundesrepublik Deutschland wurde in den vergangenen 15 Jahren die Vergrößerung der Freizügigkeit des Schiffsraumes innerhalb des nach Profil und Abmessungen, schiffbarem Tiefgang, Stromgeschwindigkeit und -gefälle außerordentlich unterschiedlich gestalteten Wasserstraßennetzes und damit die freizügige Verwendbarkeit der Schiffstypen in möglichst zahlreichen Verkehrsrelationen und für viele Güterarten angestrebt und zu einem großen Teil durch die Motorisierung des Frachtraumes und den Bau von Motorgüterschiffen verwirklicht. Das auch im Rahmen der neueren Bestrebungen zur Steigerung der Wirtschaftlichkeit der Binnenschiffahrt zu verfolgende Ziel, jedem Binnenschiff die Möglichkeit des wirtschaftlichen Einsatzes an jedem Punkt des Wasserstraßennetzes zu geben, ist damit um ein gutes Stück nähergerückt.

Die Realisierung dieser Entwicklungslinie hat zu einer Umwandlung des früher verwendeten Begriffs der Stromgebietsflotten geführt und damit zu einer Lösung der Flotten dieser Stromgebiete von ihrem früheren eng begrenzten Tätigkeitsgebiet.

Das Motorgüterschiff Typ „Gustav Koenigs“ kann 72,4 v.H. der Gesamtstrecke der Bundeswasserstraßen befahren. Davon sind 42,5 v.H. regulierte Flußstrecken, 9,5 v.H. kanalisierte Flußstrecken und 20,4 v.H. Kanalstrecken des Bundesgebietes. Die Motorgüterschiffe „Karl Vortisch“ und „Oskar Teubert“ können auf etwa 82 v.H. der Gesamtstrecke des Bundeswasserstraßennetzes eingesetzt werden, das Motorgüterschiff Typ „Theodor Bayer“ auf 90 v.H.

Der Fahrbereich des Motorgüterschiffes Typ „Johann Welker“, aus welchem in neuerer Zeit das Europa-Motorgüterschiff der Wasserstraßen der Klasse IV entwickelt wird, umfaßt 51,1 v.H. der Gesamtstrecke des Bundeswasserstraßennetzes.

Auf der Grundlage der durch die genannten fünf Motorgüterschiffstypen gekennzeichneten Beschränkung der Zahl der Schiffstypen ist der Anteil des Frachtraumes der Selbstfahrer am Gesamtfrachtraum der Binnenflotte von 8,5 v.H. in 1938 und 16 v.H. in 1948 mit dem Ende des Jahres 1962 auf 57,3 v.H. angestiegen. Der Anteil der von Motorgüterschiffen unter Berührung des westdeutschen Kanalgebietes im Jahre 1962 beförderten Güter hat den Wert von 73,9 v.H. des Gesamtverkehrs erreicht.

Die Steigerung der technischen und wirtschaftlichen Leistungsfähigkeit der Binnenflotte durch die nach dem Kriege durchgeführte Motorisierung des Frachtraumes in Verbindung mit einer kostensenkenden Typisierung von Schiffen und Maschinen wird noch auf lange Sicht eine der wesentlichen Grundlagen der Wettbewerbsfähigkeit der Binnenschiffahrt bilden.

In welchem Umfange die Verwendung von freizügig einsetzbaren Motorgüterschiffen als Alleinfahrer und insbesondere als schleppende Selbstfahrer geeignet ist, auch den extremsten Schwankungen der Schiffbarkeit der Flüsse und des Ladungsaufkommens gerecht zu werden, hat sich insbesondere während der in den letzten Jahren aufgetretenen lange anhaltenden Niedrigwasserperioden auf dem Rhein erwiesen, als es sich darum handelte, das laufend steigende Ladungsaufkommen bei ständig fallenden Wasserständen zu bewältigen. Diese Aufgabe ist bei den außerordentlich geringen Wasserständen dieser Zeitabschnitte fast ausschließlich durch schleppende Selbstfahrer durchgeführt worden, welche in der Lage waren, sich den sehr erschwerten Bedingungen des Stromes bis hinauf nach Basel laufend anzupassen.

Dabei ist darauf hinzuweisen, daß die Bedingungen dieser Niedrigwasserzeiten insbesondere durch eine starke Verengung des Fahrwassers unter Vermehrung der zu dieser Zeit eingesetzten Fahrzeuge, d.h. durch eine wesentliche Verdichtung des Verkehrs, gekennzeichnet waren.

Diese Erfahrung sollte bei der Beurteilung der Anwendbarkeit neuerer zur Zeit auf dem Rhein und anderen europäischen Wasserstraßen erprobter Verfahren nicht unberücksichtigt bleiben.

Die Steigerung der spezifischen Verkehrsleistung im Zuge der Motorisierung des Frachtraums

In welchem Umfange sich die im einzelnen nachweisbaren technischen Verbesserungen auf die Leistungsfähigkeit der Binnenflotte ausgewirkt haben, ist durch die aus der Verkehrsstatistik und den Daten der Binnenschiffsbestandsstatistik abzuleitenden Zahlen gekennzeichnet.

Die spezifische Verkehrsleistung der Binnenflotte der Bundesrepublik ist in der Zeit von 1935 bis 1962 von 2500 tkm/t Tragfähigkeit auf 5000 tkm/t Tragfähigkeit gesteigert worden. In diesen Zahlen sind sämtliche Binnenschiffe der jeweiligen Flotten erfaßt, und zwar einschließlich des Reservefrachtraumes. Die mittlere spezifische Verkehrsleistung der Motorgüterschiffe betrug dabei 6700 tkm/t Tragfähigkeit, die der Kähne nur 3200 tkm/t Tragfähigkeit. Dabei sind im Betriebe von Motorgüterschiffen teilweise sogar spezifische Verkehrsleistungen von 10000 tkm bis 12000 tkm/t Tragfähigkeit erreicht worden.

Diese Steigerung der Leistungsfähigkeit des Frachtraumes ist in erster Linie auf die Beschleunigung des Schiffsumlaufes durch Erhöhung der Maschinenleistung, die Verbesserung der Schiffslinien und des Verhältnisses Nutzlast/Totlast bei Neubauten und die Steigerung des Wirkungsgrades der Antriebsorgane im Zusammenhange mit der Motorisierung des Frachtraumes und ferner auf die Steigerung der Freizügigkeit des Frachtraumes durch den Bau von einheitlichen Motorgüterschiffstypen zurückzuführen.

Die Verbesserung der Umschlagseinrichtungen der Häfen und der in gewissem Umfange durchgeführte Ausbau der Wasserstraßen haben dazu beigetragen, die Steigerung der Leistungsfähigkeit des Frachtraumes der Binnenflotte der Bundesrepublik in den vergangenen Jahren in besonders günstigem Licht erscheinen zu lassen.

Tendenzen der weiteren Rationalisierung des Transports von Massengütern im Rahmen der Entwicklung des Güterverkehrs auf den Binnenwasserstraßen

Die angespannte Frachtenlage und die Kosten für Material und Löhne zwingen die Binnenschiffahrt zur vollen Ausnutzung des schwimmenden Materials. Personalmangel und Forderungen nach Verkürzung der Arbeitszeit erschweren die Lösung dieses Problems. Ein meßbarer Effekt ist nur durch gleichzeitige Steigerung der Produktivität der Schiffe und Hafenumschlagsanlagen zu erwarten.

Die neueren Bestrebungen zur weiteren Steigerung der Wirtschaftlichkeit der Binnenflotte richten sich daher

1. auf die Rationalisierung des Schiffahrts- und Umschlagsbetriebes mit dem Ziele einer Senkung des Personalbedarfs (s. S. 311);

2. auf die volle Ausnutzung des Tageslichts für die im Sinne der Transportaufgabe produktive Beförderung von Gütern und deren Umschlag in den Häfen und darüber hinaus auf die stärkere Nutzung der Nachtfahrt mit dem Ziele eines durchgehenden 24-Stunden-Betriebes (s. S. 318);

3. auf die weitere Erhöhung der Umlaufgeschwindigkeit durch
a) Steigerung der Fahrgeschwindigkeit
b) Einschränkung der Aufenthalte in den Schleusen
c) Verkürzung der Lade- und Löschzeiten (s. S. 318);

4. auf die Steigerung der Arbeitsproduktivität des Frachtraumes und der Besatzungen durch Verwendung von nautischen Einheiten größerer Ladefähigkeit (s. S. 319);

5. auf den Austausch des Frachtraumes unter den Schiffseignern (s. S. 319).

1. Rationalisierung des Schiffahrts- und Umschlagsbetriebes mit dem Ziele einer Senkung des Personalbedarfs

Die Bestrebungen zur Rationalisierung des Schiffahrtsbetriebes mit dem Ziele einer Senkung des Personalbedarfs gründen sich in erster Linie auf das seit Jahrzehnten mit gutem Ergebnis verfolgte Prinzip der Vergrößerung der Ladefähigkeit der nautischen Einheit.

Während die Verwirklichung dieses Prinzips in der Vergangenheit jedoch in einer ständigen Vergrößerung der Ladefähigkeit des einzelnen Schiffes gesucht wurde, zielt die neuere Entwicklung auf eine andere und vernünftigere Lösung. Sie geht davon aus, daß den Forderungen der Steigerung der Wirtschaftlichkeit des Schiffahrtsbetriebes durch Verringerung des pro t Frachtraumes erforderlichen Personalbedarfs in noch besserer Weise durch Zusammenfassung von Schiffseinheiten beschränkter und den Abmessungen der Schleusen und Kanäle angeglichener Längen und Hauptspantquerschnitte zu größeren nautischen Verbänden entsprochen werden kann.

Die Bedeutung dieses Prinzips liegt für den Wasserbau in einer Stabilisierung der Abmessungen der Schleusen und Kanäle auf lange Sicht und für die Schiffahrt in der Möglichkeit der Erreichung eines flexibleren Betriebes, dessen Art den jeweiligen Erfordernissen der Wasserstraße (Fluß- oder Kanalfahrt) und des Verkehrsaufkommens von Fall zu Fall angepaßt werden kann. Die Flexibilität dieses Betriebes gründet sich ferner auf die Möglichkeit, die Fortbewegung des Verbandes sowohl im Schlepp-, aber auch im Schubverfahren durchzuführen und sogar die Art des Antriebes (Schlepp- oder Schubverfahren) im Rahmen der Durchführung eines jeden Transportvorganges, je nach den Erfordernissen der jeweiligen nautischen Bedingungen des Fahrwassers des Kanals oder des offenen Stromes, zu wechseln.

Dieser Gedanke hat seine Verwirklichung in dem modernen Schubverband gefunden, welcher sich aus Einheiten zusammensetzt, welche den Beschränkungen der nautisch ungünstigsten Stellen der freien Ströme und der Schleusen gerecht werden, und sich andererseits zu Verbänden von einer Größe entfalten kann, welche die Erreichung einer hohen Produktivität im Rahmen des derzeitigen insbesondere durch hohe Personalkosten gekennzeichneten Kostenbildes ermöglichen.

Das Schubsystem in der Binnenschiffahrt

Im Rahmen der Bestrebungen zu weiterer Rationalisierung des Transportes von Gütern auf den Binnenwasserstraßen durch Senkung des Personalbedarfs kommt daher der Anwendung des Schubsystems besondere Bedeutung zu (Abb. 1).

Abb. 1. Deutscher Schubverband auf dem Rhein in der Bergfahrt.

Eine unmittelbare und alle Verkehrsrelationen des europäischen Binnenwasserstraßennetzes umfassende Übertragung des Schubsystems der amerikanischen Binnenschiffahrt auf die europäische ist jedoch weder unter technischen noch wirtschaftlichen Aspekten möglich.

Zudem lassen die von denen der amerikanischen nach Art und Umfang abweichenden Aufgaben der europäischen Binnenschiffahrt eine solche umfassende Strukturänderung auch unter wirtschaftlichen Gesichtspunkten nicht einmal als zweckmäßig erscheinen.

Die amerikanische Binnenschiffahrt ist ausschließlich auf den Massengutverkehr eingestellt. Der Transport von kleineren Ladungen und Stückgütern, der auf den europäischen Binnenwasserstraßen im Betrieb von schnellen und leistungsfähigen Motorgüterschiffen eine erhebliche Rolle spielt, in welcher sich die europäische Binnenschiffahrt auch dem Lastkraftwagen gegenüber als wettbewerbsfähig erwiesen hat, ist in den USA längst an den Straßenverkehr verlorengegangen. Nicht einmal der Behälterverkehr hat sich in der Binnenschiffahrt der USA bisher durchsetzen können. Es mangelt an dem hierfür erforderlichen weitverzweigten Netz von Umschlagplätzen und Krananlagen, wie es andererseits in vielerlei Gestalt an den europäischen Binnenwasserstraßen entwickelt worden ist.

Dagegen kann kein Zweifel darüber bestehen, daß das Schubsystem der amerikanischen Binnenschiffahrt auch in bestimmten Bereichen der europäischen Binnenwasserstraßen mit gutem Erfolg angewendet werden kann, und zwar insbesondere dann, wenn es sich darum handelt, regelmäßig anfallende Massengüter zwischen zwei festen Punkten zu transportieren, die mit leistungsfähigen Umschlagseinrichtungen ausgestattet sind (Abb. 2).

Abb. 2. Deutscher Schubverband auf dem Rhein in der Talfahrt.

Eine Untersuchung darüber, in welchem Umfange die Schubschiffahrt geeignet sein kann, der Rationalisierung der europäischen Binnenschiffahrt zu dienen, ergab unter anderem:

a) Der amerikanische Begriff der Schubschiffahrt umfaßt nicht allein die diesem System eigene Art der technischen Fortbewgung von unbemannten Leichtern. Er schließt die durchgehende Tag- und Nachtfahrt und das Verfahren des Austausches des Frachtraumes ein. Die Auswertung der Ergebnisse der in der amerikanischen Binnenschiffahrt durchgeführten Rationalisierung des Transports von Gütern läßt erkennen, daß es zur Steigerung der Produktivität der europäischen Binnenschiffahrt nicht in allen Verkehrsrelationen der Übernahme des mit dem Schubsystem verbundenen Verfahrens des Antriebes des Frachtraumes bedarf. Die Durchführung der Tag- und Nachtfahrt und der Austausch des Frachtraumes können neben der Automatisierung des Schiffsbetriebes schon allein wesentliche Voraussetzungen für die Steigerung der Produktivität des Transports von Gütern auf den europäischen Binnenwasserstraßen bilden.

b) Die Methode des Schleppens ist unter den auf den europäischen Binnenwasserstraßen gegebenen Bedingungen keineswegs den technisch und wirtschaftlich überholten Methoden des Betriebes der Binnenschiffahrt zuzurechnen. Es ist kein technisches Problem, einen im Anhang eines Schleppers oder Motorgüterschiffes mitgeführten unbemannten Kahn oder Leichter vom Schleppfahrzeug aus zu steuern. Neben dem Schubsystem in allen seinen Anwendungsmöglichkeiten wird daher in bestimmten Relationen, insbesondere aber auf den Kanälen, auch ein Schleppverfahren von Bedeutung sein, welches unter Auswertung aller Möglichkeiten der Automatisierung fortentwickelt wird.

Die Schubschiffahrt

Die bisherige Entwicklung der Schubschiffahrt in Europa läßt die Richtigkeit dieser Thesen erkennen.

Die Wirtschaftlichkeit der Schubschiffahrt, und zwar insbesondere die in der klassischen Form der USA mit Schubbooten betriebene, setzt einen Pendelverkehr voraus, der die strikte Erfüllung aller wesentlichen Vorbedingungen erwarten läßt,

das nämlich gleichmäßige und regelmäßige Aufkommen der Ladung,

die genaue Innehaltung des Umlaufplans zur Sicherung der Rentabilität des Ablösungssystems,

die gleichmäßige Beschäftigung des in den Häfen für das Laden und Löschen erforderlichen Reservepersonals,

äußerste Beschränkung der Wartezeiten für das kostspielige Schubboot,
daher auch ein ausgewogenes Verhältnis zwischen der Zahl der Schubboote und der Zahl der Leichter.

Das bedingt feste Transportstrecken und eine hohe Perfektionierung dieses Systems. Sie ist nur bei bestimmten Relationen, d.h. insbesondere im Erz- und Kohleverkehr, gegeben.

Diese Art der Schubschiffahrt kann daher nur für bestimmte Verkehrsrelationen als geeignete Lösung angesehen werden, d.h. insbesondere für die Relationen Erz von Rotterdam zum Ruhrgebiet, Kohle von den Ruhrhäfen nach Straßburg und Mineralölprodukte von Rotterdam nach Basel (Abb. 3).

Abb. 3. Niederländischer Schubverband „Olivier van Noort" auf dem Rhein (C. Kramer, Rotterdam).

Wesentlich für die rationelle Ausnutzung des Schubsystems in den genannten Relationen ist die Erreichung einer Gesamtlänge des Schubboot-Schubverbandes, welche die hydraulische Gleichwertigkeit zu dem bisher verwendeten Schleppzug sicherstellt. Der Länge eines solchen Schubverbandes sind durch schiffahrtspolizeiliche Bestimmungen gewisse Grenzen gesetzt, welche die

Abb. 4. Französischer Schubverband in der Gebirgsstrecke des Rheins.

ideale Ausnutzung des Systems des starren Schubverbandes in gewissem Umfange einschränken. Die nautischen Bedingungen des Betriebes von starren Schubboot-Schubverbänden auf dem Mittelrhein sind bei Niedrigwasser außerordentlich erschwert durch die Notwendigkeit, auch den übrigen Schiffsverkehr bei stark verengtem Fahrwasser ungehindert durchzuführen. Die Möglichkeit der Vergrößerung des Laderaumes nach Art des schleppenden Selbstfahrers, welcher bei beschränkter Abladung einen oder mehrere Anhänge nimmt und damit die teuerste Investition, die Motorenanlage, auch bei Niedrigwasser voll ausnutzt, ist bei einem aus einem Schubboot und mehreren Schubleichtern bestehenden Schubverband nicht gegeben. Eine mit Rücksicht auf die Ausnutzung der Maschinenanlage des Schubbootes erwünschte Vergrößerung der Zahl der Schubleichter bei Niedrigwasser ist nicht durchführbar, da sie die Gesamtlänge des Schubverbandes noch erhöhen würde. Die starken Krümmungen des Fahrwassers bei Niedrigwasser erfordern jedoch im Gegenteil eher eine Verkürzung der Gesamtlänge des Verbandes. Der feste Tiefgang des Schubbootes stellt in diesem Zusammenhange eine wesentliche Behinderung dar.

Abb. 5. Motorgüterschiff-Schubverband auf dem Rhein (Mannesmann-Reederei, Duisburg).

Abb. 6. Verbindung eines schiebenden Motorgüterschiffes mit einem geschobenen Kahn (Mannesmann-Reederei, Duisburg).

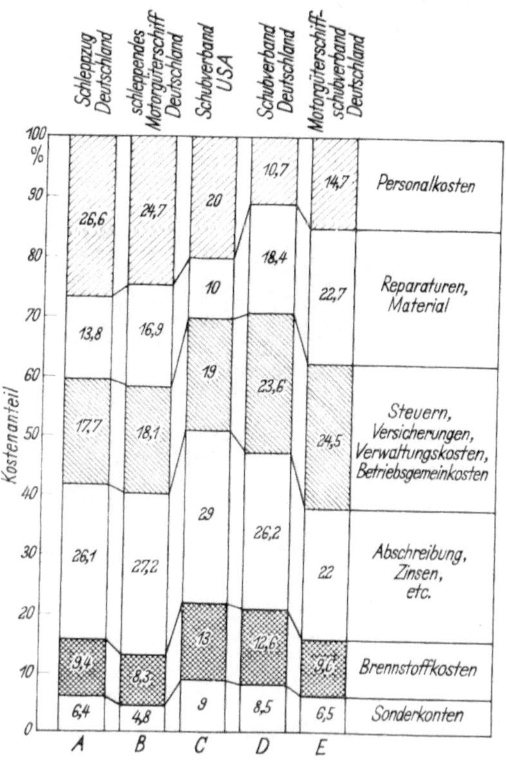

Abb. 7. Die Kostenanteile beim Betrieb von Schleppzügen und Schubverbänden in Deutschland und den USA.

Die Anwendung des starren Schubboot-Schubverbandes in der von den USA übernommenen Form unterliegt daher auf den westdeutschen Wasserstraßen unter Berücksichtigung der stark schwankenden Wasserstände und nach der Art des Ladungsaufkommens gewissen Einschränkungen, die eine volle Ausnutzung dieses Systems nur auf der 220 km langen Strecke von Rotterdam bis Ruhrort im Massengutverkehr zwischen zwei festen Punkten zulassen (Abb. 4).

Der Motorgüterschiff-Schubverband

Die Übernahme des amerikanischen Schubsystems muß sich nicht auf die Fortbewegung von Leichtern durch Schubboote beschränken. Der volkswirtschaftliche von der Anwendung des Schubsystems erwartete Rationalisierungseffekt hängt davon ab, ob es gelingt, dieses der Einsparung von Personalkosten dienende System über das ganze Wasserstraßennetz der Bundesrepublik wirksam werden zu lassen und seine Vorteile nicht nur einem kleinen Kreise von Schiffahrtsunternehmungen, die über den erforderlichen routinemäßig anfallenden Massengutverkehr verfügen, sondern möglichst allen Unternehmungen der Binnenschiffahrt, d. h. sowohl den rd. 30 Großreedereien als auch den rd. 3300 Partikulieren, zugänglich zu machen. Diese Vorstellungen führten zu einer Erweiterung des im ersten Stadium dieser Entwicklung in enger Anlehnung an das Schubsystem der USA eingeführte Schubboot-Schubsystem durch eine Transportmethode, welche die anerkannten Vorteile des schon bestehenden Systems des schleppenden Motorgüterschiffes mit denen des Schubsystems vereinigt und zur Entwicklung des Motorgüterschiff-Schubverbandes führte (Abb. 5).

Die Verwendung von Motorgüterschiffen als Antrieb von Leichterverbänden erscheint unter den auf den europäischen Wasserstraßen gegebenen Voraussetzungen in gleicher und in bestimmten durch starke Schwankungen der Wasserstände gekennzeichneten Relationen in günstigerer Weise geeignet, der weiteren Rationalisierung der europäischen Binnenschiffahrt zu dienen (Abb. 6).

In welchem Umfange die mit der Anwendung des Schubsystems angestrebte Senkung des Anteils der Personalkosten auch auf den Binnenwasserstraßen der Bundesrepublik Deutschand erwartet werden kann, ist aus dem Diagramm (Abb. 7) ersichtlich.

Beide Systeme, sowohl das des Schubboot-Schubverbandes als auch das des Motorgüterschiff-Schubverbandes, sind in jüngster Zeit weiterentwickelt worden. Dabei wurden beachtliche Fortschritte bei der Steigerung ihrer Produktivität erzielt.

Das Schubboot-Schubsystem

Voraussetzung für den wirtschaftlichen Betrieb der Schubboot-Schubverbände ist die volle Ausnutzung der kostspieligen Schubboote und die äußerste Beschränkung ihrer Wartezeiten.

Alle Funktionen der nautischen Führung, Steuerung und Propulsion des Schubverbandes sind im Rahmen der modernen Schubschiffahrt im Schubboot konzentriert. Seine Leistungsfähigkeit wird allein danach bemessen, mit welchem Anteil der 8760 Stunden eines Jahres es unter voller Ausnutzung seiner Motorenleistung im Betrieb gestanden hat. Die unproduktiven Aufenthalte der Schubboote müssen daher auf ein Minimum beschränkt werden. Die modernen Schubboote der amerikanischen Binnenschiffahrt erreichen jährlich mehr als 6000 Betriebsstunden, d.h. rd. 70 v.H. der überhaupt erreichbaren Zeit.

Das Schub-Schlepp-Bugsierboot

Die Notwendigkeit der stets vollen Ausnutzung der Maschinenleistung der Schubboote zwingt dazu, alle mit dem Aufnehmen und Abgeben von Leichtern verbundenen Nebendienste besonderen Bugsierbooten zu überlassen. In den USA werden diese von besonderen Bugsierreedereien betrieben. Das große Streckenschubboot nimmt dort, frei von allen Nebendiensten, fahrplanmäßig seinen Weg. An vielen Stellen seiner Route wird es von Bugsierbooten erwartet, die dem Schubverband Leichter abnehmen und ihm neue zuführen.

Abb. 8. Schub-Schlepp-Bugsierboot „Thyssen I“ (Meidericher Schiffswerft, Duisburg-Meiderich).

Bei den Bemühungen, das amerikanische Schubsystem für die europäische Binnenschiffahrt zu übernehmen, erwies es sich schon sehr bald als dringend notwendig, dem amerikanischen Beispiel zu folgen und auch die Strecken-Schubboote des Rheins durch Bau von Bugsierbooten von allen Nebendiensten zu befreien.

Nach vielfältigen wenig befriedigenden Behelfslösungen ist nunmehr auf dem Rhein ein bemerkenswerter Schiffstyp, nämlich der des Schub-Schlepp-Bugsierbootes in Dienst gestellt worden. Dieser Schiffstyp wird den besonderen Verhältnissen der rheinischen Schubschiffahrt und der rheinischen Häfen in besonders günstiger Weise gerecht (Abb. 8).

Das Schub-Schlepp-Bugsierboot „Thyssen I", entworfen und gebaut von der Meidericher Schiffswerft auf Anregung und im Auftrage der Raab-Karcher-Reederei und des Gemeinschaftsbetriebes Eisenbahn und Häfen, Duisburg-Hamborn, hat die Aufgabe, Schubleichter zu schieben und Kähne zu verschleppen. Seine Form stellt daher eine Verbindung zwischen dem klassischen Schleppboot und dem modernen Schubboot dar. „Thyssen I" soll im Schubleichterverholdienst zwischen dem Hafen Schwelgern und der Schubleichterreede vor Orsoy eingesetzt werden. Das Boot kann bei einem Wasserstand von 5,47 m zwei der üblichen Schubleichter von je 1300 t Ladefähigkeit mit einer Geschwindigkeit von 5,2 bis 6 km/Std von dem im Strom liegenden Ankerplatz in den Hafen Schwelgern schieben. Bei den gleichen Bedingungen der Schiffbarkeit des Rheins schleppt es einen mit 2105 t beladenen Kahn bei einer Geschwindigkeit von 6 bis 6,5 km/Std zu Berg.

Die Bedeutung dieses Schiffstyps ist jedoch nicht auf den Bugsierdienst in den Häfen beschränkt. Auch zum Schleppen von Schubleichtern in den Kanälen dürfte er geeignet sein. Hier bereitet die Verwendung von kleinen Schubbooten mit Rücksicht auf die zulässige Gesamtlänge von 80 m erhebliche Schwierigkeiten.

Grenzen der Entwicklung des Schubboot-Schubverbandes auf den europäischen Binnenwasserstraßen

Gegen Ende des Jahres 1963 waren auf dem Rhein 42 Schubboote mit einer Maschinenleistung von 48000 PS und 176 Schubleichter mit einer Ladefähigkeit von 274800 t eingesetzt. Die Zahl der deutschen Schubboote betrug zu diesem Zeitpunkt 11 mit 11690 PS, die der deutschen Schubleichter 41 mit 48044 t.

Die Flotte der Schubleichter und Schubboote nimmt vorläufig weiter zu. Sie ersetzen dabei die mit hohen Personalkosten belasteten alten Schleppzüge. Ob diese Tendenz auch in den nächsten Jahren anhält, muß bezweifelt werden. Bei verschiedenen Gruppen der internationalen Rheinschiffahrt scheint das Interesse, große Mittel in die Schubschiffahrt zu investieren, nachzulassen. Es ist deutlich erkennbar, daß sich hier eine Konsolidierung anbahnt. Das hat verschiedene Gründe.

Die im Rahmen der künftigen Entwicklung der Energiewirtschaft zu erwartende weitere Verlagerung des Schwerpunktes des Massengutangebots von der Kohle zum Heizöl und Gas werden zu einer Verminderung des Beschäftigungsvolumens der im Kohleverkehr eingesetzten Fahrzeuge führen. Die Reedereien tragen dieser Entwicklung durch Maßnahmen Rechnung, welche den Abbau des Frachtraumes der Kahnflotte und in gewissem Umfange die Änderung seiner Zweckbestimmung zum Ziele haben:

Außerdienststellung und Verschrottung des mit hohen Reparaturkosten belasteten Kahnraumes, und zwar insbesondere der Fahrzeuge, deren Ladefähigkeit das nach dem Ausbau des Dortmund-Ems-Kanals erreichbare Maß von 1350 t nicht erreicht,

Motorisierung von Kähnen von mehr als 1000 t Ladefähigkeit.

Unter diesen Umständen erscheint der Bau neuer ausschließlich für den Kohleverkehr bestimmter Schubverbände nicht gerechtfertigt. Andererseits wird der Schubschiffahrt in den zunehmenden Transporten von Öl und später Gas ein weiteres Feld eröffnet, dessen Umfang durch die Ausdehnung des Pipelinenetzes bestimmt wird. Die Schweizer Binnenschiffahrt hat im Jahre 1962 den Tankschubverband „Stoos" in Dienst gestellt, dem ein weiterer folgte („Corviglia", 3300 PSe). In diesem Zusammenhange ist bemerkenswert, daß ein erheblicher Anteil der Neubauten der letzten Jahre trotz der Inbetriebnahme der im süddeutschen Raum errichteten Raffinerien entgegen mannigfaltigen Prognosen, die eine Verschlechterung der Beschäftigungslage der Tankschiffahrt voraussagten, auf Tankschiffe entfällt. Der Anteil der auf Schubleichtern transportierten Eisenerze betrug 1962 auf dem Rhein 17,3 v.H. gegenüber 13,7 v.H. im Vergleichszeitraum 1961.

Diese Zahlen rechtfertigen daher den Einsatz von weiteren Schubverbänden in dieser Relation.

Immerhin ändert das nichts an der Erkenntnis, daß das Optimum der auf den europäischen Binnenwasserstraßen wirtschaftlich verwertbaren Schubleichter-Tonnage schon sehr bald erreicht sein wird. Damit wird sich die weitere Entwicklung dann mehr und mehr dem Motorgüterschiff-Schubverband zuwenden und insbesondere dem traditionellen Motorgüterschiff in seinen vielfältigen Verwendungsmöglichkeiten neue Wege zu weiterer Entfaltung eröffnen.

Die weitere Entwicklung des Motorgüterschiff-Schubverbandes

Rd. 85 v.H. der Gesamtmaschinenleistung der Binnenflotte der Bundesrepublik ist in Motorgüterschiffen installiert. Es ist daher auch aus diesem Grunde natürlich, daß versucht wird, eine Erweiterung der Verwendungsfähigkeit des unbemannten Kahnes in Verbindung mit dem Motorgüterschiff zu suchen, welches schon jetzt seine höchste Wirtschaftlichkeit als schleppender Selbstfahrer findet und somit zum schiebenden Selbstfahrer entwickelt werden kann mit dem Ziele einer weiteren Steigerung seiner Leistungsfähigkeit.

Bis zum Ende des Jahres 1962 sind seit 1950 1062 nach den Bauunterlagen des Zentral-Vereins für deutsche Binnenschiffahrt erbaute Motorgüterschiffe neu in Dienst gestellt worden. Damit sind 57,3 v.H. des Gesamtfrachtraumes der Binnenflotte motorisiert. Die Gesamtladefähigkeit der Motorgüterschiffe überschritt zu dieser Zeit den Wert von 2846974 t bei einer Gesamtladefähigkeit der Binnenflotte von fast 5000000 t.

Damit hat die Realisierung der über 18 Jahre stetig durchgeführten Schiffbaupolitik der Binnenschiffahrt, welche auf eine Beschleunigung des Schiffsumlaufes durch die Motorisierung des Frachtraumes und den Bau von Motorgüterschiffen einheitlichen Typs und ferner auf die Steigerung der freizügigen Verwendbarkeit des Schiffsraumes innerhalb des Wasserstraßennetzes gerichtet war, einen Höhepunkt erreicht, welcher die Einstellung des Binnenschiffahrtsgewerbes zu der Notwendigkeit der Rationalisierung des Transports von Gütern auf den Binnenwasserstraßen in eindrucksvoller Weise erkennen läßt. Die besondere Bedeutung dieser Baupolitik lag darin, daß sie dem Partikulier die gleichen Chancen bot wie dem Reeder. Das Motorgüterschiff ist oft als das Schiff des Partikuliers bezeichnet worden. Von 4900 Motorgüterschiffen befinden sich 2800 im Besitze von Partikulieren, 1931 im Besitze von Reedereien und 158 im Besitze von Werksreedereien. Die Tonnage der Motorgüterschiffe entfällt zu 43 v.H. auf Partikuliere, zu 55 v.H. auf Reeder und zu 2 v.H. auf Werksreedereien.

Die Entwicklung zum Motorgüterschiff-Schubverband muß daher vor allem auch deshalb begrüßt werden, weil sie insbesondere auch dem Betriebe des Partikuliers neue Möglichkeiten zur Steigerung der Produktivität eröffnet. Er hat seinen beachtlichen Anteil daran, daß die deutsche Binnenschiffahrt nach schwersten Einbußen als Folge des Zusammenbruchs und trotz der im Laufe der vergangenen 15 Jahre mehr und mehr dem Kraftfahrzeug zugefallenen Aufgaben ihren Anteil von rd. 30 v.H. an der Gesamtverkehrsleistung der Binnenverkehrsträger wiedergewinnen und auf Grund durchgreifender Rationalisierungsmaßnahmen über viele Jahre ihre niedrigen Frachtraten halten konnte. Er hat auch seinen Anteil daran, daß die spezifische Verkehrsleistung der Binnenflotte der Bundesrepublik in der Zeit von 1935 bis 1962 von 2500 tkm/t Ladefähigkeit des Frachtraumes auf rd. 5000 tkm/t Ladefähigkeit gesteigert werden konnte.

Alle Maßnahmen zu weiterer Rationalisierung der Binnenschiffahrt können daher nur sinnvoll sein, wenn sie dieser Situation und insbesondere der Lage Rechnung tragen, der sich heute der Partikulier infolge der Verschärfung des Wettbewerbs mit der Bundesbahn auf Grund der Verkehrsgesetze des Jahres 1961 ausgesetzt sieht.

Unter diesen Aspekten muß die Zunahme der Motorgüterschiff-Schubverbände als besonders günstig erscheinen. Auf dem Rhein waren gegen Ende des Jahres 1963 21 zur Verwendung im Schubverband hergerichtete Motorgüterschiffe mit einer Maschinenleistung von 17000 PS und einer Ladefähigkeit von 23300 t eingesetzt, ferner 21 Kähne mit einer Ladefähigkeit von 24300 t, die mit diesen Motorgüterschiffen im Schubverband fahren.

Eine weitere Perfektionierung hat dieses System, dem gewisse Schwierigkeiten beim Übergang von der Strom- zur Kanalfahrt entgegenstanden, durch die Entwicklung des Motorgüterschiff-Schleppverbandes gefunden, der sich im laufenden Betrieb ohne Schwierigkeiten aus dem Motorgüterschiff-Schubverband bilden kann.

Das Problem der Fortbewegung von Schubleichtern und Schubkähnen auf den Kanälen

Die Frage der Fortbewegung von Schubleichtern und Schubkähnen auf den Kanälen hat in neuerer Zeit nach Durchführung einiger bemerkenswerter Versuche wesentliche neue Gesichtspunkte ergeben. Der Gedanke, Schubleichter auch im Anschlußverkehr an die Stromfahrt, insbesondere auf dem Rhein, auch auf Kanälen mit Schubbooten fortzubewegen, ist wohl nur auf Kanälen zu verwirklichen, die zu diesem Zwecke besonders hergerichtet werden, d.h. im Anschlußverkehr an die Rheinfahrt nur auf der gerade im Ausbau stehenden Mosel.

Auf den übrigen Kanälen und kanalisierten Nebenflüssen des Rheins ist ein Schleppverfahren erprobt worden, welches alle Aussichten hat, sich zur künftigen Methode der Fortbewegung dieser Fahrzeuge auf diesen Wasserstraßen zu entwickeln.

Ein Motorgüterschiff-Schleppgelenkverband, bestehend aus einem Motorgüterschiff des Typs „Johann Welker“ (1234 t) und einem mit diesem eng aufgeschlossen durch ein Gelenk verbundenen Kahn von 1000 t führte in den Jahren 1962 und 1963 auf dem Main zwischen Frankfurt und Krotzenburg Versuchsfahrten durch, deren Ergebnisse den Nachweis erbrachten, daß im Rahmen der Maßnahmen zur Rationalisierung der Binnenschiffahrt neben dem Schubverfahren auch ein Schleppverfahren von Bedeutung sein kann, das unter Anwendung aller Möglichkeiten der Automatisierung fortentwickelt wird.

Die Manövrierfähigkeit des Verbandes übertraf alle Erwartungen und insbesondere die von Motorgüterschiff-Schubverbänden auf Kanälen. Der Leistungsmehrbedarf von im Mittel 10 v.H.

bei einer Geschwindigkeit von 10 km/h wird durch die wesentliche Verkürzung der Schleusenzeiten um 30 v.H. ausgeglichen.

Der Personalbedarf wird bei der vorliegenden Konstruktion von 7 Mann (beim normalen Motorgüterschiff-Schleppverband) auf 5 Mann herabgesetzt. Eine weitere Reduzierung auf 3 Mann wird angestrebt. Sie erscheint möglich, wenn der Kahn vom Motorgüterschiff aus mit Hilfe einer elektrischen oder hydraulischen Ruderanlage gesteuert wird.

Die Ergebnisse dieser Erprobungen führten zur Einleitung von Versuchen über die Möglichkeiten des Verschleppens von Schubleichtern in der Kanalfahrt im Anschluß an die Schubfahrt auf dem Strom.

2. Die volle Ausnutzung des Tageslichts für die Transportaufgabe

Die Verkürzung der Arbeitszeit muß sich bei den derzeitigen Lohnkosten auf die Produktivität des Schiffahrtsbetriebes verhängnisvoll auswirken, wenn sie zu einer Beschränkung der Ausnutzung des schwimmenden Materials führt. Es wird daher versucht, diese ungünstigen Auswirkungen abzuwenden. Unter Beibehaltung und womöglich Steigerung der täglichen Fahrzeit wird angestrebt, den Anspruch auf Freizeit erst nach längeren Perioden abzugelten. Eine solche Regelung erfordert die periodische Ablösung der einzelnen Besatzungsmitglieder für eine durchgehende Freizeit. Ihre Dauer wird durch die Umlaufzeit bestimmt. Dieses System stellt die Vorstufe zu dem eigentlichen Wachsystem dar. Es wird bisher nur in der Schubschiffahrt und in der Tankschiffahrt praktiziert. Voraussetzung für die wirtschaftliche Durchführbarkeit dieses Systems ist die genaue Innehaltung eines festen Umlaufplanes. Eine starke Verkürzung der Lade- und Löschzeit und der Wartezeiten in den Häfen sind die weiteren Vorbedingungen.

Die stärkere Nutzung der Nachtfahrt mit dem Ziele eines durchgehenden 24-Stunden Betriebes

Die allgemeine oder weitgehende Einführung der durchgehenden Tag- und Nachtfahrt ist ein seit vielen Jahren diskutiertes und noch nicht recht gelöstes Problem. Sie würde weitere Möglichkeiten zur wirtschaftlichen Ausnutzung der Fahrzeuge bieten. Sie setzt eine der besseren Ausnutzung der Schiffe entsprechende Verminderung der Gesamtladefähigkeit der Flotte voraus. Dabei könnte ein erheblicher Teil der Besatzungen freigesetzt werden und im Rahmen des Ablösungssystems der Tag- und Nachtfahrt auf den der Flotte verbleibenden Fahrzeugen Verwendung finden. Die jetzige Struktur des Binnenschiffahrtsgewerbes, aufgeteilt in rd. 3700 Unternehmungen, von denen rd. 3100 nur ein einziges und weitere 420 nur 2 bis 4 Schiffe besitzen (Partikuliere), läßt das Problem der Einschränkung der Kapazität des Frachtraumes als Voraussetzung für diese Art der Rationalisierung praktisch undurchführbar erscheinen. Der 24-Stunden-Betrieb ist daher vorerst auf die von den großen Reedereien betriebene Schubschiffahrt und Tankschiffahrt beschränkt. Dabei sind die technischen Vorbereitungen für die Nachtfahrt auf den Flüssen durch Auslegung von Radarbojen und auf den Kanälen durch Verbesserung der Beleuchtung der Schleusen bereits in weitem Umfange getroffen.

3. Die weitere Erhöhung der Umlaufgeschwindigkeit

a) **Erhöhung der Fahrgeschwindigkeit.** Die zügige Abwicklung des Verkehrs auf den Kanälen wird z.Z. noch stark behindert durch die unterschiedlichen Geschwindigkeiten von Schleppzügen und Motorgüterschiffen. Es wird angestrebt, den schnellfahrenden Motorgüterschiffen mit dem Ziele der Verkürzung ihrer Umlaufgeschwindigkeit das Überholen langsam fahrender Schleppzüge — gegebenenfalls durch Schaffung von Überholstrecken — zu gestatten. Die zweckmäßigste Lösung muß jedoch in einer Angleichung der Fahrgeschwindigkeit der Schleppzüge und Motorgüterschiffe durch Verkürzung der Zahl der Anhänge der Schleppzüge oder weitgehende Verwendung von Motorgüterschiff-Schleppverbänden und Motorgüterschiff-Schleppgelenkverbänden in der Kanalfahrt gesehen werden.

b) **Einschränkung der Aufenthalte in den Schleusen.** Das oben beschriebene System des Motorgüterschiff-Schleppgelenkverbandes bietet neben der Verminderung der Personalkosten die Möglichkeit der Abkürzung der Schleusenzeiten um rd. 30 v.H.

c) **Verkürzung der Lade- und Löschzeiten.** Von wesentlicher Bedeutung für die Steigerung der Produktivität der Binnenschiffahrt ist die Herrichtung der im Massengutverkehr eingesetzten Fahrzeuge für die schnelle Greiferentladung durch Verminderung der Zahl der Laderäume. Neubauten wird man nur noch als Einraum- oder höchstens Zweiraumschiffe bauen und mit Trimmschrägen versehen, welche das Gut dem Greifer zügig zuführen. Die Möglichkeit des Einsatzes von Bulldozzern zur schnellen Erfassung der Reste der Ladung ist als weiterer wesentlicher Vorteil des

Einraumschiffes zu werten. Der dabei für das Entladen erforderliche Zeitbedarf beträgt nur noch rd. 60 v. H. des bisherigen. Gleichzeitig sinkt der Personalbedarf auf 25 v. H. des bisher erforderlichen. (An Stelle von 3 Mann nur noch 1 Mann im Schiff.)

4. Die Steigerung der Arbeitsproduktivität des Frachtraumes und der Besatzungen

Die Bestrebungen zur Steigerung der Arbeitsproduktivität des Frachtraumes und der Besatzungen sind gekennzeichnet durch die Vergrößerung der Ladefähigkeit der Fahrzeuge bis zu den nach den Abmessungen der Schleusen und Kanäle zulässigen Höchstabmessungen, d. h. bei den Wasserstraßen der Klasse IV auf 1350 t bei Kähnen und 1290 t bei Motorgüterschiffen. Bei einer Verlängerung der Motorgüterschiffe des Typs „Gustav Koenigs" von 67 m auf 80 m ergibt sich eine Vergrößerung der Ladefähigkeit von 930 t auf 1200 t. Die verlängerten Schiffe und die Neubauten werden in weitem Umfange mechanisiert durch Motorisierung der Ankerwinden, Ausrüstung mit mechanisch betriebenen Lukendächern, sofern eine Abdeckung der Luken überhaupt erforderlich ist, und die Ausrüstung mit Wechselsprechanlagen zwischen Steuerstand und dem Vorschiff. Bei der Herrichtung von Motorgüterschiffen und Kähnen zu Gliedern eines Motorgüterschiff-Schubverbandes gilt die Ausrüstung mit automatischen Kupplungen, die sich in zahlreichen Versuchsfahrten bereits hervorragend bewährt haben, als selbstverständlich. Bei dem Übergang vom Motorgüterschiff-Schubverband zum Motorgüterschiff-Schleppgelenkverband von der Stromfahrt zur Kanalfahrt kommt dieser automatischen Kupplung, deren Einbau auch bei Schubboot-Schubverbänden vorgesehen ist, besondere Bedeutung zu.

Bei der Entwicklung der Flotte der Motorgüterschiffe ist die Tendenz der Außerdienststellung von Motorgüterschiffen mit einer Ladefähigkeit von weniger als 500 t und die Vergrößerung der Ladefähigkeit von Fahrzeugen von mehr als 500 t durch Verlängerung erkennbar.

5. Der Austausch des Frachtraumes unter den Schiffseignern

Der Austausch des Frachtraumes unter den Schiffseignern, welcher in der Binnenschiffahrt der USA zu einer hohen Perfektion entwickelt wurde, muß auch als eine der wichtigsten Voraussetzungen für eine durchschlagende Rationalisierung der europäischen Binnenschiffahrt angesehen werden. Wenn sich auch bei den Schubschiffreedereien eine gewisse Zusammenarbeit angebahnt hat, bei der der Wille zur Standardisierung des Materials als Voraussetzung für den Austausch der Schubleichter erkennbar wird, so blieb die Frage der Anwendung dieses Prinzips auf die übrige Binnenschiffahrt bisher ungelöst. Die Bemühungen, die Ausnutzung des Frachtraumes durch eine Kapazitätsbeschränkung und Verminderung der Leerlaufstrecken durch einen Zusammenschluß zu einer Betriebsgemeinschaft auf dem Rhein zu verbessern, lassen — abgesehen von einigen Poolverträgen und Konventionen — ein Ergebnis noch nicht erkennen. Die Rationalisierungsmaßnahmen werden von den Reedereien mit dem Blick allein auf die eigenen Transportaufgaben betrieben. Dabei sind wesentliche Fortschritte allein bei den großen Schiffahrtsbetrieben erkennbar.

Besondere Sorge muß in diesem Zusammenhange die Lage der Partikuliere erwecken. Von den rd. 23000 Unternehmungen der Binnenschiffahrt der Europäischen Wirtschaftsgemeinschaft (ohne Italien und Luxemburg) verfügen rd. 85 v. H. nur über ein einziges Schiff. Die stark aufgesplitterte Kapazität dieser Unternehmungen erreicht indessen nur 43 v. H. der Gesamtkapazität. Nur ein Zusammenschluß zu größeren Betriebseinheiten unter Konzentration der Kapazitäten kann hier die Voraussetzungen für eine Steigerung der Produktivität als Vorbedingung für die Erhaltung der Existenz schaffen, sofern die Partikulierschiffe nicht von den Reedereien angemietet und deren Flotten zuzurechnen sind. Die neueren wirtschaftlicheren Betriebsmethoden des Motorgüterschiffs-Schubverbandes und des Motorgüterschiffs-Schleppgelenkverbandes sind auch den Partikulieren zugänglich.

80 Jahre Mainausbau[1]

Von Dipl.-Ing. **E. Renner**, Würzburg

Am 25. September 1962 wurde die letzte Mainstrecke zwischen Schweinfurt und Bamberg zusammen mit dem Bayrischen Staatshafen Bamberg für den Verkehr mit großen Schiffen freigegeben und damit der Ausbau des Mains zur Großschiffahrtsstraße bis auf kleine Restarbeiten beendet.

Seit dem ersten Spatenstich im Jahre 1883 für den Ausbau der ersten Mainstrecke von Mainz bis Frankfurt sind somit acht Jahrzehnte vergangen. In dieser Zeit hat die gesamte Flußlandschaft eine Entwicklung erfahren, die es angezeigt erscheinen läßt, eine Bilanz zu ziehen, um feststellen zu können, welche Auswirkungen ein Flußausbau dieses Ausmaßes auf die gesamte Volkswirtschaft ausübte. Die Erkenntnisse und Erfahrungen, die aus diesen Untersuchungen gezogen werden können, berühren nicht nur die Verkehrswirtschaft, sondern im Wandel der Zeiten mit verlagertem Schwergewicht auch die Wasserwirtschaft, die Energiewirtschaft, die Standortverbesserung, die Volkserholung und alle die Auswirkungen, deren Erfassung in Zahlen nahezu unmöglich ist, weil sie nur als Reaktion des einmal vorhandenen neuen Flußregimes mit seinen Stauhaltungen gewertet werden können. Hierbei ist besonders an Industrieerweiterungen gedacht, die nicht möglich gewesen wären, wenn nicht der gestaute Fluß die Voraussetzungen dazu

Abb. 1. Marktschiff des Mains um 1596.

geschaffen hätte. Diese Entwicklungen erstrecken sich über Jahrzehnte und können auch heute noch nicht als abgeschlossen angesehen werden. Sie tragen aber dazu bei, die zunehmende Bevölkerung mit Arbeit und Brot zu versorgen und den Lebensstandard der in dieser Flußlandschaft lebenden Menschen zu verbessern. Wer vor 80 Jahren die Zukunft, die heute Gegenwart geworden ist, vorausgesagt hätte, wäre mitleidig belächelt worden, so gewaltig ist der Unterschied zwischen allen Lebensverhältnissen von damals und heute. Die Vollendung des Mainausbaus ist deshalb die beste Bestätigung der Ausführungen des Herrn Bundesministers für Verkehr, Dr.-Ing. Seebohm, der am 25. September 1962 in Bamberg sagte:

„Verkehrsbauten werden nicht für die Gegenwart, sondern für die Zukunft gebaut. Dies gilt in besonderem Maße für die großen Wasserstraßenbauvorhaben, deren Durchführung erfahrungsgemäß im allgemeinen Jahrzehnte in Anspruch zu nehmen pflegen. Daher konzentriert sich der

[1] Erweiterter Vortrag vor der HTG am 13. 9. 1962 in Würzburg.

Bau von Wasserstraßen auch nur auf wenige bestimmte Projekte, deren wirtschaftliche Bedeutung auch im Wandel der Verhältnisse und der Zeiten unbestritten bleibt. Die Kanalisierung des Mains kann geradezu als ein Musterbeispiel hierfür angesehen werden."

Die nachstehenden Ausführungen werden dies bestätigen.

Abb. 2. Ansicht des Mainufers zu Frankfurt a. M. um 1814 (nach einem Gemälde von J. F. Morgenstern).

1. Historische Entwicklung des Ausbaus

Schon vor Ausbau des Mains herrschte auf ihm reges Leben. Die ältesten konkreten Aufzeichnungen über Schiffsfahrten auf dem Main gehen auf über 1200 Jahre zurück. Als Verkehrsweg ist der Main weit älter, er spielte schon zur Römerzeit für damalige Verhältnisse eine bedeutende Rolle. Über viele Jahrhunderte gab es ein sogenanntes Marktschiff mit täglichen Fahrten zwischen Frankfurt und Mainz und wöchentlichen Fahrten zwischen Frankfurt und Bamberg sowie zwischen Frankfurt und Heilbronn (Abb. 1). Wenn sich jedoch die Mainschiffahrt in größerem Umfang nicht entwickeln konnte, so lag dies nicht zuletzt an den künstlichen Schranken, die die damaligen Wasserzölle und Stapelrechte bildeten (Abb. 2). Noch bis 1802 zählte der Main nicht weniger als 32 Zollstationen, so daß alle Vorteile des billigeren Wasserweges dem Landtransport gegenüber aufgehoben wurden. Auch die schiffahrts- und flußbautechnischen Voraussetzungen waren damals nicht günstig. Aus diesem Grunde schlossen die Mainuferstaaten, Königreich Bayern, Großherzogtum Hessen, Herzogtum Nassau und die freie Stadt Frankfurt, vorwiegend auf Betreiben des Landes Bayern, eine „Übereinkunft wegen Korrektion des Mainbettes vom 6. Februar 1846" ab, in der folgendes Regulierungsziel festgelegt wurde:

1. Bei niedrigstem Wasserstand am Frankfurter Brückenpegel soll unterhalb der Saalemündung eine Wassertiefe von 0,90 m geschaffen werden.

2. Von der Saalemündung bis oberhalb Kostheim soll eine normale Breite der Fahrrinne von 26,0 m vorhanden sein, die sich im Mündungsgebiet zunehmend bis auf 37,5 m verbreitert.

3. Dem Fluß soll eine Breite gegeben werden, die von 49 m bei Bamberg bis 150 m an der Mündung im Verhältnis der Zuflüsse zunimmt.

4. Unter Vermeidung eines Uferwechsels soll ein Leinpfad geschaffen werden, der bei 3,5 m Breite in einer Höhe von 2,0 m über dem niedrigsten Wasserstand anzulegen ist.

Das Land Bayern, das darauf bedacht war, den erst kurz zuvor vollendeten Ludwig-Donau-Main-Kanal lebensfähig, d. h. von der Mainseite her besser zugänglich zu erhalten, war an dieser Regulierungsarbeit besonders interessiert. Diese sogenannte Mittelwasserkorrektion, die in den 50er Jahren durchgeführt wurde, zwang den Fluß in ein festes Bett, dessen Uferdeckwerke zum großen Teil heute noch zu erkennen sind. Vorher pendelte er bei jedem Hochwasser von einem Talhang zum anderen und veränderte somit seinen Lauf nach eigenem Ermessen. Die Mittelwasserkorrektion hat diesem Pendeln ein Ende bereitet und schuf somit die Voraussetzungen für die Erschließung einer Kulturlandschaft, die die stetige landwirtschaftliche und siedlungspolitische Nutzung der Talauen gestattete. Durch diese Korrektion hat auch die Schiffahrt einen gewissen Auftrieb erhalten, der jedoch mit dem Aufkommen der Eisenbahn zusammenfiel und die Unzulänglichkeit des Flußregimes besonders in den Jahren zwischen 1863 und 1883 erneut aufzeigte.

Während in dieser Zeit die Rheinschiffahrt im Zuge der Verbesserung durch die Dampfmaschine und der allgemeinen Wirtschaftsentwicklung einen neuen Auftrieb erhielt, der es gestattete, mit großen Schiffseinheiten im Schleppverband zu Berg zu fahren, konnte der Main wegen seiner geringen Wassertiefen besonders im Sommer von der Rheinschiffahrt wirtschaftlich nicht befahren werden. Die für den Main bestimmten Güter mußten daher meist an der Mainmündung umgeschlagen werden, wodurch sich die Frachten wesentlich erhöhten. Die Folge war, daß selbst die billigen Massengüter auf die Bahn abwanderten und dem Mainverkehr entzogen wurden.

Es ist daher verständlich, daß mit dem Aufkommen größerer Schiffsgefäße auf dem Rhein (bis zu 800 t Tragfähigkeit) die Stadt Frankfurt bestrebt war, so bald wie möglich den Anschluß an einen regelmäßigen Schiffsverkehr unter wirtschaftlichen Gesichtspunkten zu erhalten.

Mit der „Übereinkunft zwischen Preußen, Bayern, Baden und Hessen wegen der Kanalisierung des unteren Mains“ vom 1. Februar 1883 waren die Würfel nach langjährigen Voruntersuchungen für den 1. Ausbau des Mains von der Mündung bis Frankfurt für die Großschiffahrt gefallen. Am 15. Mai 1883 wurden die Arbeiten in Angriff genommen und am 16. Oktober 1886 die erste kanalisierte Mainstrecke zusammen mit dem 1. Hafen am Main, dem Westhafen der Stadt Frankfurt, dem Verkehr übergeben. Kurz zuvor, am 7. Oktober 1886, wurde die Kettenschleppschiffahrt auf dem Main zwischen Mainz und Aschaffenburg in Betrieb genommen, die erst kurz vor Eröffnung des Hafens Würzburg für die Großschiffahrt im Jahre 1940 wieder aus dem Bereich der Mainschiffahrt, nunmehr endgültig, verschwand.

Für den 1. Ausbau waren fünf Staustufen mit Nadelwehren nach dem Vorbild der belgischen Maaskanalisierung gewählt worden. Die Schiffahrt erhielt zur Überwindung der Höhenunterschiede Schleusen von 80 m Nutzlänge, 10,5 m Nutzbreite bei einer Mindestwassertiefe von 2,00 m.

Der Erfolg dieses 1. Ausbaus blieb nicht aus. Während der Verkehr in den Jahren 1884—1886 durchschnittlich nur 18000 t/Jahr betrug, brachte das erste Betriebsjahr 1887 nach dem Ausbau bereits eine Verkehrssteigerung auf rd. 500000 t, wozu noch der Floßverkehr mit etwa 191050 t kam. Dieses Anwachsen des Mainverkehrs war in erster Linie auf die bedeutende Herabsetzung der Wasserfrachten zurückzuführen. So betrug z. B. für 1 t Ruhrkohle die Wasserfracht (Schiffsfracht + Schlepplohn) mit Anschlußfracht von den Zechen bis zu den Ruhrhäfen nach Frankfurt 4,80 Mark, während sich die Bahnfracht ab Zeche auf etwa 7,80 Mark/t belief. Die erste Mainkanalisierung hatte schon nach wenigen Betriebsjahren gezeigt, wie unberechtigt alle wirtschaftlichen und technischen Bedenken waren, mit denen man lange Jahre hindurch die künstlichen Wasserstraßen bekämpft hatte.

Der über alle Erwartungen sich steigernde Mainverkehr zeigte bald, daß die kanalisierte Mainstrecke zwischen Mainz und Frankfurt mit den kleinen Schleusen den Anforderungen des Verkehrs nicht gewachsen war. Schon 1891 mußte die beim Bau vorgesehene Vertiefung von 2,0 auf 2,50 m durchgeführt und 1893 die Länge der Schleusen durch Hinzufügung einer Schleppzugschleuse von 250 m Nutzlänge auf rd. 350 m Gesamtlänge erweitert werden (Abb. 3). Durch diese Verbesserungen konnte die Fahrzeit eines Schleppzuges von der Mündung bis Frankfurt fast um einen Tag herabgesetzt werden.

Die weiter anhaltende Entwicklung des Schiffsverkehrs ließ nunmehr auch von hessischer Seite den Wunsch aufkommen, die industrielle Stadt Offenbach und ihr Hinterland an den neuen Verkehrsweg anzuschließen. Gemäß einer „Übereinkunft zwischen Preußen und Hessen wegen Fortführung der Mainkanalisierung oberhalb Frankfurt bis Offenbach“ vom 15. Februar 1897 wurde der Ausbau des Fahrwassers und der Bau einer Staustufe Offenbach beschlossen.

Die Staustufe bestand aus einem Nadelwehr und einer Schleppzugschleuse mit einer Nutzbreite von 12 m und einer Nutzlänge von 350 m mit drei Häuptern. Die neue Strecke konnte zusammen mit dem Hafen Offenbach 1901 in Betrieb genommen werden. Sehr bald zeigte sich auch für diesen Hafen eine sehr günstige Verkehrsentwicklung, die zusammen mit dem steigenden Umschlag des Hafens Frankfurt eine schnelle industrielle Entwicklung des Landes zur Folge hatte.

Dies gab wiederum dem Lande Bayern Veranlassung, die Weiterführung der Kanalisierung mit allen Mitteln zu betreiben. Damals war es die Bayerische Staatsbahn, die wegen der Anfuhr billiger Dienstkohle den Anschluß des Hafens Aschaffenburg besonders förderte. In der „Übereinkunft zwischen Bayern, Preußen, Baden und Hessen wegen der Kanalisierung des Mains von Offenbach bis Aschaffenburg" vom 21. April 1906 wurde der Weiterbau beschlossen. Es ist von besonderer Bedeutung, daß das Land Bayern damals im Hinblick auf das Ziel, Aschaffenburg so bald wie möglich an den Rheinverkehr anzuschließen, großzügige finanzielle Unterstützung gewährte. So lautet der Artikel II, Abs. 1 der obigen Übereinkunft u. a.:

„Die Kosten der Herstellung, des Betriebes und der Unterhaltung der Kanalisierungsanlagen einschließlich der Unterhaltung des Fahrwassers werden für die Strecke Offenbach—Hanau von der Königlich Preußischen und für die Strecke Hanau—Aschaffenburg von der Königlich Bayrischen Regierung getragen."

Abb. 3. Alte und erweiterte Schleuse am Untermain um 1900.

Damit hat der Bayrische Staat von den heute noch bestehenden sechs Staustufen zwischen Offenbach und Aschaffenburg vier Staustufen finanziert und kostenmäßig betrieben, darunter auch die Staustufe Großkrotzenburg. die ausschließlich auf preußischem Hoheitsgebiet lag. Dieses große Interesse des Landes Bayern resultierte nicht zuletzt auch aus dem Wunsche, mit der Wasserstraße bis Aschaffenburg den ersten Schritt zum Beginn des Ausbaus der Rhein-Main-Donau-Verbindung zu tun.

Der Baubeginn für die Fortführung der Kanalisierung bis Aschaffenburg war in der „Übereinkunft" gekoppelt mit dem Zeitpunkt der Einführung von Schiffahrtsabgaben auf dem Main. Dadurch konnte erst nach dem Inkrafttreten des Reichsgesetzes vom 24. 12. 1911 über „den Ausbau der deutschen Wasserstraßen und die Erhebung von Schiffahrtsabgaben" und der Bereitstellung der entsprechenden Baumittel im Jahre 1913 mit den Bauarbeiten begonnen werden.

Wegen der schwierigen Verhältnisse während des 1. Weltkrieges und der Nachkriegszeit war der Anschluß des neuen Hafens Aschaffenburg erst 1920 möglich. Hinsichtlich der Verkehrsanlagen erhielten die Staustufen grundsätzlich Schleusen mit 300 m Nutzlänge und 12 m Nutzbreite. Die Staustufen auf preußischem Gebiet wurden mit Kraftwerken ausgestattet, die der preußische Staat erstellte und betrieb, die zugehörigen Wehre erhielten Walzen, um die Vorflut schneller regulieren zu können. Auf bayerischer Seite dagegen wurde nur ein Kraftwerk an der Staustufe Stockstadt erstellt, während die beiden Staustufen Großwelzheim und Kleinostheim keine Kraftwerke erhielten. Aus Gründen der Kostenersparnis wurden zudem die Wehre dieser Stufen als Nadelwehre ausgebildet, die heute im Zuge einer Modernisierung der Strecke Offenbach—Aschaffenburg den am Main vorhandenen neuen Anlagen angepaßt werden müssen.

Mit dem Anschluß des Hafens Aschaffenburg im Jahre 1920 endet der erste große historische Abschnitt des Mainausbaus, der von den einzelnen Ländern Preußen, Hessen und Bayern betrieben und finanziert wurde. In rd. 40 Jahren sind somit etwa 88 km Wasserstraße dem Rheinverkehr und der Großschiffahrt erschlossen worden. Ab 1921 beginnt der zweite große historische Abschnitt des Mainausbaus, der als Folge des Staatsvertrages von 1921 „betreffend den Übergang der Wasserstraßen von den Ländern auf das Reich" eine wesentliche Beschleunigung des Ausbautempos brachte.

Nach dem ersten Weltkrieg sollten gemäß der Weimarer Verfassung zusammen mit Post und Eisenbahn auch die schiffbaren Flüsse und Kanäle von den Ländern auf das Reich übergehen. In diesem Staatsvertrag gab das Land Bayern seine Wasserstraßen, die über ein beachtliches Wasserkraftpotential verfügen, nur unter der Bedingung her, daß in einem besonderen Vertrag, dem sogenannten Main-Donau-Staatsvertrag, befriedigend geklärt wurde, wann und wie der Main oberhalb von Aschaffenburg und die Donau oberhalb von Passau zu einer modernen Wasserstraße ausgebaut und beide Flüsse durch einen großen von Bamberg über Nürnberg nach Regensburg verlaufenden Kanal miteinander verbunden werden.

Durch die Einschaltung der privaten Initiative, in Form einer Aktiengesellschaft, sollte mit Hilfe des Ausbaus der Wasserkräfte an den an das Reich übergebenen Flüssen des Landes Bayern die Finanzierung des Wasserstraßenbaus erleichtert werden. So wurde im Jahre 1921 die Rhein-Main-Donau AG., München, aus der Taufe gehoben, die als öffentlich-rechtliches Unternehmen den Neubau der Wasserstraße von Reich und Land zur Aufgabe übertragen erhielt.

Mit dem Anschluß des Hafens Würzburg im Jahre 1940 und des Hafens Bamberg am 25. September 1962 ist somit in der zweiten 40jährigen Ausbauperiode eine Flußstrecke von 312 km der Großschiffahrt erschlossen worden, nahezu die 4fache Strecke der 1. Ausbauperiode, ein Beweis dafür, daß die zwischen Reich und Bayern festgelegte Konzeption des Jahres 1921 in vollem Umfang wirksam wurde. Der Bund ist nach dem 2. Weltkrieg in die Staatsverträge zwischen dem Reich und den Ländern eingetreten und verwaltet nach dem Grundgesetz die Wasserstraße mit eigenen Behörden.

Es sei noch ergänzend bemerkt, daß in den Jahren 1929/33 die damalige Reichswasserstraßenverwaltung die inzwischen den neuen Verkehrsverhältnissen nicht mehr gewachsene 1. Kanalisierungsstrecke zwischen Mündung und Frankfurt umbaute und an Stelle der bisher fünf Staustufen drei Stufen errichtete, die durch Zusammenfassung der Fallhöhen zweier Stufen auch mit Wasserkraftwerken ausgestattet werden konnten. Die Stadt Frankfurt hat sich an der Finanzierung der beiden Kraftwerke in Eddersheim und Griesheim sowie an der Verbreiterung der zweiten Schleusen von 12 m auf 15 m namhaft beteiligt und erhält dafür die Stromerzeugung gegen Erstattung der Betriebs-, Unterhaltungs- und Erneuerungskosten der Kraftwerke. Hinsichtlich der Schiffahrtsanlagen wurden Doppelschleusen von 350 m Nutzlänge mit Mittelhäuptern erstellt, die bei einer Nutzbreite von 12 m bzw. 15 m mit großzügiger Vorhafengestaltung jeder künftigen Entwicklung Rechnung tragen wird. Wie wertvoll diese damals so außerordentlich weitsichtige und großzügige Plangestaltung bisher war und auch in Zukunft noch lange Jahrzehnte sein wird, bewies die Verkehrsentwicklung nach dem 2. Weltkrieg, die von den Anlagen reibungslos bewältigt werden konnte. Diese Anlagen beweisen, daß großzügiges Denken der zuständigen Bau- und Finanzverwaltungen bei einmaligen Mehrausgaben sich noch nach Jahrzehnten auswirkt und somit wirtschaftlich im vollem Umfange rechtfertigt.

Auch nach dem 2. Weltkrieg mußte die Bundeswasserstraßenverwaltung die alte Staustufe Offenbach durch eine neue ersetzen, um den zunehmenden Verkehr in Richtung Obermain und einer sicheren Vorflutregelung Rechnung zu tragen. Zwei Schleusen mit einer Nutzlänge von 350 m und 120 m bewältigen den Schiffsverkehr, der seit dem Umbau von Jahr zu Jahr zugenommen hat. Bei der 2. Schleuse von 120 m Nutzlänge hat sich wiederum die Stadt Frankfurt an den Kosten der Mehrbreite von 12 m auf 13 m beteiligt, um größeren Rheinkähnen die Zufahrt zu den Frankfurter Oberhäfen zu gestatten.

Die nunmehr älteste Strecke Offenbach—Aschaffenburg muß in einem Zeitraum von etwa zehn Jahren den modernen Anlagen der übrigen Mainstrecken angepaßt werden, wobei zur Ersparung von Betriebskosten statt 6 nur noch drei Staustufen, ähnlich der Umkanalisierung der Untermainstrecke Frankfurt—Mündung vorgesehen sind. Mit dem Umbau der bayrischen Strecke unmittelbar unterhalb von Aschaffenburg soll noch 1963 begonnen werden.

2. Volkswirtschaftliche Auswirkungen des Flußausbaues

Wie aus der historischen Betrachtung des acht Jahrzehnte dauernden Mainausbaus zu ersehen ist, hat die verkehrswirtschaftliche Bedeutung des Anschlusses der Stadt Frankfurt an den Rheinverkehr den ersten Impuls für den Ausbau der unteren Mainstrecke gegeben. Im Laufe der acht Jahrzehnte haben die verkehrspolitischen Auswirkungen ihre Bedeutung nicht verloren, eher erneut bewiesen, wurden aber überlagert von energiewirtschaftlichen Gesichtspunkten insbesondere nach 1921, von wasserwirtschaftlichen Auswirkungen insbesondere nach dem 2. Weltkrieg und im Hinblick auf das volkswirtschaftliche Zusammenspiel all der genannten Faktoren von einer raumpolitischen, standortfördernden Kraft, die die günstigen Vorbedingungen der obengenannten Faktoren zur Voraussetzung haben muß, wenn ein volkswirtschaftliches Leistungsoptimum erreicht werden soll. Dieses Optimum muß in einer gesunden Volkswirtschaft, auch vom Staate her gesehen, erstrebt werden, denn nur aus dieser Zielsetzung heraus ist ein erhöhtes Steueraufkommen möglich. Der Ausbau der Verkehrswege ist deshalb eine Voraussetzung für die Steigerung des Bruttosozialproduktes des Staates, aus dem er dann die Aufgaben unproduktiver Art erfüllen kann.

Die folgenden Ausführungen stellen deshalb eine Betrachtung verschiedener Phasen des Ausbaus unter Würdigung der jeweils vordringlichsten volkswirtschaftlichen Forderungen und Notwendigkeiten darf.

Tabelle 1. *Verkehr auf dem Untermain durch die Eingangsschleuse Kostheim und Umschlag der Frankfurter Häfen im Verlauf von acht Jahrzehnten*

Jahr	Güterdurchgang durch die Schleuse Kostheim Berg und Tal in t	Umschlag der Häfen Frankfurt Zu- u. Abgang in t	Bemerkungen
1886	18000	—	Ende 1. Mainausbau bis Frankfurt (16. 10. 1886)
1887	500000	359913	Verkehrszunahme (1887–1890)
1890	950000	694445	
1900	2000000	1248128	Erweiterung der Wasserstraße durch Staustufe Offenbach
1910	3210000	1834470	
1920	1750000	1161982	Ausbau bis Aschaffenburg vollendet
1930	3800000	2243494	Umkanalisierung Kostheim Frankfurt
1940	5350000	3212247	Ausbau bis Würzburg, 2. Weltkrieg 1939—1945
1950	5042000	1774090	
1955	8889000	3170302 (4344392)[1]	Nachkriegsentwicklung (1955–1961)
1956	9509000	3394490 (4747908)[1]	
1957	10226000	3382725 (4953435)[1]	
1958	10694000	3441591 (5200355)[1]	
1959	10984000	3757565 (5483952)[1]	
1960	13862000	4585252 (6727396)[1]	
1961	14268000	4760012 (7092170)[1]	
1962	14358000	4840324 (7073115)[1]	Bisher höchster Gütertransport und -umschlag

[1] Mit Werkshäfen

Tabelle 2. *Gesamtverkehr nach Gütern durch die Eingangsschleuse Kostheim in den Jahren 1950—1962*

Güterart	1950 t	1951 t	1952 t	1953 t	1954 t	1955 t	1956 t	1957 t	1958 t	1959 t	1960 t	1961 t	1962 t
Getreide	267968	465948	337752	299000	319905	360062	399588	444088	525367	551962	680744	617438	667600
Roggen- und Weizenmehl	8092	32717	19714	28814	27848	43474	43102	63967	74549	68736	62526	54050	[1,2]
Zucker	43946	45928	42464	26121	2220	13300	9854	20448	6423	3894	4349	3565	2392
Futtermittel	9988	26968	35321	49749	47378	62994	75212	100820	172729	184876	200646	18191	247747[3]
Erze	180646	233926	268866	216020	312626	248469	352482	343450	347627	365285	432760	390366	190422
Steinkohlen	1681431	2697452	2872509	2788123	2678512	3062049	3459383	3656304	2988790	2524688	3219422	2730305	2760290
Braunkohlen	740823	1037600	966470	894103	723660	637230	511933	656399	646231	502425	608906	604577	614208
Mineralöle	178091	265561	298230	353160	408926	574023	771394	1042094	1584653	1752503	2547532	3043498	3238711
Natursteine	3051	47269	110100	169723	168005	166796	193077	214092	200054	256894	291117	286631	602376[1]
Erde, Kies, Sand	551768	951133	342850	354368	506772	533818	549928	412896	446693	776154	1126252	1218803	2481491[1]
Kalk, Gips, Zement	96295	139083	156180	241006	223557	268035	350187	291926	339221	439576	415701	657710	946416[1]
Stein- und Siedesalz	56807	67810	71673	85450	97048	122815	114487	137618	146794	113341	171924	206373	220878
Chemische Erzeugnisse	195253	189182	192902	238247	254742	305467	288103	337495	290126	132118	210607	244334	568514
Düngemittel	186287	181170	123266	247392	238533	232540	248678	343922	530049	687749	805459	833033	656331
Holz	140000	158354	147364	133117	182932	226295	108157	107908	166096	116141	152849	111385	107652
Künstliche Steine	61459	90144	24967	34325	52691	95067	78801	58281	77201	147182	263240	366868	[1]
Eisen und Stahl	325322	265785	338807	326092	381781	482020	442654	454858	408578	496343	598340	602356	582986
Sonstige Güter	314991	407826	797809	1008683	1090441	1454541	1511935	1539312	1743136	1863712	2069567	2114910	451935[1]
Gesamtverkehr:	5042218	7303856	7147244	7493493	7717577	8888995	9508955	10225878	10694317	10983579	13861941	14268112	14357949

[1] = ab 1962 ist durch Änderung der Statistik in bestimmten Güterarten kein klarer Vergleich möglich.
[2] = in Sonstige Güter enthalten.
[3] = einschließlich Ölsaaten und Ölfrüchte.

2.1 Verkehrswirtschaftliche Auswirkungen

Der Schiffsverkehr nahm nach Vollendung des 1. Ausbaus wegen der günstigen Transportbedingungen weit über die geplanten Erwartungen hinaus zu. Dabei stand von Anfang an fest, daß der Binnenschiffsverkehr für Transportgut besonders geeignet ist, das nicht auf Schnelligkeit des Transportes angewiesen ist. Trotz der Beschleunigung des Binnenschiffsverkehrs in jüngster Zeit gilt dieser Grundsatz auch heute noch. Der Binnenschiffsverkehr wird deshalb für Massengut auch in Zukunft prädestiniert sein, was nicht bedeutet, daß auch Relationen im Stückgutverkehr unter bestimmten Voraussetzungen möglich sind. Die günstigen Transportbedingungen regten Staat, Kommunen, Schiffahrt, Handel, Gewerbe und Industrie an, Investitionen aufzuwenden, die heute volkswirtschaftlich gesehen Wertobjekte ersten Ranges darstellen. So entstanden Hafenanlagen größten Ausmaßes, deren Ausbau entsprechend den zeitlichen Bedürfnissen auch heute noch nicht abgeschlossen ist. Daneben entwickelten sich Umschlagplätze im öffentlichen Interesse an den jeweiligen Landeplätzen der Gemeinden. Industrieanlagen und -erweiterungen brachten neuen Verkehr mit großen Investitionen für Umschlagsanlagen, die auch allen anderen Verkehrsträgern zugute kamen. Diese Investitionen, die ihren Wert im Rückblick der vergangenen acht Jahrzehnte bewiesen haben, werden durch entsprechende Ergänzungen und Neuanlagen der Gegenwart auch in Zukunft ihre volkswirtschaftliche Berechtigung beweisen. Sie sind die Voraussetzung für die Weiterentwicklung unserer gesamten Volkswirtschaft.

2.11 Verkehr durch die Eingangsschleuse Kostheim

In vorstehender Tab. 1 ist der Verkehr durch die Eingangsschleuse Kostheim mit dem Umschlag des Hafens Frankfurt verglichen. Dieser Vergleich läßt erkennen, wie mit Erschließung der Flußlandschaft der Verkehr laufend zunahm und auch der seit Beginn des Ausbaus bestehende Hafen Frankfurt seinen Umschlag erweitern konnte. Werden deshalb Entwicklungen dieser Art in größeren Zeiträumen gesehen, beweisen sie die Richtigkeit der Behauptung, daß ein weiterer Ausbau einer Wasserstraße auch immer neuen Verkehr bringt. Die politischen und wirtschaftlichen Einflüsse, die zweifellos an der Tendenz schwankenden Umschlags und Verkehrs deutlich erkennbar sind, verlieren ihre Bedeutung gemessen an der sich deutlich abzeichnenden stetigen Aufwärtsentwicklung des Güterumschlages durch acht Jahrzehnte. Daß es sich dabei nicht um einseitige Verlagerung handelt, beweisen auch die gleichen Tendenzen bei anderen Verkehrsträgern. Dabei hat gerade die Binnenschiffahrt ihren prozentualen Anteil am Gesamtaufkommen von Transportgut im Bundesgebiet mit etwa 30% seit 1936 halten können. Selbstverständlich gibt es zu allen Zeiten Verkehrsverlagerungen in bestimmten Relationen. Sie können aber den Beweis der verkehrswirtschaftlichen Entwicklung einer Flußlandschaft durch Ausbau einer Wasserstraße nicht entkräften. Dieser Ausbau kommt somit allen Verkehrsträgern zugute, weil an den Umschlagsplätzen das Transportgut zwangsläufig den jeweiligen Verkehrsträger wechselt. Während die allgemeine Aufwärtsentwicklung des Verkehrs von 1920—1940 im Durchschnitt etwa 200000 t/Jahr betrug, erreichte die Zunahme zwischen 1950 mit 5,0 Mio t und 1962 mit 14,35 Mio t einen Durchschnitt von nahezu 800000 t/Jahr, also das 4fache. Die Stetigkeit der jährlichen Zunahme läßt auf eine gesunde wirtschaftliche Entwicklung des gesamten Maingebietes schließen.

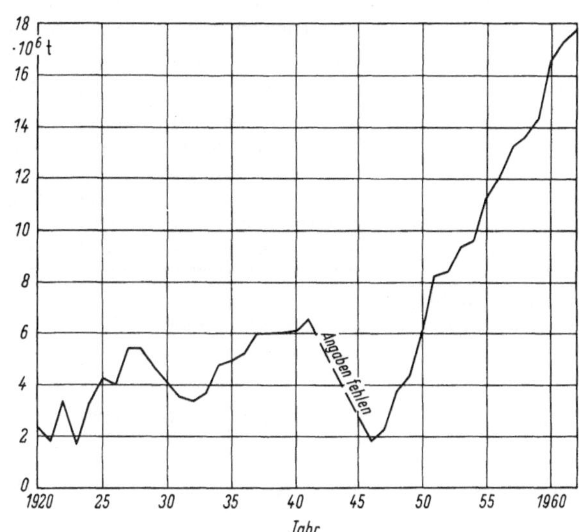

Abb. 4. Gesamtumschlag des Mains.

Um zu zeigen, bei welchen Güterarten eine besondere Entwicklung eingetreten ist, wurden in Tab. 2 die Hauptgüter zusammengestellt, die in den Jahren von 1950—1962 durch die Eingangsschleuse Kostheim transportiert wurden. Dazu ist festzustellen, daß nahezu alle Massengüter zugenommen haben, an erster Stelle Mineralöle. Der Ausbau der chemischen Industrien brachte zwangsläufig eine Zunahme des Transportes von Düngemitteln und chemischen Erzeugnissen. Die Zunahme der Kohlentransporte ist auf den allgemeinen Energiebedarf zurückzuführen, der sowohl von der Industrie als auch von den Haushalten ausging. Eine beachtliche Entwicklung zeigen auch alle Getreidearten und Futtermittel. Die Zunahme dieser Güter ist nicht zuletzt auf die Entwicklung der landwirtschaftlichen Betriebe zurückzuführen, die mit Hilfe von speziell hergestellten und gemischten Futtermitteln ihre Erzeugnisse erheblich steigern konnten.

Der Transport von Zucker ging nahezu völlig zurück, weil sich am Main eine eigene Zuckerindustrie aufbaute, die den örtlichen Bedarf voll decken kann.

2.12 Umschlag auf dem gesamten und auf dem bayerischen Main

Die Entwicklung der Wirtschaft entlang der Großschiffahrtsstraße hat den Umschlag am gesamten Main gesteigert.

Die graphische Aufzeichnung des Umschlaggeschehens (Abb. 4) gibt zudem einen Einblick in die Tendenzen der zeitlichen Schwankungen.

Abb. 5. Güterumschlag der Häfen und Länder an der bayerischen Mainstrecke.

Inflationszeit 1922/23, Weltwirtschaftskrise 1928/32, 2. Weltkrieg 1939/45 und Nachkriegsentwicklung 1946/62 sind einige markante politische und wirtschaftliche Einflüsse, die aus den 40jährigen Aufzeichnungen nach 1920 besonders hervortreten.

In der bayerischen Mainstrecke hat der Umschlag von 1936 mit 1,7 Mio t bis 1962 mit 8,39 Mio t um das 4,93fache zugenommen, eine sehr erfreuliche Entwicklung, die auf den weiteren Ausbau der Großschiffahrtsstraße zurückzuführen ist (Abb. 5). Mit dem Anschluß des Hafens Würzburg 1940 stieg der bayerische Verkehr schlagartig an. Die Anschlüsse der verschiedenen Strecken oberhalb Würzburgs brachten eine laufende Steigerung des Binnenschiffsverkehrs auf dem bayerischen Main. Der Anschluß folgender Strecken ist dabei von besonderer Bedeutung:

1954	Ochsenfurt	Main-km 272,0
1957	Kitzingen	Main-km 287
1959	Volkach	Main-km 306
1962	Schweinfurt-Bamberg	Main-km 390

Der Verkehr des Jahres 1962 läßt dabei den Anschluß der gesamten Mainstrecke an die Großschiffahrtsstraße noch nicht in vollem Umfange erkennen, weil die letzte Mainstrecke Schweinfurt—Bamberg erst im Herbst 1962 eröffnet werden konnte. Es besteht jedoch berechtigte Hoffnung, daß nach dem bisherigen Verlauf der Verkehrsentwicklung des Jahres 1963 trotz des sehr ungünstigen Winters 1962/63 und der langen Niederwasserperiode des Rheins sich der Anschluß der letzten Mainstrecke nach Bamberg im Gesamtumschlag dieses Jahres günstig auswirken wird.

Auch der lokale Mainverkehr hat von Jahr zu Jahr zugenommen, was Tab. 3 zeigt. Er hat im Jahre 1962 einen bisherigen Höchstumschlag von 1,892 Mio t erreicht.

Tabelle 3. *Lokaler Mainverkehr*

Jahr	1951	1952	1953	1954	1955	1956	1957	1958	1959	1960	1961	1962
Gesamtumschlag Main in 1000 t	8284	8428	9386	9600	11332	12011	13266	13614	14377	16600	17400	17950
Lokaler Mainumschlag in 1000 t	737	810	1133	1223	1360	1341	1601	1496	1810	1341	1796	1892
% des Gesamtumschlags rd.	9	10	12	13	12	11	12	11	13	8	10	9

Der Gesamtumschlag setzt sich zusammen aus dem Umschlag in den Häfen und dem Umschlag in den sonstigen Umschlagstellen. Nachfolgend ist die Aufteilung des Umschlags 1962 für die einzelnen Länder ausgewertet (Tab. 4).

Tabelle 4. *Aufteilung der Umschlagsmengen nach Ländern und Umschlagstellen*

Länder und Umschlagstellen	Güterumschlag 1962 in Mio t	%
Hessen, Häfen	6,47	36
Hessen, sonstige Umschlagstellen	3,09	17
Bayern, Häfen	2,94	16
Bayern, sonstige Umschlagstellen	5,45	31
Gesamt:	17,95	100%

In den sieben Häfen wurden 52% und in den sonstigen Umschlagstellen 48% der Güter bewältigt, am Neckar z. B. beträgt dieses Verhältnis 70:30. Die Länder Hessen und Bayern teilen sich am Umschlag im Verhältnis 53 : 47.

Daß sich das Verhältnis in Bayern nach der Inbetriebnahme der beiden Häfen in Schweinfurt und Bamberg ändern wird, kann angenommen werden. Aus dieser Übersicht kann weiter entnommen werden, daß eine Wasserstraße von 400 km Länge mit nur sieben großen Häfen auch die Gebiete zwischen den Häfen wirtschaftlich befruchtet.

2.13 Entwicklung der Häfen am Main

Mit dem Wasserstraßenausbau und der Binnenschiffahrt eng verbunden ist der Ausbau von Häfen und Umschlagstellen, denn an diesen Schwerpunkten findet der Wechsel von einem zum anderen Verkehrsträger statt. Eisenbahn und Straßenverkehr sind also Partner des Binnenschiffsverkehrs und müssen sich an den Häfen zusammenfinden, wenn sie am Umschlagsgeschehen teilhaben wollen. Ein Hafen ist aber noch weit mehr als ein Mittler zwischen Schiff und Bahn oder Straße. Es gibt in einem Hafen Geschäfte, die mit dem Schiffsumschlag nicht unmittelbar zu tun haben und trotzdem im Hafengelände abgewickelt werden müssen, wenn der Betrieb rationell arbeiten soll. Es sollte deshalb nicht vergessen werden, daß ein Hafen in jedem Falle auch auf andere Verkehrsträger und die gesamte Wirtschaft des beeinflußten Raumes befruchtend wirkt.

Nach Vollendung des Mainausbaus sind nunmehr 7 bedeutende öffentliche Häfen vorhanden, 3 davon in Hessen und 4 in Bayern. Die nachfolgende Zusammenstellung zeigt die chronologische Entstehung dieser Häfen und ihrer Erweiterungen.

Tabelle 5. *Chronologie des Hafenbaus am Main*

Jahr der Inbetriebnahme	Hafen	Bemerkungen
1886	Westhafen Frankfurt a. M.	1. Hafen am Main
1901	Hafen Offenbach	Kommunale Häfen
1912	Osthafen Frankfurt a. M.	
1920	Hafen Aschaffenburg	Bayerischer Staatshafen
1924	Hafen Hanau	Kommunaler Hafen
1940	Hafen Würzburg	Kommunaler Hafen
1962	Hafen Bamberg	Bayerischer Staatshafen
1963	Hafen Schweinfurt	Kommunaler Hafen

Abb. 6 zeigt die Entwicklung der sieben Häfen am Main, deren Umschlag besonders nach dem 2. Weltkrieg von Jahr zu Jahr gestiegen ist. Der Anschluß der großen Städte bzw. die Erschließung weiterer Strecken der Großschiffahrtsstraße ist an den Schwankungen des Umschlaggutes in den einzelnen Häfen zu erkennen. Dabei kann festgestellt werden, daß nach kurzfristigem Rückgang des Verkehrs durch Abzug von Ladegut für oberstrom neu erschlossene Umschlagsstellen sehr bald wieder ein Ausgleich durch neuen Verkehr eingetreten ist. Die Wirtschaftskraft eines einmal durch einen Hafen erschlossenen Gebietes steigert somit den Gesamtverkehr und stärkt die gesamte Volkswirtschaft.

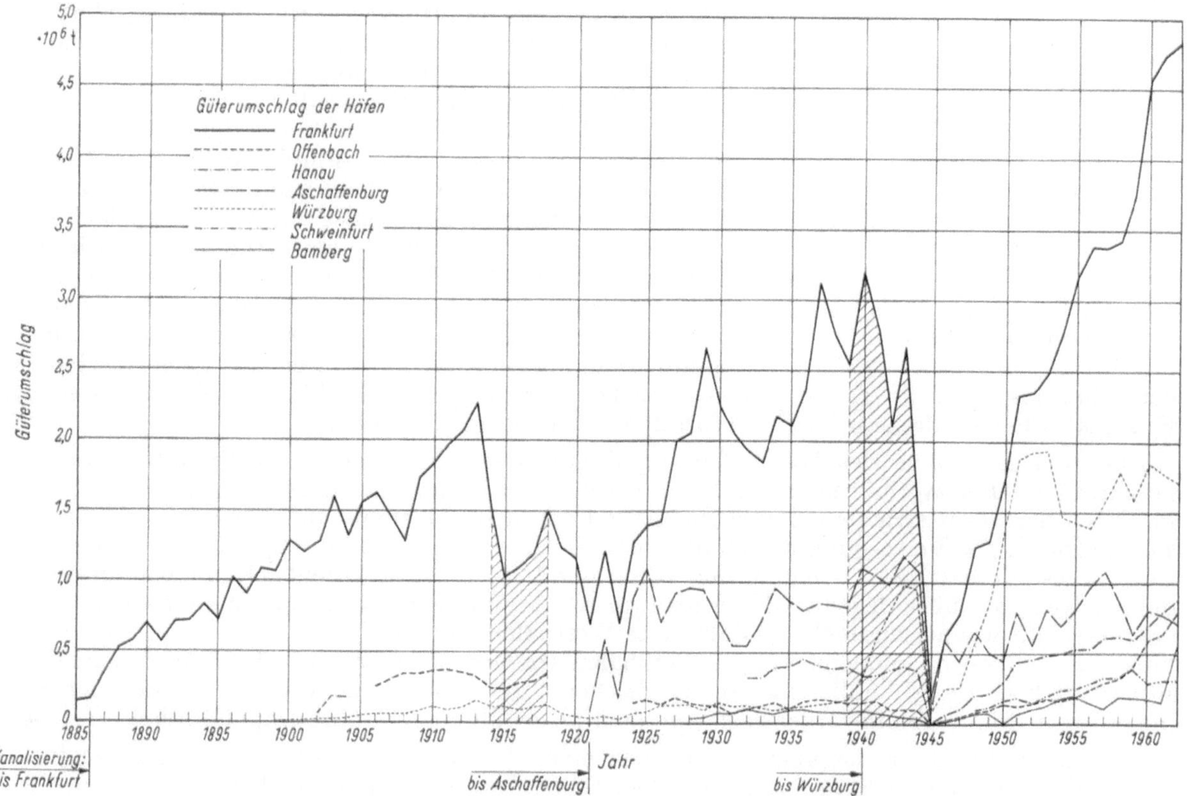

Abb. 6. Entwicklung des Umschlages der sieben Häfen am Main mit Fortschreiten der Kanalisierung.

Welche Rolle spielen nun diese sieben Häfen im gesamten Umschlagsverkehr auf der 400 km langen Flußstrecke? Um diese Frage beantworten zu können, ist in nebenstehender Abb. 7 der Anteil der verschiedenen Häfen für den Güterumschlag des Jahres 1962 dargestellt. Der Hafen

Schweinfurt konnte dabei noch nicht berücksichtigt werden, weil er erst 1963 in Betrieb genommen wurde.

Tabelle 6. *Größe der Mainhäfen*

Technische Daten	Einheit	Frankfurt	Offenbach	Hanau	Aschaffenburg	Würzburg	Schweinfurt	Bamberg berg
Gesamtlandfläche	m^2	1178726	170709	520000	2264712	750000	141000	740000
Mögliche Erweiterung	m^2	125000	—	—	—	—	—	5fach
Länge der Kais	m	11400	1700	2700	4500	2000	717	4096
Länge der Gleisanlagen	m	143000	9380	11000	26334	17000	2430	14900
Länge der Straßenanlagen	m	6170	1990	3200	6000	4060	1900	7000
Anzahl der Hafenbecken	Stck.	5	1	1	3	2	1	2
Vorhandene Wasserfläche	m^2	268094	61370	70000	133810	116131	50000	260000
Anzahl der Flußhäfen	Stck.	3	—	—	—	1	1	—
Gesamtkailänge der Flußhäfen	m	2505	—	—	—	1100	250	—
Anzahl der Kranen	Stck.	71	5	7	20	16	6	12
Gesamtumschlag in Mio t	1962	4,84	0,74	0,89	0,73	1,65	—	0,56
Bemerkungen		Gute Nachkriegsentwicklung					Eröffnet 1963	1962

Tab. 6 gibt einen Überblick über die Größe der einzelnen Mainhäfen, die im Laufe der Zeiten jeweils erweitert wurden bzw. zum Teil noch erweitert werden können.

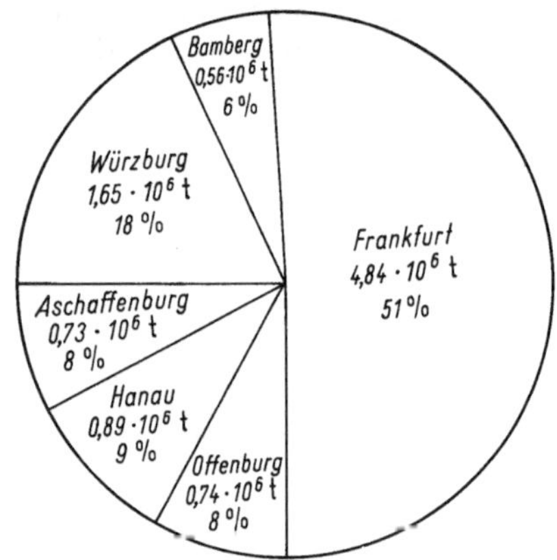

Abb. 7. Aufteilung des Gesamtumschlages der Häfen am Main 1962.

Da das Umschlagsgut in den einzelnen Häfen nach Art — flüssig oder fest — sehr stark schwankt, kann heute die Anzahl der Krane und ihre Ausnutzung nicht mehr in Beziehung zum Gesamtumschlag gebracht werden. Trotzdem läßt die Tabelle erkennen, daß gerade im bayerischen Raum Hafenanlagen bestehen, die im Hinblick auf ihre hafenbautechnische Ausbaugröße einer künftigen Entwicklung ihres Umschlagsgeschehens mit Zuversicht entgegensehen können, ohne dabei große Erweiterungskosten aufwenden zu müssen.

2.131 Hafen Frankfurt. Die Stadt Frankfurt, als die größte Stadt am Main, steht durch die Verbindung eines zur Großschiffahrtsstraße ausgebauten Flußlaufes in unmittelbarem Zusammenhang mit dem rhein-mainischen Industrieraum, der über den Rhein seine Impulse aus der Metropole des nordwestdeutschen Kohlen- und Stahlzentrums erhält. Die Hafenanlagen der Stadt Frankfurt, die im Laufe von Jahrzehnten zu ihrer heutigen Größe erweitert wurden, tragen dazu bei, Mittler zwischen Nord und Süd, Ost und West zu sein. Die Stadt erhält dabei nicht nur Güter aus dem Westen, sondern versendet auch im Talverkehr beachtliche Gütermengen in Richtung Seehäfen. Seegängige Küstenschiffe sind deshalb im Frankfurter Stadtbild keine Seltenheit.

Nach der Eröffnung des Westhafens im Jahre 1886 mußte die Stadt Frankfurt wegen der beschränkten Platzverhältnisse durch die städtebaulischen Anlagen einen neuen großen Hafen im Osten der Stadt errichten. Beide Häfen sind durch eine Hafenbahn verbunden, die ihre große Bedeutung in der Versorgung der städtischen Bevölkerung gerade im letzten Winter erneut unter Beweis gestellt hat. Der Osthafen, der wegen der Mainstaustufe Offenbach in einen unteren und oberen Teil mit überwiegend Ölumschlag getrennt betrieben werden muß, hat seine Aufgabe ebenso erfüllt wie der nunmehr 80 Jahre alte Westhafen. Die Stadt Frankfurt mußte sich darüber hinaus entschließen, 1963 einen neuen Flußhafen am Gutleuthöferfeld in Betrieb zu nehmen. Die Notwendigkeit dieses Flußhafens ist ein Zeichen für die steigende Wirtschaftskraft der Stadt, die aus dem Binnenschiffsverkehr seit nunmehr acht Jahrzehnten ihre Impulse erhält.

Der Hafen Frankfurt ist auch heute noch einer der bedeutendsten Umschlagplätze für Getreide. Er entwickelt sich aber auch auf dem Gebiet des Mineralölumschlags zu einem der wichtigsten und größten Binnenhäfen im Bundesgebiet. Für das Verkehrsgewerbe war der Hafen zu jeder Zeit ein Mittelpunkt seiner Betätigung. Unter Ausnutzung der günstigen Schiffsfrachten erschloß die Wirtschaft neue Absatz- und Bezugsmärkte. Die Erkenntnis, daß öffentliche Häfen als kommunale Entwicklung ein wichtiges Instrument zur Förderung der ansässigen Wirtschaft sind und damit auch benachbarte Wirtschaftsräume belebt und befruchtet werden, hat der Stadt große Vorteile gebracht.

Auch in jüngster Zeit haben die Frankfurter Häfen ihre große Bedeutung für die Wirtschaft bewiesen, in dem sie mit dem Flußhafen am Gutleuthöferfeld neue Wege der Verbindung von industrieller Erzeugung mit Aufgaben der Speditionen gehen, die bisher einmalig sein dürften.

Während der Umschlag 1938 noch 2,8 Mio t betrug, ist er im Jahre 1962 auf 4,84 Mio t, mit den Werkshäfen im Stadtgebiet auf über 7 Mio t angestiegen.

Die Bedeutung des Hafenplatzes Frankfurt wächst in dem Maße, in dem der Main von einem Seitenarm des Rheins zum Teil einer durchgehenden europäischen Großschiffahrtsstraße erweitert wird.

2.132 Hafen Offenbach. Der Hafen Offenbach besteht seit 1901 und hatte bis vor wenigen Jahren nur geringen Umschlag. Der Umbau der Staustufe Offenbach in den Jahren 1949/56 hat durch die Hochwasserfreilegung des Hafengeländes zwischen Main und Hafenbecken eine zusätzliche Fläche geschaffen, die die Voraussetzung für die Ansiedlung mehrerer Ölfirmen brachte. Der Hafenumschlag hat daraufhin auch einen mächtigen Auftrieb erhalten.

Während 1953 nur 130000 t Güter umgeschlagen wurden, stieg der Umschlag 1962 auf 740000 t, somit um nahezu das 5fache.

2.133 Hafen Hanau. Mit dem weiteren Vordringen des Mainausbaus in Richtung Aschaffenburg konnte auch der Hafen Hanau auf ehemals preußischem Gebiet im Jahre 1924 an die Großschiffahrt angeschlossen werden. Auch dieser Hafen zeigte noch bis zum Jahre 1950 mit einem Umschlag von 296000 Gütertonnen nur regionale Bedeutung, während im Jahre 1962 sein Umschlag 890000 Gütertonnen betrug und damit sein Einfluß für das weitere Hinterland stieg.

Bei allen hessischen Häfen handelt es sich um neuen Verkehr, der nicht von anderen Verkehrsträgern abgewandert ist und der als Folge der allgemeinen Wirtschaftsentwicklung, an dem alle Verkehrsträger teilhaben, angesehen werden muß.

2.134 Hafen Aschaffenburg. Während in Hessen nur kommunale Häfen am Main vorhanden sind, bestehen heute in Bayern 2 kommunale und 2 staatliche Häfen. Der erste staatliche Hafen entstand 1920 in Aschaffenburg.

Der Hafen Aschaffenburg verdankt seine Entstehung dem Drängen der Bayerischen Staatsbahn nach billiger Dienstkohle. Aus diesem Grunde ist heute noch im Hafenbereich Aschaffenburg eine Gleisanlage vorhanden, die in ihrer Größe weit über die heute erforderlichen Notwendigkeiten hinausgeht. Die Verhältnisse haben sich in den vergangenen vier Jahrzehnten grundlegend geändert, weil die Bundesbahn glaubt, ihre Kohle in eigenen Zügen billiger transportieren zu können. Die Umstellung auf elektrischen Zugbetrieb konzentriert außerdem den Kohlentransport auf die Herstellung der elektrischen Energie in wenigen Dampfkraftwerken. So wird das neue Dampfkraftwerk im Aschaffenburger Hafen von beiden Verkehrsträgern Bundesbahn und Binnenschiffahrt versorgt. Trotz dieser Umstellung des Hafens Aschaffenburg hat sich der Umschlag in den letzten Jahren auf etwa 800000 t/Jahr gehalten. Hier liegt aber andererseits ein Beispiel vor, wie eine großzügige Planung vor rd. 40 Jahren genutzt werden könnte, um bei wirtschaftsstrukturellen Änderungen des Marktes aus einem reinen Umschlagshafen einen kombinierten Umschlags- und Industriehafen entstehen zu lassen. Die Größe der im Hafen Aschaffenburg vorhandenen Flächen bietet die Voraussetzung für ihre Nutzung.

Da auch der Hafen Aschaffenburg seine Impulse vom Westen her erhält, sollte im Hinblick auf die revierferne Lage des Landes Bayern alles versucht werden, diesen Umschlagsplatz an der Großschiffahrtsstraße Rhein—Main—Donau attraktiver zu gestalten. Der Hafen Aschaffenburg mit seinem noch freien Industriegelände könnte im Hinblick auf die Überlastung des hessischen Rhein-Main-Gebietes im raumpolitischen Kräftespiel eine besondere Entwicklung erfahren. Die ersten Anzeichen zu einer Auffüllung der noch aufnahmefähigen Mainstrecke zwischen Frankfurt und Aschaffenburg kündigen sich an.

Die Voraussetzungen für eine Industrieansiedlung werden vom Standpunkt der Wasserstraße in diesem Raum deshalb besonders günstig, weil neben dem Wasservorrat in den Stauhaltungen und den günstigen Verkehrsverbindungen eine ausreichende Energieversorgung gewährleistet ist. Zudem wird die Wasser- und Schiffahrtsverwaltung im Zug der Erneuerung ihrer alten Anlagen durch Zusammenlegung der Staustufen Großwelzheim, Kleinostheim und Stockstadt in eine neue Staustufe größerer Fallhöhe die Leistungsfähigkeit der Wasserstraße erheblich verbessern. Die Bauarbeiten für diese Staustufe sollen noch 1963 beginnen, um die unsicheren Nadelwehre möglichst bald beseitigen zu können.

Der Bau neuer Dampfkraftwerke zusammen mit den bestehenden wird dazu beitragen, daß der Main unterhalb von Aschaffenburg durch die großen Kühlwassermengen auch im Winter nicht mehr zufrieren wird. Im Hinblick auf die Fertigstellung der neuen Caltex-Raffinerie bei Kelsterbach noch in diesem Jahr würde diese Verbesserung der betrieblichen Verhältnisse einer Wasserstraße eine Sicherung der Heizölversorgung bis Aschaffenburg mittels voll abladbarer Tanker bedeuten und, sofern sie rechtzeitig genutzt wird, bald eine grundlegende Verbesserung der gesamten Energieversorgung des nordbayerischen Raumes bringen.

2.135 Hafen Würzburg. Der Hafen Würzburg, der den zweitgrößten Umschlag am Main aufweist, ist seit 1940 an die Großschiffahrtsstraße angeschlossen. Er hat in den vergangenen 22 Jahren sein Einzugsgebiet erschlossen und zeigt eine erfreuliche Krisenfestigkeit. Er wird seinen Umschlag als Industrie- und Handelshafen sowohl im unmittelbaren Hafenbereich als auch im weiteren Einflußbereich seines Hinterlandes behaupten.

Eine Besonderheit dieses Hafens ist das Raiffeisen-Kraftfuttermittelwerk, das die größte Kapazität dieser Art in der Bundesrepublik aufweist. Ein großes Silo für Rohstoffe (Getreide aller Art, Sojamehl, Palmkerne, Erdnüsse usw.), die zum großen Teil aus Übersee kommen, in Rotterdam auf Binnenschiff umgeschlagen und auf dem Wasserwege bis Würzburg transportiert werden,

Abb. 8. Hafen Schweinfurt.

charakterisiert das Bild der Hafeneinfahrt. Dieses Werk ist ein Beispiel für die Zweckmäßigkeit der Zusammenarbeit aller Verkehrsträger. 85% aller Rohstoffe dieses Werkes kommen auf dem Wasserweg an, werden im Werk verarbeitet und gemischt, um mit Bundesbahn und Lkw flächenmäßig in weite landwirtschaftliche Bezirke verteilt zu werden. Das Werk kann nur deshalb erweitern und seine Produktion steigern, weil es mit Hilfe der billigen Wasserfracht Überschüsse erzielt. Die Nutznießer dieser Produktionssteigerung sind zwangsläufig Bundesbahn und Straßenverkehr.

Heute haben über 40 Unternehmungen u. a. aus Schiffahrt, Kohlenhandel, Mineralölwirtschaft, Bimssteinindustrie und Futtermittelproduktion ihren festen Sitz im Hafen Würzburg. Der Neue Hafen Würzburg gehört im Verhältnis zu seinen nutzbaren Kailängen mit einem Jahresumschlag von rd. 1000 t/lfdm Kai zu den am intensivsten bewirtschafteten Binnenhäfen der Bundesrepublik. Er ist heute aus dem Wirtschaftsleben der Stadt nicht mehr wegzudenken. Dabei kann die Bedeutung des Hafens nicht allein aus dem Steueraufkommen der dort ansässigen Betriebe abgelesen werden. Vielmehr müßten alle Betriebe eingeschlossen werden, die aus dem Hafen und seinem Umschlagsgeschehen Nutzen ziehen. Der nur schwer berechenbare wirtschaftliche Vorteil der Hafenbetriebe liegt deshalb auch in der Befruchtung des gesamten Wirtschaftslebens, die weit über die Grenzen einer Stadt hinausgeht.

2.136 Hafen Schweinfurt. Der Hafen Schweinfurt, der auf Kosten der Stadt gebaut wurde, konnte Mitte 1963 seinen Betrieb aufnehmen (Abb. 8). Er besteht aus einem Hafenbecken mit

717 m Kailänge und wird zunächst von zwei Krananlagen bedient. Das Interesse der Wirtschaft an diesem Hafen läßt darauf schließen, daß er in kurzer Zeit den Erwartungen in vollem Umfang gerecht wird. Die Erschließung des gesamten unmittelbar an ihn anschließenden Geländes für künftige Industrieansiedlungen war mit der Hochwasserfreilegung des linksmainischen Gebietes möglich, eine Auswirkung der Durchführung der Großschiffahrtsstraße durch das Schweinfurter Stadtgebiet mit der Sanierung der alten Wehre und Kraftwerksanlagen und der Verbesserung des Abflusses durch die Hochwassermulde des sog. „Saumain".

Der Ausbau der Wasserstraße hat, wie schon so oft, die Voraussetzung für eine umfassende wasserbautechnische, wasserwirtschaftliche und standortverbessernde Lösung geschaffen, die die gesamten künftigen Entwicklungen in diesem Raum grundlegend fördern werden. Für die Stadt Schweinfurt bedeutet diese Erschließung gleichzeitig die Freigabe des linken Mainufers für die Industrie, die im Stadtgebiet rechts des Mains durch die vollständige Verbauung keine Ausdehnungsmöglichkeiten besaß. Der künftigen Entwicklung dieses Raumes sind deshalb durch die Wasserstraße neue Impulse gegeben worden.

Abb. 9. Hafen Bamberg.

2.137 Hafen Bamberg. Der neue Staatshafen Bamberg konnte am 25. September 1962 in feierlicher Form dem Verkehr übergeben werden (Abb. 9). Mit dem Anschluß der Stadt Bamberg konnte der oberfränkische Wirtschaftsraum, der seit 1945 durch Revier-, Markt- und Seehafenferne gekennzeichnet ist, nunmehr an das Stromgebiet des Rheines angeschlossen werden. Er rückt damit auch den wirtschaftlichen Schwerpunkten an Rhein und Ruhr wesentlich näher. Die Wasserstraße wird dazu beitragen, die Nachteile der Revier- und Seehafenferne auszugleichen.

Die Entwicklung des Hafens Bamberg kann nicht vorausgesehen werden, jedoch ist nach den bisherigen Erfahrungen damit zu rechnen, daß auch das vom Hafen beeinflußte Gebiet bald die Vorteile der Wasserstraße zu spüren bekommt.

Die großzügige Gestaltung der Hafenanlagen durch die Bayerische Staatsbauverwaltung und die weitgehende Möglichkeit industrieller Ansiedlung, verbunden mit der neuen Kraft der seit acht Jahrzehnten bewährten Wasserstraße, bieten dem Hafen Bamberg alle Voraussetzungen für eine intensive Belebung seines Umschlages. Bereits der Umschlag des Jahres 1962 mit 556000 t hat alle Erwartungen übertroffen. Die Entwicklung des Jahres 1963 bestätigt dies erneut.

Der neue Wasserweg, der die Entfernungen zu den Märkten und Seehäfen verkürzt, erscheint geeignet, den Standort des oberfränkischen Wirtschaftsraumes grundlegend und positiv zu beeinflussen.

2.14 Sonstige Umschlagstellen

Wie die Verteilung des Umschlaggutes am Main auf Häfen und sonstige Umschlagstellen erkennen läßt, entfallen nahezu die Hälfte der Güter auf die Umschlagstellen am offenen Strom, an dem private Unternehmer und Länden als öffentliche Umschlagstellen beteiligt sind. Die nachstehende Zusammenstellung gibt einen Überblick über die Zahl der in den einzelnen Flußabschnitten vorhandenen privaten und öffentlichen Umschlagstellen mit Angabe der Ende 1963 vorhandenen großen Umschlagstellen über 100 000 t.

Tabelle 7. *Anzahl der Umschlagstellen Januar 1963*

Mainstrecke	Gesamt	Private U.-Stelle	Lände- und öffentl. U.-Stelle	U.-Stelle > 100000t
Hessen bis bayrische Grenze	29	19	10	8
Hessisch-bayrische Grenze—Würzburg	101	47	54	4
Würzburg—Bamberg	52	19	33	9
Gesamt	182	85	97	21

Abb. 10 läßt die Lage der Häfen und Umschlagstellen innerhalb der einzelnen Stauhaltungen erkennen.

Besonders beachtenswert ist die Entwicklung der erst ab 1954 an die Großschiffahrtsstraße angeschlossenen Strecken oberhalb Würzburgs. Dabei stieg der Güterumschlag von 1954 bis 1962 in einigen Gemeinden bzw. Städten wie folgt:

Ochsenfurt	von 125 180 t	auf 304 767 t	d. h. um 142%
Marktbreit	von 55 973 t	auf 406 157 t	d. h. um 630%
Kitzingen	von 120 709 t	auf 564 218 t	d. h. um 370%
Volkach	von 3800 t	auf 236 718 t	d. h. neuer Verkehr.

Im Augenblick wird also eine beachtliche Menge von Gütern an den vielen Umschlagstellen zwischen den großen Häfen umgeschlagen. Das überrascht aber insofern nicht, als die Entfernung zwischen den einzelnen Häfen besonders am bayrischen Main so groß ist, daß der Einfluß der Häfen in diesen langen Zwischenstrecken nicht mehr wirksam werden kann. Es ist bekannt, daß die öffentlichen Häfen naturgemäß diese Umschlagstellen nicht mit ungetrübter Freude sehen. Man darf aber nicht verkennen, daß sich weder Hafen noch Umschlagstellen am offenen Strom ohne Rücksicht auf das Gemeinwohl entwickeln können. Soweit es sich um alte vorhandene Länden vor dem Ausbau handelt, mußten sie von der Rhein-Main-Donau AG. den neuen Stauverhältnissen angepaßt werden. Das wurde der Gesellschaft im Planfeststellungsverfahren auferlegt. Neue Umschlagstellen werden von den Bayerischen Hafenbauverwaltungen einer eingehenden Prüfung unterzogen. Dabei wird die volkswirtschaftliche Notwendigkeit im engsten Einvernehmen mit der Wasser- und Schiffahrtsverwaltung, die hinsichtlich der Auswirkungen auf die Wasserstraße das Vorhaben prüft, vor ihrer Genehmigung erörtert. Wenn das Vorhaben dem öffentlichen Interesse zuwiderläuft, insbesondere zu einer wirtschaftlichen Beeinträchtigung eines in der Nähe liegenden Hafens führt, kann von der Landesbehörde die Umschlagstelle abgelehnt werden. Die Länge des ausgebauten Mains von 400 km und die geringe Zahl der Häfen geben jedoch die Gewähr dafür, daß eine Schädigung von Hafeninteressen durch Umschlagstellen am offenen Main nicht oder nur sehr selten eintritt. Zudem ist die Wasser- und Schiffahrtsverwaltung im Einvernehmen mit der gesamten Binnenschiffahrt daran interessiert, daß einerseits der Verkehr auf der Wasserstraße Unterstützung findet, andererseits der Umschlag am offenen Strom die durchgehende Schiffahrt so wenig wie möglich stört. Eine vernünftige Abwägung der Nutzungen liegt daher im Interesse aller Beteiligten.

2.15 Strukturwandel des Binnenschiffsverkehrs auf dem Main

Wie überall auf den Bundeswasserstraßen ist auch auf dem Main der Anteil der Selbstfahrer nach dem Krieg besonders gestiegen. Die Schiffsraumzusammensetzung hat sich im Laufe der letzten Jahre wie folgt entwickelt (Tab. 8):

Von 1936 bis 1962 kehrte sich das Verhältnis der Anzahl der Schleppkähne zur Anzahl der Selbstfahrer von 75:25 auf 21:79 um. Das bedeutet für die gesamte Wasserstraße eine beträchtliche Mehrbelastung gegenüber der Zeit des Baubeginns bzw. der Zeit nach dem 1. Weltkrieg. Die Folge ist, daß ein Teil der vor 50 Jahren gebauten, heute noch bestehenden Anlagen dieser Veränderung der Verkehrsstruktur nicht mehr gewachsen ist und im Laufe der nächsten Jahre den neuen Verkehrsverhältnissen angepaßt werden muß.

Von Bedeutung für die gesamte Wasserstraße ist auch, daß der Schleppzug nach Obertrom seine Bedeutung verliert. Das Motorgüterschiff ist beweglicher und unabhängiger vom Schlepper.

Abb. 10. Lage der Häfen und Umschlagstellen am Main.

Tabelle 8. *Durchgangsverkehr an der Schleuse Kostheim*

Jahr	Anzahl Güterschiffe					Tragfähigkeit in Mio t				Ladung in Mio t				Durchschnittliche Schiffsgröße in t		
	Gesamt	Schleppkähne		Selbstfahrer		Gesamt	Schleppkähne	Selbstfahrer		Gesamt	Schleppkähne	Selbstfahrer		Gesamt	Schleppkähne	Selbstfahrer
		Anzahl	%	Anzahl	%				%				%			
1936	14900	11200	75	3700	25	9,35	—	—	—	4,35	3,85	0,5	12	627	—	—
1950	16384	9734	59	6650	41	11,61	8,17	3,44	30	5,04	3,55	1,47	29	710	840	517
1951	21282	12548	59	8734	41	15,45	10,59	4,86	31	7,30	5,09	2,21	30	725	844	557
1952	21133	11696	55	9437	45	15,53	10,09	5,44	35	7,15	4,76	2,39	33	730	862	576
1953	23021	11721	51	11300	49	17,22	10,37	6,85	40	7,49	4,65	2,84	38	750	883	606
1954	22929	10788	47	12141	53	17,24	9,61	7,63	44	7,72	4,45	3,27	42	753	893	628
1955	26140	10637	41	15503	59	19,78	9,83	9,95	50	8,89	4,57	4,32	49	758	923	642
1956	26225	10140	39	16085	61	19,46	9,18	10,28	53	9,51	4,69	4,82	51	742	906	640
1957	29968	10275	34	19693	66	22,65	9,56	13,09	58	10,23	4,56	5,67	55	757	930	665
1958	32093	9118	29	22975	71	24,52	8,73	15,79	64	10,69	4,01	6,68	63	763	958	686
1959	37266	9773	26	27493	74	29,24	9,62	19,62	67	10,98	3,79	7,19	66	784	985	714
1960	38726	9891	25	28835	75	30,55	9,96	20,59	67	13,86	4,68	9,18	66	790	1008	713
1961	41334	8931	22	32403	78	32,80	9,05	23,75	72	14,26	4,17	10,09	71	795	1012	732
1962	44231	9248	21	34983	79	35,97	9,68	26,29	73	14,36	4,02	10,34	72	810	1046	752

Nach Abgabe seiner Ladung kann es sofort die Talfahrt antreten, um bei einer neuen Ladestelle Gut aufzunehmen, das es in ein anderes Stromgebiet transportiert.

Diese Entwicklung hat dazu geführt, daß bei der Projektierung der Kanalstrecke Bamberg—Nürnberg mit Schleppzügen in großem Umfang nicht mehr gerechnet zu werden braucht. Die Schleusenlänge konnte somit reduziert werden. Im Hinblick auf das internationale für Wasserstraßen der Klasse IV angestrebte Maß erhalten die Kanalschleusen eine Nutzlänge von 190 m und sind somit für zwei Rhein-Herne-Kanal-Kähne mit je 85 m Länge oder ein Gelenkschiff mit einer Gesamtlänge von 170 m richtig bemessen. Die Einfahrt in die Schleuse kann durch die Mehrlänge beschleunigt werden.

Das Verhältnis zwischen Berg- und Talfracht am Main beträgt seit Jahren 4:1 und wird sich auch in abeshbarer Zeit nicht grundlegend ändern.

Die Schleppkähne fuhren 1962 mit einer durchschnittlichen Kahngröße von 1046 t, während die Motorgüterschiffe durchschnittlich nur 752 t erreichen.

Die Entwicklung der letzten Jahre zeigt, daß beide Schiffsarten ihre Durchschnittstonnage vergrößern. Diese Erscheinung ist eine Folge des verschärften Wettbewerbs. Bei langen Wasserstraßen ohne Rundfahrt wird der große vollabgeladene Kahn bei gleichen Personalkosten wirtschaftlicher eingesetzt werden können als der kleine Kahn. Kleine Güterpartien werden dagegen dem Motorgüterschiff geringerer Tragfähigkeit vorbehalten bleiben. Die Entwicklung am Main geht mit der allgemeinen Entwicklung im Bundesgebiet parallel, bringt aber neue Probleme mit sich, die sowohl den Betrieb und die Unterhaltung als auch den Neubau der Wasserstraße beeinflussen. Künftige Entscheidungen müssen dieser Entwicklung Rechnung tragen [1,2].

2.2 Energiewirtschaftliche Bedeutung des Mainausbaus

Bei der Kanalisierung eines Flusses entstehen Staustufen, die bei entsprechender Wasserführung und ausreichender Fallhöhe durch Wasserkraftwerke energiewirtschaftlich genutzt werden können. Etwa Mitte des vorigen Jahrhunderts begann der Ausbau der schiffbaren Flüsse, die aber mangels

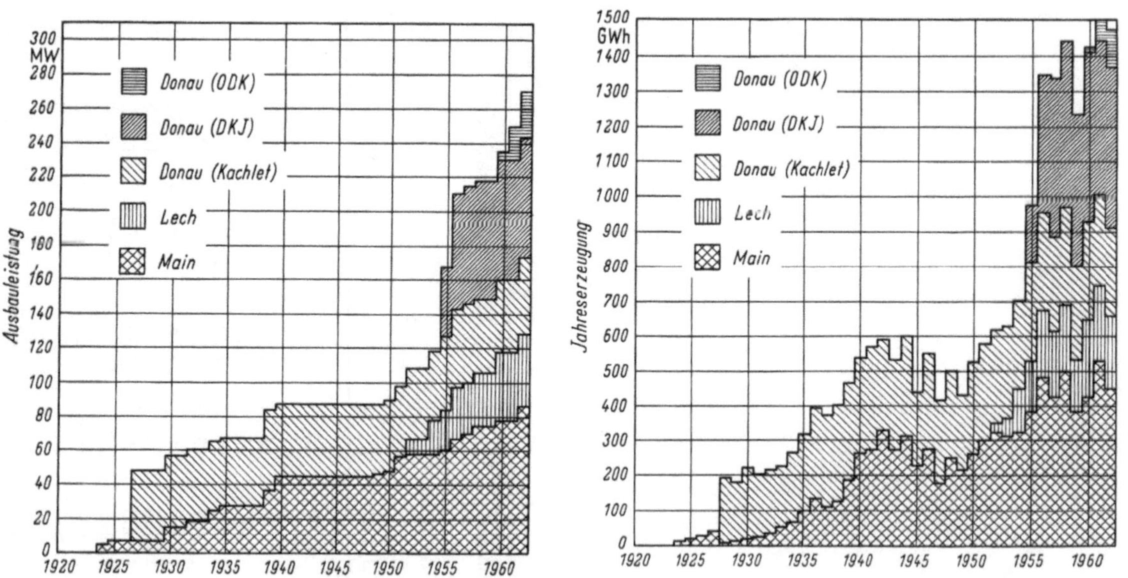

Abb. 11. Ausbauleistung der RMD- und ODK-Kraftwerke einschließlich des Jochensteinanteils in 1000 kW (MW) und Jahreserzeugung in Mio kWh (GWh).

geeigneter Wehrkonstruktionen nur mit geringen, für die Energiewirtschaft unwirtschaftlichen Fallhöhen ausgestattet werden konnten. Die uneinheitliche Verwaltung des Flußregimes durch die Länder hemmte zudem einen einheitlichen Ausbau. Erst nach 1921 waren unabhängig von den Landesgrenzen die Voraussetzungen für das Reich gegeben, mit Hilfe einer generellen Planung das gesamte Wasserkraftpotential eines Flusses energiewirtschaftlich zu nutzen. Diese Möglichkeit bot sich besonders für die Großschiffahrtsstraße vom Rhein über den Main zur Donau an und führte deshalb zur Zusammenfassung dieser Stromsysteme in einer einheitlichen Planung durch die Rhein-Main-Donau AG. München. Daß dabei die Donau finanziell auch für den Ausbau des Mains stärker herangezogen wurde, lag in der von Bayern geforderten Grundkonzeption, mit

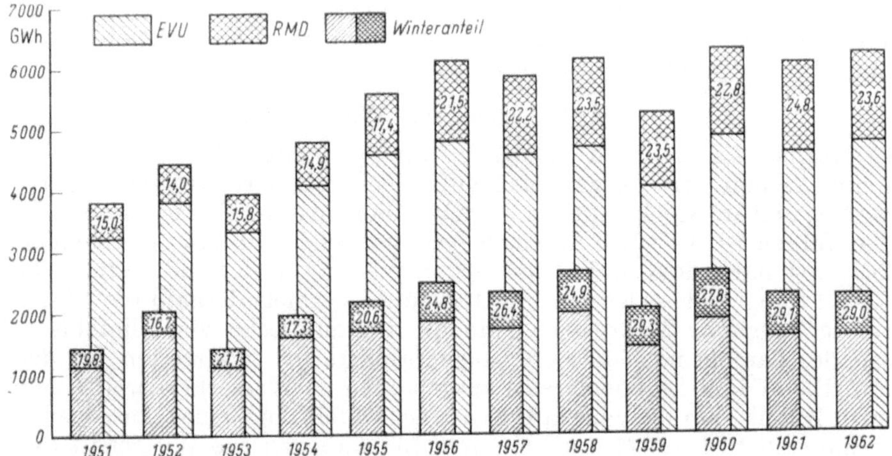

Abb. 12. Erzeugungsanteil des RMD-Bereiches an der Wasserkrafterzeugung in Bayern.

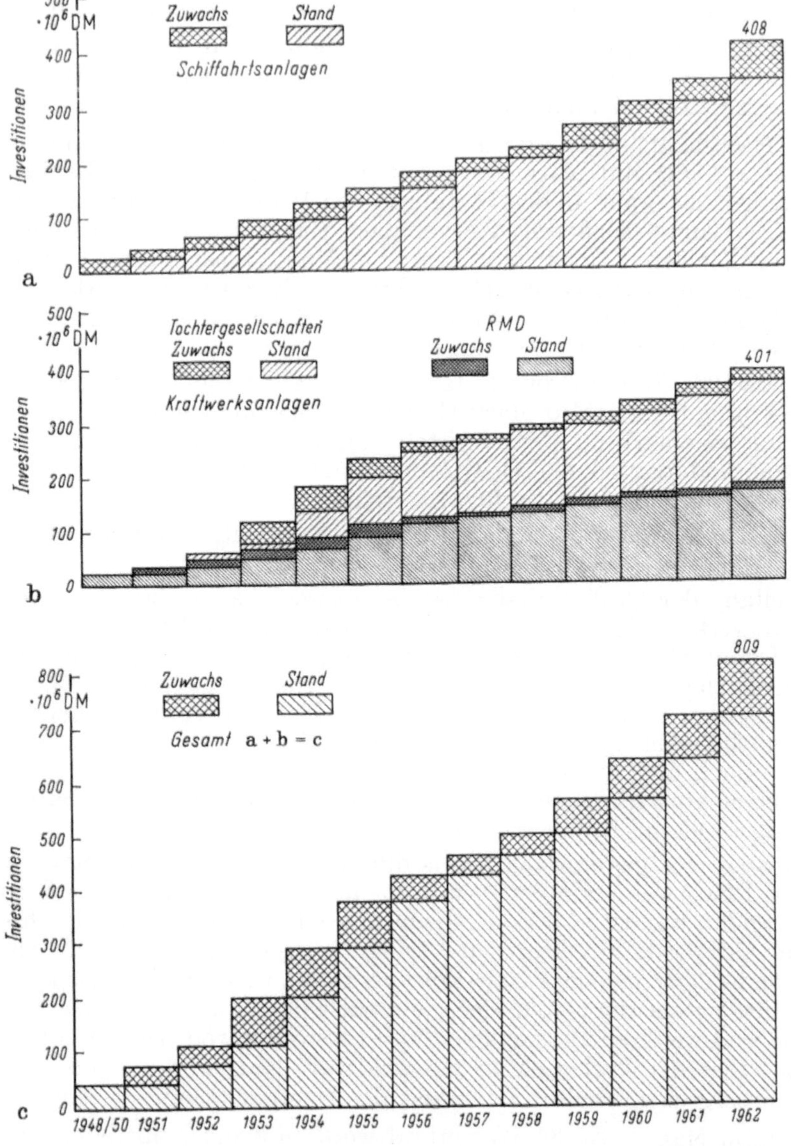

Abb. 13 a-c. Investitionen im gesamten RMD-Bereich von 1948 bis 1962 in Mio DM.

Hilfe der Wasserkräfte den Bau der Wasserstraßenverbindung vom Rhein zur Donau schneller voranzutreiben. Am Ende des Mainausbaus 1962 kam diese Konzeption voll zum Tragen und wird sich auch für die künftigen Baujahre günstig auswirken.

2.21 Ausbau der Wasserkräfte

Die ersten Kraftwerke am Main entstanden für die Stadt Schweinfurt im Jahre 1905, in der ehemaligen preußischen Strecke zwischen Offenbach und Großkrotzenburg für die Preußische Elektrizitäts AG. und in Stockstadt bei Aschaffenburg im Zuge des weiteren Ausbaus der Mainstrecke in den Jahren 1913—1920. An einen systematischen Ausbau der Energiequellen des Mains konnte jedoch erst nach dem Main-Donau-Staatsvertrag, also nach 1921, gedacht werden. Die zu diesem Zwecke gegründete Rhein-Main-Donau AG. erhielt deshalb die Wasserkraftkonzession für die gesamte bayrische Mainstrecke und die Donaustrecke von Ulm bis zur Landesgrenze und im Zuge des damals noch akuten Lechzubringers die Konzession für den Unteren Lech. Die bisher im Rhein-Main-Donau-Bereich ausgebauten 35 Wasserkraftwerke liefern einschließlich des deutschen Anteils am Donaukraftwerk Jochenstein bei einer ausgebauten Leistung von 270000 kW Ende 1962 rd. 1,5 Mrd kWh Strom für die bayrische Wirtschaft (Abb. 11).

Während 1950 der Rhein-Main-Donau-Anteil an der Wasserkrafterzeugung der bayerischen Energieversorgungsunternehmen nur 15,1% betrug, ist er z. B. 1961 auf 24,8% gestiegen (Abb. 12). Im Winter 1961 betrug dieser Anteil sogar 29,1%, was die gute Wasserführung des Mains als Mittelgebirgsfluß bewirkt. Im Endzustand werden von der RMD AG. 62 Wasserkraftwerke mit 533000 kW Leistung und einer mittleren Jahreserzeugung von rd. 3,15 Mrd kWh ausgebaut sein.

Der Ausbau der im Konzessionsbereich der Rhein-Main-Donau AG. zusätzlich liegenden Wasserkräfte an Lech und Donau förderte die Bauarbeiten am Main nach dem 2. Weltkrieg ganz beträchtlich (Abb. 13). Hierzu einige Zahlen aus dem Geschäftsbericht der Gesellschaft für das Jahr 1961.

Während die Gesellschaft in den Jahren von 1921—1948, also in 27 Jahren bis zur Währungsreform, insgesamt rd. 250 Mio Mark für Kraftwerks- und Wasserstraßenbauten an Main und Donau investierte, gelang es ihr, in den 13 Jahren von 1948—1961 etwa 712 Mio DM zu verbauen, in der Hälfte der Zeit somit das 3fache Bauvolumen. Das war nur dadurch möglich geworden, daß die Gesellschaft an Lech und Donau von ihrem im Main-Donau-Vertrag zugestandenen Konzessionsrecht in verstärktem Maße Gebrauch machte und die guten Wasserkräfte an diesen Flüssen beschleunigt ausbaute. Nur auf diese Weise war es möglich, dem Wasserstraßenbau 1961 allein aus Energieüberschüssen 14,5 Mio DM zuzuführen.

Von den bis Ende 1961 für die Großschiffahrtsstraße und deren Kraftwerke bisher ausgegebenen Mitteln in Höhe von nahezu 1 Mrd Mark (RM und DM) finanzierte die Rhein-Main-Donau AG. rd. zwei Drittel aus eigenen und Fremdmitteln durch Aufnahme von Anleihen auf dem freien Kapitalmarkt, während nur rd. ein Drittel die Reichs- bzw. Bundes- und Landeshaushalte in Form von zinslosen Darlehen zur Verfügung stellten.

Das Verhältnis der Beteiligung zwischen Reich bzw. heute Bund und Land Bayern ist mit 2:1 festgelegt.

Nach Fertigstellung der Großschiffahrtsstraße müssen die gegebenen Darlehen aus den Überschüssen der Kraftwerkserträge Zug um Zug zurückgezahlt werden. Es wurde somit für den Bau der Rhein-Main-Donau-Großschiffahrtsstraße eine Finanzierungslösung gefunden, die im Ausbau von Verkehrswegen allgemein und auch im Ausbau von Wasserstraßen im besonderen als einmalig angesehen werden muß, weil sie den Steuerzahler nur vorübergehend und dann nur mit sehr geringen Haushaltsbeträgen belastet. Dafür erhält der Bund und das Land Bayern eine Wasserstraße, die nach den Erfahrungen der vergangenen acht Jahrzehnte weit über ihre verkehrswirtschaftlichen Auswirkungen hinaus auch auf anderen volkswirtschaftlichen Gebieten von Jahrzehnt zu Jahrzehnt an Bedeutung gewinnt.

Neben dem Ausbau des bayerischen Mains durch die Rhein-Main-Donau AG. wurden 1929/33 von der damaligen Reichswasserstraßenverwaltung im Zuge des Umbaus der Strecke Mainmündung—Frankfurt die beiden Kraftwerke Eddersheim und Griesheim erstellt, die ihre Erzeugung, etwa 55 Mio kWh/Jahr, der Stadt Frankfurt zur Verfügung stellen. Es ist beachtenswert, daß unmittelbar nach Kriegsende diese beiden Wasserkraftwerke die einzigen Energiequellen darstellten, die der Stadt Frankfurt wieder die ersten Energieimpulse geben konnten, nachdem alle Dampfkraftwerke im engeren und weiteren Bereich der Stadt zerstört waren. Die dezentralisierende Wirkung dieser kleinen an einer Art Perlenschnur aufgefädelten Kraftwerke stellen zweifelsohne von der Mündung bis Bamberg eine erhöhte Sicherheit der Energieversorgung einer Flußlandschaft dar.

Insgesamt sind am Main z. Zt. 34 Wasserkraftwerke mit einer mittleren Jahreserzeugung von rd. 600 Mio kWh erstellt, die ihren Strom den öffentlichen Netzen zur Verfügung stellen.

2.22 Ausbau von Dampfkraft- und Pumpspeicherwerken

Die günstigen Vorflutverhältnisse am ausgebauten Main haben sich viele Energieversorgungsunternehmungen zunutze gemacht. Für die öffentliche Stromversorgung entstanden Dampfkraftwerke in der Nähe der großen Städte, so z. B. in Frankfurt am Main, Aschaffenburg und Würzburg. Die Mainkraftwerke AG., die Preußische Elektrizitäts AG., das RWE sowie das Bayernwerk errichteten Großkraftwerke, deren Erweiterung in den nächsten Jahren geplant ist. Daneben installierten nahezu alle großen Industriewerke Dampfkraftwerke für den eigenen Bedarf. Der Mainausbau ist daher auch als Basis für die Energieversorgung des gesamten Einflußbereiches von großer Bedeutung. An diesen Anlagen sind die Auswirkungen einer ausgebauten Wasserstraße auch für einen größeren Raum zu erkennen, der seine industrielle Produktion nur dann steigern kann, wenn die erforderliche Energiegrundlage vorhanden ist. Die ausgebaute Wasserstraße mit ihrem stetigen Kühlwasservorrat und ihrer billigen Frachtbasis für Kohle und Öl wird deshalb auch in Zukunft bei der Standortwahl für Dampfkraftwerke eine sehr wichtige Rolle spielen. Im Abschnitt „Raumpolitische Bedeutung des Mainausbaus" ist ein Beispiel aus jüngster Zeit aufgeführt.

Der allgemeine Energiebedarf erhöht sich von Jahr zu Jahr. Dabei wird die Deckung der Grundlast auf Kohlen- bzw. Öl- und Atombasis mit Hilfe von Dampfkraftwerken gesichert werden können. Schwieriger wird jedoch die Befriedigung des jahreszeitlichen und täglichen Spitzenbedarfes sein. Hierzu eignen sich wegen ihrer schnellen Einsatzmöglichkeit Pumpspeicherwerke. Der Main bietet an bestimmten Stellen die morphologischen Voraussetzungen hierzu, weil die erforderlichen Stauhaltungen als Unterwasserspeicherbecken bereits vorhanden sind. Die Wasserkraftwirtschaft am Main wird desaalb auch in Zukunft an Bedeutung zunehmen.

2.3 Wasserwirtschaftliche Bedeutung des Mainausbaus

2.31 Vorflutregelung

Durch den Einbau von Staustufen, die aus einem Wehr und einer Schiffsschleuse von 300 m Länge und 12 m Breite bestehen, wurde der Main zu einer Großschiffahrtsstraße umgestaltet. Kurven wurden abgeflacht und die Flußsohle ausgebaggert, um das Fahrwasser zu vertiefen und den Hochwasserabfluß zu verbessern. Durch die Wehre entstand eine Kette von Stauseen im Abstand von 8—12 km, die wie die Stufen einer Treppe übereinander liegen und der Schiffahrt in 37 Staustufen die Überwindung des Höhenunterschiedes von 149 m vom Rheinwasserspiegel bis Bamberg ermöglivhen. In den Stauseen ist der Wasserstand während des ganzen Jahres gleich hoch und das Fahrwasser mindestens 2,50 m, unterhalb von Frankfurt und oberhalb von Würzburg mindestens 2,70 m tief. Bei Hochwasser müssen die beweglichen Verschlüsse der Wehre hochgezogen werden, um die Vorflut zu garantieren, d. h. die ankommende Wassermenge ungehindert abzuführen.

Abb. 14. Pumpwerk am Kanal Volkach-Gerlachhausen.

2.32 Landwirtschaft und Trinkwasserversorgung

Am meisten gewonnen hat das Maintal dadurch, daß der Fluß, der sich früher besonders im Sommer durch ein kümmerliches Rinnsal auszeichnete, durch den Stau zu einem stattlichen Gewässer geworden ist.

Die damit verbundene Hebung der Grundwasserstände hat überdies der Landwirtschaft viel Nutzen gebracht, vor allem in den Trockenjahren, in denen gegenüber nichtausgebauten Flußtälern bei Flußstauen ein mehrfacher Ertrag an Ernten eingebracht werden kann. Für den Weinbau, der die mainfränkische Landschaft besonders auszeichnet, erweisen sich die großen und tiefen Stauseen als probates Mittel gegen die gefürchteten Spätfröste. Die stärkere Reflexion der Sonnenstrahlen durch die großen Wasserflächen hat manchen Jahrgang verbessert. Der Bau und Betrieb von Beregnungsanlagen ist wegen der nur wenig schwankenden Wasserstände im Fluß in einfacher Form möglich und bringt somit der Landwirtschaft große Vorteile. Für Beregnungs- und Frostschutzzwecke werden dem Main jährlich etwa 5,5 Mio m^3 Wasser entnommen (Abb. 14).

In der Öffentlichkeit ist wenig bekannt, daß heute schon ein beachtlicher Teil des Trinkwassers unmittelbar oder mittelbar aus den Flüssen entnommen wird. Am Main trifft dies für die Städte Bamberg, Schweinfurt, Würzburg, Frankfurt am Main und Wiesbaden zu. Außerdem entnimmt die Fernwasserversorgung bei Marktsteft unmittelbar neben dem Main Trinkwasser und pumpt es in die wasserarmen Gebiete des Jurahochplateaus. Die Vorbedingungen für eine uneingeschränkte Entnahme auch in Trockenzeiten sind durch die Stauaufrichtungen im Fluß und die damit verbundenen Grundwasseranhebungen im Tal beachtlich verbessert worden. Ein ausreichender Wasservorrat steht nunmehr das ganze Jahr über zur Verfügung. Die genannten Stellen entnehmen heute am Main jährlich 12 Mio m^3 Wasser für die Trinkwasserversorgung.

2.33 Die Industriewasserversorgung

Die wirtschaftliche Entwicklung gerade der letzten Jahre nach dem zweiten Weltkrieg hat gezeigt, daß der Wasserbedarf für Siedlungen und Industrien allein aus guten Grundwasserreservoiren nicht mehr gedeckt werden kann. Zahlreiche Wasserfassungen in den Vorländern des Mains und direkte Entnahmen aus dem Fluß beweisen die Dringlichkeit der Schaffung von zusätzlichen Wasservorräten. Diese Tatsache wird in letzter Zeit von Gegnern des Wasserstraßenbaus völlig ignoriert. Der Bedarf an Brauch- und Kühlwasser ist bedeutend größer als der der Trinkwasserversorgung. Die Entwicklung der großen Industriewerke am Main wäre deshalb ohne die großen Wasservorräte der Stauseen einfach nicht möglich gewesen. Zur Zeit werden am Main für diese Zwecke in 200 Entnahmestellen etwa 930 Mio m^3 Wasser/Jahr entnommen, davon etwa 75% für Kühlwasserzwecke.

Der Bedarf einzelner Werke reicht bei Niederwasser bis an die Grenze der natürlichen Wasserführung des Flusses, und es wird so verständlich, wenn Professor Demoll in seinem Buch „Ketten für Prometheus" schreibt:

„Das Grundwasser hat einen Feind, die Zivilisation. Es hat aber auch einen Freund, die Zivilisation. Diese fordert Stauseen und Speicherseen, durch die der Grundwasserspiegel verhindert wird abzusinken, und durch die zugleich das Wasser zu gleichmäßigem Abfließen gezwungen wird. Die Flüsse werden schließlich in eine fortlaufende Kette von Stauseen verwandelt werden, nicht in erster Linie, um Energie zu gewinnen.

Wenn heute durch Freimachen von Atomkräften alle Wasserwerke überflüssig würden, die Staue müßten bleiben und weiter ausgebaut werden, um die Bildung von Steppen und Wüsten zu verhindern."

Hier ist es einmal von einem Biologen und Landschaftsfreund gesagt, daß der Ausbau eines Flusses früher oder später auch ausgeführt werden müßte, wenn Energie oder Verkehr nicht der Anlaß dazu gewesen wären.

Der Ausbau eines Flusses dient in hohem Maße der Bereitstellung von Ge- und Verbrauchswasser für die Industrie und für Siedlungen. Es ist deshalb kein Zufall, daß drei Viertel der deutschen Industrie sich an Bundeswasserstraßen mit ihrer großen Wasserspende angesiedelt haben. Die Entwicklung unserer Volkswirtschaft wird auch in den nächsten Jahren weitergehen und kann mit Hilfe der Wasservorräte in den Stauhaltungen neue Planungen verwirklichen. Dampfkraftwerke von einer Größe bis zu 1500 MW Leistung mit einem Kühlwasserbedarf von 60 m^3/s werden daher nur in Art einer Verbundwirtschaft ihres Kühlsystems mit dem Main gebaut werden können.

2.34 Eisbildung im Main

Durch den Ausbau des Mains ist die Eisbildung beachtlich verringert worden. Vor der Kanalisierung war der Fluß verhältnismäßig schmal und seicht. Die Unterkühlung des Wassers trat rasch ein. Es kam zur Bildung großer Eismassen und häufig zu großen Eistreiben, die nicht nur Schäden an den Flußbauwerken, sondern auch an den Anlagen am Fluß und in den landwirtschaftlich genutzten Flächen der Vorländer verursachten. Seit der Kanalisierung bilden die großen Wassermassen, die in den Stauräumen vorgehalten werden, große Wärmespeicher. Dazu kommt, daß infolge der geringeren Strömung im Fluß sich verhältnismäßig rasch geschlossene Eisdecken bilden, die die Wärmeabgabe an die Luft stark hemmen. Kommt bei Tauwetter das Eis in Bewegung, so werden die Schollen beim Überfall über die Wehre stark zerkleinert und unschädlich für die Anlagen im und am Fluß. Die Eisbildung im Main hat dadurch weitgehend ihre Schrecken verloren.

In der Übergangszeit, als nur einzelne Abschnitte der Großschiffahrtsstraße ausgebaut waren, konnte man in strengen Wintern, wie z. B. in den Jahren 1941/42 und 1946/47 diese Vorteile der Kanalisierung deutlich feststellen. In den ausgebauten Strecken konnten die Eismassen vor den einzelnen Staustufen festgehalten werden, so daß sich kein nennenswertes Eistreiben mehr entwickelte. In den noch nicht ausgebauten Strecken stauten sich im Gegensatz dazu die beachtlich größeren Eismengen an scharfen Kurven oder an engen Flußquerschnitten. Im Winter 1946/47 mußten an einer Stelle zur Beseitigung eines Eisaufstaues, der die nahegelegene Ortschaft gefährdete, Eissprengungen durchgeführt werden, wogegen im ausgebauten Teil des Mains zur gleichen Zeit an keiner Stelle Schwierigkeiten auftraten.

2.35 Hochwasser im Maintal

Durch Baggerungen, die in der Schiffahrtsrinne ausgeführt worden sind, konnten die am häufigsten auftretenden kleinen und mittleren Hochwasser im Bereich unterhalb der Wehre verbessert werden. Bei höheren Wasserständen nimmt der Einfluß der Baggerungen jedoch ab, und bei sehr großen Hochwassern sind die Wasserstände etwa die gleichen wie früher. Für die hohen und höchsten Wasserstände wirkt sich jedoch die Beseitigung der scharfen Krümmungen und der Sohlabstürze in den Felsstrecken günstig aus. Die weitverbreitete Ansicht, daß durch die Kanalisierung die Zahl der großen Hochwasser vermindert wird, trifft nicht zu. Katastrophenhochwässer werden weiterhin in größeren Zeitabständen auftreten. Aus diesem Grunde wird dem Eis- und Hochwasserdienst am kanalisierten Main besondere Beachtung geschenkt.

2.36 Eis- und Hochwasserdienst am Main

Beim Einsetzen der Eisbildung im Main oder beim Anlauf eines Hochwassers wird zum Schutz der Bevölkerung und der Anlagen am Fluß ein bis ins einzelne organisierter Eis- und Hochwasserdienst durchgeführt. Die Wasser- und Schiffahrtsdirektion Würzburg verbreitet über das Fernsprech- und Fernschreibnetz der Bundespost sowie über die Rundfunksender München, Frankfurt am Main und Stuttgart täglich Eis- und Hochwasserberichte. Es liegen ihnen die Meldungen der Streckenbeamten und der Wasser- und Schiffahrtsämter sowie eine große Anzahl von Niederschlags- und Pegelmeldungen aus dem gesamten Einzugsgebiet zugrunde. Bei Hochwasser werden außerdem bei der Wasser- und Schiffahrtsdirektion täglich Wasserstandsvorhersagen für die Strecke von Bamberg bis zur Mündung durchgeführt.

Für den Hochwasserdienst, der im Vergleich zum Eisdienst einen wesentlich größeren Personenkreis anspricht, hat die Wasser- und Schiffahrtsdirektion Würzburg im Jahre 1951 in engem Einvernehmen mit den zuständigen Landesdienststellen einen neuen „Hochwasser-Nachrichtendienst für den schiffbaren Main" aufgestellt, der vom Bundesverkehrsministerium, von der Obersten Baubehörde im Bayerischen Ministerium des Innern, vom Innenministerium Württemberg-Baden und vom Hessischen Minister für Arbeit, Landwirtschaft und Forsten eingeführt wurde. Nach diesem Plan, der sich bisher gut bewährt hat, werden die Schiffahrt, alle interessierten Dienststellen, die Städte und Gemeinden am Fluß sowie alle größeren Unternehmen, die Anlagen im Hochwasserabflußgebiet besitzen, täglich unterrichtet.

Erfahrungen, die anläßlich von Hochwasserkatastrophen in anderen Flußlandschaften gemacht werden, werden ausgewertet, um auch am Main den Hochwasser-Nachrichtendienst laufend zu verbessern.

2.37 Katastrophenfall bei Hochwasser und Eis

Für den unterfränkischen Teil des Mains ist auf Veranlassung der Wasser- und Schiffahrtsdirektion Würzburg ein Katastrophenausschuß gebildet worden, der bei einem Notstand zusammentritt. Vertreten sind in diesem Ausschuß die Regierung von Unterfranken, die den Vorsitz führt, die Wasser- und Schiffahrtsdirektion Würzburg, die Landpolizei von Unterfranken, die Bereitschaftspolizei, das Bayerische Rote Kreuz und das Technische Hilfswerk. Nach Bedarf werden außerdem die Oberbürgermeister und Landräte der betroffenen Städte und Gemeinden zugezogen.

Für den hessischen Abschnitt besteht eine ähnliche Regelung. Die Katastrophenausschüsse und sogenannten Katastrophen-Kalender sind jedoch für die Ortsebene gebildet. Althessen besitzt außerdem sogenannte Deichwehren, in denen die technische Leitung der Verteidigungsmaßnahmen dem Wasser- und Schiffahrtsamt Frankfurt am Main übertragen ist. Der Regierungspräsident übernimmt in Hessen die Führung bei größeren Katastrophen.

Nach den bisherigen Erfahrungen kann angenommen werden, daß die am Main für Katastrophenfälle geschaffenen Organisationen ausreichen und sich im Ernstfalle bewähren werden.

2.38 Reinhaltung des Mains

In Fragen der Reinhaltung hat die Wasser- und Schiffahrtsdirektion Würzburg mit den Landesdienststellen in Bayern, Baden-Württemberg und Hessen stets eng zusammengearbeitet, um der Sache so weit wie möglich zu dienen.

Vom Standpunkt des Flußregimes ist es verständlich, daß die Wasserqualität in Stromrichtung abnimmt und der Fluß an der Mündung die schlechteste Wassergüte aufweist. In Bayern bewegt sich die Wasserqualität des Mains in der Regel zwischen 2 und 3, dabei überwiegt dank der umfangreichen Maßnahmen des Landes Bayern im Hinblick auf den Bau von Kläranlagen und im Hinblick auf die Unterstützung der Städte, Gemeinden und Betriebe zur Entlastung des Flußregimes, die Güterklasse 2 [3].

Ab Aschaffenburg nimmt die Verschmutzung des Mains jedoch erheblich zu. Im hessischen Bereich verstärkt sie sich durch die großen Siedlungen und die Verdichtung der Industriebetriebe bis zur Mainmündung. Jedoch sind auch hier in engem Einvernehmen mit den Landesdienststellen Maßnahmen eingeleitet worden, die erwarten lassen, daß in einigen Jahren eine merkliche Besserung der Wasserqualität eintritt. Eine echte Verbesserung kann jedoch nur dann eintreten, wenn Industrie, Städte und Gemeinden, Landes- und Bundesdienststellen gemeinsam den ernsten Willen zu einer grundlegenden Verbesserung aufbringen. Der Einsatz beträchtlicher finanzieller Mittel ist dabei unumgänglich notwendig.

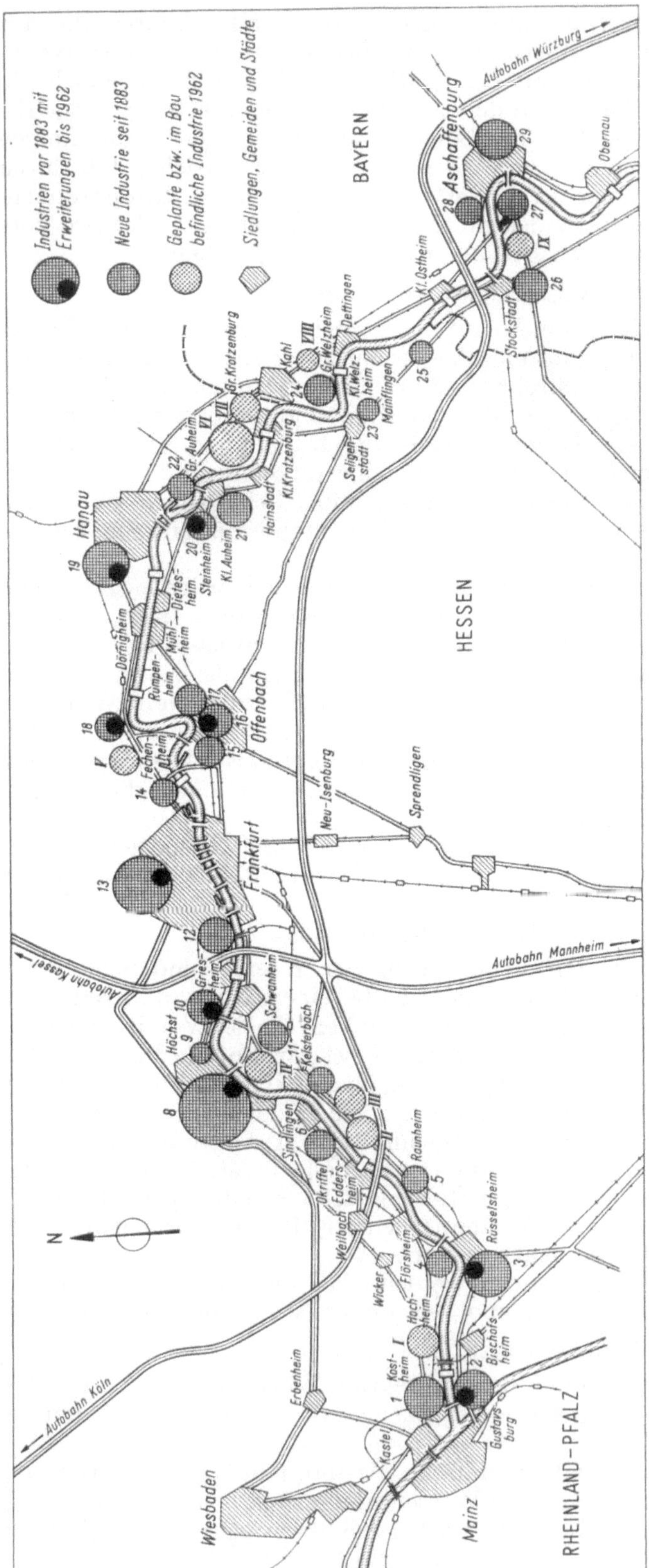

Daß die bessere Reinigung der Abwässer unabdingbar erforderlich ist, fordert schon der steigende Verbrauch an Oberflächenwasser für Trinkwasserzwecke. Die Zunahme und Umschichtung der Bevölkerung nach dem Kriege hat diese Probleme noch wesentlich verschärft. Innerhalb der nächsten 20 Jahre wird sich der Bedarf an gutem Wasser verdoppeln. Schon heute werden 10% des Bedarfs aus Oberflächenwasser gedeckt. Insgesamt sind 50% unseres Trinkwassers von der Güte der Flüsse und Seen abhängig. Es ist grotesk, daß wir aus Bequemlichkeit verhältnismäßig sauberes Wasser völlig verschmutzt in den Vorfluter einleiten, um es später, weil wir es zum Trinken brauchen, mit viel Geld wieder zu säubern und für den menschlichen Genuß aufzubereiten. Hier den circulus vitiosus zu durchbrechen ist eine unserer dringlichsten, aber auch vornehmsten Aufgaben.

Abb. 15. Industrialisierung des Mains von der Mündung bis Aschaffenburg nach 1883.

2.4 Raumpolitische Bedeutung des Mainausbaus

Den nachstehenden Ausführungen wurden bewußt die Auswirkungen eines Flußausbaus im Hinblick auf die Verkehrs-, Energie- und Wasserwirtschaft vorangestellt, weil erst aus diesen drei Auswirkungen eine nicht minder bedeutungsvolle resultiert, das ist die standortbildende raumpolitische Kraft, die dem Flußausbau als Verkehrsweg, als Energielieferant und als Wasserspender innewohnt. Im Gegensatz zu Schiene und Landstraße ist die Wasserstraße nicht nur Verkehrsweg. Die Notwendigkeit einer wasserbaulichen Maßnahme muß deshalb im Hinblick auf diese vielfältigen Nutzungszwecke unter gesamtwirtschaftlichen Aspekten gesehen werden. Darüber bestehen leider auch heute noch in der Öffentlichkeit vielfach irrige Vorstellungen.

2.41 Standortwahl aus Gründen des Wasserbedarfs

Vor 1883, also vor Ausbau des Mains zu einem kanalisierten Fluß, waren nur 9 Industriewerke zwischen Mainmündung und Aschaffenburg vorhanden, wovon allein 4 chemische Werke, die im ehemaligen I. G. Farbenkonzern vereinigt waren und bei ihrer Gründung ausschließlich wegen des Wasserbedarfs den Main als Standort wählten. Von 1883 bis 1961 siedelten in dieser Strecke zusätzlich etwa 20 Großbetriebe unmittelbar am Wasser neu an. Alle 29 Werke erweiterten ihre Produktion erst nach Ausbau des Mains. Darunter befinden sich Werke, deren heutiger Umfang ohne den Wasservorrat niemals möglich gewesen wäre, so z. B. die Zellstoffwerke, alle chemischen Werke, Glanzstoffwerke, die Automobilindustrie u.a. Allein diese Tatsache, die mit den Verkehrsverhältnissen zunächst nicht unmittelbar zu tun hat, dürfte genügen, den Ausbau eines Flußlaufes als volkswirtschaftliche Notwendigkeit positiv zu beurteilen. Wenn bei der Standortwahl dieser Werke der erste Impuls vom Wasserbedarf ausging, so darf doch nicht übersehen werden, daß die günstige Lage des Werkes an einem der Großschiffahrt erschlossenen Fluß den Transport der Roh- und Fertigprodukte mit dem Binnenschiff begünstigte.

2.42 Standortwahl aus Gründen verkehrswirtschaftlicher Vorteile

Die günstige Verkehrslage des Untermaingebietes in unmittelbarer Nähe der großen Verkehrsader Rhein hat dazu geführt, daß viele neue Betriebe von Anfang an ihren Standort am ausgebauten Fluß wählten. Erst in jüngster Zeit sind neun Projekte größeren Ausmaßes aufgestellt worden, die sich z. T. schon im Stadium des Ausbaus bzw. der baldigen Inbetriebnahme befinden (Abb. 15). So wird die neue Raffinerie der Firma Caltex als Folge des Standorts der Farbwerke Hoechst als Zulieferer für dieses Werk und für eine neue Kunststoffabrik noch in diesem Jahr die Produktion aufnehmen. 2 Mio t Rohöl sind als Durchsatz für den ersten Ausbau vorgesehen, eine Pipeline verbindet diese Raffinerie mit der vorhandenen Linie Rotterdam—Köln und liefert somit einen wertvollen Beitrag für die ganzjährige Versorgung des industriellen Schwerpunktes am Untermain, dessen Ausstrahlungen bis in den Raum Aschaffenburg reichen. Die Wasserstraße ist hier ein absolut notwendiger Verkehrsweg zur Entlastung der Straßen und der Bundesbahn, die nicht in der Lage wären, diesen Verkehr von Massengütern in den schon völlig überlasteten Straßen und doppelgleisigen Bahnstrecken zu beiden Seiten des Mains auch noch zu übernehmen.

Die Anlage und Ausstattung kommunaler und staatlicher Häfen fällt ebenfalls unter die Auswirkungen einer Wasserstraße in verkehrswirtschaftlicher Sicht. Diese Häfen sind in der Regel zunächst als reine Umschlagshäfen im Bereich der Großstädte gedacht gewesen. Der Ausbau dieser Häfen z. T. zu industriellen Schwerpunkten ist eine Erscheinung, die besonders nach dem 2. Weltkrieg festzustellen ist und somit volkswirtschaftlich gesehen eine Kombination beider Nutzungszwecke darstellt. Fast über die gesamte Länge des Mains von der Mündung bis Bamberg verlaufen neben dem Fluß Schiene und Straße. Der älteste unter diesen Verkehrswegen ist zweifellos der Flußlauf, aber erst der Ausbau der Großschiffahrtsstraße hat den Orten am Main die Vorteile gebracht, die zu neuen Entwicklungen führten. Die Ansiedlung zahlreicher Industriewerke und Gewerbebetriebe in den Orten Ochsenfurt, Marktbreit, Kitzingen und Volkach legen Zeugnis davon ab, welche Kraft in einer der Großschiffahrt erschlossenen Wasserstraße liegt. In diese Kategorie der Auswirkungen gehört auch der lokale Mainverkehr, der von Jahr zu Jahr zunahm. Als prädestinierte Güterarten für diesen Verkehr kommen daher in Frage: Erden, Kies, Sand, Kalk, Gips, Zement und Getreide. Auf dem bayerischen Main wurden an Erden, Kies und Sand 1950 etwa 771000 t umgeschlagen, im Jahre 1960 bereits 2,8 Mio t. Erst durch den Ausbau des Mains konnten z. B. neue Gipsvorkommen erschlossen werden, deren Rohstoff auf dem Schiff z. T. direkt ins Ausland und nach Übersee transportiert wird. Ohne den Flußausbau wäre die Erschließung dieser Vorkommen wirtschaftlich nicht realisierbar gewesen.

2.43 Die raumpolitische Kraft des Ausbaus in der bayerischen Mainstrecke

Über die Wirtschaftsbelebung an der Mainstrecke in Bayern liegt eine Untersuchung des Ifo-Instituts für Wirtschaftsforschung für die Zeit von 1950—1959 vor, die zu folgendem Ergebnis gelangt: Im Land Bayern nahm die Zahl der Industriebetriebe im Untersuchungszeitraum um 34% zu, während sich die Zahl der Betriebe in den Stadt- und Landkreisen Unterfrankens, soweit sie am Main liegen, um 42% erhöhte. Die Zahl der Industriebeschäftigten stieg in Bayern um 69%, dagegen in den Mainkreisen Unterfrankens um 85%. Die Industrieumsätze erhöhten sich in Bayern um 178%, in ganz Unterfranken um 180% und in den Mainkreisen Unterfrankens um 191%.

In Ochsenfurt hat sich von 1950 bis 1959 der Industrieumsatz verzehnfacht. In Kitzingen (Stadt) haben sich die Industrieumsätze von 1950 bis zum Jahre 1959 um 113%, in Kitzingen (Land) dagegen sogar um 292% erhöht. Je mehr die Großschiffahrtsstraße sich dem Kitzinger Wirtschaftsraum näherte, desto mehr beschleunigte sich im Durchschnitt das Wachstum im Landkreis Kitzingen. 1956 nahmen die Umsätze um mehr als 23%, 1957 um fast 20% gegenüber dem

Vorjahr zu. Nachdem Ende 1957 die Großschiffahrtsstraße den Kitzinger Raum erreicht hatte, stiegen die Industrieumsätze im Jahre 1958 gegenüber dem Vorjahr um fast 30%. Die Zuwachsrate betrug im darauffolgenden Jahr sogar mehr als 50%.

Diese schon jetzt ersichtlichen Erfolge sind um so beachtlicher, als die Mainkanalisierung noch nicht zur vollen Auswirkung kommen konnte, da Schweinfurt und Bamberg erst 1962 angeschlossen wurden.

Neue Industriewerke oberhalb Würzburgs entstanden in Marktbreit mit der Milchfabrik „Glücksklee", die ihre Rohstoffe und die fertige Dosenmilch mit dem Schiff an- und abtransportiert. Der Hafen Frankfurt ist der Empfänger und Verteiler der fertigen Milchprodukte. Zwei Zuckerfabriken in Ochsenfurt und Zeil haben sich in erster Linie wegen des vorhandenen Wasservorrates in den Stauhaltungen angesiedelt, sie erhalten in zunehmendem Maße jetzt auch Güter auf dem Wasserwege. Bei Dettelbach steht ein großes Fulguritwerk im Ausbau.

Am Beispiel des neuen Hafens der Stadt Schweinfurt ist zu erkennen, daß der Ausbau der Wasserstraße den Impuls zur Erschließung des linken Mainufers im Stadtbereich für die Erweiterung der dortigen Industrie gab, eine Lösung, die im Interesse der Gestaltung von neuen Industriebezirken im Anschluß an vorhandene Schwerpunkte sehr zu begrüßen ist, weil keine allzu schwierigen neuen Verkehrsprobleme damit verbunden sind und weil zusätzliche Arbeitskräfte durch Rationalisierungsmaßnahmen der Werke in der Regel nicht erforderlich werden. Die Entwicklung geht bei bestimmten Industriebetrieben in die Horizontale, weil die Aufstellung schwerer Pressen nur zu ebener Erde wirtschaftlich ist und im Zeichen der Rationalisierung der Betriebe zusätzliche Kosten durch vertikale Produktionsgänge vermieden werden müssen. Dazu benötigen diese Industrien große Flächen, die nur auf dem linken Mainufer vorhanden sind. Der Ausbau der Wasserstraße hat eine grundlegende Neuentwicklung auf dem linken Mainufer zur Folge.

2.44 Der Mainausbau, ein siedlungspolitischer Faktor

Auch die Entwicklung der großen Städte gibt ein aufschlußreiches Bild nach Ausbau des Flußlaufs. Die nachfolgende Tabelle soll diese Betrachtungen ergänzen.

Tabelle 9. *Entwicklung der großen Mainstädte seit 1880*

Stadt	Einwohnerzahl		1960	Zuwachs %
	1880	1900		
Rüsselsheim	2625	—	35418	+ 1260
Frankfurt a. M. und Höchst	141809	—	670048	+ 380
Offenbach	28597	—	113300	+ 300
Hanau	23086	—	46244	+ 100
Aschaffenburg	—	18091	53836	+ 195
Würzburg	—	75500	115500	+ 53
Schweinfurt	—	15302	57076	+ 280
Bamberg	—	43200	74163	+ 67

Die Städte ohne größere Industrien, wie z. B. Bamberg, Würzburg und Hanau, sind in der Zunahme weit hinter denen mit großen Industriewerken zurückgeblieben. Dagegen übersteigt der Zuwachs der Bevölkerung der Städte mit großen Industriewerken, wie z. B. Aschaffenburg, Offenbach und Frankfurt am Main, in der Regel die 200%-Grenze. Aus dem Rahmen fällt dabei die Entwicklung der Stadt Rüsselsheim, die verständlicherweise als eine Folge der Nachkriegserweiterung der Automobilfabrik Opel angesehen werden muß.

Die Zuwachsrate der großen Städte dürfte somit anteilig eine Auswirkung der industriellen Erschließung des Landes sein, die wiederum rückwirkend dem Flußausbau gutgeschrieben werden kann. Die standortbildende Kraft eines Flußausbaus wird hier zum siedlungspolitischen Faktor.

2.45 Beispiele industrieller Entwicklung am Main

2.451 Automobilfabrik Opel, Rüsselsheim. Die Gründung des Werkes durch Adam Opel im Jahre 1862 brachte der Stadt Rüsselsheim eine kleine Nähmaschinen- und Fahrradproduktion. Dieses kleine Werk war zunächst auf den Main nicht angewiesen. Als jedoch im Jahre 1898 die Kraftwagenproduktion begann und als Folge dieser neuen Produktion ein eigenes Dampfkraftwerk erforderlich wurde, begann der Main als Wasserspender und später auch als Transportweg für das Werk interessant zu werden.

Heute beschäftigen die Opelwerke 45000 Arbeitskräfte, die in einem Umkreis von 40 km auf Schiene und Straße zu den Werksschichten in festen Fahrplänen befördert werden müssen. Die Investitionen der letzten Jahre für die Erweiterung des Karosseriewerkes, für den Neubau eines Motorenwerkes und eines großen Ersatzteillagers mit der Umlegung der Bundesstraße, die mitten durch das Werk führte, dürften die 600-Mio-DM-Grenze überschritten haben. Im Jahre 1961 wurden rd. 380000 Personen-, Liefer- und Lastwagen hergestellt und über 200000 t Güter — Bleche, Kohle und Heizöl — vom Schiff umgeschlagen. Etwa 70000 bis 80000 Kraftfahrzeuge werden jährlich auf dem Wasserwege den Seehäfen zugeführt, um als Exportware in das Ausland zu gehen. Das Aktienkapital hat die 500-Mio-DM-Grenze erreicht. Monatlich werden 18000 t Kohle und Heizöl verbraucht und 1,9 Mio m³ Wasser benötigt. Die Gesamtlänge der Fließ- und Förderbänder beträgt 75 km.

2.452 Farbwerke Hoechst, Frankfurt am Main-Hoechst. Die Zelle dieses heute größten chemischen Werkes am Main entstand 1863 als kleine chemische Fabrik der Familien Meister, Lucius und Brüning. Unmittelbar nach Vollendung des 1. Mainausbaus im Jahre 1886 besaß das Werk 3650 Arbeitskräfte, eine für damalige Verhältnisse stattliche Belegschaft. Heute besitzt das Werk in Hoechst allein über 22000 Arbeitskräfte und zusammen mit den Tochergesellschaften, die in Griesheim, Offenbach und anderen Orten in der Regel am Wasser liegen, über 53000 Arbeitskräfte. Die Investitionen des Werkes betrugen nach den Geschäftsberichten der letzten Jahre insgesamt:

Tabelle 10. *Entwicklung Farbwerke Hoechst*

Jahr	Investitionen Mio DM	Jahresumsatz in Mio DM
1957	232	1761
1958	248	1889
1959	254	2222
1960	422	2703
1961	446	2876
1962	397	3080

Diese Investitionen kamen in erster Linie der Erweiterung des Stammwerkes in Hoechst zugute. In diesem Zusammenhang ist auch bemerkenswert, daß die von FW Hoechst zu leistenden Steuern von 58 Mio DM im Jahre 1952 auf 257 Mio DM im Jahre 1962 und die Ausgabe für Personalaufwand einschließlich gesetzlicher und freiwilliger Sozialaufwendungen im gleichen Zeitraum von 197 Mio DM auf 668 Mio DM gestiegen sind [4].

Daß dieses Werk die verkehrswirtschaftlichen Vorteile einer Wasserstraße nutzte, ist verständlich. Im Jahre 1961 hat das Werk allein 2,1 Mio t Güter vom Schiff umgeschlagen, mehr als auf Schiene und Straße zusammen. Werkseigene Spezialschiffe zum Transport besonders empfindlicher Rohstoffe fahren in festen Relationen sowohl zu Empfangsorten am Main als auch am Rhein. Die Größe dieser Transportgefäße garantiert einen flüssigen Abtransport der Produktion, der mit kleineren Transporteinheiten anderer Verkehrsträger wirtschaftlich nicht möglich wäre. Die Entwicklung dieses Werkes hat dazu geführt, daß in jüngster Zeit in unmittelbarer Nähe am Main neue Werke entstehen, deren Produktion mit dem Stammwerk eng verbunden ist.

2.453 Dampfkraftwerk der Preag in Großkrotzenburg. Die Erweiterung der Industrie ist ohne die Deckung des erforderlichen Energiebedarfs nicht möglich. Aus diesem Grunde hat sich die Preußische Elektrizitäts AG., die schon in den Jahren 1913—1920 die ersten Wasserkraftwerke am Main erbaute und damit die süddeutsche Zelle ihres Einflußbereiches schuf, entschlossen, bei Großkrotzenburg, also im Bereich standortgünstiger Bedingungen, ein neues Großkraftwerk zu bauen.

Das Werk soll als Dampfkraftwerk im 1. Ausbau eine Leistung von 500 MW erhalten und im Endausbau 1500 MW erreichen. Die beiden ersten Maschinensätze mit je 250 MW sind bereits im Ausbau. Dazu ist der Antransport von 900000 t Kohle bzw. 670000 t Öl erforderlich, der mit Hilfe der Binnenschiffahrt und der Eisenbahn bewältigt werden kann. Zur Standortfrage führte das Vorstandsmitglied Dipl.-Ing. K. Hoffmann anläßlich der Grundsteinlegung am 26. Juni 1963 aus [5]:

„Was die Standortfrage anbelangt, so ist zunächst darauf hinzuweisen, daß dieses Werk in einem ausgesprochenen Belastungsschwerpunkt unseres Gebietes liegt. Der von der Preußenelektra versorgte Teil des Rhein-Main-Kinzig-Raumes wird nach Inbetriebnahme des Kraftwerkes „Staudinger“ eine Belastung von etwa 300000 kW haben.

Ein erheblicher, von Jahr zu Jahr steigender Anteil der Kraftwerks-Nettoleistung wird also für die Nahversorgung benötigt. Aber auch unser von der dänischen Grenze bis an den Main führendes Verbundnetz braucht an dieser seiner südlichsten Stelle einen neuen, leistungsfähigen

Stützpunkt, um die schon während des vergangenen Winters bis an die Grenze ihrer Übertragungsfähigkeit in der Nord-Süd-Richtung belasteten Stromstraßen zu entlasten, um die Transportkapazität der nunmehr zweiseitig eingespeisten Strecken praktisch zu verdoppeln, um die Sicherheit der Versorgung zu erhöhen und um die elektrische Leistungs- und Arbeitsbilanz unseres Gesamtgebietes in wirtschaftlichster Weise auszugleichen.

Aus dem seit Jahrzehnten schwebenden Streit der Meinungen — verbrauchsnahe oder brennstoffnahe Stromerzeugung — hat sich die Preußenelektra bewußt herausgehalten, weil wir der Auffassung waren und der Auffassung sind, daß die deutsche Elektrizitätswirtschaft beides braucht: die Kraftwerke auf den Gruben und die Kraftwerke in den grubenfernen Schwerpunkten des Verbrauchs. Da die sicher nachgewiesenen Braunkohlenvorkommen in Borken und Wölfersheim eine Erweiterung der beiden Kraftwerke in dem erforderlichen Ausmaß nicht mehr zuließen, kam praktisch nur ein Bauplatz am Main in Frage. Hier sind die großen Kühlwassermengen vorhanden, die wir für die Kühlung der Turbosätze brauchen; hier haben wir einen leistungsfähigen Schiffahrtsweg und einen nicht minder leistungsfähigen Schienenweg zur Verfügung, die wir für den Antransport der großen Brennstoffmengen benötigen. Hier aber haben wir auch die Möglichkeit, das neue Werk über relativ kurze Anschlußleitungen in unser 220- und 110-kV-Netz einzubinden."

Dieses neue Werk hat also in erster Linie seinen Standort wegen der vorhandenen Großschiffahrtsstraße an den Main gelegt und dabei die noch günstigen Grundstücksverhältnisse im Raum Offenbach-Aschaffenburg genutzt.

2.5 Landschaftsgestaltung und Volkserholung am Main

Wenn in der Öffentlichkeit bekannt wird, daß die Technik in die Landschaft eingreifen will, sei es durch den Bau einer Fabrikanlage oder einer Siedlung oder auch eines Flußausbaus durch Einbau von Staustufen, so ist die erste Reaktion in der Regel eine gewisse Abwehrstellung, die aus Unkenntnis über das Künftige zu erklären ist. Die Öffentlichkeit weiß noch nicht, ob die künftige Gestaltung einen häßlichen oder gar schädlichen Eingriff in die bestehende Landschaft bringt, der womöglich nicht mehr zu reparieren ist. Erst wenn an Hand von Beispielen erkennbar ist, daß die Landschaft bereichert wird, sind zustimmende Urteile zu den geplanten Maßnahmen zu erwarten. Die Landschaft ist in unseren übervölkerten Ländern ein unbedingt zu erhaltender und zu fördernder sozialer Wert. Wir haben die Verpflichtung, alles zu tun, um dieses Kapital für unsere erholungssuchenden, überwiegend in Großstädten und Industriegebieten wohnenden Menschen zur Verfügung zu stellen. Deshalb bedarf die Landschaft sorgfältiger Pflege. Dort, wo es nicht zu vermeiden ist, industrielle Planungen mit Landschaftserhaltung und -gestaltung zu vermischen, sollte deshalb sehr vorsichtig vorgegangen werden. Eine klare Trennung wäre für jeden Teil leichter und befriedigender zu erreichen. Sie trifft die verschiedenen Geschmacksrichtungen der Menschen besser. Aber dies wird nur in den seltensten Fällen möglich sein. Aus diesem Grunde muß bei der Planung technischer Bauwerke im Hinblick auf die vorhandene Umgebung äußerst vorsichtig und behutsam vorgegangen werden. Wenn der Betrachter jedoch nach kurzer Zeit gar nicht mehr weiß, wie es vorher war und trotzdem die neue Lösung als schön empfindet, kann der Ingenieur befriedigt und vielleicht auch etwas stolz auf sein Werk sein.

Der Ausbau des Mains hat vor acht Jahrzehnten begonnen, und wir verfügen über reiche Erfahrungen, wie Wasserbauwerke und Flußufer gestaltet werden müssen, um auf die Dauer zu befriedigen. Die Erkenntnisse aus der Vergangenheit und die Fortschritte der Gegenwart wurden laufend verwertet und sind in der Gestaltung des gesamten Flußausbaus von der Mündung bis Bamberg deutlich zu erkennen.

Wenn auch die Formgebung der Bauwerke nach wasserbautechnischen Gesichtspunkten entsprechend ihrer Zweckbestimmung ausgewählt werden mußte, so spielt doch bei diesen großen Bauwerken der Zeitgeschmack eine bestimmte Rolle. Hier sei nur an die Formgebung der alten Pfeilerkraftwerke unterhalb von Aschaffenburg im Vergleich zur Gestaltung der neuen Kraftwerke der Rhein-Main-Donau AG. gedacht (Abb. 16 bis 18). Die meisten Staustufen liegen abseits von menschlichen Siedlungen und zwangen somit in der Begrenzung der Mainlandschaft zu einer zwar monumentalen, aber doch anpassenden Formgebung und Gestaltung. Dort jedoch, wo Städte betroffen wurden, mußten besondere technische Anpassungsmaßnahmen vorgesehen werden, deren höhere Kosten nicht gescheut wurden.

Unter den verschiedenen Einzelbauwerken der Staustufe nimmt meist der zusammenhängende Baukomplex Wehr und Krafthaus wegen seiner das ganze Flußbett absperrenden Funktion in Höhe und Breite eine Sonderstellung ein. Die Wehrpfeiler sind dabei bestimmt von der Höhe des höchsten Hochwassers, während das Krafthaus von den rein technisch konstruktiv ausgebildeten Abmessungen der Turbinen-Generator-Gruppe beeinflußt wird. Diese beiden Bauwerke

Abb. 16. Kraftwerk Kesselstadt, erbaut 1913/20.

Abb. 17. Staustufe Freudenberg, erbaut 1931/34.

Abb. 18. Staustufe Garstadt mit Kraftwerk, erbaut 1953/57.

auch architektonisch zu einem Ganzen in die Landschaft einzupassen, ist deshalb eine besonders reizvolle Aufgabe gewesen. Sie ist in allen Fällen gut gelungen und hat auf Grund der von der Rhein-Main-Donau AG. gestellten Forderungen an Turbinen- und Generatorlieferanten neben einer sehr befriedigenden äußeren Gestaltung in Form niedrigerer Kraftwerksbauten auch zu einer konstruktiven Verbesserung der Maschinen geführt, die als Rhein-Main-Donau-Bauweise in die Geschichte des Turbinenbaus eingegangen ist.

Abb. 19. Betriebsgebäude und Wohnungen 1913/20.

Bei dem Baukomplex Wehr und Krafthaus dominieren die Wehrpfeiler mit ihren aus dem Fluß herauswachsenden Betonmassen zusammen mit dem Wehrsteg aus Stahl gegenüber dem mehr hochbautechnisch gestalteten Buchtenkraftwerk, das am Rande des Flußlaufes seine Funktion zu erfüllen hat. Die höhenmäßige Angleichung beider Bauwerke ist eine Forderung im Interesse

Abb. 20. Schirrhof Marktbreit mit Schleusen- und Werkwohngebäuden 1956.

der Landschaftseinfügung, die weitgehend eingehalten wurde. Aus der Zeit des Baubeginns um 1883 sind keine Bauwerke mehr vorhanden. Die ältesten heute vorhandenen Anlagen stammen aus den Jahren 1913/20 und befinden sich in der Strecke Offenbach—Aschaffenburg. Auch die Hochbauten für die Wohnungen des Bedienungspersonals lassen die Entwicklungen und Verbesserungen der letzten Jahre, die ein Zeichen unseres sozialen Fortschrittes sind, erkennen (Abb. 19 und 20). Abweichend von der üblichen oben geschilderten Wehrbauweise ist man bei der Staustufe Ottendorf oberhalb von Schweinfurt, die z. Zt. die größte Fallhöhe aller Staustufen am Main mit 7,60 m besitzt, wegen der besonderen Verschlußkörper ohne hohe Wehrpfeileraufbauten und ohne Wehrsteg eigene Wege gegangen. Die Verschlüsse des Wehres bestehen aus ölhydraulisch angetriebenen Fischbauchklappen, die auch bei Hochwasser nicht aus dem Wasser herausgehoben, sondern nach unten geklappt werden. Mit Hilfe eines in der Sohle vorhandenen begehbaren Betontunnels ist die Verbindung zwischen Schleuse und Krafthaus für das Bedienungspersonal hergestellt worden. Abb. 21 zeigt die Ansicht dieser Baugruppe. Auch

Abb. 21. Staustufe Ottendorf.

die Gestaltung des Kraftwerkes neben der Schleuse Gerlachshausen läßt erkennen, daß technische Forderungen das äußere Bild sehr weitgehend beeinflussen können. Dieses Kanalkraftwerk stellt insofern eine einmalige technische Lösung dar, als es zur Verbesserung der energiewirtschaftlichen Nutzung neben dem Buchtenkraftwerk am Wehr Astheim mit der geringen Fallhöhe von etwa 3,20 m am Ende des Kanaldurchstiches Volkach-Gerlachshausen eine größere Fallhöhe von 6,30 m nutzen kann. Die Belassung einer Mindestwassermenge von 40 m^3/s in der Mainschleife Volkach-Gerlachshausen zwang zu dieser Kraftwerksaufteilung, so daß am Wehr Astheim und an der Schleuse Gerlachshausen je eine Turbine mit einer Ausbauwassermenge von 62,5 m^3/s bzw. 50 m^3/s eingebaut werden konnte. Die Forderungen der Schiffahrt, auch bei Vollbetrieb der Turbine ohne Störung in die Schleuse Gerlachshausen einfahren zu können, zwangen zu einer Entnahme der Wassermenge seitlich der Schiffahrtsrinne durch eine Unterführung des Schleusenvorhafens für den Einlauf in die Turbine. Auf diese Weise tritt das Kraftwerk Gerlachshausen für die Außengestaltung kaum in Erscheinung (Abb. 22) [6].

Von allen Staustufen, deren Hauptelemente Wehr, Kraftwerk und Schleuse architektonisch besonders hervortreten, weicht die Gestaltung der Staustufe Würzburg als einzige grundsätzlich ab. Hier waren Forderungen der Stadtverwaltung im Hinblick auf die Erhaltung des alten Stadtbildes mit Bastion und Feste Marienberg im Hintergrund zu erfüllen, die den Wasserbauingenieur zu neuen Lösungen anregten. Da ein altes Streichwehr eines seit 1644 bestehenden Staues vorhanden war, mußte im Hinblick auf die vorhandenen Brückenverhältnisse die neue 300 m lange Schleuse auf dem linken Ufer angeordnet werden. Aufbauten auf der wasserseitigen Kammermauer waren nicht gestattet worden. Durch Zurückverlegung der alten Bastionsmauer um etwa 25 m konnte zunächst der Platz für die Schleuse freigemacht und dabei eine Öffnung der alten Mainbrücke als Schleuseneinfahrt vom Unterwasser her gewählt werden. Die Gestaltung der Antriebseinrichtungen für Verschlüsse und Tore sowie die Unterbringung des Schleusenbetriebsgebäudes bedurften sorgfältiger Überlegungen. Durch Aushöhlung eines Pfeilers der alten Mainbrücke ist es gelungen, für die Steuerung der Schleuse Betriebsräume zu schaffen. Die besonders reizvolle Gestaltung des Gebäudes im Bereich der zurückverlegten völlig gleichartig wiederaufgebauten Bastion am Oberhaupt der Schleuse gestattete die Unterbringung aller Betriebsorgane

Abb. 22. Schleuse Gerlachhausens mit ferngesteuertem Kanalkraftwerk.

für die Füllung der Schleuse und die Bewegung des Obertores. Ein bisher in der Welt erstmalig konstruiertes Drehsegmenttor ermöglicht gleichzeitig die Füllung der Schleuse und die Freigabe der Ein- und Ausfahrt für die Schiffahrt. Nur durch diese Torart war es möglich geworden, mit einseitigem Antrieb Aufbauten auf der wasserseitigen Kammermauer zu vermeiden (Abb. 23). Die Staustufe Würzburg ist ein Beispiel dafür, daß mit dem Ausbau der Großschiffahrtsstraße Rhein-Main-Donau nicht nur ein verkehrswirtschaftlicher Zweck verfolgt, sondern im Sinne einer vernünftigen und richtigen Landschaftspflege auch eine kulturelle Aufgabe erfüllt werden kann [7,8].

Abb. 23. Schleuse Würzburg von der Löwenbrücke aus.

Mit der Errichtung der Stauanlagen war die Anpassung der vorhandenen Brückenbauwerke an die neuen Verhältnisse einer Großschiffahrtsstraße erforderlich geworden. Die Durchfahrtshöhe von 6,40 m über höchstem Schiffahrtswasserstand und die entsprechende Brückenweite machten in manchen Fällen auch hinsichtlich der Brückenrampen große Schwierigkeiten, weil es sich zum Teil um sehr alte, landschaftlich reizvolle Bogenbrücken handelte. Als Beispiel soll hier die Lösung der Pippinsbrücke in Kitzingen aufgezeigt werden, die mit Hilfe eines Ideenwettbewerbs unter namhaften Firmen und Architekten ausgeschrieben wurde (Abb. 24). Der gewählte Entwurf wurde von einem unabhängigen Gremium als 1. Preis ausgewählt und dementsprechend ausgeführt. Es wurde eine Lösung gefunden, die durch Verstärkung der beiden Endpfeiler der

Abb. 24. Brücke Kitzingen.

großen Öffnung in geschickter Weise die neue Konstruktion mit den alten Brückenbogen im wahrsten Sinne des Wortes „überbrückte". Die hierdurch entstandenen Mehrkosten wurden im Hinblick auf die Erfüllung auch kultureller Aufgaben beim Ausbau eines Flußlaufes in Kauf genommen. Bei neuen Brücken war die Gestaltung wesentlich einfacher und führte durch die verständnisvolle Haltung der meisten Brückenbaulastträger zu Lösungen mit einer großen Spann-

Abb. 25. Kaiserleybrücke Offenbach-Frankfurt a. M. mit Doppelschleuse Offenbach.

weite über den Fluß, die einer künftigen Entwicklung des Schiffahrtsverkehrs nicht im Wege stehen. In dieser großzügigen Art wurden nach dem Kriege alle Autobahnbrücken über den Main erbaut. Die technischen Möglichkeiten im Brückenbau mit vorgespanntem Beton oder neuen Konstruktionen im Stahlbau begünstigten diese Lösungen. Die größte Brücke am Main stellt dabei die im Zuge der Umgehung der Stadt Offenbach-Frankfurt gebaute Kaiserleybrücke oberhalb der Staustufe Offenbach dar, deren Konstruktion mit einer Spannweite von 220 m ohne Pfeiler den Vorhafenbereich der Doppelschleuse Offenbach und den Bereich der Hafeneinfahrten für den Oberhafen der Stadt Frankfurt und für den Hafen der Stadt Offenbach überbrückt. Die Monumentalität dieses Bauwerkes fügt sich sehr gut in die technische, von einer Wasserstraße durchzogene Stadtlandschaft ein und stellt somit eine erfreuliche Symbiose zwischen den beiden Verkehrsträgern Straße und Wasserstraße her.

Wenn man heute den Main befährt, gewinnt man den Eindruck, daß die Landschaft nicht verschandelt, sondern bereichert wurde. Selbstverständlich ist an einer jungen Strecke noch der kurze zeitliche Abstand von der Fertigstellung zu erkennen, aber auch hier wird wie an den älteren Strecken die Natur mit Unterstützung durch Neupflanzungen der Rhein-Main-Donau AG. und der Wasser- und Schiffahrtsverwaltung die geschlagenen Wunden schnell und gründlich heilen. Landschaftsgestalter und Biologen tragen mit ihren Erfahrungen dazu bei, die Narben des Neubaus nach kurzer Zeit zu beseitigen.

Die Begrünung und Bepflanzung der Uferrandzonen mit Busch- und Baumgruppen liefert aber auch einen wertvollen Beitrag zur Förderung des biologischen Lebens im Wasser und somit zur Reinhaltung dieses dem Menschen so wertvollen Elementes. (Abb. 26.)

Abb. 26. Landschaft am Main.

Der Ausbau des Mains hat dabei nicht nur Aufgaben technischer Art gestellt, sondern auch bewiesen, daß der Ingenieur in der Lage ist, unter Wahrung der Zweckbestimmung eines Großschiffahrtsweges eine Verbindung zwischen Bauwerk und Landschaft herzustellen, die nach Jahrzehnten als Bestandteil dieser Landschaft angesehen und anerkannt wird. Mit dieser Gestaltung hat der Wasserbauingenieur somit eine kulturelle Aufgabe erfüllt, die nur beim Bau von Wasserstraßen in so umfassender Form möglich ist.

Der Main mit seinen reizvollen Dörfern und Städtchen ist heute ein beliebtes Erholungsgebiet der Großstädter geworden. Kurz nach Fertigstellung des Ausbaus nahm deshalb auch die Personenschiffahrt ihren Betrieb auf und bot der Öffentlichkeit in reizvollen Ausflugsfahrten die Schönheiten dieser Landschaft an. Neben der weißen Flotte der Personenschiffe tummeln sich die Wassersportler aller Art, Fahrten mit Ruderbooten, Paddelbooten und Motorbooten erfreuen die sportbegeisterte Jugend, die durch die vorhandenen Bootsschleusen den Main zu jeder Zeit befahren kann.

Die große Wasserfläche mit den herrlichen Grünanlagen hat viele Gemeinden angeregt, ihren Bürgern Schwimmbäder mit Frischwasserzufuhr zu errichten. Diese hygienisch einwandfreien Anlagen werden von der Bevölkerung in unmittelbarer Nähe des Mains und im Zusammenhang mit dem hierdurch ermöglichten Wassersport auf den großen Stauflächen besonders begrüßt.

3. Verwaltung, Betrieb und Unterhaltung der Großschiffahrtsstraße

Mit der Fertigstellung der neuen Wasserstraße Main übernimmt die Wasser- und Schiffahrtsverwaltung des Bundes von der Rhein-Main-Donau AG. als Neubauinstitution die Verwaltung, den Betrieb, die Unterhaltung und die Erneuerung der Anlagen und der Strecken. Die Wasser- und Schiffahrtsdirektion Würzburg als Mittelbehörde für den Main bedient sich dabei der Wasser- und Schiffahrtsämter Frankfurt am Main, Aschaffenburg, Würzburg und Schweinfurt.

Von der Mündung bis Bamberg sind 37 Staustufen mit 41 Schleusen und 37 Wehranlagen vorhanden. Die erforderlichen Mittel zum Betrieb und zur Unterhaltung der Anlagen sind jedes Jahr im Bundeshaushalt eingeplant.

34 Kraftwerke sind ausgebaut und werden von den jeweiligen Konzessionsträgern betrieben und verwaltet. Das WSA Frankfurt betreibt hiervon die beiden Kraftwerke Eddersheim und Griesheim. Sie unterstehen als einzige Wasserkraftwerke der direkten Verwaltung des Bundes.

Die Betriebserfahrungen aus acht Jahrzehnten tragen dazu bei, bei neuen Planungen laufende Verbesserungen vorzusehen. Die in acht Jahrzehnten veränderte Struktur des Binnenschiffsverkehrs und der Energieerzeugung in einem heute weitverzweigten Verbundnetz sowie die sich laufend verändernden Verhältnisse auf wasserwirtschaftlichem Gebiet zwingen die Verwaltung, nach neuen Lösungen zu suchen, um allen Nutzungen am Wasser gerecht zu werden. Zur Durchführung all dieser Aufgaben steht der Verwaltung ein geschulter Personalkörper von Arbeitern, Angestellten und Beamten zur Verfügung. Personalmangel erschwert jedoch die Erfüllung aller Aufgaben in beängstigender Weise, so daß auf allen Gebieten versucht werden muß, durch Rationalisierungsmaßnahmen Lücken zu schließen.

Wenn die Binnenschiffahrt rationalisiert und von den Binnenhäfen erhöhte Anstrengungen für die Verkürzung von Lösch- und Ladefristen gemacht werden, wofür wieder erhebliche Investitionen notwendig sind, so kann die Wasser- und Schiffahrtsverwaltung als Dritte im Bunde und Verantwortliche für die Anlagen des Verkehrs auf der Wasserstraße nicht zurückstehen.

Am Main wurden deshalb für die Beseitigung von Schlamm, Sand und Kiesbänken neue Bagger in Betrieb genommen, die die 3fache Leistung der alten Bagger erreichen können. Ein neues Peilschiff mit 41 Echoloten gestattet genaue Aufzeichnungen der Sohle mit geringem Personalaufwand. Früher waren hierzu Tage und Wochen erforderlich mit einem Personalaufwand, der solche Arbeiten heute überhaupt nicht mehr ermöglichen würde.

Abb. 27. Modernes Schleusensteuerhaus Ottendorf.

Zur Erleichterung und Beschleunigung der Abfertigung werden die Betriebsgebäude nach modernsten Gesichtspunkten eingerichtet und gestaltet. Mit Hilfe von Fernsehgeräten wird der Schiffsverkehr an Schleusen in industriellen Schwerpunkten reibungslos abgewickelt. (Abb. 27.) Lautsprecheranlagen, einheitliche Signale und Beleuchtungen an allen Schleusen tragen zur Erleichterung des Verkehrsablaufs auch bis in die Abendstunden hinein bei. An Stelle der weniger gut sichtbaren Schwimmerstangen wird der Main auf weit sichtbare Bojen umgestellt.

Zur besseren Ausnutzung des Kahnraumes der Binnenschiffahrt hat die Wasser- und Schiffahrtsdirektion Würzburg die Strecke von Frankfurt bis zur Mündung vertieft, so daß in dieser Strecke eine Abladetiefe von 2,50 m zugelassen werden kann. Die Wasser- und Schiffahrtsdirektion Würzburg ist bestrebt, auch oberhalb von Offenbach Zug um Zug die Abladetiefe der des Untermains anzupassen.

Durch die Beschaffung von vier Ersatztoren für die Mainstrecke Aschaffenburg—Würzburg wird die Sicherheit für den durchgehenden Verkehr besonders erhöht. Diese Aufgabe übernehmen oberhalb Würzburgs die Mitteltore, die bei Beschädigung eines der drei Tore immer noch den Betrieb mit den beiden anderen Toren zulassen.

Für die Verbesserung der veralteten Mainstrecke Offenbach—Aschaffenburg ist ein Rahmenplan aufgestellt worden, dessen Verwirklichung nicht nur eine Modernisierung der Anlagen, sondern auch eine Einsparung von drei Staustufen und somit eine laufende Kostenersparnis für den Betrieb und die laufende Unterhaltung erbringen wird. Für die Ausführung dieses Projektes wird bei entsprechender Mittelbereitstellung ein Zeitraum von zehn Jahren vorgesehen. Diese Zeitspanne deckt sich mit der dann zu erwartenden Verkehrssteigerung durch den Anschluß des industriellen Schwerpunktes Nürnberg.

Die Forderung, die Wasserstraße als Verkehrsweg aufzuwerten, ist ein Gebot der Stunde und wird mit Recht von der Wirtschaft an die Verwaltung herangetragen. Neben den naturgegebenen

Schiffahrtssperren durch Hochwasser und Eis muß es daher Aufgabe der Verwaltung sein, durch rationelle Unterhaltung den Schiffahrtsbetrieb ganzjährig aufrechtzuerhalten. In enger Zusammenarbeit mit dem Binnenschiffahrtsgewerbe, der Wasserschutzpolizei und den Hafenverwaltungen ist die Wasser- und Schiffahrtsdirektion Würzburg bestrebt, hier neue Wege zu suchen, die den heute an eine Wasserstraße gestellten Anforderungen auch der Öffentlichkeit gegenüber in vollem Umfange genügen.

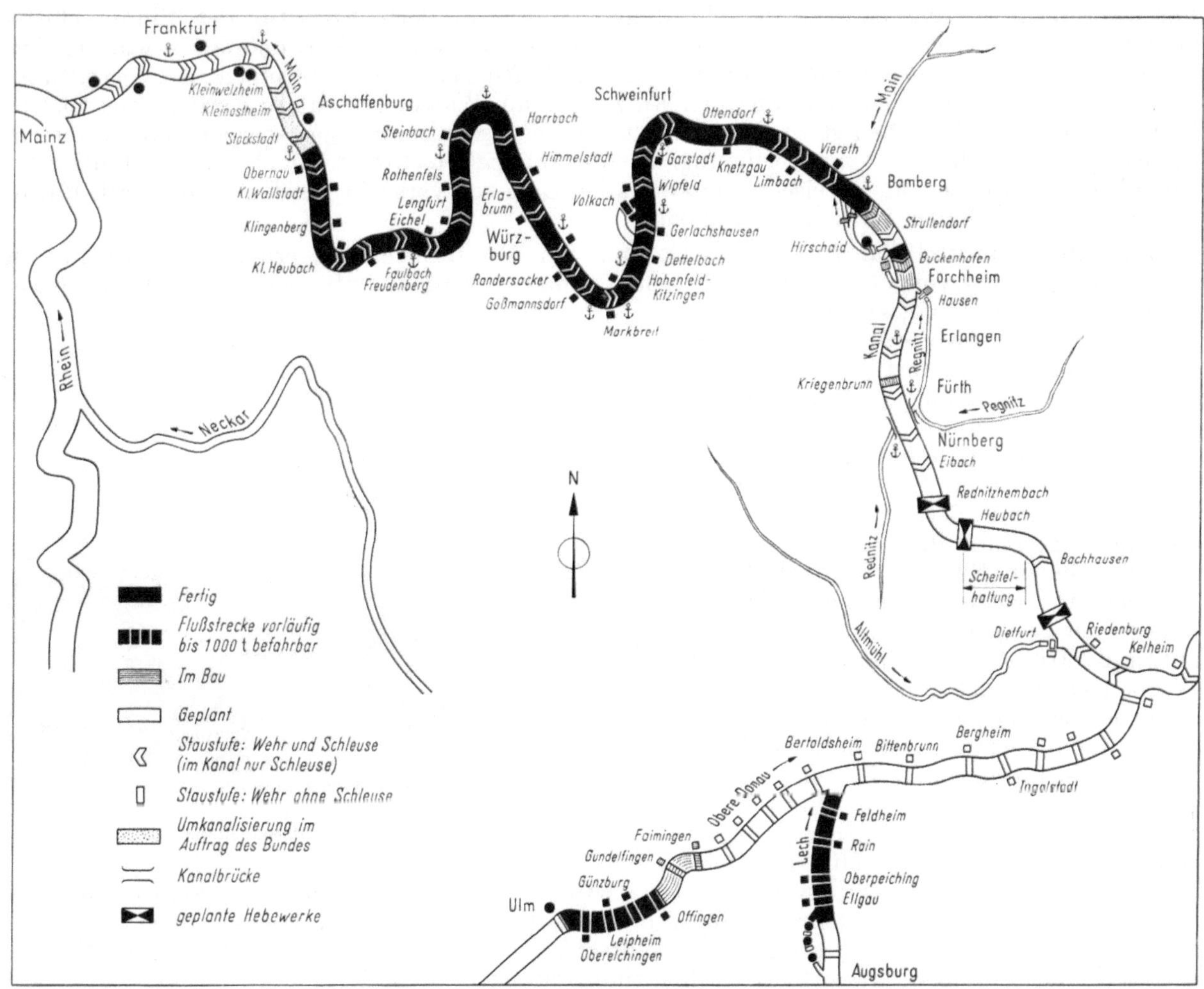

Abb. 28. Lageplan Rhein-Main-Donau-Großschiffahrtsstraße.

Jedes Amt verfügt über die entsprechende Anzahl von Aufsichtsbezirken mit einem Bauhof und entsprechenden Schirrhöfen, um die beschädigten Geräte und reparaturbedürftigen Anlagen möglichst schnell wieder für den Betrieb einsatzfähig zu machen. Hierzu gehört die Ausstattung der Verwaltung mit ganz bestimmten zweckgebundenen Geräten und Maschinen. Ausgebildete Taucher unterstützen die oft schwierigen Unterwasserarbeiten, die nur von einem langjährig geschulten Personal ausgeführt werden können. Darüber hinaus ist die Wasser- und Schiffahrtsdirektion Würzburg bestrebt, auch in allen anderen Nutzungsfragen mit den Landesdienststellen, mit der Industrie und mit der Öffentlichkeit ein gutes Einvernehmen zu erreichen.

Ausblick

Wenn im Jahre 1962 nach acht Jahrzehnten die Stadt Bamberg erreicht und der Mainausbau beendet ist, so haben wir die Pflicht, das Erreichte rückblickend kritisch zu beurteilen. Die vorstehenden Ausführungen lassen die volkswirtschaftlichen Auswirkungen einer für die Großschiffahrt, Industrie, Handel und Gewerbe erschlossenen Flußlandschaft in den einzelnen Zeitspannen erkennen. Die hierbei eingetretene Entwicklung ist so gewaltig, daß der Mainausbau als voller volkswirtschaftlicher Erfolg angesehen werden muß, der nicht nur allen Verkehrsträgern, sondern allen in dieser Flußlandschaft tätigen Menschen aus der Sicht der verschiedenen politischen und wirtschaftlichen Veränderungen dieser acht Jahrzehnte zu jeder Zeit zugute gekommen ist. Diese Stabilität der volkswirtschaftlichen Vorteile ist so bedeutungsvoll, daß Flußausbauten mit den genannten vielseitigen Ausstrahlungen nur bejaht werden können.

Der Impuls vor 80 Jahren ist vom Verkehr ausgegangen, den eine Großstadt als schwerwiegend genug ansah, eine Wasserstraße bis vor ihre Tore zu erhalten. Der Weiterbau liegt ebenfalls zunächst überwiegend in verkehrswirtschaftlichen Vorteilen begründet. Nach 1921 sind kombinierte Auswirkungen energiewirtschaftlicher und verkehrswirtschaftlicher Art die Triebfeder des Weiterbaus gewesen, die aber gerade in den letzten Jahrzehnten von wasserwirtschaftlichen und allgemein raumbildenden Faktoren überlagert werden. So muß heute der Mainausbau als Ergebnis einer vielseitigen volkswirtschaftlichen Nutznießung positiv beurteilt und als konstruktive Aufbauarbeit ersten Ranges bewertet werden.

Die in Fortführung des Gesamtprojektes einer Verbindung vom Rhein zur Donau in Angriff genommenen Bauarbeiten für die Kanalstrecke Bamberg—Nürnberg laufen bereits auf vollen Touren. Das nächste Ziel, den Hafen Nürnberg anzuschließen, soll 1969 erreicht werden. Aus der 80jährigen Erkenntnis des Mainausbaus kann heute mit vollem Recht geschlossen werden, daß auch die Fortführung und die Fertigstellung des Gesamtprojektes weitgehende volkswirtschaftliche Erfolge bringen werden, die uns die Verpflichtung auferlegen, das einmal begonnene Werk zu vollenden.

Schrifttum

[1] Renner, E.: Der Strukturwandel des Binnenschiffsverkehrs nach dem Kriege, Schriftenreihe des Zentralvereins für deutsche Binnenschiffahrt, H. 73 1955.
[2] Renner, E.: Der Strukturwandel des Binnenschiffsverkehrs zwischen 1953 und 1959, Ztschr. f. Binnenschiffahrt 1960, H. 12, S. 426ff.
[3] Klein, O.: Ist der Main wirklich der schmutzigste Fluß Europas? Bayer. Staatszeitung Nr. 49, 1961.
[4] Geschäftsbericht Farbwerke Hoechst 1962, S. 56.
[5] Hoffmann, K.: Rede anläßlich der Grundsteinlegung Kraftwerk „Staudinger" am 26. 6. 1963. Denkschrift Dampf-Kraftwerk Staudinger der Preag.
[6] Walter, H.: Der Durchstich Volkach-Gerlachshausen. Bautechnik 1955, H. 7.
[7] Holleis, P.: Die Stufe Würzburg im Großschiffahrtsweg Rhein-Main-Donau. Selbstverlag der RMD AG.
[8] Köhler, Fr.: Die Füll- und Entleerungseinrichtungen der neuen Schleuse Würzburg. Selbstverlag der RMD AG.

Häfen am Rhein-Herne-Kanal unter Einwirkung des Bergbaues

Von Oberregierungsbaurat **F. J. Stall**, Duisburg

I. Kohleabbau und Senkungsausgleich

Der Rhein-Herne-Kanal — als bedeutendste Wasserstraße im rheinisch-westfälischen Kohlengebiet seit August 1914 in Betrieb — verläuft im Tal der Emscher von West nach Ost über dicht aufeinanderfolgende, durch die Markscheiden namhafter Zechengesellschaften getrennte Grubenfelder hinweg und steigt in sieben Stufen rd. 38 m vom Rhein zur Scheitelhaltung des Dortmund-Ems-Kanals auf (Abb. 1). Schon während der Erbauung — 1908 bis 1914 — dieses verkehrsreichen Kanals wurde unter ihm Kohleabbau betrieben, was noch vor seiner Inbetriebnahme das Beseitigen von Senkungsschäden erforderlich machte. So mußte u. a. z. B. die unter das zulässige Maß abgesunkene Zweigertstraßenbrücke in km 19,32 noch während der Bauzeit wieder gehoben werden, um eine ausreichende Durchfahrtshöhe für die Schiffahrt während der folgenden Jahre sicherzustellen. Von den Einwirkungen des Bergbaues wurde mit der Zeit der Kanal in seiner ganzen Länge mit nahezu allen seinen Anlagen mehr oder weniger erfaßt. An vielen Bauwerken mußten und müssen auch heute und in Zukunft von Zeit zu Zeit immer wieder die eingetretenen und vorsorglich die noch zu erwartenden Senkungen für einen bestimmten, mit den Zechengesellschaften jeweils im Verhandlungswege genauer festgelegten Zeitraum ausgeglichen werden. Während in den ersten Jahrzehnten des im August 50 Jahre bestehenden Rhein-Herne-Kanals der Ausgleich von Bergsenkungen fast ausschließlich dadurch erfolgte, daß z. B. unter das Sollmaß abzusinken drohende Schleusenkammern aufgestockt, Kanaldämme, Dichtungen und Deckwerke aufgehöht, Brücken gehoben — alles in allem — bis zum „letzten Dalben" wieder auf die richtige, den betrieblichen Erfordernissen entsprechende und der reibungslosen Abwicklung des Verkehrs dienliche Höhenlage über dem normalen Haltungswasserstand gebracht wurde, ist man aus wirtschaftlichen Erwägungen etwa seit zwei Jahrzehnten mehr und mehr dazu übergegangen, Bergsenkungen in den einzelnen Haltungen nach Möglichkeit durch Senken des Wasserspiegels zu beheben. Derartige Ausgleichsmaßnahmen, die nur unter bestimmten Voraussetzungen, d. h. nach entsprechenden Umbauarbeiten in den Haltungen vorgenommen werden können, sind bisher in allen Haltungen — außer in der unteren Haltung Duisburg-Meiderich und in der Scheitelhaltung Herne-Ost, und zwar in der Oberhausener Haltung (II—III) = 1,30 m, in der Essen-Dellwiger Haltung (III—IV) = 3,70 m, in der Gelsenkirchener Haltung (IV—V) = 2,60 m, in der Wanne-Eickeler Haltung (V—VI) = 1,10 m und in der Haltung Herne-West (VI—VII) = 1,50 m ausgeführt worden (vgl. Abb. 2). Planmäßig wird der Wasserspiegel schon seit vielen Jahren in den mittleren zwei Haltungen Essen-Dellwig (III—IV) und Gelsenkirchen (IV—V) gesenkt, nachdem die grundlegenden Voraussetzungen z. T. seit Jahren bereits geschaffen worden sind bzw. von Zeit zu Zeit durch zusätzliche Maßnahmen noch ergänzt werden.

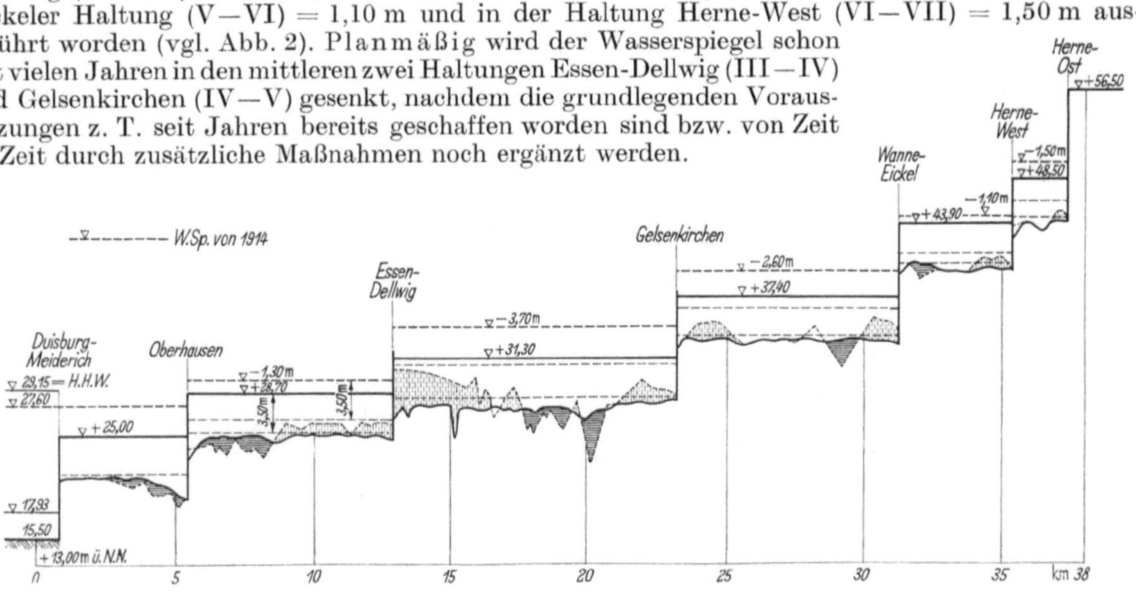

Abb. 2. Rhein-Herne-Kanal. („Kanaltreppe").

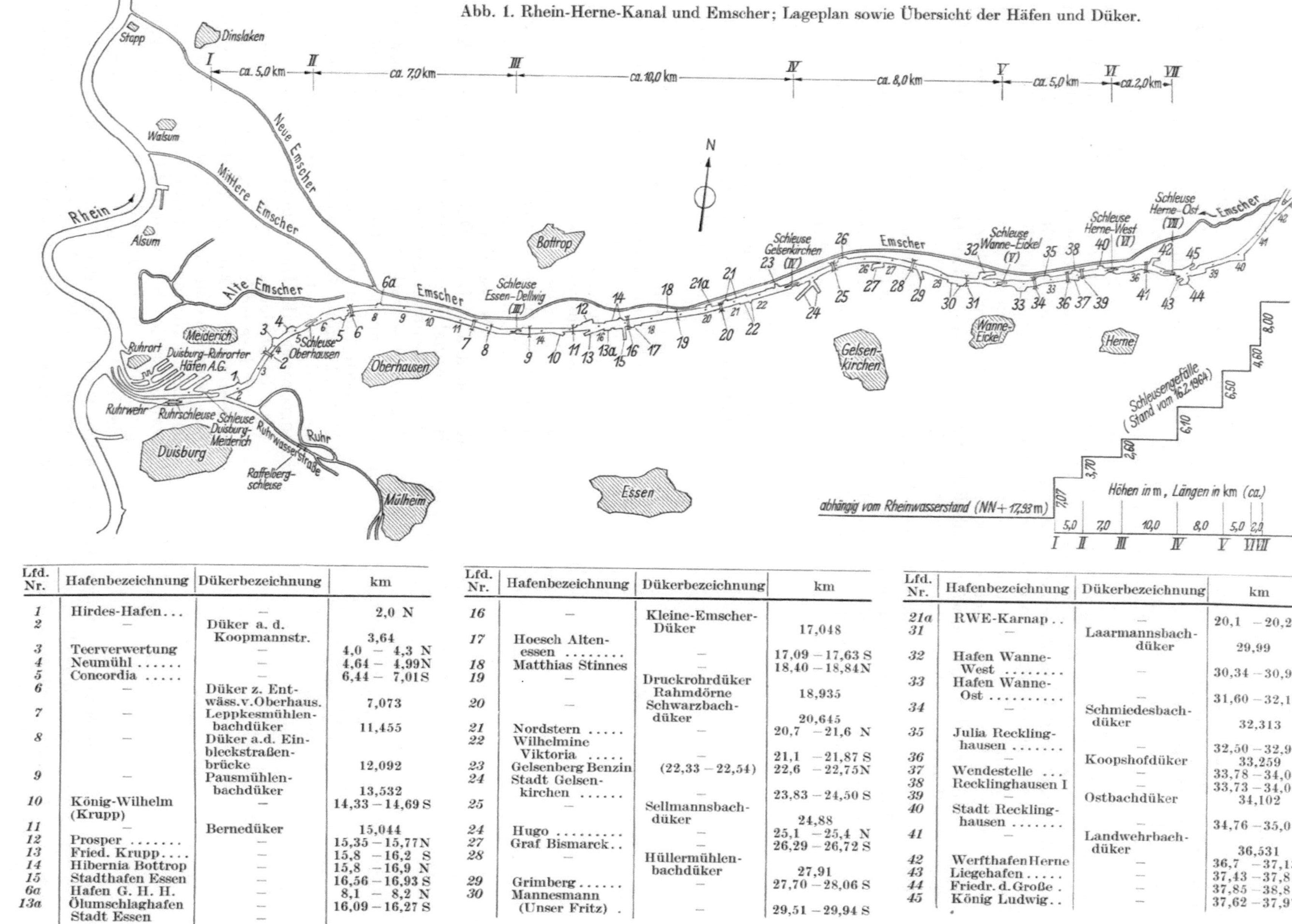

Abb. 1. Rhein-Herne-Kanal und Emscher; Lageplan sowie Übersicht der Häfen und Düker.

Lfd. Nr.	Hafenbezeichnung	Dükerbezeichnung	km
1	Hirdes-Hafen . . .	–	2,0 N
2	–	Düker a. d. Koopmannstr.	3,64
3	Teerverwertung	–	4,0 – 4,3 N
4	Neumühl	–	4,64 – 4,99 N
5	Concordia	–	6,44 – 7,01 S
6	–	Düker z. Entwäss. v. Oberhaus.	7,073
7	–	Leppkesmühlenbachdüker	11,455
8	–	Düker a. d. Einbleckstraßenbrücke	12,092
9	–	Pausmühlenbachdüker	13,532
10	König-Wilhelm (Krupp)	–	14,33 – 14,69 S
11	–	Bernedüker	15,044
12	Prosper	–	15,35 – 15,77 N
13	Fried. Krupp	–	15,8 – 16,2 S
14	Hibernia Bottrop	–	15,8 – 16,9 N
15	Stadthafen Essen	–	16,56 – 16,93 S
6a	Hafen G. H. H.	–	8,1 – 8,2 N
13a	Ölumschlaghafen Stadt Essen	–	16,09 – 16,27 S

Lfd. Nr.	Hafenbezeichnung	Dükerbezeichnung	km
16	–	Kleine-Emscher-Düker	17,048
17	Hoesch Altenessen	–	17,09 – 17,63 S
18	Matthias Stinnes	–	18,40 – 18,84 N
19	–	Druckrohrdüker Rahmdörne	18,935
20	–	Schwarzbachdüker	20,645
21	Nordstern	–	20,7 – 21,6 N
22	Wilhelmine Viktoria	–	21,1 – 21,87 S
23	Gelsenberg Benzin	(22,33 – 22,54)	22,6 – 22,75 N
24	Stadt Gelsenkirchen	–	23,83 – 24,50 S
25	–	Sellmannsbachdüker	24,88
24	Hugo	–	25,1 – 25,4 N
27	Graf Bismarck . .	–	26,29 – 26,72 S
28	–	Hüllermühlenbachdüker	27,91
29	Grimberg	–	27,70 – 28,06 S
30	Mannesmann (Unser Fritz) .	–	29,51 – 29,94 S

Lfd. Nr.	Hafenbezeichnung	Dükerbezeichnung	km
21a	RWE-Karnap . .	–	20,1 – 20,2 N
31	–	Laarmannsbachdüker	29,99
32	Hafen Wanne-West	–	30,34 – 30,90 N
33	Hafen Wanne-Ost	–	31,60 – 32,16 S
34	–	Schmiedesbachdüker	32,313
35	Julia Recklinghausen	–	32,50 – 32,96 N
36	–	Koopshofdüker	33,259
37	Wendestelle . . .	–	33,78 – 34,06 S
38	Recklinghausen I	–	33,73 – 34,07 N
39	–	Ostbachdüker	34,102
40	Stadt Recklinghausen	–	34,76 – 35,01 N
41	–	Landwehrbachdüker	36,531
42	Werfthafen Herne	–	36,7 – 37,13 N
43	Liegehafen	–	37,43 – 37,8 S
44	Friedr. d. Große .	–	37,85 – 38,8 S
45	König Ludwig . .	–	37,62 – 37,97 N

Die größten Schwierigkeiten, den Wasserspiegel in den einzelnen Haltungen zu senken, um Bergschäden auszugleichen, bestehen darin, daß die abzubauenden Kohlenflöze von unterschiedlicher Mächtigkeit sind, in flachen bis steilen Winkeln einfallen, durch tektonische Störungen im Gebirge (Verwerfungen, Faltungen, Überschiebungen usw.) „unterbrochen" sind. Außerdem hängt das Maß der Senkungen weitestgehend von der Versatzart (Spül-, Blas- oder Schleuderversatz), wobei etwa 50% Senkungen eintreten, oder vom versatzlosen Abbau (sog. Bruchbau) ab, der bis zu 90% der abgebauten Flözmächtigkeit an Senkungen verursacht. Insbesondere kommt es aber auf die internen betrieblichen Interessen der Zechen selbst an, welche Flöze ihnen im Rahmen ihrer Gesamtplanungen zu gegebener Zeit am abbauwürdigsten erscheinen usw. Im übrigen gibt das geltende Berggesetz den zuständigen Bergaufsichtsbehörden keine Handhabe, den Zechen Auflagen dahingehend zu machen, bestimmte Flöze zu einer festgesetzten Zeit abzubauen, was u. U. für den Senkungsausgleich in einer Kanalhaltung von großer Wirtschaftlichkeit sein kann. Wo ein etwa gleichmäßiger Abbau erfolgt, geschieht dies nur auf Grund freiwilliger Vereinbarungen im gemeinsamen Interesse mit dem Ziel größtmöglicher Wirtschaftlichkeit für alle Beteiligten. Wenn z. B. — im Idealfall — eine Haltung mit den sie begrenzenden Schleusen in ihrem gesamten Bereich etwa gleichzeitig unterbaut und dadurch nahezu gleichmäßig zum Absinken gebracht werden könnte, wäre es möglich, ohne nennenswerte Kosten durch entsprechendes Senken des Wasserspiegels die Bergschäden auszugleichen.

Obwohl die wesentlichen grundsätzlichen Fragen des Kohleabbaues unter dem Rhein-Herne-Kanal und des Senkungsausgleichs a. a. O.[1] schon eingehend dargestellt und behandelt worden sind, sollen hier noch einige Ausführungen über den Abbau unter einer „Kanaltreppe" — wie sie der Rhein-Herne-Kanal darstellt — folgen, um dadurch zum besseren Verständnis für den Leser beizutragen, dem die genannten Aufsätze nicht ohne weiteres zugänglich sind.

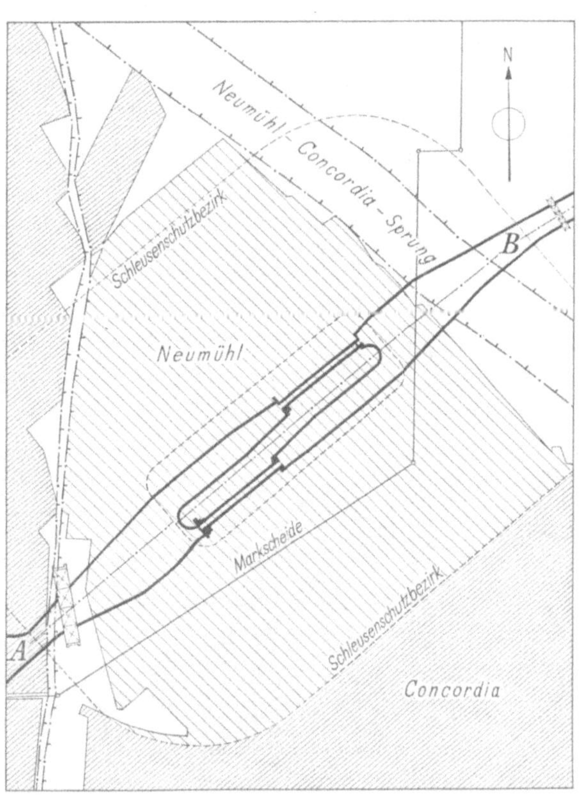

Abb. 3. Grundriß Schleusengruppe Oberhausen (II) (Concordia Bergbau AG, Oberhausen).

Zunächst muß — wie bei jedem Verkehrsweg — auch für den Rhein-Herne-Kanal unter allen Umständen und zu jeder Zeit die volle Betriebssicherheit gewährleistet sein. Es sind daher für den Rhein-Herne-Kanal besondere Schutzbezirke von der zuständigen Bergbehörde festgesetzt worden, um nicht nur gegen einen willkürlichen Abbau und eine etwaige Gefährdung der Kanalanlagen gesichert zu sein, sondern auch im eigenen Interesse der abbautreibenden Zechen die für den Ausgleich der Senkungsschäden aufzuwendenden Kosten in wirtschaftlichen Grenzen zu halten. Die Wasser- und Schiffahrtsverwaltung hat bei Erbauung verschiedener Kanalanlagen schon eine gewisse Vorsorge dadurch getroffen, daß sie u. a. z. B. die Düker unter dem Rhein-Herne-Kanal in zwei etwa 40 bis 70 m voneinander getrennten Strängen — dem West- und Oststrang — verlegt hat und die wichtigsten Bauwerke an den Gefällstufen, die Schleusenkammern, fußstapfenförmig versetzt mit einem Abstand von rd. 75 m zwischen dem Oberhaupt der Süd- und Unterhaupt der Nordkammer angeordnet hat. (Die Kammerwände sind in einzelne Betonblöcke von rd. 30 m Länge unterteilt und selbständige biegungssteife Häupter errichtet!) (vgl. Abb. 3). Auf dieser Skizze sind u. a. auch die Markscheide zwischen den Grubenfeldern Neumühl (Rheinpreußen) und Concordia sowie der Neumühl-Concordia-Sprung usw. zu sehen, während die nächste Abb. 4 die gleichen Verhältnisse im Längsschnitt der Kanalachse bzw. der Schleuse Oberhausen (II) zeigt, wobei u. a. die Lage des Flözes Girondelle zwischen den Sprüngen sowie innerhalb und außerhalb der unter einem Winkel von 65° in die ewige Teufe gehenden Begrenzungsflächen des Schleusenschutzbezirks als zur Zeit im Abbau befindlich besonders dargestellt wird.

[1] Stall, F. J.: Bauingenieur 27 (1952) H. 2 u. 3.

Wie aus den Abb. 3 und 4 weiter hervorgeht, verläuft unter der Schleuse Oberhausen (II) eine etwa 100 m breite Gebirgsstörung — der sog. Neumühl-Concordia-Sprung — von Südosten nach Nordwesten mit einer Verwurfshöhe von rd. 200 m, die das Abbaufeld in eine östliche und eine westliche Abteilung trennt. Um die Betriebsfähigkeit der Schleuse durch das Absenken nicht zu beeinträchtigen, sollte der Abbau der Kohle östlich und westlich der Störung möglichst gleichzeitig vorgenommen werden, d. h. von der Mitte der Schleusengruppe aus nach Osten und Westen geführt werden. Da die Baue in der westlichen Abteilung denen in der östlichen Abteilung aber um Jahre vorauseilten, sank die Schleuse Oberhausen ungleichmäßig ab, wobei die Kammerwände in der Längsrichtung sich merklich schrägstellten. Infolge der Bodenzerrungen erweiterten sich die Trennfugen zwischen den Häuptern und den Kammermauern um 4 bis maximal 14 cm, ohne Hinterfüllungsboden in die Kammer eindringen zu lassen. Die Nordkammer war hierdurch zeitweise bis insgesamt um rd. 40 cm länger geworden; durch später eintretende Preßwirkungen wurde dieses Maß jedoch wieder verringert. Trotz dieser Längenänderungen blieben die Kammerblöcke rissefrei und die Schleusenverschlüsse — Schütze und Tore — nach wie vor dichtschließend und voll betriebsfähig. Auch z. B. die Südschleuse Herne-West (VI), die infolge Bergbau bis 1962 die größte Schiefstellung mit rd. 50 cm Senkung am Unterhaupt über dem Sekundussprung und 2,20 m Senkung am Oberhaupt erfahren hat, brauchte in den 50 Jahren ihres Bestehens dieserhalb nie außer Betrieb gesetzt zu werden (Abb. 5). In einem anderen Falle sind die künftig zu erwartenden Senkungen, die in der Längenausdehnung einer Schleusengruppe von rd. 500 m schon sehr ungleichmäßig sein können, dadurch berücksichtigt, daß die Aufhöhungsmaße vorher jeweils den vorausberechneten Senkungskurven entsprechend festgelegt wurden; die Kammern der Schleusengruppe Herne-Ost (VII) wurden z. B. in Richtung West—Ost wie folgt aufgehöht: Unterhaupt Nordkammer = 0,85 m, Oberhaupt Nordkammer = 1,35 m, Unterhaupt Südkammer = 2,25 m u. Oberhaupt Südkammer = 3,85 m, wobei angenommen wird, daß diese Schleusengruppe nach Eintreten der Bergsenkungen sich später wieder einmal horizontal einstellen wird. Wie unregelmäßig, ungleichmäßig bzw. stark unterschiedlich die Senkungskurven schon in einer Kanalhaltung verlaufen können, veranschaulicht Abb. 6, die neben kleineren die Hauptstörungszonen ab Schleuse Essen-Dellwig (III) bis etwa km 15/16 und bei etwa km 22 („Horstergraben") besonders kraß erkennen läßt. Im mittleren Teil dieser Hal-

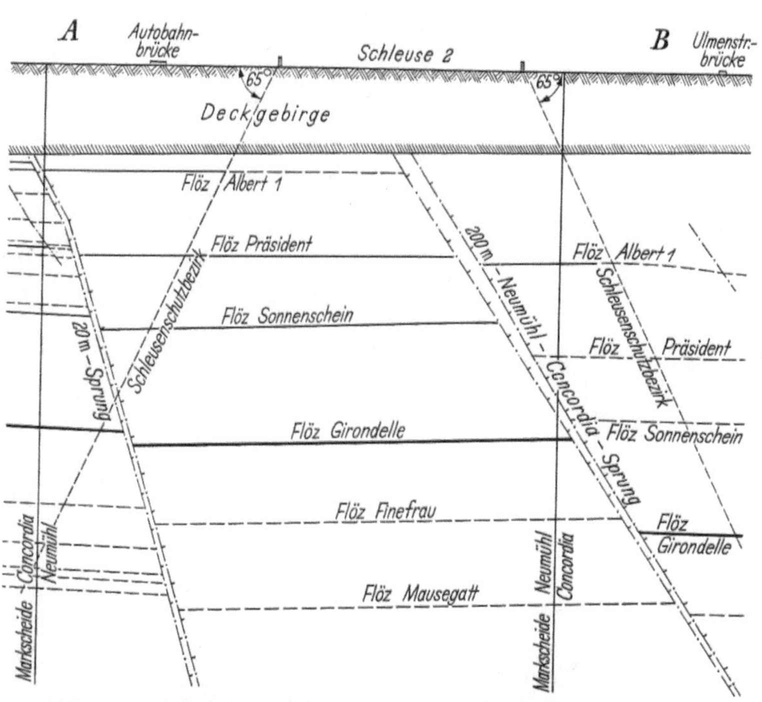

Abb. 4. Längsschnitt in Achse Schleusengruppe Oberhausen (II) (Concordia Bergbau AG, Oberhausen).

Abb. 5. Schrägstellung der Südschleuse Herne-West um 1,70 m infolge Bergbau (Sekundussprung!).

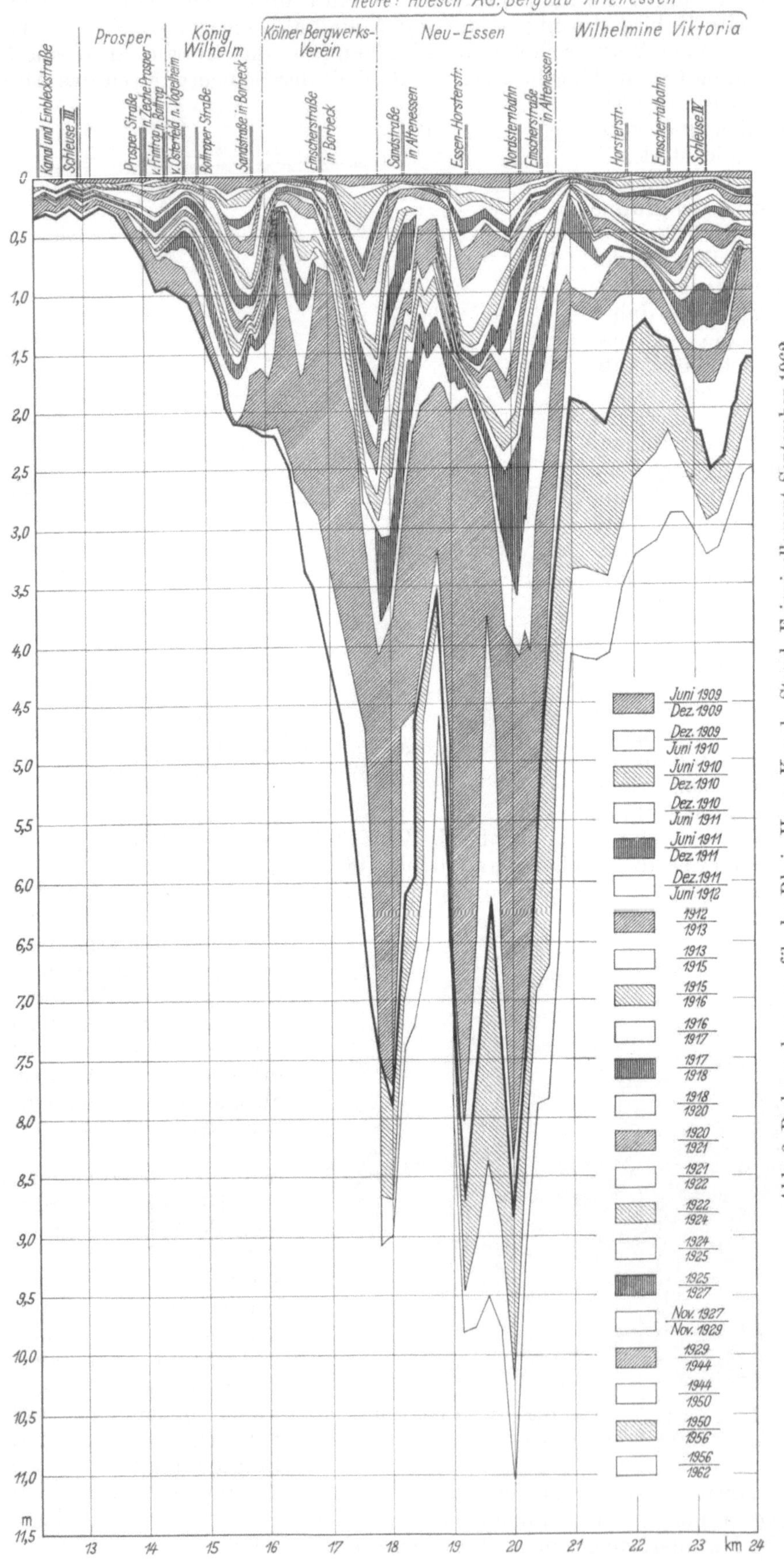

Abb. 6. Bodensenkungsprofile des Rhein-Herne-Kanals. Stand: Feinnivellement September 1962.

tung (III—IV) steht jedoch abbauwürdige gute Kohle in rd. 40 m Gesamtmächtigkeit der Flöze an, deren Abbau bei dichtem Versatz rd. 20 m Senkungen des Kanals — etwa im Essener Raum — ergeben würde. Nach dem Ergebnis des Feinnivellements vom September 1962 sind hiervon bereits 11,10 m Senkungen bei km 20 eingetreten.

Einen Querschnitt in km rd. 20 des Rhein-Herne-Kanals zeigt Abb. 7, und zwar in gestrichelter Linie den Bauzustand 1914 und in ausgezogener Linie den Zustand 1962 nach rd. 11,10 m maximaler Geländesenkung. Rund zwei Drittel dieser Gesamtsenkungen sind bisher in der Essen-Dellwiger Haltung (III—IV) durch örtliche Behebung der Schäden (Aufhöhungen, Hebungen usw.) bei Erhaltung des Wasserstandes und rd. ein Drittel durch Wasserspiegelsenkungen nach und

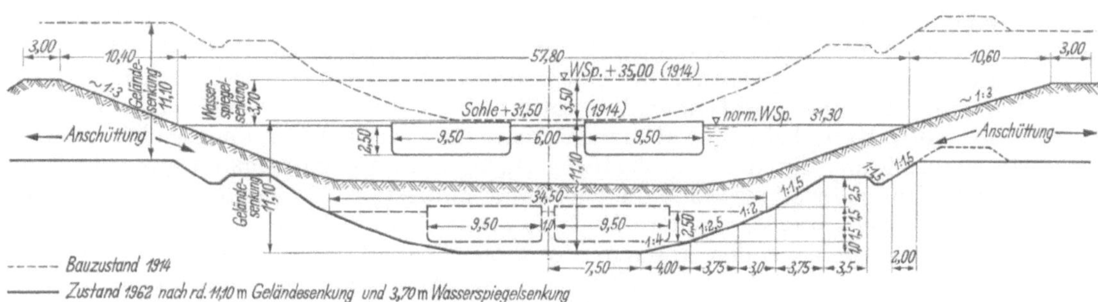

Abb.7. Querschnitt in km 20 des Rhein-Herne-Kanals.

nach ausgeglichen worden[1]. Wasserspiegelsenkungen haben naturgemäß zur Voraussetzung, daß die nicht durch Kohleabbau abgesunkenen Haltungsabschnitte (Störungszonen, z. B. „Horstergraben" usw.) entsprechend tiefer gebaggert und verbreitert werden müssen, nachdem vorher die in den Vertiefungsstrecken liegenden Bauwerke als „Hindernisse aus dem Wege geräumt", d. h. tiefer gelegt, umgebaut oder gesichert worden sind.

II. Häfen im Einwirkungsbereich des Kohleabbaues

1. Allgemeines

Wie alle Kanalanlagen im Einwirkungsbereich des Kohleabbaues unter dem Rhein-Herne-Kanal mehr oder weniger starken, gleichmäßigen oder ungleichmäßigen Bergsenkungen ausgesetzt sind, so sind insbesondere die Häfen Höhen- und Längenänderungen — Zerr- und Preßwirkungen — unterworfen. Das ist wohl dadurch bedingt, daß die meisten Kaimauern am Rhein-Herne-Kanal die längsten Bauwerke dieser Wasserstraße darstellen (bis über 1000 m!) und daher mehr Störungszonen in den Grubenfeldern „schneiden" bzw. sich über „gestörte Feldesteile" erstrecken als z. B. eine Schleusenkammer von knapp 200 m Länge. Es soll zunächst auf die Hafenarten kurz eingegangen werden, wie sie im Laufe der Zeit am Kanal errichtet worden sind. Die etwa gleichzeitig mit Erbauung des Kanals angelegten Häfen sind ausschließlich Parallel- und Stichhäfen, und zwar — bis auf eine Ausnahme — Schwergewichts- und Winkelstützmauern; lediglich der ehemalige alte Hafen Wilhelmine Viktoria besteht aus noch genieteten Spundwandprofilen II, die kurz nach 1900 aus der Taufe gehoben wurden (s. a. später!). Nach langjährigen Erfahrungen des Verfassers (über $2^1/_2$ Jahrzehnte!) muß zunächst festgestellt werden, daß sich im Bergsenkungsgebiet weder Stichhäfen noch Parallelhäfen gut bewährt haben[2]. Es sollten hier nach neueren Erkenntnissen nur Dreieckshäfen gebaut werden, sofern bei den zahlreichen Häfen noch Gelände in erforderlichem Umfang (Tiefe!) für Hafenmauer, Hafenbetriebsebene und Lagerplätze zur Verfügung steht.

Als Bauweise für eine Hafenanlage im Senkungsgebiet kommt als technisch-wirtschaftlichste Lösung nur eine den statischen Erfordernissen entsprechende Kaimauer aus Spundwänden in

[1] Stall Fankhänel: Glückauf 1960, H. 11, S. 673/686.

[2] Der Rhein-Herne-Kanal und die meisten seiner Häfen sind vor etwa 50 Jahren erbaut worden zu einer Zeit, als weder von der Bergbau- noch von der Wasserbauverwaltung mit dem Eintreten in ihrer Größenordnung heute auch nur annähernd vergleichbarer Bergsenkungen gerechnet worden ist. Der damaligen Annahme von nur wenigen Metern Senkungen — insbesondere bei Bauwerken — entsprachen auch die vorsorglich vorgesehenen Möglichkeiten von etwa 2 bis 3 m für einen künftigen Senkungsausgleich, während z. Z. die größten Senkungen schon über 11 m betragen, die auszugleichen erst durch planmäßiges Senken des Wasserspiegels in den Kanalhaltungen möglich geworden ist. Es ist verständlich, daß viele seit Erbauung des Kanals bereits bestehende Stich- und Parallelhäfen wegen ihrer Lage bzw. Anordnung — damals noch ohne genaue Kenntnis der Störungszonen — sowie wegen ihrer Bauweise (u. a. Querschnittsgestaltung, Abmessungen usw.) große Schwierigkeiten beim Senkungsausgleich bereiten.

Frage. Bei Bemessung der Spundwand werden zweckmäßigerweise später etwa notwendige Aufstockungen durch Wahl eines stärkeren Profils gleich mit berücksichtigt oder auch größere Rammtiefen gewählt, um in nicht oder weniger sinkenden Haltungsabschnitten (gestörte Feldesteile: z. B. „Horster Graben"!) durch Abbaggern der Sohle vor der Hafenspundwand den Wasserspiegel nach Bedarf noch senken und dadurch Bergschäden ausgleichen zu können, ohne kostspielige Maßnahmen treffen zu müssen. Dreieckshäfen stellen in jeder Hinsicht die günstigere Hafenform für den sinkenden Rhein-Herne-Kanal dar. Man ist heute — 50 Jahre nach seiner Erbauung — auf Grund besserer Kenntnisse der geologischen Verhältnisse im Karbon auch im weiteren Kanalbereich schon in der Lage, einen Dreieckshafen seiner Eigenart entsprechend so anzuordnen, daß er außerhalb von größeren Störungszonen eines Grubenfeldes zu liegen kommt. In verkehrstechnischer Hinsicht ermöglicht der breitere Teil des Dreieckshafens der Schiffahrt unbehindertes Wenden. Außerdem brauchen die vorbeifahrenden Schiffe ihre Geschwindigkeit kaum zu vermindern, brauchen also nicht zu stoppen und bringen dennoch die ladenden und löschenden Fahrzeuge nicht in Bewegung (Unruhe) und Gefahr. Wo mithin die Möglichkeit besteht, wird von der Wasser- und Schiffahrtsverwaltung bei neuen Häfen der Bau von Dreieckshäfen angestrebt, weil sich diese Art der Hafenausbildung für den Durchgangsverkehr dann am günstigsten auswirkt, wenn das eine Ende des Hafens so breit wird, daß die Uferwand mindestens 25 m außerhalb des vorhandenen Kanalquerschnittes liegt und das andere Ende so breit, daß die Fahrzeuge unbehindert noch im eigentlichen Hafenbereich wenden können. Bei dieser Hafenform dürfte ein Reißen von Festhaltetrossen bei der Vorbeifahrt von Schiffen so gut wie ausgeschlossen sein, was die Erfahrungen bei den vorhandenen Dreieckshäfen (Julia, Hugo u. a.) bisher bestätigt haben.

Größere Stichhäfen können im allgemeinen nur in senkungsfreiem Gelände als Ölhäfen zugelassen werden, weil beim Auslaufen von Öl aus Tankern der Hafenmund in einfacherer Weise durch eine Schlängelanlage (Ölsperre!) abgeriegelt werden kann, was aber andererseits auch wieder den Nachteil haben kann, daß bei starker Belegung die übrigen eingeschlossenen Schiffe mit in große Gefahr geraten können. Es sollte daher zwischen Wasserstraße und Stichhafen ein Wendebecken (trapezförmige Erweiterung) zwischengeschaltet werden, damit eine zügige Ein- und Ausfahrt ermöglicht wird und die Fahrzeuge nicht senkrecht zur Wasserstraße aus- und einlaufen müssen, wodurch der durchgehende Schiffsverkehr sehr stark behindert, gestört und aufgehalten wird.

Im Bergsenkungsgebiet sind Stichhäfen grundsätzlich dann abzulehnen, wenn sie unter einem Winkel von etwa 45 bis 90° vom Kanal abzweigen und weit ins Hinterland reichen; auf einer solchen Strecke sind in den meisten Fällen die geologischen Verhältnisse im Gebirge schon so stark gestört, daß ein gleichmäßiges Absenken des Hafens nicht mehr möglich ist. Das bestätigen die sehr unterschiedlichen Senkungen fast aller größeren Stichhäfen am Rhein-Herne-Kanal, wie u. a. z. B. die nachfolgenden:

Abb. 8. Östliche Kaimauer des Erzhafens Grimberg, durch Bergbau um rd. 2 m schiefgestellt. Gefälle von Norden. (Hafenmund) nach Süden (Hafenende).

der nach Süden stärker abgesunkene Hafen Grimberg — mit Oberkante Kai auf NN + 40,57 m am Hafenmund und mit Oberkante Abschlußwand auf NN + 38,50 m am Südende des Hafens; das ergibt eine Schiefstellung von rd. 2 m auf rd. 700 m Länge (vgl. Abb. 8) trotz früherer Aufhöhung des südlichen Hafenteils;

der ebenfalls nach Süden stärker abgesunkene, aber 1941 durch eine Spundwand am Südende eingefaßte und aufgehöhte Handelshafen der Stadt Gelsenkirchen mit Oberkante Kaimauer auf NN + 40,08 m am Hafenmund und

mit Oberkante Spundwand auf NN + 38,69 m am Südende;

das ergibt eine Schiefstellung von rd. 1,40 m trotz früherer Aufhöhung am Südende.

Die Oberkante eines weiteren Stichhafens einer Großstadt am Rhein-Herne-Kanal liegt in ihrer oberen südlichen Hälfte nahezu parallel zum Wasserspiegel — mithin gleichmäßige Senkungen —, während etwa ab Mitte dieser Kaimauer deren Oberkante auf rd. 200 m Kailänge um 2 m nach Norden (d. h. zur Wasserstraße hin) fällt (1 : 100); dieser Zustand soll demnächst beseitigt werden.

2. Senkungsausgleich bei Häfen am Rhein-Herne-Kanal

Für die durch den Kohleabbau unter dem Rhein-Herne-Kanal abgesunkenen bzw. weiter absinkenden Häfen können drei verschiedene Ausgleichsmaßnahmen in Frage kommen bzw. müssen besondere Sicherungsmaßnahmen getroffen werden:

a) bei Erhaltung des Wasserstandes

Im ersten Fall handelt es sich um Häfen, deren Kaimauern eine Kanalhaltung begrenzen, in welcher der Normalwasserspiegel konstant — auf etwa gleicher Höhe mit den unausbleiblichen natürlichen Schwankungen — gehalten werden muß und Wasserspiegelsenkungen zum Ausgleich von Bergschäden nicht vorgenommen werden können. Das ist am Rhein-Herne-Kanal in den Haltungen „Duisburg-Meiderich“ (I—II) und „Herne-Ost“ (Herne-Münster) der Fall. Als Beispiele sollen hier die beiden Häfen in der Scheitelhaltung Herne-Ost, und zwar auf der Nordseite des

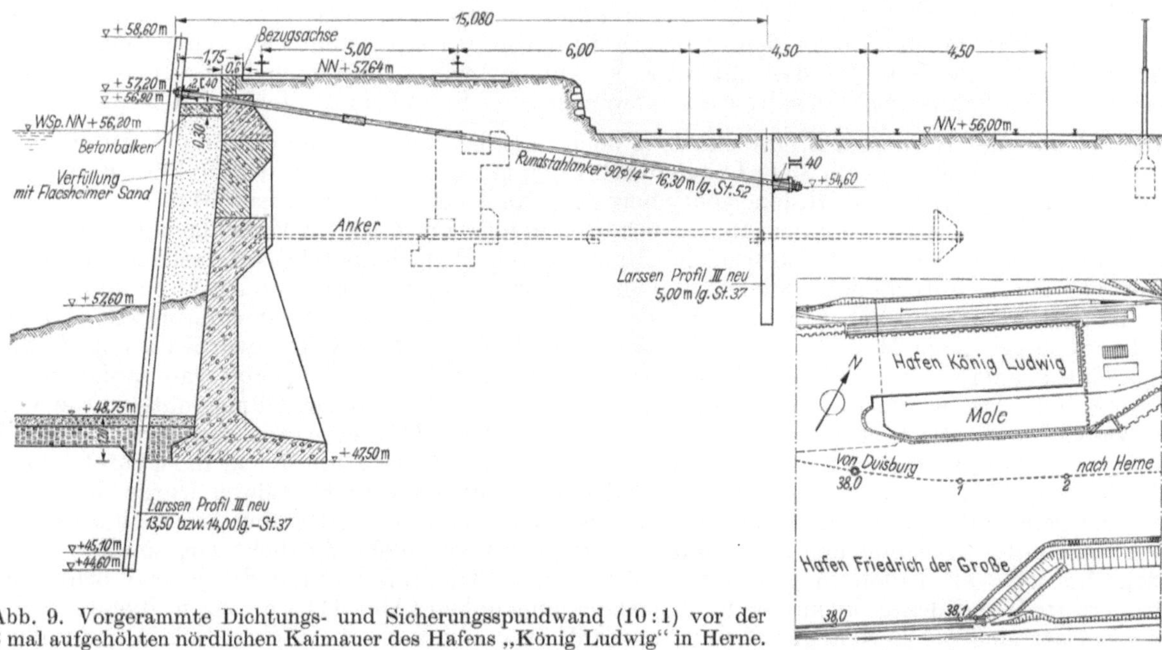

Abb. 9. Vorgerammte Dichtungs- und Sicherungsspundwand (10 : 1) vor der 3 mal aufgehöhten nördlichen Kaimauer des Hafens „König Ludwig“ in Herne.

Kanals der Zechenhafen „König Ludwig“ und auf der Südseite der Zechenhafen „Friedrich der Große“ behandelt werden. Beide Häfen sind während der fünf Jahrzehnte sehr stark abgesunken und mußten von Zeit zu Zeit immer wieder aufgehöht werden, weil die östlich der Schleusengruppe Herne-Ost (VII) anschließende etwa 70 km lange Scheitelhaltung bis Münster nicht abgesenkt werden kann; denn abbauwürdige Kohle steht nur noch wenige km östlich der Schleuse Herne-Ost (VII) an. Andernfalls müßte das kurze Senkungsgebiet durch den Bau „einer weiteren Schleuse VIII“ von der Scheitelhaltung „abgetrennt“ werden, um die im Bereich der neu entstehenden Haltung VII—VIII eintretenden Bergsenkungen dann ebenfalls durch Senken des Wasserspiegels z. T. ausgleichen zu können.

Die nördliche Kaimauer des Hafens „König-Ludwig“ (Ewald Kohle AG) ist seit ihrer Erbauung dreimal aufgehöht worden, wie aus Abb. 9 im einzelnen ersichtlich ist. Diese „dreistufige“ Mauer war durch den unter ihr umgehenden Bergbau bis 1954 wieder so weit abgesunken, daß ein weiteres Auftocken erforderlich wurde. Durch Zerrbewegungen hatten sich die einzelnen Mauerblöcke so weit voneinander entfernt, daß die Fugen stets größer (bis 10 cm weit!) wurden und immer stärkere

Wasserverluste eintraten. Die Kaiwand war außerdem während des Kanalbaues in Stampfbeton hergestellt worden, deren Arbeitsfugen immer wasserdurchlässiger wurden. Da ein Aufstocken in Beton statisch nicht mehr möglich war, wurde von den Kostenträgern aus verständlichen Gründen zunächst vorgeschlagen, auf den vorderen Sporn der Kaimauer eine Spundwand aufzusetzen und die Anschlußstellen abzudichten. Erst nach langwierigen Verhandlungen entschloß man sich, dem Vorschlag des Wasser- und Schiffahrtsamtes zuzustimmen und vor dem Sporn der Mauer eine 10 : 1 geneigte Sicherungs- und gleichzeitig Dichtungsspundwand in die tongedichtete Hafensohle einzurammen; mit dem Rammfortschritt fiel auch hinter der Hafenmauer das bis in den Gleisanlagen stehende Wasser zusehends ab, und bei Einziehen der letzten Ankerstangen waren die bis über 1,50 m tiefen Gruben für die Ankerplatten vollständig trockengefallen. Auch das stark verwässerte Hinterland wurde durch diese einwandfreie Abdichtung in kurzer Zeit so trockengelegt, daß Entschädigungen für Nutzungsausfälle von der Zeche nicht mehr gezahlt zu werden brauchten. Die Spundwandschürze konnte an vorhandene Spundwände am Ost- und Westende der Kaimauer dicht angeschlossen werden. Der Zwickel zwischen Spundwand und Kaimauer wurde mit Flaesheimer Sand verfüllt. Die Sicherungsspundwand ist so bemessen, daß noch eine weitere Aufhöhung möglich ist; sie wurde gerammt und verankert, ohne daß der Verkehr auf den Hafengleisen irgendwie gestört worden wäre.

Die südliche Winkelstützmauer des parallel zur Wasserstraße verlaufenden Stichhafens „König-Ludwig" ist zweimal aufgestockt worden, und zwar 1916 um 2 m und 1953 um 2,50 + 0,30 m (Abdecksteine) = 2,80 m. Aus statischen Gründen wurde vor der alten verankerten Stützwand 1953 in einer Stärke von rd. 4,30 m feinkörniger Flaesheimer Sand, der sich durch besonders dichte, feste Lagerung unter Wasser auszeichnet, zur Erhöhung des Erdwiderstandes auf die alte Hafensohle aufgeschüttet und mit einem Filter aus kleinen, mittleren und großen Steinen abgedeckt. Einzelheiten sind in dem Querschnitt (Abb. 10) dargestellt. Für eine weitere Aufhöhung zum Ausgleich neu eintretender Bergsenkungen würde aber auch hier das Vorrammen einer den neuen statischen Verhältnissen entsprechenden Spundwand erforderlich werden.

Diese (südliche) Kaimauer stellte insofern noch eine besondere Aufgabe für die Aufhöhung, als ein Mauerabschnitt von rd. 36 m Länge durch Bomben zerstört worden war und das Beseitigen dieses Schadens zu Lasten des Hafeneigentümers ging. Nach einer Idee der Firma Wilhelm Hirdes, Herne, wurde gemeinsam mit einem Ingenieurbüro und dem Verfasser ein Vorschlag ausgearbeitet, der darin bestand, den zerstörten Teil der Mauer durch Fertigbetonteile zu ersetzen und dann weiter planmäßig aufzuhöhen. Nachdem über 200 m^3 zerstörter Stahlbeton, durch die Stahlbewehrung noch in Blöcken zusammenhängend, getrennt, abgestemmt oder gesprengt und bis auf den noch gesunden Mauerfuß unter Wasser ausgebaggert worden waren, wurde die neue Gründungssohle ebenfalls aus feinkörnigem Flaesheimer Sand hergestellt und auf planmäßige Höhe gebracht. Für das Setzen der aus Sand unter Wasser geschütteten Gründungssohle wurde von der Wasser- und Schiffahrtsverwaltung eine Zeit von drei Monaten vorgeschrieben; währenddessen wurden die Fertigbetonteile in Form von Winkelstützkörpern von je 2 m Länge und 4,35 m Höhe, beiderseitigen Rippen mit Nut und Feder an Land hergestellt. Sodann wurde die Sohle nochmals genau abgepeilt und Unebenheiten beseitigt. Der Sand hatte sich bereits so fest gelagert, daß ein Abgleichen der Sohle mit dem Bagger nicht mehr möglich war, sondern diese Ausgleicharbeit von Tauchern geleistet werden mußte. Hierauf konnten die je 30 t schweren Betonfertigteile mit dem schwimmenden Hebebock angehoben (Abb. 11), verfahren, fluchtgerecht unter Einsatz von Tauchern abgesenkt und unter Wasser aneinandergereiht mit Bolzen verbunden werden (vgl. Abb. 12). Nähere technische Einzelheiten zeigt Abb. 13.

Schräg gegenüber vom Hafen „König-Ludwig" liegt auf der Südseite des etwa 100 m breiten „Herner Meeres" der etwa 300 m lange Kohlenhafen „Friedrich der Große", der als Parallelhafen angelegt und an seinem westlichen Ende auf rd. 100 m Länge als Stichbecken ausgebaut worden ist. Die südliche Hauptkaiwand ist als schwere massive Winkelstützmauer mit nahezu gleichgroßen Schenkeln (8 m Höhe und 7,50 m breiter Stützfuß) in schwachlehmigem Feinsand/Mittelsand gegründet. Sie besteht aus einzelnen Blöcken, deren Dehnungsfugen auf der Rückseite mit Platten abgedeckt sind. Der Stromschienenkanal ruht auf den landseitigen Enden der Stahlbetonrippen. Bei den zweimaligen Aufhöhungen sind sowohl die wasserseitige Stahlbetonwand als auch der Stromschienenkanal mit den beide Wände verbindenden Querrippen so aufgestockt worden, daß die Gesamtanlage als Fangedamm-Konstruktion die Standsicherheit gewährleistet. Die Kranschienen sind auf dem „Fangedamm" auf Längsschwellen in Schotterbettung verlegt. Obwohl die Blockfugen von Zeit zu Zeit gründlich nachgedichtet worden sind, wird es für eine etwaige weitere Aufhöhung der Kaimauer notwendig werden, auch hier eine durchgehende ausreichend bemessene Dichtungs- bzw. Sicherungsspundwand vor die Hafenwand in die tongedichtete Hafensohle einzurammen.

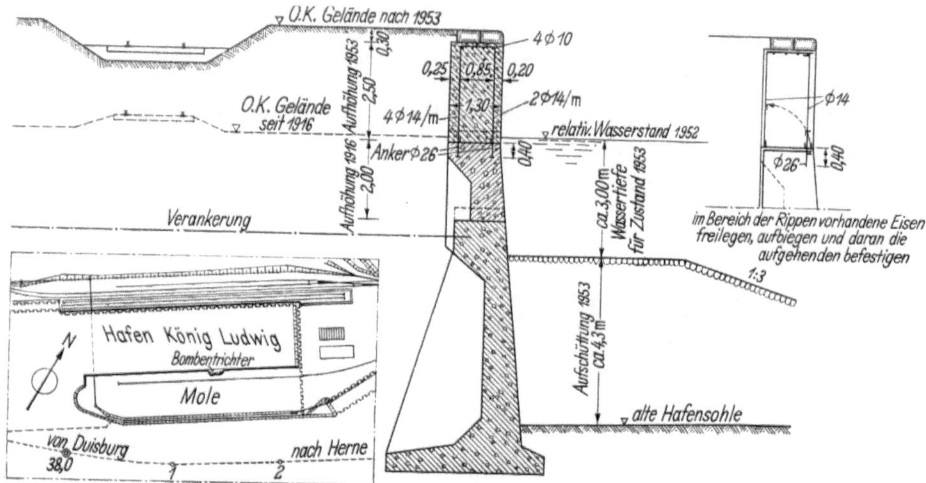

Abb. 10. Hafen „König Ludwig". Aufhöhung der südlichen Kaimauer (W. Hirdes, Herne).

Abb. 11. Anheben der Betonfertigteile mit einem Hebebock (W. Hirdes, Herne).

Abb. 12. Absenken der 30 t schweren Betonfertigteile unter Einsatz von Tauchern (W. Hirdes, Herne).

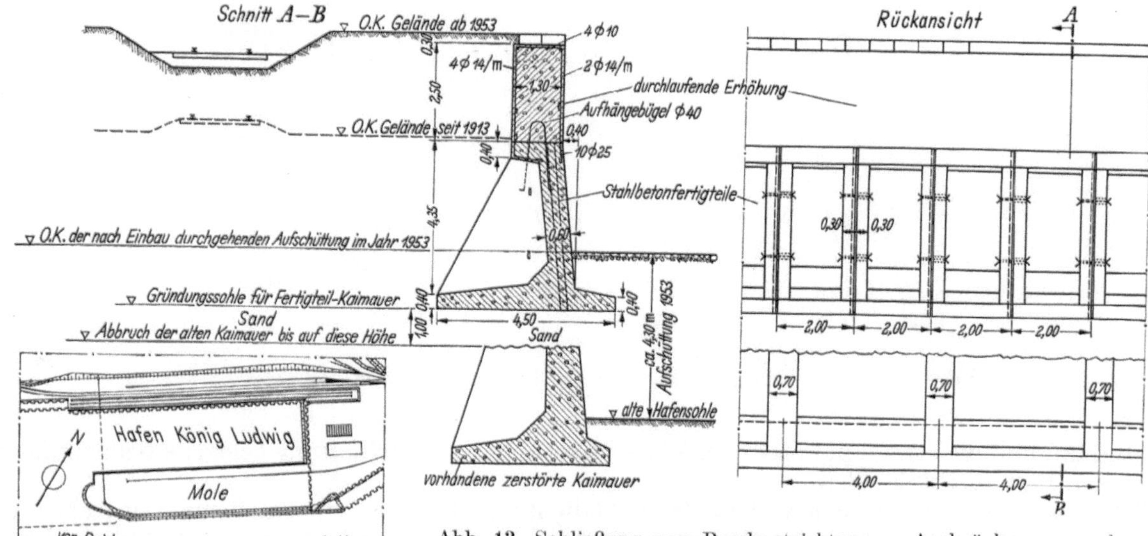

Abb. 13. Schließung von Bombentrichtern — Ausbrüchen — an der südlichen Kaimauer eines Stichhafens mittels Stahlbetonfertigteilen (W. Hirdes, Herne).

Aus Abb. 14 ist auch der Lageplan der Mole mit ihrer südlichen senkrechten massiven Begrenzungsmauer bzw. der nördlichen Hafenmauer des Stichbeckens am westlichen Ende der Hafenanlage zu ersehen. Noch vor etwa zehn Jahren war vorgesehen, diese Mole durch den Bergbau ins Wasser versinken bzw. als „Halbinsel" untergehen zu lassen. Die gesamte Molenoberfläche war bereits mit einer 50 bis 60 cm starken Lehmschicht mit dichtem Anschluß an die in den

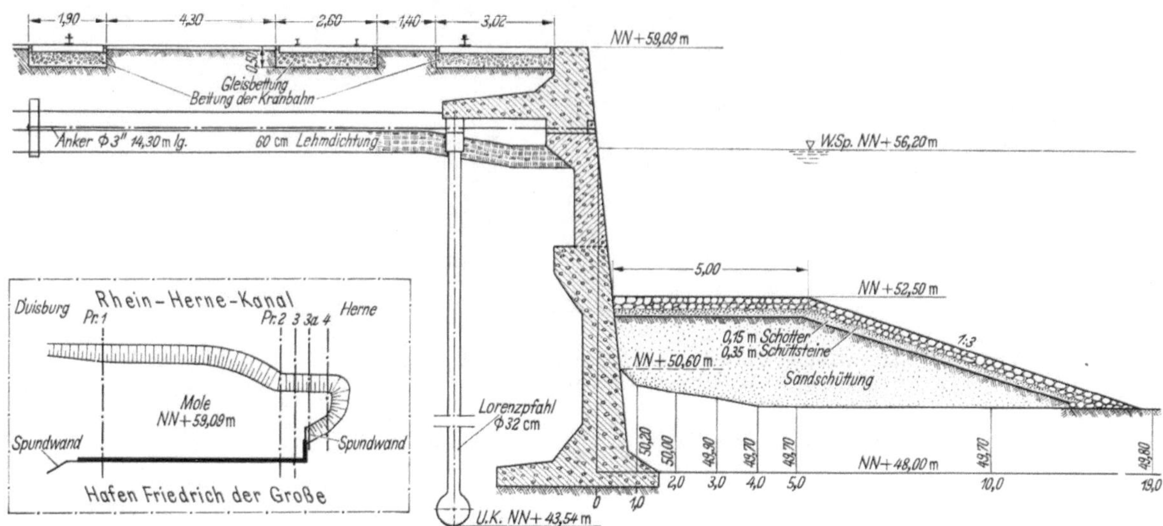

Abb. 14. Mehrmalige Aufhöhung der nördlichen Kaimauer des Hafens „Friedrich der Große".

Böschungen bereits vorhandenen Lehmschürzen abgedeckt und einer rd. 1 m starken Steinschutzschicht aus Haldenmaterial überschüttet worden, um die später — nach Jahrzehnten — einmal zu einem Teil der Kanalsohle gewordene Molenfläche gegen furchende Anker und gegen Wasserverluste zu sichern, ggf. auch Wasserdurchbrüche in das zur Zeit schon rd. 8 m tiefer liegende

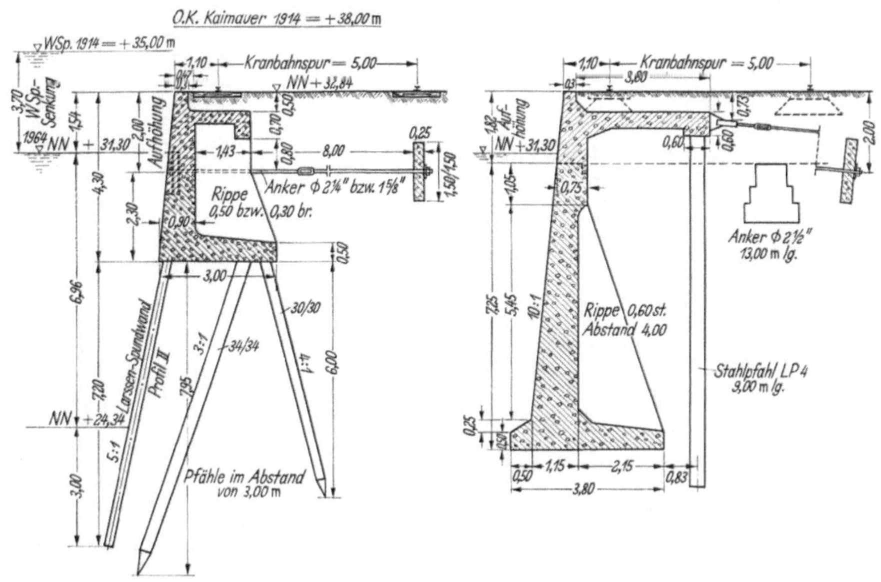

Abb. 15. Querschnitte einer Kaimauer, um 2 bzw. 1,82 m aufgehöht trotz Wasserspiegelsenkungen.

Hinterland und die etwa 2 m unter dem Wasserspiegel der Scheitelhaltung gelegene Schachtanlage auf jeden Fall auszuschließen.

Schon wenige Monate nach vollständiger Abdichtung der Mole entschloß man sich aber, das günstige am Wasserweg gelegene Gelände industriell zu nutzen und ein großes Stahl- und Eisenlager mit weiträumigen Hallen zu errichten. Vor der Aufschüttung der Mole mußte zunächst die schon zweimal aufgestockte Kaiwand aufgehöht werden. Technische Einzelheiten sind im Profil 2

(Abb. 14) dargestellt. Der weit auskragende Fuß bzw. Sporn der aufgesetzten Winkelstützmauer ist auf einer Reihe dicht gesetzter Lorenzpfähle abgestützt und verankert. Zur Erhöhung des Erdwiderstandes ist feiner Flaesheimer Sand vor die Wand unter Wasser eingebracht und mit einem umgekehrten Filter aus Steinen abgedeckt worden. Die Schüttung unter Wasser hat nach Ausweis regelmäßiger Peilungen ihre Lage bisher nicht verändert.

b) bei (nach) Senken des Wasserspiegels

Während an allen Bauwerken in Kanalhaltungen mit dauernd konstantem (d. h. nur den natürlichen Schwankungen unterworfenen) Wasserspiegel Bergsenkungen nur durch Aufhöhungsmaßnahmen ausgeglichen werden können, brauchen in den Haltungen, in denen der Ausgleich oder ein Teilausgleich durch das Senken des Wasserspiegels herbeigeführt werden kann, u. a. auch die Häfen um das Maß der jeweiligen Wasserspiegelsenkung weniger oder gar nicht aufgestockt zu werden. In der Gelsenkirchener Haltung (IV—V) z. B., in der der Wasserspiegel bisher von NN + 40 m auf NN + 37,40 = 2,60 m gesenkt worden ist, brauchen mithin außer 16 km Kanalufer (Dämme, Deckwerke und Dichtungen) 18 Überbauten von Straßen-, Bundesbahn-, Industrie- und Leinpfadbrücken über 6 km Hafenufer — meist massive Kaimauern — um dieses Maß von 2,60 m weniger aufgehöht zu werden; das bedeutet z. B. für die Hafenmauern, daß sie aus dem Wasser wieder entsprechend „herausgewachsen" sind, ununterbrochen in Betrieb bleiben konnten und durchweg Verstärkungen aus statischen Gründen usw. nicht vorzunehmen waren. Noch günstiger liegen die Verhältnisse in der Essen-Dellwiger Haltung (III—IV) mit zwölf großen Häfen, von denen neun Kaimauern von dem bis 16. Februar 1964 um 3,70 m gesenkten Wasserspiegel besondere Vorteile insofern hatten, als die meisten Mauern ohne diese erhebliche Senkung des Wasserspiegels überhaupt nicht mehr hätten aufgehöht werden können.

Im übrigen verbleiben in einer Haltung, in der — wie hier z. B. in der Essen-Dellwiger Haltung (III—IV) — Bergsenkungen im allgemeinen durch ein planmäßiges Senken des Wasserspiegels ausgeglichen werden (im Durchschnitt 0,20 m/Jahr!) noch Bauwerke, die wegen ihrer Spitzensenkungen noch zusätzlich aufgehöht werden müssen. Das ist dann der Fall, wenn die Bergsenkungen der Bauwerke vorzeitig oder schneller eintreten, als der Haltungswasserstand mit Rücksicht auf andere Bauwerke, die in einem weniger sinkenden Kanalabschnitt liegen,

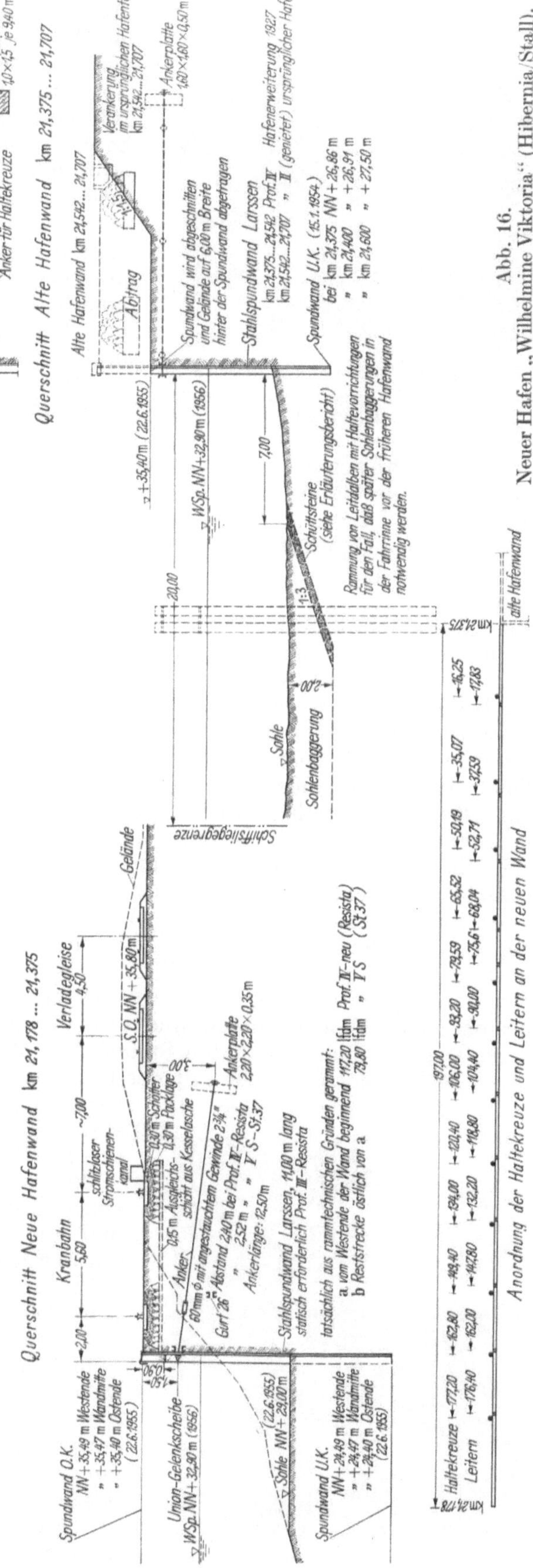

Abb. 16. Neuer Hafen „Wilhelmine Viktoria" (Hibernia/Stall).

Abb. 17. Klaffende Spundwandfugen bei km 21,6 und 21,7. Ansicht vom Wasser aus (Hibernia).

gesenkt werden kann. Eine solche zusätzliche Aufhöhung einer Hafenmauer — neben vielen anderen — zeigt z. B. Abb. 15, auf der (links) der östliche (neue) Hafenteil von rd. 150 m Länge als Winkelstützmauer zu sehen ist, die wasserseitig auf einer Spundwand (Profil II) und landseitig auf schrägstehenden Rammpfählen in 3 m Abstand gegründet ist. Infolge bergbaulicher Einwirkung war 1952 eine Aufhöhung von rd. 2 m erforderlich. Die Kaimauer wurde in der vorhandenen Wandneigung 10 : 1 aufgehöht und rd. 50 cm unter Gelände durch eine 30 cm starke durchlaufende Stahlbetonplatte zur Aufnahme der Kranbahnlasten verstärkt. Zwischen dem alten und neuen Wandteil wurden beide Teile fassende U-Eisen innerhalb der Bewehrung eingebaut, an denen im Abstand von 3 m Zuganker von $2^1/_2$″ und 10,50 m Länge angreifen und durch Stahlbetonplatten 1,50 × 1,50 × 0,25 m gehalten werden.

Der alte (westliche) Hafenteil hat eine Länge von rd. 185 m und ist als Winkelstützmauer ausgebildet. Zur Übertragung der Kranbahnlasten ist der aufgestockte Wandteil durch eine durchlaufende Stahlbetonplatte verstärkt, die auf der Landseite durch Stahlpfähle LP 4 von je 9 m Länge abgestützt wird. An dieser Platte sind die rd. 13 m langen Anker von $2^1/_3$″ ⌀ gelenkartig angeschlossen und am anderen Ende durch entsprechende Stahlbeton-Ankerplatten gehalten.

Abb. 18. Wasserseitige Ausknickungen infolge von Ankerbrüchen (Bombenschäden!) (Hibernia).

In der Abb. 15 ist auch der Ausbau-(Normal-) Wasserspiegel von NN + 35 m dargestellt, aus dem die Kaimauer — als sie erbaut — noch 3 m mit ihrer Oberkante auf NN + 38 m hinausragte. Die Querschnitte dieser Hafenanlage veranschaulichen deutlich, wie auch in einem sehr starken Senkungsgebiet eine Kaimaier durch Anwenden beider Ausgleichsmaßnahmen — Aufstocken und Senken des Wasserspiegels — über 50 Jahre und länger für den Güterumschlag betriebsfähig erhalten werden kann.

Als weiterer Hafen, dessen „Entwicklung" im Laufe der Zeit vielleicht von Interesse sein kann, soll hier noch der ehemalige Hafen „Wilhelmine Viktoria" genannt werden. Wie aus der Abb. 16 hervorgeht, besteht er aus Spundwänden, und zwar der alte östliche Teil aus einer genieteten Spundwand Profil II (oben rechts) noch aus der Zeit des Kanalbaues und der westliche erweiterte Teil aus Profil IV (1927). Die Bohlen stehen im Mergel, und zwar in dem härtesten und festesten, der im Bereich des Rhein-Herne-Kanals schon in geringer Tiefe ansteht. Zu bemerken ist noch, daß dieser Hafen in einem gestörten Feldesteil, dem sog. „Horster Graben", liegt und nur verhältnismäßig geringe Senkungen durch den hier schwierigen und unwirtschaftlichen Kohleabbau erfahren hat.

Abb. 19. Ankerbruch unmittelbar hinter der Spundwand-Vergurtung (Hibernia).

Im letzten Krieg sind nahezu ein Dutzend Bomben im Hafenbereich gefallen, die acht Ankerbrüche und infolgedessen ein wasserseitiges Ausknicken der Hafenwand mit klaffenden Spundwandfugen zur Folge hatten. Die gebrochenen Anker wurden durch neue ersetzt. 1951 erfolgte durch einen katastrophenähnlichen Sturzregen am westlichen Hafenende ein erneutes Ausknicken um 90 cm auf einer Länge von rd. 15 m mit einem Ankerbruch. Die Schäden sind aus den Abb. 17 (klaffende Spundwandfugen), 18 (wasserseitige Ausknickung von 90 cm) und 19 (Ankerbruch unmittelbar hinter der Spundwand-Vergurtung) deutlich ersichtlich. Das westliche Ende dieses Hafens mußte für jeden Umschlag gesperrt werden.

Gleichzeitig wurden Vorbereitungen für den Bau eines neuen Hafens aufgenommen, nachdem Untersuchungen für eine Sicherung der alten Kaiwand durch Vorrammen einer zweiten Spundwand mit horizontaler Verankerung oder durch Einrammen von MV-Pfählen nicht zu einem

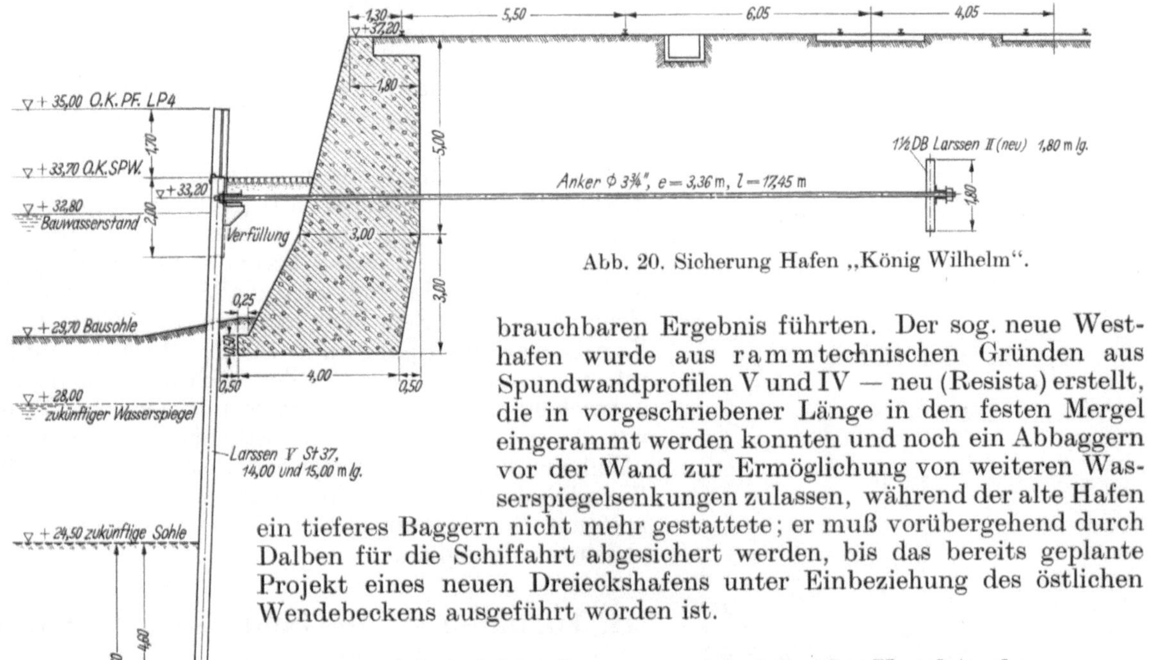

Abb. 20. Sicherung Hafen „König Wilhelm“.

brauchbaren Ergebnis führten. Der sog. neue Westhafen wurde aus rammtechnischen Gründen aus Spundwandprofilen V und IV — neu (Resista) erstellt, die in vorgeschriebener Länge in den festen Mergel eingerammt werden konnten und noch ein Abbaggern vor der Wand zur Ermöglichung von weiteren Wasserspiegelsenkungen zulassen, während der alte Hafen ein tieferes Baggern nicht mehr gestattete; er muß vorübergehend durch Dalben für die Schiffahrt abgesichert werden, bis das bereits geplante Projekt eines neuen Dreieckshafens unter Einbeziehung des östlichen Wendebeckens ausgeführt worden ist.

c) bei nicht (oder nur wenig) sinkender Kanalstrecke

Wie bereits früher erwähnt, wird der Wasserspiegel in der Essen-Dellwiger Haltung (III—IV) nach genau festgelegtem Programm etwa alle 5 bis 6 Jahre um 1 m planmäßig gesenkt. Während in dem oberen Teil der Haltung auf etwa 7 km Länge durch den Kohleabbau eine ausreichende Tiefe für ein stufenweises Senken des Wasserspiegels geschaffen wird, muß in dem unteren etwa 3 km langen weniger sinkenden Haltungsabschnitt das Kanalbett künstlich vertieft werden, d. h. vor dem Abbaggern müssen die zu hoch liegenden Bauwerke „tiefer gelegt“ oder entsprechend gesichert werden. Hierzu gehören u. a. auch die Häfen „König-Wilhelm“, „Prosper“ und „Fried. Krupp“. Diese Kaimauern sind bis weit unterhalb ihrer Gründungssohle nach Vorrammen schwerer Sicherungsspundwände stufenweise freizubaggern, um laufend die notwendige Fahrwassertiefe zu erhalten. Abb. 20 zeigt einen Querschnitt der Sicherungsspundwand mit Verankerung; nicht nur die endgültige Hafensohle, sondern auch der Wasserspiegel wird nach dem bisher eingehaltenen Plan noch unter der Gründungssohle der massiven Kaimauer liegen. Aus Abb. 21 ist das Einbringen der Zuganker nach Durchbohren der 2,8 m starken Betonwand mittels einer hydraulischen Presse zu sehen.

Abb. 21. Sicherung der Kaimauer im Hafen „König Wilhelm“. Hier: Einbringen der Zuganker mit Hilfe einer hydraulischen Presse nach Durchbohren der 2,8 m starken Betonwand (Bernhard Fischer KG., Duisburg).

Den in ähnlicher Weise gesicherten Hafen Prosper zeigt Abb. 22. Hier besteht ein Nachteil — wie bei den meisten Schwergewichts- und Winkelstützmauern — darin, daß die Sicherungsspundwand vor dem 1,50 bis 2 m wasserseitig vorkragenden Sporn gerammt werden mußte. Das bedeutet, daß die Lade- bzw. Reichweite der Kräne bis über 2 m kürzer wird, was insbesondere bei zwei nebeneinander liegenden Schiffen beim Be- und Entladen zu Schwierigkeiten führen kann.

In dem folgenden Querschnitt am südwestlichen Ende des Stichhafens ,,Fried. Krupp“ ist aus Abb. 23 ersichtlich, wie bei nicht oder nur weniger sinkenden Häfen nicht nur die Hafenmauer (rechts) entsprechend zu sichern ist — was bereits geschehen (s. Abb. 24) —, sondern auch die gegenüberliegende Böschung gemäß Plan noch so weit zurückzuverlegen ist, daß der frühere wasserführende Querschnitt in seiner Größe erhalten bleibt. Dem etwa zwischen 1980 und 1990 zu erwartenden endgültigen Ausbau mit einem Wasserspiegel auf NN + 28 m (früherer Wasserstand in der Essen-Dellwiger Haltung (III bis IV) = 35 m!) wird im Endausbau eine Hafensohle auf NN + 24,50 m entsprechen. Der stufenweise Ausbau dieses Hafens ist im Querschnitt (Abb. 23) dargestellt.

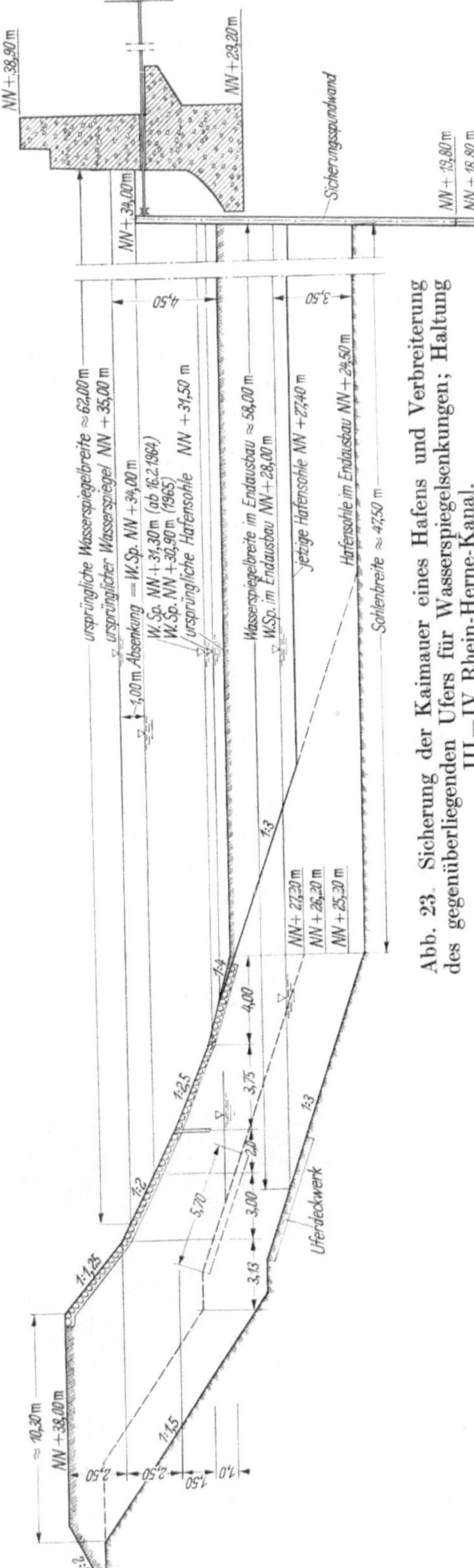

Abb. 23. Sicherung der Kaimauer eines Hafens und Verbreiterung des gegenüberliegenden Ufers für Wasserspiegelsenkungen; Haltung III—IV Rhein-Herne-Kanal.

Es muß noch festgehalten werden, daß im Bergsenkungsgebiet die Spundwand das bautechnisch geeignetste und in jedem Falle auch wirtschaftlich günstigste Bauelement ist. Zur Zeit der Erbauung des Rhein-Herne-Kanals war die Spundwand in den für Hafenmauern erforderlichen schweren Profilen noch nicht ausreichend entwickelt; man kannte damals nur genietete Profile, wie sie erstmals beim alten östlichen Teil des Hafens ,,Wilhelmine Viktoria“ verwendet worden sind. Ohne Spundbohlen der heute vorhandenen Profilstärken wäre aber im Bergsenkungsgebiet ein wirtschaftlicher Ausgleich nicht möglich.

III. Vorhäfen an den Schleusengruppen des Rhein-Herne-Kanals

Der Vollständigkeit halber sind schließlich noch die Vorhäfen der Schleusengruppen kurz zu erwähnen. Wie die Schleusenkammern usw. unterliegen auch sie den Bergsenkungen, und zwar sind es insbesondere die Ein- bzw. Ausfahrtleitwerke sowie die anschließenden Anlegedalben für die Schiffahrt, deren Aufhöhung oder gar Umbau oft sehr erhebliche finanzielle Aufwendungen erfordern. Bis zu einem Aufhöhungsmaß von 2 bis 3 m werden im allgemeinen die Leitwerkspfeiler um dieses Maß aufgestockt und früher zur Erhaltung ihrer Standsicherheit gegen ein in der Uferböschung durchlaufendes

Abb. 22. Sicherung der Kaimauer im Hafen Prosper (Ed. Züblin AG, Duisburg).

Betonfundament durch fächerartige Stahlbetonkonstruktionen abgestützt, die am anderen Ende auf einer am Pfeiler eingebauten und durch starke Anker gehaltenen Konsole bewegungsfrei auflagern, wie im einzelnen aus Abb. 25 zu ersehen ist.

Da diese Art der Abstützung der vier Leitwerke an der Schleusengruppe Gelsenkirchen (IV) aufwendig und damit sehr kostspielig war, ging man bei späteren Leitwerksaufhöhungen (im Zusammenhang mit einer entsprechenden Aufstockung der Schleusenkammer) dazu über, besondere Vorleitwerke aus Zwischendalben (Peiner Kastenprofile P Sp 50 S oder P Sp 60 L) mit vorgehängten Gleitbalken herzustellen, welche die Rammstöße der Schiffe abfangen und die aufgestockten alten Leitwerkspfeiler von horizontalen Kräften vollständig entlasten. Diese Vorleitwerke stehen in ihrer vorderen Flucht in Höhe des Wasserspiegels etwa 30 bis 40 cm vor der Flucht der alten Betonpfeiler, die nur noch die senkrechten Lasten aus dem Eigengewicht der Treidelbrücken und des Schleppwagens aufzunehmen haben. Ein solches Vorleitwerk kostet nur etwa die Hälfte der schweren massiven Abstützungen der einzelnen Pfeiler durch Stahlbetonträger. Ein Vorleitwerk mit vorgehängten stählernen Gleitbalken, die bei Wasserspiegelsenkungen umgehängt werden können, zeigt Abb. 26.

Abb. 24. Sicherung der Kaimauer im Hafen „Friedr. Krupp" (Ed. Züblin AG, Duisburg).

Die während des letzten Krieges, als weder Baustoffe noch Arbeiter zur Verfügung standen, bis unter den Wasserspiegel abgesunkenen und durch Bojen für die Schiffahrt gekennzeichneten Leitwerkspfeiler im Oberwasser der Südschleuse Oberhausen (II) (vgl. Abb. 27) konnten nur noch

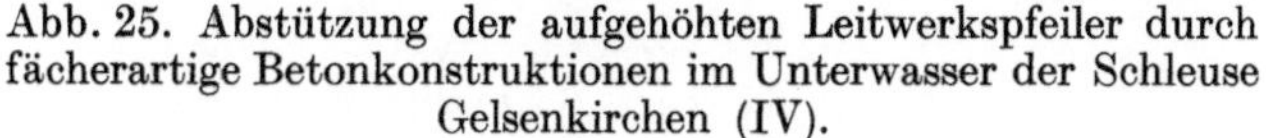

Abb. 25. Abstützung der aufgehöhten Leitwerkspfeiler durch fächerartige Betonkonstruktionen im Unterwasser der Schleuse Gelsenkirchen (IV).

Abb. 26. Vorleitwerk aus Zwischendalben (Peiner P. Sp. 50 S).

durch eine geschlossene Leitwerksspundwand ersetzt werden (vgl. Abb. 28). Es ergaben sich zunächst gewisse Schwierigkeiten für die einfahrenden Schiffe insofern, als diese sich besser von einem offenen Leitwerk lösten und sich schneller in eine gestreckte Lage zur Schleuse bringen ließen als von einer geschlossenen Leitwand aus. Die regelmäßig den Rhein-Herne-Kanal befahrenden Schiffskapitäne lernten aber schnell ein einwandfreies Manövrieren vor der Schleuse

Abb. 27. Bojen kennzeichnen die vollständig unter den Wasserspiegel abgesunkenen Leitwerkspfeiler im Oberwasser der Südschleuse Oberhausen (II), das bereits 1,30 m zum Ausgleich der Bergsenkungen gesenkt worden ist.

Abb. 28. Die abgesunkenen Leitwerkspfeiler sind durch eine geschlossene Leitwerksspundwand ersetzt worden.

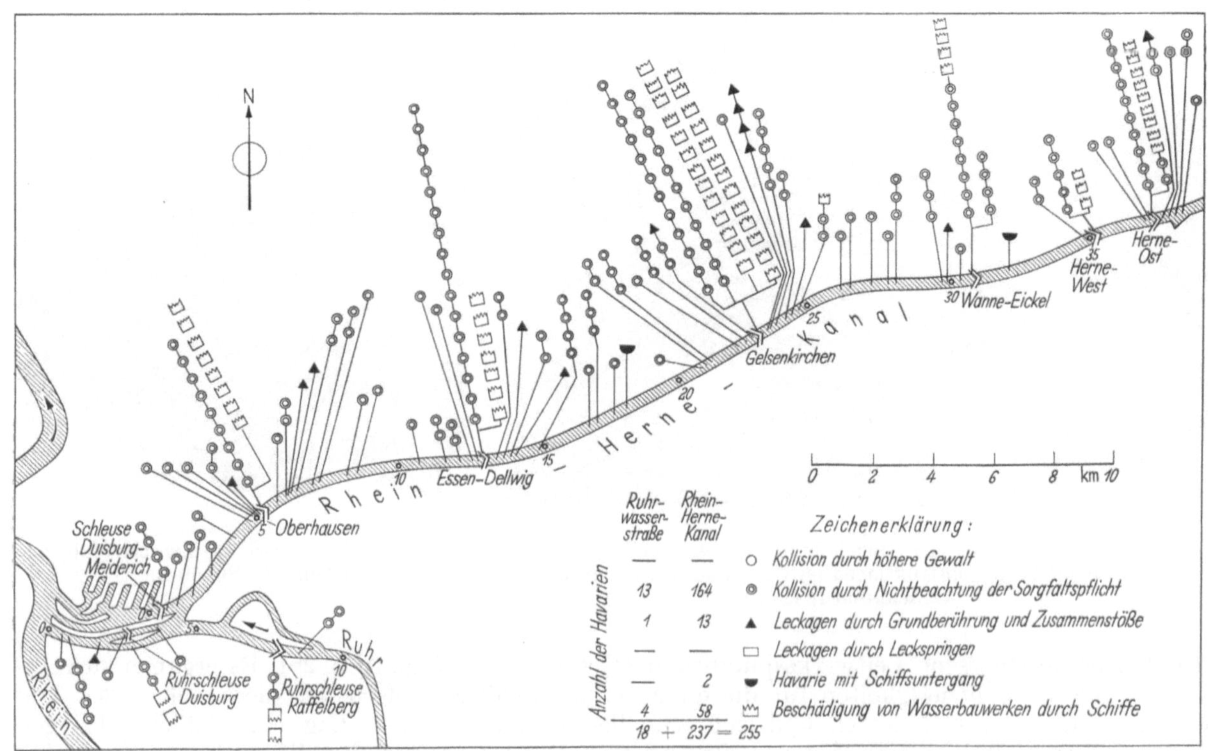

Abb. 29. Havarien auf dem Rhein-Herne-Kanal und auf der Ruhrwasserstraße im Jahre 1961.

und gelangen mit bewundernswertem Geschick — besser als früher — in die Kammer. Im Oberwasser der Südschleuse ist nach dem letzten Krieg das erste Spundwandleitwerk erbaut worden. Die Erfahrungen haben gezeigt, daß man den ersten „Knickpunkt" in der Leitwand nicht so weit hinausschieben darf. Am günstigsten liegt er nur etwa 4 bis 5 m oberhalb in geradliniger Verlängerung der Kammerwand bzw. des Oberhauptes. Auf Grund dieser Erfahrungen sind an meh-

Abb. 30. Überbelegung des Wendebeckens eines großen Parallelhafens, wodurch die durchgehende Schiffahrt stark zum Hafenmund des gegenüberliegenden Stichhafens abgedrängt wird. Um das Wenden wieder zu ermöglichen und auch Schubschiffe beladen zu können, wurde der Parallelhafen nach Westen um 400 m verlängert.

reren Schleusen bei Aufhöhung und Umbau geschlossene Leitwerke aus Spundwänden errichtet worden, die sich gut bewährt und auch seitens der Schiffahrt keine Beanstandungen mehr laut werden ließen.

Nicht unerwähnt darf hier die Tatsache bleiben, daß die unteren wie die oberen Vorhäfen in ihrer Größenordnung den heutigen starken Verkehrsanforderungen keineswegs mehr genügen. Das veranschaulicht am besten Abb. 29, aus der zu ersehen ist, wie sich gerade an den Schleusengruppen die Havarien sehr stark häufen. Die 1914 für 6 Mio Ladungs- bzw. 12 Mio Tragfähigkeits-

Abb. 31. „Sonstiger Verkehr" auf dem Rhein-Herne-Kanal an heißen Sommertagen.

tonnen/Jahr ausgebauten Vorhäfen müssen nunmehr 4- bis 5mal so viel bewältigen und haben 1961 und 1962 (1963 längerer Ausfall durch Eissperre!) den Schiffsrang in den Vorhäfen auf durchschnittlich je 30 bis 40 Fahrzeuge anwachsen lassen. Ein überbelegtes Wendebecken, in dem eigentlich nur gewendet werden soll, zeigt Abb. 30.

Die Vorhäfen sind zu eng und kurz und müßten zur reibungslosen Abwicklung des Verkehrs um 200 bis 300 m verlängert werden. Dazu wären aber außerordentlich hohe Kosten aufzuwenden, weil außer den Baggerarbeiten etwa 10 Straßen- und Bundesbahnbrücken durch wesentlich längere

Brückenbauwerke „ausgewechselt" werden müßten; die Brücken kreuzen nämlich den Rhein-Herne-Kanal mit einer Ausnahme jeweils an der engsten Stelle, dem „Flaschenhals", wo das Vorhafenprofil bereits in das Normalprofil der freien Strecke übergegangen ist.

Abschließend möge die Abb. 31 den „sonstigen Verkehr" auf dem Rhein-Herne-Kanal an heißen Sommertagen erkennen lassen, der Schiffahrt und Verwaltung die größten Sorgen bereitet. Erfahrungsgemäß kann man hier nur in Ruhe und Geduld zuschauen, einschließlich der Wasserschutzpolizei, deren Hunde von „Halbstarken" unter Wasser gezogen werden und hernach in wilden Sprüngen das Weite suchen. Die Schiffer tun ebenfalls gut daran, beim Befahren solcher Badestrecken dem Schauspiel gelassen zuzusehen; andernfalls sie nur ohne Fensterscheiben und mit weniger Lukendeckeln ihre sommerlich schöne Fahrt fortsetzen können.

Anmerkung. Die Unterlagen für die Abb. 6, 8, 9, 14, 20, 23, 26, 30 und 31 stammen aus dem Archiv des Wasser- und Schiffahrtsamtes Duisburg-Meiderich.

Die Abb. 5, 7 (ergänzt 1962), 15, 25, 27 und 28 wurden einem Beitrag des Verfassers im Bauingenieur 1952, H. 2 u. 3 entnommen.

Register

I. Verfasser- und Namenverzeichnis

Seite

Agatz, Prof. Dr.-Ing. E.h. Dr.-Ing., Vorsitzender der HTG ... 2, 38
—, Die Entwicklung der Deutschen Seehäfen in den letzten 50 Jahren ... 5
Anthony, Georg A., Kaufmann † ... 3
Barelmann, Heinrich, Ministerialdirigent a. D. † ... 3
Beier, G., Direktor ... 2
—, Neuordnung im Hafenbetrieb der Bremischen Häfen ... 2
Benrath, Hermann, Baudirektor, Vom Wiederaufbau und weiteren Ausbau des Hafens Hamburg 1953—1963; Planung für Gegenwart und Zukunft ... 88
Berghaus, Bruno, Dr.-Ing. † ... 3
Böke, Oskar, Oberregierungsbaurat, Neue Hafenbauten in Emden ... 195
Bolle, Erster Baudirektor i. R. Prof. Dr.-Ing. ... 2
Brand, Bernhard, Geschäftsführer, Die Häfen in Bremerhaven 1950—1963; Die Massengutumschlaganlage „Weserport" ... 188
Bumm, Hermann, Hafendirektor, stellvertretender Vorsitzender der HTG ... 2
—, Die technische und betriebliche Entwicklung in den deutschen Binnenhäfen ... 241
Busse, Friedrich, Kapitän † ... 3
Causemann, Hafendirektor, Schatzmeister der HTG 2
Eckert, Heinz, Oberbaurat, Die Häfen in Bremerhaven 1950—1963; Der Fischereihafen in Bremerhaven ... 176
Ehmke, Friedrich, Direktor † ... 3
Endres, Werner, Hafendirektor, Der Hafen Würzburg ... 274
—, Die Hafenanlagen in Würzburg seit dem Anschluß an die Großschiffahrtstraße ... 2
Etterich, Heinrich, Reedereidirektor i. R., Schatzmeister der HTG † ... 2, 3
Fackert, Hermann, Direktor † ... 3
Feuchter, Hafendirektor ... 2
Feuerhake, Kurt, Baudirektor, Geschäftsführendes Vorstandsmitglied der HTG ... 2
—, Vom Wiederaufbau und weiteren Ausbau des Hafens Hamburg 1953—1963; Die Strombauaufgaben im hamburgischen Elbebereich ... 97
Finke, Gerhard, Dr.-Ing., Einfluß der Bodenmechanik, Grundbaustatik und der Baustoffe auf die Ufereinfassungen in den deutschen See- und Binnenhäfen in den letzten 50 Jahren ... 23
Fölsch, Direktor ... 2
Förster, Kurt, Baudirektor Dr.-Ing., Einfluß der Bodenmechanik, Grundbaustatik und der Baustoffe auf die Ufereinfassungen in den deutschen See- und Binnenhäfen in den letzten 50 Jahren . 23
—, Vom Wiederaufbau und weiteren Ausbau des Hafens Hamburg 1953—1963; Neuere Bauwerke des Hafens, Entwurfsgrundlagen und Gestaltung 109
von Freeden, Prof. Dr., Die Würzburger Residenz, Bauherren und Künstler ... 2
Geer, Stadtrat Dr., Die Planung des Hafens Nürnberg ... 2

Seite

Goedhart, Dipl.-Ing., stellvertretender Vorsitzender der HTG ... 2
Gravert, Otto, Oberbaurat, Die Häfen in Bremerhaven 1950—1963; Kran- und Förderanlagen und elektrische Ausrüstung im Überseehafen und Fischereihafen ... 189
Hansen, Friedrich, Kapitän † ... 3
Hansmeier, Johannes, Oberingenieur † ... 3
Harenberg, Friedrich, Dr.-Ing. † ... 3
Hartung, Fritz, Ministerialrat, Die Rationalisierung des Transports von Gütern auf den Binnenwasserstraßen ... 308
Hartwig, Reedereidirektor i. R. ... 2
Heinemann, Direktor ... 2
Heiser, Heinrich, Prof. † ... 3
Hövelmann, Hans-Hermann, Dipl.-Ing. † ... 3
Hoffbauer, Karl, Hafenbaudirektor i. R. † ... 3
Huchzermeier, Hans M., Direktor, Dr.-Ing. ... 3
—, Die Seeschiffsgestaltung hinsichtlich des Löschens und Ladens von Stückgut und Massengut 56
Hugel, Regierungsbaudirektor ... 3
Jastram, Hans, Fabrikant † ... 3
Jung, Helmut, Oberbaurat, Die Häfen in Bremen; Hoch- und Brückenbau ... 165
Jurecka, W., Prof. Dr. techn., Deutscher Hafenbau im Ausland ... 74
Kellner, Henry, Bauingenieur † ... 3
Kemna, Dr.-Ing. ... 3
Klönne, Moritz, Dr.-Ing. E. h. † ... 3
Kramer, Wilhelm, Oberingenieur † ... 3
Krischke, Kurt, Baudirektor, Vom Wiederaufbau und weiteren Ausbau des Hafens Hamburg 1953—1963; Neuzeitlicher Ausbau der Verkehrsanlagen im Hafen ... 134
Kuntsche, Dieter, Dipl.-Ing., Vom Wiederaufbau und weiteren Ausbau des Hafens Hamburg 1953—1963; Neuere Bauwerke des Hafens, Entwurfsgrundlagen und Gestaltung ... 109
Kuttenkeuler, H., Direktor, Hafen und Hafenplanung in Münster ... 2
Lack, Otto, Oberregierungsbaurat, Der Ausbau des Fischereihafens Cuxhaven ... 219
Lackner, Erich, Prof. Dr.-Ing. ... 3
—, Einfluß der Bodenmechanik, Grundbaustatik und der Baustoffe auf die Ufereinfassungen in den deutschen See- und Binnenhäfen in den letzten 50 Jahren ... 23
Laucht, Hans, Erster Baudirektor Dr.-Ing., Vom Wiederaufbau und weiteren Ausbau des Hafens Hamburg 1953—1963:
Planung für Gegenwart und Zukunft; ... 88
Die Strombauaufgaben im hamburgischen Elbebereich ... 97
Linsenhoff, Regierungsbaumeister a. D. ... 3
Lorenzen, J. M., Präsident, Der Abschluß der Wiederaufbauarbeiten an den Hafen- und Küstenschutzbauten auf der Insel Helgoland ... 207
Lüninghöner, W., Oberbaurat, Die Häfen in Bremerhaven 1950—1963; Der Überseehafen in Bremerhaven ... 180

Seite

Lutz, Ralph, Hafenoberbaudirektor Dr.-Ing., Die neueren Hafenbauten in Bremen und Bremerhaven ... 146

Mävers, Joachim, Baurat, Vom Wiederaufbau und weiteren Ausbau des Hafens Hamburg 1953—1963; Neuere Bauwerke des Hafens, Entwurfsgrundlagen und Gestaltung ... 109
Mantscheff, Alexander, Dipl.-Ing. † ... 3
Martinsen, Ottokar, Landesrat a. D. † ... 3
Matthieu, Oberbürgermeister Dr. ... 2
Mühlradt, Hafenbaudirektor i. R. Dr.-Ing. E. h., stellvertretender Vorsitzender der HTG ... 2
—, Die Entwicklung der deutschen Seehäfen in den letzten 50 Jahren ... 5
Müller, Joachim, Oberbaurat† ... 3
Müller, E., Dipl.-Ing. ... 2

Nadermann, Johann Heinrich, Stadtbaurat a. D. † 3
Nagel, Josef, Oberstadtdirektor i. R. Dr. † ... 3
Naumann, Karl-Eduard, Hafenbaudirektor Dr.-Ing. Vorsitzender der HTG ... 2
—, Vom Wiederaufbau und weiteren Ausbau des Hafens Hamburg 1953—1963; Planung für Gegenwart und Zukunft ... 88
Neumann, Diplomvolkswirt ... 3
Neumann, Hans, Baudirektor Dr.-Ing. ... 4
—, Vom Wiederaufbau und weiteren Ausbau des Hafens Hamburg 1953—1963; Mechanische Ausrüstung des Hafens ... 140
Nörling, Gerhard, Leitender Regierungsdirektor Dr. jur. † ... 3

Oswald, von, Dipl.-Ing. ... 2

Paneth, Mordechai, Dipl.-Ing. † ... 3
Poppe, Gustav, Ministerialdirektor, Die Binnenschiffahrtsstraßen in den vergangenen 50 Jahren 1914 bis 1964 ... 281

Reimer, Otto, Oberbaurat, Vom Wiederaufbau und weiteren Ausbau des Hafens Hamburg 1953—1963; Neuere Bauwerke des Hafens, Entwurfsgrundlagen und Gestaltung ... 109

Seite

Reinecke, Ernst, Direktor † ... 3
Renner, E., Präsident, 80 Jahre Mainausbau ... 2, 320
Röthlein, Ministerialdirektor ... 2

Schaefer, Richard, Baurat, Die Häfen in Bremen; Maschinen- und Elektrotechnik ... 161
Seidel, Ernst, Dipl.-Ing. † ... 3
Selmer, Hermann, Dipl.-Ing., Der Ausbau des Fischereihafens Cuxhaven ... 219
Stall, F. J., Oberregierungsbaurat, Häfen am Rhein-Herne-Kanal unter Einwirkung des Bergbaues ... 356
Stehr, Erich, Oberbaurat Dr.-Ing., Vom Wiederaufbau und weiteren Ausbau des Hafens Hamburg 1953—1963; Die Strombauaufgaben im hamburgischen Elbebereich ... 97

Teßmer, Fritz, Oberbaurat, Die Häfen in Bremen; Eisenbahnanlagen ... 156
Thiessen, O., Hafendirektor a. D., Die neue Erzumschlag- und -lagerplatzanlage in Emden ... 2
Thode, Günther, Baudirektor, Vom Wiederaufbau und weiteren Ausbau des Hafens Hamburg 1953 bis 1963, Planung für Gegenwart und Zukunft ... 88
Thomas, Heinz, Oberingenieur † ... 3

Wagner, Bernhard, Dipl.-Ing. † ... 3
Wegner, Ministerialrat, stellvertretender Vorsitzender der HTG ... 2
Wessely, Kurt, Dr., Verkehrsaufgaben der Donau und Wasserstraßenpläne im Donauraum ... 2
Wetzel, Günter, Präsident, Neue Hafenbauten in Emden ... 195
Wiechern, Direktor ... 4
Wiedemann, G., Dr.-Ing., Seezeichenwesen ... 234
Wiegmann, D., Baudirektor Dr.-Ing., Die Häfen in Bremen; Ufereinfassungen ... 150
Wollin, Gerhard, Hafenbaudirektor, Die Häfen in Bremerhaven 1950—1963; Allgemeine Hafenplanung ... 174

Zimmerer, Oberbürgermeister Dr. ... 3

II. Orts- und Gewässerverzeichnis

Seite

Acajutla, El Salvador ... 83
Alexandria ... 83
Amsterdam ... 13
Antwerpen ... 13
Aqaba, Jordanien ... 82
Aschaffenburg ... 331

Bamberg ... 253, 333
Berliner Wasserstraßen ... 292, 306
Brake ... 13
Bremen ... 13, 15, 42 ff
  Die Häfen in — ... 150
  Die neueren Hafenbauten in — und Bremerhaven 146
Bremerhaven ... 13
  Die Häfen in — 1950—1963 ... 174
  Die neueren Hafenbauten in Bremen und — ... 146
  Kaimauern von — ... 25, 34, 41 ff
Brunsbüttel ... 13

Cuxhaven ... 50
  Der Ausbau des Fischereihafens — ... 219

Datteln-Hamm-Kanal ... 290
Donau ... 289, 303
Dortmund-Ems-Kanal ... 290, 304
Duisburg-Ruhrort ... 27 ff, 250
Düsseldorf ... 245

Elbe ... 14, 91, 292, 306
Emden ... 13, 15
  Neue Hafenbauten in — ... 195
Ems ... 15

Seite

Flensburg ... 13
Frankfurt ... 330

Gleiwitz ... 36

Hamburg ... 13, 14
  Kaimauern, —er Bauweise ... 24, 32, 45 ff.
  Vom Wiederaufbau und weiteren Ausbau des Hafens — 1955—1963 ... 88
Hanau ... 331
Havel ... 292
Helgoland. Der Abschluß der Wiederaufbauarbeiten an den Hafen- und Küstenschutzbauten auf der Insel — ... 207
Herne ... 363
Hohenzollernkanal ... 292

Ihle-Plauer-Kanal ... 292

Jade ... 15

Kandla, Indien ... 80
Karlsruhe ... 245, 253
Kiel ... 13, 46
Klodnitzkanal. Neuer — ... 295
Koblenz ... 249
Köln ... 247
Küstenkanal ... 290, 304

Lahn ... 289
Lübeck ... 13, 16

Main ... 289, 303
  80 Jahre — ausbau ... 320

Seite
Mainz 242
Masurischer Kanal 295
Mittellandkanal 291, 305
Mosel 289, 303

Neckar 289, 302
Niederfinow, Schiffshebewerk 293
Nordenham 13
Nordostseekanal 16

Oder 294
Oder-Weichsel-Wasserstraße 295
Offenbach 331

Pregel 295

Rangoon 79
Rhein 288, 301
Rhein-Herne-Kanal 29, 246, 289
Die Häfen am — unter Einwirkung des Bergbaues 356

Seite
Rotterdam 13
Ruhrort
s. Duisburg-Ruhrort

Samsun, Türkei 74
Schweinfurt 332
Schwelgern 265
Spree-Oder-Wasserstraße 294

Trave 16

Um Qasr, Irak 85

Wedel. Der Hamburger Jachthafen bei - 102
Wesel 253
Wesel-Datteln-Kanal 290, 304
Weser 15, 146, 291, 306
Wilhelmshaven 13, 15
Kaimauern von — 35, 42ff
Würzburg 37, 332
Der Hafen — 274

III. Sachverzeichnis

Seite
Baggergeräte, Naß- 98
Baggerung im Hafen Hamburg 98
Bananenschuppen im Hafen Hamburg 113, 138, 142
Baustoffe für Ufereinfassungen 24, 31, 40
Bergsenkungsausgleich am Rhein-Herne-Kanal 356
— bei den Häfen des Rhein-Herne-Kanals 363
— an den Leitwerken der Schleusenvorhäfen des Rhein-Herne-Kanals 370
Binnenhafen, Abmessungen der Hafenbecken 248
—, Anordnung der Hafenmündung 247
—, Ausrüstung des Hafens 270
—, Der Hafen Würzburg 274
—, Die Uferausbildung 26, 36, 53, 251
—, Lage des Hafens 244
—, Lage der Hafensohle 250
Die technische und betriebliche Entwicklung in den deutschen — 241
Binnenschiff. Die Wechselbeziehung zwischen — und Wasserstraße 286
—, Die Entwicklung der Schiffsgrößen 241
—, Schiffstypen 297, 309
—sverkehr auf dem Main 325, 334
Binnenschiffahrt. Der Aufgabenbereich der — im europäischen Wirtschaftsraum 308
Binnenschiffahrtsstraßen (s. a. Binnenwasserstraßen)
Die — in den vergangenen 50 Jahren 1914 bis 1964 281
Binnenwasserstraßen 18
Die Rationalisierung des Transports von Gütern auf den — 308
Verkehr auf den deutschen — 281
Binnenverkehrswege 17
Böschungsbefestigung 100, 252
Bulkcarrier 7, 69

Container, -schiff 10, 70
-verkehr 10, 21

Dalben im Hafen Hamburg 132
— in Binnenhäfen 271
Decksluken 58
Deichanlagen in Bremerhaven 181
Düne. Die Helgoländer — 217

Eisbrecher 105
Eisenbahn. Deutsches -netz 17
Hafen-anlagen in Binnenhäfen 261
Hafen-anlagen in Seehäfen 135, 156
Energiewirtschaft. -liche Bedeutung des Mainausbaues 336
Erzfrachter 7, 69
Erzumschlaganlage Bremerhaven 185
— in Emden 201

Seite
Fahrgastanlage des Columbusbahnhofes in Bremerhaven 181
Fahrgastschiff 9, 20
Fahrwasser, -bezeichnung 104, 234
-überwachung 104
Feuerschutzanlagen im Emder Ölhafen 204
Fischereihafen. Der Ausbau des -s Cuxhaven 219
Der — in Bremerhaven 176
Fischindustriehallen in Bremerhaven 179
Flurfördergeräte 143, 162, 191
Forschung im Wattengebiet der Elbmündung 96

Gabelstapler (s. Flurfördergeräte)
Gepäckförderanlage in Bremerhaven, Columbusbahnhof 193
Getreideanlage in Bremen 168
Gewässerkunde 108
Gewässerschutz (s. a. Reinhaltung) 108
Gleisbildstellwerk 135
Gleisbremsen 137
Gründung der Erzumschlaganlagen in Emden 201

Hafen. Entwicklung der — am Main 328
— im Einwirkungsbereich des Kohleabbaues 361
Jacht- bei Wedel 102
Hafenbau. Ausbau des Fischereihafens in Cuxhaven 219
Deutscher — im Ausland 74
— in Helgoland 209
Hafenindustriegelände. Fischereihafen in Bremerhaven 177
—. Hafen Hamburg 93, 95
Hafenplanung. Hafen Bremen 148
—. Hafen Bremerhaven 174
—. Hafen Hamburg 93
Hafenzufahrten vom Hinterland 14, 17, 146
—. von See 14, 91, 94, 146
Hafenzunge, Querschnitt durch die — eines Binnenhafens 260, 264
Hochwasserschutzbauten im Hafen Hamburg 106

Kaiaufteilung. Hamburger — 92
Kaiausrüstung 127, 151
Kaimauern in Bremen 150
— in Bremerhaven 25, 34, 176, 182, 187
— in Emden 199
— in Hamburg 24, 32, 122
— in Rangoon 79
— in Wilhelmshaven 35
Moderne Baumethoden bei Seeschiffs- 41
Kaischuppen 110, 165

Seite

Kanalisierung, 80 Jahre Mainausbau 320
—, Energiewirtschaftliche Bedeutung des Mainausbaus 336
—, Landschaftsgestaltung und Volkserholung am Main 346
—, Raumpolitische Bedeutung des Mainausbaus 342
—, Wasserwirtschaftliche Bedeutung des Mainausbaus 339
—, Verkehrswirtschaftliche Auswirkungen 326
—, Verwaltung, Betrieb und Unterhaltung der Großschiffahrtsstraße 352
Kanalquerschnitt, Entwicklung der -e 298
Klappbrücke Nesserland in Emden 205
Kohlefrachter 7
Kran, Hafen- 19, 140, 161, 189, 268
Straßen- 141
Schwimm- 142, 163
-antrieb 269
Kühlhäuser in Bremerhaven 178
Kühlschiff 71

Ladegeschirr 62
Lagerhäuser (s. a. Schuppen und Speicher) 257
Landeanlagen 129, 270
—, Landesteg am Columbusbahnhof Bremerhaven 191
Lastannahmen für Hamburger Kaimauern........ 124

Maschinenraum. Lage des — bei Schiffen......... 57
Massengut. -frachter 7, 20, 65
-umschlaganlagen 20, 185, 201, 264
Mechanisierung. Die — des Umschlages 19
Molenbau 77, 84, 210

Ölhafen in Emden 203
Ölverschmutzung 108

Paletten 143
Pfahlwerke 132
Pontonanlagen 131

Rampen an Hafenlagerhäusern 260
Rationalisierung. Die — des Transports von Gütern auf den Binnenwasserstraßen 308
Reinhaltung des Mains 341

Sammelgut 118
Sauger 99
Schiff. Die See-sgestaltung hinsichtlich des Löschens und Ladens von Stück- und Massengut . 56
See-sgrößen 7, 20
Spezial- 10, 70
Schiffshebewerk Niederfinow 293
Schlengelanlagen 131
Schleuse. Hafen-n im Hamburger Hafen 145
— in Bremen 165
— in Cuxhaven 224
Schubschiffahrt 312
—, Das Problem der Fortbewegung von Schubleichtern und Schubkähnen auf den Kanälen 317
—, Motorgüterschiff-Schubverband 314
—, Schubboot-Schubsystem 315
—, Schub-Schlepp-Bugsierboot 315
Schubsystem. Das— in der Binnenschiffahrt...... 311

Seite

Seehäfen. Die allgemeine Gestaltung der — 18
Die Entwicklung der deutschen — in den letzten 50 Jahren 5
Seezeichenwesen. Ein Rückblick auf die Entwicklung seit 1914 234
Speicher 113, 166
Spundwandquerschnitte bei Hamburger Kaimauern 124
Straßen. Deutsches -netz 17
— in Binnenhäfen 263
Stückgutfrachter 7, 20, 56
Stückgutumschlagsanlagen im Hafen Hamburg ... 92, 95
— in Binnenhäfen 259

Tanker 8, 10, 67
Aufteilung des Schiffskörpers bei —n 68
Tonnenhof Helgoland 212
Trockendock in Alexandria 83

Uferdeckwerk 100, 252
Ufereinfassungen (s. a. Kaimauern)
Arbeitsausschuß — 38
Baustoffe für — 24, 31, 40
Einfluß der Bodenmechanik, Grundbaustatik und der Baustoffe auf die — in den deutschen See- und Binnenhäfen in den letzten 50 Jahren..... 23
Entwurfsgrundlagen für — 23, 29, 38
Kosten für — mit Kranausrüstung 256
— in Binnenhäfen 26, 53, 251
—, Senkungsausgleich bei Häfen am Rhein-Herne-Kanal 363
Uferschutzbauten auf Helgoland 214
Umschlag. Fischanlandungen in Cuxhaven........ 219
Gestaltung der -plätze für den Stückgut- in Binnenhäfen 259
Seegüter- in den deutschen Seehäfen.......... 12
— im Hafen Hamburg 88
— in den bremischen Häfen 146
— in den Häfen am Main 325
— in den westdeutschen Binnenhäfen......... 242
-stechnik im Hafen Hamburg 140
—. Uferbelastung in Binnenhäfen 248

Verankerung durch Ankerpfähle 48
— durch Pfahlböcke 48
Rundstahl oder Kabel- 42
Verkehrsanlagen im Hafen Hamburg 92, 94
Verteilungsschuppen im Hafen Hamburg 118
Viehumschlagsanlage im Hafen Bremen 168

Wasserstandsanzeiger 104
Wasserstraßen (s. a. Binnenschiffahrtsstraßen)
Die Anpassung der — an die Entwicklung der Binnenschiffahrt nach 1945 297
Die Entwicklung der Bundes- (Binnenbereich) . 295
Die Entwicklung der Reichs- (Binnenbereich) .. 284
Die verkehrspolitischen Grundsätze zum Ausbau der — 295
Die Verwaltung der — in den Jahren 1914—1964 283
Die -politik des Reiches 284
Die Wechselbeziehungen zwischen Binnenschiff und — 286
—, Die Ausbaumaßnahmen in den Jahren 1945—1963 299
Wasserwirtschaft. -liche Bedeutung des Mainausbaus 339
Welthandeslfotte. Stand der — nach Anzahl und Größe 6

Zollamt 115, 171